材料力學 第六版

MECHANICS OF MATERIALS, 6E

Ferdinand P. Beer
E. Russell Johnston, Jr.
John T. DeWolf
David F. Mazurek

著

蔡智明

譯

國家圖書館出版品預行編目(CIP)資料

材料力學 ／ Ferdinand P. Beer 等著；蔡智明譯. -- 四版.
-- 臺北市：麥格羅希爾, 2014.04
　　面；　公分
　譯自：Mechanics of materials, 6th ed
　ISBN　978-986-341-094-2（平裝）．

1. 材料力學

440.21　　　　　　　　　　　　　103006267

材料力學

繁體中文版©2014年，美商麥格羅希爾國際股份有限公司台灣分公司版權所有。本書所有內容，未經本公司事前書面授權，不得以任何方式（包括儲存於資料庫或任何存取系統內）作全部或局部之翻印、仿製或轉載。

Traditional Chinese Translation Copyright ©2014 by McGraw-Hill International Enterprises, LLC., Taiwan Branch
Original title: Mechanics of Materials, 6e (ISBN: 978-0-07-338028-5)
Original title copyright ©2012 by McGraw-Hill Education
All rights reserved.

作　　者	Ferdinand P. Beer, E. Russell Johnston, Jr., John T. DeWolf, David F. Mazurek
譯　　者	蔡智明
合作出版 暨發行所	美商麥格羅希爾國際股份有限公司台灣分公司 10044 台北市中正區博愛路 53 號 7 樓 TEL: (02) 2383-6000　　FAX: (02) 2388-8822
	臺灣東華書局股份有限公司 10045 台北市重慶南路一段 147 號 3 樓 TEL: (02) 2311-4027　　FAX: (02) 2311-6615 郵撥帳號：00064813 門市：10045 台北市重慶南路一段 147 號 1 樓 TEL: (02) 2382-1762
總 經 銷	臺灣東華書局股份有限公司
出版日期	西元 2016 年 7 月　四版二刷

ISBN：978-986-341-094-2

關於原作者

本書作者比爾(Beer)及鍾斯敦(Johnston)常被問及，你們兩位一位在李海(Lehigh)大學，一位在康乃迪克(Connecticut)大學教書，怎麼會在一起寫成本書。

這個問題的答案很簡單，鍾斯敦的第一個教職是在李海大學的土木工程與力學系，而在該處遇到早他2年任教於該系的比爾，當時比爾正負責靜力學與動力學課程。比爾出生於法國，而在法國與瑞士受教育[比爾的碩士學位得自索爾朋(Sorbonne)大學，博士學位則得自日內瓦(Geneva)大學，主修為理論力學]。二次大戰初期，比爾在法國陸軍服完兵役後，即到美國，並為威廉斯(Williams)MIT聯合藝術與工程計畫而在威廉斯學院任教4年。鍾斯敦則出生於美國費城，並從達拉威(Delaware)大學取得土木工程學士學位，而從MIT得到結構工程方面的博士學位。

比爾很高興地發現，主要受聘來開研究所結構工程課的這位年輕人，不只願意，而是熱心地幫他重新安排力學方面的課程。兩人都認為這些課程都須以少數基本原理教學，且若將涉及的各種觀念以畫圖的方式指明，則最容易讓學生了解與記憶。因此，兩人一起做靜力學與動力學方面的筆記，隨後即增列對於未來的工程師會很有用的問題，而在不久後，即完成《工程師力學》(Mechanics for Engineers)第一版的初稿。該書第二版與《工程師向量力學》(Vector Mechanics for Engineers)第一版問世時，鍾斯敦任教於沃卻斯特工技學院(Worcester Polytechnic Institute)，兩書再版時，他則任教於康乃迪克大學。兩人也同時負責其系內的行政工作，且都一直從事研究、顧問及研究生的指導，其中比爾是在隨機過程與隨機振動領域內，而鍾斯敦則精於彈性穩定性及結構分析與設計。不過，兩人對改善基本力學課程教學的興趣一直不減，且在修訂教本時，也都開這一方面的課，並又開始撰寫《材料力學》(Mechanics of Materials)第一版手稿。

比爾及鍾斯敦兩人對工程教育之貢獻，使他們獲得很多榮譽及獎項。由於指導工科學生學習之優異成績，他們贏得了美國工程教育學會(American Society of Engineering Education)所頒贈之西屋電氣獎(Western Electric Fund Award)。他們兩者亦獲得美國工程教育學會頒發力學方面之傑出教育家獎。1991年，鍾斯敦獲得了美國土木工程師學會(American Society of Civil Engineers)康乃迪克分會之傑出土木工程師獎。1995年，比爾獲頒李海大學工程榮譽博士。

本書第二版增加了一位新作者，這位新作者是康乃迪克大學土木工程教授約翰‧戴沃夫(John T. DeWolf)。約翰是夏威夷大學(University of Hawaii)土木工程學士，獲得康乃爾(Cornell University)大學之結構工程碩士及博士。他的研究專長領域是彈性穩定，橋梁監測、結構分析及設計。他也是康乃迪克工程技師審查理事會的正會員，並在2006年獲選為康乃迪克大學教學研究員(University of Connecticut Teaching Fellow)。

本書第五版，又增加了一位新的作者，這位新作者是美國海岸防衛隊學院(United

iv 材料力學

States Coast Guard Academy)土木工程教授大衛・馬厝卡(David F. Mazurek)。大衛是佛羅里達理工學院(Florida Institute of Technology)海洋工程學士及土木工程碩士,獲得康乃迪克大學土木工程博士。他服務於美國鐵路工程與道路維護協會(American Railway Engineering & Maintenance of Way Association)之鋼結構委員會長達 17 年,專業領域是橋梁工程—結構審核(structural forensics)及防爆設計(blast-resistant design)。

原著序

目　的

　　基本力學課程之主要目的乃是啟發工科學生，使之具有能用簡單及推理方法分析某一問題之能力，且能應用基本及簡明原理求得答案。本書專為材料力學的入門課程而設計，供大二或大三工科學生修習本課程之用。作者希望本書能幫助教師完成此一課程之目標，同時也希望作者以前所撰寫的靜力學及動力學教材亦對教師有所助益。

一般方式

　　本書中對材料力學的研習，是根據對某些基本觀念的了解及簡化模型的應用。這種方式可以使所有必要的公式以有理性而合邏輯的手法導出，且明確地指出在那些條件下，這些公式可以安全地應用在實際工程結構與機器構件的分析與設計上。

廣泛使用分離體圖

　　本書中廣泛地使用分離體圖，以便求外力與內力。而「圖片方程式」的應用也幫助學生了解載重之疊合與其所引起的應力及變形。

於適當時機討論設計概念

　　本書第 1 章討論安全因數於設計的應用，其概念是應力設計、載重與阻力因子設計都必須在允許值內。

　　提供進階或特殊主題的選擇性章節　本書包含一些篇幅，以便因課程重點不同而加以選用，其內容包括殘留應力、非圓形與薄壁構件之扭轉、曲線梁之彎曲、不對稱構件內之剪應力及破壞準則等。為了保持討論的完整，這些內容均以合邏輯的方式編排。因此，即使課堂上未講授，仍然頗為醒目，學生若在往後的課程或工程實務上有需要，則不難參考。為了方便起見，所有選擇性章節都以星號標出。

　　章節的安排　作者希望使用本書之學生已先修習過靜力學。不過，第 1 章之內容將會給予學生有一複習靜力學觀念之機會，至於剪力及彎曲力矩圖在 5.2 及 5.3 節中再作較詳之敘述。面積形心及面積矩之性質則在附錄 A 中複述；利用此等材料可使求梁中正交應力及剪應力之討論更易進行(第 4、5 及 6 章)。

　　本書前四章討論各種構件內的應力與對應變形之分析，其中連續考慮軸向載重、扭轉及純彎曲。每一種分析都根據一些基本觀念，即作用在構件上的力之平衡條件、材料內應力與應變力之間的關係以及由構件之支持與載重所加上的條件。各種載重的研習皆

以許多例子、範例及有待指定的習題補充，旨在加學生對主題的了解。

一點之應力觀念在第 1 章中介紹，同時，亦介紹一軸向載重可以產生剪應力及正交應力，視所考慮之斷面而定。此一視表面方位而定之事實，將在第 3、4 章，分別討論扭轉及純彎曲等各情況時，再予強調及敘述。不過，用來作某一點應力轉換之計算技巧——如莫爾圓之使用和討論，卻延至第 7 章方予介紹，其時已在學生著手解答基本載重組合問題，且已發現需要該等計算技巧之後。

第 2 章所討論在不同材料中，應力及應變間之關係已擴張至討論纖維加勁組合材料。同時，受橫向載重梁之研究亦分為兩章。第 5 章係敘述如何求梁中之正交應力，並敘述在不同材料受正交應力作用梁之設計(5.4 節)。此章開始係討論剪力及彎曲力矩圖(5.2 及 5.3 節)，並提供一可供選擇性章節，應用奇性函數求梁中之剪力及彎曲力矩(5.5 節)。本章最後亦提供一討論非稜體梁之選擇性章節(5.6 節)。

第 6 章係研討如何求梁中剪應力，以及求解受橫向載重作用薄壁構件中之剪應力。其剪力流公式 $q=VQ/I$ 乃依傳統方法導出。有關梁之更深入設計，如 W－梁中翼腹交接處主應力之求法在第 8 章講解，該章編排於第 7 章所討論應力轉換之後，係一可供選擇性講解或不講解之章節。因為相同原因，傳動軸之設計亦移至該章，同時在該章中，受組合載重應力之求法更包括了作用在已知點之主應力、主平面及最大剪應力之求法。

靜不定問題最先在第 2 章中討論，其後在全書中，對不同載重條件，皆有研析。是以本書在甚早階段，就已對學生介紹變形分析及靜力學所用之力的傳統分析這兩種組合之解題方法。這樣，在學生修畢本課程時，就可對此一基本方法有一徹底之了解。此外，此一方法亦可幫助學生認識應力是靜不定時，僅在考慮其相對之應變分佈，方能計算。

在第 2 章，吾人在作構件受軸向載重作用之分析時，亦介紹了塑性變形觀念之應用。涉及圓軸及稜體梁之塑性變形問題，亦分別在第 3、4 及 6 章中可選教之各節中考慮。這些教材之取捨，則由教師決定，它的內容乃是幫助學生認識線性應力應變關係假定之限制，且對彈性扭轉及撓曲公式之不正確應用提出警告。

梁撓度之求法係在第 9 章中討論。本章第一部分是講述積分法，次為可選用章節中的重疊法，其為根據奇性函數求解的方法(選用此法時只限於在 5.5 節已講解過者)。第 9 章第二部分是選授，安排兩堂課講授 moment-area 方法。

第 10 章介紹柱，並包括了鋼、鋁及木柱設計等材料。第 11 章係敘述能量法，包含了卡氏定理(Castigliano's theorem)之應用。

教學特色

每一章的第 1 節均為概述，以說明該章之目的與目標，簡單的描述欲涵蓋的內容及

其在解決工程問題上的應用。

章節內容

本書每章都分成數單元，每一單元包含一或數個理論節，然後是一些範例及有待指定的大量習題。每一單元都對應於一界定清楚的論題，一般可以在一堂課內講授完畢。

例題和範例

每一理論都包含許多例子，用以說明所陳述的內容，並使其易於了解。範例之目的則在於顯示出理論在解決工程問題上的應用。因其陳述方式與學生解題方式很相似，故學生可以用來作解題的參照，範例即因此而具有雙重用途，既加深了課本內容，又說明了學生解習題時必須注意的整齊與順序問題。

習　題

大部分習題都具有實務上的特性，工程科系學生應該可以接受。不過，習題的設計只是說明課程內所涵蓋的材料，並幫助學生了解材料力學中所用的基本原理。習題按照其說明的內容劃分，其安排則由淺入深，需要特別注意的習題則帶有星號。本書在最後列有習題答案，但題號以斜體字排印者則沒有。

複習與摘要

每章的最後有內文的複習與摘要，頁邊空白處可以幫助學生整理複習內容，並供交叉參考以找到需要特別注意的部分。

複習題

每章的最後有一份複習題，供學生進一步應用該章介紹最重要之觀念的機會。

電腦習題

個人電腦之普遍使用，使得工科學生可以求解很多富於挑戰性之問題。在此一《材料力學》新版中，每章最後皆增列一組六個或更多需用電腦求解之習題。導出求解一已知習題所需之實例，將使學生獲得兩種益處：(1) 幫助學生更了解所涉及之力學原理；(2) 使學生有機會應用電腦程式課中所學到的技巧，來解答具有意義之工程問題。

工程考試之基本知識

想要獲得專業工程師(Professional Engineers)認證的工程師，必須接受兩個考試，第一個是工程原理(Fundamentals of Engineering Examination)，其考試包含材料力學(Mechanics of Materials)的內容，附錄 E 列出本書關於此測驗的相關主題，以供複習。

誌　謝

　　作者感謝許多提供本書照片的公司，也謝謝我們莎比娜・杜威(Sabina Dowell)研究員值得肯定的努力與耐心。

　　作者感謝 FineLine Illustrations 的鄧尼斯・歐門(Dennis Ormand)進行文句潤飾，對於本書的功用提升有碩大貢獻。

　　作者特別感謝李海大學(Lehigh University)機械工程與力學學系的迪恩・厄普戴克(Dean Updike)教授，用心協助確認本書所有題目的題解與答案。

　　作者也由衷感謝前版《材料力學》使用者提供的助益、評論與建議。

約翰・戴沃夫(John T. DeWolf)
大衛・馬厝卡(David F. Mazurek)

目次

第1章　概述—應力觀念　　1

- 1.1　概　述　2
- 1.2　靜力學方法之簡扼複習　2
- 1.3　結構構件中之應力　5
- 1.4　分析與設計　6
- 1.5　軸向載重；正交應力　7
- 1.6　剪應力　10
- 1.7　連接件內之支承應力　12
- 1.8　在簡單結構分析及設計中之應用　12
- 1.9　解決問題之方法　16
- 1.10　數值精度　16
- 1.11　受軸向載重作用下之斜面上的應力　26
- 1.12　廣義載重條件下之應力；應力分量　28
- 1.13　設計考慮　32

第2章　應力及應變——軸向載重　　55

- 2.1　概　述　56
- 2.2　軸向載重時之正交應變　57
- 2.3　應力–應變圖　59
- 2.4　真應力及真應變
- 2.5　虎克定理；彈性模數　63
- 2.6　材料之彈性及塑性行為
- 2.7　重複載重；疲勞　64
- 2.8　構件在軸向載重下之變形　66
- 2.9　靜不定問題　77
- 2.10　涉及溫度變化之問題　82
- 2.11　鮑生比　95
- 2.12　多軸向載重；廣義虎克定理　97
- 2.13　膨脹；體積模數
- 2.14　剪應變　99
- 2.15　軸向載重所產生變形之進一步討論；E、v 及 G 間之關係　103
- 2.16　纖維加勁組合材料之應力–應變分析
- 2.17　軸向載重下之應力及應變分佈；聖衛南原理　105
- 2.18　應力集中　107
- 2.19　塑性變形　109
- 2.20　殘留應力

第3章　扭　轉　　127

- 3.1　概　述　128
- 3.2　圓軸應力之初步討論　130
- 3.3　圓軸之變形　131
- 3.4　彈性範圍內之應力　135
- 3.5　彈性範圍內之扭轉角　148
- 3.6　靜不定圓軸　153
- 3.7　傳動軸之設計　169
- 3.8　圓軸中之應力集中　171

3.9 圓軸中之塑性變
3.10 彈塑材料製成之圓軸
3.11 圓軸中之殘留應力
3.12 非圓形構件之扭轉
3.13 薄壁中空軸

第 4 章　純彎曲　189

4.1 概述　190
4.2 受純彎曲作用之對稱構件　192
4.3 受純彎曲作用之對稱構件的變形　194
4.4 彈性範圍內之應力及變形　197
4.5 橫向斷面之變形　201
4.6 數種材料組合所製構件之彎曲　212
4.7 應力集中　216
4.8 塑性變形
4.9 彈塑材料製成之構件
4.10 具有單一對稱平面構件之塑性變形
4.11 殘留應力
4.12 對稱平面中之偏心軸向載重　228
4.13 非對稱彎曲　239
4.14 偏心軸向載重之廣義情況　245
4.15 曲線構件之彎曲

第 5 章　受彎曲梁之分析及設計　269

5.1 概述　270
5.2 剪力及彎曲力矩圖　273
5.3 載重、剪力及彎曲力矩間之關係　284
5.4 受彎曲稜體梁之設計　296
5.5 應用奇性函數求梁內之剪力及彎曲力矩
5.6 非稜體梁

第 6 章　梁及薄壁構件之剪應力　317

6.1 概述　318
6.2 梁元素在水平表面上之剪力　320
6.3 梁中剪應力之求法　322
6.4 常用型式梁中之剪應力 τ_{xy}　324
6.5 狹窄矩形梁中應力分佈之進一步探討
6.6 任意形狀梁微素中之縱向剪力　326
6.7 薄壁構件中之剪應力　329
6.8 塑性變形
6.9 薄壁構件之非對稱載重；剪力中心

第 7 章　應力及應變之轉換　339

- 7.1 概述　340
- 7.2 平面應力之轉換　342
- 7.3 主應力；最大剪應力　344
- 7.4 平面應力莫爾圓　354
- 7.5 廣義應力態　366
- 7.6 利用莫爾圓對應力作三維分析　368
- 7.7 延性材料受平面應力作用之降伏準則
- 7.8 脆性材料受平面應力作用之破裂準則
- 7.9 薄壁壓力容器中之應力　371
- 7.10 平面應變之轉換
- 7.11 平面應變之莫爾圓
- 7.12 應變之三維分析
- 7.13 應變之量度；菊花型應變計

第 8 章　已知載重下之主應力　393

- 8.1 概述　394
- 8.2 梁中主應力　394
- 8.3 傳動圓軸之設計　398
- 8.4 組合載重下之應力

第 9 章　梁之撓度　417

- 9.1 概述　418
- 9.2 梁在橫向載重下之變形　420
- 9.3 彈性曲線方程式　421
- 9.4 從載重分佈直接求彈性曲線
- 9.5 靜不定梁　429
- 9.6 應用奇性函數求梁之斜度及撓度
- 9.7 重疊法　442
- 9.8 重疊法對靜不定梁之應用　443
- 9.9 矩面定理
- 9.10 在懸臂梁及對稱載重梁上的應用
- 9.11 分段彎曲力矩圖
- 9.12 矩面定理對不對稱載重梁之應用
- 9.13 最大撓度
- 9.14 應用矩面定理解靜不定梁

第 10 章　柱　469

- 10.1 概述　470
- 10.2 結構物之穩定性　470
- 10.3 銷端柱之歐勒公式　473
- 10.4 歐勒公式在具有其它端點條件之柱的應用　477
- 10.5 偏心載重；正割公式
- 10.6 受中心載重作用之柱的設計　489
- 10.7 受偏心載重作用之柱的設計　505

第 11 章　能量法　　　　　　　　　　　　　　　　525

11.1 概述	526	11.9 單一載重下之功及能	555
11.2 應變能	526	11.10 應用功能法計算單一載重下之撓度	558
11.3 應變能密度	528		
11.4 正交應力之彈性應變能	530	11.11 數個載重下之功及能	
11.5 剪應力之彈性應變能	534	11.12 卡氏定理	
11.6 廣義應力狀態之應變能	538	11.13 應用卡氏定理求撓度	
11.7 衝擊載重	551	11.14 靜不定結構	
11.8 衝擊載重之設計	554		

附　錄　　　　　　　　　　　　　　　　　　　　　581

附錄 A　面積矩	582	附錄 D　梁撓度及斜度	603
附錄 B　工程使用材料之標準性質	595	附錄 E　工程考試之基本試題	
附錄 C　軋鋼型式之性質	597	Photo Credits	604

CHAPTER 1

概述—應力觀念

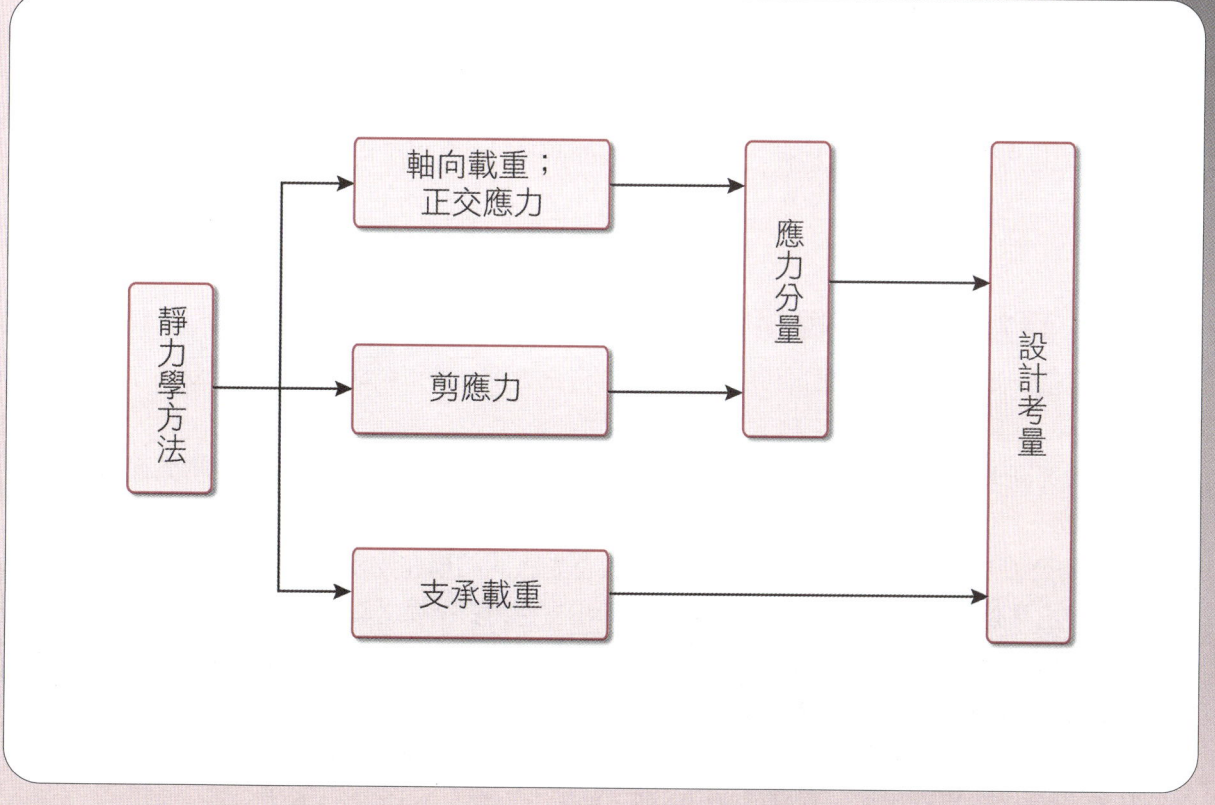

材料力學
Mechanics of Materials

1.1 概述

材料力學(mechanics of material)研究之主要目的乃是將各種機械及載重結構物之分析及設計方法提供給未來的工程師。

一既定結構的分析與設計都涉及應力(stress)與變形(deformation)的決定。本章即專門討論應力的觀念。

1.2 節將對靜力學(statics)之基本方法作一簡扼複習，並應用其求解含有一樞銷構件之簡單結構各構件中之力。1.3 節將介紹結構中一構件之應力觀念，並介紹如何由作用於構件力(force)中求得應力。在短暫討論工程分析及設計後(1.4 節)，隨即考慮承受軸向載重構件中之正交應力(normal stress) (1.5 節)，以及由相等相反橫向力作用所引起的剪應力(shearing stress) (1.6 節)，再考慮用於連接各構件之螺栓、樞銷所產生的支承應力(bearing stress) (1.7 節)。這些觀念將在 1.8 節內，用來求已在 1.2 節所敘述簡單結構中之各構件的應力。

本章末之第一部分所敘述之方法(1.9 節)，以及在工程計算中，適當數值準確度選用討論(1.10 節)，皆可用在指定習題之解答演算中。

在 1.11 節，再度考慮受軸向載重之二力構件時，將會發現斜面(oblique plane)上之應力，同時包含正交及剪應力，且在 1.12 節更將發現，若要描述承受更廣義載重狀態物體內某一點處之應力狀態，則需要六個應力分量。

最後，將在 1.13 節中敘述，由試件決定一已知材料之極限強度(ultimate strength)，並計算由該材料做成的結構件之容許載重(allowable load)時所用之安全因數(factor of safety)。

1.2 靜力學方法之簡扼複習

在這一節中，吾人將複習利用靜力學基本方法去求一簡單結構中各構件所受之作用力。

考究圖 1.1 所示一支持 30 kN 載重之結構。此結構乃由一 30×50 mm 之矩形斷面吊桿 AB 及一直徑 20 mm 圓形斷面拉桿 BC 構成。拉桿及吊桿在 B 點用一樞銷連接，並分別在 A 及 C 點用一樞銷及一臂銷支持。吾人首先將此結構在支點 A、C 與其支持物分開，畫出其分離體圖 (free-body diagram)，並示出支持物對結構之反作用力(圖 1.2)。注意畫分離體圖時，要省略掉不需要之詳圖，只需簡化表示結構樣式即可。在這裡，吾人已可看出 AB 及 BC 乃是二力構件 (two-force member)。吾人對這些如有所懷疑，則可作求證，假定在 A 及 C 點反作用方向係未知，可用在 A 點之分量 $\mathbf{A}_x$ 及 $\mathbf{A}_y$，在 C 點之分量 $\mathbf{C}_x$ 及 $\mathbf{C}_y$ 代表每一反作用力。吾人可寫出下列三平衡方程式

$+\circlearrowleft \Sigma M_C = 0$ ：
$$A_x(0.6 \text{ m}) - (30 \text{ kN})(0.8 \text{ m}) = 0$$
$$A_x = +40 \text{ kN} \tag{1.1}$$

$\xrightarrow{+} \Sigma F_x = 0$ ：
$$A_x + C_x = 0$$
$$C_x = -A_x \quad C_x = -40 \text{ kN} \tag{1.2}$$

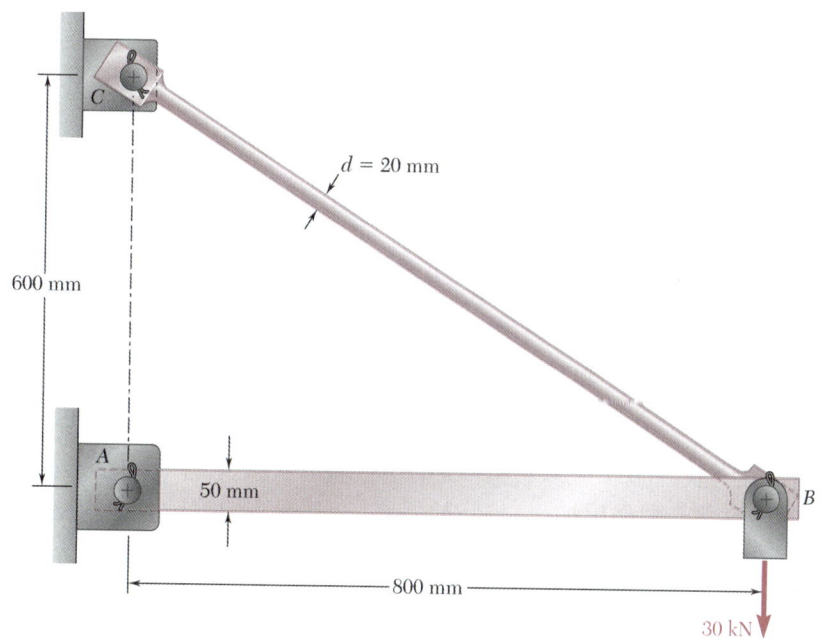

圖 1.1　支撐 30 kN 的吊桿

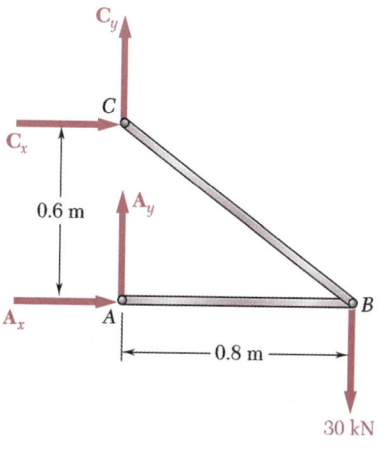

圖 1.2

$+\uparrow \Sigma F_y = 0$ ：
$$A_y + C_y - 30 \text{ kN} = 0$$
$$A_y + C_y = +30 \text{ kN} \qquad (1.3)$$

上面在四個未知量中已求得兩個，但由這些方程式中，無法求得另兩個，而從此結構之分離體圖中，又無法得到另兩個獨立方程式。因此吾人必須分解此一結構。考究撐桿 AB 之分離體圖(圖 1.3)，可得出下述二平衡方程式

$+\curvearrowleft \Sigma M_B = 0$ ： $\qquad -A_y(0.8 \text{ m}) = 0 \quad A_y = 0 \qquad (1.4)$

將式 (1.4) 代入式 (1.3) 中，即得 $C_y = +30$ kN。如用向量形式表出在 A 及 C 點之反作用力，即得

$$\mathbf{A} = 40 \text{ kN} \rightarrow \qquad \mathbf{C}_x = 40 \text{ kN} \leftarrow, \qquad \mathbf{C}_y = 30 \text{ kN} \uparrow$$

注意，在 A 點反作用力之方向係沿吊桿 AB 軸作用，使得此構件中承受壓力。再觀察在 C 點反作用力分量 C_x 及 C_y，乃分別與由 B 至 C 距離之水平及垂直分量成正比，是以可得到在 C 點之反作用力等於 50 kN，其方向係沿拉桿 BC 軸，在構件中形成拉力。

　　這些結果足以顯示吾人預先所測，AB 及 BC 乃二力構件，亦即是，僅在兩點受力作用之構件，構件 AB 係作用在 A 及 B 點，構件 BC 乃是 B 及 C 點。是以對二力構件而言，作用在每構件兩點之合力作用線，必通過該兩點，且大小相等，方向相反。依據此一性質，吾人可考究樞銷 B 點之分離體圖而求得一較簡單解答。作用在樞銷 B 點上之力是構件 AB 及 BC 之力，分別用 $\mathbf{F}_{AB}$ 及 $\mathbf{F}_{BC}$ 表出，另有一 30 kN 載重(圖 1.4a)。吾人可畫出樞銷 B 成平衡狀態之相應力三角形(force triangle) (圖 1.4b)。

　　因力 $\mathbf{F}_{BC}$ 是沿構件 BC 方向作用，其斜度應與 BC 之斜度相同，即是 3/4。因此可寫出下述比例式

$$\frac{F_{AB}}{4} = \frac{F_{BC}}{5} = \frac{30 \text{ kN}}{3}$$

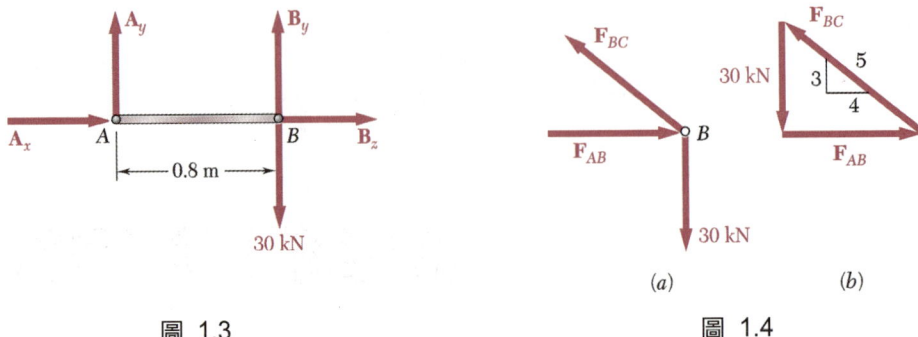

圖 1.3　　　　　　　　　　　　　　圖 1.4

第 1 章 概述—應力觀念

由上式得

$$F_{AB} = 40 \text{ kN} \quad F_{BC} = 50 \text{ kN}$$

分別作用在樞銷 B 點上之力 $\mathbf{F}'_{AB}$ 及 $\mathbf{F}'_{BC}$ 與作用在吊桿 AB 及撐桿 BC 上之力 $\mathbf{F}_{AB}$ 及 $\mathbf{F}_{BC}$：大小相反，方向相反(圖 1.5)。

已知作用於每一構件兩端點之力，即可定出各構件之內力。在通過 BC 桿上任一點 D 處，橫切一斷面，則可得出 BD 及 CD 兩部分(圖 1.6)。因要保持此構件中 BD 及 CD 成平衡，故在 D 點對兩部分作用之力必為 50 kN。因此吾人可得一結論是，當 B 點有一載重 30 kN 作用時，BC 桿中將產生一 50 kN 之內力。吾人更進一步從圖 1.6 所示力 $\mathbf{F}_{BC}$ 及 $\mathbf{F}'_{BC}$ 之方向可知，作用於桿中之力應為拉力(tension)，同理可求得吊桿 AB 中之內力是 40 kN，且此吊桿係受壓力(compression)。

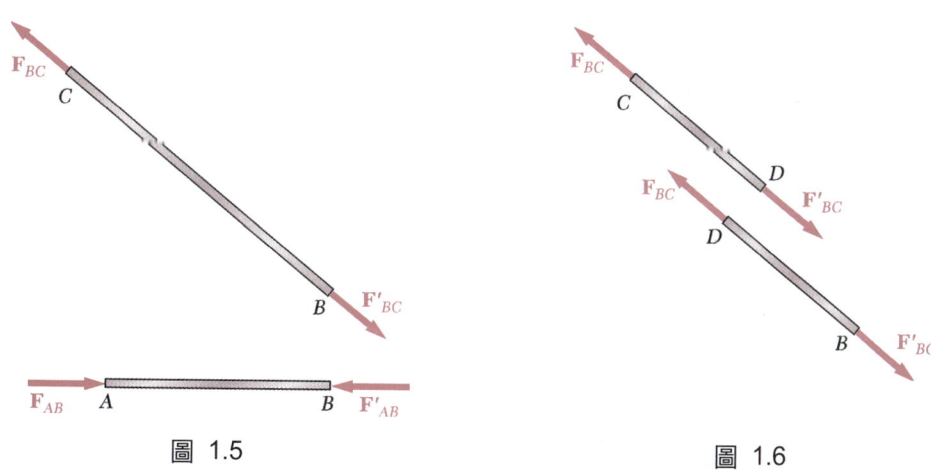

圖 1.5　　　　　　　　　　圖 1.6

1.3　結構構件中之應力

上一節中所得結果表出結構分析中之首要步驟，但該一結果並未示出該一結構是否能安全支持已知之載重。例如，桿件 BC 在承載該一載重時是不是會斷裂，或是能安全承載，此問題不僅是要視求出之內力 F_{BC} 大小，同時要視桿件之斷面積以及製造桿件之材料而定。不錯，內力 F_{BC} 事實上代表分佈在斷面整個面積 A 上各原力(elementary forces)之合力(圖 1.7)，且此等分佈力之平均強度(intensity)等於斷面中每單

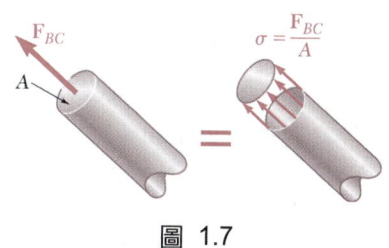

圖 1.7

位面積上之力，即F_{BC}/A。至於此桿件在一定載重作用下是否會斷裂，亦明白表出要視此材料支持相當於分佈內力強度F_{BC}/A之大小的能力而定。因之此桿件損壞與否應視力F_{BC}大小、斷面積A，以及桿件材料而定。

每單位面積上之力，或分佈在整個斷面上作用力之強度，稱為作用於該斷面上之應力，並用一希臘字母σ(sigma)表示。是以，一斷面積為A，承載一軸向(axial)載重**P**(圖 1.8)之構件中的應力等於載重大小P被面積A除：

$$\sigma = \frac{P}{A} \qquad (1.5)$$

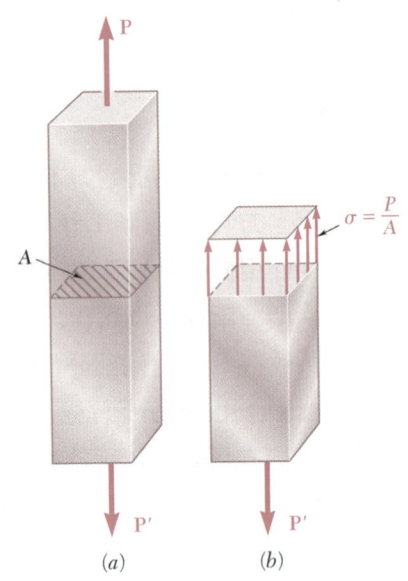

圖 1.8　承載一軸向負載的構件

正號將用來表示拉應力(構件受拉伸)，而負號乃用來表示壓應力(構件受壓縮)。

由於此討論使用 SI 公制單位，其中P之單位是牛頓(newton, N)，A之單位是平方公尺(m^2)，故應力σ之單位則需用N/m^2表出。此一單位稱為帕斯噶(pascal, Pa)。不過因為帕斯噶表出之量太小了，所以在實用上是用此一單位之倍數表出，亦即用仟帕斯噶(k Pa)、百萬帕斯噶(megapascal, MPa)、十億帕斯噶(gigapascal, GPa)等。[†]此等單位值是

$$1 \text{ kPa} = 10^3 \text{ Pa} = 10^3 \text{ N/m}^2$$

$$1 \text{ MPa} = 10^6 \text{ Pa} = 10^6 \text{ N/m}^2$$

$$1 \text{ GPa} = 10^9 \text{ Pa} = 10^9 \text{ N/m}^2$$

1.4　分析與設計

再研析圖 1.1 所示結構，吾人可假定桿件BC係鋼製，最大容許應力$\sigma_{all} = 165$ MPa。試問BC能安全支撐之載重是多大呢？在前面吾人也求得桿中F_{BC}力之大小為 50 kN，而桿件之直徑是 20 mm，應用式(1.5)可求得受此已知載重作用所產生之應力。亦即

$$P = F_{BC} = +50 \text{ kN} = +50 \times 10^3 \text{ N}$$

[†] 主要用於力學方面的 SI 單位整理於本書前頁。

$$\int dF = \int_A \sigma\, dA$$

但由圖 1.10 所示桿件每一部分之平衡條件得知，此一大小應等於集中載重 P 之大小。因此可得

$$P = \int dF = \int_A \sigma\, dA \qquad (1.7)$$

上式意味，在圖 1.10 中，每一應力表面下之體積必等於載重 P 之大小。然而，有關桿件各斷面中之正交應力分佈，根據吾人之靜力學知識，只能道出此項結果，在任何已知斷面之應力實際分佈乃屬靜不定(statically indeterminate)者。欲期更進一步了解分佈之詳細，則須考究作用在桿件兩端載重特殊模式所造成之變形。此種變形情況之更進一步討論將在第 2 章中為之。

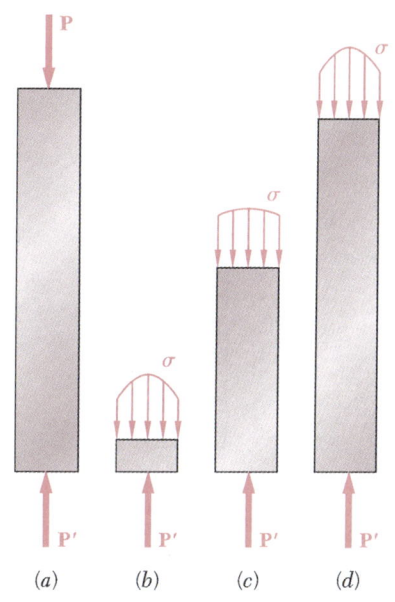

圖 1.10　承載軸向負載構件不同斷面應力分佈

在實用上，吾人假定在軸向載重構件中之正交應力分佈為均勻者，但在很靠近載重作用點處則屬例外。是以應力 σ 值乃等於 σ_{ave}，且可用公式(1.5)求得。不過，吾人應當了解，當吾人假定斷面中之應力為均勻分佈時，亦即當吾人假定內力均勻分佈在斷面中時，則由初等靜力學†得知，內力之合力 **P** 必須作用在斷面形心(centroid) C 處 (圖 1.11)。此乃意味應力之均勻分佈，僅在集中載重 **P** 及 **P'** 之作用線通過所考慮斷面之形心(圖 1.12)時，才有可能。此一載重型式稱為中心載重(centric loading)，乃假定發生在所有平直之二力構件中，例如，桁架及樞接結構中之構件，吾人在圖 1.1 所考究者即為一例。不過，如一二力構件之載重為軸向，但卻如圖 1.13a 所示之偏心，吾人則可從圖 1.13b 所示部分構件之平衡條件求得在一定斷面中之內力，必須與作用在斷面形心上之一力 **P** 及一力矩 $M = Pd$ 之力偶 **M** 相當。是以力之分佈——及對應之應力分佈——不能為均勻者。而應力分佈亦不能如圖 1.10 所示成對稱。此點之詳細討論將在第 4 章中為之。

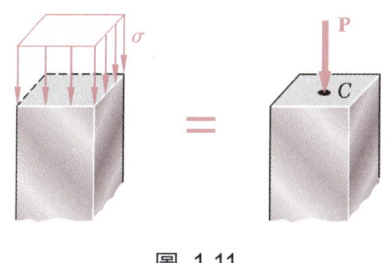

圖 1.11

---

† 參見 Ferdinand P. Beer 及 E. Russell Johnston, Jr., *Mechanics for Engineers*，第五版，McGraw-Hill 出版，紐約，2008 年；或參見 *Vector Mechanics for Engineers*，第九版，McGraw-Hill 出版，紐約，2010 年，5.2 及 5.3 節。

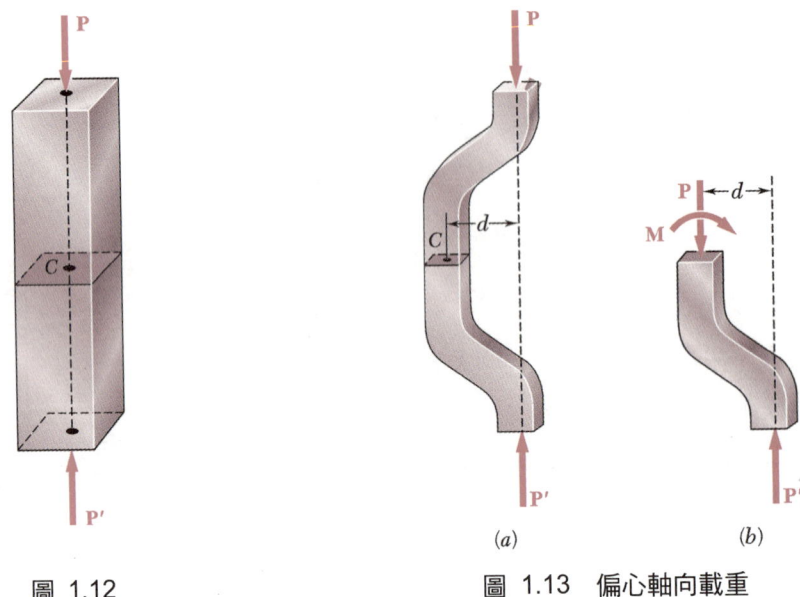

圖 1.12　　　　　　　　圖 1.13　偏心軸向載重

1.6　剪應力

　　在 1.2 及 1.3 節所討論之內力及其相應應力乃與所考慮之斷面成正交。當橫向力 **P** 及 **P′** 作用在構件 AB 上時(圖 1.14)，則得另一極為不同類型之應力。在兩力作用點間 C 點取一斷面(圖 1.15a)，即可得到 AC 部分之分離體圖如圖 1.15b 所示。因此吾人可得結論是在斷面平面中有內力存在，其合力應等於 **P**。此等元件內力稱為剪力 (shearing forces)，其合力大小 P 乃是斷面中之剪力，使剪力 P 被斷面面積 A 除，即得斷面中之平均剪應力 (average shearing stress)。剪應力是用希臘字母 τ(tau) 表示，故吾人得

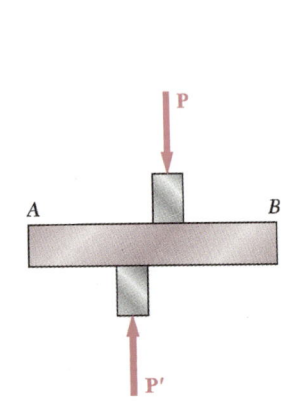

圖 1.14　承載橫向力的構件

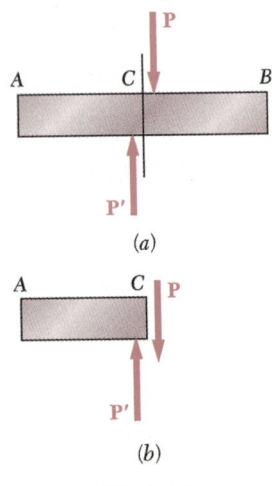

圖 1.15

$$\tau_{ave}=\frac{P}{A} \tag{1.8}$$

應特別強調的是，用上式求得之值乃作用在整個斷面上剪應力之平均值。與吾人前面所言正交應力不同，斷面上之剪應力分佈不能假定為均勻分佈。吾人將在第 6 章知悉，剪應力之實際值 τ 的變化，從構件表面為零變至一最大值 τ_{max}，而 τ_{max} 比平均值 τ_{ave} 大得多。

剪應力通常會在螺栓、樞銷及鉚釘中發生，這些零件是用來連接各個結構構件及機器組件者(照片 1.2)。例如，現在考究之兩鈑 A 及 B，即是用一鉚釘 CD 連接(圖 1.16)。如此等鈑受到大小為 F 之拉力拉之，則應力將會在相當於平面 EE′ 之鉚釘斷面中產生。畫出位在平面 EE′ 以上鉚釘部分之分離體圖(圖 1.17)，吾人將獲結論為斷面中之剪力 P 等於 F。依據公式(1.8)，用剪力 P=F 被斷面面積 A 除，即可求得斷面中之平均剪應力

$$\tau_{ave}=\frac{P}{A}=\frac{F}{A} \tag{1.9}$$

上面所考究之螺栓可稱為受到單剪 (single shear)，但亦會有其它載重情況發生。例如，如使用疊接鈑 C 與 D 來連接 A、B 兩鈑(圖 1.18)，剪力將會在鉚釘 HJ 之 KK′ 及 LL′ 兩平面中發生(鉚釘 EG 亦同)。此時鉚釘稱之為受到雙剪 (double shear)。要決定每一平面中之平均剪應力，吾人應畫出鉚釘 HJ 以及位在兩平面間鉚釘部分之分離體圖(圖 1.19)。由觀察得每一斷面中之剪力 P 應為 P=F/2，故可得平均剪應力為

$$\tau_{ave}=\frac{P}{A}=\frac{F/2}{A}=\frac{F}{2A} \tag{1.10}$$

照片 1.2 承受剪力作用使鉚釘作連接用之剖視圖

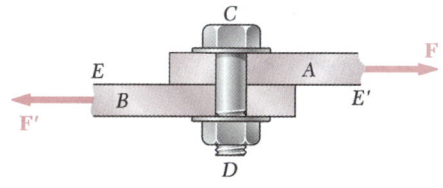

圖 1.16 承受單剪的螺栓

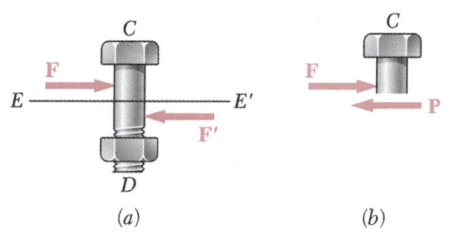

圖 1.17

材料力學
Mechanics of Materials

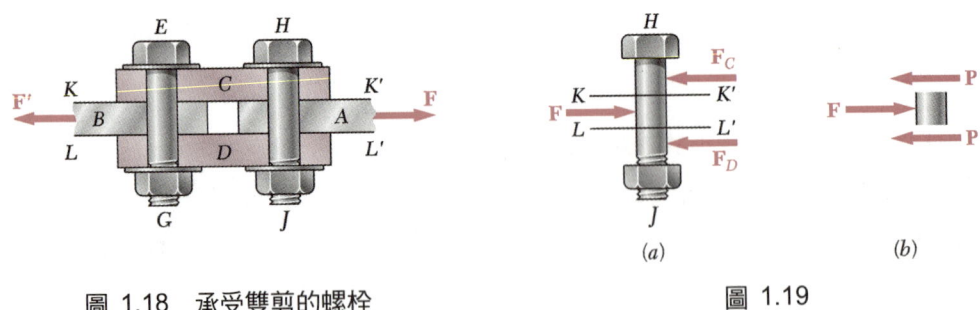

圖 1.18　承受雙剪的螺栓　　　　　　圖 1.19

1.7　連接件內之支承應力

在使用螺栓、樞銷及鉚釘等連接之構件中，沿**支承面**(bearing surface)或接觸面皆會產生應力。例如，再考究吾人在上節已討論過，使用螺栓 *CD* 連接之 *A*、*B* 兩鈑(圖 1.16)。鉚釘作用於鈑上之力 **P** 與鈑作用於鉚釘上之力 **F** 應大小相等，方向相反(圖 1.20)。力 **P** 表示分佈在直徑為 *d*，長度等於鈑厚度 *t* 之半圓柱內表面上各原力之合力。因為此力及相對應力之分佈十分複雜，故實用上吾人乃用各應力之平均標稱值 σ_b，稱為**支承應力**(bearing stress)來表出，支承應力等於載重 *P* 被鉚釘投影在鈑斷面上之矩形面積來除(圖 1.21)。因為此一矩形面積是 *td*，此處之 *t* 表鈑厚度，*d* 表鉚釘直徑，這樣即得

$$\sigma_b = \frac{P}{A} = \frac{P}{td} \tag{1.11}$$

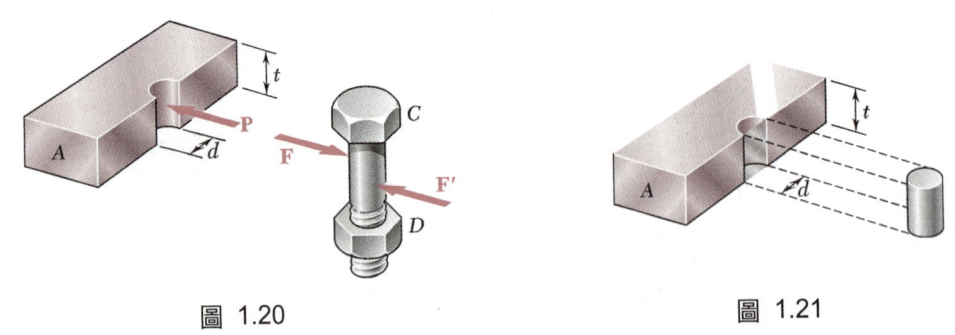

圖 1.20　　　　　　　　　　　　圖 1.21

1.8　在簡單結構分析及設計中之應用

在此吾人已能求出不同簡單平面結構構件及連接構件中之應力，即可據以設計該等結構。

第 1 章 概述—應力觀念

試考究前在 1.2 節中,圖 1.1 所示之結構為例,吾人再定出在 A、B 及 C 處之支撐點及連接件,如圖 1.22 所示,直徑 20 mm 拉桿兩端係 20×40 mm 矩形斷面之平端,而桿 AB 卻是 30×50 mm 矩形斷面,並在 B 端點裝設一馬蹄鉤。兩構件在 B 點用一樞銷連接,而 30 kN 載重則用一 U 型托架吊於其下。桿 AB 在 A 點用一樞銷插入一雙托架支持,吊桿 BC 則在 C 點用一樞銷插入一單托架連接。所有樞銷之直徑皆為 25 mm。

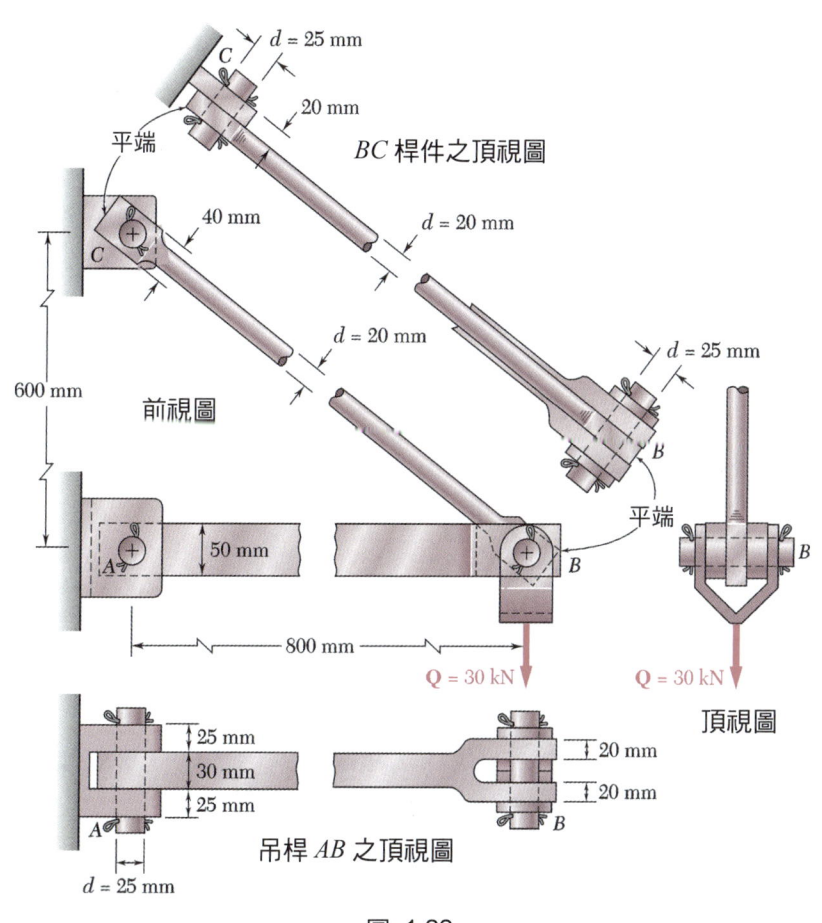

圖 1.22

a. 吊桿 AB 及拉桿 BC 中正交應力之決定

吾人已在 1.2 及 1.4 節中求得 BC 桿中之力是 $F_{BC}=50$ kN(拉力),其圓形斷面積是 $A=314\times10^{-6}$ m^2,相應之平均正交應力是 $\sigma_{BC}=+159$ MPa。然而此桿件之扁平部分亦承載拉力,在有孔之最狹斷面,其面積為

$$A=(20\text{ mm})(40\text{ mm}-25\text{ mm})=300\times10^{-6}\text{ m}^2$$

故應力之相應平均值為

$$(\sigma_{BC})_{端點} = \frac{P}{A} = \frac{50 \times 10^3 \text{ N}}{100 \times 10^{-6} \text{ m}^2} = 167 \text{ MPa}$$

注意此為一平均值；靠近孔處，實際之應力將大於此平均值，此部分吾人將在 2.18 節中闡述。很明顯的，在載重增加之情況下，桿件將在任一孔附近而非在圓柱部分破壞；是以其設計應增加桿件兩扁平端之寬度或厚度而使該部分加強。

現再來研析吊桿 AB，在 1.2 節吾人曾求得吊桿中之力是 $F_{AB} = 40$ kN(壓力)。因吊桿之矩形斷面積是 $A = 30$ mm $\times 50$ mm $= 1.5 \times 10^{-3}$ m^2，故桿件在樞銷 A 及 B 間主要部分之正交應力平均值是

$$\sigma_{AB} = -\frac{40 \times 10^3 \text{ N}}{1.5 \times 10^{-3} \text{ m}^2} = -26.7 \times 10^6 \text{ Pa} = -26.7 \text{ MPa}$$

注意因吊桿是受壓力，故對樞銷之作用是推(非如 BC 對樞銷是拉)，是以在 A 及 B 處之極小面積的斷面未受應力。

b. 各連接件中剪應力之決定

為了決定螺栓、樞銷或鉚釘等連接件中之剪應力，吾人首先要很準確的求得它所連接之各構件所產生的力，因此在吾人所要研析之樞銷 C 之情況中(圖 1.23a)，須先畫其分離體圖，如圖 1.23b 所示，要示出構件 BC 作用於樞銷上之力 50 kN 以及由托架作用之大小相等、方向相反的力。其次再畫出樞銷在位於剪應力發生平面 DD' 以下部分之分離體圖(圖 1.23c)，故可得出在該平面中之剪力是 P = 50 kN。因樞銷之斷面積是

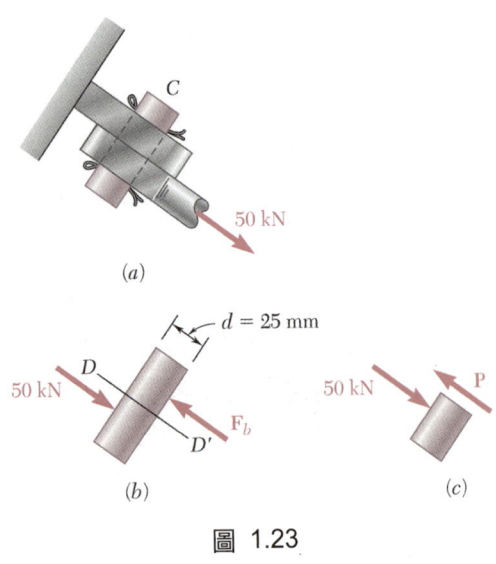

圖 1.23

$$A = \pi r^2 = \pi \left(\frac{25 \text{ mm}}{2}\right)^2 = \pi (12.5 \times 10^{-3} \text{ m})^2 = 491 \times 10^{-6} \text{ m}^2$$

是以可求得 C 處樞銷中之剪應力平均值是

$$\tau_{\text{ave}} = \frac{P}{A} = \frac{50 \times 10^3 \text{ N}}{491 \times 10^{-6} \text{ m}^2} = 102 \text{ MPa}$$

再考究在 A 點之樞銷(圖 1.24)，首先應注意該樞銷是受雙剪。畫出此樞銷及樞銷位於剪應力發生平面 DD' 及 EE' 間部分之分離體圖，觀察該圖即可得出 P = 20 kN 及

$$\tau_{ave} = \frac{P}{A} = \frac{20 \text{ kN}}{491 \times 10^{-6} \text{ m}^2} = 40.7 \text{ MPa}$$

考究在 B 點之樞銷(圖 1.25a)，即能注意到該一樞銷可分作五部分，吊桿、拉桿及托架所產生的力均作用於其上。再繼續考究 DE 部分(圖 1.25b)及 DG 部分(圖 1.25c)，即可求得斷面 E 中之剪力是 P_E=15 kN，而斷面 G 中之剪力是 P_G=25 kN，因樞銷承載之載重是對稱者，故能求得樞銷 B 中之最大剪力值是 P_G=25 kN，最大剪應力是發生在 G 及 H 斷面，而

$$\tau_{ave} = \frac{P_G}{A} = \frac{25 \text{ kN}}{491 \times 10^{-6} \text{ m}^2} = 50.9 \text{ MPa}$$

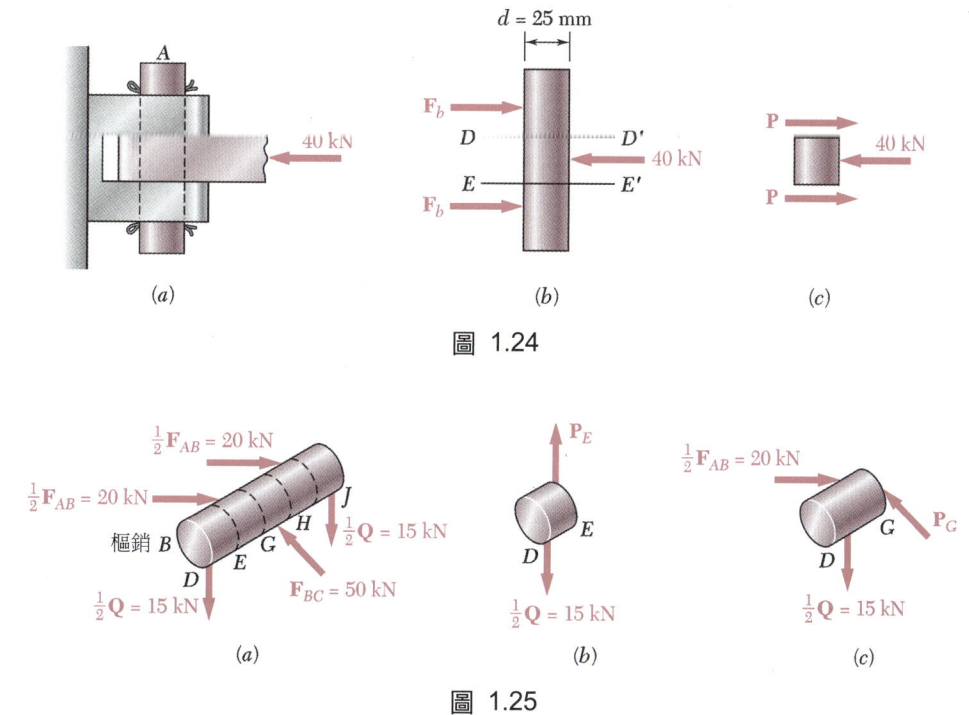

圖 1.24

圖 1.25

c. 支承剪應力之決定

為了求出構件 AB 在 A 點之正交支承應力，可應用 1.7 節中之公式(1.11)。觀察圖 1.22，可知 t=30 mm 及 d=25 mm。又知悉 P=F_{AB}=40 kN，故

$$\sigma_b = \frac{P}{td} = \frac{40 \text{ kN}}{(30 \text{ mm})(25 \text{ mm})} = 53.3 \text{ MPa}$$

為了能求得托架在 A 點之支承應力，則需用 t=2(25 mm)=50 mm 及 d=25 mm

$$\sigma_b = \frac{P}{td} = \frac{40 \text{ kN}}{(50 \text{ mm})(25 \text{ mm})} = 32.0 \text{ MPa}$$

可用相同之方法求出構件 AB 在 B 點，構件 BC 在 B 及 C 點，以及托架在 C 點等之支承應力。

1.9　解決問題之方法

處理一材料力學問題，正如處理一實際工程問題一樣，依據經驗及直覺，吾人將會發現對一問題之了解及明確陳述系統化，甚為容易。不過，一旦問題有了清楚的陳述，就由不得有個人的思維來解題，必須根據靜力學基本原理以及在本書中所學得之原理。求解的每一步皆須根據該等基礎，而非依靠直覺(intuition)。求得解答後，還須加以校核。校核時亦可依照普通常識及個人經驗觀察。如果所得答案不完全滿意，則應很小心的校核所用公式是否適當，求解採用之方法是否有效，計算精準度(accuracy)是否足夠等。

問題之陳述必須清楚及準確。問題中應包括已知數據，並指出須用之資料為何？一個經簡化之圖形應當畫出，且應示出所有必要之數值。吾人所遭遇到大多數問題之解答乃是先要求得支承點之反作用力(reaction at support)、內力(internal force)及力偶(couple)。這些求解過程，常須畫出已在 1.2 節中所陳述之一個或幾個分離體圖，從分離體圖即可寫出平衡方程式(equilibrium equation)。求解這些方程式可得出所要求之未知量，隨之即可算出所要求之應力及變形。

求出解答後，立即加以詳細校核。合理之錯誤，常可由你所用之計算單位看出，所以應校核答案之單位。例如，在 1.4 節所述桿件之設計時，在計算過程中用了不同單位，而求得桿件直徑卻需要以公釐(mm)表出，此乃正確單位，如果產生了其它單位，即可知悉可能產生某些錯誤了。

以數值代入未被用過之方程式中，通常會產生計算誤差(computation error)；是以應選用正確方程式。工程計算之重要性是很重要的。

1.10　數值精準度

一問題解答之精準度要視下述兩個項目而定：(1)已知數據之精準度；(2)計算過程中之精準度。

解答不可能比這兩項所用精準度更精準。例如，若一梁之載重已知是 75,000 N，而其可能誤差是 100 N，則此數據之相對精確度是

$$\frac{100 \text{ N}}{75,000 \text{ N}} = 0.0013 = 0.13\%$$

在計算此梁一端支承反作用力時，如果寫出答案為 14,322 N，則是無意義的。因此答案之精準度不能大於 0.13%，是以無論如何精確計算，答案中之可能誤差有可能大至 (0.13/100) (14,322 N)≈20 N。適當之答案寫法應為 14,320±20 N。

在工程問題上，已知數據之精準度很少大於 0.2%。因此對該等問題之答案，寫出之精準度很少大於 0.2%。一個實用之原則乃是如書寫出之數值，第一位數是 "1" 的話，則用四位數字，如為其它數時，則可用三位數字。除非另有規定，一問題中之已知數據應被假定是具有一很合理之精準度。例如，一 40 N 之力應寫成 40.0 N；15 N 之力則寫成 15.00 N。

現代從事實際工作之工程師及工科學生已廣泛使用袖珍計算機及電腦了。這些工具之速度及精準度，用於求很多問題之解答極為好用。不過，學生不要因為這些工具好用，而寫出比正常所要求者更多之有效位數。正如以上所述，在求實用工程問題時之解答，大於 0.2% 之精準度，可謂不需要且無意義。

範例 1.1

在圖示之吊架中，連桿 ABC 之上部分厚為 10 mm，下部分之每一桿件厚度均為 6 mm。在 B 點應用環氧樹脂膠合上下部分使之成為一體。在 A 點之樞銷直徑是 10 mm，在 C 點者之直徑是 6 mm。試求 (a) 在樞銷 A 中之剪應力，(b) 在樞銷 C 中之剪應力，(c) 在連桿 ABC 中之最大正交應力，(d) 作用在 B 點黏接面上之平均剪應力，(e) 連桿在 C 點之支承應力。

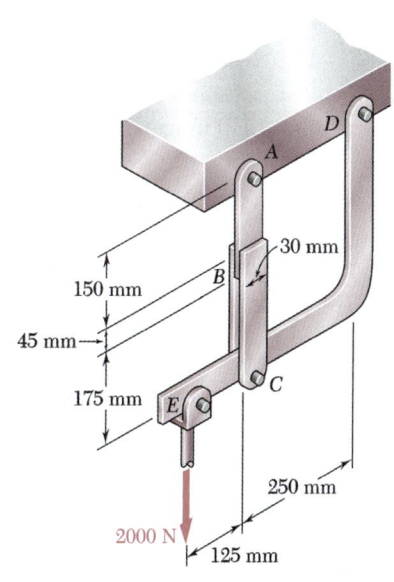

解：

分離體圖：吊架全體

因連桿 ABC 是一二力構件，故在 A 點之反作用力是垂直者；在 D 點反作用力用其分力 D_x 及 D_y 表示。故可寫出

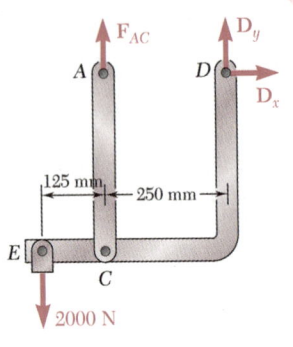

$+\circlearrowleft \Sigma M_D = 0$：　　$(2000\ N)(375\ mm) - F_{AC}(250\ mm) = 0$

$F_{AC} = +3000\ N$　　$F_{AC} = 3000\ N$　拉力

a. 在樞銷 A 中之剪應力

因為此一直徑 10 mm 的樞銷是受單剪，故得

$$\tau_A = \frac{F_{AC}}{A} = \frac{3000\ N}{\frac{1}{4}\pi(10\ mm)^2} \qquad \tau_A = 38.2\ MPa \blacktriangleleft$$

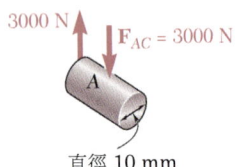

直徑 10 mm

b. 在樞銷 C 中之剪應力

因為此一直徑 6 mm 的樞銷是受雙剪，故得

$$\tau_C = \frac{\frac{1}{2}F_{AC}}{A} = \frac{1500\ N}{\frac{1}{4}\pi(6\ mm)^2} \qquad \tau_C = 53.1\ MPa \blacktriangleleft$$

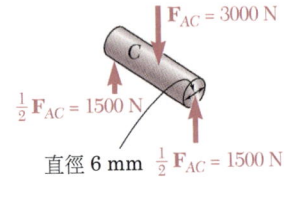

直徑 6 mm　$\frac{1}{2}F_{AC} = 1500\ N$

c. 在連桿 ABC 中之最大正交應力

最大應力發生在面積最小處；面積最小處在 A 點斷面，即在 10 mm 孔之位置處。故得

$$\sigma_A = \frac{F_{AC}}{A_{net}} = \frac{3000\ N}{(10\ mm)(30\ mm - 10\ mm)} = \frac{3000\ N}{200\ mm^2} \qquad \sigma_C = 15\ MPa \blacktriangleleft$$

d. 在 B 之平均剪應力

吾人已知悉連桿上面部分之兩側面皆有黏接力存在，作用在每一側面上之剪力是 $F_1 = (3000\ N)/2 = 1500\ N$。故每一面上之平均剪應力是

$$\tau_B = \frac{F_1}{A} = \frac{1500\ N}{(30\ mm)(45\ mm)}$$

$$\tau_B = 1.111\ MPa \blacktriangleleft$$

e. 連桿在 C 之支承應力

在連桿之每一部分，$F_1 = 1500$ N，而標稱(nominal)支承面積是 $(6 \text{ mm})(6 \text{ mm}) = 36 \text{ mm}^2$

$$\sigma_b = \frac{F_1}{A} = \frac{1500 \text{ N}}{36 \text{ mm}^2} \quad \sigma_b = 41.7 \text{ MPa} \blacktriangleleft$$

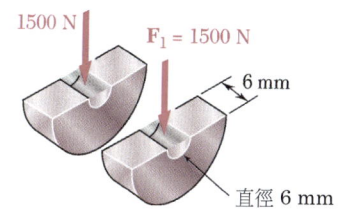

範例 1.2

圖示之鋼製鈑件，其兩端 A 及 B 點，以螺栓栓在雙托架上，使之承載一大小為 $P = 120$ kN 之拉力，此一鈑件是用厚為 20 mm 之鋼鈑製成。使用鋼材等級的最大容許應力是：$\sigma = 175$ MPa、$\tau = 100$ MPa、$\sigma_b = 350$ MPa。藉著求得下述各值以設計此鈑件：(a)螺栓直徑 d，(b)鈑件每端之尺寸 b，(c)鈑件高度尺寸 h。

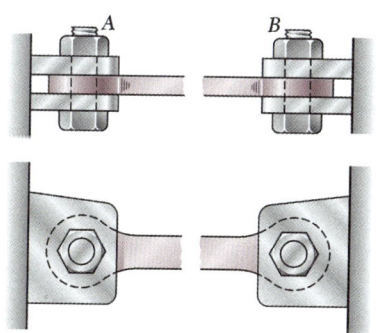

解：

a. 螺栓之直徑

因螺栓係受雙剪作用，$F_1 = \frac{1}{2}P = 60$ kN。

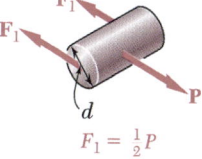

$$\tau = \frac{F_1}{A} = \frac{60 \text{ kN}}{\frac{1}{4}\pi d^2} \quad 100 \text{ MPa} = \frac{60 \text{ kN}}{\frac{1}{4}\pi d^2} \quad d = 27.6 \text{ mm} \quad \text{採用 } d = 28 \text{ mm} \blacktriangleleft$$

在鈑厚 20 mm 及直徑 28 mm 間支承應力為

$$\tau_b = \frac{P}{td} = \frac{120 \text{ kN}}{(0.020 \text{ m})(0.028 \text{ m})}$$
$$= 214 \text{ MPa} < 350 \text{ MPa} \quad \text{安全}$$

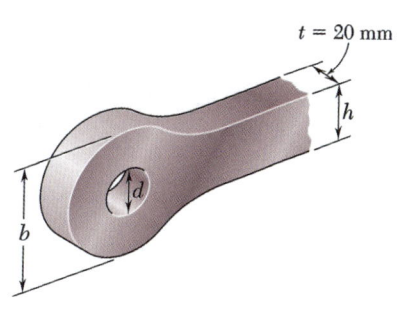

b. 決定鈑件每一端之尺寸 b

考究鈑件之一端。鋼鈑之厚度 $t=20$ mm，平均拉應力不得超過 175 MPa，因之得

$$\sigma = \frac{\frac{1}{2}P}{ta} \qquad 175 \text{ MPa} = \frac{60 \text{ kN}}{(0.02 \text{ m})a} \qquad a = 17.14 \text{ mm}$$

$$b = d + 2a = 28 \text{ mm} + 2(17.14 \text{ mm}) \qquad b = 62.3 \text{ mm} \blacktriangleleft$$

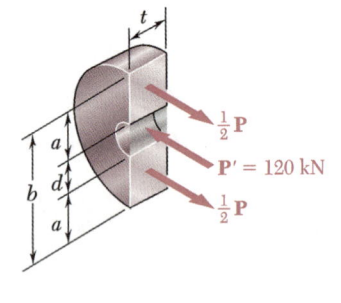

c. 決定鈑件之 h

鋼鈑厚度是 $t=20$ mm，故得

$$\sigma = \frac{P}{th} \qquad 175 \text{ MPa} = \frac{120 \text{ kN}}{(0.020 \text{ m})h} \qquad h = 34.3 \text{ mm}$$

採用 $h = 35$ mm $\blacktriangleleft$

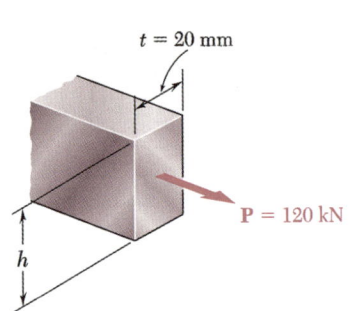

習 題

1.1 圖示兩實心圓桿 AB 及 BC 在 B 點焊接，其載重如圖所示。已知桿件 AB 及桿件 BC 之平均正交應力分別不超過 175 MPa 及 150 MPa，試求直徑 d_1 及 d_2 之最小容許值。

1.2 圖示兩實心圓桿 AB 及 BC，在 B 點焊接，其載重如圖所示。已知 $d_1 = 50$ mm，$d_2 = 30$ mm，試求 (a) AB 桿，(b) BC 桿的中央斷面之平均正交應力。

1.3 圖示兩實心圓桿 AB 及 BC，在 B 點焊接，其載重如圖所示，若桿件 AB 之張應力是桿件 BC 之壓應力的兩倍時，試求 P 力之大小。

1.4 若習題 1.3 之 $P = 160$ kN，試求 (a) AB 桿，(b) BC 桿中央斷面之平均正交應力。

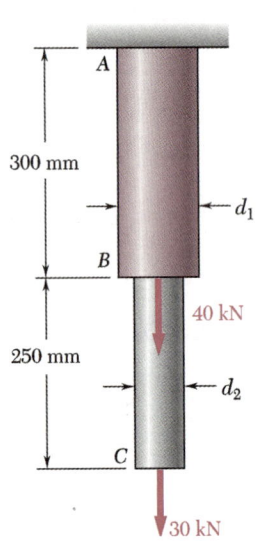

圖 P1.1 及 P1.2

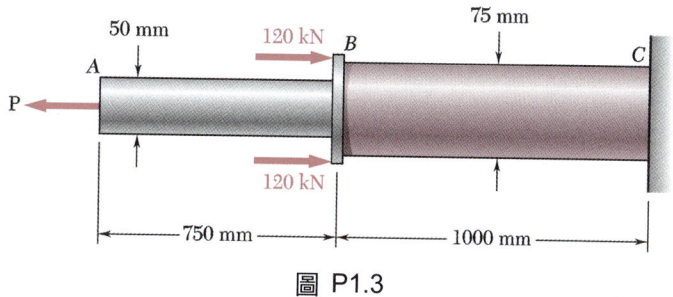

圖 P1.3

1.5 使用兩個外側有黃銅圓柱隔離件緊裹握之高強度，直徑為 16 mm 之鋼螺栓，將兩鋼鈑連接在一起，如圖示。已知螺栓中之平均正交應力不超過 200 MPa，隔離件則不超過 130 MPa，試求能滿足最經濟安全設計時，隔離件之外直徑。

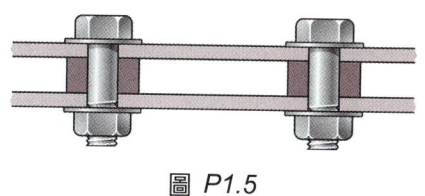

圖 P1.5

1.6 圖示兩個直徑均勻的黃銅圓桿 AB 與 BC，在 B 點，形成一個總長 100 m 的不均勻圓桿，並懸掛於 A 點。已知黃銅密度是 8470 kg/cm³，試求(a)圓桿 ABC 正交應力最大時圓桿 AB 的最小長度，(b)最大正交應力。

1.7 四支垂直連桿，每支皆為 8×36 mm 之矩形均勻斷面，使用四個樞銷連接，每一個樞銷之直徑是 16 mm。試求連接(a)B 及 D 點，(b)C 及 E 點各連桿中之平均正交應力最大值。

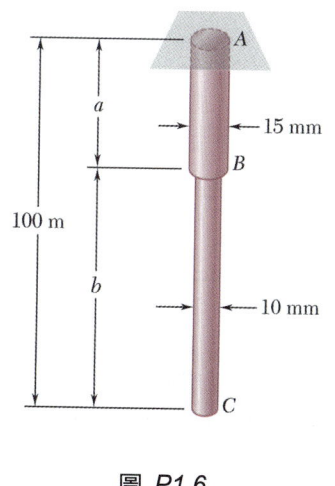

圖 P1.6

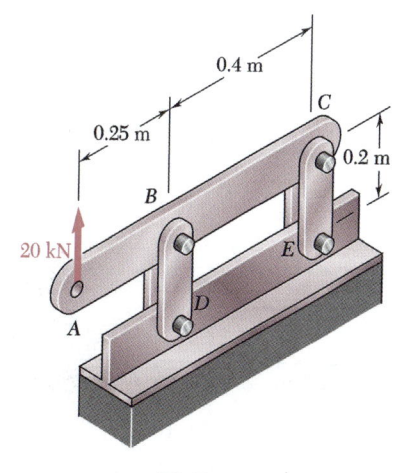

圖 P1.7

1.8 已知厚 3 mm，寬 25 mm 的連桿 DE，試求 (a) $\theta=0$，(b) $\theta=90°$ 時，連桿中心部分的正交應力。

1.9 已知連桿 BD 中間部分為均勻截面積 800 mm²，試求外力 **P** 為多少時，連桿 BD 的正交應力為 50 MPa。

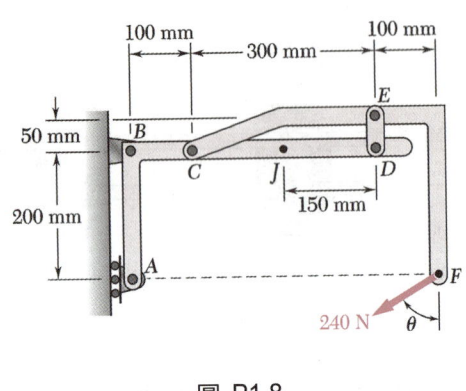

圖 P1.8　　　　　　圖 P1.9

1.10 圖示三等力 $P=4$ kN 作用在一機構上，試求，均勻圓桿 BE 的截面積為何時，其正交應力為 +100 MPa。

1.11 圖示為一透過桁架系統支撐的實心桿件 EFG，已知 CG 為直徑 18 mm 的實心圓棒，試求其正交應力。

1.12 圖示為一透過桁架系統支撐的實心桿件 EFG，如果構件 AE 的正交應力為 105 MPa，試求其橫斷面積。

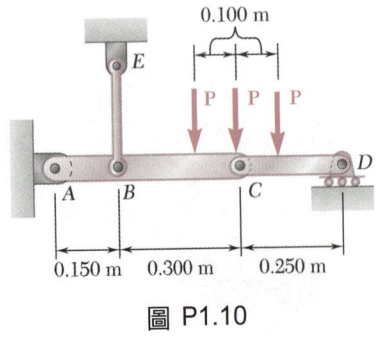
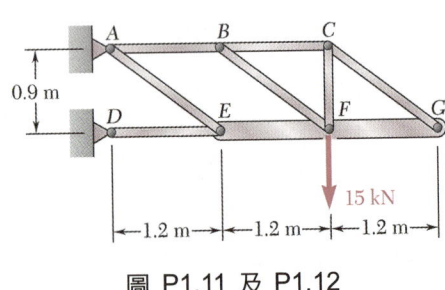

圖 P1.10　　　　　　圖 P1.11 及 P1.12

1.13 飛機牽引連桿的位置是藉由一單液壓缸的設備控制，兩者透過一直徑 25 mm 的鋼桿連接，鋼桿連接兩個相同的 DEF 裝置，整個牽引桿的質量是 200 kg，重心位置在 G 處，就圖示的位置，試求鋼桿內的正交應力。

1.14 一大小為 1500 N·m 之力偶 **M**，係作用在一引擎之曲柄處。對於圖示位置，試求 (a)使此引擎系統成平衡狀態所需之力 **P**，(b)如連桿 BC 有一均勻斷面積是 450 mm² 時，連桿之平均正交應力。

1.15 當力 **P** 增加到 8 kN 時，木製試體將會沿著圖示虛線所示切面成剪力破壞。試求在破壞時，沿該切面之平均剪應力。

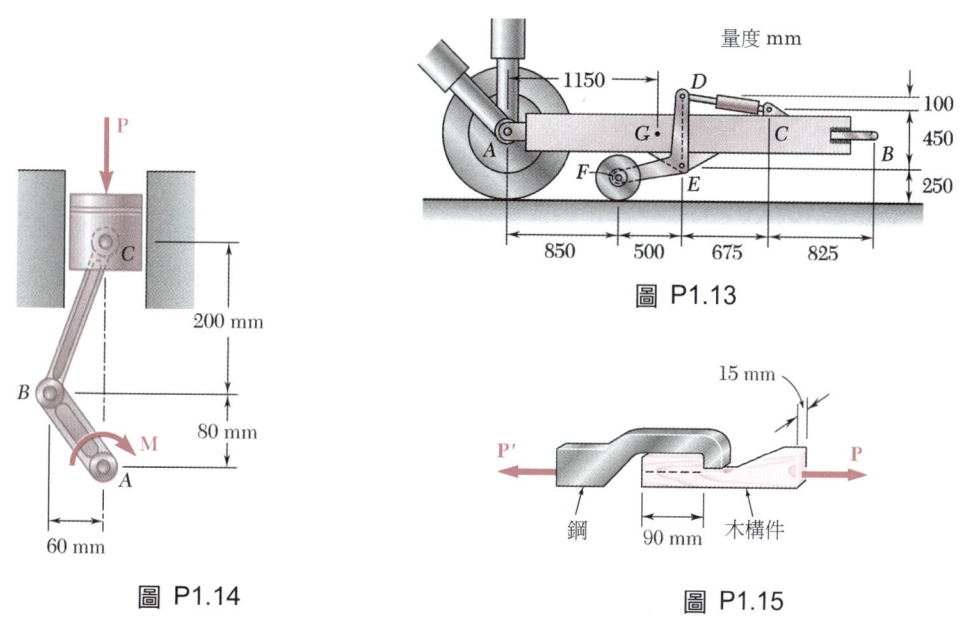

圖 P1.14

圖 P1.15

1.16 兩塊皆為 12 mm 厚，225 mm 寬之木構件，用乾榫穴(mortise)接頭相接，如圖所示。已知當平均剪應力達 8 MPa 時，木塊將會沿著木材紋路成剪力拉裂。試求造成拉裂時之軸向載重大小 P。

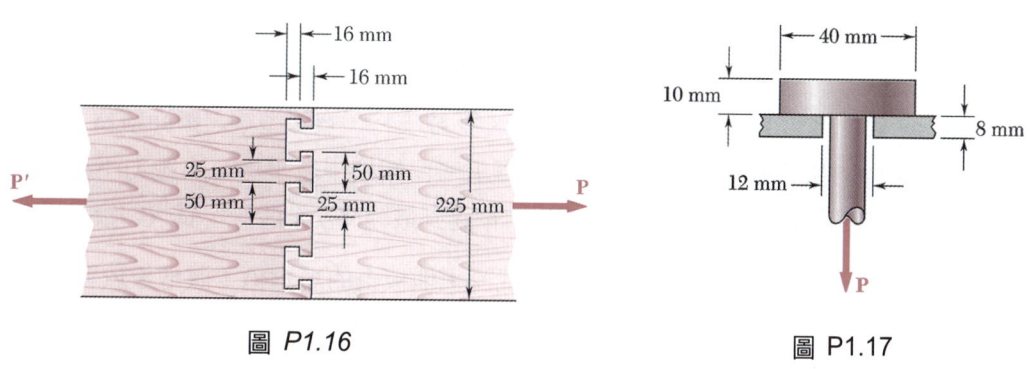

圖 P1.16

圖 P1.17

1.17　某載重 P 如附圖所示作用在一鋼桿上，鋼桿則以一鋁鈑支持，而鋁鈑上鑽有一個直徑為 12 mm 之孔。已知鋼桿內之容許剪應力不超過 180 MPa，而鋁鈑內則為 70 MPa，試求可以作用在此桿上之最大載重。

1.18　兩木板的厚度均為 22 mm，寬度則為 160 mm，以附圖所示之膠榫接頭連接。已知當膠內之平均剪應力達到 820 kPa 時，接頭即損壞。若此接頭要承受大小為 P=7.6 kN 之軸向載重，試求最小切割長度 d。

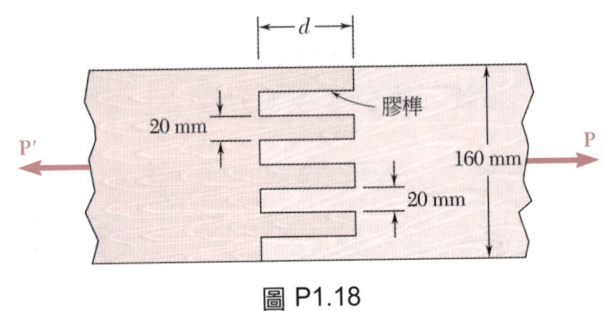

圖 P1.18

1.19　藉由環形墊圈的支撐，使施加於鋼條上的載重 P 均勻分佈在木材上，鋼條的直徑是 22 mm，墊片的內徑是 25 mm，剛好比孔的直徑大一點，已知鋼條的軸向正交應力是 35 MPa，且墊圈與木材之間的支承應力不可以超過 5 MPa，試求墊圈的最小允許外徑 d。

1.20　作用於圖示支承木梁之柱中的力是 P=75 kN。如木梁之支承應力不超過 3.0 MPa，試求支承板之最短容許長度 L。

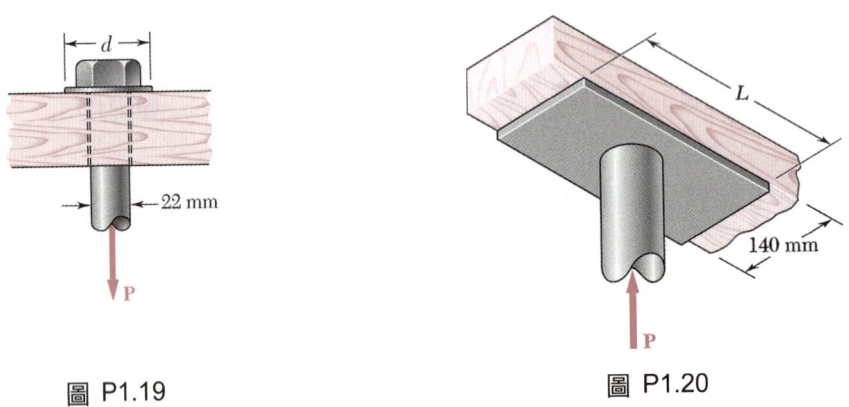

圖 P1.19　　　　　　　　圖 P1.20

1.21　圖示一軸向載重 P 由一寬緣型鋼 W200×59 柱支持，寬緣型鋼之斷面積為 A=7560 mm², 且藉著一方鈑將載重均佈於混凝土基腳上。已知柱中之平均正交應力不超過 200 MPa，混凝土基腳之支承應力不超過 20 MPa，欲達到最經濟安全設計，試求鋼鈑邊長 a。

1.22　如圖示，一軸向載重 40 kN 作用在一混凝土地板上的短木樁，該地板放置於平穩泥土上，試求(a)作用於混凝土地板的最大支承應力，(b)泥土內的平均支承應力為 145 kPa 時，地板的尺寸。

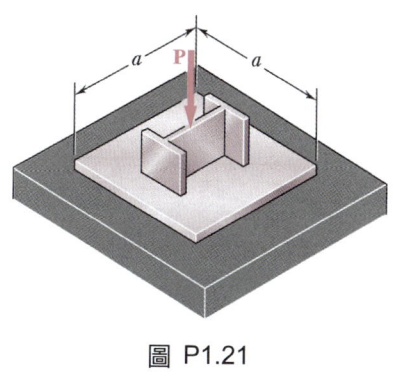

圖 P1.21

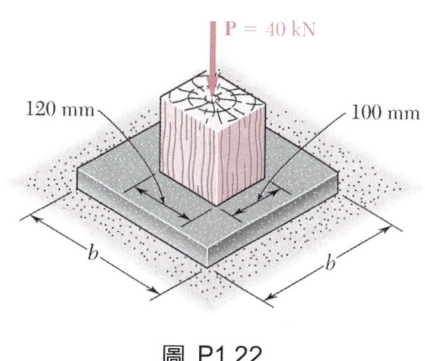

圖 P1.22

1.23 堆高機前叉的位置是由兩個相同的液壓缸連桿系統(linkage-and-hydraulic-cylinder system)控制，圖示每個系統承受 6 kN 的載重，已知構件 BD 的厚度是 16 mm，試求(a) B 點 12 mm 直徑之樞銷的平均剪應力，(b)構件 BD 中，B 點的剪應力。

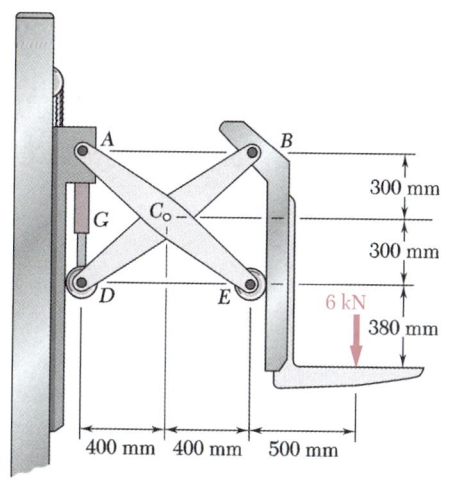

圖 P1.23

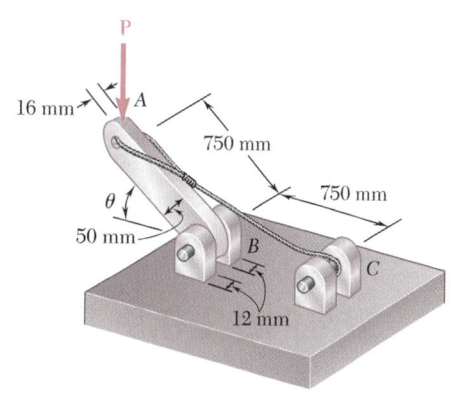

圖 P1.24 及 P1.25

1.24 已知 $\theta=40°$、$P=9$ kN，試求(a)如果樞銷平均剪應力不超過 120 MPa，B 點樞銷的最小直徑，(b)構件 AB 於 B 點處的平均支承應力，(c)B 點支撐架的平均支承應力。

1.25 已知 B 點處樞銷的直徑為 10 mm，平均剪應力不得超過 120 MPa，構件 AB 與 B 點支撐架的平均支承應力不得超過 90 MPa，試求 $\theta=60°$ 時可施加於 A 點的最大負載 **P**。

1.26 寬 $b=50$ mm，厚 $t=6$ mm 之連桿 AB，用以支持一水平梁，已知連桿中之平均正交應力是 -140 MPa，每個樞銷之平均剪應力是 80 MPa，試求(a)樞銷之直徑 d，(b)連桿中之平均支承應力。

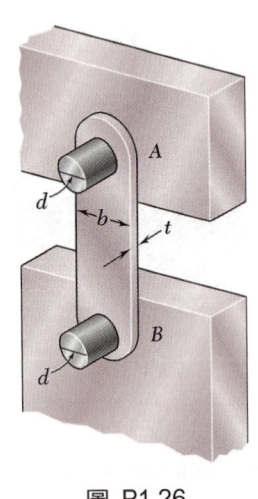

圖 P1.26

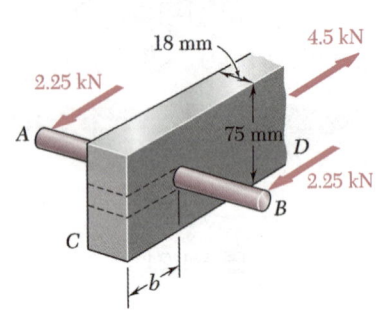

圖 P1.28

1.27 對於習題 1.7 所述之組合及載重，(a)試求 B 點之樞銷的平均剪應力，(b)試求構件 BD 在 B 點的平均剪應力，(c)已知此構件擁有均勻的矩形斷面 10×50 mm，試求構件 ABC 在 B 點的平均剪應力。

1.28 使用直徑 12 mm 之鋼桿 AB，穿過靠近木構件 CD 之 C 端一圓孔，對於圖示之載重，試求(a)木材中之最大平均正交應力，(b)當圖示虛線所指切面之平均剪應力是 620 kPa 時，b 之距離，(c)木材之平均支承應力。

1.11　受軸向載重作用下之斜面上的應力

在前幾節之討論中，吾人已知悉作用在二力構件(圖 1.26a)上之軸向力將使構件中產生正交應力(圖 1.26b)，同時且知悉，作用在樞銷及鉚釘上之橫向力(圖 1.27a)將使此等連件中產生剪應力(圖 1.27b)。由於吾人僅僅考慮並計算垂直於構件和連件軸之平面上的正交應力和剪應力，所以才能觀察到軸向力與正交應力之間的關係，以及橫向力與剪應力之間的關係。吾人在本節將會知悉，軸向力將在不與構件軸成垂直之平面產生正交及剪應力。同理，作用在一樞銷或鉚釘上之橫向力將在不與樞銷或鉚釘軸垂直之平面產生正交及剪應力。

考慮圖 1.26 所示承受軸向力 **P** 及 **P'** 作用之二力構件。如果吾人切割一平面，使與正交平面成一

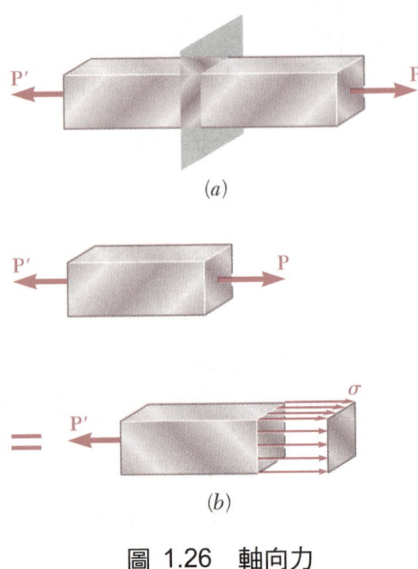

圖 1.26　軸向力

第 1 章 概述—應力觀念

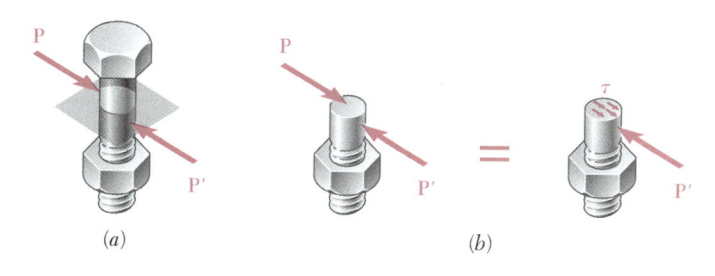

圖 1.27 橫向力

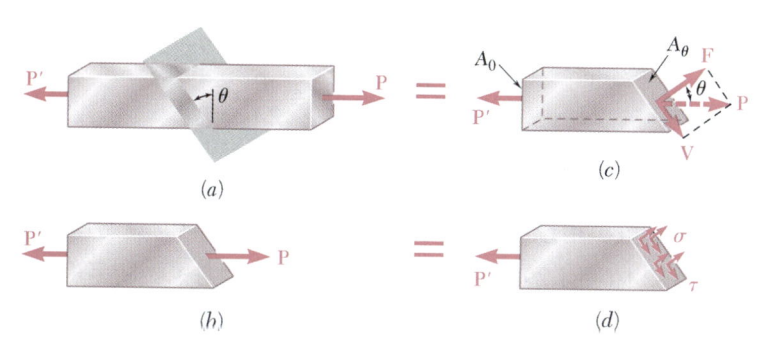

圖 1.28

夾角 θ(圖 1.28a)，畫出構件位於該斷面左側部分之分離體圖(圖 1.28b)，吾人即可從分離體之平衡條件得出作用在斷面上之分佈力必須與力 **P** 相當。

將 **P** 分解成分別與斷面正交及相切之分力 **F** 及 **V**(圖 1.28c)，吾人得

$$F = P\cos\theta \qquad V = P\sin\theta \tag{1.12}$$

力 **F** 表示分佈在斷面上各正交力之合力，而力 **V** 則為剪應力之合力(圖 1.28d)。令 F 及 V 分別被斷面之面積 A_θ 除，即可求得相對之正交及剪應力平均值為

$$\sigma = \frac{F}{A_\theta} \qquad \tau = \frac{V}{A_\theta} \tag{1.13}$$

將式(1.12)中之 F 及 V 代入式(1.13)，以及觀察圖 1.28c 得 $A_0 = A_\theta \cos\theta$ 或 $A_\theta = A_0/\cos\theta$，此處 A_0 表示與構件軸成垂直之斷面面積，由以上得

$$\sigma = \frac{P\cos\theta}{A_0/\cos\theta} \qquad \tau = \frac{P\sin\theta}{A_0/\cos\theta}$$

或

$$\sigma = \frac{P}{A_0}\cos^2\theta \qquad \tau = \frac{P}{A_0}\sin\theta\cos\theta \tag{1.14}$$

由式(1.14)中之第一式可知，正交應力在 $\theta = 0$ 時為最大(亦即當斷面平面是與構件軸垂直時)；而在 θ 趨近於 90° 時，σ 趨近於零。當 $\theta = 0$ 時，σ 值為

$$\sigma_m = \frac{P}{A_0} \tag{1.15}$$

此值可與吾人在 1.3 節求得者校核。式(1.14)中之第二式示出在 $\theta=0$ 及 $\theta=90°$ 時，剪應力 τ 等於零，而當 $\theta=45°$ 時，τ 達其最大值為

$$\tau_m = \frac{P}{A_0} \sin 45° \cos 45° = \frac{P}{2A_0} \tag{1.16}$$

而式(1.14)之第一式指出，$\theta=45°$ 時，正交應力 σ' 亦等於 $P/2A_0$；即

$$\sigma' = \frac{P}{A_0} \cos^2 45° = \frac{P}{2A_0} \tag{1.17}$$

用式(1.15)、(1.16)及(1.17)求得之結果乃在圖 1.29 中以圖解方式示出。吾人由該等圖可看出，同樣之載重，可以產生正交應力 $\sigma_m = P/A_0$，但無剪應力(圖 1.29b)，亦可產生同等大小 $\sigma' = \tau_m = P/2A_0$(圖 1.29c 及 d)之正交應力及剪應力，視所考慮斷面之方向而定。

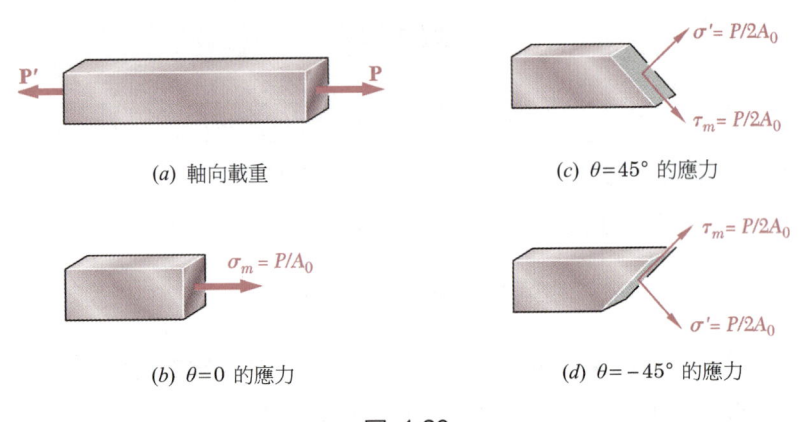

(a) 軸向載重

(b) $\theta=0$ 的應力

(c) $\theta=45°$ 的應力

(d) $\theta=-45°$ 的應力

圖 1.29

1.12 廣義載重條件下之應力；應力分量

前述各節舉例中，乃限於在軸向載重下之構件及在橫向載重下之連接件。但大部分結構構件及機器組件所承受之載重情況則遠較此複雜。

今考慮一個承受幾個載重 P_1, P_2, ……等作用之物體(圖 1.30)。要了解此等載重在物體內之某點 Q 所產生之應力狀況，吾人首先截取一通過 Q 之斷面，令其與 yz 面平行。斷面左側之物體部分，受到若干原有載重，以及分佈在整個斷面上之正交及剪力作用。吾人將分別用 $\Delta \mathbf{F}^x$ 及 $\Delta \mathbf{V}^x$ 表示作用在 Q 點周圍一小面積 ΔA 上之正交力及剪力(圖 1.31a)。注意上角號 x 用以指出 $\Delta \mathbf{F}^x$ 及 $\Delta \mathbf{V}^x$ 作用在與 x 軸垂直之平面上。其中正交力

第 1 章 概述—應力觀念

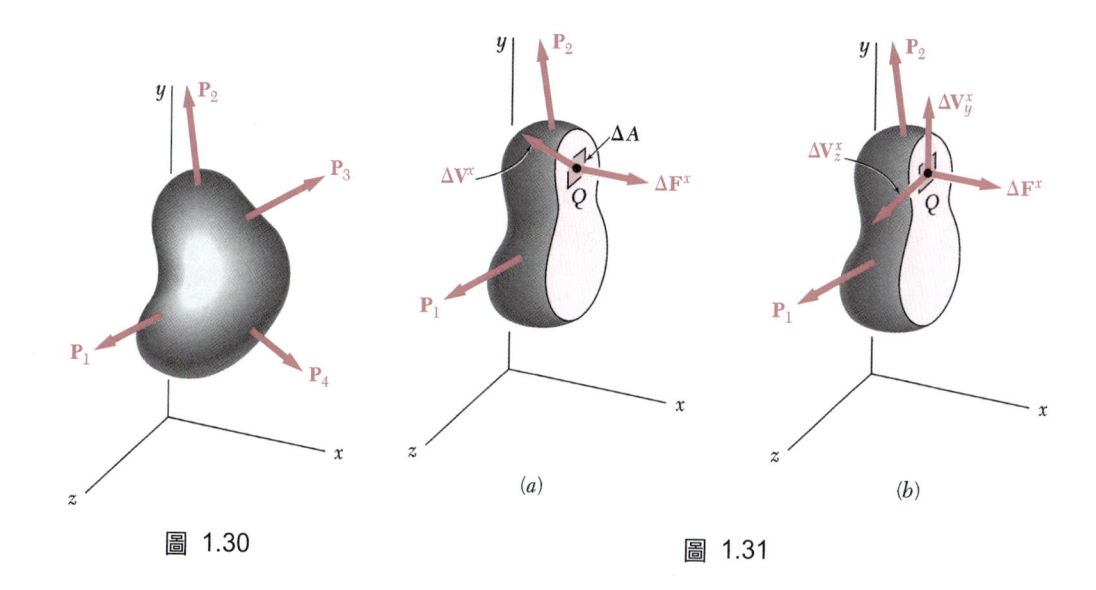

圖 1.30

圖 1.31

$\Delta \mathbf{F}^x$ 有一明確之作用方向，而剪力 $\Delta \mathbf{V}^x$ 在斷面平面中卻可能有任何方向。吾人因此乃將 $\Delta \mathbf{V}^x$ 分解為兩個方向分別平行於 y 及 z 軸之分力 $\Delta \mathbf{V}_y^x$ 及 $\Delta \mathbf{V}_z^x$ (圖 1.31b)。現在用面積 ΔA 去除每一力之大小，並令 ΔA 趨近於零，吾人即可定義出三個應力分量(stress components)，如圖 1.32 所示

$$\sigma_x = \lim_{\Delta A \to 0} \frac{\Delta F^x}{\Delta A}$$

$$\tau_{xy} = \lim_{\Delta A \to 0} \frac{\Delta V_y^x}{\Delta A} \qquad \tau_{xz} = \lim_{\Delta A \to 0} \frac{\Delta V_z^x}{\Delta A}$$

(1.18)

應予注意者，σ_x、τ_{xy}、τ_{xz} 腳注中第一字母係用以表示所考慮之應力乃是作用在與 x 軸垂直之平面上。τ_{xy} 及 τ_{xz} 之腳注第二字母表示分量之方向。如表應力之箭矢是指向正 x 方向，即物體受拉力，則正交應力 σ_x 是正，否則為負。同理，如表剪應力分量 τ_{xy} 及 τ_{xz} 箭矢分別是指向正 y 及 z 方向，則該等 τ_{xy} 及 τ_{xz} 為正。

上述分析亦可透過考慮過 Q 處於垂直平面右側之物體部分而進行(圖 1.33)。分析後亦能得出同值之正交力及剪力 $\Delta \mathbf{F}^x$、$\Delta \mathbf{V}_y^x$ 及 $\Delta \mathbf{V}_z^x$，但方向卻相反。因此亦能求得相對之同值應力分量，但因在圖 1.35 中之斷面面向負 x 軸，σ_x 之正號將表示相應之箭矢應指向負 x 方向。同理，τ_{xy} 及 τ_{xz} 之正號將表示相應之箭矢分別指向負 y 及 z 方向，如圖 1.33 所示。

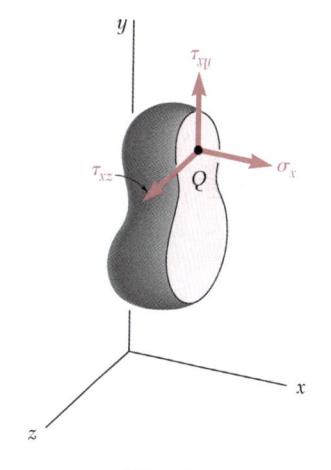

圖 1.32

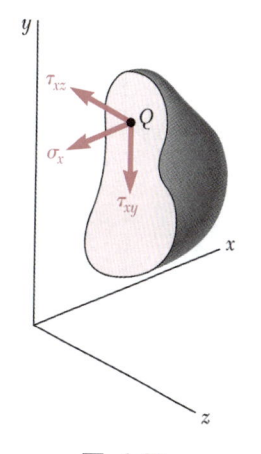

圖 1.33

29

過 Q 且與 zx 面平行切取一斷面，吾人可用相同方式定義應力分量 σ_y、τ_{yz} 及 τ_{yx}。最後，過 Q 且與 xy 面平行切取斷面亦即可定義分量 σ_z、τ_{zx} 及 τ_{zy}。

為了能順利的觀察在 Q 點之應力條件，吾人乃可考慮一中心在 Q，邊長為 a，每一面均有應力作用之微小立方體(圖 1.34)。圖中示出之應力分量是 σ_x、σ_y 及 σ_z，此三分量分別表示作用在與 x、y 及 z 軸垂直平面上之正交應力，圖中亦示出六個剪應力分量 τ_{xy}、τ_{xz} 等。吾人依照剪應力分量之定義可知悉，τ_{xy} 表示作用在與 x 軸垂直平面上剪應力之 y 分量，同時 τ_{yx} 表示作用在與 y 軸垂直平面上剪應力之 x 分量。應注意立方體實際上只有三面能在圖 1.34 看見，而吾人應了解，另有大小相等，方向相反之應力分量作用在隱藏平面上。作用在立方體各面上之應力與作用在 Q 之應力略有不同，但引起之誤差很小，當立方體邊長 a 趨近於零時，誤差即會消除。

以下將要導出各剪應力分量間之重要關係。吾人茲考慮一中心在 Q 點之微小立方體的分離體圖(圖 1.35)。用立方體各面之面積 ΔA 乘以相應之應力分量，即可求得作用在立方體各面上之正交力及剪力。可寫出下述三平衡方程式：

$$\Sigma F_x = 0 \qquad \Sigma F_y = 0 \qquad \Sigma F_z = 0 \tag{1.19}$$

因為圖 1.35 示出之各力，實際上尚有大小相等，方向相反之力，作用在立方體之隱藏面；顯然式(1.19)能夠滿足。現再考究各力對由 Q 方向分別平行於 x、y 及 z 軸之 Qx'、Qy' 及 Qz' 軸的力矩，即可導出另外三個方程式

$$\Sigma M_{x'} = 0 \qquad \Sigma M_{y'} = 0 \qquad \Sigma M_{z'} = 0 \tag{1.20}$$

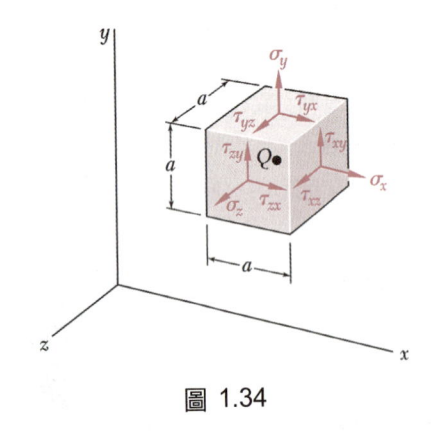

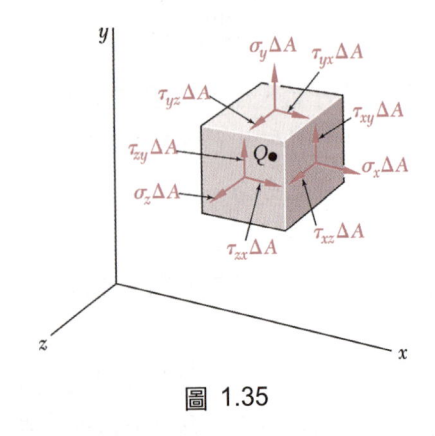

圖 1.34

圖 1.35

使用在 $x'y'$ 面上(圖 1.36)之投影,吾人即可得知,對 z 軸能產生不為零的力矩之力,只有剪力。此等力形成兩力偶,一個是反時針方向(正)力矩是 $(\tau_{xy} \Delta A)a$,另一乃是順時針方向(負)力矩是 $-(\tau_{yx} \Delta A)a$。由此可得式(1.20)所述三個方程式之最後一個為

$$+\circlearrowleft \Sigma M_z = 0 : \quad (\tau_{xy} \Delta A)a - (\tau_{yx} \Delta A)a = 0$$

由上式得

$$\tau_{xy} = \tau_{yx} \tag{1.21}$$

此一關係示出,作用在與 x 軸垂直平面上之剪應力的 y 分量應等於作用在與 y 軸垂直平面上之剪應力的 x 分量。從式(1.20)之其餘兩方程式,應用相似方法亦能得出關係

$$\tau_{yz} = \tau_{zy} \qquad \tau_{zx} = \tau_{xz} \tag{1.22}$$

從式(1.21)及(1.22),吾人可得之結論是,定義某一定點 Q 上之應力條件,只需要六個應力分量——非為原始假定之九個。此六個分量是 σ_x、σ_y、σ_z、τ_{xy}、τ_{yz} 及 τ_{zx}。吾人亦能知悉,在該一定點,**剪力不會只在一平面中發生**;一相等之剪應力必須作用在與第一個成垂直之另一平面上。例如,再考慮圖 1.27 中之鉚釘以及在鉚釘中心 Q 處之一微小立方體(圖 1.37a),吾人可得悉,大小相等之剪應力必須作用在立方體之兩水平面上,並作用在與力 **P** 及 **P′** 成垂直之兩面上(圖 1.37b)。

在結束吾人有關應力分量討論前,吾人再考慮一下承受軸向載重之構件情況。如果吾人考慮一個各面分別與構件各面平行之微小立方體,並利用 1.11 節所得之結論就可發現構件中的應力情況可由圖 1.38a 來說明。僅有之應力乃是作用在立方體中與 x 軸垂直各面上之正交應力 σ_x。然而如使微小立方體繞 z 軸轉動 $45°$,則其新方向與圖 1.29c 及 d 中所考慮斷面之方向相合,吾人即能得知,有大小相等之正交及剪應力作用在立方體之四面上(圖 1.38b)。因此吾人可以得悉,同樣之載重情況,對某一定點會引起應力情況之不同結論,要視所考慮立方體元素之方向而定。有關此一研析之更詳細討論將在第 7 章為之。

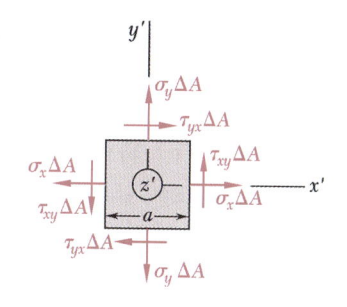

圖 1.36

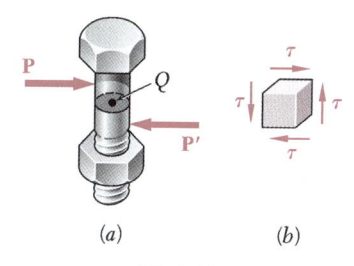

圖 1.37

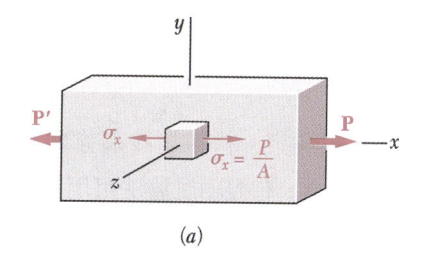

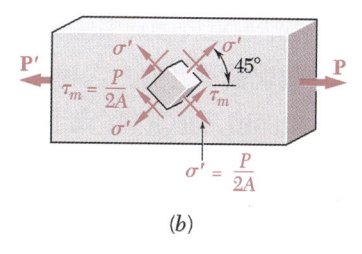

圖 1.38

1.13 設計考慮

在上述各節中,吾人已研析了如何決定桿件、螺栓及樞銷在簡單載重情況下之應力。在以後各章,吾人將會學習在更複雜之情況去求解應力。然而在工程應用方面,應力之決定並非最終目的。工程師使用應力知識乃是冀望該一知識能幫他作最安全且最經濟之結構及機器設計,且能達成特定功能。

a. 材料極限強度之決定

設計者需要考慮之一重要問題乃是其所選用之材料,在一定載重下,其性能為何。就某一材料而言,此項工作可對該一材料試體作某些特定試驗而達成。例如,吾人可先準備鋼之試體,然後將其置於如 2.3 節所述之試驗室之試驗機下,承受已知的中心軸向拉力作用。當施加之力增大時,吾人可量度其各種變化如長度及直徑變化等。最後在施加至試體上之力最大達到時,此試體不是破裂,就是承載之載重開始減小了。此一最大力稱為該試驗試體之極限載重(ultimate load),可用 P_U 表示。因施加載重是中心載重,吾人可使極限載重被桿件原有斷面積除,即可求得該材料之極限正交應力。此一應力亦稱為該材料之極限拉力強度(ultimate strength in tension),即為

$$\sigma_U = \frac{P_U}{A} \tag{1.23}$$

欲決定一材料之極限剪應力(ultimate shearing stress)或極限剪力強度(ultimate strength in shear),有幾項試驗法可用。最常用之一項乃是作圓管之扭轉(twisting)試驗(見 3.5 節)。一個較直接,準確度較差之試驗,乃是將一矩形或圓形桿件置於一剪力試驗機(圖 1.39)中,完全夾緊,然後施加載重 P,逐漸增加 P 直至單剪之極限載重 P_U 達到為止。如將試體之自由端靜置於強硬模座(圖 1.40)之兩邊,即可求得雙剪之極限載重。在任一種情況,使極限載重被承受剪力之總面積除,即能求得極限剪應力 τ_U。由前述可知,就單剪而言,此項面積乃是試體之斷面積,但在雙剪中,該一面積應等於斷面積之兩倍。

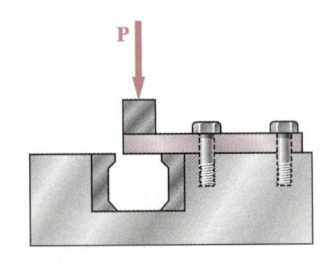

圖 1.39　單剪測試　　　　圖 1.40　雙剪測試

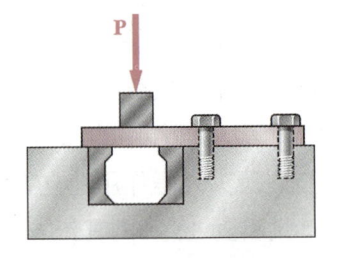

b. 容許載重及容許應力；安全因數

　　一結構構件或機器組件在正常運轉情況下所容許承載之載重遠比極限載重小。此一較小載重常稱為**容許載重**(allowable load)，有時亦稱為**工作載重**(working load)或**設計載重**(design load)。因此，所施加之當容許載重，只利用了構件極限承載容量之一部分而已。構件極限承載容量之其它部分則能確保其安全運作。極限載重對容許載重之比值被定義為**安全因數**(factor of safety)。† 吾人可寫作

$$\text{安全因數} = F.S. = \frac{\text{極限載重}}{\text{容許載重}} \tag{1.24}$$

安全因數之另一定義乃根據應力而得

$$\text{安全因數} = F.S. = \frac{\text{極限應力}}{\text{容許應力}} \tag{1.25}$$

當載重與應力成線性關係時，式(1.24)及(1.25)所示兩種安全因數之結果相同。然而在大部分工程應用中，當載重趨近於極限載重時，前述關係多半不屬線性，是以利用式(1.25)所求得之安全因數，對已知設計，無法得到一真正安全評估。不過根據式(1.25)所用之**容許應力設計方法**，卻在廣泛使用著。

c. 適當安全因數之選擇

　　於不同工程中，如何選擇安全因數值是最重要工程項目之一。一方面如選用之安全因數值太小，則破壞之機率變得大至無法接受，另一方面若選用之安全因數大至不需要之程度，其結果必是一不經濟或非功能性之設計。適用於某一設計之安全因數值，需要根據多方面考慮而作出工程判斷，常考慮之因素有：

1. **構件所用材料之性質可能發生變化**　材料之組成，強度及尺度在製造時，多少會有些變化。此外，在儲藏、運輸或建構的過程中，材料的性質亦會因加熱或變形而有所改變，也有可能產生殘留應力。

2. **在結構或機器使用期間預期之載重次數**　對於大多數材料，當載重次數增加時，極限應力會減小。此一現象稱為**疲勞**(fatigue)。如果不加考慮，可能會造成突然之破壞(參見 2.7 節)。

3. **設計時所考慮的或將來可能發生的載重型式**　只有極少數之載重才能安全準確的得知——大多數設計載重皆是工程師之估計。此外，當機件之未來用途改變或變化時，亦可使得實際載重不同。當載重屬於動力，循環式或衝擊性者，應使用較大之安全因數。

---

† 在某些工程領域，如航空工程，不用安全因數，而是用**安全裕度**(margin of safety)一詞。安全裕度之定義乃是安全因數減一；即安全裕度 = $F.S. - 1.00$。

4. **可能會發生之破壞型式** 脆性材料之破壞很突然,通常在破裂即要發生時,不會有任何事前警告。但就延性材料像結構鋼材而言,在破壞發生前,該等材料會發生一種稱為降伏(yielding)之變形情況,這就等於提出警告說,已經超載了。不過,大多數屈曲(buckling)或穩定破壞,不管材料是不是脆性,皆是突然發生的。在有可能發生突然性破壞的情況下,應選用比有上述警告信號(破壞徵兆)的材料更大的安全因數。

5. **分析方法的不可靠性** 所有設計方法皆根據某些簡化假定,這些假定使得計算出之應力乃是實際應力之近似值。

6. **由於保養不良或由於無法避免之天然因素使得材料在使用期間變質惡化** 在若干條件不良如生鏽及衰退等控制困難,甚至不易發現的場所,需要使用更大之安全因數。

7. **已知構件對整個結構物之重要性** 托架或次要構件在很多設計情況使用之安全因數較低,而基本構件所用之安全因數較高。

除了上述因素外,尚有其它考慮之因素,例如一結構物破壞後,對生命及財產造成之危險或損害有多大。若破壞處不產生有危害生命之事,對財產之損害輕微,則可使用較小之安全因數。最後尚有一實用上之考慮,即除非設計是審慎細心,且使用不過大之安全因數,否則該一結構物或機器可能不會完成其設計功能。例如選用安全因數很高之值,對飛機重量可能造成無法接受之影響。

對於極大多數之結構及機器設計應用,安全因數已在設計規範或建築規則中列出,這些規範或規則由經驗豐富的工程師與專業學會、企業界,或與聯邦、州、或市政當局等共同定出。該等設計規範及建築規則之例子有:

1. **鋼** 美國鋼鐵結構協會(American Institute of Steel Construction)、鋼建築房屋規範(Specifications for Structural Steel Buildings)。
2. **混凝土** 美國混凝土協會(American Concrete Institute)、結構混凝土建築法規規範(Building Code Requirement for Structural Concrete)。
3. **木材** 美國林業及紙業學會(American Forest and Paper Association)、全國應力級木料與其構件之設計規範(National Design Specifications for Wood Construction)。
4. **公路橋梁** 美國州際公路員工協會(American Association of State Highway Officials)、公路橋梁標準規範(Standard Specifications for Highway Bridges)。

*d. **載重及阻力因數設計**

吾人已知悉,應用容許應力設計法對結構或機器組件作設計時,係將設計時所有不確定因素皆歸納為單一安全因素來作考慮。另一主要為結構工程師所用之設計方法,係

用三種不同因數以分辨結構物本身之不確定性與設計支持載重間的不確定性。此一方法稱為載重及阻力因數設計法(Load and Resistance Factor Design, LRFD)。乃使設計者對活載重(live load)P_L之不確定性及死載重(dead load)P_D間作一區別處理，活載重係指結構物所支持之載重，死載重係指總載重中結構物本身之重量。

用此方法作設計時，首先要決定極限載重 P_U，極限載重乃指結構物遭到破壞時之載重。如果下述不等式能夠成立，此一建議設計方法將可獲得接受

$$\gamma_D P_D + \gamma_L P_L \leq \phi P_U \tag{1.26}$$

係數 ϕ 稱為阻力因數(resistance factor)，此因數要考慮結構物本身之不確定性，通常是小於 1。係數 γ_D 及 γ_L 稱為載重因數(load factor)，分別為死載重及活載重之不確定性，兩者通常都大於 1，且 γ_L 常大於 γ_D。本章、第 5 及 10 章將有幾個用 LRFD 求解之例題或指定習題，但本書中採用容許應力設計法。

範例 1.3

圖示托架 BCD 受到二力作用。(a)已知控制桿 AB 是用極限正交應力為 600 MPa 之鋼製成，若此桿件的破壞安全因數為 3.3，試求此桿之直徑。(b)在 C 點之樞銷是用極限剪應力 350 MPa 之鋼製成，若此樞銷之剪應力安全因數亦為 3.3，試求樞銷 C 之直徑。(c)已知所用鋼之容許支承應力是 300 MPa，試求在 C 點支承托架所需之厚度。

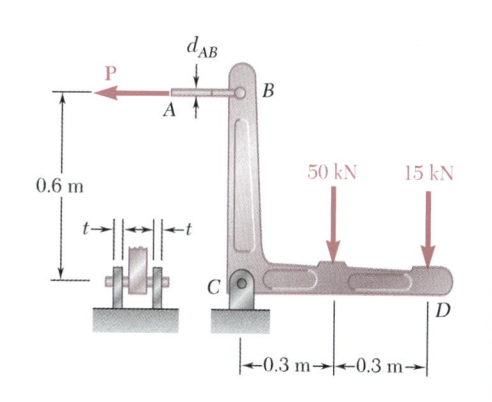

解：

分離體

整個托架在 C 點之反作用力用其分力 C_x 及 C_y 表示

$+\circlearrowleft \Sigma M_C = 0$ ： $P(0.6 \text{ m}) - (50 \text{ kN})(0.3 \text{ m}) - (15 \text{ kN})(0.6 \text{ m}) = 0$ $P = 40 \text{ kN}$

$\Sigma F_x = 0$ ： $C_x = 40 \text{ k}$

$\Sigma F_y = 0$ ： $C_y = 65 \text{ kN}$ $C = \sqrt{C_x^2 + C_y^2} = 76.3 \text{ kN}$

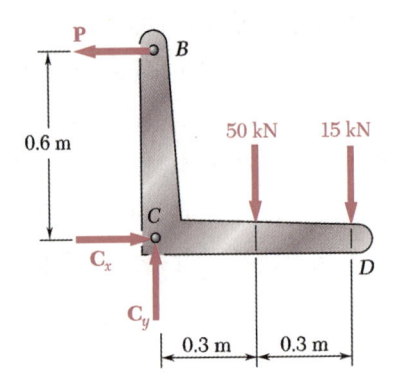

a. 控制桿 AB

因安全因數是 3.3，故容許應力是

$$\sigma_{\text{all}} = \frac{\sigma_U}{F.S.} = \frac{600 \text{ MPa}}{3.3} = 181.8 \text{ MPa}$$

$P = 40$ kN 時，需用之斷面積是

$$A_{\text{req}} = \frac{P}{\sigma_{\text{all}}} = \frac{40 \text{ kN}}{181.8 \text{ MPa}} = 220 \times 10^{-6} \text{ m}^2$$

$$A_{\text{req}} = \frac{\pi}{4} d_{AB}^2 = 220 \times 10^{-6} \text{ m}^2 \qquad d_{AB} = 16.74 \text{ mm} \blacktriangleleft$$

b. 樞銷 C 中之剪力

安全因數用 3.3，故

$$\tau_{\text{all}} = \frac{\tau_U}{F.S.} = \frac{350 \text{ MPa}}{3.3} = 106.1 \text{ MPa}$$

因樞銷是受雙剪，故

$$A_{\text{req}} = \frac{C/2}{\tau_{\text{all}}} = \frac{(76.3 \text{ kN})/2}{106.1 \text{ MPa}} = 360 \text{ mm}^2$$

$$A_{\text{req}} = \frac{\pi}{4} d_C^2 = 360 \text{ mm}^2 \quad d_C = 21.4 \text{ mm} \qquad 選用：d_C = 22 \text{ mm} \blacktriangleleft$$

樞銷市貨之略大尺寸是直徑 22 mm，應予選用。

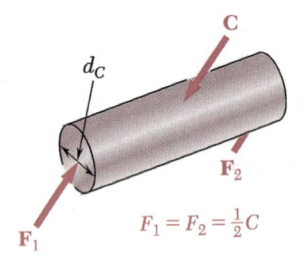

c. 在 C 之支承

前已用 $d=22$ mm，故每一托架之標稱支承面積為 $22t$。因每一托架承載之力是 $C/2$，容許支承應力是 300 MPa，故

$$A_{req} = \frac{C/2}{\sigma_{all}} = \frac{(76.3 \text{ kN})/2}{300 \text{ MPa}} = 127.2 \text{ mm}^2$$

因此 $22t=127.2$，$t=5.78$ mm

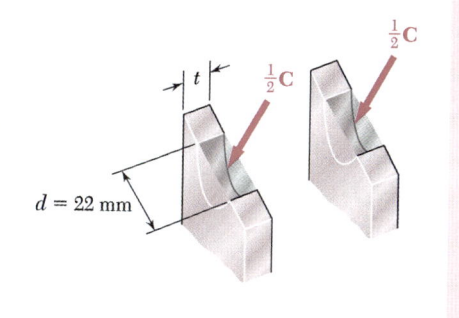

選用：$t=6$ mm ◀

範例 1.4

剛性 BCD 梁用螺栓與控制桿在 B 點相連，與液壓筒在 C 點相連，並與固定支座在 D 點相連。使用螺栓之直徑是 $d_B=d_D=10$ mm，$d_C=12$ mm。每一螺栓均為雙剪作用，乃用極限剪應力為 $\tau_U=280$ MPa 之鋼製造。控制桿 AB 之直徑為 $d_A=11$ mm，用極限拉應力為 $\sigma_U=420$ MPa 之鋼製造。如整體之最小安全因數為 3.0。試求液壓筒在 C 點可施加的最大向上作用力。

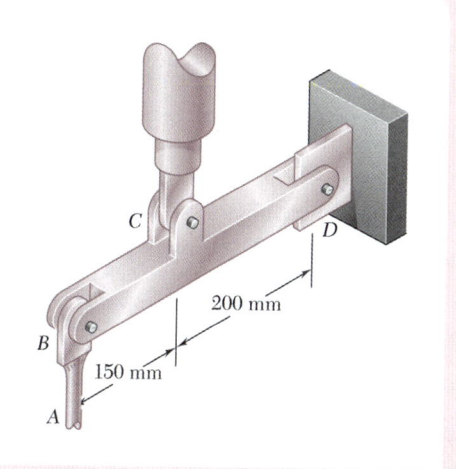

解：

在三螺栓及控制桿中，關係破壞所用之安全因數為 3.0 或更大。本題有四個獨立要求必須滿足，故應個別考慮。

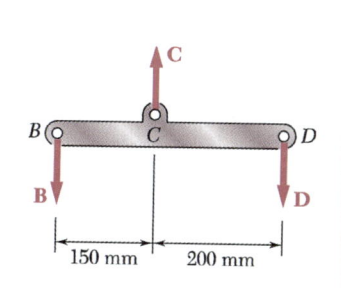

分離體：梁 BCD

吾人首先要以 B 點和 D 點之力求出 C 點之力。

$+\circlearrowleft\Sigma M_D = 0：\qquad B(350 \text{ mm}) - C(200 \text{ mm}) = 0 \qquad C = 1.750B \qquad (1)$

$+\circlearrowleft\Sigma M_B = 0：\qquad -D(350 \text{ mm}) + C(150 \text{ mm}) = 0 \qquad C = 2.33D \qquad (2)$

控制桿

安全因數用 3.0，則得

$$\sigma_{\text{all}} = \frac{\sigma_U}{F.S.} = \frac{420 \text{ MPa}}{3.0} = 140 \text{ MPa}$$

控制桿中之容許力是

$$B = \sigma_{\text{all}}(A) = (140 \text{ MPa})\frac{1}{4}\pi(11 \times 10^{-3} \text{ m})^2 = 13.30 \text{ kN}$$

應用式(1)，吾人可求出 C 點之最大許用值是

$$C = 1.750B = 1.750(13.3 \text{ kN}) \qquad\qquad C = 23.3 \text{ kN} \blacktriangleleft$$

在 B 之螺栓

$\tau_{\text{all}} = \tau_U/F.S. = (280 \text{ MPa})/3 = 93.33 \text{ MPa}$。因螺栓是受雙剪，故力 **B** 之容許值是

$$B = 2F_1 = 2\,(\tau_{\text{all}} A)$$
$$= 2(93.33 \text{ MPa})(\frac{1}{4}\pi)(10 \times 10^{-3} \text{ m})^2$$
$$= 14.66 \text{ kN}$$

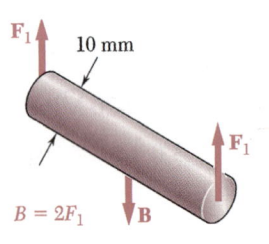

從式(1)： $\qquad\qquad C = 1.750B = 1.750(14.66 \text{ kN}) \qquad\qquad C = 25.7 \text{ kN} \blacktriangleleft$

在 D 之螺栓

因此螺栓與螺栓 B 相同，故容許力是 $D = B = 14.66$ kN。應用式(2)：

$$C = 2.33D = 2.33(14.66 \text{ kN}) \qquad\qquad C = 34.2 \text{ kN} \blacktriangleleft$$

在 C 之螺栓

因 $\tau_{all}=93.33$ MPa，故

$$C=2F_1=2\,(\tau_{all}\,A)$$
$$=2(93.33\text{ MPa})(\tfrac{1}{4}\pi)(12\times10^{-3}\text{ m})^2 \quad C=21.1\text{ kN} \blacktriangleleft$$

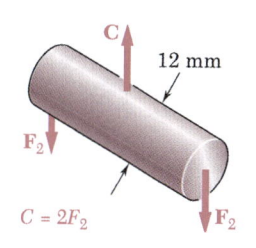

綜　述

吾人已個別的求得力 C 之四個最大容許值。為了能滿足所有之要求準則，吾人必須選用最小之值，亦即：

$$C=21.1\text{ kN} \blacktriangleleft$$

習　題

1.29 載重 **P** 為 6 kN，由兩塊 75×125 mm 均勻矩形斷面木質構件支承，此兩構件係以簡單嵌頭黏合連接如圖示。試求嵌接黏合頭內之正交應力與剪應力。

1.30 兩塊 75×125 mm 均勻矩形斷面之木構件，係用簡單嵌頭黏合連接如圖示。已知嵌接黏合頭中之極大容許拉應力是 500 kPa，試求(a)此接頭能安全支承之最大載重 **P**，(b)接頭中之相應剪應力。

1.31 兩塊 75×150 mm 均勻矩形斷面之木構件，係用簡單嵌頭黏合連接如圖示。已知 $P=11$ kN，試求嵌接黏合頭中之正交應力及剪應力。

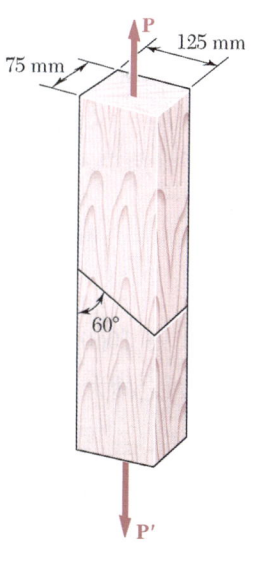

圖 P1.29 和 P1.30

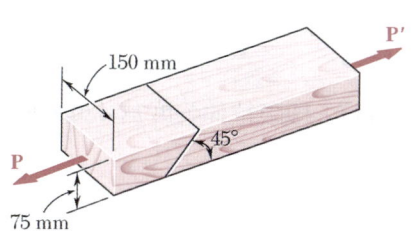

圖 P1.31 和 P1.32

1.32 兩塊 75×150 mm 均勻矩形斷面之木構件，係用簡單嵌頭黏合連接如圖示。已知嵌接黏合頭中之極大容許剪應力是 620 kPa，試求(a)此接頭能安全支承之最大載重 **P**，(b)接頭中之相應拉應力。

1.33 外徑為 300 mm 之一鋼管是由厚度為 6 mm 之鋼鈑沿一螺旋線焊接製成，螺旋線與垂直於鋼管軸線之平面形成 25° 角。已知方向分別垂直於及相切於焊接面之正交應力及剪應力是 $\sigma=50$ MPa 及 $\tau=30$ MPa。試求可以作用在此管上之最大軸向力 **P**。

1.34 外徑為 300 mm 之一鋼管是由厚度為 6 mm 之鋼鈑沿一螺旋線焊接製成。螺旋線與垂直於鋼管軸線之平面形成 25° 角。已知有一 250 kN 之軸向力 **P** 作用在此鋼管上，試求方向分別垂直於及相切於焊接面之正交應力及剪應力。

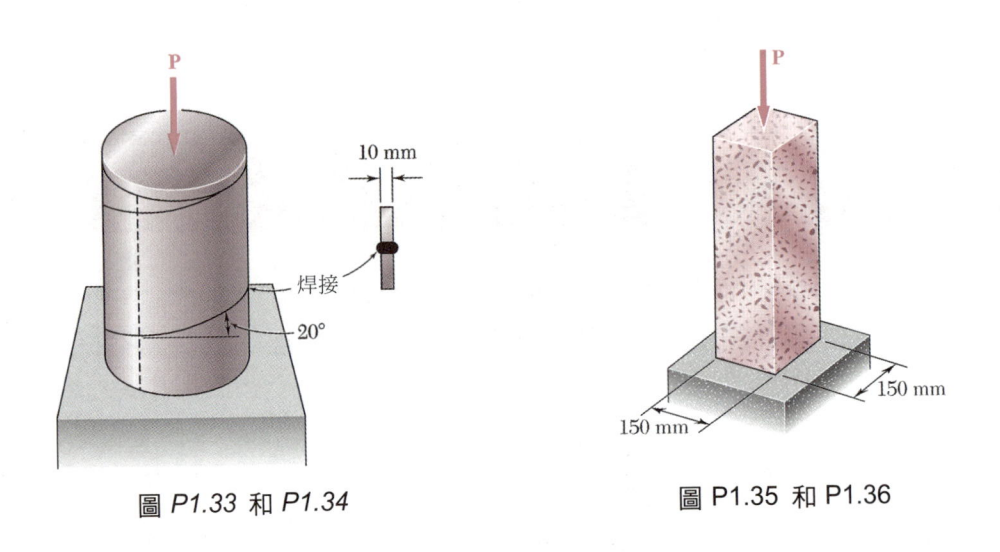

圖 P1.33 和 P1.34

圖 P1.35 和 P1.36

1.35 一 1060 kN 載重 **P**，係作用在花崗石塊上如圖示。試求所能產生(a)正交應力，(b)剪應力之極大值。表出發生每一極大值之平面方向。

1.36 一中心載重 **P** 作用在一花崗石塊上如圖示。已知此力作用在石塊中所產生之最大剪應力值為 18 MPa，試求(a)力 **P** 之大小，(b)發生極大剪應力平面之方向，(c)作用在該平面之正交應力，(d)石塊中之最大正交應力。

1.37 鋼製連桿 BC 的厚為 6 mm、$w=25$ mm，極限拉伸強度為 480 MPa。如果設計承載載重 **P**=16 kN，求此結構的安全因數。

1.38 鋼製連桿 BC 的厚為 6 mm，極限拉伸強度為 450 MPa。如果設計承載載重 **P**=20 kN，結構的安全因數為 3，求連桿的寬 w。

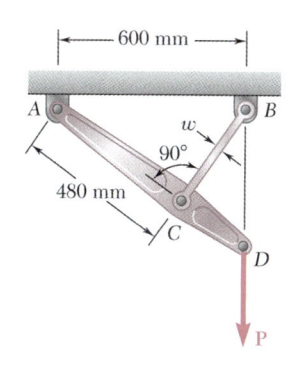

圖 P1.37 和 P1.38　　　　　　　圖 P1.39 和 P1.40

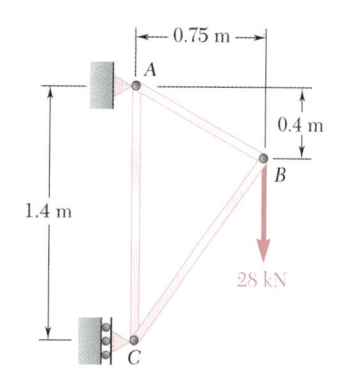

1.39　圖示止推軸承是由合金材質相同的正方形斷面棒子 AB 與 AC 構成。已知一相同合金材質的 20 mm 正方形棒子進行破壞試驗，得到極限負載為 120 kN。如果正方形棒子 AB 的斷面為 15 mm，試求 (a) 棒子 AB 的安全因數，(b) 如果棒子 AB 與 AC 的安全因數相同，棒子 AC 斷面的尺寸。

1.40　圖示止推軸承是由合金材質相同的正方形斷面棒子 AB 與 AC 構成。已知棒子的邊為 20 mm，極限負載為 120 kN，如果棒子的安全因數要達到 3.2，試求 (a) 棒子 AB，(b) 棒子 AC 需要的斷面尺寸。

1.41　圖示 AB 部分為鋼製連桿，極限正交應力為 450 MPa。假設 A 及 B 處樞銷經過充分強化，求安全因數為 3.50 時，連桿 AB 的斷面積。

1.42　一長 1.2 m，直徑 10 mm 之鋼環 ABCD，環繞一直徑 24 mm 之鋁桿 AC 使成如圖所示之裝置，由直徑皆為 12 mm 之吊索 BE 及 DF 承載載重 **Q**。已知所用鋼環及吊索之極限強度是 480 MPa，所用鋁桿之極限強度是 260 MPa，如果整個系統之安全因數採用 3，試求能安全施加之最大載重 **Q**。

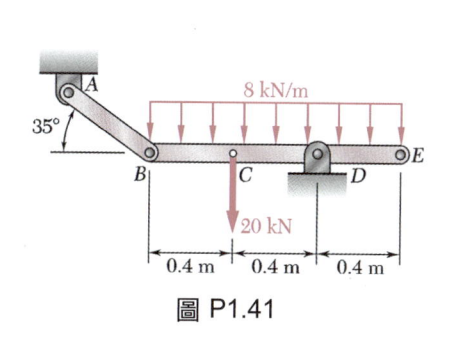

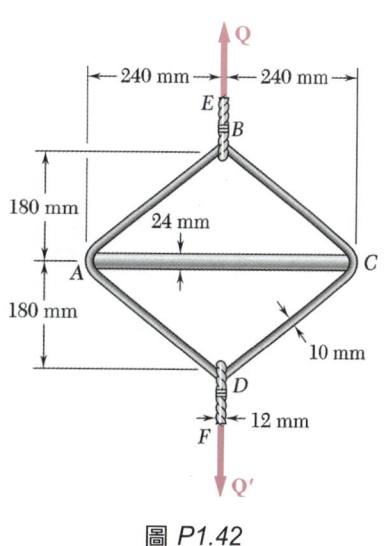

圖 P1.41　　　　　　　圖 P1.42

1.43 圖示兩木質構件是用嵌接板連接，並在各板接觸面上以膠黏結，此構件支持一 16 kN 載重。已知圖示構件間之餘隙是 6 mm，黏合連接處之極限剪應力是 2.5 MPa，如果安全因數採用 2.75，試求每一嵌接板之長度 L。

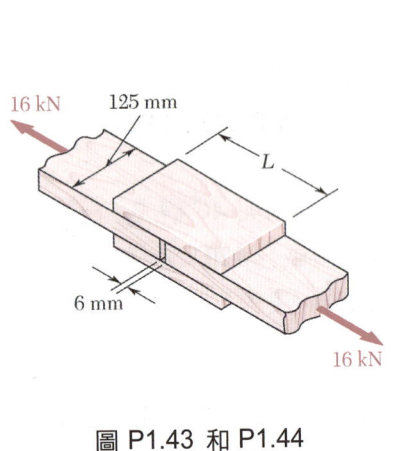

圖 P1.43 和 P1.44

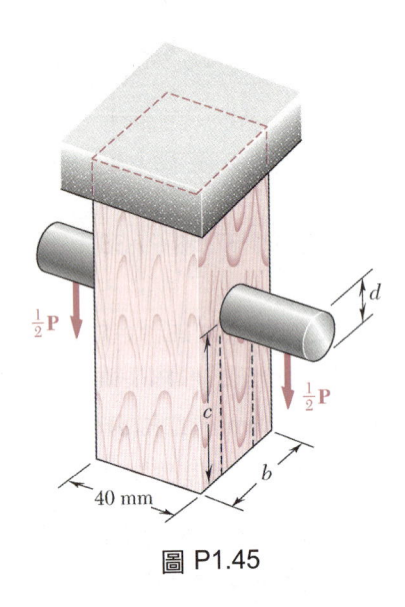

圖 P1.45

1.44 對於習題 1.43 所述之接頭及載重。如果每一嵌接板之長度 $L=180$ mm，試求其安全因數。

1.45 由天花板下吊一短的木構件，一鋼插栓插入此構件，下吊載重 **P** 如圖示。木構件的抗拉極限強度是 60 MPa，抗剪極限強度是 7.5 MPa，而鋼的抗剪極限強度是 145 MPa。已知 $b=40$ mm，$c=55$ mm 及 $d=12$ mm，如果所有之安全因數皆採用 3.2，試求容許載重 **P**。

1.46 對於習題 1.45 所述之支承，已知插栓直徑是 $d=16$ mm，載重大小 $P=20$ kN。試求 (a) 插栓之安全因數，(b) 如果木構件所要求之安全因數與 (a) 中所求得者相同，再求所需 b 及 c 值。

1.47 圖示用三個鋼螺栓將鋼鈑釘在一木梁上。已知鋼鈑承載 110 kN 載重，鋼之極限剪應力用 360 MPa，如果希望安全因數為 3.35，試求每一鋼螺栓的直徑。

1.48 使用三個直徑為 18 mm 之鋼螺栓將鋼鈑釘在一木梁上，如圖示已知鋼鈑承載 110 kN 載重，鋼鈑極限剪應力是 360 MPa，試求此一設計之安全因數。

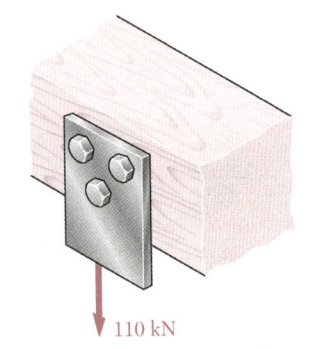

圖 *P1.47* 和 P1.48

1.49 圖示一鋼鈑厚 8 mm，埋入一水平混凝土板中，使用高強度垂直吊纜懸吊。鋼鈑中之孔的直徑是 20 mm，鋼材之抗拉強度是 250 MPa，鋼鈑與混凝土間之極限寰握應力(bonding stress)是 2 MPa。已知當 $P=10$ kN 時，安全因數用 3.60，試求 (a) 鋼鈑需要之寬度 a，(b) 此寬度鋼鈑埋入混凝土之最小深度 b (忽略混凝土與鋼鈑最下端之正交應力)。

1.50 同習題 1.49，已知當 $a=50$ mm、$b=190$ mm，試求 $P=14$ kN 時的安全因數。

1.51 圖示之鋼製結構，C 處使用直徑 6 mm 的樞銷，B 及 D 處使用直徑 10 mm 的樞銷，所有連接點的極限剪應力為 150 MPa，連桿 BD 的極限正交應力為 400 MPa。已知此鋼製結構的安全因數為 3.0，求 A 點的最大載重 **P** (連桿 BD 的樞栓孔未經過強化)。

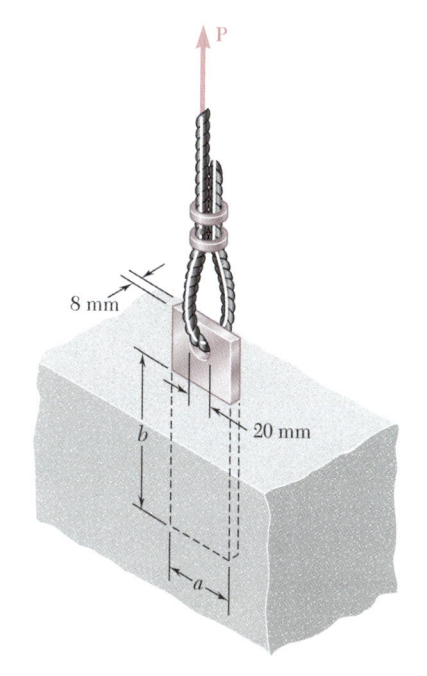

圖 P1.49 和 P1.50

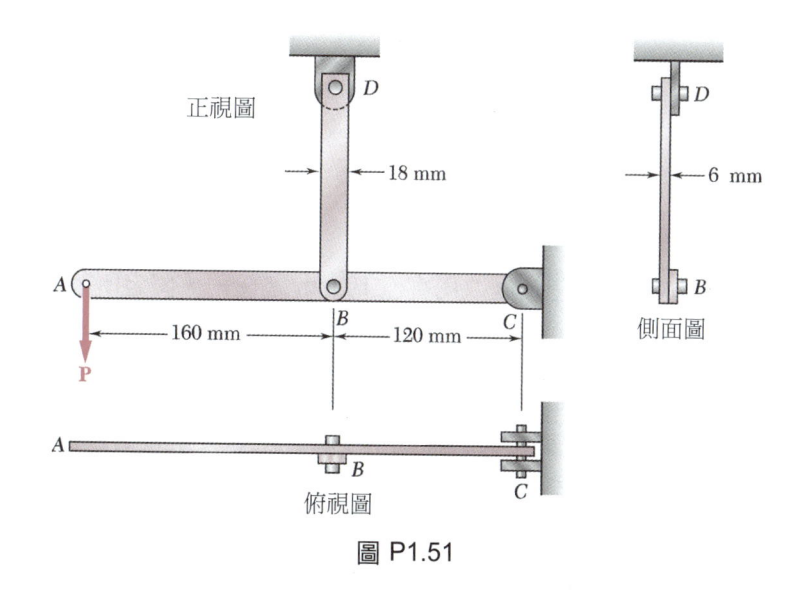

圖 P1.51

1.52 在習題 1.51 中，假設 B 及 D 處使用直徑 12 mm 的樞銷，再求解一次。

1.53 兩支鋼連桿 AB 及 CD 皆連接至支承點上，應用受單剪作用之直徑 25 mm 鋼樞銷與構件 BCE 相連。已知鋼樞銷之極限剪應力是 210 MPa，用於連件中鋼之極限正交應力是 490 MPa，如果整個系統中之安全因數皆用 3.0，試求容許載重 **P** (注意連件在樞銷孔之周圍並未經過強化)。

材料力學
Mechanics of Materials

1.54 對於習題 1.53 所述支承 BCE 構件作另一種設計。連件 CD 用兩個斷面皆為 6×50 mm 之連件取代，使得在 C 及 D 處之樞銷受雙剪作用。如整個系統安全因數用 3.0，試求容許載重 **P**。

1.55 圖示結構中，在 A 處用直徑 8 mm 之樞銷，B 及 D 處用直徑 12 mm 之樞銷。已知在所有連接件上之極限剪應力是 100 MPa，連接 BD 兩連桿中，每一連桿之極限正交應力是 250 MPa，如整個系統之安全因數皆用 3.0，試求容許載重 **P**。

圖 P1.53 及 P1.54

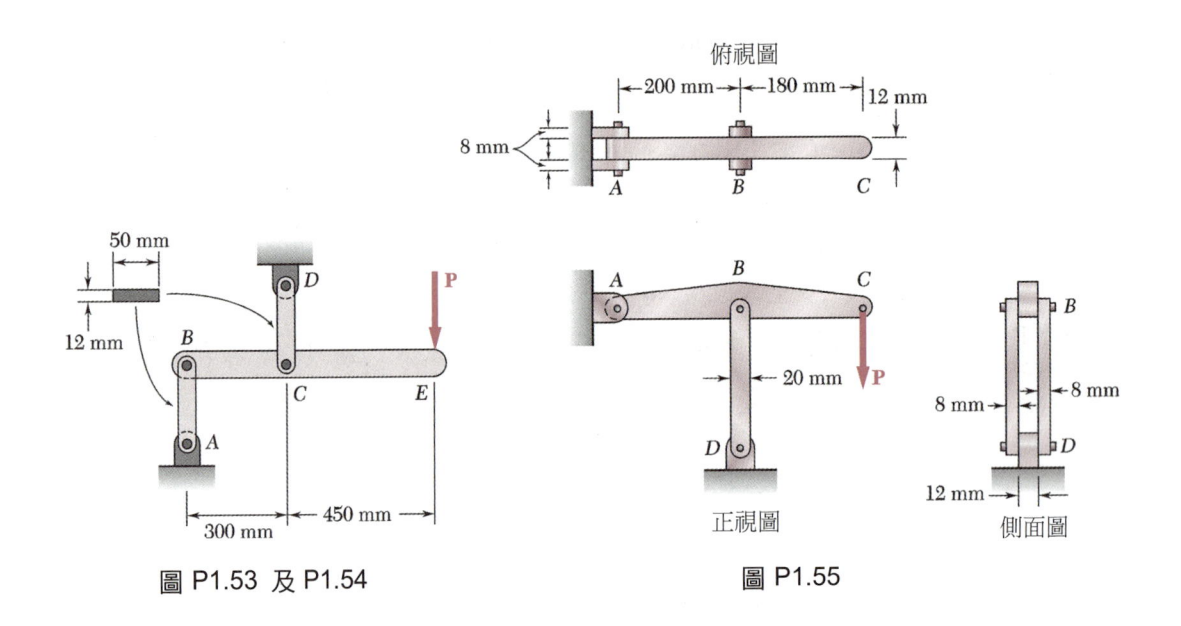

圖 P1.55

1.56 對習題 1.55 所述結構，在 A 處改用直徑 10 mm 之樞銷。假定所有規格保持不變，且整個系統之安全因數採用 3.0，試求容許載重 **P**。

*1.57 應用載重及阻力因數設計作法設計，圖示上載兩洗刷工人之平台，用兩吊纜升降該平台。平台重為 72 kg，兩洗刷工人包括攜用工具，每一人重量假定為 88 kg。因這兩工人可隨意在平台活動，所以用於每一吊纜設計之活載重只需要用他們總重及攜帶工具總重之 75%。(a)假定阻力因數 ϕ=0.85，載重因數 γ_D=1.2 及 γ_L=1.5，試求每一吊纜所需用之最小極限載重。(b)試問選用吊纜之傳統安全因數為何？

*1.58 一重 50 kg 之平台吊在一重 40 kg 木梁 AB 之 B 端，圖示此木梁在 A 點由一樞銷支承，在 B 點由一極限載重為 12 kN 之細鋼桿 BC 拉住。(a)應用載重及阻力因數設計法，採用阻力因數 ϕ=0.90，載重因數 γ_D=1.25 及 γ_L=1.6，試求平台上能安全承載之最大載重。(b)試問 BC 桿件之相應傳統安全因數為何？

圖 P1.57

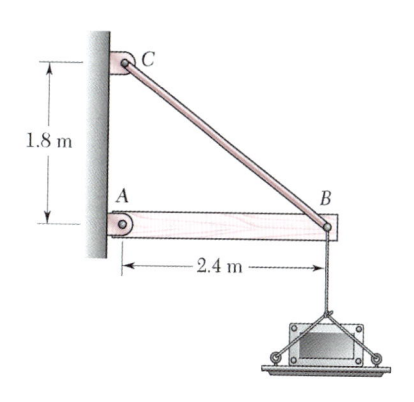

圖 P1.58

公式總整理

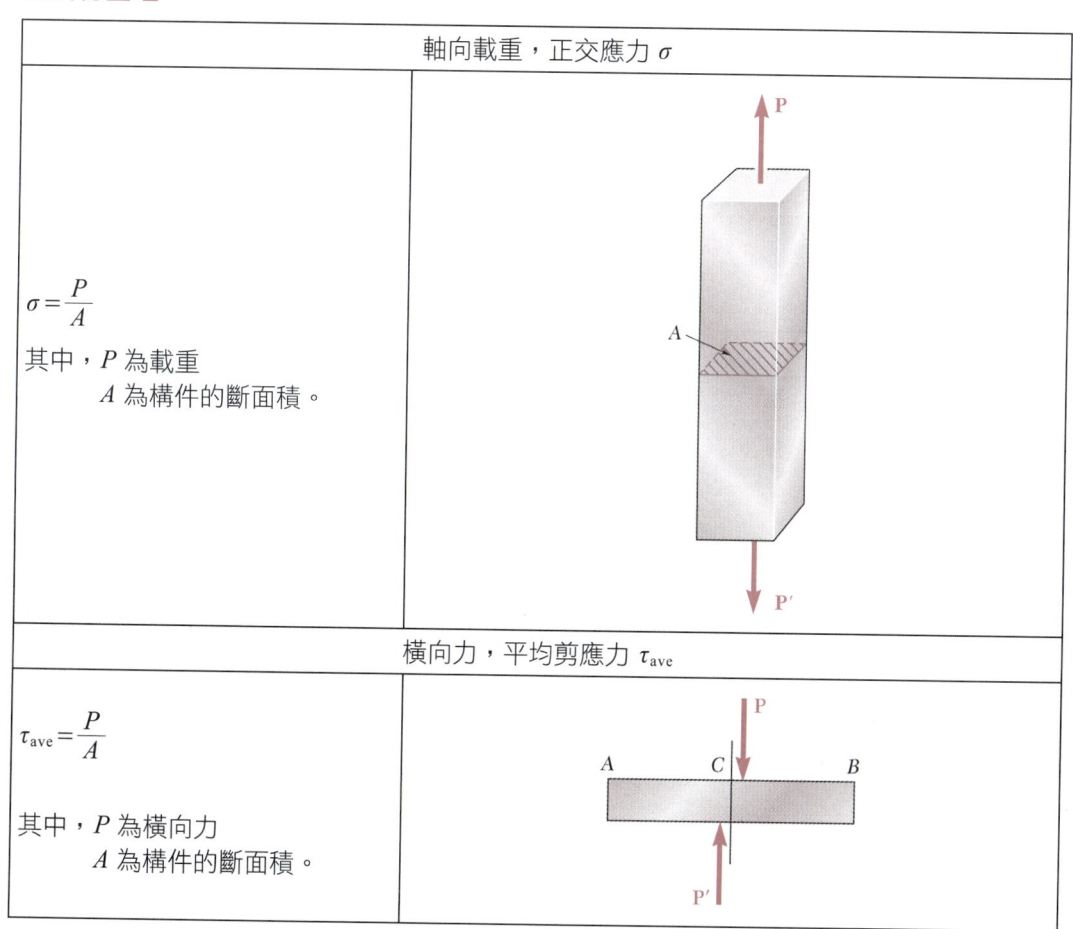

軸向載重，正交應力 σ	
$\sigma = \dfrac{P}{A}$ 其中，P 為載重 　　　A 為構件的斷面積。	
橫向力，平均剪應力 τ_{ave}	
$\tau_{ave} = \dfrac{P}{A}$ 其中，P 為橫向力 　　　A 為構件的斷面積。	

公式總整理（續）

	單剪力，平均剪應力 τ_{ave}
$\tau_{ave} = \dfrac{P}{A} = \dfrac{F}{A}$ 其中，F 為載重 　　　A 為構件的斷面積。	

	雙剪力，平均剪應力 τ_{ave}
$\tau_{ave} = \dfrac{P}{A} = \dfrac{F/2}{A} = \dfrac{F}{2A}$ 其中，P 為載重 　　　A 為構件的斷面積。	

	支承應力 σ_b
$\sigma_b = \dfrac{P}{A} = \dfrac{P}{td}$ 其中，P 為載重 　　　t 為鈑的厚度 　　　d 為鉚釘的直徑。	

	斜斷面上之應用
$\sigma = \dfrac{P}{A_0} \cos^2 \theta$ $\tau = \dfrac{P}{A_0} \sin \theta \cos \theta$ 其中，P 為載重， 　　　θ 為斷面與正交平面之間的夾角	

	安全因數
安全因數 $= F.S. = \dfrac{極限應力}{容許應力}$	

分析步驟

解題程序一、構件所受之作用力

畫出整體結構之分離體圖(free-body diagram)
↓
寫出平衡方程式
↓
畫出各別構件分離體圖並求解平衡方程式

解題程序二、承受中心載重之平均正交應力

使用解題程序一求解構件中之軸向載重
↓
計算構件的斷面積
↓
求解正交應力

解題程序三、構件斷面之平均剪應力

使用解題程序一求解構件斷面之剪力
↓
計算構件的斷面積
↓
求解剪應力

解題程序四、連接件內之支承應力

使用解題程序一求解構件之載重
↓
計算受力面積
↓
求解支承應力

解題程序五、受軸向載重作用下之斜面的應力

使用解題程序一求解構件之斜面上正交與相切的分力
↓
計算受力面積
↓
求解斜面的平均正交應力與平均剪應力

複習與摘要

本章著重討論應力之觀念,並介紹機器與承受載重的結構之分析及設計方法。

1.2 節對靜力學之方法作一簡扼複習,並敘述由樞銷連接構件之簡單結構,在其支承點之反作用力的求法。更特別著重於如何應用分離體圖得出平衡方程式,再求解而得出未知之反作用力。分離體圖亦被用來求一結構各構件中之內力。

軸向載重,正交應力

應力觀念首先在 1.3 節,經由考究承受軸向載重之二力構件中引入。該構件中之正交應力 σ 係以載重大小 P 被構件斷面積 A 除而求得(圖 1.41),可寫作

$$\sigma = \frac{P}{A} \tag{1.5}$$

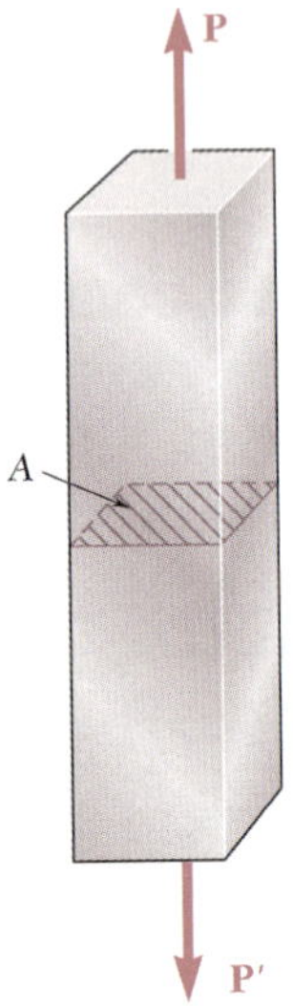

1.4 節係對工程師之兩主要工作作一簡扼討論,此兩工作乃是對結構及機器之分析及設計。

1.5 節中指出,以式(1.5)所得到之 σ 值代表整個斷面之平均應力,而非斷面上某特定點 Q 處之應力。考慮 Q 四周一小面積 ΔA 及作用在 ΔA 上的力之大小 ΔF,則將點 Q 處之應力定義為

$$\sigma = \lim_{\Delta A \to 0} \frac{\Delta F}{\Delta A} \tag{1.6}$$

圖 1.41

一般而言,針對點 Q 所求得之應力 σ 值和公式(1.5)所得到的平均應力值並不同,且斷面上各點之應力會變動。不過,在遠離載重作用點之任意斷面內,這種變動很小。因此,實用上係假設軸向載重構件內之正交應力分佈均勻,但是在緊鄰載重作用點附近則否。

不過,若要使一既定斷面內之應力分佈均勻,則載重 **P** 與 **P′** 之作用線必須通過斷面之形心 C。這種載重稱中心軸向載重;在偏心軸向載重的情形中,應力分佈並不均勻。承受偏心軸向載重的構件內之應力將在第 4 章中討論。

橫向力,剪應力

當大小為 P 的相等而反向之橫向力 **P** 與 **P′** 作用在一構件 AB 上時(圖 1.42),則位於兩力的作用點之間的任何斷面均會產生剪應力 τ [1.6 節]。整個斷面上之這些應力變化非常大,其分佈不可以假設為均勻。不過,將大小 P(稱為斷面內之剪力)除以斷面積 A,即定義出整個斷面的平均剪應力。

$$\tau_{\text{ave}} = \frac{P}{A} \tag{1.8}$$

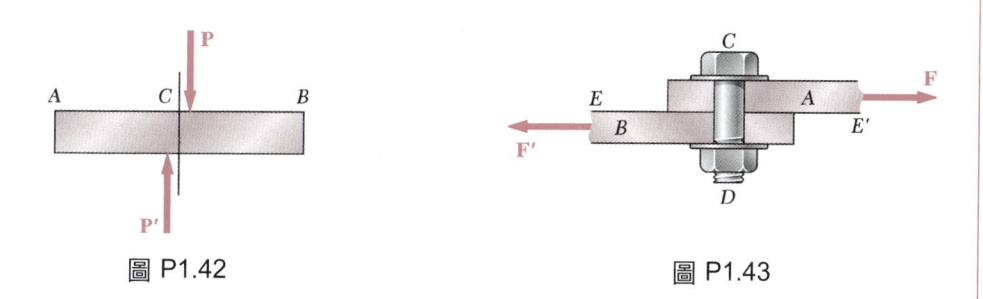

圖 P1.42　　　　　　　　圖 P1.43

單剪力和雙剪力

剪應力存在於連接兩結構件或機器構件的螺栓、樞銷或鉚釘內，例如在鉚釘 CD 的情形中(圖 1.43)——此為承受*單剪力*，即寫成

$$\tau_{\text{ave}} = \frac{P}{A} = \frac{F}{A} \tag{1.9}$$

而在鉚釘 EG 與 HJ(圖 1.44)——兩者均承受*雙剪力*，則為

$$\tau_{\text{ave}} = \frac{P}{A} = \frac{F/2}{A} = \frac{F}{2A} \tag{1.10}$$

支承應力

螺栓、樞銷與鉚釘也沿*支承面*或*接觸面* [1.7 節] 在其所連接的構件內產生應力。例如圖 1.43 中的鉚釘 CD 在與它接觸的鈑 A 之半圓柱面上產生應力(圖 1.45)。由於這些應力的分佈頗為複雜，故實用上是使用稱為*支承應力*的一種平均標稱值 σ_b，即載重 P 除以代表鉚釘在鈑斷面投影的矩形面積。以 t 代表鈑的厚度，d 代表鉚釘的直徑，則寫成

$$\sigma_b = \frac{P}{A} = \frac{P}{td} \tag{1.11}$$

在 1.8 節中，吾人應用了前述各節所介紹之觀念，對承載已知載重由兩樞銷連接之簡單結構作分析。接著介紹如何求兩構件中之正交應力，尤其注意到最窄之斷面，各種樞銷中之剪應力，以及在每一連接處之支承應力。

圖 1.44

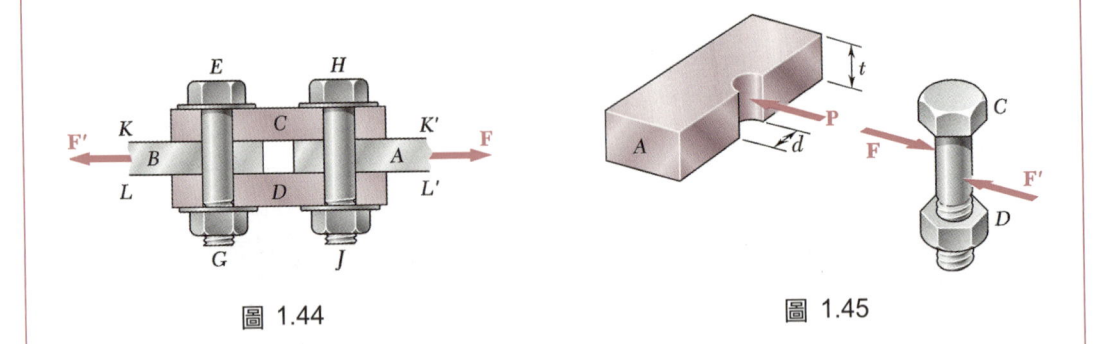

圖 1.45

解題方法

在 1.9 節中介紹了求解材料力學中之解題方法。求解方法第一步便是要先很清楚且準確了解習題內容之敘述，然後畫出用以求得各平衡方程式之一個或數個分離體圖。求解這些平衡方程式，可得出未知之力，再可算出應力及變形。答案求得後，應很詳細的加以校核。

本章第一部分之結尾乃是討論工程精準度問題，在該處特別強調答案之精準度絕不能大於已知數據之精準度 [1.10 節]。

斜斷面上之應力

1.11 節中考慮在承受軸向載重的二力構件的斜斷面上之應力，發現這種情形中同時有正交應力與剪應力。以 θ 代表斷面與正交平面之間的夾角(圖 1.46)，而以 A_0 代表垂直於構件軸線的斷面之面積，則針對斜斷面上的正交應力 σ 與剪應力 τ 導出下列數學式：

$$\sigma = \frac{P}{A_0} \cos^2 \theta \quad \tau = \frac{P}{A_0} \sin \theta \cos \theta \tag{1.14}$$

由這些公式可以看出，在 $\theta = 0$ 時，正交應力為最大，且等於 $\sigma_m = P/A_0$，而在 $\theta = 45°$ 時，剪應力為最大，且等於 $\tau_m = P/2A_0$，另外也注意到當 $\theta = 0$ 時，$\tau = 0$；而在 $\theta = 45°$ 時，$\sigma = P/2A_0$。

廣義載重下之應力

接下來討論一物體在最廣義的載重情形下，其內部一點 Q 處之應力狀態 [1.12 節]。考慮以 Q 為中心的小正立方體(圖 1.47)，以 σ_x 代表作用在正立方體垂直於 x 軸面上之正交應力，而 τ_{xy} 與 τ_{xz} 分別代表作用在正立方體同一面上的 y 分量與 z 分量剪應力。針對正立方體的另外兩面重複這種程序，則發現 $\tau_{xy} = \tau_{yx}$、$\tau_{yz} = \tau_{zy}$ 及 $\tau_{zx} = \tau_{xz}$，因而得到物體內一點 Q 處的應力狀態只須確定六個應力分量之結論，即 σ_x、σ_y、σ_z、τ_{xy}、τ_{yz}、τ_{zx}。

第 1 章 概述—應力觀念

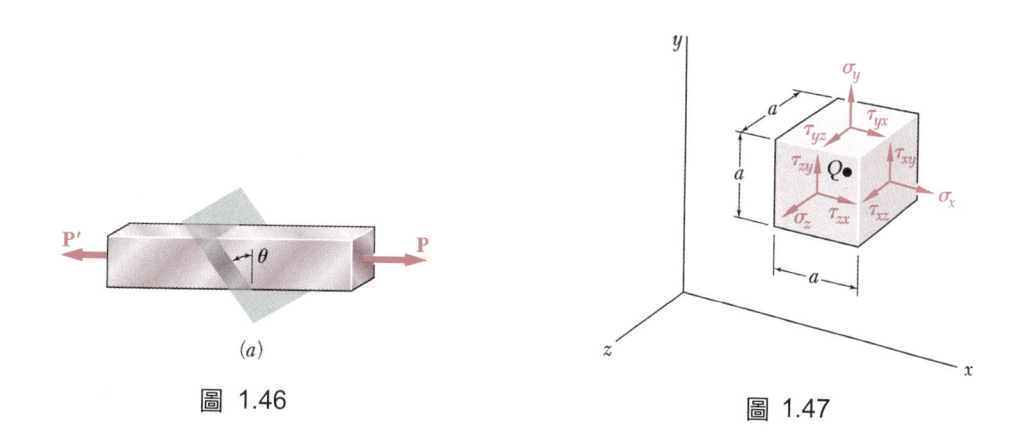

圖 1.46

圖 1.47

安全因數

1.13 節討論了工程設計中所用到的各種觀念。一既定結構件或機器元件的極限載重為預期會使該構件損壞的載重，由所用的材料之極限應力或極限強度算出，而這種應力或強度則由材料試件在實驗室內試驗決定。極限載重必須遠大於容許載重，即構件在正常情況下容許承受之載重。極限載重與容許載重之比定義為安全因數：

$$\text{安全因數} = F.S. = \frac{\text{極限載重}}{\text{容許載重}} \tag{1.24}$$

一既定結構設計中所用的安全因數之決定，應考慮多項因素，其中一些因素已在本節中列出。

載重及阻力因數設計

1.13 節之終了部分係討論另一設計方法，即是稱為載重及阻力因數設計法者，此法能讓工程師對結構之不確定性因素及載重不確定性因素作分別處理。

複習題

1.59 在骨頭 AB 表面 C 處裝置一應變計(strain gage)，當骨頭兩端各承載 1200 N 力時，骨頭中之平均正交應力是 3.80 MPa，如圖示。假定骨頭在 C 處之橫斷面係中空者，且已知其外直徑係 25 mm，試求骨頭在 C 處橫斷面之內直徑為何？

圖 P1.59

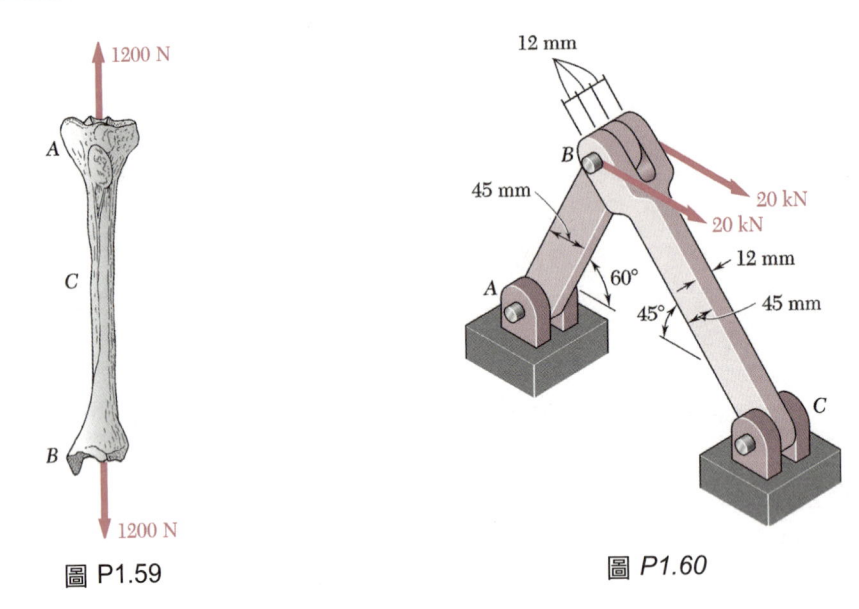

圖 P1.60

1.60 兩個 20 kN 水平力，作用在圖示裝置上之樞銷 B 處。已知每一連接處所用樞銷之直徑皆為 20 mm，試求 (a) 在連桿 AB，(b) 連桿 BC 中之平均正交應力最大值。

1.61 針對習題 1.60 的裝置及載重，試求 (a) 在樞銷 C 處的平均剪應力，(b) 構件 BC 在 C 處的平均剪應力，(c) 構件 BC 在 B 處的平均剪應力。

1.62 如圖示中的貨船起重機，已知連桿 CD 斷面為 50×150 mm，試求該連桿中央部分的正交應力。

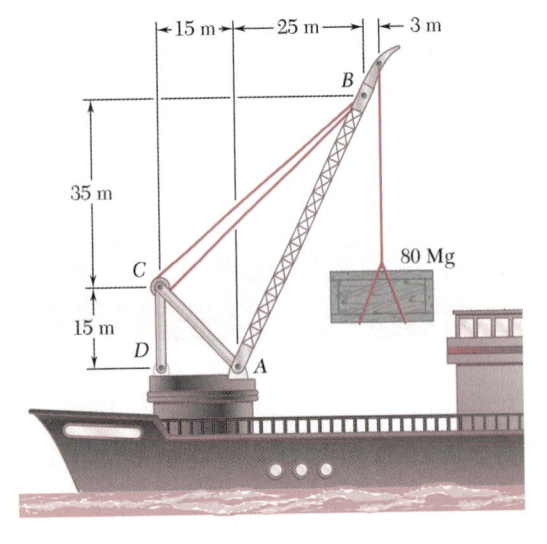

圖 P1.62

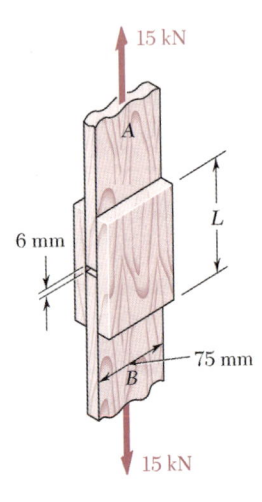

圖 P1.63

1.63 木構件 A 及 B 是用疊合板夾接，彼此間在接觸面完全膠合。已知兩木構件接頭端之間隔為 6 mm。如膠合處之平均剪應力不得超過 700 kPa，試求最短容許長度 L。

1.64 兩塊均勻矩形斷面 a=100 mm、b=60 mm 的木構件，利用簡單嵌頭黏合連接如圖示。已知 P=6 kN、接合點的極限拉伸應力 σ_U =1.26 MPa 與極限剪應力 τ_U=1.50 MPa，試求 (a) α=20°，(b) α=35°，(c) α=45° 時黏合連接處的安全因數。如果增加 P 直到破壞發生，請判斷各角度條件下是拉伸破壞或剪力破壞。

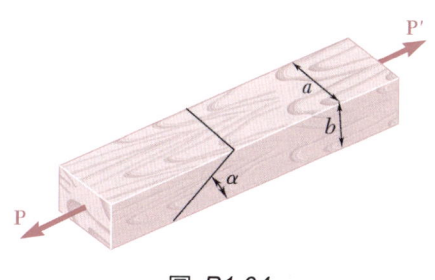

圖 P1.64

1.65 在圖示 C 處用一樞銷及托架，在 B 處用一吊索 BD 支持之構件 ABC，設計用來承載一載重 P=16 kN。已知吊索 BD 之極限載重是 100 kN，試求吊索破壞時之安全因數。

1.66 用於連接兩水平構件 AD 及 EG 之垂直連件 CF。由鋼製成，斷面為 10×40 mm 矩形，抗拉極限強度為 400 MPa，在 C 及 F 處之樞銷，每個直徑皆為 20 mm，係用抗剪極限強度 150 MPa 之鋼製成。試求連件 CF 以及將其與水平構件連接所用樞銷整個系統之安全因數。

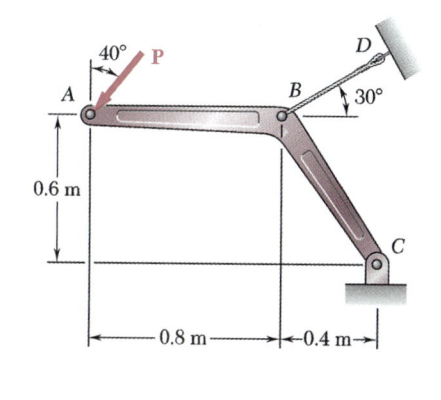

圖 P1.65 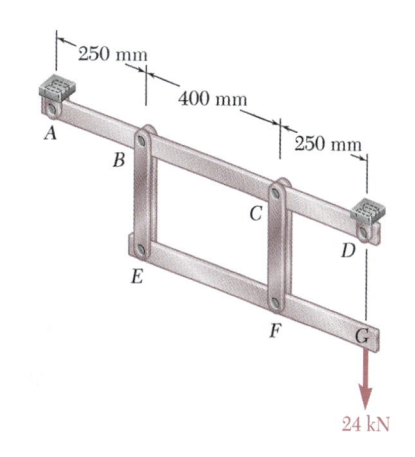   圖 P1.66

1.67 已知圖示腳踏板 BCD 受一力 **P** 為 750 N 作用，(a)當 C 點之樞銷承受之平均剪應力為 40 MPa 時，試求該樞銷的直徑，(b)試求腳踏板 C 點的相對應剪應力，(c)試求 C 點支承托架的相對剪應力。

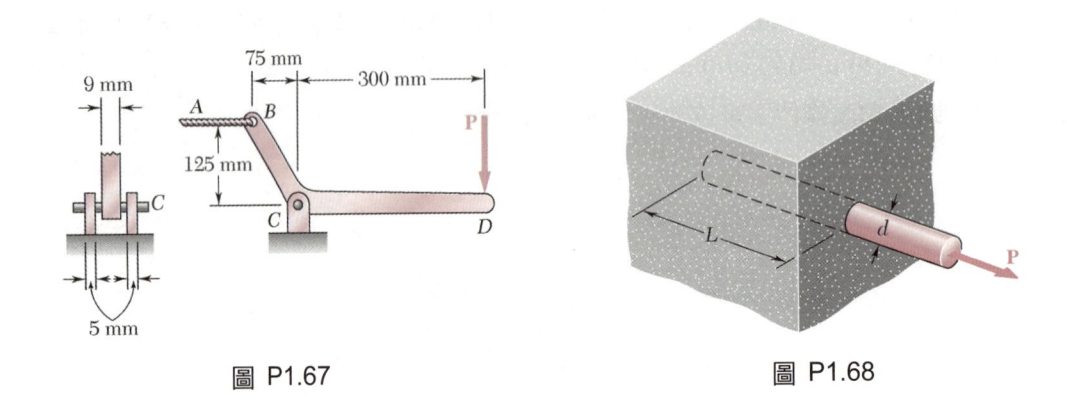

圖 P1.67

圖 P1.68

1.68 如圖示之鋼筋混凝土，在其鋼棒上施予一外力 **P**。如果要發揮鋼棒的全部允許正交應力，試求最小的長度 L。答案以鋼棒的直徑 d，鋼棒之允許正交應力及混凝土與鋼棒，柱面之間的平均允許裏握應力 τ_{all} 表示(忽略混凝土與鋼棒末端之間的正交應力)。

1.69 構件 AB 之兩部分，係沿一與水平成 θ 角之平面黏連相接。已知黏連接頭之極限應力抗拉是 17 MPa，抗剪是 9 MPa，如果此構件之安全因數最小是 3.0 時，試求 θ 值之範圍。

1.70 構件 AB 之兩部分，係沿一與水平成 θ 角之平面黏連相接。已知黏連接頭之極限應力抗拉是 17 MPa，抗剪是 9 MPa，(a)如果此構件之安全因數採用最大值時，求 θ 值，(b)相應之安全因數值(提示：使有關於正交應力及剪應力求得之安全因數方程式相等)。

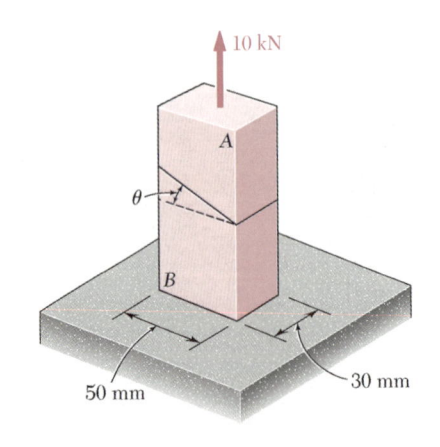

圖 P1.69 和 P1.70

CHAPTER 2

應力及應變——軸向載重

基本觀念

正交應變 → 應力—應變圖 → 虎克定理 → 彈性模數 → 變形

變形 → 靜不定問題
變形 → 涉及溫度的問題
變形 → 聖衛南原理
變形 → 鮑生比 → 多軸向載重 → $E \cdot \nu \cdot G$ 之間的關係
變形 → 剪應變（剪應力及剪應變之虎克定理）→ $E \cdot \nu \cdot G$ 之間的關係

延伸議題

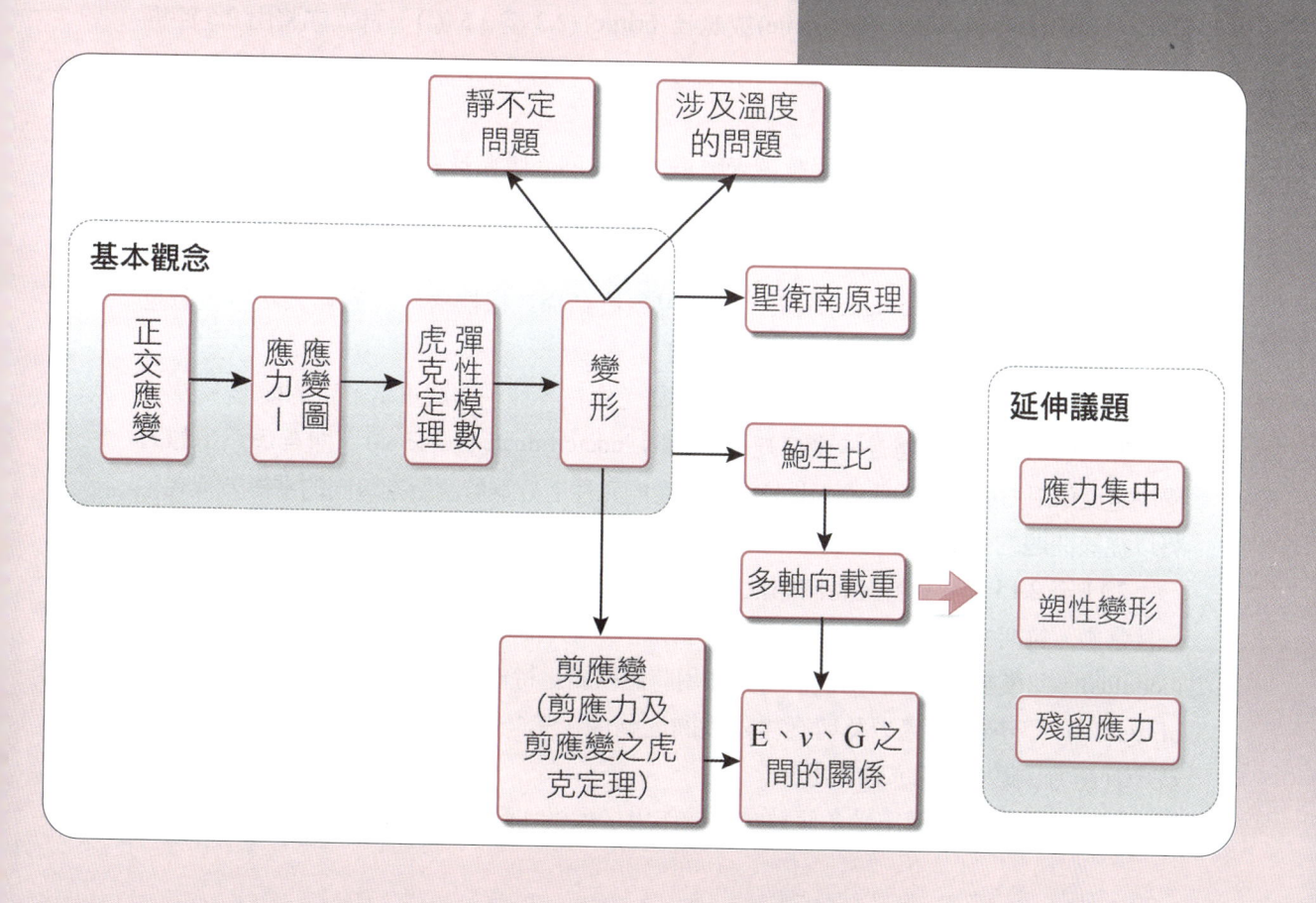

- 應力集中
- 塑性變形
- 殘留應力

2.1　概　述

在第 1 章中，吾人已分析了各種構件及連接件中之應力。這些應力乃由載重作用於結構物或機器上而產生者。吾人亦研析過如何設計簡單構件及連接件，俾使它們在特定載重下不致破壞。結構物分析及設計之另一重要方面乃與**變形** (deformations) 有關，變形乃是載重施加於結構物而產生者。設計時，非常重要之事乃是要使變形不能太大，以免損害結構物應具有之功能。再者，變形分析亦能幫助吾人求得應力。僅僅應用靜力學原理常無法求得結構中各構件承載之力。其原因是因為靜力學乃根據不變形剛體結構之假定推論者。將工程結構物考慮是能**變形** (deformable) 者，並分析其內各構件之變形，即可幫助吾人計算**靜不定** (statically indeterminate) 力，亦即在靜力學範圍內無法求得之力。同時吾人亦在 1.5 節指出，某些構件內之應力分佈亦是靜不定者，甚至構件內之力屬已知時亦是如此。為了能決定構件內之應力實際分佈，就必須要分析該一構件中所發生之變形。本章將討論承受**軸向載重** (axial loading) 之桿、棒或鈑等結構元件之變形。

首先將構件中的**正交應變** (normal strain) ϵ 定義為構件每單位長度之變形。當作用在構件上之載重增大時，畫出應力 σ 隨應變 ϵ 之變化，則得到所用材料之**應力－應變圖** (stress-strain diagram)。由這種圖，可以決定材料的某些重要性質，例如其**彈性模數** (modulus of elasticity) 及材料為**延性** (ductile) 或**脆性** (brittle) (2.2 至 2.5 節)。吾人亦將由 2.5 節得悉，有很多材料之行為與施加載重作用之方向無關，纖維加勁組合材料要視載重作用方向而定。

由應力－應變圖也可以決定載重去除後，試件內之應變是否將消失──在這種情形下，材料的變化被稱為**彈性** (elastically) 變化，還是造成**永久變形** (permanent set) 或**塑性變形** (plastic deformation) (2.6 節)。

2.7 節將討論**疲勞** (fatigue) 現象，這種現象使結構或機器構件經過無數次重複載重後，即使應力保持在彈性範圍內，也會損壞。

本章前半部到 2.8 節為止，主要討論各種元件在各種軸向載重情形下之變形。

2.9 與 2.10 節將考慮**靜不定問題** (statically indeterminate problems)，即無法只由靜力學決定反作用力與內力的問題。此時由所考慮的元件之分離體圖所推導出的平衡方程式，將以從該問題的幾何圖形所得到之涉及變形的關係式作補充。

2.11 至 2.15 節將會介紹各向同性材料──即是材料之機械性質與方向無關所具有的一些常數。包括**鮑生比** (Poisson's ratio)，即闡述橫向與軸向應變間的關係，**體積模數** (bulk modulus)，此模數顯示材料受液體壓力作用時體積變化特性，再有者為**剛性模數** (modulus of rigidity)，乃顯示剪應力及剪應變分量間之關係。受多個軸向載重作用之各向同性材料，其應力－應變關係亦會導出。

在 2.16 節中將會導出受多個軸向載重作用之纖維加勁組合材料的應力－應變關係，

第 2 章　應力及應變—軸向載重

亦包括有彈性模數、鮑生比及剛性模數等幾個不同值。這些材料並非各向同性，通常具有特別性質，稱為**直向**(orthotropic)性質者，更方便於其研究。

上述課文都假設任何已知橫斷面內的應力均勻分佈，且假設保持在彈性範圍內。2.17 節將考慮平桿中的圓孔與內圓角附近之應力集中問題(stress concentration)，2.18、2.19 節及 2.20 節則將討論由延性材料所做成的構件，在超過材料降伏點之後的應力與變形；另外也將指出，由這種載重情形會造成永久**塑性變形**(plastic deformation)及**殘留應力**(residual stress)。

2.2　軸向載重時之正交應變

茲考慮一長度為 L，均勻斷面積為 A 之桿件 BC，此桿件懸吊於 B(圖 2.1a)。若在 C 端施加一載重 **P**，桿件即會伸長(圖 2.1b)。畫出載重大小 P 對變形 δ 之變化，即得到一種載重變形圖(圖 2.2)。此圖雖然包含分析該桿的有用資料，卻無法直接用來預測以同樣材料做成而尺寸不同的桿件之變形。事實上吾人發現，若桿件 BC 內的變形 δ 是由載重 **P** 所造成，要使長度同樣為 L，但是斷面積為 $2A$ 的桿件 $B'C'$ 有相同的變形，則需要載重 2**P**(圖 2.3)。另外也須注意，在這兩種情形中，應力值相同：$\sigma = P/A$。就另一方面而言，將載重 **P** 作用到斷面積同樣為 A，但是長度為 $2L$ 的桿件 $B''C''$，則此桿件之變形為 2δ(圖 2.4)，即為在桿件 BC 內所造成的變形 δ 的兩倍。但是在這兩種情形中，在桿件的同一長度內之變形比卻相同，即等於 δ/L。這種觀察導致**應變**(strain)觀念的引用：承受軸向載重的桿件內之**正交應變**(normal strain)，定義為該構件每單位長度之變形。以 ϵ 代表正交應變，則可以寫出

$$\epsilon = \frac{\delta}{L} \tag{2.1}$$

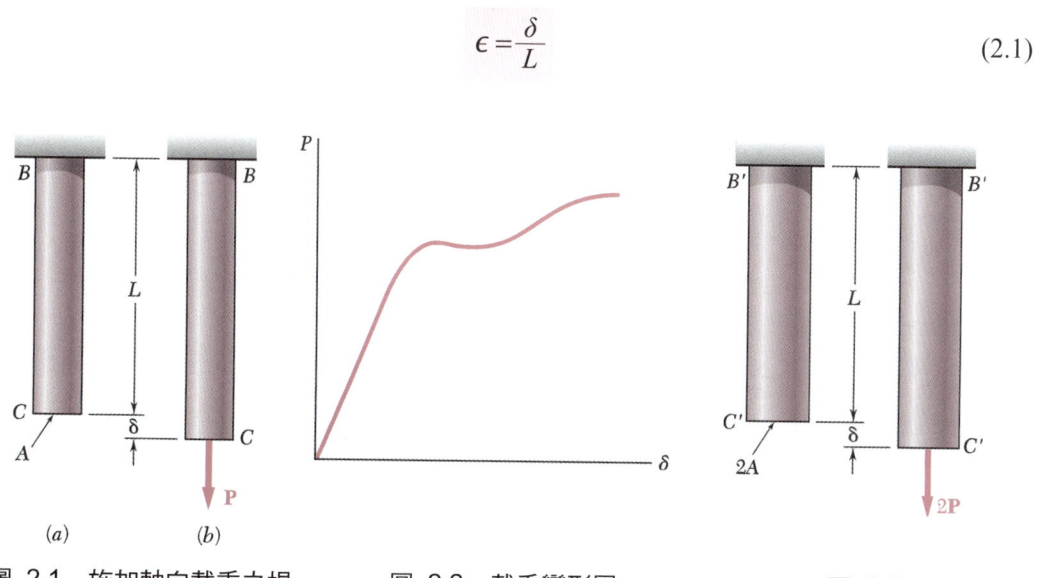

圖 2.1　施加軸向載重之桿件的變形

圖 2.2　載重變形圖

圖 2.3

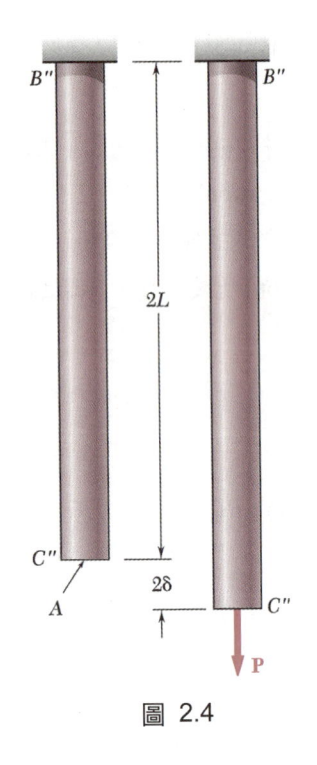

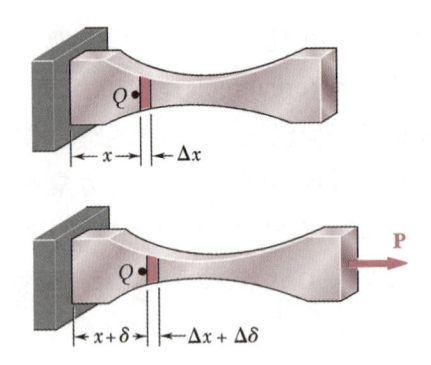

圖 2.5 軸向載重構件之不同斷面積處的變形

圖 2.4

畫出應力 $\sigma=P/A$ 隨應變 $\epsilon=\delta/L$ 之變化，即得到一曲線，此曲線為材料性質之特性，而與所用的特定試件尺寸無關。此曲線稱為應力－應變圖 (stress-strain diagram)，將在 2.3 節詳細討論。

因為前面所考究之桿件 BC，具有均勻之斷面積 A，故在整個桿中之正交應力 σ 亦具有一不變之值 P/A。因而用該桿件之總變形 δ 對總長度 L 之比值來定義應變 ϵ 頗為適宜。然就一具有不同斷面積 A 之構件而言，正交應力 P/A 亦隨著構件而變化，吾人亦必須要藉著考究一長度 Δx 未變形之微長度 Δx(圖 2.5)來定義出在某一定點 Q 之應變。令 $\Delta\delta$ 表示該微長度在一定載重下之變形，於是吾人可定義出在 Q 點之正交應變為

$$\epsilon = \lim_{\Delta x \to 0} \frac{\Delta\delta}{\Delta x} = \frac{d\delta}{dx} \tag{2.2}$$

由於變形與長度之單位相同，故以 δ 除以 L(或 $d\delta$ 除以 dx)所得到的正交應變 ϵ 為一無因次量(dimensionless quantity)。因此，無論使用英制或公制單位，同一構件的正交應變數據相同。例如，有一桿長為 $L=0.600$ m，且斷面為均勻之桿件，若其變形是 $\delta=150\times10^{-6}$ m 時，相應之應變是

$$\epsilon = \frac{\delta}{L} = \frac{150\times10^{-6}\text{ m}}{0.600\text{ m}} = 250\times10^{-6}\text{ m/m} = 250\times10^{-6}$$

注意，變形亦可用微公尺(百萬分之一公尺)μm 表示：$\delta=150\ \mu$m。於是吾人可寫出

$$\epsilon = \frac{\delta}{L} = \frac{150\ \mu\text{m}}{0.600\text{ m}} = 250\ \mu\text{m/m} = 250\ \mu$$

此答案可以讀作「250 微應變」(micros)。

2.3 應力-應變圖

吾人在 2.2 節已知悉,表示某已知材料應力及應變間關係之圖形乃是該材料之重要特性。為了得出該材料之應力-應變圖,吾人通常對該材料之試體作拉力試驗(tensile test)。常用的典型試驗乃如照片 2.1 所示。試體中央部分圓柱之斷面積已被準確測出,在中央部分相互距離為 L_0 之位置刻出兩規計標點。距離 L_0 稱為試體之標點距離(gage length)。

將試體置放於能施加中心載重 **P** 之試驗機器(照片 2.2)中。當載重 **P** 增加時,兩規計標點間之距離 L 亦會增加(照片 2.3)。距離 L 可用伸縮計(dial gage)量度。在記錄出每一 P 值之伸長量 $\delta = L - L_0$ 的同時,裝置第二個伸縮計,用以量度及記錄試體直徑之變化。根據每一對讀數 P 及 δ,使 P 被原始斷面積 A_0 除,就可算得應力 σ,使伸長度 δ 被兩標點距離間原始長度 L_0 除,可算得應變 ϵ。然後將算得之 ϵ 作橫坐標,相應之 σ 為縱坐標即可繪出應力-應變圖。

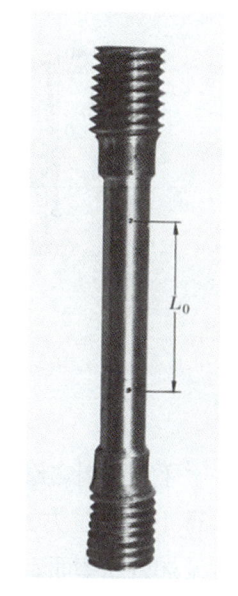

照片 2.1 標準拉力試驗所用之試體

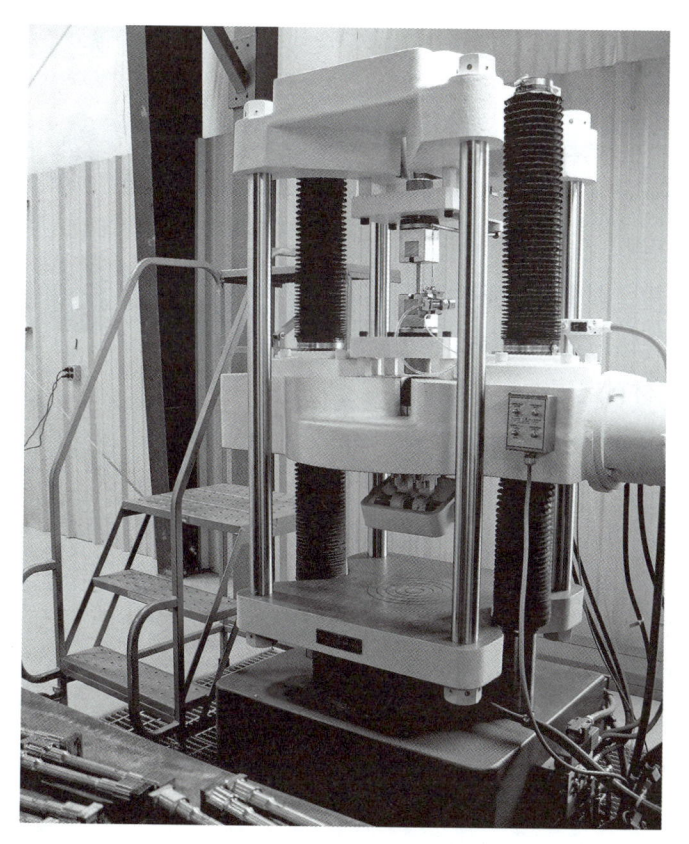

照片 2.2 此機器可作試體抗拉試驗,如本章所述者

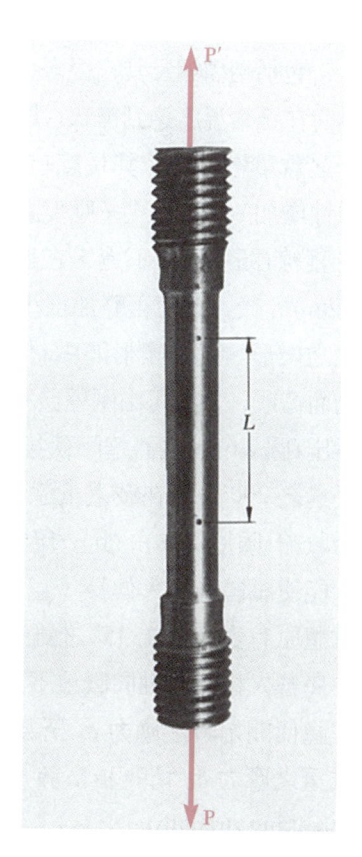

照片 2.3 受拉力載重之試體

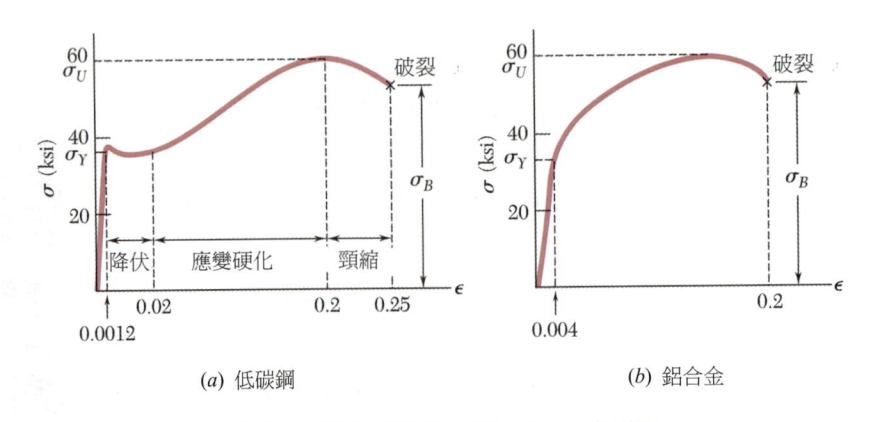

圖 2.6　兩典型延性材料之應力-應變圖

(a) 低碳鋼

(b) 鋁合金

　　不同材料之應力－應變圖亦大不相同，以同一材料進行不同之拉力試驗亦會得出不同結果，要視試體溫度及加載速率而定。然而就各類材料之應力－應變圖，卻可區分出若干共同特性；根據這些性質，通常將材料分成兩大類，即是延性(ductile)材料及脆性(brittle)材料。

　　包括結構鋼及其它很多金屬合金在內之延性材料，具有在正常溫度達到降伏(yield)之特性。當施加在試體上之載重增加時，其長度首先在很低速率下隨載重呈線性增加。是以應力－應變圖之開始部分乃一斜度很陡之直線(圖 2.6)。不過，在應力達到一臨界值(critical value)σ_Y後，即使再略加很小之載重，試體亦會發生很大之變形。此一變形乃由材料受剪應力影響沿斜面滑動而造成。吾人可由兩種典型延性材料之應力－應變圖看出(圖 2.6)，試體達降伏後之伸長量約為其降伏前伸長量之 200 倍。在載重量達到某一最大值後，試體某一部分的直徑會因局部不穩定而開始收縮(照片 2.4a)。此一現象稱為頸縮(necking)。頸縮開始後，只需再施加甚小載重，即能使試體作更大伸長，直到最後達斷裂為止(照片 2.4b)。吾人應注意到斷裂係沿一與試體原有表面略成 45° 之錐形表面發生，表明剪力乃是造成延性材料破裂之主要原因，亦使吾人相信在軸向載重下，剪應力在與載重成 45° 角之平面上為最大(參見 1.11 節)。在降伏開始時之應力 σ_Y 稱為材料之降伏強度(yield strength)，相對於施加在試體上最大載重之應力 σ_U 稱為極限強度(ultimate strength)，相對於斷裂時之應力 σ_B 稱為破壞強度(breaking strength)。

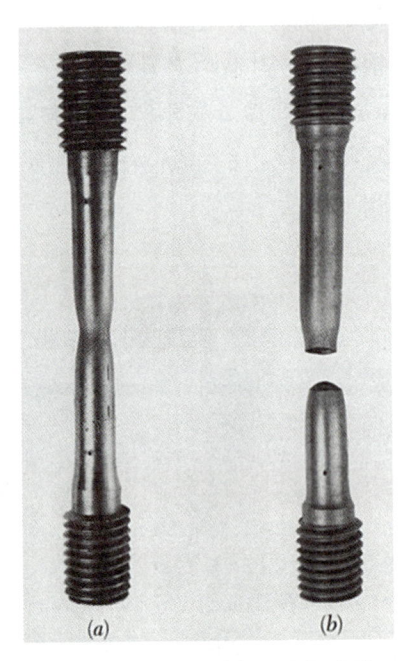

照片 2.4　某延性材料之試體

第 2 章 應力及應變—軸向載重

脆性材料包括鑄鐵、玻璃及石頭等，其特性乃是在破裂發生時，在伸長率方面，不會預先有顯著之變化(圖 2.7)。是以脆性材料之極限強度與破壞強度毫無差別。再者，脆性材料在破裂時之應變較延性材料者小得很多。吾人從照片 2.5 可看出，脆性材料之試體無頸縮現象，且破裂係沿與載重垂直之平面發生。由此項觀察吾人可得結論是：正交應力乃是造成脆性材料破壞之原因。†

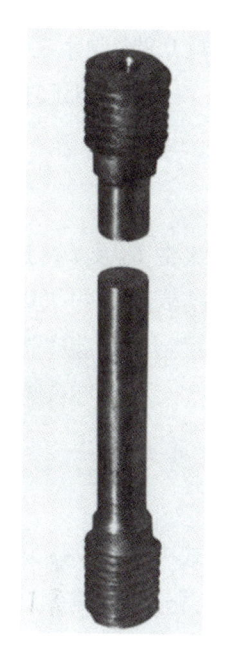

圖 2.6 示出之應力-應變圖，表示結構鋼及鋁這兩種延性材料具有不同之降伏特性。就結構鋼而言(圖 2.6a)，在降伏開始後，在應變相當大的範圍內，應力保持不變。其後應力再會增加以配合試體之伸長，直至達最大值 σ_U 為止。此乃由於稱為應變硬化之材料性質所造成。作拉力試驗時，注意載重計表的讀數可以求得結構鋼之降伏強度。試驗時，使載重穩定增加，然後使載重突然下降至一較低值，並保持一段時間不變，試體仍繼續拉伸。在很細心的試驗中，吾人能夠區別出相對於降伏剛開始前所達載重之**上降伏點**(upper yield point)及相對於保持降伏所需載重之**下降伏點**(lower yield point)。因為上降伏點是暫時的，故應使用下降伏點求材料之降伏強度。

照片 2.5 某脆性材料試件

就鋁(圖 2.6b)以及很多其它延性金屬而言，降伏開始時應力-應變曲線並沒有水平部分，亦即應力仍繼續增加——雖不是線性——直至到達降伏強度。頸縮隨即開始，終至斷裂。對於該等材料，吾人可用**偏距法**(offset method)來決定其降伏強度 σ_Y。例如，圖 2.8 通過橫軸上坐標 $\epsilon = 0.2\%$(或 $\epsilon = 0.002$)之點，畫一直線與應力-應變圖開始直線部分平行，即可求得在 0.2% 偏距之降伏強度。用此方法求得與 Y 點對應之應力 σ_Y，被定義

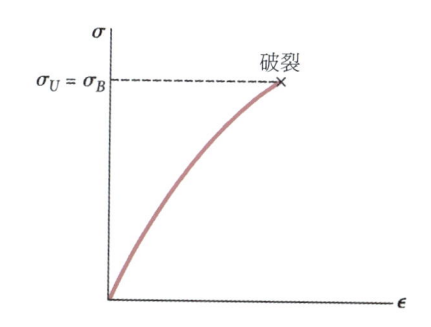

圖 2.7 一典型脆性材料之應力-應變圖 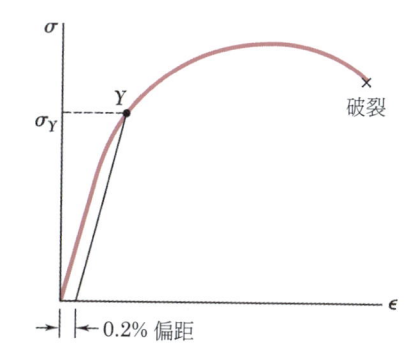　　　　圖 2.8 應用偏距法決定降伏強度

---

† 本節所述之拉力試驗，假定在正常溫度時施行。然而在正常溫度屬延性之材料，在溫度很低時，卻會呈現脆性材料之特性，而在正常溫度是脆性材料，在溫度很高時，亦可能具有延性材料之性質。因之在非正常溫度之情況，吾人應稱呼一材料是在**延態**(ductile state)或在**脆態**(brittle state)而非稱為延性或脆性材料。

為 0.2% 偏距之降伏強度。

一材料延性之標準量度稱作其伸長百分率(percent elongation)，其定義為

$$伸長百分率 = 100\frac{L_B - L_0}{L_0}$$

式中 L_0 及 L_B 分別表示拉力試驗試體之原有長度及破裂時之最後長度。例如，最常用的結構鋼，即 350 MPa，在 50 mm 的標點距離內的最小伸長百分率至少為 21%。吾人應注意到其意義亦謂在破裂時之平均應變至少為 0.21。

有時亦會應用另一延性量度，即面積縮小百分率(percent reduction in area)，其定義是

$$面積縮小百分率 = 100\frac{A_0 - A_B}{A_0}$$

式中 A_0 及 A_B 分別表示試體原有斷面積及其在破裂時之最小斷面積。結構鋼的面積縮小百分率通常都在 60% 及 70% 之間。

吾人敘述至此，只不過是討論拉力試驗而已。如試體是用延性材料製成，承載是壓力而非拉力載重，求得之應力-應變曲線，在開始之直線部分及在相對於降伏之部分以及在應變硬化部分，基本上均與拉力試驗所得曲線相同。尤其值得注意者，對某一定鋼材，其拉力及壓力降伏強度兩者竟然相同。但是，在應變值較大時，拉力及壓力的應力-應變曲線則不同，應注意，壓力試驗中不會發生頸縮。對於大多數脆性材料，吾人發現其抗壓之極限強度遠較抗拉之極限強度為大。此乃由於有材料內部有疵痕如微小裂縫、孔穴等存在，使得材料在抗拉方面的能力減弱，但對壓力破壞之抵抗能力卻無甚影響。

一典型脆性材料之例乃是混凝土(concrete)，混凝土具有不同之抗拉及抗壓性質，應力-應變圖乃如圖 2.9 所示。在該圖之拉力側，開始部分是應變與應力成正比之線形彈

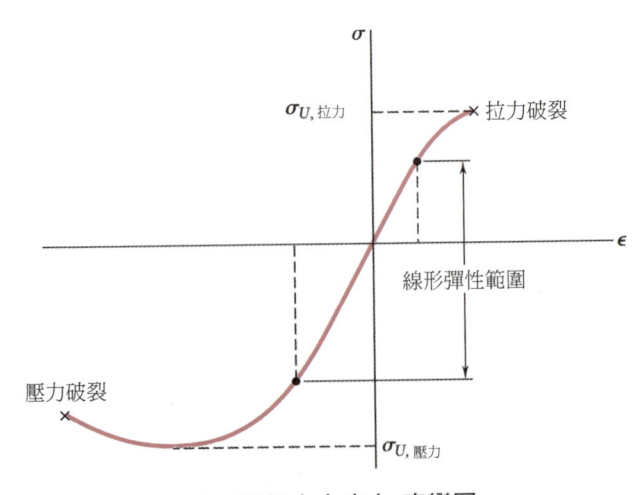

圖 2.9 混凝土之應力-應變圖

性範圍。在降伏點到達以後，應變增加比應力快，直到破壞發生。此一材料在抗壓方面又是不同。首先線形彈性範圍顯示很大，其次是應力達其極大值時，破壞亦不會發生。換言之，在應變繼續增加時，應力大小卻在減小，直至達到破壞。注意，彈性模數是用應力－應變曲線線形部分之斜度表出，且抗拉及抗壓部分相同。在大多數脆性材料，確屬如此。

2.5 虎克定理；彈性模數

大多數工程結構物之設計只允許有相當小的變形，亦即僅限在相對應力－應變圖之直線部分範圍以內。對於該圖之開始部分(圖 2.6)，應力 σ 與應變 ϵ 成正比，吾人可寫成

$$\sigma = E\epsilon \tag{2.4}$$

此一關係稱為虎克定理(Hooke's law)，乃為紀念早期應用力學創辦者之一的英國數學家 Robert Hooke(1635～1703)而以其名命名。係數 E 稱為材料之彈性模數(modulus of elasticity)，亦稱楊氏模數(Young's modulus)，後一名乃為紀念英國科學家 Thomas Young (1773～1829)而以其名命名。因應變 ϵ 為一無因次量，故模數 E 應具有與應力 σ 之同樣單位，為帕斯噶或其倍數。

對某一定材料，可以適用虎克定理之應力最大值稱為該材料之比例限度(proportional limit)。就延性材料而言，它具有一明顯降伏點如圖 2.6a 所示，比例限度幾乎與降伏點相合。對於其它材料，要很準確決定應力 σ 及應變 ϵ 間不再呈直線關係之那一點的應力值，極為困難，是以比例限度亦不能很容易的定出。為了克服此一困難，吾人已知悉，對該等材料應用虎克定理時，所取應力值即使略大於實際比例限度亦不會造成顯著之誤差。

若干結構金屬之物理性質如強度、延性、抗腐能力等會受到摻合金屬之熔合、熱處理及製造方法等極大影響。例如，吾人可從純鐵及三種不同等級鋼材之應力－應變圖(圖 2.11)發現，在這四種金屬間，彼等之降伏強度、極限強度以及最後應變(延性)有極大之差別。然而它們卻具有相同之彈性模數；換言之，它們在線性範圍內之勁度(stiffness)或抵抗變形之能力乃是相同。因此在一定結構中，如用高強度鋼取代低強度鋼，且所有尺寸保持相同時，此一結構將會增大其承載能量，但其勁度卻保持不變。

本書至今所考慮到之每一材料，正交應力與正

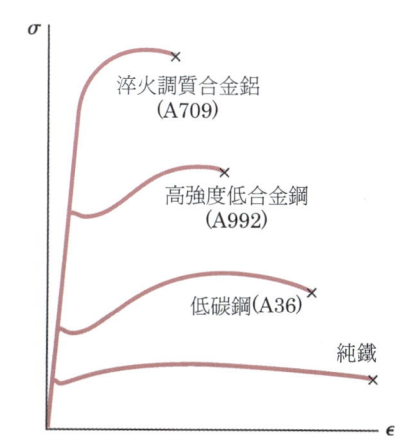

圖 2.11 鐵及不同等級鋼之應力－應變圖

交應變間之關係 ϵ 皆與載重方向無關。這是因為每一材料之機械性質，包括其彈性模數 E，乃與所考究之方向無關。該等材料稱為**各向同性**(isotropic)材料。材料性質要視所考究之方向而定者，則稱為**各向不同性**(anisotropic)材料。重要各向不同性材料之一類乃是**纖維加勁組合材料**。

這些組合材料乃將很強勁的堅固纖維材料埋入稱為**母體材料**(matrix)的脆弱、柔軟材料中而得出者。用來當作纖維之典型材料乃是石墨、玻璃，以及聚合物。而不同種類之樹脂則作為母體材料。圖 2.12 所示乃一片或一薄板組合材料包含有很多埋入母體材料之平行纖維。如一作用在層面中之軸向載重係沿 x 軸作用，亦即是方向係平行於纖維者，則在薄板中產生正交應力 σ_x 及其相應之正交應變 ϵ_x，

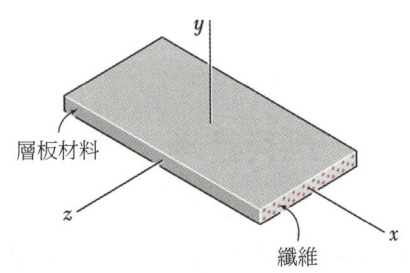

圖 2.12　層板纖維加勁組合材料

當載重不停增加，只要不超過薄板之彈性限度時，即會適用虎克定律。同理，軸向載重如沿 y 軸，即方向與薄板垂直作用時，亦將會產生正交應力 σ_y 及正交應變 ϵ_y 而適用虎克定理，軸向載重沿 z 軸方向作用時，亦會產生正交應力 σ_z 及正交應變 ϵ_z，亦能適用虎克定理。不過，與上述每一載重分別相應之彈性模數 E_x、E_y 及 E_z 將不相同。因為纖維與 x 軸平行，所以此一薄板在沿 x 軸方向載重作用，有更大之載重抗阻力，而對於沿 y 或 z 軸方向之載重作用，其承載阻力將較小，當然 E_x 將大於 E_y 或 E_z。

將很多薄板重疊在一起，形成一扁平層板(laminate)。如果此層板只承載軸向載重所引起之拉力，且在所有薄片中之纖維與載重作用方向相同時，方能得到最大可能強度。但是如果此層板受到壓力作用，母體材料可能強度不夠阻止纖維扭纏或破裂。使一些薄片位置設定到可增加層板之側向穩定度，俾使其中纖維能與載重垂直。將薄片位置設定使其纖維方向與載重方向成 30°、45° 或 60° 角，亦可增加層板對同平面剪力之抵抗度，纖維加勁組合材料更進一步之討論將在 2.16 節敘述，在該節中茲將考究受多軸向載重之行為。

2.7　重複載重；疲勞

在上述各節中，吾人已討論了承載軸向載重的試體之行為。前已提及，如試體中之最大應力不超過材料之彈性限度，當載重卸去後，試體應回復至其原來狀況。是以吾人可得一結論：如應力保持在彈性範圍以內，一定之載重可重複很多次。此一結論對於載重重複數十次，甚至數百次還算正確。然而吾人將要知悉，當載重重複成千上萬次時，就不正確了。在該等情況，破裂將會在應力遠小於靜力破壞強度時發生；此一現象稱為**疲勞**(fatigue)。疲勞破壞屬於脆性，即使材料在正常情況下屬於延性者仍然。

在設計承載重複或不穩定載重(fluctuating loads)之整體結構或機器組件時，必須要考慮疲勞。各構件在有用壽命期間能承受之載重周期數變化很大。例如，支持工業用吊車之梁，在 25 年內的承載次數可高至二百萬次(每一工作日約承載三百次)，如一汽車行駛了二十萬哩，其曲軸將轉動約五億次，而一單獨水輪扇葉在其使用期間，將要承載幾百億次。

有些載重是屬於不穩定性者。例如，車輛通過一橋梁時，即會產生應力，並會因橋的自重而使應力發生變化。當載重周期內有完全反向載重發生時，則為最嚴重之情況。例如，鐵路車輛之車輪，作每一半轉後，軸中之應力即會完全反向。

按任何已知的最大應力值，經由實驗即可算出試體在承受連續重複載重和反向載重後發生破裂的載重週期數。如使用不同之最大應力層次作了一連串之試驗，可用所得數據畫出 $\sigma-n$ 曲線。每一試驗均將最大應力 σ 作為縱坐標，週期數作為橫坐標；因為破裂所需之週期數很大，故週期 n 之畫出，係用對數坐標。

圖 2.16 所示乃一鋼材之標準 $\sigma-n$ 曲線，由圖可以看出，如作用之最大應力很高，則造成破裂需要之週期數即相對較小。當最大應力值降低時，造成破裂所需之週期數即告增加，直至達到稱為耐久限度(endurance limit)之應力為止。耐久限度乃指一不使構件發生破壞之應力值，即使載重週期數大至無限，亦是如此。對於像結構鋼之低碳鋼，耐久限度約為鋼之極限強度的一半。

對於非鐵金屬，如鋁及銅，一標準之 $\sigma-n$ 曲線(圖 2.16)卻示出，破壞應力隨著載重次數(週期)的增加而不斷減小。對於該等金屬，疲勞限度(fatigue limit)定義為對應於一特定載重週期數後損壞的應力值，例如五億次載重。

對因疲勞而遭破壞的試體，圓軸彈簧及其它組件所作的檢驗顯示，破壞是在微裂縫或若干類似有缺陷處開始。每次載重後，裂縫均略為加大。歷經連續之載重週期時，裂縫會在材料中傳佈，直到未損壞材料部分不能承載最大載重，隨即發生突然且脆性之破壞。因為疲勞破壞是從裂縫及有缺陷處開始，是以試體之表面情況對試驗求得之耐久限度值有極大影響。用機器製造及磨光試體之耐久限度，比起輥製及煅製者，或已腐朽組件大。在鄰近海水或海水中，或在其它易腐蝕處之構件的耐久限度可降低 50% 左右。

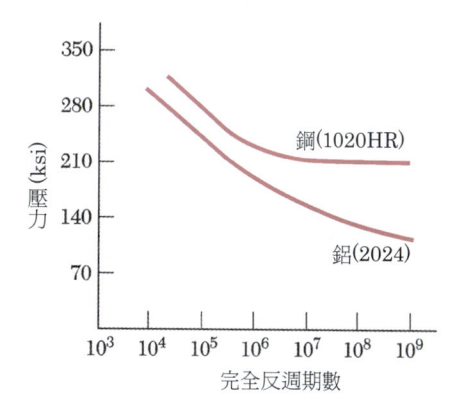

圖 2.16 典型 $\sigma-n$ 曲線

2.8 構件在軸向載重下之變形

茲考究一長為 L，均勻斷面積為 A 之均質桿件 BC，承受一中心軸向載重 **P**（圖 2.17）。如最後所得軸向應力 $\sigma = P/A$ 不超過該材料之比例限度，吾人即可應用虎克定理，並寫出

$$\sigma = E\epsilon \tag{2.4}$$

由上式可得出

$$\epsilon = \frac{\sigma}{E} = \frac{P}{AE} \tag{2.5}$$

回想 2.2 節中對應變 ϵ 之定義為 $\epsilon = \delta/L$，於是得

$$\delta = \epsilon L \tag{2.6}$$

將式(2.5)中之 ϵ 代入式(2.6)得

$$\delta = \frac{PL}{AE} \tag{2.7}$$

式(2.7)只能用在均質(E 不變)，斷面積 A 亦不變，且載重是作用在其端點之桿件。如果載重是作用於桿件上之其它點，又如桿件由幾段不同斷面積連接而成，甚至有材料不同者，吾人則要將其分成各分段，使每段都能滿足應用式(2.7)時所要之條件。分別用 P_i、L_i、A_i 及 E_i 表示第 i 段之內力、長度、斷面積及彈性模數，吾人即可用下式表示整個桿件之變形

$$\delta = \sum_i \frac{P_i L_i}{A_i E_i} \tag{2.8}$$

回想 2.2 節中所述，就一有變化斷面之桿件而言(圖 2.18)，應變 ϵ 要視 Q 點(即計算點)之位置而定，並定義為 $\epsilon = d\delta/dx$，ϵ 代入式(2.5)並解出 $d\delta$，即能得出微長 dx 之變形為

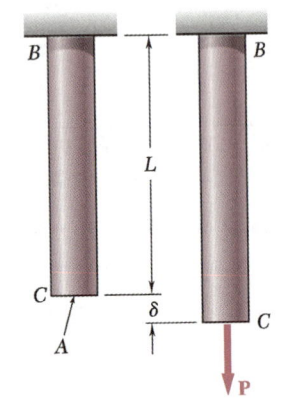

圖 2.17　施加軸向載重之桿件的變形 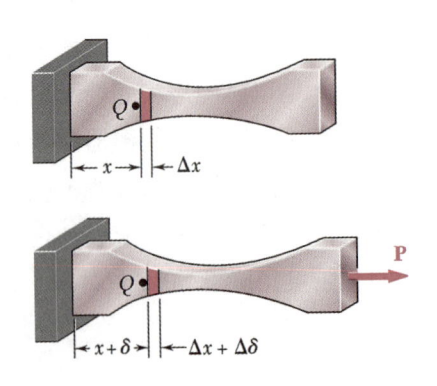　　圖 2.18　軸向載重構件之不同斷面積處的變形

$$d\delta = \epsilon \, dx = \frac{P \, dx}{AE}$$

對桿件全長 L 積分上式即可求得桿件之總變形 δ 為

$$\delta = \int_0^L \frac{P \, dx}{AE} \tag{2.9}$$

當斷面積 A 是 x 的函數及內力 P 取決於 x 時(例如一桿件以自重懸吊時)，應該選用式(2.9)來取代式(2.7)。

例 2.01

試求圖 2.19a 所示鋼桿受圖示已知載重作用時之變形($E = 200$ GPa)。

解：

吾人應先將此桿件分成三段如圖 2.19b 所示，並得

$$L_1 = L_2 = 300 \text{ mm} \qquad L_3 = 400 \text{ mm}$$
$$A_1 = A_2 = 580 \text{ mm}^2 \qquad A_3 = 190 \text{ mm}^2$$

為了能求得內力 P_1、P_2 及 P_3，吾人必須要切取每一段之斷面，並依次畫出桿件位於斷面右側部分之分離體圖(圖 2.19c)。因每一分離體皆在平衡狀況，故可連續得出

$$P_1 = 240 \text{ kN} = 240 \times 10^3 \text{ N}$$
$$P_2 = -60 \text{ kN} = -60 \times 10^3 \text{ N}$$
$$P_3 = 120 \text{ kN} = 120 \times 10^3 \text{ N}$$

圖 2.19

將上述之值代入式(2.8)中，即得

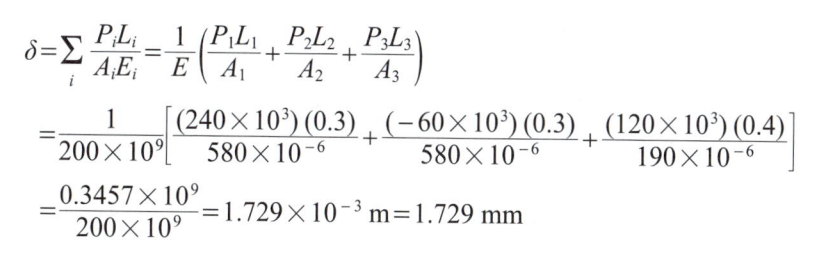

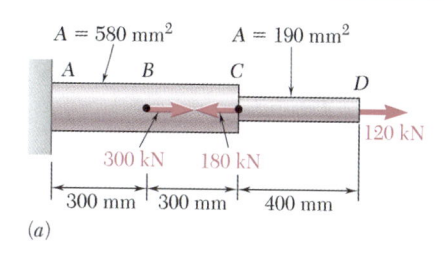

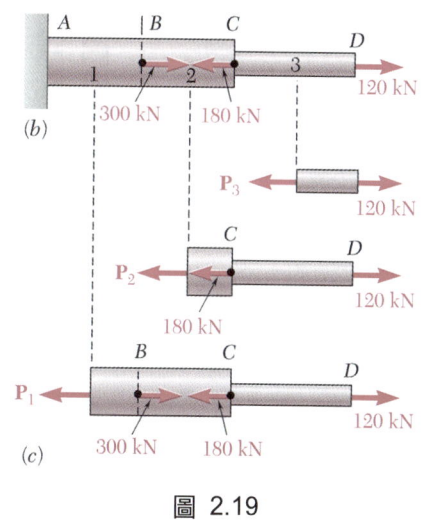

$$\delta = \sum_i \frac{P_i L_i}{A_i E_i} = \frac{1}{E}\left(\frac{P_1 L_1}{A_1} + \frac{P_2 L_2}{A_2} + \frac{P_3 L_3}{A_3}\right)$$

$$= \frac{1}{200 \times 10^9}\left[\frac{(240 \times 10^3)(0.3)}{580 \times 10^{-6}} + \frac{(-60 \times 10^3)(0.3)}{580 \times 10^{-6}} + \frac{(120 \times 10^3)(0.4)}{190 \times 10^{-6}}\right]$$

$$= \frac{0.3457 \times 10^9}{200 \times 10^9} = 1.729 \times 10^{-3} \text{ m} = 1.729 \text{ mm}$$

圖 2.17 中用來導出公式(2.7)的 BC 桿及在例 2.01 中討論過的圖 2.19 中的 AD 桿，兩者均有一端由一固定支承支持。是以在每一情況，桿件之變形應等於其自由端之位移(displacement)。然而當兩端皆可移動時，桿件之變形即指桿件之一端對另一端之相對位移了(relative displacement)。以例言之，考究圖 2.20a 所示長為 L 之三彈性桿，在 A 點用一剛性樞銷連接所構成之組合。如在 B 點施加一載重 **P** (圖 2.20b)，三桿中之每一桿皆將變形。因 AC 及 AC' 桿連於在 C 及 C' 之固定支承，故彼等之變形即指在 A 點之位移 δ_A。在另一方面，因 AB 桿之兩端皆在動，故 AB 之變形乃用 A 點及 B 點之位移 δ_A 及 δ_B 間的差數來表出，亦即指 B 對 A 之相對位移。此相對位移用 $\delta_{B/A}$ 表出，於是可寫作

$$\delta_{B/A} = \delta_B - \delta_A = \frac{PL}{AE} \tag{2.10}$$

式中 A 表桿件 AB 之斷面積，而 E 表其彈性模數。

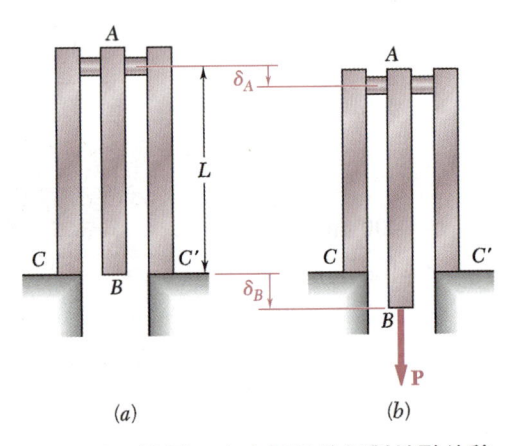

圖 2.20　範例：中央桿件的相對端點位移

範例 2.1

用連桿 AB 及 CD 支持剛桿 BDE。連桿 AB 用鋁製成($E = 70$ GPa)，斷面積是 500 mm^2；連桿 CD 是用鋼製成($E = 200$ GPa)，斷面積是 600 mm^2。此一組合受圖示 30 kN 力作用，試求(a)B 點，(b)D 點，(c)E 點之撓度(deflection)。

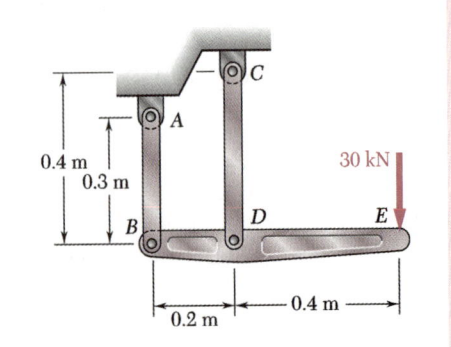

解：

分離體：剛桿 BDE

$+\circlearrowleft\Sigma M_B = 0$： $-(30 \text{ kN})(0.6 \text{ m}) + F_{CD}(0.2 \text{ m}) = 0$

$F_{CD} = +90 \text{ kN}$　　$F_{CD} = 90 \text{ kN}$（拉力）

$+\circlearrowleft\Sigma M_D = 0$： $-(30 \text{ kN})(0.4 \text{ m}) - F_{AB}(0.2 \text{ m}) = 0$

$F_{AB} = -60 \text{ kN}$　　$F_{AB} = 60 \text{ kN}$（壓力）

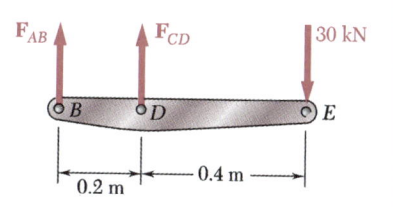

a. B 點之撓度

因連桿 AB 中之內力是壓力，故應寫作 $P = -60 \text{ kN}$

$$\delta_B = \frac{PL}{AE} = \frac{(-60 \times 10^3 \text{ N})(0.3 \text{ m})}{(500 \times 10^{-6} \text{ m}^2)(70 \times 10^9 \text{ Pa})} = -514 \times 10^{-6} \text{ m}$$

負號指示 AB 桿收縮，因此端點 B 之撓度是向上：

$$\delta_B = 0.514 \text{ mm} \uparrow \blacktriangleleft$$

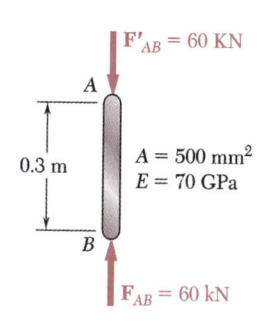

b. D 點之撓度

因桿件 CD 中之 $P = 90 \text{ kN}$，故

$$\delta_D = \frac{PL}{AE} = \frac{(90 \times 10^3 \text{ N})(0.4 \text{ m})}{(600 \times 10^{-6} \text{ m}^2)(200 \times 10^9 \text{ Pa})} = 300 \times 10^{-6} \text{ m}$$

$$\delta_D = 0.300 \text{ mm} \downarrow \blacktriangleleft$$

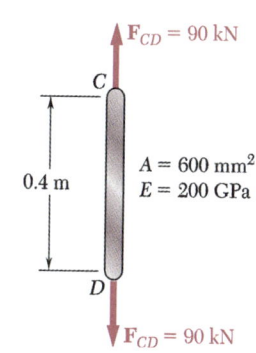

c. E 點之撓度

吾人可用 B' 及 D' 表出 B 及 D 點已位移後之位置。因桿件 BDE 是剛桿，故點 B'、D' 及 E' 應在一直線上，由圖示可得

$$\frac{BB'}{DD'} = \frac{BH}{HD} \quad \frac{0.514 \text{ mm}}{0.300 \text{ mm}} = \frac{(200 \text{ mm}) - x}{x} \quad x = 73.7 \text{ mm}$$

$$\frac{EE'}{DD'} = \frac{HE}{HD} \quad \frac{\delta_E}{0.300 \text{ mm}} = \frac{(400 \text{ mm}) + (73.7 \text{ mm})}{73.7 \text{ mm}}$$

$$\delta_E = 1.928 \text{ mm} \downarrow \blacktriangleleft$$

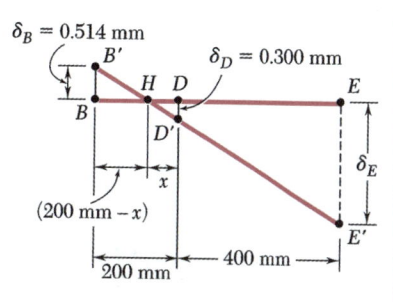

範例 2.2

附圖所示之剛性鑄件 A 與 B 以兩支 18 mm 直徑鋼質螺栓 CD 與 GH 連接,並與 38 mm 直徑鋁桿 EF 之兩端接觸。各螺栓均為單螺紋,其節距為 2.5 mm,而在被適當的相接後,使位於 D 與 H 處之螺帽均鎖緊四分之一圈。已知鋼之 E 為 200 GPa,而鋁為 70 GPa,試求桿內之正交應力。

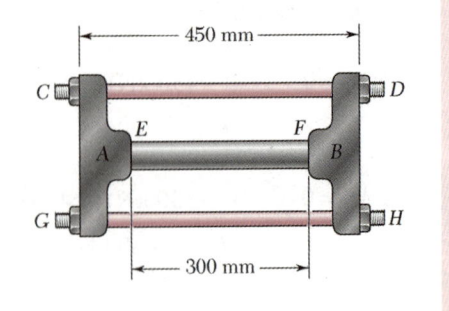

解：

因為長度的單位為公釐,E 要表示為 N/mm²。注意,1 GPa = 10³ N/mm²。

變　形

螺栓 CD 與 GH

鎖緊螺帽會造成螺栓內之拉力。由於對稱,故兩者承受相同之內力 P_b,且進行相同之變形 δ_b。因此,即得到

$$\delta_b = +\frac{P_b L_b}{A_b E_b} = +\frac{P_b (450 \text{ mm})}{\frac{1}{4}\pi(18 \text{ mm})^2 (200 \times 10^3 \text{ N/mm}^2)} = +8.842 \times 10^{-6} P_b \qquad (1)$$

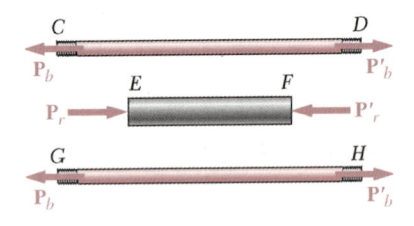

桿 EF

桿係受壓力。以 P_r 代表桿內之力大小,而 δ_r 代表桿之變形,則得到

$$\delta_r = -\frac{P_r L_r}{A_r E_r} = -\frac{P_r (300 \text{ mm})}{\frac{1}{4}\pi(38 \text{ mm})^2 (70 \times 10^3 \text{ N/mm}^2)} = -3.779 \times 10^{-6} P_r \qquad (2)$$

D 相對於 B 之位移

將螺帽鎖緊四分之一圈,即造成螺栓的 D 與 H 端進行相對於鑄件 B 的 $\frac{1}{4}$(2.5 mm)位移。考慮 D 端,則寫出

$$\delta_{D/B}=\frac{1}{4}(2.5\text{ mm})=0.625\text{ mm} \tag{3}$$

但是 $\delta_{D/B}=\delta_D-\delta_B$,其中 δ_D 與 δ_B 分別代表 D 與 B 之位移。若假設鑄件 A 位置保持不變,而位於 D 與 H 處之螺帽被鎖緊,則這些位移即分別等於螺栓與桿之變形。因此,即得到

$$\delta_{D/B}=\delta_b-\delta_r \tag{4}$$

將式(1)、(2)與(3)代入式(4)中,則得到

$$0.625\text{ mm}=8.842\times 10^{-6}P_b+3.779\times 10^{-6}P_r \tag{5}$$

分離體:鑄件 B

$\xrightarrow{+}\Sigma F=0$: $\qquad P_r-2P_b=0 \quad P_r=2P_b \tag{6}$

螺栓與桿內之力

將得自式(6)之 P_r 代入式(5)中,即得到

$$0.625\text{ mm}=8.842\times 10^{-6}P_b+3.779\times 10^{-6}(2P_b)$$
$$P_b=38.1\times 10^3\text{ N}=38.1\text{ kN}$$
$$P_r=2P_b=2(38.1\text{ kN})=76.2\text{ kN}$$

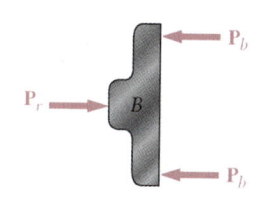

桿內之應力

$$\sigma_r=\frac{P_r}{A_r}=\frac{72.6\text{ kN}}{\frac{1}{4}\pi(38\text{ mm})^2}$$

$\sigma_r=67.2\text{ MPa}$ ◀

習 題

2.1 一長 80 m，直徑 5 mm 的鋼線。已知 $E=200$ GPa，極限抗拉強度為 400 MPa，如果安全因數為 3.2，試求(a)鋼線的最大允許張應力，(b)相應之鋼線伸長量。

2.2 一控制桿用黃銅製成，當桿中拉力為 4 kN 時，此桿拉伸量不得超過 3 mm。已知 $E=105$ GPa，最大容許正交應力是 180 MPa，試求(a)此桿可能選用之最小直徑，(b)桿之相應最大長度。

2.3 將兩個測微計裝置在一直徑 12 mm 鋁桿上，距離 250 mm。已知 $E=73$ GPa，極限強度為 140 MPa，施加外力後，測微計裝置顯示距離為 250.28 mm，試求(a)桿件內的壓力，(b)安全因數。

2.4 一吊架上使用了 18 m 長，直徑 5 mm 之鋼線。當有一拉力 **P** 施加於此鋼線上，鋼線長度增加 45mm。已知 $E=200$ GPa 時，試求(a)力 **P** 之大小，(b)鋼線中之相應正交應力。

2.5 聚苯乙烯材質之桿件的長為 300 mm，直徑為 12 mm，承載一 3 kN 張應力。已知 $E=3.1$ GPa，試求(a)桿件的伸長量，(b)桿件的正交應力。

2.6 一尼龍線承受 8.5 N 的張力。已知 $E=3.3$ GPa，長度增加 1.1%，試求(a)尼龍線的直徑，(b)尼龍線內的應力。

2.7 將兩個測微計裝置在一直徑 12 mm 鋁桿上，距離 250 mm，當施加一 6000 N 的軸向外力，兩個測微計裝置的距離變為 250.18 mm，試求鋁桿的楊氏模數。

2.8 用一鑄鐵管支承一壓力載重。已知 $E=69$ GPa，長度之最長容量改變量是 0.025%。試求(a)管中之最大正交應力，(b)如此管之外直徑是 50 mm，載重為 7.2 kN，求管之最小厚度。

2.9 一鋁製控制棒承受 2 kN 拉力時，必須伸長 2 mm。已知 $\sigma_{all}=154$ MPa 及 $E=70$ GPa，試求此控制棒的最小直徑及最短長度。

2.10 方形鋁棒在承載張力時，伸長量不超過 2.5mm。已知 $E=105$ GPa 及允許張力強度為 180 MPa，試求(a)最大允許伸長量，(b)如果拉力為 40 kN，截面的尺寸。

2.11 一 4 m 鋁管，受到一拉力 10 kN 載重作用時，伸長量不得超過 3 mm，正交應力不得超過 150 MPa。已知 $E=200$ GPa，試求此管最小直徑。

2.12 一尼龍線承受 10 N 的張力。已知 $E=3.2$ GPa，最大容許正交應力是 40 MPa，長度最大增加量不得超過 1%，試求尼龍線的最小直徑。

2.13 直徑 4 mm 之拉索 BC 是用 E = 200 GPa 之鋼製成。已知拉索中之最大應力不得超過 190 MPa，拉長量不得超過 6 mm，如圖所示，試求能施加之最大載重 **P** 值。

2.14 桿件 BD 是用鋼(E = 200 GPa)製成，用以托住軸向壓力構件 ABC。構件 BD 能承載之最大力為 0.02P。如果應力不超過 126 MPa，BD 長度最大改變量不得超過 ABC 長度之 0.001 倍。試求能用在構件 BD 之最小直徑。

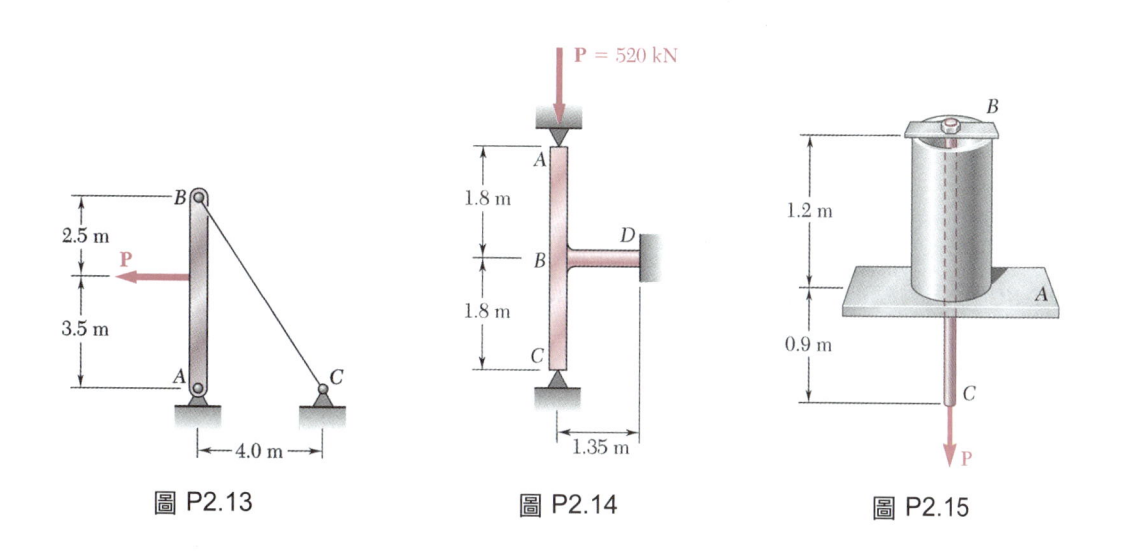

圖 P2.13

圖 P2.14

圖 P2.15

2.15 如圖示，斷面積 1100 mm² ，長 1.2 m 的鋁管放置在固定支承面 A 上，直徑 15 mm 鋼製桿件 BC 掛在放置於鋁管頂端 B 處的硬棒。已知鋼的彈性模數是 200 GPa，鋁的彈性模數是 72 GPa，試求 C 點施加 60 kN 外力時 C 點的撓度。

2.16 如圖示，黃銅管 AB (E = 105 GPa)的斷面積為 140 mm² 且剛好頂住 A 處蓋子，此管連接在堅硬平面的 B 處，此堅硬平面黏接在斷面積 250 mm² 之鋁製圓柱(E = 72 GPa)的底部 C，鋁製圓柱掛在支承點 D 處。如果要關閉圓柱，蓋子則必須向下移動 1mm。試求必須施加的外力 **P**。

2.17 一 250 mm 長之鋁管(E = 70 GPa)，外徑為 36 mm，內徑為 28 mm，兩端用單紋螺絲蓋封住，螺絲之螺距是 1.5 mm。使一螺蓋用螺紋鎖緊。使一直徑 25 mm 之實心黃銅(E = 105 GPa)桿件塞入管

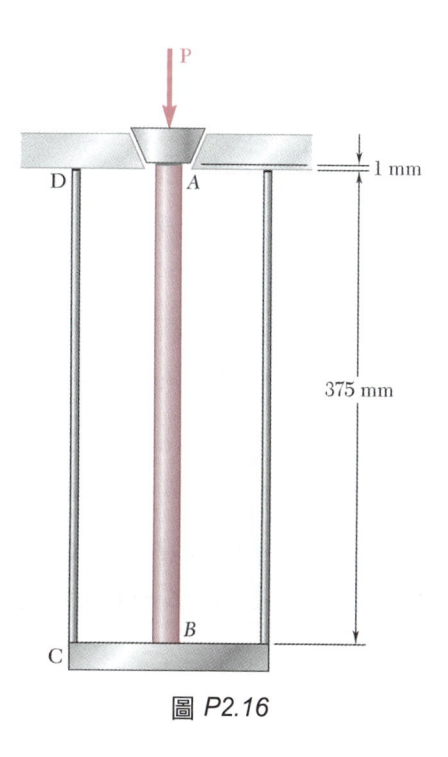

圖 P2.16

中，再開始旋緊另一螺絲。因黃銅桿較管子略長，是以可看出，必須加力旋轉蓋子方能壓進桿件，如果將蓋子旋進很緊時，須旋轉四分之一轉。求(a)管中及桿件中之平均正交應力，(b)管及桿件之變形。

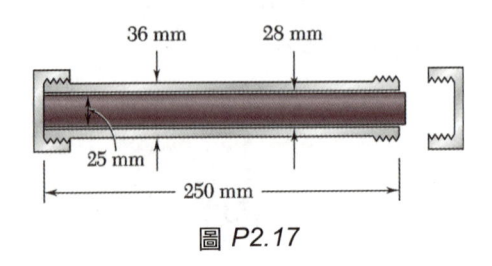

圖 P2.17

2.18 如圖示，一軸向載重 $P=58$ kN 施加在黃銅桿件 ABC 的末端 C。已知 $E=105$ GPa。試求 BC 部分的直徑 d，使得 C 點撓度為 3 mm。

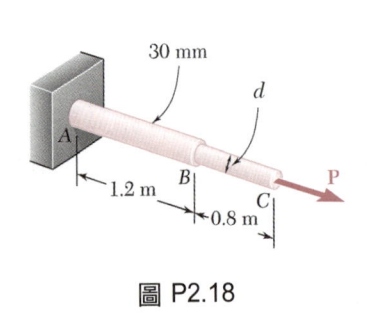

圖 P2.18

2.19 圖示一桿件 ABC 之兩部分皆用 $E=70$ GPa 之鋁製成，已知 **P** 之大小是 4 kN，試求(a) **Q** 值使 A 點之撓度等於零，(b) B 點之相應撓度。

2.20 圖示桿件 ABC 是用 $E=70$ GPa 製成。已知 $P=6$ kN、$Q=42$ kN，試求(a) A 點，(b) B 點之撓度。

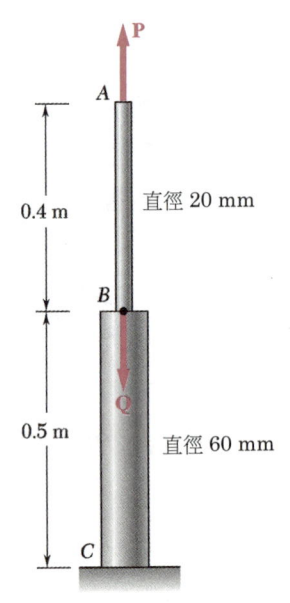

圖 P2.19 和 P2.20

2.21 圖示一鋼桁架($E=200$ GPa)及載重。構件 AB 與 BC 斷面積分別為 516 mm² 與 412 mm²。試求(a)構件 AB，(b)構件 BC 的伸長量。

2.22 圖示一鋼桁架($E=200$ GPa)，對角支柱 BD 的斷面積是 1920 mm²。如果構件 BD 長度變化不得超過 1.6 mm，試求最大允許負載 **P**。

圖 P2.21

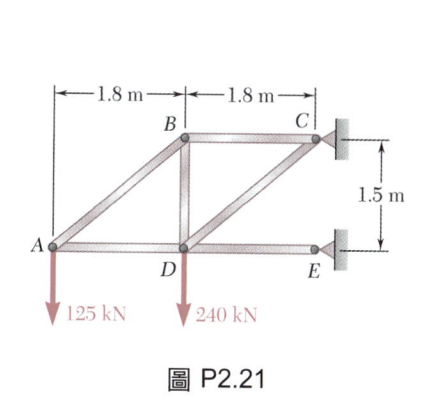

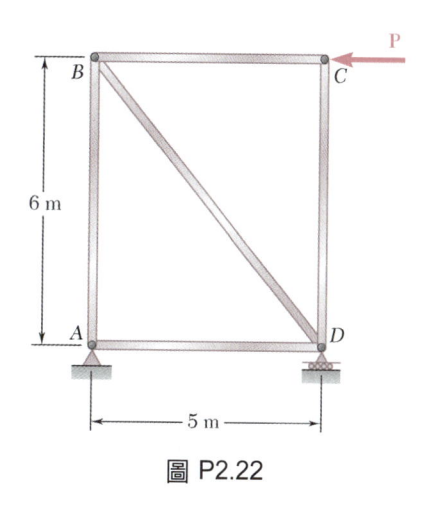

圖 P2.22

2.23 圖示一鋼桁架($E=200$ GPa)及載重。已知構件 AB 及 AD 之斷面積分別是 2400 mm² 及 1800 mm²，試求該構件之變形。

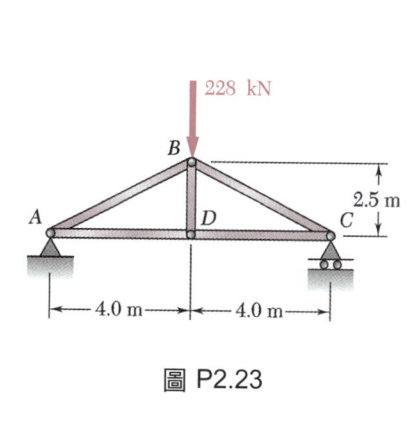

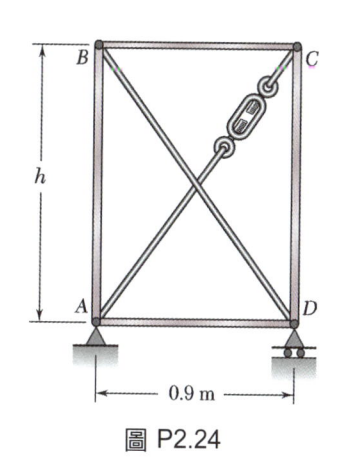

圖 P2.23

圖 P2.24

2.24 圖示構件 AB 及 CD 乃直徑 30 mm 鋼桿，構件 BC 及 AD 乃直徑 22 mm 鋼桿。當施加鎖緊時，斜撐構件 AC 是拉力。已知 $E=200$ GPa、$h=1.2$ m。如使構件 AB 及 CD 中之變形不超過 1 mm，試求 AC 中之最大容許應力。

2.25 連桿 AB 及 CD 皆由鋁($E=75$ GPa)製成，每桿之斷面積皆為 258 mm²。已知彼等皆支持剛桿 BC，如圖示，試求 E 點之撓度。

2.26 如圖示，構件 ABC 與 DEF 用鋼製連桿($E=200$ GPa)連接起來，每一連桿都是成對的 25×35 mm 平板製成。試求(a)構件 BE，(b)構件 CF 長度改變量。

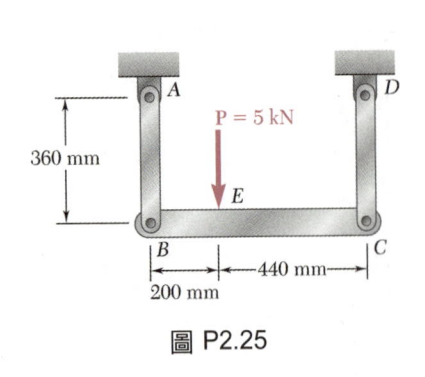

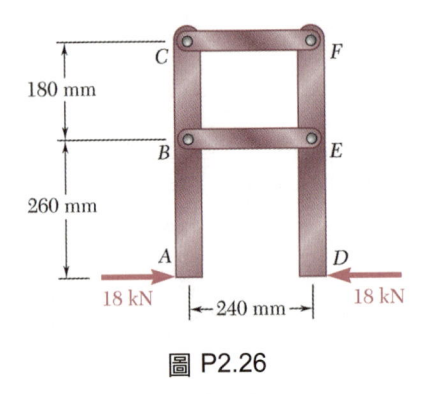

材料力學
Mechanics of Materials

圖 P2.25

圖 P2.26

2.27 連桿 BD 是用黃銅($E=105$ GPa)製成，斷面積是 240 mm²。連桿 CE 是用鋁($E=72$ GPa)製成，斷面積是 300 mm²。已知連桿 BD 及 CE 是用來支撐實心元件 ABC，如果圖示 A 點撓度不得超過 0.35 mm，試求能垂直施加在 A 點之最大力 **P**。

2.28 圖示四個矩形斷面 10×40 mm 的垂直連桿連接兩個鋁製($E=70$ GPa)水平構件及載重，試求(a)E 點，(b)F 點，(c)G 點之撓度。

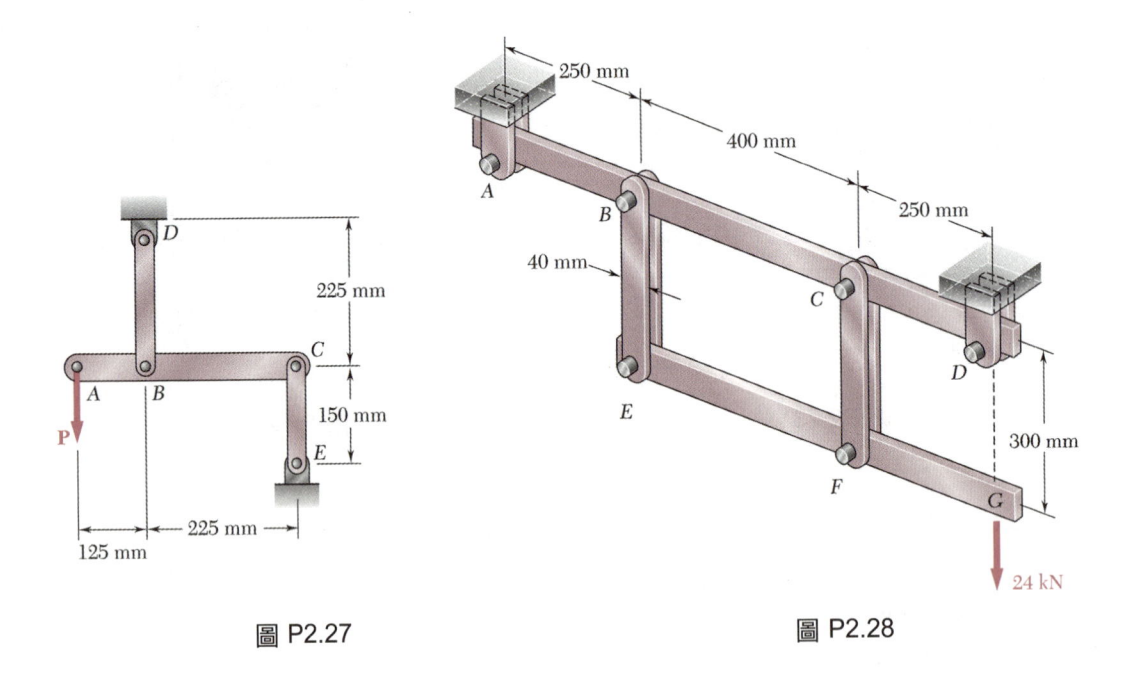

圖 P2.27

圖 P2.28

2.29 某均質圓錐之高度為 h，密度 ρ，彈性模數 E。試求頂點 A 因圓錐本身重量產生的撓度。

2.30 長度為 L 而斷面均勻之某均質吊索由一端吊下。(a)以 ρ 代表索之密度(每單位體積之質量)，而以 E 代表彈性模數，試求吊索由本身重量所引起之伸長。(b)若吊索呈水

平,而有等於其重量之半的力分別施加於其兩端,試證明將得到相同之伸長。

2.31 一抗拉試件之體積在塑性應變發生時,基本上保持不變。如果試件初始時之直徑是 d_1,試證當直徑是 d 時,真應變是 $\epsilon_t = 2\ln(d_1/d)$。

2.32 用 ϵ 表示一抗拉試件中之「工程應變」。試證真應變是 $\epsilon_t = \ln(1+\epsilon)$。

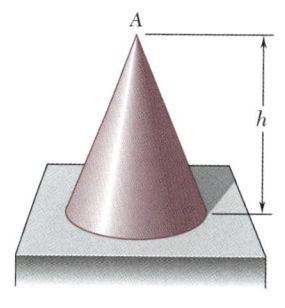

圖 P2.29

2.9 靜不定問題

在前述各節所考慮之問題中,吾人常用分離體圖及平衡方程式去求在一定載重條件下,構件各部分所生之內力。將求得之內力值代入式(2.8)或(2.9),就可計算構件之變形。

然而有很多問題,求內力無法只用靜力學原理求得。事實上,大多數此類問題亦不能經由畫出構件之分離體,寫出相應之平衡方程式而求得其反作用力,即外力。且須考究問題之幾何條件,得出各變形間之關係去彌補平衡方程式之不足。因為僅靠靜力學無法求得這類問題之反作用力或內力,故稱此類問題為靜不定(statically indeterminate)。下例將用以闡明如何去解此類問題。

例 2.02

將一長度為 L,斷面積為 A_1,彈性模數為 E_1 之桿件,裝置在一具有同樣長度 L,但斷面積為 A_2,彈性模數為 E_2 之管內(圖 2.21a)。當一力 **P** 是作用在一剛性端鈑上,如圖示時,試求桿件及管之變形。

解:

用 P_1 及 P_2 分別表示作用在桿件及管中之軸向力,吾人即可畫出這三種組件之分離體圖(圖 2.21b、c、d)。僅在最後一圖中,方能得出一有用之資料,即

$$P_1 + P_2 = P \tag{2.11}$$

顯然,使用一個方程式,無法能解得兩未知內

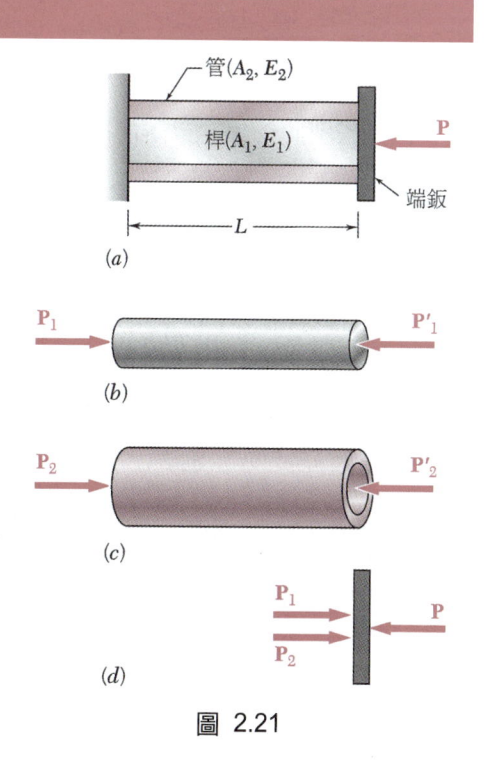

圖 2.21

力 P_1 及 P_2。故此問題是靜不定。

然依此問題之幾何條件示出，桿及管之變形 δ_1 及 δ_2 必須相等。應用式(2.7)得

$$\delta_1 = \frac{P_1 L}{A_1 E_1} \qquad \delta_2 = \frac{P_2 L}{A_2 E_2} \tag{2.12}$$

使變形 δ_1 及 δ_2 相等，吾人得

$$\frac{P_1}{A_1 E_1} = \frac{P_2}{A_2 E_2} \tag{2.13}$$

聯立解式(2.11)及(2.13)，即可求得 P_1 及 P_2 為

$$P_1 = \frac{A_1 E_1 P}{A_1 E_1 + A_2 E_2} \qquad P_2 = \frac{A_2 E_2 P}{A_1 E_1 + A_2 E_2}$$

應用式(2.12)之任一式，即可算出桿及管之變形量來。

例 2.03

在未施加載重前，將一長為 L，均勻斷面之條桿 AB 裝置在剛性支承 A 及 B 間。今若在 C 點施加一載重 $\mathbf{P}$，試問 AC 及 BC 兩部分中之應力是多少(圖 2.22a)？

解：

首先畫出此條桿之分離體圖(圖 2.22b)，吾人可得出一平衡方程式為

$$R_A + R_B = P \tag{2.14}$$

圖 2.22

因此一方程式無法求出兩未知反作用力 R_A 及 R_B，故此問題屬靜不定。

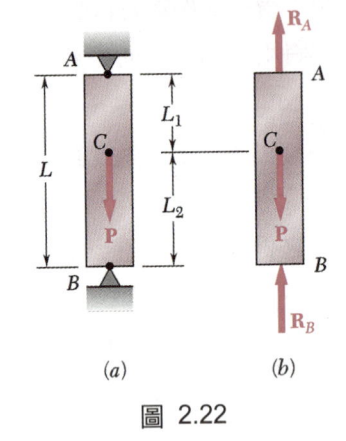

然而如從幾何條件觀之，此條桿之總伸長量 δ 應等於零，應用此一條件即可求得反作用力。用 δ_1 及 δ_2 分別表示 AC 及 BC 部分之伸長量，於是得

$$\delta = \delta_1 + \delta_2 = 0$$

今用其對應之內力 P_1 及 P_2 來表出 δ_1 及 δ_2 得

$$\delta = \frac{P_1 L_1}{AE} + \frac{P_2 L_2}{AE} = 0 \tag{2.15}$$

但吾人從個別示出之分離體圖如圖 2.23b 及 c 所示者看出，$P_1=R_A$ 及 $P_2=-R_B$，將此值代入式(2.15)，即得

$$R_AL_1-R_BL_2=0 \quad (2.16)$$

聯立解方程式(2.14)及(2.16)，即可解得 R_A 及 R_B 為 $R_A=PL_2/L$ 及 $R_B=PL_1/L$。欲求 AC 中的應力 σ_1 及 BC 中的應力 σ_2，可用條桿斷面積分別去除 $P_1=R_A$ 及 $P_2=-R_B$，即可求得

$$\sigma_1=\frac{PL_2}{AL} \qquad \sigma_2=-\frac{PL_1}{AL}$$

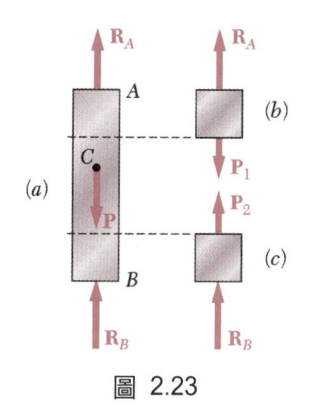

圖 2.23

重疊法

吾人已知悉，一結構物所有之支承數超過了它維持其平衡所需者，即為靜不定。此即意味該結構物具有之反作用力數較可用平衡方程式數多。為方便起見，吾人常指定反作用力之一為**贅餘**(redundant)力，以消去其對應之支承。因問題所述之條件不能隨意改變，贅餘反作用力必須在解答中存在。但此贅餘反作用力可視作**未知載重**(unknown load)，與其它載重一樣，它一定會產生與原有的固定支承一致的變形。此種問題實際求解方式可先個別考究由已知載重及贅餘反作用力所產生之變形，然後將所得結果累加——或重疊(superposing)——在一起。†

例 2.04

試求圖 2.24 所示鋼條在 A 及 B 之反作用力，載重亦如圖示。假定施加載重前，兩支承是緊嚴密接。

解：

吾人首先取 B 點之反作用力作為贅餘，即可除去鋼條之該一支承，然後將反作用力 $\mathbf{R}_B$ 視作一未知載重(圖 2.25a)，再根據鋼條變形必等於零之條件予以求得。求解方法是要分別考究由已知載重所生之變形 δ_L(圖 2.25b)以及由贅餘反作用力 $\mathbf{R}_B$ 所生之變形 δ_R(圖 2.25c)。

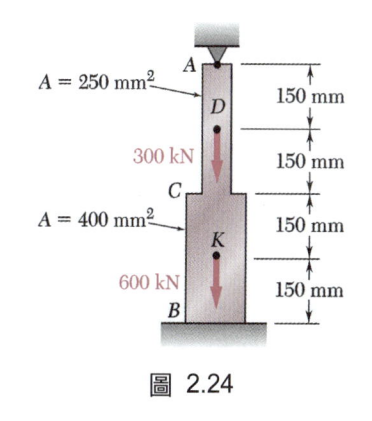

圖 2.24

將鋼條分成四部分後，如圖 2.26 所示者，應用式(2.8)即可求得變形 δ_L。仿照例 2.01

---

† 以此方法求出數個載重之合成效應的一般條件於 2.12 節中討論。

圖 2.25

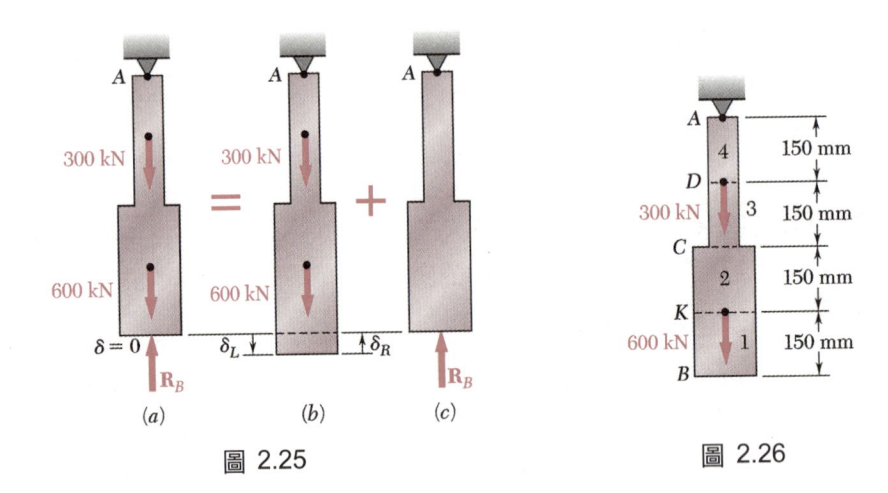

圖 2.26

所用之同樣方法可得

$$P_1=0 \quad P_2=P_3=600\times 10^3 \text{ N} \quad P_4=900\times 10^3 \text{ N}$$
$$A_1=A_2=400\times 10^{-6} \text{ m}^2 \quad A_3=A_4=250\times 10^{-6} \text{ m}^2$$
$$L_1=L_2=L_3=L_4=0.150 \text{ m}$$

將此等值代入式(2.8)中，即得

$$\delta_L=\sum_{i=1}^{4}\frac{P_i L_i}{A_i E}=\left(0+\frac{600\times 10^3 \text{ N}}{400\times 10^{-6} \text{ m}^2}+\frac{600\times 10^3 \text{ N}}{250\times 10^{-6} \text{ m}^2}+\frac{900\times 10^3 \text{ N}}{250\times 10^{-6} \text{ m}^2}\right)\frac{0.150 \text{ m}}{E}$$

$$\delta_L=\frac{1.125\times 10^9}{E} \tag{2.17}$$

現來考究由贅餘反作用 R_B 所生之變形 δ_R，將鋼條分成兩部分如圖 2.27 所示，可得

$$P_1=P_2=-R_B$$
$$A_1=400\times 10^{-6} \text{ m}^2 \quad A_2=250\times 10^{-6} \text{ m}^2$$
$$L_1=L_2=0.300 \text{ m}$$

將此等值代入式(2.8)，即得

$$\delta_R=\frac{P_1 L_1}{A_1 E}+\frac{P_2 L_2}{A_2 E}=-\frac{(1.95\times 10^3)R_B}{E} \tag{2.18}$$

因鋼條之總變形 δ 必等於零，故以式表之為

$$\delta=\delta_L+\delta_R=0 \tag{2.19}$$

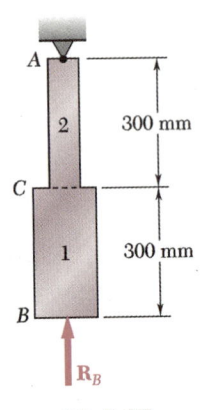

圖 2.27

第 2 章 應力及應變─軸向載重

將式(2.17)及(2.18)中之 δ_L 及 δ_R 分別代入式(2.19)中

$$\delta = \frac{1.125 \times 10^9}{E} - \frac{(1.95 \times 10^3)R_B}{E} = 0$$

解上式得

$$R_B = 577 \times 10^3 \text{ N} = 577 \text{ kN}$$

以後由鋼條之分離體圖(圖 2.28)可求得在上支承之反作用力 R_A，即是

$+\uparrow\Sigma F_y = 0$： $\qquad R_A - 300 \text{ kN} - 600 \text{ kN} + R_B = 0$

$$R_A = 900 \text{ kN} - R_B = 900 \text{ kN} - 577 \text{ kN} = 323 \text{ kN}$$

求出反作用力後，即可輕易的求取鋼條中之應力及應變。應予注意者，在鋼條總變形等於零時，其各部分在已知載重及束制條件下會有變形發生。

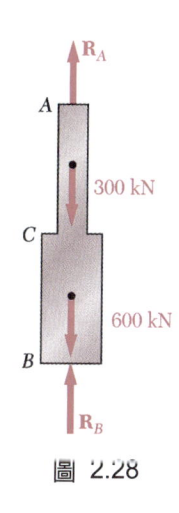

圖 2.28

例 2.05

試求例 2.04 所示鋼條及載重時，在 A 及 B 之反作用力。假定在施加載重前，鋼條及地面間有一 4.50 mm 之淨空隙(圖 2.29)。並假定 $E = 200$ GPa。

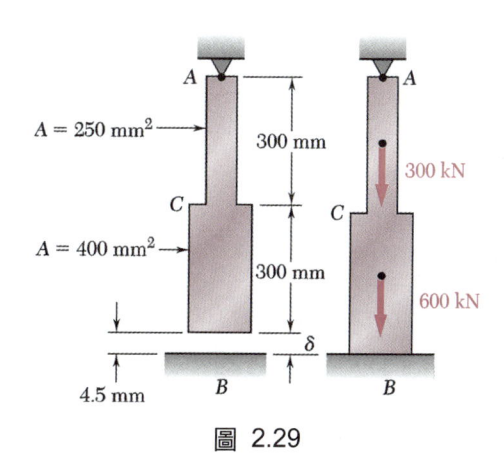

圖 2.29

解：

　　依照例 2.04 所用之同樣方法，將 B 點之反作用力視作贅餘，即可分別算得由已知載重及由贅餘反作用力 $\mathbf{R}_B$ 所生之變形 δ_L 及 δ_R。然而在此例中，總變形不等於 0，卻是 $\delta = 4.5$ mm，因之吾人應寫作

$$\delta = \delta_L + \delta_R = 4.5 \times 10^{-3} \text{ m} \tag{2.20}$$

將式 (2.17) 及 (2.18) 中之 δ_L 及 δ_R 代入式 (2.20) 中，同時代入 $E = 200$ GPa $= 200 \times 10^9$ Pa，即得

$$\delta = \frac{1.125 \times 10^9}{200 \times 10^9} - \frac{(1.95 \times 10^3) R_B}{200 \times 10^9} = 4.5 \times 10^{-3} \text{ m}$$

解上式得 R_B 為

$$R_B = 115.4 \times 10^3 \text{ N} = 115.4 \text{ kN}$$

從鋼條之分離體圖 (圖 2.28) 可求得在 A 點之反作用力為

$+\uparrow \Sigma F_y = 0:\qquad R_A - 300 \text{ kN} - 600 \text{ kN} + R_B = 0$

$$R_A = 900 \text{ kN} - R_B = 900 \text{ kN} - 115.4 \text{ kN} = 785 \text{ kN}$$

2.10　涉及溫度變化之問題

　　到現在為止，吾人考慮之所有構件及結構物在承載載重時，都假定溫度不變。以下將考慮溫度有變化時之各種情況。

　　吾人首先將考慮靜置在一光滑水平面上之均勻斷面均質桿 AB (圖 2.30a)。如果桿中溫度升高 ΔT，即可發現桿件伸長了 δ_T，δ_T 與桿件溫度變化 ΔT 及長度 L 兩者成正比 (圖 2.30b)。於是得

$$\delta_T = \alpha(\Delta T) L \tag{2.21}$$

式中 α 是材料之一不變特性，稱為熱膨脹係數 (coefficient of thermal expansion)。因 δ_T 及 L 兩者之單位均為長度單位，如果採用攝氏度表示溫度變化，α 之單位應為每攝氏度之量。

　　由於溫度變形時必同時伴生一應變 $\epsilon_T = \delta_T / L$，故應用式 (2.21) 可得

$$\epsilon_T = \alpha \Delta T \tag{2.22}$$

應變 ϵ_T 是因桿中溫度變化所產生,故稱之為熱應變(thermal strain)。此處吾人所研析之情況,有應變 ϵ_T 但無應力發生。

吾人再假定將長度為 L 之同一桿件 AB 放置在相距為 L 距離之兩固定支承間(圖 2.31a)。在開始情況,桿件中既無應力亦無應變。如吾人使溫度升高 ΔT,則因桿件兩端受到束制,不能伸長,故桿件之伸長量 δ_T 應為零。若此桿件是均質,斷面為均勻者,則在任一點之應變 ϵ_T 本是 $\epsilon_T = \delta_T/L$,此時亦應為零。不過,在溫度升高後,支承將對桿件施加大小相等方向相反之力 $\mathbf{P}$ 及 $\mathbf{P}'$,俾使桿件不能伸長(圖 2.31b)。因此使得桿件中產生了應力態(但無對應之應變)。

當吾人去求因溫度升高 ΔT 所生之應力 σ 時,吾人發現該一問題乃為靜不定者。是以吾人最先要根據桿件伸長量為零之條件計算在支承點之反作用力 P 的大小。應用 2.9 節所述之重疊法時,吾人先使桿件與其支承點 B 分離(圖 2.32a),使桿件在溫度升高 ΔT 時能自由伸長(圖 2.32b)。依照公式(2.21),其伸長量是

$$\delta_T = \alpha(\Delta T)L$$

現使作用在端點 B 之力 $\mathbf{P}$ 視為贅餘反作用,應用公式(2.7),吾人得一第二變形(圖 2.32c)為

$$\delta_P = \frac{PL}{AE}$$

因總應變必須為零,故

$$\delta = \delta_T + \delta_P = \alpha(\Delta T)L + \frac{PL}{AE} = 0$$

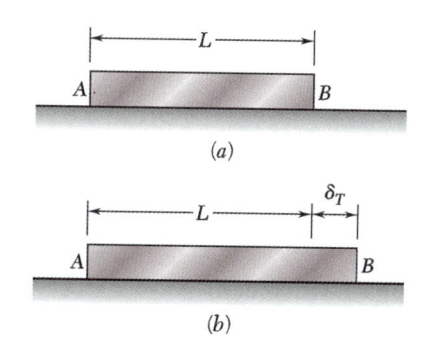

圖 2.30 因溫度升高造成之桿子伸長

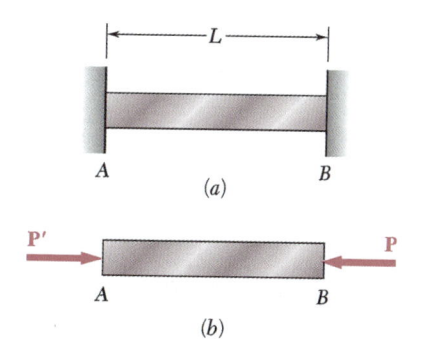

圖 2.31 桿子兩端受到束制以克服熱膨脹

材料力學
Mechanics of Materials

由上式吾人得

$$P = -AE\alpha(\Delta T)$$

桿中由於溫度升 ΔT 所產生之應力為

$$\sigma = \frac{P}{A} = -E\alpha(\Delta T)$$

(2.23)

　　此處必須再三強調，吾人在此處所得之結果，以及吾人較早時所述及的桿中無任何應變作用而有應力的情況，僅適用於具有均勻斷面的均質桿。束制結構在溫度變化中之任何其它問題，必須依照其自身條件予以分析。但亦可使用下述之方法分析，即先分別考慮因溫度變化所生之變形，及因贅餘反作用力所生之變形，然後再將兩者相加以求得結果。

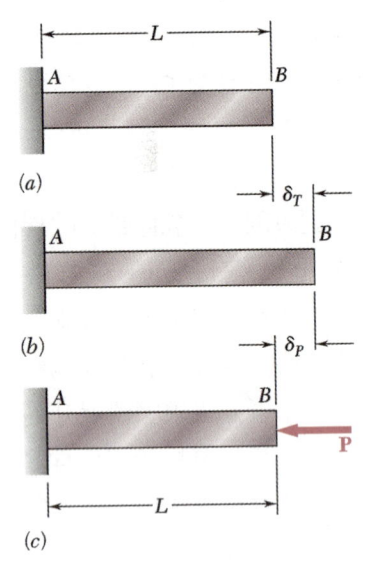

圖 2.32 應用重疊法於受束制桿的熱膨脹問題

例 2.06

　　當鋼條溫度是 $-45°C$ 時，試求鋼條 AC 及 CB 部分中之應力值。已知在溫度 $+24°C$ 時，此鋼條恰好緊密置放在兩固定支承間(圖 2.33)。$E = 200$ GPa，$\alpha = 11.7 \times 10^{-6}/°C$。

圖 2.33

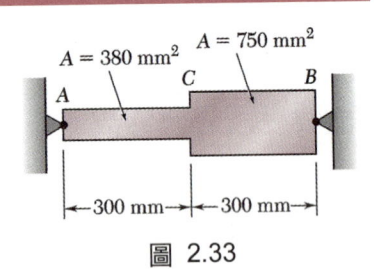

解：

　　吾人首先應求出在兩支承點之反作用力。因此問題是靜不定者，吾人乃使鋼條與 B 點支承分離(圖 2.34a)，由其經歷下列溫度變化

$$\Delta T = (-45°C) - (24°C) = -69°C$$

對應之變形(圖 2.34b)是

$$\delta_T = \alpha(\Delta T)L = (11.7 \times 10^{-6}/°C)(-69°C)(600 \text{ mm})$$
$$= -0.484 \text{ mm}$$

在端點 B 施加一未知載重 $\mathbf{R}_B$(圖 2.34c)，應用式(2.8)即可算出其對應變形 δ_R。

$$L_1 = L_2 = 300 \text{ mm}$$
$$A_1 = 380 \text{ mm}^2 \quad A_2 = 750 \text{ mm}^2$$
$$P_1 = P_2 = R_B \quad E = 200 \text{ GPa}$$

將上述數據代入式(2.8),即得

$$\delta_R = \frac{P_1 L_1}{A_1 E} + \frac{P_2 L_2}{A_2 E}$$
$$= \frac{R_B}{200 \text{ GPa}} \left(\frac{300 \text{ mm}}{380 \text{ mm}^2} + \frac{300 \text{ mm}}{750 \text{ mm}^2} \right)$$
$$= (5.95 \times 10^{-6} \text{ mm/N}) R_B$$

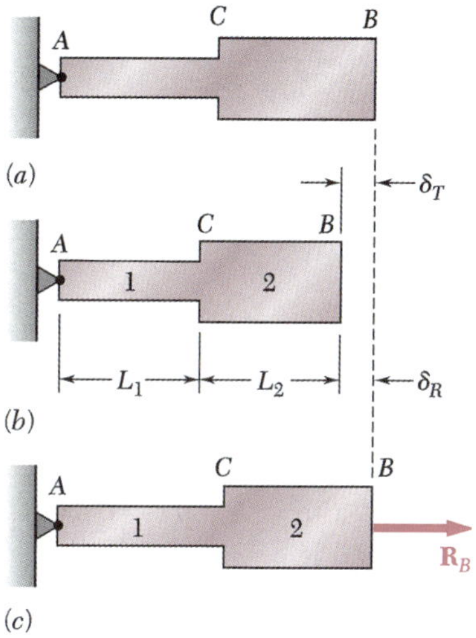

由於題意條件之限制,鋼條之總應變必等於零,故

$$\delta = \delta_T + \delta_R = 0$$
$$= -0.484 \text{ mm} + (5.95 \times 10^{-6} \text{ mm/N}) R_B = 0$$

解上式得

$$R_B = 81.34 \times 10^3 \text{ N} = 81.34 \text{ kN}$$

在 A 點之反作用力是大小相等,方向相反。

注意,因鋼條兩部分中之力是 $P_1 = P_2 = 81.34$ kN,故可得出 AC 及 CB 兩部分中之應力為

$$\sigma_1 = \frac{P_1}{A_1} = \frac{81.34 \text{ kN}}{380 \text{ mm}^2} = 214.1 \text{ MPa}$$
$$\sigma_2 = \frac{P_2}{A_2} = \frac{81.34 \text{ kN}}{750 \text{ mm}^2} = 108.5 \text{ MPa}$$

更應特別注意者,在鋼條之總變形等於零時,AC 及 CB 部分之應變不等於零。根據將這些變形假定是零而去求解此問題將屬錯誤。是以在 AC 或 CB 中之應變值皆不可假定為零。為了澄清此點。吾人現來求取鋼條 AC 部分中之應變 ϵ_{AC}。將應變 ϵ_{AC} 分成兩部分;一部分是因溫度改變 ΔT 而使得未受束制鋼條中所產生之熱應變 ϵ_T (圖 2.34b)。從式(2.22),吾人得

$$\epsilon_T = \alpha \Delta T = (11.7 \times 10^{-6}/°C)(-69°C) = -807.3 \times 10^{-6} \text{ mm/mm}$$

ϵ_{AC} 之另一部分乃由力 $\mathbf{R}_B$ 作用於鋼條所產生的應力 σ_1 所造成(圖 2.34c)。應用虎克定理,吾人可將此一部分應變表出為

$$\frac{\sigma_1}{E} = \frac{+214.1 \text{ MPa}}{200 \text{ GPa}} = +1070.5 \times 10^{-6} \text{ mm/mm}$$

圖 2.34

將 AC 中兩部分應變相加,得

$$\epsilon_{AC} = \epsilon_T + \frac{\sigma_1}{E} = -807.3 \times 10^{-6} + 1070.5 \times 10^{-6} = +263.2 \times 10^{-6} \text{ mm/mm}$$

再作一相似計算,可得出鋼條 CB 部分中之應變為

$$\epsilon_{CB} = \epsilon_T + \frac{\sigma_2}{E} = -807.3 \times 10^{-6} + 542.5 \times 10^{-6} = -264.8 \times 10^{-6} \text{ mm/mm}$$

此一鋼條兩部分之變形量 δ_{AC} 及 δ_{CB} 分別為

$$\delta_{AC} = \epsilon_{AC}(AC) = (263.2 \times 10^{-6})(300 \text{ mm}) = 0.079 \text{ mm}$$

$$\delta_{CB} = \epsilon_{CB}(CB) = (-264.8 \times 10^{-6})(300 \text{ mm}) = -0.079 \text{ mm}$$

此時可作一校核,兩變形量之和 $\delta = \delta_{AC} + \delta_{CB}$ 等於零,而各部分之變形量皆不為零。

範例 2.3

直徑 12 mm 之桿件 CE 及直徑 18 mm 之桿件 DF 與一剛條 $ABCD$ 相連如圖示。已知各桿件皆用 $E = 70$ GPa 之鋁製成。試求(a)由圖示載重產生每一桿件中之力,(b)在 A 點之相應撓度。

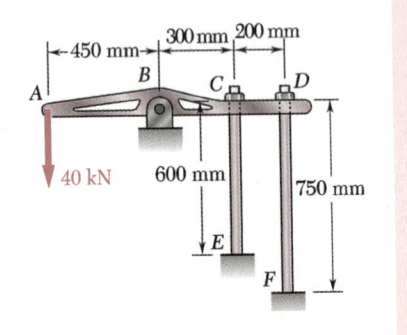

解:

靜力關係

吾人先考究剛條 $ABCD$ 之分離體,吾人會發現在 B 點之反作用力及各桿件中之力為靜不定。不過應用靜力學,吾人可寫出

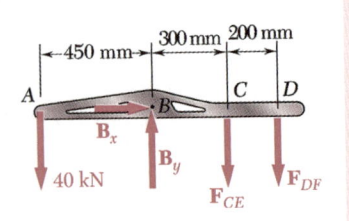

$$+\circlearrowleft \Sigma M_B = 0: \quad (40 \text{ kN})(450 \text{ mm}) - F_{CE}(300 \text{ mm}) - F_{DF}(500 \text{ mm}) = 0$$

$$300 F_{CE} + 500 F_{DF} = 18000 \tag{1}$$

幾何條件

施加 40 kN 載重後，剛條之位置已移至 $A'BC'D'$。從相似三角形 BAA'、BCC' 及 BDD'，吾人得

$$\frac{\delta_C}{300 \text{ mm}} = \frac{\delta_D}{500 \text{ mm}} \qquad \delta_C = 0.6\delta_D \qquad (2)$$

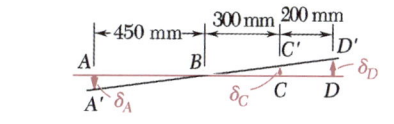

$$\frac{\delta_A}{450 \text{ mm}} = \frac{\delta_D}{500 \text{ mm}} \qquad \delta_A = 0.9\delta_D \qquad (3)$$

變　形

應用式(2.7)，吾人得

$$\delta_C = \frac{F_{CE} L_{CE}}{A_{CE} E} \qquad \delta_D = \frac{F_{DF} L_{DF}}{A_{DF} E}$$

將此等 δ_C 及 δ_D 代入式(2)，得

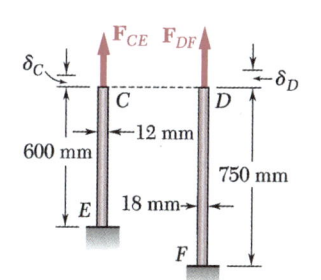

$$\delta_C = 0.6\delta_D \qquad \frac{F_{CE} L_{CE}}{A_{CE} E} = 0.6 \frac{F_{DF} L_{DF}}{A_{DF} E}$$

$$F_{CE} = 0.6 \frac{L_{DF} A_{CE}}{L_{CE} A_{DF}} F_{DF} = 0.6 \left(\frac{750 \text{ mm}}{600 \text{ mm}}\right) \left[\frac{\frac{1}{4}\pi(12 \text{ mm})^2}{\frac{1}{4}\pi(18 \text{ mm})^2}\right] F_{DF}$$

$$F_{CE} = 0.333 F_{DF}$$

每一桿件中之力

將 F_{CE} 之值代入式(1)中，且記住所有力之單位均為 kN，即得

$$300(0.333 F_{DF}) + 500 F_{DF} = 18000 \qquad\qquad F_{DF} = 30 \text{ kN} \blacktriangleleft$$

$$F_{CE} = 0.333 F_{DF} = 0.333(30 \text{ kN}) \qquad\qquad F_{CE} = 10 \text{ kN} \blacktriangleleft$$

撓　度

D 點之撓度是

$$\delta_D = \frac{F_{DF} L_{DF}}{A_{DF} E} = \frac{(30 \times 10^3 \text{ N})(750 \text{ mm})}{\frac{1}{4}\pi(18)^2 (70 \text{ GPa})}$$

$$\delta_D = 1.263 \text{ mm}$$

應用式(3)，得

$$\delta_A = 0.9\delta_D = 0.9(1.26 \text{ mm})$$ $\delta_A = 1.137$ mm ◀

範例 2.4

使鋼條 CDE 與一樞銷支承在 E 點相接，且靜置在直徑 30 mm 黃銅圓柱 BD 上。一直徑 22 mm 之鋼桿 AC 通過剛條中之一孔，並用一螺帽旋緊，當整個組合之溫度是 20°C 時，螺帽是輕易旋合。然後使黃銅圓柱中之溫度升至 50°C，其時鋼桿仍保持在 20°C。假定在溫度變化前，無應力存在，試求在圓柱中之應力。

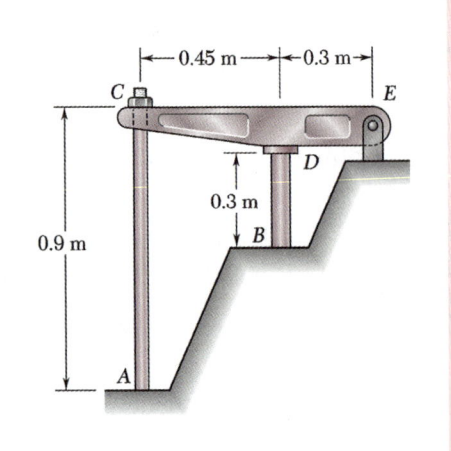

桿件 AC：鋼	圓柱 BD：黃銅
$E = 200$ GPa	$E = 105$ GPa
$\alpha = 11.7 \times 10^{-6}/°C$	$\alpha = 20.9 \times 10^{-6}/°C$

解：

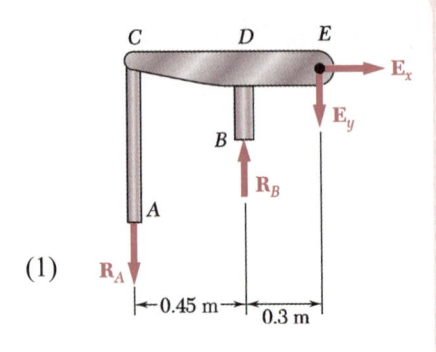

靜力關係

考究整個組合之分離體，吾人得

$+\circlearrowleft\Sigma M_E = 0$： $R_A(0.75 \text{ m}) - R_B(0.3 \text{ m}) = 0$

$R_A = 0.4 R_B$ (1)

變 形

吾人將應用重疊法研析，並視 $\mathbf{R}_B$ 為贅餘力。將 B 點的支持移去後，圓柱中之溫度升高使得 B 點向下移動距離 δ_T。反作用力 $\mathbf{R}_B$ 必須要產生一與 δ_T 同大之撓度 δ_1，俾使 B 點之最後撓度等於零(圖 3)。

撓度 δ_T

由於溫度上升 $50° - 20° = 30°C$，黃銅圓柱之長度增加 δ_T

$$\delta_T = L(\Delta T)\alpha = (0.3 \text{ m})(30°C)(20.9 \times 10^{-6}/°C) = 188.1 \times 10^{-6} \text{ m} \downarrow$$

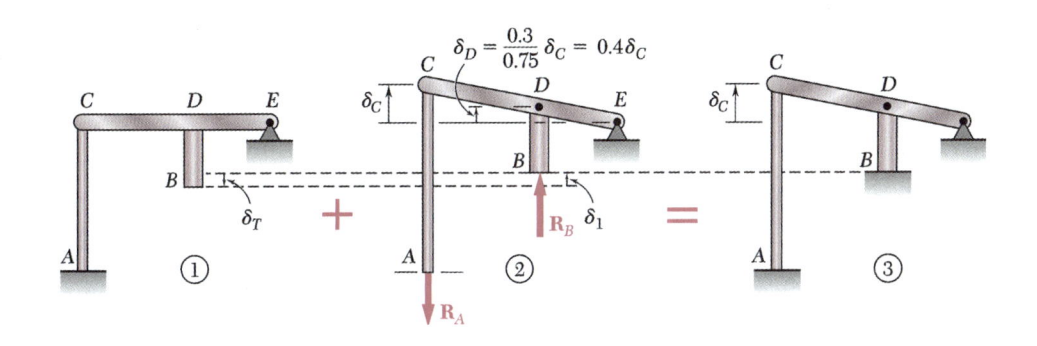

撓度 δ_1

吾人從圖可發現 $\delta_D = 0.4\delta_C$ 及 $\delta_1 = \delta_D + \delta_{B/D}$。

$$\delta_C = \frac{R_A L}{AE} = \frac{R_A(0.9 \text{ m})}{\frac{1}{4}\pi(0.022 \text{ m})^2(200 \text{ GPa})} = 11.84 \times 10^{-9} R_A \uparrow$$

$$\delta_D = 0.40\delta_C = 0.4(11.84 \times 10^{-9} R_A) = 4.74 \times 10^{-9} R_A \uparrow$$

$$\delta_{B/D} = \frac{R_B L}{AE} = \frac{R_B(0.3 \text{ m})}{\frac{1}{4}\pi(0.03 \text{ m})^2(105 \text{ GPa})} = 4.04 \times 10^{-9} R_B \uparrow$$

由式 (1)，$R_A = 0.4 R_B$，故

$$\delta_1 = \delta_D + \delta_{B/D} = [4.74(0.4R_B) + 4.04 R_B]10^{-9} = 5.94 \times 10^{-9} R_B \uparrow$$

但 $\delta_T = \delta_1$： $\qquad 188.1 \times 10^{-6} \text{ m} = 5.94 \times 10^{-9} R_B \qquad R_B = 31.7 \text{ kN}$

圓柱中之應力

$$\sigma_B = \frac{R_B}{A} = \frac{31.7 \text{ kN}}{\frac{1}{4}\pi(0.03 \text{ m})^2} \qquad \delta_B = 44.8 \text{ MPa} \blacktriangleleft$$

習題

2.33 一軸向載重 200 kN 施加於圖示組件一端的堅硬平面上，試求(a)鋁殼中之應力，(b)組件的變形量。

2.34 一軸向載重施加於圖示組件一端的堅硬平面上，造成長度減少 0.40 mm，試求(a)軸向作用力大小，(b)相應黃銅心中的應力。

2.35 一長 1.35 m 之鋼筋混凝土柱中，設置 6 支鋼筋，每支鋼筋直徑 28 mm。已知 $E_s=200$ GPa 及 $E_c=29$ GPa，試求當一 1560 kN 之軸向同心力 **P** 作用在柱上時，鋼中及混凝土中之正交應力。

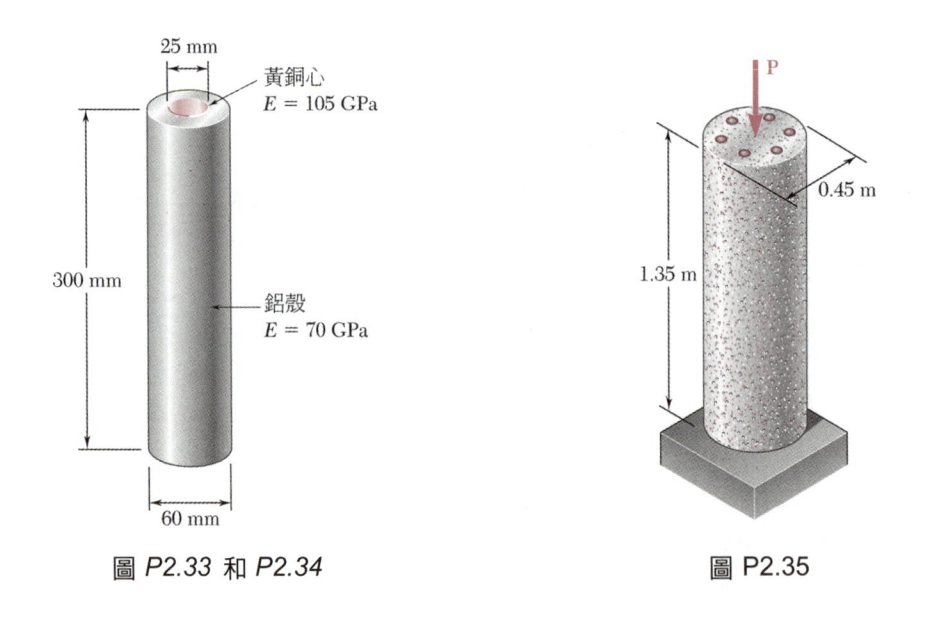

圖 P2.33 和 P2.34

圖 P2.35

2.36 一軸向中心載重 $P=450$ 施加於圖示複合物體上端的堅硬平面上。已知 $h=10$ mm。試求(a)黃銅心中，(b)鋁鈑中的正交應力。

2.37 同習題 2.36 圖示之複合物體。(a)如果鋁鈑承載的負重是銅心承載負重的一半，試求 h，(b)如果黃銅心中的應力是 80 MPa，試求全部載重。

2.38 圖示裝置係由一鋁殼($E_a=70$ GPa)，內緊密黏連一鋼心($E_s=200$ GPa)，於兩端中心點施以 160 kN 的壓力。試求(a)鋼心及鋁殼的正交應力，(b)此一裝置的變形量。

圖 P2.36 和 P2.37

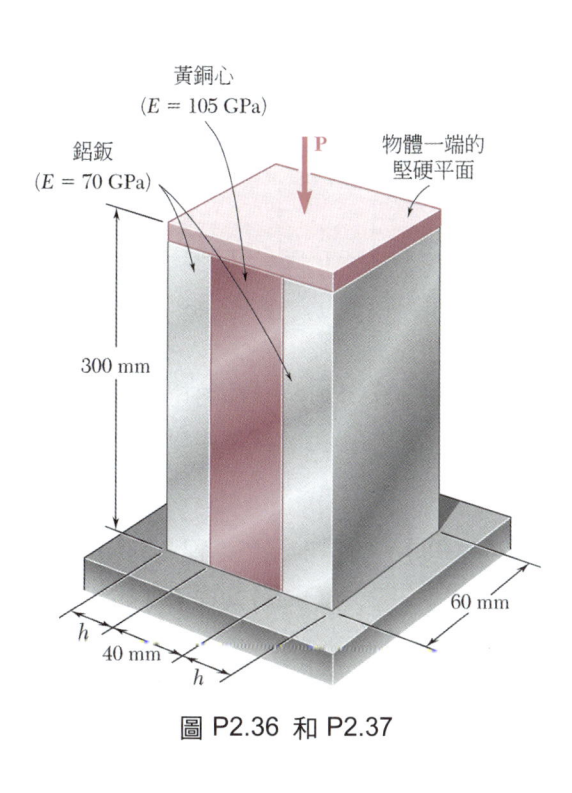

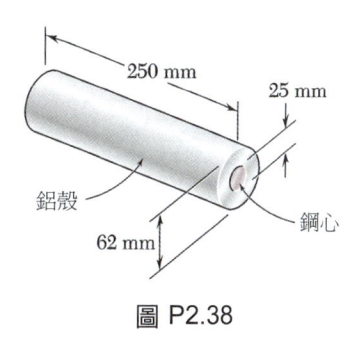

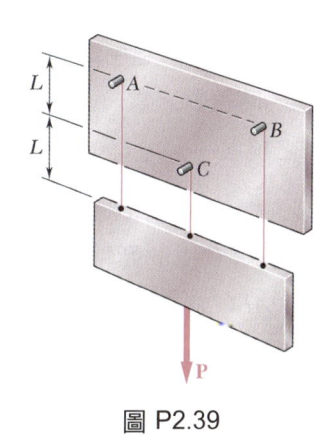

黃銅心 ($E = 105$ GPa)
鋁鈑 ($E = 70$ GPa)
物體一端的堅硬平面
300 mm
40 mm
60 mm
h
h
P

250 mm
25 mm
鋁殼
鋼心
62 mm

圖 P2.38

L
L
A
B
C
P

圖 P2.39

2.39 用這些線來吊起一鈑如圖所示。用在 A 及 B 點是直徑 3 mm 之鋁線，用在 C 點是直徑 2 mm 之鋼線。已知鋁(E_a=70 GPa)之容許應力是 98 MPa，鋼(E_s=200 GPa)之容許應力是 126 MPa，試求能施加之最大載重 **P**。

2.40 圖示三鋼桿(E=200 GPa)支持一 36 kN 載重 **P**。桿 AB 及 CD 之斷面積皆為 200 mm²，桿 EF 之斷面積則為 625 mm²。試求(a)桿 EF 之長度改變量，(b)每一桿中之應力。

2.41 圖示一外徑為 30 mm，厚度為 3 mm 之鋼管(E=200 GPa)，此管放置在一夾鉗內，調整夾鉗之前夾頭，使之恰好與管之兩端接觸，不會產生任何作用壓力。然後將圖示兩力施加在管上。夾鉗前夾頭間距離減少了 0.2 mm，試求(a)夾鉗施加在鋼管 A 及 D 點之作用力，(b)鋼管 BC 部分之長度改變量。

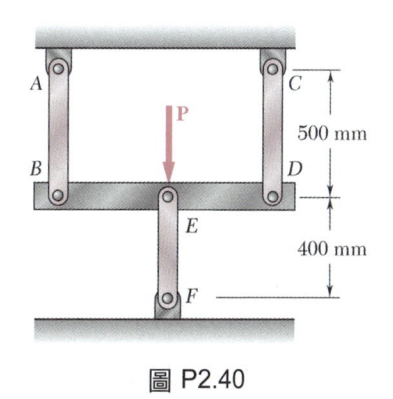

圖 P2.40

A C
P
B D
E
F
500 mm
400 mm

2.42 假定兩力施加後，夾鉗前夾頭間距離減少了 0.1 mm，再解習題 2.41。

2.43 圖示剛桿 ABCD 由四支相同之吊線吊下。試求每一線中由載重 **P** 所產生之拉力。

圖 P2.41 及 P.42

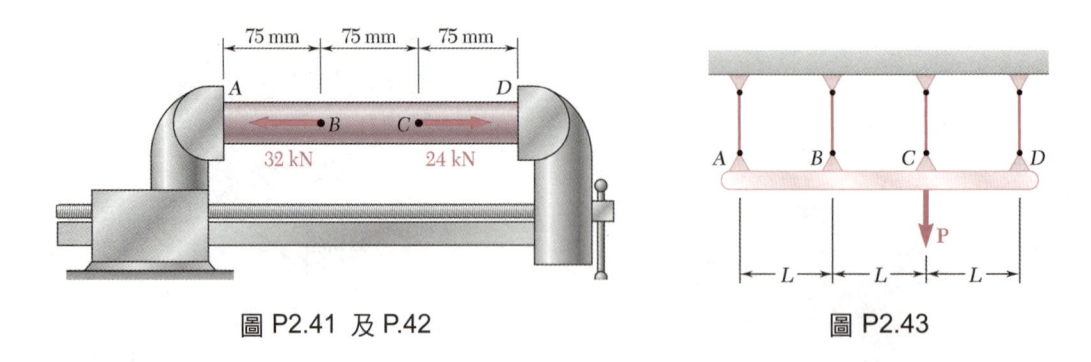

圖 P2.43

2.44 圖示剛性桿 AD 是用兩支直徑 1.5 mm 之鋼線($E=200$ GPa)及一樞銷托栓所支持。已知鋼線初始時很緊，當一 1.0 N 載重 **P** 施加在 D 時，試求(a)每一鋼線中增加之拉力，(b)在 D 點之撓度。

2.45 鋼製圓桿 BE 與 CD 的直徑為 16 mm ($E=200$ GPa)，圓桿末端是進程 2.5 mm 的單螺紋處理。已知 C 處的螺帽緊貼於構件 ABC 後再轉緊一圈，試求(a)圓桿 CD 的張力，(b)剛性構件 ABC 之 C 點的撓度。

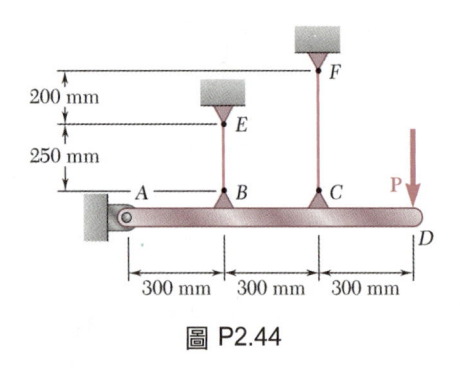

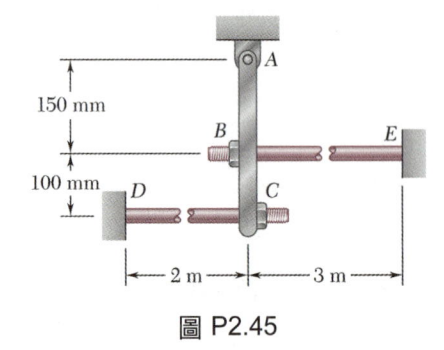

圖 P2.44

圖 P2.45

2.46 圖示鋼帶($E=200$ GPa)BC 及 DE 之斷面皆為 6×12 mm。試求(a)當 2.4 kN 之外力 **P** 施加於圖示中的 AF 構件，每個連桿承受的力，(b)A 點相應的撓度。

2.47 圖示一長 1.2 m 混凝土($E_c=25$ GPa 及 $\alpha_c=9.9\times10^{-6}$/°C)柱中使用 4 支鋼筋加勁，每支鋼筋($E_s=200$ GPa 及 $\alpha_s=11.7\times10^{-6}$/°C)之直徑皆為 18 mm。在溫度升高 27°C 時，試求鋼筋中及混凝土中之正交應力。

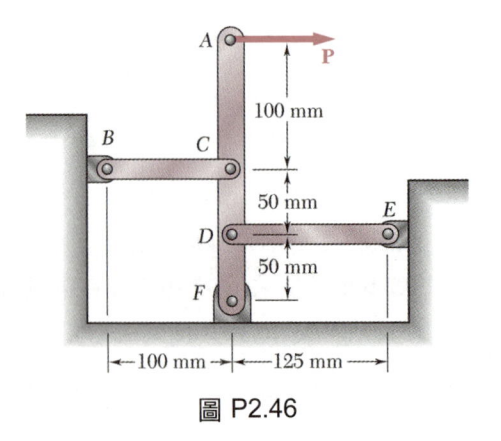

圖 P2.46

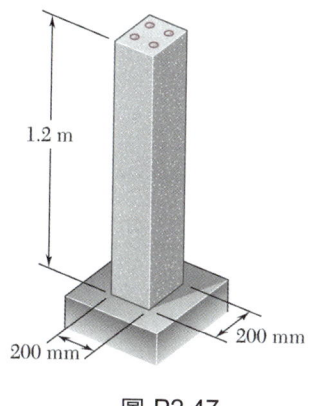

圖 P2.47

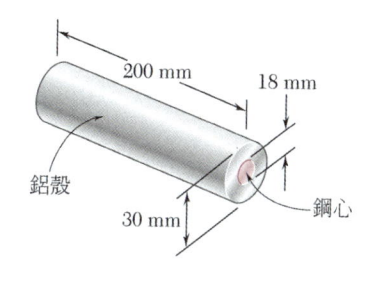

圖 P2.48

2.48 圖示裝置係由一鋁殼(E_a=73 GPa，α_a=23.2×10^{-6}/°C)內緊密黏連一鋼心(E_s=200 GPa，α_s=11.7×10^{-6}/°C)，且尚未施加任何應力。如果鋁殼中的應力不超過 40 MPa，試求(a)最大容許溫度變化量，(b) 裝置相應之長度變化量。

2.49 圖示鋁殼內緊密黏貼一黃銅心，此一裝置在溫度 15°C 時，無應力發生。但當溫度達 195°C，且只考究軸向變形時，試求鋁殼中之應力。

2.50 假設鋁殼內緊密黏貼一鋼心(E_s=200 GPa、α_s=11.7×10^{-6}/°C)，再解習題 2.49。

2.51 圖示由兩圓柱部分 AB 及 BC 所構成之桿件，兩端均受拘束。AB 部分用鋼(E_s=200 GPa、α_s=11.7×10^{-6}/°C)製成，BC 部分則用黃銅(E_b=105 GPa、α_b=20.9×10^{-6}/°C)製成。已知此桿件初始無應力。當溫度升高 50°C 時，試求作用於桿件 ABC 的壓力。

2.52 在溫度 6°C 時鋪置鐵軌(E_s=200 GPa、α_s=11.7×10^{-6}/°C)，假定(a)鐵軌是焊接以形成一連續軌道，(b)鐵軌長 10 m，兩鐵軌間之空隙是 3 mm，當溫度到達 48°C 時，試求鐵軌中之正交應力。

2.53 圖示由兩圓柱部分 AB 及 BC 所構成之桿件，兩端均受拘束。AB 部分用黃銅(E_b=105 GPa、α_b=20.9×10^{-6}/°C)製成，BC 部分則用鋁(E_a=72 GPa、α_a=23.9×10^{-6}/°C)製成。已知此桿件初始無應力。試求(a)當溫度升高 42°C 時，AB 及 BC 部分所引

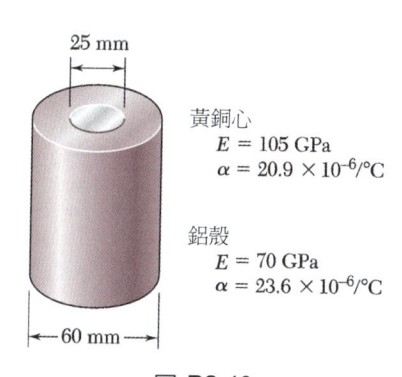

圖 P2.49

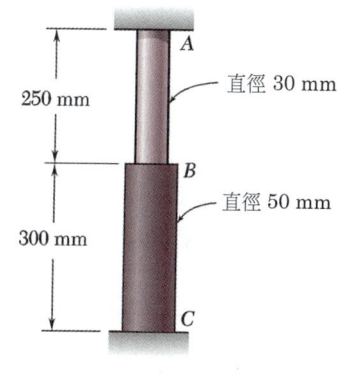

圖 P2.51

起之正交應力，(b)B 點之相應撓度。

2.54 假設桿件之 AB 部分用鋼(E_s=200 GPa、α_s=11.7×10^{-6}/°C)製成，BC 部分用黃銅(E_b=105 GPa、α_b=20.9×10^{-6}/°C)製成，再解習題 2.53。

2.55 一黃銅連桿(E_b=105 GPa、α_b=20.9×10^{-6}/°C)及一鋼連桿(E_s=200 GPa、α_s=11.7×10^{-6}/°C)，在溫度 20°C 時，兩者之尺寸大小如圖所示。將鋼桿冷卻，使之能順利的塞入連桿中。然後整個系統的溫度上升至 45°C。試求(a)鋼桿中之最後正交應力，(b)鋼桿之最後長度。

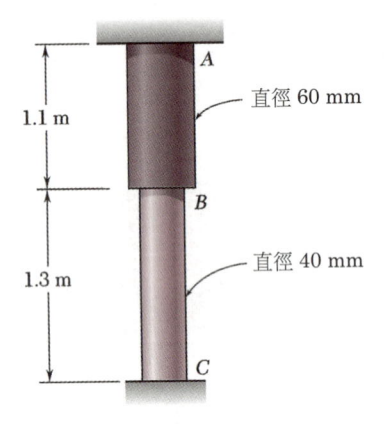

圖 P2.53 及 P2.54

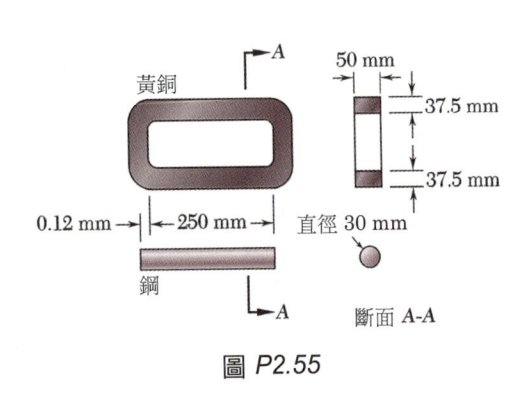

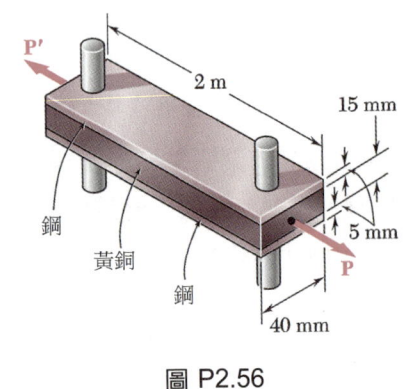

圖 P2.55

圖 P2.56

2.56 使用兩鋼件(E_s=200 GPa、α_s=11.7×10^{-6}/°C)來加強一承載載重 P=25 kN 之黃銅件(E_b=105 GPa、α_b=20.9×10^{-6}/°C)。當鑄製銅件時，需用來塞入樞銷兩圓孔中心間之距離較所需 2 m 距離少了 0.5 mm，為了能順利塞入樞銷，乃將鋼件放在火爐上加熱，使之增加長度。加熱鑄造插入樞銷後，鋼件中之溫度降回至室溫。試求(a)需要塞入樞銷至鋼件中所需增加之溫度，(b)在載重施加以後，黃銅桿件中之應力。

2.57 對於習題 2.56 所述，如鋼件的容許應力是 30 MPa，黃銅中之容許應力是 25 MPa，試求可以施加在黃銅件上之極大載重 P。

2.58 當溫度是 24°C 時，已知圖示桿件有一 0.5 mm 之空隙存在，試求(a)在鋁桿中之正交應力等於 −75 MPa 時的溫度，(b)鋁桿準確之相應長度。

2.59 試求(a)溫度升高 82°C 時，圖示桿件中之壓力，(b)青銅桿件中之相應長度改變值。

2.60 在室溫(20°C)時，圖示兩桿件端點間有一 0.5 mm 之空隙存在。其後，當溫度升達 140°C 時，試求(a)鋁桿中之正交應力，(b)鋁桿之長度變化量。

圖 P2.58 和 P2.59

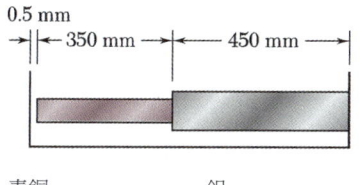

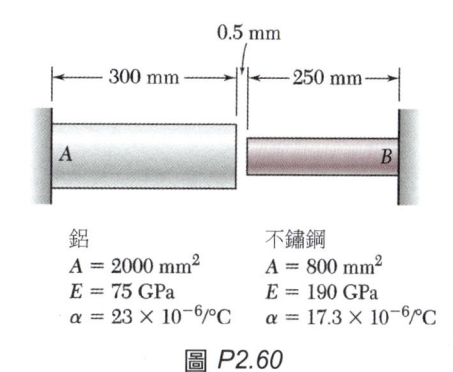

青銅
$A = 1500 \text{ mm}^2$
$E = 105 \text{ GPa}$
$\alpha = 21.6 \times 10^{-6}/°C$

鋁
$A = 1800 \text{ mm}^2$
$E = 73 \text{ GPa}$
$\alpha = 23.2 \times 10^{-6}/°C$

圖 P2.60

鋁
$A = 2000 \text{ mm}^2$
$E = 75 \text{ GPa}$
$\alpha = 23 \times 10^{-6}/°C$

不鏽鋼
$A = 800 \text{ mm}^2$
$E = 190 \text{ GPa}$
$\alpha = 17.3 \times 10^{-6}/°C$

2.11 鮑生比

吾人從本章之前幾節知悉，當一均質細長桿件承受軸向載重時，只要不超過材料之彈性限度，最後得到之應力及應變必能滿足虎克定理。假定載重 **P** 是沿 x 方向作用(圖2.35a)，則 $\sigma_x = P/A$，式中 A 表條桿之斷面積，依據虎克定理

$$\epsilon_x = \sigma_x / E \tag{2.24}$$

式中 E 表材料之彈性模數。

吾人亦應注意到，分別與 y 及 z 軸垂直之平面上的正交應力等於零：$\sigma_y = \sigma_z = 0$(圖2.35b)。這樣會導致其相對應變 ϵ_y 及 ϵ_z 亦等於零之結論。然而，這卻是錯誤的結論。在所有工程材料中，由軸向拉應力 **P** 所產生之伸長量時，在任何橫向必同時伴生收縮(圖2.36)。† 在本節及下述各節中(2.12 至 2.15 節)，吾人假定所有材料皆是均質(homogeneous)及各向同性(isotropic)兩者，亦即假定材料機械性質與位置及方向兩者無關，在此一額外假定之條件，任何方向之橫向應變皆都相等。因此，對於圖 2.35 所示之載重，則有 $\epsilon_y = \epsilon_z$。此一常用之值稱為**側向應變**(lateral strain)。側向應變與軸向應變比之絕對值係已知材料一重要常數值，稱為**鮑生比**(Poisson's ratio)，乃為紀念法國數學家 Siméon Denis Poisson(1781~1840)而命名。鮑生比用希臘字母 v(nu)表示。對圖 2.35 表示之載重情況，其定義為

$$v = -\frac{\text{側向應變}}{\text{軸向應變}} \tag{2.25}$$

或

$$v = -\frac{\epsilon_y}{\epsilon_x} = -\frac{\epsilon_z}{\epsilon_x} \tag{2.26}$$

---

† 假設一桿件受到軸向伸長及橫向收縮聯合效應之後，其體積不變(參見 2.13 節)的觀點也是錯誤的。

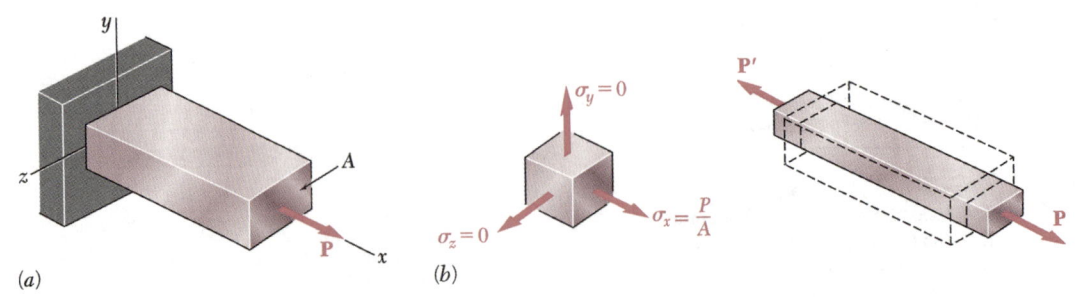

圖 2.35 承受軸向載重之桿件內的應力

圖 2.36 承受軸向拉伸力之桿件的橫向收縮

注意，在上述方程式中，使用負號乃是求得 v 為正值，對於所有工程材料，軸向及側向應變之符號相反。† 解式(2.26)即可得 ϵ_y 及 ϵ_z，應用式(2.24)吾人即得下述完全說明與 x 軸平行之一軸向載重作用下的應變條件關係

$$\epsilon_x = \frac{\sigma_x}{E} \qquad \epsilon_y = \epsilon_z = -\frac{v\sigma_x}{E} \tag{2.27}$$

例 2.07

用均質各向同性材料做成之長 500 mm，直徑 16 mm 桿件受一 12 kN 軸向載重作用時，長度增加 300 μm，直徑減少 2.4 μm。試求此一材料之彈性模數及鮑生比。

解：

此桿件之斷面積是

$$A = \pi r^2 = \pi (8 \times 10^{-3} \text{ m})^2 = 201 \times 10^{-6} \text{ m}^2$$

選用桿件之軸為 x 軸(圖 2.37)，吾人可寫出

$$\sigma_x = \frac{P}{A} = \frac{12 \times 10^3 \text{ N}}{201 \times 10^{-6} \text{ m}^2} = 59.7 \text{ MPa}$$

$$\epsilon_x = \frac{\delta_x}{L} = \frac{300 \ \mu\text{m}}{500 \text{ mm}} = 600 \times 10^{-6}$$

$$\epsilon_y = \frac{\delta_y}{d} = \frac{-2.4 \ \mu\text{m}}{16 \text{ mm}} = -150 \times 10^{-6}$$

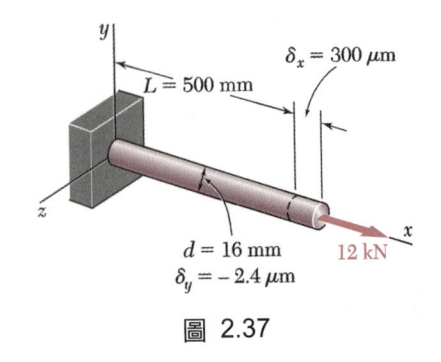

圖 2.37

---

† 不過，有一些試驗性材料，像聚合物泡沫，當拉伸時，側向亦會膨脹。因軸向及側向應變具有相同之符號，所以此等材料之鮑生比是負號(見 Roderic Lakes "Foam Structures with a Negative Poisson's Ratio"，科學雜誌，1987 年 2 月 27 日出版，235 卷，1038~1040 頁)。

應用虎克定理，$\sigma_x = E\epsilon_x$，吾人得

$$E = \frac{\sigma_x}{\epsilon_x} = \frac{59.7 \text{ MPa}}{600 \times 10^{-6}} = 99.5 \text{ GPa}$$

再由式(2.26)得

$$v = -\frac{\epsilon_y}{\epsilon_x} = -\frac{-150 \times 10^{-6}}{600 \times 10^{-6}} = 0.25$$

2.12 多軸向載重；廣義虎克定理

本章至此所考慮之例子，全都是承載軸向載重之細長構件，即是桿件受到沿一單軸向施加的力之作用。選用此軸為 x 軸，用 P 表示作用在一定位置之內力，則其相對應力分量可求得為 $\sigma_x = P/A$，$\sigma_y = 0$ 及 $\sigma_z = 0$。

吾人將現考慮一結構微體，此微體承載之載重沿三坐標軸力向作用，產生了全都不為零之正交應力 σ_x、σ_y 及 σ_z (圖 2.38)。此一情況稱為**多軸向載重**(multiaxial loading)。注意，這並不是 1.12 節所述廣義應力情況，因在圖 2.38 所示應力中，無剪應力存在。

考究一立方微體(圖 2.39a)。因立方體邊長的單位可自由選擇，故在此假設所考慮的立方體邊長為 1。在一定之多軸向載重作用下，此一微體將變形成為邊長分別等於 $1 + \epsilon_x$、$1 + \epsilon_y$ 及 $1 + \epsilon_z$ 之直角平行六面體，此處 ϵ_x、ϵ_y 及 ϵ_z 分別表示三坐標軸方向中之正交應變(圖 2.39b)。此處應注意的是，由於材料其它微體的變形，所考慮之微體亦可有一移動，但此處只考慮微體之實際變形，並不考慮任何可能重疊之剛體位移。

為了能用應力分量 σ_x、σ_y 及 σ_z 表出應變分量 ϵ_x、ϵ_y 及 ϵ_z，吾人應個別考慮每一應

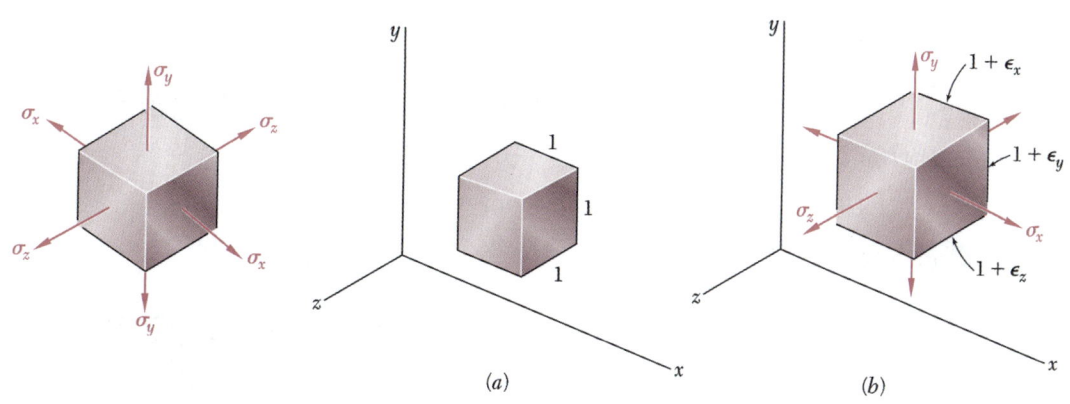

圖 2.38 多軸向載重的應力

圖 2.39 多軸向載重之立方微體的應變

力分量之效應，然後將所得結果合併起來。吾人在此處建議之方法，在本書中會經常應用。這一方法以重疊原理(principle of superposition)為基礎。根據這一原理，只要先分別求出一結構中各載重對該結構的影響，再將所得結果合在一起，即可得出已知組合載重對該結構的影響。但應用此一原理時，必先要滿足下述條件：

1. 每一載重所產生的影響必須與產生該影響之載重成線性關係。

2. 任一已知載重所產生之變形很小，且此變形不能影響施加其它載重之條件。

就一多軸向載重而言，如果各應力不超過材料之比例限度，第一個條件即會滿足；如果作用在任何已知平面上之應力不會造成大得足以影響其它平面上之應力計算的變形時，第二個條件亦會滿足。

吾人首先考慮應力分量 σ_x 之效應。根據 2.11 節所述，σ_x 造成 x 方向之應變等於 σ_x/E，在 y 及 z 方向中之應變等於 $-v\sigma_x/E$。同理，且在分別作用時，應力分量 σ_y 將在 y 方向產生應變 σ_y/E，在其它兩方向產生應變 $-v\sigma_y/E$。最後，應力 σ_z 在 z 方向產生應變 σ_z/E，在 x 及 y 方向產生應變 $-v\sigma_z/E$。合併所得結果，即可得出相應於已知多軸向載重之各應變分量是

$$\begin{aligned}\epsilon_x &= +\frac{\sigma_x}{E} - \frac{v\sigma_y}{E} - \frac{v\sigma_z}{E} \\ \epsilon_y &= -\frac{v\sigma_x}{E} + \frac{\sigma_y}{E} - \frac{v\sigma_z}{E} \\ \epsilon_z &= -\frac{v\sigma_x}{E} - \frac{v\sigma_y}{E} + \frac{\sigma_z}{E}\end{aligned} \qquad (2.28)$$

式(2.28)所示關係稱為多軸向載重之廣義虎克定理。如前所述，求得之結果只在各應力不超過比例限度，以及只在變形很小時才有效。吾人亦會說明，正應力分量表示拉伸，負值則表示壓縮。同理，應變分量之正值表示在相應方向中之伸張，負值則表示收縮。

例 2.08

圖示鋼塊(圖 2.40)之所有各面上都承受一均佈壓力作用。已知 AB 邊長之變化是 -30×10^{-3} mm，試求(a)其它兩邊長度之變化，(b)作用在鋼塊各面上之壓力 p。假定 $E = 200$ GPa、$v = 0.29$。

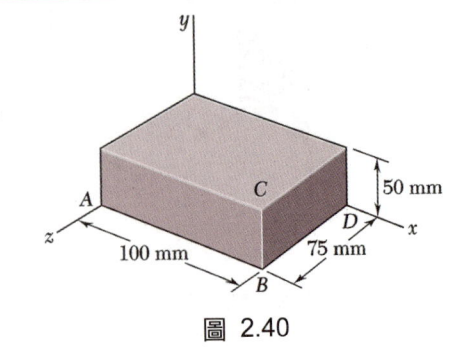

圖 2.40

解：

(a)其它邊長之變化

將 $\sigma_x = \sigma_y = \sigma_z = -p$ 代入式(2.28)所示之關係中，即會發現三應變分量有一同值，即

$$\epsilon_x = \epsilon_y = \epsilon_z = -\frac{p}{E}(1-2v) \tag{2.29}$$

由於

$$\epsilon_x = \delta_x/AB = (-30 \times 10^{-3} \text{ mm})/(100 \text{ mm}) = -300 \times 10^{-6} \text{ mm/mm}$$

故得到

$$\epsilon_y = \epsilon_z = \epsilon_x = -300 \times 10^{-6} \text{ mm/mm}$$

由此可知

$$\delta_y = \epsilon_y(BC) = (-300 \times 10^{-6})(50 \text{ mm}) = -15 \times 10^{-3} \text{ mm}$$
$$\delta_z = \epsilon_z(BD) = (-300 \times 10^{-6})(75 \text{ mm}) = -22.5 \times 10^{-3} \text{ mm}$$

(b)壓 力

解式(2.29)即得 p 為

$$p = -\frac{E\epsilon_x}{1-2v} = -\frac{(200 \text{ GPa})(-300 \times 10^{-6})}{1-0.58}$$
$$p = 142.9 \text{ MPa}$$

2.14 剪應變

當吾人在 2.12 節中導出一均質，各向同性材料之正交應力及正交應變間的關係式(2.28)時，吾人係假定材料中無剪應力存在。在更廣義之應力情況如圖 2.41 所示者，有剪應力 τ_{xy}、τ_{yz} 及 τ_{zx} 存在(當然，亦有其相應之剪應力 τ_{yx}、τ_{zy} 及 τ_{xz} 存在)。這些應力對正交應變無直接影響，只要其中所有變形量保持很小，它們就不會影響關係式(2.28)之導出，亦不會影響其正確性。然而剪應力卻有使立方體材料變形成為一斜平行六面體的傾向。

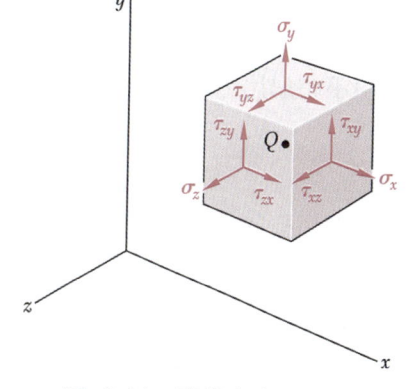

圖 2.41 廣義之應力情況

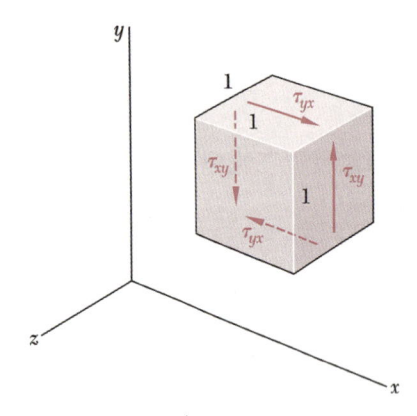

圖 2.42　承受剪應力的微立方體 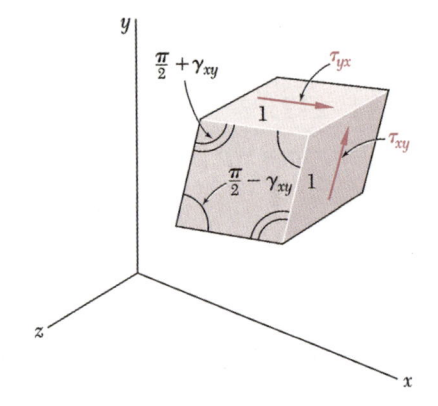　　　圖 2.43　微立方體因剪應力產生的變形

　　首先考究一不受其它應力,只受剪應力 τ_{xy} 及 τ_{yx} 作用之邊長為 1 的微立方體(圖 2.42),此處 τ_{xy} 及 τ_{yx} 係分別作用在與 x 及 y 軸垂直之微體平面上(根據 1.12 節所述,亦知 τ_{xy} 及 τ_{yx})。受剪應力作用後,觀測得此微體變形成為邊長等於 1 之菱形體(圖 2.43)。在剪應力下由四面形成各角中之兩角,乃從 $\frac{\pi}{2}$ 減至 $\frac{\pi}{2} - \gamma_{xy}$,同時另兩角則從 $\frac{\pi}{2}$ 增加至 $\frac{\pi}{2} + \gamma_{xy}$。此小角 γ_{xy}(單位以弧度表示)被定義為相應於 x 及 y 方向之剪應變(shearing strain)。當變形使分別指向正 x 及 y 軸方向的兩個面之間夾角變小時(如圖 2.43 所示),剪應變 γ_{xy} 則稱為正;否則稱之為負。

　　同時亦應注意,由於材料其它微體的變形,所考究之微體亦可能發生全面轉動。然而,與以前討論正交應變的情況相同,吾人只考慮微體之**實際變形**,而不考慮任何可能之剛體移位。†

　　以 τ_{xy} 的連續值對相應的 γ_{xy} 值作圖,得出所考究材料之剪應力-應變圖。此圖也可由施行扭轉試驗而得出,扭轉試驗將在第 3 章介紹。剪應力-應變圖與同一材料之正交應力-應變圖相似,後者乃根據本章前面所述拉力試驗所得出。不過,在剪力試驗中所得出的材料降伏強度及極限強度等值,卻只約為拉力試驗所得之值的一半。正如同正交應力及應變之情況,剪應力-應變圖之開始部分仍為一直線。當材料受到剪力,且剪應力值不超過比例限度時,任何均質各向同性材料之 τ_{xy} 為

$$\tau_{xy} = G\gamma_{xy} \tag{2.36}$$

此一關係稱為剪應力及應變之虎克定理。常數 G 稱為材料之剛性模數(modulus of rigidity)

---

† 在定義應變 γ_{xy} 時,有些作者任意假定微體之實際應變伴隨剛體之轉動,而使得微體之水平面不轉動。因此,應變 γ_{xy} 乃用一個由另兩面轉動所形成之角來表示(圖 2.44)。另外亦有人假定剛體轉動使得水平面以反時針方向轉動 $\frac{1}{2}\gamma_{xy}$,垂直面則以順時針方向轉動 $\frac{1}{2}\gamma_{xy}$(圖 2.45)。因為此兩種假定並非必須,且會導致混淆,是以吾人在本書中寧願用剪應變 γ_{xy} 是由兩面形成之**角度變化**的定義,而不用已知面在限制條件下**轉動**之定義。

第 2 章 應力及應變—軸向載重

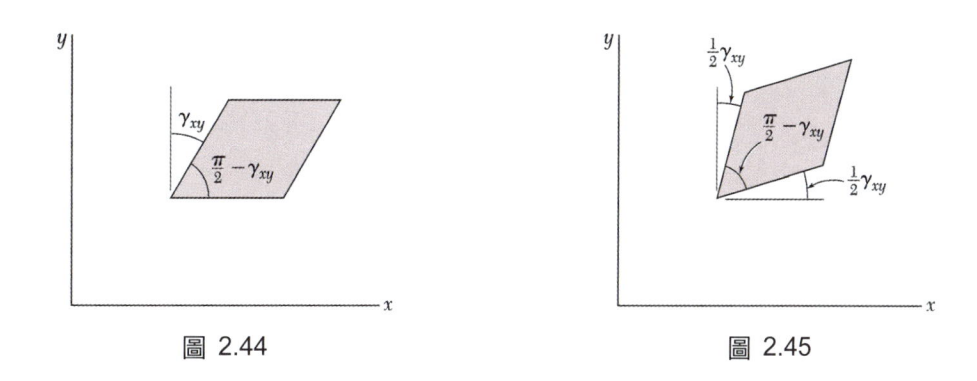

圖 2.44

圖 2.45

或剪力模數(shear modulus)。因應變 γ_{xy} 是以弧度為單位之角，故其無因次，是以模數 G 之單位與 τ_{xy} 之單位相同，即為帕斯噶。任何已知材料之剛性模數 G，小於同一材料彈性模數 E 的二分之一，但卻大於 E 的三分之一。†

現來考究承受剪應力 τ_{yz} 及 τ_{zy} 作用之材料微體(圖 2.46a)，吾人定義剪應變 γ_{yz} 為受應力平面所形成之角度變化。剪應變 γ_{zx} 可用相似方式定義，只不過考究之微體是承受剪應力 τ_{zx} 及 τ_{xz} 作用(圖 2.46b)。對於不超過比例限度之應力值，吾人可再得下述兩個關係

$$\tau_{yz} = G\gamma_{yz} \qquad \tau_{zx} = G\gamma_{zx} \tag{2.37}$$

式中常數 G 與式(2.36)中者相同。

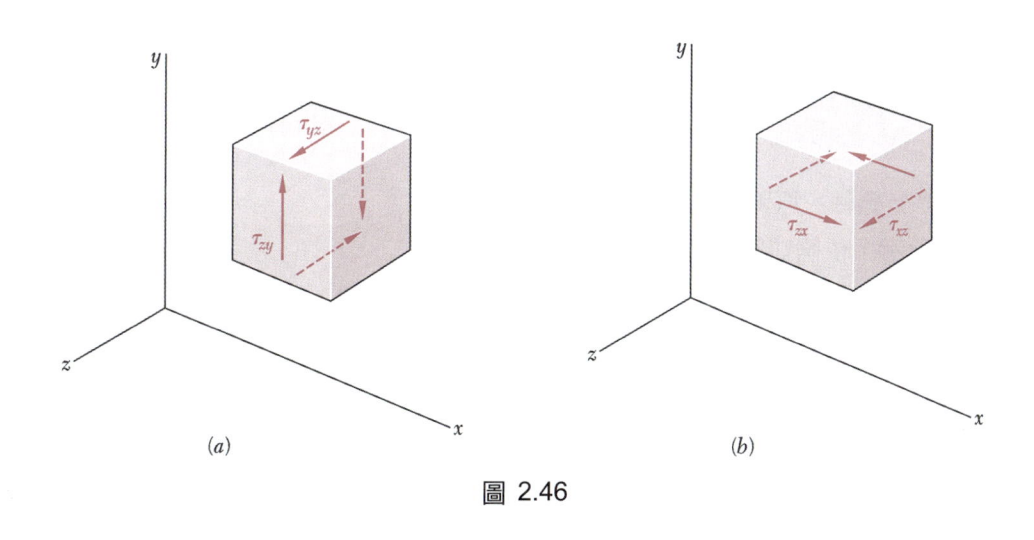

圖 2.46

對於圖 2.41 示出之普遍應力情況，只要所涉及的應力不超過相應之比例限度，吾人就可應用重疊原理，然後再將本節及 2.12 節所求得之結果合併起來。導出在一般應力情況下適用於均質、各向同性材料的廣義化虎克定理。

---

† 參見習題 2.91。

材料力學
Mechanics of Materials

$$\epsilon_x = +\frac{\sigma_x}{E} - \frac{\nu\sigma_y}{E} - \frac{\nu\sigma_z}{E}$$

$$\epsilon_y = -\frac{\nu\sigma_x}{E} + \frac{\sigma_y}{E} - \frac{\nu\sigma_z}{E}$$

$$\epsilon_z = -\frac{\nu\sigma_x}{E} - \frac{\nu\sigma_y}{E} + \frac{\sigma_z}{E}$$

$$\gamma_{xy} = \frac{\tau_{xy}}{G} \quad \gamma_{yz} = \frac{\tau_{yz}}{G} \quad \gamma_{zx} = \frac{\tau_{zx}}{G}$$

(2.38)

檢視式(2.38)使得吾人相信，如果吾人要預測某一材料受任何應力組合作用所產生之變形，首先要用實驗求出三個不同之常數 E、ν 及 G。事實上，只要用實驗求出某一材料之任何兩個常數即可，吾人將在下節知悉，只須經過一簡單之計算，即可得出第三個常數。

例 2.10

將一材料剛性模數 $G=630$ MPa 之矩形方塊黏連在兩剛性水平鈑之間。使下鈑固定，同時用一水平力 **P** 拉動上鈑(圖 2.47)。已知上鈑受力拉後移動了 1 mm，試求(a)此材料中之平均剪應變，(b)作用在上鈑上之力 **P**。

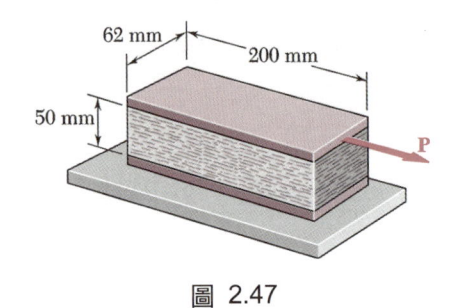

圖 2.47

解：

(a)剪應變

選用一坐標軸，原點在 AB 邊之中點 C，方向如圖 2.48 所示。依照剪應變 γ_{xy} 之定義，它等於垂直線與 AB 及 DE 邊中點連線 CF 間所形成之角。注意此乃一很小之角，其單位係用弧度示出，故得

$$\gamma_{xy} \approx \tan\gamma_{xy} = \frac{1 \text{ mm}}{50 \text{ mm}} \qquad \gamma_{xy} = 0.020 \text{ rad}$$

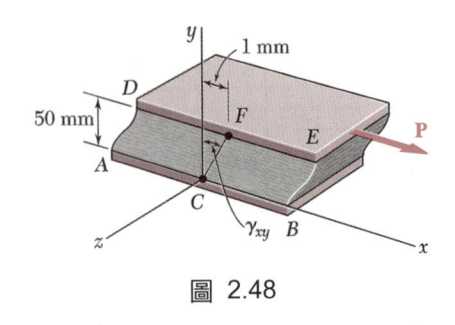

圖 2.48

(b)作用在上鈑之力

吾人首先應求出材料中之剪應力 τ_{xy}，應用剪應力及應變之虎克定理，得

$$\tau_{xy} = G\gamma_{xy} = (630 \text{ MPa})(0.020 \text{ rad}) = 12.6 \text{ MPa}$$

於是得作用在上鈑之力為

第 2 章　應力及應變—軸向載重

$$P = \tau_{xy} A = (12.6 \text{ MPa})(200 \text{ mm})(62 \text{ mm}) = 156.2 \times 10^3 \text{ N}$$
$$P = 156.2 \text{ kN}$$

2.15　軸向載重所產生變形之進一步討論；E、v 及 G 間之關係

吾人在 2.11 節已看到，承受沿 x 軸方向軸向拉力載重 **P** 作用之細長條桿，將在 x 方向伸長，而在 y 及 z 兩橫方向收縮。如果 ϵ_x 表軸向應變，側向應變則可表示為 $\epsilon_y = \epsilon_z = -v\epsilon_x$，此處 v 乃鮑生比。是以邊長等於 1 且方向如圖 2.49a 所示之立方微體，將變形成為邊長為 $1+\epsilon_x$、$1-v\epsilon_x$ 及 $1-v\epsilon_x$ 之直角平行六面體(注意，圖中只示出微體之一面)。在另一方面，如果微體之方向與載重軸成 45°(圖 2.49b)，即可看得圖中所示之面變形成為菱形。因此吾人得結論：軸向載重 **P** 使此一微體產生一剪應變 γ'，其值等於圖 2.49b 所示每一角之增加或減少量。†

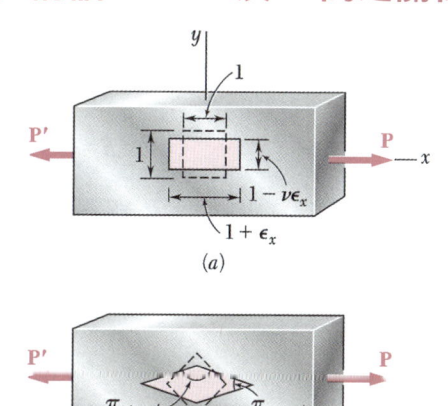

圖 2.49　承受軸向拉力載重之桿件的應變

因吾人在 1.12 節之最後已經看到，一軸向載重 **P** 使得一與構件軸成 45° 角的微體之四個平面產生大小相等的正應力及剪應力，故由軸向載重產生剪應變及正交應變之事實也就不足為奇了。為了方便解說，吾人已將圖 1.38 重複列於此。在 1.11 節中亦說明，在與載重軸成 45° 之平面上，剪應力乃是最大，根據剪應力及應變之虎克定理，圖 2.49b 所示微體中之剪應變 γ' 亦為最大：$\gamma' = \gamma_m$。

對應變轉換之更詳細研析將會在第 7 章中說明。本節將導出圖 2.49b 所示微體中之最大剪應變 $\gamma' = \gamma_m$ 及在載重方向中之正交應變 ϵ_x 間的關係。為了此一目的，吾人將要考慮一微稜柱體，微稜柱體乃使一對角平面與圖 2.49a 所示微立體交截而得(圖 2.50a 及

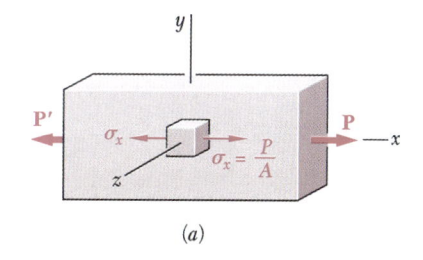

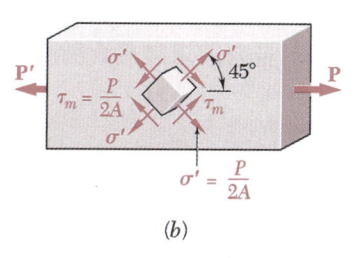

圖 1.38　(重複)

---

† 注意，在圖 2.49b 微體中，載重 **P** 亦產生了正交應變(參見習題 2.73)。

103

b)。參照圖 2.49a,將可知悉,此一新微體將會變形成為圖 2.50c 所示,水平及垂直邊分別等於 $1+\epsilon_x$ 及 $1-\nu\epsilon_x$ 之微體。但由圖 2.49b 所示斜面與微體水平面間形成之角,恰好等於圖 2.50b 所示微立方體一直角之半。是以此角變形所成之角 β 必等於 $\pi/2-\gamma_m$ 之半,故得

$$\beta = \frac{\pi}{4} - \frac{\gamma_m}{2}$$

應用正切兩角差之公式,得

$$\tan\beta = \frac{\tan\frac{\pi}{4} - \tan\frac{\gamma_m}{2}}{1+\tan\frac{\pi}{4}\tan\frac{\gamma_m}{2}} = \frac{1-\tan\frac{\gamma_m}{2}}{1+\tan\frac{\gamma_m}{2}}$$

因 $\gamma_m/2$ 乃一很小之角,故可將上式改寫成

$$\tan\beta = \frac{1-\frac{\gamma_m}{2}}{1+\frac{\gamma_m}{2}} \tag{2.39}$$

但觀察圖 2.50c,可得

$$\tan\beta = \frac{1-\nu\epsilon_x}{1+\epsilon_x} \tag{2.40}$$

使式(2.39)及(2.40)之右側項相等,並解之得 γ_m

$$\gamma_m = \frac{(1+\nu)\epsilon_x}{1+\frac{1-\nu}{2}\epsilon_x}$$

因 $\epsilon_x \ll 1$,故可將上式中之分母假定為 1,即得

$$\gamma_m = (1+\nu)\epsilon_x \tag{2.41}$$

上式即為吾人欲求之最大剪應變 γ_m 及軸向應變 ϵ_x 間之關係。

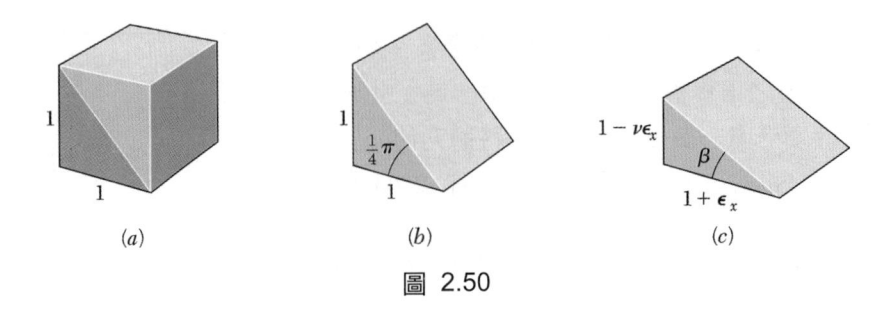

圖 2.50

第 2 章　應力及應變—軸向載重

為了能求得常數 E、v 及 G 間之關係，吾人知悉，依虎克定理，$\gamma_m = \tau_m/G$，對軸向載重則為 $\epsilon_x = \sigma_x/E$。因此可將式(2.41)改寫成

$$\frac{\tau_m}{G} = (1+v)\frac{\sigma_x}{E}$$

或

$$\frac{E}{G} = (1+v)\frac{\sigma_x}{\tau_m} \tag{2.42}$$

由圖 1.38 所示可知，$\sigma_x = P/A$、$\tau_m = P/2A$，此處 A 表構件之斷面積。由上述即得 $\sigma_x/\tau_m = 2$。將此值代入式(2.42)，且將兩數均除以 2 即可得出下述關係

$$\frac{E}{2G} = 1 + v \tag{2.43}$$

此式可以用來求得常數 E、v 或 G 中的一個常數。例如解式(2.43)求出 G，得

$$G = \frac{E}{2(1+v)} \tag{2.43'}$$

2.17　軸向載重下之應力及應變分佈；聖衛南原理

以上有關構件承載軸向載重之討論，皆假定其正交應力均佈在與構件軸垂直之任一斷面上。吾人已在 1.5 節知悉，該一假定在靠近載重作用點附近會引起相當大之誤差。不過欲求在構件某一斷面中之實際應力，需要求解靜不定問題。

在 2.9 節吾人已了解在求解靜不定力時，可以利用這些**力**所造成的**變形**來解題。因此，吾人可以很合理地認為，在求解某構件中的**應力**時，需要分析該應力在構件內所造成的**應變**。比較高深的教科書在應用與彈性有關的數學原理求解構件尾端因受不同載重而發生的應力分佈時，基本上都使用這一方法。利用有限的數學方法，吾人可以求出圖 2.54 特例以兩剛性鈑將載重傳至構件的應力分佈。

如將載重施加在每一鈑之中心，† 兩鈑即作相向運動而無轉動，使構件縮短，但寬度及厚度卻增加。假定構件保持直形，斷面仍為平面，構件中所有微素將依同一樣式變形。由於這一假定與已知之端點條件諧和，假定合理。此假設可用圖 2.55 所示一橡皮模型受載重作用前後之情況來加以闡述。‡ 如所有微素依同一樣式變形，則整個構件中之應變分佈必是均勻者。換言之，軸向應變 ϵ_y 及側向應變 $\epsilon_x = -v\epsilon_y$ 乃是常數。但如應力不超過比例限度，能夠應用虎克定理時，乃可得 $\sigma_y = E\epsilon_y$，由此亦可得出正交應力 σ_y 亦

---

† 更精確地說，載重之作用線應通過斷面之形心(參見 1.5 節)。
‡ 注意，對細長桿件亦可能發生另一些變形形狀，如載重更大時，可能更易發生；即構件**屈曲**(buckles)成長線形狀。此將在第 10 章中討論。

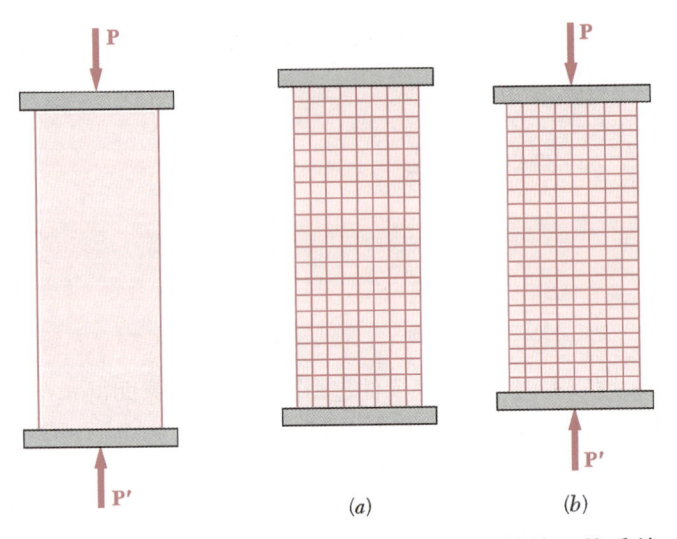

圖 2.54 兩剛性鈑將軸向載重傳至構件

圖 2.55 兩剛性鈑將軸向載重傳至橡皮模型

圖 2.56 施加集中軸向載重於橡皮模型

為常數。因此整個構件中任何點上的應力都為均勻分佈：

$$\sigma_y = (\sigma_y)_{ave} = \frac{P}{A}$$

另一方面，如載重為如圖 2.56 所示之集中載重，則鄰近載重作用點之微素受到很大應力作用，而靠近構件端點之其它微素幾乎不受載重影響。此可藉觀察獲得證實，強烈變形，即大應變及大應力發生在載重作用點鄰近，而在角隅則無變形發生。然而當考究距兩端甚遠處之微素時，即會發現變形愈來愈具同等化，因此在構件斷面上之應變及應力更是趨近於均勻分佈。這點可用圖 2.57 作進一步說明，該圖示出利用高等數學方法計算一承載集中載重之薄矩形鈑幾個斷面上之應力分佈的結果。由圖可看出，如 b 表鈑寬，則距任一端距離為 b 之斷面上，其應力分佈幾乎均勻，故可假定在該斷面上任一點之應

$\sigma_{min} = 0.973\sigma_{ave}$
$\sigma_{max} = 1.027\sigma_{ave}$

$\sigma_{min} = 0.668\sigma_{ave}$
$\sigma_{max} = 1.387\sigma_{ave}$

$\sigma_{min} = 0.198\sigma_{ave}$
$\sigma_{max} = 2.575\sigma_{ave}$

$\sigma_{ave} = \frac{P}{A}$

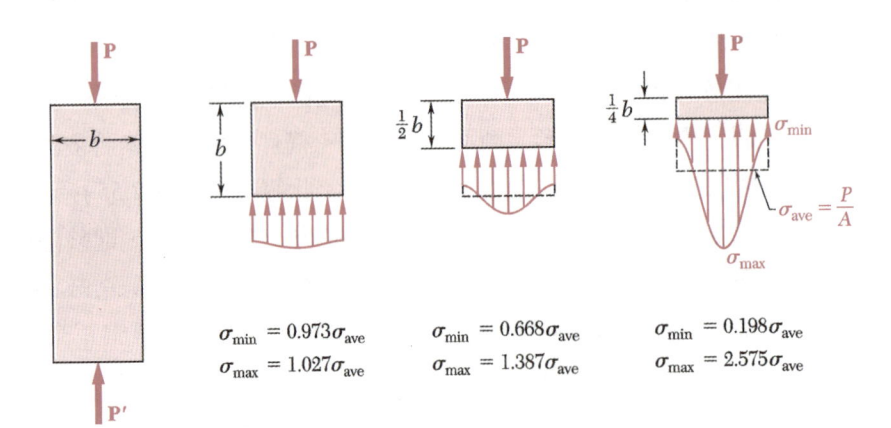

圖 2.57 承載集中載重之薄矩形鈑的應力分佈

力 σ_y 等於平均值 P/A。因此在距離等於或大於構件寬度之任一斷面,不論載重是圖 2.54 抑或是圖 2.56 所示者,其應力分佈乃屬相等。換言之,除非是極為靠近載重作用點,皆可將應力分佈假定成與實際載重作用型式無關。此一說法不僅可用於軸向載重,且可用於任何型式之載重。這一觀點被稱之為**聖衛南原理**(Saint-Venant's principle),乃為紀念法國數學家及工程師 Adhémar Barré de Saint-Venant(1797〜1886)。

為了計算一結構構件中之應力,應用聖衛南原理可用一較簡單載重取代已知載重,然而在應用此一原理時,必須牢記以下兩點:

1. 實際載重與用以計算應力之載重必須是**靜定相當**(statically equivalent)。
2. 很靠近載重作用點處的應力不能用此方法計算。必須要用高等理論或實驗方法去求此等區域之應力分佈。

同時也應注意,用來求圖 2.55 所示構件均勻應力分佈之兩鈑,必須要讓構件能自由側向伸展。是以兩鈑與構件接觸不能剛硬固接,並假定鈑與構件剛好接觸,其間光滑不致妨礙構件側向伸展。此種端點情況對受壓構件實際可以存在,但就受拉力的構件而言,實用上即不能成立。然而不管是否能造成實際固定物,或用該固定物施載構件俾使構件中之應力分佈均勻,並不重要。重要之事乃是能想像一模型,讓其有均勻的應力分佈,並牢記此一模型俾在以後能使其與實用中所碰到之實際載重條件作比較。

2.18 應力集中

在上節吾人已知悉,靠近集中載重作用點處之應力比起構件中之平均應力大得多。當一結構構件有一中斷,例如有一孔或斷面突然改變時,則在中斷處附近亦會發生很高的局部應力。圖 2.58 及 2.59 示出與該兩種情況相對之臨界斷面中的應力分佈,圖 2.58 示有一圓孔之扁平條桿,並示出通過孔中心一斷面之應力分佈。圖 2.59 示出之扁平條桿用填角連接兩不同寬度條桿而成;並示出連接處最狹部分之應力分佈,該斷面亦即為最高應力發生處。

此一結果是利用**光彈性法**(photoelastic method)以實驗方式而得出。對於要設計一既定構件,卻又無力進行這類分析的工程師來說可謂很幸運,因為求出之結果與構件尺寸無關,與所用材料無關;它們只與構件幾何參數有關;即就圓孔而言,只視比例 r/d 而定;就填角而言,則視比值 r/d 及 D/d 而定。況且,設計者所關心的是某一斷面之應力最大值,而並非該一斷面之應力實際分佈;因他主要考慮在某一載重下,應力是否會超過容許應力,而不是決定此值將在何處超過。因此,吾人可將在不連續臨界斷面(最狹面)中的最大應力值與平均應力值的比值定義為

$$K = \frac{\sigma_{\max}}{\sigma_{\text{ave}}} \tag{2.48}$$

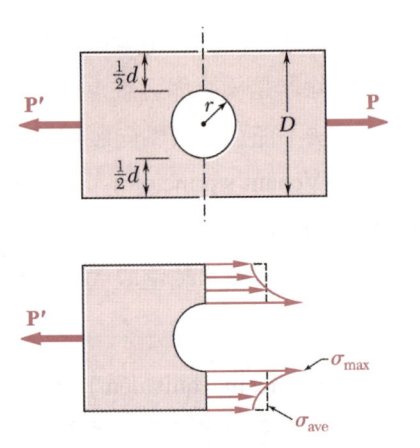

圖 2.58 受軸向載重扁平條桿中近圓孔處之應力分佈

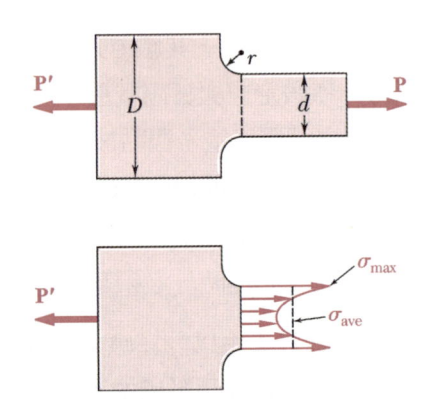

圖 2.59 受軸向載重扁平條桿中填角處之應力分佈

此一比值被稱為某一不連續處之應力集中因數(stress-concentration factor)。應力集中因數可以用相關的幾何參數比值計算或表示，而其結果可用表或圖形示出，如圖 2.60 所示。為了能求得某一受已知軸向載重 P 作用構件之不連續處之最大應力，設計者只需要計算臨界斷面中之平均應力 $\sigma_{ave}=P/A$，再乘以適當之應力集中因數 K 即得極大值。不過需要注意，這種方法只在 σ_{max} 不超過材料之比例限度時方才有效，因圖 2.60 所示出之 K 值，是假定應力及應變間成直線關係而求得的。

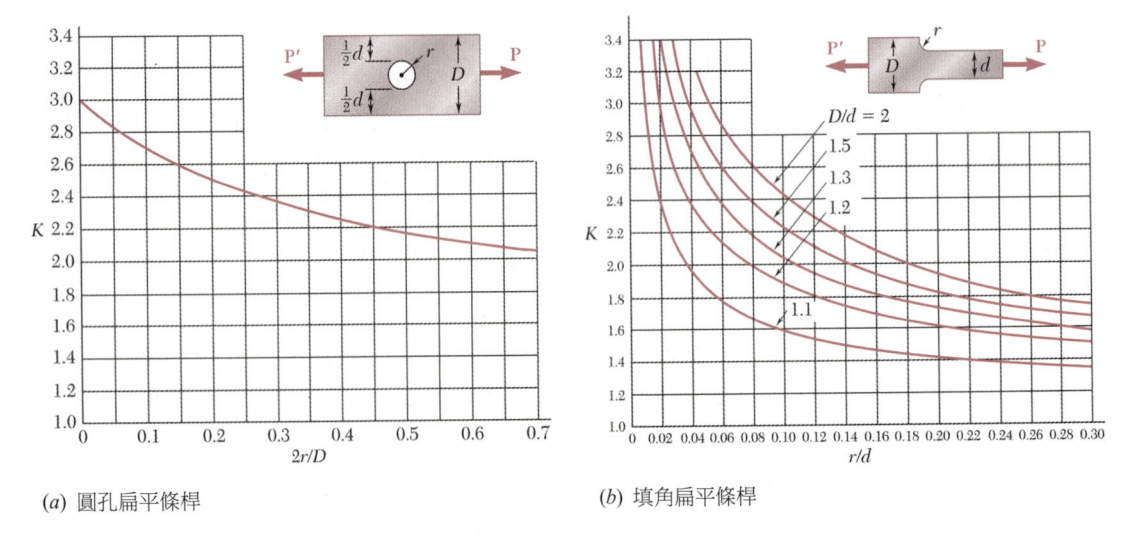

(a) 圓孔扁平條桿

(b) 填角扁平條桿

圖 2.60 受軸向載重作用扁平條桿之應力集中因數†

†注意：平均應力必須在最狹斷面處計算，即 $\sigma_{ave}=P/td$，此處 t 表條桿厚度。

---

† 參見 W. D. Pilkey, *Peterson's Stress Concentration Factors*, 2nd ed., John Wiley & Sons, New York, 1997.

例 2.12

一扁平鋼條係由兩部分組成。各部分厚 10 mm，寬度分別為 40 及 60 mm，用填角 $r=8$ mm 連接而成。假定容許正交應力是 165 MPa，試求能安全施加至此鋼條上之最大軸向載重 **P**。

解：

首先要計算比值

$$\frac{D}{d}=\frac{60\text{ mm}}{40\text{ mm}}=1.50 \qquad \frac{r}{d}=\frac{8\text{ mm}}{40\text{ mm}}=0.20$$

應用圖 2.60b 中之曲線，在 $D/d=1.50$ 時，查得與 $r/d=0.20$ 相應之應力集中因數值是

$$K=1.82$$

將此值代入式(2.48)，求解 σ_{ave} 得

$$\sigma_{\text{ave}}=\frac{\sigma_{\max}}{1.82}$$

但 $\sigma_{\max}$ 不許超過容許應力 $\sigma_{\text{all}}=165$ MPa。將此值作為 $\sigma_{\max}$，即可求得在鋼條最窄部分($d=40$ mm)之平均應力不得超過

$$\sigma_{\text{ave}}=\frac{165\text{ MPa}}{1.82}=90.7\text{ MPa}$$

依前述 $\sigma_{\text{ave}}=P/A$，故得

$$P=A\sigma_{\text{ave}}=(40\text{ mm})(10\text{ mm})(90.7\text{ MPa})=36.3\times 10^{3}\text{ N}$$

$$P=36.3\text{ kN}$$

2.19 塑性變形

在以前各節所求得之結果，皆是以應力–應變成線性關係之假定為基礎。換言之，吾人乃假定應力和應變從沒超過材料之比例限度。對破壞時並無降伏的脆性材料而言，此為一合理之假設。不過，在延性材料的情形中，這種假設暗示材料的降伏強度未被超過，則變形保持在彈性範圍內，且所考慮的結構件在所有載重被去除後，將恢復其原來形狀。在另一種情形下，若構件的任一部分內之應力超過材料之降伏強度，則會發生塑性變形，而前面各節中所得到的結果即為無效。因此必須要根據非線性應力–應變關係

來作較複雜之分析。

分析實際應力–應變關係已超出本書範圍，吾人現將藉考究一理想彈塑材料 (elasto-plastic material) 來透視及分析塑性行為。所謂彈塑材料者，其應力–應變圖乃由兩直線段組成，如圖 2.61 所示。吾人應注意到，軟鋼之應力–應變圖在彈性及塑性範圍與此一理想者相似。只要應力 σ 小於降伏強度 σ_Y，材料即屬彈性，符合虎克定理 $\sigma = E\epsilon$。當 σ 達值 σ_Y 時，材料開始降伏，且在不變載重下，保持塑性變形。如將載重移去，卸載將沿一與載重曲線開始部分 AY 平行之直線段 CD 發生。水平軸上線段 AD 表示與試體加載卸載所發生之永久或塑性變形相對之應變。雖然在現實中，沒有一種材料的變形曲線會完全像圖 2.61 所示的那樣，但此一應力–應變圖在討論軟鋼之類的延性材料之塑性變形時，極有用處。

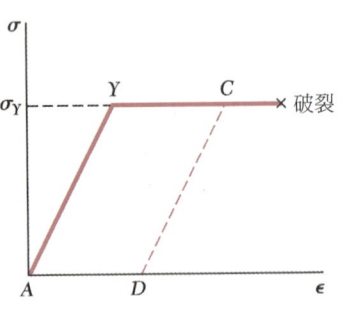

圖 2.61 理想彈塑材料之應力-應變圖

例 2.13

一長 $L = 500$ mm，斷面積 $A = 60$ mm^2 之桿件係用彈塑材料做成，此材料在彈性範圍內之彈性模數 $E = 200$ GPa，降伏點為 $\sigma_Y = 300$ MPa。此桿件受一軸向載重作用，拉長至 7 mm 時，即將載重卸去。試問將產生之永久變形為何？

解：

參照圖 2.61 所示之圖形，吾人發現用 C 點橫坐標表出之最大應變乃為

$$\epsilon_C = \frac{\delta_C}{L} = \frac{7 \text{ mm}}{500 \text{ mm}} = 14 \times 10^{-3}$$

另一方面，用 Y 點橫坐標表出之降伏應變則為

$$\epsilon_Y = \frac{\sigma_Y}{E} = \frac{300 \times 10^6 \text{ Pa}}{200 \times 10^9 \text{ Pa}} = 1.5 \times 10^{-3}$$

卸載後之應變乃用 D 點之橫坐標 ϵ_D 表示。從圖 2.61 所示性質得

$$\epsilon_D = AD = YC = \epsilon_C - \epsilon_Y$$
$$= 14 \times 10^{-3} - 1.5 \times 10^{-3} = 12.5 \times 10^{-3}$$

永久變形乃是相對於應變 ϵ_D 之變形 δ_D。故得

$$\delta_D = \epsilon_D L = (12.5 \times 10^{-3})(500 \text{ mm}) = 6.25 \text{ mm}$$

例 2.14

將一長 0.75 m，斷面積 $A_r = 48$ mm² 之圓桿置放入一長度相同，斷面積 $A_t = 62$ mm² 之管內。桿及管之端邊，一端是與一剛性支承相連，另端是連接一剛性鈑，圖 2.62 所示乃此組合之縱斷面。桿管兩者皆假定是彈塑材料，其彈性模數分別為 $E_r = 210$ GPa 及 $E_t = 105$ GPa，而降伏強度分別為 $(\sigma_r)_Y = 250$ MPa 及 $(\sigma_t)_Y = 310$ MPa。當將載重 **P** 施加至鈑上如圖示時，試畫出此桿管組合之載重–撓度圖。

圖 2.62

解：

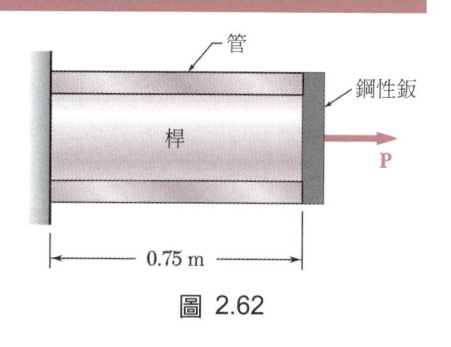

首先要求出內力以及桿件開始降伏時之伸長量

$$(P_r)_Y = (\sigma_r)_Y A_r$$
$$= (250 \times 10^6 \text{ Pa})(48 \times 10^{-6} \text{ m}^2) = 12 \text{ kN}$$

$$(\delta_r)_Y = (\epsilon_r)_Y L = \frac{(\sigma_r)_Y}{E_r} L$$
$$= \frac{250 \times 10^6 \text{ Pa}}{210 \times 10^9 \text{ Pa}} (0.75 \text{ m})$$
$$= 0.893 \times 10^{-3} \text{ m} = 0.893 \text{ mm}$$

因材料是彈塑者，故桿件單獨之力–伸長圖應由一傾斜直線及一水平直線組成，如圖 2.63a 所示。對管亦可依同樣方式計算，得

$$(P_t)_Y = (\sigma_r)_Y A_t$$
$$= (310 \times 10^6 \text{ Pa})(62 \times 10^{-6} \text{ m}^2) = 19.22 \text{ kN}$$

$$(\delta_t)_Y = (\epsilon_t)_Y L = \frac{(\sigma_t)_Y}{E_t} L$$
$$= \frac{310 \times 10^6 \text{ Pa}}{105 \times 10^9 \text{ Pa}} (0.75 \text{ m})$$
$$= 2.21 \times 10^{-3} \text{ m} = 2.21 \text{ mm}$$

管單獨之載重–撓度圖乃如圖 2.63b 所示。由觀察知悉，桿管組合之載重及撓度分別為

$$P = P_r + P_t \quad \delta = \delta_r = \delta_t$$

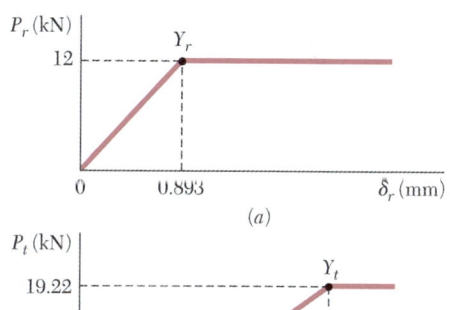

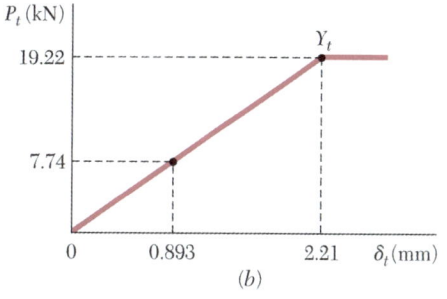

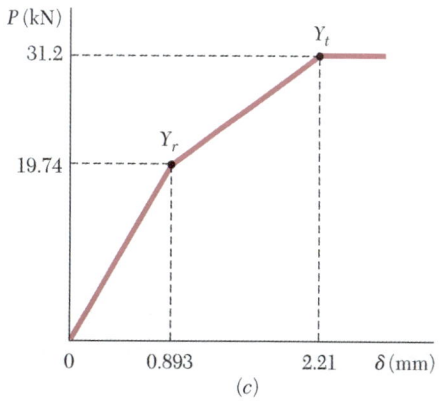

圖 2.63

將所求得之桿及管圖形縱坐標相加，即可畫出所求之載重–撓度圖(圖 2.63c)。點 Y_r 及 Y_t 分別相當於桿及管之降伏開始點。

例 2.15

若作用在例 2.14 的桿管組合上之載重 **P** 由 0 增加到 25 kN，然後減回到零，試求(a)組合之最大伸長，(b)載重被去除後之永久變形。

解：

(a)最大伸長

參見圖 2.63c，則發現載重 $P_{max}=25$ kN 對應於組合的載重–撓度圖上位於線段 Y_rY_t 上之一點。因此，桿已經達到塑性範圍，其 $P_r=(P_r)_Y=12$ kN，且 $\sigma_r=(\sigma_r)_Y=250$ MPa，而管仍然在彈性範圍內，且

$$P_t = P - P_r = 25 \text{ kN} - 12 \text{ kN} = 13 \text{ kN}$$

$$\sigma_t = \frac{P_t}{A_t} = \frac{13 \text{ kN}}{62 \text{ mm}^2} = 210 \text{ MPa}$$

$$\delta_t = \epsilon_t L = \frac{\sigma_t}{E_t} L = \frac{210 \text{ MPa}}{105 \text{ GPa}}(0.75 \text{ m}) = 1.5 \text{ mm}$$

因此，組合之最大伸長為

$$\delta_{max} = \delta_t = 1.5 \text{ mm}$$

(b)永久變形

當載重 **P** 由 25 kN 降為 0 時，內力 P_r 與 P_t 即分別沿圖 2.64a 與 b 中所示之直線減小。力 P_r 沿平行於載重曲線最初部分的線 CD 減小，而力 P_t 沿原來的載重曲線減小。因為管內並未超過降伏應力，因此，兩力之和 P 將沿一條平行於該組合的載重–撓度曲線的 $0Y_r$ 部分之線 CE 減小(圖 2.64c)。參見圖 2.63c，則發現 $0Y_r$ 及 CE 之斜率為

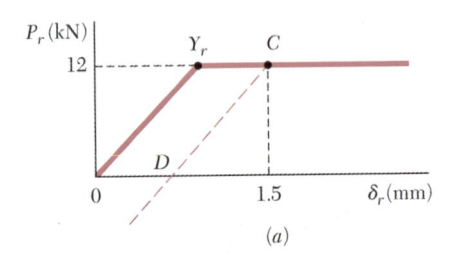

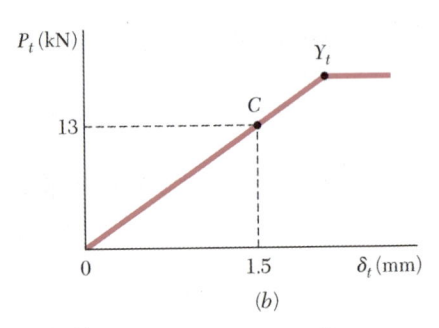

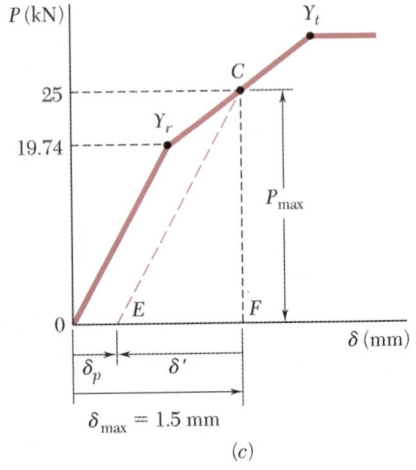

圖 2.64

$$m = \frac{19.74 \text{ kN}}{0.893 \text{ mm}} = 22.1 \text{ kN/mm}$$

圖 2.64c 的線 FE 部分代表該組合在卸載階段的變形 δ'，而線段 0E 代表載重 **P** 被去掉後之永久變形 δ_P。由三角形 CEF 可以得到

$$\delta' = -\frac{P_{\max}}{m} = -\frac{25 \text{ kN}}{22.1 \text{ kN/mm}} = -1.131 \text{ mm}$$

故永久變形為

$$\delta_P = \delta_{\max} + \delta' = 1.5 \text{ mm} - 1.131 \text{ mm} = 0.369 \text{ mm}$$

吾人在 2.18 節已述及，應力集中之討論是以線性應力－應變關係的假設為基礎。當塑性變形發生時，即當從圖 2.58 及 2.59 求得之 $\sigma_{\max}$ 值超過降伏強度 σ_Y 時，圖 2.58 及 2.59 所示之應力分佈以及圖 2.60 點繪出之應力集中因數值皆不再適用。

至此再考究圖 2.58 所示帶有圓孔之扁平條桿，且假定材料是彈塑者，亦即其應力－應變圖如圖 2.61 所示。只要無塑性變形發生，應力分佈乃如 2.18 節所述 (圖 2.65a)。吾人應注意到在應力－分佈曲線下之面積表示等於載重 P 之積分 $\int \sigma \, dA$。是以此一面積以及 $\sigma_{\max}$ 之值，必隨 P 增加而增加。只要 $\sigma_{\max} \leq \sigma_Y$，且 P 增加時，求出之所有連續應力分佈將有圖 2.58 所示之形狀，並重列為圖 2.65a。然而當 P 增加至超過相對於 $\sigma_{\max} = \sigma_Y$ 之 P_Y 值(圖 2.65b)時，圓孔附近的應力－分佈曲線必變得平坦(圖 2.65c)，因為材料中的應力不能超過 σ_Y。此一事實表明材料正在孔附近降伏。當載重 P 再進一步增加時，降伏發生處之塑性帶不停伸張，直至其達板之邊緣為止(圖 2.65d)。在該點，整個板面之應力分佈乃變為均勻分佈，即 $\sigma = \sigma_Y$，與其相應之載重值 $P = P_U$ 亦成為能施加至桿件上但不至發生破裂之最大載重。

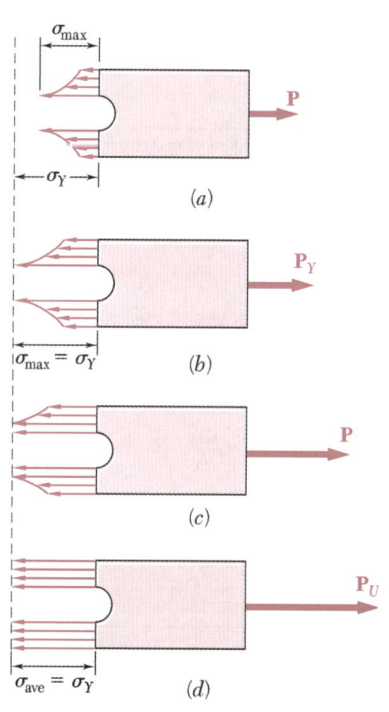

圖 2.65 在漸漸增加載重下，彈塑材料的應力分佈

對能施加至桿件上而不產生永久變形之最大載重 P_Y 與能造成破裂之 P_U 值作一比較，乃是一很有趣之事。若用 A 表淨斷面積，則根據前面所述平均應力之定義，$\sigma_{ave} = P/A$ 以及應力集中因數之定義，$K = \sigma_{\max}/\sigma_{ave}$ 等，即得

材料力學
Mechanics of Materials

$$P = \sigma_{ave} A = \frac{\sigma_{max} A}{K} \qquad (2.49)$$

上式僅在 σ_{max} 不超過 σ_Y 時適用。當 $\sigma_{max} = \sigma_Y$ 時(圖 2.65b)，則得 $P = P_Y$，於是式(2.49)變成

$$P_Y = \frac{\sigma_Y A}{K} \qquad (2.50)$$

另一方面，當 $P = P_U$ 時(圖 2.65d)，吾人得 $\sigma_{ave} = \sigma_Y$ 及

$$P_U = \sigma_Y A \qquad (2.51)$$

比較式(2.50)及(2.51)，吾人之結論是

$$P_Y = \frac{P_U}{K} \qquad (2.52)$$

公式總整理

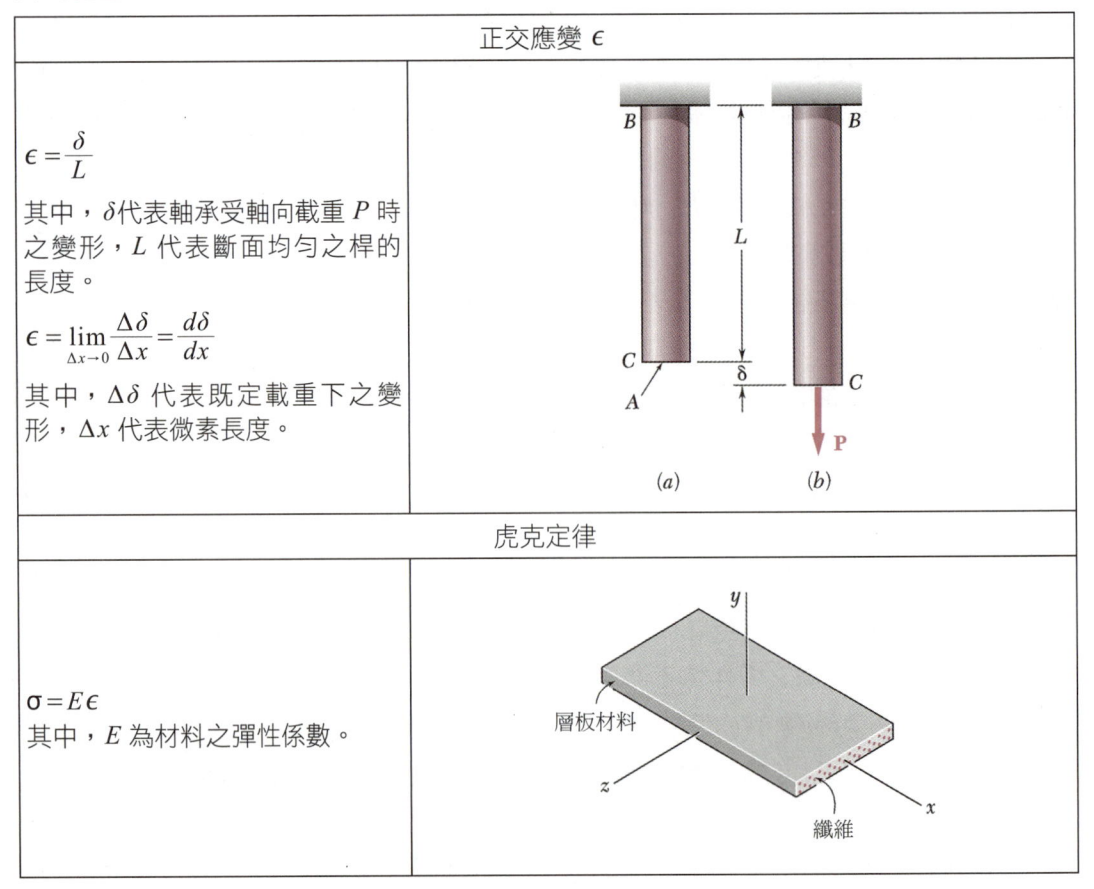

	正交應變 ϵ
$\epsilon = \dfrac{\delta}{L}$ 其中，δ 代表軸承受軸向載重 P 時之變形，L 代表斷面均勻之桿的長度。 $\epsilon = \lim\limits_{\Delta x \to 0} \dfrac{\Delta \delta}{\Delta x} = \dfrac{d\delta}{dx}$ 其中，$\Delta \delta$ 代表既定載重下之變形，Δx 代表微素長度。	
	虎克定律
$\sigma = E\epsilon$ 其中，E 為材料之彈性係數。	

公式總整理 (續)

軸向載重之彈性變形 δ	
$\delta = \dfrac{PL}{AE}$ 其中，L 代表斷面均勻之桿的長度，A 代表桿件的斷面積，P 代表桿件兩端承受的中心軸向載重，E 為材料之彈性係數。 $\delta = \sum_i \dfrac{P_i L_i}{A_i E_i}$	

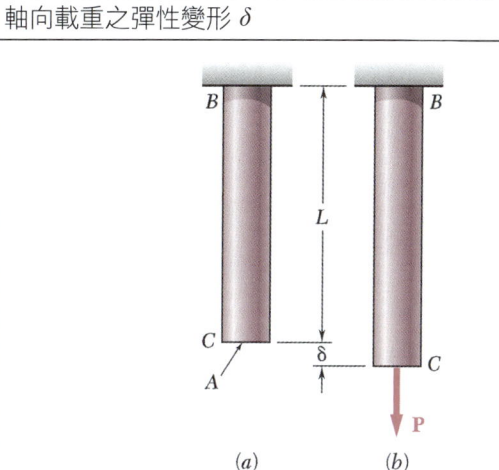

橫向應變	
$\epsilon_x = \dfrac{\sigma_x}{E} \quad \epsilon_y = \epsilon_z = -\dfrac{\nu \sigma_x}{E}$ 其中，σ_x 代表承受 x 方向軸向載重引起的應力，ν 為鮑生比，可寫成： $\nu = -\dfrac{\text{側向應變}}{\text{軸向應變}}$。	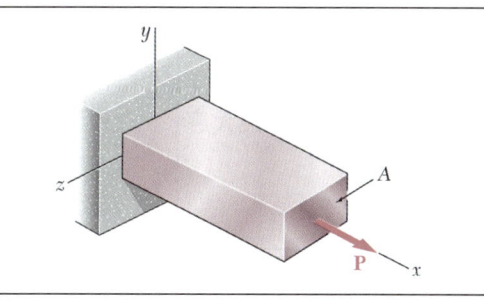

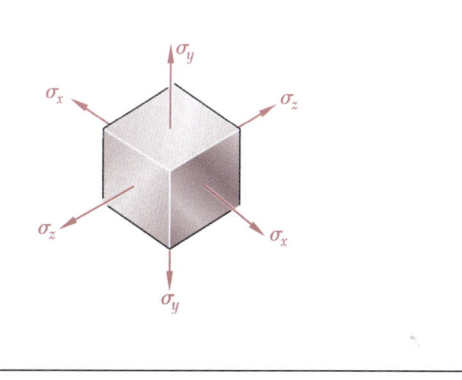

多軸向載重之虎克定律	
$\epsilon_x = +\dfrac{\sigma_x}{E} - \dfrac{\nu \sigma_y}{E} - \dfrac{\nu \sigma_z}{E}$ $\epsilon_y = -\dfrac{\nu \sigma_x}{E} + \dfrac{\sigma_y}{E} - \dfrac{\nu \sigma_z}{E}$ $\epsilon_z = -\dfrac{\nu \sigma_x}{E} - \dfrac{\nu \sigma_y}{E} + \dfrac{\sigma_z}{E}$ 其中，ν 為鮑生比，E 為材料之彈性係數，σ_x 代表承受 x 方向軸向載重引起的應力，σ_y 代表承受 y 方向軸向載重引起的應力，σ_z 代表承受 z 方向軸向載重引起的應力。	

材料力學
Mechanics of Materials

公式總整理(續)

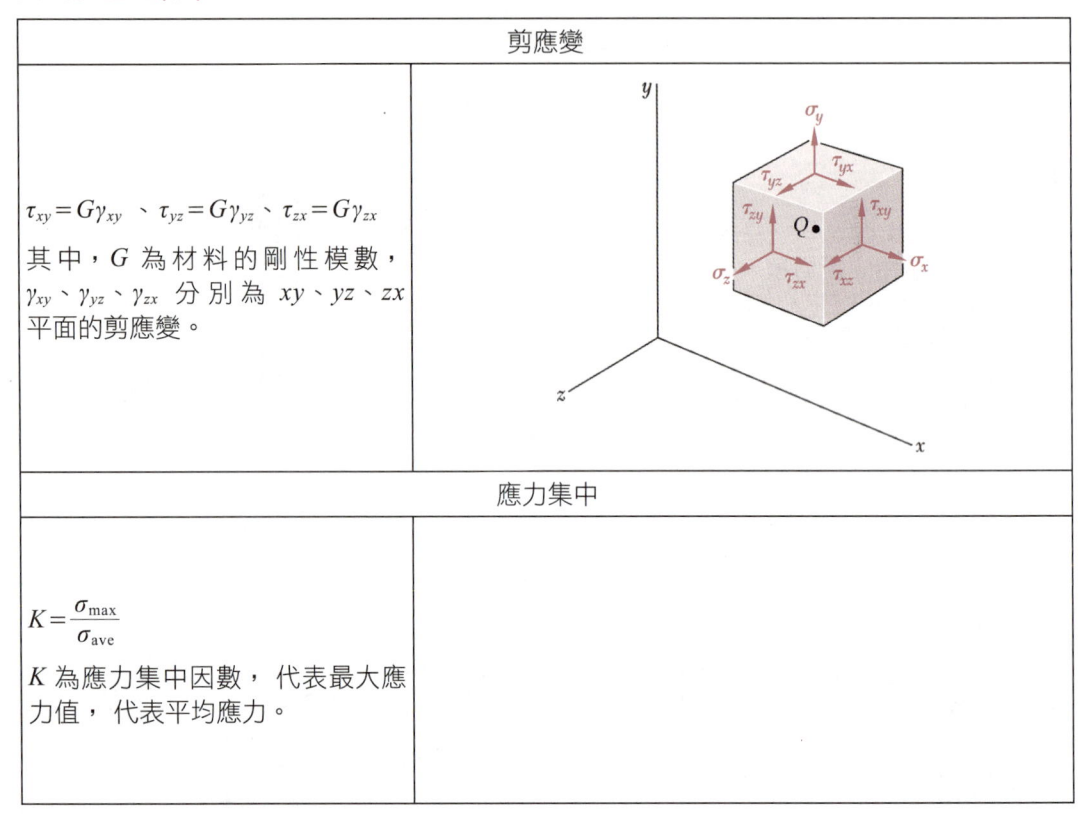

剪應變	
$\tau_{xy} = G\gamma_{xy}$、$\tau_{yz} = G\gamma_{yz}$、$\tau_{zx} = G\gamma_{zx}$ 其中，G 為材料的剛性模數，γ_{xy}、γ_{yz}、γ_{zx} 分別為 xy、yz、zx 平面的剪應變。	
應力集中	
$K = \dfrac{\sigma_{\max}}{\sigma_{\text{ave}}}$ K 為應力集中因數，代表最大應力值，代表平均應力。	

分析步驟

解題程序一、彈性變形

求出各桿件內部軸向力
↓
以 $\dfrac{PL}{AE}$ 求出相對位置之變形量

解題程序二、靜不定軸向載重桿件

畫出分離體圖(free-body diagram)
↓
寫出平衡方程式
↓
在已知位移條件下，以 $\dfrac{PL}{AE}$ 求出桿件中的軸向力

解題程序三、靜不定軸向載重桿件(重疊法)

考慮一個贅餘力
↓
利用重疊法畫出位移平衡方程式，並以 $\dfrac{PL}{AE}$ 求出各位移量
↓
在已知位移條件下，以 $\dfrac{PL}{AE}$ 求出贅餘力
↓
畫出分離體圖(free-body diagram)並寫出力平衡方程式
↓
求出軸向力

複習與摘要

本章主要是介紹應變的觀念，討論各種材料內的應力與應變之間的關係，並決定結構構件受軸向載重時的變形。

正交應變

考慮一長度為 L 而斷面均勻之桿，並以 δ 代表承受軸向載重 $\mathbf{P}$ 時之變形(圖 2.68)，則將桿內之正交應變 ϵ 定義為每單位長度之變形 [2.2 節]

$$\epsilon = \frac{\delta}{L} \tag{2.1}$$

在斷面不勻的桿件之情形中，則是經由考慮桿件 Q 處一微素，而對任意點 Q 的正交應變作出定義。以 Δx 代表微素長度，$\Delta \delta$ 為在既定載重下之變形，而寫成

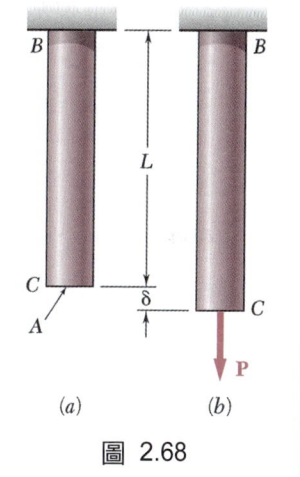

$$\epsilon = \lim_{\Delta x \to 0} \frac{\Delta \delta}{\Delta x} = \frac{d\delta}{dx} \tag{2.2}$$

圖 2.68

應力－應變圖

當載重增大時，畫出應力 σ 隨應變 ϵ 之變化，即得到所用材料之應力－應變圖 [2.3 節]。由這種圖可以區分脆性與延性材料；由脆性材料做成的試件，在伸長率未有明顯改變之前，即會破壞(圖 2.69)；由延性材料做成的試件，則在達到

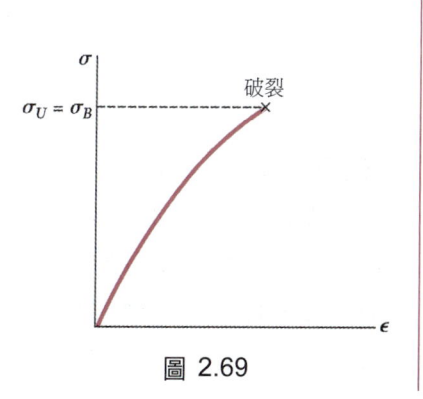

圖 2.69

一稱為降伏強度的臨界強度 σ_Y 之後，即會降伏，即試件在破壞之前，先進行一頗大之變形，該時施加之載重只有相當小的增加(圖 2.70)。具有抗拉及抗壓不同性質之一典型脆性材料例子乃是混凝土。

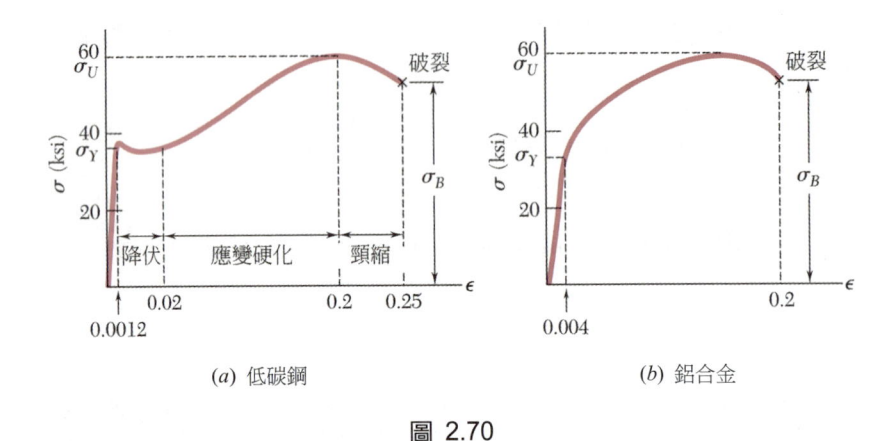

(a) 低碳鋼

(b) 鋁合金

圖 2.70

虎克定律；彈性模數

2.5 節中提過，應力－應變圖的開始部分為一直線，即表示對於小變形而言，應力係與應變成正比：

$$\sigma = E\epsilon \tag{2.4}$$

此關係稱為虎克定律，而係數 E 稱為材料之彈性模數。適用於式(2.4)的最大應力，即為材料之比例限度。

針對上述所考慮之材料乃是各向同性者，亦即該等材料性質與方向無關。在 2.5 節中，吾人亦考慮過非各向同性族群材料，亦即彼等性質要視方向而定。這些乃是纖維加勁組合材料，係將強硬、堅固材料埋入微弱、柔軟層面而成(圖 2.71)。吾人亦知悉，這些材料彈性模數不同，要視載重之方向而定。

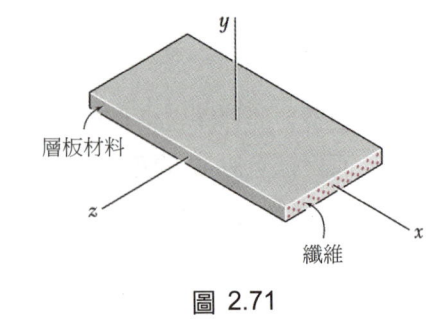

圖 2.71

彈性限度；塑性變形

若試件內由施加一既定載重所引起的應變在載重去除後即消失，此材料即發生彈性變化，而發生這種現象的最大應力稱為材料之彈性限度 [2.6 節]。若超過彈性限度，則在載重被去掉後，應力與應變以一種線性方式減小，且應變並不恢復為零(圖 2.72)，表示材料已經發生永久變形或塑性變形。

圖 2.72

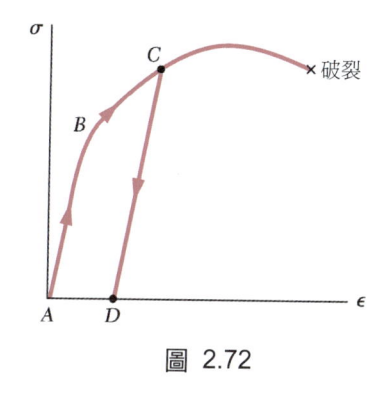

疲勞；耐久限度

2.7 節中討論了疲勞現象，這種現象使結構件或機件經過無數次的重複載重後造成損壞，雖然其應力一直保持在彈性限度以內。標準疲勞試驗是針對任意既定最大應力 σ，而決定造成試件損壞所需要的連續幾次加載與卸載循環數 n，並畫出所得到的 $\sigma - n$ 曲線。即使經過無限多次循環也不會發生損壞的 σ 值，被稱為試驗中所用的材料之耐久限度。

軸向載重下之彈性變形

2.8 節討論了各種機器與結構件在各種軸向載重情況下的彈性變形之決定，吾人知道若長度為 L、均勻斷面積為 A 之桿的兩端承受中心軸向載重 **P** (圖 2.73)，則對應之變形為

$$\delta = \frac{PL}{AE} \tag{2.7}$$

若桿在數處受載重，或由斷面不同的數部分構成，或由不同的材料做成，則桿的變形 δ 必須寫成其各部分的變形之和 [例 2.01]：

$$\delta = \sum_i \frac{P_i L_i}{A_i E_i} \tag{2.8}$$

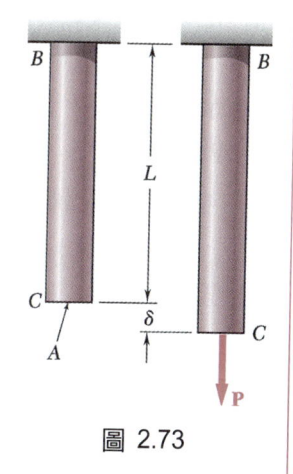

圖 2.73

靜不定問題

2.9 節討論了如何解靜不定問題，即無法只用靜力學決定反作用力與內力之問題。由所考慮的元件之分離體圖導出的平衡方程式，以涉及變形而由問題的幾何形狀所得到的關係式增補。例如，圖 2.74 的桿內及管內之力由觀察其和等於 P，且在桿與管內造成相同變形而求出 [例 2.02]。同理，

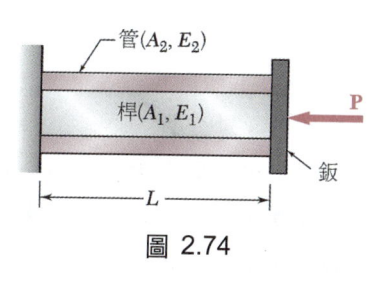

圖 2.74

圖 2.75 中的棒在支持處之反作用力，則無法只由棒的分離體圖而求得 [例 2.03]，但是可以由棒的總伸長量必須等於零而決定。

涉及溫度變化之問題

2.10 節中考慮涉及溫度變化之問題。吾人注意到若長度為 L 之未受拘束桿 AB 的溫度提高 ΔT，則其伸長量為

$$\delta_T = \alpha(\Delta T)L \quad (2.21)$$

其中 α 為材料之熱膨脹係數。另外也注意到被稱為熱應變之對應應變為

$$\epsilon_T = \alpha \Delta T \quad (2.22)$$

且無應力伴隨此應變。不過，若桿被固定支承拘束(圖 2.76)，則在溫度提高時，由於支承處會有反作用力，故桿內即產生應力。為了決定反作用力 P 之大小，故將桿與其 B 處之支承分開(圖 2.77)，而另外考慮桿由於溫度變化而自由膨脹時之變形 δ_T，及使桿恢復原有長度所需要的力 $\mathbf{P}$ 引起之變形 δ_P，以便使桿可以重新附在 B 處之支承。寫出總變形 $\delta = \delta_T + \delta_P$ 等於零，即得到一可以解出 P 之方程式。雖然桿 AB 中的最終應變顯然為零，但是由不同斷面或材料的元件所構成之桿或棒一般則非如此，因為各元件之變形通常不為零 [例 2.06]。

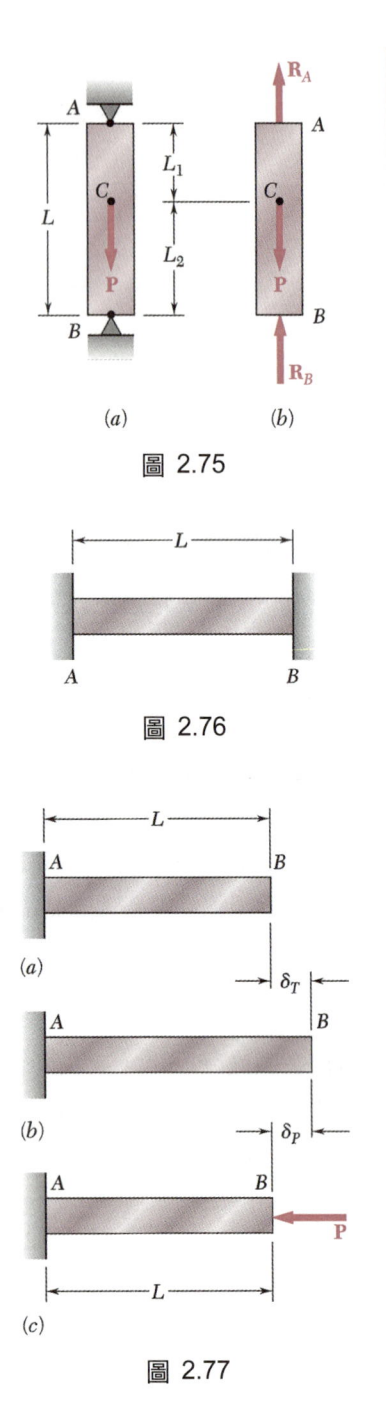

圖 2.75

圖 2.76

圖 2.77

橫向應變；鮑生比

當一軸向載重 $\mathbf{P}$ 作用在一均質細長棒(圖 2.78)時，即會造成應變，且應變不只沿棒之軸線方向，也沿任何橫方向 [2.11 節]。這種應變稱為橫向應變，而橫向應變與軸向應變之比被稱為鮑生比，且以 v 表示，即寫成

第 2 章 應力及應變─軸向載重

$$v = -\frac{\text{側向應變}}{\text{軸向應變}} \quad (2.25)$$

記住棒內之軸向應變為 $\epsilon_x = \sigma_x/E$，故將由 x 方向的軸向載重引起之應變條件寫成

$$\epsilon_x = \frac{\sigma_x}{E} \qquad \epsilon_y = \epsilon_z = -\frac{v\sigma_x}{E} \quad (2.27)$$

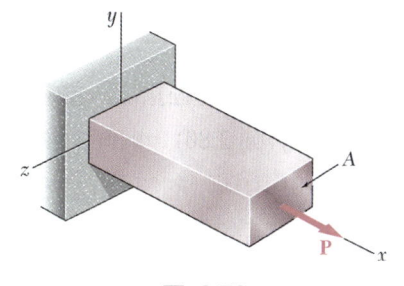

圖 2.78

多軸向載重

2.12 節將以上之結果擴大到多軸向載重，即造成圖 2.79 中所示之應力狀態，而所引起的應變狀態則以下列關係式表示，稱為多軸向載重之廣義虎克定律。

$$\begin{aligned}\epsilon_x &= +\frac{\sigma_x}{E} - \frac{v\sigma_y}{E} - \frac{v\sigma_z}{E} \\ \epsilon_y &= -\frac{v\sigma_x}{E} + \frac{\sigma_y}{E} - \frac{v\sigma_z}{E} \\ \epsilon_z &= -\frac{v\sigma_x}{E} - \frac{v\sigma_y}{E} + \frac{\sigma_z}{E}\end{aligned} \quad (2.28)$$

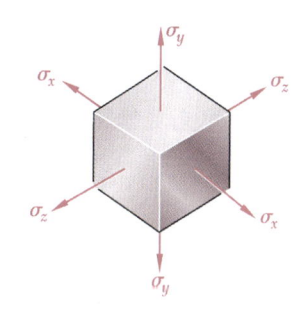

圖 2.79

膨 脹

若一材料微素承受應力 σ_x、σ_y 與 σ_z，則會變形，並造成某些體積變化 [2.13 節]。每單位體積之體積變化稱為材料之膨脹，且以 e 表示，而得下式

$$e = \frac{1-2v}{E}(\sigma_x + \sigma_y + \sigma_z) \quad (2.31)$$

當材料承受一液體靜壓力 p 時，即會有

$$e = -\frac{p}{k} \quad (2.34)$$

體積模數

式中 k 為材料之體積模數

$$k = \frac{E}{3(1-2v)} \quad (2.33)$$

剪應變；剛性模數

第 1 章中曾經指出,材料在最普遍的載重情況下之應力狀態,將涉及剪應力與正交應力(圖 2.80)。剪應力會使正立方體微素變形為斜長方體 [2.14 節]。例如,考慮圖 2.81 中所示的應力 τ_{xy} 與 τ_{yx}(前面已指出兩者大小相等),則會注意到這些力會使其所作用的面形成之夾角增大或減小一小角 γ_{xy}。此夾角係以弧度為單位,而定義出對應於 x 與 y 方向上之剪應變。以類似方式定義剪應變 γ_{yz} 與 γ_{zx},並寫出關係式

$$\tau_{xy} = G\gamma_{xy} \qquad \tau_{yz} = G\gamma_{yz} \qquad \tau_{zx} = G\gamma_{zx} \tag{2.36, 37}$$

這些關係式對於受到剪力限制,且處在比例限度以內之任何均質各向同性材料而言都成立。常數 G 稱為材料的剛性模數,而所得到之關係式則表示出適用於剪應力與應變之虎克定律。這些關係式與式(2.28),形成了一組代表均質各向同性材料在最普遍應力狀態下之廣義虎克定律。

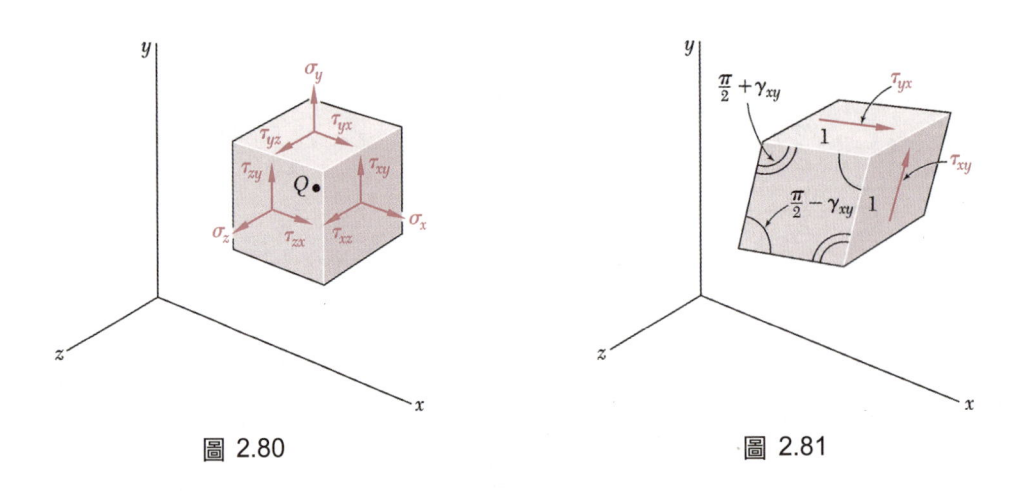

圖 2.80

圖 2.81

2.15 節中指出,作用在細長棒上的軸向載重會在棒的軸向上之材料微素中只產生軸向與橫向正交應變,而在旋轉 45° 的微素上則產生正交應變與剪應變(圖 2.82)。另外吾人也注意到三常數 E、ν 與 G 彼此並非獨立,它們能滿足下列關係式

$$\frac{E}{2G} = 1 + \nu \tag{2.43}$$

此式可以用來決定三常數中的任一個,並以其它兩個常數表示之。

纖維加勁組合材料

纖維加勁組合材料之應力-應變圖已在可供選擇講授(2.16 節)討論。有關這些材料之方程式(2.28)及(2.36, 37)亦已導出,不過,吾人須注意到這些材料需要用到視方向而定之彈性模數、鮑生比以及剛性模數。

2.127 圖示未拉伸時長為 $2l$ 之均質線索 ABC，緊繫於兩支承點，一垂直載重 P 作用在中點 B。用 A 表線索斷面積，E 表彈性模數，試證 $\delta \ll l$ 時，在中點之撓度是

$$\delta = l\sqrt[3]{\frac{P}{AE}}$$

2.128 圖示一黃銅鈑 AB 固定在支承點 A，B 端放置在粗糙平面上。已知 B 端支承處與鈑件間的摩擦係數是 0.60，試求發生滑動時的溫度降低值。

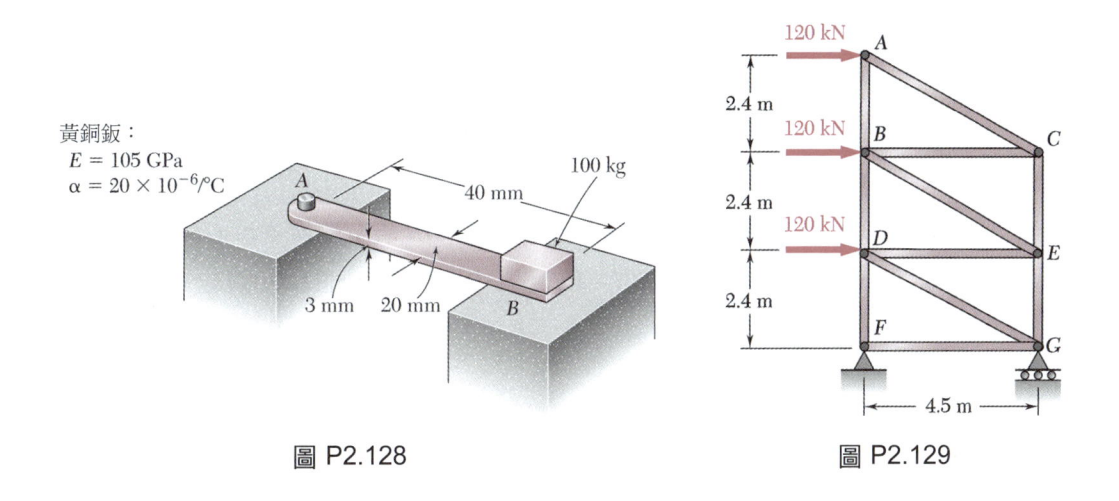

圖 P2.128

圖 P2.129

2.129 圖示一鋼桁架($E = 200$ GPa)及載重。已知構件 BD 及 DE 之斷面積分別是 1250 mm² 及 1875 mm²。試求該構件之變形。

2.130 圖示一長 250 mm，矩形斷面為 150×30 mm 的橫楨，包含兩層 5 mm 厚的鋁鈑，中間為 5 mm 厚的黃銅鈑。如果在中心位置施加一外力 $P = 30$ kN，已知 $E_a = 70$ GPa，$E_b = 105$ GPa，試求 (a) 鋁鈑的正交應力，(b) 銅鈑的正交應力。

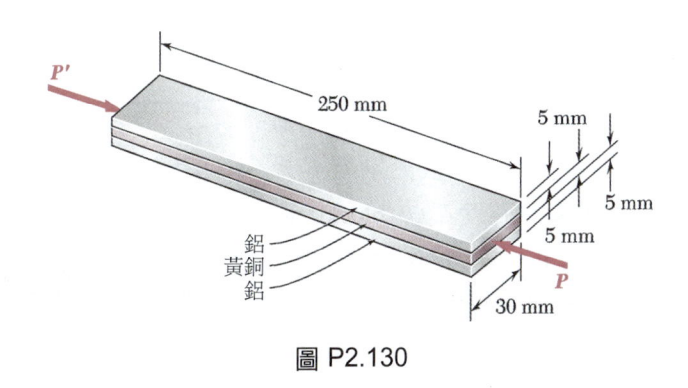

圖 P2.130

材料力學
Mechanics of Materials

2.131 圖示黃銅殼($\alpha_b=20.9\times10^{-6}/°C$)內緊密黏貼一鋼心($\alpha_s=11.7\times10^{-6}/°C$)。如果鋼心中之應力不得超過 55 MPa，試求溫度最多容許升高量。

2.132 一用於氣體膨脹結構之織件，承受雙軸向載重作用而產生正交應力 $\sigma_x=120$ MPa 及 $\sigma_z=160$ MPa。已知織件性質大約是 $E=87$ GPa 及 $v=0.34$，試求(a) AB 邊，(b) BC 邊，(c) 對角線 AC 之長度變化量。

2.133 如圖所示，一振動隔離包括兩硬橡膠塊，此兩橡膠塊黏附在 AB 鈑及剛性支承。已知 $P=25$ kN 造成 AB 鈑產生撓度 $\delta=1.5$ mm，試求橡膠的剛性係數。

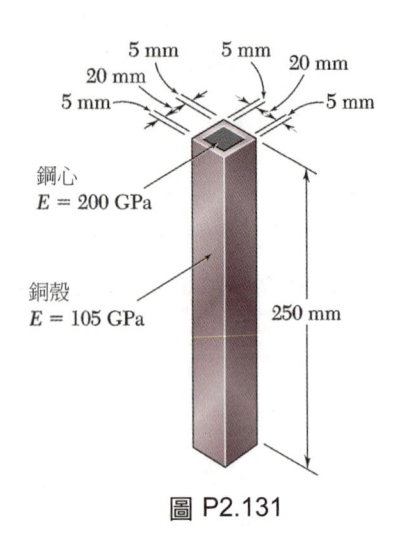

2.134 一振動隔離包括兩硬橡膠塊，此兩膠塊黏附在 AB 鈑及剛性支承 $G=19$ MPa，如圖所示。試求此系統的有效阻尼係數為 $k=P/\delta$，其中，P 為施加於 AB 鈑的外力，δ 為相應之撓度。

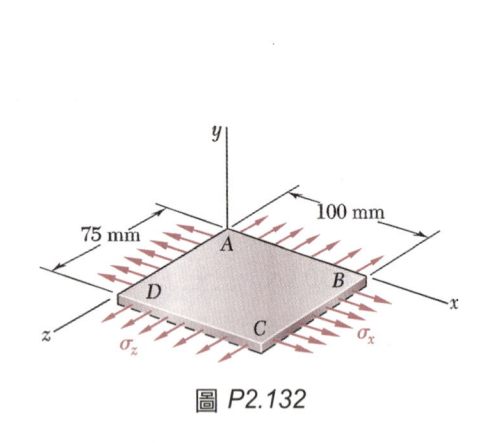

圖 P2.131

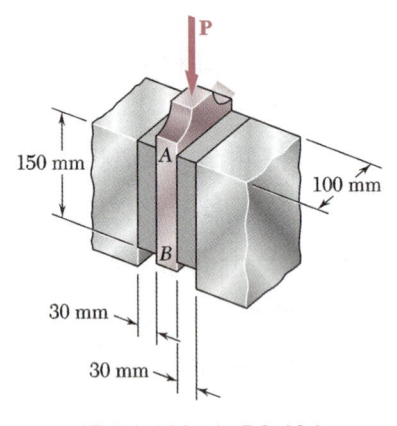

圖 P2.132

圖 P2.133 和 P2.134

2.135 材質均勻的軟鋼桿件 BC 的斷面積為 A，假設具有彈塑性，彈性模數及降伏強度分別為 E 及 σ_y。若希望使用圖示之質量－彈簧系統(block-and-spring)模擬緩慢施加軸向力 **P**，以及移除的過程中，桿件中 C 點和 C' 點的撓度對所有的 P 值都一樣。方塊與水平表面之間的摩擦係數為 μ，試導出(a)方塊所需要的質量 m，(b)彈簧常數 k。

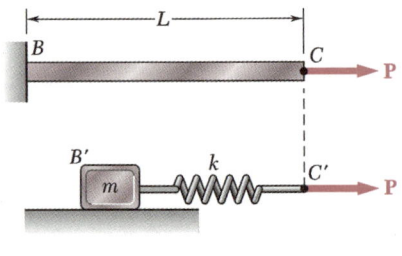

圖 P2.135

CHAPTER 3

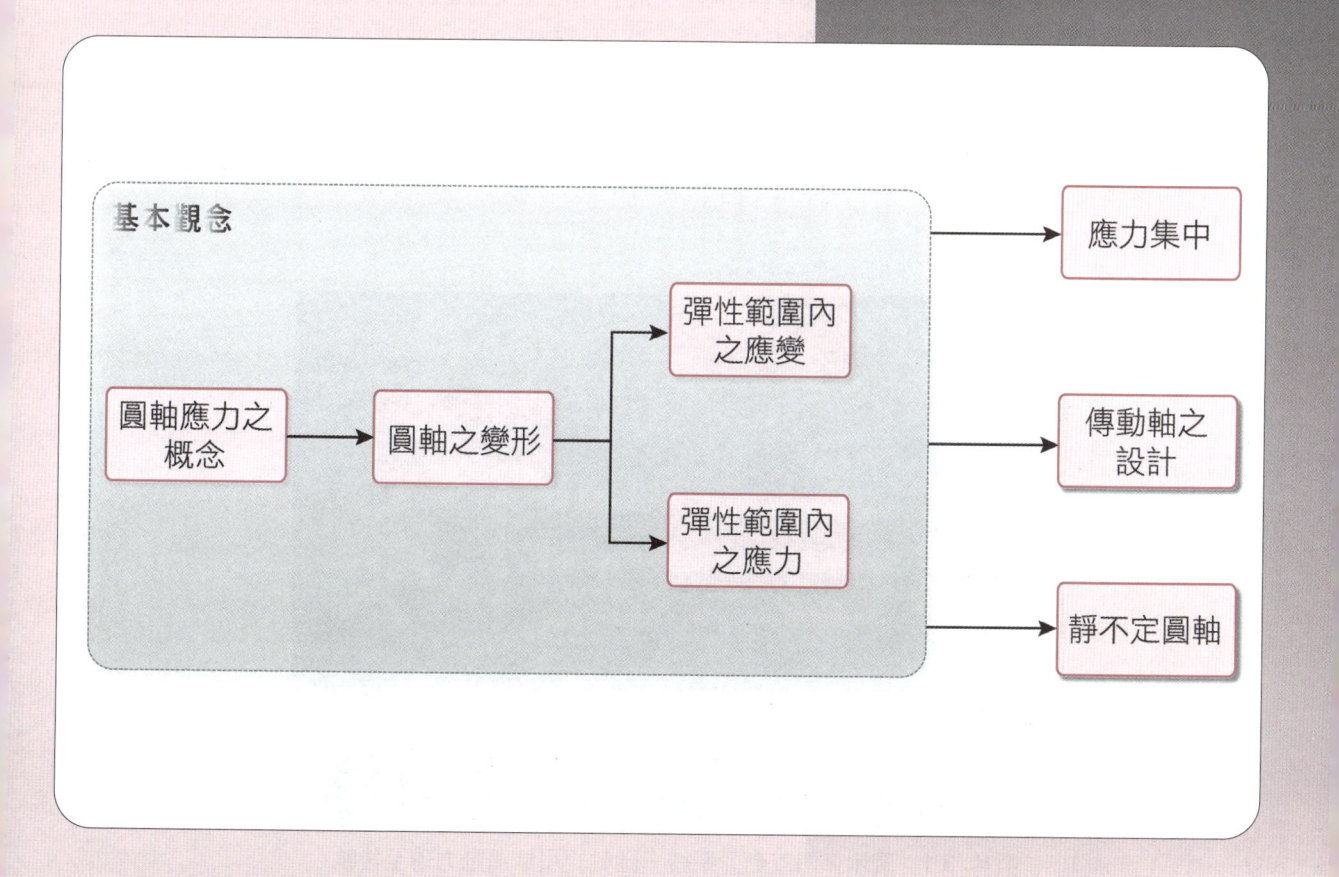

扭 轉

基本觀念

圓軸應力之概念 → 圓軸之變形 → 彈性範圍內之應變
　　　　　　　　　　　　　　↘ 彈性範圍內之應力

→ 應力集中

→ 傳動軸之設計

→ 靜不定圓軸

材料力學
Mechanics of Materials

3.1 概　述

在前兩章中，我們討論了承載軸向載重結構構件中之應力及應變；所謂軸向載重即是力作用方向沿構件之軸。在本章中，吾人將考究承載**扭轉**(torsion)之構件。更具體地說，將分析承受扭轉力偶或**扭矩**(torque) **T** 及 **T′** 作用之圓形斷面構件中的應力及應變(圖 3.1)。這些力偶(couple)之大小相同，但指向(sense)相反。它們是向量(vector)，故可用圖 3.1a 所示彎曲箭矢或用圖 3.1b 所示力偶向量來表出。

圖 3.1　承載扭轉之圓軸

在很多工程應用中都會碰到受扭轉之構件。最普通之應用乃是作為**傳動軸**(transmission shaft)，使用此軸可將動力從一點傳至另一點，例如，照片 3.1 所示係從引擎傳至汽車之後輪。這些圓軸可能是如圖 3.1 所示實心者，亦可能是中空者。

例如，考究一由輪機 A、發電機 B 及作連接用之傳動軸 AB 等組成之系統(圖 3.2a)，將此系統分成三部分(圖 3.2b)，即可發現輪機對傳動軸施加一扭轉力偶或扭矩 **T**，傳動

照片 3.1　圖示係汽車動力系統，圓軸經引擎將動力傳至後輪

圖 3.2 傳動軸

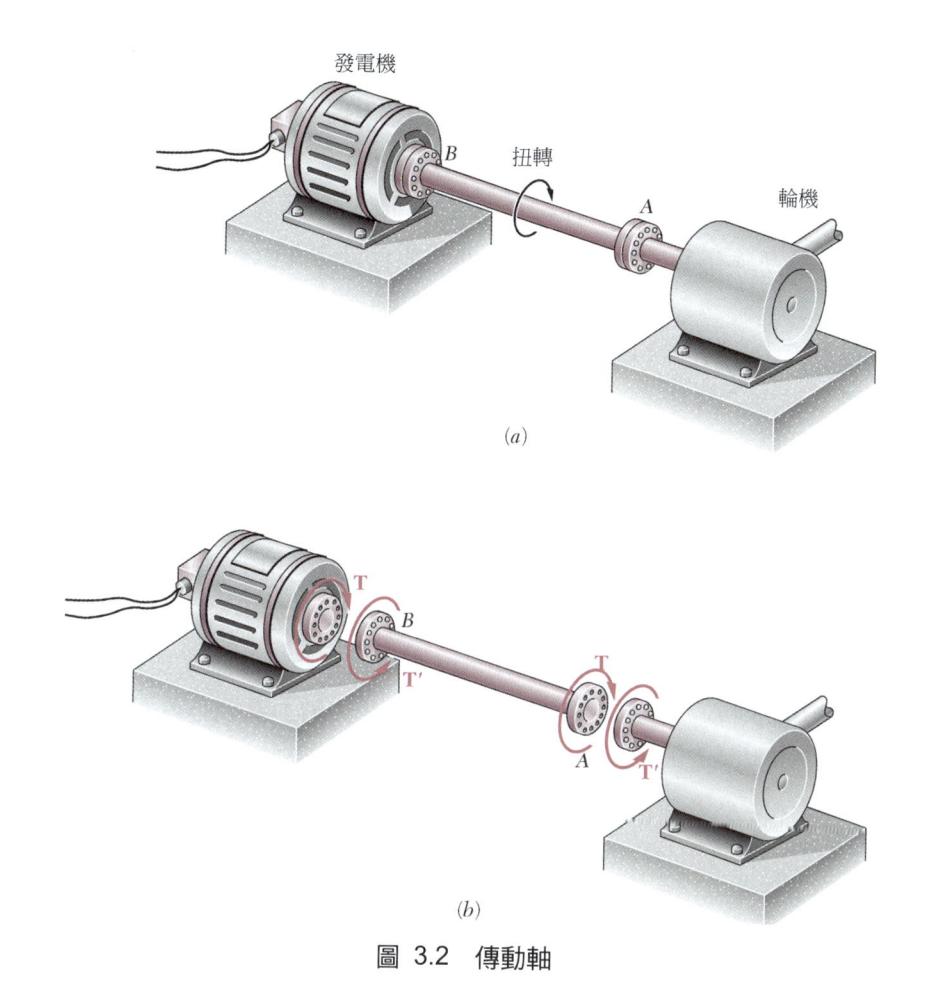

軸則將一相等扭矩作用於發電機上。發電機之反作用力即對傳動軸施加一大小相等，方向相反之 **T′**，而傳動軸又對輪機施加一扭矩 **T′**。

本章將先分析發生在圓軸內之應力與變形。3.3 節將說明圓軸的一種重要性質：當圓軸受到扭轉時，每一斷面都保持平面狀而未被扭曲。換言之，雖然各個斷面沿不同的角度旋轉，但是每一斷面卻有如一剛性平板般旋轉。這種性質可以用來決定圓軸內之剪應變分佈，並推斷剪應變對始於軸心之距離作線性變動。

考慮彈性範圍內之變形，並針對剪應力與應變利用虎克定律，則可以決定圓軸內之剪應力分佈，並導出彈性扭轉公式 [3.4 節]。

3.5 節將再度假設彈性變形而討論如何決定一承受既定扭矩時之圓軸的**扭轉角** (angle of twist)。3.6 節將討論如何求解涉及**靜不定軸** (statically indeterminate shafts) 之問題。

3.7 節將討論**傳動軸設計** (design of transmission shafts) 以及根據軸之轉速及需傳遞之功率而決定軸的必要物理特性。

扭轉公式不能用來決定施加載重力偶的斷面附近之應力，也無法決定位於軸的直徑有突然改變的斷面附近之應力。此外，這些公式只能在材料的彈性範圍內應用。

3.8 節將考慮圓軸內的應力集中(stress concentration)，此乃由圓軸直徑發生突然變化所致。而 3.9 到 3.11 節則討論以延性材料做成的圓軸在超過其材料降伏點之後的應力與變形，並指出永久塑性變形(plastic deformations)與殘留應力(residual stresses)將會由這種載重情況而發生。

本章最後幾節中，將討論非圓形構件(noncircular members)之扭轉 [3.12 節]，並分析薄壁中空非圓形軸內之應力分佈 [3.13 節]。

3.2 圓軸應力之初步討論

考究在 A 及 B 承受大小相等但方向相反扭矩 **T** 及 **T′** 作用之圓軸 AB 時，先在任一點 C 處切取一與圓軸之軸垂直的斷面(圖 3.3)。圓軸 BC 部分之分離體圖必須包含有與圓軸半徑垂直之原剪力(elementary shearing force) $d\mathbf{F}$，此力乃當圓軸受扭轉時，AC 部分作用於 BC 上之力(圖 3.4a)。但 BC 之平衡條件要求此等原剪力系統必須與內扭矩 **T** 相當，且與 **T′** 大小相等，方向相反(圖 3.4b)。用 ρ 表力 $d\mathbf{F}$ 至圓軸之軸的垂直距離，即得剪力 $d\mathbf{F}$ 對圓軸的力矩和，大小等於扭矩 **T**，故可寫成

$$\int \rho \, dF = T$$

或者因 $dF = \tau \, dA$，此處 τ 表作用於面積 dA 微素上的剪應力。這樣可將上式改寫成

$$\int \rho \, (\tau \, dA) = T \tag{3.1}$$

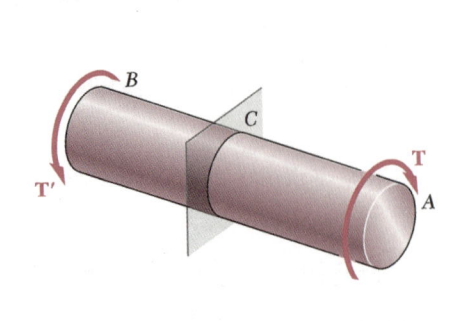

圖 3.3　承載扭矩之圓軸

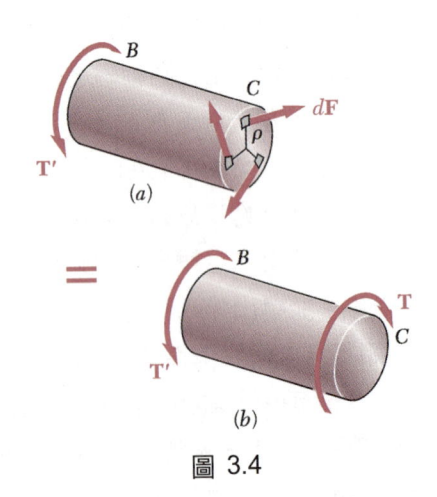

圖 3.4

雖然上式表明了一軸任意已知斷面上的剪應力所必須滿足的重要條件，但它並未說明斷面上的應力是如何分佈的。吾人在 1.5 節中已知悉，在某一載重下之應力實際分佈乃是靜不定；亦即是此一分佈不能用靜力學方法求得。不過根據 1.5 節中之假定，由軸向中心載重所產生之正交應力乃是均勻分佈，其後(2.17 節)吾人發現此一假定除了在集中載重鄰近處之外，是正確的。但如對彈性圓軸中之剪應力分佈作類似假定，將屬錯誤。在未對軸內所產生的變形作出分析之前，吾人將不對軸內的應力分佈作出任何判斷。在下一節即將對此作出討論。

對於此點尚可作更深之觀察。吾人已在 1.12 節指出，剪力不能僅在一平面中發生。考究圖 3.5 所示圓軸之一很小微素時，吾人知悉作用於圓軸上之扭矩，在與圓軸之軸線垂直之平面上產生剪應力 τ，但根據 1.12 節中所討論之平衡條件要求可知，必有一相等之剪力存在於包含圓軸之軸線的兩平面所形成之面上。在扭轉中發生的實際剪應力，可用圖 3.6a 所示，以分離的條板釘於圓盤兩端所構成的「軸」來加以說明。如在兩相鄰條板上漆上記號，在「軸」兩端受大小相等且方向相反之扭矩作用時，即可發現條板互相滑動之情況(圖 3.6b)。事實上，滑動不會在均質及黏性材料所製圓軸中發生，但此一滑動趨向是存在的，同時，亦示出在縱斷面以及與圓軸軸線垂直之平面中都會產生應力。†

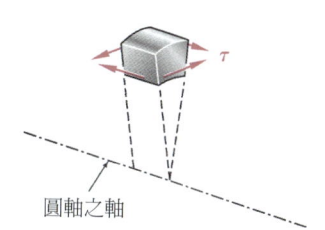

圖 3.5　圓軸之一很小微素

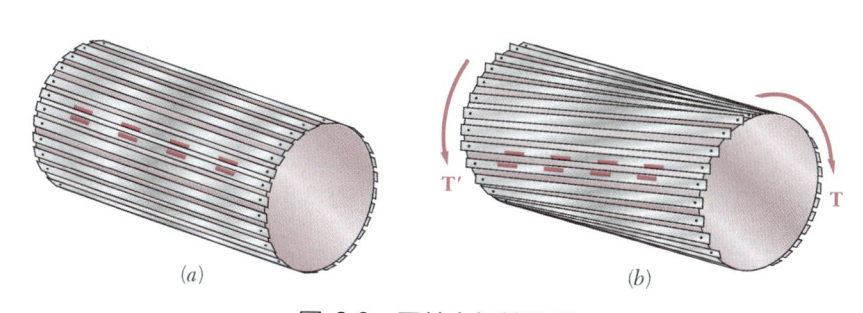

圖 3.6　圓軸之扭轉模型

3.3　圓軸之變形

考究一端與固定支承相接之圓軸(圖 3.7a)。如果對另一端施加一扭矩 **T**，此圓軸將會扭轉，其自由端即經扭轉而轉了一角 ϕ，ϕ 角稱為**扭轉角** (the angle of twist) (圖 3.7b)。由觀察得悉，T 值在某一範圍內，扭轉角 ϕ 與 T 成比例。該圖示出 ϕ 亦與圓軸長度成正

† 扭轉一沿縱向切開的硬紙管，也可發現其縱斷面上有剪應力的存在。

比。換言之，兩圓軸由同一材料製造，具相同斷面，但一個長度卻是另一之兩倍；在受同一扭矩 T 作用時所形成之扭轉角，長的亦為短的兩倍。吾人分析目的之一乃是要求得 ϕ、L 及 T 間所存在之關係，另一目的乃是要求出剪應力在圓軸中之分佈，這是無法在上節中僅根據靜力學而求得的。

現在吾人應注意到圓軸的一個重要性質：當一圓軸受扭轉作用時，**每一斷面仍保持為平面且未受扭曲**(undistorted)。換言之，在各斷面沿軸的不同角度旋轉時，每一斷面仍似一實心剛性板轉動。這個可用表示受扭轉作用之橡皮模型所生變形情況之圖 3.8a 來作闡釋。吾人現在討論之性質是圓軸的特性，不管是實心或是中空者。但是，此一性質不適用於非圓形斷面之構件。例如，當一方形斷面板件受扭轉作用時，它的各斷面即要翹曲(warp)，不再保持為平面(圖 3.8b)。

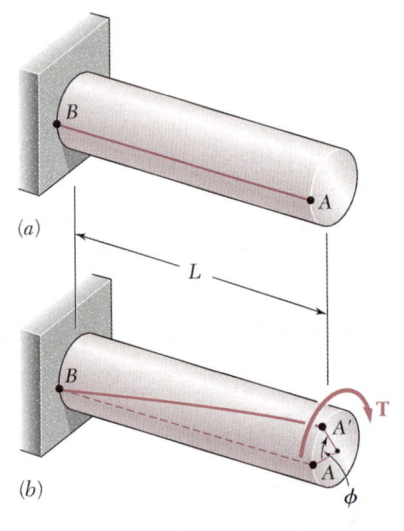

圖 3.7 固定支承的圓軸

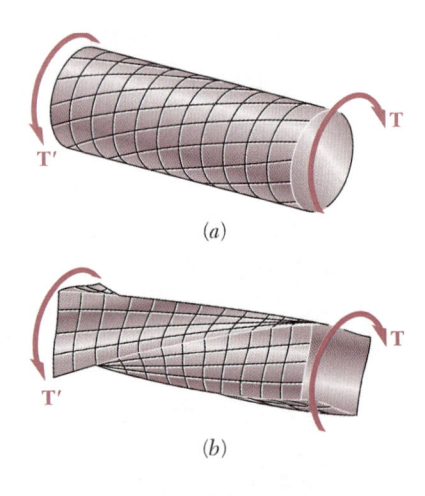

圖 3.8 圓軸與方軸之變形的比較

使得圓軸平面保持平面及不畸變之事實乃是由於圓軸是**軸對稱**(axisymmetric)所造成，亦即，當吾人從任一固定位置觀看，該圓軸繞其軸轉動一任意角度時，它的外形保持相同(而方桿只有在轉動 90° 或 180° 時，方能保有其同一外形)。下面將應用圓軸是軸對稱之性質，在理論上證明它的斷面保持為平面及不畸變。

考究位在圓軸某一斷面圓周上之 C 及 D 點時，令 C' 及 D' 表圓軸扭轉後 C 及 D 之新位置(圖 3.9a)。圓軸及載重之軸對稱性使得原為 D 轉向 C，現則為 D' 轉向 C'。是以 C' 及 D' 必須位在同一圓周上，且 $C'D'$ 弧必等於 CD 弧(圖 3.9b)。現將檢驗 C' 及 D' 所在之圓上是否與原來之圓不同。吾人首先假定 C' 及 D' 位在不同之圓上，新圓位在原來圓之左側如圖 3.9b 所示。因圓軸所有之斷面皆承受同一內扭矩 T 作用，故對任何其它斷面而言，亦應在同一圓上。一觀測者從圓軸 A 端觀望時，就會發現載重使得任一畫在圓

圖 3.9　承載扭轉之圓軸

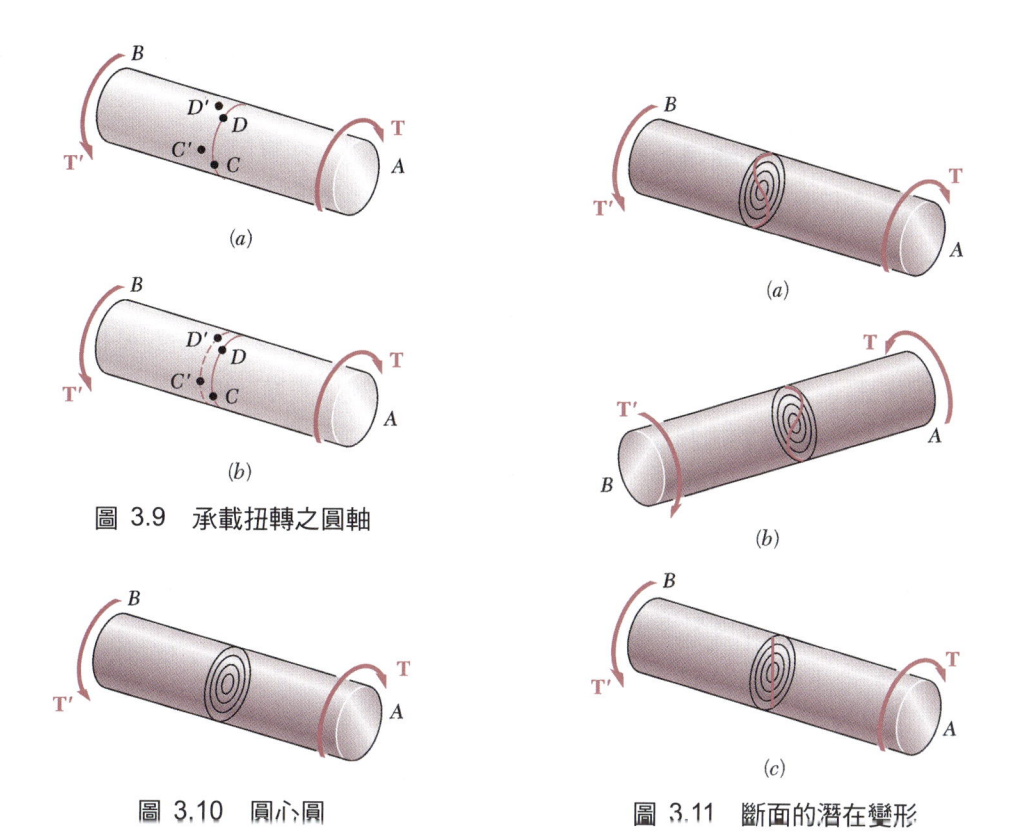

圖 3.10　圓心圓

圖 3.11　斷面的潛在變形

軸上之圓像是離他遠去，但在 B 點之觀測者看來，卻是相同之載重(前看是順時針力偶，後看卻為反時針力偶)，即得出一與前面相反之結論，他的結論是圓向他移來。此一矛盾證明吾人假定是錯的，故 C' 及 D' 應與 C 及 D 在同一圓上。是以當圓軸扭轉時，原來之圓在其自身平面中旋轉。因同一原理可適用於位在同一考究斷面中之任何較小且同心之圓，故吾人可得整個斷面乃保持為平面之結論(圖 3.10)。

上述討論並不排除圖 3.10 所示各同心圓在圓軸扭轉時的旋轉角度不同之可能性。但如真是這樣，則一斷面之某一直徑，將扭變成為一曲線，看起來就像圖 3.11a 所示。一觀測者從 A 看此曲線得知，圓軸外層扭變得比內層更厲害，但觀測者再從 B 看之，卻得出相反之結論(圖 3.11b)。此項不一致使得吾人深信一定斷面中之任何直徑皆保持為直線(圖 3.11c)。是以一圓軸之任何斷面皆保持平面及不發生畸變。

討論至此，從未言及扭轉力偶 T 及 T′ 之作用模式。如果圓軸從一端至另一端之所有斷面都要保持為平面及不畸變，吾人必須保證力偶作用方式必應使圓軸兩端本身保持平面及不畸變。將力偶 T 及 T′ 施加在與圓軸端面固接之剛性鈑上(圖 3.12a)，即可以完成上舉。只有這樣，吾人才能斷言當施加載重時，所有斷面皆保持平面及不畸變，而整個圓軸的變形均為一致。圖 3.12a 示出的所有等間距之圓，將與彼等鄰圓相對轉動同樣

133

大小，且在同一圖中，圖示之每一直線將轉變成一曲線(螺旋線)，與各圓成等角相交(圖3.12b)。

本節以及下節所作的推導，都以假定剛性端鈑為基礎。在實用方面所碰到之載重情況，可能與圖 3.12 所示有很大差別。圖 3.12 的主要好處是有助於吾人準確地定義並解出扭轉問題，正如 2.17 節所述之剛性端鈑模型使吾人能導出軸向載重的定義，並能輕而易舉地解決載向載重問題一樣。依據聖衛南原理，可將根據理想化模型所得結果擴展應用至大多數工程問題，但必須注意，吾人所得到的這些結果與圖 3.12 所示的特殊模型相關。

現將研析長度為 L，已扭轉一角 ϕ 後，半徑為 c 之圓軸的剪應變分佈(圖 3.13a)。從圓軸中分離出一半徑為 ρ 之圓柱，考慮載重施加前一由兩鄰圓及圓柱表面上兩相鄰直線所形成之小微方塊(圖 3.13b)。當圓軸受一扭轉載重作用時，微方塊變形成為菱形(圖 3.13c)。依 2.14 節所述，在一定微素中之剪應變 γ 乃是該一微素各邊所夾角度之變化。因為由定出微素之兩邊的圓保持不變，故剪應變 γ 必須等於 AB 及 $A'B$ 線間之夾角。根據前述，γ 之單位是用弧度來表示。

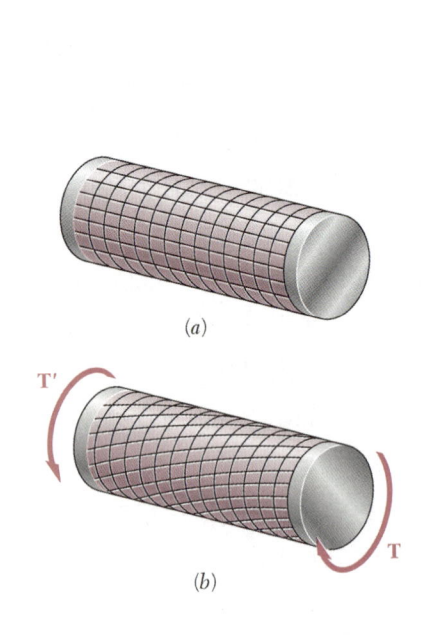

圖 3.12　承載扭轉力偶之圓軸的變形

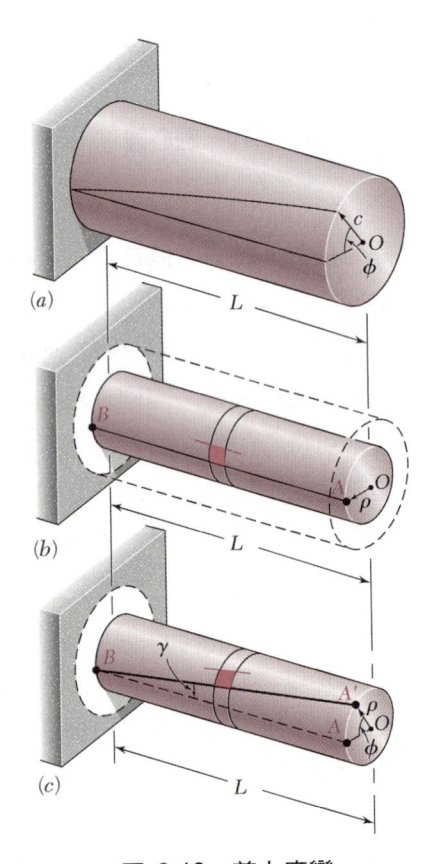

圖 3.13　剪力應變

從圖 3.13c 看出，對 γ 之值很小的剪應變而言，可將弧長 AA' 表示為 $AA'=L\gamma$。但就另方面而言，則有 $AA'=\rho\phi$。由前述得 $L\gamma=\rho\phi$ 或

$$\gamma = \frac{\rho\phi}{L} \tag{3.2}$$

式中 γ 及 φ 之單位皆為弧度。正如吾人預期，此一方程式示出，受扭轉作用的圓軸之某一點之剪應變 γ 乃與扭轉角成正比。它亦示出 γ 與圓軸之軸至該點的距離 ρ 成正比。換言之，圓軸中任一點之剪應變乃與其距圓軸之軸的距離成線性變化。

由式(3.2)可知，剪應變在 $\rho=c$，即在圓軸表面上為最大。故

$$\gamma_{\max} = \frac{c\phi}{L} \tag{3.3}$$

從式(3.2)及(3.3)消去 φ，吾人即可將距圓軸之軸線距離為 ρ 之剪應變表出為

$$\gamma = \frac{\rho}{c}\gamma_{\max} \tag{3.4}$$

3.4　彈性範圍內之應力

在受扭轉圓軸之討論中，至此尚未導出一特殊之應力－應變關係。吾人現在將考究當扭矩 **T** 作用時，圓軸中之所有剪應力皆保持在降伏強度 τ_Y 下的情況。吾人從第 2 章知悉，為了實用起見，這就意味著圓軸中之應力應保持在比例限度以下，亦應保持在彈性限度以下。是以虎克定理將能應用，且無永久變形產生。

根據 2.14 節所述剪應力及應變之虎克定理，得

$$\tau = G\gamma \tag{3.5}$$

式中 G 表材料之剛性模數或剪力模數。在式(3.4)兩端乘以 G，則得

$$G\gamma = \frac{\rho}{c}G\gamma_{\max}$$

應用式(3.5)，得

$$\tau = \frac{\rho}{c}\tau_{\max} \tag{3.6}$$

上式示出，在圓軸任一部分中，只要不要超過降伏強度(或比例限度)，圓軸中之剪應力與其至圓軸之軸線的距離 ρ 成線性變化。圖 3.14a 示出半徑為 c 之實心圓軸中的應力分佈，圖 3.14b 示出一內半徑為 c_1，外半徑為 c_2 之中空圓軸的應力分佈。從式(3.6)，吾人

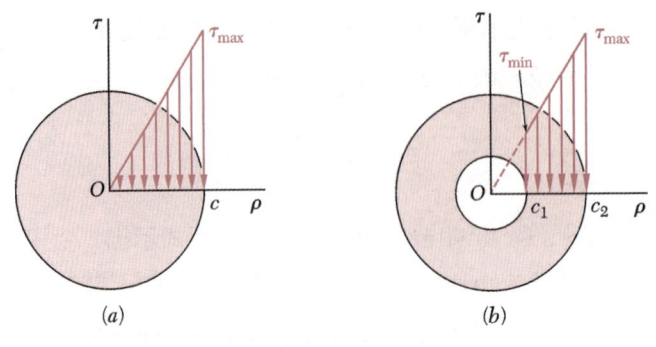

圖 3.14 剪應力分佈

可求得後一情況

$$\tau_{\min} = \frac{c_1}{c_2} \tau_{\max} \tag{3.7}$$

現來回想 3.2 節所述，作用在圓軸任一斷面上之原力力矩之和必須等於作用在圓軸上之扭矩大小 T：

$$\int \rho (\tau \, dA) = T \tag{3.1}$$

將式(3.6)中之 τ 代入式(3.1)，得

$$T = \int \rho \tau \, dA = \frac{\tau_{\max}}{c} \int \rho^2 \, dA$$

但上式之最後積分項目是斷面對其中心 O 之極慣性矩(polar moment of inertia) J。因此得

$$T = \frac{\tau_{\max} J}{c} \tag{3.8}$$

或可改寫

$$\tau_{\max} = \frac{Tc}{J} \tag{3.9}$$

將式(3.9)中之 $\tau_{\max}$ 代入式(3.6)，吾人即得表出在距圓軸之軸線任一距離為 ρ 處之剪應力的式子是

$$\tau = \frac{T\rho}{J} \tag{3.10}$$

式(3.9)及(3.10)稱為彈性扭轉公式(elastic torsion formula)。吾人從靜力學知悉，半徑為 c 之圓的極慣性矩是 $J = \frac{1}{2}\pi c^4$。但就內半徑為 c_1，外半徑為 c_2 之中空圓軸而言，其極慣性

矩是

$$J=\frac{1}{2}\pi c_2^4-\frac{1}{2}\pi c_1^4=\frac{1}{2}\pi(c_2^4-c_1^4) \tag{3.11}$$

應注意，T 之單位是 N·m，c 或 ρ 之單位是 m，J 則是 m^4，所得剪應力之單位則為 N/m^2，即是帕斯噶(Pa)。

例 3.01

一中空鋼圓軸之長為 1.5 m，內徑及外徑分別等於 40 及 60 mm(圖 3.15)。(a)如果剪應力不超過 120 MPa，試問可以施加在此圓軸上之最大扭矩為多少？(b)圓軸中之最小相應剪應力值是多少？

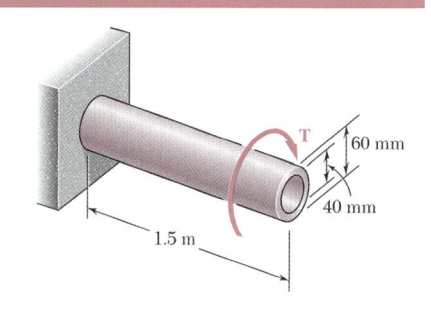

圖 3.15

解：

(a)最大容許扭矩

施加在圓軸上之最大扭矩 **T** 作用時，其 $\tau_{max}=120$ MPa。因為此值小於鋼之降伏強度，故可應用式(3.9)求 T，解此方程式得

$$T=\frac{J\tau_{max}}{c} \tag{3.12}$$

應用式(3.11)可得圓斷面之極慣性矩 J，由已知 $c_1=\frac{1}{2}(40\text{ mm})=0.02$ m，及 $c_2=\frac{1}{2}(60\text{ mm})=0.03$ m，故得

$$J=\frac{1}{2}\pi(c_2^4-c_1^4)=\frac{1}{2}\pi(0.03^4-0.02^4)=1.021\times10^{-6}\text{ m}^4$$

將 J 及 τ_{max} 值代入式(3.12)，並令 $c=c_2=0.03$ m，得

$$T=\frac{J\tau_{max}}{c}=\frac{(1.021\times10^{-6}\text{ m}^4)(120\times10^6\text{ Pa})}{0.03\text{ m}}=4.08\text{ kN}\cdot\text{m}$$

(b)最小剪應力

剪應力之最小值發生在圓軸之內表面。因式(3.7)表示 τ_{min} 及 τ_{max} 分別與 c_1 及 c_2 成比例，故應用

$$\tau_{min}=\frac{c_1}{c_2}\tau_{max}=\frac{0.02\text{ m}}{0.03\text{ m}}(120\text{ MPa})=80\text{ MPa}$$

扭轉公式(3.9)及(3.10)乃經由考究端點受扭矩作用之均勻斷面圓軸而導出。然而該等公式亦可用於有不同斷面之圓軸，或用於扭矩非在其端點作用之圓軸(圖 3.16a)。圓軸某一斷面 S 中之剪應力分佈亦可應用式(3.9)求得，式中 J 表該一斷面之極慣性矩，T 表該一斷面中之內扭矩(internal torque)。畫出圓軸在斷面一側部分之分離體圖(圖 3.16b)，再使作用於該部分之扭矩和等於零，即可求得 T 值。注意，上述扭矩和應包含有內扭矩 **T** (參見範例 3.1)。

直到此刻，吾人所作圓軸應力之分析，只限於剪應力。這是因為選用微素之方向，其表面不是與圓軸之軸線平行，就是與其垂直(圖 3.5)。從較早之討論(1.11 及 1.12 節)中知悉，正交應力、剪應力或兩者之組合，在同一載重條件下皆可發生，端視所選用微素之方向而定。考慮位在受扭轉作用圓軸表面上之兩微素 a 及 b(圖 3.17)。因為微素 a 之各面分別與圓軸之軸線平行並垂直，故作用於微素 a 上之僅有應力乃是用公式(3.9)定出之剪應力，即 $\tau_{max}=Tc/J$。在另一方面，微素 b 之各面與圓軸之軸成任意角，是以將會受到正交及剪應力之組合作用。

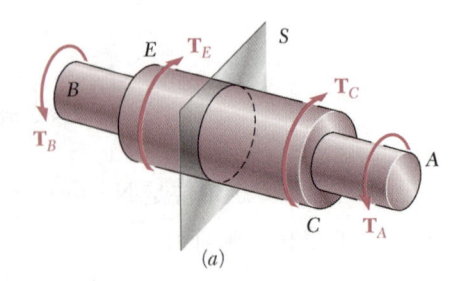

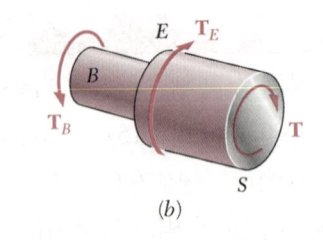

圖 3.16 具有不均勻斷面的圓軸

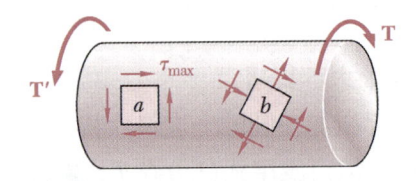

圖 3.17 圓軸上不同方向的兩微素

吾人再考究微素 c(未示出)與圓軸之軸線成 45° 之特殊情況。為了能求得作用在此一微素各面上之應力，吾人將考究圖 3.18 所示兩三角形微素，以及畫出它們之分離體圖。就圖 3.18a 之微素而言，吾人能知悉作用在 BC 及 BD 面上之應力乃是剪應力 $\tau_{max}=Tc/J$。與其相應剪力大小乃 $\tau_{max}A_0$，此處 A_0 為表面之面積。由圖可看出，兩剪力沿 DC 之分力，乃是相等大小但方向相反者，故得作用在 DC 上之力 **F** 必與其表面垂直之結論。此力是拉力，其大小是

$$F=2(\tau_{max}A_0)\cos 45°=\tau_{max}A_0\sqrt{2} \qquad (3.13)$$

使力 F 被 DC 表面積 A 除，即可求得其相對應力。由圖可看出 $A=A_0\sqrt{2}$，故

$$\sigma=\frac{F}{A}=\frac{\tau_{max}A_0\sqrt{2}}{A_0\sqrt{2}}=\tau_{max} \qquad (3.14)$$

對圖 3.18b 所示微素作一類似分析，即可求得作用在 BE 面之應力是 $\sigma=-\tau_{max}$。吾人可求得作用在與圓軸軸線成 45° 之微素 c 的各面之應力，是以圖 3.19 中所示微素 a 是受純剪

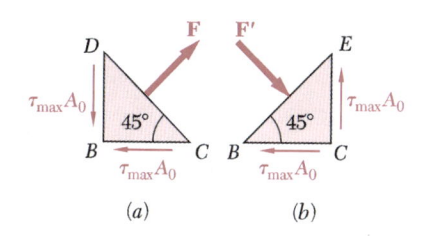

圖 3.18 外力作用於圓軸軸線成 45°之平面的情形

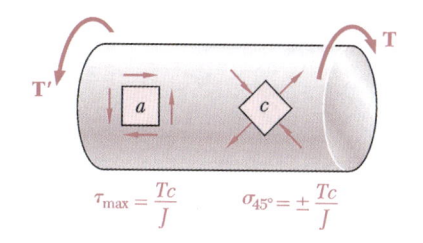

圖 3.19 圓軸上承受純剪應力或純正交應力的微素

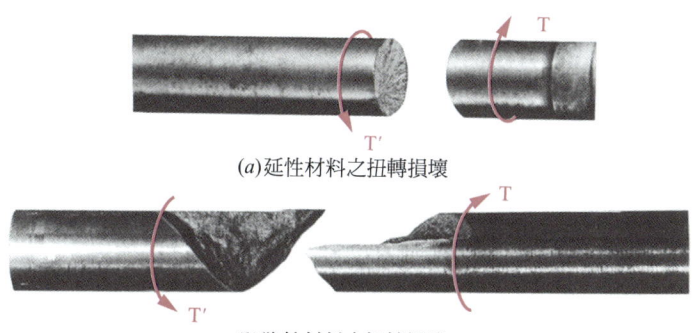

(pure shear)作用，在同一圖中之微素 c，在其兩表面上是受拉應力作用，而在另兩面上則受壓應力作用。吾人亦應注意到，所有之應力皆具有同樣大小，即 Tc/J。†

吾人已在 2.3 節知悉，延性材料一般皆因剪力而損壞。因此當承受扭轉時，用延性材料做成之試體，將會沿一與其縱軸垂直之平面斷裂(照片 3.2a)。在另一方面，脆性材料之抗拉力較弱，而抗剪力較強，是以用脆性材料做成之試體，在受扭轉作用時，沿著與最大拉力方向成垂直之平面斷裂，亦即是沿一與試體縱軸成 45° 角之平面斷裂(照片 3.2b)。

照片 3.2 承載扭轉之圓軸的剪力損壞

範例 3.1

圓軸 BC 是中空者，其內徑及外徑分別是 90 mm 及 120 mm。圓軸 AB 及 CD 是實心，其直徑為 d。對於圖示載重，試求(a)圓軸 BC 中之最大及最小剪應力，(b)如 AB 及 CD 軸中之容許剪應力是 65 MPa，圓軸 AB 及之直徑 d 為多少？

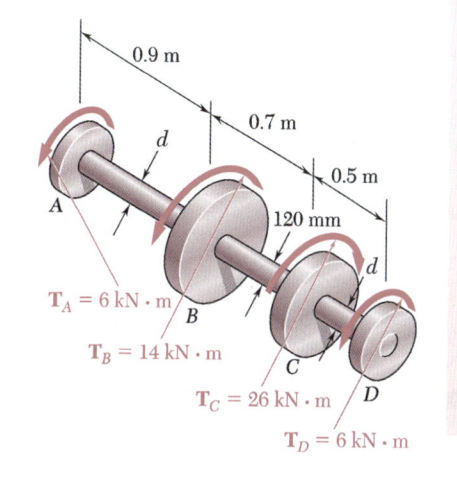

$T_A = 6$ kN·m
$T_B = 14$ kN·m
$T_C = 26$ kN·m
$T_D = 6$ kN·m

† 作用在任意方向微素上之應力，如圖 3.18 中之微素 b 者，將在第 7 章中討論。

解：

靜力方程式

用 $\mathbf{T}_{AB}$ 表圓軸 AB 中之扭矩，在圓軸 AB 上取一斷面，其分離體如圖示

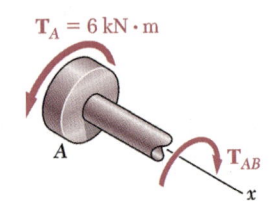

$\Sigma M_x = 0：\quad (6 \text{ kN} \cdot \text{m}) - T_{AB} = 0 \quad T_{AB} = 6 \text{ kN} \cdot \text{m}$

吾人再於圓軸 BC 上取一斷面，其分離體如圖示，則得

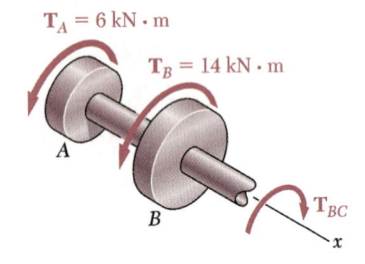

$\Sigma M_x = 0：\quad (6 \text{ kN} \cdot \text{m}) + (14 \text{ kN} \cdot \text{m}) - T_{BC} = 0$

$T_{BC} = 20 \text{ kN} \cdot \text{m}$

a. 圓軸 BC

因其為一中空圓軸，故

$$J = \frac{\pi}{2}(c_2^4 - c_1^4) = \frac{\pi}{2}[(0.060)^4 - (0.045)^4]$$
$$= 13.92 \times 10^{-6} \text{ m}^4$$

最大剪應力 外表面

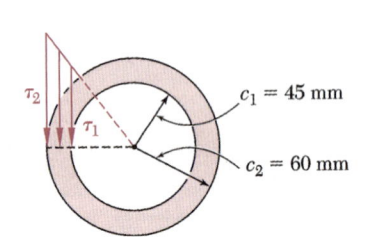

$$\tau_{\max} = \tau_2 = \frac{T_{BC} c_2}{J} = \frac{(20 \text{ kN} \cdot \text{m})(0.060 \text{ m})}{13.92 \times 10^{-6} \text{ m}^4}$$

$$\tau_{\max} = 86.2 \text{ MPa} \blacktriangleleft$$

最小剪應力 因剪應力是與其至圓軸之軸的距離成正比，故

$$\frac{\tau_{\min}}{\tau_{\max}} = \frac{c_1}{c_2} \quad \frac{\tau_{\min}}{86.2 \text{ MPa}} = \frac{45 \text{ mm}}{60 \text{ mm}}$$

$$\tau_{\min} = 64.7 \text{ MPa} \blacktriangleleft$$

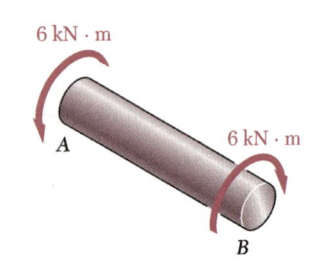

b. **圓軸 AB 及 CD**

已知兩圓軸中之扭矩大小是 $T=6$ kN·m，$\tau_{all}=65$ MPa。用 c 表圓軸之半徑，則得

$$\tau = \frac{Tc}{J} \qquad 65 \text{ MPa} = \frac{(6 \text{ kN}\cdot\text{m})c}{\frac{\pi}{2}c^4}$$

$$c^3 = 58.8 \times 10^{-6} \text{ m}^3 \qquad c = 38.9 \times 10^{-3} \text{ m}$$

$$d = 2c = 2(38.9 \text{ mm}) \qquad\qquad d = 77.8 \text{ mm} \blacktriangleleft$$

範例 3.2

連接馬達及一發電機所用大圓軸之初步設計。要使用一內徑及外徑分別為 100 mm 及 150 mm 之中空圓軸。已知容許剪應力是 84 MPa，試求下述三種情況可以傳送之最大扭矩：(a)依上述設計之圓軸，(b)用一同重之實心圓軸，(c)用同重之中空圓軸，但外徑改為 200 mm。

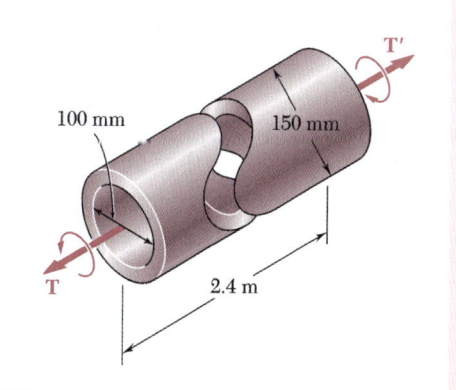

解：

a. **依題意設計之中空圓軸**

中空圓軸之

$$J = \frac{\pi}{2}(c_2^4 - c_1^4) = \frac{\pi}{2}[(75 \text{ mm})^4 - (50 \text{ mm})^4]$$
$$= 39.88 \times 10^6 \text{ mm}^4$$

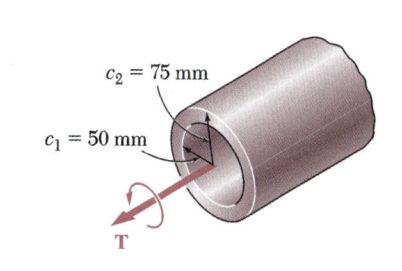

應用式(3.9)，得

$$\tau_{max} = \frac{Tc_2}{J} \qquad 84 \text{ MPa} = \frac{T(75 \text{ mm})}{39.88 \times 10^6 \text{ mm}^4} \qquad T = 44.7 \text{ kN}\cdot\text{m} \blacktriangleleft$$

b. 同重之實心圓軸

對於依題意設計及具有同樣重量和長度之實心圓軸，它們的斷面積必須相等。

$$A_{(a)} = A_{(b)}$$

$$\pi[(75 \text{ mm})^2 - (50 \text{ mm})^2] = \pi c_3^2 \qquad c_3 = 55.9 \text{ mm}$$

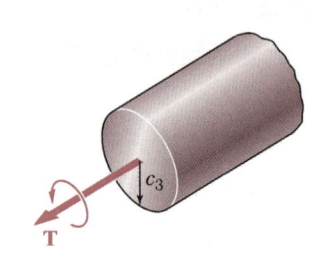

因 $\tau_{all} = 84$ MPa，故

$$\tau_{max} = \frac{Tc_3}{J} \qquad 84 \text{ MPa} = \frac{T(55.9 \text{ mm})}{\frac{\pi}{2}(55.9 \text{ mm})^4} \qquad T = 23.1 \text{ kN} \cdot \text{m} \blacktriangleleft$$

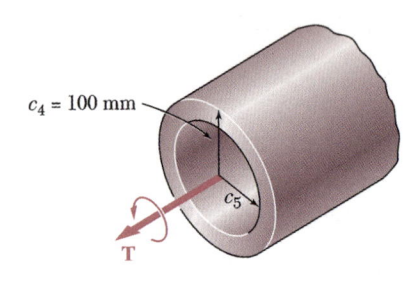

c. 直徑 200 mm 之中空圓軸

因重量相同，故兩者之斷面積必須相等，可求得此中空圓軸之內半徑為

$$A_{(a)} = A_{(c)}$$

$$\pi[(75 \text{ mm})^2 - (50 \text{ mm})^2] = \pi[(100 \text{ mm})^2 - c_5^2] \qquad c_5 = 82.92 \text{ mm}$$

因 $c_5 = 82.92$ mm、$c_4 = 100$ mm，故

$$J = \frac{\pi}{2}[(100 \text{ mm})^4 - (82.92 \text{ mm})^4] = 82.82 \times 10^6 \text{ mm}^4$$

用 $\tau_{all} = 84$ MPa、$c_4 = 100$ mm

$$\tau_{max} = \frac{Tc_4}{J} \qquad 84 \text{ MPa} = \frac{T(100 \text{ mm})}{82.82 \times 10^6 \text{ mm}^4} \qquad T = 69.6 \text{ kN} \cdot \text{m} \blacktriangleleft$$

習 題

3.1 (a)試求 4.6 kN・m 扭矩 **T** 作用在圖示直徑 76 mm 的實心鋁製圓軸的最大剪應力，(b)假定此實心圓軸用一有相同外徑及內徑為 24 mm 中空圓軸取代，在求解 a 部分。

3.2 (a)試求造成圖示中空圓柱狀鋼軸 45 MPa 最大剪應力的扭矩 **T**，(b)假定此中空圓柱狀鋼軸用一斷面積相同的實心圓柱軸取代，試求此一扭距造成的最大剪應力。

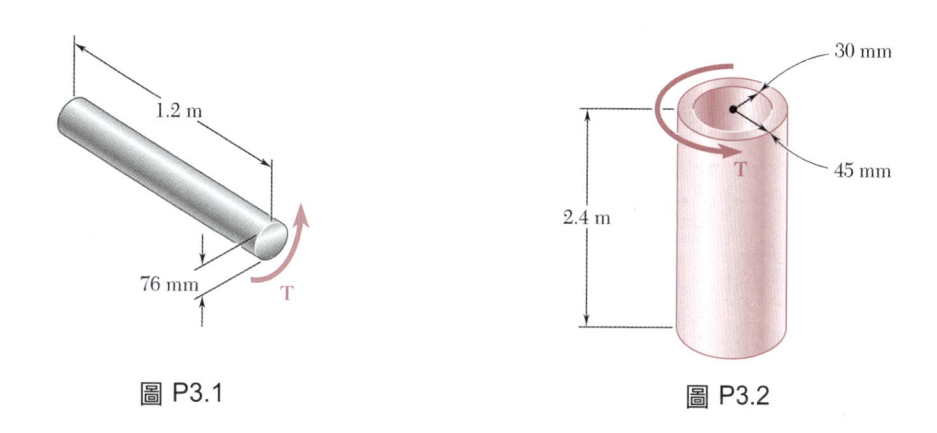

圖 P3.1

圖 P3.2

3.3 已知圖示中空圓軸之內直徑為 $d = 22$ mm，求此圓柱受大小 $T = 900$ N・m 時，作用所產生之極大剪應力。

3.4 已知 $d = 30$ mm，求能在圖示中空圓軸中產生極大剪應力為 52 MPa 之扭矩 **T**。

3.5 (a)圖示一 75 mm 實心圓柱與載重，試求其最大剪應力，(b)圖示一外徑 100 mm 中空圓柱，如果最大剪應力與 a 部分相同，試求此中空圓柱的內徑。

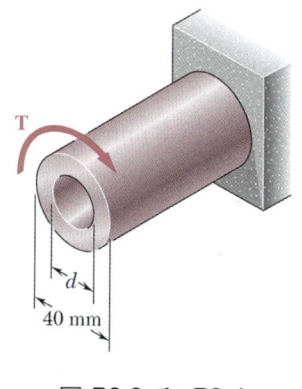

圖 P3.3 和 P3.4

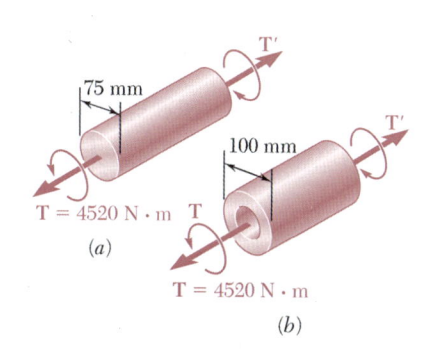

圖 P3.5

3.6 (a)試求能作用在一外徑為 20 mm 的實心圓軸上而不會超過容許剪應力 80 MPa 之扭矩。(b)假定此實心圓軸用一有相同斷面積及內徑為 10 mm 之中空圓軸取代，再求解 a 部分。

3.7 圖示鋼製實心軸 AB，容許剪應力為 84 MPa，黃銅製套筒 CD，容許剪應力為 50 MPa，試求(a)如果不超過套筒 CD 的容許剪應力，可施加於 A 端的最大扭力 **T**，(b)相應實心軸 AB 之直徑 d_s。

3.8 圖示鋼製實心軸 AB 之直徑 d_s 為 38 mm，容許剪應力為 84 MPa，黃銅製套筒 CD，容許剪應力為 50 MPa，試求可施加於 A 端的最大扭力 **T**。

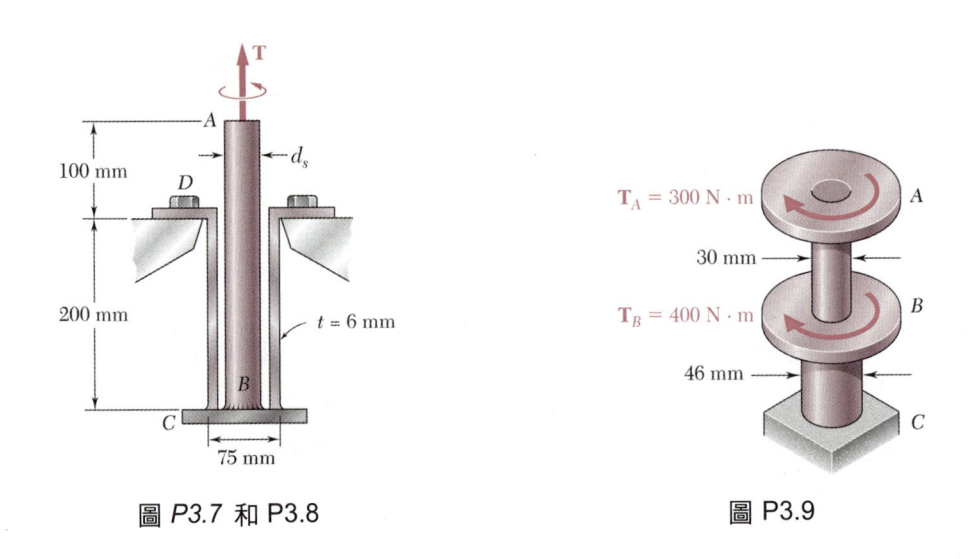

圖 P3.7 和 P3.8

圖 P3.9

3.9 圖示扭矩係作用在滑輪 A 及 B 上。已知兩圓軸皆為實心，求(a)圓軸 AB 內及(b)圓軸 BC 內之最大剪應力。

3.10 為了降低習題 3.9 所述裝置之總質量，另一項新設計乃是考慮將圓軸 BC 之直徑減小。試求欲使此裝置中之剪應力極大值不會增加，圓軸 BC 所需要之最小直徑。

3.11 已知 AB、BC 及 CD 為實心圓軸，求(a)發生最大剪應力之軸，(b)該應力之大小。

3.12 已知圖示系統，在通過圓軸 AB、BC 及 CD 中心鑽一直徑 8 mm 的孔，求(a)發生最大剪應力之軸，(b)該應力之大小。

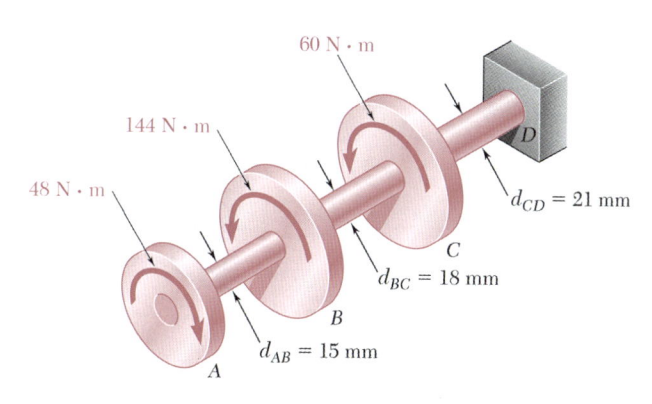

圖 P3.11 和 P3.12

3.13 已知在正常運轉之情況下，電動馬達對圓軸 AB 作用扭矩為 2.8 kN·m。如圖所示，已知每一圓軸皆為實心，求極大剪應力(a)在圓軸 AB 中，(b)在圓軸 BC 中，(c)在圓軸 CD 中。

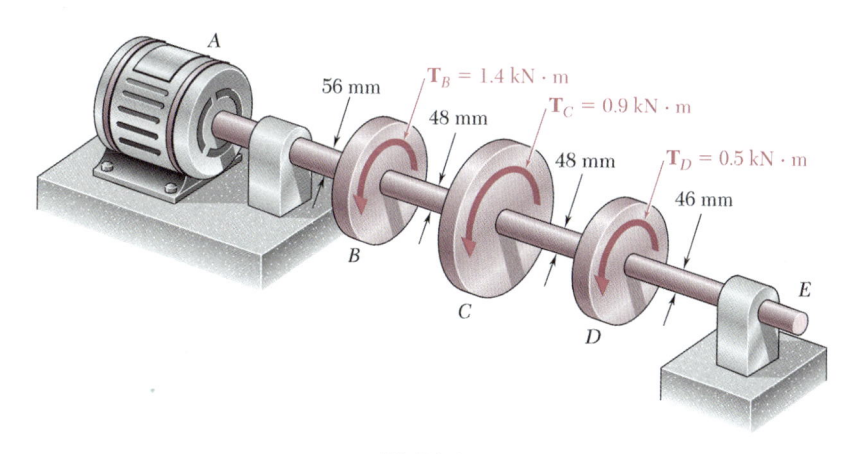

圖 P3.13

3.14 為了降低習題 3.13 所述系統之總質量，另一項新設計乃是考慮將圓軸 BC 之直徑減小。試求欲使此系統中之剪應力極大值不會增加，圓軸 BC 所需要之最小直徑。

3.15 在鋼桿 AB 及黃銅桿 BC 中之容許應力分別是 100 MPa 及 60 MPa。已知施加在 A 之扭矩大小為 T=900 N·m，求(a)桿 AB，(b)桿 BC 之需用直徑。

3.16 圖示構件 ABC 中，鋼桿 AB 直徑是 36 mm，容許應力是 100 MPa，黃銅桿 BC 直徑是 40 mm，容許應力是 60 MPa，不計應力集中效應，求可以施加在 A 之最大扭矩。

圖 P3.15 和 P3.16

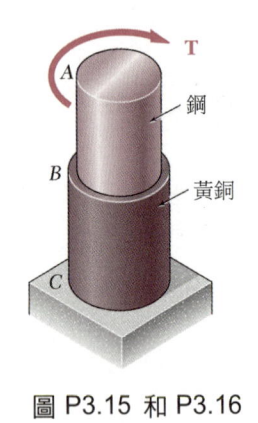

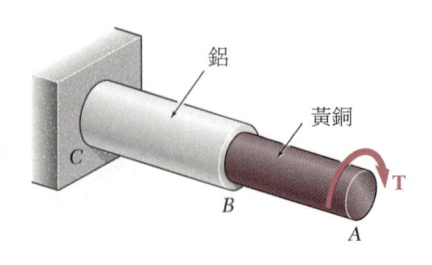

圖 P3.17 和 P3.18

3.17 在黃銅桿件 AB 及鋁桿件 BC 之容許剪應力分別是 50 MPa 及 25 MPa。已知施加在 A 之扭矩大小 $T=1250$ N·m，求 (a) 桿件 AB，(b) 桿件 BC 所需之直徑。

3.18 圖示實心桿件 BC 之直徑為 30 mm，乃用容許剪應力為 25 MPa 之鋁製造。桿件 AB 係中空，外徑為 25 mm，乃用容許剪應力為 50 MPa 之黃銅製造，求 (a) 欲使每一桿件之安全因數皆相同時，桿件 AB 之最大內徑，(b) 可以施加在 A 之最大扭矩。

3.19 實心圓桿 AB 直徑 $d_{AB}=60$ mm，管 CD 的外徑為 90 mm，管壁厚 6 mm。已知圓桿和管都是鋼製，容許剪應力為 75 MPa，試求可施加於 A 點的最大扭矩。

3.20 鋼製實心圓桿 AB 直徑 $d_{AB}=60$ mm，容許剪應力為 85 MPa。鋁製管 CD 的外徑為 90 mm，管壁厚 6 mm，容許剪應力為 54 MPa。試求可施加於 A 點的最大扭矩。

3.21 兩實心圓軸係用齒輪連接如圖所示，此兩軸皆用容許剪應力為 50 MPa 之鋼造成。已知兩圓軸之直徑分別是 $d_{BC}=40$ mm 及 $d_{EF}=30$ mm，且處於平衡狀態。求可以作用在 C 之最大扭矩 $\mathbf{T}_C$。

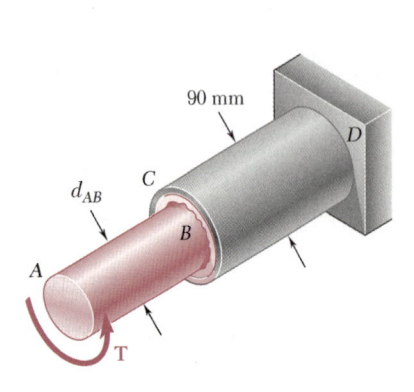

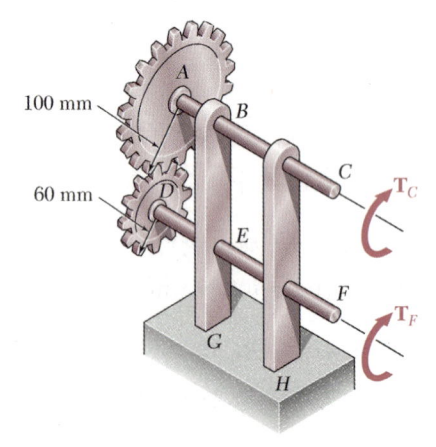

圖 P3.19 和 P3.20

圖 P3.21 和 P3.22

3.22 兩實心圓軸係用齒輪連接如圖所示，此兩圓軸皆用容許剪應力為 60 MPa 之鋼造成。已知作用在 C 之扭矩大小 T_C=600 N·m 時，此一系統處於平衡，求(a)圓軸 BC，(b)圓軸 EF 所需用之直徑。

3.23 兩實心鋼圓軸利用齒輪相接如圖所示，圓軸 AB 承受一扭矩 T=900 N·m。已知容許剪應力為 50 MPa，僅考慮扭轉造成的應力，試求(a)圓軸 AB，(b)圓軸 CD 的直徑。

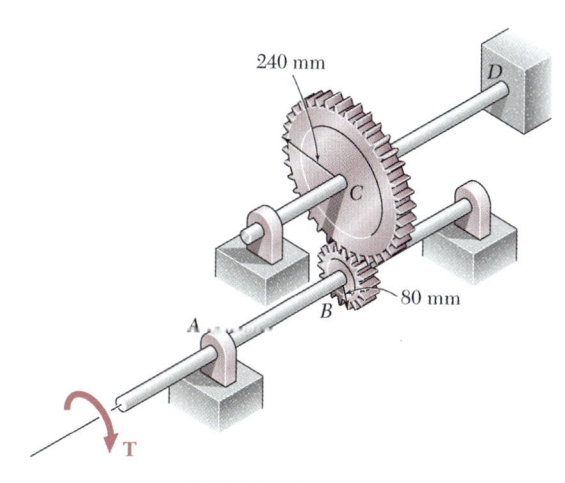

圖 P3.23 和 P3.24

3.24 兩實心鋼圓軸利用齒輪相接如圖所示，圓軸 CD 的直徑為 66 mm，與直徑為 48 mm 的圓軸 AB 連接。已知每個圓軸的容許剪應力為 60 MPa，且僅考慮扭轉造成的應力，試求可施加之最大扭矩 **T**。

3.25 一大小為 T=1000 N·m 之扭矩作用在 D 如圖所示。已知圓軸 AB 及圓軸 CD 之直徑分別是 56 mm 及 42 mm，求(a)圓軸 AB，(b)圓軸 CD 中之極大剪應力。

3.26 一大小為 T=1000 N·m 之扭矩作用在 D 如圖所示。已知每一圓軸中之容許剪應力皆為 60 MPa，求(a)圓軸 AB，(b)圓軸 CD 所需用之直徑。

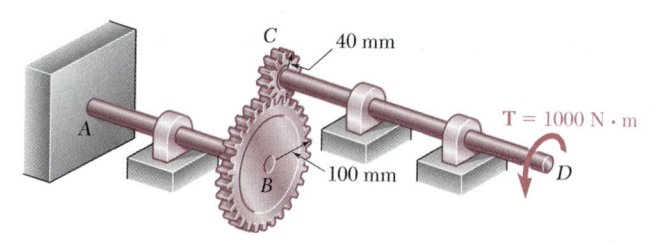

圖 P3.25 和 P3.26

材料力學
Mechanics of Materials

3.27 圖示一扭矩 $T=100$ N·m 施加於齒輪機構之圓桿 AB。已知三個實心圓軸的直徑分別為 $d_{AB}=21$ mm、$d_{CD}=30$ mm 及 $d_{EF}=40$ mm，試求(a)圓軸 AB，(b)圓軸 CD，(c)圓軸 EF 的最大剪應力。

3.28 圖示一扭矩 $T=120$ N·m 施加於齒輪機構之圓桿 AB。已知三個實心圓軸的容許剪應力皆為 75 MPa，試求(a)圓軸 AB，(b)圓軸 CD，(c)圓軸 EF 所需的直徑。

3.29 (a)圖示一中空圓軸，每單位長度重為 w，極大容許扭矩是 T。對於一容許應力為已知時，求此值 T/w。(b)用 $(T/w)_0$ 及 c_1/c_2 表出之中空圓軸比值 T/w。

3.30 一中空圓軸之剪應力的準確分佈如圖 P3.30a 所示，如假定應力是平均分佈在斷面面積 A 上，如圖 3.30b 所示者，即可求得 τ_{max} 之近似值，然後更進一步假定所有初始剪力作用在距 O 點任一距離之某點，此點距 O 之距離等於斷面之平均半徑 $r_m = \frac{1}{2}(c_1+c_2)$。近似值是 $\tau_0 = T/Ar_m$，此處 T 表作用扭矩。試求在 c_1/c_2 分別等於 1.00、0.95、0.75、0.50 及 0 時，極大剪應力與其近似值 τ_0 之比值 τ_{max}/τ_0。

圖 P3.27 和 P3.28

圖 P3.29

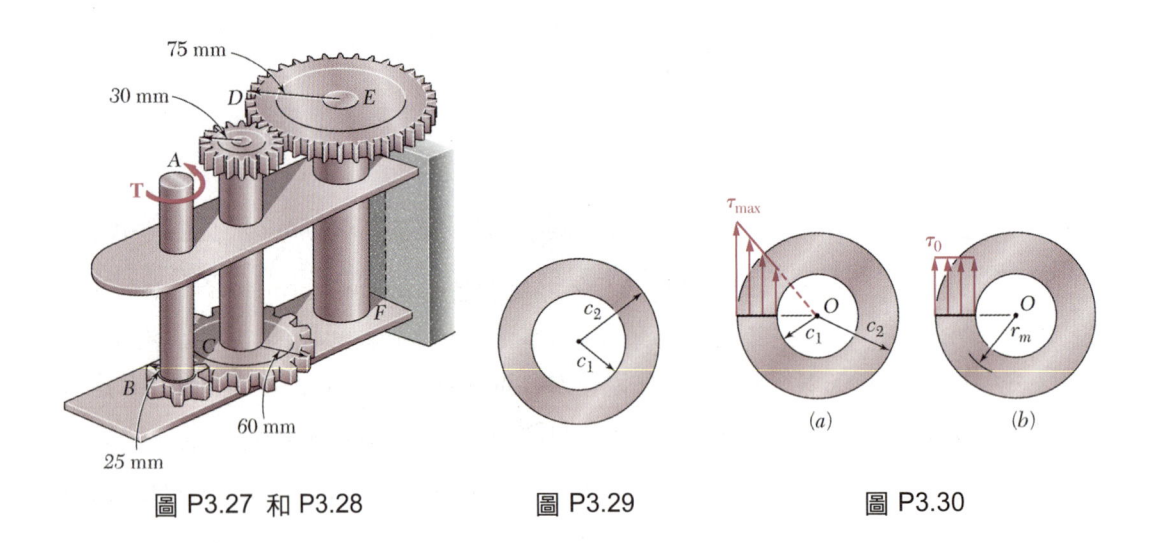

圖 P3.30

3.5 彈性範圍內之扭轉角

本節將導出一圓軸扭轉角 ϕ 與作用在圓軸上之扭矩 **T** 間之關係。整個圓軸假定保持彈性。首先考究一長度為 L，半徑為 c，斷面均勻，在其自由端受扭矩 **T** 作用之圓軸(圖 3.20)。依 3.3 節所述，扭轉角及最大剪應變 γ_{max} 間之關係為

$$\gamma_{max} = \frac{c\phi}{L} \qquad (3.3)$$

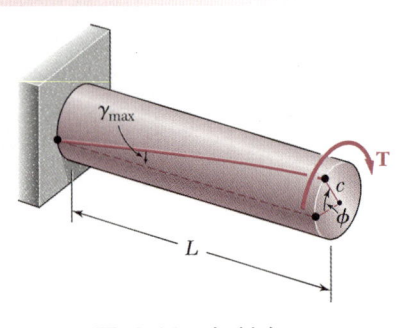

圖 3.20　扭轉角 ϕ

但在彈性範圍內,在圓軸中之任何處之應力均不能超過降伏應力,我們可以應用虎克定理,得到 $\gamma_{max}=\tau_{max}/G$,再依式(3.9)得

$$\gamma_{max}=\frac{\tau_{max}}{G}=\frac{Tc}{JG} \tag{3.15}$$

使式(3.3)及(3.15)中之右手項相等,係解得 ϕ,故得

$$\phi=\frac{TL}{JG} \tag{3.16}$$

式中 ϕ 之單位為弧度。此一關係示出,在彈性範圍內,*扭轉角 ϕ 與施加在圓軸上之扭矩 T 成正比*。此式亦合乎在 3.3 節開始所引證過之實驗證據。

方程式(3.16)給予吾人一個決定某一材料剛性模數之簡便方法。將已知直徑及長度之圓桿形材料試體置入一扭轉試驗機(torsion testing machine)(照片 3.3)中。施加在圓桿試體上之扭矩 T 不斷增加,長 L 試體中之相對扭轉角 ϕ 即被記錄下來。只要沒有超過材料之降伏應力,點繪出 ϕ 對 T 所得之點將成一直線。此直線之斜度表示量 JG/L,依此可算出剛性模數 G。

照片 3.3 扭轉試驗機

例 3.02

若要使例 3.01 所述之圓軸產生 2° 之扭轉角,需在軸的端點施加多大的扭矩?鋼之剛性模數 $G=77$ GPa。

解:

應用式(3.16)可解得

$$T=\frac{JG}{L}\phi$$

將已知值代入

$$G = 77 \times 10^9 \text{ Pa} \qquad L = 1.5 \text{ m}$$

$$\phi = 2° \left(\frac{2\pi \text{ rad}}{360°}\right) = 34.9 \times 10^{-3} \text{ rad}$$

從例 3.01 得知,此圓軸斷面之

$$J = 1.021 \times 10^{-6} \text{ m}^4$$

故得

$$T = \frac{JG}{L} \phi = \frac{(1.021 \times 10^{-6} \text{ m}^4)(77 \times 10^9 \text{ Pa})}{1.5 \text{ m}} (34.9 \times 10^{-3} \text{ rad})$$
$$T = 1.829 \times 10^3 \text{ N} \cdot \text{m} = 1.829 \text{ kN} \cdot \text{m}$$

例 3.03

對例 3.01 及 3.02 所述之中空鋼圓軸,試問需要多大之扭轉角方能使該圓軸內面產生 70 MPa 之剪應力?

解:

解此問題之方法首先要應用式(3.10),求出與已知 τ 值相對之扭矩 T,再應用式(3.16)計算與 T 值相對之扭轉角 ϕ。

然而亦可應用更直接之解法。根據虎克定理,首先計算在圓軸內面所生之剪應變

$$\gamma_{\min} = \frac{\tau_{\min}}{G} = \frac{70 \times 10^6 \text{ Pa}}{77 \times 10^9 \text{ Pa}} = 909 \times 10^{-6}$$

根據式(3.2)所示,可用 γ 及 ϕ 表出圖 3.13c 中弧長 AA',故得

$$\phi = \frac{L\gamma_{\min}}{c_1} = \frac{1500 \text{ mm}}{20 \text{ mm}}(909 \times 10^{-6}) = 68.2 \times 10^{-3} \text{ rad}$$

為了以角度表出扭轉角,可換為

$$\phi = (68.2 \times 10^{-3} \text{ rad})\left(\frac{360°}{2\pi \text{ rad}}\right) = 3.91°$$

僅在圓軸為均質(G 為常數)，有均勻斷面，且只在其兩端承載載重時，求扭轉角之公式(3.16)方能應用。如果圓軸是在其它非端點之位置承載扭矩，或如圓軸是由幾個不同斷面組成，或如是由不同材料組成時，吾人必須將其分成幾部分，使每一部分都能滿足應用公式(3.16)時所需之條件。例如，就圖 3.21 所示圓軸 AB 而言，應考慮四個不同部分：即 AC、CD、DE、EB。此圓軸之總扭轉角乃是端點 A 對端點 B 所轉之角度，求總扭轉角時，須先求出每一部分之扭轉角，然後代數相加即得。今用 T_i、L_i、J_i 及 G_i 分別表示圓軸 i 部分之內扭矩、長度、斷面之極慣性矩及剛性模數，則圓軸之總扭轉角為

$$\phi = \sum_i \frac{T_i L_i}{J_i G_i} \tag{3.17}$$

圓軸任一部分之扭矩 T_i 是通過該一部分切取斷面，再畫出位於斷面一側之圓軸該部分之分離體圖而求出。此一方法已在 3.4 節中解說，並用圖 3.16 闡示，亦將在範例 3.3 中應用。

就一具有圓斷面變化，如圖 3.22 所示之圓軸而言，公式(3.16)可應用於一厚度為 dx 之圓盤上。是以由圓盤一表面對另一表面轉動之角為

$$d\phi = \frac{T\,dx}{JG}$$

式中 J 表可以求得之 x 函數，對 x 從 0 至 L 積分，吾人即得圓軸之總扭轉角是

$$\phi = \int_0^L \frac{T\,dx}{JG} \tag{3.18}$$

前已敘述，導出公式(3.16)是用圖 3.20 所示之圓軸，在例 3.02 及 3.03 討論之圓軸乃圖 3.15 所示者，此兩圓軸皆有一端與固定支承相接。是以在每一情況，圓軸扭轉角 ϕ 等於其自由端之轉動角。然而當一圓軸之兩端皆會旋轉時，圓軸之扭轉角等於圓軸一端相對於另一端之轉動角。例如，考究圖 3.23a 所示之組合，由每一長度為 L，半徑為 c，剛性模數為 G，並以齒輪在 C 嚙合之兩彈性圓軸 AD 及 BE 組成。如果有一扭矩 **T** 作用在

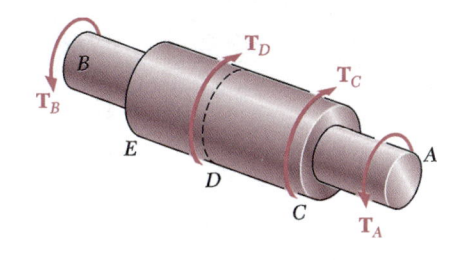

圖 3.21　不同斷面與不同扭矩的圓軸 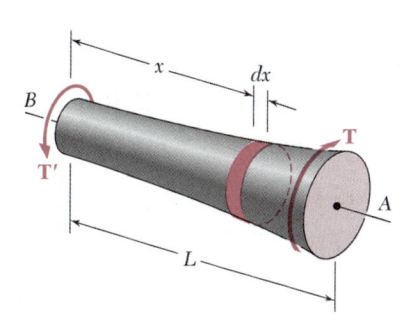　　圖 3.22　具有斷面變化的圓軸

E(圖 3.23b)，兩圓軸皆會扭轉。因圓軸 AD 之端點 D 為固定者，AD 扭轉角乃是端點 A 之轉動角 ϕ_A。在另一方面，因圓軸 BE 兩端皆會轉動，BE 扭轉角等於轉動角 ϕ_B 及 ϕ_E 間之差數；亦即扭轉角等於端點 E 相對於端點 B 之轉動角。用 $\phi_{E/B}$ 表此一相對轉動角，吾人則可寫出

$$\phi_{E/B} = \phi_E - \phi_B = \frac{TL}{JG}$$

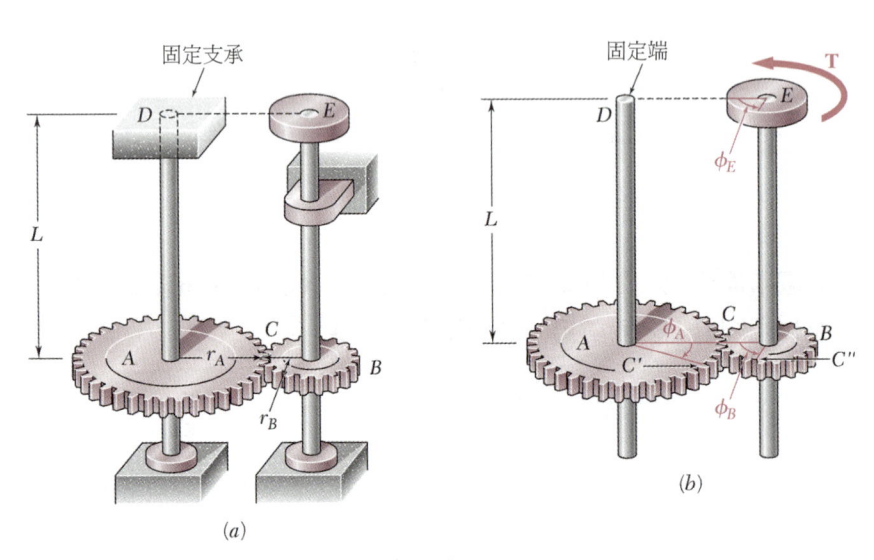

圖 3.23 齒輪組件

例 3.04

對於圖 3.23 所示之組合，已知 $r_A = 2r_B$，試求扭矩 **T** 作用於 E 時，圓軸 BE 端點 E 之轉動角。

解：

首先要決定作用在圓軸 AD 上之扭矩 $\mathbf{T}_{AD}$。吾人知悉有一對大小相等但方向相反之力 **F** 及 **F**′ 在 C 點作用於兩齒輪上(圖 3.24)，且已知 $r_A = 2r_B$，故作用於 AD 圓軸上之扭矩等於作用於圓軸 BE 上之兩倍，亦即 $T_{AD} = 2T$。

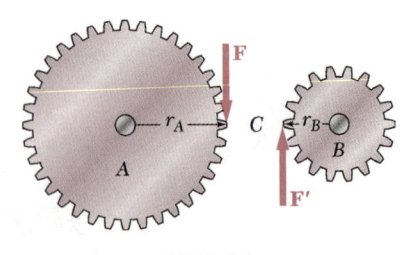

圖 3.24

因圓軸 AD 端點 D 為固定者，故齒輪 A 之轉動角 ϕ_A 等於圓軸之扭轉角，可求出為

$$\phi_A = \frac{T_{AD}L}{JG} = \frac{2TL}{JG}$$

觀察圖 3.23b 中之圓弧 CC' 及 CC''，得知兩者必相等，故得 $r_A\phi_A = r_B\phi_B$，隨之即得

$$\phi_B = (r_A/r_B)\phi_A = 2\phi_A$$

是以得

$$\phi_B = 2\phi_A = \frac{4TL}{JG}$$

現在考慮圓軸 BE，吾人知悉圓軸之扭轉角等於端點 E 相對於端點 B 之轉動角 $\phi_{E/B}$。是以得

$$\phi_{E/B} = \frac{T_{BE}L}{JG} = \frac{TL}{JG}$$

由上述可求得端點 E 之轉動角為

$$\phi_E = \phi_B + \phi_{E/B} = \frac{4TL}{JG} + \frac{TL}{JG} = \frac{5TL}{JG}$$

3.6　靜不定圓軸

　　吾人在 3.4 節知悉，為了能求得一圓軸中之應力，首先必須計算圓軸各部分中之內扭矩。若欲求出這些扭矩，必須先畫出位在某一斷面一側圓軸部分之分離體圖，然後再使作用在該部分上之扭矩和等於零。這樣即可以靜力學求得扭矩。

　　然而有很多單用靜力學原理並不能求得內扭矩的情況。事實上，在這種情況下，外扭矩本身，亦即是由支承或連接件作用於圓軸上之扭矩，亦無法從整個圓軸之分離體圖求得。除了平衡方程式以外，還需要考慮問題的幾何形狀，以求出圓軸的變形。因僅靠靜力學不足以求得外或內扭矩，故此類圓軸稱為*靜不定*。下例以及範例 3.5 將示出，如何去分析靜不定圓軸。

例 3.05

在一長 250 mm、直徑 22 mm 之鋼圓柱中，從其端點 B 鑽挖一長 125 mm、直徑 16 mm 之孔洞，這樣組成了圓軸 AB，如圖 3.25 所示。此圓軸之兩端與固定支承相接。在此圓軸之中央斷面，受一 120 N・m 扭矩作用。試求每一支承作用在圓軸上之扭矩。

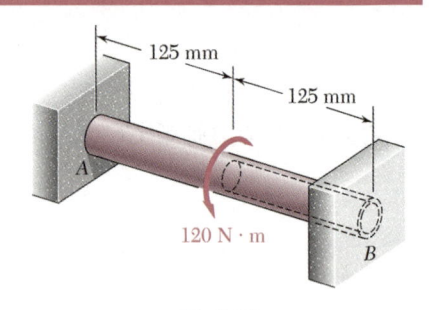

圖 3.25

解：

畫出此圓軸之分離體圖，並用 T_A 及 T_B 表支承所作用之扭矩(圖 3.26a)，由靜力學原理得平衡方程式為

$$T_A + T_B = 120 \text{ N} \cdot \text{m}$$

因只應用此一方程式無法求得兩未知扭矩 T_A 及 T_B，故此圓軸乃屬靜不定。

然而，因圓軸兩端皆受束制，故可得悉圓軸之總扭轉角必等於零，用此關係可以求得 T_A 及 T_B。用 ϕ_1 及 ϕ_2 分別表示 AC 及 CB 部分之扭轉角，即得

$$\phi = \phi_1 + \phi_2 = 0$$

從包含端點 A 的圓軸之一小部分的分離體圖(圖 3.26b)看出，在 AC 中之內扭矩 T_1 等於 T_A；從包含端點 B 的圓軸之一小部分的分離體圖(圖 3.26c)看出，在 CB 中之內扭矩 T_2 等於 T_B。因圓軸 AC 及 CB 部分之扭轉方向相反，故應用式(3.16)時得

$$\phi = \phi_1 + \phi_2 = \frac{T_A L_1}{J_1 G} - \frac{T_B L_2}{J_2 G} = 0$$

解上式得 T_B 為

$$T_B = \frac{L_1 J_2}{L_2 J_1} T_A$$

代入數據

$$L_1 = L_2 = 125 \text{ mm}$$
$$J_1 = \frac{1}{2}\pi (0.011 \text{ m})^4 = 230 \times 10^{-6} \text{ m}^4$$
$$J_2 = \frac{1}{2}\pi [(0.011 \text{ m})^4 - (0.008 \text{ m})^4] = 165.6 \times 10^{-6} \text{ m}^4$$

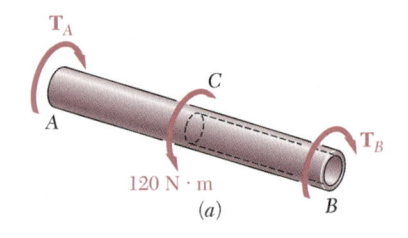

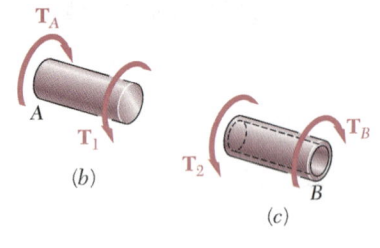

圖 3.26

則得到

$$T_B = 0.72\, T_A$$

將此式代入原有之平衡方程式,而寫出

$$1.72\, T_A = 1.20 \text{ N} \cdot \text{m}$$
$$T_A = 69.8 \text{ N} \cdot \text{m} \qquad T_B = 50.2 \text{ N} \cdot \text{m}$$

範例 3.3

使水平圓軸 AD 與一固定基底在 D 點相接,此圓軸並受扭矩作用如圖所示。在圓軸 CD 部分鑽一直徑為 44 mm 之孔。已知整個圓軸是用 $G = 77$ GPa 之鋼做成,試求在 A 點之扭轉角。

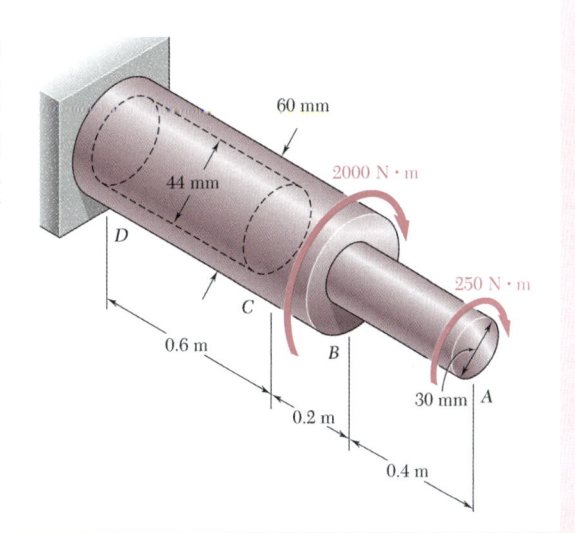

解:

因此圓軸由 AB、BC 及 CD 三部分組成,每一部分之斷面皆為均勻,且受一不變之內扭矩作用,故可應用式(3.17)。

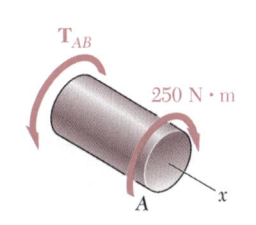

靜力關係

在 A 及 B 間取一斷面,並畫出其分離體圖如圖示,即可求得

$\Sigma M_x = 0$: $\qquad (250 \text{ N} \cdot \text{m}) - T_{AB} = 0 \qquad T_{AB} = 250 \text{ N} \cdot \text{m}$

再於 B 及 C 間取一斷面，畫出分離體圖得

$\Sigma M_x = 0$： $(250 \text{ N} \cdot \text{m}) + (2000 \text{ N} \cdot \text{m}) - T_{BC} = 0$

$T_{BC} = 2250 \text{ N} \cdot \text{m}$

因於 C 點無扭矩作用，故

$$T_{CD} = T_{BC} = 2250 \text{ N} \cdot \text{m}$$

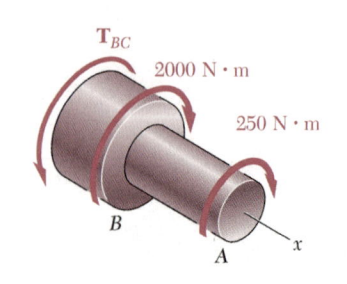

極慣性矩

$J_{AB} = \dfrac{\pi}{2} c^4 = \dfrac{\pi}{2} (0.015 \text{ m})^4 = 0.0795 \times 10^{-6} \text{ m}^4$

$J_{BC} = \dfrac{\pi}{2} c^4 = \dfrac{\pi}{2} (0.030 \text{ m})^4 = 1.272 \times 10^{-6} \text{ m}^4$

$J_{CD} = \dfrac{\pi}{2} (c_2^4 - c_1^4) = \dfrac{\pi}{2} [(0.030 \text{ m})^4 - (0.022 \text{ m})^4]$
$= 0.904 \times 10^{-6} \text{ m}^4$

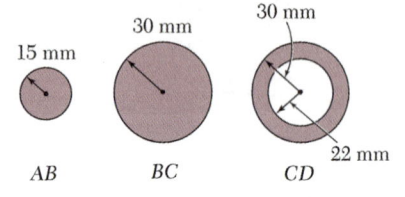

扭轉角

已知整個圓軸之 $G = 77$ GPa，應用式(3.17)得

$\phi_A = \sum\limits_i \dfrac{T_i L_i}{J_i G} = \dfrac{1}{G} \left(\dfrac{T_{AB} L_{AB}}{J_{AB}} + \dfrac{T_{BC} L_{BC}}{J_{BC}} + \dfrac{T_{CD} L_{CD}}{J_{CD}} \right)$

$\phi_A = \dfrac{1}{77 \text{ GPa}} \left[\dfrac{(250 \text{ N} \cdot \text{m})(0.4 \text{ m})}{0.0795 \times 10^{-6} \text{ m}^4} + \dfrac{(2250)(0.2)}{1.272 \times 10^{-6}} + \dfrac{(2250)(0.6)}{0.904 \times 10^{-6}} \right]$

$= 0.01634 + 0.00459 + 0.01939 = 0.0403 \text{ rad}$

$\phi_A = (0.0403 \text{ rad}) \dfrac{360°}{2\pi \text{ rad}}$

$\phi_A = 2.31°$ ◀

範例 3.4

兩實心鋼圓軸用齒輪相接如圖示。已知每一圓軸之 $G=77$ GPa，容許剪應力是 55 MPa，試求(a)可施加在圓軸 AB 端點 A 之最大扭矩 $\mathbf{T}_0$，(b)AB 軸的 A 端對應的旋轉角。

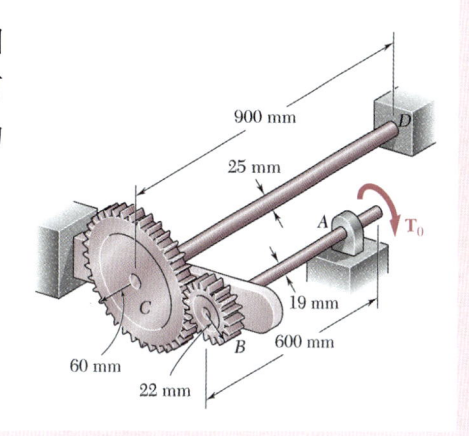

解：

靜力關係

用 F 表示輪齒間之切向力大小，故得

齒輪 B $\Sigma M_B = 0$ ：$F(22 \text{ mm}) - T_0 = 0$
齒輪 C $\Sigma M_C = 0$ ：$F(60 \text{ mm}) - T_{CD} = 0$
$$T_{CD} = 2.73 T_0 \qquad (1)$$

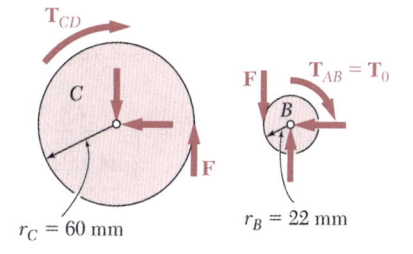

運動學關係

因齒輪周邊運動相等，故得

$$r_B \phi_B = r_C \phi_C \qquad \phi_B = \phi_C \frac{r_C}{r_B} = \phi_C \frac{60 \text{ mm}}{22 \text{ mm}} = 2.73 \phi_C \qquad (2)$$

a. 扭矩 T_0

圓軸 AB 由於 $T_{AB} = T_0$ 而 $c = 9.5$ mm，再加上最大容許剪應力 55 MPa，故寫出

$$\tau = \frac{T_{AB} c}{J} \qquad 55 \text{ MPa} = \frac{T_0 (9.5 \times 10^{-3} \text{ m})}{\frac{1}{2} \pi (9.5 \times 10^{-3} \text{ m})^4}$$

$$T_0 = 74.1 \text{ N} \cdot \text{m} \blacktriangleleft$$

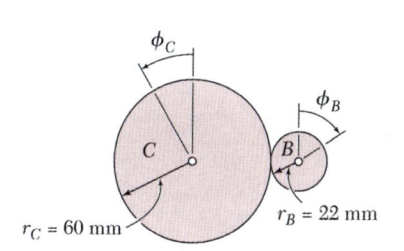

材料力學
Mechanics of Materials

圓軸 CD 由式(1)可以寫出 $T_{CD}=2.73T_0$。由於 $c=12.5$ mm 而 $\tau_{all}=55$ MPa，故寫出

$$\tau=\frac{T_{CD}c}{J} \qquad 55 \text{ MPa}=\frac{2.73T_0(12.5\times 10^{-3}\text{ m})}{\frac{1}{2}\pi(12.5\times 10^{-3}\text{ m})^4} \qquad T_0=61.8 \text{ N}\cdot\text{m} \blacktriangleleft$$

最大容許扭矩

選用求得 T_0 之較小值，即

$$T_0=61.8 \text{ N}\cdot\text{m} \blacktriangleleft$$

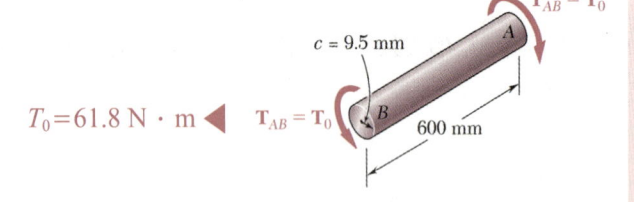

b. A 端之旋轉角

首先算出各軸之旋轉角。

圓軸 AB 針對 $T_{AB}=T_0=61.8$ N·m，即得到

$$\phi_{A/B}=\frac{T_{AB}L}{JG}=\frac{(61.8 \text{ N}\cdot\text{m})(0.6 \text{ m})}{\frac{1}{2}\pi(0.0095 \text{ m})^4(77\times 10^9 \text{ Pa})}$$
$$=0.0376 \text{ rad}=2.16°$$

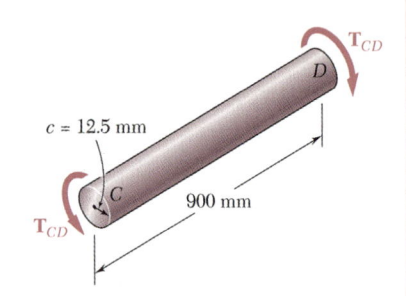

圓軸 CD $T_{CD}=2.73T_0=2.73(61.8 \text{ N}\cdot\text{m})=168.7 \text{ N}\cdot\text{m}$

$$\phi_{C/D}=\frac{T_{CD}L}{JG}=\frac{(168.7 \text{ N}\cdot\text{m})(0.9 \text{ m})}{\frac{1}{2}\pi(0.0125 \text{ m})^4(77\times 10^9 \text{ Pa})}$$
$$=0.0514 \text{ rad}=2.95°$$

由於圓軸 CD 的 D 端固定，故 $\phi_C=\phi_{C/D}=2.95°$。利用式(2)，即求出齒輪 B 之旋轉角為

$$\phi_B=2.73\phi_C=2.73(2.95°)=8.04°$$

對於軸 AB 之 A 端，則得到

$$\phi_A=\phi_B+\phi_{A/B}=8.04°+2.16°$$

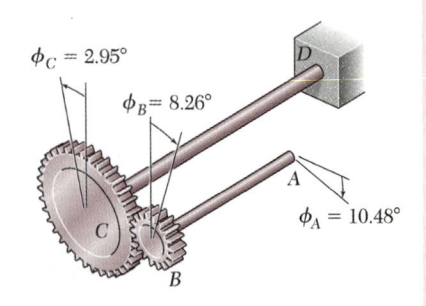

$$\phi_A=10.2° \blacktriangleleft$$

範例 3.5

一鋼圓軸及一鋁管組合與一固定支承及一剛性圓盤相連接，圖示為其斷面。已知開始時之應力為零。如果鋼圓軸及鋁管之容許應力分別為 120 MPa 及 70 MPa，試求可以施加在圓盤之最大扭矩 T_0，鋼及鋁之剛性模數分別為 $G=77$ GPa 及 $G=27$ GPa。

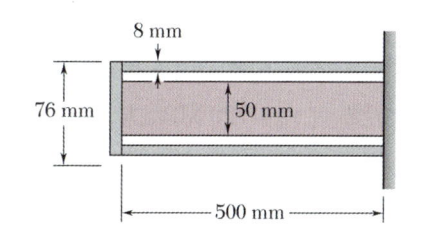

解：

靜力關係

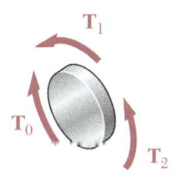

圓盤分離體 用 T_1 表示管作用在圓盤上之扭矩，T_2 表示圓軸作用在圓盤上之扭矩，由圖示可得

$$T_0 = T_1 + T_2 \tag{1}$$

變　形

因管及圓軸兩者皆與剛性圓盤連接，故得

$$\phi_1 = \phi_2: \quad \frac{T_1 L_1}{J_1 G_1} = \frac{T_2 L_2}{J_2 G_2}$$

$$\frac{T_1 (0.5 \text{ m})}{(2.003 \times 10^{-6} \text{ m}^4)(27 \text{ GPa})} = \frac{T_2 (0.5 \text{ m})}{(0.614 \times 10^{-6} \text{ m}^4)(77 \text{ GPa})}$$

$$T_2 = 0.874 T_1 \tag{2}$$

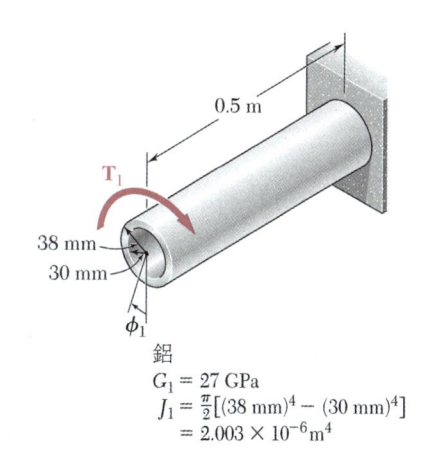

鋁
$G_1 = 27$ GPa
$J_1 = \frac{\pi}{2}[(38 \text{ mm})^4 - (30 \text{ mm})^4]$
$\quad = 2.003 \times 10^{-6} \text{m}^4$

剪應力

吾人假定條件 $\tau_{鋁} \leq 70$ MPa 乃是臨界者。故對鋁管，得

$$T_1 = \frac{\tau_{鋁} J_1}{c_1} = \frac{(70 \text{ MPa})(2.003 \times 10^{-6} \text{ m}^4)}{0.038 \text{ m}} = 3690 \text{ N} \cdot \text{m}$$

應用式(2)，可計算出相對值 T_2，並求出鋼圓軸中之最大剪應力。

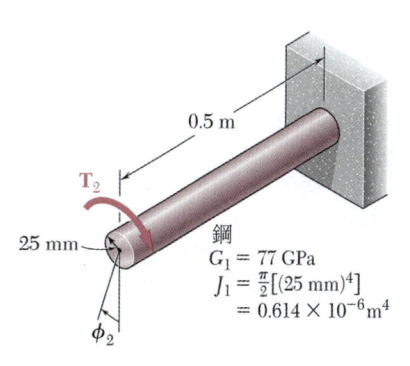

鋼
$G_1 = 77$ GPa
$J_1 = \frac{\pi}{2}[(25 \text{ mm})^4]$
$\quad = 0.614 \times 10^{-6} \text{m}^4$

$$T_2 = 0.874 T_1 = 0.874(3690) = 3225 \text{ N} \cdot \text{m}$$

$$\tau_{\text{鋼}} = \frac{T_2 c_2}{J_2} = \frac{(3225 \text{ N} \cdot \text{m})(0.025 \text{ m})}{0.614 \times 10^{-6} \text{ m}^4} = 131.3 \text{ MPa}$$

由上式發現，鋼已超過其容許應力 120 MPa；故前面的假定是錯誤的。因此最大扭矩 T_0 必須要使 $\tau_{\text{鋼}} = 120$ MPa 方行，於是先求扭矩 T_2

$$T_2 = \frac{\tau_{\text{鋼}} J_2}{c_2} = \frac{(120 \text{ MPa})(0.614 \times 10^{-6} \text{ m}^4)}{0.025 \text{ m}} = 2950 \text{ N} \cdot \text{m}$$

應用式(2)，得

$$2950 \text{ N} \cdot \text{m} = 0.874 T_1 \qquad T_1 = 3375 \text{ N} \cdot \text{m}$$

應用式(1)，即可求得最大容許扭矩為

$$T_0 = T_1 + T_2 = 3375 \text{ N} \cdot \text{m} + 2950 \text{ N} \cdot \text{m} \qquad T_0 = 6.325 \text{ kN} \cdot \text{m} \blacktriangleleft$$

習 題

3.31 (a)對於圖示之實心鋼圓軸($G = 77$ GPa)，求在 A 處之扭轉角。(b)假定 a 部分中之鋼圓軸是外徑為 30 mm，內徑是 20 mm 之中空者，再解之。

3.32 對於圖示之鋁圓軸($G = 27$ GPa)，求(a)產生扭轉角為 4° 所需之扭矩 **T**，(b)施用同等扭矩 **T** 對具有相同長度及相同斷面積之實心圓軸所產生之扭轉角。

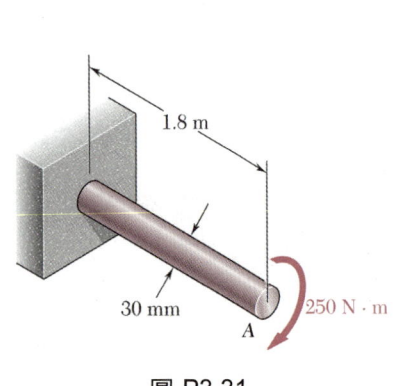

圖 P3.31

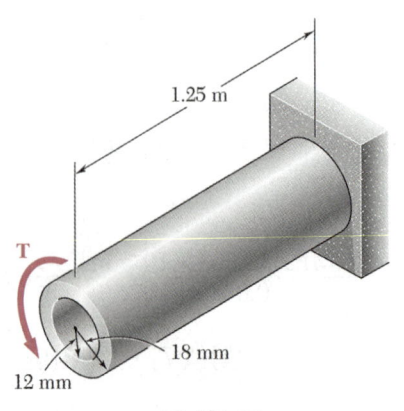

圖 P3.32

3.33 對於圖示之鋁圓軸($G=27$ GPa)，求(a)產生扭轉角為 2° 所需之扭矩 T_0。(b)施用同等扭矩 T_0 對具有相同長度及相同斷面積之實心圓軸所產生之扭轉角。

3.34 圖示在 A 處之船，正在水深為 1500 m 海床上鑽探石油。已知在 B 處鑽頭開始旋轉前，直徑 200 mm 鋼製鑽管($G=77.2$ GPa)頂部已轉了兩整轉。求扭轉使管中產生之極大剪應力。

圖 P3.33

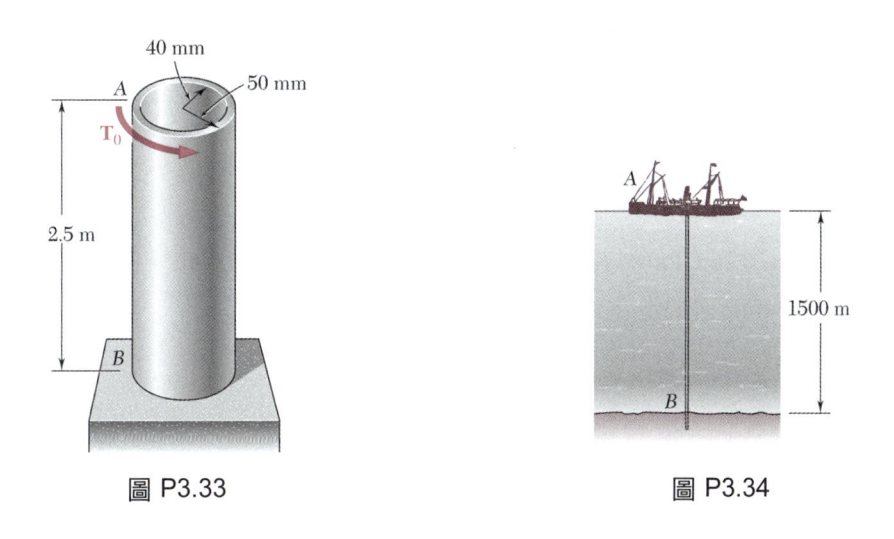

圖 P3.34

3.35 電動馬達對鋁圓軸 ABCD 輸出扭矩 500 N·m，此時鋁圓軸乃以不變速率轉動。已知 $G=27$ GPa，施加於滑輪的扭矩如圖示，試求(a)B 及 C 之間，(b)B 及 D 之間的扭轉角。

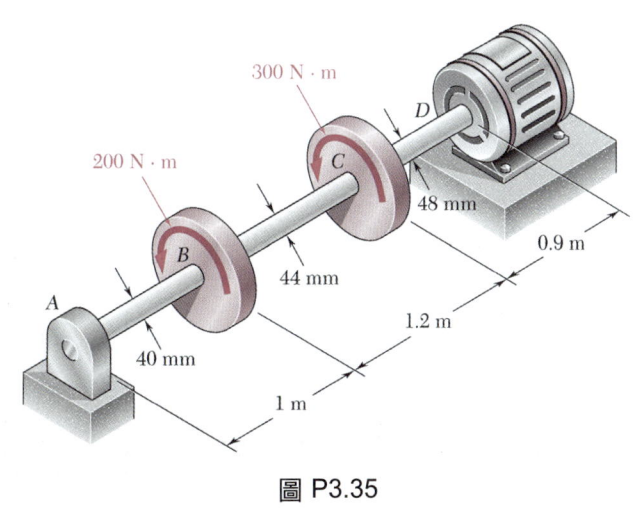

圖 P3.35

3.36 圖示扭矩施加於滑輪 B、C 及 D。已知整個桿件鋁製桿件 $G=27$ GPa，試求(a)C 和 B，(b)D 和 B 之間的扭轉角。

圖 P3.36

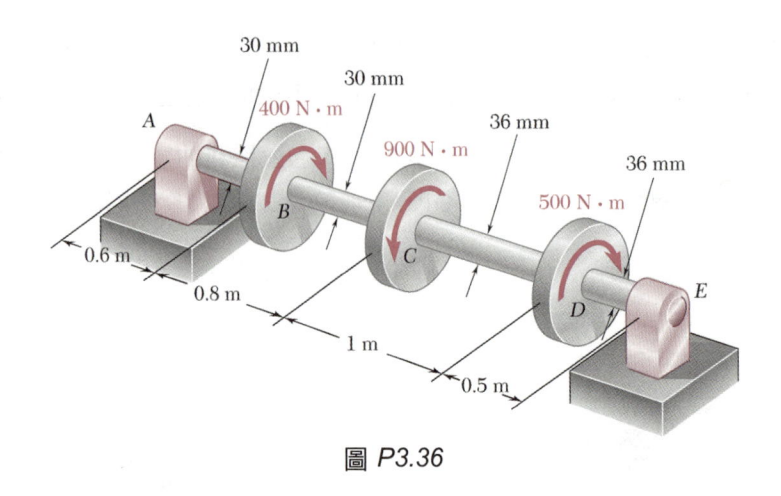

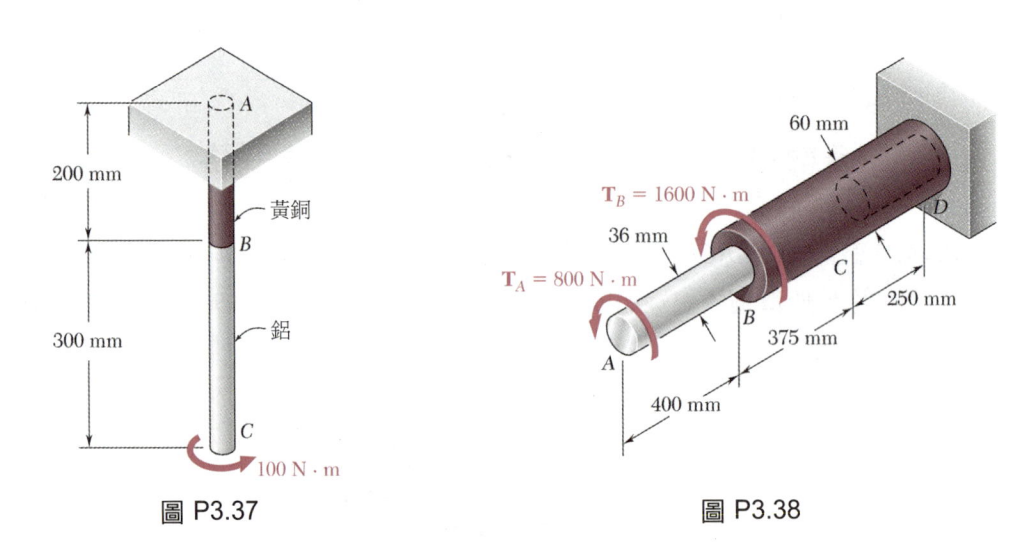

3.37 鋁桿 BC (G=26 GPa)與黃銅桿 AB(G=39 GPa) 連接如圖所示。已知每桿件皆為實心，直徑皆為 12 mm，求(a)在 B，(b)在 C 之扭轉角。

圖 P3.37

圖 P3.38

3.38 鋁桿 AB(G=27 GPa)與黃銅桿 BD(G=39 GPa) 連接如圖所示。已知黃銅桿中 CD 部分為中空，且內徑為 40 mm，試求 A 處的扭轉角。

3.39 圖示鋼製實心軸 AB 的直徑 d_s=40 mm，G=77 GPa，τ_{all}=120 MPa。黃銅製套筒 CD 的 G=39 GPa，τ_{all}=70 MPa。試求末端 A 點的最大可扭轉角度。

3.40 圖示鋼製實心軸 AB 的直徑 d_s=40 mm，G=77 GPa，τ_{all}=120 MPa。黃銅製套筒 CD 的 G=39 GPa，τ_{all}=70 MPa。試求(a)不超過容許應力及套筒 CD 扭轉

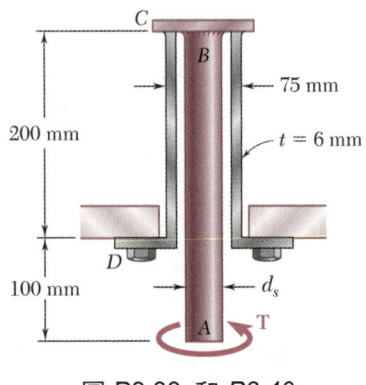

圖 P3.39 和 P3.40

角不超過 0.375°時，可施加於 A 點處的最大扭矩 T，(b)相應之末端 A 點的扭轉角度。

3.41 每一個直徑皆為 22 mm 之兩圓軸，用齒輪相連如圖所示。已知 $G=77$ GPa，在 F 點係固定者，當一 130 N·m 之扭矩作用在 A 時，求端點 A 之旋轉角。

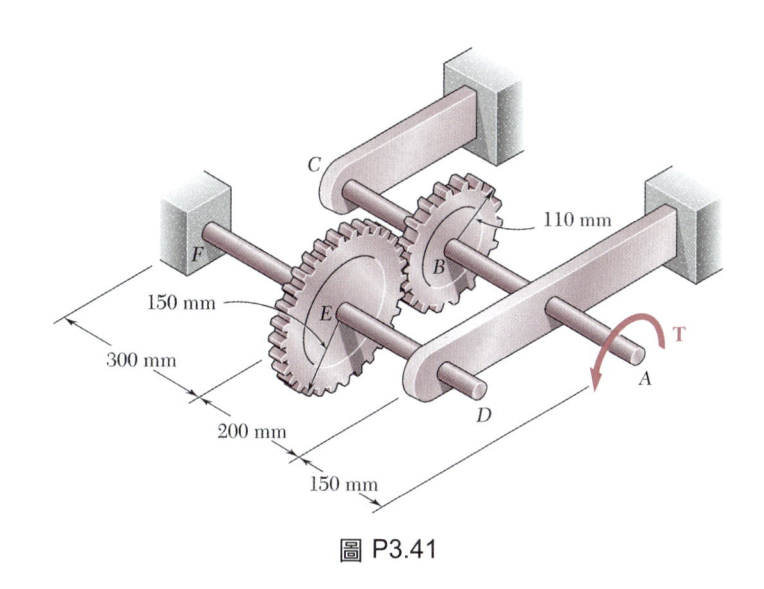

圖 P3.41

3.42 圖示一齒輪組，三個實心圓軸的直徑分別為 $d_{AB}=20$ mm、$d_{CD}=25$ mm 及 $d_{EF}=40$ mm。已知每個圓軸的容許剪應力為 60 MPa，求可施加的最大扭矩。

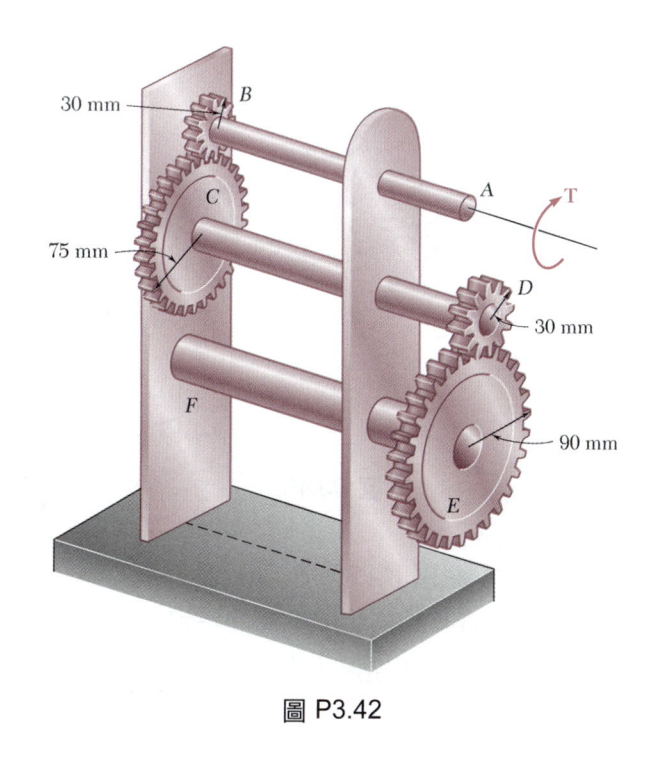

圖 P3.42

3.43 用來記錄圓軸 A 轉動以數字表出之數碼計 F，藉著齒輪組與此圓軸相接如圖所示，齒輪組係由有四個齒輪及三個直徑皆為 d 之實心鋼圓軸組成。兩個齒輪之半徑為 r，另兩個之半徑則為 nr。如果數碼計旋轉受阻止不轉，試以 T、l、G、J 及 n 表出端點 A 之旋轉角。

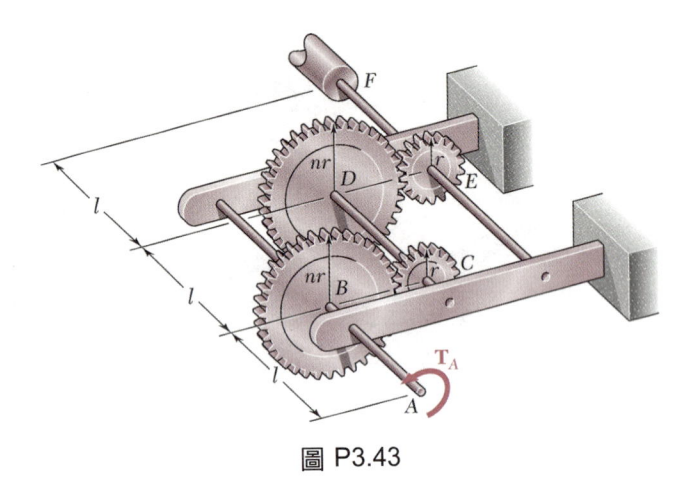

圖 P3.43

3.44 對於習題 3.43 所述之齒輪組，當 T=0.6 N·m、l=60 mm、d=2 mm、G=77 GPa 及 n=2 時，求端點 A 之旋轉角。

3.45 圖示齒輪圓輪系統設計之要求乃是圓軸 AB 及 CD 兩者直徑相同，且皆為鋼製。更深要求 $\tau_{max} \leq$ 60 MPa，圓軸端點 D 旋轉角 ϕ_D 不超過 1.5°。已知 G=77 GPa，試求圓軸需用直徑。

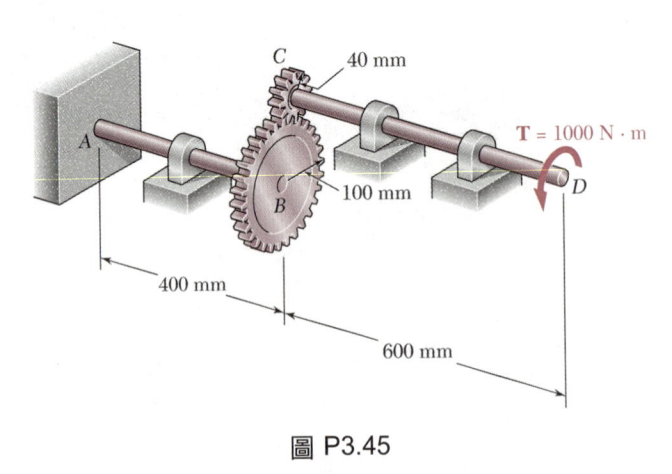

圖 P3.45

3.46 電動馬達對鋼圓軸 ABCD 輸出扭矩 800 N·m，此時鋼圓軸乃以不變速率轉動。設計規範要求，圓軸從 A 至 D 之直徑相同，A 及 D 間扭轉角不超過 1.5°，已知 $\tau_{max} \leq$ 60 MPa 及 G=77 GPa。試求圓軸可以使用之最小直徑。

圖 P3.46

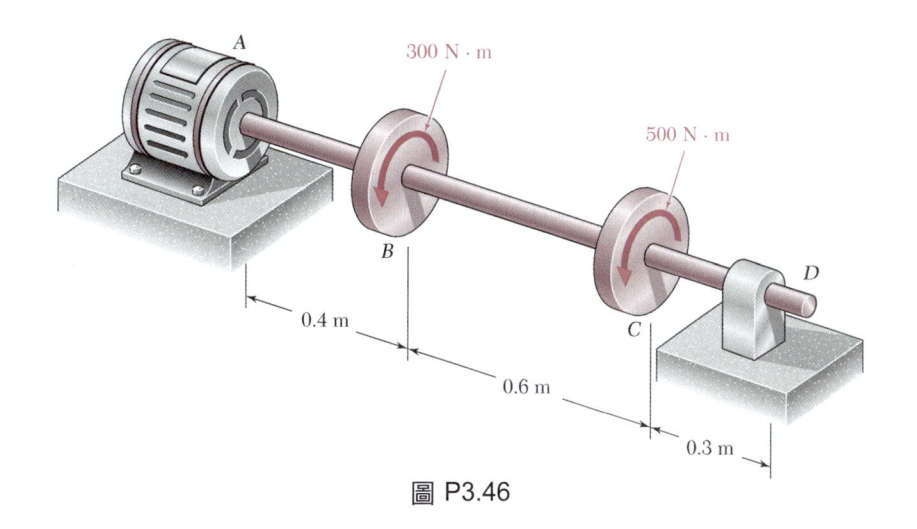

3.47 一長 2 m 實心圓桿傳動軸的設計規範說明，施加扭矩 9 kN·m 時，軸扭轉角不超過 3°。已知桿件材質是(a)鋼，容許應力是 90 MPa，剛性模數 77 GPa，(b)青銅，容許應力是 35 MPa，剛性模數 42 GPa，試求桿件需要的直徑尺寸。

3.48 圖示一外力 **P** 施加 600 N 於橫桿 CD 末端 D 處，將 A 處的塑膠薄板打一個洞。設計規範指出，從衝頭接觸到塑膠薄板到穿過薄板的期間，D 處的位移不可以超過 15 mm。如果桿件的材質是鋼(G=77 GPa 及 τ_{all}=80 MPa)，試求桿件 BC 所需的直徑。

3.49 圖示齒輪圓輪系統設計之要求乃是圓軸 AB 及 CD 兩者直徑相同，並要求滑輪 D 維持不動且施加 200 N·m 扭矩 T_A 於滑輪 A 時，轉動角度不超過 7.5°。如果桿件的材質是鋼(G=77 GPa 及 τ_{all}=84 MPa)，試求桿件所要求的直徑。

圖 P3.48　　　　　　　　圖 P3.49

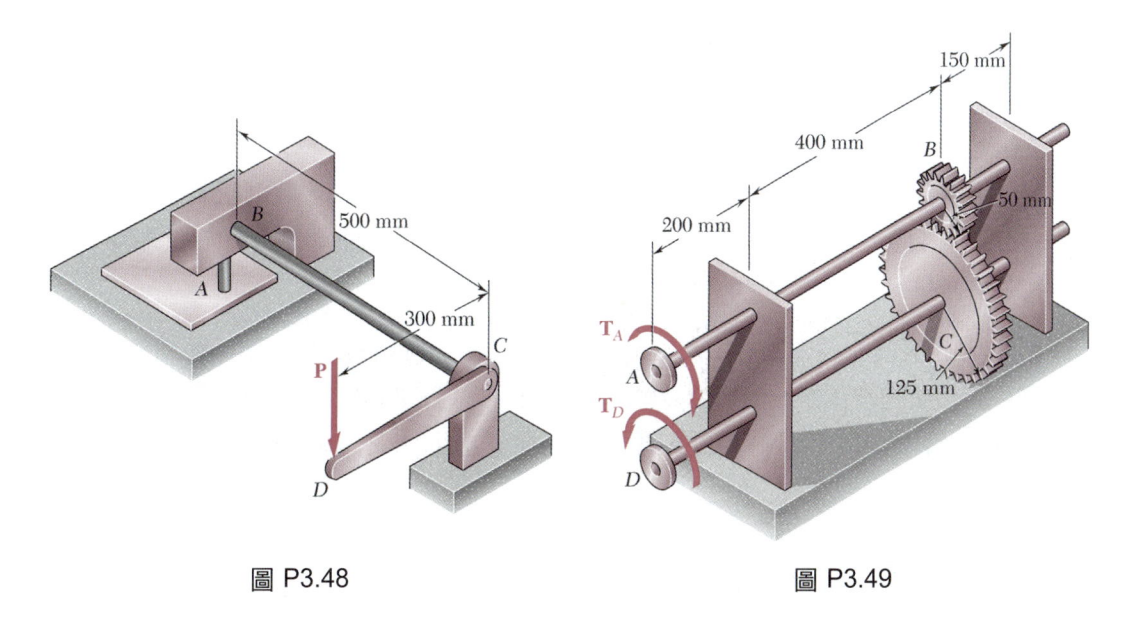

3.50 一長 1.2 m 實心傳動軸的設計規範說明，施加扭矩 680 N·m 時，軸扭轉角不超過 4°。已知桿件的材質是鋼，容許剪應力為 83 MPa，剛性模數為 77 GPa，試求桿件需要的尺寸。

3.51 圖示一扭矩 $T=4$ kN·m 施加於組合圓軸端點 A。已知鋼的剛性模數為 77 GPa，鋁的鋼性模數為 27 GPa，求(a)鋼心中的最大剪應力，(b)鋁殼中的最大剪應力，(c)端點 A 的扭轉角。

3.52 圖示一扭矩 $T=4$ kN·m 施加於組合圓軸端點 A。已知鋼的剛性模數為 77 GPa，鋁的鋼性模數為 27 GPa。如果容許應力不超過 $\tau_{鋼}=60$ MPa 及 $\tau_{鋁}=45$ MPa，試求端點 A 的最大可旋轉角度。

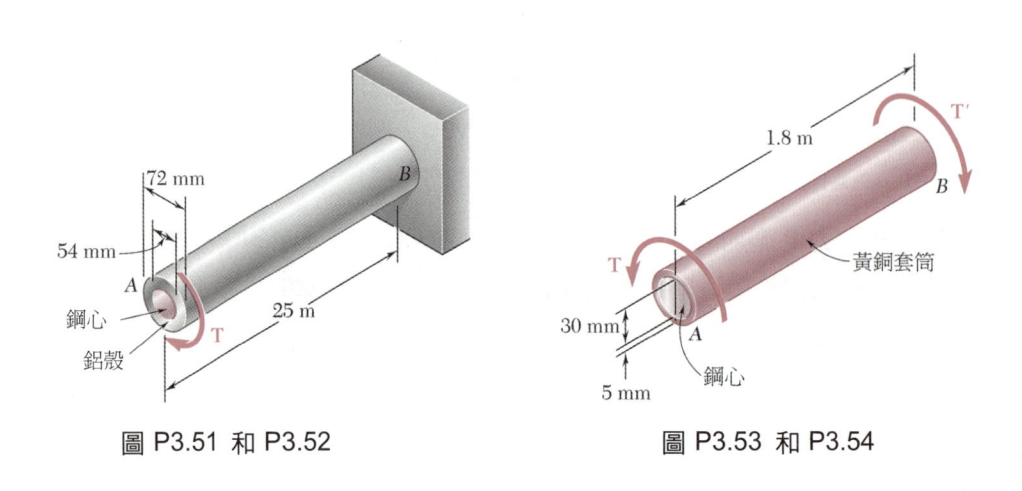

圖 P3.51 和 P3.52

圖 P3.53 和 P3.54

3.53 圖示組合圓軸乃由厚為 5 mm 之黃銅套筒($G=39$ GPa)內黏附一直徑為 30 mm 之鋼心($G=77$ GPa)組成。已知此圓軸承載 565 N·m 扭矩，試求(a)在黃銅套筒中之極大剪應力，(b)在鋼心中之極大剪應力，(c)端點 B 相關於端點 A 之扭轉角。

3.54 圖示組合圓軸受一扭矩扭轉。已知鋼的剛性模數為 77 GPa，黃銅的剛性模數為 39 GPa。如果容許應力不超過 $\tau_{鋼}=100$ MPa 及 $\tau_{黃銅}=55$ MPa，試求端點 B 相對於端點 A 的最大可旋轉角度。

3.55 及 3.56 兩實心鋼圓軸是用凸輪相接，凸輪乃用螺栓相連如圖所示。因螺栓尺寸略小，是以兩凸輪在被當作一個單位轉動前，一凸輪對另一凸輪有 1.5° 許可轉動量。已知 $G=77$ GPa，當大小為 570 N·m 之扭矩 **T** 作用在下述凸輪時，試求每一圓軸中之最大剪應力。

第3章 扭 轉

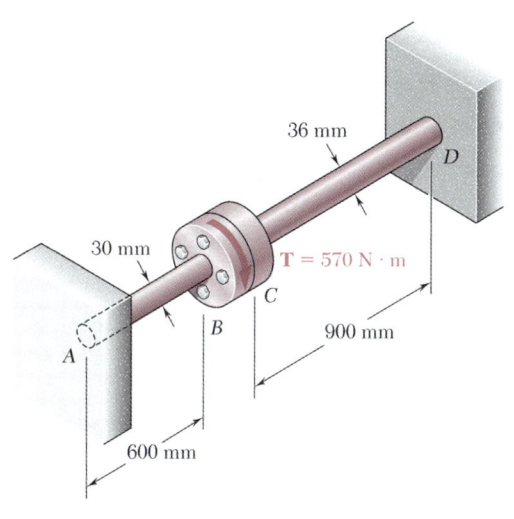

圖 P3.55 和 P3.56

3.55 施加扭矩 **T** 於螺栓 B。

3.56 施加扭矩 **T** 於螺栓 C。

3.57 圖示一實心鋼軸 AB 及 CD，固定端點 A 及 D，連結端點 B 及 C。已知施加 4 kN·m 扭矩 **T** 於齒輪 B，求(a)桿件 AB 中，(b)桿件 CD 中的最大剪應力。

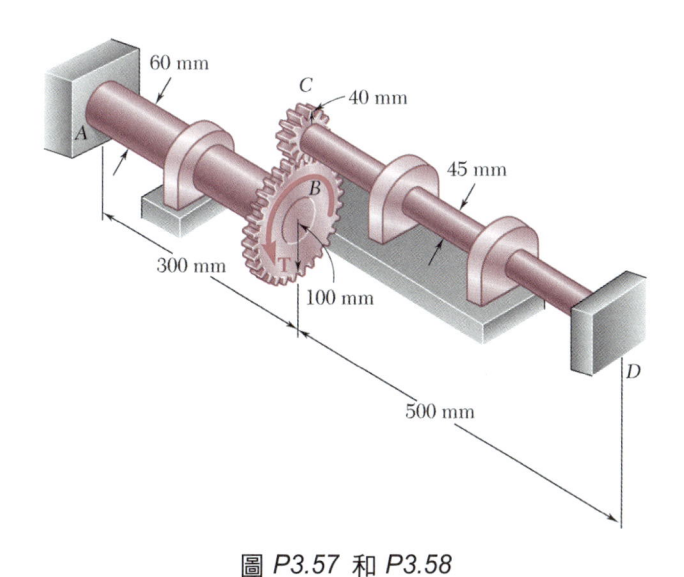

圖 P3.57 和 P3.58

3.58 圖示一實心鋼軸 AB 及 CD，固定端點 A 及 D，連結端點 B 及 C。已知每個桿件的容許剪應力為 50 MPa，試求可施加於齒輪 B 的最大扭矩 **T**。

3.59 圖示鋼套管 CD 用剛性寬緣焊接至套管及圓軸，而使直徑 40 mm 之鋼圓軸 AE 與套管 CD 相接。套管之外徑是 80 mm，壁厚是 4 mm。如果施加圖示之 500 N·m 扭矩，試求套管中之極大剪應力。

3.60 實心軸與中空軸以相同材料做成，且重量及長度都相同。以 n 代表 c_1/c_2 之比，(a)若兩軸內之最大應力相同，試證明實心軸內的扭矩 T_s 與中空軸內的扭矩 T_h 之比 T_s/T_h 為 $\sqrt{(1-n^2)/(1+n^2)}$，(b)若兩軸之扭轉角相同，試證明此比值為 $(1-n^2)/(1+n^2)$。

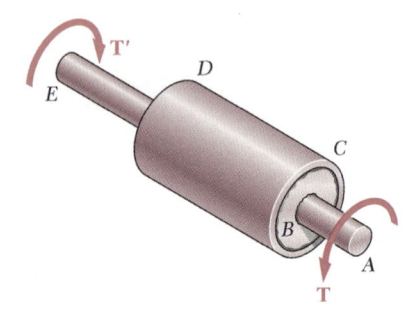

圖 P3.59

3.61 某扭矩 **T** 如圖所示作用在一實心錐形軸 AB 上，試以積分證明 A 處之扭轉角為

$$\phi = \frac{7TL}{12\pi Gc^4}$$

3.62 使用長 1.8 m 鋼絲製成扭轉擺，可藉試驗求得一齒輪之質量慣性矩如圖所示。已知 $G = 77$ GPa，試求鋼絲之直徑俾使扭轉彈簧常數是 6 N·m/rad。

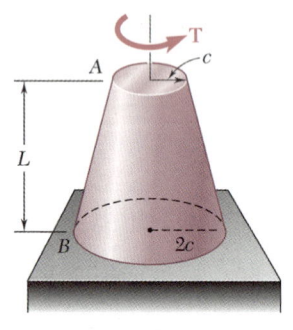

圖 P3.61

3.63 使用一厚度為 t，剛性模數為 G 之環形鈑，使半徑為 r_1 之圓軸 AB 與內半徑為 r_2 之圓管 CD 相接如圖所示。已知扭矩 **T** 作用於圓軸 AB 之 A 端，圓管 CD 之 D 端是固定者，(a)試求在環形鈑中極大剪應力之大小及位置，(b)試證圓軸端點 B 對圓管端點 C 之旋轉角是

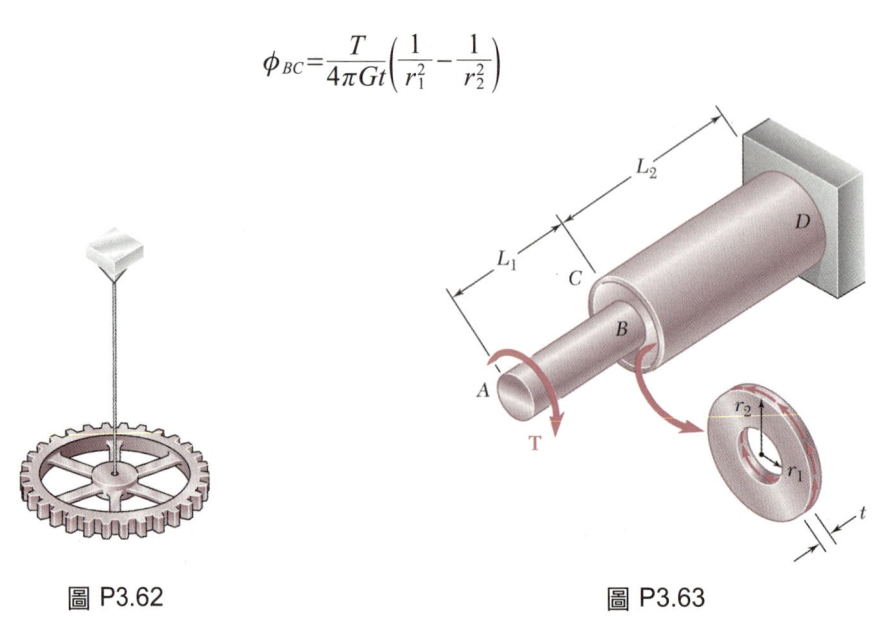

$$\phi_{BC} = \frac{T}{4\pi Gt}\left(\frac{1}{r_1^2} - \frac{1}{r_2^2}\right)$$

圖 P3.62

圖 P3.63

3.7　傳動軸之設計

傳動軸(transmission shaft)設計的兩大主要規格是**轉動速率**(speed of rotation)及傳送之**動力**(power)或功率。設計師之主要任務乃是選用訂定圓軸的材料及圓軸斷面尺寸，俾當圓軸在以規定速率傳送所需功率時，此材料中之容許最大剪應力不被超過。

為了能求得作用在圓軸上之扭矩，吾人乃根據初等動力學所述，剛體承受扭矩 **T** 作用而轉動，其功率 P 應為

$$P = T\omega \tag{3.19}$$

式中 ω 乃剛體角速度，以每秒弧度表出。但 $\omega = 2\pi f$，此處 f 表轉動頻率，亦即是每秒轉數。頻率之單位是用 $1\ s^{-1}$，稱之為**赫茲**(hertz, Hz)。將此一 ω 值代入式(3.19)得

$$P = 2\pi f T \tag{3.20}$$

f 單位用 Hz，T 用 N·m，則功率單位應為 N·m/s，亦即為**瓦特**(watts, W)。用式(3.20)可求得轉動頻率為 f 時，傳送功率 P 之圓軸所產生之扭矩

$$T = \frac{P}{2\pi f} \tag{3.21}$$

式中 P、f 及 T 之單位如上所述。

已求得作用於圓軸上之扭矩 **T** 以及決定所用之材料後，設計者即可將 T 值及最大容許應力代入彈性扭轉公式(3.9)。即可解得 J/c 之值為

$$\frac{J}{c} = \frac{T}{\tau_{max}} \tag{3.22}$$

用此方式即可得參數 J/c 之容許最小值。T 之單位用 N·m，τ_{max} 之單位用 Pa(或 N/m^2)，而求得之 J/c 單位為 m^3。就一實心圓軸而言，$J = \frac{1}{2}\pi c^4$、$J/c = \frac{1}{2}\pi c^3$，將此值代入式(3.22)，以解出 c 就可得到圓軸半徑之容許最小值。就中空圓軸而言，臨界參數為 J/c_2，式中 c_2 乃圓軸外半徑；此一參數值可用 3.4 節中之式(3.11)來加以計算，俾能決定此一定斷面是否可被接受。

例 3.06

一 3.7 kW 馬達中之轉輪圓軸以 3600 rpm 轉動時，如圓軸中之剪應力不超過 60 MPa，試問此圓軸之尺寸應為若干？

解：

首先以 N·m/s 表出馬達功率，其頻率則以每秒轉數(或 Hz)表示，故

$$P = 3.7 \text{ kW} = 3700 \text{ N} \cdot \text{m/s}$$

$$f = (3600 \text{ rpm}) \frac{1 \text{ Hz}}{60 \text{ rpm}} = 60 \text{ Hz} = 60 \text{ s}^{-1}$$

應用式(3.21)可求得作用在圓軸上之扭矩是

$$T = \frac{P}{2\pi f} = \frac{3700 \text{N} \cdot \text{m/s}}{2\pi (60 \text{ s}^{-1})} = 9.815 \text{ N} \cdot \text{m}$$

將 T 及 $\tau_{\max}$ 之值代入式(3.22)，即得

$$\frac{J}{c} = \frac{T}{\tau_{\max}} = \frac{9.815 \text{ N} \cdot \text{m}}{60 \text{ MPa}} = 163.58 \text{ mm}^3$$

但實心圓軸之 $J/c = \frac{1}{2}\pi c^3$，故

$$\frac{1}{2}\pi c^3 = 163.58 \text{ mm}^3$$

$$c = 4.705 \text{ mm}$$

$$d = 2c = 9.41 \text{ mm}$$

是以應選用 10 mm 圓軸。

例 3.07

使用以外徑為 50 mm 鋼管構成之圓軸，在以 20 Hz 頻率轉動時，來傳送 100 kW 之功率。如剪應力不得超過 60 MPa，試求應選用之管厚。

解：

應用式(3.21)可求得作用在圓軸上之扭矩為

$$T = \frac{P}{2\pi f} = \frac{100 \times 10^3 \text{ W}}{2\pi (20 \text{ Hz})} = 795.8 \text{ N} \cdot \text{m}$$

應用式(3.22)可求得參數 J/c_2 至少要等於

$$\frac{J}{c_2} = \frac{T}{\tau_{\max}} = \frac{795.8 \text{ N} \cdot \text{m}}{60 \times 10^6 \text{ N/m}^2} = 13.26 \times 10^{-6} \text{ m}^3 \tag{3.23}$$

但從式(3.10)，得

$$\frac{J}{c_2} = \frac{\pi}{2c_2}(c_2^4 - c_1^4) = \frac{\pi}{0.050}[(0.025)^4 - c_1^4] \tag{3.24}$$

使式(3.23)及(3.24)之右手項相等，則得

$$(0.025)^4 - c_1^4 = \frac{0.050}{\pi}(13.26 \times 10^{-6})$$

$$c_1^4 = 390.6 \times 10^{-9} - 211.0 \times 10^{-9} = 179.6 \times 10^{-9} \text{ m}^4$$

$$c_1 = 20.6 \times 10^{-3} \text{ m} = 20.6 \text{ mm}$$

故相應之管厚為

$$c_2 - c_1 = 25 \text{ mm} - 20.6 \text{ mm} = 4.4 \text{ mm}$$

應選用 5 mm 之管厚。

3.8　圓軸中之應力集中

在 3.4 節已導出均勻斷面圓軸之扭轉公式 $\tau_{max} = Tc/J$。況且，吾人更早在 3.3 節假定圓軸是在其端點，透過與圓軸固接之剛性端鈑承載載重。然而在實用上，扭矩是經過凸緣聯結器(圖 3.27a)或經過齒輪而施加於圓軸上，齒輪與圓軸聯結方式是用鍵嵌入鍵槽而得(圖 3.27b)。在此兩種情況下，在扭矩作用斷面以及扭矩作用斷面附近之應力分佈，預計與用扭矩公式求得者不同。例如，應力高度集中之情況將發生在圖 3.27b 所示鍵槽附近。這種局部應力的計算可以用實驗應力分析法求得，或在某些情況下，應用有關彈性的數學理論求出。

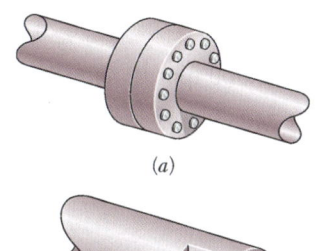

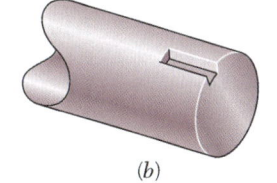

圖 3.27　圓軸例子

吾人在 3.4 節指出，扭矩公式亦可用在圓形斷面有變化之圓軸。然而就一斷面直徑有突然改變之圓軸而言，應力集中將發生在不連續斷面附近，最大應力發生在 A(圖 3.28)。使用填角可使此等應力減小，在填角處之最大剪應力值可表出為

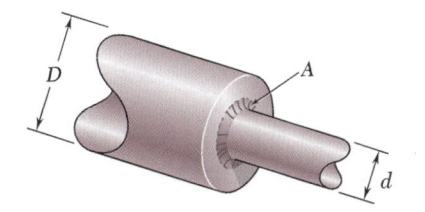

圖 3.28　圓形斷面有變化之圓軸

$$\tau_{max} = K\frac{Tc}{J} \tag{3.25}$$

材料力學
Mechanics of Materials

式中應力 Tc/J 乃是以直徑較小的圓軸算得之應力，K 乃應力集中因數。因為因數 K 僅視兩直徑比及填角半徑對較小圓軸直徑比而定，因此計算出來的 K 值，可以用表或曲線之型式表出，如圖 3.29 所示。因圖 3.29 所畫出之 K 值是根據剪應力及剪應變間關係是線性之假定而求得，只有在用式(3.25)求出之 $\tau_{\max}$ 值不超過材料之比例限度時才能用這一方法求算局部剪應力。如果發生塑性變形，最大應力值將小於式(3.25)所示之數值。

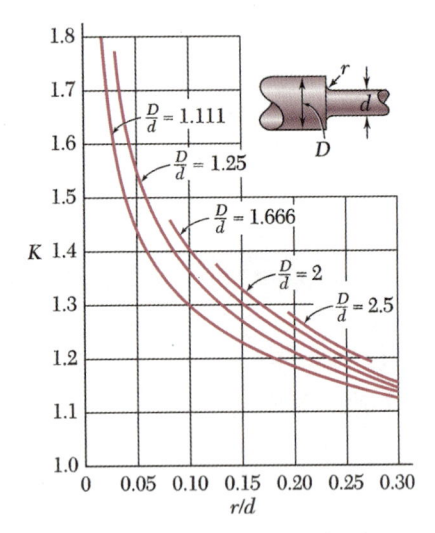

圖 3.29 圓軸填角之應力集中因數 †

範例 3.6

圖示階梯圓軸將功率從水輪機傳至發電機時，該圓軸以 900 rpm 轉動。設計所用鋼之等級具有容許剪應力 55 MPa。(a)對於圖示之初步設計，試求可傳動之最大功率。(b)如最後設計中，填角半徑增至 $r=24$ mm，試問相對於初步設計，可傳送功率之變化百分數為何？

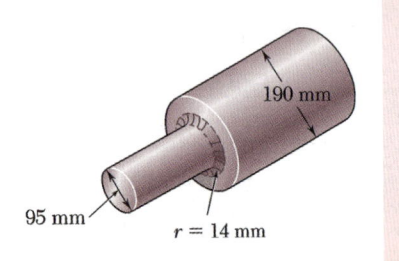

解：

a. 初步設計

利用圖 3.29 之符號，則有 $D=190$ mm、$d=95$ mm、$r=14$ mm

$$\frac{D}{d}=\frac{190 \text{ mm}}{95 \text{ mm}}=2 \qquad \frac{r}{d}=\frac{14 \text{ mm}}{95 \text{ mm}}=0.15$$

由圖 3.29 可以求得應力集中因數 $K=1.33$。

---

† W. D. Pilkey, *Peterson's Stress Concentration Factors*，第二版，John Wiley & Sons 出版，紐約，1997。

扭矩　根據式(3.25)，即得到

$$\tau_{max} = K\frac{Tc}{J} \qquad T = \frac{J}{c}\frac{\tau_{max}}{K} \tag{1}$$

其中 J/c 指直徑較小之圓軸：

$$J/c = \frac{1}{2}\pi c^3 = \frac{1}{2}\pi(47.5\text{ mm})^3 = 168.3 \times 10^3 \text{ mm}^3$$

而

$$\frac{\tau_{max}}{K} = \frac{55 \text{ MPa}}{1.33} = 41.35 \text{ MPa}$$

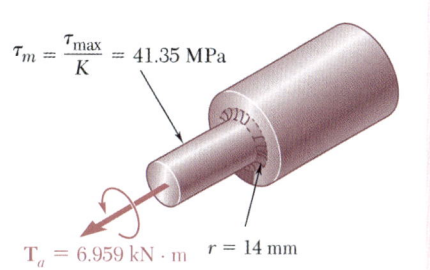

代入式(1)中，即得到 $T = (168.3 \times 10^3 \text{ mm}^3)(41.35 \text{ MPa}) = 6.959 \text{ kN}\cdot\text{m}$

功率　由於 $f = (900 \text{ rpm})\frac{1 \text{ Hz}}{60 \text{ rpm}} = 15 \text{ Hz} = 15 \text{ s}^{-1}$，故得到

$$P_a = 2\pi fT = 2\pi(15 \text{ s}^{-1})(6959 \text{ N}\cdot\text{m}) = 656 \text{ kN}\cdot\text{m/s} = 656 \text{ kW} \qquad P_a = 656 \text{ kW} \blacktriangleleft$$

b. 最後設計

對於 $r = 24$ mm 而言，

$$\frac{D}{d} = 2 \qquad \frac{r}{d} = \frac{24 \text{ mm}}{95 \text{ mm}} = 0.253 \qquad K = 1.20$$

依照上面所用的方式，則得到

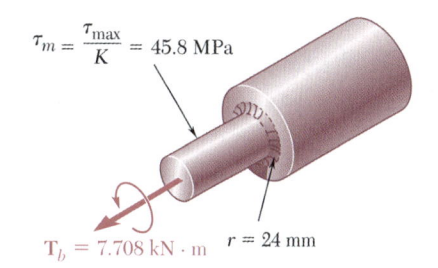

$$\frac{\tau_{max}}{K} = \frac{55 \text{ MPa}}{1.20} = 45.8 \text{ MPa}$$

$$T = \frac{J}{c}\frac{\tau_{max}}{K} = (168.3 \times 10^3 \text{ mm}^3)(45.8 \text{ MPa}) = 7.708 \text{ kN}\cdot\text{m}$$

$$P_b = 2\pi fT = 2\pi(15 \text{ s}^{-1})(7708 \text{ N}\cdot\text{m}) = 726.5 \text{ kW}$$

功率變化

$$\text{功率變化} = 100\frac{P_b - P_a}{P_a} = 100\frac{726.5 - 656}{656} = +10.75\% \qquad +10.75\% \blacktriangleleft$$

習 題

3.64 試求當直徑 12 mm 的實心圓軸，以(a) 25 Hz，(b) 50 Hz 的頻率傳送 2.5 kW 時的最大剪應力。

3.65 試求當直徑 38 mm 的實心圓軸，以(a) 750 rpm，(b) 1500 rpm 的速度傳送 55 kW 時的最大剪應力。

3.66 使用容許剪應力為 35 MPa，設計一在頻率 29 Hz 時傳遞功率為 0.375 kW 之實心鋼圓軸。

3.67 一中空圓軸在頻率 30 Hz 時傳遞功率為 250 kW。已知容許剪應力為 50 MPa，設計一圓軸之內外徑比為 0.75。

3.68 如例題 3.07 之 50 mm 中空圓軸，試求該圓軸在頻率 30 Hz 時傳遞相同功率所需要的管壁厚度。

3.69 圖示斷面積之鋼圓軸以 120 rpm 速度轉動，頻閃觀測儀檢測(stroboscopic measurement)顯示長 4 m 的扭轉角為 2°。假定 $G = 77$ GPa，試求傳送功率。

3.70 遊艇的兩個鋼製($G = 70$ GPa 及 $\tau_{all} = 60$ MPa)中空驅動圓軸的長為 38 m，外徑及內徑分別為 400 mm 及 200 mm。已知圓軸的最大旋轉速度為 2.75 Hz，試求(a)一個圓軸可傳動至其連接葉片的最大功率，(b)相應之圓軸的扭轉角。

3.71 圖示中空鋼圓軸($G = 77.2$ GPa 及 $\tau_{all} = 50$ MPa)以 240 rpm 的速度轉動，試求(a)最大可傳送的功，(b)相應之扭轉角。

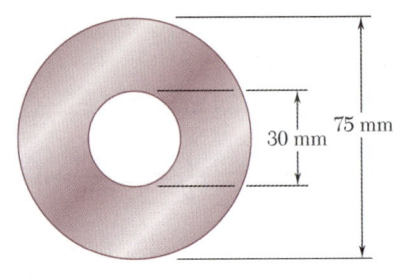

圖 P3.69

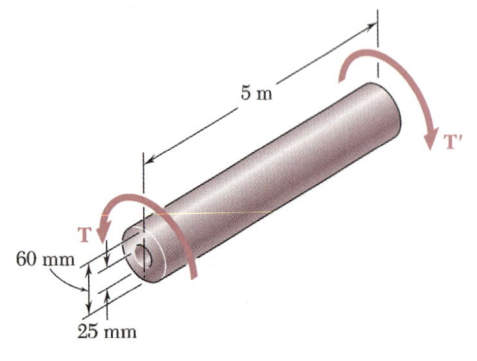

圖 P3.71 和 P3.72

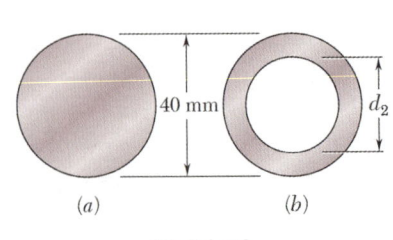

圖 P3.73

3.72 圖示中空鋼圓軸以 180 rpm 的速度轉動時，頻閃觀測儀指出圓軸的扭轉角為 3°。已知 $G=77.2$ GPa，試求(a)傳送的功，(b)圓軸的最大剪應力。

3.73 一機器元件之設計要求需要 40 mm 外徑之圓軸來傳遞 45 kW。(a)如轉動速率是 720 rpm，求圖示圓軸 a 中之極大剪應力。(b)如使轉動速率增加 50% 至 1080 rpm，且使每一圓軸中之極大剪應力皆相同，求圓軸 b 之最大內徑。

3.74 圖示 A 處馬達透過兩實心圓桿與齒輪傳遞功率至 D 處的工具機，馬達以 1260 rpm 運轉的功率為 12 kW。已知最大容許剪應力為 55 MPa，試求(a)圓桿 AB，(b)圓桿 CD 需要的直徑。

3.75 圖示 A 處馬達透過兩實心圓桿與齒輪傳遞功率至 D 處的工具機，馬達以 1260 rpm 運轉的功率為 12 kW。已知每個圓桿的直徑是 25 mm，試求(a)圓桿 AB，(b)圓桿 CD 內的最大剪應力。

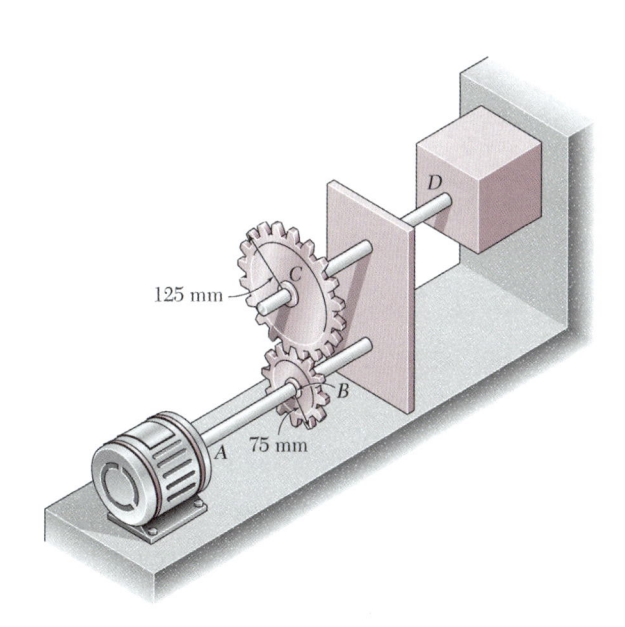

圖 P3.74 和 P3.75

3.76 一齒輪組由三個實心圓軸和四個齒輪組成，該齒輪組用來傳遞 A 處馬達產生 7.5 kW 至 F 處工具機（草圖中省略皮帶）。已知馬達輸出頻率為 30 Hz，每一圓軸的容許應力是 60 MPa，試求圓軸需要的直徑。

3.77 一齒輪組由三個實心圓軸和四個齒輪組成，該齒輪組用來傳遞 A 處馬達產生 7.5 kW 至 F 處工具機（草圖中省略皮帶），各圓軸的直徑分別為 $d_{AB}=16$ mm、$d_{CD}=20$ mm 及 $d_{EF}=28$ mm。已知馬達輸出頻率為 24 Hz，每一圓軸的容許應力是 75 MPa，試求可傳

遞的最大功率。

3.78 一長 1.5 m 之實心鋼製圓軸，其直徑是 48 mm，馬達與工具機之間的傳遞功率為 36 kW。已知 $G=77.2$ GPa，最大剪應力不可以超過 60 MPa，扭轉角不可以超過 2.5°，試求最低轉動速度。

3.79 圖示之軸－盤－帶系統，用以傳遞從點 A 至點 D 的功率 2 kW。(a)容許剪應力採用 66 MPa，試求圓軸 AB 需用之速率。(b)假定圓軸 AB 及 CD 之直徑分別是 18 mm 及 15 mm，再解 a 部分。

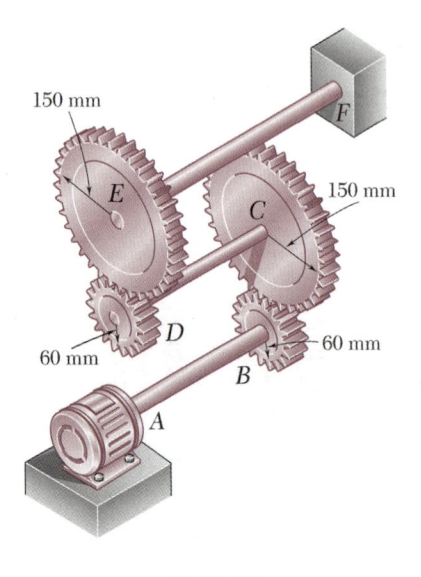

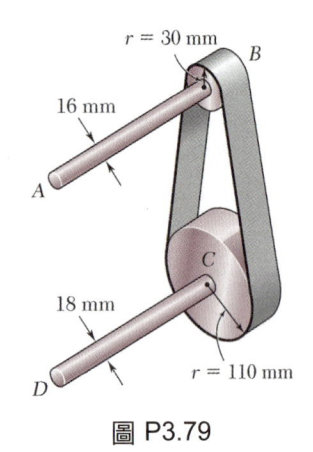

圖 P3.77　　　　　　　　　　圖 P3.79

3.80 一長 2.5 m 之實心鋼製圓軸，其直徑是 30 mm，以 30 Hz 的頻率轉動。已知 $G=77.2$ GPa，容許剪應力為 50 MPa，轉動角不可以超過 7.5°，試求此圓軸可傳遞的最大功率。

3.81 一鋼圓軸在速率為 360 rpm 時，必須傳送 150 kW。已知 $G=77.2$ MPa，設計一實心圓軸需使極大剪應力不超過 50 MPa，長 2.5 m 之扭轉角不得超過 3°。

3.82 一長 1.6 m，外徑 $d_1=42$ mm 之管狀圓軸是用 $\tau_{all}=75$ MPa 及 $G=77.2$ GPa 之鋼製成如圖示。已知當此圓軸承載一扭矩 900 N·m 時，扭轉角不得超過 4°。求可用於設計中之最大內徑 d_2。

3.83 圖示一長 1.6 m，外徑 $d_1=42$ mm，內徑 $d_2=30$ mm 之管狀圓軸($G=77.2$ GPa)，在一滑輪機及發電機間傳送 120 kW 功率。已知容許剪應力是 65 MPa，扭轉角不超過 3°。求圓軸可以轉動之最低頻率。

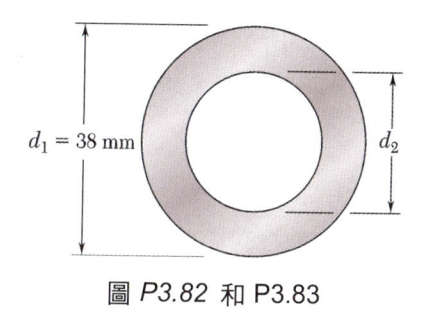

第 3 章　扭　轉

圖 P3.82 和 P3.83

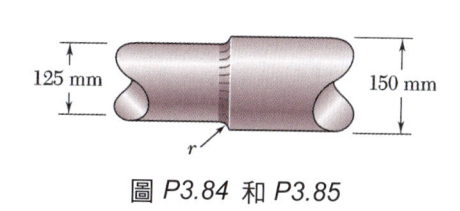

圖 P3.84 和 P3.85

3.84 圖示階梯式圓軸以 450 rpm 轉動。已知 $r = 12$ mm。如容許剪應力不超過 50 MPa，求能傳遞之最大扭矩 **T**。

3.85 圖示階梯式圓軸以 450 rpm 轉動。已知 $r = 5$ mm。如容許剪應力不超過 50 MPa，求能傳遞之最大功率。

3.86 圖示階梯式圓軸在 720 rpm 時，必須傳送 40 kW。已知容許剪應力為 36 MPa，試求不超過容許剪應力的最小 r。

圖 P3.86

圖 P3.87 和 P3.88

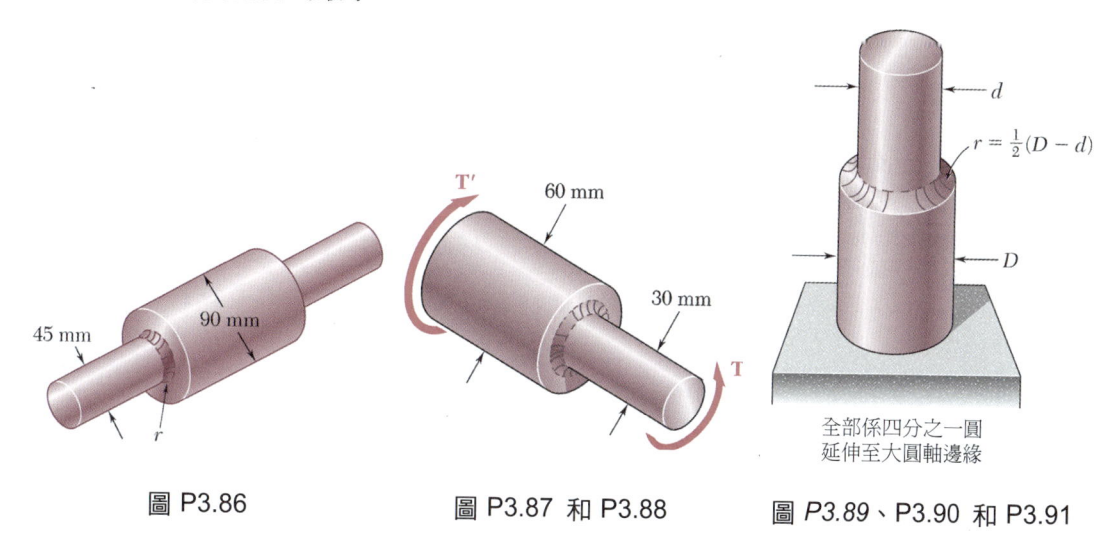

圖 P3.89、P3.90 和 P3.91

全部係四分之一圓延伸至大圓軸邊緣

3.87 圖示階梯式圓軸必須傳送 45 kW。已知圓軸的容許剪應力為 40 MPa，$r = 6$ mm，試求圓軸轉動的最小容許速度。

3.88 圖示階梯式圓軸以 50 Hz 轉動。已知 $r = 8$ mm，容許剪應力不超過 45 MPa，求能傳遞之最大功率。

3.89 在圖示階梯式圓軸中，具有全部係四分之一圓填角。$D = 30$ mm 及 $d = 25$ mm。已知圓軸速率為 2400 rpm，容許剪應力是 50 MPa，求此圓軸能傳送之最大功率。

3.90 一大小為 $T=22$ N·m 之扭矩作用在階梯式圓軸上如圖所示。此圓軸具有全部係四分之一圓填角。已知 $D=25$ mm，當 (a) $d=20$ mm，(b) $d=23$ mm 時，求圓軸中之最大剪應力。

3.91 在圖示階梯式圓軸中，具有全部係四分之一圓填角。容許剪應力是 80 MPa。已知 $D=30$ mm，如果 (a) $d=26$ mm，(b) $d=24$ mm 時，求可以施加在圓柱上之最大容許扭矩。

公式總整理

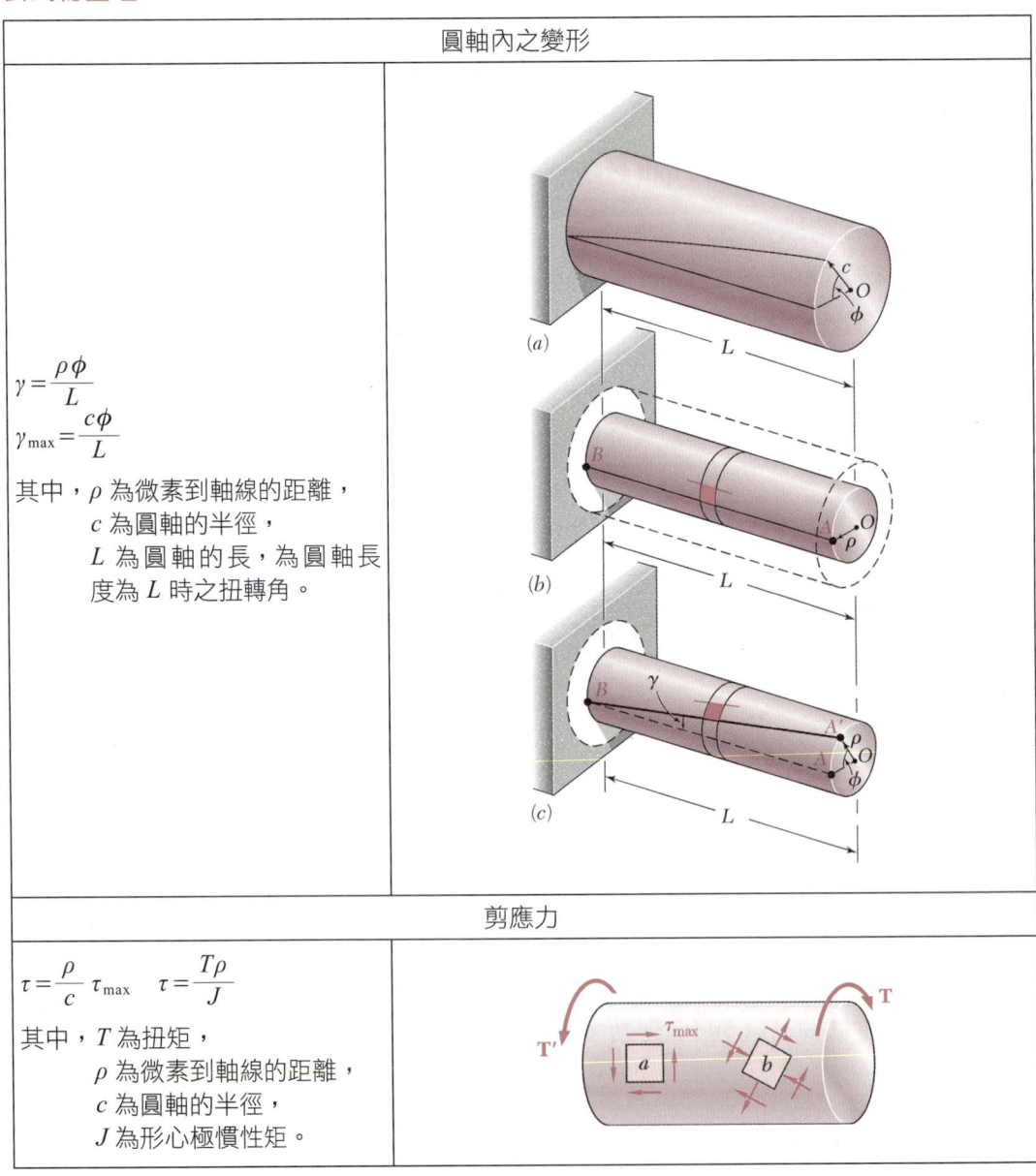

	圓軸內之變形
$\gamma = \dfrac{\rho\phi}{L}$ $\gamma_{max} = \dfrac{c\phi}{L}$ 其中，ρ 為微素到軸線的距離， c 為圓軸的半徑， L 為圓軸的長，為圓軸長 度為 L 時之扭轉角。	

	剪應力
$\tau = \dfrac{\rho}{c}\tau_{max}$ $\quad \tau = \dfrac{T\rho}{J}$ 其中，T 為扭矩， ρ 為微素到軸線的距離， c 為圓軸的半徑， J 為形心極慣性矩。	

公式總整理 (續)

扭轉角	
$\phi = \dfrac{TL}{JG}$ 其中，T 為扭矩， 　　　L 軸之長度， 　　　J 為斷面之極慣性矩， 　　　G 為材料之剛性模數。	
傳動軸傳送的功率	
$P = 2\pi fT$ 其中，f 為軸的頻率或轉速， 　　　T 為扭矩。	
軸向載重，正交應力 σ	
$\tau_{max} = K\dfrac{Tc}{J}$ 其中，K 為應力集中因數， 　　　T 為扭矩， 　　　c 為圓軸的半徑， 　　　J 為極慣性矩。	

分析步驟

解題程序一、扭轉之剪應力

求圓軸桿件的扭矩 T
↓
求極慣性矩 J
↓
利用 $\tau = \dfrac{T\rho}{J}$ 求剪應力

解題程序二、扭轉角

求各圓軸桿件中扭矩
↓
利用 $\phi = \dfrac{TL}{JG}$ 求出各桿件的扭轉角

材料力學
Mechanics of Materials

解題程序三、靜不定軸圓軸

畫出分離體圖，定義所有扭矩
↓
寫出力矩平衡方程式
↓
利用 $\phi = \dfrac{TL}{JG}$ 求出未知力矩
↓
利用 $\tau = \dfrac{T\rho}{J}$ 求剪應力

複習與摘要

本章係討論承受扭轉力偶或扭矩作用的軸之分析與設計，其中除了最後兩節外，本章的討論均限於圓軸。

圓軸內之變形

在初步討論 [3.2 節] 中曾經指出，圓軸的斷面內之應力分佈為靜不定。因此，在計算這些應力時必須先分析發生在軸內之變形 [3.3 節]。在說明承受扭轉的圓軸內之每一斷面保持平面狀而不扭曲後，即導出一小微素內的剪應變數學式，此微素之邊分別平行及垂直於軸的軸線，且到軸線的距離為 ρ

$$\gamma = \frac{\rho\phi}{L} \qquad (3.2)$$

其中 ϕ 為軸長度為 L 時之扭轉角(圖 3.57)。式 (3.2)顯示，圓軸內的剪應變隨到軸的軸線之距離成線性變化。因此，應變以在軸的表面處為最大，該處的 ρ 等於軸之半徑 c，即

$$\gamma_{\max} = \frac{c\phi}{L} \qquad \gamma = \frac{\rho}{c}\gamma_{\max} \qquad (3.3, 4)$$

彈性範圍內之剪應力

考慮在彈性範圍內的圓軸中之剪應力 [3.4

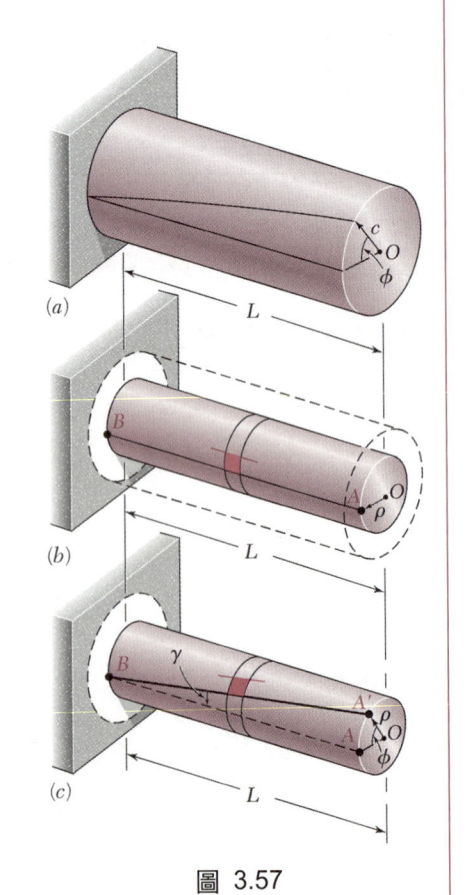

圖 3.57

節]，並利用剪應力與應變之虎克定律——$\tau = G\gamma$，即導出下列關係式

$$\tau = \frac{\rho}{c}\tau_{max} \qquad (3.6)$$

此關係式顯示在彈性範圍內，圓軸內的剪應力 τ 也隨到軸的軸線距離成線性變化。令作用在軸的任意斷面上之原力的力矩和等於作用在軸上的扭矩大小 T，即導出**彈性扭轉公式**

$$\tau_{max} = \frac{Tc}{J} \qquad \tau = \frac{T\rho}{J} \qquad (3.9, 10)$$

其中 c 為斷面之半徑，而 J 為其形心極慣性矩。對於實心軸而言，$J = \frac{1}{2}\pi c^4$，而內外半徑分別為 c_1 與 c_2 之中空軸，則為 $J = \frac{1}{2}\pi(c_2^4 - c_1^4)$。

吾人注意到圖 3.58 中的微素 a 受純剪力，但是同一圖中的微素 c 則承受大小相同的正交應力 Tc/J，其中兩正交應力為拉應力，另外兩個則為壓應力。這就是在扭轉試驗中，延性材料(一般受剪力而損壞)將沿垂直於試件軸線之平面破壞；而在受拉伸時比受剪切時，更弱的脆性材料會沿與該軸線成 45° 角的平面破裂的原因。

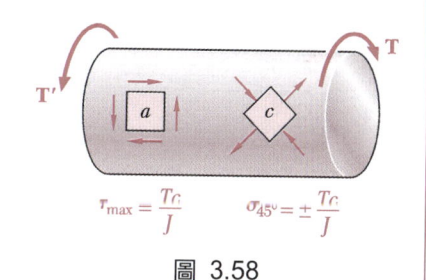

圖 3.58

扭轉角

3.5 節中指出，在彈性範圍內，圓軸的扭轉角 ϕ 與所受的扭矩 T 成正比(圖 3.59)。令 ϕ 的單位為**弧度**，則可以寫出

$$\phi = \frac{TL}{JG} \qquad (3.16)$$

其中　L = 軸之長度
　　　J = 斷面之極慣性矩
　　　G = 材料之剛性模數

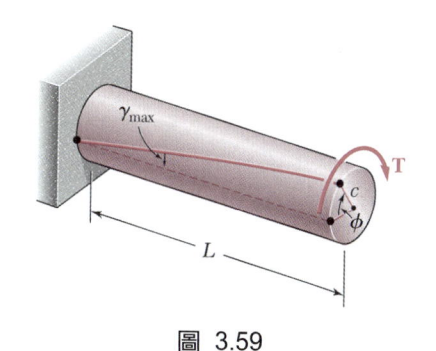

圖 3.59

若軸承受扭矩之處不在其兩端，或是由斷面不同的數部分構成，或是由不同材料組成，則其扭轉角必須等於其各部分的扭轉角之代數和 [範例 3.3]：

$$\phi = \sum_i \frac{T_i L_i}{J_i G_i} \qquad (3.17)$$

當軸 BE 的兩端都在旋轉時(圖 3.60)，其扭轉角等於兩端的旋轉角 ϕ_B 與 ϕ_E 之差。另外也應注意，當兩軸以齒輪 A 與 B 連接時，則由齒輪 A 作用在軸 AD 上的扭

矩與齒輪 B 作用在軸 BE 上的扭矩，與兩齒輪的半徑 r_A 與 r_B 成正比，因為由位於 C 處的齒輪齒互相作用的力大小相等但反向。另一方面而言，兩齒輪旋轉的角度 ϕ_A 與 ϕ_B 則與 r_A 及 r_B 成反比，因為由齒輪齒所畫出的弧長 CC' 與 CC'' 相等 [例 3.04 及範例 3.4]。

靜不定圓軸

若軸的支持處之反作用力或內扭矩無法只由靜力學求出，則軸稱為*靜不定* [3.6 節]。在使用由分離體圖所得到的平衡方程式時，還必須運用得自問題的幾何形狀之有關軸的變形關係式。[例 3.05 及範例 3.5]。

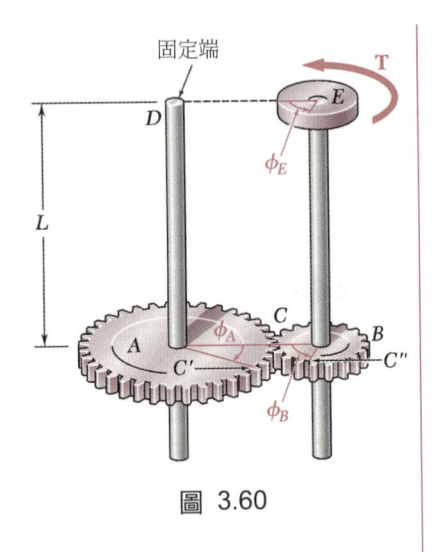

圖 3.60

傳動軸

3.7 節討論了傳動軸之設計。首先觀察到軸所傳送的功率為

$$P = 2\pi fT \tag{3.20}$$

其中 T 為作用在軸的各端之扭矩，而 f 為軸的頻率或轉速。頻率的單位為轉／每秒 (s^{-1}) 或赫茲 (Hz)，T 的單位為牛頓－公尺 (N·m)，P 的單位為瓦 (W)。

在設計以頻率 f 傳送一既定功率 P 之軸時，首先需解式(3.20)求得 T，然後將此值及所用的材料之最大容許 τ 值代入彈性公式(3.9)中，即得到對應的數 J/c 之值，然後算出軸的必要直徑 [例 3.06 與 3.07]。

應力集中

3.8 節討論了圓軸內的應力集中，並指出利用內圓角，即可以使由軸的直徑突然改變所引起的應力集中減小(圖 3.61)，而內圓角處之最大剪應力值為

$$\tau_{max} = K\frac{Tc}{J} \tag{3.25}$$

其中應力 Tc/J 針對直徑比較小的軸算出，而 K 為應力集中因數。圖 3.29 所顯示的是在不同的 D/d 值下，K 值隨 r/d 比的變化，其中 r 為內圓角半徑。

塑性變形

3.9 到 3.11 節討論了圓軸內的塑性變形與殘留應力。首先指出，即使不能使用虎克定律時，圓軸內的應變分佈仍然一直成線性[3.9 節]。若知道材料的剪應力－

應變圖,即可以針對任意既定 τ_{max} 值畫出剪應力 τ 隨到軸的軸線距離 ρ 之變化(圖 3.62)。將半徑為 ρ 而厚度為 $d\rho$ 的環狀微素之扭矩相加,即可將扭矩寫成

$$T = \int_0^c \rho\tau(2\pi\rho d\rho) = 2\pi \int_0^c \rho^2\tau\, d\rho \tag{3.26}$$

其中 τ 為圖 3.62 中所畫出 ρ 之函數。

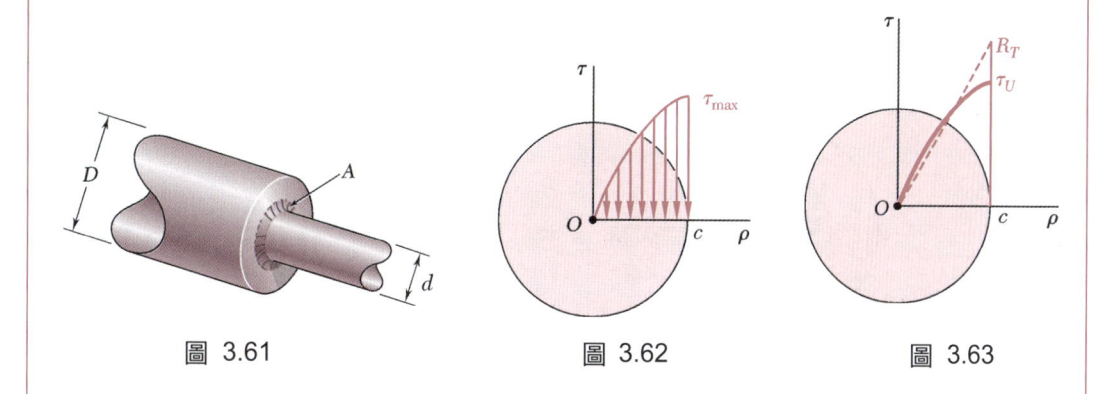

圖 3.61

圖 3.62

圖 3.63

破裂模數

扭矩有一重要之值,即造成軸損壞的極限扭矩 T_U。此值可以由實驗決定,或由上面所提到的方法算出,其中選擇的 τ_{max} 等於材料的極限剪應力 τ_U。由 T_U 及假設應力分佈為線性(圖 3.63),即求得對應的虛應力 $R_T = T_U c/J$,稱為某已知材料之**扭轉破裂模數**。

實心彈塑材料軸

考慮由**彈塑材料**做成的實心圓軸之理想情形 [3.10 節],首先注意到,只要 τ_{max} 不超過材料的降伏強度 τ_Y,則通過軸的斷面之應力分佈為線性(圖 3.64a)。對應於 $\tau_{max} = \tau_Y$(圖 3.64b)之扭矩 T_Y 稱為**最大彈性扭矩**。對於半徑為 c 之實心圓軸而言,即會有

$$T_Y = \frac{1}{2}\pi c^3 \tau_Y \tag{3.29}$$

當扭矩增大時,即有一塑性範圍在軸內半徑為 ρ_Y 的彈性核心四周圍發展,而對應於一既定 ρ_Y 值的扭矩 T 為

$$T = \frac{4}{3}T_Y\left(1 - \frac{1}{4}\frac{\rho_Y^3}{c^3}\right) \tag{3.32}$$

注意,當 ρ_Y 接近零時,扭矩即接近一極限值 T_p,稱為所考慮的軸之**塑性扭矩**

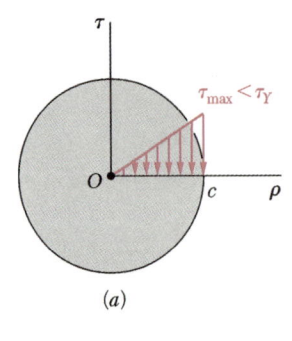

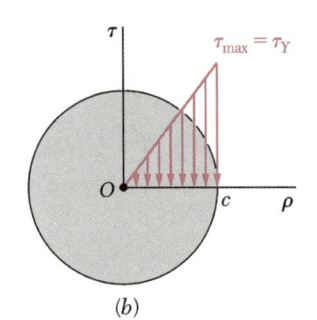

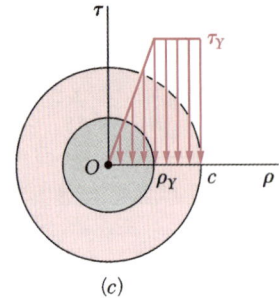

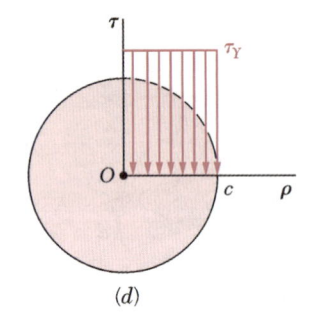

材料力學
Mechanics of Materials

圖 3.64

$$T_p = \frac{4}{3} T_Y \tag{3.33}$$

畫出扭矩 T 隨實心圓軸的扭轉角 ϕ 之變化(圖 3.65)，即得到由式(3.16)所定義的直線段 0_Y，然後為趨近直線 $T = T_p$ 之曲線，其定義方程式為

$$T = \frac{4}{3} T_Y \left(1 - \frac{1}{4} \frac{\phi_Y^3}{\phi^3} \right) \tag{3.37}$$

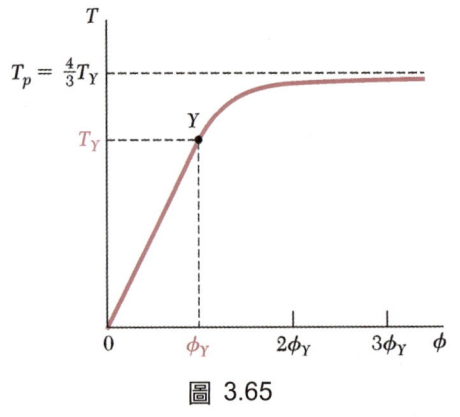

圖 3.65

永久變形；殘留應力

將圓軸加載到超過其降伏點，然後卸載 [3.11 節]，即造成永久變形。其特性為扭轉角 $\phi_p = \phi - \phi'$，其中 ϕ 對應於前一段中所描述的加載階段，而 ϕ' 則對應於由圖 3.66 中的直線所代表的卸載階段。軸內也將會有殘留應力，將加載階段內所達到的最大應力與卸載階段的逆應力相加，即可以求出這種應力[例 3.09]。

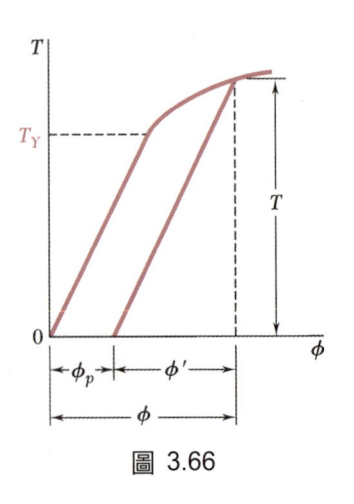

圖 3.66

非圓形構件內的扭轉

本章最後兩節討論了非圓形構件之扭轉。注意，圓軸內的應變與應力分佈公式之推導，以這些構件的軸對稱性而使斷面保持平面狀且不扭曲為依據。由於對於非圓形構件而言，這種性質並不存在，例如圖 3.67 所示的正方形棒，故前面所導出的公式都不能用在這種分析上 [3.12 節]。

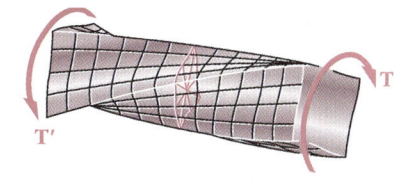

圖 3.67

矩形斷面塊

3.12 節中指出，在具有均勻矩形斷面的直塊情形中(圖 3.68)，最大剪應力沿塊的寬面之中心線產生。此節列出的最大剪應力及扭轉角，都未加以證明。另外也討論了薄膜模擬法，以形象地表達出非圓形構件內的應力分佈情況。

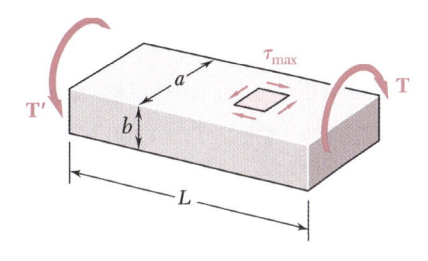

圖 3.68

薄壁中空軸

最後吾人還分析了非圓形薄壁中空軸內之應力分佈 [3.13 節]，並指出剪應力平行於壁面，且在橫過棒壁及沿壁斷面都有變化。以 τ 代表在斷面-既定點處橫過棒壁所算出的平均剪應力值，而 t 代表該點處的壁厚度(圖 3.69)，則證明稱為剪力流的乘積 $q = \tau t$ 在整個斷面上不變。

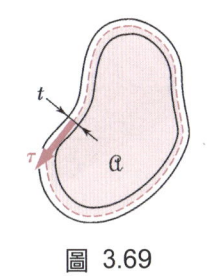

圖 3.69

此外，以 T 代表作用在中空軸上的扭矩，而 $\mathcal{A}$ 代表壁斷面中心線所圍住的面積，則將斷面任意既定點處之平均剪應力 τ 表為

$$\tau = \frac{T}{2t\mathcal{A}} \tag{3.53}$$

複習題

3.151 圖示一圓柱，受一扭矩 $T = 1.5$ kN·m 作用，求極大剪應力。

3.152 試求長 3 m 鋼桿之最大容許直徑 ($G = 77$ GPa)，使其可在扭轉 30° 時剪應力不超過 84 MPa。

3.153 外徑 300 mm 的鋼管是由 6 mm 厚的平板沿螺旋方向焊接而成，螺旋方向與管的軸心方向成 45°。已知焊接處的最大容許張應力為 84 MPa，試求可施加於管上的最大扭矩。

3.154 兩實心圓軸利用齒輪相接如圖所示。已知每個圓軸 $G = 77.2$ GPa，試求 $T_A = 1200$ N·m 時端點 A 的轉動角度。

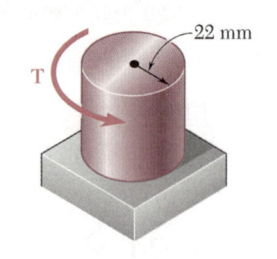

圖 P3.151

圖 P3.153

圖 P3.154

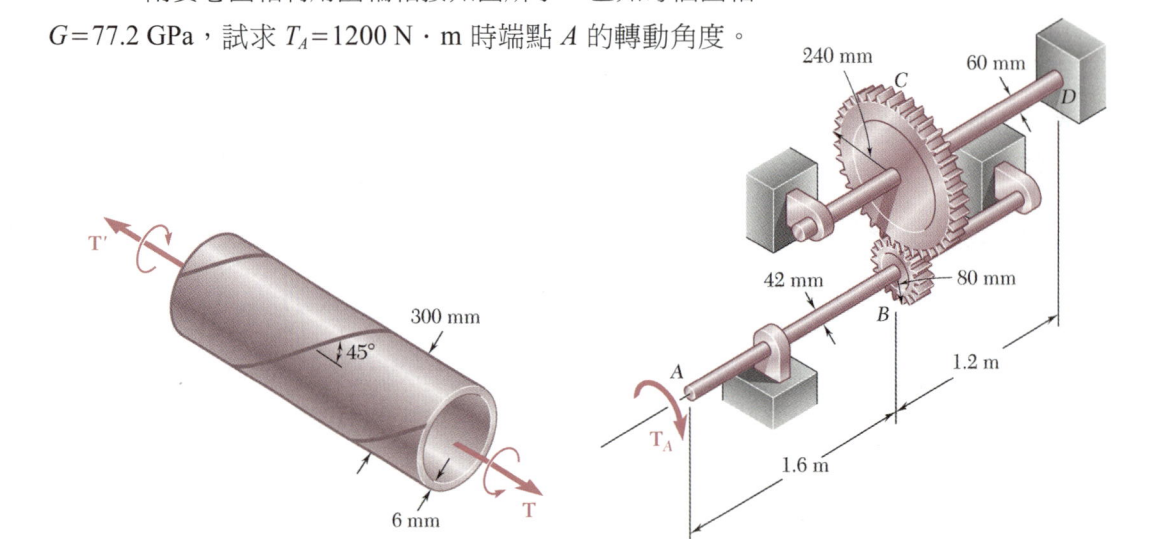

3.155 兩個實心鋼製圓軸 ($G = 77.2$ GPa) 與圓盤 B 相接，並與固定支承 A 及 C 相連。試求圖示負載下，(a)每個支承點的反作用力，(b)桿件 AB 中的最大剪應力，(c)桿件 BC 中的最大剪應力。

3.156 圖示長型、中空、直徑漸縮的桿件 AB 擁有均勻厚度 t，剛性模數 G，試證明端點 A 的扭轉角是

$$\phi_A = \frac{TL}{4\pi Gt} = \frac{c_A + c_B}{c_A^2 c_B^2}$$

圖 P3.155

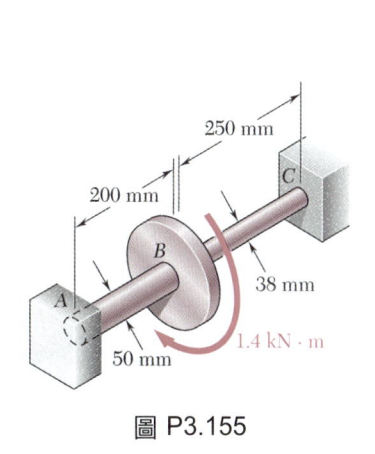

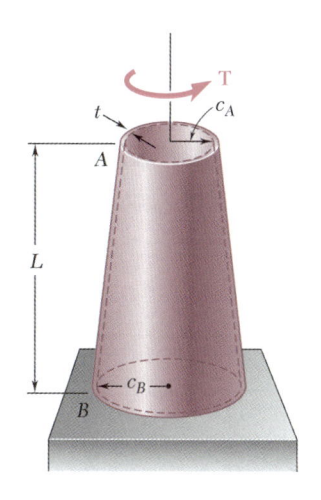

圖 P3.156

3.157 圖示實心圓柱桿件 BC 一端與剛性槓桿 AB 相連，另一端則與固定支承 C 相連。作用在 A 之垂直力 **P** 在 A 點產生一小位移。試證圓桿中之對應極大剪應力是

$$\tau = \frac{Gd}{2La}\Delta$$

式中 d 表圓桿直徑，G 表剛性模數。

3.158 一長 1.2 m 鋼製實心傳動軸的規格是施加扭矩 750 N·m 時的扭轉角不超過 4°，已知該材料之容許剪應力 90 MPa 及剛性模數 77.2 GPa，試求傳動軸需要的直徑。

3.159 兩實心黃銅桿件 AB 及 CD 是用黃銅套管 EF 套住焊接如圖示。試求在桿件及套管中發生相同極大剪應力時之比值 d_2/d_1。

圖 P3.157

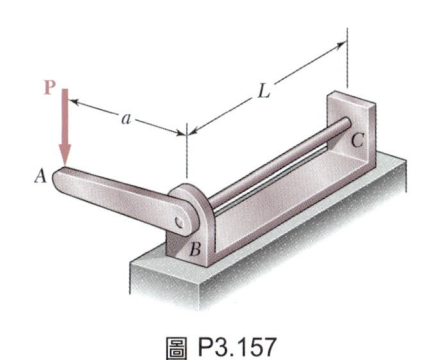

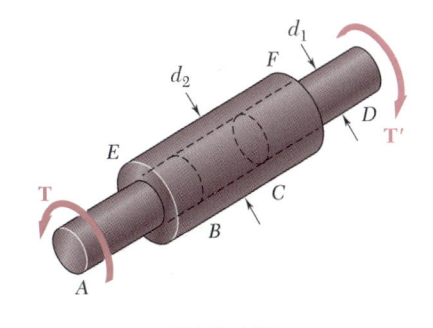

圖 P3.159

材料力學
Mechanics of Materials

3.160 一扭矩 $T = 5$ kN·m 係作用在圖示斷面之中空軸上，不計應力集中效應，試求在點 a 及點 b 之剪應力。

3.161 圖示組合圓軸在端點 A 受一扭矩 **T** 作用而扭轉。已知在鋼殼中之極大剪應力是 150 MPa，試求鋁核心中之相應極大剪應力。採用鋼 $G = 77.2$ GPa、鋁 $G = 27$ GPa。

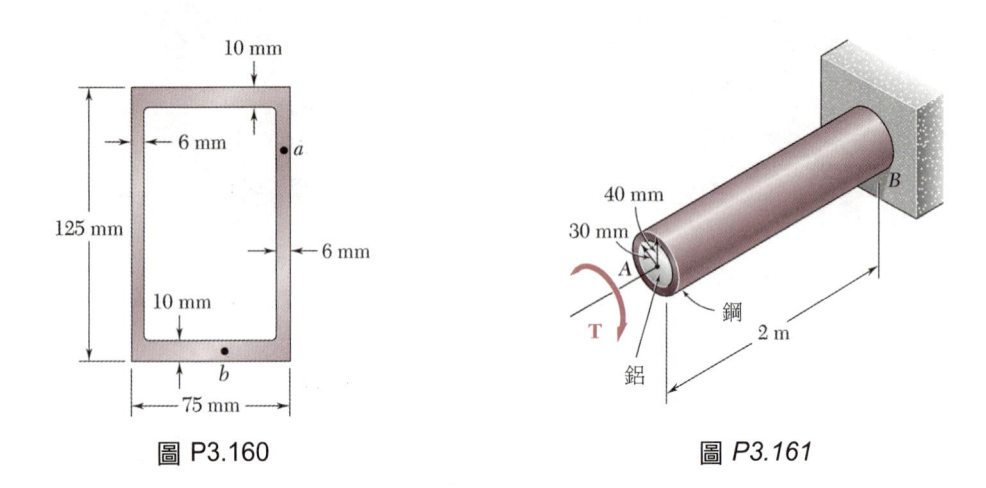

圖 P3.160

圖 P3.161

CHAPTER 4

純彎曲

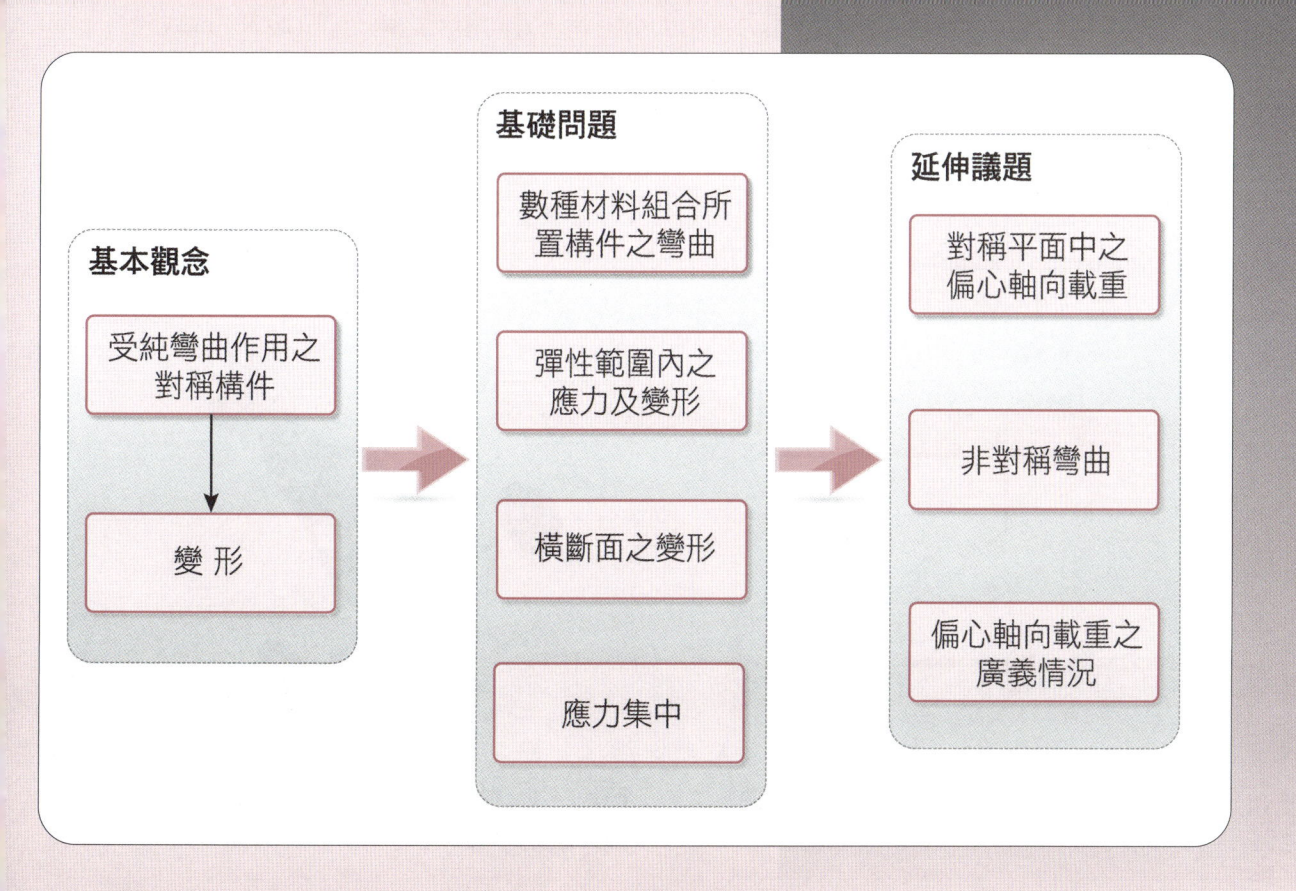

基本觀念
- 受純彎曲作用之對稱構件
- 變形

基礎問題
- 數種材料組合所置構件之彎曲
- 彈性範圍內之應力及變形
- 橫斷面之變形
- 應力集中

延伸議題
- 對稱平面中之偏心軸向載重
- 非對稱彎曲
- 偏心軸向載重之廣義情況

4.1 概　述

在前面幾章中，吾人已研析了如何求取承受載重或扭轉力偶作用稜體構件(prismatic member)上之應力，在本章及接續二章中，吾人將繼續分析承受彎曲(bending)載重在稜體構件上之應力及應變，用在設計很多機械及結構構件如梁及大梁等項目上，彎曲是很重要之觀念。

本章將考究在同一縱向平面上，承受大小相等，方向相反之力偶 **M** 及 **M′** 作用之稜體構件的分析。該等構件可說是處於純彎曲(pure bending)狀態。本章大多數篇幅皆假定構件具有一對稱平面，力偶 **M** 及 **M′** 係作用在此平面中(圖 4.1)。受彎曲之一典型例子乃是本章首頁之相片圖，該圖示出一運動員，手握兩端有啞鈴重量之橫桿，挺身上舉過頭之情況。橫桿上舉時，兩手握的位置距兩端重量之距離相等。因為橫桿分離體圖之對稱性(圖 4.2a)，在手握處之反作用力與啞鈴重量必須大小相等，方向相反。是以就橫桿中央部分 CD 而論，兩端重量與反作用力可用大小相等，方向相反之兩力偶 120 N·m 取代(圖 4.2b)，這樣可示出橫桿中央部分係處於純彎曲。一相似分析乃是針對一小拖曳機之輪軸(照片 4.1)，亦可顯示，輪軸與拖曳機相連是在對應兩點，所以輪軸是受純彎曲。

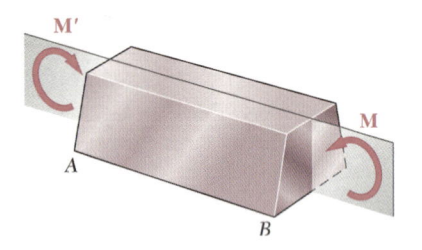

圖 4.1　受純彎曲之構件

對於純彎曲之直接應用，事物不多，所以用整個章節來討論，並不適宜，除非基於所得結果能用於分析其它型式載重，諸如偏心軸向載重(eccentric axial loading)及橫向載重(transverse loading)。

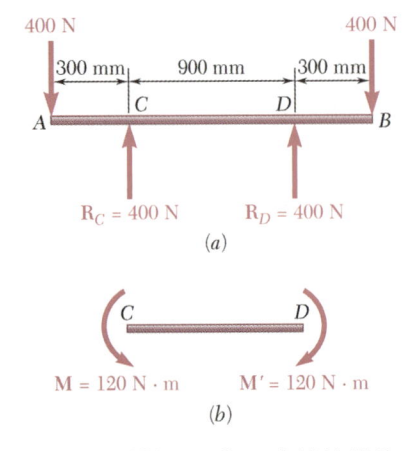

圖 4.2　橫桿 cd 部分處於純彎曲

照片 4.1　在圖示之小拖曳機中，輪軸中央部分是受純彎曲

照片 4.2 所示為一 300 mm 鋼桿壓力機，此機乃用 600 N 力將兩片木板用膠水沾黏後，夾在一起。圖 4.3a 所示為大小相等，方向相反之兩力由木板作用在壓力機上。這些力使得壓力機之直立部分產生偏心載重(eccentric loading)。圖 4.3b 所示為橫切壓力機切出斷面 CC'，其分離體圖乃畫出壓力機之上部分，由該圖吾人可得結論是，斷面中之內力相當於 600 N 軸向拉力 **P** 及一 72 N·m 力偶 **M**。於是可將對受同心載重產生應力觀念與吾人即將分析之受純彎曲所生應力觀念合而為一，俾能求得受偏心載重所生之應力分佈。這將在 4.12 節中討論。

照片 4.2　鋼桿壓力機

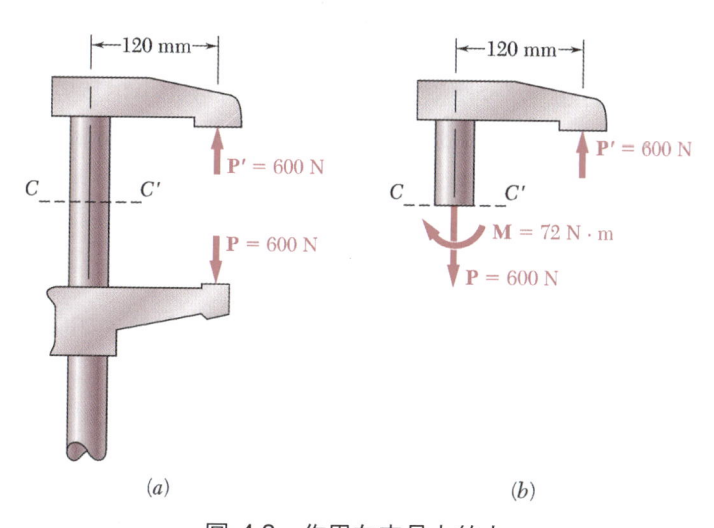

圖 4.3　作用在夾具上的力

純彎曲之研析亦是研究梁之一主要工作，意即對稜體構件承受不同類型橫向載重作用之研究。例如，考究一在其自由端承載一集中載重 **P** 之懸臂梁(cantilever beam)AB(圖 4.4a)。如果吾人在與 A 點距離 x 處之 C 點切一斷面，即可由 AC 分離體圖(圖 4.4b)看出，在此斷面上之內力包含一與力 **P** 大小相等，方向相反之力 **P′** 及一大小 $M=Px$ 之力偶 **M**。而斷面上之正交應力分佈可由力偶 **M** 求得，就像此梁處於純彎曲一樣。就另一方面而言，斷面上之剪應力亦將視力 **P′** 而定，此將在第 6 章講授如何去求該等應力在一已知斷面上之分佈。

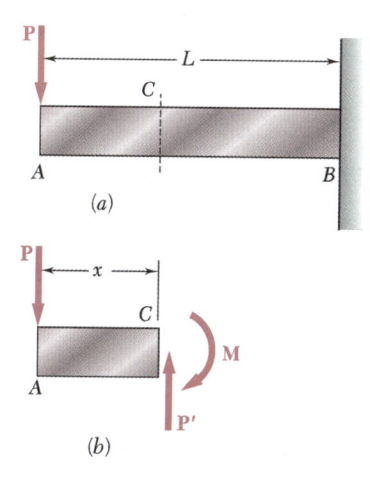

圖 4.4　不處於純彎曲之懸臂梁

本章第一部分將研析具有對稱平面，材料遵循虎克定律之均質構件中，受純彎曲作用所產生之應力及應變。在開始討論因純彎曲所生應力時(4.2節)，要應用靜力方法導出三個基本方程式，這些方程式必須滿足構件中任何已知斷面中之正交應力。在 4.3 節中，吾人將證明，承受純彎曲作用構件中，**橫向斷面仍會保持平面**，至於 4.4 節中所導出之公式，將用於求在構件在彈性範圍內之正交應力及**曲率半徑** (radius of curvature)。

在 4.6 節，吾人將會研析不只一種材料所造成之組合構件中之應力及應變，多種材料組合如**鋼筋混凝土** (reinforced-concrete)，乃是利用鋼及混凝土最佳特性組成，它被廣泛用於建築物及橋梁之構造中。吾人亦將學到如何畫出**換算斷面** (transformed section)，換算斷面代表由均質材料所造成之構件斷面，就像當組合構件在相同載重下時，該換算斷面與組合斷面具有相同之應變。使用換算斷面可求得原始組合構件中之應力及應變。4.7 節將研析如何求一構件有突然發生變化之斷面處的應力集中。

在本章之次一部分，吾人將研析彎曲中之塑性變形，此乃指由不遵循虎克定理，承受彎曲作用之材料所造成構件之變形。對此等構件經一般性討論後(4.8 節)，吾人更將研究由**彈塑材料**製成之構件的應力及應變(4.9 節)。吾人將考究由相當於降伏力矩之極大彈性力矩 M_Y 開始，逐漸增大力矩直至**塑性力矩** (plastic moment)M_p 到達為止，在該時，構件將完全降伏。吾人亦將學習到如何去求從某些載重所產生之永久變形及殘留應力(4.11 節)。應予注意者，在過去半世紀，鋼之彈塑性質廣泛用於製造及設計，使得安全及經濟兩方面皆有長足進步。

在 4.12 節，吾人將說明在對稱平面中作偏心軸向載重分析，如圖 4.4 所示者，乃藉由純彎曲所生應力與由中心軸向載重所生應力重疊而得。

由於已研習了稜體構件之彎曲，故可推斷出**不對稱彎曲之分析**(4.13 節)，以及**偏心軸向載重一般性情況之研析**(4.14 節)。本章最後一節將專注於曲線構件中之應力求法。

4.2　受純彎曲作用之對稱構件

先考究圖示之一稜體構件，此構件具有一對稱平面，且在此平面承受大小相等，方向相反之力偶 **M** 及 **M′** 作用(圖 4.5a)。由圖可看出，如通過構件 AB 任一點 C 處，取一切面，則在構件 AC 部分之平衡條件需要切面中之內力相當於力偶 **M** (圖 4.5b)。是以受純彎曲作用中，對稱構件任一切面之各內力必相當於一力偶。此力偶之矩量 M 乃稱為在該切面之**彎曲力矩** (bending moment)。對於力矩之慣用符號如下述，當 M 使得構件彎得如圖 4.5a 所示情況，則取為正號，其意即謂梁彎成凹面狀，反之即為負。

用 σ_x 表示作用在斷面一定點上之正交應力，τ_{xy} 及 τ_{xz} 則表剪應力分量，吾人將要示出，作用在斷面上之各原有內力乃與力偶 **M** 等效(圖 4.6)。

圖 4.5 受純彎曲之構件

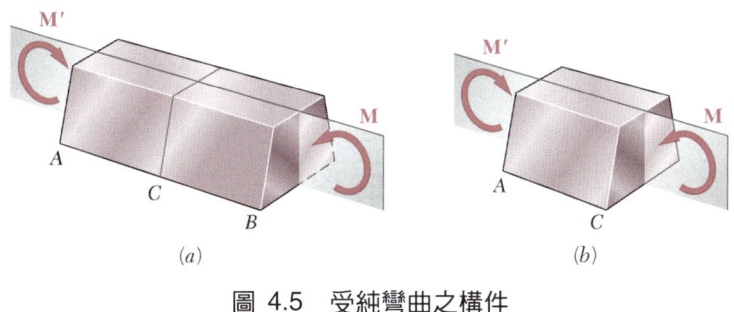

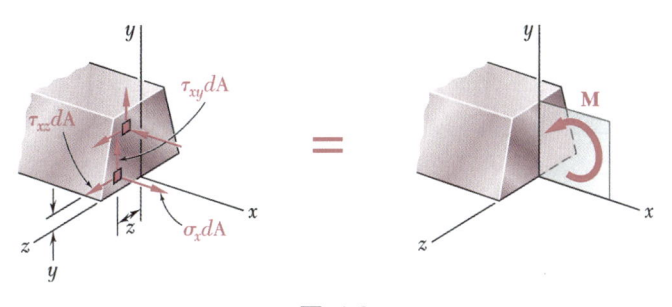

圖 4.6

根據靜力學所述，實際上一力偶 **M** 由兩大小相等，方向相反之力組成。是以此兩力在任一方向之分力和必等於零。另外，對與力偶所在平面垂直的任何軸而言，其周圍的力矩都相等；對處於該平面的任何軸而言，則其周圍的力矩都等於零。任意選用圖 4.6 所示之 z 軸，因各原內力及力偶 **M** 等效，故原內力各分量及各分力矩之和應等於力偶 **M** 之對應各分力及各力矩。

x 分量： $\int \sigma_x \, dA = 0$ (4.1)

對 y 軸之力矩： $\int z \sigma_x \, dA = 0$ (4.2)

對 z 軸之力矩： $\int (-y \sigma_x \, dA) = M$ (4.3)

取 y 向各分量之和等於零，取 z 向各分量之和等於零，以及對 x 軸之各力矩和等於零時，可寫出另外三個方程式，但此三方程式只涉及剪應力之各分量，且在下節將可知悉，此兩剪應力分量皆等於零。

此時有兩點須加以說明：(1)式(4.3)之負號，乃是因為拉應力($\sigma_x>0$)促使正交力 $\sigma_x dA$ 對 z 軸生成一負(順時針方向)力矩。(2)由式(4.2)可預期，施加在對稱稜體構件平面的力偶造成對稱 y 軸的正向應力分佈。

材料力學
Mechanics of Materials

吾人必須再次強調，在某一斷面上之應力的實際分佈，不能單用靜力學求出。它屬於靜不定，唯有分析構件中所生之變形條件方能求出。

4.3 受純彎曲作用之對稱構件的變形

吾人現將分析有一對稱平面之稜體構件之變形，此構件在其兩端受到作用在該對稱平面上大小相等但方向相反之力偶 **M** 及 **M'** 作用。在力偶作用下，此構件將會彎曲，但對該平面仍保持對稱(圖4.7)。又因彎曲力矩 M 在任何斷面皆都相同，故構件亦均勻彎曲。是以構件上表面與力偶平面交截線 AB 將有一不變之曲率。換言之，原本為直線之 AB 線，將變成圓心為 C 之一圓；構件下表面與對稱面之交截線 $A'B'$ (圖上未示出)亦如此。吾人觀察圖中亦注意到，當構件彎成圖示樣子時，亦即 $M>0$ 時，AB 長度將會減少，$A'B'$ 將會增長。

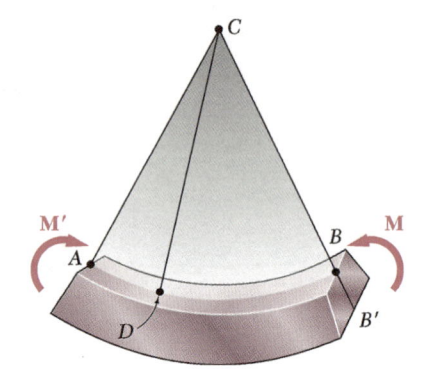

圖 4.7 受純彎曲構件之變形

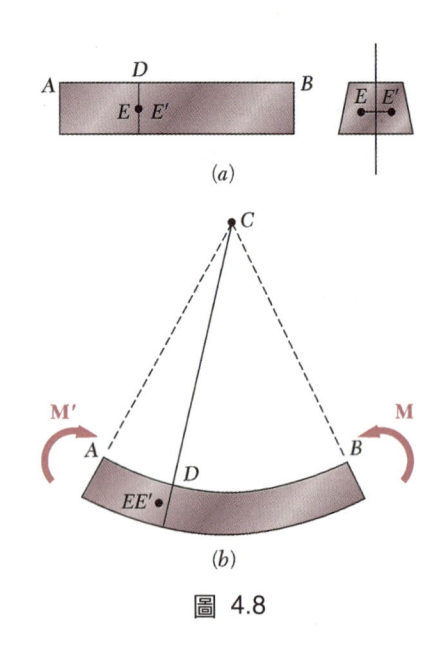

其次，吾人將證明與構件軸垂直之任何斷面仍保持平面，且斷面平面必通過 C。如果這一說法不正確，吾人一定可以在過 D 之原有斷面上定出一點 E(圖4.8a)，而在構件彎曲後，E 點將不會在與對稱平面垂直，且包含直線 CD 之平面中(圖4.8b)。但因構件成對稱，必將有另一點 E' 會依同一方式轉變。現假定在構件彎曲後，兩點皆位於包含 CD 直線之平面的左側，如圖 4.8b 所示。因在整個構件中之彎曲力矩 M 皆相同，是以在任何其它斷面皆有類似情況發生，而與 E' 及 E 對應的那些點亦移至左側。因之在 A 點之觀察者將獲得載重使得各斷面中之 E 及 E' 點向他移動之結論。但在 B 點之觀察者，載重看來相同，但在相同的位置觀察 E 及 E' 點(此時兩點的位置已反轉)卻獲得相反之結論。此項不一致使吾人得出，E 及 E' 應在 CD 所定出之平面中，斷面須經過 C 且保持平面之結論。然而應注意，此一討論並未排斥斷面中有變形之可能性(參見 4.5 節)。

圖 4.8

假定將此構件分成很多微立方塊，且微立方塊之各面分別與三坐標平面平行。當此構件受到力偶 **M** 及 **M'** 作用時，由上述得知該等微立方塊將轉變成圖 4.9 所示出之樣式，因圖 4.9 所示之兩圖中，呈現出之所有表面皆都相互垂直，故可得出 $\gamma_{xy}=\gamma_{zx}=0$ 以及 $\tau_{xy}=$

(a)縱向垂直斷面
(對稱平面)

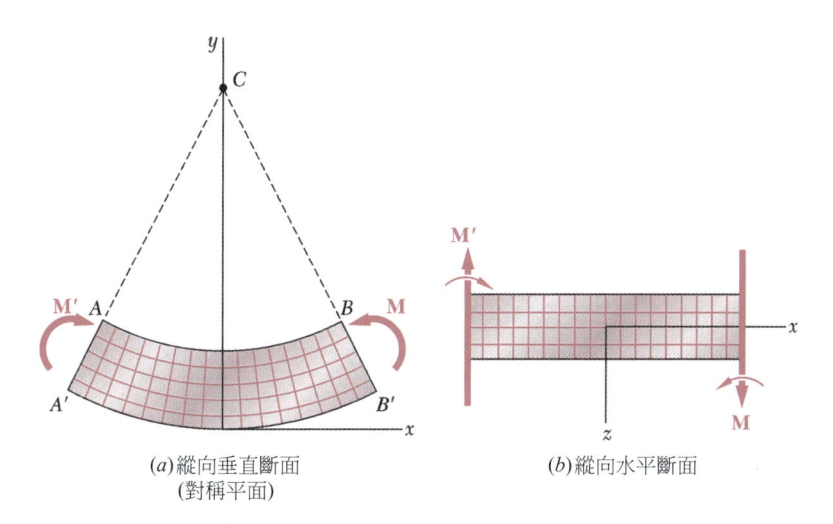

(b)縱向水平斷面

圖 4.9 承受純彎曲的構件

$\tau_{xz}=0$ 之結論。關於尚未討論過之三應力分量，即 σ_y、σ_z 及 τ_{yz}，吾人知悉它們在構件表面上必須是零。在另一方面，因變形並不要求某一橫向斷面中之各微素間有任何相互作用，因此，可假定此三應力分量在整個構件中等於零，對有小變形之細長構件，此一假定可由實驗及彈性理論兩方面加以證明。†於是吾人得出結論，作用在此處所考究之任一微立方塊上之非零應力分量乃是正交應力 σ_x。因此在受純彎曲細長構件之任一點上，有一單一軸向應力態(state of uniaxial stress)。前面已述在 $M>0$ 時，直線 AB 及 $A'B'$ 之長度分別是減小及增加，是以應變 ϵ_x 及應力 σ_x 在構件上部分是負(壓力)，而在下部分是正(拉力)。

從以上所述可知，構件中必有一面與構件上下面平行，且該面中之 ϵ_x 及 σ_x 皆等於零。此面稱為**中性面**(neutral surface)。中性面與對稱平面之交截線乃是 DE 圓弧(圖 4.10a)，中性面與橫斷面交截成一直線，稱為該斷面之**中性軸**(neutral axis) (圖 4.10b)。吾人現將坐標原點選在中性面上，而非如前述選在構件下表面，使任一點至中性面之距離可用坐標 y 表出。

用 ρ 表圓弧 DE 之半徑(圖 4.10a)，θ 表對應於 DE 之中心角，吾人由上述知悉，DE 之長度等於未變形構件之長度 L，於是可寫出

$$L=\rho\theta \tag{4.4}$$

至此考究位在中性面上距離為 y 之 JK 圓弧，其長度 L' 是

$$L'=(\rho-y)\theta \tag{4.5}$$

---

† 亦參見習題 4.32。

(a)縱向垂直斷面
(對稱平面)

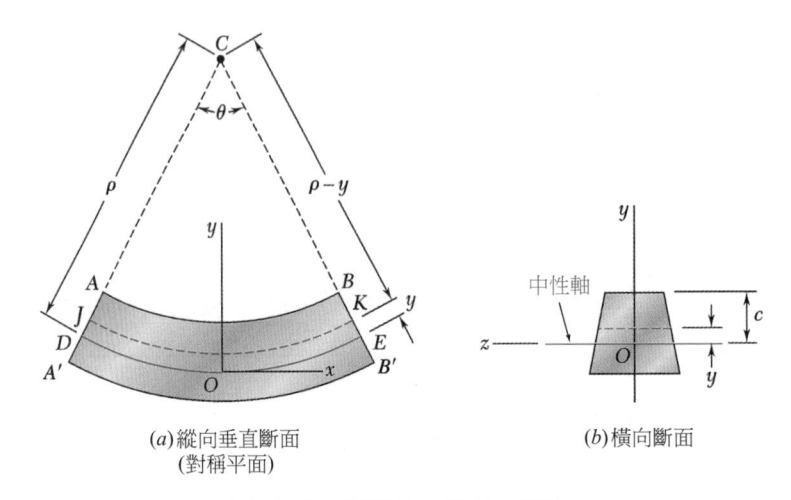

(b)橫向斷面

圖 4.10　相對於中性軸之變形

因圓弧 JK 之原有長度等於 L，故 JK 之變形是

$$\delta = L' - L \tag{4.6}$$

將式(4.4)及(4.5)代入式(4.6)，得

$$\delta = (\rho - y)\theta - \rho\theta = -y\theta \tag{4.7}$$

使 δ 被 JK 原來長度除，即可求得 JK 微素中之縱向應變 ϵ_x 是

$$\epsilon_x = \frac{\delta}{L} = \frac{-y\theta}{\rho\theta}$$

或

$$\epsilon_x = -\frac{y}{\rho} \tag{4.8}$$

式中負號乃是由於吾人假定彎曲力矩為正，梁應向上彎曲之故。

因為橫斷面應保持平面之條件，相同之變形將在所有與對稱平面平行之平面中發生。是以由式(4.8)算出之應變值，在任何處皆都正確，因此吾人可得結論是，在整個構件中，縱向正交應變 ϵ_x 與其至中性面之距離 y 成正比。

當 y 值最大時，應變 ϵ_x 亦達其最大絕對值。用 c 表出距中性面之最大距離(此值對應於構件上表面或下表面)。用 ϵ_m 表示應變最大絕對值，故得

$$\epsilon_m = \frac{c}{\rho} \tag{4.9}$$

解式(4.9)即可得 ρ，再將此一求得之 ρ 值代入式(4.8)，即得

$$\epsilon_x = -\frac{y}{c}\epsilon_m \tag{4.10}$$

因為無法定出構件中性面之位置，吾人對受純彎曲構件變形所作的分析，仍不能計算出構件某一點之應變或應力。為了能定出中性面，吾人將必須先行定出所用材料之應力-應變關係。†

4.4 彈性範圍內之應力及變形

現考究彎曲力矩 M 造成構件中之正交應力保持在降伏強度 σ_Y 以下之情況，亦即意味構件內之應力將低於比例限度以及彈性限度。在這種情況下，就不會發生永久變形，適用於單一軸向應力之虎克定理就能夠應用。假定材料是均質，用 E 表其彈性模數，在縱 x 方向即可得出

$$\sigma_x = E\epsilon_x \tag{4.11}$$

在式(4.10)之等號兩側各乘 E，得

$$E\epsilon_x = -\frac{y}{c}(E\epsilon_m)$$

或應用式(4.11)，得

$$\sigma_x = -\frac{y}{c}\sigma_m \tag{4.12}$$

式中 σ_m 表示應力之最大絕對值。此一結果顯示，在彈性範圍內，正交應力與其至中性面之距離成正比(圖4.11)。

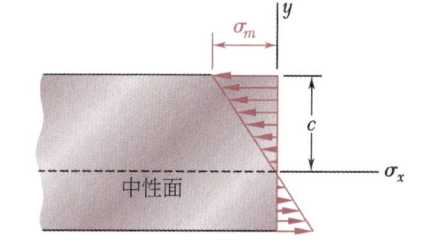

圖 4.11 彎曲應力

吾人應該注意，此時吾人既未求出中性面之位置，亦不知道應力之最大值 σ_m。如果能應用較早時由靜力學所求得之關係式(4.1)及(4.3)，即可求出兩者。首先將式(4.12)中之 σ_x 代入式(4.1)，即得

$$\int \sigma_x \, dA = \int \left(-\frac{y}{c}\sigma_m\right) dA = -\frac{\sigma_m}{c}\int y \, dA = 0$$

由上式得

$$\int y \, dA = 0 \tag{4.13}$$

---

† 不過可注意到，如構件具有垂直及水平對稱兩平面(意味其中之一是矩形斷面之構件)，又如該材料在受拉伸和壓縮時的應力-應變曲線相同，中性面將與對稱平面相合一致(參見4.8節)。

此一方程式顯示斷面對其中性軸之一次矩必等於零。†換言之，對一承受純彎曲之構件，只要應力保持在彈性範圍內，中性軸必通過斷面之形心。

再依已在 4.2 節導出對任一水平 z 軸之式(4.3)

$$\int (-y\sigma_x \, dA) = M \tag{4.3}$$

且指定 z 軸應與斷面中性軸相合，即可將式(4.12)中之 σ_x 代入式(4.3)，得

$$\int (-y)\left(-\frac{y}{c}\sigma_m\right) dA = M$$

或

$$\frac{\sigma_m}{c} \int y^2 \, dA = M \tag{4.14}$$

由於在純彎曲的情形中，中性軸通過斷面之形心，設 I 為斷面對垂直於力偶 **M** 的平面之形心軸的慣性矩或二次矩。對式(4.14)解出 σ_m，即因此可以寫出‡

$$\sigma_m = \frac{Mc}{I} \tag{4.15}$$

將式(4.15)中之 σ_m 代入(4.12)，即可得出距中性軸任一距離 y 處之正交應力為

$$\sigma_x = -\frac{My}{I} \tag{4.16}$$

式(4.15)及(4.16)稱為**彈性撓曲公式**(elastic flexure formulas)，因構件彎曲或「撓曲」所產生之正交應力稱為**撓曲應力**(flexural stress)。吾人能證實當彎曲力矩 M 為正時，在中性軸以上($y>0$)之應力是壓力($\sigma_x<0$)，而當 M 為負時是拉力($\sigma_x>0$)。

再看式(4.15)，乃知 I/c 僅視斷面之幾何形狀而定。此一比值稱為**彈性斷面模數**(elastic section modulus)，用 S 表出，故知

$$\text{彈性斷面模數} = S = \frac{I}{c} \tag{4.17}$$

將表 I/c 之 S 代入式(4.15)中，即可用另一形式寫出該方程式為

$$\sigma_m = \frac{M}{S} \tag{4.18}$$

因為最大應力與彈性斷面模數成反比，故在設計一梁時，顯然應將 S 值取成實際上能選用之最大值。例如，就一寬為 b，深為 h 之矩形斷面木梁而言，則得

---

† 參見附錄 A 面積矩之討論。
‡ 在導出過程中，假定彎曲力矩是正。如彎曲力矩是負者，式(4.15)中之 M 應由其絕對值 $|M|$ 來取代。

$$S=\frac{I}{c}=\frac{\frac{1}{12}bh^3}{h/2}=\frac{1}{6}bh^2=\frac{1}{6}Ah \tag{4.19}$$

式中 A 表梁之斷面積。該式顯示，具有同樣斷面積 A 之二梁(圖 4.12)，具有較大深度 h 之梁將有較大之斷面模數，因此對抵抗彎曲亦更有效。†

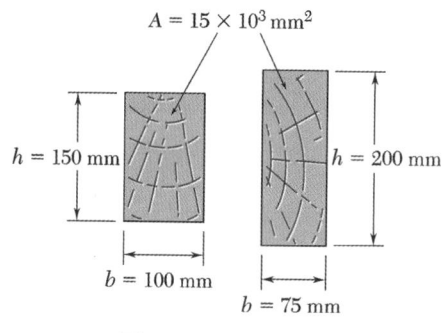

圖 4.12　木梁斷面

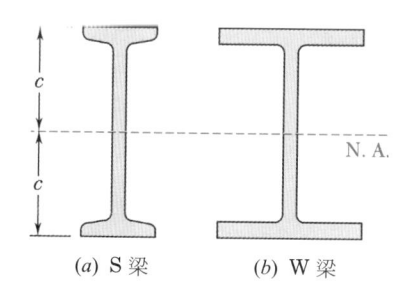

(a) S 梁　　(b) W 梁

圖 4.13　鋼梁斷面

照片 4.3　寬緣鋼梁組成了很多建築物之構架

就結構鋼而言，因美國標準梁(S 梁)及寬緣梁(W 梁)(照片 4.3)斷面之大部分面積遠離中性軸(圖 4.13)，因而該等梁較其它形狀者為優。因此在已知斷面積及已知深度時，該等梁之設計可獲得較大之 I 值以及 S 值。常用梁之彈性模數值，可由其幾何性質表查得。若要求得一標準梁已知斷面中之最大應力 σ_m，工程師只需要查出表中之彈性斷面模數值 S，然後用 S 去除斷面中之彎曲力矩 M 即得。

由彎曲力矩 M 造成構件之變形可用中性面之**曲率**(curvature)來量度。曲率之定義乃是曲率半徑 ρ 之倒數，解式(4.9)可得出 $1/\rho$ 為：

$$\frac{1}{\rho}=\frac{\epsilon_m}{c} \tag{4.20}$$

---

† 不過，大比值 h/b 將造成梁的側向不穩。

但在彈性範圍內，$\epsilon_m = \sigma_m / E$。將 ϵ_m 代入式(4.20)中，再應用式(4.15)，即得

$$\frac{1}{\rho} = \frac{\sigma_m}{Ec} = \frac{1}{Ec}\frac{Mc}{I}$$

或

$$\frac{1}{\rho} = \frac{M}{EI} \tag{4.21}$$

例 4.01

具有 20×60 mm 矩形斷面的某鋼棒承受兩大小相等但反向的力偶，其作用面為棒的垂直對稱面(圖 4.14)。假設 $\sigma_Y = 250$ MPa，試求使此棒降伏之彎曲力矩 M 值。

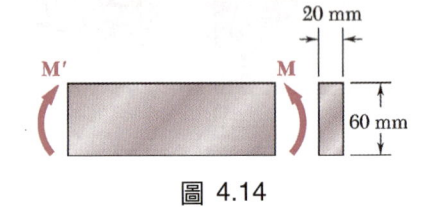

圖 4.14

解：

由於中性軸必須通過斷面之形心，故 $c = 30$ mm (圖 4.15)，就另一方面而言，矩形斷面的形心慣性矩為

$$I = \frac{1}{12} bh^3 = \frac{1}{12}(20 \text{ mm})(60 \text{ mm})^3 = 360 \times 10^3 \text{ mm}^4$$

對式(4.15)解出 M，並將以上之數據代入，則得到

$$M = \frac{I}{c}\sigma_m = \frac{360 \times 10^{-9} \text{ m}^4}{0.03 \text{ m}}(250 \text{ MPa})$$

$$M = 3 \text{ kN} \cdot \text{m}$$

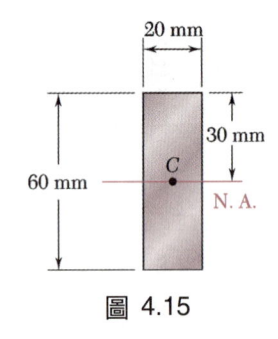

圖 4.15

例 4.02

將一半徑 $r = 12$ mm 之半圓斷面鋁桿(圖 4.16)變成平均半徑 $\rho = 2.5$ m 之圓弧形狀。已知桿件之扁平面是向著圓弧之曲率中心，試求桿中之最大拉應力及壓應力。用 $E = 70$ GPa。

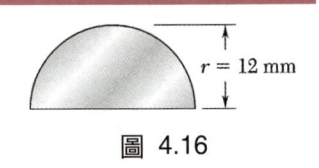

圖 4.16

解：

吾人可以應用式(4.21)去求與已知曲率半徑 ρ 對應之彎曲力矩 M，然後用式(4.15)求

σ_m。不過應用式(4.9)求 ϵ_m 後,再用虎克定理求 σ_m,則更簡單。

半圓斷面形心 C 之縱坐標 $\bar{y}$ 是

$$\bar{y}=\frac{4r}{3\pi}=\frac{4(12\text{ mm})}{3\pi}=5.093\text{ mm}$$

中性軸通過 C(圖 4.17),斷面上最遠一點至中性軸之距離 c 為

$$c=r-\bar{y}=12\text{ mm}-5.093\text{ mm}=6.907\text{ mm}$$

應用式(4.9),得

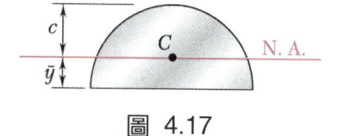

$$\epsilon_m=\frac{c}{\rho}=\frac{6.907\times10^{-3}\text{ m}}{2.5\text{ m}}=2.763\times10^{-3}$$

圖 4.17

再應用虎克定理

$$\sigma_m=E\epsilon_m=(70\times10^9\text{ Pa})(2.763\times10^{-3})=193.4\text{ MPa}$$

因桿件之此邊並不面對曲率中心,故求得之應力乃拉應力,最大壓應力發生在桿件之扁平邊。應用應力與其全中性軸之距離成比例之事實,可得

$$\sigma_{\text{comp}}=-\frac{\bar{y}}{c}\sigma_m=-\frac{5.093\text{ mm}}{6.907\text{ mm}}(193.4\text{ MPa})$$
$$=-142.6\text{ MPa}$$

4.5　橫向斷面之變形

當吾人在 4.3 節證實受純彎曲構件之橫向斷面保持平面時,吾人並未排除斷面平面中發生變形之可能性。如果吾人還記得 2.11 節所述,即處在單一軸向應力態中之微素,$\sigma_x\neq0$、$\sigma_y=\sigma_z=0$,在橫向 y 及 z 方向及軸向 x 方向會有變形發生,就會發現斷面平面內的變形是顯然存在的。正交應變 ϵ_y 及 ϵ_z 視所用材料之鮑生比 v 而定,且以下式表示

$$\epsilon_y=-v\epsilon_x \qquad \epsilon_z=-v\epsilon_x$$

或依式(4.8)

$$\epsilon_y=\frac{vy}{\rho} \qquad \epsilon_z=\frac{vy}{\rho} \tag{4.22}$$

上述求得之關係示出,位在中性面以上之微素($y>0$)將在 y 及 z 兩方向伸脹,而在中性面以下($y<0$)之微素將會收縮。就一矩形斷面構件而言,各微素在垂直方向中之伸脹

及收縮將會抵消，斷面垂直尺寸沒有變化。然而就水平橫向 z 向之變形而言，位於中性面以上微素之伸脹，以及位於中性面以下微素之收縮，將使得斷面中各水平線彎曲成為圓弧(圖 4.18)。此處觀察出之情況與早先觀察縱斷面所得者類似。對式(4.22)之第二式與式(4.8)作一比較，吾人將得出橫向斷面中性軸將彎曲成半徑為 $\rho'=\rho/v$ 之一圓的結論。此圓中心 C' 位於中性面以下(假定 $M>0$)，亦即在構件曲率中心 C 之對邊。曲率半徑 ρ' 之倒數表示橫斷面之曲率，稱為**反碎曲率**(anticlastic curvature)。故

$$\text{反碎曲率}=\frac{1}{\rho'}=\frac{v}{\rho} \tag{4.23}$$

吾人在本節及之前各節討論受純彎曲對稱構件之變形時，均忽略了力偶 **M** 及 **M'** 實際作用在構件上之方式。如果從構件一端至另一端之所有橫斷面保持成平面，且無剪應力時，吾人必須確保力偶施加後，構件兩端保持平面，且無剪應力作用。透過剛性且光滑的鈑將力偶 **M** 及 **M'** 施加在構件上(圖 4.19)就能完成此舉。由鈑作用於構件上之原力將垂直於端斷面，這些保持平面之斷面，乃如本節前面所述將不會變形。

但是，此類載重情況實際上是不能實現的，因為彼等要求每一鈑對其中性軸以下的對應端斷面施加拉應力，同時又要斷面在其平面內自由變形。圖 4.19 所示剛性端鈑模型不能實現的事實並不損傷其重要性，因為它能使吾人看出與以往各節導出關係對應之載重情況。實際載重情況與理想模型有些不同。然而藉著聖衛南原理，只要所考究斷面不要太靠近力偶作用點，求得之關係就可在實用工程中用於應力計算。

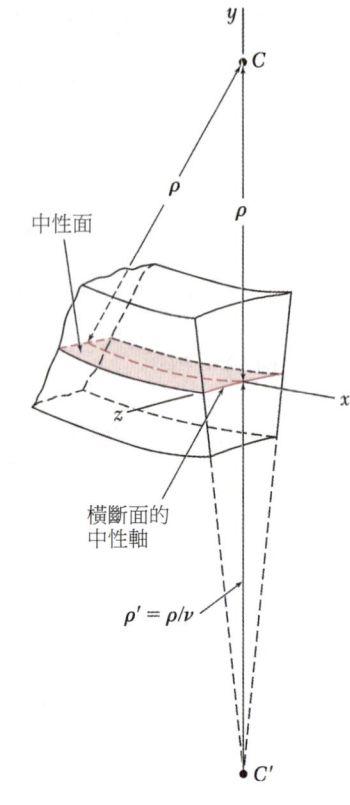

圖 4.18 橫斷面之變形

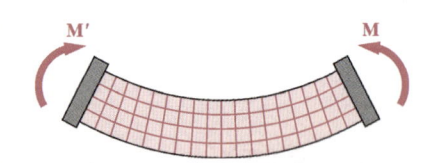

圖 4.19 縱向部分的變型

範例 4.1

圖示矩形管是由鋁合金擠壓做成，鋁合金之 $\sigma_Y=275$ MPa、$\sigma_U=415$ MPa 及 $E=73$ GPa。忽略內填圓角效應，試求(a)安全因數為 3.00 時之彎曲力矩 M，(b)管之對應曲率半徑。

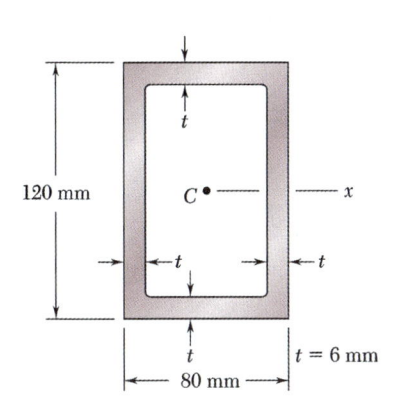

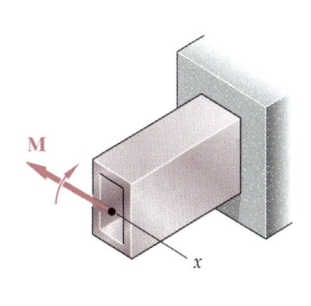

解：

慣性矩

將管之斷面積看成附圖所示的兩矩形之差，並利用矩形的形心慣性矩公式，則

$$I = \frac{1}{12}(80 \text{ mm})(120 \text{ mm})^3 - \frac{1}{12}(68 \text{ mm})(108 \text{ mm})^3 \qquad I = 4.382 \times 10^6 \text{ mm}^4$$

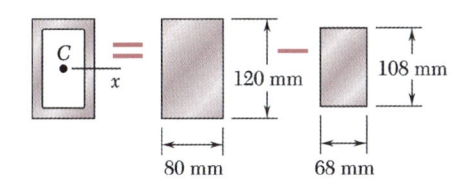

容許應力

對於安全因數 3.00 及極限應力 415 MPa 而言，即得到

$$\sigma_{all} = \frac{\sigma_U}{F.S.} = \frac{415 \text{ MPa}}{3.00} = 138.33 \text{ MPa}$$

由於 $\sigma_{all} < \sigma_Y$，管保持在彈性範圍內，故可以使用 4.4 節之結果。

a. 彎曲力矩

由於 $c = \frac{1}{2}(120 \text{ mm}) = 60 \text{ mm}$，故得到

$$\sigma_{all} = \frac{Mc}{I} \qquad M = \frac{I}{c}\sigma_{all} = \frac{4.382 \times 10^{-6} \text{ m}^4}{0.06 \text{ m}}(138.33 \text{ MPa})$$

$$M = 10.1 \text{ kN} \cdot \text{m} \blacktriangleleft$$

b. 曲率半徑

由於 $E = 73$ GPa，故將此值及 I 與 M 之值代入式(4.21)中，即得到

$$\frac{1}{\rho} = \frac{M}{EI} = \frac{10.1 \text{ kN} \cdot \text{m}}{(73 \text{ GPa})(4.382 \times 10^{-6} \text{ m}^4)} = 0.0316 \text{ m}^{-1}$$

$$\rho = 31.7 \text{ m} \qquad \rho = 31.7 \text{ m} \blacktriangleleft$$

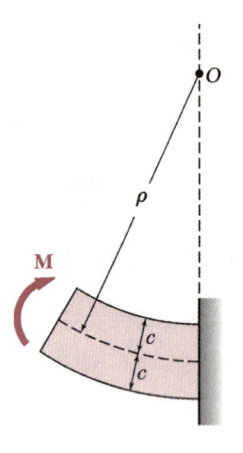

另一種解法

由於知道最大應變為 $\sigma_{all} = 138$ MPa，故可以決定最大應變 ϵ_m，然後利用式(4.9)

$$\epsilon_m = \frac{\sigma_{all}}{E} = \frac{138 \text{ MPa}}{73 \text{ GPa}} = 1.8904 \times 10^{-3} \text{ mm/mm}$$

$$\epsilon_m = \frac{c}{\rho} \qquad \rho = \frac{c}{\epsilon_m} = \frac{60 \text{ mm}}{1.8904 \times 10^{-3}}$$

$$\rho = 31.73 \text{ m} \qquad \rho = 31.7 \text{ m} \blacktriangleleft$$

範例 4.2

一鑄鐵機件受圖示 3 kN·m 力偶作用。已知 $E = 165$ GPa，忽略內圓角效應，試求(a)鑄件中之最大拉應力及壓應力，(b)鑄件曲率半徑。

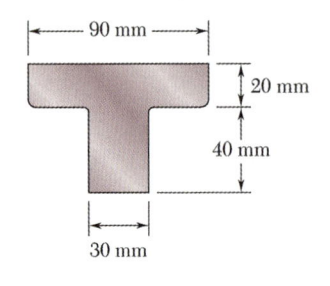

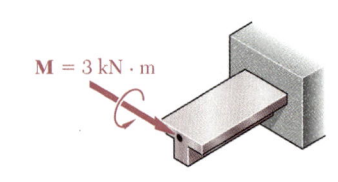

解：

形　心

將 T 形斷面分成附圖所示之兩矩形，並寫出

	面積, mm²	$\bar{y}$, mm	$\bar{y}A$, mm³
1	(20)(90) = 1800	50	90 × 10³
2	(40)(30) = 1200	20	24 × 10³
	ΣA = 3000		$\Sigma \bar{y}A$ = 114 × 10³

$\bar{Y}\Sigma A = \Sigma \bar{y}A$
$\bar{Y}(3000) = 114 \times 10^6$
$\bar{Y} = 38$ mm

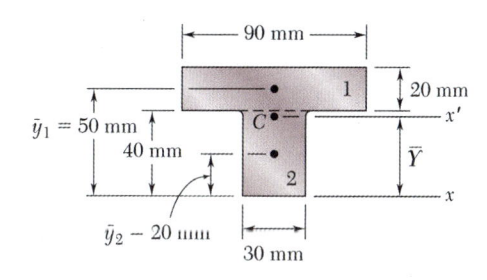

形心慣性矩

利用平行軸定理(parallel-axis theorem)求出各矩形對通過組合斷面形心之軸線 x' 的慣性矩，然後將各矩形之慣性矩相加，則得到

$I_{x'} = \Sigma(\bar{I} + Ad^2) = \Sigma\left(\frac{1}{12}bh^3 + Ad^2\right)$
$= \frac{1}{12}(90)(20)^3 + (90 \times 20)(12)^2$
$\quad + \frac{1}{12}(30)(40)^3 + (30 \times 40)(18)^2$
$= 868 \times 10^3$ mm⁴
$I = 868 \times 10^{-9}$ m⁴

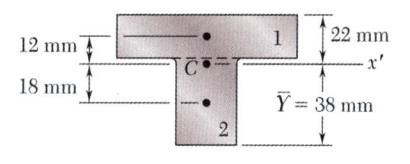

a. 最大拉應力

因作用力偶將鑄件向下彎曲，故曲率中心應在斷面以下。最大拉應力發生在 A 點，A 點乃距曲率中心最遠之點。

$\sigma_A = \frac{Mc_A}{I} = \frac{(3\text{ kN} \cdot \text{m})(0.022\text{ m})}{868 \times 10^{-9}\text{ m}^4}$　　　$\sigma_A = +76.0$ MPa ◀

最大壓應力

發生在 B 點，故

$$\sigma_B = -\frac{Mc_B}{I} = -\frac{(3\text{ kN}\cdot\text{m})(0.038\text{ m})}{868\times 10^{-9}\text{ m}^4}$$

$$\sigma_B = -131.3\text{ MPa} \blacktriangleleft$$

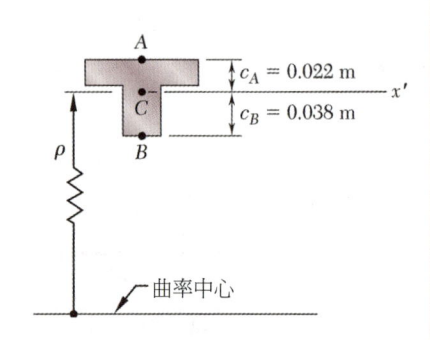

b. 曲率半徑

應用式(4.21)，得

$$\frac{1}{\rho} = \frac{M}{EI} = \frac{3\text{ kN}\cdot\text{m}}{(165\text{ GPa})(868\times 10^{-9}\text{ m}^4)} = 20.95\times 10^{-3}\text{ m}^{-1}$$

$$\rho = 47.7\text{ m} \blacktriangleleft$$

習 題

4.1 及 4.2 已知圖示力偶作用在一垂直面上，試求 (a) 在 A 點，(b) 在 B 點之應力。

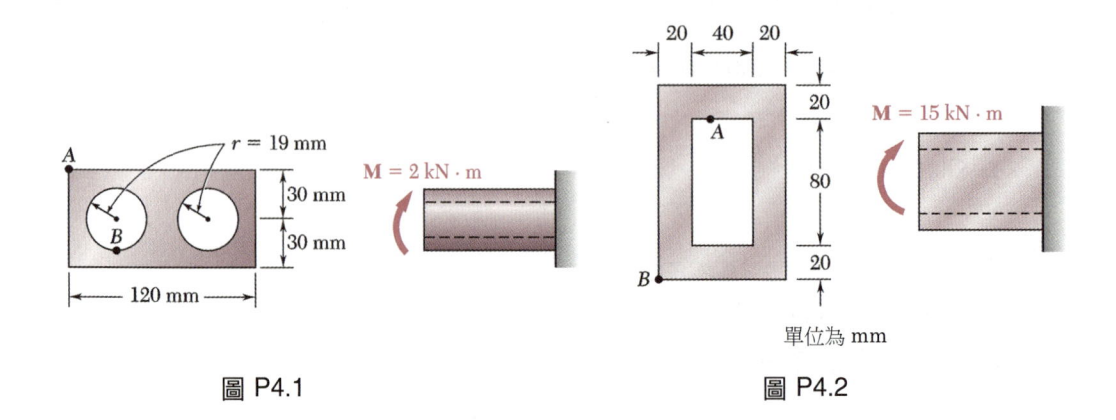

圖 P4.1

圖 P4.2

4.3 圖示兩管之容許應力為 110 MPa，試求能施加在各管上之最大力偶。

圖 P4.3   圖 P4.4

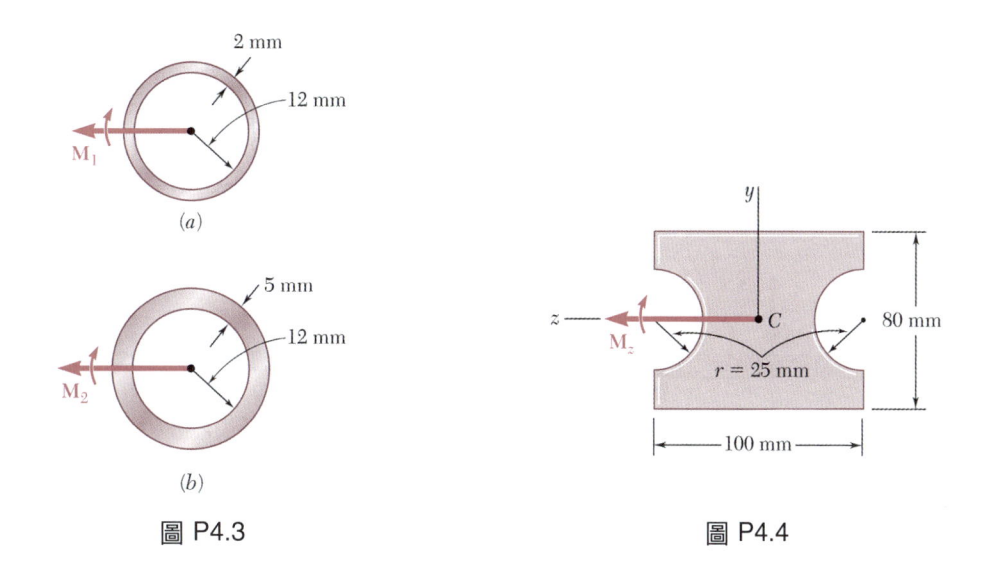

4.4 一尼龍格架桿件的斷面如圖所示。已知該材質的容許應力為 24 MPa，試求可施加在桿件上之最大力偶 M_z。

4.5 圖示之梁是用 $\sigma_Y = 250$ MPa、$\sigma_U = 400$ MPa 之合金鋼製成，採用安全因數為 2.50。試求當此梁對 x 軸彎曲時，能施加在梁上之最大力偶。

4.6 假定力偶 M_y 是對鋼梁 y 軸彎曲時，再解習題 4.5。

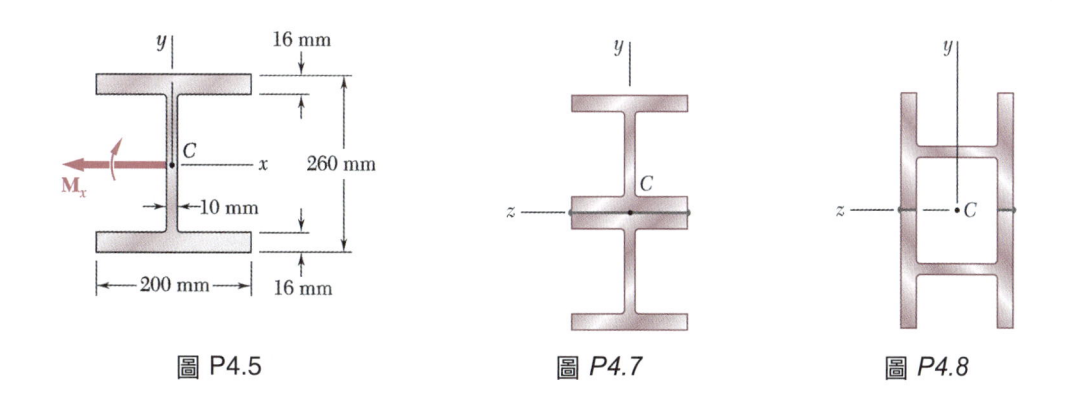

圖 P4.5   圖 P4.7   圖 P4.8

4.7 至 4.8 將兩個 W100×19.3 碾鋼斷面焊接在一起如圖所示。已知此合金之 $\sigma_Y = 260$ MPa 及 $\sigma_U = 400$ MPa，安全係數採用 3.0，當此系統對 z 軸彎曲時，試求能作用在此系統上之最大力偶。

4.9 至 4.11 兩垂直力作用在圖示斷面之一梁上。試求梁之 BC 部分中之極大拉應力及壓應力。

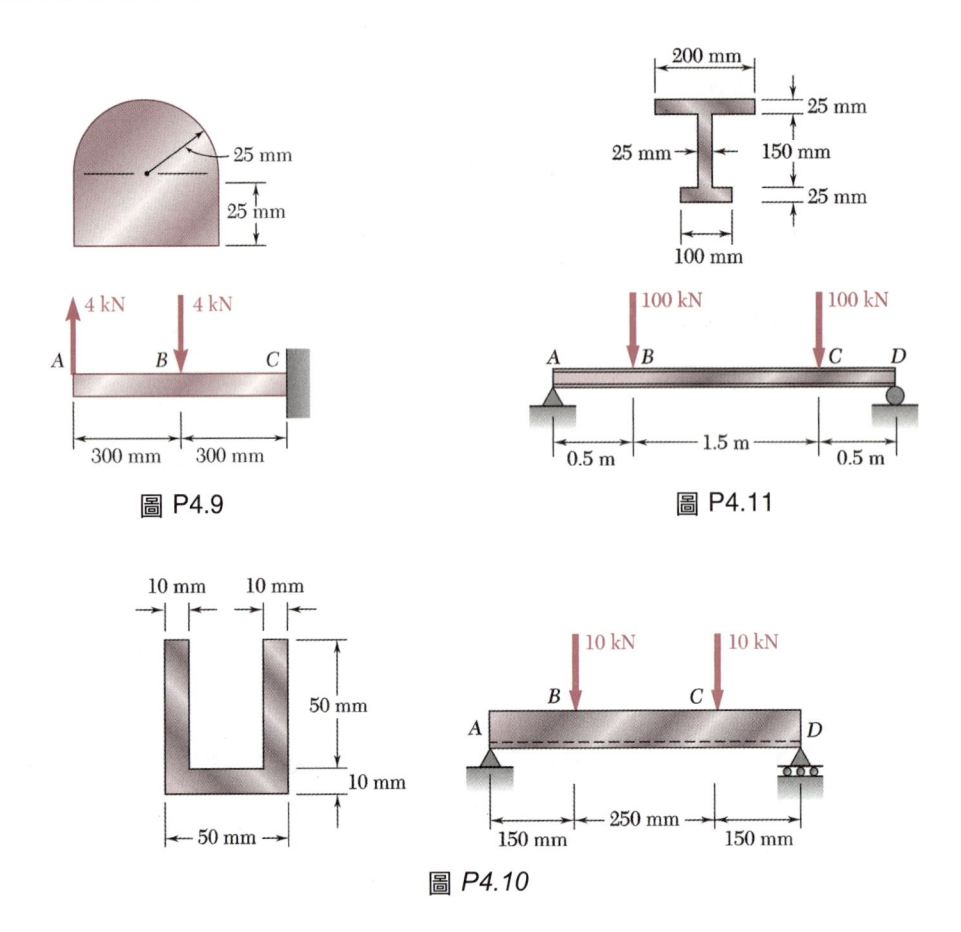

材料力學
Mechanics of Materials

圖 P4.9

圖 P4.11

圖 P4.10

4.12 已知圖示斷面之梁係對一水平軸彎曲，彎曲力矩是 $6 \text{ kN} \cdot \text{m}$，試求作用在上凸緣之總力。

4.13 已知圖示斷面之梁係對一垂直軸彎曲，彎曲力矩是 $6 \text{ kN} \cdot \text{m}$，試求作用在下凸緣陰影部分之總力。

4.14 已知圖示斷面之梁係對一水平軸彎曲，彎曲力矩是 $900 \text{ N} \cdot \text{m}$，試求作用在梁陰影部分之總力。

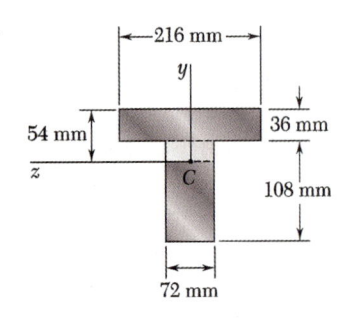

圖 P4.12 和 P4.13

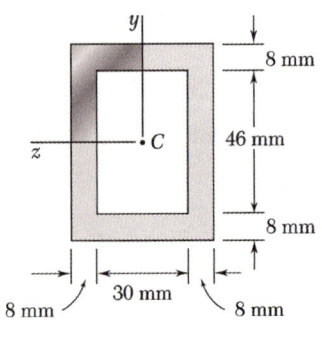

圖 P4.14

4.15 圖示之梁乃用耐龍製造，其容許拉應力是 24 MPa，容許壓應力是 30 MPa，試求能作用在此梁之最大力偶 **M**。

4.16 假定 $d=40$ mm，再解習題 4.15。

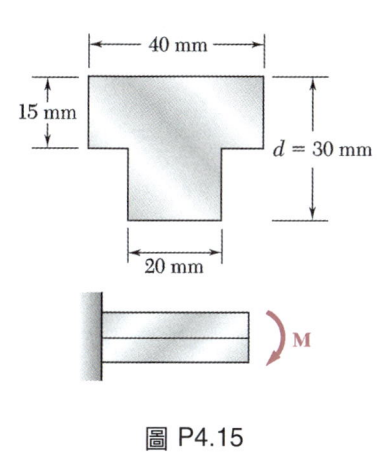

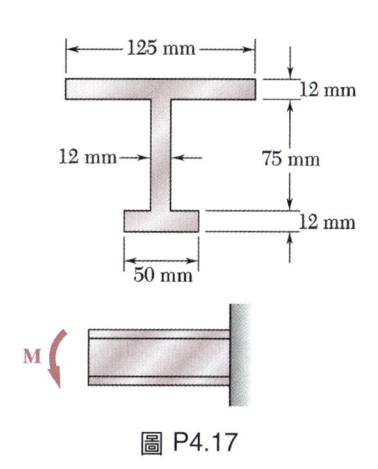

圖 P4.15

圖 P4.17

4.17 已知圖示鑄造物之容許應力是 42 MPa 抗拉，105 MPa 抗壓，試求能作用於梁上之最大力偶 **M**。

4.18 已知圖示壓鑄梁之容許拉伸應力是 80 MPa，容許壓應力是 110 MPa，是求能作用於梁上知最大力偶 **M**。

4.19 及 4.20 已知圖示擠壓梁之容許應力 7 是 120 MPa 抗拉，150 MPa 抗壓，試求能作用於梁上之最大力偶 **M**。

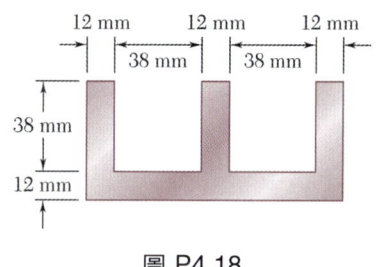

圖 P4.18

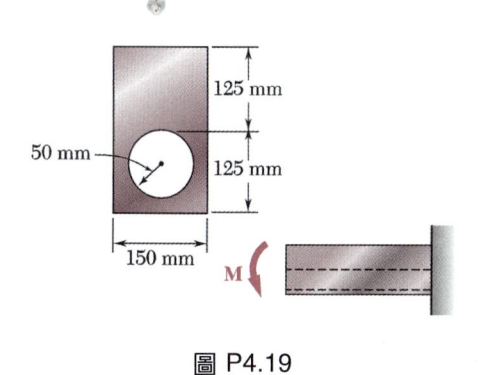

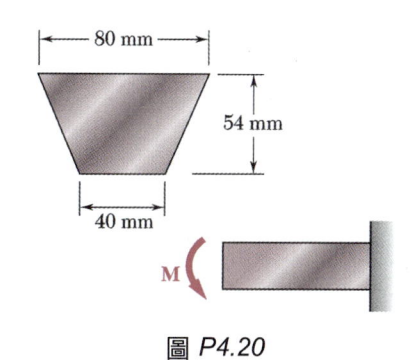

圖 P4.19

圖 P4.20

4.21 一鋼製傳送帶原本是直的，後固定於帶鋸，繞在直徑 200 mm 的滑輪上。已知傳送帶的厚度與寬度分別為 0.5 mm 及 16 mm，試求最大應力。採用 $E = 200$ GPa。

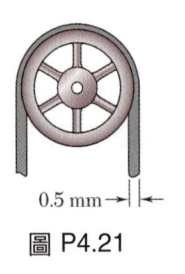

圖 P4.21

圖 P4.22

4.22 在不超過降伏強度的情況下，將直徑 6 mm，長 30 m 的桿件捲起來，收到直徑 1.25 m 的圓筒內，試求(a)被捲曲桿件中之極大應力，(b)桿件中之相應力偶。採用 $E = 200$ GPa。

4.23 如圖所示，用兩個力偶將一 900 mm 細鋼帶彎成完整的圓形，(a)如果該鋼材的容許應力是 420 MPa，求該細鋼帶的最大厚度，(b)假定 $E = 200$ GPa，試求力偶相應的力矩 M。

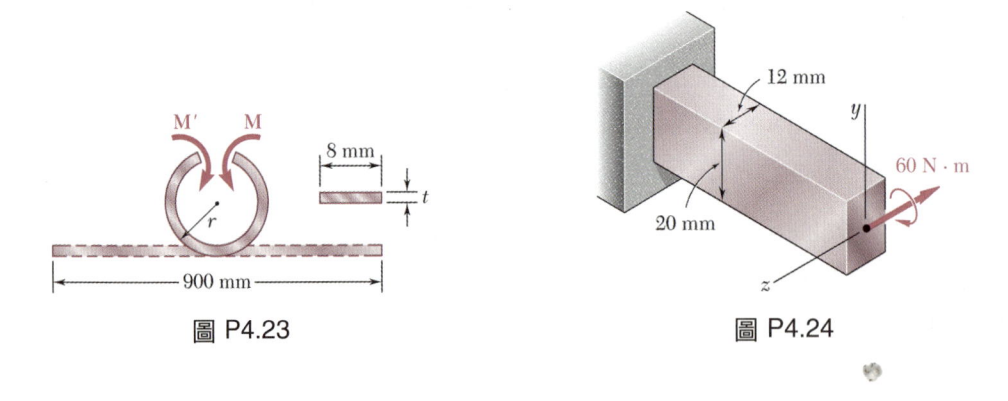

圖 P4.23

圖 P4.24

4.24 一 60 N·m 力偶作用於圖示之鋼桿上。(a)假定力偶係對 z 軸作用如圖所示者，試求此桿件之極大應力及曲率半徑。(b)假定此力偶係對 y 軸作用，再解 a 部分。採用 $E = 200$ GPa。

4.25 圖示一大小為 M 之力偶作用在一邊長為 a 之方桿上。對於圖示之每一方向，試求桿件之最大應力及曲率半徑。

4.26 某正方形桿件有一部分被銑掉，故其斷面如圖所示。此桿件被一力偶 **M** 作用而對其水平對角線彎曲。考慮 $h = 0.9h_0$ 的情形，試以 $\sigma_m = k\sigma_0$ 之形式表示出桿件內之最大應力，其中 σ_0 為原來的正方形桿件被同一力偶 **M** 作用時所發生的最大應力。另外則求出 k 值。

圖 P4.25

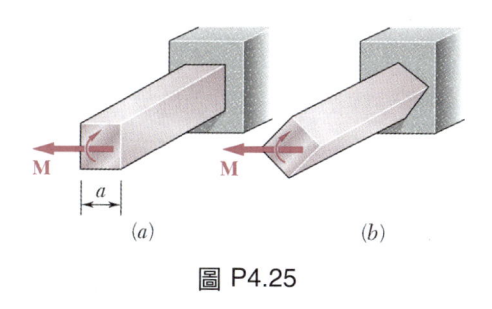

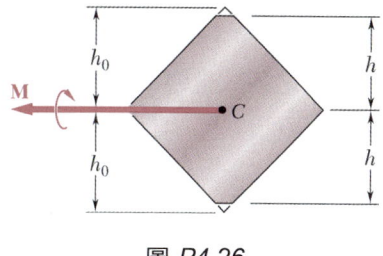

圖 P4.26

4.27 於習題 4.26 中，試求(a)使 σ_m 儘量小之 h 值範圍，(b)使最大應力儘量小的對應 k 值。

4.28 將一力偶施加在矩形斷面梁上，該矩形斷面梁係從圓形斷面梁鋸下。試求使(a)最大應力 σ_m 可以最小，(b)曲率半徑最大時的 d/b 比值。

4.29 對於範例 4.1 所述鋁桿及載重，試求(a)橫向平面上之曲率半徑 ρ'，(b)桿件與原始垂直邊間之夾角。採用 $E = 73$ GPa、$\nu = 0.33$。

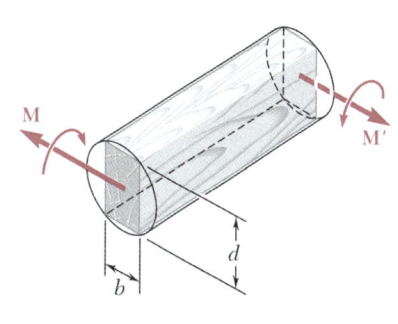

圖 P4.28

4.30 對於例 4.01 所述桿及載重，試求(a)曲率半徑 ρ，(b)橫向平面上之曲率半徑 ρ'，(c)桿件與原始垂直邊間之夾角。採用 $E = 200$ GPa、$\nu = 0.29$。

4.31 圖示 W200×31.3 輾鋼梁受到一矩量為 45 kN·m 之力偶 **M** 作用。已知 $E = 200$ GPa、$\nu = 0.29$，試求(a)曲率半徑 ρ，(b)橫向平面上之曲率半徑 ρ'。

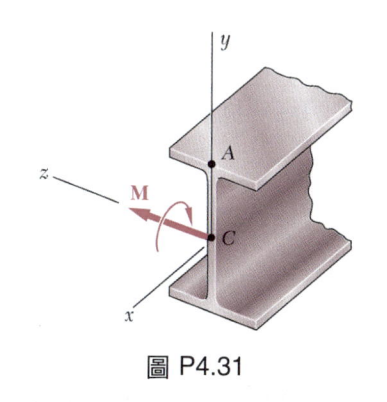

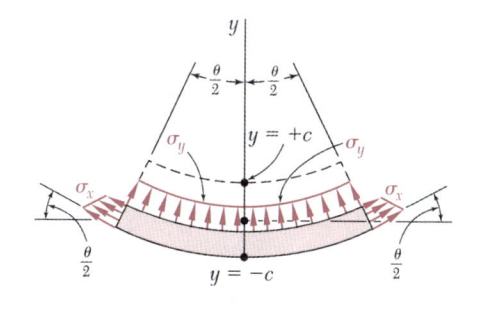

圖 P4.31

圖 P4.32

4.32 4.3 節中假設承受純彎曲的構件內之正交應力 σ_y 可以忽略不計。試針對原來為直線而斷面為矩形之彈性構件，(a)導出 σ_y 為 y 的函數之近似式，(b)證明 $(\sigma_y)_{max} = -(c/2\rho)(\sigma_x)_{max}$，從而使所有實用情形中都可以不計 σ_y。(提示：考慮梁位於縱坐標 y 以下部分之分離體圖，並假設應力 σ_x 的分佈仍然為線性。)

4.6 數種材料組合所製構件之彎曲

4.4 節中之各式推導,都是假設均質材料且已知彈性模數 E,如果受純彎曲作用之構件用兩種或兩種以上,且彈性模數係不同之材料做成,吾人求構件應力之方法必須要加以修正。

例如,考究一用兩種不同材料,黏接成如圖 4.20 所示斷面之桿件。因其斷面在整個長度中保持不變,又因在 4.3 節中,對桿件材料或涉及材料之應力－應變關係沒有假定,故此一組合桿件將如 4.3 節所述發生變形。是以正交應變 ϵ_x 與其至斷面中性軸之距離 y 仍成線性變化(圖 4.21a 及 b),故公式(4.8)可以適用

$$\epsilon_x = -\frac{y}{\rho} \tag{4.8}$$

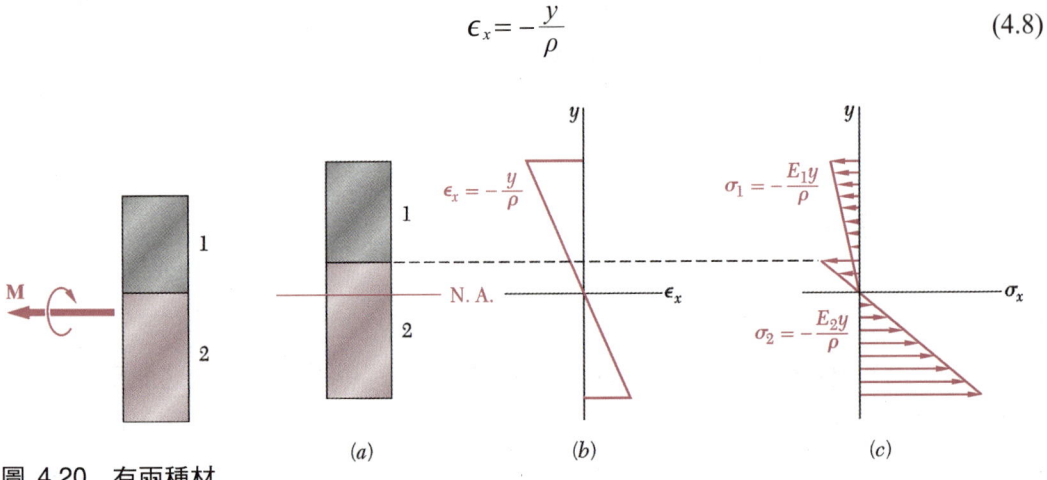

圖 4.20 有兩種材料的斷面

圖 4.21 用兩種材料製成桿中之應變及應力分佈

然而,吾人卻不能假定中性軸要通過組合斷面之形心,現在分析的目的之一乃是要求得此軸之位置。

因為兩種材料之彈性模數 E_1 及 E_2 不同,故用於求解每一材料中的正交應力之公式亦有差別。吾人可寫為

$$\begin{aligned}\sigma_1 &= E_1 \epsilon_x = -\frac{E_1 y}{\rho} \\ \sigma_2 &= E_2 \epsilon_x = -\frac{E_2 y}{\rho}\end{aligned} \tag{4.24}$$

並求得包括有兩段直線之應力分佈曲線(圖 4.21c)。根據式(4.24)可求出作用在斷面上部分微面積 dA 上之 dF_1 是

$$dF_1 = \sigma_1 dA = -\frac{E_1 y}{\rho} dA \tag{4.25}$$

作用在下部分相同微面積 dA 上之力 dF_2 是

$$dF_2 = \sigma_2 dA = -\frac{E_2 y}{\rho} dA \qquad (4.26)$$

但用 n 表兩彈性模數比 E_2/E_1，即可表出 dF_2 為

$$dF_2 = -\frac{(nE_1)y}{\rho} dA = -\frac{E_1 y}{\rho}(n\, dA) \qquad (4.27)$$

比較式(4.25)及(4.27)，就會發現同等之力 dF_2 用在第一種材料微面積 $n\, dA$ 上。換言之，如兩部分皆由同樣之第一種材料造成，且下部分之每一微素寬度皆乘以因子 n，則此桿件的抗彎性將保持不變。注意，此項加寬(如 $n>1$)或變狹(如 $n<1$)的方向必須與斷面中性軸平行，因為每一微素距中性軸的距離 y 必須保持不變。用此一方法求得之新斷面積為構件之換算斷面 (transformed section) (圖 4.22)。

因為換算斷面代表用彈性模數為 E_1 之均質材料所製構件之斷面，故可用 4.4 節中所述方法去求斷面中性軸以及在斷面不同點處之正交應力。此一中性軸將通過換算斷面之形心而畫出(圖 4.23)，在對應的虛想均質構件任一點處之應力 σ_x 亦可應用式(4.16)求得，即

$$\sigma_x = -\frac{My}{I} \qquad (4.16)$$

式中 y 乃距中性軸之距離，I 表換算斷面對其形心軸之慣性矩。

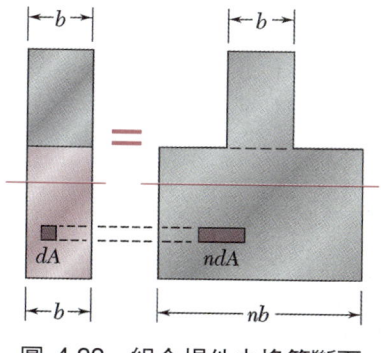

圖 4.22 組合桿件之換算斷面

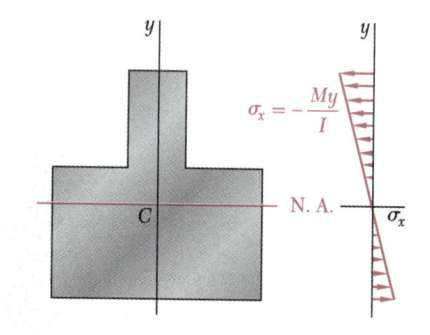

圖 4.23 換算斷面中之應力分佈

為了求出位在原來組合桿件斷面下部分任一點處之應力 σ_1，吾人只要計算在換算斷面對應點上之應力 σ_x。然而，欲求出在斷面下部分任一點處之應力 σ_x，吾人則要將從換算斷面對應點所算得之應力 σ_x 乘以因子 n。實際上，作用在換算斷面 n 倍微面積 dA 上及作用在原來斷面微面積 $n\, dA$ 上之力為同等之原力 dF_2。是以在原來斷面一點上之應力 σ_2 必比在換算斷面對應點上之應力大 n 倍。

材料力學
Mechanics of Materials

組合構件之變形亦可利用換算斷面求得。根據上述知悉，換算斷面代表模數為 E_1 之均質材料所製一構件之斷面，其變形應與組合構件相同。是以應用式(4.21)，吾人可以寫出組合構件之曲率是

$$\frac{1}{\rho} = \frac{M}{E_1 I}$$

式中 I 表換算斷面對其中性軸之慣性矩。

例 4.03

某桿以鋼片 (E_s = 200 GPa) 及黃銅片 (E_b = 100 GPa) 黏合成，其斷面如圖所示(圖 4.24)。試求當此棒受彎曲力矩 M = 4.5 kN·m 作用而處於純彎曲時，其鋼片與黃銅片內之最大應力。

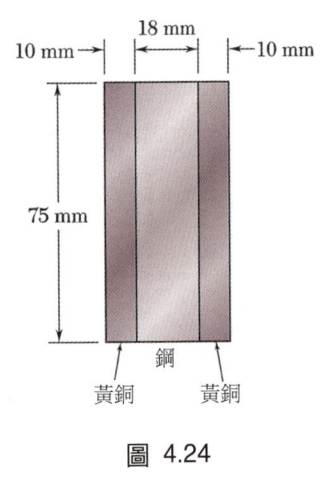

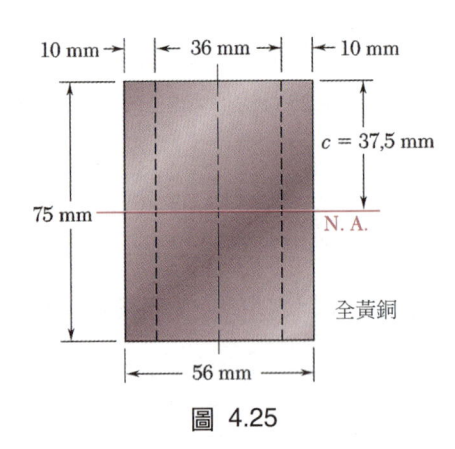

圖 4.24

圖 4.25

解：

圖 4.25 顯示對應於完全以黃銅做成的等值棒之換算斷面。由於

$$n = \frac{E_s}{E_b} = \frac{200 \text{ GPa}}{100 \text{ GPa}} = 2.0$$

故取代原來鋼片部分的黃銅中心部分之寬度為原來的寬度乘以 2.0，即

$$(18 \text{ mm})(2) = 36 \text{ mm}$$

注意，此尺寸之變化發生在平行於中性軸之方向上。換算斷面對其形心軸之慣性矩為

$$I = \frac{1}{12} bh^3 = \frac{1}{12} (56 \text{ mm})(75 \text{ mm})^3 = 1.9688 \times 10^6 \text{ mm}^4$$

而到中性軸的最大距離為 $c=37.5$ mm。利用式(4.15)，即求得換算斷面中之最大應力

$$\sigma_m = \frac{Mc}{I} = \frac{(4.5 \times 10^3 \text{ N} \cdot \text{m})(37.5 \times 10^3 \text{ m})}{1.9688 \times 10^{-6} \text{ m}^4} = 85.7 \text{ MPa}$$

由此求得之值也代表原有組合桿的黃銅部分內之最大應力。不過，鋼片部分內的最大應力將比換算斷面算出之值大，因為將換算斷面恢復為原有斷面時，中心部分的面積必須減小 $n=2$ 倍。因此，可以推斷

$$(\sigma_{黃銅})_{max} = 85.7 \text{ MPa}$$
$$(\sigma_{黃銅})_{max} = (2)(85.7 \text{ MPa}) = 171.4 \text{ MPa}$$

用不同材料製成結構組合構件之一重要構件乃是**鋼筋混凝土梁**(reinforced concrete beams)(照片 4.4)。當此梁受正彎曲力矩作用時，將鋼筋設置在靠近下表面短距離處(圖 4.26a)，可使該梁加強。因混凝土抗拉力極弱，故其在中性面以下將會破裂，是以要用鋼筋來承載整個拉力載重，同時混凝土梁之上部分將承載壓力載重。

為了能求得鋼筋混凝土梁之換算斷面，吾人乃用一等效面積 nA_s 取代鋼筋之總斷面積 A_s，此處 n 表鋼筋及混凝土之彈性模數比 E_s/E_c(圖 4.26b)。在另一方面，因梁中混凝土只在抗壓部分有效，故只有位在中性軸以上之斷面部分方可用在換算斷面中。

照片 4.4 鋼筋混凝土建築

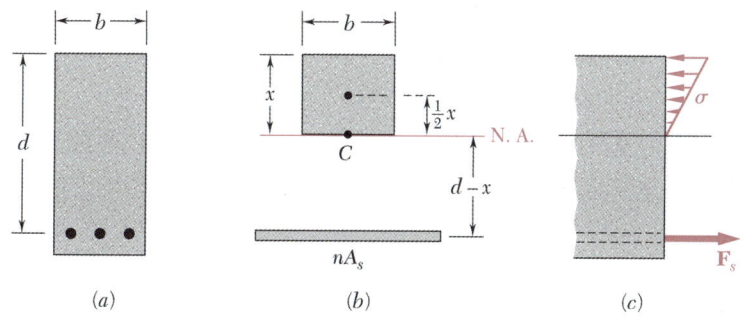

圖 4.26 鋼筋混凝土梁

求出梁上表面至換算斷面形心 C 之距離 x 即能定出中性軸之位置。用 b 表梁寬，d 表梁上表面至鋼筋中心線之距離，換算斷面對其中性軸之一次矩必等於零。又因換算斷面中每一部分之一次矩等於其面積乘以其形心至中性軸之距離，故得

$$(bx)\frac{x}{2} - nA_s(d-x) = 0$$

或

$$\frac{1}{2}bx^2 + nA_s x - nA_s d = 0 \tag{4.28}$$

由此二次式解 x，即能求得梁之中性軸位置，以及混凝土梁的有效使用斷面部分。

換算斷面中之應力計算已在本節前面解說(參見範例 4.4)。混凝土中壓應力分佈以及鋼筋中之拉應力合力 $\mathbf{F}_s$ 乃如圖 4.26c 所示。

4.7 應力集中

在 4.4 節中所導出之公式 $\sigma_m = Mc/I$，乃用於具有對稱平面及均勻斷面之構件，吾人且在 4.5 節知悉，此式只在力偶 $\mathbf{M}$ 及 $\mathbf{M}'$ 透過剛性及光滑鈑之作用，方能準確的用在構件全長之中。在其它載重作用情況下，則在靠近載重作用點之附近有應力集中存在。

如果構件斷面有突然之改變，亦會有高應力發生，吾人已研究了兩個重要特例。[†] 一例是寬度有突然改變的平板，另一例是平板中有凹口。因臨界斷面中的應力分佈要視構件之幾何形狀而定，所以應力集中因數可用有關參數的比值求得，如圖 4.27 和 4.28 所示。在臨界斷面中之最大應力值可表示為

$$\sigma_m = K\frac{Mc}{I} \tag{4.29}$$

式中 K 乃應力集中因數，c 及 I 乃指臨界斷面中，亦即指此處所考究二例中之斷面寬度 d。圖 4.27 及 4.28 很清楚地顯示出，在實用中，半徑為 r 的內圓和凹口選得愈大愈好的重要性。

最後吾人應指出，在軸向載重及扭轉情況中，因數 K 值是在應力及應變間之關係是線性之假定下算出。在很多應用中，塑性變形將會發生，使得所生之最大應力值比用式 (4.29) 求得者小。

[†] 參見 W. D. Pilkey, *Peterson's Strees Concentration Factors*，第二版，John Wiley & Sons 出版，紐約，1997。

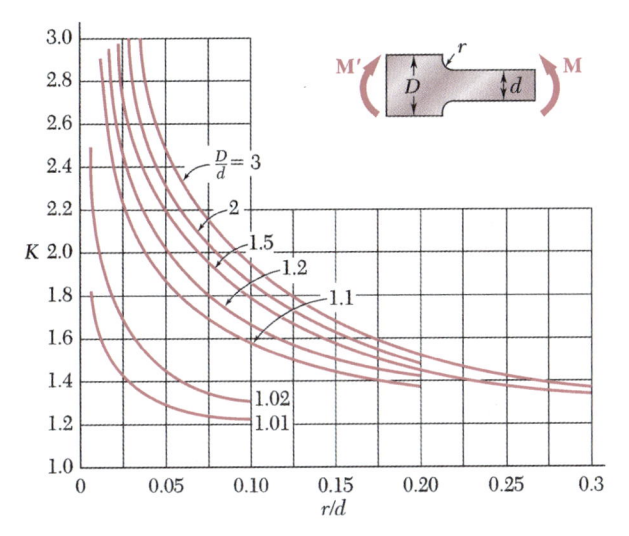

圖 4.27　有內圓角的平板受純彎曲之應力集中因數†

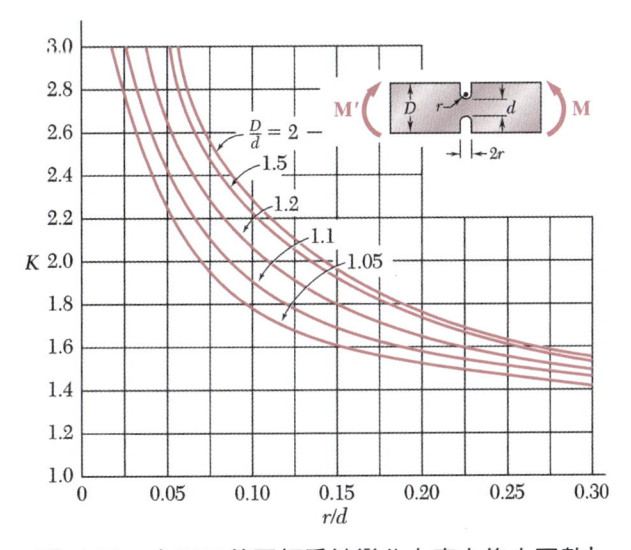

圖 4.28　有凹口的平板受純彎曲之應力集中因數†

例 4.04

在一寬 60 mm、厚 9 mm 之鋼鈑中，切割出一深 10 mm 之凹口(圖 4.29)。當彎曲力矩等於 180 N·m 時，如鈑中應力不超過 150 MPa，試求凹口最小可用寬度。

---

† 參見 W. D. Pilkey, *Peterson's Strees Concentration Factors*，第二版，John Wiley & Sons 出版，紐約，1997。

圖 4.29

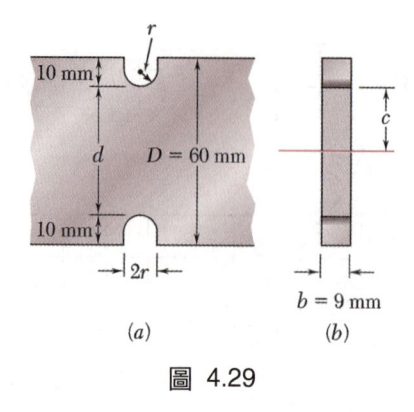

解：

從圖 4.29a 看出

$$d = 60 \text{ mm} - 2(10 \text{ mm}) = 40 \text{ mm}$$

$$c = \frac{1}{2}d = 20 \text{ mm} \qquad b = 9 \text{ mm}$$

臨界斷面對其中性軸之慣性矩是

$$I = \frac{1}{12}bd^3 = \frac{1}{12}(9 \times 10^{-3} \text{ m})(40 \times 10^{-3} \text{ m})^3 = 48 \times 10^{-9} \text{ m}^4$$

故應力 Mc/I 之值是

$$\frac{Mc}{I} = \frac{(180 \text{ N} \cdot \text{m})(20 \times 10^{-3} \text{ m})}{48 \times 10^{-9} \text{ m}^4} = 75 \text{ MPa}$$

將 Mc/I 之值代入式(4.29)，並令 $\sigma_m = 150$ MPa，即得

$$150 \text{ MPa} = K(75 \text{ MPa})$$

$$K = 2$$

另外

$$\frac{D}{d} = \frac{60 \text{ mm}}{40 \text{ mm}} = 1.5$$

在圖 4.28 中，使用 $D/d = 1.5$ 之曲線，即可得出與 $K = 2$ 對應之 r/d 值是 0.13，故

$$\frac{r}{d} = 0.13$$

$$r = 0.13d = 0.13(40 \text{ mm}) = 5.2 \text{ mm}$$

所以凹口之最小可用寬度是

$$2r = 2(5.2 \text{ mm}) = 10.4 \text{ mm}$$

範例 4.3

為了加強一 T 形鋼梁，故於梁兩側釘了兩塊橡木如圖示。木與鋼之彈性模數分別是 12.5 GPa 及 200 GPa。已知作用在此組合梁上之彎曲力矩是 $M = 50 \text{ kN} \cdot \text{m}$，試求 (a) 木中之最大應力，(b) 鋼中沿頂邊緣之應力。

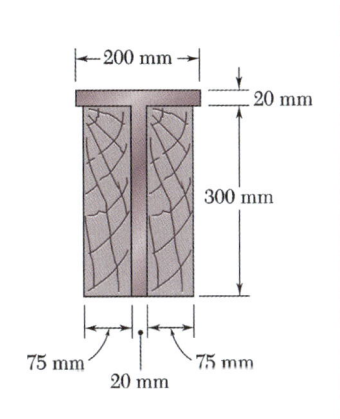

解：

換算斷面

吾人首先要計算比值

$$n = \frac{E_s}{E_w} = \frac{200 \text{ GPa}}{12.5 \text{ GPa}} = 16$$

使斷面中鋼部分之水平尺寸乘以 $n = 16$，即可求得全由木材所做成之換算斷面。

中性軸

中性軸通過換算斷面之形心。因斷面中有兩矩形，故得

$$\bar{Y} = \frac{\Sigma \bar{y} A}{\Sigma A} = \frac{(0.160 \text{ m})(3.2 \text{ m} \times 0.020 \text{ m}) + 0}{3.2 \text{ m} \times 0.020 \text{ m} + 0.470 \text{ m} \times 0.300 \text{ m}}$$
$$= 0.050 \text{ m}$$

形心慣性矩

應用平行軸定理

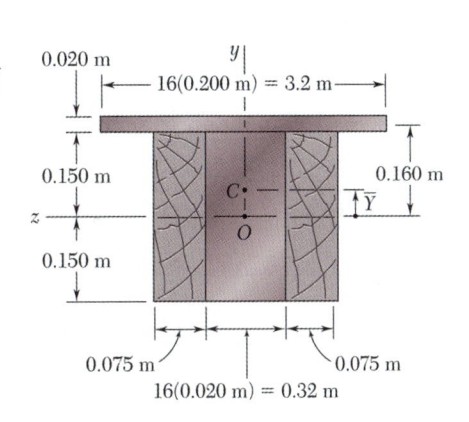

$$I = \frac{1}{12}(0.470)(0.300)^3 + (0.470 \times 0.300)(0.050)^2$$
$$+ \frac{1}{12}(3.2)(0.020)^3 + (3.2 \times 0.020)(0.160 - 0.050)^2$$
$$I = 2.19 \times 10^{-3} \text{ m}^4$$

a. 木中最大應力

距中性軸最遠之木料乃是位於底邊緣者，該處 $c_2 = 0.200$ m。

$$\sigma_w = \frac{Mc_2}{I} = \frac{(50 \times 10^3 \text{ N} \cdot \text{m})(0.200 \text{ m})}{2.19 \times 10^{-3} \text{ m}^4}$$

$$\sigma_w = 4.57 \text{ MPa} \blacktriangleleft$$

b. 鋼中之應力

沿頂邊緣 $c_1 = 0.120$ m。從換算斷面，吾人能求得木中之等效應力，該值需乘以 n 值而得鋼中之應力。

$$\sigma_s = n\frac{Mc_1}{I} = (16)\frac{(50 \times 10^3 \text{ N} \cdot \text{m})(0.120 \text{ m})}{2.19 \times 10^{-3} \text{ m}^4} \qquad \sigma_s = 43.8 \text{ MPa} \blacktriangleleft$$

範例 4.4

一混凝土樓板中用了直徑 16 mm 之鋼筋來加強，鋼筋設置在板底面上邊 38 mm，中心間距是 150 mm。混凝土及鋼之彈性模數分別是 25 GPa 及 200 GPa。已知作用在每一呎寬之板上的彎曲力矩是 4.5 kN · m，試求(a)混凝土中之最大應力，(b)鋼中之應力。

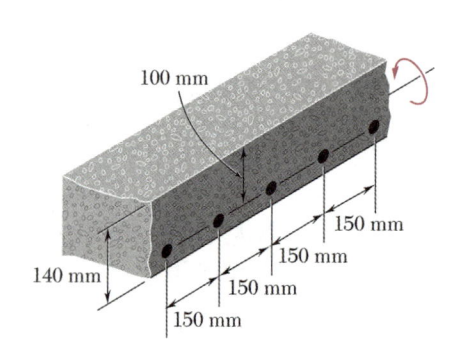

解：

換算斷面

吾人考究板寬 300 mm 之部分中，應有兩根直徑 16 mm 之鋼筋，其總斷面積是

$$A_s = 2\left[\frac{\pi}{4}(16 \text{ mm})^2\right] = 402.1 \text{ mm}^2$$

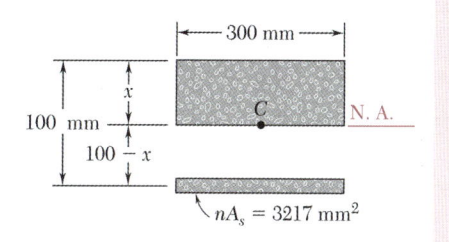

因混凝土之作用只能抗壓，所有拉力皆由鋼筋承載，故換算面積乃包括兩面積如圖示。一個面積乃是混凝土抗壓部分(位在中性軸以上)，另一面積乃換算鋼筋面積 nA_s。由已知彈性模數值得

$$n = \frac{E_s}{E_c} = \frac{200 \text{ GPa}}{25 \text{ GPa}} = 8$$
$$nA_s = 8(402.1 \text{ mm})^2 = 3217 \text{ mm}^2$$

中性軸

板之中性軸需通過換算斷面之形心。將換算面積對其中性軸之力矩累加則得

$$300x\left(\frac{x}{2}\right) - 3217(100-x) = 0 \qquad x = 36.8 \text{ mm}$$

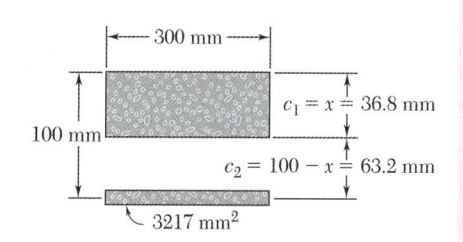

慣性矩

換算面積之形心慣性矩是

$$I = \frac{1}{3}(300)(36.8)^3 + 3217(100-36.8)^2 = 17.83 \times 10^6 \text{ mm}^4$$

a. 混凝土中之最大應力

在板之頂邊，$c_1 = 36.8$ mm，故

$$\sigma_c = \frac{Mc_1}{I} = \frac{(4.5 \times 10^3 \text{ N} \cdot \text{m})(36.8 \times 10^{-3} \text{ m})}{17.83 \times 10^{-6} \text{ m}^4}$$

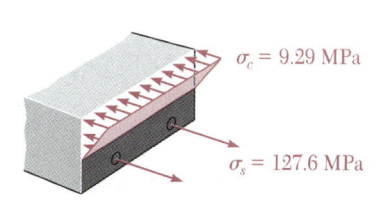

$$\sigma_c = 9.29 \text{ MPa} \blacktriangleleft$$

b. 鋼筋應力

對於鋼筋，吾人已知 $c_2=63.2$ mm、$n=8$，故

$$\sigma_s = n\frac{Mc_2}{I} = \frac{8(4.5\times 10^3 \text{ N}\cdot\text{m})(63.2\times 10^{-3}\text{ m})}{17.83\times 10^{-6}\text{ m}^4} \quad \sigma_s = 127.6 \text{ MPa} \blacktriangleleft$$

習 題

4.33 及 4.34 圖示桿件斷面由黃銅及鋁塊牢固地黏在一起形成。採用下述已知數據，試求當此組合桿件對一水平軸彎曲時，最大之許用彎曲力矩。

	鋁	黃銅
彈性模數	70 GPa	105 GPa
容許應力	100 MPa	160 MPa

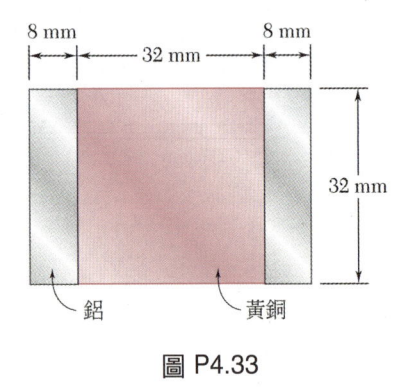

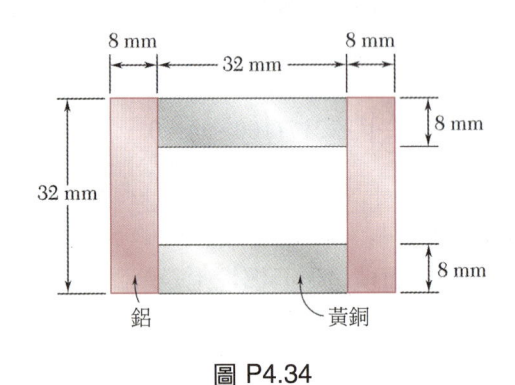

圖 P4.33

圖 P4.34

4.35 及 4.36 對於下述指定桿件，試求當此桿件是向一垂直軸彎曲時，許用之彎曲力矩。

4.35 習題 4.33 所述之桿件。

4.36 習題 4.34 所述之桿件。

4.37 將三個木梁及兩個鋼鈑牢固的黏在一起形成圖示之組合構件。採用下述已知數據，試求當此組合構件對水平軸彎曲時，最大之許用彎曲力矩。

	木梁	鋼
彈性模數	14 GPa	200 GPa
容許應力	14 MPa	150 MPa

4.38 將三個木梁及兩個鋼鈑牢固的黏在一起形成圖示之組合構件。試求當此組合構件對垂直軸彎曲時，最大之許用彎曲力矩。

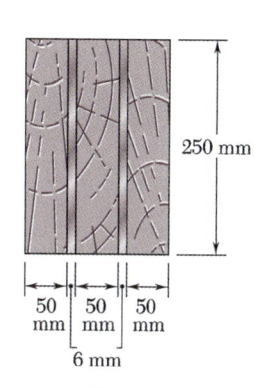

圖 P4.37

4.39 及 4.40 將一鋼梁($E_s = 200$ GPa)及一鋁梁($E_a = 70$ GPa)黏在一起形成圖示之組合桿件。已知此桿件受力偶 1500 N·m 作用對水平軸彎曲，試求(a)在鋁片，(b)在銅片中之極大應力。

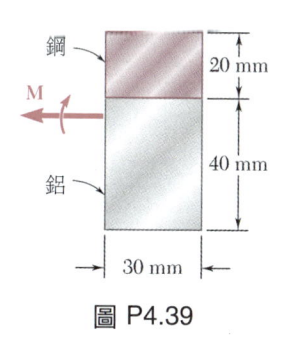

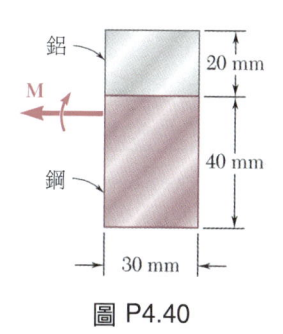

圖 P4.39

圖 P4.40

4.41 及 4.42 某 150×250 mm 木梁被拴接在一鋼帶上加強，如圖所示。已知木梁之彈性模數為 12 GPa，鋼為 200 GPa，而此梁被一力矩為 $M = 50$ kN·m 之力偶作用而對一水平軸彎曲，試求(a)木梁內，(b)鋼內之最大應力。

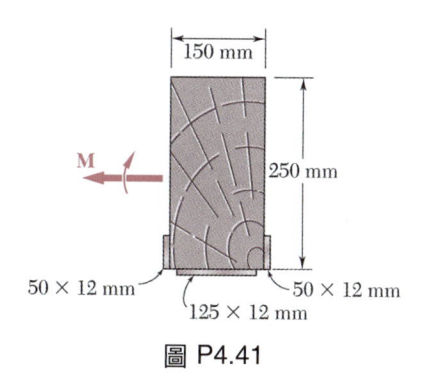

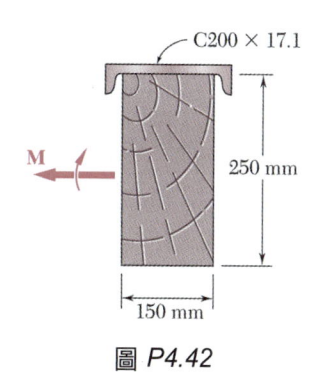

圖 P4.41

圖 P4.42

4.43 及 4.44 試就指定的組合桿件，求由彎曲力矩 $M = 1500$ N·m 所引起的曲率半徑。

    4.43 習題 4.39 之桿件。

    4.44 習題 4.40 之桿件。

4.45 及 4.46 試就指定的組合桿件，求由彎曲力矩 $M = 50$ kN·m 所引起的曲率半徑。

    4.45 習題 4.41 之桿件。

    4.46 習題 4.42 之桿件。

4.47 圖示之鋼筋混凝土承受一正彎曲力矩 175 kN·m 作用。已知混凝土的彈性模數為 25 GPa，而鋼為 200 GPa，試求 (a) 鋼內之應力；(b) 混凝土內之最大應力。

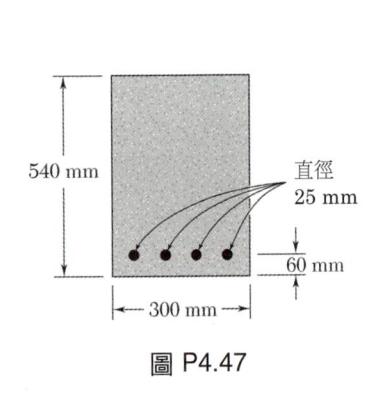

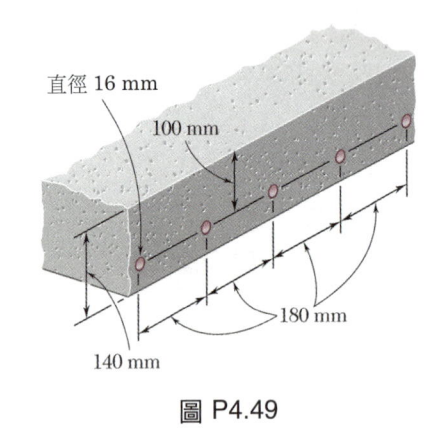

圖 P4.47

圖 P4.49

4.48 假設混凝土梁的寬度由 300 mm 增加到 350 mm，再解習題 4.47。

4.49 某混凝土板以直徑 16 mm 之鋼筋加強，鋼筋則如圖所示各中心距相隔 180 mm。已知混凝土之彈性模數為 20 GPa，而鋼為 200 GPa，試利用混凝土之容許應力 9 MPa 與鋼之 120 MPa，求寬 1 m 混凝土板的最大彎曲力矩。

4.50 假定直徑 16 mm 鋼筋各中心距增加至 225 mm，再解習題 4.49。

4.51 某混凝土梁以三個鋼筋加強，鋼筋的位置如圖所示。已知混凝土之彈性模數為 20 GPa，而鋼為 200 GPa，試利用混凝土之容許應力 9 MPa 與鋼之 140 MPa，求梁中最大容許正向彎曲力矩。

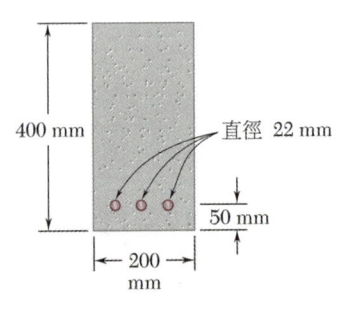

圖 P4.51

4.52 某混凝土板以直徑為 16 mm 之鋼筋加強，鋼筋則如附圖所示各中心距相隔 140 mm。已知混凝土之彈性模數為 20 GPa，而鋼為 200 GPa，試利用混凝土之容許應力 9 MPa 與鋼之 140 MPa，求可以作用在此板的每呎寬度之最大彎曲力矩。

4.53 若一鋼筋混凝土梁的鋼及混凝土內之最大應力分別等於其對應容許應力 σ_s 與 σ_c，則這種梁的設計稱為均衡(balanced)。試證明對於一均衡設計而言，由梁的頂部到中性軸之距離 x 為

$$x = \frac{d}{1 + \dfrac{\sigma_s E_c}{\sigma_c E_s}}$$

其中 E_c 與 E_s 分別為混凝土與鋼之彈性模數，而 d 為梁的頂部到鋼筋之距離。

4.54 對於圖示之混凝土梁而言，混凝土的彈性模數為 25 GPa，而鋼為 200 GPa。已知 $b=200$ mm、$d=450$ mm。試利用混凝土的容許應力 12.5 MPa 及鋼 140 MPa，求(a)使梁的設計成均衡的加勁鋼筋之必要面積 A_s，(b)可以作用在此梁上之最大彎曲力矩。(關於均衡梁之定義，請參閱習題 4.52。)

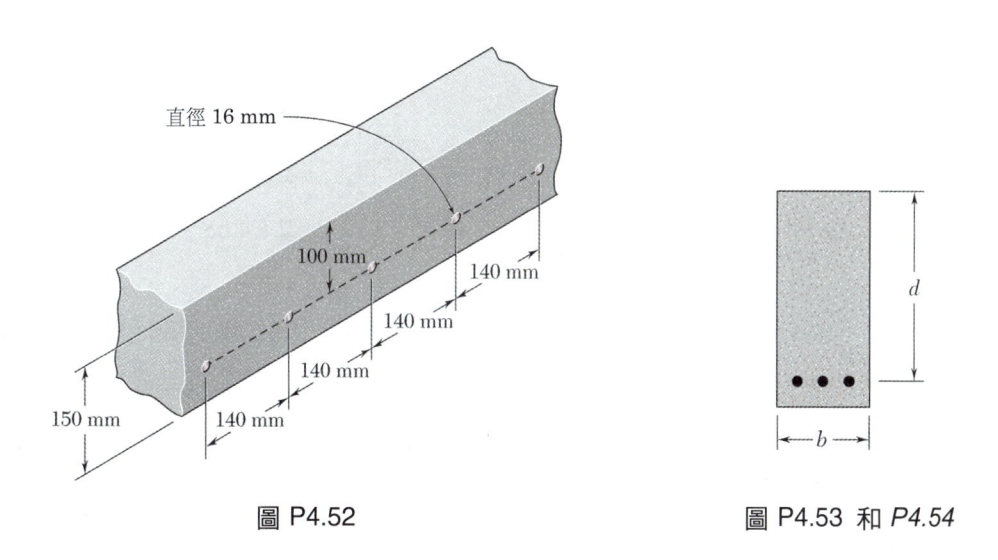

圖 P4.52

圖 P4.53 和 P4.54

4.55 及 4.56 五片寬 40 mm 金屬條被黏在一起，形成附圖所示的組合梁。已知鋼的彈性模數為 210 GPa，黃銅為 105 GPa，鋁為 70 GPa，且此梁被一力矩 1800 N·m 之力偶作用而對一水平軸彎曲，試求(a)三金屬中，每一金屬之極大應力，(b)組合梁之曲率半徑。

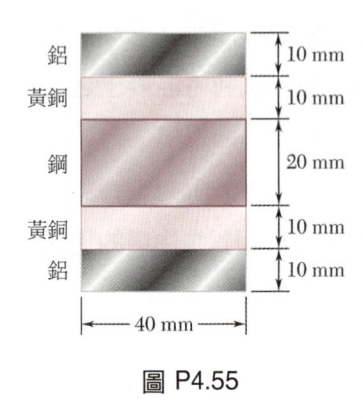

材料力學
Mechanics of Materials

圖 P4.55

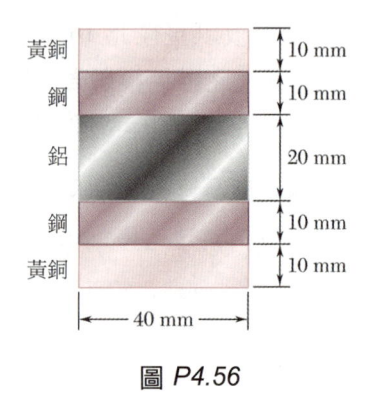

圖 P4.56

4.57 圖示組合梁係由半圓斷面之黃銅及鋁桿件黏合形成，已知黃銅的彈性模數為 100 GPa，鋁為 70 GPa，且此梁被一力矩 900 N·m 之力偶作用而對一水平軸彎曲，試求(a)黃銅桿件中，(b)鋁桿件中的最大應力。

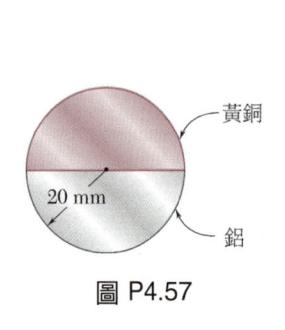

圖 P4.57

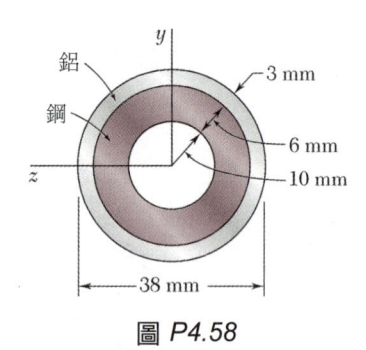

圖 P4.58

4.58 某鋼管與一鋁管牢固地黏在一起，形成圖示之組合梁。已知鋼的彈性模數為 200 GPa，而鋁為 70 GPa，且受 500 N·m 之力矩作用，求(a)鋁內，(b)鋼內之最大應力。

4.59 圖示之矩形梁是以一種塑膠做成，其抗拉彈性模數值為其抗壓值的一半。試就 $M=600$ N·m 彎曲力矩，求最大(a)拉應力，(b)壓應力。

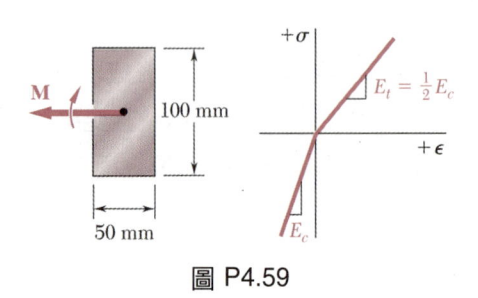

圖 P4.59

*4.60 某矩形梁以某種材料做成，其抗拉彈性模數為 E_t，而抗壓為 E_c。試證明此梁承受純彎曲時的曲率為

$$\frac{1}{\rho} = \frac{M}{E_r I}$$

式中

$$E_r = \frac{4 E_t E_c}{(\sqrt{E_t} + \sqrt{E_c})^2}$$

4.61 某鋼構件的上下部分必須銑出半徑為 r 之半圓形槽如圖所示。採用容許應力為 60 MPa，求當半圓形槽的半徑為 (a) 9 mm，(b) 18 mm 時可以作用在此構件上之最大彎曲力矩。

4.62 某鋼構件的上下部分必須銑出半徑為 r 之半圓形槽如圖所示。已知有力矩 $M = 450$ N·m 之力偶如圖示般作用，試求此構件在 (a) $r = 9$ mm，(b) $r = 18$ mm 時之最大應力。

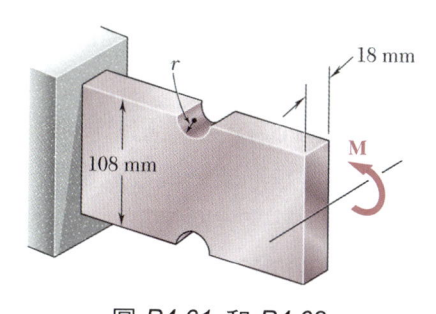

圖 P4.61 和 P4.62

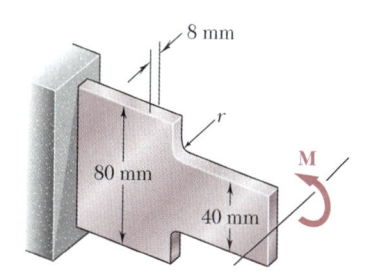

圖 P4.63 和 P4.64

4.63 已知圖示的梁中之容許應力為 90 MPa，試求當填角半徑 r 為 (a) 8 mm，(b) 12 mm 時之容許彎曲力矩 M。

4.64 已知 $M = 250$ N·m，當填角半徑 r 是 (a) 4 mm，(b) 8 mm 時，試求圖示梁中之極大應力。

4.65 欲將一力矩 $M = 2$ kN·m 之力偶作用在某鋼件的一端。(a) 若此鋼件的設計如圖 P4.65a 中所示具有半徑為 $r = 10$ mm 的半圓形槽，(b) 若重新設計此鋼件，分別將其虛線以上及以下的部分去掉，並成為圖 P4.65b 所示之形狀，試求鋼件內之最大應力。

4.66 某鋼件設計中所用的容許應力為 80 MPa。(a) 若此鋼件的設計如圖 P4.65a 所示具有半徑為 $r = 15$ mm 的半圓形部分之槽，(b) 若重新設計此鋼件，分別將其虛線以上及以下的部分去掉，並成為如附圖 P4.65b 所示之形狀，試求可以作用在此鋼件上之最大力偶 **M**。

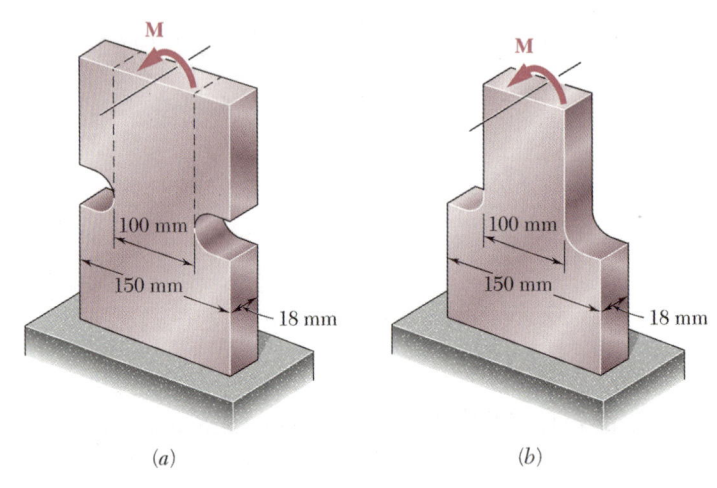

圖 P4.65 和 P4.66

4.12　對稱平面中之偏心軸向載重

吾人在 1.5 節中知悉，受軸向載重作用之構件，如載重 **P** 及 **P′** 作用線通過斷面之形心，則斷面中之應力分佈可假定是均勻者，該一載重稱為**中心載重**。吾人現在將要分析載重作用線不通過斷面形心，亦即載重是**偏心** (eccentric) 時之應力分佈。

偏心載重之兩例乃如照片 4.5 及 4.6 所示。就公路路燈而言，燈之重量對燈柱產生了一偏心載重，同樣的，作用在壓力機之垂直力對壓力機背柱形成一偏心載重。

在本節中，吾人之分析將限於具有一對稱平面之構件，且假定載重是作用在構件對稱平面中 (圖 4.42a)。作用在某一斷面上之內力，可用作用在斷面形心 C 之一力 **F** 及作

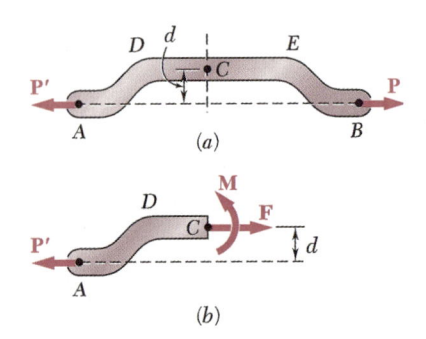

照片 4.5　　照片 4.6　　圖 4.42　具偏心載重之構件

用在構件對稱平面中之一力偶 **M** 表出(圖 4.42*b*)。分離體 *AC* 之平衡條件乃是力 **F** 與 **P′** 必須大小相等,方向相反,力偶矩 **M** 與 **P′** 對 *C* 之力矩亦須大小相等,方向相反。用 *d* 表示形心 *C* 至力 **P** 及 **P′** 作用線 *AB* 之距離,因之得

$$F=P \quad \text{及} \quad M=Pd \tag{4.49}$$

吾人藉觀察可知,如構件 *AB* 之直線部分 *DE* 與 *AB* 分離,*DE* 且同時受中心載重 **P** 及 **P′** 以及彎曲力偶 **M** 及 **M′** 作用(圖 4.43),則斷面中之內力可用同樣之力及力偶示出。是以由原來偏心載重所產生之應力分佈,可將與中心載重 **P** 及 **P′** 對應之均勻應力分佈及與彎曲力偶 **M** 及 **M′** 對應之線性分佈重疊後求出(圖 4.44),即

$$\sigma_x = (\sigma_x)_{中心} + (\sigma_x)_{彎曲}$$

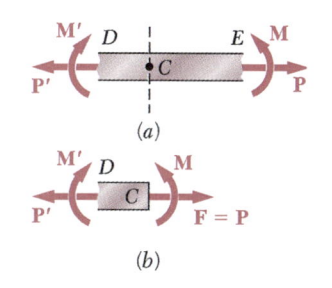

圖 4.43 具偏心載重之構件的內力

或依式(1.5)及(4.16)得

$$\sigma_x = \frac{P}{A} - \frac{My}{I} \tag{4.50}$$

式中 *A* 表斷面積,*I* 表其形心慣性矩,*y* 從斷面形心軸量起。此一關係示出,整個斷面上之應力分佈乃是線性但不均勻。根據斷面的幾何形狀及載重的偏心度,此一組合應力可能全為相同符號,如圖 4.44 所示者,亦有可能部分為正、部分為負,如圖 4.45 所示。在有正有負之應力分佈的情況下,斷面中必有表 $\sigma_x=0$ 之直線,此一直線即表斷面之**中性軸**。吾人應注意到,因 $y=0$ 時 $\sigma_x \neq 0$,故中性軸並不與形心軸重合。

求得之結果只有在滿足重疊原理(2.12 節)及聖衛南原理(2.17 節)之條件時方才有效,

圖 4.44 應力分佈－偏心載重

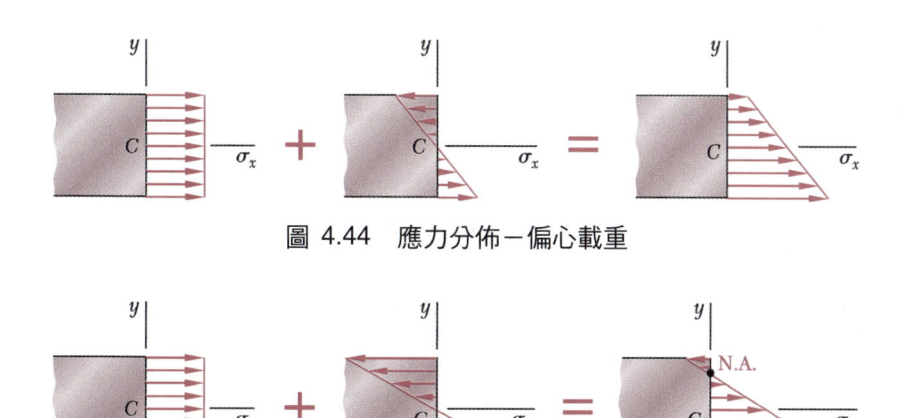

圖 4.45 可能的應力分佈－偏心載重

其意即謂涉及之應力不得超過材料之比例限度；由彎曲所生之變形大致不會影響圖 4.42*a* 中之距離 *d*，以及計算應力之斷面不能太靠近同圖中之 *D* 及 *E* 點。這些條件中之第一項，顯然表示重疊法不能應用於塑性變形。

例 4.07

將直徑為 12 mm 之低碳鋼桿彎曲成附圖所示的形狀，即形成一開口鏈(圖 4.46)。已知此鏈承受一載重 700 N，試求(*a*)鏈的直線部分內之最大拉應力與壓應力，(*b*)斷面的形心與中性軸之間的距離。

解：

(a)最大拉應力與壓應力

斷面中之內力相當於一中心力 **P** 與一彎曲力偶 **M**(圖 4.47)，其大小為

$$P = 700 \text{ N}$$
$$M = Pd = (700 \text{ N})(0.016 \text{ m}) = 11.2 \text{ N} \cdot \text{m}$$

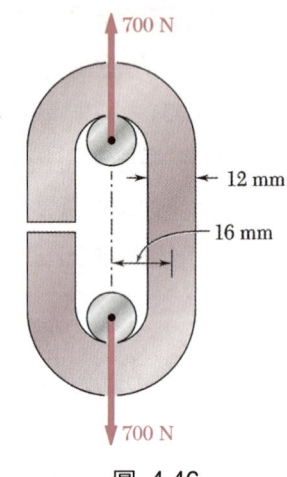

圖 4.46

對應之應力分佈如圖 4.48 的 *a* 與 *b* 部分所示。由中心力 **P** 所引起的分佈均勻，且等於 $\sigma_0 = P/A$，故

$$A = \pi c^2 = \pi (6 \text{ mm})^2 = 113.1 \text{ mm}^2$$
$$\sigma_0 = \frac{P}{A} = \frac{700 \text{ N}}{113.1 \text{ mm}^2} = 6.189 \text{ MPa}$$

由彎曲力偶 **M** 所引起的分佈為線性，其最大應力 $\sigma_m = Mc/I$。因此

$$I = \frac{1}{4}\pi c^4 = \frac{1}{4}\pi (6 \text{ mm})^4 = 1017.9 \text{ mm}^4$$
$$\sigma_m = \frac{Mc}{I} = \frac{(11.2 \text{ N} \cdot \text{m})(6 \times 10^{-3} \text{ m})}{1017.9 \times 10^{-12} \text{ m}^4} = 66.02 \text{ MPa}$$

將兩分佈疊合，即得到對應於既定偏心載重之應力分佈(圖 4.48*c*)。斷面內的最大拉應力與壓應力則分別為

$$\sigma_t = \sigma_0 + \sigma_m = 6.189 + 66.02 = 72.2 \text{ MPa}$$
$$\sigma_c = \sigma_0 - \sigma_m = 6.189 - 66.02 = -59.8 \text{ MPa}$$

圖 4.47

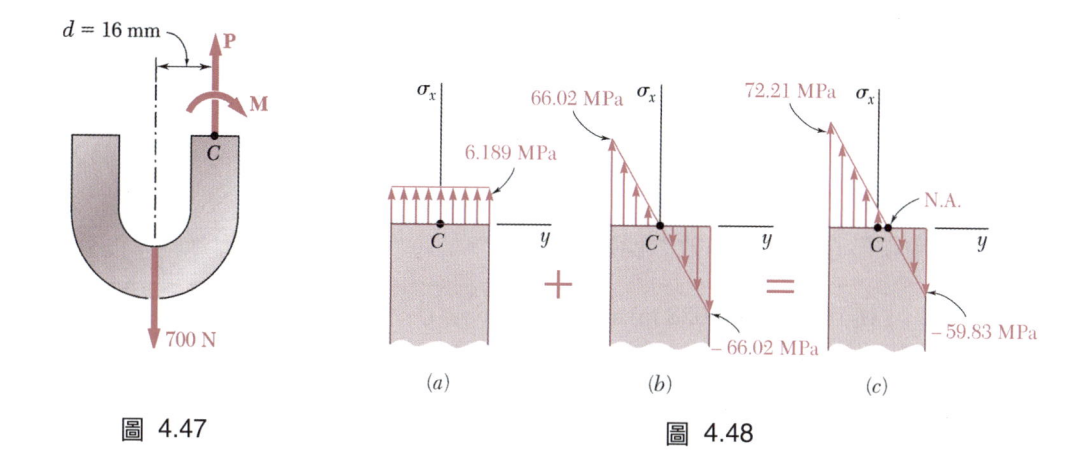

圖 4.48

(b) 形心與中性軸之間的距離

從斷面的形心到中性軸的距離 y_0 計算，令式(4.50)中的 $\sigma_x=0$，並解出 y_0：

$$0=\frac{P}{A}-\frac{My_0}{I}$$

$$y_0=\left(\frac{P}{A}\right)\left(\frac{I}{M}\right)=(6.189\times 10^6 \text{ Pa})\frac{1017.9\times 10^{-12} \text{ m}^4}{11.2 \text{ N}\cdot\text{m}}$$

$$y_0=5.62\times 10^{-4} \text{ m}=0.562 \text{ mm}$$

範例 4.8

已知圖示鑄鐵鏈之容許拉應力是 30 MPa，抗壓應力是 120 MPa，試求可以作用在此鏈上之最大力 **P**。(注意：在前面範例 4.2 中，已考究過 T 形鏈之斷面。)

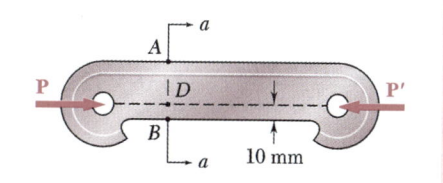

解：

斷面之性質

從範例 4.2 已得

$A=3000 \text{ mm}^2=3\times 10^{-3} \text{ m}^2 \qquad \overline{Y}=38 \text{ mm}=0.038 \text{ m}$

$I=868\times 10^{-9} \text{ m}^4$

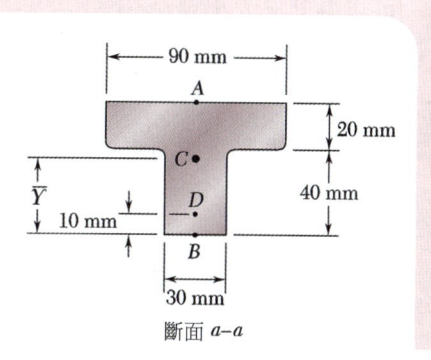

斷面 a–a

現在可算出：

$$d = (0.038 \text{ m}) - (0.010 \text{ m}) = 0.028 \text{ m}$$

作用在 C 之力及力偶

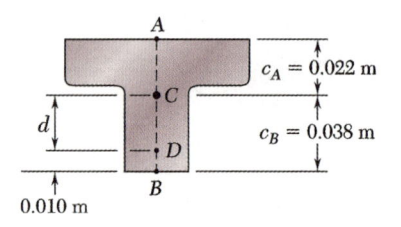

吾人乃用在形心 C 點之等效力偶系來取代 **P**。

$$P = P \qquad M = P(d) = P(0.028 \text{ m}) = 0.028\, P$$

作用在形心之力 **P** 產生一均勻之應力分佈(圖 1)。彎曲力偶 **M** 產生一線性應力分佈(圖 2)。

$$\sigma_0 = \frac{P}{A} = \frac{P}{3 \times 10^{-3}} = 333P \qquad (壓力)$$

$$\sigma_1 = \frac{Mc_A}{I} = \frac{(0.028P)(0.022)}{868 \times 10^{-9}} = 710P \qquad (拉力)$$

$$\sigma_2 = \frac{Mc_B}{I} = \frac{(0.028P)(0.038)}{868 \times 10^{-9}} = 1226P \qquad (壓力)$$

重 疊

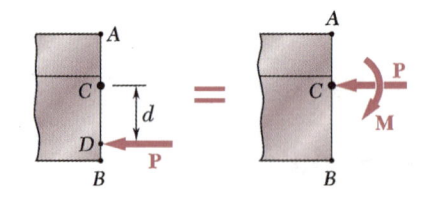

將由中心力 **P** 及力偶 **M** 所產生之應力分佈重疊，即可求得總應力分佈(圖 3)。因拉力為正，壓力為負，故得

$$\sigma_A = -\frac{P}{A} + \frac{Mc_A}{I} = -333P + 710P = +377P \qquad (拉力)$$

$$\sigma_B = -\frac{P}{A} - \frac{Mc_B}{I} = -333P - 1226P = -1559P \qquad (壓力)$$

最大容許力

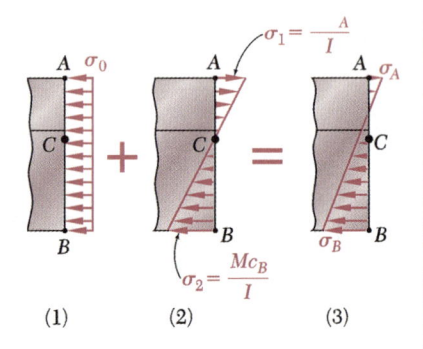

在 A 點之拉應力應等於容許拉應力 30 MPa，故可求得 **P** 之大小為

$$\sigma_A = 377P = 30 \text{ MPa} \qquad P = 79.6 \text{ kN} \blacktriangleleft$$

同理，在 B 點之應力應等於容許壓應力 120 MPa，故 **P** 之大小為

$$\sigma_B = -1559P = -120 \text{ MPa} \qquad P = 77.0 \text{ kN} \blacktriangleleft$$

施加力 **P** 所生應力不得超過任一容應力,故最大力 **P** 之大小應選用已求得兩者之小值,即

$$P = 77.0 \text{ kN}$$

習 題

4.99 已知水平力 **P** 之大小是 2 kN,試求在 (a)A 點,(b)B 點之應力。

4.100 三軸向力 P=50 kN 可以施加於圖示 W200×31.1 碾鋼之一端,(a)如果負載如圖所示,求 A 點應力,(b)如果只施力於 1 及 2 兩點,求 A 點應力。

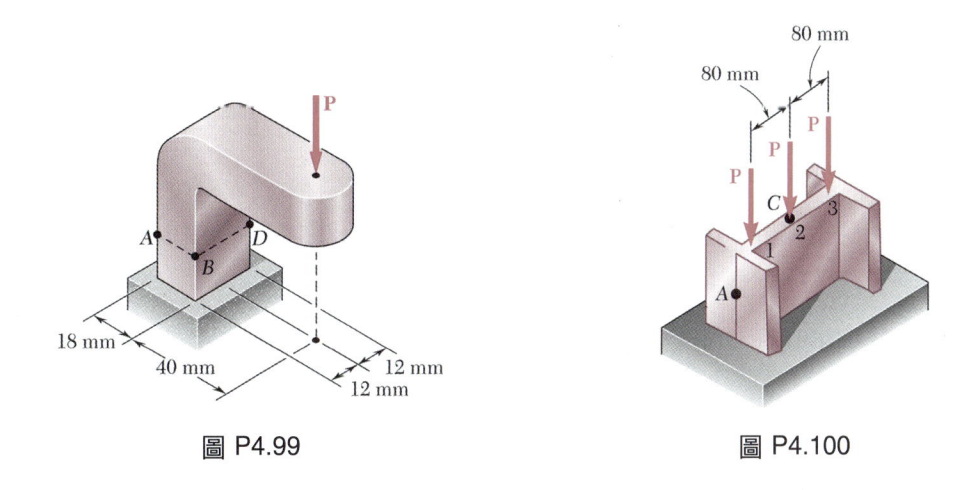

圖 P4.99

圖 P4.100

4.101 如圖所示,已知水平外力 **P** 是 8 kN,試求 (a)A 點,(b)B 點的應力。

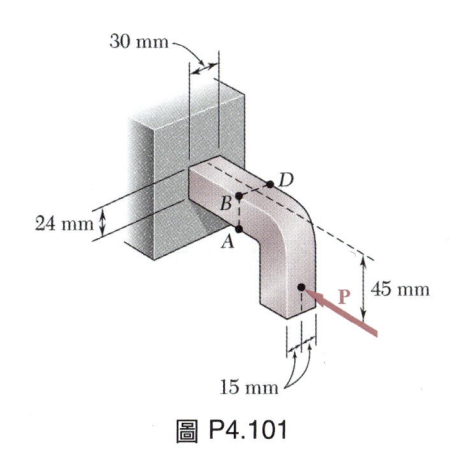

圖 P4.101

4.102 圖示壓力機之垂直部分係由壁厚 $t=10$ mm 之矩形管組成。已知對壓力機施力壓緊木塊使木塊膠黏在一起直至 $P=20$ kN，試求(a)在 A 點，(b)在 B 點之應力。

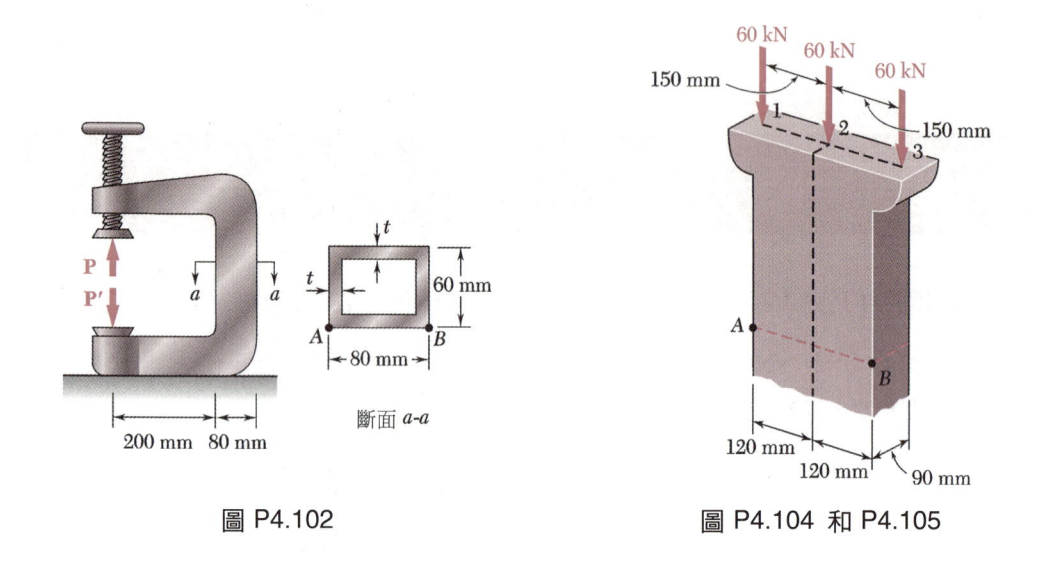

圖 P4.102

圖 P4.104 和 P4.105

4.103 假定 $t=8$ mm，再解習題 4.102。

4.104 (a)對於圖示載重，(b)如果 60 kN 載重施加在點 1 及點 2，試求在 A 點及 B 點之應力。

4.105 (a)對於圖示載重，(b)如將施加之 60 kN 載重自點 2 及點 3 移除，試求在 A 點及 B 點之應力。

4.106 正方形斷面 12×12 mm 的桿件受圖示之彎曲力，使其成為工具機的元件。已知容許應力是 105 MPa，試求每個元件可承受之極大負載。

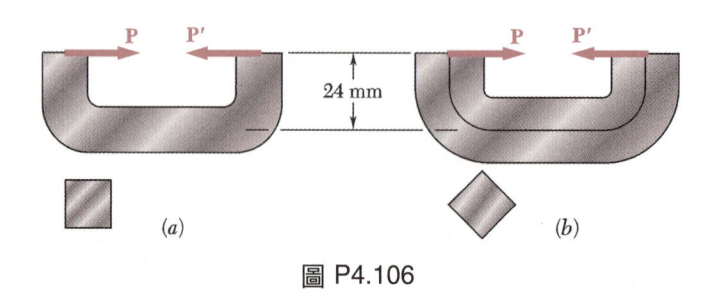

圖 P4.106

4.107 圖示四力作用在一剛性鈑上，此鈑係由一半徑為 a 之實心鋼柱支持。已知 $P=100$ kN 及 $a=40$ mm，當 (a) 在 D 點之力拿掉時，(b) 在 C 及 D 點之力拿掉時，試求每一情況柱中之極大應力。

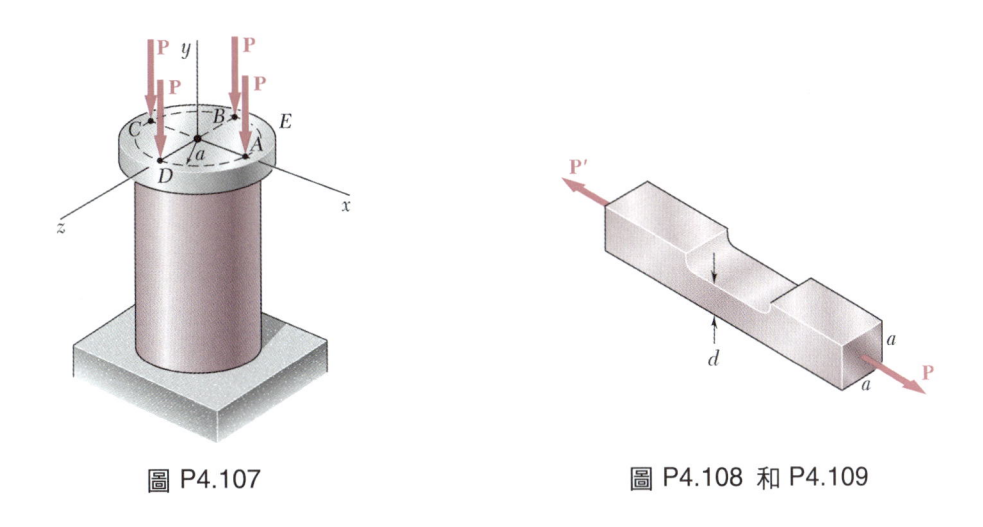

圖 P4.107

圖 P4.108 和 P4.109

4.108 操作銑床以銑去方形斷面實心桿之一部分如圖所示。已知 $a=30$ mm、$d=20$ mm 及 $\sigma_{all}=60$ MPa，試求能安全作用在桿件兩端中心之最大力 P。

4.109 操作銑床以銑去方形斷面實心桿之一部分如圖所示。作用在桿件兩端中心之力 $P=18$ kN。已知 $a=30$ mm、$\sigma_{all}=135$ MPa，試求桿件銑去部分之最小容許深度 d。

4.110 將四片 25×100 mm 之板釘在一塊 100×100 mm 木材而成為一短柱如圖所示。一 64 kN 載重作用在木材頂部斷面中心如圖示，試求下述各情況之最大壓應力，(a) 柱子如上述，(b) 將木片 1 拿開，(c) 將木片 1 及 2 拿開，(d) 將木片 1、2 及 3 拿開，(e) 將四木片皆移走。

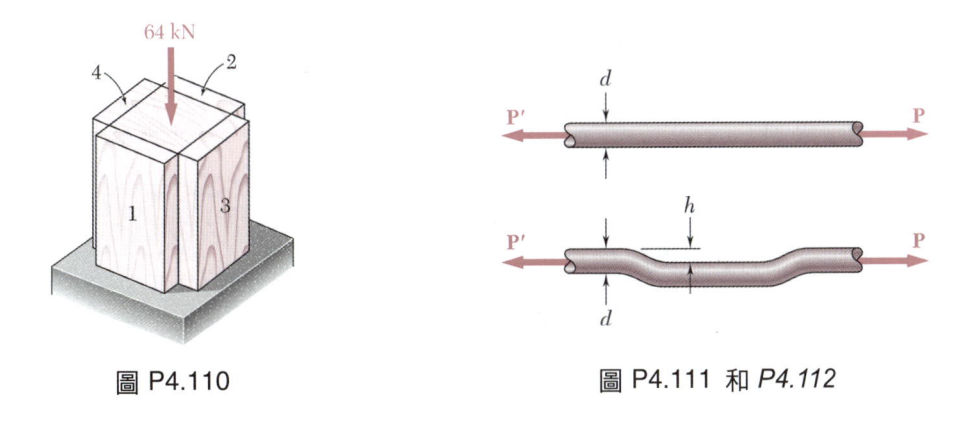

圖 P4.110

圖 P4.111 和 *P4.112*

4.111 一直徑為 d 之實心圓桿件必須要做成有一偏距 h 狀。已知桿件偏折後之極大應力沒有超過桿件直行狀時應力之 5 倍，試求能夠用到之最大偏距。

4.112 一外徑 18 mm，壁厚 2 mm 之金屬管，必須要做成有一偏距 h 狀。已知此管偏折後之極大應力沒有超過管件直行狀時應力之 4 倍，試求能夠用到之最大偏距。

4.113 圖示工具機元件係由一鋼桿與一鋼板焊接而成。已知容許應力為 135 MPa，求 (a) 可施加的最大外力 **P**，(b) 中性軸位置。(提示：斷面中心為 C 點，$I_z = 4195$ m^4。)

圖 P4.113

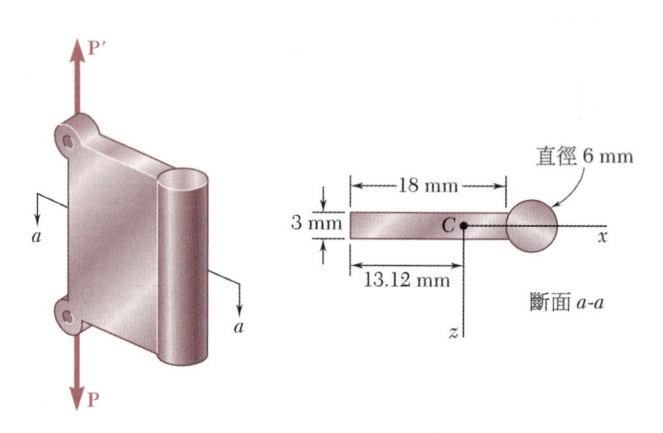

4.114 已知在圖示吊件斷面 $a-a$ 中之容許應力是 150 MPa，試求 (a) 能夠作用在 A 點之最大垂直力 **P**，(b) 斷面 $a-a$ 中性軸之對應位置。

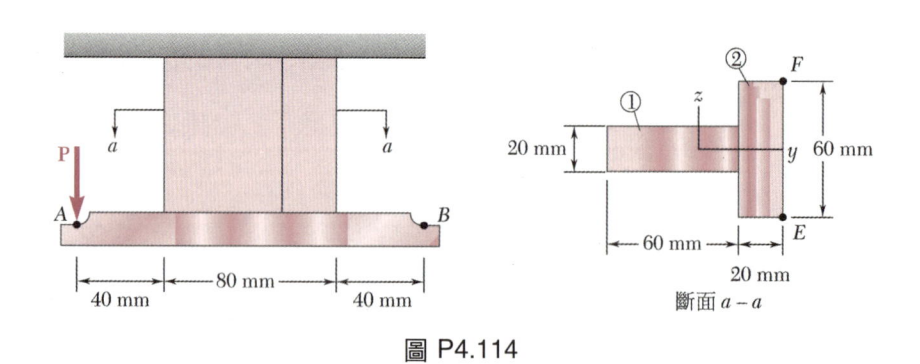

圖 P4.114

4.115 假定垂直力 **P** 是作用在 B 點，再解習題 4.114。

4.116 將每塊斷面皆為 25×150 mm 之三塊鋼鈑焊接在一起，形成一短小 H 型柱如圖所示。其後由於建築上之原因，乃將一寬緣之每一邊削去 25 mm 寬帶。已知載重作用點仍

保持在原有斷面之中心，容許應力是 100 MPa，試求(a)作用在原有柱面上，(b)作用在變更後之柱面上的最大 **P**。

圖 P4.116

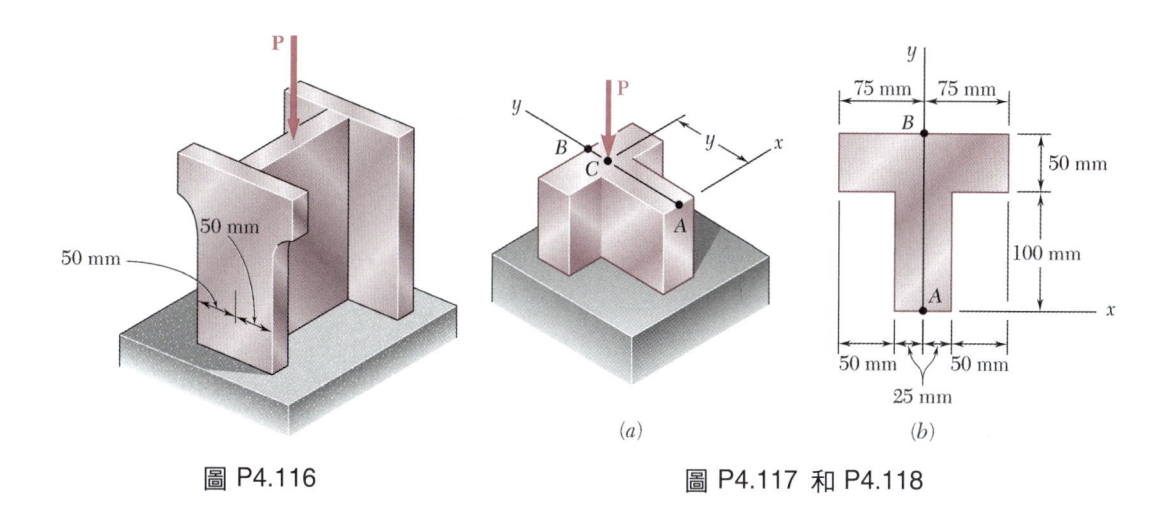

圖 P4.117 和 P4.118

4.117 圖示一大小為 90 kN 之垂直力 **P** 作用在 C 點，C 點位於短柱斷面之對稱軸上。已知 y = 125 mm，試求(a)在 A 點之應力，(b)在 B 點之應力，(c)中性軸之位置。

4.118 圖示一垂直力 **P** 作用在 C 點，C 點位於短柱斷面之對稱軸上，試求使短柱中不會發生拉伸應力的 y 值範圍。

4.119 已知圖示夾鉗將木塊夾緊使之膠接在一起，直至 P = 400 N，試求在斷面 a–a 中 (a)在 A 點之應力，(b)在 D 點之應力，(c)中性軸之位置。

4.120 圖示四根桿件具有相同之斷面積。對於此已知載重，試證(a)極大壓應力之比值是 4:5:7:9，(b)極大拉應力之比值是 2:3:5:3。(注意：三角形桿之斷面是等邊三角形。)

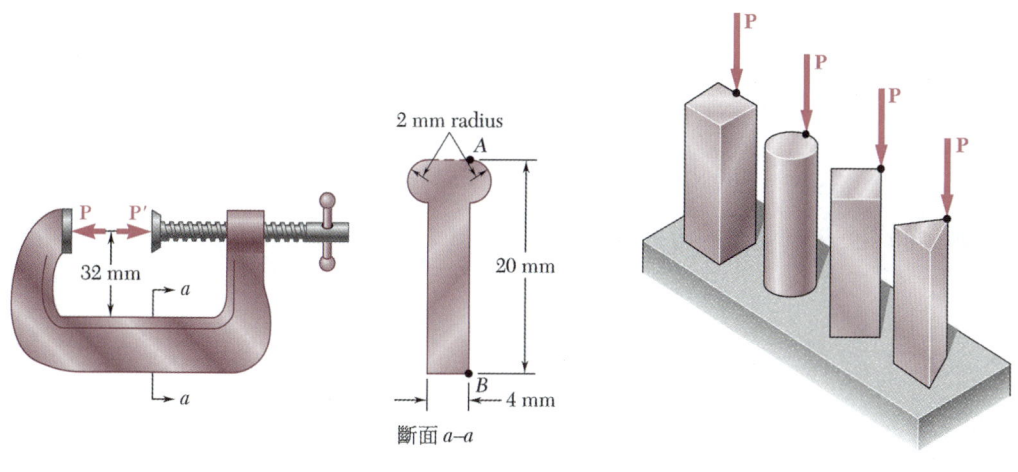

圖 P4.119

圖 P4.120

4.121 如圖所示使用 C 形鋼件當測力儀去求力之大小。已知此桿件斷面是邊長為 40 mm 之方形，量度出內邊緣之應變是 450 μ，試求力之大小 P。採用 $E=200$ GPa。

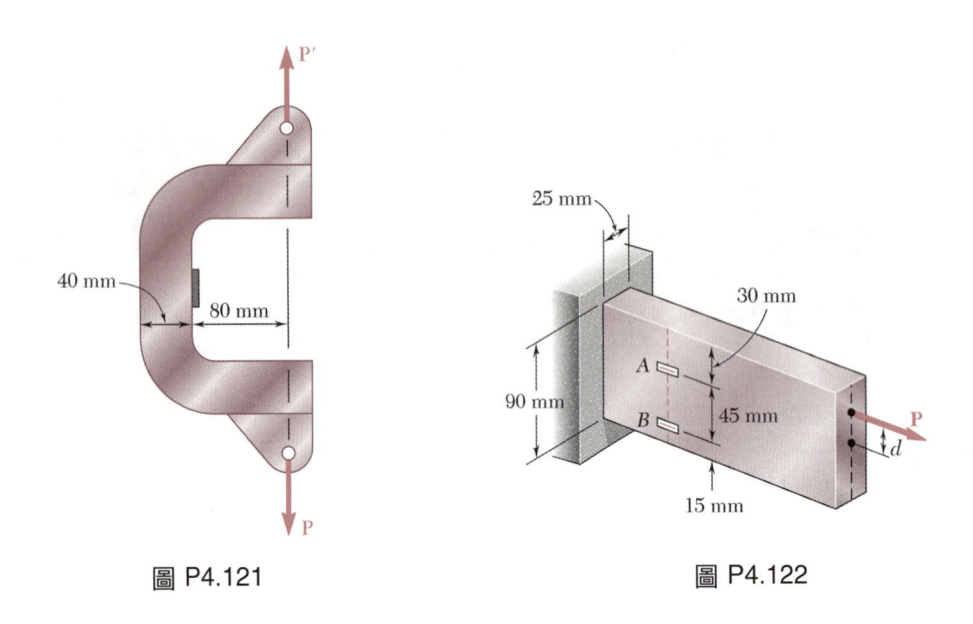

圖 P4.121

圖 P4.122

4.122 圖示一偏心軸向載重 P 係作用在一 25×90 mm 斷面之鋼件上。在 A 及 B 點之應變已量出是

$$\epsilon_A = +350\mu \qquad \epsilon_B = -70\mu$$

已知 $E=200$ GPa，試求 (a) 距離 d，(b) 力 P 之大小。

4.123 假定量出之應變是

$$\epsilon_A = +600\mu \qquad \epsilon_B = +420\mu$$

再解習題 4.122。

4.124 有一圖示用短型軋鋼去支持一剛性鈑，鈑則受兩載重 P 與 Q 作用。位於由寬緣外表面中心線上的兩點 A 與 B 處之應變經過量測，發現為

$$\epsilon_A = -400 \times 10^{-6} \text{ mm/mm} \qquad \epsilon_B = -300 \times 10^{-6} \text{ mm/mm}$$

已知 $E=200$ GPa，試求每一載重之大小。

4.125 假定量出之應變是

$$\epsilon_A = -350 \times 10^{-6} \text{ mm/mm} \qquad \epsilon_B = -50 \times 10^{-6} \text{ mm/mm}$$

再解習題 4.124。

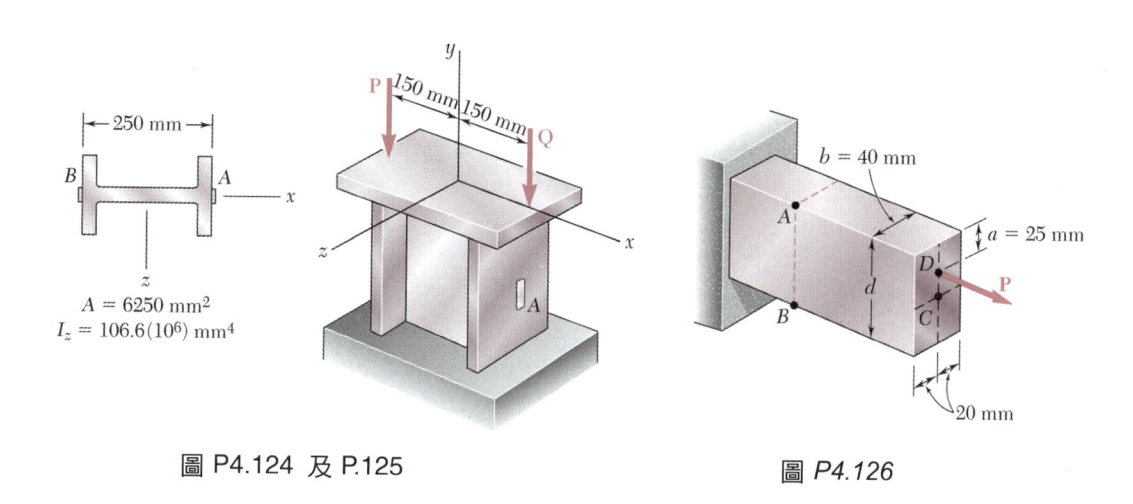

圖 P4.124 及 P.125

圖 P4.126

4.126 一偏心軸向力 **P** 係作用於 D 點，D 點係位在鋼件頂表面以下 25 mm 處，如圖所示。如 P=60 kN，試求(a)在 A 點之拉應力是極大時，桿件之深度 d，(b)在 A 點之相應應力。

4.13 非對稱彎曲

　　直至現在，吾人對純彎曲之分析，仍限於至少具有一對稱平面，且力偶在該平面中作用之構件。因為該等構件及其載重之對稱性，吾人乃得構件對力偶平面要保持對稱，且在該平面中彎曲(4.3 節)之結論。此等情況已在圖 4.49 闡述，a 部分示出一構件斷面具有兩對稱平面，一個垂直及一個水平；b 部分則示出只有一個垂直對稱面之構件斷面。在此兩種情況中，施加在斷面上之力偶，在構件垂直對稱面中作用，故用一水平力偶向量 **M** 表示，且在此兩種情況中，斷面中性軸乃與力偶軸重合。

　　吾人現要考究之情況乃是彎曲力偶不在構件對稱平面中作用，因為力偶不是作用在不同平面，就是構件根本就無任何對稱平面。在此種情況下，不能假定構件將在力偶平面中彎曲。這可用圖 4.50 來加以說明。在每一圖中，在斷面中作用之力

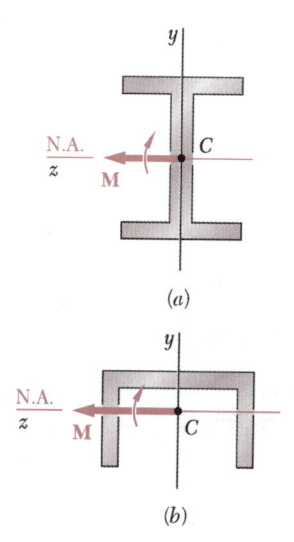

圖 4.49 彎曲力偶在對稱平面中作用

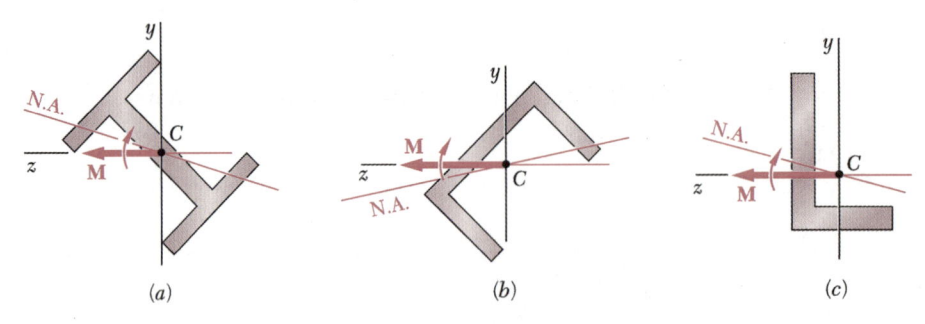

圖 4.50 彎曲力偶不在對稱平面中作用

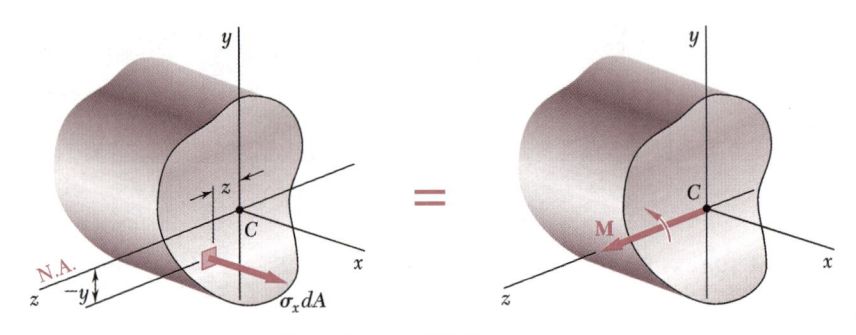

圖 4.51 任意形狀之斷面

偶，仍被假定是在垂直平面中作用，故乃用一水平力偶向量 **M** 表出。然而因垂直平面不是對稱面，故不能設想構件是在該平面中彎曲，也不能假設斷面中性軸與力偶軸重合。

吾人現要去求任意形狀斷面中性軸與代表作用於該斷面上各力之力偶 **M** 軸重合的正確條件，該一斷面乃如圖 4.51 所示，力偶向量 **M** 及中性軸兩者之方向皆假定沿 z 軸方向。吾人由 4.2 節知悉，如吾人要表出原內力 $\sigma_x\,dA$ 乃是力偶 **M** 等效之力系，則

$$x \text{ 分量：} \int \sigma_x\,dA = 0 \tag{4.1}$$

$$\text{有關 } y \text{ 軸力矩：} \int z\sigma_x\,dA = 0 \tag{4.2}$$

$$\text{有關 } z \text{ 軸力矩：} \int (-y\sigma_x\,dA) = M \tag{4.3}$$

吾人在前面已看到，當所有應力在比例限度以內時，此等方程式之第一式將導出中性軸乃是形心軸，最後一式導出基本關係 $\sigma_x = -My/I$。因吾人在 4.2 節已假定斷面是對 y 軸成對稱，故在該時，式(4.2)屬多餘。現在吾人要考慮任意形狀之斷面，式(4.2)就變得極具意義了。假定應力保持在材料比例限度以內，吾人可將 $\sigma_x = -\sigma_m y/c$ 代入式(4.2)，寫出

$$\int z\left(-\frac{\sigma_m y}{c}\right)dA = 0 \quad \text{或} \quad \int yz\,dA = 0 \tag{4.51}$$

式(4.51)中之積分表示斷面對 y 及 z 軸之慣性積 I_{yz}，如此等軸是斷面之形心主軸，則積分

項將等於零,†於是吾人乃得下述結論:只有當力偶向量 **M** 之方向指向斷面主形心軸之一時,斷面中性軸才將與表示作用在該斷面上各力之 **M** 力偶軸重合。

吾人應注意到圖 4.49 所示之斷面至少對坐標軸之一成對稱。是以在每一情況中,y 及 z 軸乃斷面之主形心軸。因力偶向量 **M** 之方向是沿著主形心軸之一,吾人可以證實中性軸與力偶軸重合。吾人亦應注意到,如將該斷面轉過 90°(圖 4.52),力偶向量 **M** 之方向仍沿一主形心軸,中性軸仍與力偶軸重合,即使在情況 b 中,力偶並不在構件對稱平面中作用,仍是如此。

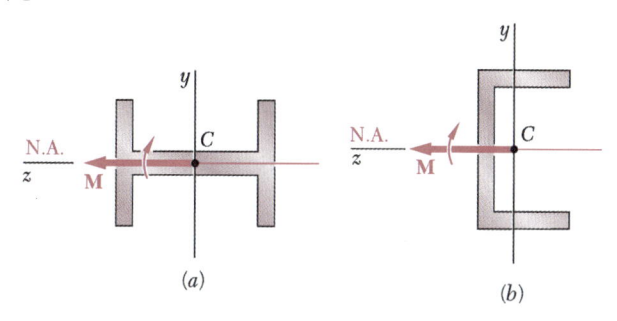

圖 4.52 彎曲力偶施加於主形心軸

就另一方面而言,在圖 4.50 中,無任一坐標軸是圖示斷面之對稱軸,坐標軸也不是主軸。因此力偶向量 **M** 之方向不是順著一主形心軸,中性軸也就不跟力偶軸重合。不過,任一斷面卻具有主形心軸,即使它非對稱,有如圖 4.50c 所示出者。這些軸的位置可依照分析法或應用莫爾圓(Mohr's circle)求得†。如力偶向量 **M** 之方向是順著斷面主形心軸之一,中性軸將與力偶軸重合(圖 4.53),在 4.3 及 4.4 節中為對稱構件所導出之方程式亦可用來求此一情況中之應力。

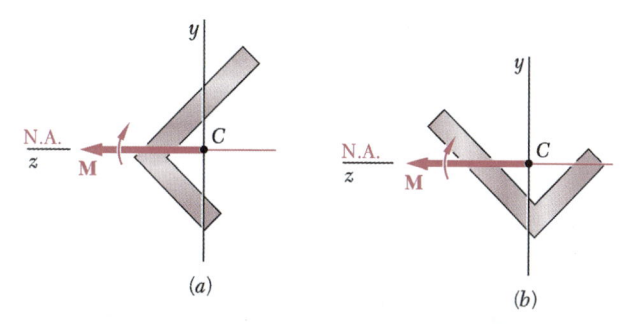

圖 4.53 彎曲力偶不施加於主形心輻

---

† 參見 Ferdinand P. Beer 及 E. Russell Johnston, Jr.,工程力學(*Mechanics for Engineers*),第五版,McGraw-Hill 出版,紐約,2008。或向量工程力學(*Vector Mechanics for Engineers*),第九版,McGraw-Hill 出版,紐約,2010,9.8〜9.10 節。

吾人現將知悉，亦可應用重疊原理來求解在最廣義的非對稱彎曲中之應力。首先考究一具有垂直對稱面之構件，此構件受到作用在與垂直面成 θ 角之一平面中的彎曲力偶 **M** 及 **M'** 作用(圖 4.54)。代表作用在某一斷面上各力之力偶向量 **M** 將與水平 z 軸形成同一角 θ(圖 4.55)。將向量 **M** 分解成分別沿 z 軸及 y 軸之分向量 $\mathbf{M}_z$ 及 $\mathbf{M}_y$，得

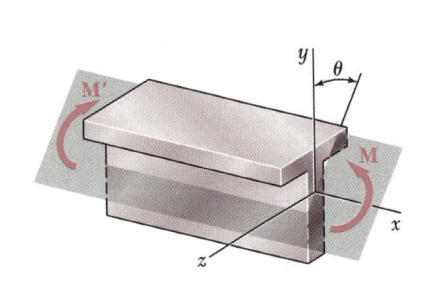

$$M_z = M\cos\theta \qquad M_y = M\sin\theta \tag{4.52}$$

圖 4.54 非對稱彎曲

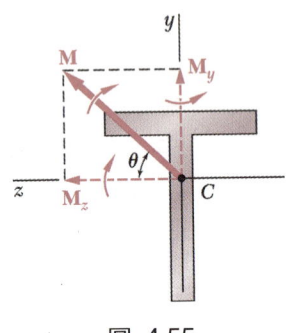

圖 4.55

因為 y 及 z 軸乃斷面之主形心軸，吾人可用式(4.16)去求受任一力偶 $\mathbf{M}_z$ 及 $\mathbf{M}_y$ 作用所產生之應力。力偶 $\mathbf{M}_z$ 在垂直平面中作用，並使構件在該平面中彎曲(圖 4.56)。所生成之應力是

$$\sigma_x = -\frac{M_z y}{I_z} \tag{4.53}$$

式中 I_z 乃斷面對主形心 z 軸之慣性矩。負號之原因乃是由於在 xz 平面以上($y>0$)受壓，在其下($y<0$)受拉之故。在另一方面，力偶 $\mathbf{M}_y$ 作用於水平面中，並使構件在該平面中彎曲(圖 4.57)。所生成之應力是

$$\sigma_x = +\frac{M_y z}{I_y} \tag{4.54}$$

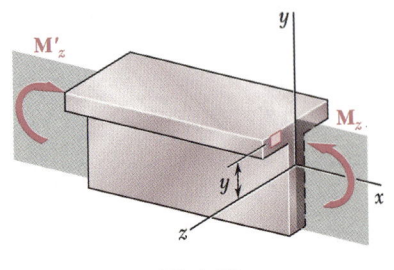

圖 4.56

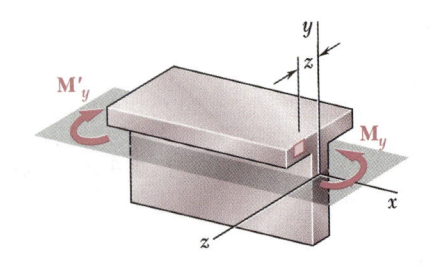

圖 4.57

式中 I_y 乃斷面對主形心 y 軸之慣性矩，正號之原因乃是由於在垂直 xy 面之左($z>0$)受拉，而在其右($z<0$)受壓之故。將式(4.53)及(4.54)求得之應力分佈重疊，即可求得原力偶 **M** 產生之應力分佈，這樣得

$$\sigma_x = -\frac{M_z y}{I_z} + \frac{M_y z}{I_y} \tag{4.55}$$

注意，在確定主形心軸 y 和 z 軸的位置後，亦可應用此式去求非對稱斷面中的應力，如圖 4.58 所示。在另一方面，只有在滿足重疊原理之應用條件時，式(4.55)才能成立。換言之，如組合應力超過材料之比例限度，或如一分力偶所產生之變形，對另一分力偶所生之應力分佈有明顯影響時，式(4.55)則不能應用。

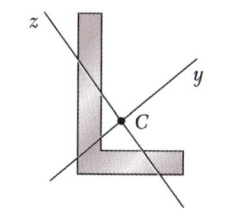

圖 4.58 非對稱斷面

式(4.55)示出，非對稱彎曲所產生之應力分佈乃屬線性。然而，正如吾人在本節前面指出者，斷面中性軸通常不與彎曲力偶軸重合。因在中性軸之任一點上的正交應力是零，是以在式(4.55)中取 $\sigma_x = 0$，即可求得能定出該中性軸之方程式。即

$$-\frac{M_z y}{I_z} + \frac{M_y z}{I_y} = 0$$

或者將表 M_z 及 M_y 之式(4.52)代入上式，並解之得 y 為

$$y = \left(\frac{I_z}{I_y} \tan \theta\right) z \tag{4.56}$$

上式求得之方程式乃是斜度為 $m = (I_z/I_y)\tan\theta$ 之一直線方程式。是以中性軸與 z 軸(圖 4.59)所夾之角 ϕ，乃可用下述關係定出

$$\tan\phi = \frac{I_z}{I_y} \tan\theta \tag{4.57}$$

式中 θ 乃力偶向量 **M** 與 z 軸間所夾之角，因 I_z 及 I_y 兩者俱為正，故 ϕ 及 θ 應為同號。況且吾人亦應知悉，當 $I_z > I_y$ 時，$\phi > \theta$；當 $I_z < I_y$ 時，$\phi < \theta$。因此中性軸之位置恆在力偶向量 **M** 及與最小慣性矩對應的主軸之間。

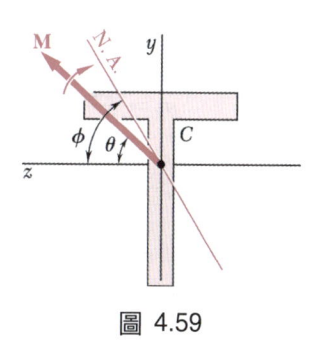

圖 4.59

例 4.08

某 180 N・m 力偶如附圖所示作用在一木梁上，其作用平面與垂直成 30° 角，而梁具有 40×90 mm 矩形斷面(圖 4.60)。試求(a)梁內之最大應力，(b)中性面與水平面之間的夾角。

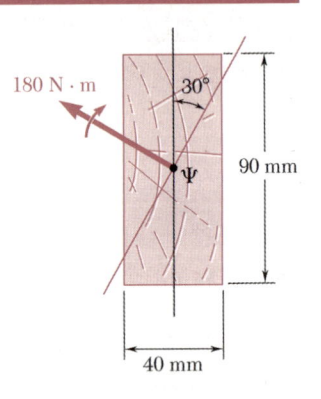

圖 4.60

解：

(a)最大應力

首先計算力偶向量之分量 M_z 與 M_y(圖 4.61)：

$$M_z = (180 \text{ N} \cdot \text{m}) \cos 30° = 155.9 \text{ N} \cdot \text{m}$$
$$M_y = (180 \text{ N} \cdot \text{m}) \sin 30° = 90 \text{ N} \cdot \text{m}$$

另外也算出斷面對 z 軸與 y 軸之慣性矩：

$$I_z = \frac{1}{12}(0.04 \text{ m})(0.09 \text{ m})^3 = 2.43 \times 10^{-6} \text{ m}^4$$
$$I_y = \frac{1}{12}(0.09 \text{ m})(0.04 \text{ m})^3 = 0.48 \times 10^{-6} \text{ m}^4$$

由 M_z 所引起的最大拉應力沿 AB，且為

$$\sigma_1 = \frac{M_z y}{I_z} = \frac{(155.9 \text{ N} \cdot \text{m})(0.045 \text{ m})}{2.43 \times 10^{-6} \text{ m}^4} = 2.887 \text{ MPa}$$

由 M_y 所引起的最大拉應力沿 AD，且為

$$\sigma_2 = \frac{M_y z}{I_y} = \frac{(90 \text{ N} \cdot \text{m})(0.02 \text{ m})}{0.48 \times 10^{-6} \text{ m}^4} = 3.75 \text{ MPa}$$

因此，由組合載重所引起的最大拉應力發生在 A 處，且為

$$\sigma_{\max} = \sigma_1 + \sigma_2 = 2.89 + 3.75 = 6.637 \text{ MPa}$$
$$\sigma_{\max} = 6.64 \text{ MPa}$$

最大壓應力的大小與最大拉應力相同，且發生在 E 處。

(b)中性面與水平面之夾角

中性面與水平面之間的夾角 ϕ(圖 4.62)由式(4.57)算出：

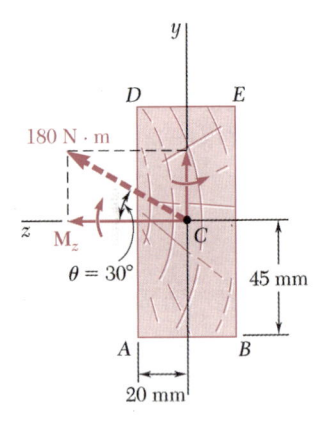

圖 4.61

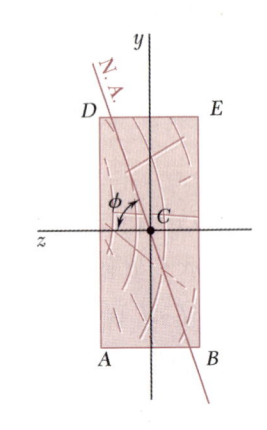

圖 4.62

$$\tan\phi = \frac{I_z}{I_y}\tan\theta = \frac{2.43\times 10^{-6}\text{ m}^4}{0.48\times 10^{-6}\text{ m}^4}\tan 30° = 2.923$$

$$\phi = 71.1°$$

橫過斷面的應力分佈如圖 4.63 所示。

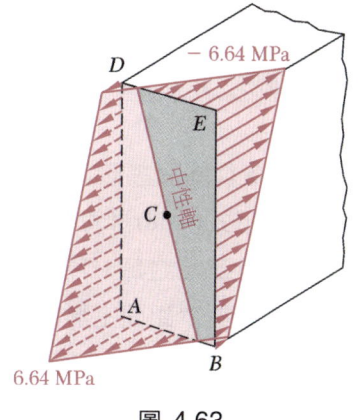

圖 4.63

4.14 偏心軸向載重之廣義情況

在 4.12 節，吾人分析了由作用在構件對稱平面中之偏心軸向載重所產生之應力。吾人現將研析軸向載重不作用在對稱平面中之更廣義情況。

今考究一受大小相等，方向相反之偏心軸向力 **P** 及 **P′**(圖 4.64a)作用之直形構件 AB，令 a 及 b 表示力作用線至構件斷面主形心軸之距離。從靜力學的觀點來看，偏心力 **P** 乃與由中心力 **P** 乃力矩為 $M_y = Pa$ 及 $M_z = Pb$ 之兩力偶 $\mathbf{M}_y$ 及 $\mathbf{M}_z$ 組成之力系等效，此種情況乃在圖 4.64b 示出。同理，偏心力 **P′** 乃與中心力 **P′** 及力偶 $\mathbf{M}'_y$ 及 $\mathbf{M}'_z$ 組成之力系等效。

應用聖衛南原理(2.17 節)，吾人可用圖 4.64b 所示靜定等效載重取代圖 4.64a 所示之原來載重，俾在斷面不太靠近構件任一端時，求得構件斷面 S 中之應力分佈。另外，只要重疊原理應用條件獲得滿足(2.12 節)，使由中心軸向載重 **P** 及由彎曲力偶 $\mathbf{M}_y$ 及 $\mathbf{M}_z$ 所生之應力重疊，就可求得由圖 4.64b 所示載重產生之應力。由中心載重 **P** 所生之應力可用式(1.5)求出；因對應之力偶向量方向順著斷面之主形心軸，故由彎曲力偶所生之應力

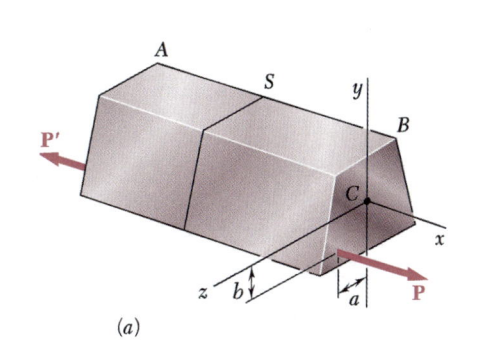

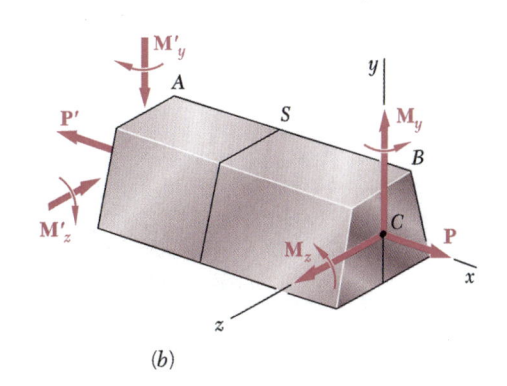

圖 4.64 偏心軸向載重

材料力學
Mechanics of Materials

可用式(4.55)求出，得

$$\sigma_x = \frac{P}{A} - \frac{M_z y}{I_z} + \frac{M_y z}{I_y} \tag{4.58}$$

式中 y 及 z 從斷面主形心軸量起。此一關係示出整個斷面上之應力分佈乃屬線性。

　　在應用式(4.58)計算組合應力 σ_x 時，應特別留心選用等號右側三項中每一項之正負號，蓋因此三項之每一項，可能是正，亦可能是負，要視載重 **P** 及 **P′** 之向號，以及載重作用線相對於斷面主形心軸之位置而定。應用式(4.58)算得斷面各點之組合應力 σ_x，向號可能全部相同，亦有可能一部分是正，一部分是負，要視斷面幾何形狀，**P** 及 **P′** 作用線之位置而定。對於後者，斷面中將能找到一線，其上之應力為零。在式(4.58)中，取 $\sigma_x=0$，吾人即能求得此代表斷面中性軸之直線方程式：

$$\frac{M_z}{I_z} y - \frac{M_y}{I_y} z = \frac{P}{A}$$

例 4.09

　　一 80×120 mm 之矩形斷面木柱，受一垂直載重 4.80 kN 作用如圖 4.65 所示。(*a*)試求在 *A*、*B*、*C* 及 *D* 點之應力。(*b*)定出斷面中性軸之位置。

解：

(a)應　力

　　用一中心載重 **P** 及兩力偶 **M**$_x$ 及 **M**$_z$ 組成之力系取代(圖 4.66)已知偏心載重，圖中力偶 **M**$_x$ 及 **M**$_z$ 用方向沿斷面主形心軸之向量表出。得

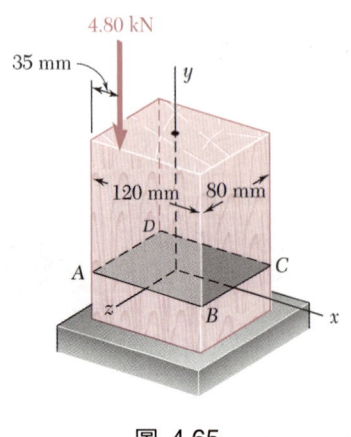

圖 4.65 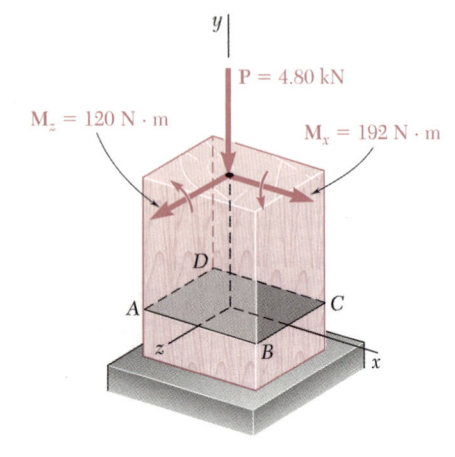　　　　　　　　　　　　　　圖 4.66

$$M_x = (4.80 \text{ kN})(40 \text{ mm}) = 192 \text{ N} \cdot \text{m}$$
$$M_z = (4.80 \text{ kN})(60 \text{ mm} - 35 \text{ mm}) = 120 \text{ N} \cdot \text{m}$$

算出斷面面積及斷面形心慣性矩如下：

$$A = (0.080 \text{ m})(0.120 \text{ m}) = 9.60 \times 10^{-3} \text{ m}^2$$
$$I_x = \frac{1}{12}(0.120 \text{ m})(0.080 \text{ m})^3 = 5.12 \times 10^{-6} \text{ m}^4$$
$$I_z = \frac{1}{12}(0.080 \text{ m})(0.120 \text{ m})^3 = 11.52 \times 10^{-6} \text{ m}^4$$

由中心載重 **P** 所產生之應力 σ_0 是負數，且均佈於斷面上。故

$$\sigma_0 = \frac{P}{A} = \frac{-4.80 \text{ kN}}{9.60 \times 10^{-3} \text{ m}^2} = -0.5 \text{ MPa}$$

由彎曲力偶 $\mathbf{M}_x$ 及 $\mathbf{M}_z$ 所產生之應力，在整個斷面上是線性分佈，兩者之最大值分別等於

$$\sigma_1 = \frac{M_x z_{\max}}{I_x} = \frac{(192 \text{ N} \cdot \text{m})(40 \text{ mm})}{5.12 \times 10^{-6} \text{ m}^4} = 1.5 \text{ MPa}$$
$$\sigma_2 = \frac{M_z x_{\max}}{I_z} = \frac{(120 \text{ N} \cdot \text{m})(60 \text{ mm})}{11.52 \times 10^{-6} \text{ m}^4} = 0.625 \text{ MPa}$$

在斷面各角隅處之應力是

$$\sigma_y = \sigma_0 \pm \sigma_1 \pm \sigma_2$$

式中正負號必須根據圖 4.66 來決定。注意，由 $\mathbf{M}_x$ 所生之應力在 C 及 D 點是正，在 A 及 B 點者是負，由 $\mathbf{M}_z$ 所生之應力在 B 及 C 點是正，在 A 及 D 點者是負，故得

$$\sigma_A = -0.5 - 1.5 - 0.625 = -2.625 \text{ MPa}$$
$$\sigma_B = -0.5 - 1.5 + 0.625 = -1.375 \text{ MPa}$$
$$\sigma_C = -0.5 + 1.5 + 0.625 = +1.625 \text{ MPa}$$
$$\sigma_D = -0.5 + 1.5 - 0.625 = +0.375 \text{ MPa}$$

(b) 中性軸

吾人注意到，應力在 B 及 C 間之 G 點，在 D 及 A 間之 H 點為零(圖 4.67)。因應力分佈是線性，故

$$\frac{BG}{80 \text{ mm}} = \frac{1.375}{1.625 + 1.375} \qquad BG = 36.7 \text{ mm}$$
$$\frac{HA}{80 \text{ mm}} = \frac{2.625}{2.625 + 0.375} \qquad HA = 70 \text{ mm}$$

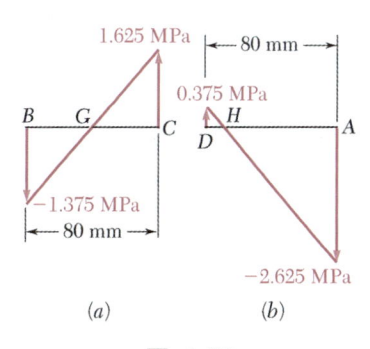

圖 4.67

通過 G 及 H 可畫出中性軸(圖 4.68)。整個斷面上之應力分佈乃如圖 4.69 所示。

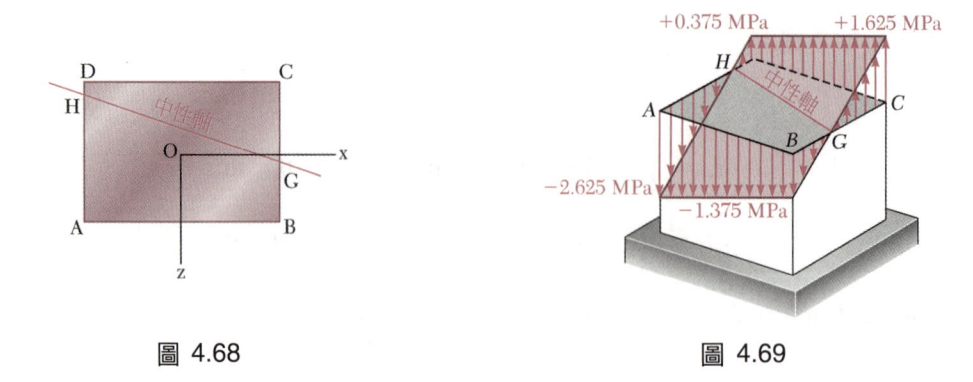

圖 4.68

圖 4.69

範例 4.9

使一水平載重 **P** 作用在 S250×37.8 之短小軋鋼構件上。已知構件中之壓應力不得超過 82 MPa，試求最大之容許載重 **P**。

解：

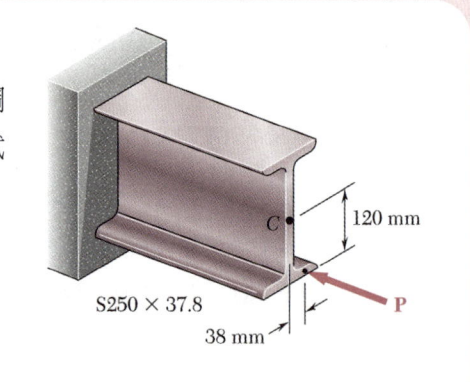

斷面性質

從附錄 C 查得下述數據

面積：$A = 4820 \text{ mm}^2$

斷面模數：$S_x = 402 \times 10^3 \text{ mm}^3$ $S_y = 47.5 \times 10^3 \text{ mm}^3$

作用在 C 點之力及力偶

使作用在斷面形心 C 之等效力–力偶系取代載重 **P**，得

$$M_x = (120 \text{ mm})P \qquad M_y = (38 \text{ mm})P$$

力偶向量 $\mathbf{M}_x$ 及 $\mathbf{M}_y$ 之方向是順著斷面主軸方向。

正交應力

由中心載重 $\mathbf{P}$ 及力偶 $\mathbf{M}_x$ 及 $\mathbf{M}_y$ 作用所生在之應力 A、B、D 及 E 點之絕對值分別是

$$\sigma_1 = \frac{P}{A} = \frac{P}{4820 \text{ mm}^2} = 207 \times 10^{-6} P$$

$$\sigma_2 = \frac{M_x}{S_x} = \frac{120P}{402 \times 10^3 \text{ mm}^3} = 298 \times 10^{-6} P$$

$$\sigma_3 = \frac{M_y}{S_y} = \frac{38P}{47.5 \times 10^3 \text{ mm}^3} = 800 \times 10^{-6} P$$

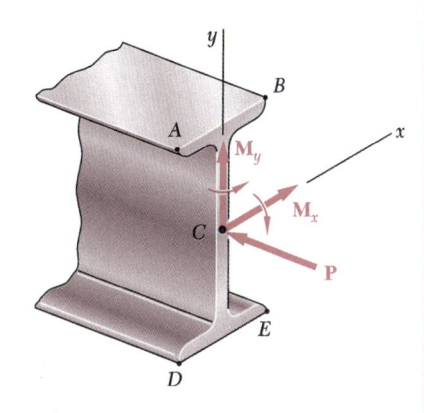

重疊

將由 $\mathbf{P}$、$\mathbf{M}_x$ 及 $\mathbf{M}_y$ 所生之應力重疊，即可求得在每一點之總應力。詳細檢視力－力偶系之圖形，可得知每一應力之正負號，故

$$\sigma_A = -\sigma_1 + \sigma_2 + \sigma_3 = -207 \times 10^{-6}P + 298 \times 10^{-6}P + 800 \times 10^{-6}P = +891 \times 10^{-6}P$$

$$\sigma_B = -\sigma_1 + \sigma_2 - \sigma_3 = -207 \times 10^{-6}P + 298 \times 10^{-6}P - 800 \times 10^{-6}P = -709 \times 10^{-6}P$$

$$\sigma_D = -\sigma_1 - \sigma_2 + \sigma_3 = -207 \times 10^{-6}P - 298 \times 10^{-6}P + 800 \times 10^{-6}P = +295 \times 10^{-6}P$$

$$\sigma_E = -\sigma_1 - \sigma_2 - \sigma_3 = -207 \times 10^{-6}P - 298 \times 10^{-6}P - 800 \times 10^{-6}P = -1305 \times 10^{-6}P$$

最大容許載重

最大壓應力發生在 E 點，已知 $\sigma_{\text{all}} = 82$ MPa，故

$$\sigma_{\text{all}} = \sigma_E \qquad -82 \text{ MPa} = -1305 \times 10^{-6}P \qquad P = 62.8 \text{ kN} \blacktriangleleft$$

*範例 4.10

將一大小為 $M_0 = 1.5$ kN·m，作用在垂直平面中之彎曲力偶，施加在一 Z 形斷面梁上如圖示。試求 (a) 在 A 點之應力，(b) 中性軸與水平面間之夾角。斷面對 y 及 z 軸之慣性矩與慣性積分別是

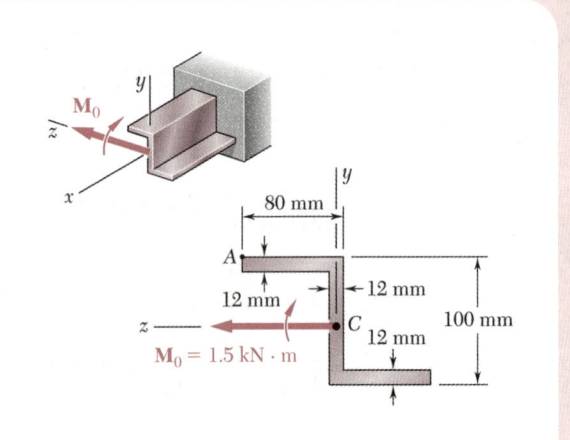

$$I_y = 3.25 \times 10^{-6} \text{ m}^4$$
$$I_z = 4.18 \times 10^{-6} \text{ m}^4$$
$$I_{yz} = 2.87 \times 10^{-6} \text{ m}^4$$

解：

主 軸

應用莫爾圓法定出主軸之方向以及與其對應之主軸慣性矩†

$$\tan 2\theta_m = \frac{FZ}{EF} = \frac{2.87}{0.465} \qquad 2\theta_m = 80.8°$$

$$\theta_m = 40.4°$$

$$R^2 = (EF)^2 + (FZ)^2 = (0.465)^2 + (2.87)^2$$

$$R = 2.91 \times 10^{-6} \text{ m}^4$$

$$I_u = I_{\min} = OU = I_{ave} - R = 3.72 - 2.91$$
$$= 0.810 \times 10^{-6} \text{ m}^4$$

$$I_v = I_{\max} = OV = I_{ave} + R = 3.72 + 2.91$$
$$= 6.63 \times 10^{-6} \text{ m}^4$$

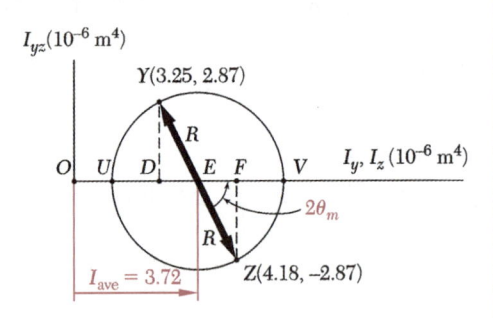

載 重

將作用力偶 M_0 分解成為與主軸平行之分量

$$M_u = M_0 \sin \theta_m = 1500 \sin 40.4° = 972 \text{ N·m}$$
$$M_v = M_0 \cos \theta_m = 1500 \cos 40.4° = 1142 \text{ N·m}$$

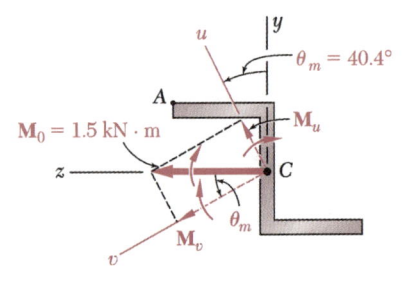

---

† 參見 Ferdinand P. Beer 及 E. Russell Johnston, Jr.，工程力學 (*Mechanics for Engineers*)，第五版，McGraw-Hill 出版，紐約，2008。或向量工程力學 (*Vector Mechanics for Engineers*)，第九版，McGraw-Hill 出版，紐約，2010，9.8～9.10 節。

a. 在 A 點之應力

從每一主軸至 A 點之垂直距離是

$$u_A = y_A \cos\theta_m + z_A \sin\theta_m = 50 \cos 40.4° + 74 \sin 40.4° = 86.0 \text{ mm}$$
$$v_A = -y_A \sin\theta_m + z_A \cos\theta_m = -50 \sin 40.4° + 74 \cos 40.4° = 23.9 \text{ mm}$$

分別考究對每一主軸之彎曲，吾人發現 $\mathbf{M}_u$ 在 A 點產生一拉應力，而 $\mathbf{M}_v$ 在 A 點產生一壓應力，故

$$\sigma_A = +\frac{M_u v_A}{I_u} - \frac{M_v u_A}{I_v} = +\frac{(972 \text{ N}\cdot\text{m})(0.0239 \text{ m})}{0.810\times 10^{-6} \text{ m}^4} - \frac{(1142 \text{ N}\cdot\text{m})(0.0860 \text{ m})}{6.63\times 10^{-6} \text{ m}^4}$$
$$= +(28.68 \text{ MPa}) - (14.81 \text{ MPa}) \qquad \sigma_A = +13.87 \text{ MPa} \blacktriangleleft$$

b. 中性軸

應用式(4.57)，可求得出中性軸與 v 軸間形成之角 ϕ

$$\tan\phi = \frac{I_v}{I_u}\tan\theta_m = \frac{6.63}{0.810}\tan 40.4° \qquad \phi = 81.8°$$

中性軸與水平面間形成之角 β 為

$$\beta = \phi - \theta_m = 81.8° - 40.4° = 41.4° \qquad \beta = 41.4° \blacktriangleleft$$

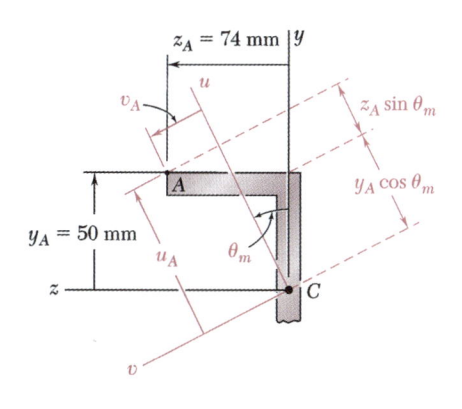

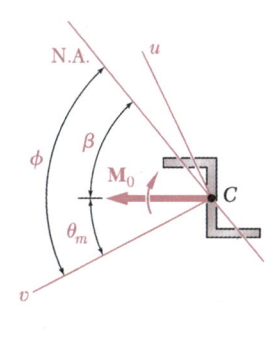

習　題

4.127 至 4.134　力偶 **M** 作用於圖示斷面之梁上，作用平面與垂直面成一夾角 β，試求 (a)在 A 點，(b)在 B 點，(c)在 D 點之應力。

圖 P4.127

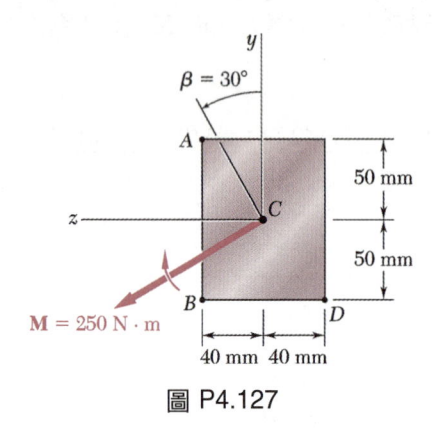

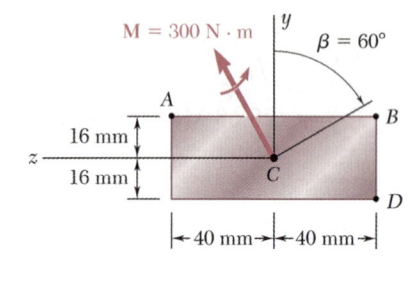

圖 P4.128

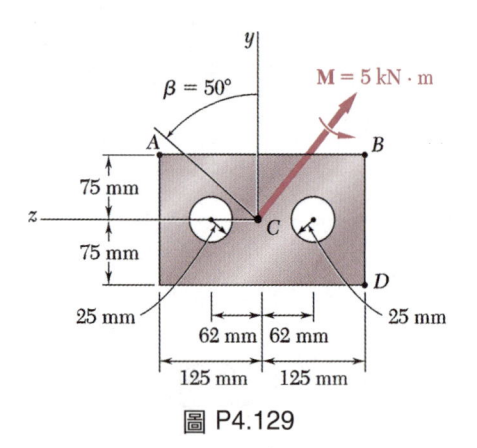

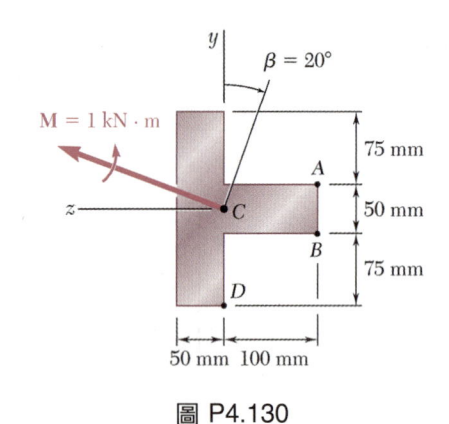

圖 P4.129

圖 P4.130

圖 P4.131

圖 *P4.132*

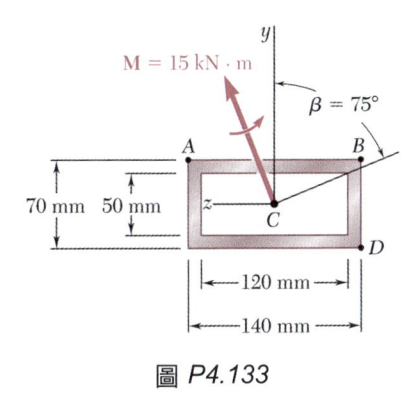

第 4 章　純彎曲

圖 P4.133

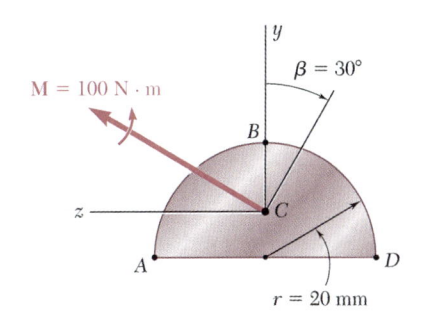

圖 P4.134

4.135 至 4.140 圖示的力偶 **M** 在一垂直面中，且作用在朝向如圖所示之梁上。試求(a)中性軸與水平面之間的夾角，(b)梁內之最大拉應力。

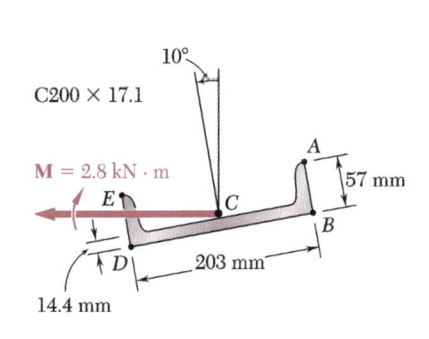

圖 P4.135

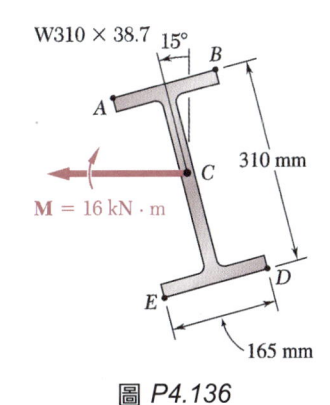

圖 P4.136

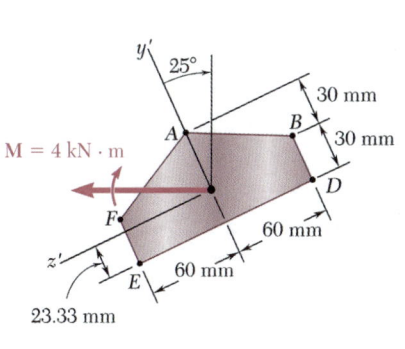

$I_{y'} = 281 \times 10^3 \text{ mm}^4$
$I_{z'} = 176.9 \times 10^3 \text{ mm}^4$

圖 P4.137

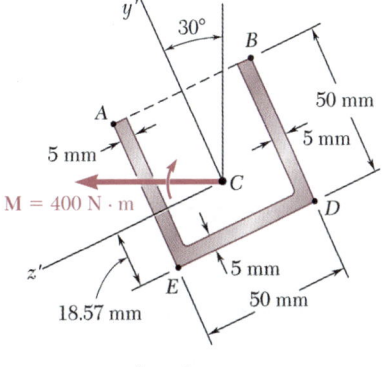

圖 P4.138

253

材料力學
Mechanics of Materials

圖 P4.139

$I_{y'} = 14.77 \times 10^3 \text{ mm}^4$
$I_{z'} = 53.6 \times 10^3 \text{ mm}^4$

圖 P4.140

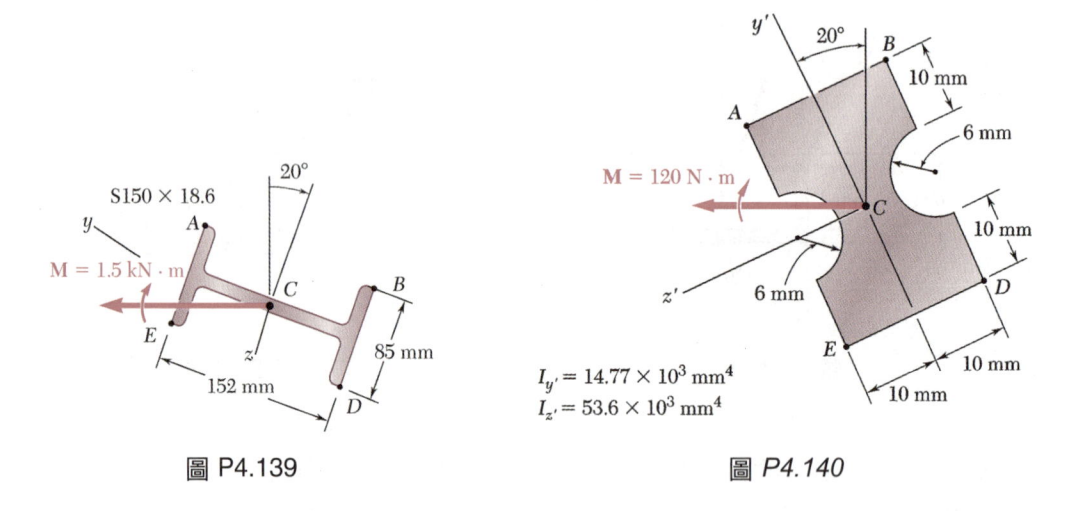

***4.141 至 *4.143**　圖示之力偶 **M** 在一垂直面中，且作用在斷面如圖所示之梁上。試求點 A 處之應力。

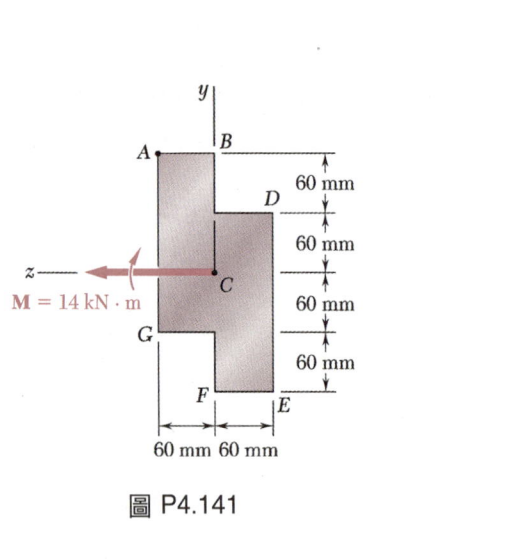

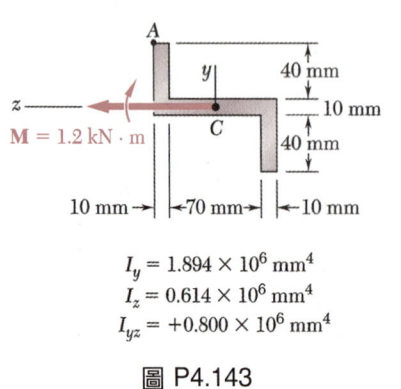

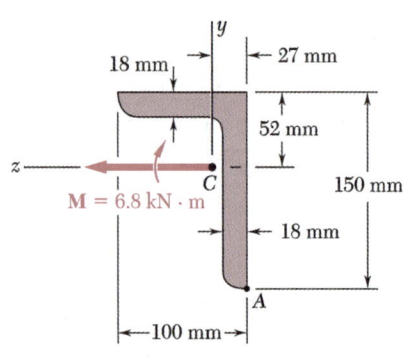

圖 P4.141

$I_y = 3.65 \times 10^6 \text{ mm}^4$
$I_z = 10.1 \times 10^6 \text{ mm}^4$
$I_{yz} = 3.45 \times 10^6 \text{ mm}^4$

圖 P4.142

$I_y = 1.894 \times 10^6 \text{ mm}^4$
$I_z = 0.614 \times 10^6 \text{ mm}^4$
$I_{yz} = +0.800 \times 10^6 \text{ mm}^4$

圖 P4.143

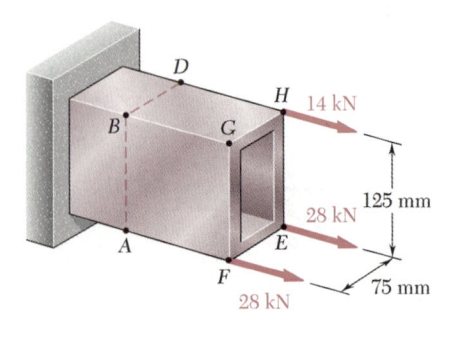

圖 P4.144

4.144 圖示之管有一均勻壁厚 12 mm。對於圖示已知載重，試求(a)在 A 及 B 點之應力，(b)中性軸與 ABD 線相交之點。

4.145 假定將作用在 E 點 28 kN 之力拿掉，再解習題 4.144。

4.146 將一半徑 125 mm 之剛性圓鈑放置並黏在一 150×200 mm 之矩形柱上，並使鈑之中心與柱之中心在同一垂直線上。如一大小為 4 kN 之力 **P** 作用在 E 點且 $\theta=30°$，試求(a)在 A 點之應力，(b)在 B 點之應力，(c)中性軸與 ABD 線相交之點。

4.147 同習題 4.146，求(a)使 D 點應力達最大值的 θ 大小，(b)相應 A、B、C 及 D 點的應力大小。

圖 P4.146

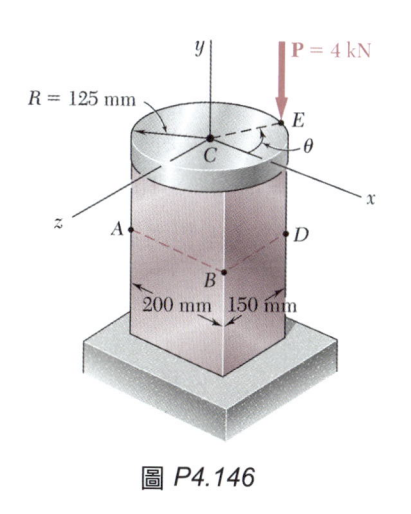

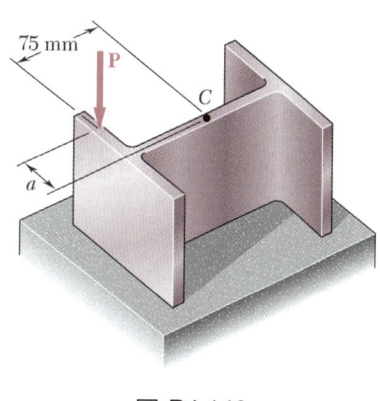

圖 P4.148

4.148 圖示一大小為 50 kN 之軸向載重 **P** 作用在一短矩 W150×24 之軋鋼構件上，試求欲使最大壓力不超過 90 MPa 時之最大距離 a。

4.149 圖示一大小為 100 kN 之水平載重 **P** 作用於梁。如梁中極大拉應力不超過 75 MPa，試求最大距離 a。

4.150 如圖所示之 Z 形斷面承受在一垂直面上的力偶 **M**$_0$ 作用。若要使梁內之最大應力不超過 80 MPa，試求最大容許彎曲力矩 M_0 值。已知：$I_{max}=2.28\times10^{-6}$ mm^4、$I_{min}=0.23\times10^{-6}$ mm^4，主軸為 25.7° ⬊ 與 64.3° ⬈。

4.151 假定力偶 **M**$_0$ 係作用在水平面上，再解習題 4.150。

圖 P4.149

圖 P4.150

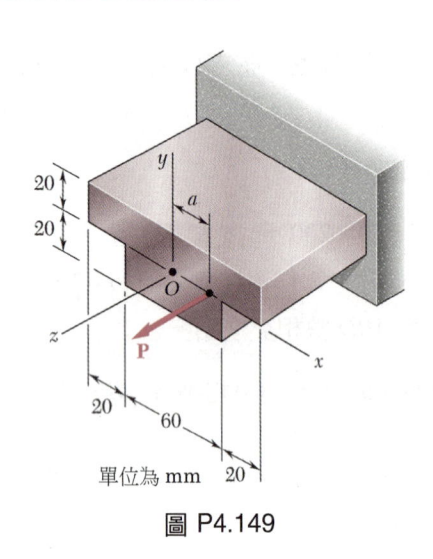

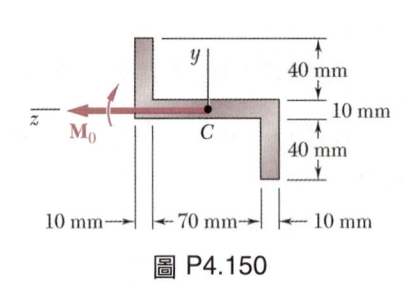

4.152 具有圖示斷面的某梁承受在一垂直面上的力偶 M_0 作用。若要使梁內之最大應力不超過 84 MPa，試求最大容許彎曲力矩 M_0 值。已知：$I_y = I_z = 4.7 \times 10^6$ mm^4、$A = 3064$ mm^2，$k_{min} = 25$ mm。（提示：由於對稱，故主軸與坐標軸成 45° 角。利用關係式 $I_{min} = Ak_{min}^2$ 及 $I_{min} + I_{max} = I_y + I_z$。）

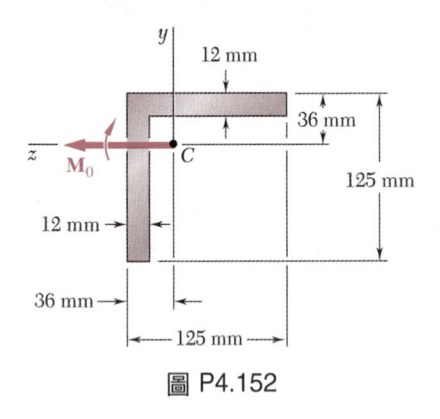

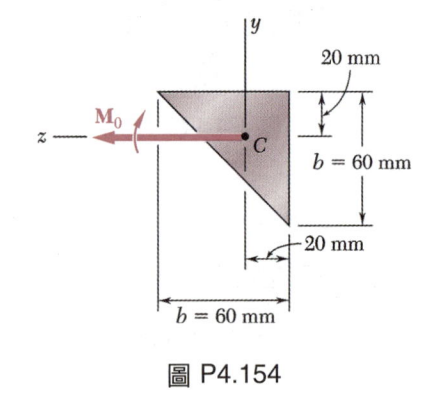

圖 P4.152

圖 P4.154

4.153 假定力偶 M_0 係作用在水平面上，再解習題 4.152。

4.154 圖示斷面之一梁，在其垂直面上受一力偶 M_0 作用。如果極大應力不超過 100 MPa，試求力偶矩 M_0 之最大許用值。（已知：$I_y = I_z = b^4/36$ 及 $I_{yz} = b^4/72$。）

4.155 圖示一軋鋼梁 W310×23.8 承受一在垂直面中之一力偶 M_0 作用，此軋鋼梁之梁腹與垂直面形成角 θ。用 σ_0 表示 $\theta = 0$ 時梁中極大應力，試求梁中極大應力是 $2\sigma_0$ 時梁之傾斜角 θ。

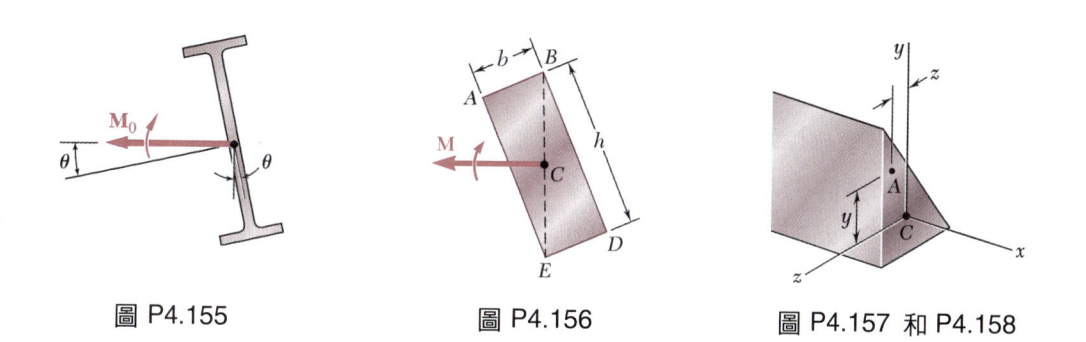

圖 P4.155 圖 P4.156 圖 P4.157 和 P4.158

4.156 一矩形斷面梁受一彎曲力偶，力偶施加於一斷面對角線上，試證明中性軸落在另一個對角線上。

4.157 具有如圖所示不對稱斷面梁承受一在水平 xz 面上的力偶 $\mathbf{M}_0$ 作用，試證明坐標為 y 與 z 的 A 點處之應力為

$$\sigma_A = \frac{zI_z - yI_{yz}}{I_y I_z - I_{yz}^2} M_y$$

其中 I_y、I_z 及 I_{yz} 代表斷面對形心軸之慣性矩及慣性積，M_y 表力偶矩。

4.158 具有如圖所示不對稱斷面梁承受一在垂直 xy 面上的力偶 $\mathbf{M}_0$ 作用，試證明坐標為 y 與 z 的 A 點處之應力為

$$\sigma_A = -\frac{yI_y - zI_{yz}}{I_y I_z - I_{yz}^2} M_z$$

其中 I_y、I_z 及 I_{yz} 代表斷面對形心軸之慣性矩與慣性積，M_z 表力偶矩。

4.159 (a)若一垂直力 $\mathbf{P}$ 作用在圖示斷面的點 A 處，試證明中性軸 BD 的方程式為

$$\left(\frac{x_A}{r_z^2}\right)x + \left(\frac{z_A}{r_x^2}\right)z = -1$$

其中 r_z 與 r_x 分別代表斷面對 z 軸與 x 軸之迴轉半徑。
(b)另外則求證：若一垂直力 $\mathbf{Q}$ 作用在位於線 BD 的任一點上，則點 A 處之應力將為零。

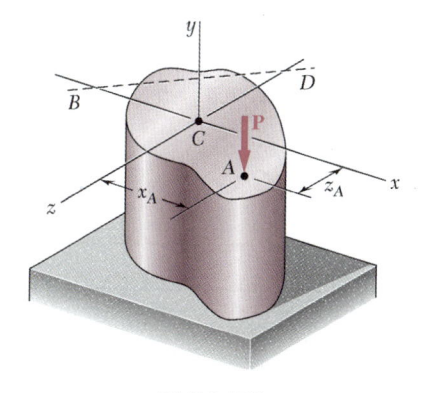

圖 P4.159

4.160 (a)若圖 P4.160a 所示的垂直力 $\mathbf{P}$ 之作用點位於下述線上，則試證明在矩形構件角落 A 處的應力為零：

$$\frac{x}{b/6} + \frac{z}{h/6} = 1$$

(b)再求證，若要使構件內無拉應力，則力 **P** 必須作用在某點上，此點位於由 a 部分所求得之線及三條對應於使 B、C 及 D 處的應力為零之類似線所圍成的區域內。此區域稱為斷面之核心或安定力圈(kern)(圖 P4.160b)。

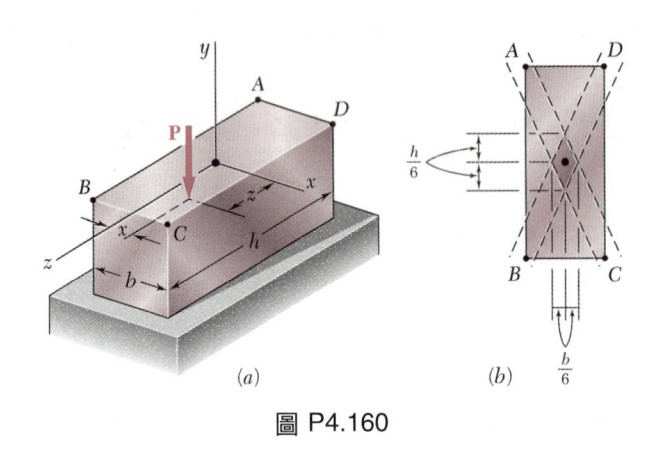

圖 P4.160

公式總整理

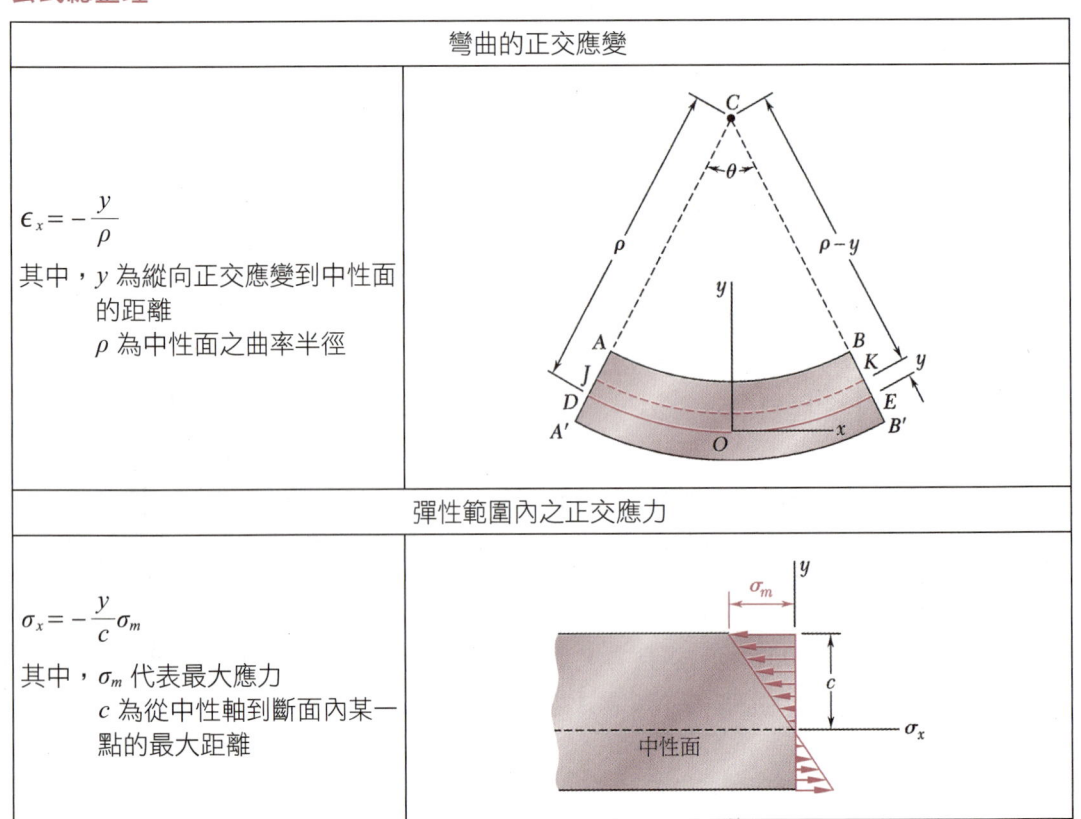

彎曲的正交應變
$\epsilon_x = -\dfrac{y}{\rho}$ 其中，y 為縱向正交應變到中性面的距離 ρ 為中性面之曲率半徑
彈性範圍內之正交應力
$\sigma_x = -\dfrac{y}{c}\sigma_m$ 其中，σ_m 代表最大應力 c 為從中性軸到斷面內某一點的最大距離

公式總整理 (續)

彈性撓曲公式	
最大正交應力的彈性撓曲公式： $\sigma_m = \dfrac{Mc}{I}$ 彈性撓曲公式： $\sigma_x = -\dfrac{My}{I}$ 其中，M 為彎曲力矩 　　　I 為中性軸之慣性矩 　　　c 為從中性軸到斷面內某一點的最大距離	

彈性斷面模數	
$S = \dfrac{I}{c}$ 其中，I 為中性軸之慣性矩 　　　c 為從中性軸到斷面內某一點的最大距離	

構件之曲率	
曲率 $= \dfrac{1}{\rho} = \dfrac{M}{EI}$ 其中，M 為彎曲力矩 　　　I 為中性軸之慣性矩 　　　E 為材料的剛性係數。	

偏心軸向載重	
$\sigma_x = \dfrac{P}{A} - \dfrac{My}{I}$	

不對稱彎曲	
$\sigma_x = -\dfrac{M_z y}{I_z} + \dfrac{M_y z}{I_y}$	

公式總整理 (續)

	中性軸之朝向
$\tan\phi = \dfrac{I_z}{I_y}\tan\theta$	
	廣義偏心軸向載重
$\sigma_x = \dfrac{P}{A} - \dfrac{M_z y}{I_z} + \dfrac{M_y z}{I_y}$	

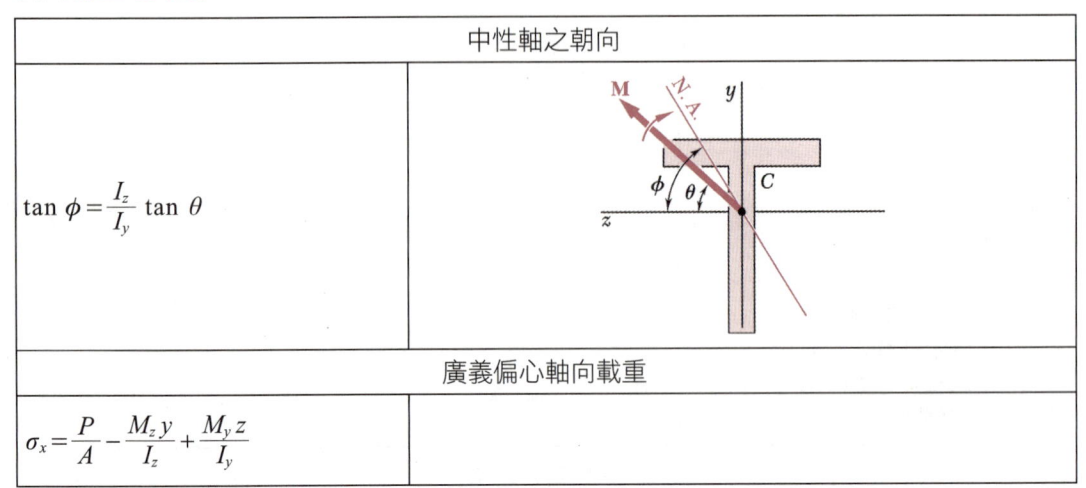

複習與摘要

本章分析了承受純彎曲的構件，即考慮承受大小相等但反向力偶 **M** 與 **M'** 的構件內之應力與變形，此兩力偶在同一縱向平面上作用(圖 4.77)。

彎曲的正交應變

吾人首先研究了具有一對稱面而承受在該平面上作用的力偶之構件。在考慮構件可能的變形時，證明了當構件變形時，橫斷面保持平面狀 [4.3 節]。然後發現受純彎曲的構件具有一中性面，沿此面上的正交應變及應力均為零，而縱向正交應變 ϵ_x 與到中性面的距離 y 成線性關係：

$$\epsilon_x = -\frac{y}{\rho} \tag{4.8}$$

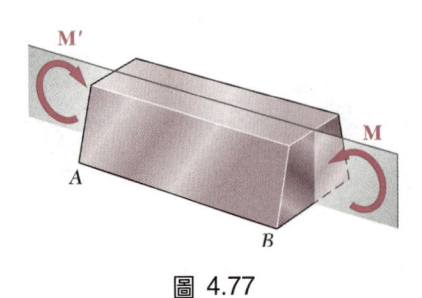

圖 4.77

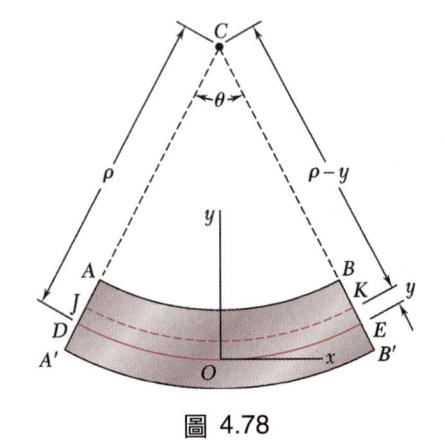

圖 4.78

其中 ρ 為中性面之曲率半徑(圖 4.78)。中性面與橫斷面的相交線被稱為斷面之中性軸。

彈性範圍內之正交應力

對於以能按照虎克定律的材料做成之構件而言 [4.4 節]，正交應力 σ_x 與到中性軸的距離成線性關係(圖 4.79)。以 σ_m 代表最大應力，則

$$\sigma_x = -\frac{y}{c}\sigma_m \tag{4.12}$$

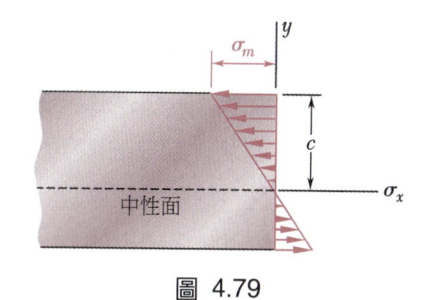

圖 4.79

其中 c 為從中性軸到斷面內某一點的最大距離。

彈性撓曲公式

令原力 $\sigma_x dA$ 之和等於零，吾人證明了受純彎曲構件的中性軸通過斷面的形心。然後令原力之力矩和等於彎曲力矩，即導出了最大正交應力的彈性撓曲公式

$$\sigma_m = \frac{Mc}{I} \tag{4.15}$$

其中 I 為斷面對中性軸之慣性矩。另外也得到了位於任何中性軸距離 y 處之正交應力

$$\sigma_x = -\frac{My}{I} \tag{4.16}$$

彈性斷面模數

因注意到 I 與 c 只取決於斷面的幾何形狀，故引用彈性斷面模數

$$S = \frac{I}{c} \tag{4.17}$$

然後利用斷面模數寫出最大正交應力的另一種數學式

$$\sigma_m = \frac{M}{S} \tag{4.18}$$

構件之曲率

由於構件之曲率為其曲率半徑的倒數，故將構件之曲率寫成

$$\frac{1}{\rho} = \frac{M}{EI} \tag{4.21}$$

反碎曲率

4.5 節討論了具有一對稱面的均質構件之彎曲，其中注意到變形發生在一橫向斷面上，而造成構件的*反碎曲率*。

以數種材料做成之構件

接著討論了以數種*彈性模數*不同的材料做成的構件之彎曲 [4.6 節]。雖然橫向斷面保持平面狀，但是卻發現，一般而言，中性軸並不通過組合斷面的形心(圖 4.80)。利用材料的彈性模數比，即得到一對應於以一種材料做成的相當構件之*換算斷面*。然後利用前面導出的方法，即決定此相當於均質構件內之應力(圖 4.81)，接著再度利用彈性模數比，以決定組合梁內之應力 [範例 4.3 與 4.4]。

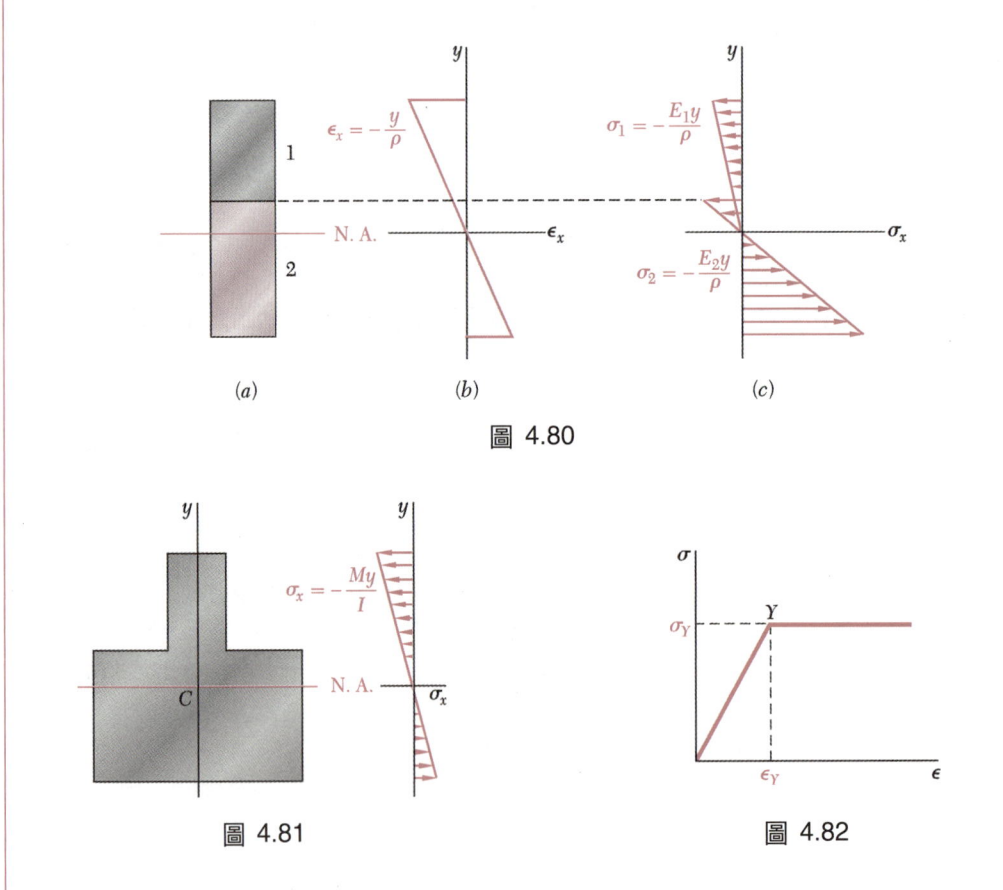

圖 4.80

圖 4.81

圖 4.82

應力集中

4.7 節討論了發生在純彎曲構件內的*應力集中*，並在圖 4.27 與 4.28 中列出了具有內圓角與槽型平板之應力集中因數。

塑性變形

接下來吾人研究了以並不按照虎克定律的材料做成之構件 [4.8 節]。首先分析了當彎曲力矩增大時，以一種彈塑材料(圖 4.82)做成的矩形梁之變化。當梁內開始出現降伏時，即發生最大彈性力矩 M_Y (圖 4.83)。當彎曲力矩繼續增大時，即出現塑性區，而構件的彈性核心變小 [4.9 節]。最後，梁即變成完全塑性，而得到最大或塑性力矩 M_p。4.11 節指出，當造成降伏的載重被去除後，構件內會有永久變形及殘留應力。

偏心軸向載重

4.12 節研究了構件承受對稱面上的偏心載重時的應力，其分析利用前面導出的方法，即把偏心載重以一位於斷面形心處的力－力偶系統取代(圖 4.84)，然後將中心載重及彎曲力矩所引起的應力疊合(圖 4.85)：

$$\sigma_x = \frac{P}{A} - \frac{My}{I} \tag{4.50}$$

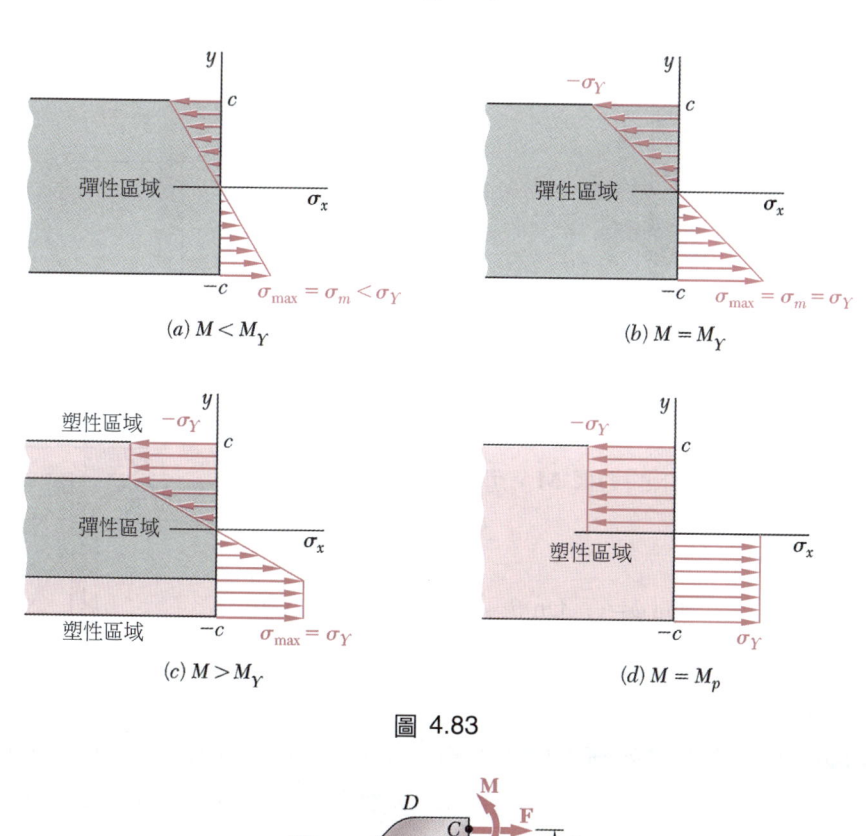

圖 4.83

圖 4.84

不對稱彎曲

接下來考慮斷面不對稱的構件之彎曲 [4.13 節] 並發現,只要力偶向量 **M** 沿斷面 – 主形心軸線,就可以使用撓曲公式。必要時,可把 **M** 分解為沿各主軸線之分量,並將由各分量力偶所引起的應力疊加(圖 4.86 與 4.87)

$$\sigma_x = -\frac{M_z y}{I_z} + \frac{M_y z}{I_y} \tag{4.55}$$

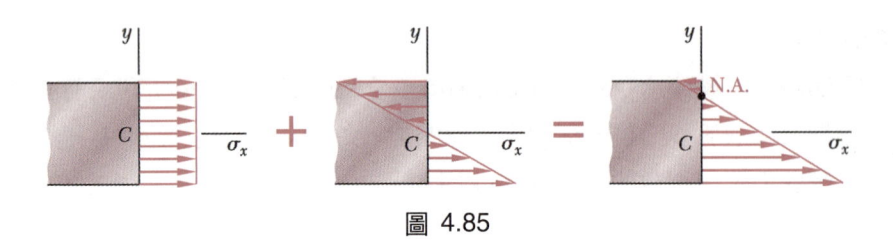

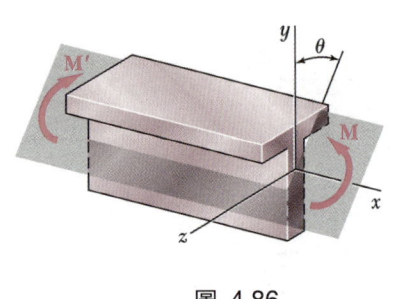

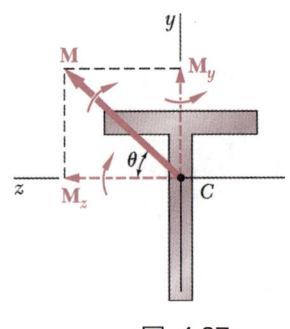

圖 4.85

圖 4.86

圖 4.87

中性軸之朝向

針對圖 4.88 中所示的力偶 **M**,可由下式決定中心軸之朝向

$$\tan \phi = \frac{I_z}{I_y} \tan \theta \tag{4.57}$$

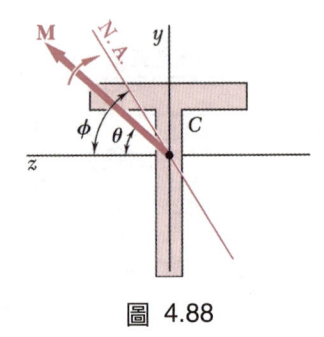

圖 4.88

廣義偏心軸向載重

4.14 節中考慮了一般情形的偏心軸向載重,其中再度將載重以一位於形心處之力 – 力偶系統取代,然後將由中心載重與沿主軸線的兩分量力偶所引起的應力疊加

$$\sigma_x = \frac{P}{A} - \frac{M_z y}{I_z} + \frac{M_y z}{I_y} \tag{4.58}$$

曲線構件

本章最後討論了彎曲構件內的應力分析(圖 4.89)。吾人發現，當構件承受彎曲時，其橫向斷面雖然保持平面狀，但是其應力並未呈線性變化，且中性軸並不通過斷面的形心，從構件的曲率中心到中性面的距離 R 為

$$R = \frac{A}{\int \frac{dA}{r}} \quad (4.66)$$

其中 A 為斷面之面積。在距中性軸的距離為 y 處之正交應力則寫成

$$\sigma_x = -\frac{My}{Ae(R-y)} \quad (4.70)$$

其中 M 為彎曲力矩，而 e 為從斷面的形心到中性面的距離。

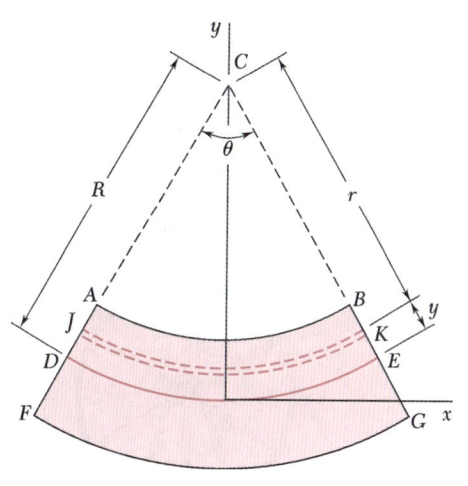

圖 4.89

複習題

4.192 圖示之寬緣梁是用 $\sigma_Y = 250$ MPa、$\sigma_U = 450$ MPa 之鋁合金製成，採用安全因數為 3.00。試求當此梁對 z 軸彎曲時，能施加在梁上之最大力偶。

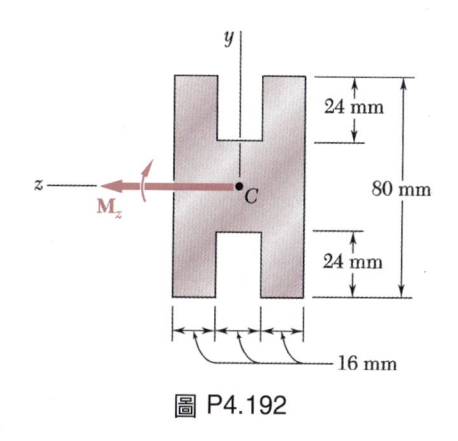

圖 P4.192

4.193 直徑 8 mm，長 60 m 的桿件偶爾會用來清理下水道阻塞或用在新引道拉線工程。該桿件由高強度鋼製成，為了方便儲存與運送，桿件會捲在直徑 1.5 m 的圓筒上。假定不會超過降伏強度，試求(a)被捲曲桿件中之極大剪應力，(b)桿件中之相應力偶。採用 $E = 200$ GPa。

4.194 已知圖示之梁的容許應力是 84 MPa 抗拉，110 MPa 抗壓，試求能作用於梁上之最大力偶 **M**。

圖 P4.193

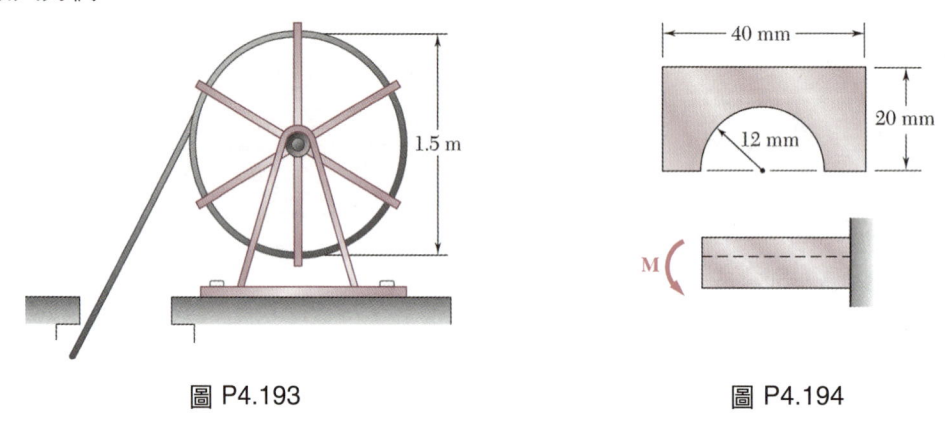

圖 P4.194

4.195 圖示一鋼梁，為了提高抗蝕能力，將厚 2 mm 的鋁殼包覆在鋼梁上。已知鋼的彈性模數是 200 GPa，鋁是 70 GPa，力偶大小是 300 kN·m，試求(a)鋼內的最大應力，(b)鋁內的最大應力，(c)梁的曲率半徑。

4.196 圖示一垂直外力 **P** 作用於短鋼製郵筒上，A、B 及 C 處的度量計量測到

$$\epsilon_A = -500\mu \qquad \epsilon_B = -1000\mu \qquad \epsilon_C = -200\mu$$

已知 $E = 200$ GPa，試求(a)外力 **P** 的大小，(b)外力 **P** 的位置，(c)未量測之郵筒一角的相應應變量，其中 $x = -62$ mm 及 $z = -38$ mm。

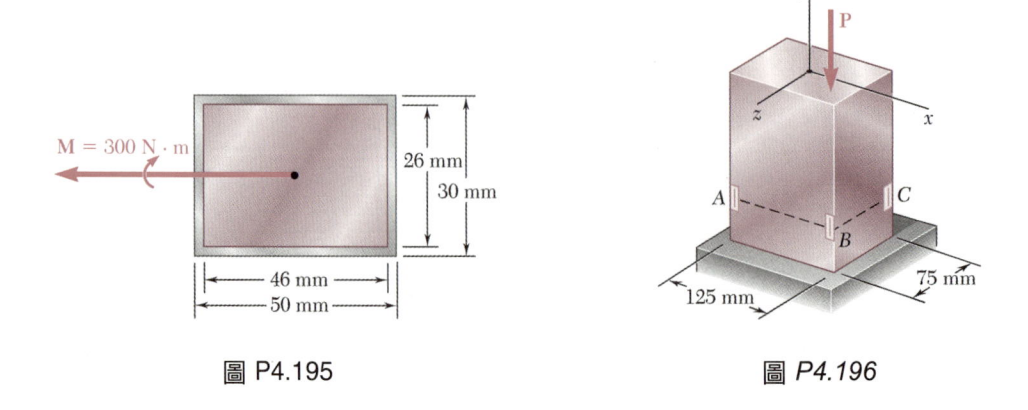

圖 P4.195

圖 P4.196

4.197 對於圖示之裂開環，試求(a)在 A 點，(b)在 B 點之應力。

4.198 圖示一力偶 **M** = 8 kN·m 在一垂直平面中，且作用在圖示 W200×19.3 碾鋼梁上。試求(a)中性軸與水平面之間的夾角，(b)梁內之最大拉應力。

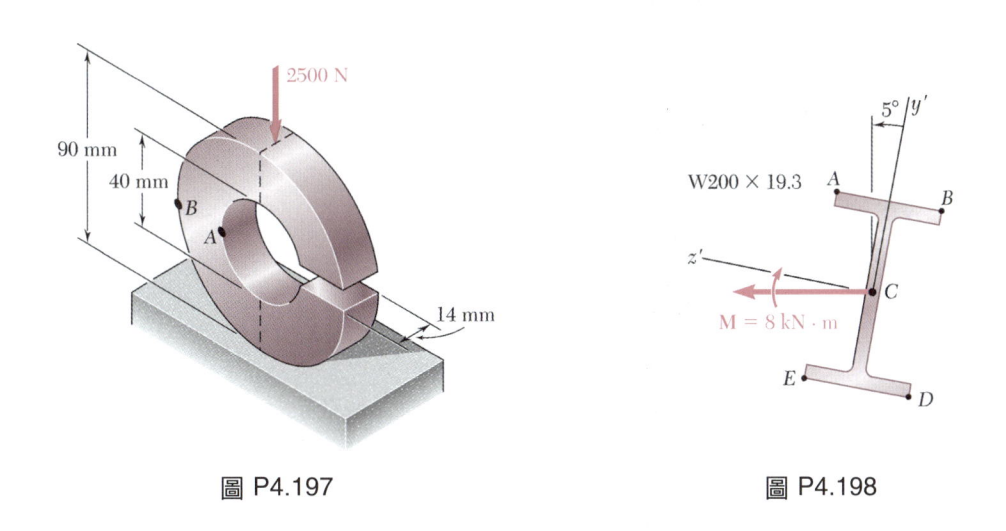

圖 P4.197

圖 P4.198

4.199 圖示斷面梁是由 $E = 72$ GPa 的鋁合金擠製而成。已知力偶作用在垂直平面上，試求(a)梁內之最大應力，(b)相應之曲率半徑。

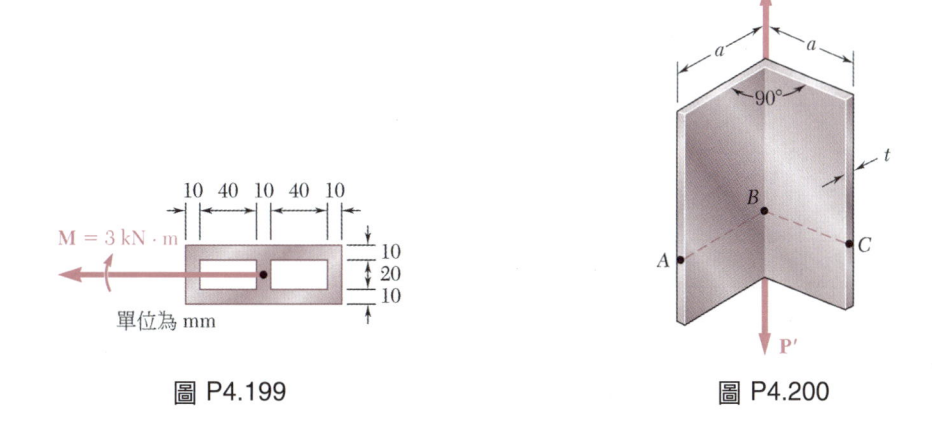

圖 P4.199

圖 P4.200

4.200 圖示形狀是用一薄鋼鈑彎成。假定其厚度 t 與其一邊長度 a 相比是很小，試求(a)在 A 點，(b)在 B 點，(c)在 C 點之應力。

材料力學
Mechanics of Materials

4.201 將三塊 120×10 mm 之鋼鈑焊接在一起，而形成如圖所示般之鋼梁。假定梁具彈塑性，其 $E=200$ GPa、$\sigma_Y=300$ MPa，試求(a)在梁頂部及底部之塑性區厚度為 40 mm 時的彎曲力矩，(b)梁之相應曲率半徑。

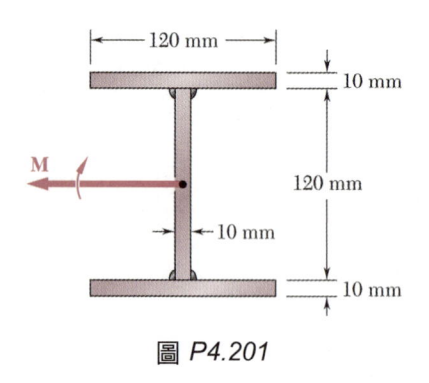

圖 P4.201

4.202 力偶 **M** 作用於圖示斷面之梁上，作用平面與垂直面成一夾角 β，試求(a)在 A 點，(b)在 B 點，(c)在 D 點之應力。

4.203 將相同材質及斷面的兩薄板施加相同大小之力偶，並黏在一起，在接觸面完全結合之後移除力偶。假定最大應力為 σ_1，受力偶作用時各薄板的曲率半徑為 ρ_1，試求(a) A、B、C 及 D 點最後的應力，(b)最後的曲率半徑。

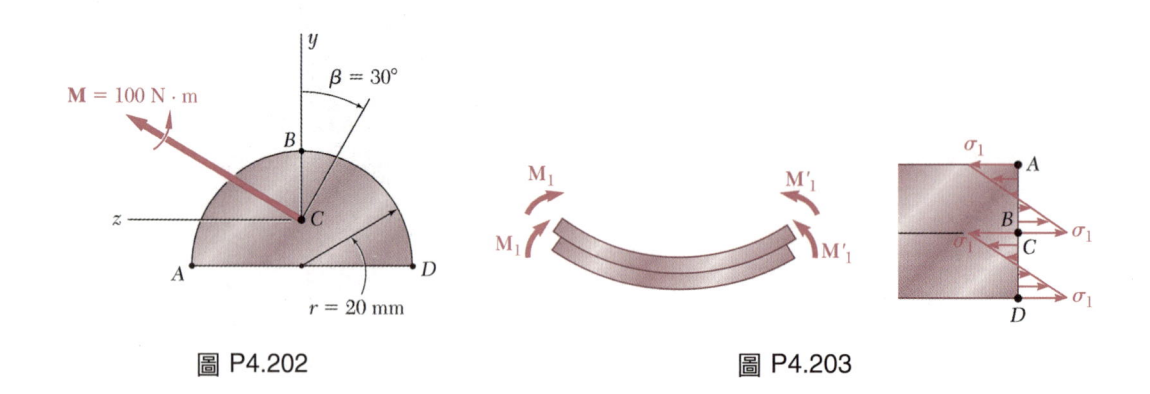

圖 P4.202

圖 P4.203

CHAPTER 5

受彎曲梁之分析及設計

- 剪力及彎曲力矩圖
- 載重、剪力及彎曲力矩間之關係
- 受彎曲稜體梁之設計

5.1 概　述

本章及下一章之大部分將會講授梁(beam)之分析及設計，亦即指支持載重之結構構件，而這些載重施加在沿著構件長度之不同點上。通常梁是長而直之稜體構件，如在前頁相片所示出者。鋼梁及鋁梁是結構工程及機械工程兩者中最常用亦是最重要的選用構件，木梁廣泛應用在房屋建築(照片5.1)。在大多數情況，載重係垂直於梁軸。該等橫向載重(transverse loading)對梁僅產生彎曲及剪力。當載重不與梁軸垂直時，載重在梁中亦產生軸向力。

一梁之橫向載重包括有集中載重(concentrated load)用 $\mathbf{P}_1$，$\mathbf{P}_2$，……表示，單位用牛頓(newton)或其倍數仟牛頓(kilonewton)(圖 5.1a)。亦包括有分佈載重 (distributed load)w，單位用 N/m 或 kN/m(圖 5.1b)，亦有兩者載重組合者。當每單位長度之載重 w 在梁長一部分是常數值時(如圖 5.1b 中之 A 及 B 間)，此一載重則稱為梁在該一部分上之均佈載重(uniformly distributed)。

梁之分類是依據彼等所受支持情況而定出，常用幾種梁之分類型式乃如圖 5.2 所

照片 5.1　用在房屋建築的木梁

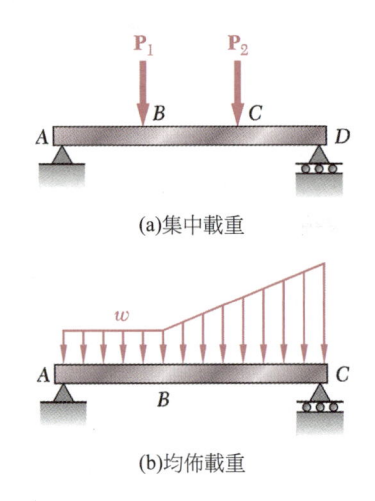

(a)集中載重

(b)均佈載重

圖 5.1　橫向載重梁

靜定梁

(a) 簡支梁　　(b) 外伸梁　　(c) 懸臂梁

靜不定梁

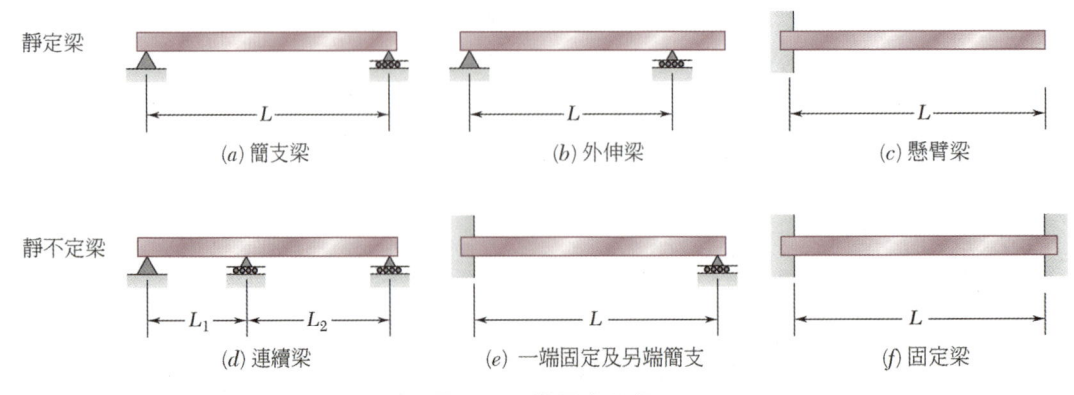

(d) 連續梁　　(e) 一端固定及另端簡支　　(f) 固定梁

圖 5.2　常見支承梁

示。圖中所示在圖中各部分中之距離 L 乃稱為跨長(span)。注意在圖中 a、b 及 c 部分，梁支承之反作用力，總共只有三個未知量，因之其求法可用靜力學方法。此等梁稱為**靜定**(statically determinate)，將在本章及下一章討論。在另一方面，在圖 5.2 中之 d、e 及 f 部分，梁支承之反作用力，多於三個未知量，不能只用靜力學方法求解，因之必須考慮梁之性質，如對變形之阻抗等再求解。此等梁稱為**靜不定**(statically indeterminate)，其分析需要討論過梁變形性質，是以要延到第 9 章方能討論。

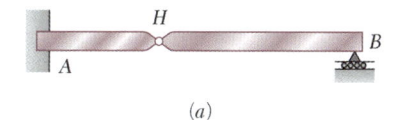

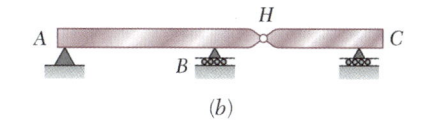

有時候，利用鉸支(hinges)將兩或更多個梁連接形成一單一連續結構。此種梁之兩側是在 H 點鉸支如圖 5.3 所示。應予注意者，在支承點之反作用力涉及四個未知量者，不能從二梁系統之分離體圖求出。不過，分別考究每一梁之分離體圖即可求得解答；即是涉及六個未知量(包括在鉸支處之二力組件)，便有六個方程式可供利用。

當梁承受橫向載重，梁中各部分內力通常包含剪力 **V** 及彎曲力偶 **M**。例如，考究一簡支梁 AB，此梁承載兩集中載重及一均佈載重(圖 5.4a)。要決定通過點 C 斷面中之內力，吾人首先要畫出整個梁之分離體圖，俾能求出各支點之反作用力(圖 5.4b)。再通過斷面 C，可畫出 AC 之分離體圖(圖 5.4c)，由此可求得剪力 **V** 及彎曲力偶 **M**。

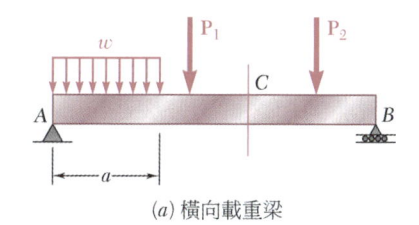

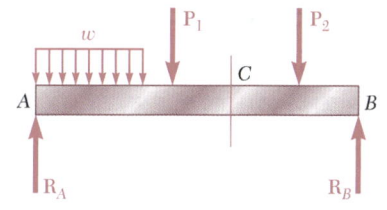

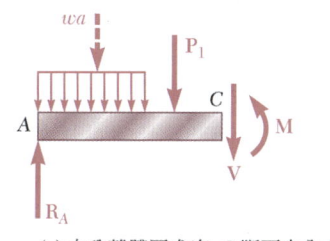

彎曲力偶 **M** 在斷面中產生正交應力，而剪力 **V** 在斷面中產生剪應力。在大多數情況，梁之強度設計最優先準則乃是取梁中正交應力極大值。梁中正交應力之求法將在本章中敘述，至於剪應力之求法將在第 6 章討論。

因為正交應力在已知斷面中之分佈僅與該斷面中之彎曲力矩 M 值及該斷面之幾何形狀相關。[†]因此在 4.4 節中所導出之彈性撓曲公式，能被應用來求極大應力以及該斷面中任一規定點之應力。吾人可寫出[‡]

圖 5.3 用鉸支連結的梁

圖 5.4 簡支梁分析

[†] 此係假定在已知斷面中，正交應力之分佈不受剪應力所生變形之影響。此一假定將在 6.5 節予以證明。

[‡] 吾人由 4.2 節所述知悉，M 可為正或負，端視梁在該點之撓曲面曲度係向上或向下而定。因此，在考究橫向載重之情況，M 之符號係沿梁長而改變，在另一方面而言，σ_m 是正量，式(5.1)中要用 M 之絕對值。

$$\sigma_m = \frac{|M|c}{I} \qquad \sigma_x = -\frac{My}{I} \qquad (5.1, 5.2)$$

式中 I 表斷面對與力偶平面垂直之形心軸的慣性矩，y 表所考究點距中性面之距離，c 表該距離之極大值(圖 4.11)。吾人亦由 4.4 節得知，如介入梁之斷面模數 $S=I/c$，則在該斷面中，正交應力之極大值 σ_m 可被寫作

$$\sigma_m = \frac{|M|}{S} \qquad (5.3)$$

σ_m 與 S 成反比之事實，強調了梁設計時選用大斷面模數之重要性。各種軋鋼型式之斷面模數已表列在附錄 C，至於矩形形狀之斷面模數，如在 4.4 節所述，求得為

$$S = \frac{1}{6}bh^2 \qquad (5.4)$$

式中 b 及 h 分別表斷面之寬度及高度。

式(5.3)亦示出，對一均勻斷面梁，σ_m 與 $|M|$ 成正比：因此，梁中正交應力極大值發生在 $|M|$ 是極大之斷面中。是以對已知載重情況之梁設計，最重要之一部分乃是求得最大彎曲力矩之位置及大小。

如果能畫出**彎曲力矩圖**(bending-moment diagram)，上述工作即甚易求得。彎曲力矩圖之畫法乃是先求出沿梁長度各點之彎曲力矩 M，然後從梁一端量度距離 x 得所定一點，點出該點求得之彎曲力矩即可畫出。如果同時能點出 V 對 x 之值，立即畫出**剪力圖**(shear diagram)。

對於表出剪力及彎曲力矩值之正負符號使用規則將在 5.2 節中討論。藉著畫出梁之連續部分之分離體圖，可求得梁上不同點處之 V 及 M 值。在 5.3 節，將導出載重、剪力及彎曲力矩間之關係，俾能用以得出剪力及彎曲力矩圖。此一方式使得決定彎曲力矩之最大絕對值，亦即決定梁中極大正交應力，頗為方便。

在 5.4 節中，吾人將學習到梁對彎曲之設計，俾使梁中極大正交應力不超過其容許值。正如前所指出者，此乃梁設計中之最優先準則。

另一決定剪力及彎曲力矩極大之方法，乃是依據用**奇性函數**(singularity function)表出 V 及 M 之式子為之，此將在 5.5 節討論。這一方法導出對電腦使用甚為容易，且更在第 9 章中擴用至決定梁之斜度及撓度，更為簡易。

最後，對具有不同斷面之**非稜體梁**(nonprismatic beam)設計，將在 5.6 節中討論，藉著選用不同斷面之形狀及尺寸，俾使彈性斷面模數 $S=I/c$ 沿梁長度之變化與 $|M|$ 值沿梁長度化相同。這有可能將梁設計成其每一斷面之極大正交應力皆都等於材料之容許應力。此等梁可稱為**固定強度**(constant strength)梁。

5.2 剪力及彎曲力矩圖

吾人已在上節中指出,如能將剪力 V 及彎曲力矩 M 對從梁一端算起的梁長 x 作圖,則對梁中剪力及彎曲力矩最大絕對值之求得,會有極大之方便。此外,吾人將在第 9 章知悉,用 x 函數表出 M 之知識,亦是求梁撓度之必要手段。

在本節所述各例及範例中,將先點出梁上若干選用點之 V 及 M 值,隨之即能畫出剪力及彎曲力矩圖。求 V 及 M 值係用常用之方法,亦即通過欲求值之點切取斷面(圖 5.5a),再考究該斷面每側梁部分之平衡條件而求之(圖 5.5b)。因剪力 **V** 及 **V'** 之作用方向相反,故在 C 點用向上或向下箭頭記錄剪力是毫無意義,除非吾人要同時考究分離體 AC 及 CB 才有意義。因為此一理由,剪力 V 乃用一個符號示出:即是剪力之作用方向如圖 5.5b 所示者,取為正號,否則為負號。一類似約定可應用於彎曲力矩 M。如果彎曲力矩之作用方向如圖所示出者,可考究取為正號,否則為負號。†綜結慣用符號約定可述之如下:

當作用在梁每一部分上之內力及力偶的作用方向如圖 5.6a 所示時,在梁上任一已知點之剪力 V 及彎曲力矩 M 則稱之為正。

此一慣例如用下述方式觀察,更易記憶:

1. 當作用在梁的任意已知點上之**外力**(載重及反作用力),趨向於使梁在該點如圖 5.6b 所示般剪斷,則在該點處之剪力為正。
2. 當作用在梁的任意已知點上之**外力**趨向於使梁在該點如圖 5.6c 所示般彎曲,則在該點處之彎曲力矩為正。

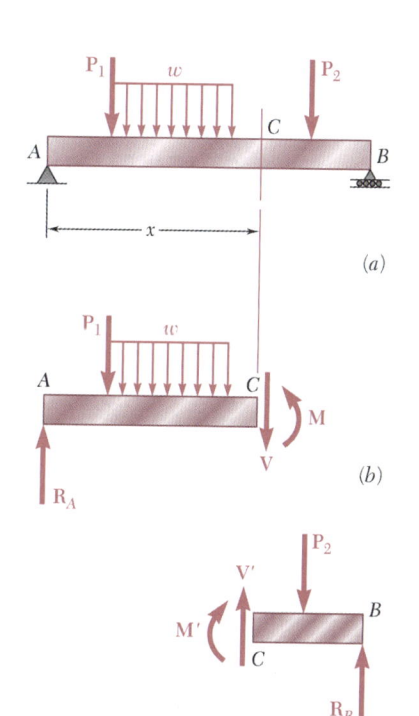

圖 5.5 定義 V 及 M

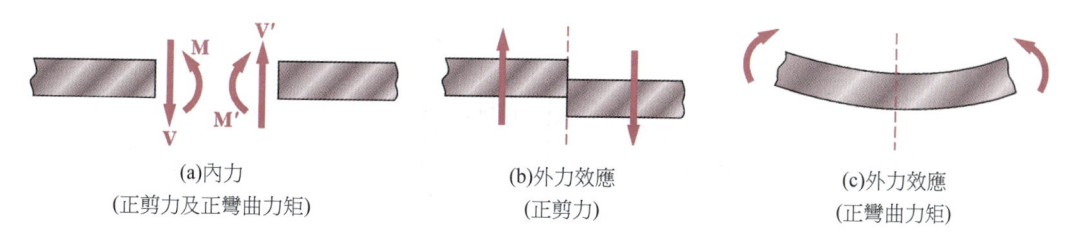

(a)內力
(正剪力及正彎曲力矩)

(b)外力效應
(正剪力)

(c)外力效應
(正彎曲力矩)

圖 5.6 標示剪力及彎曲力矩的常用符號

---

† 注意,此一約定乃與早先用在 4.2 節中者相同。

材料力學
Mechanics of Materials

圖 5.6 所述與剪力及彎曲力矩正值對應之情況，與梁中點承載一集中載重的簡支梁左半側所發生之情況完全相同。此一特例將在下例完整討論。

例 5.01

跨長為 L 之一簡支梁 AB，在其中點 C 承載一集中載重 P (圖 5.7)，試畫出此梁之剪力及彎曲力矩圖。

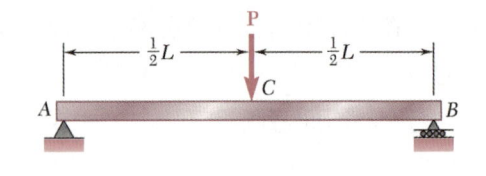

圖 5.7

解：

首先從全梁分離體圖求得支承點之反作用力 (圖 5.8a)；經演算後求得每一反作用力為 $P/2$。

其次在 A 及 C 點間之 D 點切割該梁，並畫出 AD 及 DB 分離體圖(圖 5.8b)。假定剪力及彎曲力矩為正，吾人乃畫出內力 V 及 V'，內力偶 M 及 M' 之方向如圖 5.6a 所示。考究分離體 AD，因各垂直分力之和以及作用在分離體上各力對 D 點之力矩和皆等於零，故可求得 $V = +P/2$ 及 $M = +Px/2$。是以剪力及彎曲力矩兩者皆為正；此項可用觀察予以校核，亦即在 A 之反作用力趨向於使該梁在 D 點剪斷及彎曲乃如圖 5.6b 及 c 所示。因此

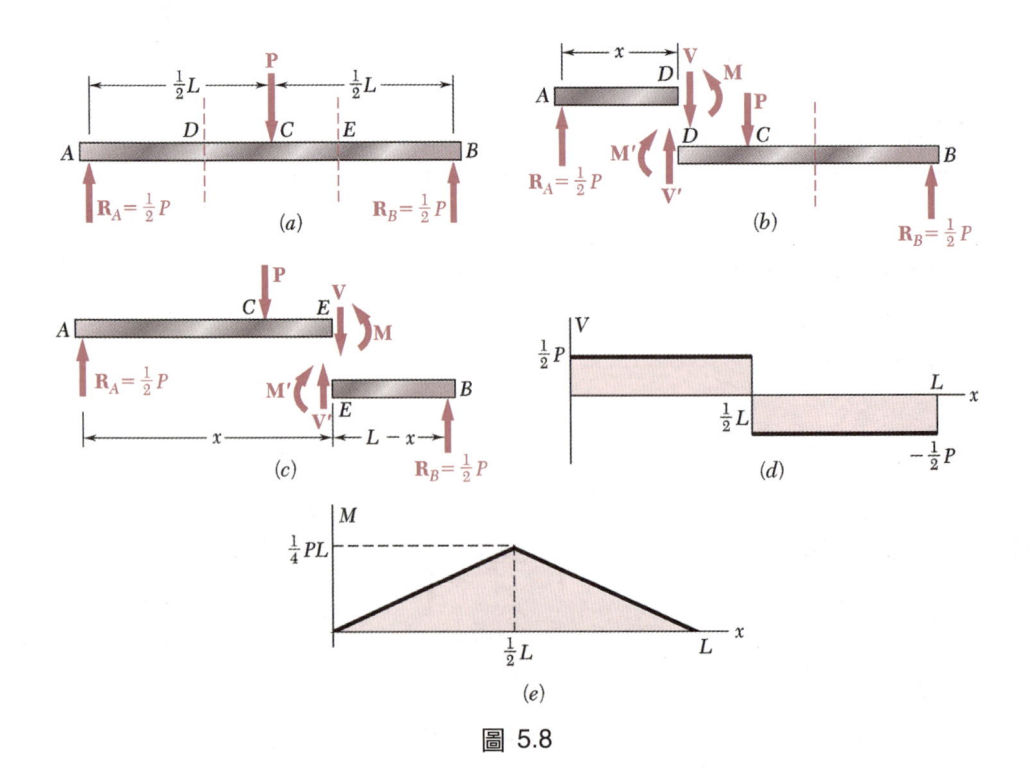

圖 5.8

第 5 章　受彎曲梁之分析及設計

吾人可畫出 A 及 C 間之 V 及 M 圖(圖 5.8d 及 e)；剪力有一常數值 V=P/2，而彎曲力矩從 x=0 處之 M=0 成線性增至 x=L/2 處之 M=PL/4。

再於 C 及 B 間之 E 點，切割該梁，並考究分離體 EB(圖 5.8c)，則可寫出各垂直分力之和以及作用在分離體上各力對 E 點之力矩和皆為零之式子，即 V=−P/2 及 M=P(L−x)/2。故剪力是負而彎曲力矩為正；此項亦可用觀察檢核，即在 B 點之反作用力趨向於使梁 E 處如圖 5.6c 所示般彎曲，但其剪斷方式卻與圖 5.6b 所示者相反。因之現在能完全畫出圖 5.8d 及 e 所示之剪力及彎曲力矩圖，在 C 及 B 間之剪力有一常數值 V=−P/2，而彎曲力矩則從 x=L/2 處之 M=PL/4 成線性減至 x=L 處之 M=0。

吾人從上例知悉，當一梁只承載集中載重時，在各載重間之剪力乃是常數，而各載重間之彎曲力矩則屬線性變化。因此在這種情況下，只要在載重及反作用力作用點稍左及稍右選用斷面，並求得該斷面上之 V 及 M 值，即可甚易的畫出剪力及彎曲力矩圖(參見範例 5.1)。

例 5.02

一跨長為 L 之懸臂梁 AB，承載一均佈載重 w(圖 5.9)，試畫出此梁之剪力及彎曲力矩圖。

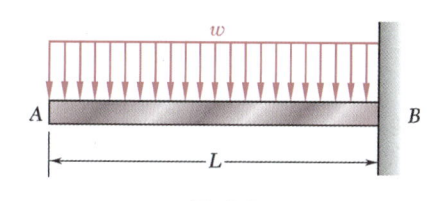

圖 5.9

解：

在 A 及 B 間之 C 點切割此梁，並畫出 AC 之分離體圖(圖 5.10a)。依圖 5.6a 指示定出 **V** 及 **M** 之方向。用 x 表示 A 至 C 之距離，並使 AC 上之均佈載重為其作用在 AC 中點之合力 wx 取代，吾人乃得

$+\uparrow \Sigma F_y = 0：\qquad -wx - V = 0 \qquad V = -wx$

$+\curvearrowleft \Sigma M_C = 0：\qquad wx\left(\dfrac{x}{2}\right) + M = 0 \qquad M = -\dfrac{1}{2}wx^2$

由上式吾人得知，剪力圖要用一斜直線表出(圖 5.10b)，彎曲力矩圖則用拋物線形表示(圖 5.10c)。V 及 M 兩者之極大值皆在 B 點發生，其值為

$$V_B = -wL \qquad M_B = -\dfrac{1}{2}wL^2$$

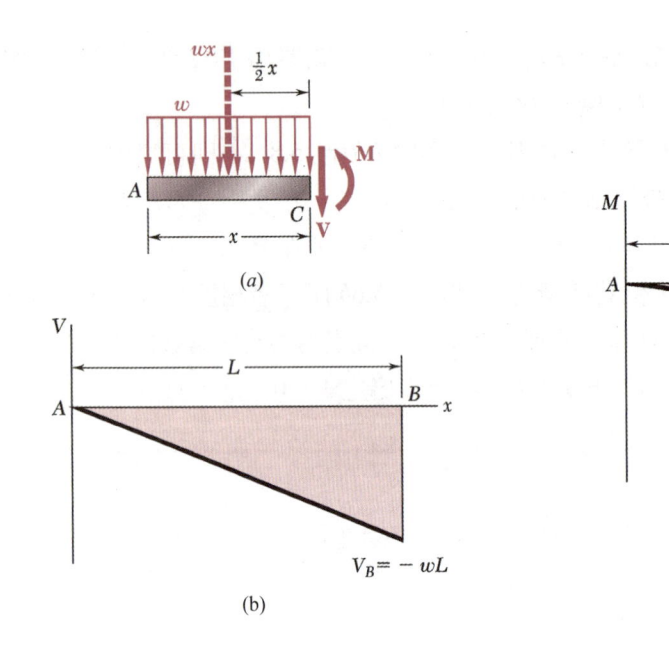

圖 5.10

範例 5.1

對於圖示之木梁及載重，畫出其剪力及彎曲力矩圖，並求出因彎曲產生之極大正交應力。

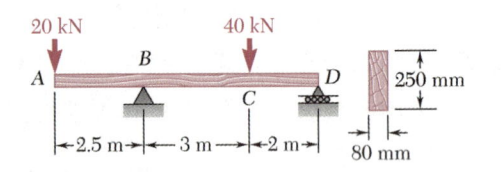

解：

反作用力

將整個梁視作分離體而求得其反作用力為

$$\mathbf{R}_B = 46 \text{ kN} \uparrow \qquad \mathbf{R}_D = 14 \text{ kN} \uparrow$$

剪力及彎曲力矩圖

吾人首先要求出 A 點 20 kN 載重稍右斷面之內力。考究斷面 1 左側梁之粗短部分為

分離體，並假定 V 及 M 為正(依照標準慣用符號)，得

$+\uparrow \Sigma F_y = 0$ ： $-20 \text{ kN} - V_1 = 0$ $V_1 = 20$ kN

$+\circlearrowleft \Sigma M_1 = 0$ ： $(20 \text{ kN})(0 \text{ m}) + M_1 = 0$ $M_1 = 0$

其次再考究斷面 2 左側梁之部分為分離體並寫出

$+\uparrow \Sigma F_y = 0$ ： $-20 \text{ kN} - V_2 = 0$ $V_2 = -20$ kN

$+\circlearrowleft \Sigma M_2 = 0$ ： $(20 \text{ kN})(2.5 \text{ m}) + M_2 = 0$

$M_2 = -50$ kN · m

根據圖示之分離體圖，應用相似方法可求得在斷面 3、4、5 及 6 之剪力及彎曲力矩。吾人得

$V_3 = +26$ kN $M_3 = -50$ kN · m

$V_4 = +26$ kN $M_4 = +28$ kN · m

$V_5 = -14$ kN $M_5 = +28$ kN · m

$V_6 = -14$ kN $M_6 = 0$

對於後面幾個斷面，考究梁斷面右側部分為分離體，可更易求得其結果。例如，考究斷面 4 右側之梁部分，吾人可寫出

$+\uparrow \Sigma F_y = 0$ ： $V_4 - 40 \text{ kN} + 14 \text{ kN} = 0$ $V_4 = +26$ kN

$+\circlearrowleft \Sigma M_4 = 0$ ： $-M_4 + (14 \text{ kN})(2 \text{ m}) = 0$

$M_4 = +28$ kN · m

吾人現在可畫出剪力及彎曲力矩圖上之六點。如本節早先所指出者，在各集中載重間之剪力乃是常數，而彎曲力矩則成線性變化；是以吾人乃得出圖示之剪力及彎曲力矩圖。

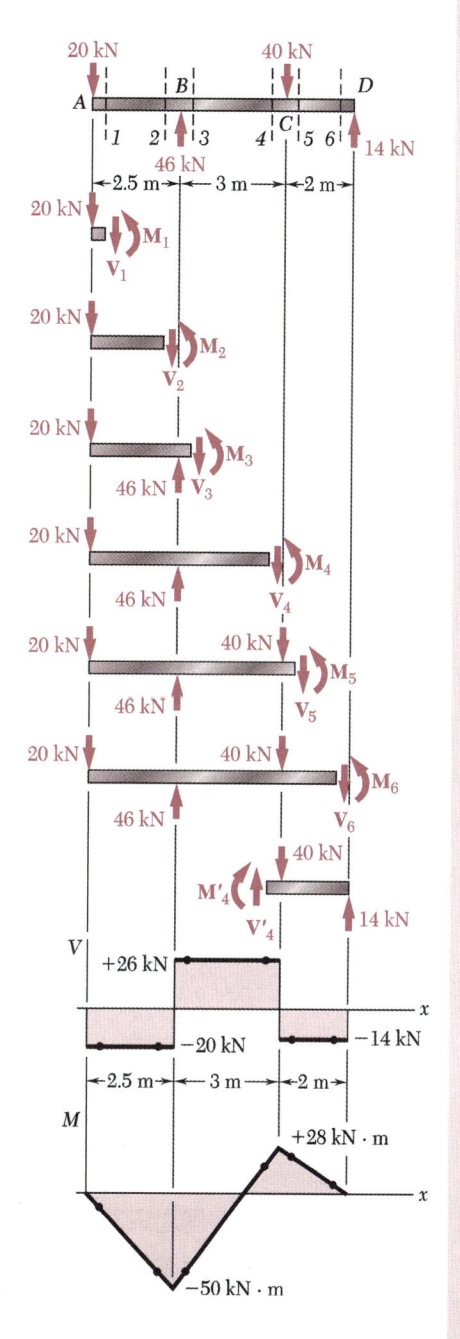

極大正交應力

發生在 B 點，該點 $|M|$ 是最大者。應用式(5.4)可求得梁之斷面模數

$$S = \frac{1}{6} bh^2 = \frac{1}{6}(0.080 \text{ m})(0.250 \text{ m})^2 = 833.33 \times 10^{-6} \text{ m}^3$$

材料力學
Mechanics of Materials

將此值及 $|M|=|M_B|=50\times10^3$ N·m 代入式(5.3)

$$\sigma_m = \frac{|M_B|}{S} = \frac{(50\times10^3 \text{ N·m})}{833.33\times10^{-6}} = 60.00\times10^6 \text{ Pa}$$

梁中之極大正交應力 = 60.0 MPa ◀

範例 5.2

圖示結構係由一 W250×167 軋鋼梁 AB 及焊接在梁上之兩短構件組合而成。(a)對梁及已知載重，畫出其剪力及彎曲力矩圖，(b)求一斷面之極大正交應力，此斷面剛好在 D 點左側或右側處。

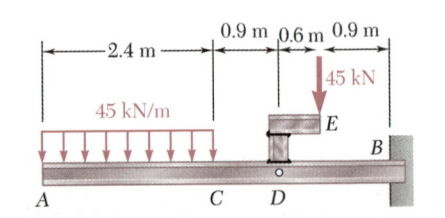

解：

梁之等效載重

用一作用在 D 點之等量力-力偶系來取代 45 kN 載重。考究此梁為分離體而可求得在 B 點之反作用力。

a. 剪力及彎曲力矩圖

從 A 至 C

考究斷面 1 左側之梁部分，吾人即可求得與 A 點距離 x 處之各內力。作用在分離體上均佈載重部分可用其合力取代，吾人得

$+\uparrow \Sigma F_y = 0$：　　$-45x - V = 0$　　$V = -45x$ kN

$+\circlearrowleft \Sigma M_1 = 0$：　$45x(\frac{1}{2}x) + M = 0$　　$M = -22.5x^2$ kN·m

因圖示之分離體圖只能用於 x 小於 2.4 m 之所有值，故此處求 V 及 M 之式子乃在 0 < x < 2.4 m 範圍內有效。

從 C 至 D

考究斷面 2 左側之梁部分，再用其合力取代均佈載重，吾人得

$+\uparrow \Sigma F_y = 0$ ：　　$-108 - V = 0$　　$V = -108$ kN

$+\curvearrowleft \Sigma M_2 = 0$ ：　$108(x - 1.2) + M = 0$

$M = 129.6 - 108x$ kN·m

這些式子只在 2.4 m < x < 3.3 m 範圍有效。

從 D 至 B

使用斷面 3 左側之梁部分，吾人可求得在 3.3 m < x < 4.8 m 範圍內之

$V = -153$ kN　　　$M = 305.1 - 153x$ kN·m

現在可以畫出整個梁之剪力及彎曲力矩圖。注意，作用在 D 點之 27 kN·m 力偶矩之介入，使得彎曲力矩圖成為一不連續曲線。

b. 在 D 點之左側及右側中之極大正交應力

由附錄 C 可查出 W250×167 軋鋼型對 X-X 軸之 $S = 2.08 \times 10^6$ mm³。

在 D 點左側

由彎曲力矩圖得 $|M| = 226.8$ kN·m，將 $|M|$ 及 S 代入式(5.3)，得

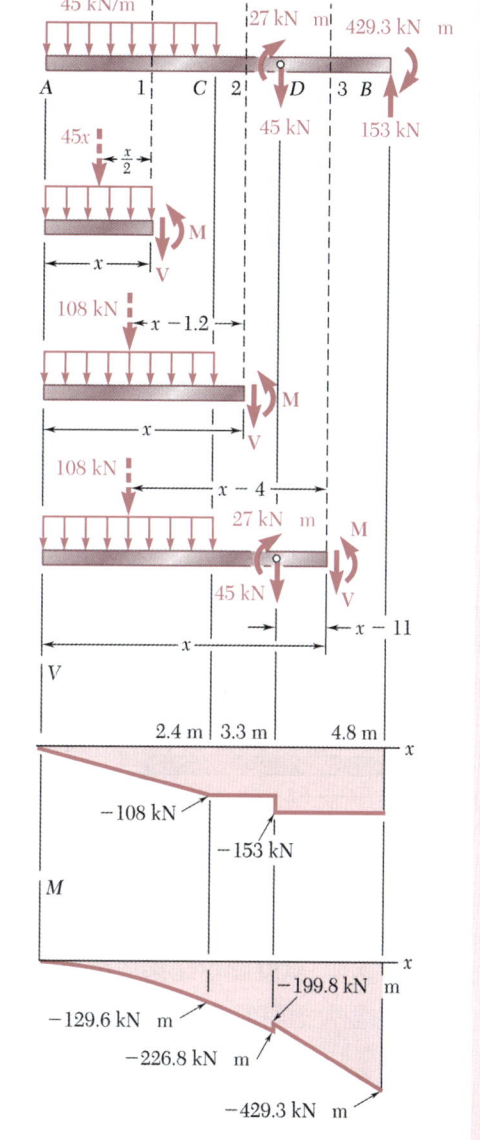

$$\sigma_m = \frac{|M|}{S} = \frac{226.8 \times 10^3 \text{ N} \cdot \text{m}}{2.08 \times 10^{-3} \text{ m}^3} = 109.0 \text{ MPa} \qquad \sigma_m = 109.0 \text{ MPa} \blacktriangleleft$$

在 D 點右側

由彎曲力矩圖得 $|M| = 199.8$ kN·m，將 $|M|$ 及 S 代入式(5.3)，得

$$\sigma_m = \frac{|M|}{S} = \frac{199.8 \times 10^3 \text{ N} \cdot \text{m}}{2.08 \times 10^{-3} \text{ m}^3} = 96.1 \text{ MPa} \qquad \sigma_m = 96.1 \text{ MPa} \blacktriangleleft$$

習 題

5.1 至 5.6 試就圖示之梁與載重，(a)畫出剪力圖與彎曲力矩圖，(b)求剪力與彎曲力矩曲線方程式。

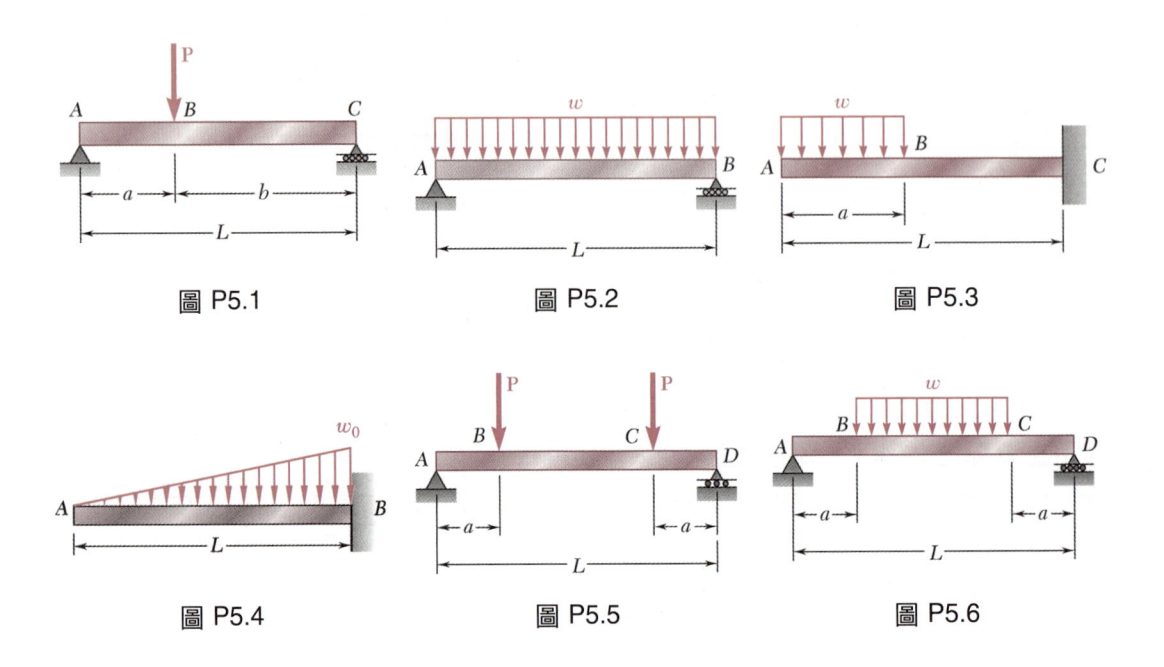

圖 P5.1

圖 P5.2

圖 P5.3

圖 P5.4

圖 P5.5

圖 P5.6

5.7 及 5.8 試就圖示之梁與載重，畫出剪力圖與彎曲力矩圖，並求出(a)剪力，(b)彎曲力矩的極大絕對值。

5.9 及 5.10 試就圖示之梁與載重，畫出剪力圖與彎曲力矩圖，並求出(a)剪力，(b)彎曲力矩的極大絕對值。

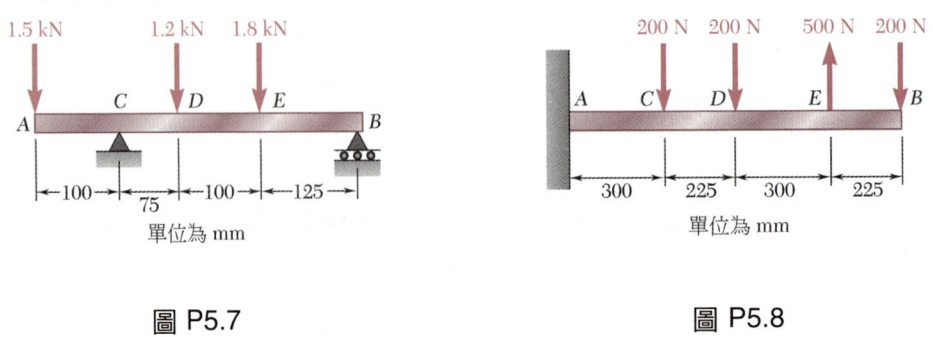

圖 P5.7

圖 P5.8

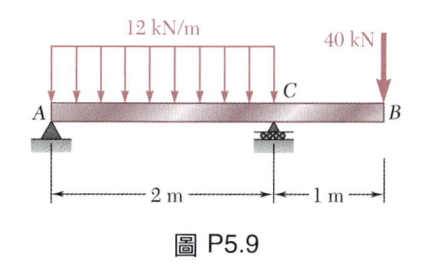

圖 P5.9

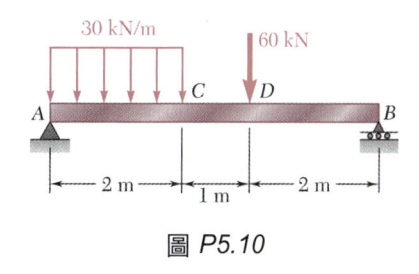

圖 P5.10

5.11 及 5.12 試就圖示之梁與載重，畫出剪力圖與彎曲力矩圖，並求出(a)剪力，(b)彎曲力矩的極大絕對值。

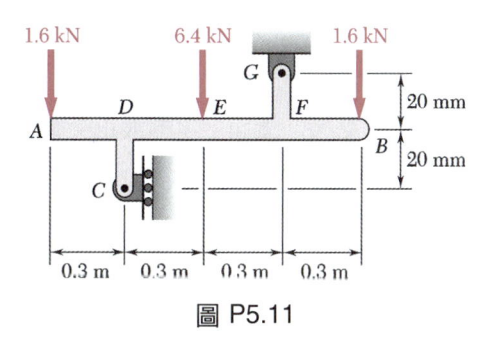

圖 P5.11

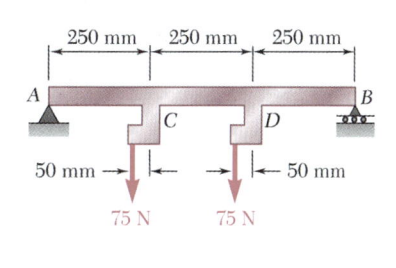

圖 P5.12

5.13 及 5.14 假定地面之向上反作用力是均勻分佈，畫出圖示 *AB* 載重梁之剪力及彎曲力矩圖，求(a)剪力，(b)彎曲力矩之極大絕對值。

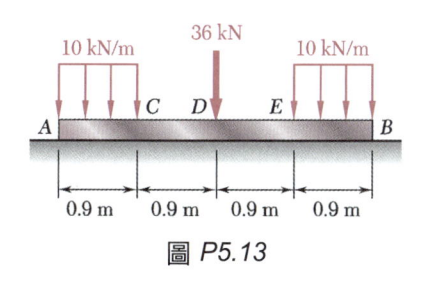

圖 P5.13

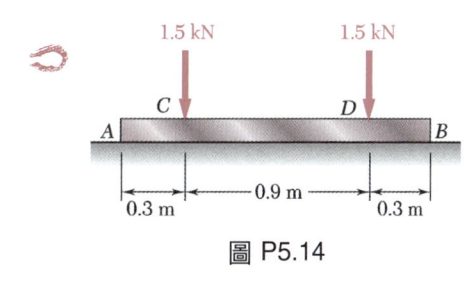

圖 P5.14

5.15 及 5.16 對於圖示之梁及載重，試求因受彎曲而在 *C* 點橫向斷面上之極大正交應力。

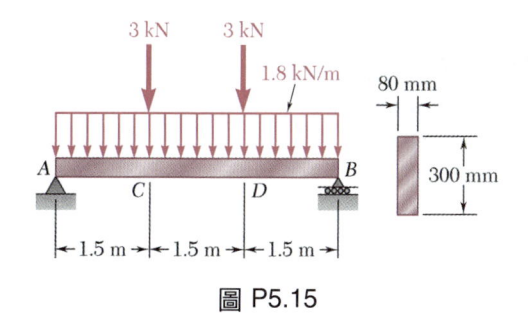

圖 P5.15

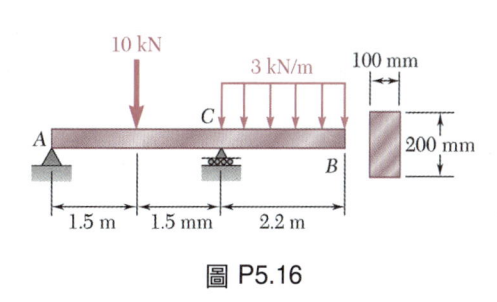

圖 P5.16

材料力學
Mechanics of Materials

5.17 對於圖示之梁及載重，試求因受彎曲而在 C 點橫向斷面上之極大正交應力。

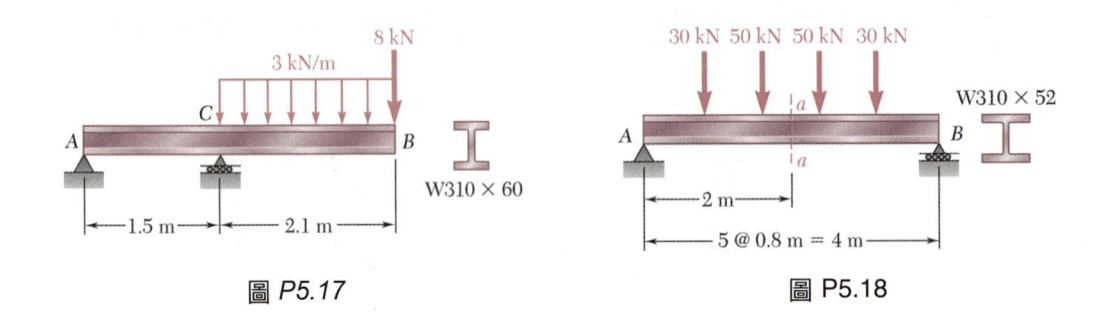

圖 P5.17

圖 P5.18

5.18 對於圖示之梁及載重，試求因受彎曲而在 $a-a$ 斷面上之極大正交應力。

5.19 及 **5.20** 對於圖示之梁及載重，試求因受彎曲而在 C 點橫向斷面上之極大正交應力。

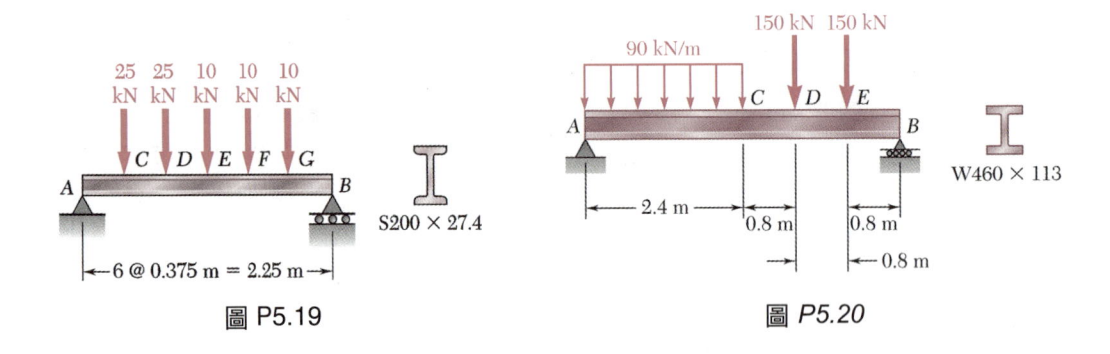

圖 P5.19

圖 P5.20

5.21 對於圖示之梁及載重，畫出此梁之剪力及彎曲力矩圖，並求受彎曲所引起的極大正交應力。

5.22 及 **5.23** 對於圖示之梁及載重，畫出此梁之剪力及彎曲力矩圖，並求受彎曲所引起的極大正交應力。

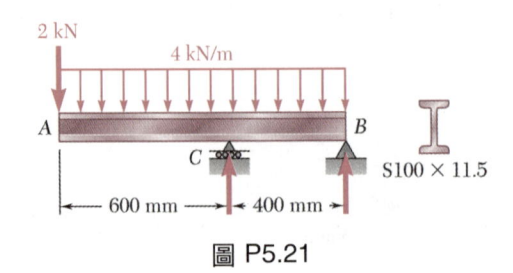

圖 P5.21

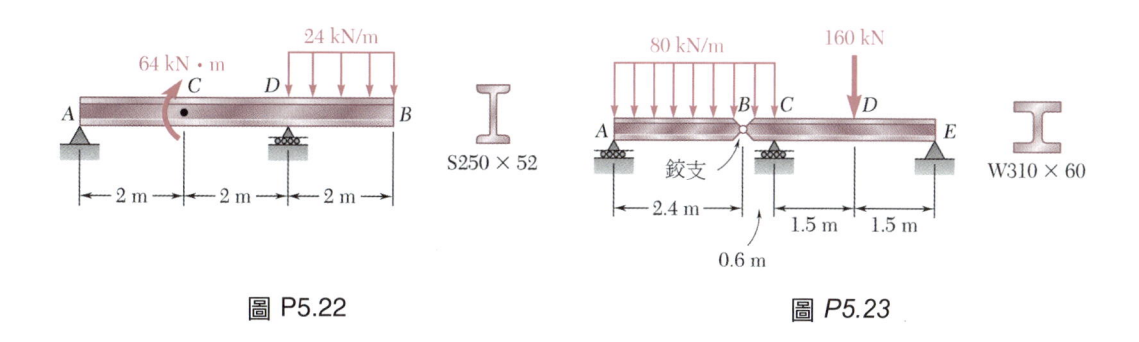

圖 P5.22

圖 P5.23

5.24 及 5.25 對於圖示之梁及載重，畫出此梁之剪力及彎曲力矩圖，並求受彎曲所引起的極大正交應力。

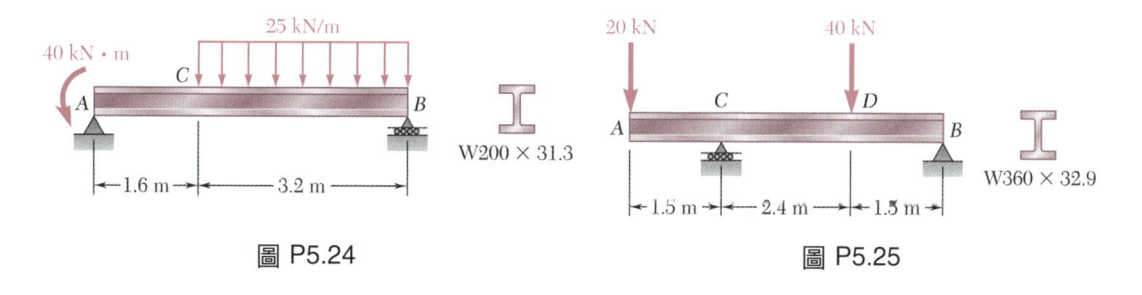

圖 P5.24

圖 P5.25

5.26 已知 $W=12$ kN，畫出 AB 梁之剪力及彎曲力矩圖，並求受彎曲所引起的極大正交應力。

5.27 試求(a)使圖示梁中最大彎曲力矩絕對值儘可能小時之法碼重 W，(b)由受彎曲所引起之對應極大正交應力。(提示：畫出彎曲力矩圖，使所求得之最大正彎曲力矩與負彎曲力矩之絕對值相等。)

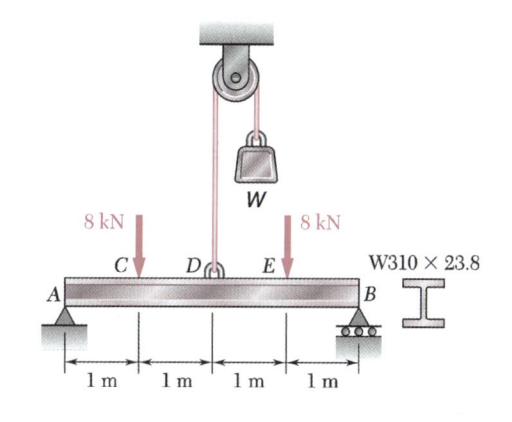

5.28 試求(a)使圖示梁中最大彎曲力矩絕對值儘可能小時之距離 a，(b)由受彎曲所引起之對應極大正交應力。(參見習題 5.27 之提示。)

5.29 試求(a)使圖示梁中最大彎曲力矩絕對值儘可能小時之距離 a，(b)由受彎曲所引起之對應極大正交應力。(參見習題 5.27 之提示。)

圖 P5.26 和 P5.27

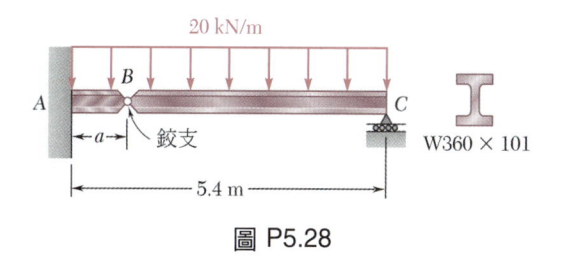

圖 P5.28

圖 P5.29

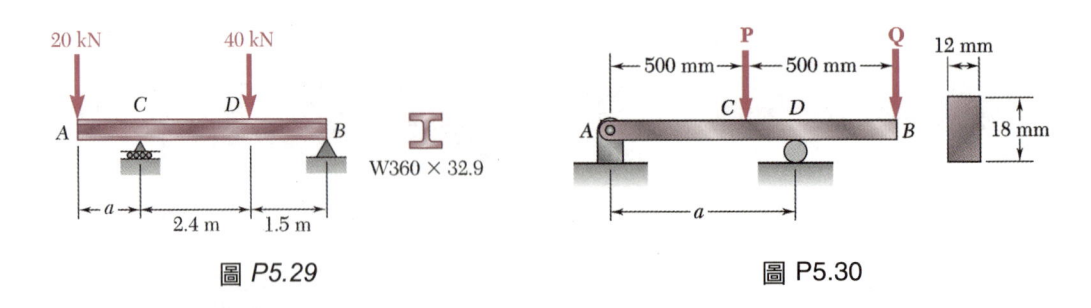

圖 P5.30

5.30 已知 $P=Q=480$ N，試求(a)使圖示梁中最大彎曲力矩絕對值儘可能小時之距離 a，(b)由受彎曲所引起之對應極大正交應力。(參見習題 5.27 之提示。)

5.31 假設 $P=480$ N 及 $Q=320$ N，再解習題 5.30。

5.32 一邊長為 b 之方形斷面的實心鋼件，受到圖示之支持。已知鋼之 $\rho=7860$ kg/m^3，如由受彎曲所引起之極大正交應力是(a) 10 MPa，(b) 50 MPa 時，試求鋼件邊長之尺寸。

5.33 一直徑為 d 之實心鋼桿，受到圖示之支持。已知鋼之 $\rho=7860$ kg/m^3，如由受彎曲所引起之正交應力不超過 28 MPa 時，求可以使用之最小直徑 d。

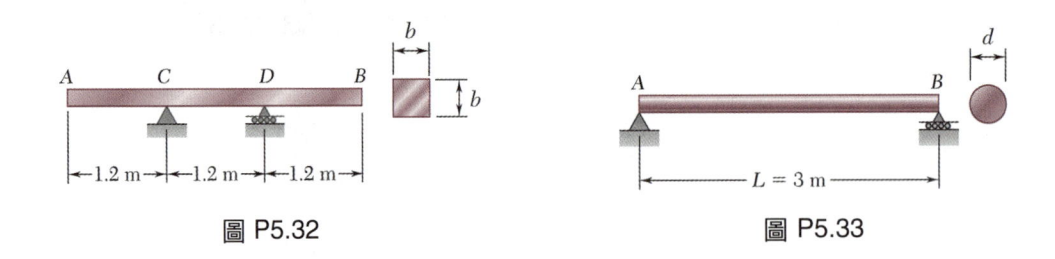

圖 P5.32

圖 P5.33

5.3 載重、剪力及彎曲力矩間之關係

　　當一梁承載之集中載重多過兩個或三個時，或當此梁承載均佈載重時，用 5.2 節所述之方法去畫剪力及彎曲力矩圖可謂是冗長枯燥。如能將載重、剪力及彎曲力矩間之某些已存在之關係納入考慮範圍，則剪力圖，尤其是彎曲力矩之畫法將大大予以簡化。

　　現來考究一承載每單位長度 w 均佈載重之簡支梁 AB(圖 5.11a)，並令 C 及 C' 表示梁上相距 Δx 之兩點。在 C 點之剪力及彎曲力矩分別用 V 及 M 表示，且假定為正；在 C' 點之剪力及彎曲力矩則用 $V+\Delta V$ 及 $M+\Delta M$ 表示。

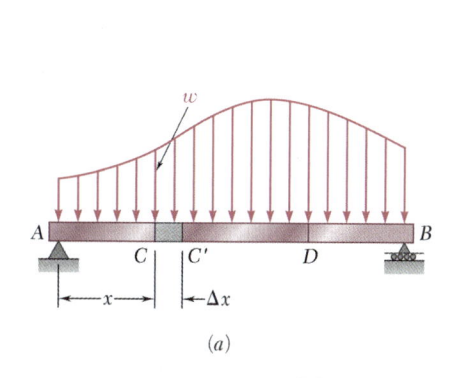

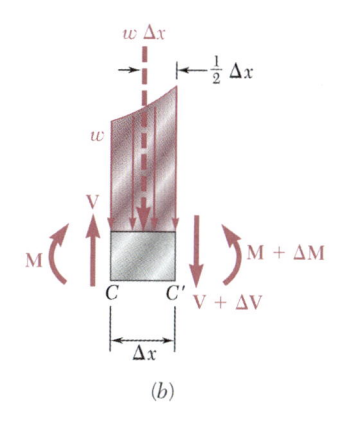

圖 5.11 承受均佈載重的簡支梁

吾人現使梁之 CC' 部分與梁分離,並畫出其分離體圖(圖 5.11b)。作用在分離體上之力包括大小為 $w\Delta x$ 之載重、內力以及在 C 及 C' 之力偶。因剪力及彎曲力矩已假定為正,故力及力偶之方向乃如圖中所示。

載重及剪力間之關係

因作用在分離體 CC' 上各力之垂直分力和等於零,故可寫出

$+\uparrow \Sigma F_y = 0$: $\qquad V-(V+\Delta V)-w\Delta x=0$

$$\Delta V = -w\Delta x$$

使方程式各項分別用 Δx 除之,並令 Δx 趨近零,吾人得

$$\frac{dV}{dx}=-w \tag{5.5}$$

式(5.5)指出,載重如圖 5.11a 所示之梁的剪力曲線之斜度 dV/dx 乃為負;在任一點之斜度數值則等於在該點之每單位長度載重。

對 C 及 D 間之式(5.5)積分,吾人得

$$V_D - V_C = -\int_{x_C}^{x_D} w\, dx \tag{5.6}$$

$$V_D - V_C = -(在\ C\ 及\ D\ 間載重曲線下之面積) \tag{5.6'}$$

注意,此一結果在考究梁 CD 部分之平衡時亦能獲得,因為載重曲線下之面積代表作用在 C 及 D 間之總載重。

注意,式(5.5)在集中載重作用點乃屬無效;因為吾人已在 5.2 節知悉,剪力曲線在該點為不連續者。同理,當 C 及 D 間受集中載重作用時,式(5.6)及(5.6')亦屬無效,因

為該等式子並未考慮由集中載重所產生之剪力突變。是以方程式(5.6)及(5.6′)只能在有連續集中載重時應用。

剪力及彎曲力矩間之關係

再觀察圖 5.11b 所示之分離體圖，就可寫出各力對 C' 之力矩和為零之方程式

$$+\curvearrowleft \Sigma M_{C'}=0 : (M+\Delta M)-M-V\Delta x+w\Delta x\frac{\Delta x}{2}=0$$

$$\Delta M = V\Delta x - \frac{1}{2}w(\Delta x)^2$$

令上式各項被 Δx 除之，並令 Δx 趨近零，於是得

$$\frac{dM}{dx}=V \qquad (5.7)$$

圖 5.11（重複）

式(5.7)指出，彎曲力矩曲線之斜度 dM/dx 乃等於剪力值。在剪力具有明確值時，亦即在無集中載重作用之任何點處，此式乃屬正確。式(5.7)亦顯示出，在 M 為最大之處的 $V=0$，此一性質有利於吾人決定梁受彎曲將要破壞之點。

對 C 及 D 間之式(5.7)積分，吾人得

$$M_D - M_C = \int_{x_C}^{x_D} V\,dx \qquad (5.8)$$

$$M_D - M_C = 在 C 及 D 間剪力曲線下之面積 \qquad (5.8')$$

注意，在剪力曲線下之面積，剪力為正值應視為正，剪力為負值則視作負。只要剪力曲線是正確畫出，即使 C 及 D 間有集中載重作用時，方程式(5.8)及(5.8′)亦屬有效。不過，如 C 及 D 間任一點有力偶作用，此方程式則屬無效，因為它們並未考慮由力偶產生之彎曲力矩的突變（見範例5.6）。

例 5.03

畫出圖 5.12 所示簡支梁之剪力及彎曲力矩最大值。

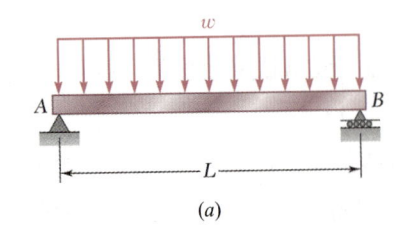

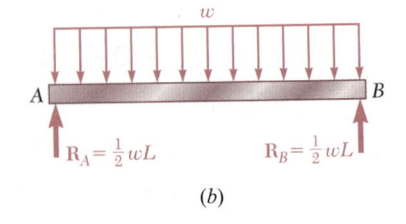

圖 5.12

解：

從整個梁之分離體圖，可以求得各支承點反作用力之大小(圖 5.12b)為

$$R_A = R_B = \frac{1}{2}wL$$

其次畫出剪力圖。在接近梁之端點 A 處，剪力等於 R_A，亦即是 $\frac{1}{2}wL$，考究梁之一很小部分作為分離體時，可校核此值。應用式(5.6)，吾人可以求得距 A 任一距離 x 處之剪力 V 為

$$V - V_A = -\int_0^x w\,dx = -wx$$

$$V = V_A - wx = \frac{1}{2}wL - wx = w\left(\frac{1}{2}L - x\right)$$

是以剪力曲線乃一斜直線，與 x 軸相交於 $x = L/2$ 處(圖 5.13a)。現在來考究彎曲力矩，吾人首先得知 $M_A = 0$，彎曲力矩在距 A 任一距離 x 處之值 M 可用式(5.8)求出，故得

$$M - M_A = \int_0^x V\,dx$$

$$M = \int_0^x w\left(\frac{1}{2}L - x\right)dx = \frac{1}{2}w(Lx - x^2)$$

彎曲力矩曲線乃一拋物曲線。彎曲力矩最大值發生在 $x = L/2$ 時，因為 x 在該值時，V (及 dM/dx) 等於零。將 $x = L/2$ 代入最後之方程式中，吾人得 $M_{\max} = wL^2/8$ (圖 5.13b)。

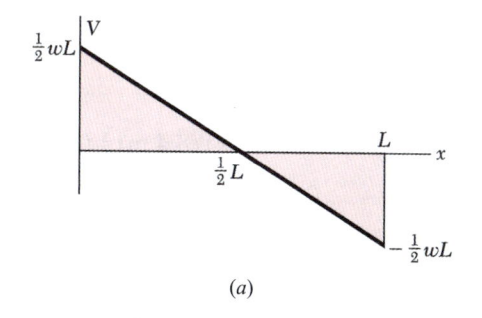

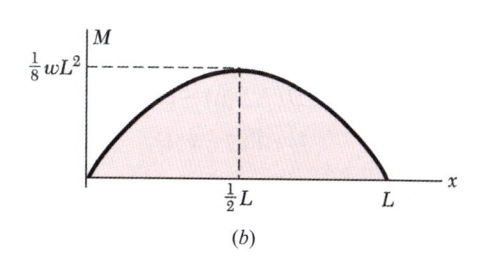

圖 5.13

在大多數工程應用中，吾人只需要知道幾個特殊處之彎曲力矩。倘若剪力圖已經畫出，在梁任一端點之 M 已求得後，則可應用式(5.8′)以及計算剪力曲線下之面積，即可求得梁上任一點之彎曲力矩值。例如，因例 5.03 所述梁之 $M_A = 0$，是以該梁彎曲力矩最大值可經由量度圖 5.13a 所示剪力圖中陰影三角形面積後，即可輕易的求得

$$M_{max} = \frac{1}{2} \cdot \frac{L}{2} \cdot \frac{wL}{2} = \frac{wL^2}{8}$$

　　吾人在此例中看到,載重曲線是一水平直線,剪力曲線是一斜直線,彎曲力矩曲線則為一拋物線。如載重曲線是一斜直線(一次冪),剪力曲線則是一拋物曲線(二次冪),彎曲力矩曲線乃一立方拋物線(三次冪)。剪力及彎曲力矩曲線分別恆較載重曲線高一次冪及二次冪。記著此點,吾人實用上只要計算出幾個剪力及彎曲力矩值,即使不求出 $V(x)$ 及 $M(x)$ 函數,亦能輕鬆的畫出剪力及彎曲力矩圖。如果吾人能利用下述事實,即在曲線是連續的任一點處,剪力曲線之斜度等於 $-w$,彎曲力矩曲線之斜度等於 V,即可更精確的畫出剪力及彎曲力矩圖。

範例 5.3

　　試就附圖所示之梁與載重,畫出剪力圖與彎曲力矩圖。

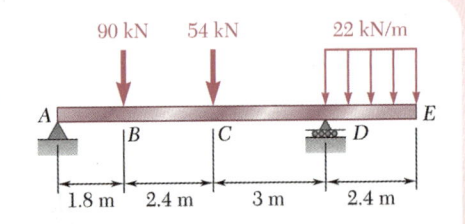

解：

反作用力

　　將整支梁看成一分離體,而決定其反作用力。

$+\circlearrowleft \Sigma M_A = 0$: 　$D(7.2 \text{ m}) - (90 \text{ kN})(1.8 \text{ m}) - (54 \text{ kN})(4.2 \text{ m}) - (52.8 \text{ kN})(8.4 \text{ m}) = 0$

　　　　　　　　$D = 115.6 \text{ kN}$ 　　　　　　　　　　　　　　**D** $= 115.6 \text{ kN} \uparrow$

$+\uparrow \Sigma F_y = 0$: 　$A_y - 90 \text{ kN} - 54 \text{ kN} + 115.6 \text{ kN} - 52.8 \text{ kN} = 0$

　　　　　　　　$A_y = +81.2 \text{ kN}$ 　　　　　　　　　　　　　**A**$_y = 81.2 \text{ kN} \uparrow$

$\xrightarrow{+} \Sigma F_x = 0$: 　$A_x = 0$ 　　　　　　　　　　　　　　　　　　**A**$_x = 0 \text{ kN}$

另外也注意到在 A 與 E 處之彎曲力矩均為零,故在彎曲力矩圖上得到兩點(以黑點表示)。

剪力圖

　　由於 $dV/dx = -w$,故知道集中載重與反作用之間的斜度為零(即剪力不變)。任意點處的剪力計算,是將梁分成兩部分,而考慮其中任一部分為分離體。例如,利用梁在斷面 1 左方的部分,則得到 B 與 C 之間的剪力

$+\uparrow\Sigma F_y=0$:　　$+81.2$ kN -90 kN $-V=0$

$$V=-8.8 \text{ kN}$$

另外也發現在緊接 D 右方的剪力為 $+52.8$ kN，而在 E 端為零。由於 D 與 E 之間的斜度 $dV/dx=-w$，故兩點之間的剪力圖為一直線。

彎曲力矩圖

　　首先，兩點之間的剪力曲線下方的面積等於同樣兩點之間的彎曲力矩變化。為了方便起見，算出剪力圖各部分之面積，且在圖中以小括號指明。已知左端的彎曲力矩為零，故寫出

$M_B-M_A=+146.2$	$M_B=+146.2$ kN·m
$M_C-M_B=-21.1$	$M_C=+125.1$ kN·m
$M_D-M_C=-188.4$	$M_D=-63.3$ kN·m
$M_E-M_D=+63.3$	$M_E=0$

已知 M_E 為零，故即驗算所得到的結果。

　　集中載重與反作用力之間的剪力不變，故斜度 dM/dx 不變，因而以直線連接已知點，即得到彎曲力矩圖。在剪力圖為一斜線的 D 與 E 之間，彎曲力矩圖為一拋物線。

　　由 V 圖與 M 圖可以知道 $V_{max}=81.2$ kN，而 $M_{max}=146.2$ kN·m。

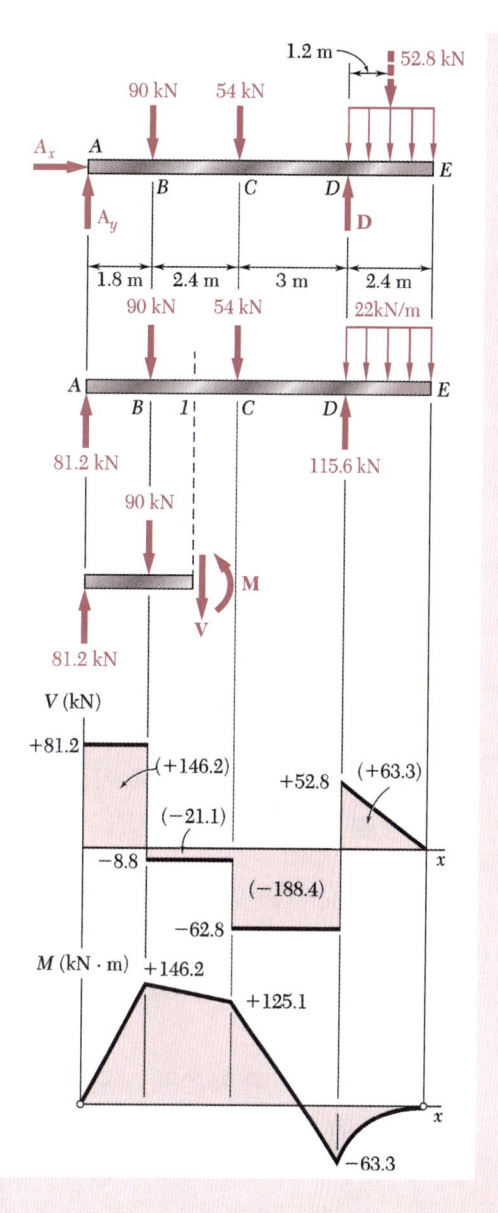

範例 5.4

　　W360×79 軋鋼型梁 AC 係簡支梁，承載如圖示之均佈載重。畫出此梁之剪力及彎曲力矩圖，並求由彎曲所引起之極大正交應力的位置及大小。

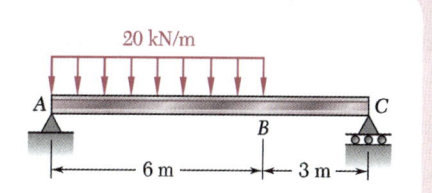

解：

反作用力

取整個梁為分離體，求得反作用力為

$$\mathbf{R}_A = 80 \text{ kN} \uparrow \qquad \mathbf{R}_C = 40 \text{ kN} \uparrow$$

剪力圖

A 點稍右側之剪力是 $V_A = +80$ kN。因兩點間之剪力變化等於在相同兩點間載重曲線下面之負面積，求得 V_B 為

$$V_B - V_A = -(20 \text{ kN/m})(6 \text{ m}) = -120 \text{ kN}$$
$$V_B = -120 + V_A = -120 + 80 = -40 \text{ kN}$$

在 A 及 B 間，斜度 $dV/dx = -w$ 乃是常數，故在此兩點間之剪力圖乃用一直線表出。在 B 及 C 間，載重曲線下之面積為零，因此

$$V_C - V_B = 0 \qquad V_C = V_B = -40 \text{ kN}$$

是以在 B 及 C 間之剪力乃是常數。

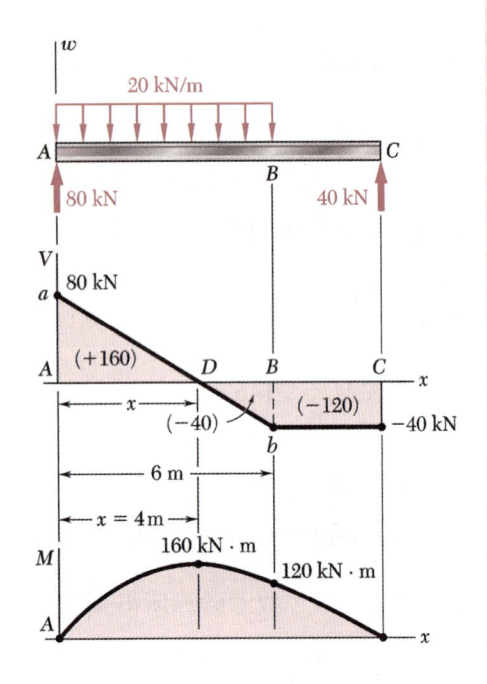

彎曲力矩圖

吾人已得知在梁之每一端點處之彎曲力矩為零。為了能求得最大彎曲力矩，吾人要定出 $V=0$ 處梁斷面 D 之位置。即寫成

$$V_D - V_A = -wx$$
$$0 - 80 \text{ kN} = -(20 \text{ kN/m})x$$

解得 x： $\qquad\qquad\qquad\qquad\qquad\qquad\qquad\qquad\qquad\qquad x = 4 \text{ m}$ ◀

最大彎曲力矩發生在 $dM/dx = V = 0$ 之 D 點。剪力圖各部分之面積已算出，並在圖中示出（括號中之數值）。因剪力圖在兩點間之面積等於彎曲力矩在相同兩點間之變化，於是得

$$M_D - M_A = +160 \text{ kN} \cdot \text{m} \qquad M_D = +160 \text{ kN} \cdot \text{m}$$
$$M_B - M_D = -40 \text{ kN} \cdot \text{m} \qquad M_B = +120 \text{ kN} \cdot \text{m}$$
$$M_C - M_B = -120 \text{ kN} \cdot \text{m} \qquad M_C = 0$$

此一彎曲力矩圖前為一段拋物線弧,後隨一段直線;拋物線在 A 點之斜度等於 V 在該點之值。

極大正交應力

發生在 D 點,在該點 $|M|$ 最大。從附錄 C 可查出 W360×79 軋鋼型對其水平軸之 $S = 1270\ mm^3$。將此值及 $|M| = |M_D| = 160 \times 10^3\ N \cdot m$ 代入式(5.3),則得

$$\sigma_m = \frac{|M_D|}{S} = \frac{160 \times 10^3\ N \cdot m}{1270 \times 10^{-6}\ m^3} = 126.0 \times 10^6\ Pa$$

梁中之最大正交應力 = 126.0 MPa ◀

範例 5.5

畫出圖示懸臂梁之剪力及彎曲力矩圖。

解:

剪力圖

在梁之自由端,吾人得 $V_A = 0$。在 A 及 B 間,在載重曲線下之面積是 $\frac{1}{2}w_0 a$;故可求得 V_B 為

$$V_B - V_A = -\frac{1}{2}w_0 a \qquad V_B = -\frac{1}{2}w_0 a$$

在 B 及 C 間,梁未受載重,於是 $V_C = V_B$。在 A 點,吾人得 $w = w_0$,且依式(5.5),剪力曲線在 A 點之斜度是 $dV/dx = -w_0$,而在 B 點之斜度則為 $dV/dx = 0$。在 A 及 B 間,載重成線性減小,故剪力圖乃一拋物線。在 B 及 C 間,$w = 0$,故剪力圖乃一水平線。

彎曲力矩圖

在梁自由端處之彎曲力矩 M_A 乃為零。吾人計算剪力曲線下之面積,得

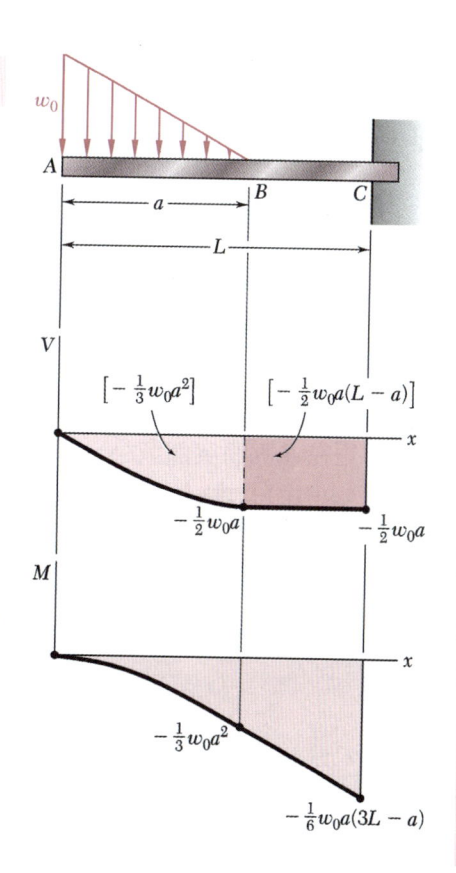

材料力學
Mechanics of Materials

$$M_B - M_A = -\frac{1}{3}w_0 a^2 \qquad M_B = -\frac{1}{3}w_0 a^2$$

$$M_C - M_B = -\frac{1}{2}w_0 a(L-a)$$

$$M_C = -\frac{1}{6}w_0 a(3L-a)$$

依據 $dM/dx = V$，可以完全畫出彎曲力矩圖。吾人得知在 A 及 B 間，此曲線乃是一在 A 點斜度為零之立方曲線，而在 B 及 C 間則為一直線。

範例 5.6

簡支梁 AC 在 B 點承載一力偶矩 T 作用。畫出此梁之剪力及彎曲力矩圖。

解：

取整個梁為分離體，吾人得

$$\mathbf{R}_A = \frac{T}{L}\uparrow \qquad \mathbf{R}_C = \frac{T}{L}\downarrow$$

在任一斷面之剪力乃一常數，其值等於 T/L。因一力偶是作用在 B 點，故彎曲力矩圖在 B 點不連續；彎曲力矩在 B 點將突然減小一等於 T 之數量。不連續特性也可以透過平衡分析來驗證，例如，考究圖示自由體圖，我們可以藉由下式算出 M 值。

$$+\circlearrowleft \Sigma M_B = 0: \quad -\frac{T}{L}a + T + M = 0 \qquad M = -T\left(1-\frac{a}{L}\right)$$

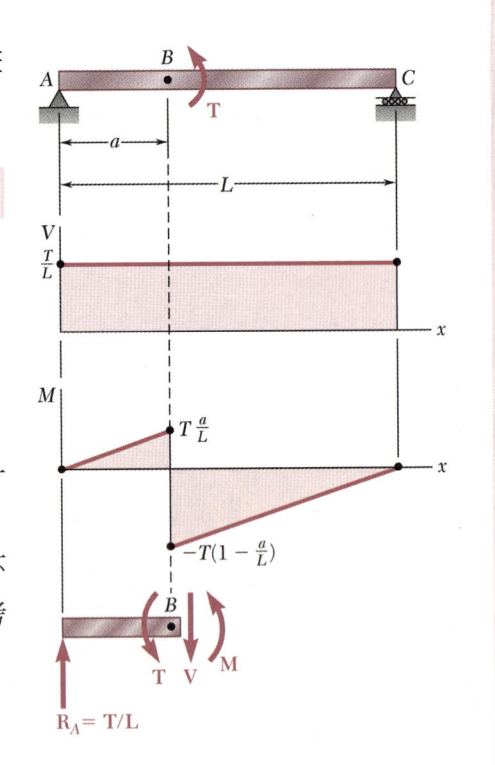

習 題

5.34 試應用 5.3 節所述方法解習題 5.1a。

5.35 試應用 5.3 節所述方法解習題 5.2a。

5.36 試應用 5.3 節所述方法解習題 5.3a。

5.37 試應用 5.3 節所述方法解習題 5.4a。

5.38 試應用 5.3 節所述方法解題習 5.5a。

5.39 試應用 5.3 節所述方法解習題 5.6a。

5.40 試應用 5.3 節所述方法解習題 5.7。

5.41 試應用 5.3 節所述方法解習題 5.8。

5.42 試應用 5.3 節所述方法解習題 5.9。

5.43 試應用 5.3 節所述方法解習題 5.10。

5.44 及 5.45 對圖示之梁及載重，畫出其剪力及彎曲力矩圖，並求(a)剪力，(b)彎曲力矩之極大絕對值。

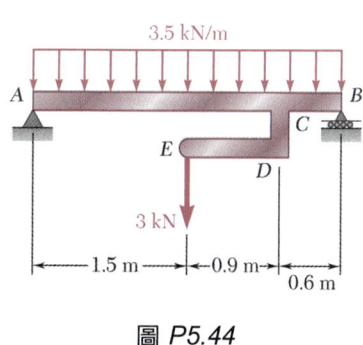

圖 P5.44

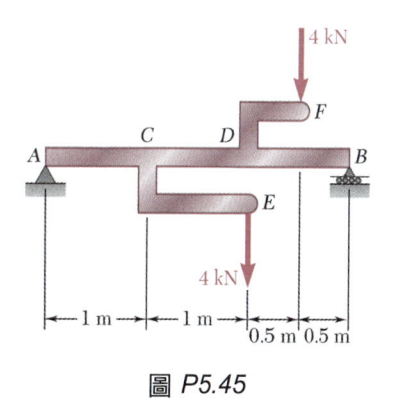

圖 P5.45

5.46 試應用 5.3 節所述方法解習題 5.15。

5.47 試應用 5.3 節所述方法解習題 5.16。

5.48 試應用 5.3 節所述方法解習題 5.18。

5.49 試應用 5.3 節所述方法解習題 5.19。

材料力學
Mechanics of Materials

5.50 對於圖示之梁及載重，試求其剪力及彎曲力矩曲線之方程式，已知(a) $k=1$，(b) $k=0.5$ 時，再求梁中彎曲力矩之極大絕對值。

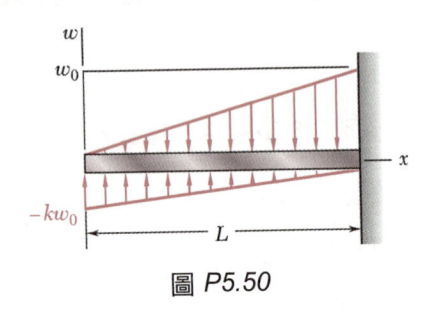

圖 P5.50

5.51 及 5.52 試求(a)圖示已知梁及載重的剪力及彎曲力矩曲線之方程式，(b)梁中彎曲力矩之極大絕對值。

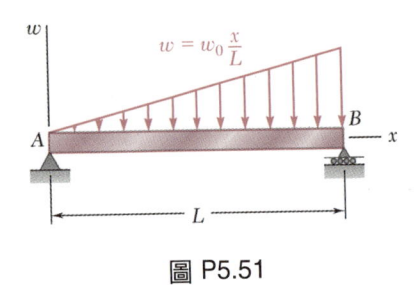

圖 P5.51

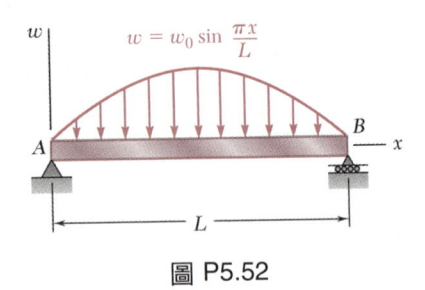

圖 P5.52

5.53 試求(a)圖示已知梁及載重的剪力及彎曲力矩曲線之方程式，(b)梁中彎曲力矩之極大絕對值。

5.54 及 5.55 對於圖示之梁及載重，畫出其剪力及彎曲力矩圖，並求由彎曲所引起之極大正交應力。

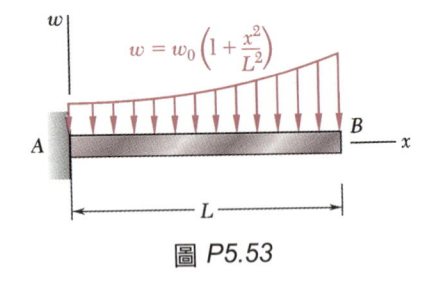

圖 P5.53

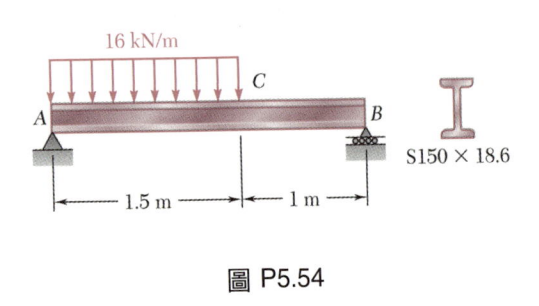

圖 P5.54

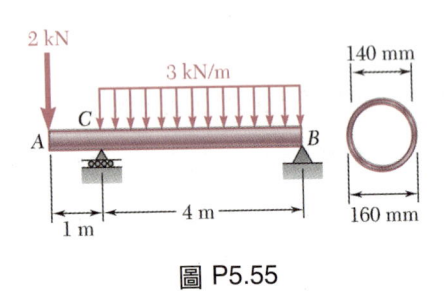

圖 P5.55

5.56 及 5.57 對於圖示之梁及載重，畫出其剪力及彎曲力矩圖，並求由彎曲所引起之極大正交應力。

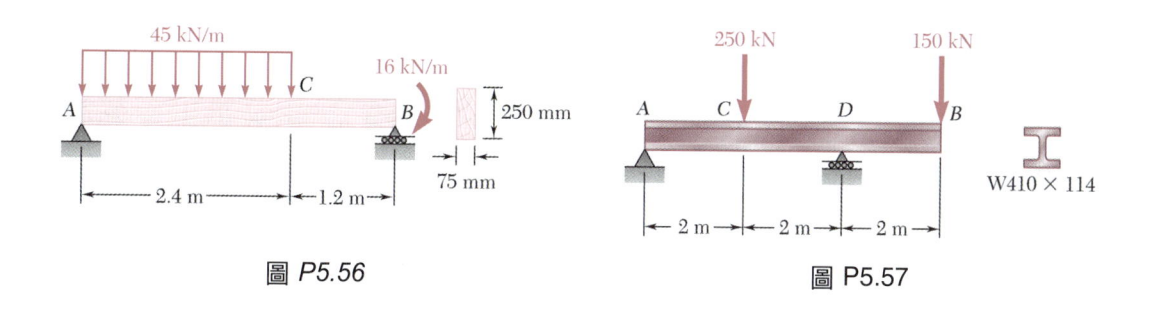

圖 P5.56

圖 P5.57

5.58 及 5.59 對於圖示之梁及載重，畫出其剪力及彎曲力矩圖，並求由彎曲所引起之極大正交應力。

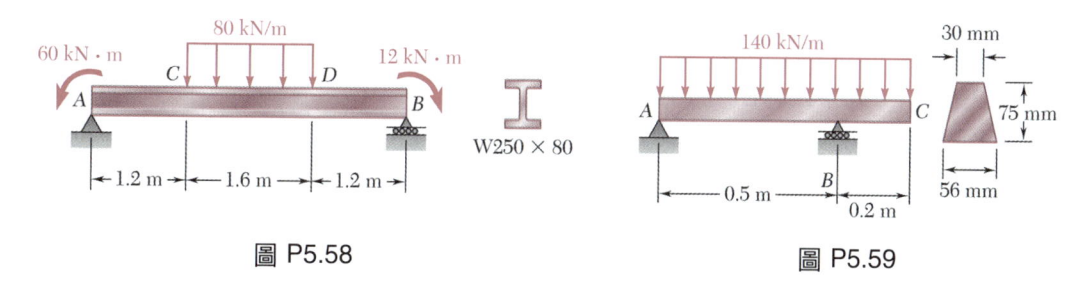

圖 P5.58

圖 P5.59

5.60 圖示之 AB 梁，跨長為 L，邊長為 a 之方形斷面，在 C 點用一樞軸支承，載重如圖示。(a)校核此梁處於平衡狀態。(b)證明此梁由彎曲所引起之最大正交應力在 C 點發生，並等於 $w_0 L^2/(1.5a)^3$。

5.61 已知在圖示載重下，桿件 AB 係處於平衡狀態，畫出其剪力及彎曲力矩圖，並求由彎曲所引起之極大正交應力。

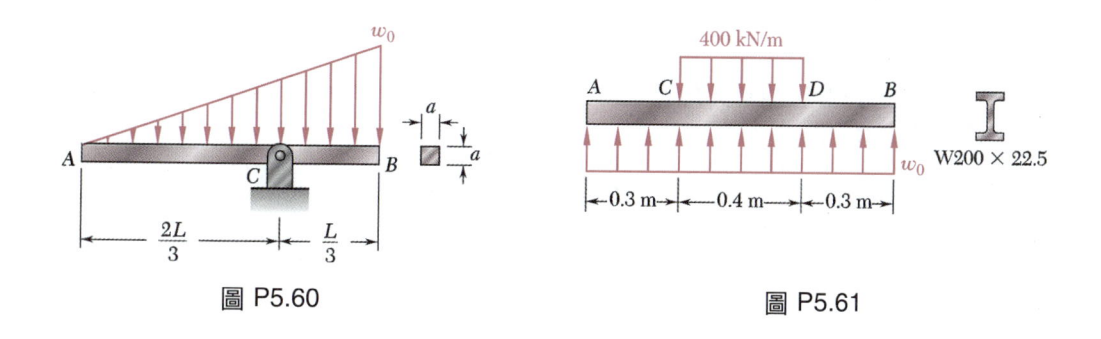

圖 P5.60

圖 P5.61

*5.62 如圖所示，AB 梁支承一大小為 15 kN/m 之均勻分佈載重及二集中載重 **P** 及 **Q**。經由實驗得知，此梁因彎曲所引起此 W250×32.7 碾鋼型梁下凸緣底邊之正交應力，在 D 點是 –14 MPa，在 E 點是 –5.35 MPa。(a) 畫出此梁之剪應力及彎曲力矩圖，(b) 求梁中因彎曲所產生之極大正交應力。

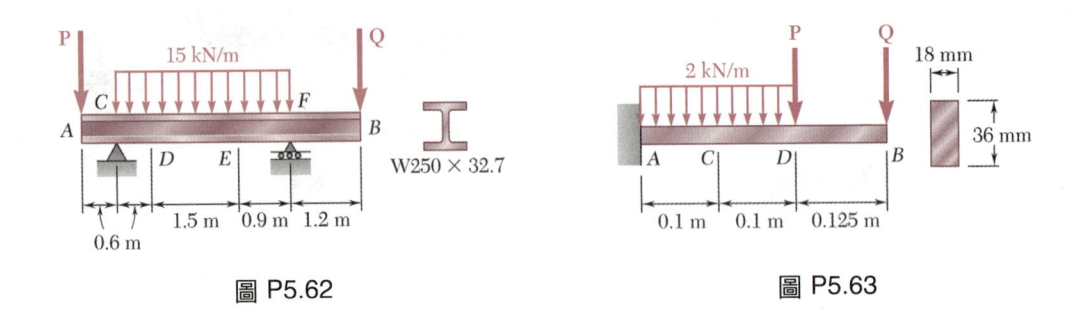

圖 P5.62

圖 P5.63

*5.63 如圖所示，AB 梁支承一大小為 2 kN/m 之均勻分佈載重及二集中載重 **P** 及 **Q**。經由實驗得知，此梁因彎曲所引起梁下邊緣之正交應力，在 A 點是 –56.9 MPa，在 C 點是 –29.9 MPa。試畫出此梁之剪應力及彎曲力矩圖並求出載重 **P** 及 **Q** 的大小。

*5.64 AB 梁支承二集中載重 **P** 及 **Q** 如圖所示。經由實驗得知，此梁因彎曲所引起在梁底邊之正交應力在 D 點是 +55 MPa，在 F 點是 +37.5 MPa。(a) 畫出梁之剪力及彎曲力矩圖，(b) 求梁中因彎曲所引起之極大正交應力。

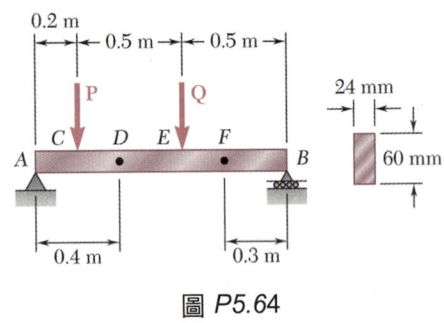

圖 P5.64

5.4　受彎曲稜體梁之設計

在 5.1 節已指出，梁之設計通常受到梁中所產生之極大彎曲力矩絕對值 $|M|_{max}$ 控制。梁中之最大正交應力 σ_m 可在 $|M|_{max}$ 發生之臨界斷面處的梁表面求得，將代表 $|M|$ 之 $|M|_{max}$ 代入式(5.1)或式(5.3)，† 可得

$$\sigma_m = \frac{|M|_{max} c}{I} \qquad \sigma_m = \frac{|M|_{max}}{S} \qquad (5.1', 5.3')$$

---

† 對於那些對中性面不成對稱之梁，從中性面至梁表面之最大距離，在式(5.1)中，應用 c 值，亦用在計算斷面模數 $S = I/c$。

安全設計要求乃是 $\sigma_m \leq \sigma_{all}$，此處 σ_{all} 表所使用材料之容許應力。將(5.3′)式中之 σ_m 用 σ_{all} 取代，解之得 S 時，需滿足欲設計梁之斷面模數的極小容許值

$$S_{min} = \frac{|M|_{max}}{\sigma_{all}} \tag{5.9}$$

普通型式梁，如矩形斷面木梁，各種斷面型式之軋鋼梁等之設計，將在本節中予以考究。適宜之設計步驟可導出最經濟之設計。這個意思是說，如一梁採用相同型式，相同材料，而其因素皆相同時，選用之梁應使單位長度重量是最小，亦即是斷面積應最小，如此這梁才屬不浪費設計。

設計步驟如下述†：

1. 首先可從材料性質表或設計規範選定使用材料之 σ_{all} 值。使此值被設計之極限強度 σ_U 除，可算得適用之安全因數(1.13 節)。假定該時之 σ_{all} 值，抗拉及抗壓相等，則演算如下。

2. 畫出規範規定載重情況時之剪力及彎曲力矩圖，決定梁中彎曲力矩之極大絕對值 $|M|_{max}$。

3. 應用式(5.9)求梁之彈性模數極小容許值 S_{min}。

4. 對於木梁而言，梁之深度 h，寬度 b 或其比值 h/b，已顯示出斷面形狀特色，或許已有所規定。利用 4.4 節中式(4.19)可選用未知量，但 b 及 h 必須要滿足 $\frac{1}{6}bh^2 = S \geq S_{min}$ 之關係。

5. 對於軋鋼梁而言，應先參閱附錄 C 中之適用表值。對可選用之斷面，只考慮斷面模數 $S \geq S_{min}$，從可選用斷面之一組梁中，選用單位長度重量是最小者。這是 $S \geq S_{min}$ 時之最經濟斷面。當然亦不是必須選用 S 是最小值之斷面(見例 5.04)。在有些情況，斷面選用可能要受到其它考慮限制，例如，斷面之容許深度或梁之容許撓度(參見第 9 章)等。

上述討論乃是限於 σ_{all} 在抗拉及抗壓相等時之材料。如果 σ_{all} 抗拉及抗壓不等，在選用梁斷面時，必須要確定，在抗拉及抗壓兩方面，皆須使 $\sigma_m \leq \sigma_{all}$。如果斷面對其中性軸不對稱，最大拉應力及最大壓應力不必然會發生在 $|M|$ 是極大之斷面。一可能發生情況是 M 是極大處，另一可能則 M 是極小處。是以步驟 2 應包括要決定 M_{max} 及 M_{min} 兩者，步驟 3 則要修正成需考慮拉應力及壓應力。

最後，應牢牢記住，本節所敘述之設計步驟只考慮了發生在梁表面上之正交應力。有些短梁，尤其是木構造者，可能在承載橫向載重時，招致剪力破壞。梁中剪應力將在

---

† 在本章所考究之梁，吾人皆假定這些梁具有適當之支托以防止發生側向皺曲，軋鋼梁受到集中載重作用下，須設置支承板以防止梁腹發生局部皺曲(損傷)。

第 6 章中討論。再者，在軋鋼梁之情況，大於在此處所考慮之正交應力，可能發生在梁腹及凸緣之交接處，此將在第 8 章中討論。

例 5.04

選用一寬緣梁以支持 60 kN 載重如圖 5.14 所示。採用鋼材之容許正交應力是 165 MPa。

解：

1. 已知容許正交應力 σ_{all} = 165 MPa。

2. 剪力不變，等於 60 kN，彎曲力矩在 B 最大，於是得

    $|M|_{max}$ = (60 kN) (2.4 m) = 144 kN·m

3. 最小容許斷面模數是

    $$S_{min} = \frac{|M|_{max}}{\sigma_{all}} = \frac{144 \text{ kN}\cdot\text{m}}{165 \text{ MPa}} = 872.7 \times 10^3 \text{ mm}^3$$

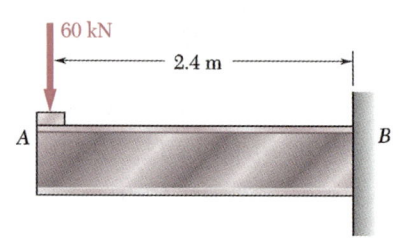

圖 5.14

4. 參照附錄 C 中之軋鋼性質表，由表中可見到梁型式之排列是依同一深度成組排列，每一組中又依重量由大而小排之。現在選用每一組中之最輕之梁，而其斷面模 $S = I/c$ 至少要與 S_{min} 同大，將查得結果列入下表。

型式	$S \times 10^{-3}$, mm³
W530×66	1340
W460×52	942
W410×60	1060
W360×57.8	899
W310×74	1060
W250×80	984

因 W460×52 之重量僅 52 kg/m，故為最經濟型式，即使其斷面模數較其它另二型來得大，亦無所謂。吾人亦注意到此梁之總重量為 (2.4 m) × (52 kg/m) × (9.81 m/s²) = 1224 N。此一重量遠比載重 60,000 N 小得很多，故在分析設計中可予忽略。

*載重及阻力因數設計

另一設計方法已簡扼在 1.13 節敘述，該時只討論受軸向載重之構件。此法亦甚易應用於作受彎曲梁之設計。用彎曲力矩 M_D、M_L 及 M_U 分別取代式(1.26)中之 P_D、P_L 及 P_U，

即得

$$\gamma_D M_D + \gamma_L M_L \leq \phi M_U \tag{5.10}$$

係數 γ_D 及 γ_L 稱為載重因數(load factor)，係數 ϕ 稱為阻力因數(resistance factor)。力矩 M_D 及 M_L 分別由死載重及活載重之彎曲力矩所產生，至於 M_U 乃等於材料極限強度 σ_U 及梁斷面模數 S 之乘積： $M_U = S\sigma_U$。

範例 5.7

今欲設計一 AB 部分具有跨長 3.6 m，全長 2.4 m 之外伸木梁 AC 來支持圖示之均佈載重及集中載重。已知採用之木材，標稱寬度(nominal width)為 100 mm(實際寬度 90 mm)，容許應力是 12 MPa，試求此梁需要之最小深度 h。

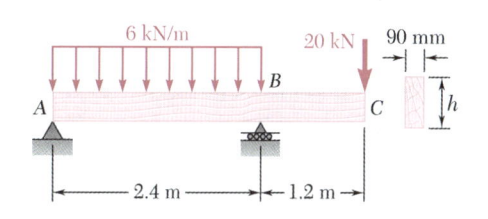

解：

反作用力

將整個梁取為分離體，則得

$+\circlearrowleft \Sigma M_A = 0$ ： $B(2.4\ \text{m}) - (14.4\ \text{kN})(1.2\ \text{m})$
$\qquad\qquad\qquad - (20\ \text{kN})(3.6\ \text{m}) = 0$
$\qquad\qquad\qquad B = 37.2\ \text{kN} \qquad \mathbf{B} = 37.2\ \text{kN} \uparrow$

$\xrightarrow{+} \Sigma F_x = 0$ ： $\qquad A_x = 0$

$+\uparrow \Sigma F_y = 0$ ： $A_y + 37.2\ \text{kN} - 14.4\ \text{kN} - 20\ \text{kN} = 0$
$\qquad\qquad\qquad A_y = -2.8\ \text{kN} \qquad \mathbf{A} = 2.8\ \text{kN} \downarrow$

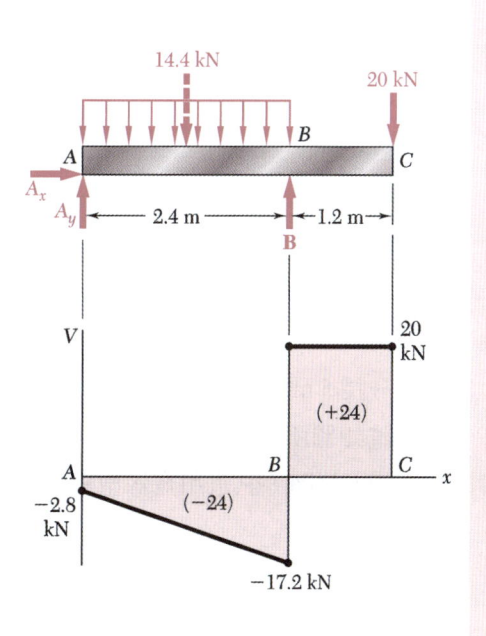

剪力圖

在 A 點右側一點之剪力 $V_A = A_y = -2.8\ \text{kN}$。因在 A 及 B 間之剪力變化等於此兩點間載重曲線下面面積負數。於是可求得 V_B 為

$$V_B - V_A = -(6 \text{ kN/m})(2.4 \text{ m}) = -14.4 \text{ kN}$$
$$V_B = V_A - 14.4 \text{ kN} = -2.8 \text{ kN} - 14.4 \text{ kN} = -17.2 \text{ kN}$$

在 B 點之反作用力使得 V 力突然增加 37.2 kN，導致 B 點右側之剪力等於 20 kN。因在 B 及 C 間，無載重作用，故在兩點間，剪力保持不變。

$|M|_{max}$ 之決定

吾人首先觀察到，在梁之兩端，彎曲力矩等於零，$M_A = M_C = 0$；在 A 與 B 間，彎曲力矩逐漸減少，其量等於剪力曲線下之面積；在 B 及 C 間，彎曲力矩逐漸增加一相應量。因此，彎曲力矩之極大絕對值是 $|M|_{max} = 24$ kN·m。

極小容許斷面模數

將已知之 σ_{all} 值及 $|M|_{max}$ 值代入式 (5.9) 中，即得

$$S_{min} = \frac{|M|_{max}}{\sigma_{all}} = \frac{24 \text{ kN} \cdot \text{m}}{12 \text{ MPa}} = 2 \times 10^6 \text{ mm}^3$$

梁之需要最小深度

應用在 5.4 節中所述設計步驟 4 所導出之公式，將 b 及 S_{min} 值代入

$$\frac{1}{6} bh^2 \geq S_{min} \qquad \frac{1}{6}(90 \text{ mm})h^2 \geq 2 \times 10^6 \text{ mm}^3 \qquad h \geq 365.2 \text{ mm}$$

梁之需要最小深度 $\qquad h = 366$ mm ◀

範例 5.8

一長 5 m 之簡支鋼梁 AD，承載有均佈載重及集中載重如圖所示。已知此梁用鋼等級之容許正交應力是 160 MPa，試選用寬緣型式作為梁設計。

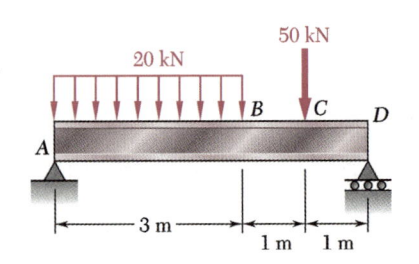

解：

反作用力

考究全梁取為分離體，則得

$+\circlearrowleft \Sigma M_A = 0$ ： $D(5\text{ m}) - (60\text{ kN})(1.5\text{ m}) - (50\text{ kN})(4\text{ m}) = 0$

$\qquad D = 58.0\text{ kN} \qquad \mathbf{D} = 58.0\text{ kN} \uparrow$

$\xrightarrow{+} \Sigma F_x = 0$ ： $A_x = 0$

$+\uparrow \Sigma F_y = 0$ ： $A_y + 58.0\text{ kN} - 60\text{ kN} - 50\text{ kN} = 0$

$\qquad A_y = 52.0\text{ kN} \qquad \mathbf{A} = 52.0\text{ kN} \uparrow$

剪力圖

A 點右側之剪力 $V_A = A_y = +52.0$ kN。圖中 A 及 B 間之剪力變化等於減掉此兩點間載重曲線下之面積。於是可定出 $V=0$ 處梁上之位置 E 點。這樣得

$$V_B = 52.0\text{ kN} - 60\text{ kN} = -8\text{ kN}$$

在 B 及 C 間剪力保持不變，但在 C 處降至 -58 kN，然後，在 C 及 D 間，此值不變。吾人註出梁 $V=0$ 處之 E 斷面，可得

$$V_E - V_A = -wx$$
$$0 - 52.0\text{ kN} = -(20\text{ kN/m})x$$

解 x，得 $x = 2.60$ m。

$|M|_{\max}$ 之決定

彎曲力矩最大在 E，即 $V=0$ 處。因在支承點 A 之 $M=0$，是以在 E 點之極大值乃等於 A 及 E 間剪力曲線下之面積，所以可得

$$|M|_{\max} = M_E = 67.6\text{ kN} \cdot \text{m}$$

最小容許斷面模數

將已知之 σ_{all} 值及 $|M|_{\max}$ 值代入式(5.9)，故得

$$S_{\min} = \frac{|M|_{\max}}{\sigma_{\text{all}}} = \frac{67.6\text{ kN} \cdot \text{m}}{160\text{ MPa}} = 422.5 \times 10^{-6}\text{ m}^3 = 422.5 \times 10^3\text{ mm}^3$$

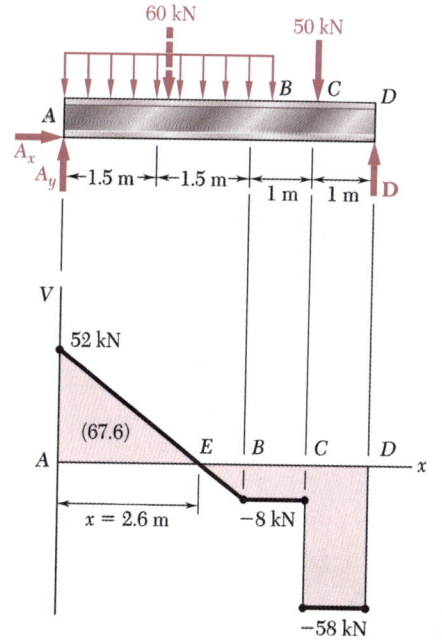

寬緣型之選用

查閱附錄 C，找出一些斷面模數大於 S_{min}，且在一定深度組中，重量最輕的寬緣型式，列出如下表：

型式	$S \times 10^{-3}$, mm³
W410×38.8	629
W360×32.9	475
W310×38.7	547
W250×44.8	531
W200×46.1	451

從上表中，吾人選用最輕型式，即是　　　　　　　　　　　　　　　　W360×32.9 ◀

習 題

5.65 及 **5.66**　對於圖示之梁及載重，設計梁之斷面。已知使用木料等級之容許正交應力是 12 MPa。

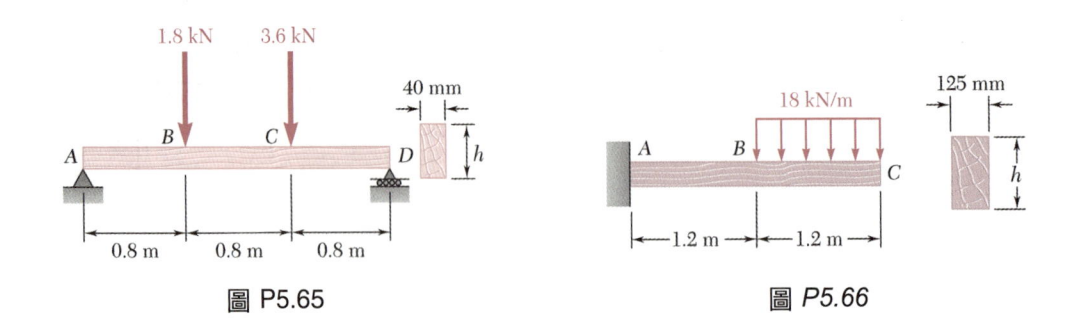

圖 P5.65

圖 P5.66

5.67 及 **5.68**　對於圖示之梁及載重，設計梁之斷面。已知使用木料等級之容許正交應力是 12 MPa。

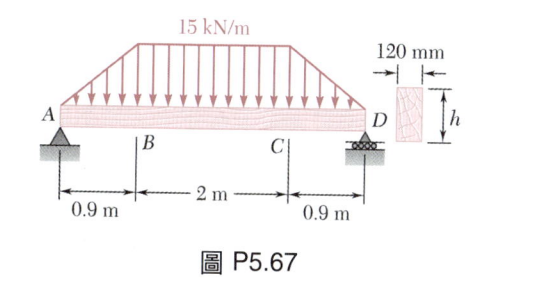

圖 P5.67

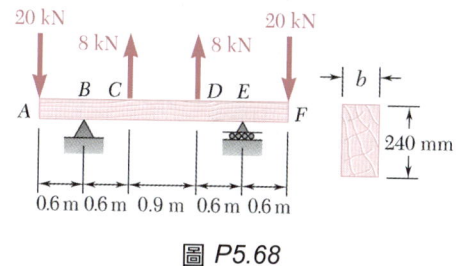

圖 P5.68

5.69 及 5.70 對於圖示之梁及載重，設計梁之斷面。已知使用木料等級之容許正交應力是 12 MPa。

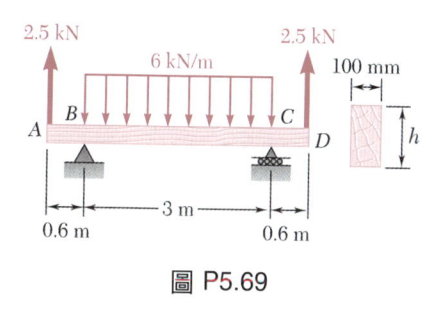

圖 P5.69

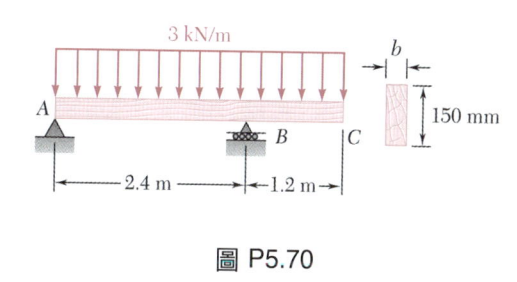

圖 P5.70

5.71 及 5.72 已知採用鋼料之容許正交應力是 160 MPa，選用最經濟公制寬緣梁以支持圖示載重。

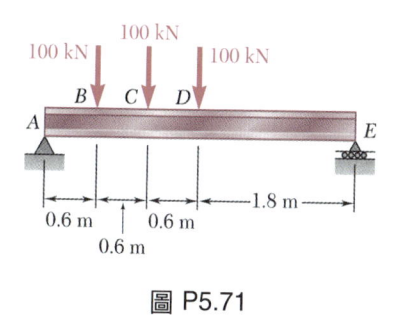

圖 P5.71

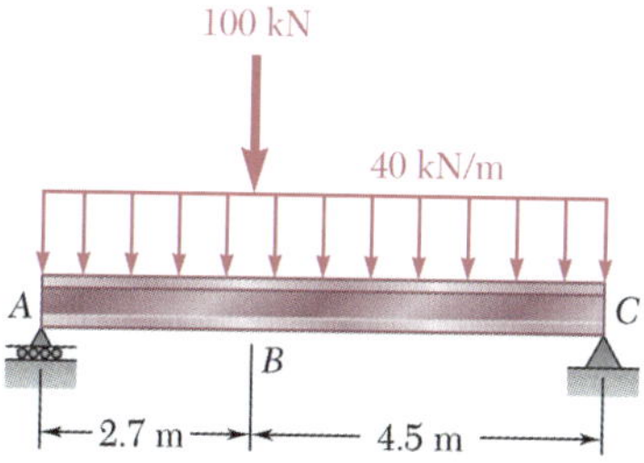

圖 P5.72

5.73 及 5.74 已知採用鋼料之容許正交應力是 160 MPa，選用最經濟寬緣梁以支持圖示載重。

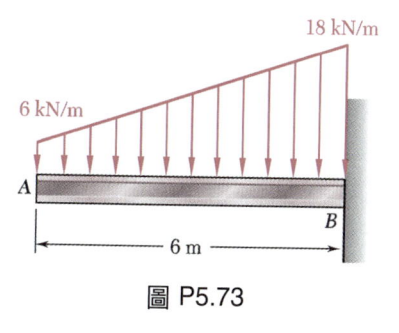

圖 P5.73

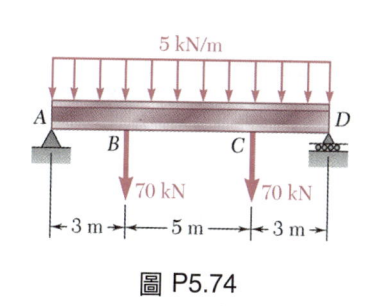

圖 P5.74

5.75 及 5.76 已知採用鋼料之容許正交應力是 160 MPa，選用最經濟公制 S 型式梁以支持圖示載重。

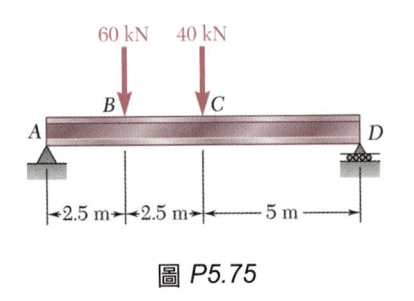

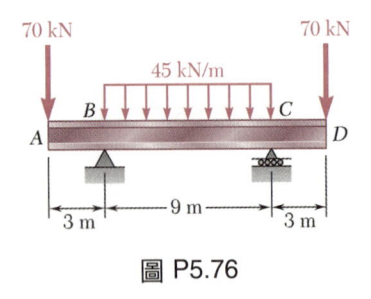

圖 P5.75

圖 P5.76

5.77 及 5.78 已知採用鋼料之容許正交應力是 160 MPa，選用最經濟 S 型式梁以支持圖示載重。

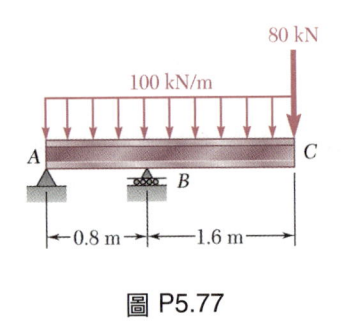

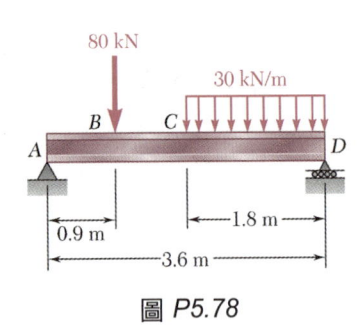

圖 P5.77

圖 P5.78

5.79 將兩根 L102×76 軋輾角鋼用螺栓連在一起如圖示，並用其支持圖示載重。已知採用鋼料之容許正交應力是 140 MPa，試求能被採用之最小角鋼厚度。

5.80 將兩支軋鋼槽形桿件，沿其邊緣焊接在一起如圖示，並用其支持圖示載重。已知採用鋼料之容許正交應力是 150 MPa，試求能被採用最經濟之槽形件。

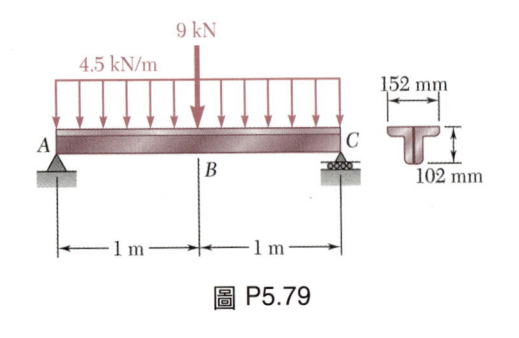

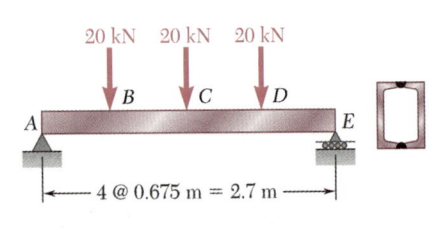

圖 P5.79

圖 P5.80

5.81 將三個鋼鈑焊接在一起如圖示,已知採用鋼料之容許正交應力是 154 MPa,試求凸緣之最小寬度 b。

5.82 使用直徑 100 mm 之鋼管以支持圖示之載重。已知庫藏可用鋼管之厚度從 6 mm 至 24 mm,間距是 3 mm。且此種鋼料之容許正交應力是 150 MPa,試求能被採用之最小壁厚 t。

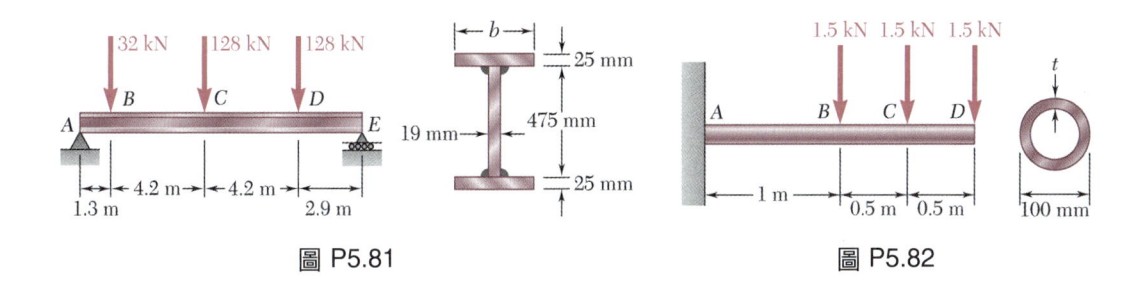

圖 P5.81

圖 P5.82

5.83 假定地面之向上反作用力是均勻分佈,且已知採用鋼材之容許正交應力是 165 MPa,試選用最經濟寬緣梁以支持圖示之載重。

5.84 假定地面之向上反作用力是均勻分佈,且已知採用鋼材之容許正交應力是 170 MPa,試選用最經濟寬緣梁以支持圖示之載重。

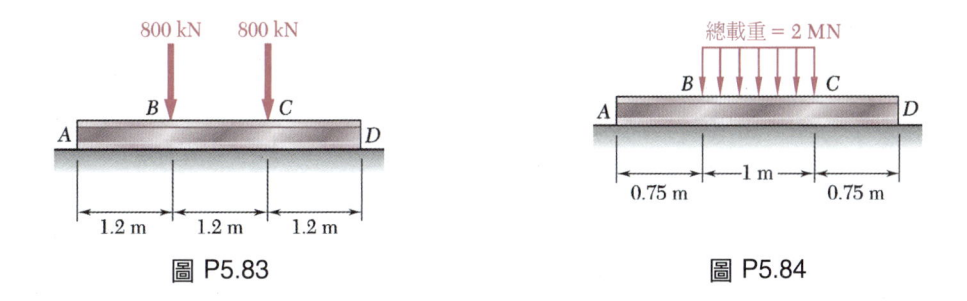

圖 P5.83

圖 P5.84

5.85 對於圖示之梁及載重。已知容許正交應力抗拉是 +55 MPa,抗壓是 −125 MPa,試求 P 之最大許用值。

5.86 假設將 T 型梁倒轉,再解習題 5.85。

5.87 對於圖示之梁,已知容許正交應力抗拉是 +80 MPa,抗壓是 −130 MPa,試求最大之許用均佈載重 w。

圖 P5.85

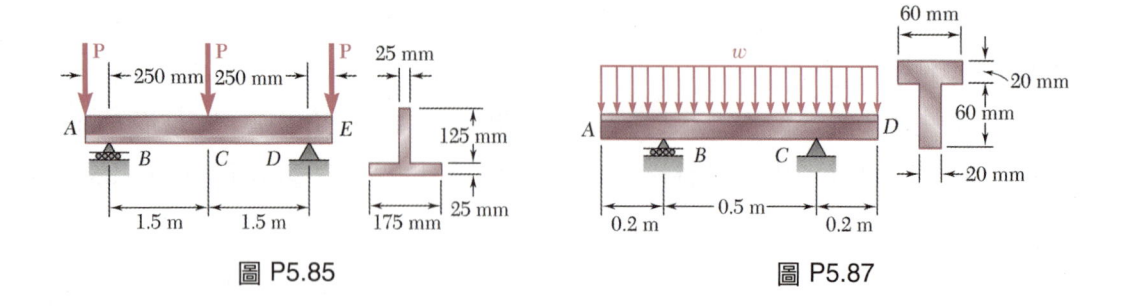

圖 P5.87

5.88 假定上題中將梁斷面反轉過來，梁之凸緣靜置在 B 及 C 支承點上，再解習題 5.87。

5.89 圖示一 240 kN 之載重，作用在跨長 5 m 梁之中點。已知採用鋼料之容許正交應力是 165 MPa，(a)如果 W310×74 梁 AB 未承受超額應力時，求梁 CD 之最短容許長度，(b)CD 梁應用何種 W 型鋼。兩梁之重量皆不計。

5.90 一 66 kN/m 之均佈載重，在跨長為 6 m 之全長上受到支持如圖所示，已知採用鋼料之容許正交應力是 140 MPa，試求(a)如 W460×74 梁 AB 未承受超額應力時，梁 CD 之最小容許長度，(b)CD 梁應用何種 W 型鋼。兩梁之重量皆不計。

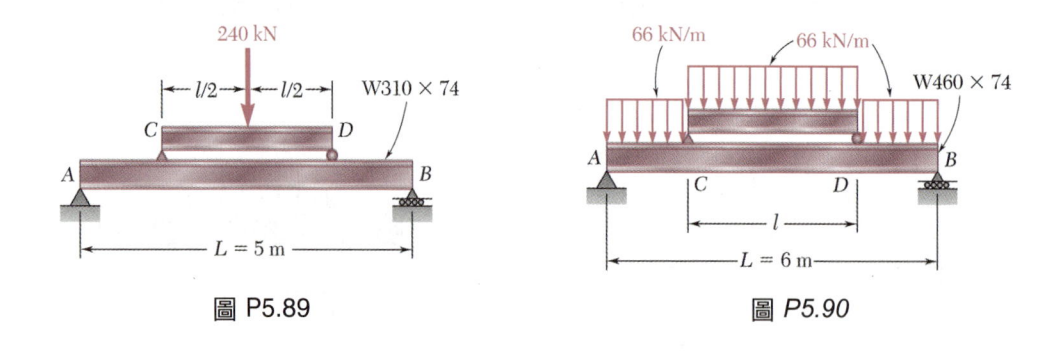

圖 P5.89

圖 P5.90

5.91 梁 ABC 以螺栓固定在梁 DBE 及 FCG 上。已知容許正交應力是 165 MPa，試選用 (a)梁 ABC，(b)梁 DBE，(c)梁 FCG 之最經濟寬凸緣外型。

5.92 梁 AB、BC 及 CD 具有之斷面如圖示，在 B 及 C 點用鉸支連接。已知容許正交應力抗拉是 +110 MPa，抗壓是 −150 MPa，試求(a)如 BC 未超過應力之最大許用值 w，(b)在懸臂梁 AB 及 CD 未承受超額應力時之對應極大距離 a。

5.93 梁 AB、BC 及 CD 具有之斷面如圖示，在 B 及 C 點用鉸支連接。已知容許正交應力抗拉是 +110 MPa，抗壓是 −150 MPa，試求(a)如 BC 未超過應力之最大許用值 P，(b)在懸臂梁 AB 及 CD 未承受超額應力時之對應極大距離 a。

圖 P5.91

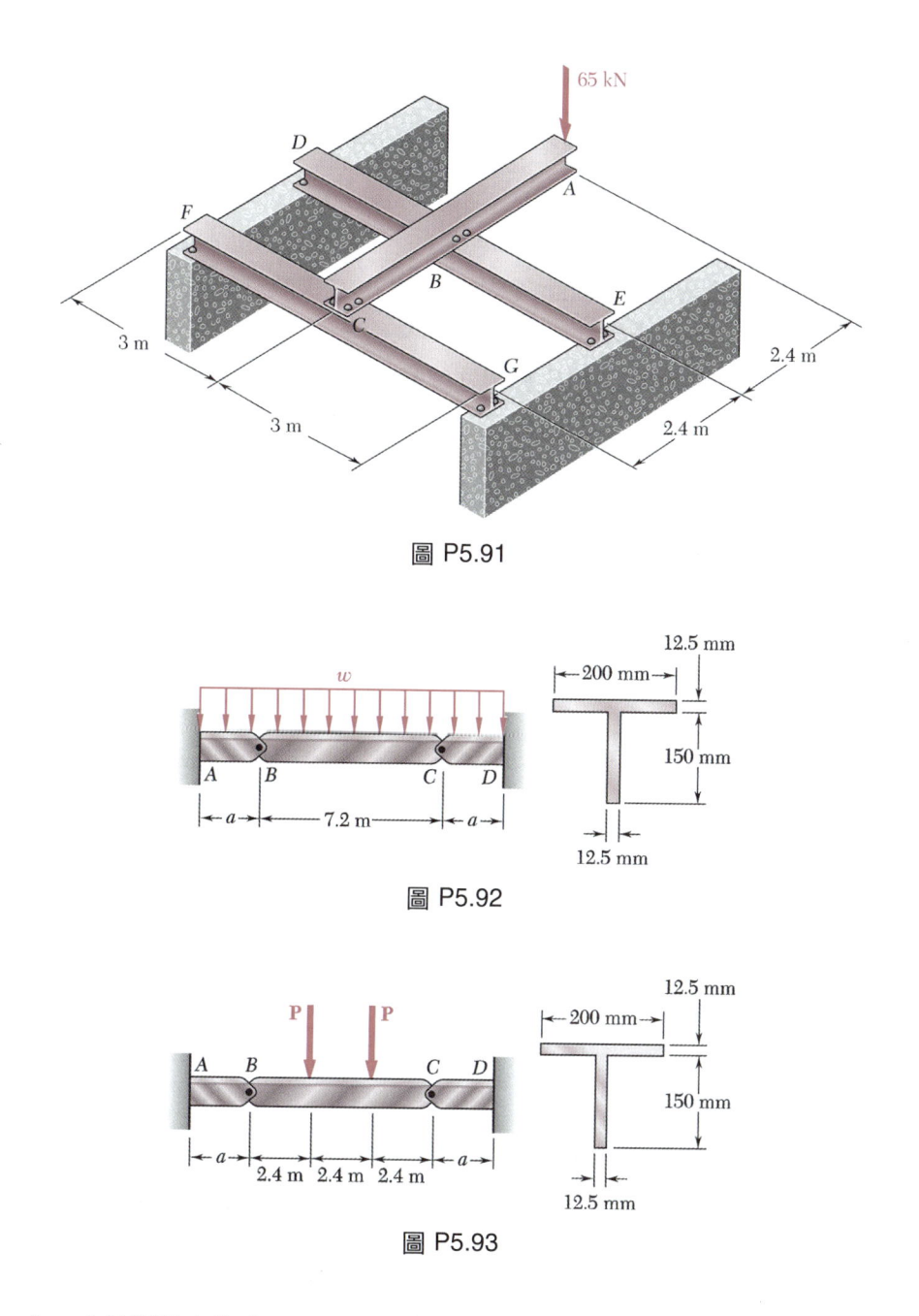

圖 P5.92

圖 P5.93

*5.94 在一次級道路上興建一長度 $L=15$ m 之橋梁，次級道路行駛之車輛乃限於兩軸傳動之中等重量車輛。此橋梁包括一混凝土橋板及極限強度為 $\sigma_U=420$ MPa 之簡支鋼梁。板及梁之組合重量作用在每梁上約為 $w=11$ kN/m 之均佈載重。為了設計目的，乃假定車輛輪軸相距 $a=4$ m，駛過橋梁時，對每梁作用之載重是集中載重 P_1 及 P_2，其大小分別是 95 kN 及 25 kN。應用 LRFD 方法，並採用載重因素 $\gamma_D=1.25$、$\gamma_L=1.75$，阻力因數 $\phi=0.9$ 時，試求通用於此梁之最經濟寬緣型鋼。[提示：應先求得當較大載重作用位置是

在梁中心左側，距離等於 $aP_2/2(P_1+P_2)$ 時，$|M_L|$ 之最大值將會發生在較大載重之下面。]

*5.95 假定前後輪軸載重保留與習題 5.94 所述之車輛一樣，試求多重之車輛能安全駛過上述習題所設計之橋梁？

*5.96 使用合板及屋頂材料造成一房屋結構，此結構係用幾根長度 $L=16\ m$ 之木梁支持，每一梁所支持之死載重包括估計之梁重，可用一均佈載重 $w_D=350\ N/m$ 來代表。包括雪重之活載重，則用一均佈載重 $w_L=600\ N/m$ 來代表，另有一 6 kN 之集中載重 **P** 作用在每一梁之中點 C，已知選用木料之極限強度是 $\sigma_U=50\ MPa$，梁寬是 $b=75\ mm$，應用 LRFD 法，其載重因數 $\gamma_D=1.2$、$\gamma_L=1.6$，阻力因數 $\phi=0.9$，試求梁之最小容許深度 h。

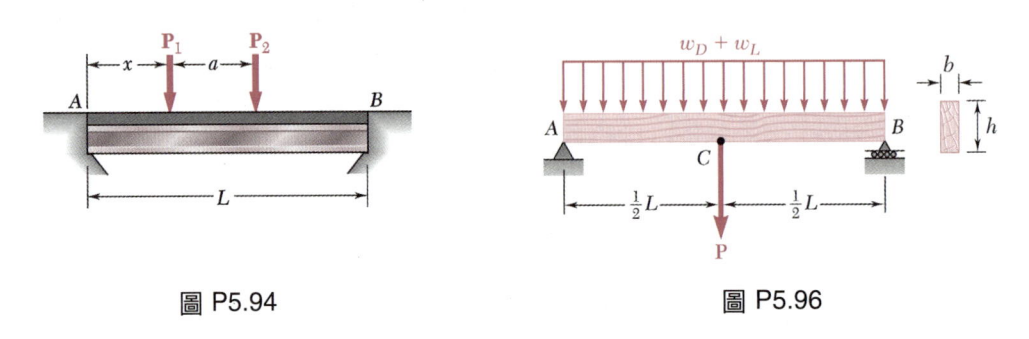

圖 P5.94　　　　　　　　圖 P5.96

*5.97 假定將作用於每一梁之集中載重大小為 6 kN 之 **P**，以作用在距兩端點距離皆為 4 m 處之大小為 3 kN 之集中載重 **P₁** 及 **P₂** 取代，再解習題 5.96。

公式總整理

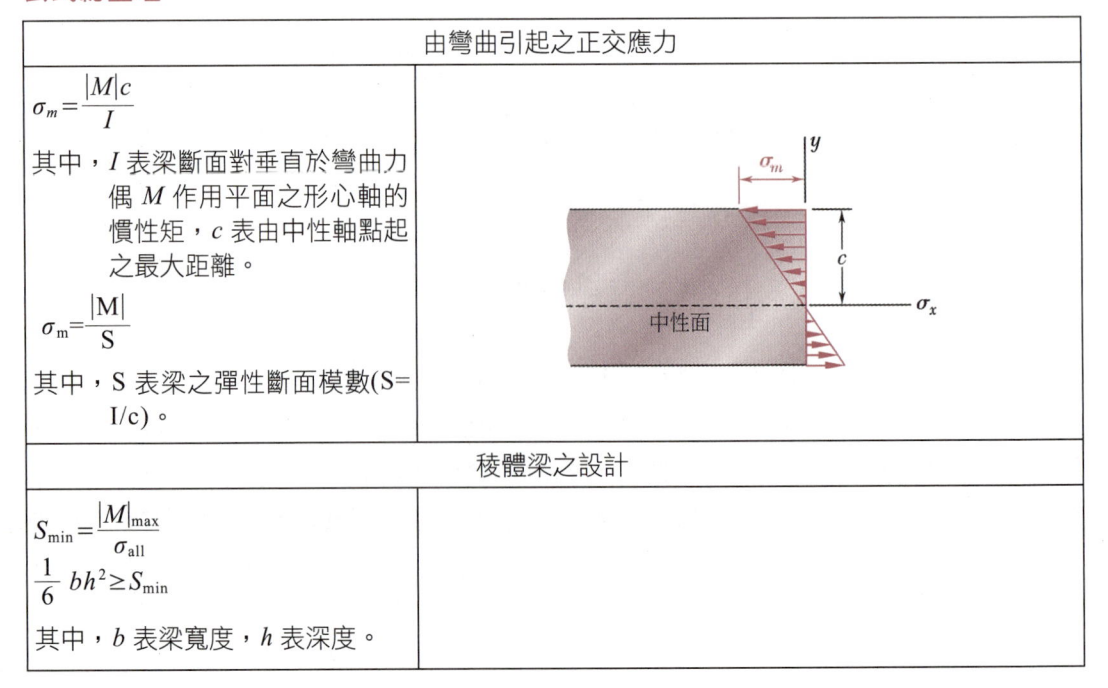

由彎曲引起之正交應力	
$\sigma_m=\dfrac{\|M\|c}{I}$ 其中，I 表梁斷面對垂直於彎曲力偶 M 作用平面之形心軸的慣性矩，c 表由中性軸點起之最大距離。 $\sigma_m=\dfrac{\|M\|}{S}$ 其中，S 表梁之彈性斷面模數($S=I/c$)。	
稜體梁之設計	
$S_{\min}=\dfrac{\|M\|_{\max}}{\sigma_{all}}$ $\dfrac{1}{6}bh^2 \geq S_{\min}$ 其中，b 表梁寬度，h 表深度。	

分析步驟

解題程序一、剪力圖及彎曲力矩圖

畫出所有作用在樑上的反力及力矩
↓
將反力及力矩分為垂直與平行樑軸的分量
↓
畫出樑中各部分的分離體圖
↓
分別畫出各部分的剪力及彎曲力矩

複習與摘要

稜體梁設計之考慮

本章係敘述梁受橫向載重時之分析及設計。該等載重包括有集中載重或均佈載重，梁本身亦依照其支持方程而予以分類(圖 5.22)。本章僅考究靜定梁，靜不定梁之分析將延遲至第 9 章敘述。

由彎曲所引起之正交應力

在橫向載重使得梁中受彎曲及受剪兩者，受彎曲所產生之正交應力成為梁強度設計之控制準則 [5.1 節]。是以本章僅討論可求梁中之正交應力。剪應力效應之說明將在下一章為之。

吾人由 4.4 節得悉，決定已知斷面梁中正交應力極大值 σ_m 之撓曲公式是

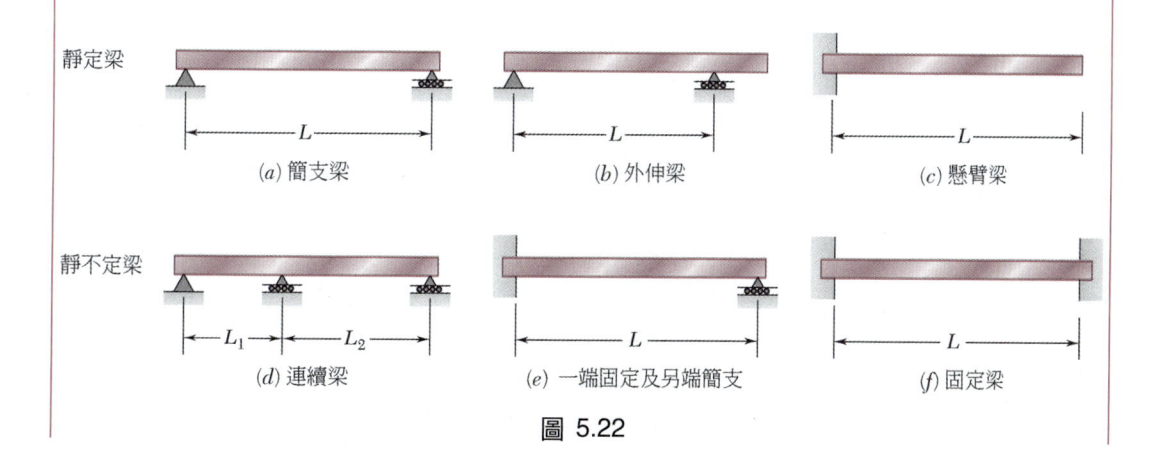

靜定梁

(a) 簡支梁　　(b) 外伸梁　　(c) 懸臂梁

靜不定梁

(d) 連續梁　　(e) 一端固定及另端簡支　　(f) 固定梁

圖 5.22

$$\sigma_m = \frac{|M|c}{I} \tag{5.1}$$

式中 I 表梁斷面對垂直於彎曲力偶 **M** 作用平面之形心軸的慣性矩，c 乃表由中性軸點起之最大距離(圖 5.23)。

吾人亦由 4.4 節得悉，如介入梁之彈性斷面模數 $S=I/c$，則梁斷面正交應力極大值 σ_m 可表之為

$$\sigma_m = \frac{|M|}{S} \tag{5.3}$$

圖 5.23

剪力及彎曲力矩圖

由式(5.1)可以得悉，極大正交應力發生在 $|M|$ 最大之梁面，且該點距中性軸最遠。若畫出剪力圖與彎曲力矩圖，則剪力與彎曲力矩之最大絕對值之計算及發生之臨界斷面之決定，即大為簡化。這些圖分別代表剪力與彎曲力矩沿梁的變化。只要在梁上選擇幾點，計算出 V 與 M 值，就能畫出這兩種圖 [5.2 節]。這些值的求法是使斷面通過其計算點，將梁分成幾部分，並畫出以這種方式獲得的梁的任一部分之分離體圖。為了避免剪力混淆 **V** 與彎曲力偶 **M** 的指向(M 在梁的兩部分之作用方向相反)，吾人沿用本書稍早時所用的正負號慣例，如圖 5.24 所示 [例 5.01 與 5.02 及範例 5.1 與 5.2]。

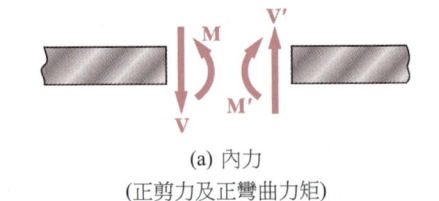

(a) 內力
(正剪力及正彎曲力矩)

圖 5.24

載重、剪力與彎曲力矩間的關係

若能考慮下列關係，則剪力圖與彎曲力矩圖之畫法即比較容易 [5.3 節]。以 w 代表每單位長度之均佈載重(假設方向朝下為正)，則寫出

$$\frac{dV}{dx} = -w \qquad \frac{dM}{dx} = V \tag{5.5, 5.7}$$

或採用積分型式

$$V_D - V_C = -(C \text{ 與 } D \text{ 之間的載重曲線下方之面積}) \tag{5.6'}$$

$$M_D - M_C = C \text{ 與 } D \text{ 之間的剪力曲線下方之面積} \tag{5.8'}$$

利用式(5.6')，可以由代表梁上的均佈載重之曲線及梁的某一端上之 V 值畫出梁的

剪力圖。同理，利用式(5.8')，則可以由剪力圖及梁的某一線及梁的某一端上之 M 值畫出彎曲力矩圖。不過，集中載重造成剪力圖的不連續，集中力偶則造成彎曲力矩圖的不連續，這些方程式中都未考慮到這些因素 [範例 5.3 與 5.6]。最後，由式(5.7)發現，梁內彎曲力矩最小或最大之處也是剪力為零之處 [範例 5.4]。

稜體梁的設計

稜體梁設計之適當步驟已在 5.4 節敘述，茲再簡述如下：

已知選用材料之 σ_{all}，並假定梁之設計係受梁中極大應力控制時，計算斷面模數之極小容許值

$$S_{min} = \frac{|M|_{max}}{\sigma_{all}} \tag{5.9}$$

對於矩形斷面木梁而言，$S = \frac{1}{6}bh^2$，式中 b 表梁寬度，h 表深度。是以斷面尺寸選用必須要使 $\frac{1}{6}bh^2 \geq S_{min}$。

對於軋鋼梁而言，須先查閱附錄 C 之性質表(各廠商略有不同)。選用適當梁斷面時，只需考慮斷面模數 $S \geq S_{min}$，再從一組斷面中選用時，則選用單位長度重量最輕者，就是最經濟斷面，因其 $S \geq S_{min}$ 點。

奇性函數；階梯函數

5.5 節討論了決定最大剪力與彎曲力矩值的另一種方法——*奇性函數*$\langle x-a \rangle^n$。由定義可知，當 $n \geq 0$，則

$$\langle x-a \rangle^n = \begin{cases} (x-a)^n & \text{當 } x \geq a \\ 0 & \text{當 } x < a \end{cases} \tag{5.14}$$

注意，只要方括弧之間的量為正或零，則須用普通括弧取代方括弧；只要此量為負，則方括弧本身等於零。另外也注意到奇性函數可以如普通二項式般積分與微分。最後還發現對應於 $n=0$ 之奇性函數在 $x=a$ 處為不連續(圖 5.25)，此函數稱為*階梯函數*，而寫成

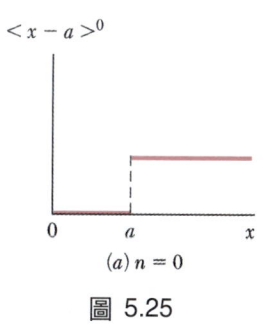

$$\langle x-a \rangle^0 = \begin{cases} 1 & \text{當 } x \geq a \\ 0 & \text{當 } x < a \end{cases} \tag{5.15}$$

$\langle x-a \rangle^0$

(a) $n = 0$

圖 5.25

以奇性函數表示剪力與彎曲力矩

利用奇性函數，就可以用單一數學式來表示梁內之剪力或彎曲力矩，這些數學式對梁之任意點都成立。例如，作用在簡支梁中點 C 處的集中載重 **P** (圖 5.26)對於

剪力的效應，即可以用 $-P\langle x-\frac{1}{2}L\rangle^0$ 表示，因為此數學式在 C 的左方等於零，在 C 的右方則等於 $-P$。再加上 A 處的反作用 $R_A=\frac{1}{2}P$ 之效應，則梁的任意點處之剪力可以寫成

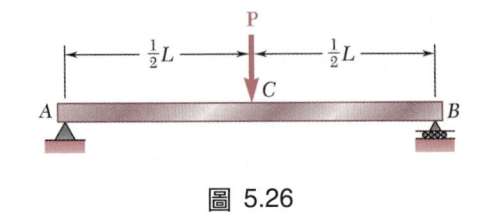

圖 5.26

$$V(x) = \frac{1}{2}P - P\left\langle x - \frac{1}{2}L \right\rangle^0$$

彎曲力矩則由此數學式的積分求得

$$M(x) = \frac{1}{2}Px - P\left\langle x - \frac{1}{2}L \right\rangle^1$$

等量開端載重

分別代表對應於各種基本載重的載重、剪力與彎曲力矩之奇性函數列於 5.5 節中的圖 5.18。注意，未延伸到梁的右端或本身為不連續的均佈載重，必須以一等量開端載重組合取代。例如，由 $x=a$ 到 $x=b$ 均勻的均佈載重(圖 5.27)必須寫成

$$w(x) = w_0\langle x-a \rangle^0 - w_0\langle x-b \rangle^0$$

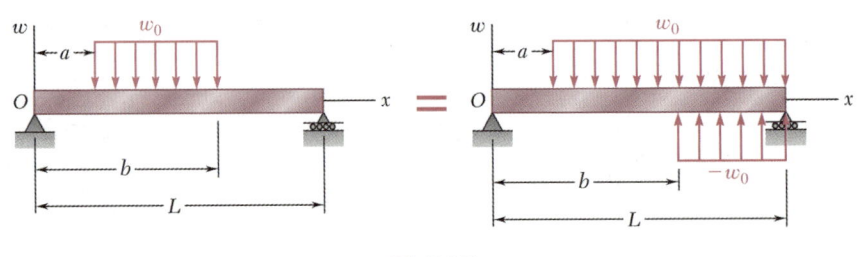

圖 5.27

經由兩次連續積分，可以得到此載重對於剪力與彎曲力矩之效應。不過，必須注意 $V(x)$ 的數學式中必須包含集中載重與反作用力的效應，而 $M(x)$ 的數學式中則必須包含集中力偶的效應 [例 5.05 與 5.06 及範例 5.9 與 5.10]。另外也發現奇性函數特別適用電腦。

非稜體梁；固定強度梁

前面的討論只限於稜體梁，即斷面均勻之梁。5.6 節則討論了非稜體梁之設計，即具有可變斷面之梁。吾人發現適當的選擇斷面形狀與大小，使其彈性斷面模數 $S=I/c$ 沿梁的變化方式和彎曲力矩 M 相同，即可設計出各斷面的 σ_m 均等於 σ_{all} 之

梁。這種梁稱為**固定強度梁**。它顯然比稜體梁更能節省材料。沿這種梁的任何斷面處之斷面模數，以下列關係式定義

$$S = \frac{M}{\sigma_{\text{all}}} \tag{5.18}$$

複習題

5.152 畫出圖示載重梁之剪力及彎曲力矩圖，求(a)剪力，(b)彎曲力矩之極大絕對值。

5.153 畫出圖示之梁及載重的剪力及彎矩圖，求由受彎曲引起之對應極大正交應力。

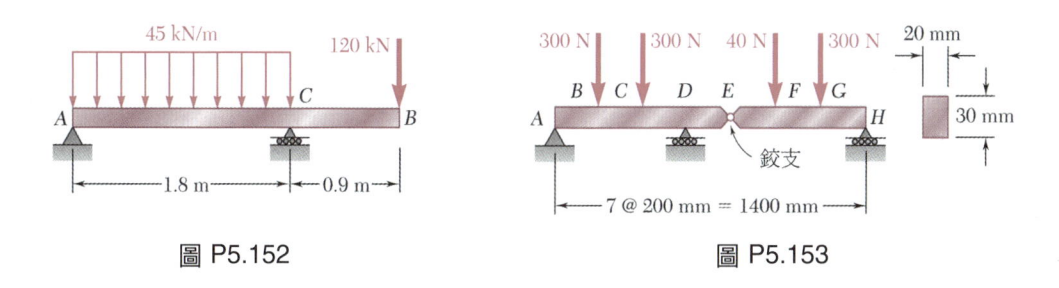

圖 P5.152

圖 P5.153

5.154 畫出圖示之梁及載重的剪力及彎矩圖，求由受彎曲所引起之對應極大正交應力。

5.155 (a)寫出圖示梁及載重之剪力及彎矩曲線方程式，(b)求出梁中彎矩的極大絕對值。

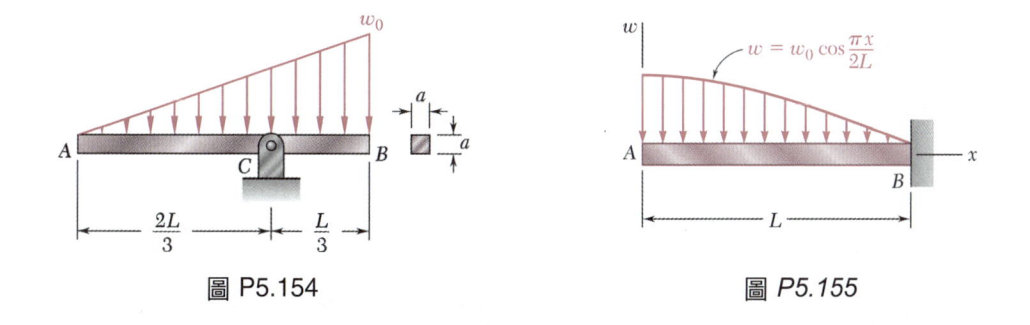

圖 P5.154

圖 P5.155

5.156 畫出圖示之梁及載重的剪力及彎矩圖，求由受彎曲引起之對應極大正交應力。

5.157 已知 AB 梁受圖示載重並處於平衡狀態，試畫出圖示之梁及載重的剪力及彎矩圖，求由受彎曲引起之對應極大正交應力。

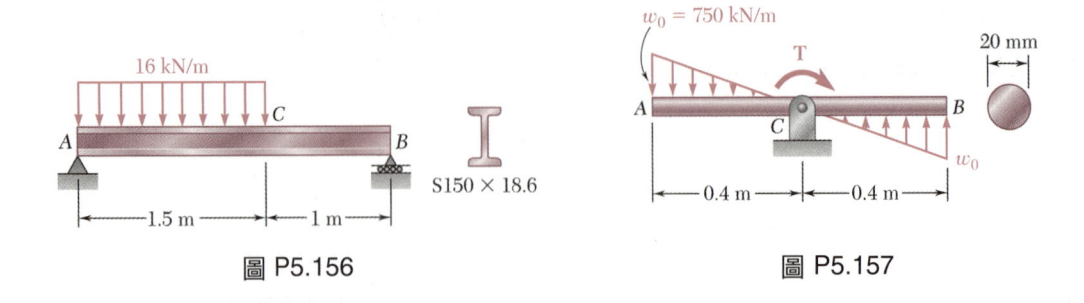

材料力學
Mechanics of Materials

圖 P5.156

圖 P5.157

5.158 對於圖示之梁及載重，已知選用木料等級之容許正交應力是 12 MPa，試設計此梁之斷面。

5.159 已知選用鋼材之容許正交應力是 160 MPa，試選用最經濟之公制寬緣梁以支持圖示之載重。

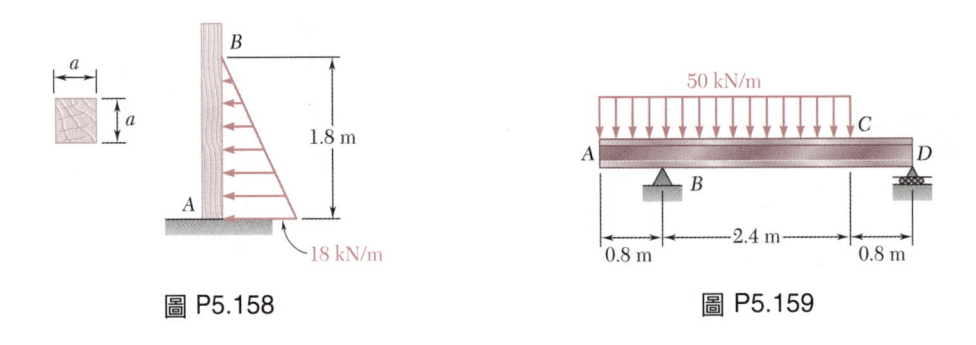

圖 P5.158

圖 P5.159

5.160 對於圖示之梁及載重，已知容許正交應力抗拉是 +80 MPa，抗壓是 −140 MPa，試求 P 之最大許用值。

5.161 (a) 應用奇性函數，對於圖示之梁及載重，寫出定義剪力及彎曲力矩方程式。(b) 求梁中彎曲力矩之極大值。

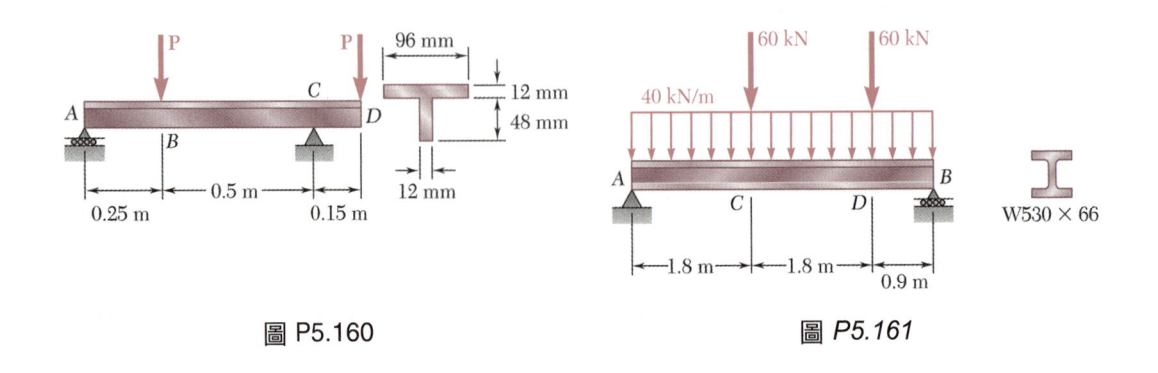

圖 P5.160

圖 P5.161

5.162 用一均勻厚度 b，長度為 L 之鋁鈑造成之懸臂梁 AB 去支持載重如圖所示。(a)已知梁材料之強度不變，試用 x、L 及 h_0 表出 h。(b)如 $L=800$ mm、$h_0=200$ mm、$b=25$ mm 及 $\sigma_{all}=72$ MPa，求極大容許載重。

5.163 橫向力 **P** 施加於圖示之圓錐柱狀物 AB，d_0 為圓錐柱狀物 A 點處的直徑，試證明最大正交應力發生在 H 處，其橫斷面直徑為 $d=1.5d_0$。

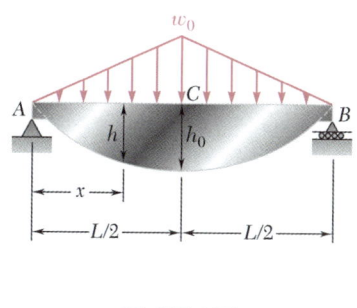

圖 P5.162

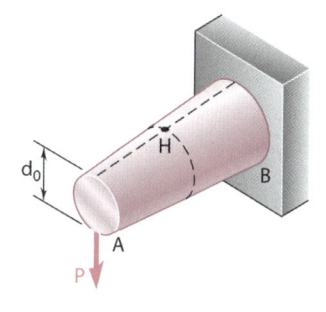

圖 P5.163

CHAPTER 6

梁及薄壁構件之剪應力

基本觀念
- 梁元素在水平表面之剪應力
- 梁中剪應力之求法

基礎問題
- 常用型式梁中之剪應力 τ_{xy}

延伸議題
- 任意形狀梁微素中之縱向剪力
- 薄壁構件中之剪應力

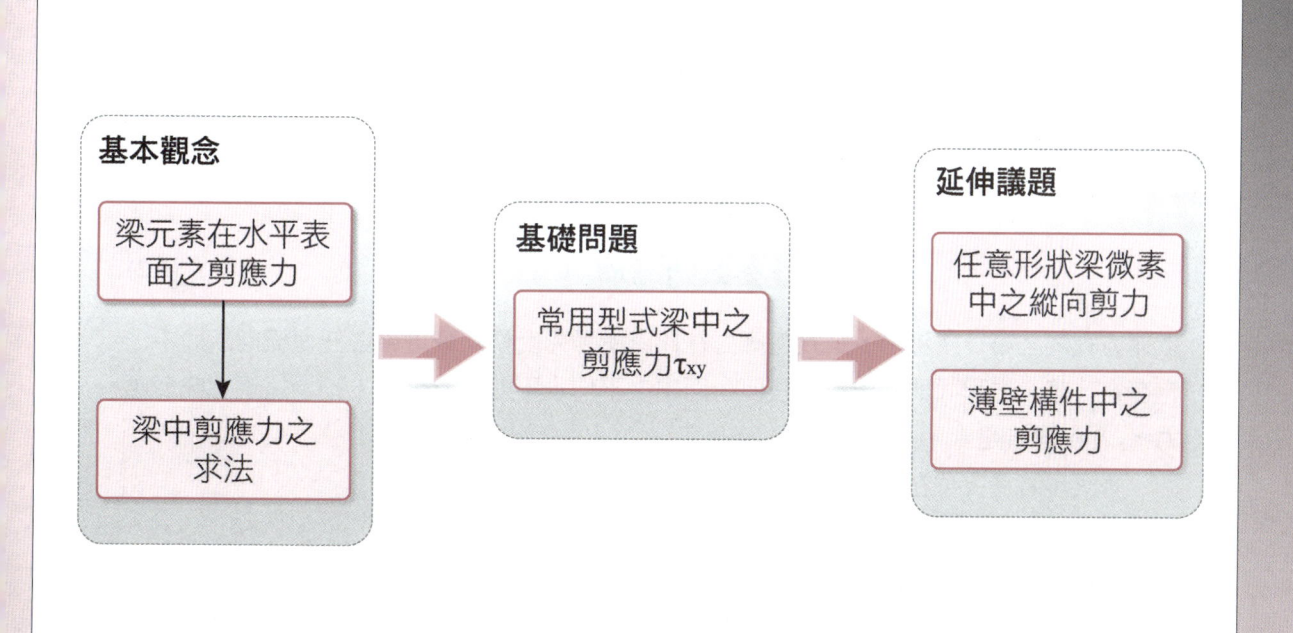

6.1 概述

吾人在 5.1 節中已知悉，作用在一梁上之橫向載重將對梁中任一橫向斷面產生正交及剪應力。在該一定斷面中之彎曲力偶 **M** 產生正交應力，剪力 **V** 產生剪應力。因為梁強度設計之優先準則是梁中正交應力極大值，所以在第 5 章中之分析僅限於決定正交應力。不過，剪應力亦很重要，尤其在作短而粗梁之設計時更是重要，剪應力之分析將是本章首一部分之主題。

圖 6.1 用圖形表示作用在稜體梁垂直對稱平面中之一既定橫向斷面中的基本正交及剪力及與彎曲力矩 **M** 及剪力 **V** 相當。為表出此一事實，可列出六個方程式說明，其中三個方程式只涉及正交力 $\sigma_x dA$，並已在 4.2 節中討論，亦即

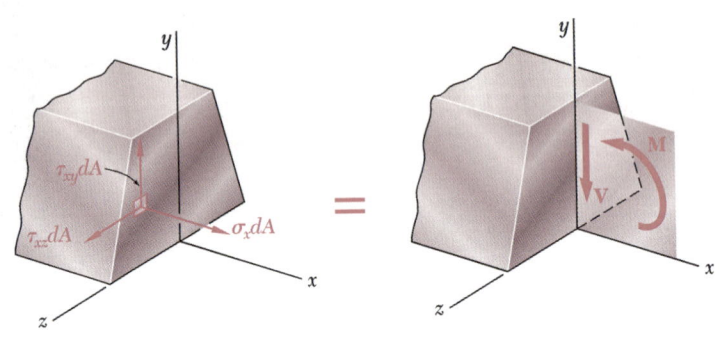

圖 6.1 梁斷面

是式(4.1)、(4.2)及(4.3)，這些方程式表出正交力之和應等於零，以及正交力對 y 軸及 z 軸之力矩和分別等於零及 M。現在就要列出涉及剪應力 $\tau_{xy} dA$ 及 $\tau_{xz} dA$ 之其它三個方程式。其中之一乃表剪力對 x 軸之力矩和等於零，此一方程式可以消除，乃因梁對 xy 面成對稱之故。另二個涉及原力在 y 及 z 向分量之方程式則是

$$y \text{ 分量：} \int \tau_{xy} dA = -V \qquad (6.1)$$

$$z \text{ 分量：} \int \tau_{xz} dA = 0 \qquad (6.2)$$

上述方程式之第一式示出，垂直剪應力在此處所考究受橫向載重梁之任何橫向斷面中一定存在。第二方程式則指出，在任何斷面中之平均水平剪應力是零。不過這不意味剪應力 τ_{xz} 在每處皆是零。

吾人現將考究位在梁垂直平面中之一微立方體(吾人知悉在該處之 τ_{xz} 必須是零)，並檢視在微立方體各表面上作用之應力(圖 6.2)。吾人已知悉，在與 x 軸垂直的兩面之每一面上，都有一正交應力 σ_x 及一剪應力 τ_{xy}。但吾人由第 1 章所述知悉，當剪應力 τ_{xy} 是作用在微素之垂直面上時，一相等之應力必作用在同一微素之水平面上。所以吾人可得結論是，任何受橫向載重的構件中，必有縱向剪應力存在。此一說法可經由考

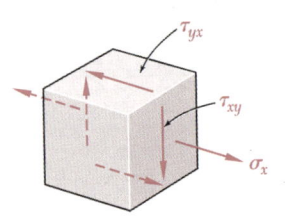

圖 6.2 梁之微立方體

慮一用個別木條，但使其一端夾在一起而組成之懸臂梁(圖 6.3a)的作用來加以證實和說明。當一橫向載重 **P** 作用在此組合梁之自由端時，可以看出各木條發生相互滑動現象(圖 6.3b)。相對而言，如有一力偶 **M** 作用在同一組合梁的自由端(圖 6.3c)，各木條將彎曲成一同心圓弧，且相互間亦不會發生滑動，如此可證實了在受純彎曲作用之梁中，不會發生剪力之事實(參見 4.3 節)。

當一橫向載重 **P** 作用在一用均質及黏性材料組成之梁，如係鋼梁者，實際上不會發生滑動，但滑動之趨勢仍然存在，這種現象示出，縱向水平面及橫向垂直面中都會有應力發生。如果是木梁，因其各纖維間對抗剪能力較弱，是以剪力失敗將會沿縱向平面而非沿橫向平面發生(照片 6.1)。

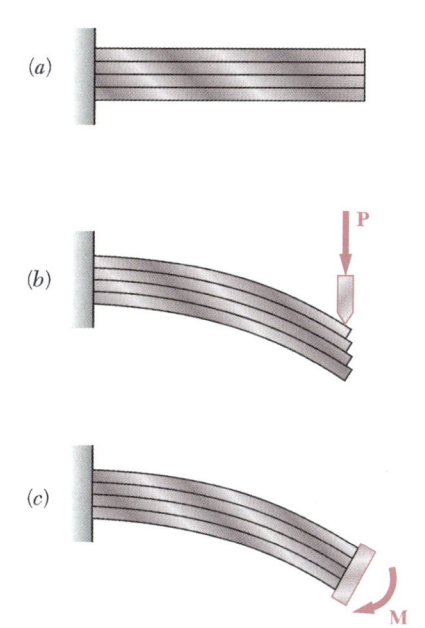

圖 6.3　木條製成的懸臂梁

照片 6.1　木質梁中之縱向破壞

在 6.2 節，將會考慮一長度為 Δx 之梁微素，此微素周圍是兩橫向平面及一水平平面，同時亦要決定作用在水平表面上之剪力 ΔH 以及稱為**剪力流**(shear flow)之每單位長度剪力 q。具有一垂直對稱平面梁中之剪應力公式將在 6.3 節導出，並在 6.4 節中應用求常見型式梁中之剪應力。狹窄矩形梁中之應力分佈將在 6.5 節中討論。

6.2 節中所導出之公式將延伸用於 6.6 節中，俾能涵括周圍係兩橫向平面及一曲表面之梁微素的情況。這樣將使得吾人能在 6.7 節中去求如像寬條梁之凸緣及箱式梁等對稱薄壁構件任一點處之剪應力，塑性變形對剪應力大小及分佈之影響將在 6.8 節中討論。

材料力學
Mechanics of Materials

在本章最後一節(6.9 節)中，將會考究薄壁構件之非對稱載重，並將引入剪力中心(shear center)之觀念，並可學到如何決定在該等構件中剪應力之分佈。

6.2 梁元素在水平表面上之剪力

茲先考究一支持各種集中及均佈載重之具有垂直對稱面的稜體梁 AB(圖 6.4)。在距離點 A 之距離 x 處，吾人取一長為 Δx 之梁微素 $CDD'C'$，此微素位在梁的上水平表面，底邊距中性軸為 y_1，貫穿整個梁寬(圖 6.5)。作用在微素上之力包括有垂直剪力 $\mathbf{V}'_C$ 及 $\mathbf{V}'_D$，作用在微素下表面之剪力 $\Delta \mathbf{H}$，原有水平正交力 $\sigma_C\,dA$ 及 $\sigma_D\,dA$，或可能有一載重 $w\,\Delta x$(圖 6.6)。因此可列出平衡方程式為

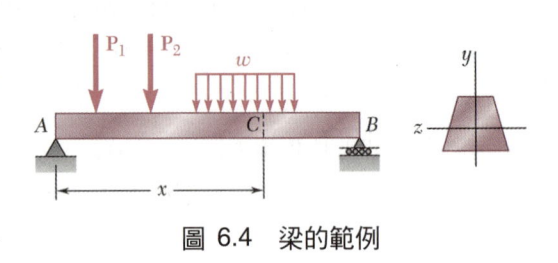

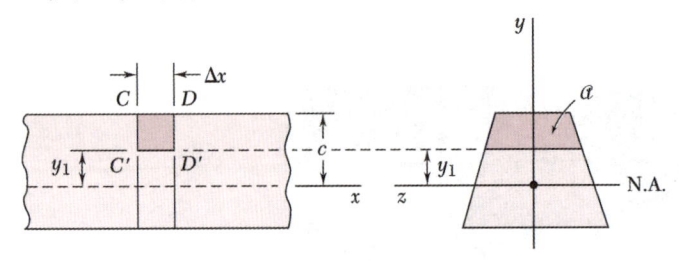

圖 6.4 梁的範例

圖 6.5 範例梁的一小部分

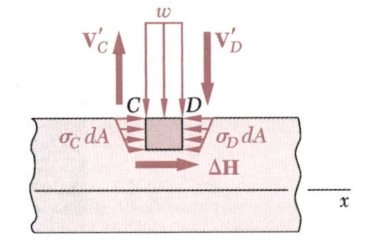

圖 6.6 施加於微素上的力

$$\xrightarrow{+}\Sigma F_x=0: \qquad \Delta H+\int_{\alpha}(\sigma_C-\sigma_D)\,dA=0$$

式中積分涵蓋了位在直線 $y=y_1$ 以上斷面陰影面積 α，解此方程式求 ΔH，應用 5.1 節中之式(5.2)，即 $\sigma=My/I$，並用在 C 及 D 處之彎曲力矩表正交應力，可得

$$\Delta H=\frac{M_D-M_C}{I}\int_{\alpha} y\,dA \tag{6.3}$$

式(6.3)示出之積分式代表位在直線 $y=y_1$ 以上梁斷面部分 α 對中性軸之一次矩(first moment)，茲用 Q 表示。在另一方面，由 5.5 節中之式(5.7)得悉，吾人能將彎曲力矩增量 M_D-M_C 表出為

$$M_D-M_C=\Delta M=(dM/dx)\,\Delta x=V\,\Delta x$$

代入式(6.3)，吾人即可得出作用在梁微素上之水平剪力下述公式

$$\Delta H = \frac{VQ}{I} \Delta x \tag{6.4}$$

如果採用下面之微素 $C'D'D''C''$ 而非上面之微素 $CDD'C'$ (圖 6.7)，可以得到同樣之結果，因此，受兩微素作用之剪力 $\Delta \mathbf{H}$ 及 $\Delta \mathbf{H}'$，互相是大小相等，方向相反。這樣可

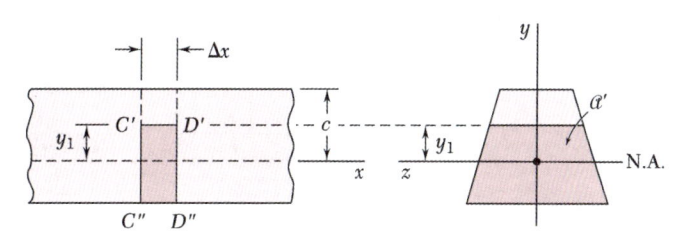

圖 6.7 範例梁的一小部分

導引吾人得悉位在直線 $y=y_1$ 以下梁斷面部分 $\mathfrak{A}'$ 之一次矩(圖 6.7)與位在直線 $y=y_1$ 以上梁斷面部分 $\mathfrak{A}$ 之一次矩(圖 6.5)大小相等，方向相反。事實上，此兩力矩之和必須等於整個斷面積對其形心軸之面積矩，且必等於零。此一性質有時可用以簡化 Q 計算之。吾人亦注意到，$y_1=0$ 時，Q 是極大值，蓋因位在中性軸以上斷面各微素使定出 Q 之積分式 (6.3)增大，而位在中性軸以下各微素則使其減小矣。

用 q 表示單位長度水平剪力(horizontal shear per unit length)，用 Δx 去除式(6.4)之兩邊，即可得 q 為

$$q = \frac{\Delta H}{\Delta x} = \frac{VQ}{I} \tag{6.5}$$

由前述可知，Q 是梁斷面中計算 q 點處以上或以下斷面部分對中性軸之一次矩，I 是整個斷面積之形心慣性矩。在後面(6.7 節)可知，此一理由即變得很明顯，每單位長度水平剪力 q 亦稱為剪力流。

例 6.01

將斷面 20×100 mm 之三木條用釘子釘在一起而製成圖 6.8 所示之梁。已知釘與釘間之間距為 25 mm，梁中垂直剪力為 $V=500$ N，試求每一釘中之剪力。

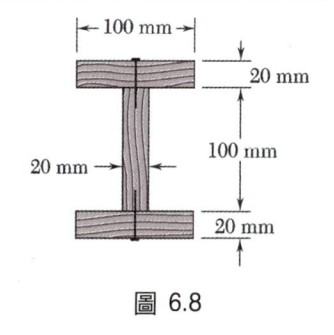

圖 6.8

解：

首先要求出作用在上部木條下表面處之每單位長度水平力 q。現應用式(6.5)，式中 Q 表示圖 6.9a 所示陰影面積 A 對中性軸之一次矩，I 表整個斷面對同軸之慣性矩(圖 6.9b)。
依前述，面積對一定軸之一次矩乃等於該一面積與其形心至定軸距離之乘積，† 故得

---

† 參見附錄 A。

圖 6.9

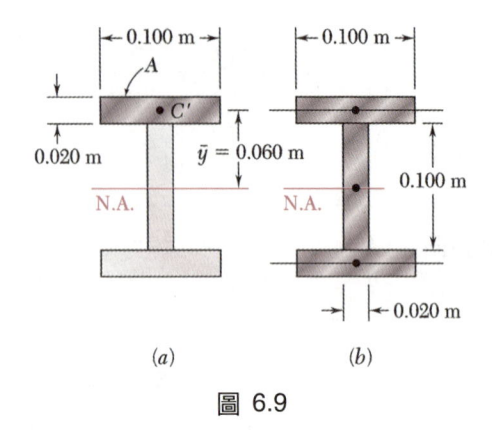

$$Q = A\bar{y} = (0.020 \text{ m} \times 0.100 \text{ m})(0.060 \text{ m}) = 120 \times 10^{-6} \text{ m}^3$$

$$I = \frac{1}{12}(0.020 \text{ m})(0.100 \text{ m})^3$$
$$+ 2\left[\frac{1}{12}(0.100 \text{ m})(0.020 \text{ m})^3 + (0.020 \text{ m} \times 0.100 \text{ m})(0.060 \text{ m})^2\right]$$
$$= 1.667 \times 10^{-6} + 2(0.0667 + 7.2)10^{-6} = 16.20 \times 10^{-6} \text{ m}^4$$

將以上兩值代入式(6.5)，得

$$q = \frac{VQ}{I} = \frac{(500 \text{ N})(120 \times 10^{-6} \text{ m}^3)}{16.20 \times 10^{-6} \text{ m}^4} = 3704 \text{ N/m}$$

因釘與釘間之間距是 25 mm，故每一釘中之剪力乃是

$$F = (0.025 \text{ m})q = (0.025 \text{ m})(3704 \text{ N/m}) = 92.6 \text{ N}$$

6.3 梁中剪應力之求法

茲再考究具有一垂直對稱平面，且在該平面中受各種梁中或均佈載重作用之梁。吾人在上節已知悉，如果通過兩垂直切割及一水平切割，使梁中一長為 Δx 之微素分離出來(圖 6.10)。作用在微素水平表面上之剪力大小 ΔH 可應用式(6.4)求得。微素表面上之平均剪應力 τ_ave 可用表面面積 ΔA 去除 ΔH 而得出。而 $\Delta A = t\,\Delta x$，此處，t 表微素切割塊之寬度，這樣可得出

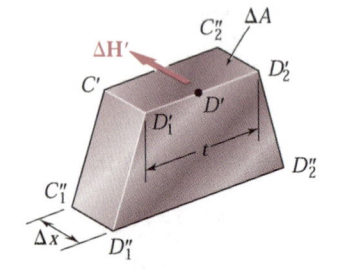

圖 6.10　梁微素

$$\tau_\text{ave} = \frac{\Delta H}{\Delta A} = \frac{VQ}{I}\frac{\Delta x}{t\,\Delta x}$$

或

$$\tau_{\text{ave}} = \frac{VQ}{It} \tag{6.6}$$

吾人應注意到，因分別作用在過 D' 之橫向平面及水平平面上之剪應力 τ_{xy} 及 τ_{yx} 相等，故求得之值亦表沿 $D'_1 D'_2$ 線作用 τ_{xy} 之平均值(圖 6.11)。

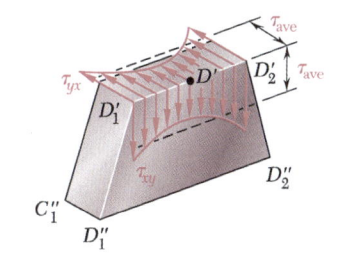

圖 6.11 梁微素之應力分佈

吾人亦看出，因梁之上下表面無力作用，故在此等表面上之 $\tau_{yx} = 0$。是以沿橫向斷面上下邊緣之 $\tau_{xy} = 0$ (圖 6.12)。吾人又注意到 $y = 0$ 時，Q 為最大(見 6.2 節)，但因 τ_{ave} 要視斷面寬度 t 以及 Q 而定，因此，不能認為沿中性軸之 τ_{ave} 乃為最大。

只要梁斷面寬度與其深度比較乃是很小時，剪應力沿 $D'_1 D'_2$ 線(圖 6.11)之變化甚為輕微，故可應用式(6.6)去計算沿 $D'_1 D'_2$ 線上任一點之 τ_{xy}。事實上，在 D'_1 及 D'_2 點上之 τ_{xy} 大於在 D' 點上者，但彈性理論[†]示出，就一寬度為 b，深度為 h 之矩形斷面梁而言，只要 $b \leq h/4$，在 C_1 及 C_2 點之剪應力值(圖 6.13)就不會超過沿中性軸算得之應力平均值之 0.8%。[‡]

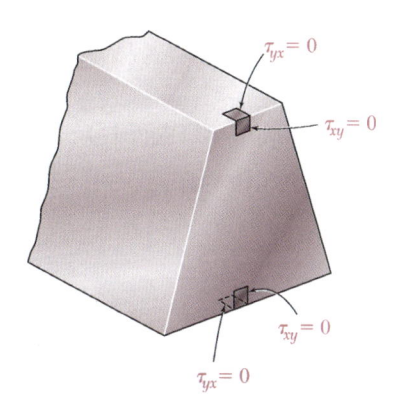

圖 6.12 梁斷面

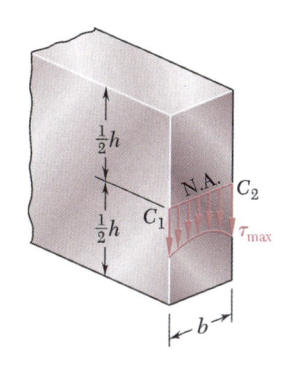

圖 6.13 矩形斷面梁

[†] 參見 S. P. Timoshenko and J. N. Goodier, *Theory of Elasticity*, McGraw-Hill，紐約出版，第三版，1970，124 節。

[‡] 就另一方面而言，b/h 值甚大時，在 C_1 及 C_2 點之應力值 $\tau_{\max}$ 可能比沿中性軸算得之平均值 τ_{ave} 大很多倍，吾人可從下表看出：

b/h	0.25	0.5	1	2	4	6	10	20	50
$\tau_{\max}/\tau_{\text{ave}}$	1.008	1.033	1.126	1.396	1.988	2.582	3.770	6.740	15.65
$\tau_{\min}/\tau_{\text{ave}}$	0.996	0.983	0.940	0.856	0.805	0.800	0.800	0.800	0.800

6.4 常用型式梁中之剪應力 τ_{xy}

在上節看出,寬度為 b,深度為 h 之矩形梁,若 $b \leq \frac{1}{4}h$,即為一狹窄矩形梁時,梁寬度上之剪應力 τ_{xy} 變化應小於 τ_{ave} 之 0.8%。是以在實際應用中,可用式(6.6)去求在狹窄矩形梁斷面上任一點之剪應力,故

$$\tau_{xy} = \frac{VQ}{It} \tag{6.7}$$

式中 t 等於梁寬度 b,Q 表示圖 6.14 所示陰影面積 A 對中性軸之一次矩。

由圖可看出中性軸至 A 之形心 C' 的距離是 $\bar{y} = \frac{1}{2}(c+y)$,且 $Q = A\bar{y}$,故得

$$Q = A\bar{y} = b(c-y)\frac{1}{2}(c+y) = \frac{1}{2}b(c^2-y^2) \tag{6.8}$$

又,$I = bh^3/12 = \frac{2}{3}bc^3$,故

$$\tau_{xy} = \frac{VQ}{Ib} = \frac{3}{4}\frac{c^2-y^2}{bc^3}V$$

又梁之斷面積是 $A = 2bc$,代入上式為

$$\tau_{xy} = \frac{3}{2}\frac{V}{A}\left(1 - \frac{y^2}{c^2}\right) \tag{6.9}$$

式(6.9)示出,剪應力在矩形梁橫向斷面中之分佈乃是**拋物線形**(圖 6.15)。正如吾人在上節已得悉,剪應力在斷面頂底($y = \pm c$)處,等於零。令式(6.9)中之 $y = 0$,即可求得狹窄矩形梁中某一斷面之最大剪應力值是

$$\tau_{max} = \frac{3}{2}\frac{V}{A} \tag{6.10}$$

此一關係示出矩形斷面梁中之最大剪應力值,比依錯誤假定整個斷面上應力是均勻分佈所求得之 V/A 值,大了 50%。

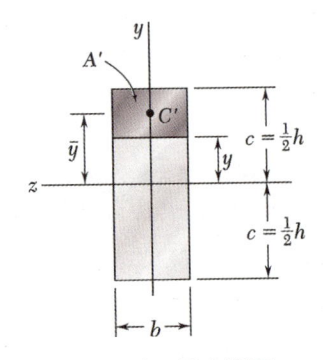

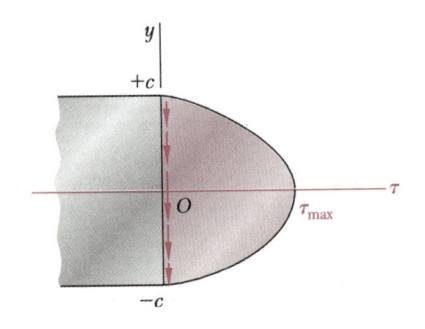

圖 6.14　梁之斷面　　　圖 6.15　矩形斷面梁之橫斷面上的剪應力分佈

就一美國標準梁(S-梁)或寬緣梁(W-梁)而言,可用式(6.6)去求梁橫向斷面中,切面 aa' 或 bb'(圖 6.16a 及 b)處的剪應力 τ_{xy} 之平均值。吾人即得

$$\tau_{ave} = \frac{VQ}{It} \tag{6.6}$$

式中 V 表示垂直剪力,t 表示所考究高度斷面處之寬度,Q 表示陰影面積對中性軸 cc' 之一次矩,I 表示整個斷面積對 cc' 之慣性矩。點繪 τ_{ave} 對垂直距離 y 之關係,吾人得到圖 6.16c 所示之曲線。吾人看到曲線中有不連續存在,此一不連續反映出分別與凸緣 $ABGD$ 及 $A'B'G'D'$ 以及與梁腹 $EFF'E'$ 對應之 t 值間之差別。

就梁腹而言,剪應力 τ_{xy} 在橫過斷面 bb' 上之變化相當輕微,故可假定等於其平均值 τ_{ave}。然而這對凸緣部分就不適用。例如,在考究水平線 $DEFG$ 時,吾人看到 τ_{xy} 在 D 及 E 間,在 F 及 G 間為零,此因這兩段乃梁自由表面之一部分。在另一方面而言,在 E 及 F 間之 τ_{xy} 值,可令式(6.6)中之 $t=EF$ 而求得。在實用上,通常假定整個剪力載重是由梁腹承載,用梁腹斷面積去除 V,即可得出斷面最大剪應力值之極佳近似值。

$$\tau_{max} = \frac{V}{A_{梁腹}} \tag{6.11}$$

不過吾人應注意,剪應力在凸緣中之垂直分力 τ_{xy} 可以忽略,但將在 6.7 節中求得之水平分力 τ_{xz} 卻為一重要值,不能忽略不計。

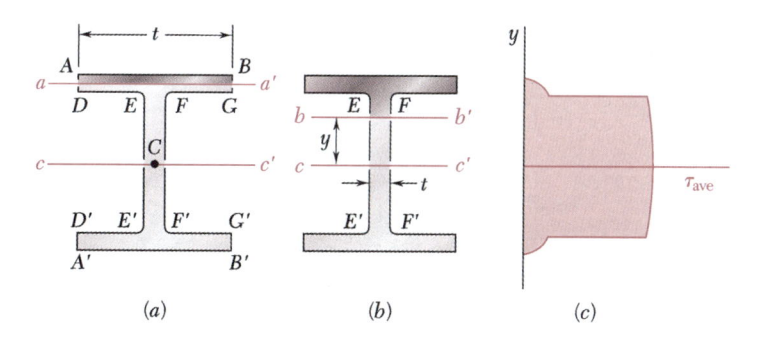

圖 6.16 寬緣梁之橫斷面的剪應力分佈

例 6.02

已知範例 5.7 中所述木梁之容許剪應力是 $\tau_{all} = 1.75$ MPa,試從剪應力觀點去校核該範例所得之設計可否接受。

解：

由範例 5.7 中所畫出之剪力圖得到 $V_{max}=20$ kN。梁之實際寬度已知為 $b=90$ mm，求得之深度值是 $h=366$ mm。應用式(6.10)可求得狹窄矩形梁之極大剪應力是

$$\tau_{max}=\frac{3}{2}\frac{V}{A}=\frac{3}{2}\frac{V}{bh}=\frac{3(20\text{ kN})}{2(0.09\text{ m})(0.366\text{ m})}=0.911\text{ MPa}$$

因 $\tau_{max}<\tau_{all}$，故範例 5.7 求得之設計可以接受。

例 6.03

已知範例 5.8 中所述鋼梁之容許剪應力是 $\tau_{all}=90$ MPa，試從剪應力觀點去校核範例中所得 W360×32.9 型梁之設計可否接受。

解：

由範例 5.8 中所畫出之剪力圖得到梁中極大剪力絕對值是 $|V|_{max}=58$ kN。在 6.4 節已知悉，在實用中已假定整個剪力載重是由梁腹承載，梁中剪應力是極大值則可用式(6.11)求得。查閱附錄 C，可知 W360×32.9 型梁之深度及梁腹厚度分別是 $d=349$ mm 及 $t_w=5.8$ mm，於是得

$$A_{梁腹}=dt_w=(349\text{ mm})(5.8\text{ mm})=2024\text{ mm}^2$$

將 $|V|_{max}$ 及 $A_{梁腹}$ 兩值代入式(6.11)，即得

$$\tau_{max}=\frac{|V|_{max}}{A_{梁腹}}=\frac{58\text{ kN}}{2024\text{ mm}^2}=28.7\text{ MPa}$$

因 $\tau_{max}<\tau_{all}$，所以在範例 5.8 中所作設計是可接受的。

6.6 任意形狀梁微素中之縱向剪力

考究圖 6.22a 所示用釘子將木條釘在一起所形成之一箱式梁。吾人在 6.2 節中已學習到如何能夠求得沿木條水平連接水平表面上每單位長度之剪力 q。但是，如果木條是沿其垂直表面連接，如圖 6.22b 所示時，如何去求 q 呢？吾人檢視 6.4 節中所述，在 W-梁或 S-梁中之橫向斷面上，應力垂直分別是 τ_{xy} 之分佈，發現這些應力在梁腹中有一相當常數值，而在梁翼緣中可予忽略。但是在梁翼緣中這些應力之水平分量 τ_{xz} 又如何分佈呢？

第 6 章　梁及薄壁構件之剪應力

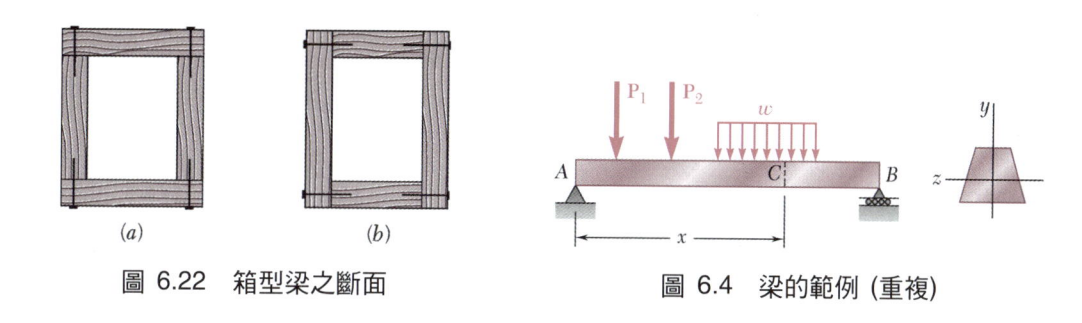

圖 6.22　箱型梁之斷面

圖 6.4　梁的範例 (重複)

為了回答這些問題，我們必須擴充應用 6.2 節的計算程序，求得單位長度的剪力(q)，如此一來，便可應用於上述案例。

茲先考究圖 6.4 所示稜體梁，此梁有一垂直對稱平面，支持之載重如圖所示。在距端點 A 之距離 x 處，吾人再使長為 Δx 之微素 $CDD'C'$ 分離。不過，此一微素現在要從梁之兩邊擴展至任一曲面(圖 6.23)。作用在微素上之力包括有垂直剪力 $\mathbf{V}'_C$ 及 $\mathbf{V}'_D$，原有水平正交力 $\sigma_C\,dA$ 及 $\sigma_D\,dA$，可能有載重 $w\Delta x$ 以及代表作用在曲面上原有縱向剪力之縱向合剪應力 $\Delta\mathbf{H}$ (圖 6.24)。因此可列出下述平衡方程式為

$$\xrightarrow{+}\Sigma F_x=0：\qquad \Delta H+\int_{\alpha}(\sigma_C-\sigma_D)dA=0$$

式中積分計算是以整個斷面陰影面積 α 為之。吾人可觀察到，這裡所得之方程式與吾人在 6.2 節所得者相同，但由積分計算所用之陰影面積 α 卻擴及曲面。

其餘之導出過程乃與 6.2 節所述者相同。是以可得出作用在梁微素上之縱向剪力乃是

$$\Delta H=\frac{VQ}{I}\Delta x \tag{6.4}$$

式中 I 表整個斷面之形心慣性矩，Q 表陰影面積對中性軸之一次矩，V 表該斷面中之垂直剪力。式(6.4)兩端用 Δx 除，即可得出單位長度之水平剪力，或剪力流為

$$q=\frac{\Delta H}{\Delta x}=\frac{VQ}{I} \tag{6.5}$$

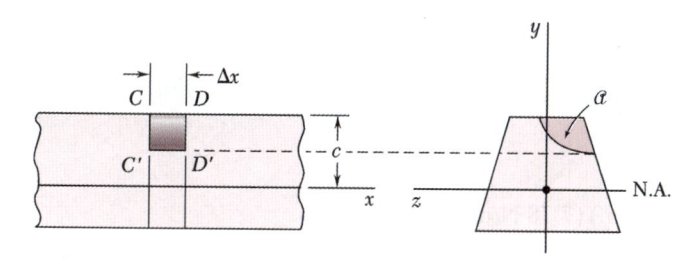

圖 6.23　梁的範例之一小段

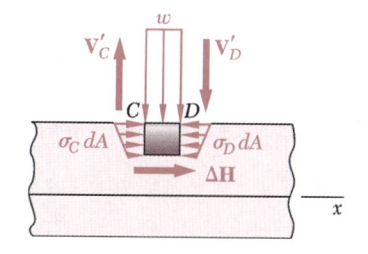

圖 6.24　施加於微素上的力量

例 6.04

用兩塊 18×76 mm 木條及兩塊 18×112 mm 之木條用釘子釘在一起製成一方形箱式梁如圖 6.25 所示。已知釘子間之間距是 44 mm，梁承載之垂直剪力大小 $V=2.5$ kN，試求每一釘子中之剪力。

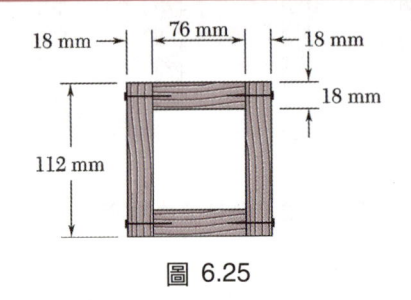

圖 6.25

解：

吾人首先將上邊木梁孤離出來，考究作用於兩邊之單位長度總力 q。應用式(6.5)，式中 Q 乃表圖示陰影面積 A' 對中性軸之一次矩，如圖 6.26a 所示者，I 表箱式梁整個斷面積對同軸之慣性矩(圖 6.26b)，這樣乃得

$$Q = A'\bar{y} = (18 \text{ mm})(76 \text{ mm})(47 \text{ mm})$$
$$= 64296 \text{ mm}^3$$

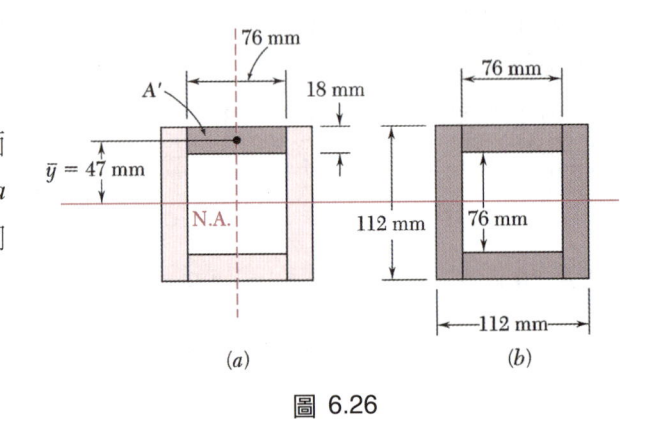

圖 6.26

前已述及邊長為 a 之方形對形心軸之慣性矩是 $I=\frac{1}{12}a^4$，是以得

$$I = \frac{1}{12}(112 \text{ mm})^4 - \frac{1}{12}(76 \text{ mm})^4$$
$$= 10.332 \times 10^6 \text{ mm}^4$$

代入式(6.5)，即得

$$q = \frac{VQ}{I} = \frac{(2500 \text{ N})(64296 \text{ mm}^3)}{10.332 \times 10^6 \text{ mm}^4} = 15.56 \text{ N/mm}$$

因為梁及上邊木條兩者乃與載重垂直面成對稱，所以相等之力係作用在木條之兩邊。因此得作用在每一邊之單位長度力是 $\frac{1}{2}q = \frac{1}{2}(15.56) = 7.78$ N/mm。又釘子間之間距是 44 mm，所以每一釘子中之剪力是

$$F = (44 \text{ mm})(7.78 \text{ N/mm}) = 342 \text{ N}$$

6.7 薄壁構件中之剪應力

吾人在上節已知悉,應用式(6.4)可以求得作用於任意形狀梁微素薄壁上之縱向剪力 ΔH,應用式(6.5)可以求得相應之剪力流 q。在本節中將應用這些方程式去計算像寬緣梁及箱式梁之凸緣中(照片 6.2),或結構管件薄壁中(照片 6.3)的剪力流及平均剪應力等兩者。

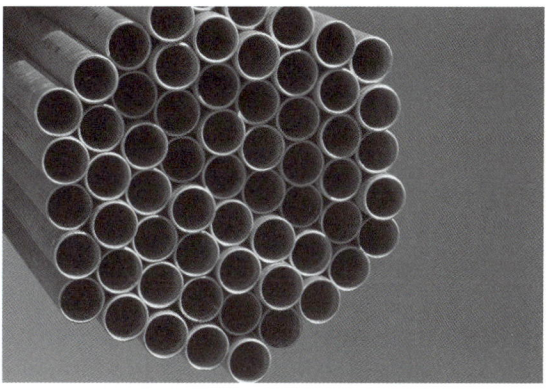

照片 6.2　寬緣梁　　　　照片 6.3　箱式梁與結構管件

例如,考究長度為 Δx 之寬緣梁一段(圖 6.27a),令 **V** 表圖示橫向斷面中之垂直剪力。再分離出上凸緣之微素 $ABB'A'$(圖 6.27b)。應用式(6.4)可以求得作用在微素上之縱向剪力是

$$\Delta H = \frac{VQ}{I} \Delta x \tag{6.4}$$

讓 ΔH 被割面面積 $\Delta A = t\Delta x$ 除之,即可求得作用在微素上之平均剪應力,求得之式子與在 6.3 節中對水平割面所求得者相同,即是

$$\tau_{\text{ave}} = \frac{VQ}{It} \tag{6.6}$$

注意,此時 τ_{ave} 表示作用在垂直割面上之平均剪應力 τ_{zx} 值。因為凸緣之厚度 t 很小,所以在 τ_{zx} 在整個割面上幾乎無變化。再因 $\tau_{xz} = \tau_{zx}$(圖 6.28),剪應力在凸緣橫向斷面任一點之水平分力 τ_{xz} 亦可應用式(6.6)求得,式中 Q 乃是陰影面積對中性軸之一次矩(圖 6.29a)。吾人在 6.4 節已求得剪應力在梁腹中之垂直分力 τ_{xy} 與此很相似(圖 6.29b)。只要載重是作用在構件對稱面中,就可使用式(6.6)去求其它薄壁構件,如箱梁(圖 6.30)及半管梁(圖 6.31)中之剪應力。在每一情況中,割體必須與構件表面垂直,式(6.6)將得出剪應力在與表面成切線方向之分力(由兩自由表面很靠近之事實看來,其它分力可假定等於零)。

圖 6.27　寬緣梁一段

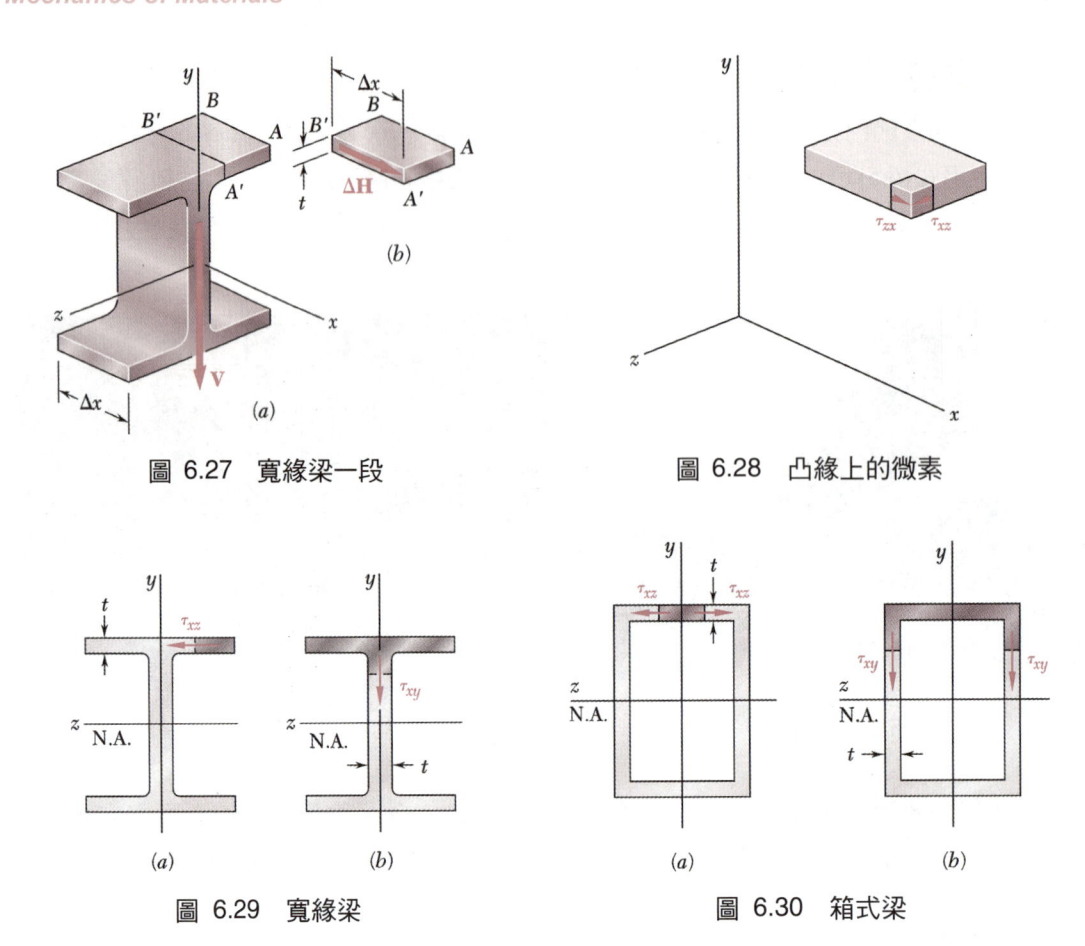

圖 6.28　凸緣上的微素

圖 6.29　寬緣梁

圖 6.30　箱式梁

比較式(6.5)及(6.6)，吾人注意到在斷面某一點之剪應力 τ 與該點處斷面厚度 t 之積等於 q。因 V 及 I 在任何斷面皆為常數，q 乃視一次矩 Q 而定，所以甚易在斷面中畫出。例如，就一箱式梁而言(圖 6.32)，q 從 A 處為零逐漸增至中性軸上 C 及 C' 點處之最大值，再退至 E 點為零。吾人亦注意到，q 在經過 B、D、B' 或 D' 角隅時，其大小無突然變化；q 在斷面水平部分之指向甚易由其垂直部分之指向(與剪力 $\mathbf{V}$ 之指向相同)導得。就一寬緣斷面而言(圖 6.33)，在上翼緣 AB 及 $A'B$ 部分中之 q 值，乃是對稱分佈。當經 B 轉入梁腹時，與凸緣兩半對應之 q 值必須要組合並可得出在梁腹頂部之 q 值。在中性軸上 C 點達最大值後，q 即逐漸減小，在 D 點分裂成與下凸緣兩半對應之兩相等部分。通常用來稱呼每單位長度剪力之剪力流 q，反映了剛剛敘述之 q 的性質與流經明渠或管道的流體之若干特性之相似性。†

---

† 吾人曾經使用過剪力流觀念分析薄壁中空圓軸之剪應力分佈(3.13 節)。不過，在中空圓軸中之剪力流係常數，但在受橫向載重作用構件中之剪力流卻非常數。

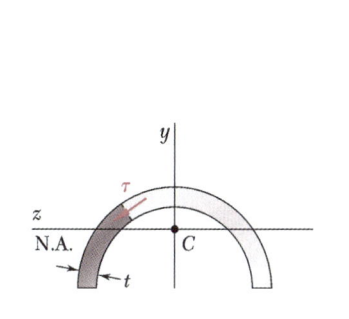

圖 6.31　半管梁 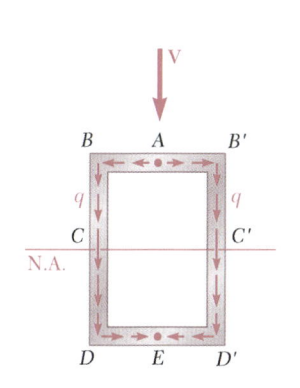　　圖 6.32　q 在箱形斷面中之變化 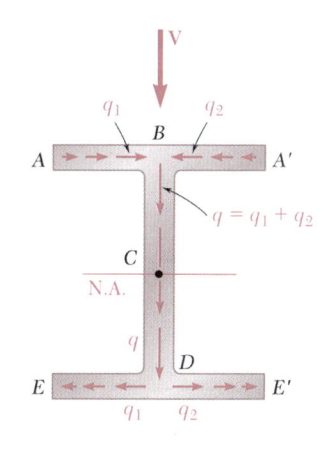　　圖 6.33　q 在寬緣梁斷面中之變化

　　直到現在吾人仍係假定所有載重是作用在構件對稱面中。就具有兩對稱面之構件，如圖 6.29 所示寬緣梁，或圖 6.30 所示箱式梁而言，作用在任一斷面形心之任何載重，皆可分解成為沿斷面兩對稱軸之分力，每一分力將使構件在一對稱面中彎曲，對應之剪應力亦可應用式(6.6)求得。然後，重疊原理便可用來求得最後之應力。

　　不過，如所考究之構件不含對稱軸，或如其含有一對稱面，但載重卻未在該平面中作用，此一構件將會同時發生彎曲和扭轉，除非當載重是作用在一稱為剪力中心(shear center)之特定點時，則為例外。注意，剪力中心通常不與斷面形心重合。如何決定各種薄壁形狀剪力中心之位置，將在 6.9 節中討論。

公式總整理

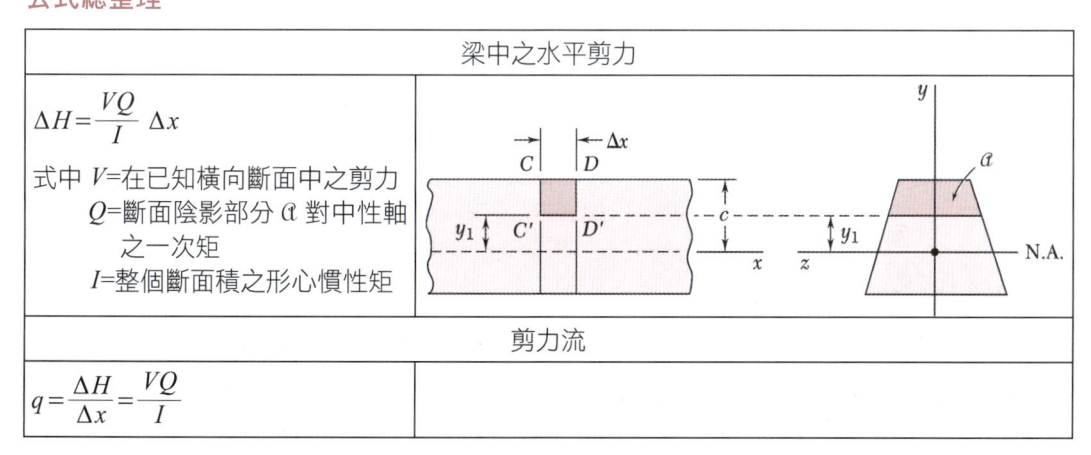

梁中之水平剪力
$\Delta H = \dfrac{VQ}{I} \Delta x$ 式中　V＝在已知橫向斷面中之剪力 　　　Q＝斷面陰影部分 a 對中性軸之一次矩 　　　I＝整個斷面積之形心慣性矩
剪力流
$q = \dfrac{\Delta H}{\Delta x} = \dfrac{VQ}{I}$

公式總整理（續）

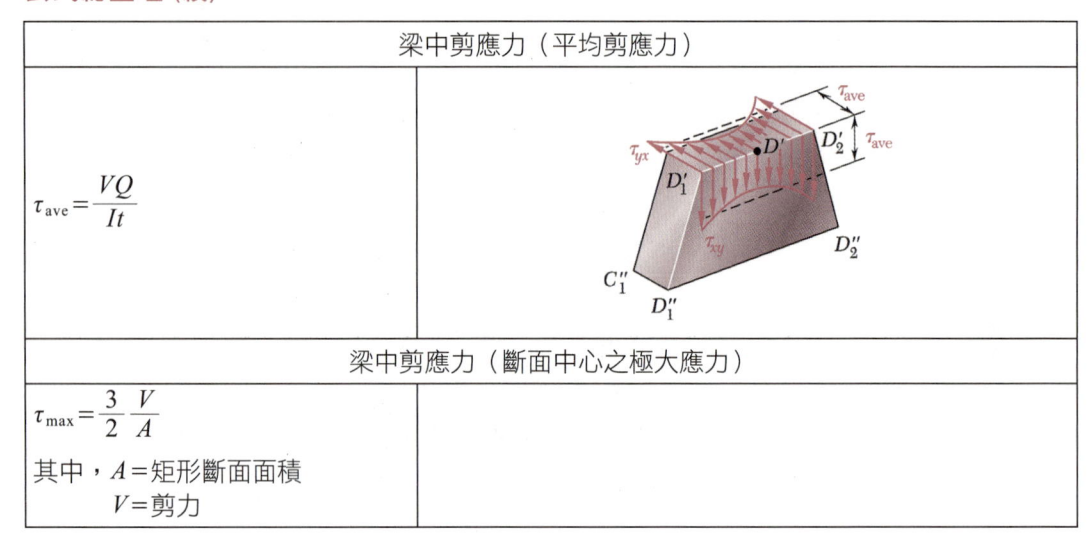

梁中剪應力（平均剪應力）	
$\tau_{ave} = \dfrac{VQ}{It}$	

梁中剪應力（斷面中心之極大應力）
$\tau_{max} = \dfrac{3}{2}\dfrac{V}{A}$
其中，A = 矩形斷面面積 　　　V = 剪力

複習與摘要

本章旨在分析承載橫向載重之梁及薄壁構件之受力情況。

梁微素中之應力

在 6.1 節中，吾人係考究在承載橫向載重時(圖 6.61)，位在一梁之垂直對稱平面中的一小微素，求作用在微素橫向表面上之正交應力 σ_x 及剪應力 τ_{xy}，至於大小等於 τ_{xy} 之剪應力 τ_{yx}，則作用在其水平表面上。

圖 6.61

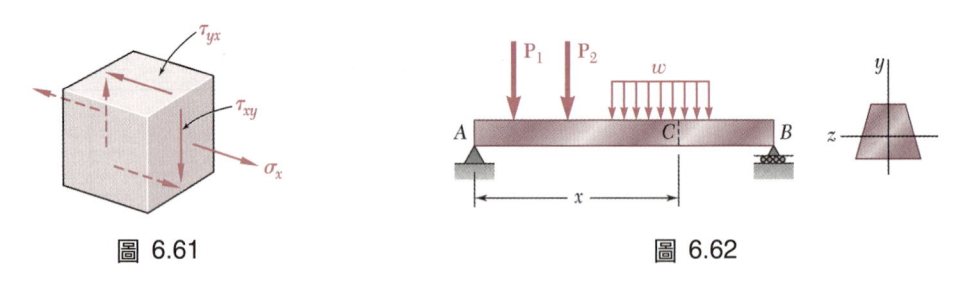

圖 6.62

梁中之水平剪力

在 6.2 節中，吾人乃考究一具有垂直對稱平面之稜體梁 AB 支持各種梁中及分佈載重(圖 6.62)。距端點 A 距離 x 處，吾人乃使一長為 Δx 之微素 $CDD'C'$ 自梁分離出，此微素延伸為全梁寬，深度係從梁之上表面至距中性軸距離 y_1 之水平面(圖 6.63)。這樣可求得作用在梁微素下表面之剪力 ΔH 大小為

$$\Delta H = \frac{VQ}{I}\Delta x \tag{6.4}$$

式中 $V=$ 在已知橫向斷面中之剪力

$Q=$ 斷面陰影部分 a 對中性軸之一次矩

$I=$ 整個斷面積之形心慣性矩

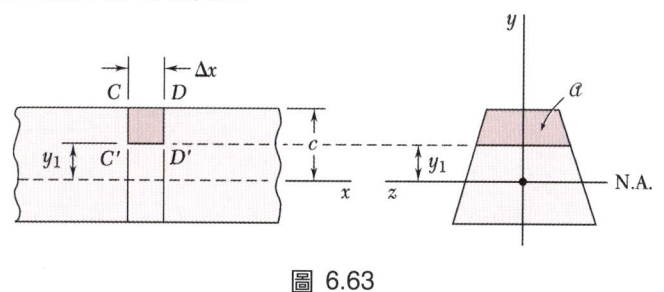

圖 6.63

剪力流

用 q 表示之每單位長度水平剪力或剪力流，可用 Δx 去除式(6.4)兩側而得到，即是

$$q = \frac{\Delta H}{\Delta x} = \frac{VQ}{I} \tag{6.5}$$

梁中剪應力

使用微素水平表面面積 ΔA 去除式(6.4)兩側，而 $\Delta A = t\,\Delta x$，t 則為微素切割處之寬度。如此可在 6.3 節中求得下述作用在微素水平表面上之平均剪應力公式是

$$\tau_{ave} = \frac{VQ}{It} \tag{6.6}$$

更進一步可得知，因分別作用在過 D' 之橫向及水平面上之剪應力 τ_{xy} 及 τ_{yx} 相等，所以式(6.6)亦能代表沿直線 $D_1'D_2'$ 作用 τ_{xy} 之平均值(圖 6.64)。

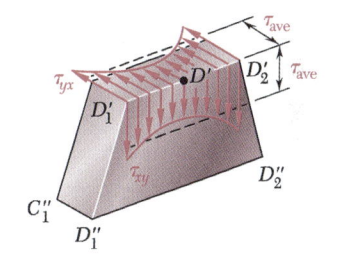

圖 6.64

矩形斷面梁中之剪應力

在 6.4 及 6.5 節中，吾人分析了矩形斷面梁中之剪應力。吾人發現剪應力之分佈係一拋物線型，而發生在斷面中心之極大應力是

$$\tau_{max} = \frac{3}{2}\frac{V}{A} \tag{6.10}$$

式中 A 表矩形斷面面積。對寬緣梁而言，用梁腹斷面積去除剪力 V 即能求得極大剪應力之極近似值。

曲面上之縱向剪力

在 6.6 節中,已敘述了如梁微素周圍是任意曲面而非一水平面(圖 6.65)時,仍然可應用式(6.4)及(6.5)分別求作用在梁微素上之縱向剪力 $\Delta \mathbf{H}$ 及剪力流 q。

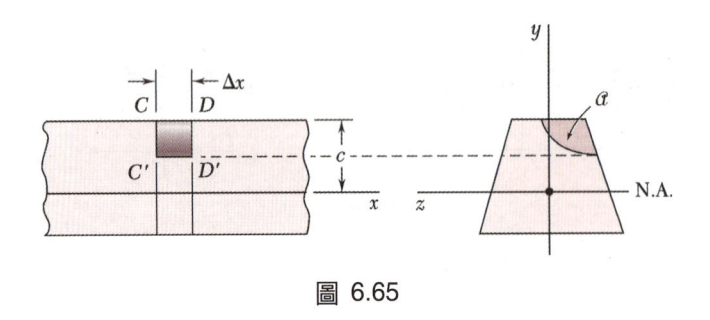

圖 6.65

在薄壁構件中之剪應力

在 6.7 節中,吾人了解到可以將式(6.6)擴充應用去求薄壁構件中之平均剪應力,如求寬緣梁、箱式梁中之凸緣部分、梁腹部分者(圖 6.66)。

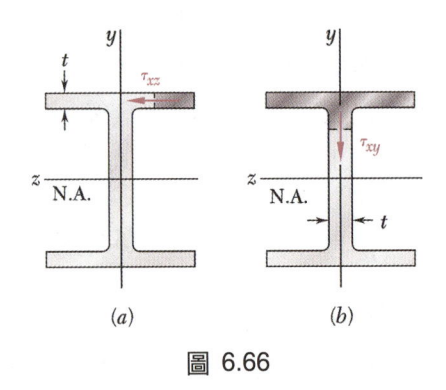

圖 6.66

塑性變形

在 6.8 節中,吾人考究了塑性變形對剪應力大小及分佈之影響。從第 4 章開始而能知悉,一旦開始發生塑性變形,額外的載重會使塑性邊朝梁之彈性核心深入。在證實剪應力只能發生在梁的彈性核心內之後,即可發現載重增大及所造成之彈性核心尺寸減少,兩者皆會使剪應力增大。

不對稱載重；剪力中心

在 6.9 節中，吾人考究之稜體構件，是不在其對稱平面承載載重者，並了解到在一般情況，彎曲及扭轉兩者皆會發生。吾人已學到，如何定出所謂剪力中心，即斷面中某一點 O 之位置，載重作用於該點時，構件只受彎曲作用而不會扭轉(圖 6.67)，此外亦了解到，如載重作用於剪力中心時，下述公式仍屬有效

$$\sigma_x = -\frac{My}{I} \qquad \tau_{ave} = \frac{VQ}{It} \tag{4.16, 6.6}$$

應用重疊原理，亦可求出槽型、角型及擠製梁等不對稱薄壁構件內之應力 [例 6.07 及範例 6.6]。

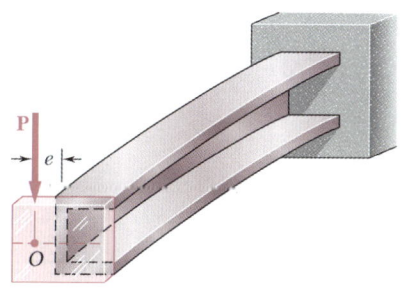

圖 6.67

複習題

6.89 將圖示三塊厚 50 mm 之木塊用釘子釘在一起成為一梁，用以支持垂直剪力。已知每釘中之容許剪力是 600 N，如果每對釘子間之間距是 s = 75 mm，試求容許剪應力。

6.90 圖示之柱子是由兩個渠道型構件及兩個平板，使用直徑 18 mm，每個縱向間距 125 mm 之螺釘連結而製成。此柱子受一與 y 軸平行之 120 kN 剪力作用，試求螺釘中之平行剪應力。

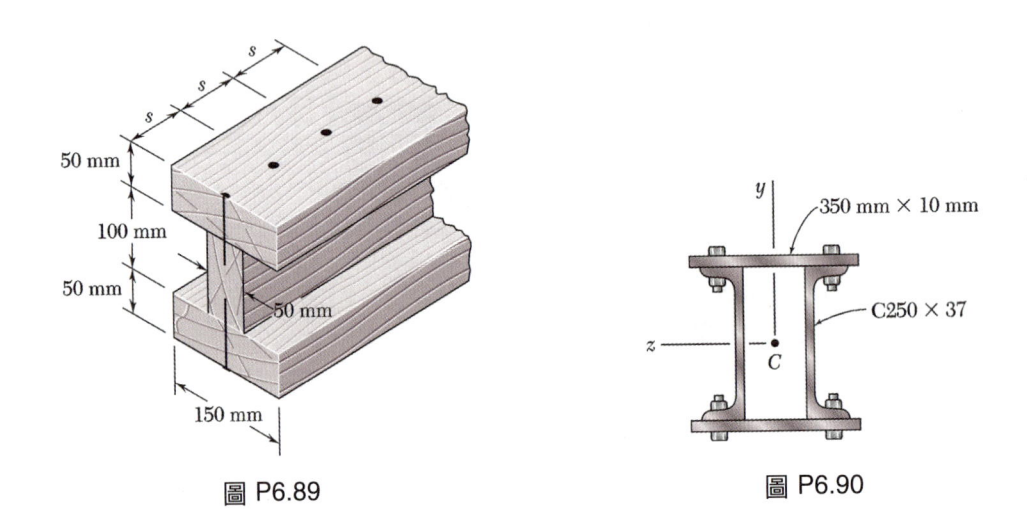

圖 P6.89

圖 P6.90

6.91 對於圖示之梁及載重，考就斷面 n–n，試求(a)斷面中之最大剪應力，(b)在 a 點之剪應力。

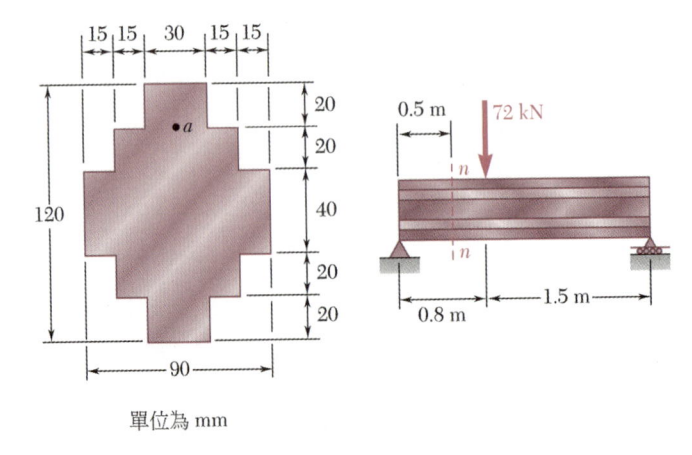

單位為 mm

圖 P6.91

6.92 對於圖示之梁及載重，已知選用木材等及之 $\sigma_{all}=12$ MPa 及 $\tau_{all}=825$ MPa，試求梁之極小需用寬度 b。

圖 P6.92

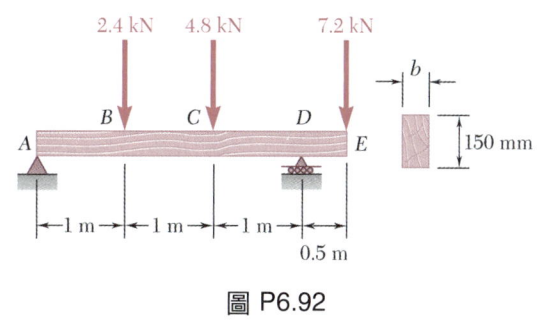

6.93 對於圖示之梁及載重，考究斷面 $n-n$，求在 $(a)a$ 點，$(b)b$ 點之剪應力。

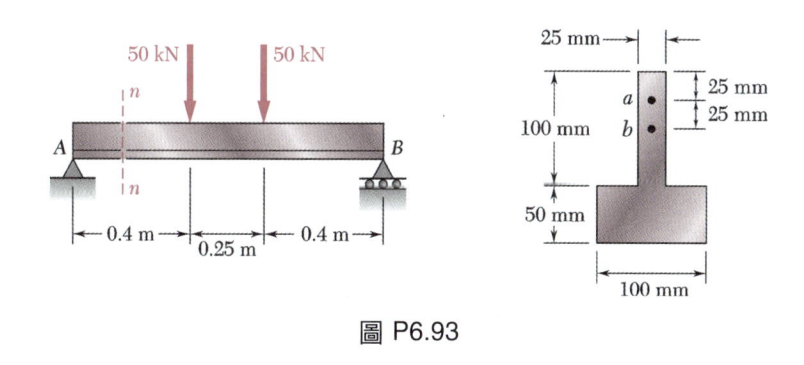

圖 P6.93

6.94 在習題 6.93 中圖示之梁及載重，考究斷面 $n-n$ 中之極大剪應力。

6.95 以焊接方式將 C200×17.1 軋鋼連結至 W250×80 寬條型軋鋼的凸緣製成圖示複合梁。已知此梁受一 200 kN 之垂直剪力，試求 (a) 每個焊接處每公尺承受之水平剪力，(b) 寬條型凸緣 a 點處的剪應力。

6.96 一壁厚 3 mm 之擠製梁，其斷面如圖所示。此梁承載一 10 kN 之垂直剪力，試求 (a) 在 A 點之剪應力，(b) 梁中極大剪應力，並畫出斷面中之剪力流。

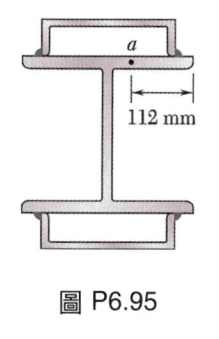

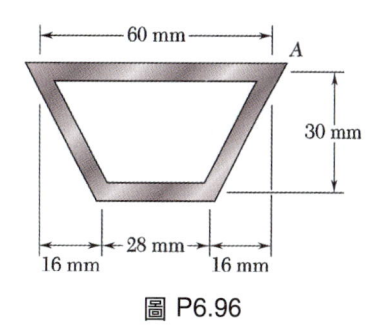

圖 P6.95

圖 P6.96

6.97 使用焊接將每一片厚為 12 mm 之三鋼鈑焊在一起構成圖示之斷面。已知此梁承載垂直剪力 100 kN，試求通過焊接表面之剪力流，並畫出斷面中之剪力流。

6.98 試求圖示有均勻厚度薄壁斷面梁之剪力中心 O 之位置。

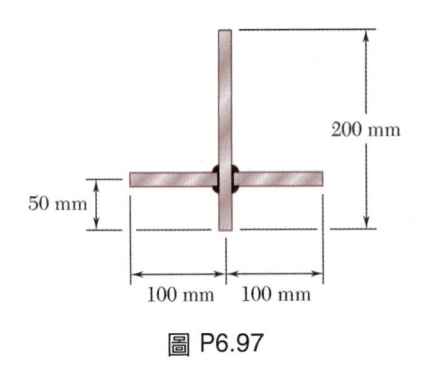

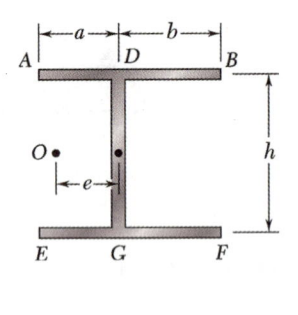

圖 P6.97

圖 P6.98

6.99 試求圖示有均勻厚度薄壁斷面梁之剪力中心位置 O。

6.100 一薄壁梁之斷面如圖所示。試求 b 的尺寸，使得剪力中心位於標示位置。

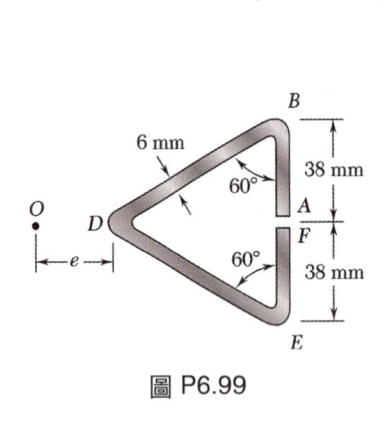

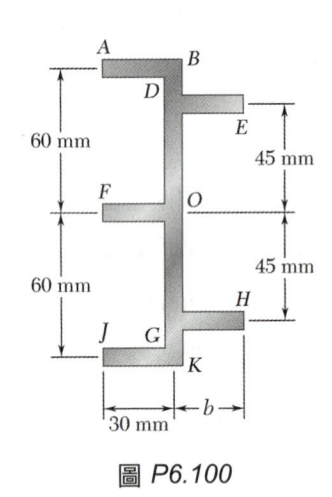

圖 P6.99

圖 P6.100

CHAPTER 7

應力及應變之轉換

基本觀念

平面應力之轉換 → 薄壁壓力容器中之應力

↓

主應力：最大剪應力

↓

平面應力莫爾圓 → 利用莫爾圓對應力作三維分析

↓

廣義應力態

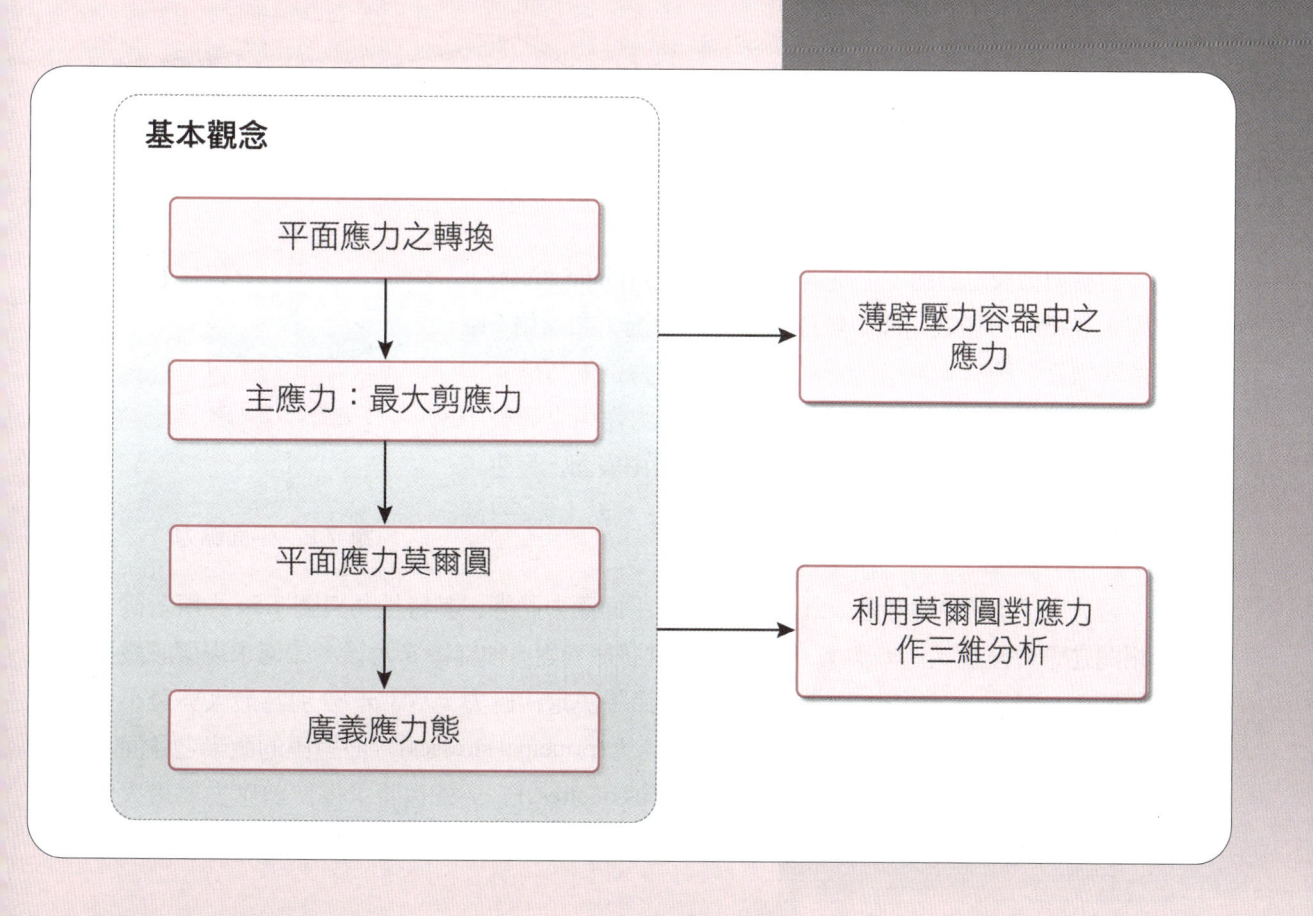

7.1　概　述

吾人在 1.12 節已知悉，在某一點 Q 之最廣義應力態用六個分量表出：其中三個分量 σ_x、σ_y 及 σ_z 的定義乃是正交應力，作用於中心在 Q 之微小立方體之各面上，方位與坐標軸相同(圖 7.1a)，其它三個分量乃是作用在同一微立方體上之剪應力 τ_{xy}、τ_{yz} 及 τ_{zx}†，此刻吾人應牢記，如坐標軸轉動(圖 7.1b)，同一應力態將會用另一組不同分量表出。在本章第一部分中，將要介紹在坐標軸轉動時，如何去求應力分量之轉換(transformation)。本章之第二部分將會以類似的分析方法，介紹應變分量轉換。

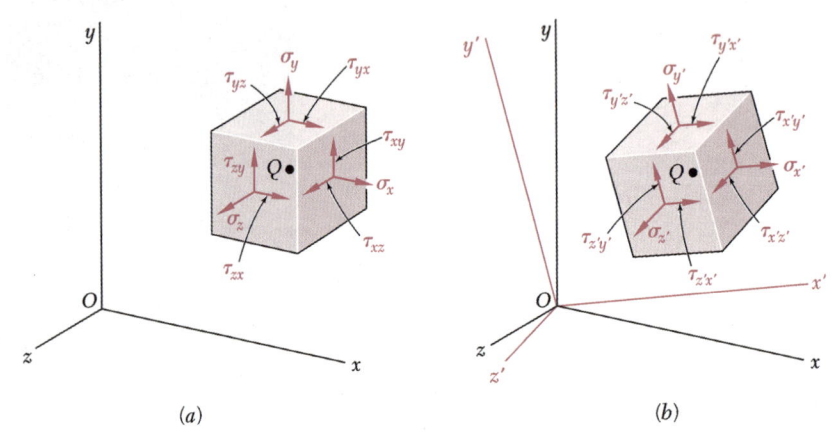

圖 7.1　一點上之廣義應力態

對應力轉換之討論，主要是處理平面應力(plane stress)，亦即，在微立方體之兩面中無任何應力的情況。如選用 z 軸與這些垂直，則有 $\sigma_z = \tau_{zx} = \tau_{zy} = 0$，僅有之應力分量乃是 σ_x、σ_y 及 τ_{xy}(圖 7.2)。這種情況發生在中央面受力作用之薄板中(圖 7.3)，該情況亦會在結構構件或機件之自由表面上發生，即在構件或機件表面不受任一外力作用的任一點上產生(圖 7.4)。

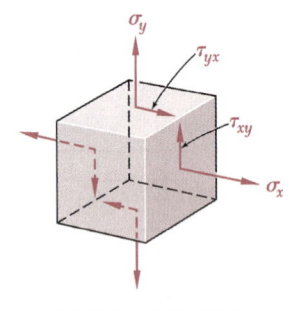

圖 7.2　平面應力

吾人在 7.2 節中將考慮一既定點 Q 處之平面應力狀態，其特性為與圖 7.5a 中所示微素相關之應力分量 σ_x、σ_y 與 τ_{xy}，由此學習當該微素對 z 軸旋轉 θ 角後，如何求得與該微素相關的分量 $\sigma_{x'}$、$\sigma_{y'}$ 與 $\tau_{x'y'}$(圖 7.5b)。7.3 節將決定使應力 $\sigma_{x'}$ 與 $\sigma_{y'}$ 分別為最大與最小之 θ_p 值，這些正交應力值即為點 Q 處之主應力(principal stresses)，而對應的微素之各面即定義出該點處之主應力平面(principal planes of stress)。另外也將求得使剪應力為最大之旋轉角 θ_s 及此應力值。

---

† 已知 $\tau_{yx} = \tau_{xy}$、$\tau_{zy} = \tau_{yz}$ 及 $\tau_{xz} = \tau_{zx}$。

圖 7.3　平面應力之例子　　　　　　圖 7.4　平面應力之例子

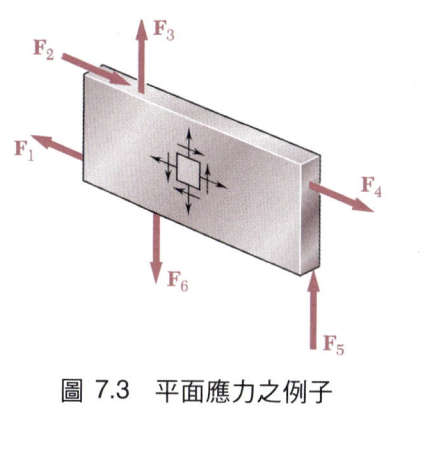

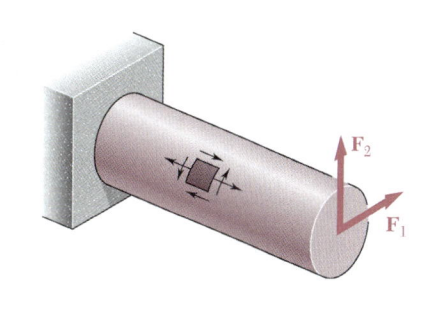

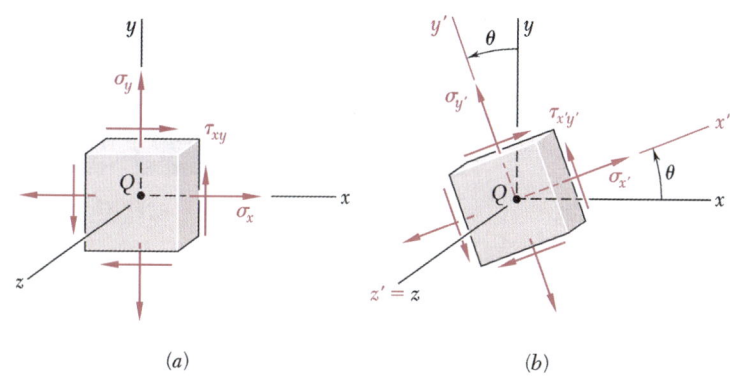

圖 7.5　平面應力之轉換

另一種涉及平面應力轉換的解題法是根據莫爾圓(Mohr's circle)之應用，此將在 7.4 節中討論。

7.5 節將考慮一已知點處之三維應力狀態(three-dimensional state of stress)，並導出可以用來求解在該點處的任意指向的平面上之正交應力。7.6 節將考慮一正立方體微素對各主應力軸的旋轉，並知悉對應的應力轉換可以用三個不同的莫爾圓來描述。另外也將發現，在一已知點處的某平面應力狀態情形中，由前面考慮應力平面旋轉得到的最大剪應力值，不一定即代表該點處之最大剪應力。由此即可以區別同平面(in-plane)與非同平面(out-of-plane)最大剪應力之間的差別。

7.7 節將導出延性材料承受平面應力時的降伏準則(yield criteria)。為了預測某材料在既定載重狀態下是否會在某臨界點降伏，必須先決定該點處之主應力 σ_a 與 σ_b，並檢驗 σ_a、σ_b 及材料之降伏強度 σ_Y 是否滿足某準則。常用的準則有兩種：最大剪力強度準則(maximum-shearing-strength criterion)與最大畸變能準則(maximum-distortion-energy criterion)。7.8 節將以類似方式導出承受平面應力的脆性材料內之破裂準則(fracture criteria)，其中涉及某臨界點處之主應力 σ_a 與 σ_b 及材料之極限強度 σ_U，另外也將討論的兩個準則

照片 7.1　筒狀壓力容器　　　　　　照片 7.2　球體壓力容器

為最大正交應力(maximum-normal-stress)準則與莫爾準則(Mohr's criterion)。

薄壁壓力容器(thin-walled pressure vessels)為平面應力分析提供了"用武之地"，7.9節將討論筒狀及球狀壓力容器內之應力(照片 7.1 及 照片 7.2)。

7.10 與 7.11 節將討論平面應變之轉換(transformation of plane strain)及平面應變莫爾圓(Mohr's circle for plane strain)；7.12 節將考慮三維應變分析，並討論如何利用莫爾圓求一已知點處之最大剪應變。其中有兩個值得注意而不可以混淆的情形，即平面應變與平面應力。

7.13 節中討論如何以應變計(strain gages)量測某一結構元件或機器構件表面上之正交應變。最後還將教授如何由形成一應變菊花型裝置(strain rosette)的三個應變計所得到的量度，算出顯示一已知點處之應變狀態特性的應變分量 ϵ_x、ϵ_y 與 γ_{xy}。

7.2　平面應力之轉換

假定在 Q 點有一平面應力態存在 (即 $\sigma_z = \tau_{zx} = \tau_{zy} = 0$)，該一應力態用與圖 7.5a 所示之微素有關的一應力分量 σ_x、σ_y 及 τ_{xy} 表示。吾人對在微素對 z 軸轉動 θ 角後(圖 7.5b)，求解與之有關的應力分量 $\sigma_{x'}$、$\sigma_{y'}$ 與 $\tau_{x'y'}$，並用 σ_x、σ_y、τ_{xy} 及 θ 表之。

第 7 章 應力及應變之轉換

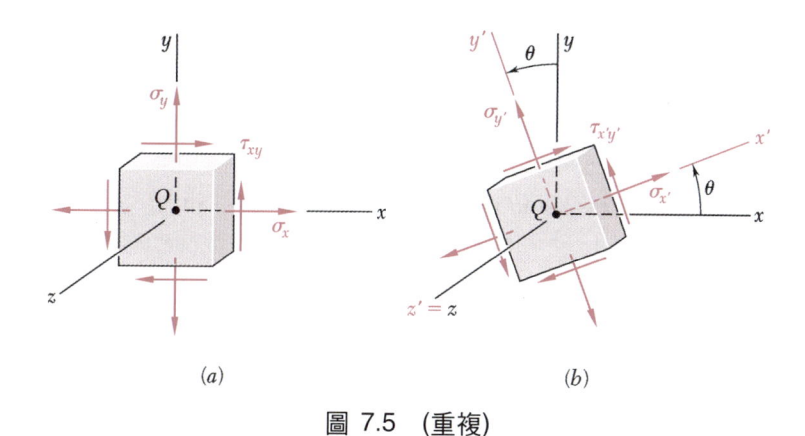

圖 7.5 （重複）

為了能求出作用在與 x' 軸垂直的平面上之正交應力 $\sigma_{x'}$ 及剪應力 $\tau_{x'y'}$，吾人將考究一各面分別為 x、y 及 x' 軸垂直之稜體微素(圖 7.6a)。由圖看出，如斜面之面積用 ΔA 表示，則垂直與水平面之面積分別等於 $\Delta A \cos\theta$ 及 $\Delta A \sin\theta$。是以作用在三面上之各力乃如圖 7.6b 所示(無力作用在微素三角形面上，因為與其對應之正交及剪應力已全部假定是零)。應用沿 x' 及 y' 軸之分量，吾人可寫出下述平衡方程式

$$\Sigma F_{x'}=0: \quad \sigma_{x'}\Delta A - \sigma_x(\Delta A\cos\theta)\cos\theta - \tau_{xy}(\Delta A\cos\theta)\sin\theta$$
$$- \sigma_y(\Delta A\sin\theta)\sin\theta - \tau_{xy}(\Delta A\sin\theta)\cos\theta = 0$$

$$\Sigma F_{y'}=0: \quad \tau_{x'y'}\Delta A + \sigma_x(\Delta A\cos\theta)\sin\theta - \tau_{xy}(\Delta A\cos\theta)\cos\theta$$
$$- \sigma_y(\Delta A\sin\theta)\cos\theta + \tau_{xy}(\Delta A\sin\theta)\sin\theta = 0$$

解第一個方程式求 $\sigma_{x'}$，第二個求 $\tau_{x'y'}$，則得

$$\sigma_{x'} = \sigma_x\cos^2\theta + \sigma_y\sin^2\theta + 2\tau_{xy}\sin\theta\cos\theta \tag{7.1}$$

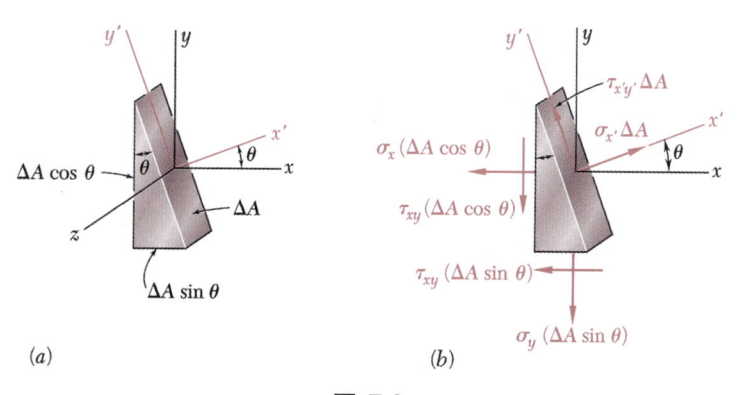

圖 7.6

$$\tau_{x'y'} = -(\sigma_x - \sigma_y)\sin\theta\cos\theta + \tau_{xy}(\cos^2\theta - \sin^2\theta) \tag{7.2}$$

應用三角關係

$$\sin 2\theta = 2\sin\theta\cos\theta \qquad \cos 2\theta = \cos^2\theta - \sin^2\theta \tag{7.3}$$

及

$$\cos^2\theta = \frac{1+\cos 2\theta}{2} \qquad \sin^2\theta = \frac{1-\cos 2\theta}{2} \tag{7.4}$$

可將式(7.1)寫成

$$\sigma_{x'} = \sigma_x \frac{1+\cos 2\theta}{2} + \sigma_y \frac{1-\cos 2\theta}{2} + \tau_{xy}\sin 2\theta$$

或

$$\sigma_{x'} = \frac{\sigma_x + \sigma_y}{2} + \frac{\sigma_x - \sigma_y}{2}\cos 2\theta + \tau_{xy}\sin 2\theta \tag{7.5}$$

應用關係(7.3)，可將式(7.2)寫成

$$\tau_{x'y'} = -\frac{\sigma_x - \sigma_y}{2}\sin 2\theta + \tau_{xy}\cos 2\theta \tag{7.6}$$

使式(7.5)中之 θ，用 $\sigma_{y'}$ 軸與 x 軸間形成之角 $(\theta + 90°)$ 取代，即可求得表示正交應力 y' 之式子。因 $\cos(2\theta + 180°) = -\cos 2\theta$、$\sin(2\theta + 180°) = -\sin 2\theta$，故得

$$\sigma_{y'} = \frac{\sigma_x + \sigma_y}{2} - \frac{\sigma_x - \sigma_y}{2}\cos 2\theta - \tau_{xy}\sin 2\theta \tag{7.7}$$

使式(7.5)與(7.7)相加，則得

$$\sigma_{x'} + \sigma_{y'} = \sigma_x + \sigma_y \tag{7.8}$$

因 $\sigma_z = \sigma_{z'} = 0$，是以吾人能證實在平面應力之情況下，作用在一材料微立方體之正交應力和，與該微素之方位無關。†

7.3 主應力；最大剪應力

在上節中所求得之式(7.5)及(7.6)乃是一圓之參數方程式。也就是說，如果選用一組直角坐標，對任一已知參數 θ 之值，點繪出橫坐標為 $\sigma_{x'}$，縱坐標為 $\tau_{x'y'}$ 之 M 點，則所

---

† 參見 2.13 節之註腳。

第 7 章 應力及應變之轉換

有求得且點繪之點皆應在一圓上。為了肯定此一性質，吾人乃將 θ 從式(7.5)及(7.6)中消去；消去之法首先使式(7.5)中之 $(\sigma_x+\sigma_y)/2$ 移項，使方程式兩側平方，然後再使式(7.6)兩側平方，最後使平方後之兩方程式相加，即可求得結果為

$$\left(\sigma_{x'}-\frac{\sigma_x+\sigma_y}{2}\right)^2+\tau_{x'y'}^2=\left(\frac{\sigma_x-\sigma_y}{2}\right)^2+\tau_{xy}^2 \tag{7.9}$$

取

$$\sigma_{\text{ave}}=\frac{\sigma_x+\sigma_y}{2} \quad \text{及} \quad R=\sqrt{\left(\frac{\sigma_x-\sigma_y}{2}\right)^2+\tau_{xy}^2} \tag{7.10}$$

這樣即可將式(7.9)改寫為

$$(\sigma_{x'}-\sigma_{\text{ave}})^2+\tau_{x'y'}^2=R^2 \tag{7.11}$$

上式就是半徑為 R，中心在點 C (橫坐標為 σ_{ave} 及縱坐標為 0)之一圓方程式(圖 7.7)。觀察該圓可知，由於圓對水平軸成對稱，故如點繪橫坐標為 $\sigma_{x'}$，縱坐標為 $-\tau_{x'y'}$ 之 N 點，取代點繪 M 點，將會得到同一結果(圖 7.8)。此一性質將在 7.4 節中應用。

圖 7.7 所示圓周與水平軸相交所得之 A 及 B 兩交點特別重要：A 點對應於正交應力 $\sigma_{x'}$ 之最大值，B 點卻對應其最小值。此外，此兩點亦相當於剪應力 $\tau_{x'y'}$ 之零值。是以，參數 θ 對應 A 及 B 點之 θ_p，可在式(7.6)中取 $\tau_{x'y'}=0$ 而求得。吾人可寫出為†

$$\tan 2\theta_p=\frac{2\tau_{xy}}{\sigma_x-\sigma_y} \tag{7.12}$$

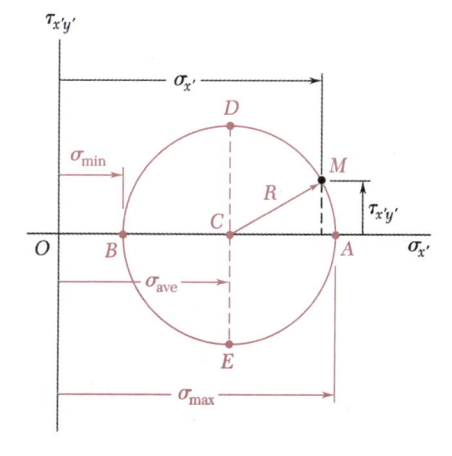

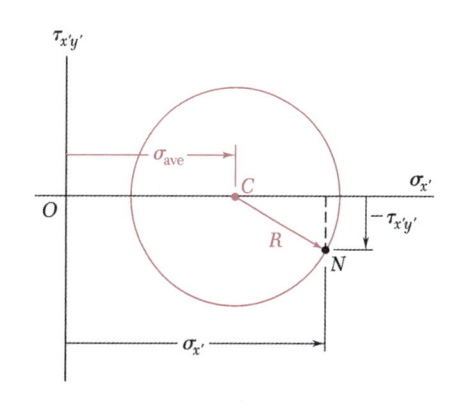

圖 7.7　應力轉換的圓形關係圖　　圖 7.8　應力轉換圖的等量形式

† 在式(7.5)中，對 $\sigma_{x'}$ 微分，並令導數等於零：$d\sigma_{x'}/d\theta=0$，亦可得此一關係。

因式(7.12)所定義之兩值 θ_p 是令式(7.6)中之 $\tau_{x'y'}=0$ 而求得，是以顯然無剪應力作用在主平面上。此一方程式定出兩個相差 180° 之 $2\theta_p$ 值，亦即定出兩個相差 90° 之 θ_p 值。使用此兩值之任一值，可以求得對應微素之方位 (圖 7.9)。用此一方式求得包含微素各面之平面，稱為 Q 點之主應力平面 (principal planes of stress)，作用在此等平面上之正交應力值 $\sigma_{\max}$ 及 $\sigma_{\min}$ 稱為在 Q 之主應力 (principal stress)。

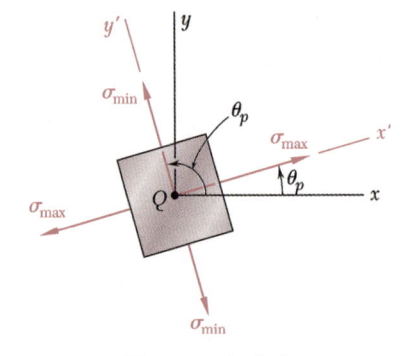

圖 7.9　主應力

從圖 7.7 可得知

$$\sigma_{\max}=\sigma_{\text{ave}}+R \quad \text{及} \quad \sigma_{\min}=\sigma_{\text{ave}}-R \tag{7.13}$$

將式(7.10)中之 σ_{ave} 及 R 代入上式，則得

$$\sigma_{\max,\min}=\frac{\sigma_x+\sigma_y}{2}\pm\sqrt{\left(\frac{\sigma_x-\sigma_y}{2}\right)^2+\tau_{xy}^2} \tag{7.14}$$

除非能由觀察直接得悉，兩主平面中，何者受 $\sigma_{\max}$ 作用，何者受 $\sigma_{\min}$ 作用，否則即須將一個 θ_p 值代入式(7.5)，俾能求得最大之正交應力值。

再參照圖 7.7 所示之圓，吾人發現位在圓垂直直徑上之 D 點及 E 點，乃與剪應力 $\tau_{x'y'}$ 之最大數值對應。因為 D 點及 E 點之橫坐標乃是 $\sigma_{\text{ave}}=(\sigma_x+\sigma_y)/2$，與這些點對應之參數 θ 的值 θ_s，可在式(7.5)中取 $\sigma_{x'}=(\sigma_x+\sigma_y)/2$ 求得。是以該方程式中之最後兩項之和必等於零。故在 $\theta=\theta_s$，得†

$$\frac{\sigma_x-\sigma_y}{2}\cos 2\theta_s+\tau_{xy}\sin 2\theta_s=0$$

或

$$\tan 2\theta_s=-\frac{\sigma_x-\sigma_y}{2\tau_{xy}} \tag{7.15}$$

此一方程式定出兩個相差 180° 之 $2\theta_s$ 值，亦即定出兩個相差 90° 之 θ_s 值。使用此兩值之任一個，可求得與最大剪應力對應之微素方位 (圖 7.10)。從圖 7.7 可看出剪應力之最大值等於圓之半徑，根據式(7.10)之第二式，吾人得

$$\tau_{\max}=\sqrt{\left(\frac{\sigma_x-\sigma_y}{2}\right)^2+\tau_{xy}^2} \tag{7.16}$$

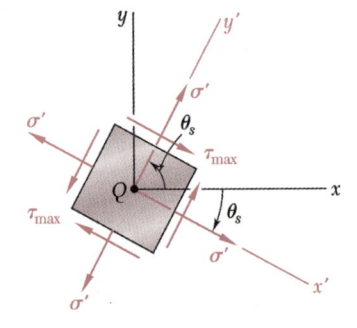

圖 7.10　最大剪應力

---

† 微分式(7.6)中之 $\tau_{x'y'}$，並令導數等於零：$d\tau_{x'y'}/d\theta=0$，亦可求得此一關係。

正如早先已知悉，與最大剪應力情況對應之正交應力乃是

$$\sigma' = \sigma_{\text{ave}} = \frac{\sigma_x + \sigma_y}{2} \tag{7.17}$$

比較式(7.12)及(7.15)，吾人發現 $\tan 2\theta_s$ 乃是 $\tan 2\theta_p$ 之負倒數。這意味角 $2\theta_s$ 及 $2\theta_p$ 間相差 90°，因此角 θ_s 及 θ_p 間相差 45°。是以吾人乃得**最大剪應力平面乃與主平面間成 45° 夾角**之結論，並證實了在 1.12 節中就中心軸向載重(圖 1.38)及在 3.4 節中就扭轉載重(圖 3.19)求得之結果。

吾人應該了解，吾人對平面應力轉換之分析僅限於*應力平面*之轉動。如果圖 7.5 所示微立方體並非繞 z 軸轉動，它的表面所受到剪應力之作用也許大於式(7.16)所定出之應力。吾人將在 7.5 節知悉，若式(7.14)所求得之主應力具有同樣正負號時，亦即當它們是兩個拉應力或是兩個壓應力時，此事就會發生。在這種情況下，用式(7.16)所示出之值可稱之為*最大同平面剪應力*。

例 7.01

對於圖 7.11 所示之平面應力態，試求(a)主平面，(b)主應力，(c)最大剪應力及其對應之正交應力。

解：

(a)主平面

使用慣用符號，吾人可寫出應力分量為

$\sigma_x = +50$ MPa $\qquad \sigma_y = -10$ MPa $\qquad \tau_{xy} = +40$ MPa

將以上各值代入式(7.12)，得

$$\tan 2\theta_p = \frac{2\tau_{xy}}{\sigma_x - \sigma_y} = \frac{2(+40)}{50-(-10)} = \frac{80}{60}$$

$$2\theta_p = 53.1° \quad 及 \quad 180° + 53.1° = 233.1°$$

$$\theta_p = 26.6° \quad 及 \quad 116.6°$$

(b)主應力

應用公式(7.14)得

$$\sigma_{\text{max, min}} = \frac{\sigma_x + \sigma_y}{2} \pm \sqrt{\left(\frac{\sigma_x - \sigma_y}{2}\right)^2 + \tau_{xy}^2}$$

$$= 20 \pm \sqrt{(30)^2 + (40)^2}$$

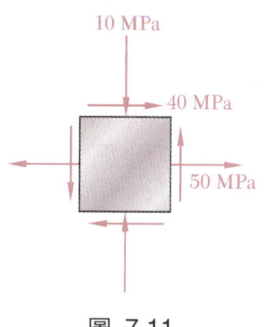

圖 7.11

$$\sigma_{max} = 20 + 50 = 70 \text{ MPa}$$
$$\sigma_{min} = 20 - 50 = -30 \text{ MPa}$$

主平面及主應力畫在圖 7.12 中。使式(7.5)中之 $\theta = 26.6°$，吾人可以校核，作用在微素 BC 面上之正交應力乃是最大應力

$$\sigma_{x'} = \frac{50-10}{2} + \frac{50+10}{2} \cos 53.1° + 40 \sin 53.1°$$
$$= 20 + 30 \cos 53.1° + 40 \sin 53.1° = 70 \text{ MPa} = \sigma_{max}$$

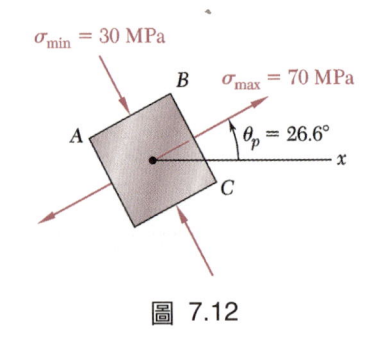

圖 7.12

(c) 最大剪應力

由公式(7.16)，得

$$\tau_{max} = \sqrt{\left(\frac{\sigma_x - \sigma_y}{2}\right)^2 + \tau_{xy}^2} = \sqrt{(30)^2 + (40)^2} = 50 \text{ MPa}$$

因為 σ_{max} 及 σ_{min} 具有不同之正負號，求得之 τ_{max} 值實際表示在所考究點之最大剪應力值。若要決定最大剪應力平面之方向及剪應力之指向，最好沿圖 7.12 所示微素對角平面 AC 取一切平面而求之。因 AB 及 BC 表面乃包含在主平面中，是以對角平面 AC 必是最大剪應力平面之一(圖 7.13)。況且，稜體微素 ABC 之平衡條件要求，使作用在 AC 之剪應力方向必如圖所示。而與最大剪應力對應之微立方體則如圖 7.14 所示。作用在微素四表面各面上的正交應力，可應用式(7.17)求得

$$\sigma' = \sigma_{ave} = \frac{\sigma_x + \sigma_y}{2} = \frac{50-10}{2} = 20 \text{ MPa}$$

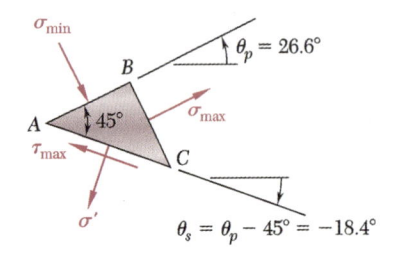

圖 7.13

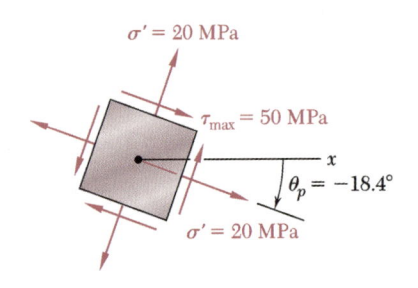

圖 7.14

範例 7.1

一大小為 600 N 之水平力 **P**，作用在 *ABD* 桿之端點 *D*。已知桿 *AB* 部分之直徑為 30 mm，試求 (a) 作用於位在 *H* 點處一微素上之正交及剪應力，此微素之邊與 *x* 及 *y* 軸平行，(b) 在 *H* 點之主平面及主應力。

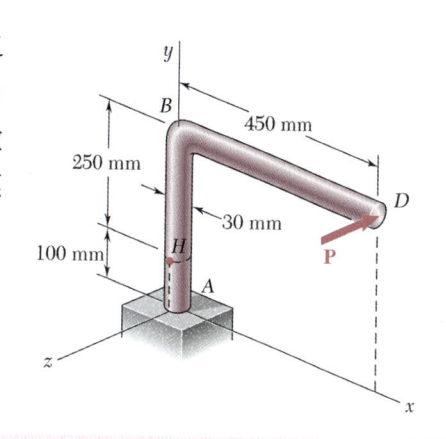

解：

力－力偶系統

用作用於包含 *H* 點之橫向斷面中心 *C* 上的等效力－力偶系來取代力 **P**，則

$$P = 600 \text{ N} \quad T = (600 \text{ N})(0.45 \text{ m}) = 270 \text{ N} \cdot \text{m}$$
$$M_x = (600 \text{ N})(0.25 \text{ m}) = 150 \text{ N} \cdot \text{m}$$

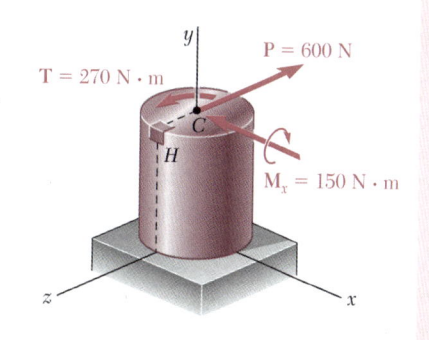

a. 在 *H* 點之應力 σ_x、σ_y、τ_{xy}

使用圖 7.2 所示之慣用符號，細心檢視在 *C* 點力－力偶系之圖形，可以決定每一應力分量之指向及符號

$$\sigma_x = 0 \qquad \sigma_y = +\frac{Mc}{I} = +\frac{(150 \text{ N} \cdot \text{m})(0.015 \text{ m})}{\frac{1}{4}\pi(0.015)^4}$$

$$\sigma_y = +56.6 \text{ MPa} \blacktriangleleft$$

$$\tau_{xy} = +\frac{Tc}{J} = +\frac{(270 \text{ N} \cdot \text{m})(0.015)}{\frac{1}{2}\pi(0.015)^4}$$

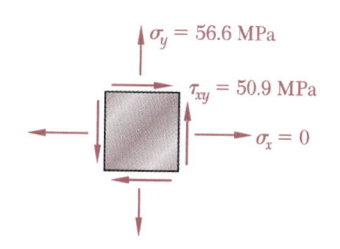

$$\tau_{xy} = +50.9 \text{ MPa} \blacktriangleleft$$

吾人發現剪力 **P** 不會在 *H* 點產生任何剪應力。

b. 主平面及主應力

將各應力分量值代入式(7.12)，即可求得主平面之方位

$$\tan 2\theta_p = \frac{2\tau_{xy}}{\sigma_x - \sigma_y} = \frac{2(50.9)}{0 - 56.6} = -1.799$$

$$2\theta_p = -60.93° \quad \text{及} \quad 180° - 60.93° = +119.1°$$

$$\theta_p = -30.5° \quad \text{及} \quad +59.5° \blacktriangleleft$$

將此值代入式(7.14)，即可求得主應力之大小是

$$\sigma_{max, min} = \frac{\sigma_x + \sigma_y}{2} \pm \sqrt{\left(\frac{\sigma_x - \sigma_y}{2}\right)^2 + \tau_{xy}^2}$$

$$= \frac{0 + 56.6}{2} \pm \sqrt{\left(\frac{0 - 56.6}{2}\right)^2 + (50.9)^2} = +28.3 \pm 58.2$$

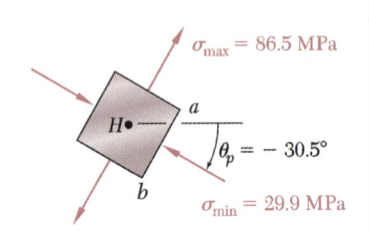

$\sigma_{max} = 86.5$ MPa

$\theta_p = -30.5°$

$\sigma_{min} = 29.9$ MPa

$$\sigma_{max} = +86.5 \text{ MPa} \blacktriangleleft$$

$$\sigma_{min} = -29.9 \text{ MPa} \blacktriangleleft$$

考究圖示微素之 ab 面，使式(7.5)中 $\theta_p = -30.5°$ 以及 $\sigma_{x'} = 29.9$ MPa。即可求得圖示之主應力。

習 題

7.1 至 7.4 對於圖示之已知應力態，試求作用在圖中以陰影表示三角形微素斜面上之正交應力及剪應力。如在 7.2 節導出之方式，應用該微素平衡狀態之分析方法。

7.5 至 7.8 對於圖示已知應力態，試求(a)主平面，(b)主應力。

7.9 至 7.12 對於圖示之已知應力態，試求(a)極大同平面剪應力的平面方向，(b)極大平面剪應力，(c)對應之正交應力。

7.13 至 7.16 對於圖示之已知應力態，試求圖示之微素被(a)順時針旋轉 25°，(b)逆時針旋轉 10° 時之正交應力及剪應力。

第 7 章　應力及應變之轉換

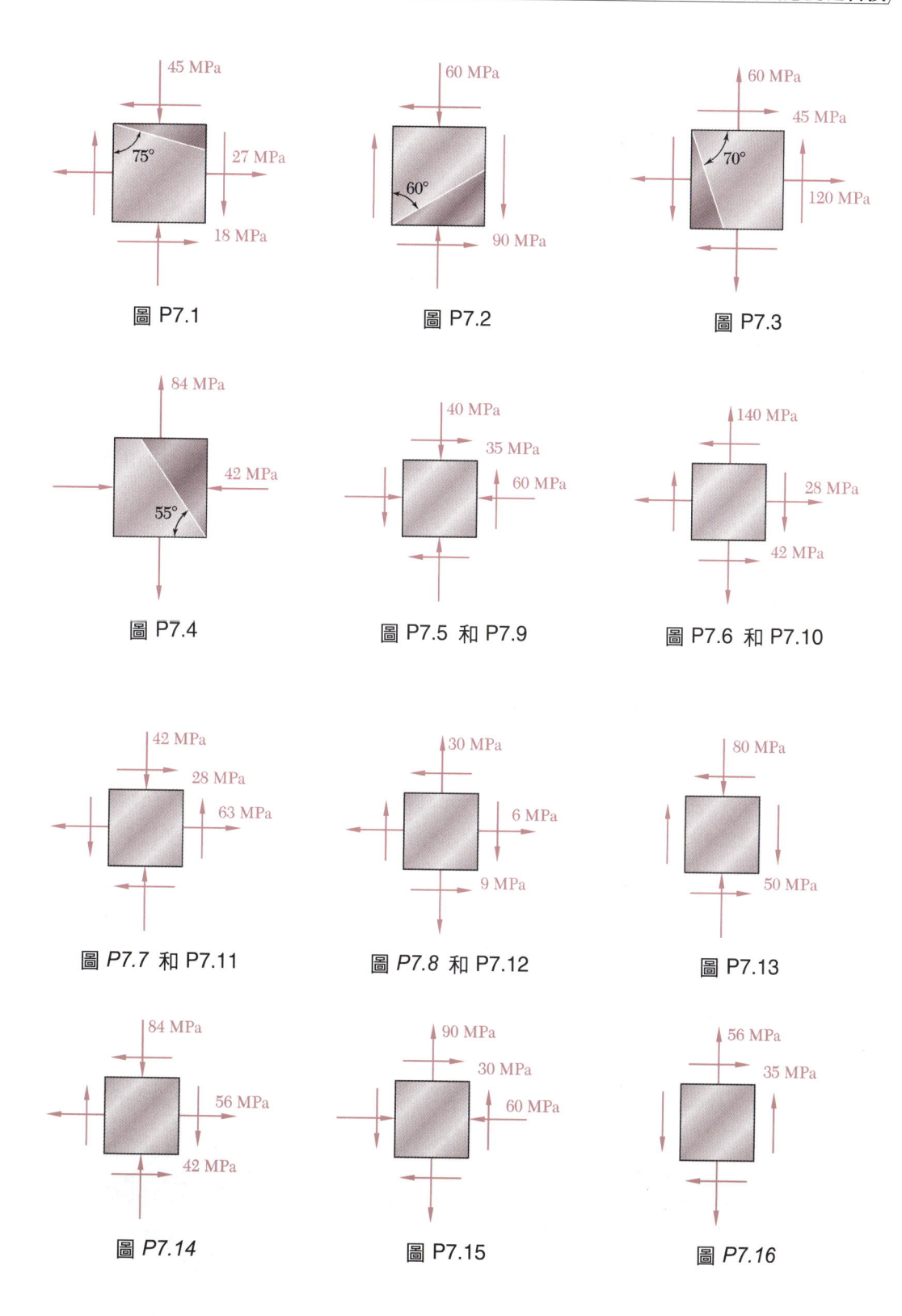

圖 P7.1

圖 P7.2

圖 P7.3

圖 P7.4

圖 P7.5 和 P7.9

圖 P7.6 和 P7.10

圖 P7.7 和 P7.11

圖 P7.8 和 P7.12

圖 P7.13

圖 P7.14

圖 P7.15

圖 P7.16

材料力學
Mechanics of Materials

7.17 及 7.18 一木質構件中之木紋與垂直成 15° 夾角。對於圖示之應力態，試求(a)與木紋平行之同平面剪應力，(b)與木紋垂直之正交應力。

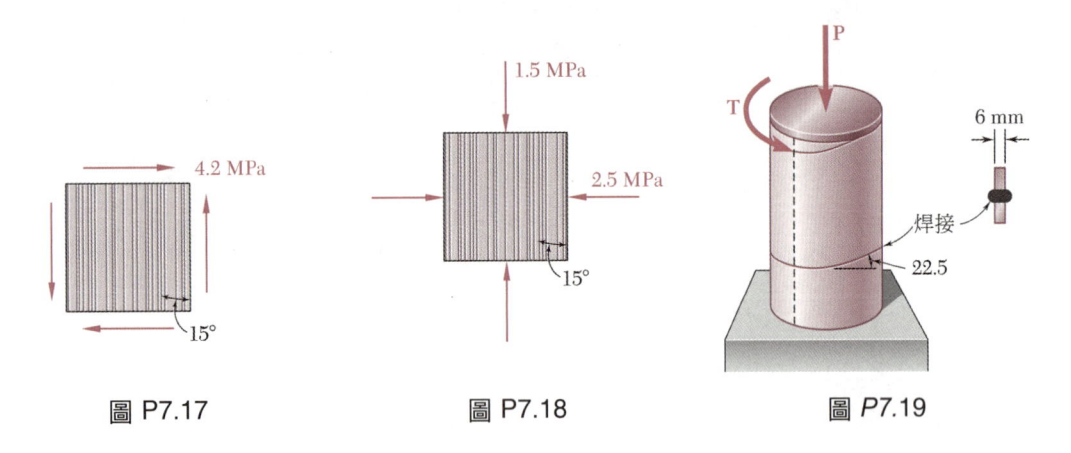

圖 P7.17

圖 P7.18

圖 P7.19

7.19 圖示外徑 300 mm 之鋼管是由厚度 6 mm 之平板沿一與橫向平面成 22.5° 角之螺旋線焊接而製成。已知圖示方向之 160 kN 軸向力 **P** 及 800 N·m 之扭矩 **T** 作用於鋼管，分別求出正交於焊接線及與焊接線相切各方位的 σ 及 τ。

7.20 將兩塊皆為 50×80 mm 均勻斷面之構件沿平面 $a-a$ 膠黏在一起如圖所示，平面 $a-a$ 與水平間之夾角是 25°。已知膠接接面之容許應力是 $\sigma = 800$ kPa 及 $\tau = 600$ kPa，試求能夠施加之最大軸向載重 **P**。

7.21 將兩塊皆為 10×80 mm 均勻矩形斷面之鋼鈑，透過焊接方式接合在一起如圖所示，已知 $\beta = 25°$，中心力 100 kN 施加在圖示元件上，試求(a)與接合面平行之同平面剪應力，(b)垂直於接合面之正交應力。

7.22 將兩塊皆為 10×80 mm 均勻矩形斷面之鋼鈑，透過焊接方式接合在一起如圖所示，已知中心力 100 kN 施加在圖示元件上，與接合面平行之同平面剪應力為 30 MPa，試求(a) β 角，(b)相應之垂直於接合面的正交應力。

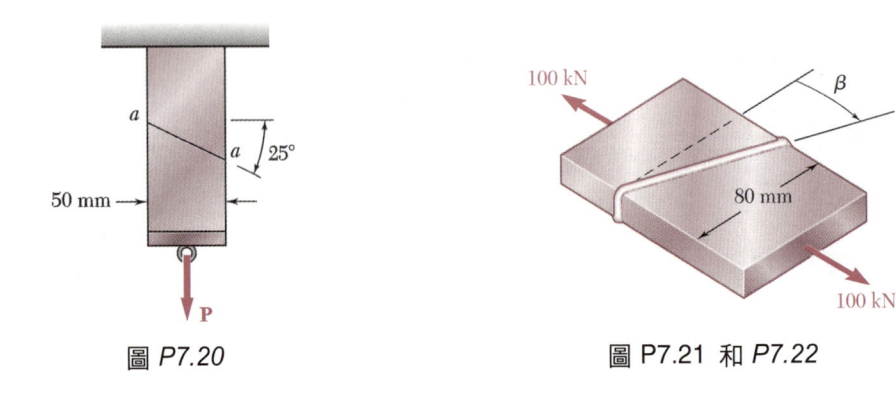

圖 P7.20

圖 P7.21 和 P7.22

7.23 某一 1.8 kN 垂直外力作用於圖示齒輪上 D 處，齒輪與一直徑 25mm 之 AB 桿件連接。試求圖示桿件上方 H 處的主應力及極大剪應力。

7.24 某一機械工使用快拆板手(crowfoot wrench)鬆開 E 處螺帽。已知該機械工於 A 處施加 100 N 垂直外力，試求圖示直徑 18 mm 桿件上方 H 處的主應力及極大剪應力。

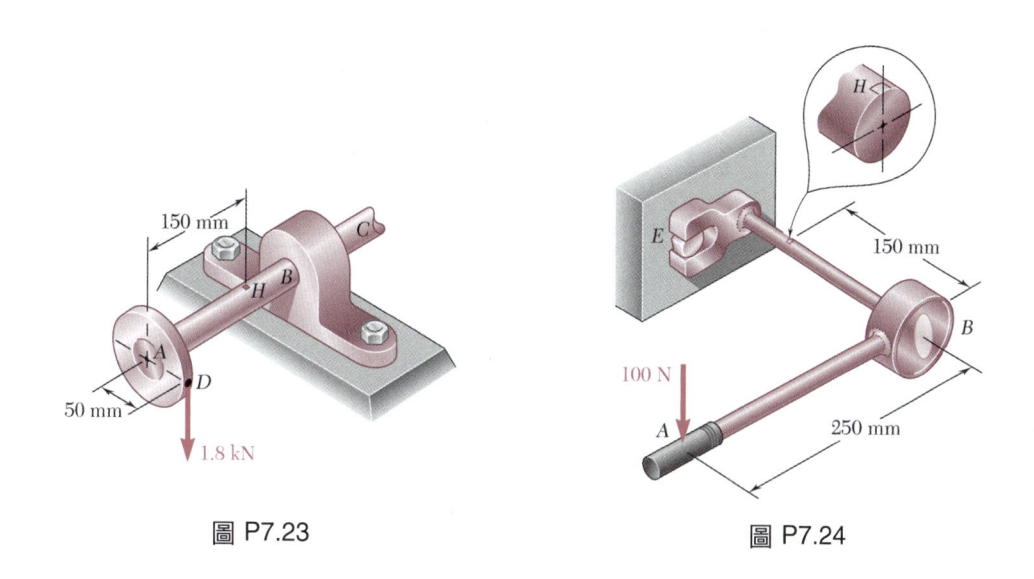

圖 P7.23

圖 P7.24

7.25 圖示鋼管之外徑是 102 mm，壁厚是 6 mm。已知一剛性臂件 CD 連接至鋼管如圖所示，試求在 K 點之主應力及極大剪應力。

7.26 圖示負載及扭矩作用在汽車輪軸上。已知實心輪軸的直徑為 32 mm，試求(a)輪軸上方 H 點處的主平面與主應力，(b)相同位置之極大剪應力。

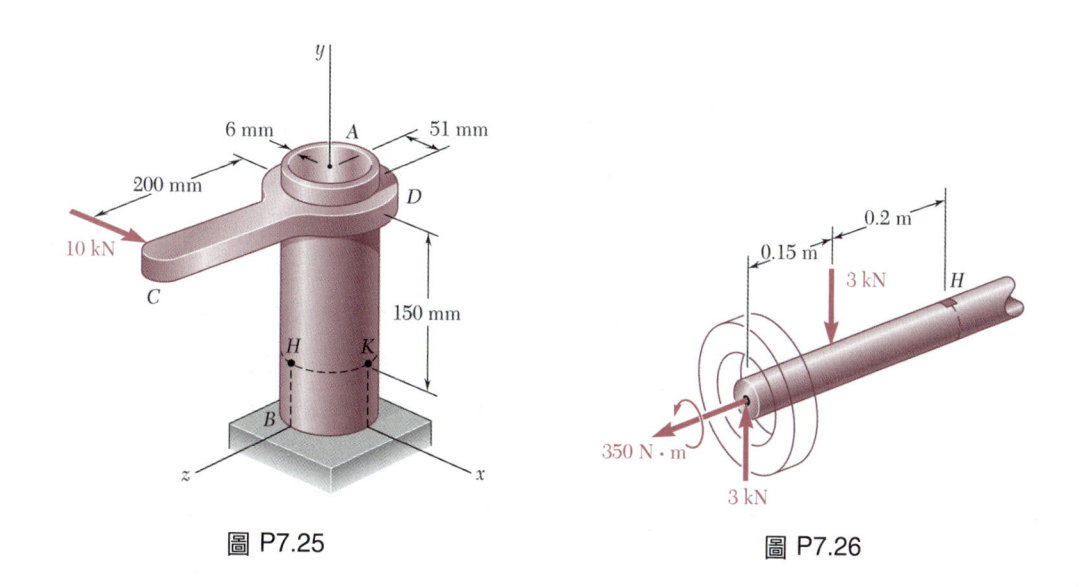

圖 P7.25

圖 P7.26

7.27 對於圖示之平面應力態，試求(a)在同平面極大剪應力等於或小於 82 MPa 時 τ_{xy} 最大值，(b)對應之主應力。

7.28 對於圖示之平面應力態，在同平面極大剪應力等於或小於 75 MPa 時，試求 σ_y 之極大值。

7.29 對於圖示之平面應力態，在同平面極大剪應力等於或小於 50 MPa 時，σ_x 值之範圍。

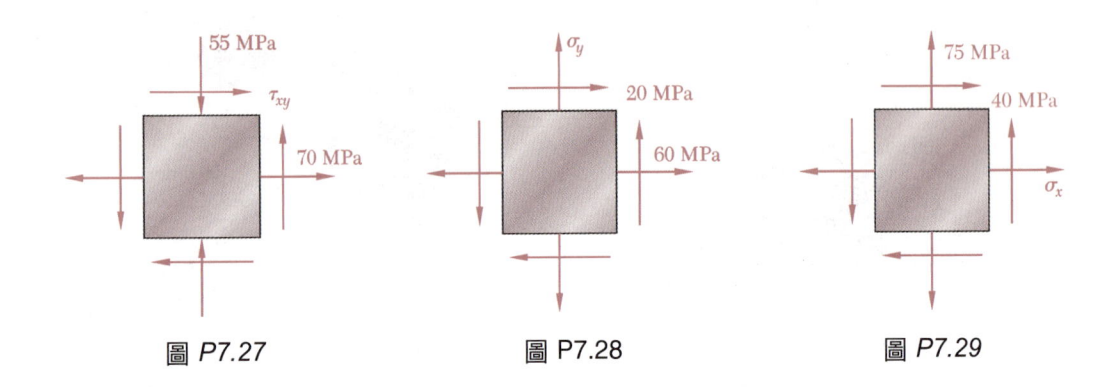

圖 P7.27　　　　圖 P7.28　　　　圖 P7.29

7.30 對於圖示之平面應力態，試求(a)與焊接面平行之同平面剪應力等於零時之 τ_{xy} 值，(b)對應之主應力。

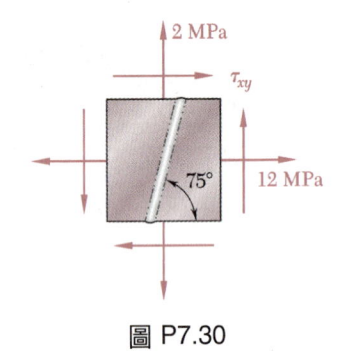

圖 P7.30

7.4　平面應力莫爾圓

在上節中，用以導出平面應力轉換基本公式的圓由德國工程師莫爾(Otto Mohr, 1835～1918)首創，故稱之為平面應力莫爾圓(Mohr's circle)。吾人現將知悉，應用此圓，也可以求解 7.2 及 7.3 節中所考究的各種問題。這一方法係基於簡單幾何圖形，不需要使用任何特別公式。莫爾圓原為圖解法而設計，但也極適合利用計算機來求解。

考究一受平面應力(圖 7.15a)作用之正方形微素，令 σ_x、σ_y 及 τ_{xy} 為作用在該微素上之應力分量。畫出坐標為 σ_x 及 $-\tau_{xy}$ 之一 X 點，以及坐標為 σ_y 及 $+\tau_{xy}$ 之一 Y 點(圖 7.15b)。若 τ_{xy} 為正，如圖 7.15a 所假定的那樣，X 點位在 σ 軸之下，Y 點則在其上，如圖 7.15b 所示。如果 τ_{xy} 為負，則 X 位在 σ 軸之上，Y 在其下。用一直線連接 X 及 Y 兩點，可以出 XY 線與 σ 軸之交點 C，隨即可畫出圓心在 C，直徑為 XY 之圓。注意在此一

第 7 章 應力及應變之轉換

畫法中，C 點之橫坐標及圓半徑分別等於量 σ_{ave} 及由式(7.10)所規定之 R。是以吾人乃得此畫出之圓乃為平面應力莫爾圓之結論。於是亦知，此圓與 σ 軸交點 A 及 B 之橫坐標可分別表示在該點之主應力 σ_{max} 及 σ_{min}。

吾人亦注意到，因 $\tan(XCA) = 2\tau_{xy}/(\sigma_x - \sigma_y)$，故角 XCA 之大小應等於能滿足式(7.12)的角 $2\theta_p$ 之一。因此，在圖 7.15a 定出與圖 7.15b 中 A 點對應之主平面方向的角 θ_p，可以量度莫爾圓中之角 XCA，再除以 2 而求得。如 $\sigma_x > \sigma_y$ 及 $\tau_{xy} > 0$，就像現在所考究者，則 CX 向 CA 的轉動乃一反時針方向轉動。但在那種情況中，由式(7.12)所求得之角 θ_p 以及定出與主平面成正交之 Oa 方向是正號，因此從 Ox 向 Oa 之轉動方向亦為反時針方向轉動。由上述吾人乃得結論是：在圖 7.15 所示兩部分中之轉動指向相同一致，如在莫爾圓上的 CX 反時針轉向 CA 之角為 $2\theta_p$，則在圖 7.15a 中的 Ox 亦曾反時針轉向 Oa，轉角為 θ_p。†

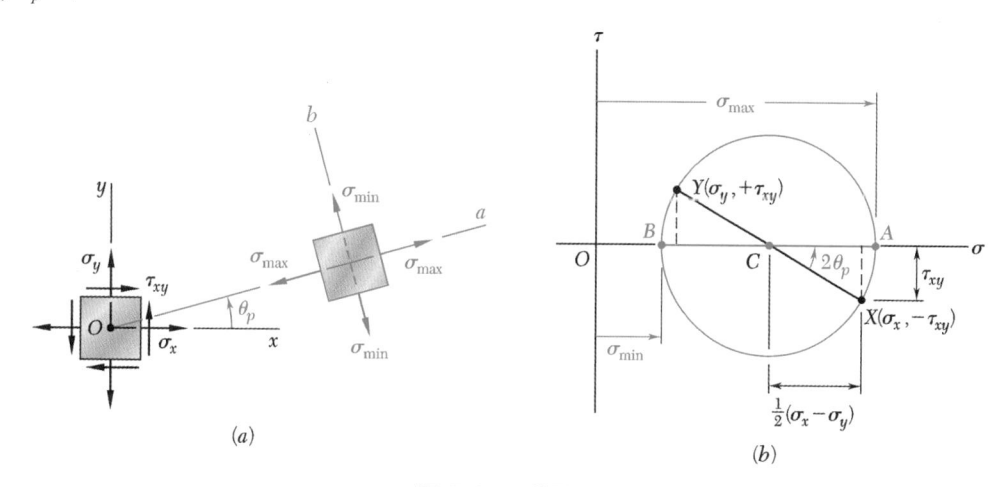

圖 7.15　莫爾圓

因莫爾圓只有一個定義，故考究與圖 7.16a 所示 x' 及 y' 軸對應之應力分量 $\sigma_{x'}$、$\sigma_{y'}$ 及 $\tau_{x'y'}$，亦可得到同樣之圓。坐標為 $\sigma_{x'}$ 及 $-\tau_{x'y'}$ 之 X' 點和坐標為 $\sigma_{y'}$ 及 $+\tau_{x'y'}$ 之 Y' 點，因此都位在莫爾圓上，圖 7.16b 中之角 $X'CA$ 必須等於圖 7.16a 中之角 $x'Oa$ 的兩倍。如前所述，因為角 XCA 是角 xOa 之兩倍，是以圖 7.16b 中之角 XCX' 乃是圖 7.16a 中之角 xQx' 的兩倍。使直徑 xy 旋轉圖 7.16a 中 x' 與 x 軸夾角的兩倍，就可求得定出正交及剪應力 $\sigma_{x'}$、$\sigma_{y'}$ 及 $\tau_{x'y'}$ 的直徑 $x'y'$。吾人應注意到，使圖 7.16b 中直徑 XY 轉至直徑 $X'Y'$ 之轉動方向，與使圖 7.16a 中 xy 軸轉至 $x'y'$ 軸之轉動的指向相同。

上述性質，可以用來證實下述事實：最大剪應力平面與主平面間夾角為 45°。事實上，莫爾圓上之點 D 及 E 乃與最大剪應力平面對應，而 A 及 B 則與主平面(圖 7.17b)對應。因莫爾圓上直徑 AB 及 DE 互成 90°，是以其對應微素之面則互成 45°(圖 7.17a)。

---

† 這是因為吾人選用圖 7.8 所示之圓作為莫爾圓，而非用圖 7.7 所示者。

如果吾人能個別考究定出應力分量微素之每一表面，則可使平面應力莫爾圓之畫法大大簡化。從圖 7.15 及 7.16 看出，當作用在已知表面上之剪應力使微素傾向於作順時針方向轉動時，在莫爾圓上與該表面對應之點則位在 σ 軸之上面；當作用在已知表面上之

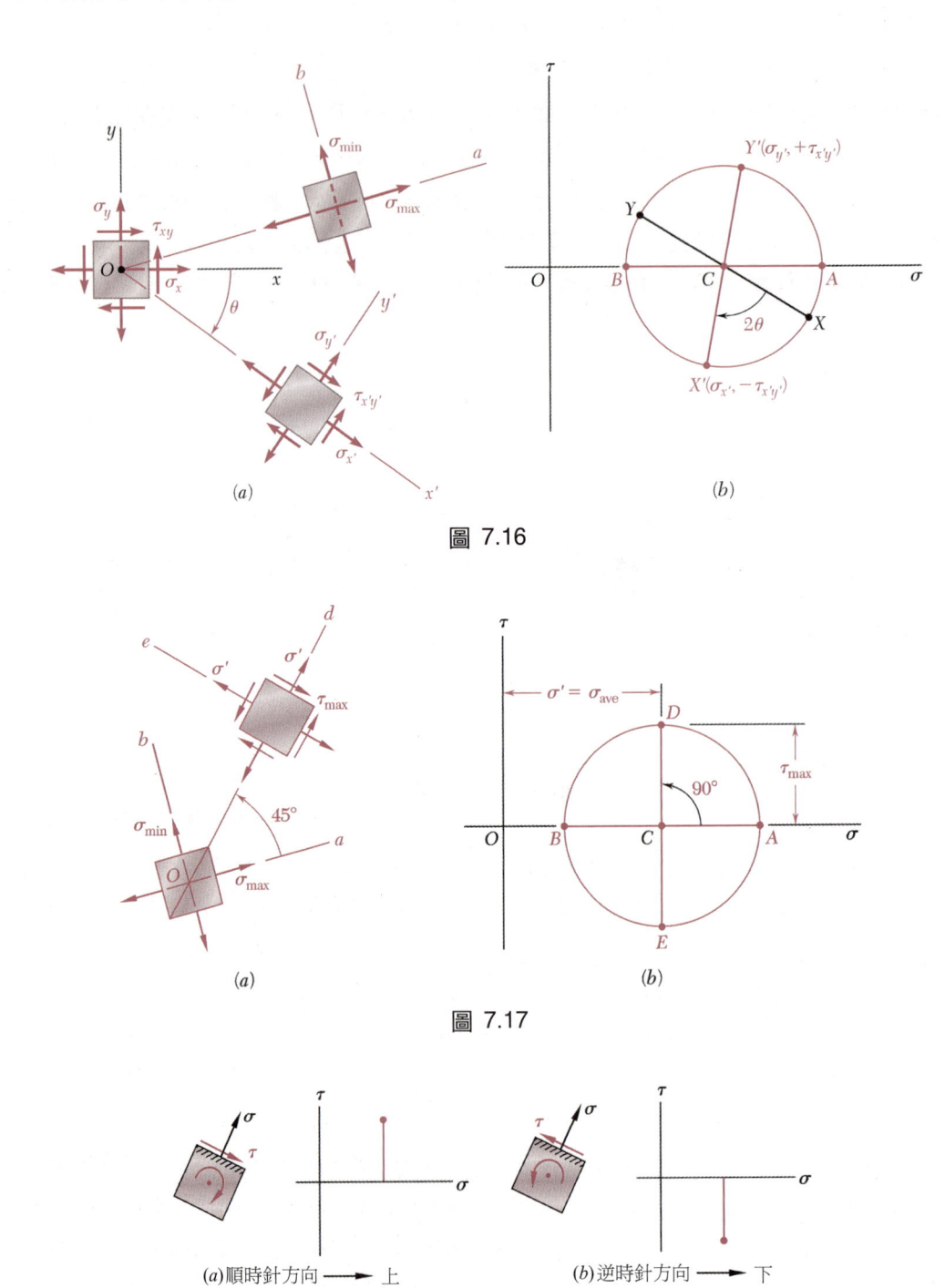

圖 7.16

圖 7.17

(a)順時針方向 ⟶ 上 (b)逆時針方向 ⟶ 下

第 7 章 應力及應變之轉換

剪應力使微素傾向於作反時針方向轉動時，與該表面對應點係位在 σ 軸之下(圖 7.18)†。就要考究之正交應力來說，常用之符號慣例與前一樣，即是拉應力視為正，畫在右邊；壓應力為負，應畫在左側。

例 7.02

對於已在例 7.01 所考究之平面應力態，(a)畫出其莫爾圓，(b)試求主應力，(c)試求最大剪應力以及與其對應之正交應力。

解：

(a)莫爾圓之畫法

從圖 7.19a 看出，作用在指向 x 軸表面上之正交應力乃是拉力(正)，作用在該表面上之剪應力卻傾向於使微素作反時針方向轉動。是以莫爾圓之 X 點，應畫在垂直軸之右，水平軸之下 (圖 7.19b)。對作用在微素上表面之正交應力及剪應力作類似之觀察顯示，Y 點應畫在垂直軸之左，水平軸之上。畫出 XY 線，即得莫爾圓之圓心 C；其橫坐標為

$$\sigma_{\text{ave}} = \frac{\sigma_x + \sigma_y}{2} = \frac{50 + (-10)}{2} = 20 \text{ MPa}$$

因陰影三角形之兩底邊為

$$CF = 50 - 20 = 30 \text{ MPa} \quad \text{及} \quad FX = 40 \text{ MPa}$$

故圓之半徑是

$$R = CX = \sqrt{(30)^2 + (40)^2} = 50 \text{ MPa}$$

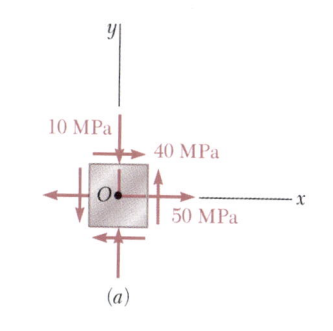

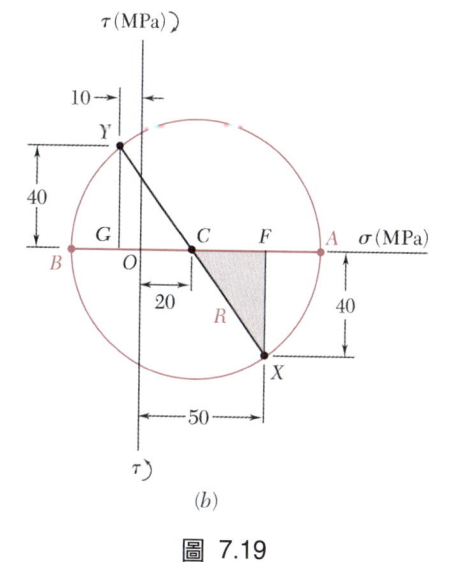

圖 7.19

---

† 下述俚語對此一慣例用法之記憶，頗有助益：「在廚房中，鐘在上，竈在下」。(In the kitchen, the *clock* is above, and the *counter* is below.)

(b) 主平面及主應力

主應力是

$$\sigma_{max} = OA = OC + CA = 20 + 50 = 70 \text{ MPa}$$

$$\sigma_{min} = OB = OC - BC = 20 - 50 = -30 \text{ MPa}$$

因角 ACX 表示 $2\theta_p$(圖 7.19b)，吾人可寫出

$$\tan 2\theta_p = \frac{FX}{CF} = \frac{40}{30}$$

$$2\theta_p = 53.1° \qquad \theta_p = 26.6°$$

因在圖 7.20b 中，使 CX 轉至 CA 之轉動是反時針方向，是以在圖 7.20a 中，使 Ox 轉至與 σ_{max} 對應之 Oa 軸之轉動亦為反時針方向。

(c) 最大剪應力

因在圖 7.20b，CA 再反時針轉 90° 至 CD，是以在圖 7.20a 中，再作反時針方向轉動 45°，使軸 Oa 轉至與最大剪應力對應之 Od 軸。從圖 7.20b 看出，$\tau_{max} = R = 50$ MPa，與其對應之正交應力是 $\sigma' = \sigma_{ave} = 20$ MPa。因 D 點位在圖 7.20b 所示之 σ 軸之上，是以作用在與圖 7.20a 中 Od 垂直之表面上之剪應力，其方向要使微素傾向於作順時針方向轉動。

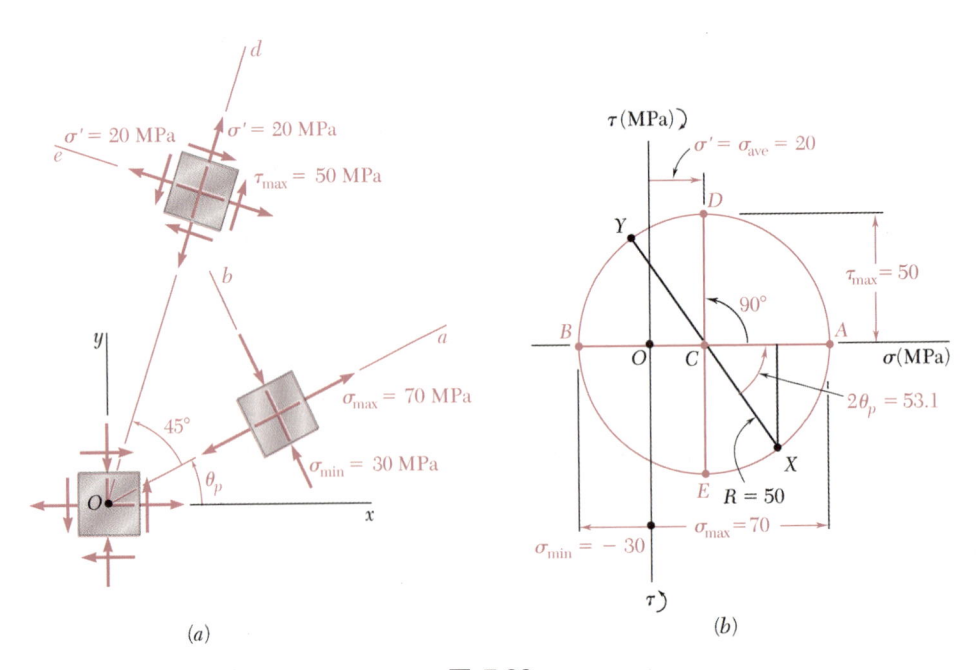

圖 7.20

第 7 章　應力及應變之轉換

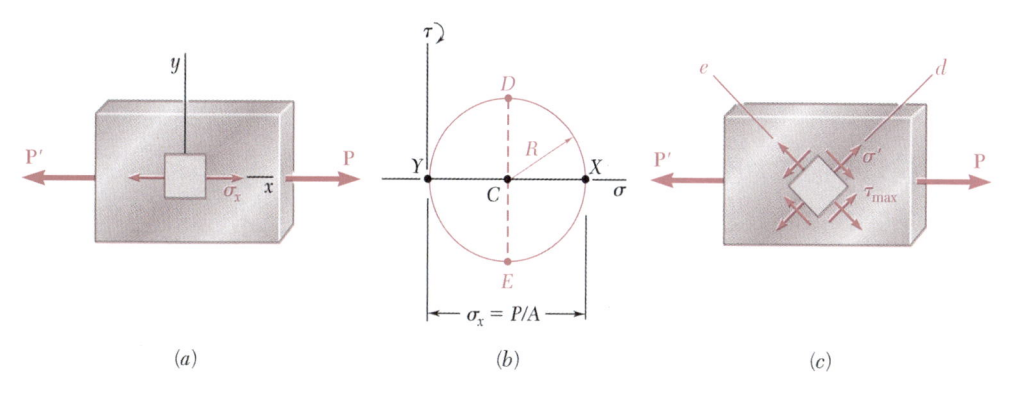

圖 7.21　中心軸向載重莫爾圓

　　利用莫爾圓可以很方便地驗證受中心軸向載重(1.12 節)及受扭轉載重(3.4 節)的應力情況。在第一種情況中(圖 7.21a)，吾人已有 $\sigma_x = P/A$、$\sigma_y = 0$ 及 $\tau_{xy} = 0$ 之結果。對應之 X 及 Y 點定出了通過坐標原點(圖 7.21b)，半徑為 $R = P/2A$ 之圓。D 及 E 點示出最大剪應力平面之方向(圖 7.21c)，以及 τ_{max} 值及與其對應之正交應力 σ'：

$$\tau_{max} = \sigma' = R = \frac{P}{2A} \tag{7.18}$$

　　就扭轉而言(圖 7.22a)，吾人已知 $\sigma_x = \sigma_y = 0$ 及 $\tau_{xy} = \tau_{max} = Tc/J$。是以 X 及 Y 點應位在 τ 軸上，而莫爾圓乃一中心在原點，半徑為 $R = Tc/J$ 之圓(圖 7.22b)。A 及 B 點定出了主平面(圖 7.22c)及主應力

$$\sigma_{max,\ min} = \pm R = \pm \frac{Tc}{J} \tag{7.19}$$

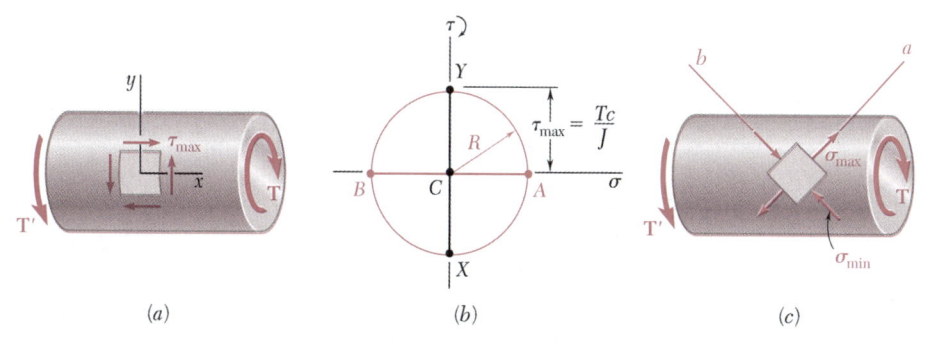

圖 7.22　扭轉載重莫爾圓

範例 7.2

對於圖示平面應力態，試求(a)主平面及主應力，(b)使已知微素作反時針方向轉動 30° 後，作用在微素上之應力分量。

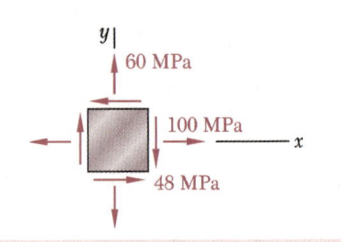

解：

莫爾圓之畫法

吾人注意到，在與 x 軸垂直之表面上，正交應力是拉力，剪應力傾向於使微素作順時針方向轉動，是以吾人在垂直軸右側 100 單位，水平軸之上 48 單位處繪出 X 點。然後以類似的方式，檢視作用在上表面之應力分量，點繪出 $Y(60, -48)$。用一直線將 X 及 Y 相連，即可定出莫爾圓之圓心 C。代表 σ_{ave} 之 C 的橫坐標以及圓之半徑 R 可直接量出或計算如下

$$\sigma_{ave} = OC = \frac{1}{2}(\sigma_x + \sigma_y) = \frac{1}{2}(100 + 60) = 80 \text{ MPa}$$

$$R = \sqrt{(CF)^2 + (FX)^2} = \sqrt{(20)^2 + (48)^2} = 52 \text{ MPa}$$

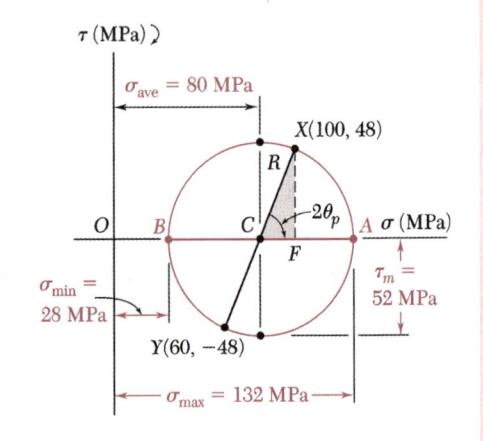

a. 主平面及主應力

使直徑 XY 作順時針方向轉動 $2\theta_p$，直至其與直徑 AB 重合為止，可得

$$\tan 2\theta_p = \frac{XF}{CF} = \frac{48}{20} = 2.4 \qquad 2\theta_p = 67.4° \downarrow$$

$$\theta_p = 33.7° \downarrow \blacktriangleleft$$

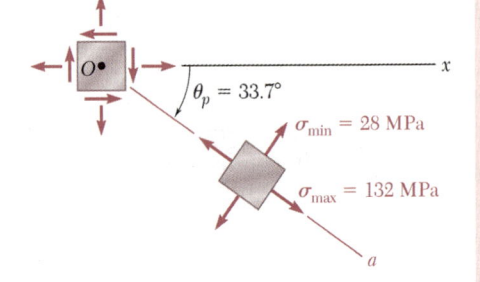

主應力是用 A 及 B 點之橫坐標表出，即

$$\sigma_{max} = OA = OC + CA = 80 + 52$$

$$\sigma_{max} = +132 \text{ MPa} \blacktriangleleft$$

$$\sigma_{\min} = OB = OC - BC = 80 - 52$$

$$\sigma_{\min} = +28 \text{ MPa} \blacktriangleleft$$

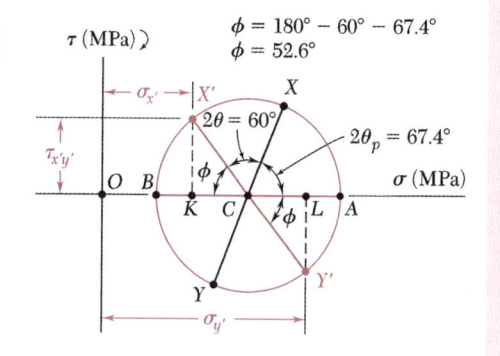

因使 XY 轉至 AB 之轉動是順時針方向，是以使 Ox 轉至與 $\sigma_{\max}$ 對應之軸 Oa 之轉動亦為順時針方向，於是吾人乃得圖示主平面之方向。

b. 微素旋轉 30° ↷ 後之應力分量

使 XY 作反時針方向轉 $2\theta = 60°$，即可求得與作用在已轉動微素上應力分量對應且在莫爾圓上之點 X' 及 Y'，吾人得

$$\phi = 180° - 60° - 67.4° \qquad \phi = 52.6° \blacktriangleleft$$

$$\sigma_{x'} = OK = OC - KC = 80 - 52 \cos 52.6°$$

$$\sigma_{x'} = +48.4 \text{ MPa} \blacktriangleleft$$

$$\sigma_{y'} = OL = OC + CL = 80 + 52 \cos 52.6°$$

$$\sigma_{y'} = +111.6 \text{ MPa} \blacktriangleleft$$

$$\tau_{x'y'} = KX' = 52 \sin 52.6° \qquad \tau_{x'y'} = 41.3 \text{ MPa} \blacktriangleleft$$

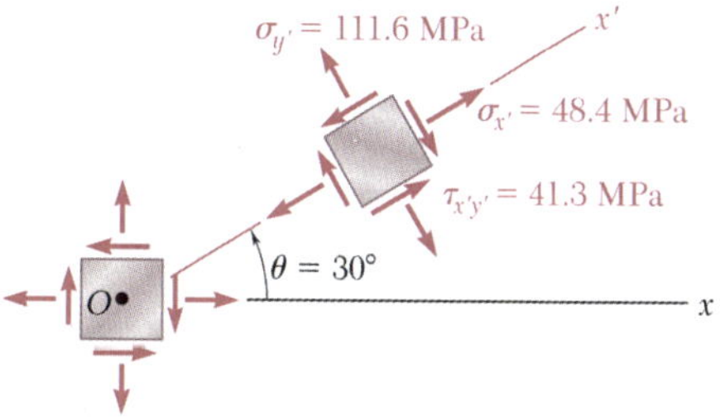

因 X' 位在水平軸之上，故作用在與 Ox' 垂直的表面上之剪應力傾向於使微素作順時針方向轉動。

範例 7.3

一平面應力態由作用在垂直表面上之拉應力 $\sigma_0 = 56$ MPa 及一未知剪應力組成。試求 (a) 在最大正交應力為 70 MPa 時，剪應力 τ_0 之大小，(b) 與其對應之最大剪應力。

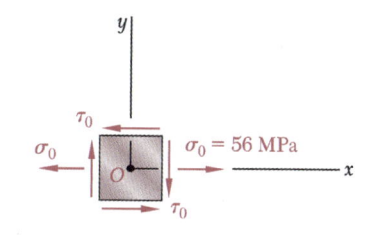

解：

莫爾圓之畫法

假定剪應力作用指向如圖示。是以作用在與 x 軸垂直表面上之剪應力 τ_0 傾向於使微素作順時針方向轉動，於是將坐標為 56 MPa 及 τ_0 之 X 點在水平坐標軸以上點繪。考究微素之水平表面，吾人看出 $\sigma_y=0$ 及 τ_0 傾向於使微素作反時針方向轉動，是以吾人乃將 Y 點畫在 O 下距離 τ_0 處。

吾人亦注意到莫爾圓圓心橫坐標是

$$\sigma_{ave}=\frac{1}{2}(\sigma_x+\sigma_y)=\frac{1}{2}(56+0)=28 \text{ MPa}$$

已知最大正交應力 $\sigma_{max}=70$ MPa 可以決定圓之半徑，現在最大正交應力是用 A 點之橫坐標表示

$$\sigma_{max}=\sigma_{ave}+R$$
$$70 \text{ MPa}=28 \text{ MPa}+R \quad R=42 \text{ MPa}$$

a. 剪應力 τ_0

考究直角三角形 CFX，得

$$\cos 2\theta_p=\frac{CF}{CX}=\frac{CF}{R}=\frac{28 \text{ MPa}}{42 \text{ MPa}} \quad 2\theta_p=48.2° \downarrow$$
$$\theta_p=24.1° \downarrow$$

$$\tau_0=FX=R\sin 2\theta_p=(42 \text{ MPa})\sin 48.2°$$

$$\tau_0=31.3 \text{ MPa} \blacktriangleleft$$

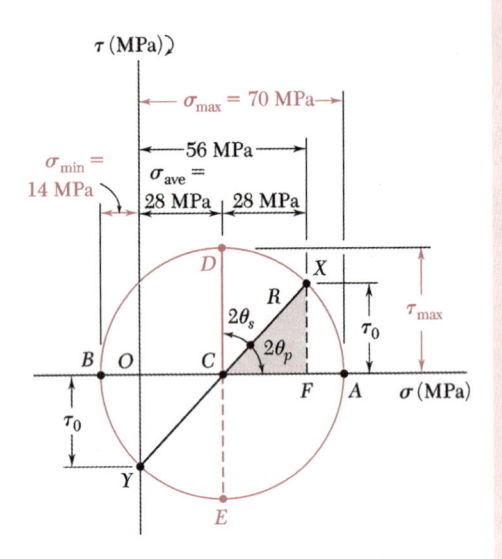

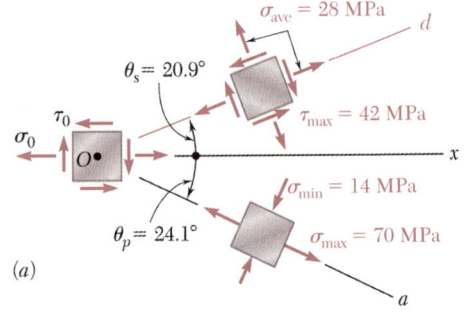

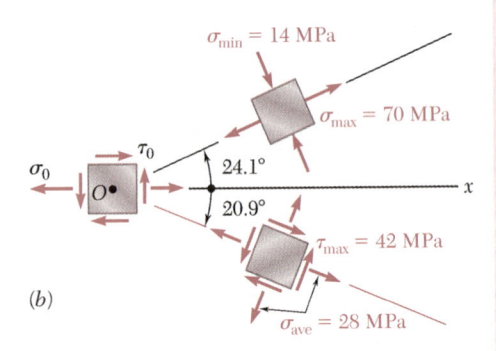

b. 最大剪應力

莫爾圓之 D 點坐標表示最大剪應力及與其對應之正交應力。

$$\tau_{max}=R=42 \text{ MPa} \qquad \tau_{max}=42 \text{ MPa} \blacktriangleleft$$

$$2\theta_s=90°-2\theta_p=90°-48.2°=41.8° \uparrow \qquad \theta_x=20.9° \uparrow$$

最大剪應力是作用在方向如圖 a 所示之微素上(主應力作用之微素亦圖示出)。

注　意

如果吾人使原來假定 τ_0 之指向反轉，將得到同一莫爾圓及同一答案。但微素之方向乃如圖 b 所示。

習　題

7.31　應用莫爾圓解習題 7.5 及 7.9。

7.32　應用莫爾圓解習題 7.6 及 7.10。

7.33　應用莫爾圓解習題 7.11。

7.34　應用莫爾圓解習題 7.12。

7.35　應用莫爾圓解習題 7.13。

7.36　應用莫爾圓解習題 7.14。

7.37　應用莫爾圓解習題 7.15。

7.38　應用莫爾圓解習題 7.16。

7.39　應用莫爾圓解習題 7.17。

7.40　應用莫爾圓解習題 7.18。

7.41　應用莫爾圓解習題 7.19。

7.42　應用莫爾圓解習題 7.20。

7.43　應用莫爾圓解習題 7.21。

7.44　應用莫爾圓解習題 7.22。

7.45　應用莫爾圓解習題 7.23。

7.46　應用莫爾圓解習題 7.24。

7.47　應用莫爾圓解習題 7.25。

7.48 應用莫爾圓解習題 7.26。

7.49 應用莫爾圓解習題 7.27。

7.50 應用莫爾圓解習題 7.28。

7.51 應用莫爾圓解習題 7.29。

7.52 應用莫爾圓解習題 7.30。

7.53 假定銲接面與水平面的夾角為 60°，應用莫爾圓解習題 7.30。

7.54 至 7.55 試求將圖示兩平面應力態重疊所形成的平面應力態之主平面及主應力。

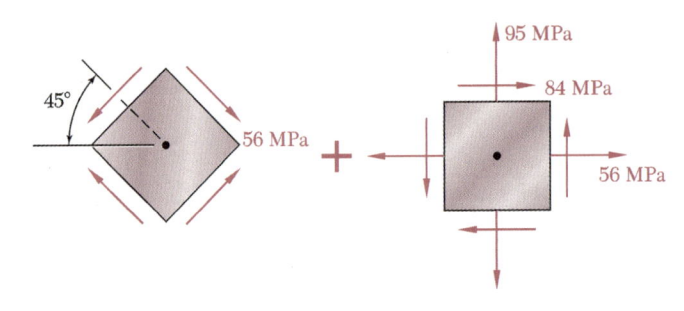

圖 P7.54

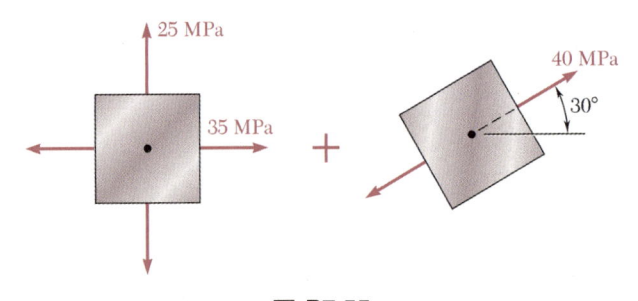

圖 P7.55

7.56 至 7.57 試求將圖示兩平面應力態重疊行程的平面應力態之主平面及主應力。

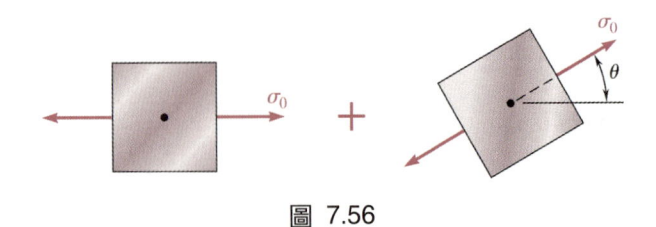

圖 7.56

圖 P7.57

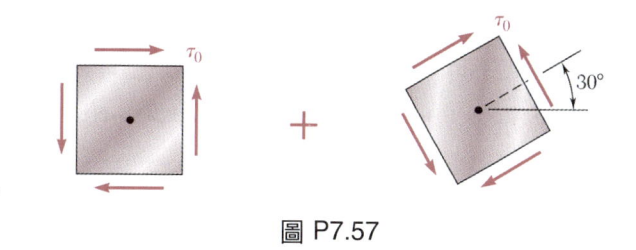

7.58 對於圖示應力態，試求剪應力 $\tau_{x'y'}$ 等於或小於 56 MPa 時之 θ 值範圍。

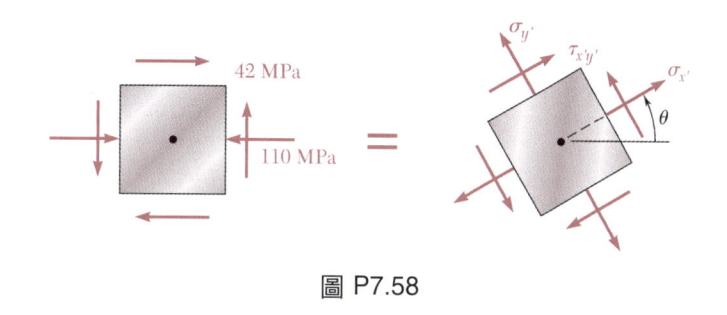

圖 P7.58

7.59 對於圖示應力態，試求正交應力 $\sigma_{x'}$ 等於或小於 50 MPa 時之 θ 值範圍。

7.60 對於圖示應力態，試求正交應力 $\sigma_{x'}$ 等於或小於 100 MPa 時之 θ 值範圍。

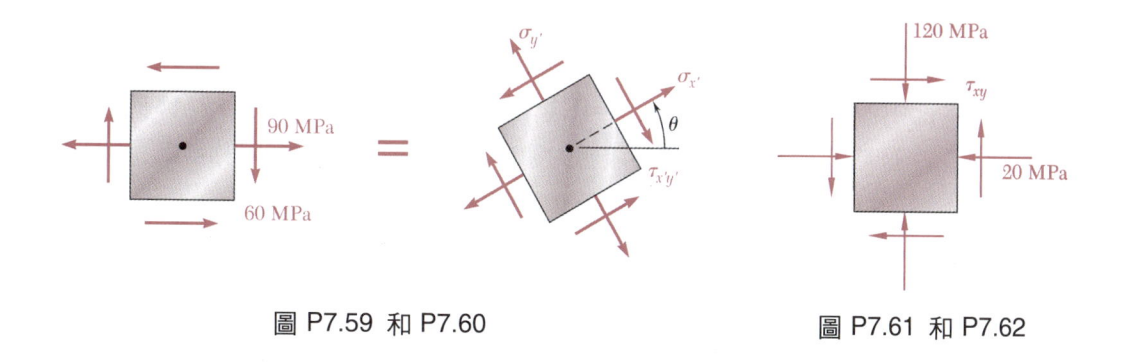

圖 P7.59 和 P7.60　　　　　圖 P7.61 和 P7.62

7.61 對於圖示之微素，試求極大拉應力等於或小於 60 MPa 時之 τ_{xy} 值範圍。

7.62 對於圖示之微素，試求極大同平面剪應力等於或小於 150 MPa 時之 τ_{xy} 值範圍。

7.63 對於圖示之應力態，已知正交應力及剪應力之方向如圖所示，若 $\sigma_x = 98$ MPa、$\sigma_y = 63$ MPa 及 $\sigma_{\min} = 35$ MPa，試求(a)主平面之方向，(b)主應力 $\sigma_{\max}$，(c)最大同平面剪應力。

7.64 圖示之莫爾圓，對應於圖 7.5a 及 b 所示之已知應力態。注意，$\sigma_{x'} = OC + (CX')\cos(2\theta_p - 2\theta)$、$\tau_{x'y'} = (CX')\sin(2\theta_p - 2\theta)$，分別導出 $\sigma_{x'}$ 及 $\tau_{x'y'}$ 公式如式(7.5)及(7.6)。
[提示：應用 $\sin(A+B) = \sin A \cos B + \cos A \sin B$ 及 $\cos(A+B) = \cos A \cos B - \sin A \sin B$。]

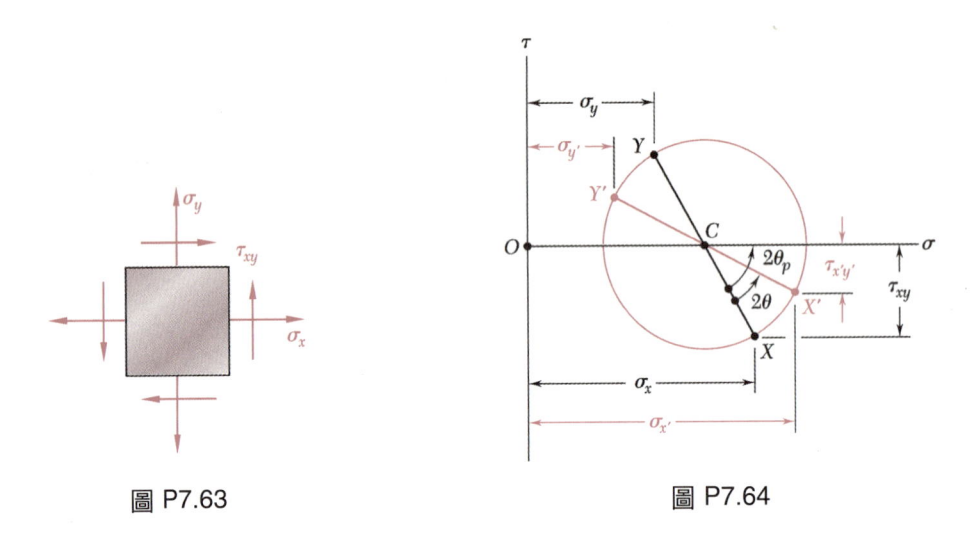

圖 P7.63　　　　　圖 P7.64

7.65 (a)試證數學式 $\sigma_{x'}\sigma_{y'} - \tau_{x'y'}^2$，與直角坐標軸 x' 及 y' 之方向無關，式中 $\sigma_{x'}$、$\sigma_{y'}$ 及 $\tau_{x'y'}$ 乃沿這些軸線之應力分量。並證此數學式代表由坐標軸原點畫到莫爾圓切線的平方。(b)試用 a 部分所確定之不變性，以 $\sigma_{x'}$、$\sigma_{y'}$ 與主應力 σ_{max} 及 σ_{min} 表出剪應力 τ_{xy} 之式子。

7.5　廣義應力態

在以上各節中，吾人假定 $\sigma_z = \tau_{zx} = \tau_{zy} = 0$ 之平面應力態，且只考究對 z 軸轉動之應力轉換。吾人現將考究圖 7.1a 所示出之廣義應力態，並考究對圖 7.1b 所示軸轉動之應力變換。不過，這種分析將僅限於求取作用在任一方向平面上之正交應力 σ_n。

考究圖 7.23 所示之四面體。此四面體中之三表面乃與各坐標平面平行，而其第四表面 ABC 垂直 QN 線。用 ΔA 表 ABC 面之面積，用 λ_x、λ_y、λ_z 表 QN 線之方向餘弦 (direction cosine)，吾人發現與 x、y 及 z 軸垂直表面之面積，分別為 $(\Delta A)\lambda_x$、$(\Delta A)\lambda_y$ 及 $(\Delta A)\lambda_z$。如在 Q 點之應力態是用應力分量 σ_x、σ_y、σ_z、τ_{xy}、τ_{yz} 及 τ_{zx} 定義，則作用在與各坐標平面平行之各面上之力，可使每一表面之面積乘以適當之應力分量而得到 (圖 7.24)。就另一方面而言，作用在 ABC 表面上之力包括沿 QN 方向，大小為 $\sigma_n \Delta A$ 之一正交應力，以及大小為 $\tau \Delta A$，與 QN 垂直，但其餘方向未知之剪力。注意，因 QBC、QCA 及 QAB 分別面向負 x、y 及 z 軸，故作用於其上之力必須用負指向示出。

吾人現將示出，所有作用在四面體上沿 QN 之分力和必等於零。由圖可看出，與 x 軸平行沿 QN 一力之分力可用該力大小乘以方向餘弦 λ_x 求得，與 y 及 z 軸平行各力之分

第 7 章　應力及應變之轉換

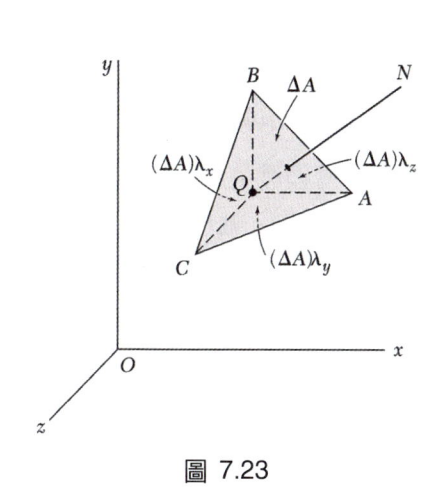

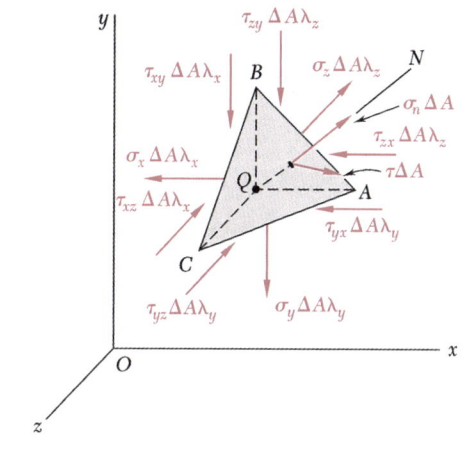

圖 7.23

圖 7.24

力亦可用相似方法求得，故吾人可寫出

$\Sigma F_n = 0：\sigma_n \Delta A - (\sigma_x \Delta A \lambda_x)\lambda_x - (\tau_{xy} \Delta A \lambda_x)\lambda_y - (\tau_{xz} \Delta A \lambda_x)\lambda_z - (\tau_{yx} \Delta A \lambda_y)\lambda_x - (\sigma_y \Delta A \lambda_y)\lambda_y$
$- (\tau_{yz} \Delta A \lambda_y)\lambda_z - (\tau_{zx} \Delta A \lambda_z)\lambda_x - (\tau_{zy} \Delta A \lambda_z)\lambda_y - (\sigma_z \Delta A \lambda_z)\lambda_z = 0$

用 ΔA 遍除各項，並化簡解得 σ_n 為

$$\sigma_n = \sigma_x \lambda_x^2 + \sigma_y \lambda_y^2 + \sigma_z \lambda_z^2 + 2\tau_{xy}\lambda_x\lambda_y + 2\tau_{yz}\lambda_y\lambda_z + 2\tau_{zx}\lambda_z\lambda_x \tag{7.20}$$

吾人看出，求得之正交應力 σ_n 算式乃是 λ_x、λ_y 及 λ_z 之二次式。吾人可以選用適當的坐標軸，使式(7.20)右邊的項簡化為僅剩方向餘弦平面的三項。[†]用 a、b 及 c 表示此等軸，其對應之正交應力用 σ_a、σ_b 及 σ_c 表出，QN 對此等軸之方向餘弦則用 λ_a、λ_b 及 λ_c 表出，於是得

$$\sigma_n = \sigma_a \lambda_a^2 + \sigma_b \lambda_b^2 + \sigma_c \lambda_c^2 \tag{7.21}$$

坐標軸 a、b、c 稱為應力之主軸(principal axes of stress)。因為它們的方向要視在 Q 點之應力態而定，故與 Q 之位置有關。它們可用圖 7.25 表示，從圖中可以看出 a、b、c 三軸都與 Q 點相連。與其對應之坐標平面稱為應力主平面，其對應之正交應力 σ_a、σ_b 及 σ_c 稱為在 Q 點之主應力。[‡]

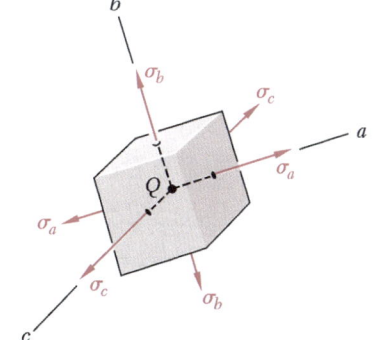

圖 7.25　主應力

[†] 在 F. P. Beer 及 E. R. Johnston 所著《向量工程力學》第九版，McGraw-Hill 出版，2010 年，9.16 節，已求得一類似二次式來表示一剛體對一任意軸之慣性矩。且在 9.17 節示出，此式子與二次表面有關，使一二次式簡化至只包含方向餘弦之平方項，乃相當於去求該平面之主軸。

[‡] 對於求應力主平面以及主應力之討論，參見 S. P. Timoshenko 及 J. N. Goodier 所著，*Theory of Elasticity*，第三版，77 節，McGraw-Hill 出版，1970 年。

7.6 利用莫爾圓對應力作三維分析

如果圖 7.25 所示之微素繞一在 Q 之主軸轉動，就算是繞 c 軸轉動(圖 7.26)，可應用莫爾圓來分析其對應之應力轉換，就像是計算平面應力轉換一樣。事實上，作用在與 c 軸垂直表面之剪應力仍等於零，而正交應力 σ_c 則垂直於轉換發生之平面 ab，因之都不會影響此一轉換。所以吾人可用直徑為 AB 之圓去求在微素繞 c 軸(圖 7.27)轉動時，作用在微素各表面上之正交及剪應力。同理，可應用直徑 BC 及 CA 之圓去求微素分別繞 a 及 b 軸轉動時，作用在微素表面上各應力，本節僅限於分析繞主軸轉動的情況，但它也將示出，任何其它軸之轉換所引起之應力，將在圖 7.27 中，用位在陰影面積內之一點表出。是以三圓中最大圓的半徑乃可表出剪應力在 Q 點之最大值。注意該圓之直徑等於 σ_{max} 與 σ_{min} 之差，故可以寫出

$$\tau_{max} = \frac{1}{2}|\sigma_{max} - \sigma_{min}| \tag{7.22}$$

式中 σ_{max} 及 σ_{min} 分別表示在 Q 點之最大及最小應力代數值。

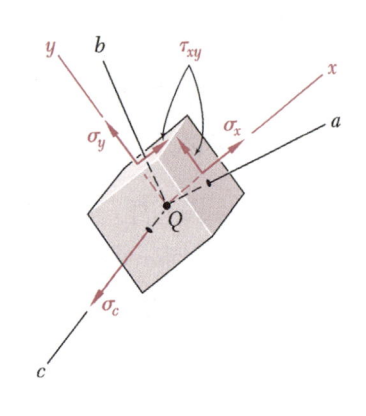

圖 7.26

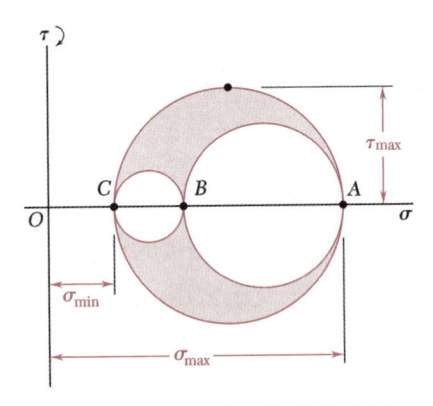

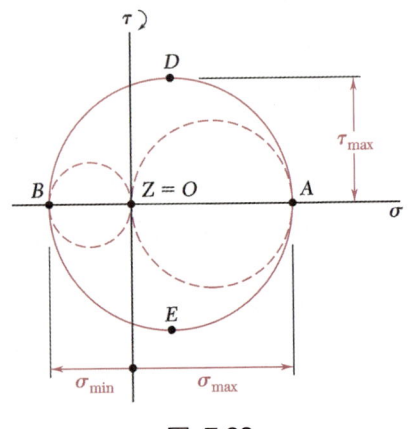

圖 7.27　廣義應力態的莫爾圓

吾人再回頭來看看已在 7.2 至 7.4 節討論過之平面應力特例。吾人已知悉，如 x 及 y 軸是選在應力平面中，則有 $\sigma_z = \tau_{zx} = \tau_{zy} = 0$。其意即謂，垂直於應力平面之 z 軸，乃應力三主軸之一。在一莫爾圓圖中，此軸與原點 O 對應，該點之 $\sigma = \tau = 0$。吾人亦知悉，其它兩主軸應與表示 xy 平面的莫爾圓與 σ 軸相交點 A 點和 B 點對應。如 A 及 B 位在原點 O 之兩側(圖 7.28)，其對應之主應力表示在 Q 點之最大及最小正交應力，且最大剪應力等於最大同平面剪應力。在 7.3 節已示出，最大剪應力平面與莫爾圓上之 D 及 E

圖 7.28

圖 7.29

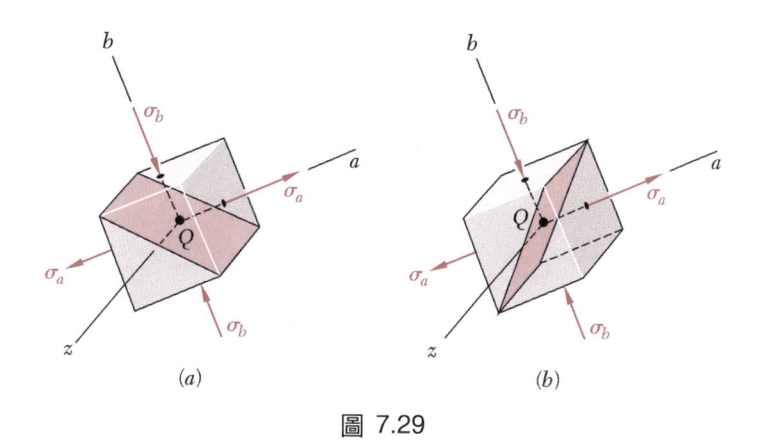

點對應，且與 A 及 B 點對應之主平面成 45°。是以它們乃是對角陰影平面，如圖 7.29a 及 b 所示。

在另一方面，如 A 及 B 是在 O 之同側，亦即如 σ_a 及 σ_b 具有同號，則定出 σ_{max}、σ_{min} 及 τ_{max} 之圓並非與 xy 平面中應力轉換對應之圓。如 $\sigma_a > \sigma_b > 0$，如圖 7.30 中所假定者，吾人即知 $\sigma_{max} = \sigma_a$、$\sigma_{min} = 0$、τ_{max} 等於用點 O 及 A 定出圓之半徑，亦即 $\tau_{max} = \frac{1}{2}\sigma_{max}$。吾人亦注意到，與最大剪應力平面成正交之 Qd' 及 Qe'，可使軸 Qa 在 za 平面內轉動 45° 而得出。是以最大剪應力平面乃是對角陰影平面，如圖 7.31a 及 b 所示。

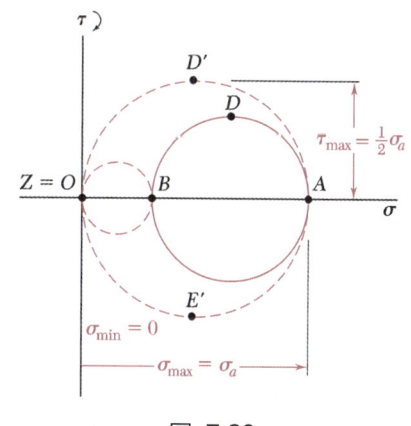

圖 7.30

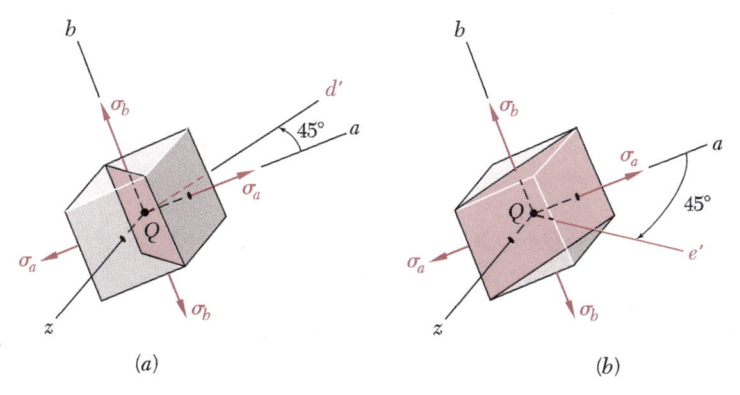

圖 7.31

例 7.03

試就圖 7.32 中所示之平面應力狀態，求(a)三主平面及主應力，(b)最大剪應力。

解：

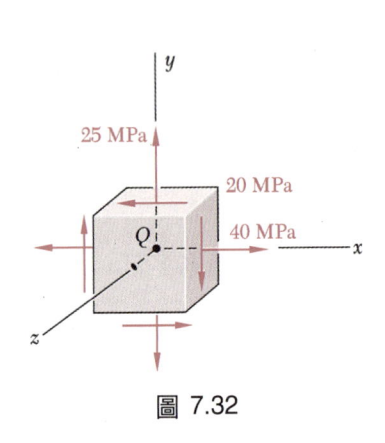

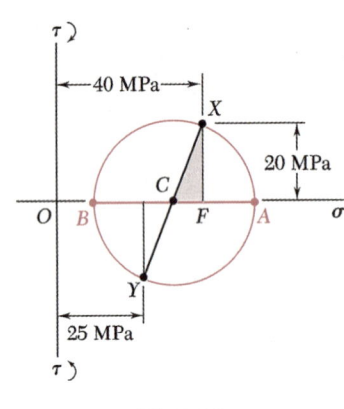

圖 7.32

圖 7.33

(a)主平面與主應力

首先畫出可以在 xy 平面上用來轉換應力之莫爾圓(圖 7.33)，其中 X 點位於 τ 軸右方 40 個單位，且在 σ 軸上方 20 個單位(因為對應之應力傾向於使微素作順時針方向旋轉)；Y 點位於 τ 軸右方 25 個單位，且在 σ 軸下方 20 個單位。畫出線 XY，即得到 xy 平面的莫爾圓之圓心 C，其橫坐標為

$$\sigma_{\text{ave}}=\frac{\sigma_x+\sigma_y}{2}=\frac{40+25}{2}=32.5 \text{ MPa}$$

由於直角三角形 CFX 之邊長為 $CF=40-32.5=7.5$ MPa 及 $FX=20$ MPa，故圓之半徑為

$$R=CX=\sqrt{(7.5)^2+(20)^2}=21.4 \text{ MPa}$$

應力平面上之主應力即為

$$\sigma_a=OA=OC+CA=32.5+21.4=53.9 \text{ MPa}$$
$$\sigma_b=OB=OC-BC=32.5-21.4=11.1 \text{ MPa}$$

由於微素垂直於 z 軸之面並無應力，故這些面定義出主平面之一，而對應主應力為 $\sigma_z=0$。另外兩個主平面是由莫爾圓上的 A 點與 B 點定出。要使微素之面與這些平面重合，則必須對 z 軸旋轉 θ_p 角(圖 7.34)，θ_p 應為角 ACX 的一半，故得

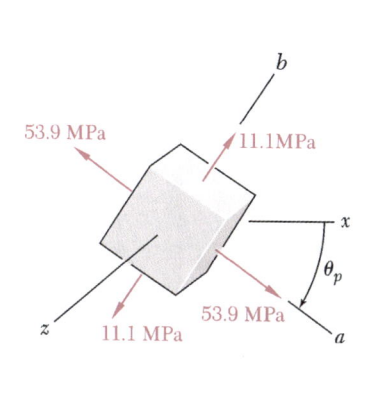

圖 7.34

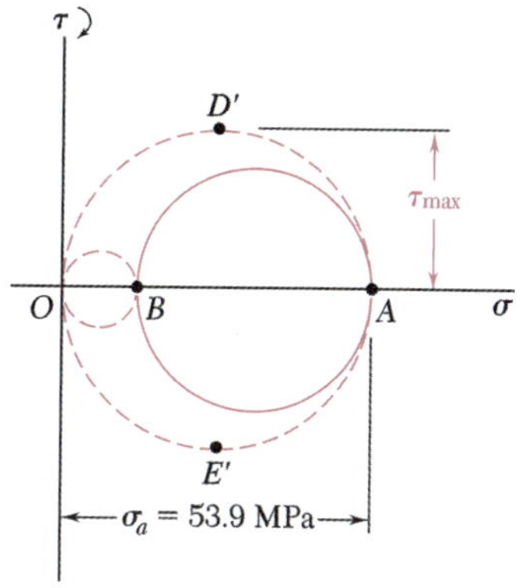

圖 7.35

$$\tan 2\theta_p = \frac{FX}{CF} = \frac{20}{7.5}$$

$2\theta_p = 69.4°$ ↙ $\theta_p = 34.7°$ ↙

(b)最大剪應力

接著畫出直徑為 OB 與 OA 之圓，這些圓分別對應於微素對 a 軸與 b 軸之旋轉(圖 7.35)。由於最大剪應力等於直徑為 OA 的圓之半徑，故得到

$$\tau_{max} = \frac{1}{2}\sigma_a = \frac{1}{2}(53.9 \text{ MPa}) = 26.9 \text{ MPa}$$

由於定義出最大剪應力平面之點 D' 與 E' 位在對應於對 b 軸旋轉的圓之垂直直徑兩端，故圖 7.34 的微素面可以經由對 b 軸旋轉 45° 而與最大剪應力平面重合。

7.9 薄壁壓力容器中之應力

薄壁壓力容器(thin-walled pressure vessel)之分析，乃是平面應力分析一個很重要之應用。由於薄壁幾乎不能抵抗彎曲，吾人乃假定作用在薄壁已知部分上之內力乃與容器表面相切(圖 7.46)。因此在薄壁一微素上作用之應力將處在與容器表面相切之一平面中。

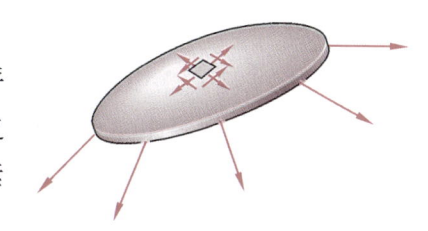

吾人對薄壁壓力容器之分析，將限於兩種最常見之容器：圓筒壓力容器及球形壓力容器(照片 7.3 及 7.4)。

圖 7.46 薄壁壓力容器中之假定應力分佈

照片 7.3　圓筒壓力容器　　　　　　　照片 7.4　球形壓力容器

茲先考究內半徑為 r，壁厚為 t，內盛受壓流體之圓筒容器(圖 7.47)。吾人現將去求作用在薄壁一小微素上之應力，此小微素之各邊分別與圓筒軸平行及垂直。因為容器及其內含物成軸對稱，顯然無剪應力作用在微素上，是以圖 7.47 所示之正交應力乃是主應力。應力 σ_1 稱為周向應力 (hoop stress) 與一將木桶各板條箍緊在一起所用之力相同。應力 σ_2 稱為縱向應力 (longitudinal stress)。

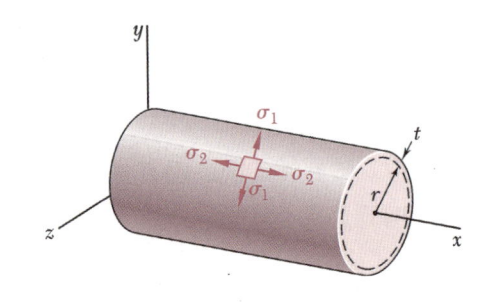

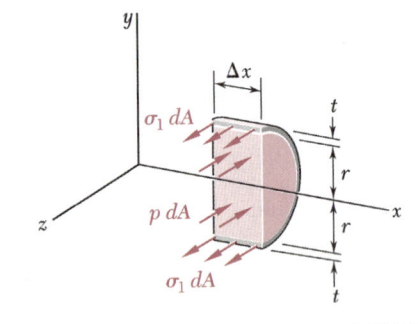

圖 7.47　受壓之圓筒容器　　　　　　圖 7.48　決定周向應力之自由體圖

為了求出周向應力 σ_1，先將容器及其內含物之一部分分離出來。此一部分乃由 xy 平面及與 yz 平面平行，相互距離為 Δx 的兩平面所圍成(圖 7.48)。作用在分離體上與 z 軸平行之力，包括作用在薄壁斷面上之原內力 $\sigma_1\,dA$，以及作用在分離體中內盛流體部分上之原壓力 $p\,dA$。注意，p 表流體之表壓力 (gage pressure)，亦即表內側壓力超過外側大氣壓力之部分。各內力 $\sigma_1\,dA$ 之合力等於 σ_1 及薄壁面積 $2t\,\Delta x$ 之乘積，而壓力 $p\,dA$ 之合力則等於 p 及面積 $2r\,\Delta x$ 之乘積。吾人可寫出其平衡方程式 $\Sigma F_z=0$ 為

$$\Sigma F_z=0：\qquad \sigma_1(2t\,\Delta x)-p(2r\,\Delta x)=0$$

解上式即得周向應力 σ_1 為

$$\sigma_1 = \frac{pr}{t} \tag{7.30}$$

為了求出縱向應力 σ_2，吾人乃切取一與 x 軸垂直之斷面，考慮包括位在斷面左側容器部分及其內含物之分離體(圖 7.49)。作用在此一分離體上之各力乃是作用在薄壁斷面上之原內力 $\sigma_2\, dA$，以及作用在分離體內盛流體部分上之原壓力 $p\, dA$。注意，流體斷面之面積是 πr^2，薄壁斷面之面積等於圓筒周長 $2\pi r$ 乘其壁厚 t，吾人可寫出其平衡方程式：†

$\Sigma F_x = 0$：
$$\sigma_2 (2\pi rt) - p(\pi r^2) = 0$$

解上式，得縱向應力 σ_2 為

$$\sigma_2 = \frac{pr}{2t} \tag{7.31}$$

比較式 (7.30) 及 (7.31)，吾人知悉周向應力 σ_1 等於縱向應力 σ_2 之兩倍，即

$$\sigma_1 = 2\sigma_2 \tag{7.32}$$

通過分別與主應力 σ_1 及 σ_2 對應之 A 及 B 點，畫出莫爾圓(圖 7.50)，並依前述，最大同平面剪應力應等於此圓之半徑，故吾人得

$$\tau_{\max(\text{同平面})} = \frac{1}{2}\sigma_2 = \frac{pr}{4t} \tag{7.33}$$

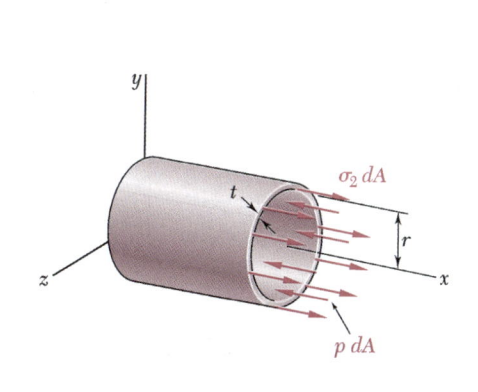

圖 7.49　決定縱向應力的自由體圖 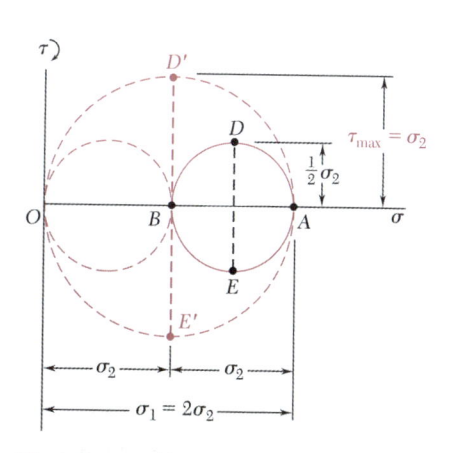　　圖 7.50　圓筒壓力容器元件的莫爾圓

---

† 計算作用在某一薄壁斷面上各力之合力時，使用該薄壁斷面之平均半徑 $r_m = r + \frac{1}{2}t$，就能得到更準確之縱向應力值為

$$\sigma_2 = \frac{pr}{2t}\, \frac{1}{1 + \dfrac{t}{2r}} \tag{7.31'}$$

不過，對一薄壁壓力容器，$t/2r$ 項很小，是以在工程設計及分析方面可以使用式 (7.31)。如壓力容器並非薄壁 (即 $t/2r$ 不很小)，整個壁長上之應力 σ_1 及 σ_2 有變化者，必須用彈性力學方法予以決定。

此一應力與 D 點及 E 點對應，並作用於使圖 7.47 所示之原有微素在與容器表面相切之平面中轉動 45° 後所得之一微素上。不過在容器壁中之最大剪應力則更大，其值等於直徑為 OA 圓之半徑，並對應於繞一縱向軸的 45° 旋轉，且在平面應力以外。†故吾人得

$$\tau_{max} = \sigma_2 = \frac{pr}{2t} \tag{7.34}$$

吾人現來考究一內半徑為 r，壁厚為 t，內盛受表壓力 p 作用流體的球形容器。根據對稱原理可以看出，作用在壁上一小微素四表面的應力必須相等(圖 7.51)，得

$$\sigma_1 = \sigma_2 \tag{7.35}$$

為了求得此一應力值，吾人通過容器球心 C 取一斷面，並考究包括位在斷面左側之容器部分及其內含物的分離體(圖 7.52)。此分離體之平衡方程式乃與圖 7.49 所示分離體使用之平衡方程式相同。是以對球形容器，吾人乃得

$$\sigma_1 = \sigma_2 = \frac{pr}{2t} \tag{7.36}$$

因為主應力 σ_1 及 σ_2 相等，是以用在與容器表面相切平面中之應力轉換的莫爾圓亦減縮為一點(圖 7.53)，因此同平面之正交應力為常數，且同平面之最大剪應力為零。但

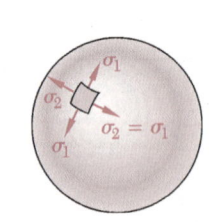

圖 7.51　受壓之球形容器

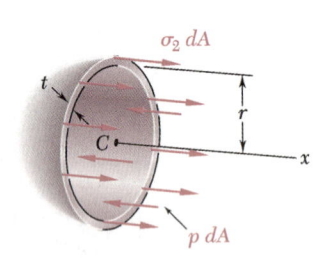

圖 7.52　決定薄壁應力的自由體圖

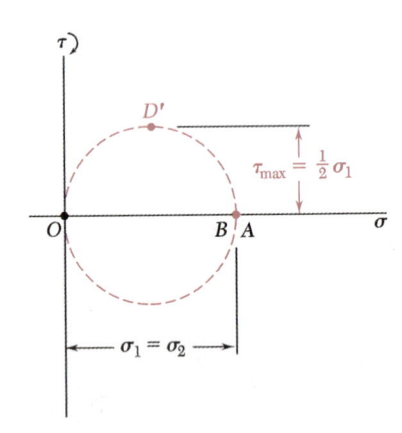

圖 7.53　球形壓力容器元件的莫爾圖

---

† 可以看出，當三主應力作用在容器外表面時為零，其內在表面作用卻為 $-p$ 時，可在莫爾圓圖上用一點 $C(-p, 0)$ 表出，是以靠近容器內表面處，最大剪應力等於直徑 CA 圓之半徑，故

$$\tau_{max} = \frac{1}{2}(\sigma_1 + p) = \frac{pr}{2t}\left(1 + \frac{t}{r}\right)$$

不過薄壁容器之 t/r 項很小，吾人可忽略 τ_{max} 在薄壁斷面上之變化。此一說明亦適用於球形壓力容器。

是在容器壁中之最大剪應力並非為零；其值應等於直徑為 OA 圓之半徑，且對應於應力平面外的 45° 轉動。故得

$$\tau_{max} = \frac{1}{2}\sigma_1 = \frac{pr}{4t} \tag{7.37}$$

範例 7.5

某壓縮空氣槽如附圖所示以兩槽形座支持，其中一槽形座之設計使它對槽未施加任何縱向力。圓筒狀槽的外徑為 750 mm，以厚度為 10 mm 之鋼鈑沿一螺旋線以對頭焊接形成，螺旋線則與一橫向平面成 25° 角。槽的端帽為球形，且具有 8 mm 均勻壁厚度。試就 1.2 MPa 內部表壓力，求 (a) 球形帽內之正交應力與最大剪應力，(b) 方向與螺旋形焊接垂直及平行之應力。

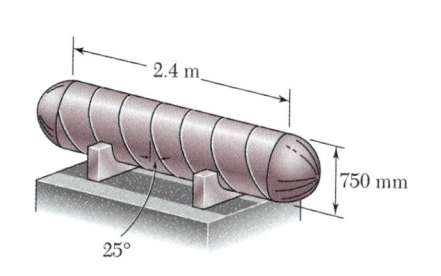

解：

a. 球形帽

利用式 (7.36)，可以寫出

$p = 1.2$ MPa、$t = 8$ mm、$r = 375 - 8 = 367$ mm

$$\sigma_1 = \sigma_2 = \frac{pr}{2t} = \frac{(1.2 \text{ MPa})(367 \text{ mm})}{2(8 \text{ mm})}$$

$$\sigma = 27.5 \text{ MPa} \blacktriangleleft$$

注意，對於在與帽相切的平面上之應力而言，莫爾圓即變成水平軸線上一點 (A, B)，且所有同平面剪應力均為零。在帽之表面上，第三主應力為零，且對應於點 O。在直徑為 AO 之莫爾圓上，點 D' 代表最大剪應力，係發生在與帽相切的平面成 45° 之平面上，且

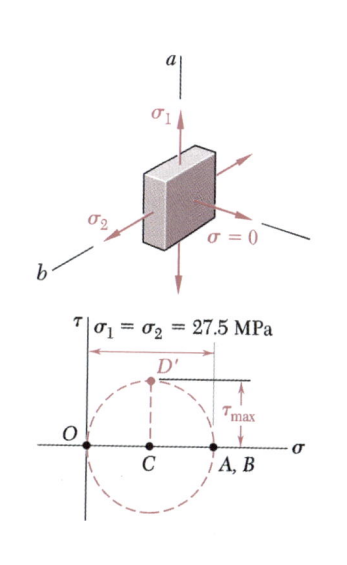

$$\tau_{max} = \frac{1}{2}(27.5 \text{ MPa})$$

$$\tau_{max} = 13.75 \text{ MPa} \blacktriangleleft$$

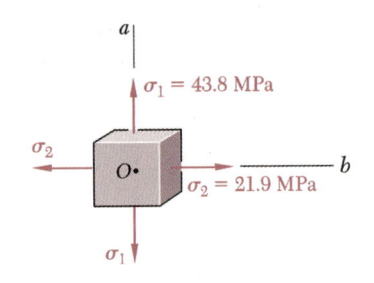

b. 圓筒狀槽體

首先決定周向應力 σ_1 與縱向應力 σ_2。利用式 (7.30) 與 (7.32)，則寫出

$p = 1.2$ MPa、$t = 10$ mm、$r = 375 - 10 = 365$ mm

$$\sigma_1 = \frac{pr}{t} = \frac{(1.2 \text{ MPa})(365 \text{ mm})}{10 \text{ mm}} = 43.8 \text{ MPa}$$

$$\sigma_2 = \frac{1}{2}\sigma_1 = 21.9 \text{ MPa}$$

$$\sigma_{ave} = \frac{1}{2}(\sigma_1 + \sigma_2) = 32.85 \text{ MPa}$$

$$R = \frac{1}{2}(\sigma_1 - \sigma_2) = 10.95 \text{ MPa}$$

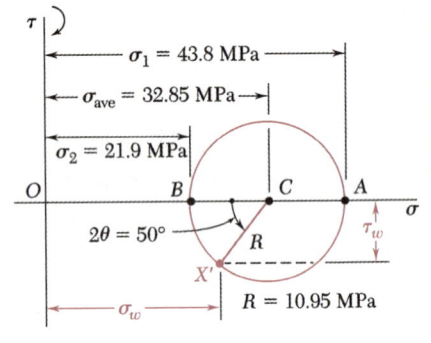

焊接處之應力

周向應力與縱向應力均為主應力，故畫出附圖所示之莫爾圓。

將垂直於軸線 Ob 的面以逆時針方向旋轉 $25°$，即得到表面平行於焊接之微素。因此，將莫爾圓上的半徑 CB 以逆時針方向旋轉 $2\theta = 50°$，即得到對應於焊接處的應力分量之點 X'。

$$\sigma_w = \sigma_{ave} - R \cos 50° = 32.85 - 10.95 \cos 50° \qquad \sigma_w = +25.8 \text{ MPa} \blacktriangleleft$$

$$\tau_w = R \sin 50° = 10.95 \sin 50° \qquad \tau_w = 8.39 \text{ MPa} \blacktriangleleft$$

由於 X' 在水平軸線下方，故 τ_w 傾向於逆時針方向將微素旋轉。

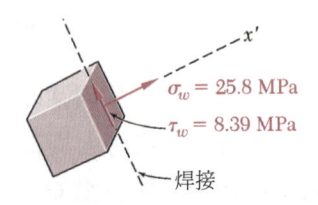

習題

7.98 以鋼製成之一球形瓦斯容器之外徑為 5 m，壁厚為 6 mm。已知內壓力是 350 kPa，試求容器內之最大正交應力及最大剪應力。

7.99 一球形鋼製壓力容器之外徑為 250 mm，壁厚為 6 mm，極大表壓力已知為 8 MPa。已知採用鋼之極限應力是 $\sigma_U = 400$ MPa，試求相對於拉力破壞時之安全因數。

7.100 一籃球之外徑是 300 mm，壁厚為 3 mm，此籃球被充氣至氣壓計讀數為 120 kPa，試求此籃球中之正交應力。

7.101 一球形壓力容器之外徑為 900 mm，以一具有極限應力 $\sigma_U = 400$ MPa 之鋼製造。已知採用安全因數為 4.0，表壓力能達 3.5 MPa，決定應選用之最薄壁厚。

7.102 一球形壓力容器之內徑是 3 m，壁厚是 12 mm。已知使用鋼的 $\sigma_{all} = 80$ MPa、$E = 200$ GPa，$v = 0.29$，試求(a)容許之表壓力，(b)容器直徑對應增加量。

7.103 一球形瓦斯容器之內徑是 5 m，壁厚 22 mm，是用 $E = 200$ GPa、$v = 0.29$ 之鋼製造。已知容器中之表壓力能從零增至 1.7 MPa，試求(a)容器中之極大正交應力，(b)容器直徑增加量。

7.104 圖示一鋼製壓力水管外徑為 750 mm，管厚為 12 mm，此管在水庫 A 點與發電廠 B 相連。已知水之比重是 1000 kg/m³，試求此水管在靜止狀態時之極大正交應力及極大剪應力。

7.105 圖示一鋼製壓力水管外徑為 750 mm，此管在水庫 A 點與發電廠 B 相連。已知水之比重是 1000 kg/m³，鋼管中容許正交應力是 85 MPa，試決定能用作壓力水管之最小管厚。

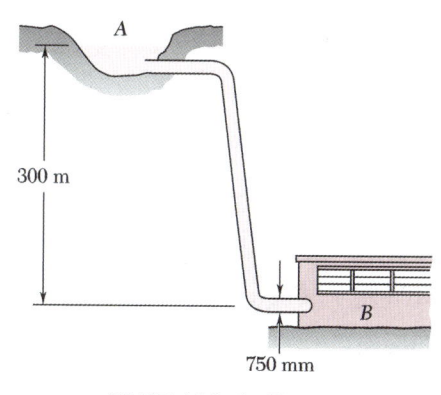

圖 P7.104 和 P7.105

7.106 照片 7.3 所示巨大蓄氣槽之外徑為 3.3 m，壁厚為 18 mm。當槽之內壓力為 1.5 MPa，試求其時之極大正交應力及極大剪應力。

7.107 一圓柱槽之外徑為 1.75 m，壁厚為 16 mm，如使用鋼之極限正交應力是 450 MPa，採用安全因數是 5.0，試求能施加在此槽之最大內壓力。

7.108 圖示之蓄氣桶，在溫度 38°C，壓力 1.5 MPa 時，內蓄液化丙烷氣。已知此桶之外徑為 320 mm，壁厚為 3 mm，試求此罐中之極大正交應力及極大剪應力。

7.109 圖示圓柱槽於未加壓時壁厚為 5 mm，以拉力極限應力 σ_U=420 MPa 之鋼製造。假使期望之安全因數為 4，試決定可填入水之最大高度 h。(水的比重是 9,810 N/m³。)

7.110 針對習題 7.109 之容器，試求將水填滿至容積大小時 (h=14.4 m)，圓柱槽壁厚中的極大剪應力。

7.111 一直徑 300 mm 之標準重鋼製管承載水時的壓力為 2.8 MPa。(a)已知外徑為 320 mm 及壁厚為 10 mm，試求管內的極大張應力。(b)假設使用外徑 320 mm 及壁厚為 12 mm 的強化管，再解(a)。

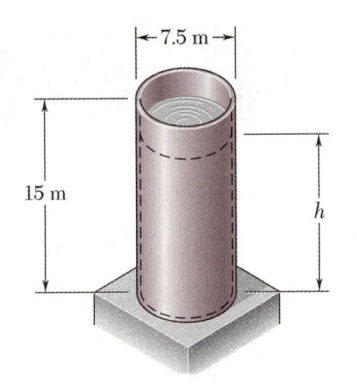

圖 P7.109

7.112 圖示壓力槽之壁厚為 8 mm。已知衝頭焊接縫與槽向平面形成角 β=20°，在表壓力為 600 kPa 時，試求(a)垂直於焊接線之正交應力，(b)平行於焊接線之剪應力。

7.113 在習題 7.112，圖示壓力槽之壁厚為 8 mm，衝頭焊接縫與橫向平面形成角 β=20°。已知與焊接線垂直之容許正交應力是 120 MPa，與焊接線平行之容許剪應力是 80 MPa，試求最大容許表壓力。

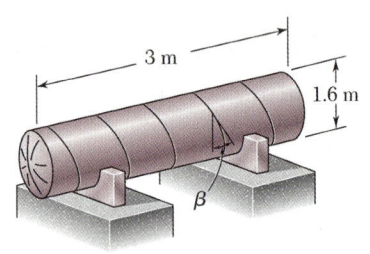

圖 P7.112

7.114 在習題 7.112，如果剪應力與焊接線平行，且當表壓力為 600 kPa 時，剪應力不超過 12 MPa，試求能夠採用 β 值之範圍。

7.115 圖示壓力槽之內徑為 750 mm，壁厚為 9 mm。已知衝頭焊接縫與槽向平面形成角 β=50°，在表壓力為 1.5 MPa 時，試求(a)垂直於焊接線之正交應力，(b)平行於焊接線之剪應力。

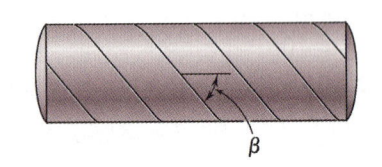

圖 P7.115 和 P7.116

7.116 圖示之壓力槽是將金屬鈑條沿一與橫向平面形成角 β 之螺旋線焊接而製成。如果與焊接線垂直之正交應力不大於管中極大應力之 85%，試求能夠選用之最大 β 值。

7.117 圖示壓縮空氣槽之圓筒部分是以厚度為 6 mm 之金屬鈑沿一與水平夾角成 β=30° 之螺旋線焊接。已知與焊接線正交之容許應力是 75 MPa，試求能作用於此槽中之最大表壓力。

7.118 圖示壓縮空氣槽之圓筒部分是以厚度為 6 mm 之金屬鈑沿一與水平夾角成 β=30° 之螺旋線焊接。試求表壓力，此表壓力產生一與焊接線平行之剪應力為 30 MPa。

7.119 將厚度各為 16 mm 之方形鈑彎曲，並用圖示之兩種方式任一種焊接在一起，構成壓縮空氣槽之圓筒部分。已知與焊接面垂直之極限正交應力是 65 MPa，試決定每一情況之最大容許表壓力。

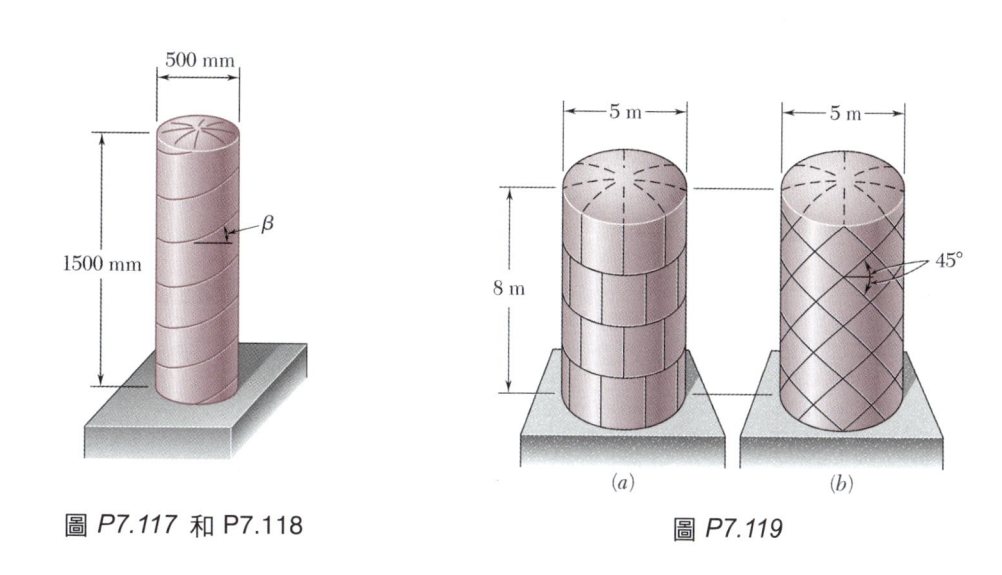

圖 P7.117 和 P7.118

圖 P7.119

7.120 圖示壓力空氣槽 AB 之內徑為 450 mm，均勻壁厚為 6 mm。已知槽中之表壓力是 1.2 MPa，試求在槽頂部 a 點之極大正交應力及極大同平面剪應力。

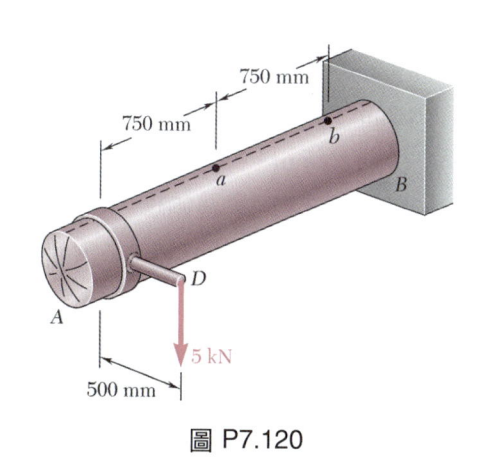

圖 P7.120

7.121 原習題 7.120 之壓縮空氣槽及負載，試求在槽頂部 a 及 b 點之極大同平面剪應力。

材料力學
Mechanics of Materials

7.122 將一大小為 $T=12$ kN·m 之扭矩作用在一受壓空氣槽之一端如圖所示，此時空氣槽受到壓力為 8 MPa。已知此槽之內徑為 180 mm，槽壁厚為 12 mm，試求此槽中之極大正交應力及極大剪應力。

7.123 圖示之槽的內徑為 180 mm，槽壁厚為 12 mm。已知此槽在壓力為 8 MPa 時裝有壓縮空氣，試求槽中之極大正交應力是 75 MPa 時，作用扭矩 T 之大小。

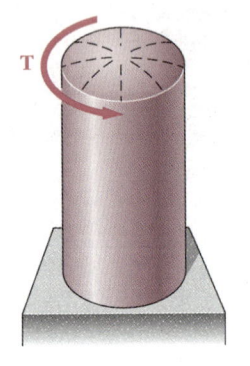

圖 P7.122 和 P7.123

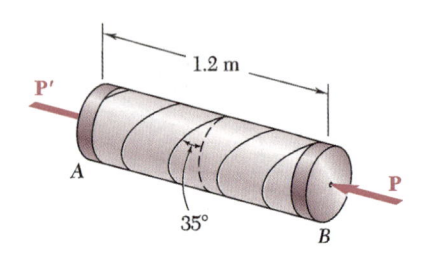

圖 P7.124

7.124 圖示壓力容器之內徑為 250 mm，壁厚為 6 mm，是取長 1.2 m 螺線形焊接管 AB，兩端再加裝兩剛性端鈑而製成。容器內側之表壓力是 2 MPa，中心軸向力 **P** 及 **P'** 45 kN 是作用在兩端鈑。試求(a)與焊接線垂直之正交應力，(b)與焊接線平行之剪應力。

7.125 假定兩力 P 之大小增至 120 kN，再解習題 7.124。

7.126 一黃銅環之外徑為 126 mm，厚度為 6 mm，此環如圖示般恰好嵌合於內徑為 126 mm，厚度為 3 mm 之鋼環內，此時兩環之溫度皆為 10°C。其後兩環之溫度升至 52°C 時，試求(a)鋼環中之拉應力，(b)黃銅環作用在鋼環上之對應壓力。

7.127 假定黃銅環之厚度是 3 mm，鋼環之厚度是 6 mm，再解習題 7.126。

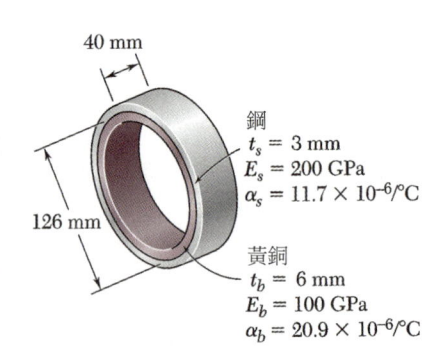

鋼
$t_s = 3$ mm
$E_s = 200$ GPa
$\alpha_s = 11.7 \times 10^{-6}/°C$

黃銅
$t_b = 6$ mm
$E_b = 100$ GPa
$\alpha_b = 20.9 \times 10^{-6}/°C$

圖 P7.126

公式總整理

平面應力之轉換

$$\sigma_{x'} = \frac{\sigma_x + \sigma_y}{2} + \frac{\sigma_x - \sigma_y}{2}\cos 2\theta + \tau_{xy}\sin 2\theta$$

$$\sigma_{y'} = \frac{\sigma_x + \sigma_y}{2} - \frac{\sigma_x - \sigma_y}{2}\cos 2\theta - \tau_{xy}\sin 2\theta$$

$$\tau_{x'y'} = -\frac{\sigma_x - \sigma_y}{2}\sin 2\theta + \tau_{xy}\cos 2\theta$$

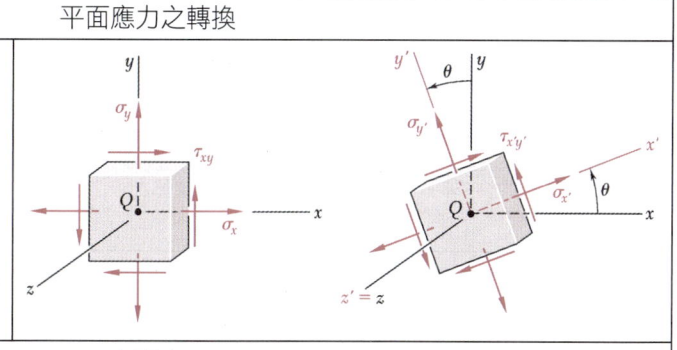

主應力

$$\tan 2\theta_p = \frac{2\tau_{xy}}{\sigma_x - \sigma_y}$$

$$\sigma_{\max,\min} = \frac{\sigma_x + \sigma_y}{2} \pm \sqrt{\left(\frac{\sigma_x - \sigma_y}{2}\right)^2 + \tau_{xy}^2}$$

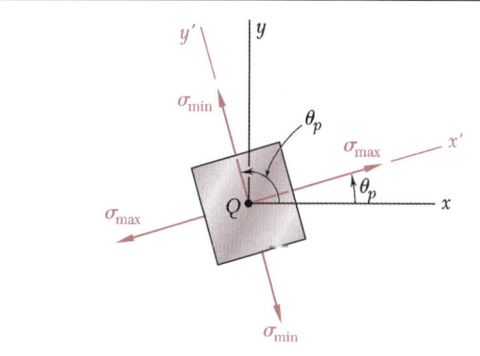

最大同平面剪應力

$$\tan 2\theta_s = -\frac{\sigma_x - \sigma_y}{2\tau_{xy}}$$

$$\tau_{\max} = \sqrt{\left(\frac{\sigma_x - \sigma_y}{2}\right)^2 + \tau_{xy}^2}$$

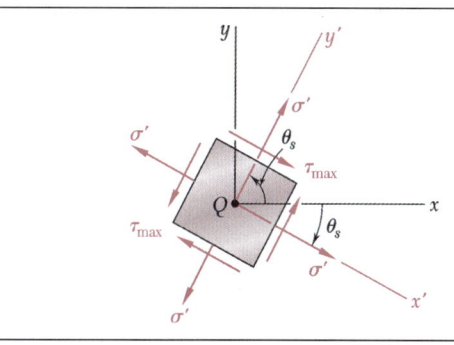

圓筒狀壓力容器（圓筒容器）

周向應力 $\sigma_1 = \dfrac{pr}{t}$

縱向應力 $\sigma_2 = \dfrac{pr}{2t}$

最大剪應力 $\tau_{\max} = \sigma_2 = \dfrac{pr}{2t}$

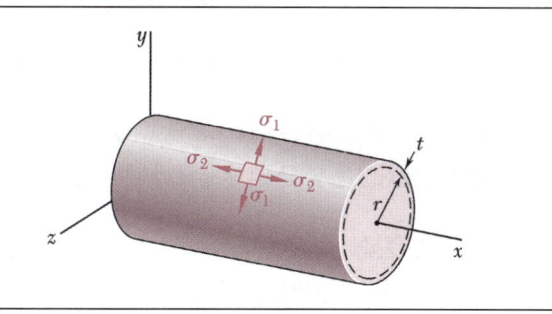

公式總整理（續）

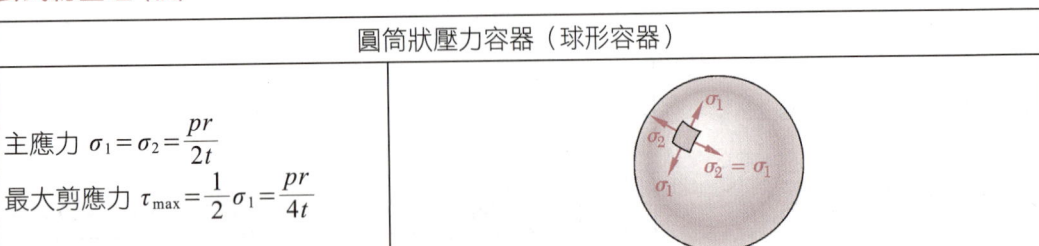

圓筒狀壓力容器（球形容器）	
主應力 $\sigma_1 = \sigma_2 = \dfrac{pr}{2t}$ 最大剪應力 $\tau_{max} = \dfrac{1}{2}\sigma_1 = \dfrac{pr}{4t}$	

分析步驟

解題程序一、平面應力莫爾圓

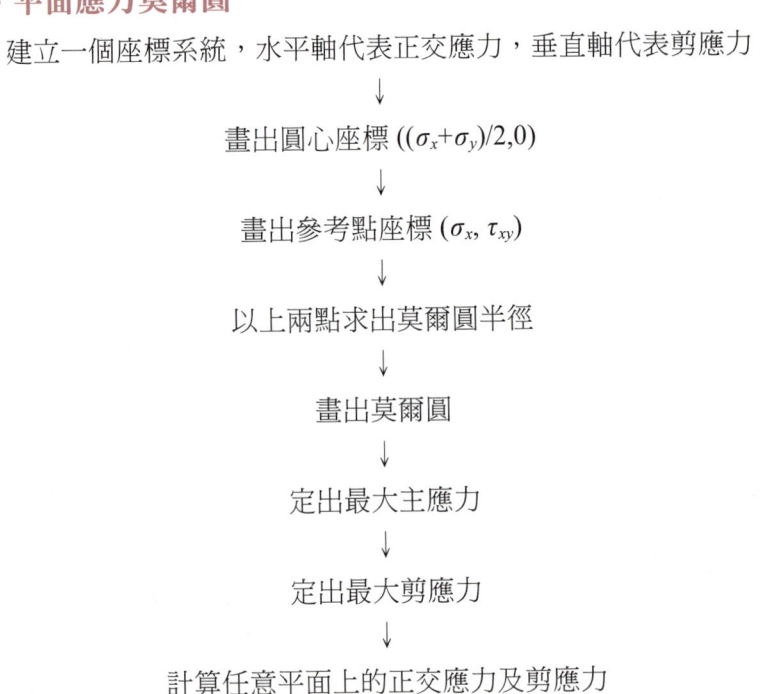

建立一個座標系統，水平軸代表正交應力，垂直軸代表剪應力
↓
畫出圓心座標 $((\sigma_x+\sigma_y)/2, 0)$
↓
畫出參考點座標 (σ_x, τ_{xy})
↓
以上兩點求出莫爾圓半徑
↓
畫出莫爾圓
↓
定出最大主應力
↓
定出最大剪應力
↓
計算任意平面上的正交應力及剪應力

複習與摘要

本章第一部分討論軸線旋轉下的應力變換及在工程問題解答之應用，第二部分則討論了類似的應變變換。

平面應力之變換

首先考慮一既定點 Q 處之平面應力狀態 [7.2 節]，以 σ_x、σ_y 及 τ_{xy} 代表圖 7.77a 中所示的微素之應力分量，即導出下列公式，以定義出該微素對 z 軸旋轉一 θ 角之後的分量 $\sigma_{x'}$、$\sigma_{y'}$ 及 $\tau_{x'y'}$（圖 7.77b）

$$\sigma_{x'} = \frac{\sigma_x + \sigma_y}{2} + \frac{\sigma_x - \sigma_y}{2}\cos 2\theta + \tau_{xy}\sin 2\theta \tag{7.5}$$

$$\sigma_{y'} = \frac{\sigma_x + \sigma_y}{2} - \frac{\sigma_x - \sigma_y}{2}\cos 2\theta - \tau_{xy}\sin 2\theta \tag{7.7}$$

$$\tau_{x'y'} = -\frac{\sigma_x - \sigma_y}{2}\sin 2\theta + \tau_{xy}\cos 2\theta \tag{7.6}$$

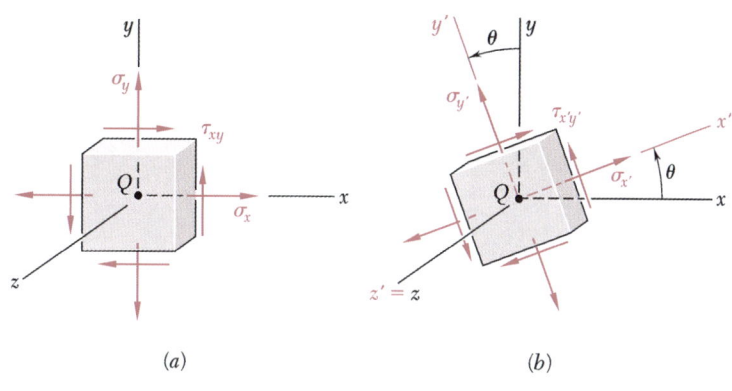

圖 7.77

主平面；主應力

第 7.3 節中求出對應於點 Q 處的最大與最小正交應力值之旋轉角 θ_p 值，得

$$\tan 2\theta_p = \frac{2\tau_{xy}}{\sigma_x - \sigma_y} \tag{7.12}$$

所得到之兩 θ_p 值相隔 90°(圖 7.78)，定義出點 Q 處之主應力平面。對應的正交應力值稱為 Q 處之主應力，而得到

$$\sigma_{\max,\min} = \frac{\sigma_x + \sigma_y}{2} \pm \sqrt{\left(\frac{\sigma_x - \sigma_y}{2}\right)^2 + \tau_{xy}^2} \tag{7.14}$$

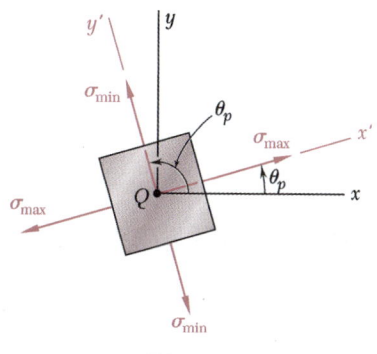

圖 7.78

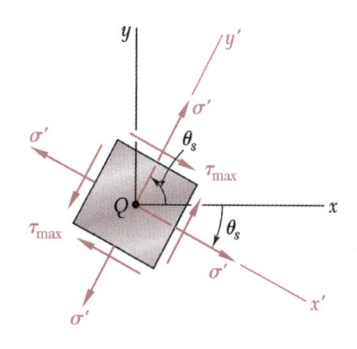

圖 7.79

383

最大同平面剪應力

吾人注意到對應的剪應力值為零。接著決定發生最大剪應力的角 θ 值 θ_s，而寫出

$$\tan 2\theta_s = -\frac{\sigma_x - \sigma_y}{2\tau_{xy}} \tag{7.15}$$

所得到的兩 θ_s 值相隔 90°(圖 7.79)。另外也注意到最大剪應力平面與主平面成 45° 角。在應力平面上旋轉的最大剪應力值為

$$\tau_{\max} = \sqrt{\left(\frac{\sigma_x - \sigma_y}{2}\right)^2 + \tau_{xy}^2} \tag{7.16}$$

而對應的正交應力值為

$$\sigma' = \sigma_{\text{ave}} = \frac{\sigma_x + \sigma_y}{2} \tag{7.17}$$

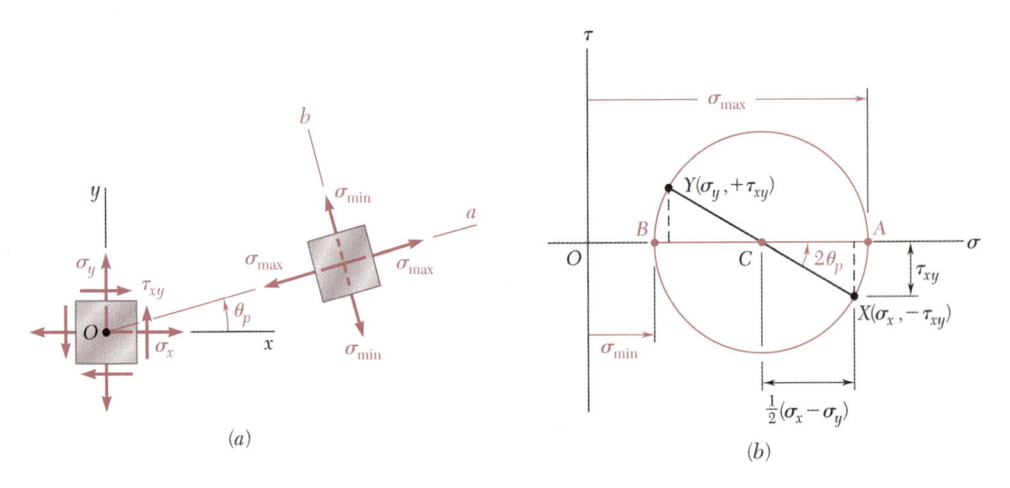

圖 7.80

應力莫爾圓

7.4 節中指出基於考慮簡單的幾何形狀之莫爾圓，是分析平面應力之變換的另一種方法。就圖 7.80a 中以黑色顯示應力狀態，畫出坐標為 σ_x、$-\tau_{xy}$ 的 X 點與 σ_y、$+\tau_{xy}$ 的 Y 點(圖 7.80b)。然後畫出直徑為 XY 之圓，即得到莫爾圓。此圓與水平軸線的交點 A 與 B 之橫坐標代表主應力，將直徑 XY 移至 AB 的旋轉角為定義出圖 7.80a 的主平面的角 θ_p 的兩倍，兩角的指向相同。另外也注意到直徑 DE 定義出最大剪應力與對應平面之方向(圖 7.81) [例 7.02、範例 7.2 與 7.3]。

廣義應力態

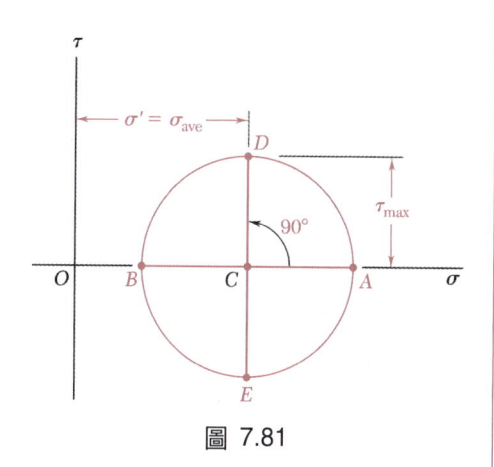

在考慮以六個應力分量指明的廣義應力狀態後[7.5 節]，證明了在任意方向的平面上之正交應力可以用該平面法線的方向餘弦之二次式表示，亦證明了任意點處有三個主應力軸與三個主應力存在。將一小正立方體微素對各主軸旋轉 [7.6 節]，即畫出對應的莫爾圖，並由此產生 σ_{max}、σ_{min} 與 τ_{max} 值(圖 7.82)。在平面應力的特殊情形中，若選擇在應力平面上的 x 軸與 y 軸，則點 C 與原點 O 重合。若 A 與 B 位於 O 的兩側，則最大剪應力等於 7.3 或 7.4 節中所決定的最大「同平面」剪應力。若 A 與 B 在 O 的同一邊，則非如此。若 $\sigma_a > \sigma_b > 0$，則最大剪應力等於 $\frac{1}{2}\sigma_a$，且對應於旋轉離開應力平面(圖 7.83)。

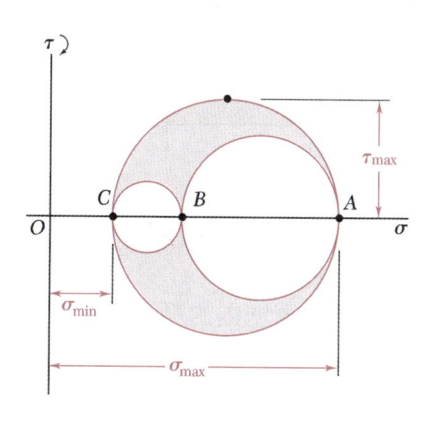

圖 7.81

圖 7.82

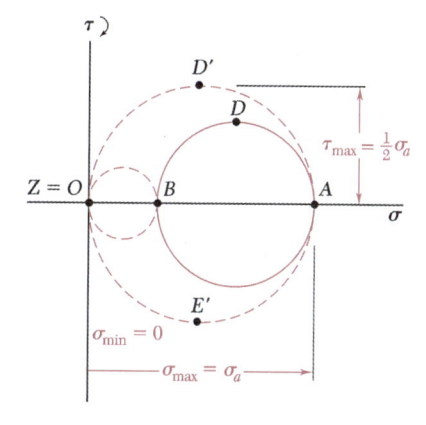

圖 7.83

延性材料之降伏準則

7.7 節中導出了延性材料在平面應力下之降伏準則。為了預測一結構或機器構件是否會因為材料內的降伏而在某臨界點處損壞，首先應決定該點處在既定載重條件下之主應力 σ_a 與 σ_b，然後畫出坐標為 σ_a 與 σ_b 之點。此點若在某一範圍內，則構件安全；若在範圍外，則構件會損壞。圖 7.84 顯示最大剪應力準則所用的範圍，而圖 7.85 顯示最大畸變能準則所用的範圍。注意這兩個範圍都取決於材料的降伏強度 σ_Y 值。

圖 7.84

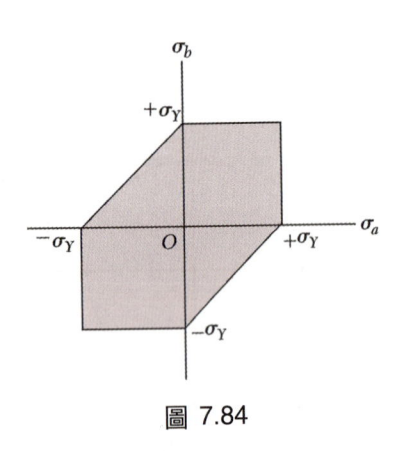

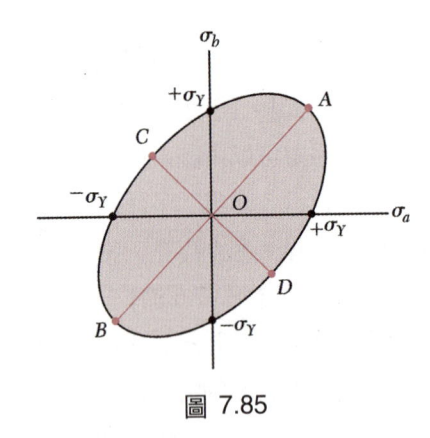

圖 7.85

脆性材料之破壞準則

7.8 節以類似方式導出了脆性材料在平面應力下之破壞準則，其中最常用的是莫爾準則。該準則利用一既定材料的各種試驗結果。當極限強度 σ_{UT} 與 σ_{UC} 分別由抗拉或抗壓試驗決定後，即採用圖 7.86 中所示之陰影區域。主應力 σ_a 與 σ_b 仍需由考究結構或機器構件某一既定點來決定。若對應點落在陰影區域內，則構件安全；若在區域外，則構件將會破壞。

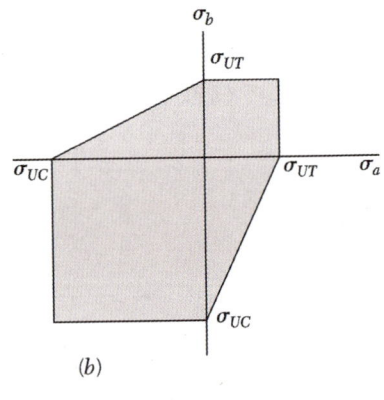

圖 7.86

圓筒狀壓力容器

7.9 節中討論了薄壁壓力容器內之應力，並導出了容器壁內的壓力與容器內所裝的流體中的表壓力 p 之間的關係公式。在內半徑為 r 而厚度為 t 的圓筒容器(圖 7.87)情形中，則得到下列周向應力 σ_1 與縱向應力 σ_2 的數學式

$$\sigma_1 = \frac{pr}{t} \qquad \sigma_2 = \frac{pr}{2t} \tag{7.30, 7.31}$$

另外也發現最大剪應力發生在應力平面以外

$$\tau_{max} = \sigma_2 = \frac{pr}{2t} \tag{7.34}$$

在內半徑為 r 而厚度為 t 的球形容器(圖 7.88)情形中，則發現兩個主應力相等

$$\sigma_1 = \sigma_2 = \frac{pr}{2t} \tag{7.36}$$

最大剪應力再度發生在應力平面外，且為

$$\tau_{\max} = \frac{1}{2}\sigma_1 = \frac{pr}{4t} \tag{7.37}$$

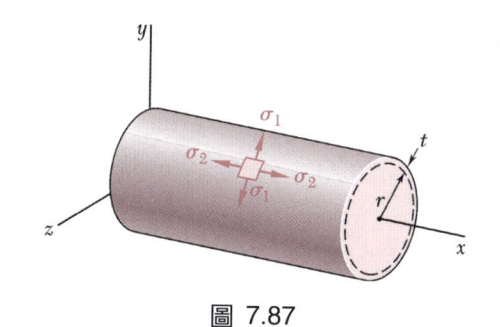

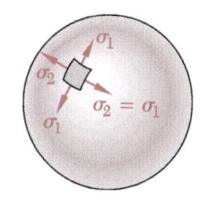

圖 7.87

圖 7.88

平面應變變換

本章最後一部分討論了應變變換。7.10 與 7.11 節中討論平面應變的轉換與平面應變莫爾圖，這些討論和對應的應力轉換的討論相似，但是不同點在於剪應力 τ，已由 $\frac{1}{2}\gamma$ 取代，即剪應變之半。軸線旋轉 θ 角的應變轉換公式為

$$\epsilon_{x'} = \frac{\epsilon_x + \epsilon_y}{2} + \frac{\epsilon_x - \epsilon_y}{2}\cos 2\theta + \frac{\gamma_{xy}}{2}\sin 2\theta \tag{7.44}$$

$$\epsilon_{y'} = \frac{\epsilon_x + \epsilon_y}{2} - \frac{\epsilon_x - \epsilon_y}{2}\cos 2\theta - \frac{\gamma_{xy}}{2}\sin 2\theta \tag{7.45}$$

$$\gamma_{x'y'} = -(\epsilon_x - \epsilon_y)\sin 2\theta + \gamma_{xy}\cos 2\theta \tag{7.49}$$

應變莫爾圓

利用應變莫爾圓(圖 7.89)，也得到下列關係式，即定義出對應於主應變軸的旋轉角 θ_p 與主應變 $\epsilon_{\max}$ 與 $\epsilon_{\min}$ 值

$$\tan 2\theta_p = \frac{\gamma_{xy}}{\epsilon_x - \epsilon_y} \tag{7.52}$$

$$\epsilon_{\max} = \epsilon_{\text{ave}} + R \quad \text{及} \quad \epsilon_{\min} = \epsilon_{\text{ave}} - R \tag{7.51}$$

其中

$$\epsilon_{\text{ave}} = \frac{\epsilon_x + \epsilon_y}{2} \quad \text{及} \quad R = \sqrt{\left(\frac{\epsilon_x - \epsilon_y}{2}\right)^2 + \left(\frac{\gamma_{xy}}{2}\right)^2} \tag{7.50}$$

應變平面上的旋轉所得到的最大剪應變為

$$\gamma_{\max(同平面)} = 2R = \sqrt{(\epsilon_x - \epsilon_y)^2 + \gamma_{xy}^2} \qquad (7.53)$$

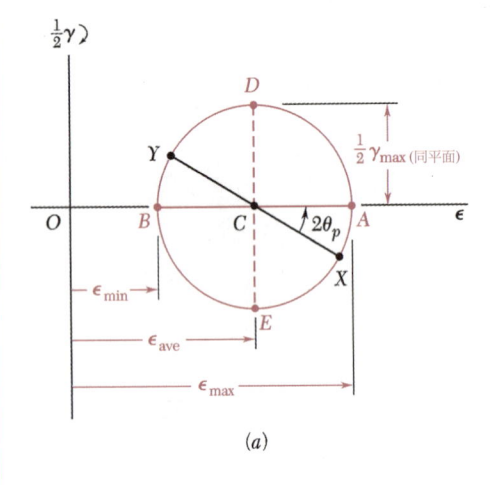

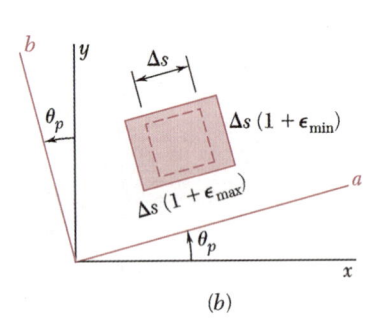

圖 7.89

7.12 節集中討論了應變的三維分析，並用其決定特殊平面應變與平面應力情形下的最大剪應變。在平面應力情形中，也發現在垂直於應力平面方向上的主應變 ϵ_c 可以用「同平面」主應變 ϵ_a 與 ϵ_b 表示

$$\epsilon_c = -\frac{v}{1-v}(\epsilon_a + \epsilon_b) \qquad (7.59)$$

應變計；菊花型應變計

最後，在 7.13 節中討論了以應變計量測結構元件或機器構件表面上的正交應變。考慮由三個應變計組成的應變菊花型裝置，此三應變計分別與 x 軸成 θ_1、θ_2 與 θ_3 之角(圖 7.90)，而得到應變計量度 ϵ_1、ϵ_2、ϵ_3 與顯示該點處的應變狀態之分量 ϵ_x、ϵ_y、γ_{xy} 之間的關係

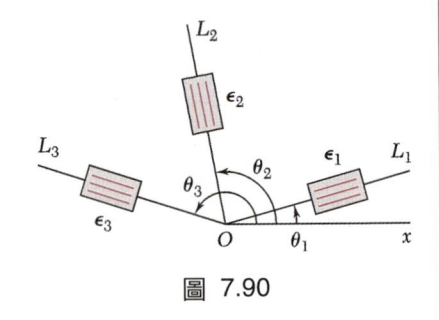

圖 7.90

$$\begin{aligned} \epsilon_1 &= \epsilon_x \cos^2\theta_1 + \epsilon_y \sin^2\theta_1 + \gamma_{xy}\sin\theta_1\cos\theta_1 \\ \epsilon_2 &= \epsilon_x \cos^2\theta_2 + \epsilon_y \sin^2\theta_2 + \gamma_{xy}\sin\theta_2\cos\theta_2 \\ \epsilon_3 &= \epsilon_x \cos^2\theta_3 + \epsilon_y \sin^2\theta_3 + \gamma_{xy}\sin\theta_3\cos\theta_3 \end{aligned} \qquad (7.60)$$

一旦得出 ϵ_1、ϵ_2 與 ϵ_3，即可以解得 ϵ_x、ϵ_y 與 γ_{xy}。

複習題

7.158 某一 19.5 kN 之外力作用於圖示鑄鐵樁之 D 點。已知此樁的直徑為 60 mm，試求 H 點的主應力與極大剪應力。

7.159 某一 19.5 kN 之外力作用於圖示鑄鐵樁之 D 點。已知此樁的直徑為 60 mm，試求 K 點的主應力與極大剪應力。

7.160 同心力 **P** 係作用在一短柱上如圖所示。已知在平面 $a–a$ 上之應力是 $\sigma = -105$ MPa、$\tau = 35$ MPa，試求(a)平面 $a–a$ 與水平形成之角 β，(b)柱中之極大壓應力。

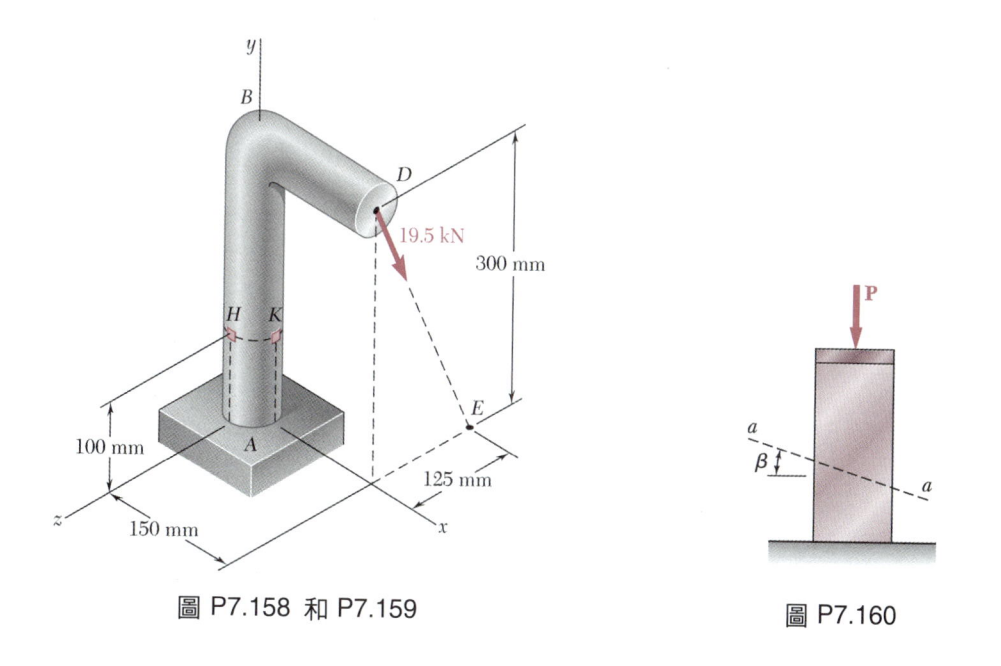

圖 P7.158 和 P7.159

圖 P7.160

7.161 試求將圖示兩平面應力態重疊所形成的平面應力態之主平面及主應力。

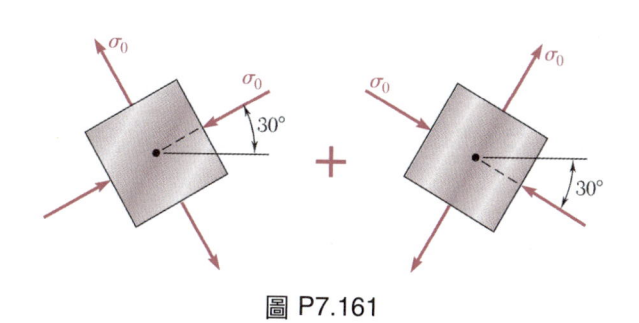

圖 P7.161

7.162 對於圖示應力態，試求當 (a) $\sigma_z = +24$ MPa，(b) $\sigma_z = -24$ MPa，(c) $\sigma_z = 0$ 時之極大剪應力。

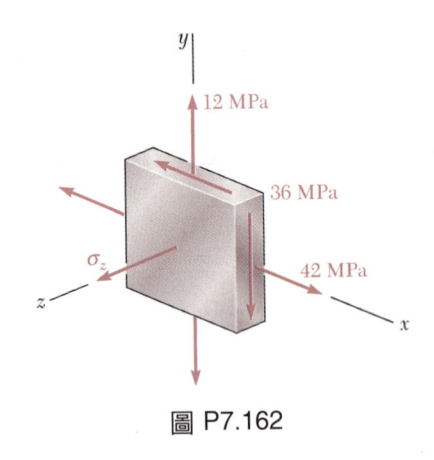

圖 P7.162

7.163 對於圖示應力態，試求剪應力 $\tau_{x'y'}$ 大小等於或小於 40 MPa 時之 θ 值範圍。

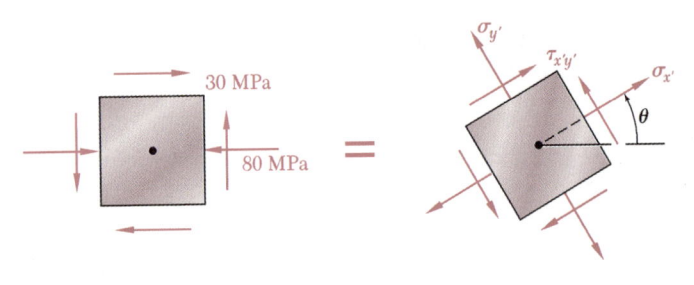

圖 P7.163

7.164 圖示之平面應力態發生在以 $\sigma_Y = 210$ MPa 之鋼做成之機械組件中，試應用極大畸變能準則，決定當 (a) $\tau_{xy} = 42$ MPa，(b) $\tau_{xy} = 84$ MPa，(c) $\tau_{xy} = 98$ MPa 時，是否發生降伏，如果未發生降伏，決定對應安全因數。

圖 P7.164

7.165 圖示壓縮氣體容器 AB 之外徑為 250 mm，壁厚 8 mm，一軸環緊密套住此容器，並有一 40 kN 外力 **P** 以水平方向作用於 B 點。已知容器內表壓為 5 MPa，試求 K 點處的極大正交應力及極大剪應力。

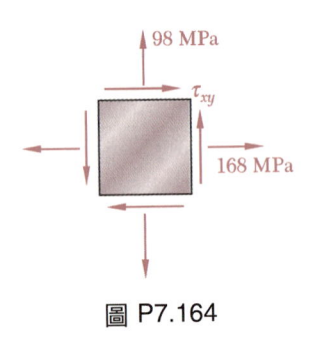

7.166 在習題 7.165 中，試求 L 點處的極大正交應力及極大剪應力。

圖 P7.165

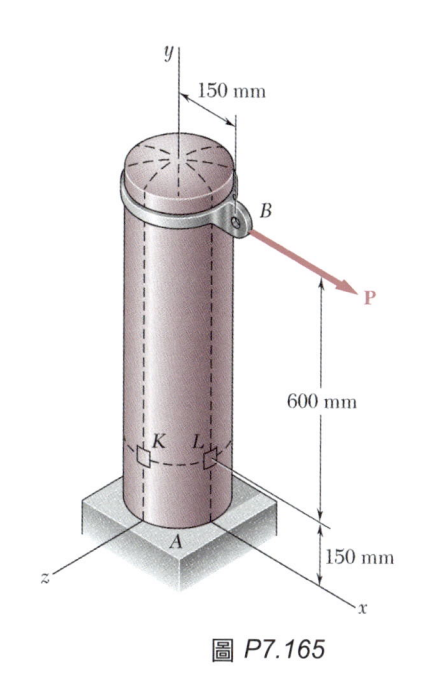

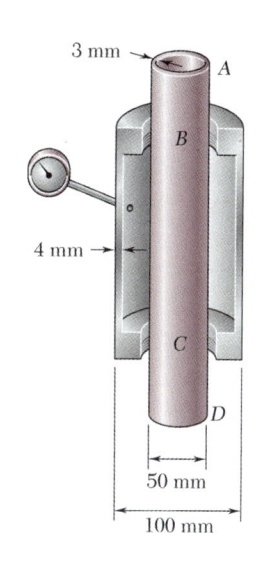

圖 P7.167

7.167 黃銅管 AD 恰好嵌合於 護套，護套被用來提供 3.5 MPa 的液靜壓於管的 BC 部分。已知管內部的壓力是 0.7 MPa，試求管內的極大正交應力。

7.168 薄鈑未加載時刻上邊長 60 mm 的方形 ABCD，薄鈑加載後，AB 及 AD 邊長分別增加 13.5×10^{-3} mm 及 22.5×10^{-3} mm，角 DAB 增加 360×10^{-6} rad。已知，試求(a)主平面的方向及大小，(b)童平面剪應變，(c)極大剪應變。

7.169 作工具機組件試驗時，使用圖示菊花型應變計得出下述應變值為

$$\epsilon_1 = +600\,\mu \qquad \epsilon_2 = +450\,\mu \qquad \epsilon_3 = -75\,\mu$$

試求(a)同平面主應變，(b)同平面極大剪應變。

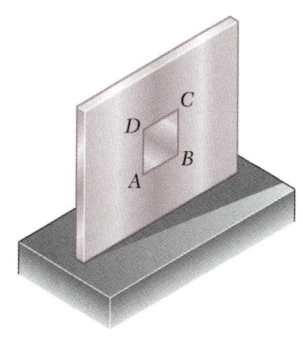

圖 P7.168

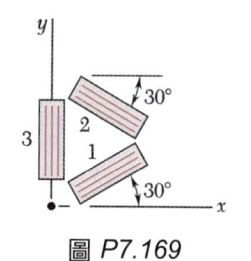

圖 P7.169

CHAPTER 8

已知載重下之主應力

```
梁中主應力  →  傳動軸之設計  →  組合軸向載重之應力
```

8.1 概述

在本章之第一部分，吾人將會使用在第 7 章學到有關應力轉換知識應用於作梁及圓軸之設計。在本章第二部分，吾人將要學習到在已知載重之情況下，如何決定在結構構件及機械元件中之主應力。

在第 5 章，吾人已研析了如何計算受橫向載重作用之梁中所產生的極大正交應力 σ_m (圖 8.1a)，並能校核該值是否超過選用已知材料之容許應力 σ_{all}。如果超過，該梁之設計將不會被接受。就危險性而言，脆性材料容易受拉破壞，而延性材料則易受剪破壞(圖 8.1b)。$\sigma_m > \sigma_{all}$ 之事實指出 $|M|_{max}$ 對於選用斷面而言太大，但未提出任何資料說明實際破壞機制。同理，$\tau_m > \tau_{all}$ 之事實亦簡單指明 $|V|_{max}$ 對於選用斷面是太大了，雖然延性材料之危險實際上是剪力破壞(圖 8.2a)，脆性材料之危險實際則是在主應力下之抗拉破壞(圖 8.2b)。梁中主應力之分佈將在 8.2 節中討論。

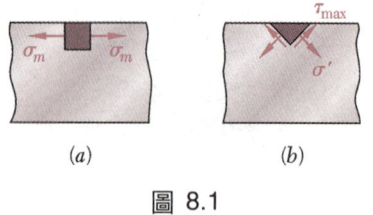

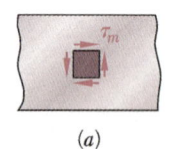

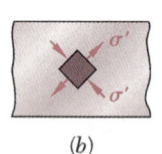

圖 8.1

圖 8.2

與梁斷面形狀及 $|M| = |M|_{max}$ 處之臨界斷面中剪力 V 值等有關者，正交應力之最大值不會發生在梁斷面頂部及底部，卻發生在斷面中之其它某些點處，乃屬常有之事。吾人將在 8.2 節中知悉，在靠近 W-梁或 S-梁之梁腹及凸緣接頭處，σ_x 及 τ_{xy} 之較大值組合將會產生主應力值 σ_{max}(圖 8.3)，此一 σ_{max} 值是大於梁表面上之 σ_m 值。

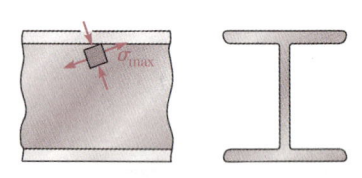

圖 8.3 I型梁之梁腹及凸緣接頭處的主應力

8.3 節將要研析承載橫向載重以及扭矩之傳動圓軸的設計。由彎曲所產生之正交應力及由扭矩所產生之剪應力，兩者皆要列入考慮。

在 8.4 節，吾人將要研析如何去求承載組合載重之任意形狀物體上一已知點 K 處之各應力。首先，吾人將已知載重區分為作用於含 K 斷面之力及力偶。其次，吾人將計算在 K 點之正交應力及剪應力。最後，應用吾人在第 7 章所學應力變換之任一種方法，去求在 K 點之主應變、主應力及極大剪應力。

8.2 梁中主應力

吾人現來考究一承載若干任意橫向載重之稜體梁 AB(圖 8.4)，茲用 V 及 M 分別表示

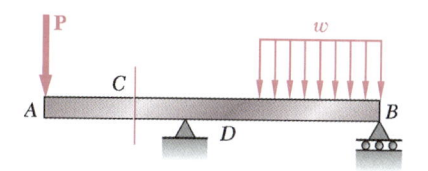

過已知點 C 斷面的剪力及彎曲力矩。吾人在第 5 及 6 章中得知,在彈性限度以內,如果微素是在梁之自由表面,作用在各表面分別與 x 及 y 軸垂直面上微素之應力,則成為正交應力 $\sigma_m = Mc/I$,如微素是在中性軸,則成為剪應力 $\tau_m = VQ/It$(圖 8.5)。

圖 8.4　橫向載重之稜體梁

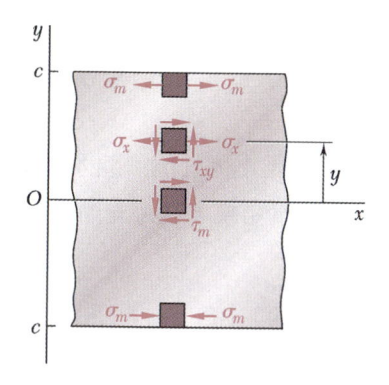

圖 8.5　梁中應力元素

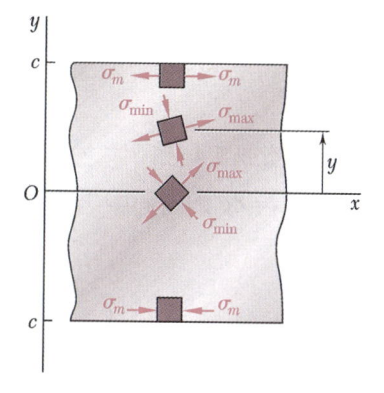

圖 8.6　梁中主應力

在斷面之其它任一點處,材料微素同時承受正交應力

$$\sigma_x = -\frac{My}{I} \tag{8.1}$$

式中 y 表至中性面之距離,I 表斷面之形心慣性矩,以及剪應力作用

$$\tau_{xy} = -\frac{VQ}{It} \tag{8.2}$$

式中 Q 表示位在應力計算點以上斷面積部分對中性軸之一次矩,t 表斷面在該點之寬度。應用第 7 章介紹之任一分析方法,吾人可求得在斷面任一點之主應力(圖 8.6)。

因此將引發下述之問題:在斷面內某一點之最大正交應力是否能夠大於在梁表面所算得之 $\sigma_m = Mc/I$ 值?如果答案是肯定者,則梁中最大正交應力之決定將涉及很多因素,遠超過使用式(8.1)所算得之一 $|M|_{max}$。吾人現將研析一狹窄矩形懸臂梁在其自由端承載一集中載重 **P** 時,梁中主應力之分佈(圖 8.7),並將藉此來試圖對上述問題提供一答案。從 6.5 節知悉,在距載重 **P** 之距離 x 處及在其中性面以上距離 y 處之正交及剪應力分別可用式(6.13)及(6.12)求得。因斷面之慣性矩是

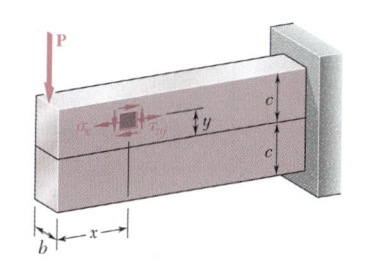

圖 8.7　承載一集中載重的狹窄矩形懸臂梁

$$I=\frac{bh^3}{12}=\frac{(bh)(2c)^2}{12}=\frac{Ac^2}{3}$$

式中 A 表斷面積，c 表梁之半深度，吾人乃可寫得

$$\sigma_x=\frac{Pxy}{I}=\frac{Pxy}{\frac{1}{3}Ac^2}=3\frac{P}{A}\frac{xy}{c^2} \tag{8.3}$$

及

$$\tau_{xy}=\frac{3}{2}\frac{P}{A}\left(1-\frac{y^2}{c^2}\right) \tag{8.4}$$

應用 7.3 節或 7.4 節所述之方法，可以求得在梁中任一點之 σ_{max} 值。圖 8.8 示出分別對應 $x=2c$ 及 $x=8c$ 兩斷面中之比值 σ_{max}/σ_m 及 σ_{min}/σ_m 的計算結果。在每一斷面中，此等

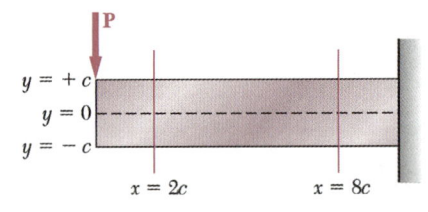

圖 8.8 支承單一集中載重之矩形懸臂梁中兩橫向斷面中之主應力分佈

比值已在不同之 11 點求得，主軸方位亦在每一點指出。†

顯然，在圖 8.8 所考慮之兩斷面中，σ_{max} 皆都不會超過 σ_m，如果它在其它斷面中超過 σ_m，該一斷面必須極為接近載重 P，此時 σ_m 與 τ_m 比較乃屬很小。‡ 但對很接近載重 P 之斷面言，聖衛南原理不能應用，式(8.3)及(8.4)亦屬無效(除非是載重在端斷面上成拋物線分佈之極稀有情況)(參見 6.5 節)，所以應用考慮應力集中效應之更高等的分析方法。是以吾人乃得下述結論：對一矩形斷面梁，在本書所介紹之理論範圍內，最大正交應力可用式(8.1)求得。

吾人再回頭觀察圖 8.8，看出主軸方向已在所考慮兩斷面中的每一斷面之 11 點上定出。如使此一分析擴展到更多斷面，以及每一斷面中更多數點時，則可在梁之側面畫出兩組正交系統曲線(圖 8.9)。一系統包括與 σ_{max} 對應主軸相切之曲線，另一系統則是與 σ_{min} 對應主軸相切之曲線。用此一方式求得之曲線稱為**應力軌線**(stress trajectories)。第一組軌線(實線)定出每一點之最大拉應力方向，第二組軌線(虛線)則定出最大壓應力之方向。§

吾人由上述對矩形斷面梁之結論，即是應用式(8.1)求得梁中之極大正交應力，對很多矩形斷面梁仍屬有效。然而當斷面寬度變化之方式使大剪力 τ_{xy} 在接近梁表面各點發生時，則因該處之 σ_x 亦很大，是以大於 σ_m 之主應力值 σ_{max} 值就會在該等點產生。在選用 W–梁或 S–梁時，應特別注意此一可能性，故在梁腹及梁凸緣交界處 b 及 d 點(圖 8.10)，應計算主應力 σ_{max} 值。欲完成此一計算，可先應用式(8.1)及(8.2)分別求出在該點之 σ_x 及 τ_{xy}。再應用第 7 章任一分析方法來求 σ_{max}(見範例 8.1)。另一計算求斷面中剪應力極大值 τ_{xy} 之方法，乃是應用 6.4 節中之式(6.11) $\tau_{max} = V/A_{web}$ 算之，這樣算得之結果稍為大一點，然對梁腹及凸緣交接處之主應力值 σ_{max} 而言，卻較為保守(見範例 8.2)。

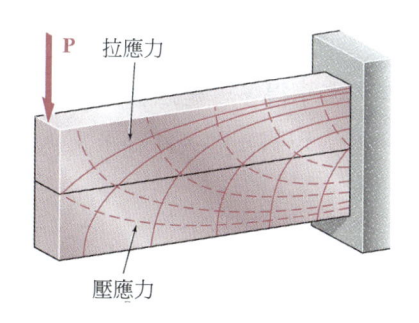

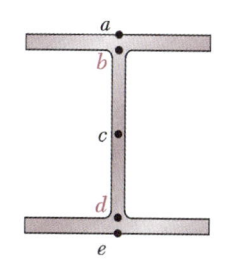

圖 8.9 應力軌線

圖 8.10 I 型梁主要應力分析的位置

---

† 參見習題 8.C2，圖 8.8 所示之結果，乃使用電腦算出者。
‡ 此將在習題 8.C2 證實，如 $x \leq 0.544c$，σ_{max} 超過 σ_m。
§ 像混凝土等之脆性材料，受拉破壞將沿著與拉應力軌線垂直之平面發生。是以為使材料能有效利用，加強鋼筋應使之與該等平面相交。在另一方面，裝置在鈑梁(plate girder)腹部之加勁桿(stiffener)，僅在與應力軌線垂直之平面相交時，對防止屈曲方才有效。

8.3　傳動圓軸之設計

當吾人在 3.7 節討論傳動圓軸之設計時，只考慮了由作用於圓軸上之扭矩所生的應力。然而，如動力是藉著齒輪或鍵輪(sprocket wheels)由圓軸來回傳送時(圖 8.11a)，作用在輪齒或鍵輪上之各力，乃與作用在對應斷面中心之力－力偶系等效(圖 8.11b)。此意即謂，圓軸承受一橫向載重以及一扭轉載重作用。

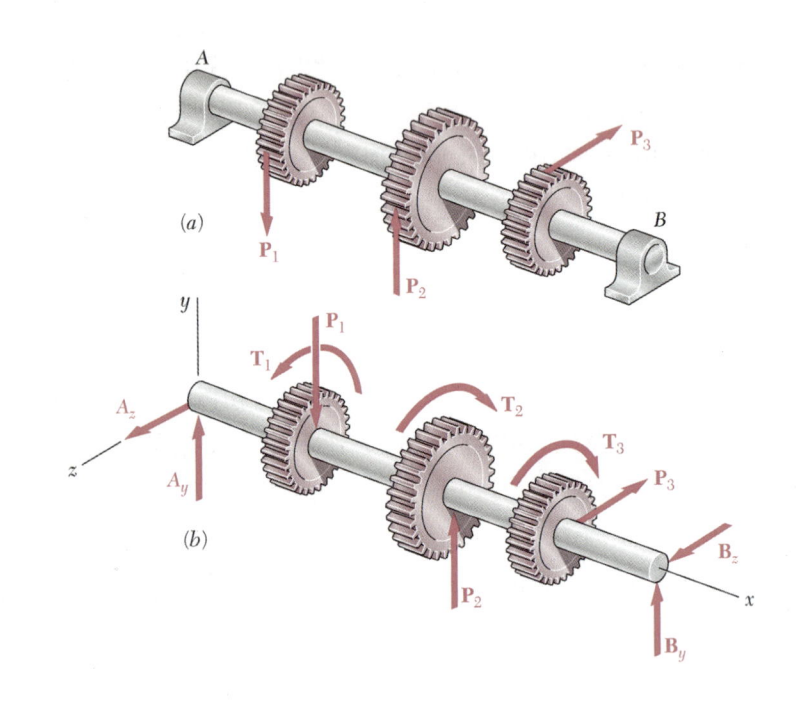

圖 8.11　齒輪傳動軸之負載

圓軸中由橫向載重產生之剪應力通常比由扭矩產生者小得多，是以在此分析中予以忽略。†不過，由橫向載重產生之正交應力卻是很大，吾人現將知悉，此等正交應力對極大剪應力 τ_{max} 的影響應予考慮。

考究圓軸在 C 點斷面。吾人用圖示之力偶向量(圖 8.12a)分別表出扭矩 **T** 以及作用在水平及垂直平面中之彎曲力偶 M_y 及 M_z。因斷面中之任一直徑皆是斷面之慣性主軸，是以為了計算作用在斷面上之正交應力 σ_x，吾人乃用合力矩 **M** 取代 M_y 及 M_z(圖 8.12b)。因此吾人乃得

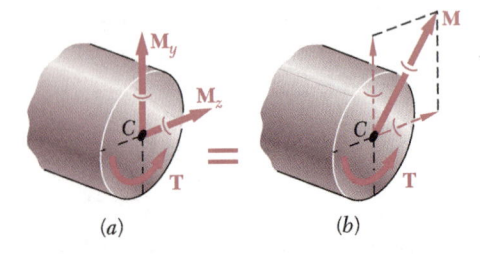

圖 8.12　圓軸斷面的合力負載

---

† 對於需要考慮由橫向載重產生剪應力的應用，參見習題 8.21 及 8.22。

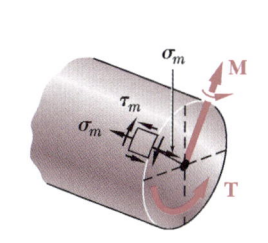

圖 8.13　最大應力元素　　　　　圖 8.14　莫爾圓分析

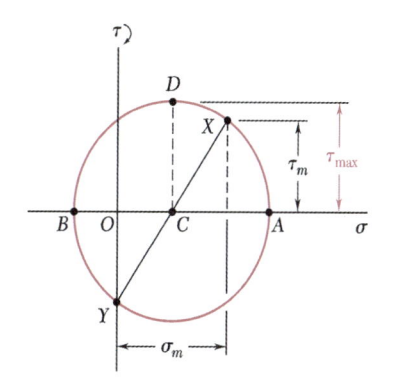

在與表示 **M** 之向量成垂直之直徑端點處，σ_x 最大(圖 8.13)。吾人且知悉在該點之各正交應力值分別是 $\sigma_m = Mc/I$ 及零，而剪應力是 $\tau_m = Tc/J$，於是吾人在莫爾圓上點繪出其對應點 X 及 Y(圖 8.14)，並求得最大剪應力值為

$$\tau_{\max} = R = \sqrt{\left(\frac{\sigma_m}{2}\right)^2 + (\tau_m)^2} = \sqrt{\left(\frac{Mc}{2I}\right)^2 + \left(\frac{Tc}{J}\right)^2}$$

因圓或圓環斷面之 $2I = J$，故得

$$\tau_{\max} = \frac{c}{J}\sqrt{M^2 + T^2} \tag{8.5}$$

由上述可得圓軸斷面中的 J/c 之最小容許比值是

$$\frac{J}{c} = \frac{(\sqrt{M^2 + T^2})_{\max}}{\tau_{\text{all}}} \tag{8.6}$$

式中右側分子項乃表圓軸中之 $\sqrt{M^2 + T^2}$ 最大值，分母 τ_{all} 表容許剪應力。如彎曲力矩 M 用其在兩坐標平面中之分量表示，吾人則可寫作

$$\frac{J}{c} = \frac{(\sqrt{M_y^2 + M_z^2 + T^2})_{\max}}{\tau_{\text{all}}} \tag{8.7}$$

式(8.6)及(8.7)可被用來設計實心及中空兩種圓軸，但應與 3.7 節中之式(3.22)比較，後者是在只有扭轉載重作用之假定下求得的。

如果能夠畫出對應於 M_y 及 M_z 之彎曲力矩圖以及表 T 沿圓軸變化之第三圓(扭矩圖)(參見範例 8.3)，$\sqrt{M_y^2 + M_z^2 + T^2}$ 最大值之求解將甚為方便。

範例 8.1

160 kN 之力是作用在 W200×52 軋鋼梁之自由端上如圖示。如不計填角及應力集中效應，試問梁中正交應力是否能滿足設計規範，即在 A–A' 斷面中，正交應力必須等於或小於 150 MPa。

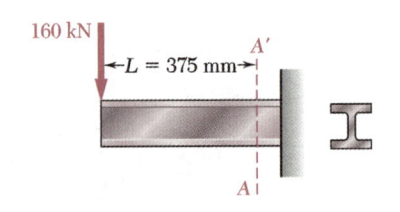

解：

剪力及彎曲力矩

在 A–A' 斷面，得

$$M_A = (160 \text{ kN})(0.375 \text{ m}) = 60 \text{ kN} \cdot \text{m}$$
$$V_A = 160 \text{ kN}$$

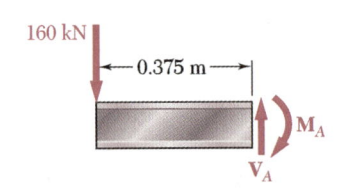

橫向平面上之正交應力

從附錄 C 軋鋼型式性質表查得圖示之數據，現可求應力 σ_a 及 σ_b 如下。

在 a 點：

$$\sigma_a = \frac{M_A}{S} = \frac{60 \text{ kN} \cdot \text{m}}{511 \times 10^{-6} \text{ m}^3} = 117.4 \text{ MPa}$$

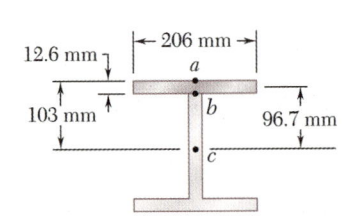

在 b 點：

$$\sigma_b = \sigma_a \frac{y_b}{c} = (117.4 \text{ MPa}) \frac{90.4 \text{ mm}}{103 \text{ mm}} = 103.0 \text{ MPa}$$

吾人注意到在橫向斷面上之所有正交應力皆小於 150 MPa。

橫向斷面上之剪應力

在 a 點：

$$Q = 0 \qquad \tau_a = 0$$

在 b 點：

$$Q = (206 \times 12.6)(96.7) = 251.0 \times 10^3 \text{ mm}^3 = 251.0 \times 10^{-6} \text{ m}^3$$

$$\tau_b = \frac{V_A Q}{It} = \frac{(160 \text{ kN})(251.0 \times 10^{-6} \text{ m}^3)}{(52.9 \times 10^{-6} \text{ m}^4)(0.00787 \text{ m})} = 96.5 \text{ MPa}$$

在 b 點之主應力

在 b 點之應力態包括正交應力 $\sigma_b = 103.0$ MPa 及剪應力 $\tau_b = 96.5$ MPa。先畫出莫爾圓，再求得

$$\sigma_{max} = \frac{1}{2}\sigma_b + R = \frac{1}{2}\sigma_b + \sqrt{\left(\frac{1}{2}\sigma_b\right)^2 + \tau_b^2}$$

$$= \frac{103.0}{2} + \sqrt{\left(\frac{103.0}{2}\right)^2 + (96.5)^2}$$

$$\sigma_{max} = 160.9 \text{ MPa}$$

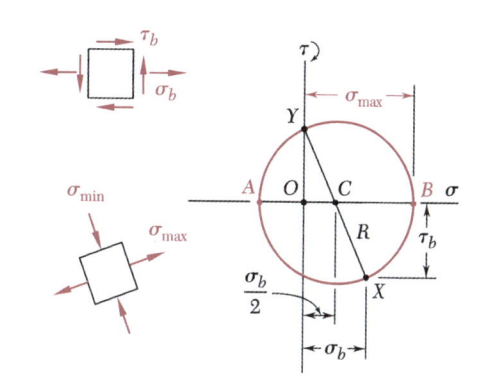

規範 $\sigma_{max} \leq 150$ MPa，**不能滿足** ◀

評 述

對此梁及載重，在 b 點之主應力比 a 點正交應力大 36%。如長度 $L \geq 881$ mm，最大正交應力將在 a 點發生。

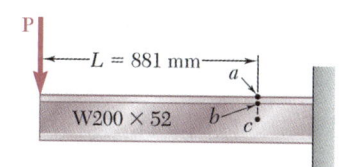

範例 8.2

外伸梁 AB 支承一 48 kN/m 之均佈載重及一在 C 點之 90 kN 集中載重。已知選用等級鋼材之 $\sigma_{all} = 165$ MPa、$\tau_{all} = 100$ MPa，試選出適用的寬緣型鋼梁。

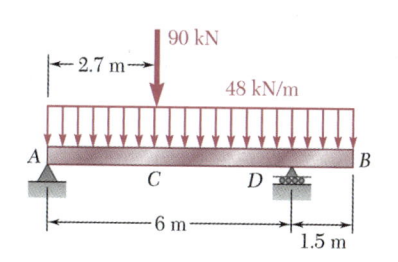

解：

在 A 及 D 之反作用力

先可畫出梁之分離體圖。由平衡方程式 $\Sigma M_D = 0$ 及 $\Sigma M_A = 0$，可求得 R_A 及 R_D 之值如圖所示。

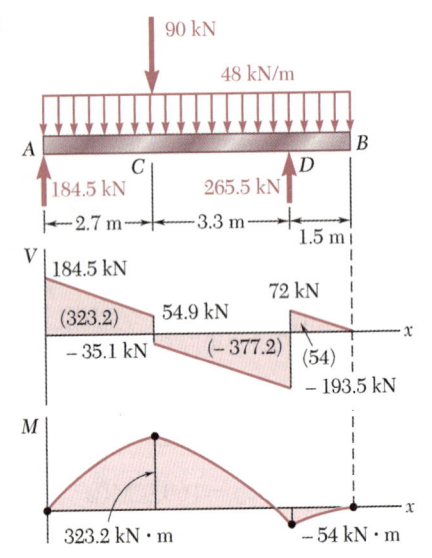

剪力及彎曲力矩圖

應用 5.2 與 5.3 節所述之方法，畫出該等圖形，並觀察得

$$|M|_{max} = 323.2 \text{ kN} \cdot \text{m} \qquad |V|_{max} = 193.5 \text{ kN}$$

斷面模數

對 $|M|_{max} = 323.2 \text{ kN} \cdot \text{m}$ 及 $\sigma_{all} = 165 \text{ MPa}$ 而言，軋鋼型鋼之最小可接受斷面模數是

$$S_{min} = \frac{|M|_{max}}{\sigma_{all}} = \frac{323.2 \text{ kN} \cdot \text{m}}{165 \text{ MPa}} = 1.959 \times 10^6 \text{ mm}^3$$

寬緣型鋼之選用

根據附錄 C 中軋鋼型鋼性質表之資料，彙列出斷面模數大於 S_{min} 之型鋼斷面，並在一定深度組中，取用斷面重量最輕者，茲列表如下：

型鋼	S(mm³)×10³
W610×101	2530
W530×92	2070
W460×113	2400
W410×114	2200
W360×122	2010
W310×143	2150

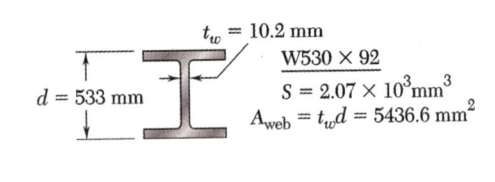

現選用最輕之型鋼，亦即是 W530×92 ◀

剪應力

假定最大剪力是均勻分佈在 W530×92 上，故得

$$\tau_m = \frac{V_{max}}{A_{web}} = \frac{193.5 \text{ kN}}{5436.6 \text{ mm}^2} = 35.6 \text{ MPa} < 100 \text{ MPa} \quad (OK)$$

在 b 之最大正交應力

現在校核在 M 是最大之臨界斷面中,在 b 點之最大應力是否超過 $\sigma_{\text{all}} = 165$ MPa。

$$\sigma_a = \frac{M_{\max}}{S} = \frac{323.2 \text{ kN} \cdot \text{m}}{2.07 \times 10^{-6} \text{ m}^3} = 156.1 \text{ MPa}$$

$$\sigma_b = \sigma_a \frac{y_b}{c} = (156.1 \text{ MPa}) \frac{250.9 \text{ mm}}{266.5 \text{ mm}} = 147 \text{ MPa}$$

$$\tau_b = \frac{V}{A_{\text{web}}} = \frac{54.9 \text{ kN}}{5436.6 \times 10^{-6} \text{ m}^2} = 10.1 \text{ MPa}$$

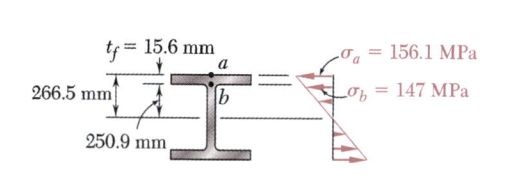

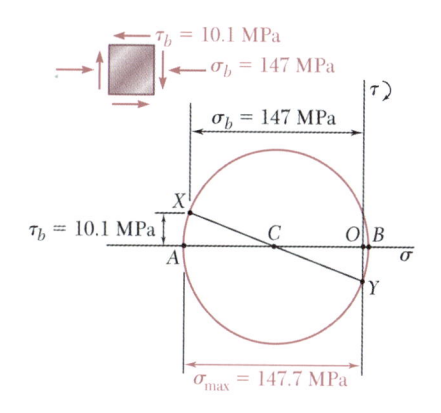

畫出莫爾圓後,即得

$$\sigma_{\max} = \frac{1}{2}\sigma_b + R = \frac{147 \text{ MPa}}{2} + \sqrt{\left(\frac{147 \text{ MPa}}{2}\right)^2 + (10.1 \text{ MPa})^2}$$

$$\sigma_{\max} = 147.7 \text{ MPa} \leq 165 \text{ MPa} \quad \text{(OK)} \blacktriangleleft$$

範例 8.3

實心圓軸 AB 以 480 rpm 轉動,從馬達 M 傳送馬力 30 kW 至與齒輪 G 及 H 相連接之工具機上;20 kW 在齒輪 G 輸出,10 kW 在齒輪 H 輸出。已知 $\tau_{\text{all}} = 50$ MPa,試求圓軸 AB 之最小許用直徑。

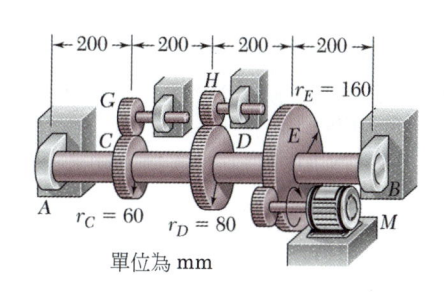

解：

作用在齒輪上之扭矩

因 $f=480$ rpm $=8$ Hz，故可求出作用在齒輪 E 上之扭矩為

$$T_E = \frac{P}{2\pi f} = \frac{30 \text{ kW}}{2\pi(8 \text{ Hz})} = 597 \text{ N} \cdot \text{m}$$

與其對應作用在齒輪上之切向力為

$$F_E = \frac{T_E}{r_E} = \frac{597 \text{ N} \cdot \text{m}}{0.16 \text{ m}} = 3.73 \text{ kN}$$

對齒輪 C 及 D 之相似分析可得

$$T_C = \frac{20 \text{ kW}}{2\pi(8 \text{ Hz})} = 398 \text{ N} \cdot \text{m} \qquad F_C = 6.63 \text{ kN}$$

$$T_D = \frac{10 \text{ kW}}{2\pi(8 \text{ Hz})} = 199 \text{ N} \cdot \text{m} \qquad F_D = 2.49 \text{ kN}$$

吾人現用力－力偶系取代作用在各齒輪上之力。

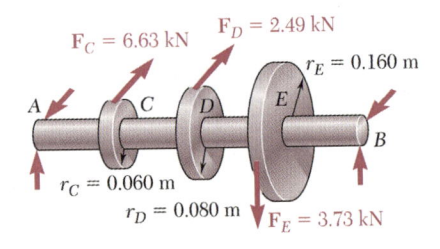

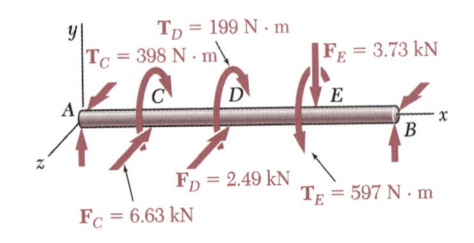

彎曲力矩及扭矩圖

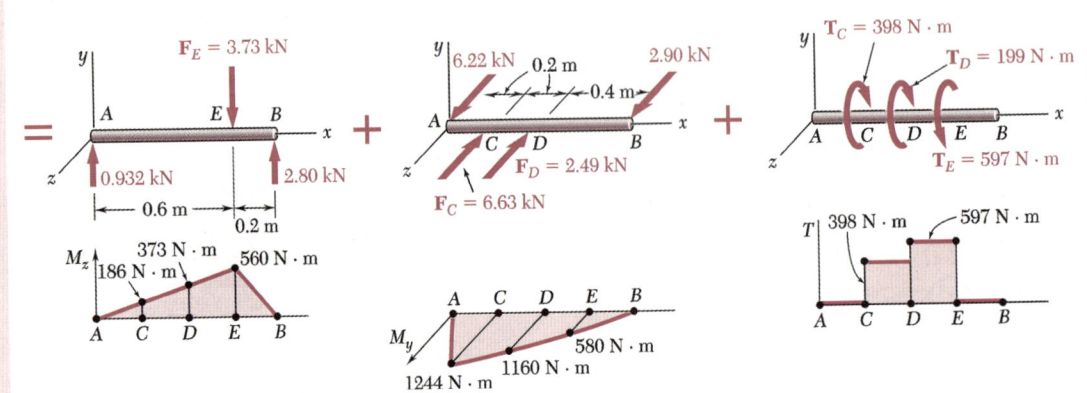

臨界橫向斷面

在所有具臨界斷面勢(potentially critical section)之斷面,計算 $\sqrt{M_y^2+M_z^2+T_{max}^2}$,發現其中最大值發生在 D 齒輪之稍右側

$$\sqrt{M_y^2+M_z^2+T_{max}^2}=\sqrt{(1160)^2+(373)^2+(597)^2}=1357 \text{ N}\cdot\text{m}$$

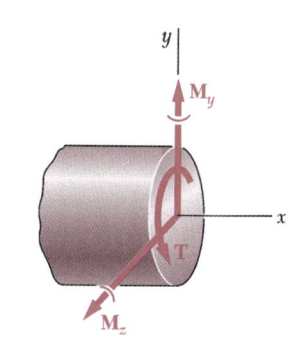

圓軸直徑

$\tau_{all}=50$ MPa 時,應用式(7.32)得

$$\frac{J}{c}=\frac{\sqrt{M_y^2+M_z^2+T_{max}^2}}{\tau_{all}}=\frac{1357 \text{ N}\cdot\text{m}}{50 \text{ MPa}}=27.14\times10^{-6}\text{ m}^3$$

對於半徑為 c 之實心圓軸,吾人得

$$\frac{J}{c}=\frac{\pi}{2}c^3=27.14\times10^{-6} \qquad c=0.02585 \text{ m}=25.85 \text{ mm}$$

直徑 $=2c=51.7$ mm ◀

習 題

8.1 一外伸軋鋼梁 W250×101 支持兩載重 **P** 如圖所示。已知 $P=180$ kN、$a=0.25$ m 及 $\sigma_{all}=126$ MPa,試求(a)梁中正交應力 σ_m 之極大值,(b)凸緣與梁腹交接處之極大主應力 σ_{max} 值,(c)此兩種應力皆考慮時,規定採用型鋼是否能接受。

8.2 假定 $P=90$ kN 及 $a=0.5$ m,再解習題 8.1。

8.3 一外伸軋鋼梁 W920×449 支持一載重 **P** 如圖所示。已知 $P=700$ kN、$a=2.5$ m 及

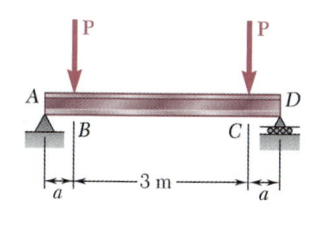

圖 P8.1

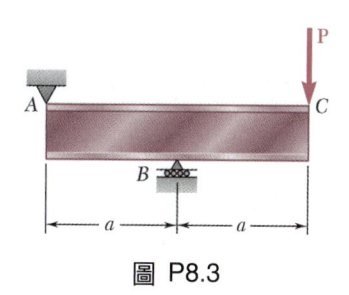

圖 P8.3

$\sigma_{all}=100$ MPa，試求(a)梁中正交應力極大值 σ_m，(b)在凸緣及梁腹交接處之極大主應力 σ_{max} 值，(c)此兩種應力皆考慮時，規定採用之型鋼是否能接受。

8.4 假定 $P=850$ kN、$a=2.0$ m，再解習題 8.3。

8.5 及 8.6 (a)已知 $\sigma_{all}=160$ MPa 及 $\tau_{all}=100$ MPa，試選用最經濟之公制寬緣型鋼俾能用來支持圖示之載重。(b)求選用型鋼梁腹及凸緣交接處之預期 σ_m、τ_m 及主應力σ_{max} 等值。

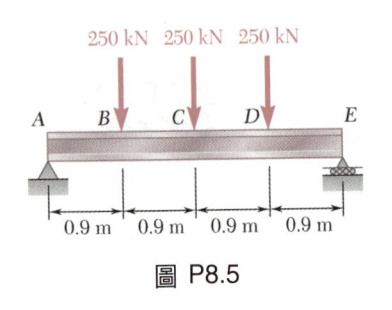

圖 P8.5

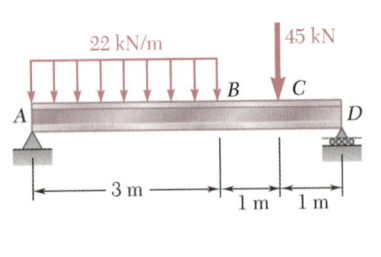

圖 P8.6

8.7 及 8.8 (a)已知 $\sigma_{all}=160$ MPa 及 $\tau_{all}=100$ MPa，試選用最經濟之公制寬緣型鋼俾能用來支持圖示之載重。(b)求選用型鋼梁腹及凸緣交接處之預期 σ_m、τ_m 及主應力σ_{max} 等值。

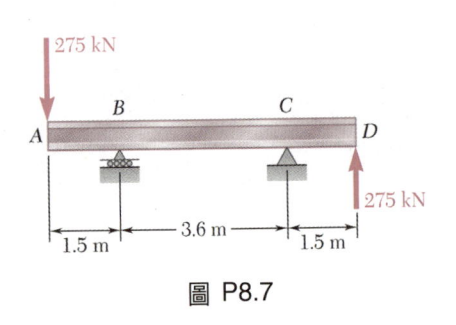

圖 P8.7

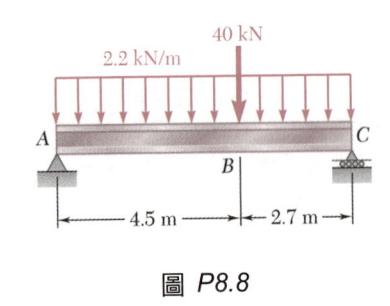

圖 P8.8

8.9 至 8.14 下述每一習題皆敘明在第 5 章習題中所選用之軋鋼型梁能支持已知載重，費用最少，且能滿足要求 $\sigma_m \leq \sigma_{all}$。對於已選定之設計，試求(a)梁中之實際 σ_m 值，(b)在凸緣與梁腹交接處之極大主應力 σ_{max} 值。

8.9 習題 5.73 之載重，選用 W530×66 型。

8.10 習題 5.74 之載重，選用 W530×92 型。

8.11 習題 5.77 之載重，選用 S510×98.3 型。

8.12 習題 5.78 之載重，選用 S310×47.3 型。

8.13 習題 5.75 之載重，選用 S460×81.4 型。

8.14 習題 5.76 之載重，選用 S510×98.2 型。

8.15 垂直力 P_1 及水平力 P_2 分別作用在與實心圓軸 AD 焊接之兩圓盤上，如圖所示。已知此圓軸之直徑是 45 mm，$\tau_{all}=50$ MPa，試求力 P_2 之最大可用大小。

8.16 圖示兩 2 kN 力是向下作用，力 P 是平行於 z 軸。已知 $\tau_{all}=55$ MPa，試求實心圓軸 AE 之最小許用直徑。

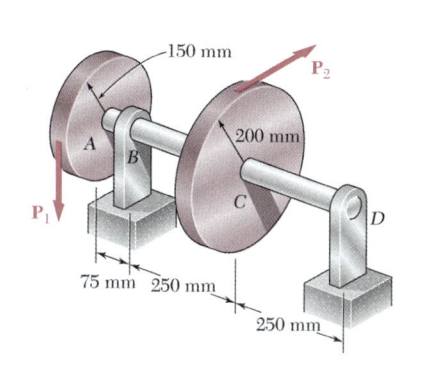

圖 P8.15

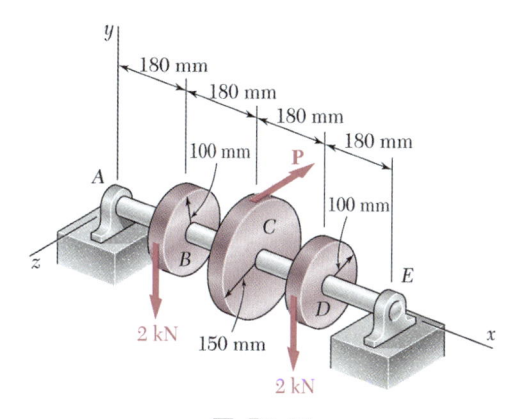

圖 P8.16

8.17 針對習題 8.16 的圓軸－齒輪系統及負載，已知圓桿 AE 為中空，且內徑是外徑的 $\frac{2}{3}$，試求圓軸之最小許用直徑。

8.18 圖示一中空圓桿 AD，4 kN 外力平行於 x 軸，外力 Q 平行於 z 軸。已知圓桿內徑是外徑的一半，$\tau_{all}=60$ MPa，試求圓軸 AD 之最小許用外直徑。

8.19 忽略薄板及應力集中的影響，試求實心圓桿 BC 及 CD 的最小可用直徑。已知 $\tau_{all}=60$ MPa。

8.20 已知圓桿 BC 及 CD 的直徑分別為 24 mm 及 36 mm，忽略薄板及應力集中的影響，試求每個圓桿中的極大剪應力。

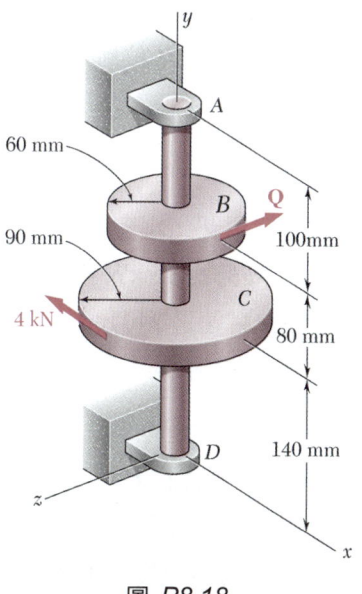

圖 P8.18

圖 P8.19 和 P8.20

圖 P8.21

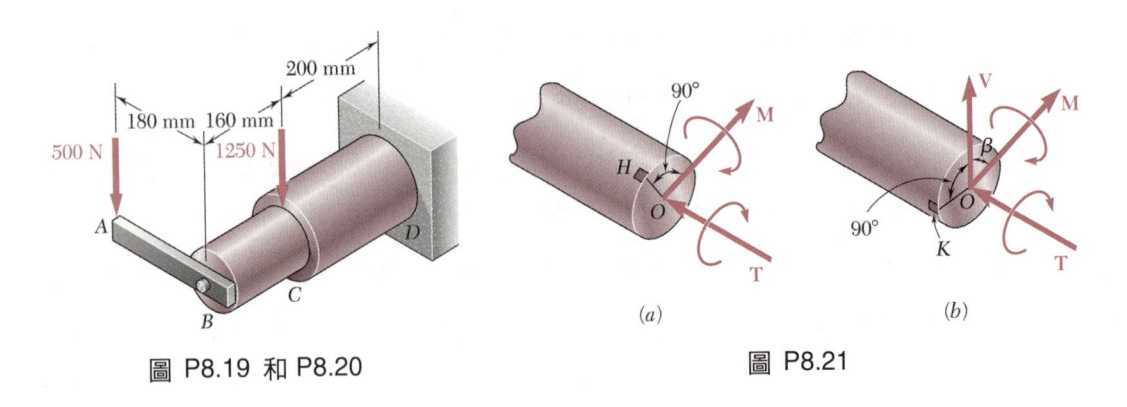

8.21 在 8.3 節已敘述，橫向載重作用在圓軸中所產生之剪應力比起扭矩所產生者，一般是小得很多。在前面習題中，它們受到忽略，並假定發生在已知斷面中 H 點處(圖 P8.21a)是極大剪應力，且等於式(8.5)所示出者，即是

$$\tau_H = \frac{c}{J}\sqrt{M^2 + T^2}$$

試證在 K 點(圖 P8.21b)，剪力 V 之效應是最大，在 K 點之極大剪應力可用式表出為

$$\tau_K = \frac{c}{J}\sqrt{(M\cos\beta)^2 + (\frac{2}{3}cV + T)^2}$$

式中 β 表向量 V 及 M 間之夾角。顯然當 $\tau_K \geq \tau_H$ 時，剪力效應即不應忽略。(提示：僅有 M 沿 V 之分量對 K 點方有剪力作用。)

8.22 假定習題 8.15 中施加於 A 及 C 盤的外力分別是 $P_1=4800$ N 及 $P_2=3600$ N，使用習題 8.21 的表示方法，求(a)B 處左側，(b)C 處左側部分的 τ_H 及 τ_K。

8.23 使用圖示之實心圓軸 ABC 及 DEF 及齒輪組，從馬達 M 傳送 15 kW 至與 DEF 相連接之工具機。已知馬達之轉速是 240 rpm 及 $\tau_{all}=50$ MPa，試求(a)圓軸 ABC，(b)圓軸 DEF 之最小許用直徑。

8.24 假定馬達轉速是 360 rpm，再解習題 8.23。

8.25 實心圓軸 AB 以 360 rpm 旋轉，從馬達 M 傳送 20 kW 至與齒輪 E 及 F 之工具機。已知 $\tau_{all}=45$ MPa，假設每個齒輪消耗掉 10 kW，試求圓軸 AB 之最小許用直徑。

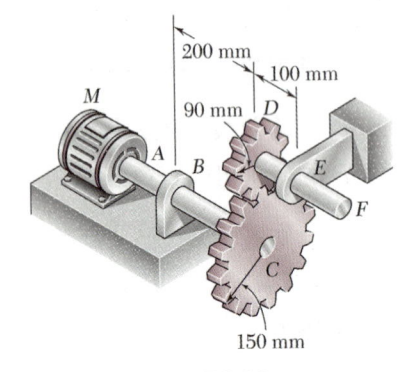

圖 P8.23

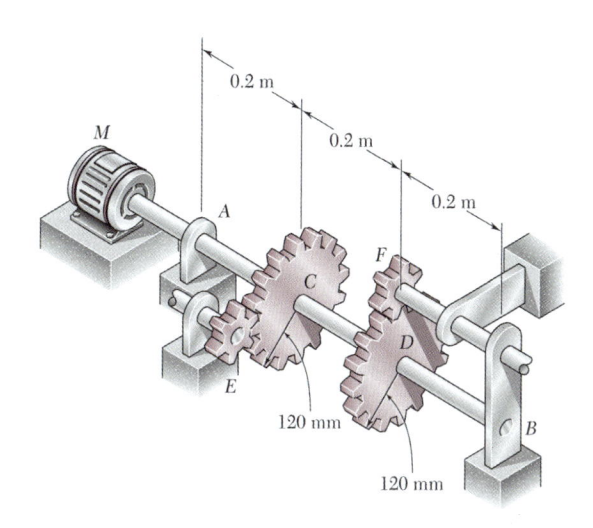

圖 P8.25

8.26 假定齒輪 E 消耗掉 20 kW，再解習題 8.25。

8.27 使用圖示之實心圓軸 ABC 及齒輪系，從馬達 M 傳送 10 kW 至與齒輪 D 相連接之工具機。已知馬達轉速為 240 rpm，$\tau_{all}=60$ MPa，試求圓軸 ABC 之最小許用直徑。

8.28 假定習題 8.27 中之圓軸 ABC 是中空，外徑是 50 mm，試求此圓軸之最大許用內徑。

8.29 圖示之實心圓軸以 450 rpm 旋轉，從馬達 M 傳送功率 20 kW 至與齒輪 F 及 G 相連接之工具機。已知 $\tau_{all}=55$ MPa，假定在齒輪 F 消耗掉 8 kW，在齒輪 G 消耗掉 12 kW，試求圓軸 AB 之最小許用直徑。

8.30 假定整個 20 kW 完全由齒輪 G 消耗，再解習題 8.29。

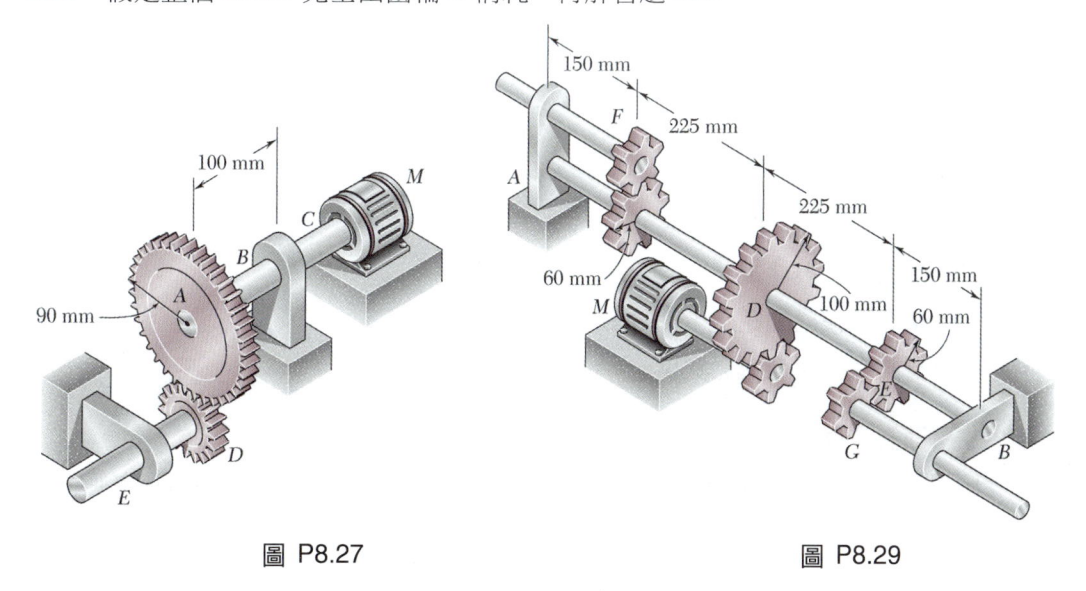

圖 P8.27　　　　　　　　　　　圖 P8.29

公式總整理

正交應力及剪應力（複習）	
正交應力 $\sigma_x = -\dfrac{My}{I}$　　$\tau_{xy} = -\dfrac{VQ}{It}$ 剪應力 式中 V ＝斷面中之剪力 　　　M ＝斷面中之彎曲力矩 　　　y ＝點至中性面之距離 　　　I ＝斷面形心慣性矩 　　　Q ＝斷面位在已知點上方部分對中性軸之一次矩 　　　t ＝斷面在已知點處之寬度	
傳動圓軸在橫向載重下之設計	
$\dfrac{J}{c} = \dfrac{(\sqrt{M^2 + T^2})_{\max}}{\tau_{\text{all}}}$	

複習與摘要

　　本章之貢獻乃是在敘述梁、傳動圓軸及任意形狀物體在承載組合載重時，如何去求主應力。

　　吾人首先複習 8.2 節所敘述，在第 5 及 6 章所導出，在稜體梁斷面上任一已知點處求其正交應力 σ_x 及剪應力 τ_{xy} 的兩基本關係，即是

$$\sigma_x = -\frac{My}{I} \qquad \tau_{xy} = -\frac{VQ}{It} \tag{8.1, 8.2}$$

式中 V ＝斷面中之剪力
　　　M ＝斷面中之彎曲力矩
　　　y ＝點至中性面之距離
　　　I ＝斷面形心慣性矩
　　　Q ＝斷面位在已知點上方部分對中性軸之一次矩
　　　t ＝斷面在已知點處之寬度

梁中主平面及主應力

　　應用第 7 章所述應力轉換之任一方法，即能求得在已知點之主平面及主應力（圖 8.28）。

對一狹窄矩形斷面懸臂梁，在其自由端承載一集中載重 **P**，研究其主應力分佈時發現，在任一已知橫向斷面，除掉太接近載重作用點外，極大主應力 σ_{max} 不會超過發生在梁表面之極大正交應力 σ_m。

雖然此一結論對很多非矩形斷面梁保持有效，但有時對 W－梁或 S－梁卻不適用，此因在梁腹與凸緣交接處之 b 及 d 的 σ_{max}(圖 8.29)可能超過發生在 a 及 e 點之 σ_m 值，是以軋鋼梁之設計應包含在這些點的極大主應力之計算(範例 8.1 及 8.2)。

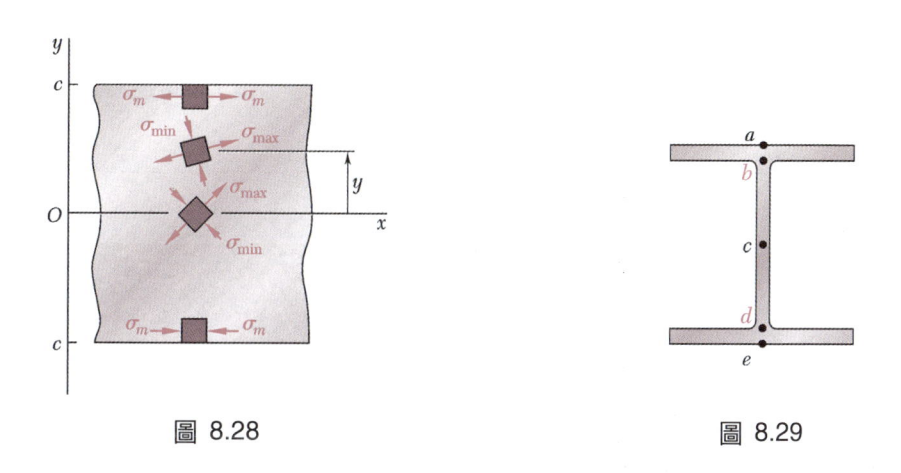

圖 8.28

圖 8.29

傳動圓軸在橫向載重下之設計

在 8.3 節，吾人考究了**傳動圓軸承載橫向載重以及扭矩時之設計**。考慮在一圓柱軸(不論是實心或空心)任一已知橫向斷面中，由彎曲力矩所產生之正交應力及由扭矩所產生之剪應力，即可求得該斷面之極小容許比值 J/c 為

$$\frac{J}{c} = \frac{(\sqrt{M^2 + T^2})_{max}}{\tau_{all}} \tag{8.6}$$

在前幾章中，吾人已學到如何求在稜體構件中，由軸向載重(第 1 及 2 章)、扭轉(第 3 章)、彎曲(第 4 章)以及橫向載重(第 5 及 6 章)等所產生之應力。在本章第二部分(8.4 節)，吾人則將這些知識組合去求在更一般載重條件下之應力。

在一般載重條件下之應力

茲以例言之，在求圖 8.30 所示彎曲構件中 H 及 K 點之應力時，吾人乃通過這些點取一斷面，再用作用在斷面形心 C 之等量力－力偶系取代該等作用載重(圖 8.31)。作用在 C 之每一力及力偶，在 H 或 K 點所產生之正交及剪應力，如何求法皆在本節中敘述，然後再予組合即可求得在 H 或 K 點之最後正交應力 σ_x 及最後剪應力 τ_{xy} 及 τ_{xz}。最後再根據已求得之 σ_x、τ_{xy} 及 τ_{xz}，應用第 7 章所述之任一方法，求出在 H 或 K 點之主應力、主平面之方向以及極大剪應力。

圖 8.30

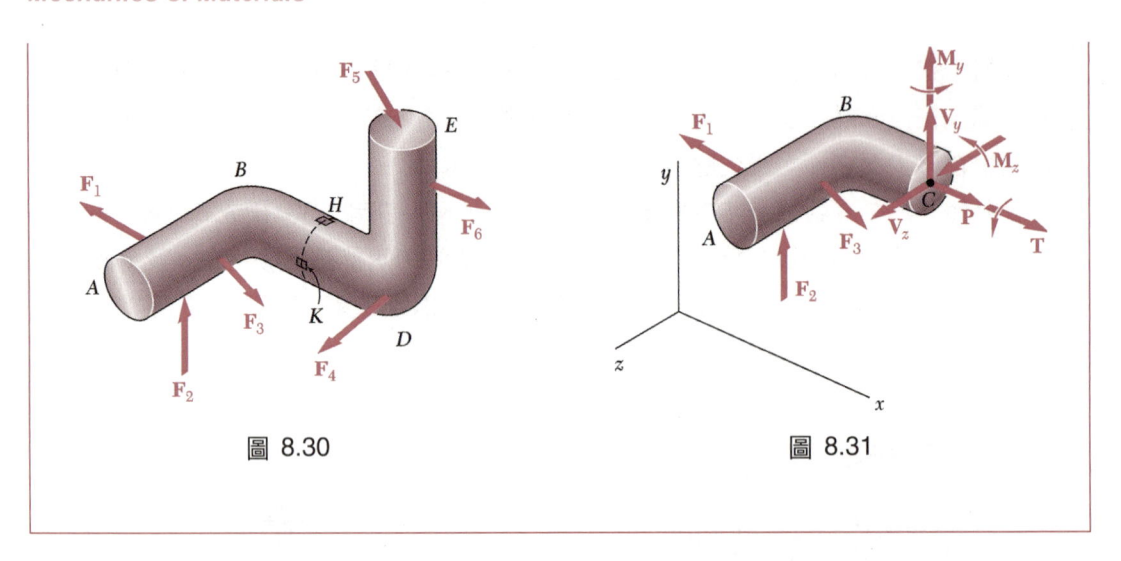

圖 8.31

複習題

8.65 (a)已知 $\sigma_{all}=165$ MPa 及 $\tau_{all}=100$ MPa，試選用最經濟之公制寬緣型鋼俾能用來支持圖示之載重。(b)求選用型鋼梁腹及凸緣交接處之預期 σ_m、τ_m 及主應力σ_{max} 等值。

8.66 圖示機構中，已知 $\tau_{all}=60$ MPa，圓盤 B 之半徑 $r=80$ mm，試求實心圓軸 ABCD 之最小許用直徑。

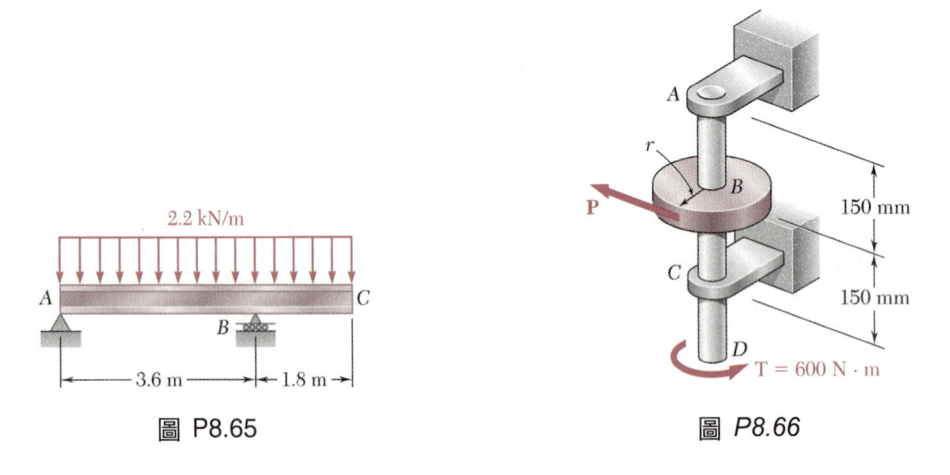

圖 P8.65

圖 P8.66

8.67 使用 8.3 節所述之符號，忽略橫向載重產生剪應力之效應，試證在一圓柱形圖圓柱中之極大正交應力可表示為

$$\sigma_{max}=\frac{c}{J}\left[(M_y^2+M_z^2)^{\frac{1}{2}}+(M_y^2+M_z^2+T^2)^{\frac{1}{2}}\right]_{max}$$

8.68 圖示之實心圓軸 AE 以 600 rpm 轉動，從馬達 M 傳送 45 kW 至與輪齒 G 及 H 相接之工具機。已知 $\tau_{all}=55$ MPa，在齒輪 G 消耗掉 30 kW，在齒輪 H 消耗掉 15 kW，試求圓軸 AE 之最小許用直徑。

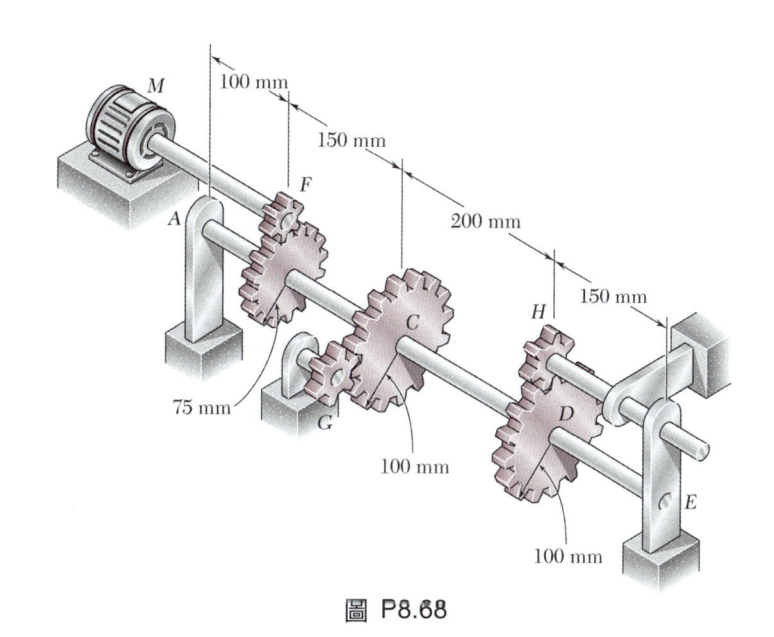

圖 P8.68

8.69 針對圖示之托架及負載，試求(a)在 a 點，(b)在 b 點之正交及剪應力。

8.70 兩外力施加於圖示管 AB，已知管的內徑和外徑分別為 35 mm 及 42 mm，試求在 (a) a 點，(b) b 點的正交及剪應力。

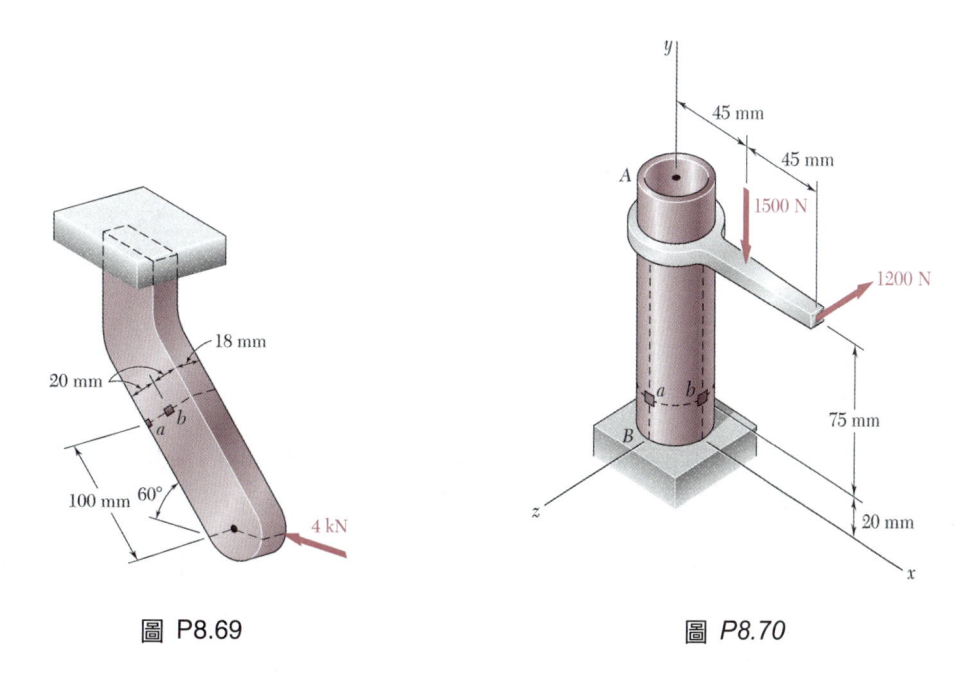

圖 P8.69

圖 P8.70

材料力學
Mechanics of Materials

8.71 一封閉式盤繞的彈簧，是由半徑 r 之圓形纜線以螺旋狀盤繞成半徑 R 而成。試求承受圖示之大小相等、方向相反之外力 **P** 及 **P′** 時的極大剪應力。(提示：首先求出橫斷面中的剪力 **V** 及力矩 **T**。)

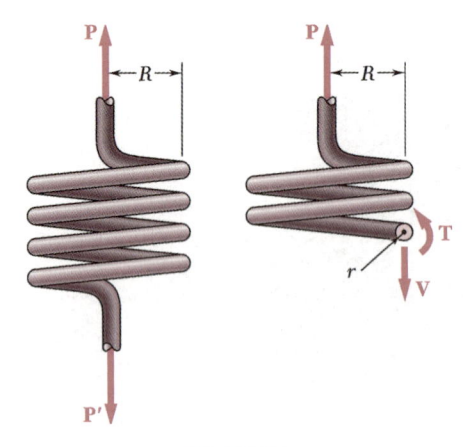

圖 P8.71

8.72 圖示鋼管 AB 之外徑是 72 mm，壁厚是 5 mm。已知與管相連之 CDE 臂是剛性，試求在 H 點之主應力、主平面及極大剪應力。

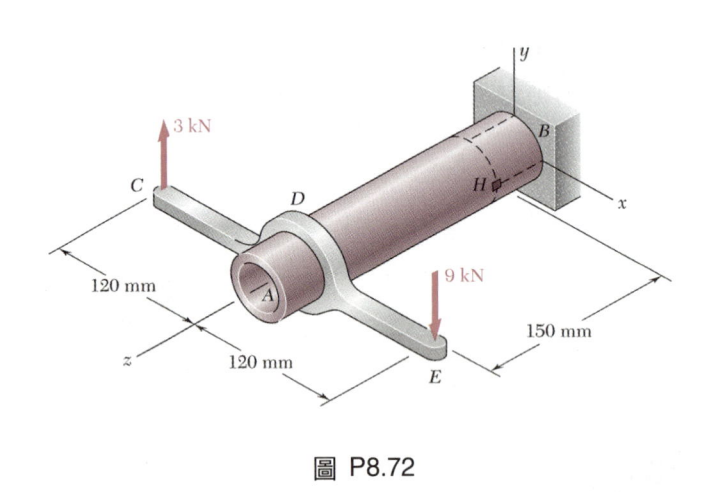

圖 P8.72

8.73 圖示有幾個力作用在管路系統上。已知管之每一斷面的內徑及外徑分別等於 36 mm 及 42 mm，試求位在管子外表面頂部 H 點之正交及剪應力。

8.74 有三力作用在機械組件 ABD 上如圖所示。已知包含 H 點之斷面是 20×40 mm 矩形，試求在 H 點之主應力及極大剪應力。

圖 P8.73

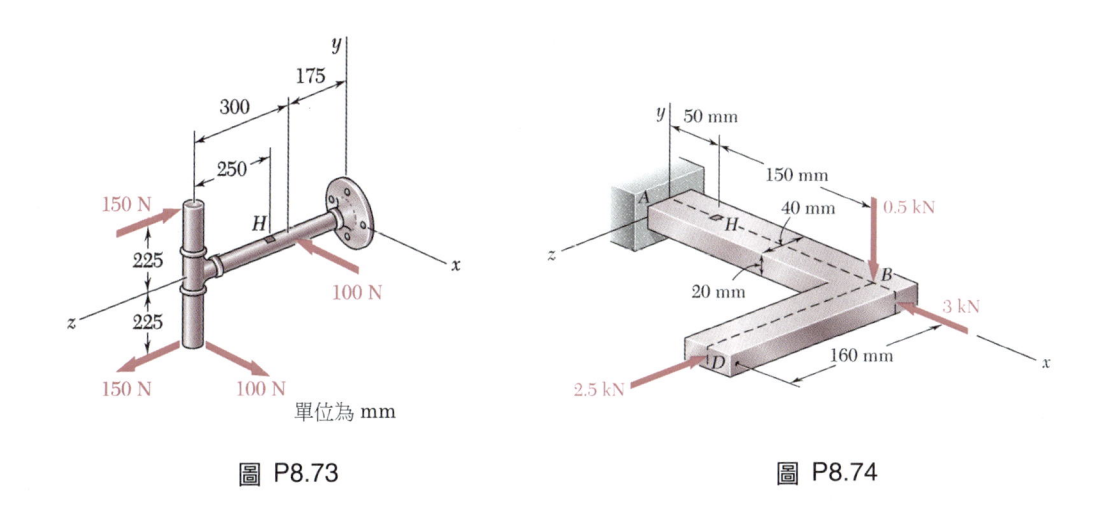

圖 P8.74

8.75 圖示一大小為 250 N 之垂直力 **P** 作用在曲柄之 A 點。已知圓軸 BDE 之直徑是 18 mm，試求位在圓軸頂部，支點 D 左側 50 mm 處 H 點之主應力及極大剪應力。

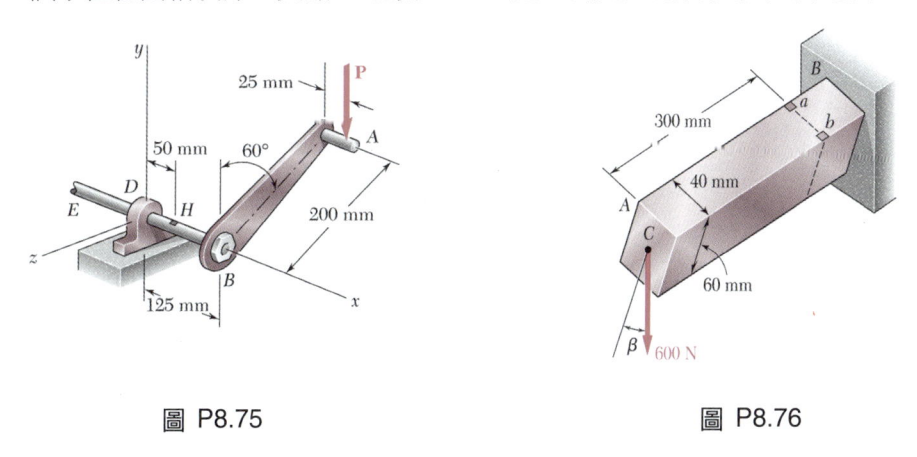

圖 P8.75

圖 P8.76

8.76 圖示懸臂梁 AB 未來安裝時，使 60 mm 一邊與垂直方向成 β 角，β 角在 0 至 90° 之間。已知 600 N 垂直力施加於梁之自由端的中心，試求(a) β = 0，(b) β = 90° 時，在 a 點的正交應力。(c)試求在 a 點發生極大正交應力之 β 值，相應之應力值。

CHAPTER 9

梁之撓度

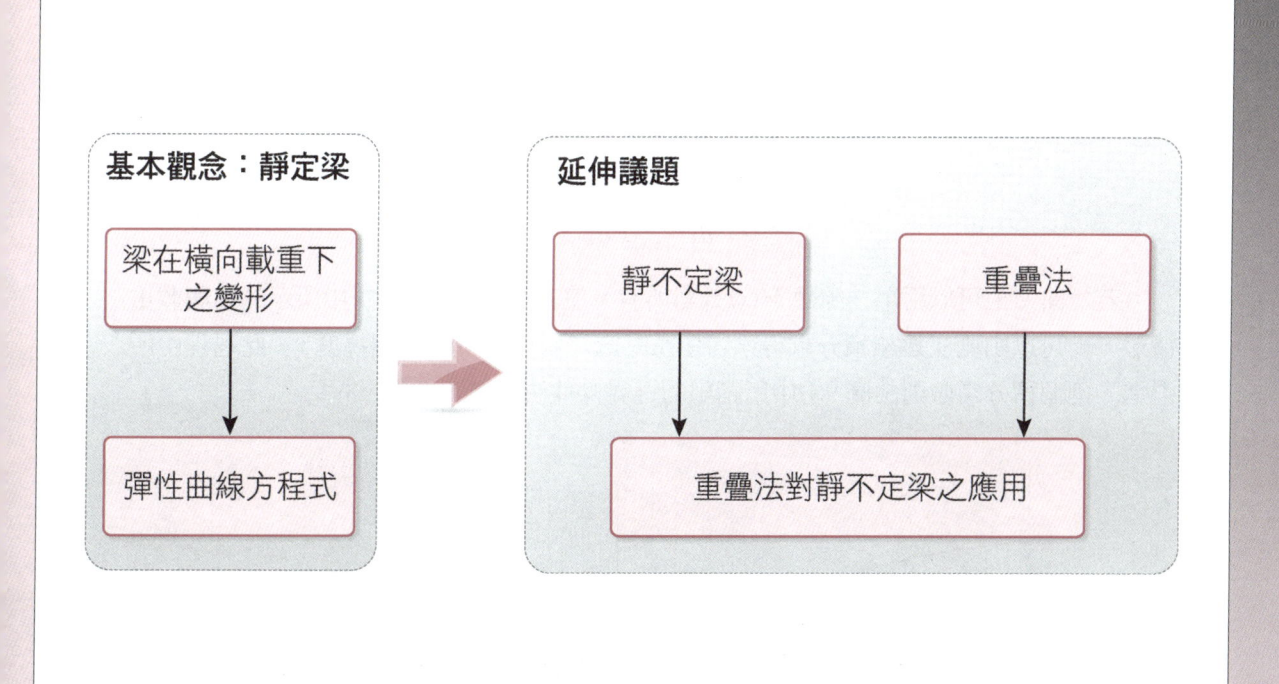

基本觀念：靜定梁

- 梁在橫向載重下之變形
- 彈性曲線方程式

延伸議題

- 靜不定梁
- 重疊法
- 重疊法對靜不定梁之應用

9.1 概述

在上一章中，吾人知悉了梁的強度設計。在這一章中，吾人將要考慮在梁設計中之另一要素，亦即**撓度**(deflection)之決定，其重點乃是決定梁在已知載重下之**最大撓度**(maximum deflection)，此因梁之設計規格一般均會定出其撓度之最大容許值。此外，研析梁撓度知識另一重點乃是藉其分析**靜不定梁**(indeterminate beam)。這些梁，在其支承點之反作用力數超過以求取未知量的平衡方程式數量。

吾人已在 4.4 節知悉，受純彎曲作用之稜體梁將彎曲成一弧，在彈性範圍內，中性面之曲率可表示成

$$\frac{1}{\rho} = \frac{M}{EI} \tag{4.21}$$

式中 M 表彎曲力矩，E 表彈性模數，I 表斷面對其中性軸之慣性矩。

當一梁受一橫向載重作用時，只要聖衛南原理能夠適用，則式(4.21)對梁之任一橫向斷面皆有效。然而，彎曲力矩及中性面之曲率在每一斷面皆都不同。用 x 表示一斷面距梁左端點之距離，吾人則得

$$\frac{1}{\rho} = \frac{M(x)}{EI} \tag{9.1}$$

知道梁內各點處之曲率，即可以對梁在載重下的變形做出一結論(9.2 節)。

為了求梁的任意點處之斜度與撓度，必須先導出下列二階線性微分方程式，此方程式控制變形後的梁形狀特性之**彈性曲線**(elastic curve) (9.3 節)

$$\frac{d^2y}{dx^2} = \frac{M(x)}{EI}$$

若彎曲力矩可以用單一函數 $M(x)$ 針對所有 x 值表示，例如圖 9.1 中所示的梁與載重情形，則可以由兩次連續積分求得梁內任意點處之斜度 $\theta = dy/dx$ 與撓度 y，此過程中所引進的兩個積分常數則由圖 9.1 中所指出的邊界條件決定。

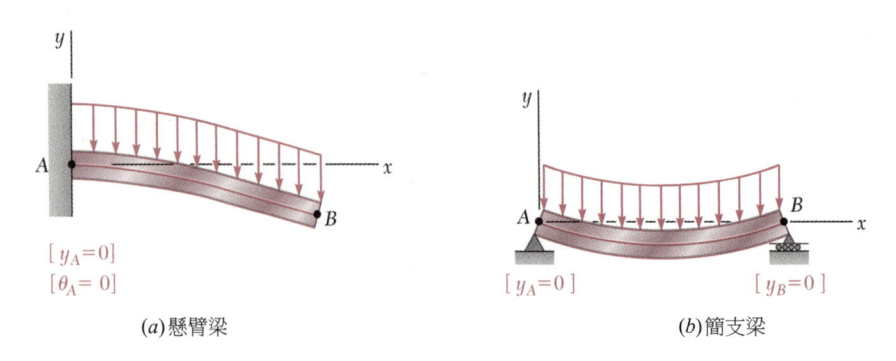

(a) 懸臂梁　　(b) 簡支梁

圖 9.1　彎曲力矩可以用單一函數 $M(x)$ 來描述的情況

不過，若必須以不同的解析函數表示梁的各部分之彎曲力矩，則也需要不同的微分方程式，來導出定義梁的各部分彈性曲線之不同函數。例如在圖 9.2 的梁與載重情形中，需要兩不同方程式，其一用在梁的 AD 部分，另一則用在 DB 部分。第一個方程式產生函數 θ_1 與 y_1，第二個方程式則產生函數 θ_2 與 y_2，因而必須有四個積分常數。以 A 及 B 處之撓度為零，可以得到兩個積分常數；由梁的 AD 與 DB 部分在 D 處具有相同的斜度與撓度，則得到另外兩個積分常數。

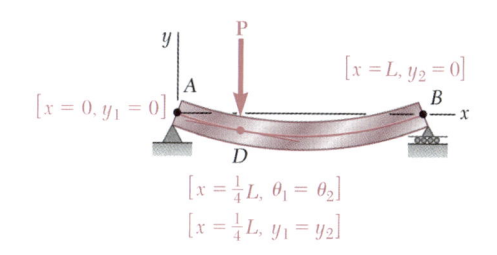

圖 9.2 需要用兩個方程式來表示的情況

9.4 節將會指出，在支持一均佈載重 $w(x)$ 的梁中，彈性曲線可以經由四次連續積分直接由 $w(x)$ 求得。此過程中所引進的常數，則由 V、M、θ 及 y 的邊界值決定。

9.5 節將討論**靜不定梁**(statically indeterminate beams)，即梁的支持處之反作用涉及四或更多個未知量。由於只有三個平衡方程式可以用來決定這些未知量，故平衡方程式必須以得自支持所造成的邊界條件加以補充。

當彎曲力矩 M 需要數個函數表示時，前面所描述的彈性曲線決定法可能很麻煩，因為必須使每一過渡點的斜度及撓度都能配合。9.6 節中將會指出，使用**奇性函數**(singularity functions)(之前已在 5.5 節討論過)可以使梁內任意點處的 θ 與 y 之決定大為簡化。

本章次一部分(9.7 與 9.8 節)將集中討論**重疊法**(method of superposition)。這一方法要求分別計算作用在梁上的各個載重所引起的斜度與撓度，然後相加。附錄 D 中表列出了各種載重與支持形式的梁之斜度與撓度，利用此表，就能簡化重疊法的計算過程。

在 9.9 節中，彈性曲線的某些幾何性質將用來求梁在已知點之撓度及斜度。不用將彎曲力矩用函數 $M(x)$ 表出，當然亦不須再對此函數作積分，只要將代表梁全長是 M/EI 曲線變化畫出，再導出兩個矩面定理。**第一矩面定理**(first moment-area theorem)將能使吾人計算梁在兩點的切線之間的夾角；**第二矩面定理**(second moment-area theorem)則可用來計算從梁上一點到另一點切線間之垂直距離。

矩面定理將在 9.10 節用來求懸臂梁及載重對稱梁在某些選擇點處之斜度及撓度。在 9.11 節，吾人將會發現在許多情況下，若分段畫出彎曲力矩圖，會更容易決定以 M/EI 圖所定出的面積及面積矩。在研析矩面法時，將會發現這種方法用在**可變化斷面梁**的情形，特別有效。

不對稱載重梁及懸臂梁將在 9.12 節中討論，由於不對稱載重梁的最大撓度並非發生在梁中央，故將在 9.13 節中研析如何找出切線為水平之點，以便決定**最大撓度**。9.14 節將會討論涉及靜不定梁問題之解法。

9.2 梁在橫向載重下之變形

本章一開始時即引用了 4.4 節的式(4.21)，表明了受純彎曲的梁內之中性面曲率與彎曲力矩之間的關係。吾人也指出，只要聖衛南原理成立，則此方程式對於承受一橫向載重的梁之任何既定斷面而言都成立。不過，彎曲力矩與中性面的曲率都因斷面而異。以 x 代表斷面到梁左端之距離，則寫出

$$\frac{1}{\rho} = \frac{M(x)}{EI} \tag{9.1}$$

考慮一長度為 L 之懸臂梁 AB，在其自由端受一集中載重 **P** 之作用時(圖 9.3a)，則得 $M(x) = -Px$，將此值代入式(9.1)，即得

$$\frac{1}{\rho} = -\frac{Px}{EI}$$

上式示出該梁中性面之曲率與 x 成線性變化，從 A 點之零，亦即 ρ_A 本身為無限大，變至 B 點之 $-PL/EI$，亦即 $|\rho_B| = EI/PL$ (圖 9.3b)。

現在來考究圖 9.4a 所示支承兩集中載重之外伸梁(overhanging beam) AD。吾人從梁之分離體圖(圖 9.4b)看出在各支點之反作用力分別是 $R_A = 1$ kN 及 $R_C = 5$ kN，於是可畫出

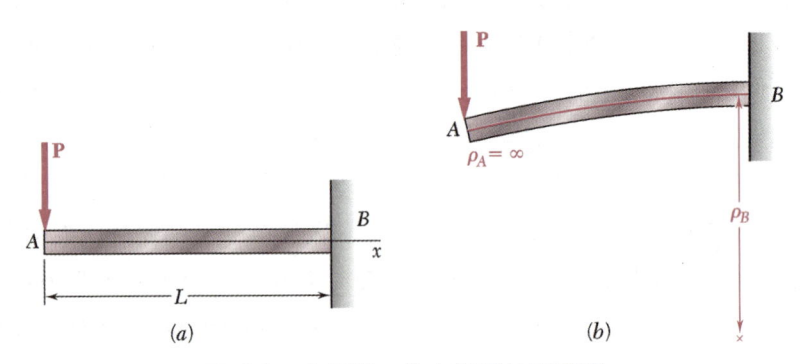

圖 9.3　支承單一集中載重的懸壁梁

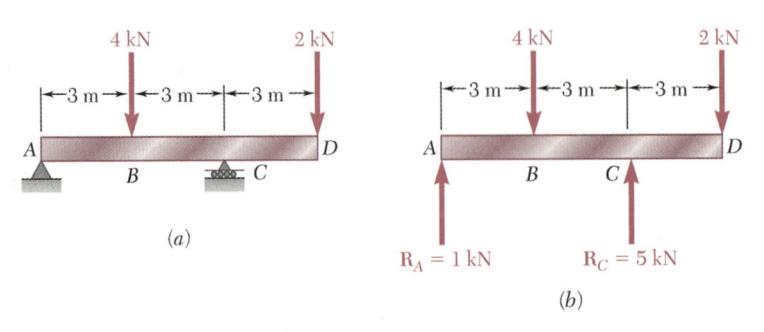

圖 9.4　支承單兩集中載重的外伸梁

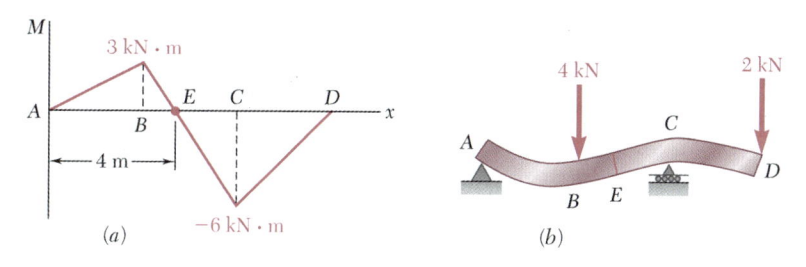

圖 9.5　對應圖 9.4 的彎曲力矩圖

與其對應之彎曲力矩圖(圖 9.5a)。從彎曲力矩圖看出 M 及梁之曲率在梁之兩端點,以及位在 x=4 m 之 E 點皆都為零。在 A 及 E 間,彎曲力矩為正,梁下凹;在 E 及 D 間,彎曲力矩是負,梁向上凸(圖 9.5b)。吾人亦注意到,曲率之最大值(亦即曲率半徑之最小值)在支承點 C 發生,該處之 |M| 最大。

根據求得之曲率資料,吾人可對梁變形之形狀有一相當的了解。不過梁之分析及設計通常需要求得梁在不同點之更準確的**撓度**(deflection)及**斜度**(slope)資料,尤其需要求得梁之最大撓度。下一節將應用式(9.1)去求撓度 y 及距離 x 間之關係,撓度 y 乃由梁軸上一定點 Q 量度,x 乃表 Q 點距某一固定原點之距離(圖 9.6)。此項求得之關係乃是**彈性曲線**(elastic curve)方程式,亦即圖 9.6 是在一定載重作用下,梁軸轉變成一曲線之方程式(圖 9.6b)。†

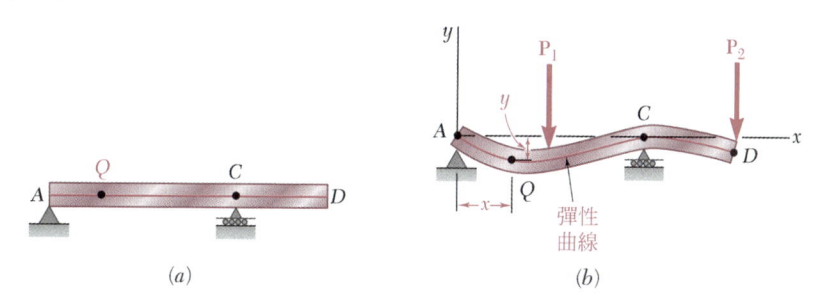

圖 9.6　對應圖 9.4 的彈性曲線

9.3　彈性曲線方程式

首先從初等微積分得悉,一平面曲線在曲線上某點 $Q(x, y)$ 之曲率可表出為

$$\frac{1}{\rho} = \frac{\dfrac{d^2y}{dx^2}}{\left[1 + \left(\dfrac{dy}{dx}\right)^2\right]^{3/2}} \tag{9.2}$$

---

† 注意,在本章中,y 表一垂直位移;但在以前各章中,y 卻表示一橫向斷面中之某點至該斷面中性軸之距離。

式中 dy/dx 及 d^2y/dx^2 乃是曲線函數 $y(x)$ 之一次及二次導來式。但就一梁之彈性曲線而言，斜度 dy/dx 很小，其平方與單位比較，更可忽略。因此可將式(9.2)簡化為

$$\frac{1}{\rho} = \frac{d^2y}{dx^2} \tag{9.3}$$

將式(9.3)中之 $1/\rho$ 代入式(9.1)，則得

$$\frac{d^2y}{dx^2} = \frac{M(x)}{EI} \tag{9.4}$$

上述求得之方程式乃一二階線性微分方程式；亦是控制彈性曲線微分方程式。

積 EI 稱為抗撓剛度(flexural rigidity)，若其沿梁變化，如一深度有變化之梁，在進行式(9.4)之積分前，吾人必須使其用 x 之函數表出。然而就在此所考究之稜體梁而言，抗撓剛度乃是常數。因此可用 EI 乘式(9.4)兩側，並對 x 積分，則得

$$EI\frac{dy}{dx} = \int_0^x M(x)dx + C_1 \tag{9.5}$$

式中 C_1 乃一積分常數。以弧度(radian)為單位之角度 $\theta(x)$，x 是彈性曲線在 Q 點之切線與水平線間之角度(圖 9.7)，且由前述知悉此角很小，得

$$\frac{dy}{dx} = \tan\theta \simeq \theta(x)$$

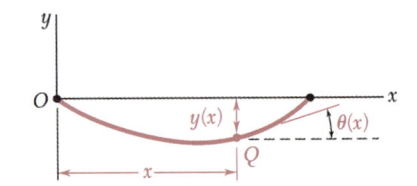

圖 9.7　正切於彈性曲線的斜度 $\theta(x)$

於是吾人乃將式(9.5)以另一型式寫出為

$$EI\,\theta(x) = \int_0^x M(x)dx + C_1 \tag{9.5'}$$

在式(9.5)兩側對 x 積分，得

$$EI\,y = \int_0^x \left[\int_0^x M(x)dx + C_1\right]dx + C_2$$
$$EI\,y = \int_0^x dx \int_0^x M(x)dx + C_1 x + C_2 \tag{9.6}$$

式中 C_2 表第二常數，上式右側第一項乃是表示彎曲力矩 $M(x)$ 對 x 積分兩次所求得之 x 函數。如果式中常數 C_1 及 C_2 不是尚待決定的話，式(9.6)就可定出梁在任一點 Q 處之撓度，當然式(9.5)及(9.5')亦能定出梁在 Q 點之斜度。

常數 C_1 及 C_2 由邊界條件(boundary condition)決定，更精確的說，乃由梁所具有之支承條件來決定。吾人在本節之分析將限於靜定梁，亦即謂梁支承點之反作用力可用靜力學方法求得之梁，因之吾人知悉，在本節所考慮之梁，只有三種型式：即是(a) 簡支梁

第 9 章 梁之撓度

(simply supported beam)，(b) 外伸梁 (overhanging beam)及(c) 懸臂梁 (cantilever beam) (圖 9.8)。

在前兩種梁中，在 A 點之支承是用一銷(pin)及托架(bracket)構成，在 B 點之支承則由一滾子構成，在這兩種支承點上，撓度皆應為零。因此在式(9.6)中，令 $x=x_A$、$y=y_A=0$，接著在同一方程式中，令 $x=x_B$、$y=y_B=0$，是以吾人可得兩方程式，聯立解之即得 C_1 及 C_2。就懸臂梁(圖 9.8c)而言，吾人注意到，在 A 點之撓度及斜度兩者皆為零之事實，故在式(9.6)中，可令 $x=x_A$、$y=y_A=0$，在式(9.5′)中，令 $x=x_A$、$\theta=\theta_A=0$，即可再得兩方程式，可用之解得 C_1 及 C_2。

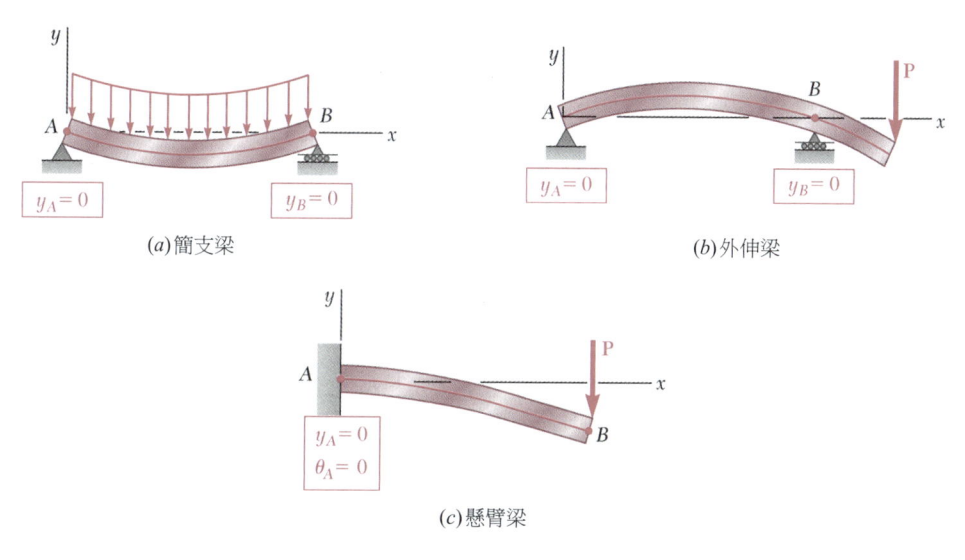

(a)簡支梁

(b)外伸梁

(c)懸臂梁

圖 9.8 靜定梁之邊界條件

例 9.01

懸臂梁 AB 具有一均勻斷面，且在其自由端 A 承載一載重 **P** (圖 9.9)。試求其彈性曲線方程式以及在 A 點之撓度及斜度。

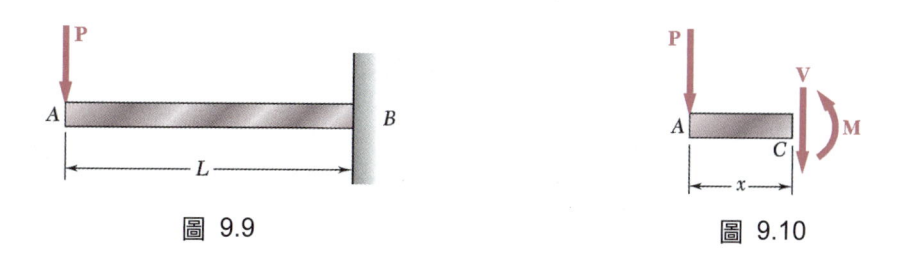

圖 9.9

圖 9.10

解：

使 C 點位在距端點 A 之距離為 x，則可應用梁 AC 部分之分離體圖(圖 9.10)，吾人得

$$M = -Px \tag{9.7}$$

將 M 代入式(9.4)，並用常數 EI 乘各項，吾人即得

$$EI \frac{d^2y}{dx^2} = -Px$$

對 x 積分，得

$$EI \frac{dy}{dx} = -\frac{1}{2}Px^2 + C_1 \tag{9.8}$$

吾人知悉在固定端 B 點，$x=L$，$\theta = dy/dx = 0$(圖 9.11)，將此等值代入式(9.8)解之，即得

$$C_1 = \frac{1}{2}PL^2$$

將此值再代回式(9.8)中，則

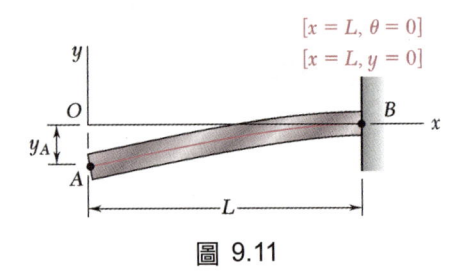

圖 9.11

$$EI \frac{dy}{dx} = -\frac{1}{2}Px^2 + \frac{1}{2}PL^2 \tag{9.9}$$

對式(9.9)兩側積分，則得

$$EI\, y = -\frac{1}{6}Px^3 + \frac{1}{2}PL^2 x + C_2 \tag{9.10}$$

但在 B 點，$x=L$、$y=0$，代入式(9.10)中，得

$$0 = -\frac{1}{6}PL^3 + \frac{1}{2}PL^3 + C_2$$

$$C_2 = -\frac{1}{3}PL^3$$

將 C_2 代回式(9.10)中，即可求得彈性曲線方程式是

$$EI\, y = -\frac{1}{6}Px^3 + \frac{1}{2}PL^2 x - \frac{1}{3}PL^3$$

或

$$y = \frac{P}{6EI}(-x^3 + 3L^2 x - 2L^3) \tag{9.11}$$

令 $x=0$，代入式(9.11)及(9.9)中，即可求得在 A 點之撓度及斜度為

$$y_A = -\frac{PL^3}{3EI} \quad \text{及} \quad \theta_A = \left(\frac{dy}{dx}\right)_A = \frac{PL^2}{2EI}$$

例 9.02

簡支稜體梁 AB 承載每單位長度之均佈載重 w (圖 9.12)，試求彈性曲線方程式以及梁之最大撓度。

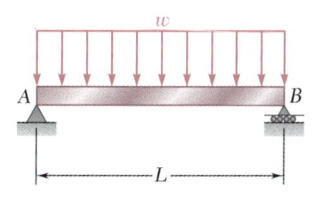

解：

畫出梁 AD 部分之分離體圖 (圖 9.13)，對 D 點取力矩，得

$$M = \frac{1}{2}wLx - \frac{1}{2}wx^2 \tag{9.12}$$

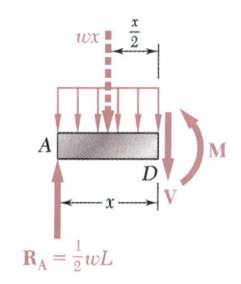

將 M 代入式 (9.4)，並用常數 EI 去乘該方程式之各項，則得

$$EI\frac{d^2y}{dx^2} = -\frac{1}{2}wx^2 + \frac{1}{2}wLx \tag{9.13}$$

對 x 積分兩次，得

$$EI\frac{dy}{dx} = -\frac{1}{6}wx^3 + \frac{1}{4}wLx^2 + C_1 \tag{9.14}$$

$$EI\,y = -\frac{1}{24}wx^4 + \frac{1}{12}wLx^3 + C_1 x + C_2 \tag{9.15}$$

由觀察得知，梁在兩端點之 y=0 (圖 9.14)，吾人首先在式 (9.15) 中，令 x=0、y=0，可求得 $C_2=0$。再在同一方程式中，令 x=L、y=0，得

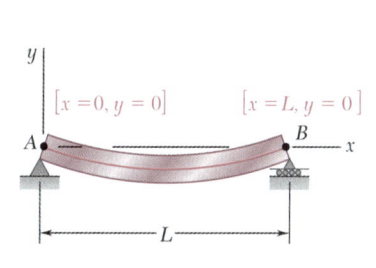

$$0 = -\frac{1}{24}wL^4 + \frac{1}{12}wL^4 + C_1 L$$

$$C_1 = -\frac{1}{24}wL^3$$

將 C_1 及 C_2 值代回式 (9.15)，即得彈性曲線方程式為

$$EI\,y = -\frac{1}{24}wx^4 + \frac{1}{12}wLx^3 - \frac{1}{24}wL^3 x$$

或

$$y = \frac{w}{24EI}(-x^4 + 2Lx^3 - L^3 x) \tag{9.16}$$

將求得之 C_1 值代入式(9.14)，吾人可以校核 $x=L/2$ 時，梁之斜度為零；在梁的中點 C，彈性曲線有一最小值(圖 9.15)，令 $x=L/2$ 代入式(9.16)，吾人得

$$y_C = \frac{w}{24EI}\left(-\frac{L^4}{16}+2L\frac{L^3}{8}-L^3\frac{L}{2}\right)=-\frac{5wL^4}{384EI}$$

圖 9.15

最大撓度，或更精確的說，撓度最大絕對值為

$$|y|_{max}=\frac{5wL^4}{384EI}$$

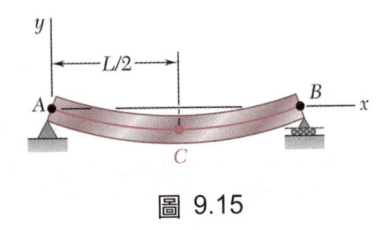

直到現在，吾人所考究兩例中之任一例，只需用一個分離體圖就能求出梁中之彎曲力矩。因而在整個梁中只用一個 x 函數表示 M。然而這並非一般的情況。集中載重，支承點之反作用力，或均佈載重中之不連續皆使吾人要將梁分成幾部分，而在梁之每一部分中，可能要用不同之函數 $M(x)$ 來表示彎曲力矩(照片 9.1)。每一 $M(x)$ 函數將會導出計算斜度 $\theta(x)$ 及撓度 $y(x)$ 之不同方程式。因計算撓度之每一方程式中必包括兩個積分常數，因此必須解出很多積分常數。吾人將在下例看到，只需觀察下列現象(即：當剪力及彎曲力矩在梁上有數點不連續時，梁上的撓度及斜度在任一點仍為連續)，就能求得所需之邊界條件。

照片 9.1 在懸臂之每一部分需要不同之函數 $M(x)$

例 9.03

對於圖示之稜體梁及載重(圖 9.16)，試求在 D 點之撓度。

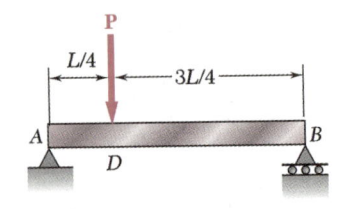

圖 9.16

第 9 章 梁之撓度

解：

必須將梁分成 AD 及 DB 兩部分，然後再求出每一部分彈性曲線之函數 $y(x)$。

1. 從 A 至 D ($x < L/4$)

首先畫出長度 $x<L/4$ 梁 AE 部分之分離體圖(圖 9.17)，對 E 點取力矩，得

$$M_1 = \frac{3P}{4}x \tag{9.17}$$

再應用式(9.4)，得

$$EI\frac{d^2y_1}{dx^2} = \frac{3}{4}Px \tag{9.18}$$

式中 $y_1(x)$ 乃是定出梁 AD 部分彈性曲線之函數，對 x 作積分，吾人得

$$EI\,\theta_1 = EI\frac{dy_1}{dx} = \frac{3}{8}Px^2 + C_1 \tag{9.19}$$

$$EI\,y_1 = \frac{1}{8}Px^3 + C_1 x + C_2 \tag{9.20}$$

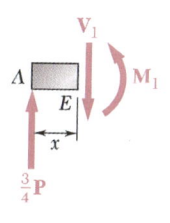

圖 9.17

2. 從 D 至 B ($x > L/4$)

吾人再畫長度 $x>L/4$ 梁 AE 部分之分離體圖(圖 9.18)，並得

$$M_2 = \frac{3P}{4}x - P\left(x - \frac{L}{4}\right) \tag{9.21}$$

應用式(9.4)，並整理上式，得

$$EI\frac{d^2y_2}{dx^2} = -\frac{1}{4}Px + \frac{1}{4}PL \tag{9.22}$$

式中 $y_2(x)$ 乃是定出梁 DB 部分彈性曲線之函數。對 x 作積分，吾人得

$$EI\,\theta_2 = EI\frac{dy_2}{dx} = -\frac{1}{8}Px^2 + \frac{1}{4}PLx + C_3 \tag{9.23}$$

$$EI\,y_2 = -\frac{1}{24}Px^3 + \frac{1}{8}PLx^2 + C_3 x + C_4 \tag{9.24}$$

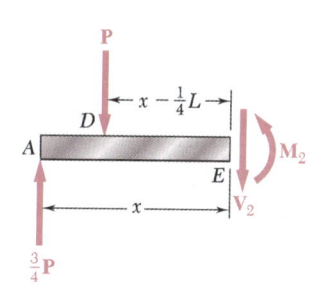

圖 9.18

積分常數之決定

積分常數需要滿足之條件綜繪於圖 9.19 中。在支點 A，撓度由式 (9.20) 定出，其條件為 $x=0$、$y_1=0$；在支點 B，撓度乃由式 (9.24) 定出，且 $x=L$、$y_2=0$；又在 D 點，無撓度及斜度之突然改變，故其條件亦即為在 $x=L/4$ 時 $y_1=y_2$、$\theta_1=\theta_2$。因此吾人得

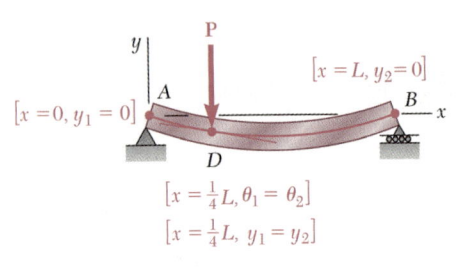

圖 9.19

$[x=0, y_1=0]$，由式 (9.20) 得

$$0 = C_2 \tag{9.25}$$

$[x=L, y_2=0]$，由式 (9.24) 得

$$0 = \frac{1}{12}PL^3 + C_3 L + C_4 \tag{9.26}$$

$[x=L/4, \theta_1=\theta_2]$，由式 (9.19) 及 (9.23) 得

$$\frac{3}{128}PL^2 + C_1 = \frac{7}{128}PL^2 + C_3 \tag{9.27}$$

$[x=L/4, y_1=y_2]$，由式 (9.20) 及 (9.24) 得

$$\frac{PL^3}{512} + C_1\frac{L}{4} = \frac{11PL^3}{1536} + C_3\frac{L}{4} + C_4 \tag{9.28}$$

聯立解上述四方程式，吾人得

$$C_1 = -\frac{7PL^2}{128},\ C_2 = 0,\ C_3 = -\frac{11PL^2}{128},\ C_4 = \frac{PL^3}{384}$$

將 C_1 及 C_2 代入式 (9.19) 及 (9.20)，吾人即得 $x \leq L/4$ 時之彈性曲線函數為

$$EI\,\theta_1 = \frac{3}{8}Px^2 - \frac{7PL^2}{128} \tag{9.29}$$

$$EI\,y_1 = \frac{1}{8}Px^3 - \frac{7PL^2}{128}x \tag{9.30}$$

在每一方程式中，令 $x=L/4$，即可求得在 D 點之斜度及撓度分別為

$$\theta_D = -\frac{PL^2}{32EI} \quad \text{及} \quad y_D = -\frac{3PL^3}{256EI}$$

注意，因 $\theta_D \neq 0$，故在 D 點之撓度並非梁之最大撓度。

9.5 靜不定梁

在上幾節中,吾人之分析只限於靜定梁。現來考究稜體梁 AB(圖 9.23a),其端點 A 為固定支承,在端點 B 卻為滾支。畫出此梁之分離體圖(圖 9.23b),吾人發現反作用力包括四未知數,但只有三平衡方程式可用,即是

$$\Sigma F_x=0 \qquad \Sigma F_y=0 \qquad \Sigma M_A=0 \tag{9.37}$$

因從這些方程式中,只能求得 A_x,故此梁是靜不定。

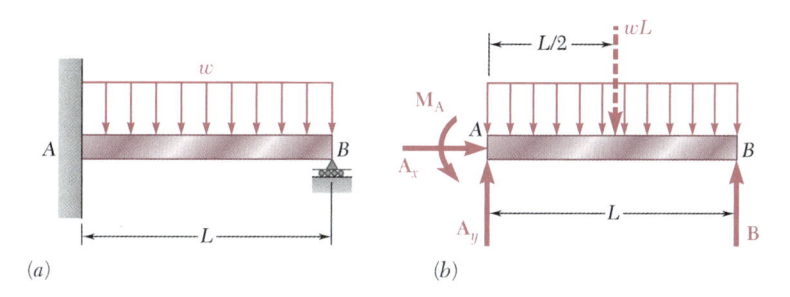

圖 9.23　靜不定梁

不過,吾人從第 2 及 3 章知悉,在靜不定問題中,考慮涉及結構之變形即可求得反作用力。因此吾人將繼續去計算沿梁長之斜度及撓度。根據 9.3 節所用之方法,首先用 AB 梁上任一已知點至 A 之距離 x,已知載重及未知反作用力等表出在上述已知點之彎曲力矩 $M(x)$。對 x 積分,吾人即可求得包括有兩額外未知量,亦即是積分常數 C_1 之 C_2 之 θ 及 y 算式。但在最後,共有六個方程式可用以去求得反作用力及 C_1 及 C_2;此六方程式是三個平衡方程式(9.37),三個需要滿足邊界條件之方程式,亦即在 A 點之斜度及撓度為零,在 B 點之撓度為零(圖 9.24),是以求得在支承點之反作用力,隨後即可求得彈性曲線方程式。

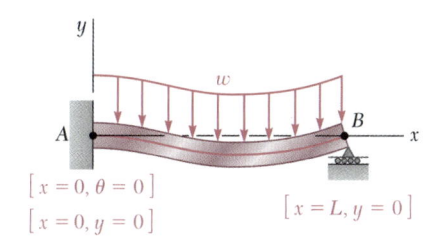

圖 9.24　圖 9.23 的邊界條件

例 9.05

試求圖 9.23a 所示稜體梁在支承點處之反作用力。

解：

平衡方程式

從圖 9.23b 所示之分離體圖，吾人得

$$\xrightarrow{+} \Sigma F_x = 0: \qquad A_x = 0$$
$$+\uparrow \Sigma F_y = 0: \qquad A_y + B - wL = 0 \qquad (9.38)$$
$$+\circlearrowleft \Sigma M_A = 0: \qquad M_A + BL - \frac{1}{2}wL^2 = 0$$

彈性曲線方程式

畫出梁 AC 部分之分離體圖(圖 9.25)，吾人得

$$+\circlearrowleft \Sigma M_C = 0: \qquad M + \frac{1}{2}wx^2 + M_A - A_y x = 0 \qquad (9.39)$$

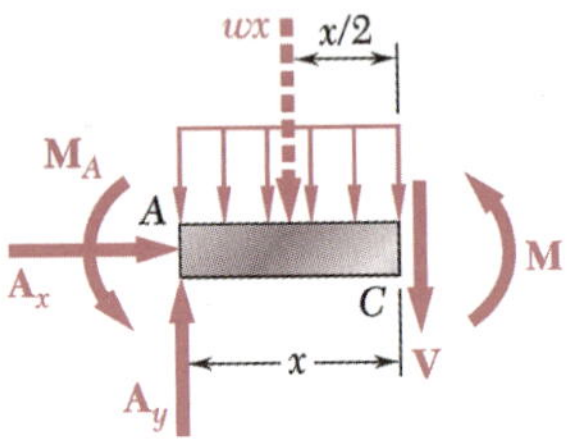

解式(9.39)得 M，代入式(9.4)中，吾人得

$$EI\frac{d^2y}{dx^2} = -\frac{1}{2}wx^2 + A_y x - M_A$$

圖 9.25

對 x 積分，得

$$EI\,\theta = EI\frac{dy}{dx} = -\frac{1}{6}wx^3 + \frac{1}{2}A_y x^2 - M_A x + C_1 \qquad (9.40)$$

$$EI\,y = -\frac{1}{24}wx^4 + \frac{1}{6}A_y x^3 - \frac{1}{2}M_A x^2 + C_1 x + C_2 \qquad (9.41)$$

參照圖 9.24 所指出之邊界條件，使式(9.40)中之 $x=0$、$\theta=0$；式(9.41)之 $x=0$、$y=0$，代入式中解之即得 $C_1 = C_2 = 0$。是以吾人即可將式(9.41)改寫成

$$EI\,y = -\frac{1}{24}wx^4 + \frac{1}{6}A_y x^3 - \frac{1}{2}M_A x^2 \qquad (9.42)$$

但第三個邊界條件卻是 $x=L$ 時，$y=0$，將此代入式(9.42)中，即得

$$0 = -\frac{1}{24}wL^4 + \frac{1}{6}A_y L^3 - \frac{1}{2}M_A L^2$$

或

$$3M_A - A_y L + \frac{1}{4}wL^2 = 0 \qquad (9.43)$$

使此一方程式與平衡方程式(9.38)聯立解之，吾人即可求得在支承點之反作用力是

$$A_x = 0 \qquad A_y = \frac{5}{8}wL \qquad M_A = \frac{1}{8}wL^2 \qquad B = \frac{3}{8}wL$$

在剛討論過之上一例中，有一個贅餘反作用力(redundant reaction)，亦就是另外還有一個僅靠平衡方程式所無法解出的反作用力。是以此梁稱為**一度靜不定**。一度靜不定梁之另一例題則是範例 9.3。如果梁支承之反作用力有兩個贅餘力(圖 9.26a)，該梁即稱為**二度靜不定**。在有五個未知反作用力時(圖 9.26b)，吾人發現從邊界條件(圖 9.26c)能得四個方程式。因此總共有七個方程式可用以求解五個反作用力及兩個積分常數。

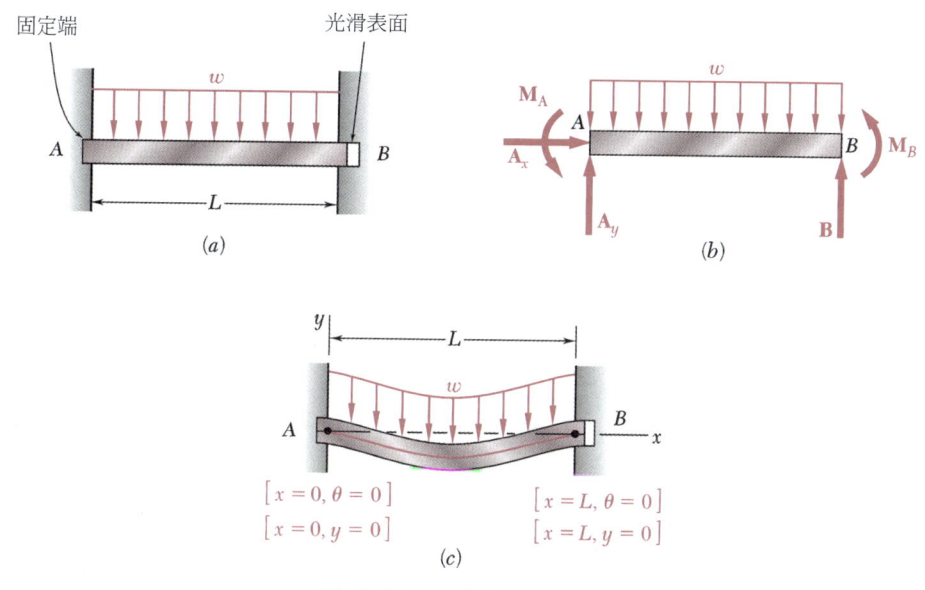

圖 9.26　二度靜不定梁

範例 9.1

外伸梁 ABC 在其端點 C 承載一集中載重 **P**。對梁之 AB 部分，(a)導出彈性曲線方程式，(b)求其最大撓度，(c)應用下述數據，計算 y_{max}：

W360×101　　$I = 300 \times 10^6$ mm^4　　$E = 200$ GPa

$P = 200$ kN　　$L = 4.5$ m　　　　　　$a = 1.2$ m

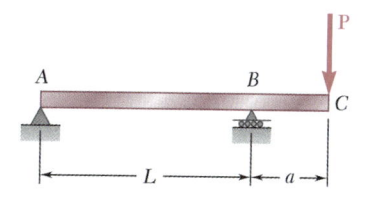

材料力學
Mechanics of Materials

解：

分離體圖

反作用力：$\mathbf{R}_A = Pa/L \downarrow$、$\mathbf{R}_B = P(1+a/L)\uparrow$。應用長度為 x 之梁 AD 部分之分離圖，吾人得

$$M = -P\frac{a}{L}x \quad (0 < x < L)$$

彈性曲線微分方程式

應用式(9.4)，得

$$EI\frac{d^2y}{dx^2} = -P\frac{a}{L}x$$

因抗撓剛度 EI 是常數，積分兩次得

$$EI\frac{dy}{dx} = -\frac{1}{2}P\frac{a}{L}x^2 + C_1 \tag{1}$$

$$EIy = -\frac{1}{6}P\frac{a}{L}x^3 + C_1x + C_2 \tag{2}$$

常數之決定

對於圖示之邊界條件，吾人有

$[x=0, y=0]$：從式(2)，得 $\quad C_2 = 0$

$[x=L, y=0]$：再應用式(2)，吾人得

$$EI(0) = -\frac{1}{6}P\frac{a}{L}L^3 + C_1L \qquad C_1 = +\frac{1}{6}PaL$$

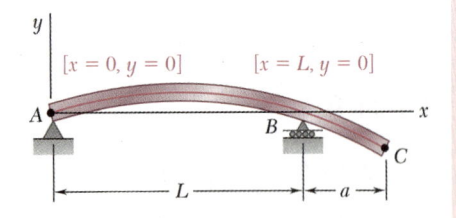

a. 彈性曲線方程式

將 C_1 及 C_2 代入式(1)及(2)，吾人得

$$EI\frac{dy}{dx} = -\frac{1}{2}P\frac{a}{L}x^2 + \frac{1}{6}PaL \qquad \frac{dy}{dx} = \frac{PaL}{6EI}\left[1 - 3\left(\frac{x}{L}\right)^2\right] \tag{3}$$

$$EIy = -\frac{1}{6}P\frac{a}{L}x^3 + \frac{1}{6}PaLx \qquad y = \frac{PaL^2}{6EI}\left[\frac{x}{L} - \left(\frac{x}{L}\right)^3\right] \tag{4} \blacktriangleleft$$

b. AB 部分中之最大撓度

最大撓度 $y_{\max}$ 發生在彈性曲線斜度為零之 E 點，在式(3)中取 $dy/dx = 0$，吾人決定點

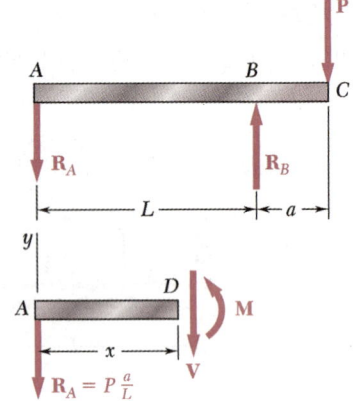

E 之橫坐標

$$0 = \frac{PaL}{6EI}\left[1 - 3\left(\frac{x_m}{L}\right)^2\right] \qquad x_m = \frac{L}{\sqrt{3}} = 0.577L$$

將 $x_m/L = 0.577$ 代入式(4)，即得

$$y_{max} = \frac{PaL^2}{6EI}[(0.577) - (0.577)^3] \qquad y_{max} = 0.0642\frac{PaL^2}{EI} \blacktriangleleft$$

c. y_{max} 之計算

由已知數據，y_{max} 之值是

$$y_{max} = 0.0642\frac{(200 \times 10^3\text{ N})(1.2\text{ m})(4.5\text{ m})^2}{(200 \times 10^9\text{ Pa})(300 \times 10^{-6}\text{ m}^4)} \qquad y_{max} = 5.2\text{ mm} \blacktriangleleft$$

範例 9.2

試就圖中所示之梁與載重，求(a)彈性曲線方程式，(b)A 端之斜度，(c)最大撓度。

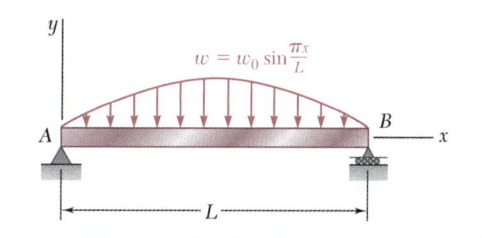

解：

彈性曲線之微分方程式

由式(9.32)：

$$EI\frac{d^4y}{dx^4} = -w(x) = -w_0\sin\frac{\pi x}{L} \tag{1}$$

將式(1)積分兩次：

$$EI\frac{d^3y}{dx^3} = V = +w_0\frac{L}{\pi}\cos\frac{\pi x}{L} + C_1 \tag{2}$$

$$EI\frac{d^2y}{dx^2} = M = +w_0\frac{L^2}{\pi^2}\sin\frac{\pi x}{L} + C_1 x + C_2 \tag{3}$$

邊界條件

$[x=0, M=0]$：由式(3)，可得到 $C_2=0$

$[x=L, M=0]$：再度利用式(3)，則

$$0 = w_0 \frac{L^2}{\pi^2} \sin \pi + C_1 L \qquad C_1 = 0$$

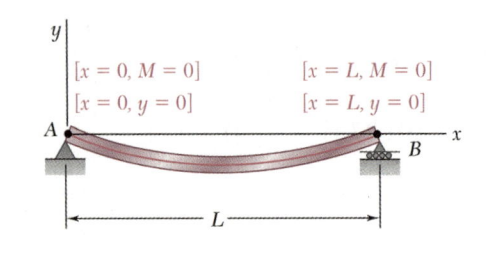

故

$$EI \frac{d^2y}{dx^2} = +w_0 \frac{L^2}{\pi^2} \sin \frac{\pi x}{L} \tag{4}$$

將式(4)積分兩次：

$$EI \frac{dy}{dx} = EI\,\theta = -w_0 \frac{L^3}{\pi^3} \cos \frac{\pi x}{L} + C_3 \tag{5}$$

$$EI\,y = -w_0 \frac{L^4}{\pi^4} \sin \frac{\pi x}{L} + C_3 x + C_4 \tag{6}$$

邊界條件

$[x=0, y=0]$：利用式(6)，可得到 $C_4=0$

$[x=L, y=0]$：再度利用式(6)，則 $C_3=0$

a. 彈性曲線方程式

$$EIy = -w_0 \frac{L^4}{\pi^4} \sin \frac{\pi x}{L} \blacktriangleleft$$

b. A 端之斜度

就 $x=0$ 而言，則

$$EI\,\theta_A = -w_0 \frac{L^3}{\pi^3} \cos 0 \qquad \theta_A = \frac{w_0 L^3}{\pi^3 EI} \blacktriangleleft$$

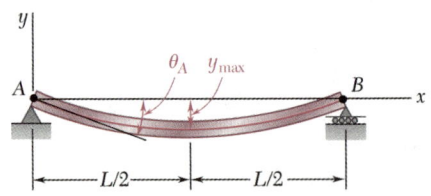

c. 最大撓度

就 $x=\frac{1}{2}L$ 而言

$$EIy_{\max} = -w_0 \frac{L^4}{\pi^4} \sin \frac{\pi}{2} \qquad y_{\max} = \frac{w_0 L^4}{\pi^4 EI} \downarrow \blacktriangleleft$$

範例 9.3

對均勻梁 AB，(a)試求在 A 點之反作用力，(b)導出彈性曲線方程式，(c)求在 A 點之斜度。(注意：此梁是一靜不定梁。)

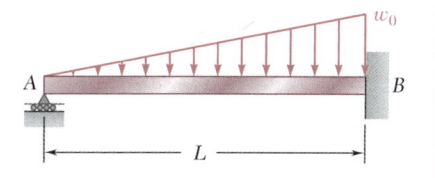

解：

彎曲力矩

使用圖示分離體，可得

$$+\downarrow \Sigma M_D = 0: \quad R_A x - \frac{1}{2}\left(\frac{w_0 x^2}{L}\right)\frac{x}{3} - M = 0 \quad M = R_A x - \frac{w_0 x^3}{6L}$$

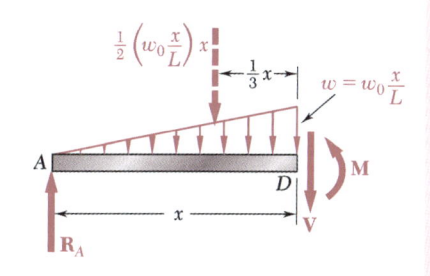

彈性曲線微分方程式

吾人應用式(9.4)，可寫為

$$EI \frac{d^2 y}{dx^2} = R_A x - \frac{w_0 x^3}{6L}$$

因抗撓剛度是常數，吾人積分兩次得

$$EI \frac{dy}{dx} = EI\,\theta = \frac{1}{2} R_A x^2 - \frac{w_0 x^4}{24L} + C_1 \tag{1}$$

$$EI\, y = \frac{1}{6} R_A x^3 - \frac{w_0 x^5}{120L} + C_1 x + C_2 \tag{2}$$

邊界條件

必須要滿足之三個邊界條件乃在圖中示出

$[x=0,\ y=0]: C_2 = 0 \tag{3}$

$[x=L,\ \theta=0]: \dfrac{1}{2} R_A L^2 - \dfrac{w_0 L^3}{24} + C_1 = 0 \tag{4}$

$[x=L,\ y=0]: \dfrac{1}{6} R_A L^3 - \dfrac{w_0 L^4}{120} + C_1 L + C_2 = 0 \tag{5}$

a. 在 A 點之反作用力

用 L 乘式(4)，再用求得之方程式減去式(5)，且因 $C_2=0$，故得

$$\frac{1}{3}R_A L^3 - \frac{1}{30}w_0 L^4 = 0 \qquad \mathbf{R}_A = \frac{1}{10}w_0 L \uparrow \blacktriangleleft$$

注意，反作用力與 E 及 I 無關。將 $R_A = \frac{1}{10}w_0 L$ 代入式(4)，吾人得

$$\frac{1}{2}\left(\frac{1}{10}w_0 L\right)L^2 - \frac{1}{24}w_0 L^3 + C_1 = 0 \qquad C_1 = -\frac{1}{120}w_0 L^3$$

b. 彈性曲線方程式

將 R_A、C_1 及 C_2 代入式(2)即得

$$EIy = \frac{1}{6}\left(\frac{1}{10}w_0 L\right)x^3 - \frac{w_0 x^5}{120L} - \left(\frac{1}{120}w_0 L^3\right)x$$

$$y = \frac{w_0}{120EIL}(-x^5 + 2L^2 x^3 - L^4 x) \blacktriangleleft$$

c. 在 A 點之斜度

對上式就 x 微分，吾人寫出

$$\theta = \frac{dy}{dx} = \frac{w_0}{120EIL}(-5x^4 + 6L^2 x^2 - L^4)$$

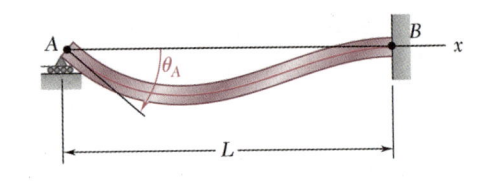

取 $x=0$，即得

$$\theta_A = -\frac{w_0 L^3}{120EI} \qquad \theta_A = \frac{w_0 L^3}{120EI} \blacktriangleleft$$

習題

假定下述各習題中之抗撓剛度 EI，每題中皆為常數。

9.1 至 9.4 試就圖示之載重，求(a)懸臂梁 AB 的彈性曲線方程式，(b)自由端的撓度，(c)自由端的斜度。

圖 P9.1

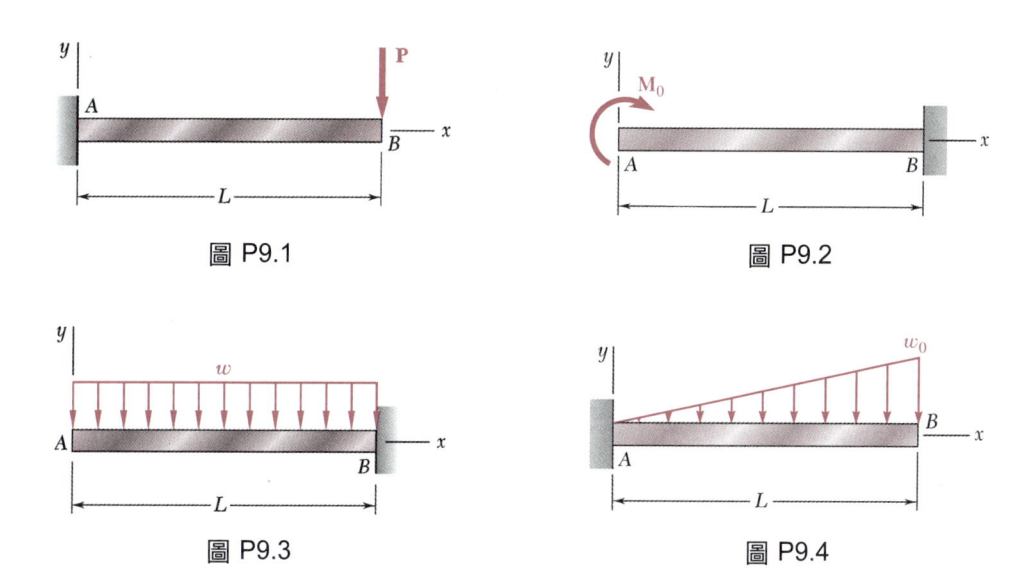

圖 P9.2

圖 P9.3

圖 P9.4

9.5 及 9.6 試就圖示之梁與載重，求(a)梁的 AB 部分之彈性曲線方程式，(b)B 點之斜度，(c)B 點之斜度。

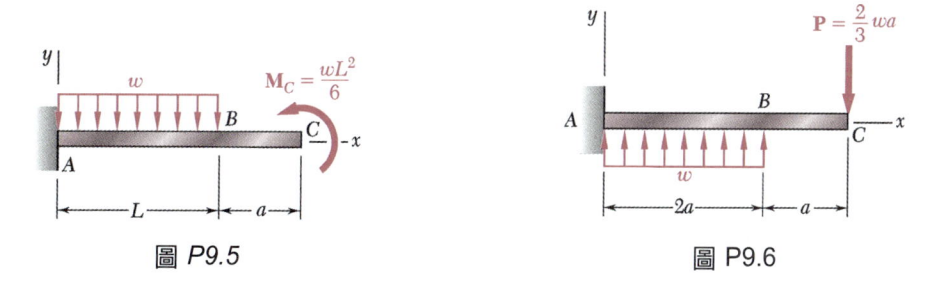

圖 P9.5

圖 P9.6

9.7 對於圖示之梁及載重，試求(a)梁 BC 部分之彈性曲線方程式，(b)中點之撓度，(c) B 點之斜度。

9.8 試就圖示之梁與載重，試求(a)梁的 AB 部分之彈性曲線方程式，(b)中點之撓度，(c) 在 B 點之斜度。

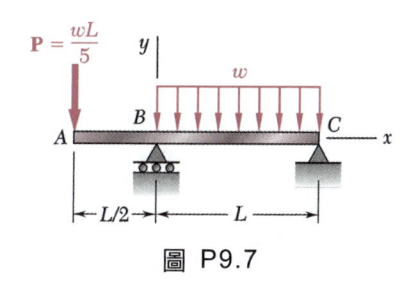

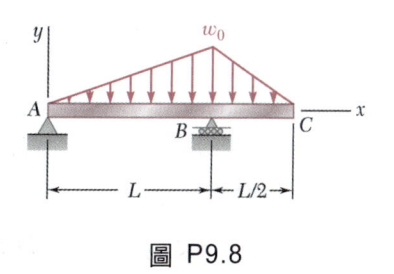

圖 P9.7

圖 P9.8

9.9 已知梁 AB 是 W130×23.8 軋鋼型，$P=50$ kN、$L=1.25$ m 及 $E=200$ GPa，試求(a)A 處之斜度，(b)C 處之撓度。

9.10 已知梁 AB 是 S200×27.4 軋鋼型，$w_0=60$ kN/m、$L=2.7$ m 及 $E=200$ GPa，試求(a) A 處之斜度，(b)C 處之撓度。

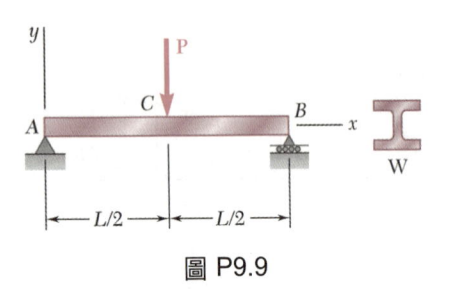

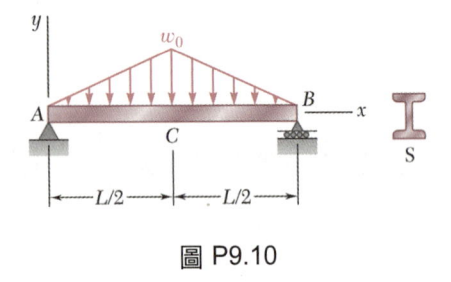

圖 P9.9　　　　　圖 P9.10

9.11 (a)試求 AB 梁中之極大撓度的位置與大小，(b)假定梁 AB 是 W360×64、$L=3.5$ m 及 $E=200$ GPa，如果最大撓度不超過 1 mm，試求可施加於梁之容許力矩 $\mathbf{M}_0$。

9.12 對於圖示之梁及載重，(a)用 w_0、L、E 及 I 表出極大撓度之大小及位置，(b)假定梁 AB 是 W460×74 軋鋼型梁，$w_0=60$ kN/m、$L=6$ m、$E=200$ GPa，計算極大撓度之值。

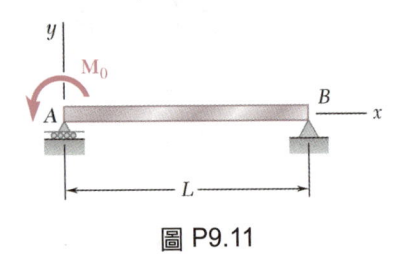

圖 P9.11　　　　　圖 P9.12

9.13 對於圖示之梁及載重，試求在 C 點之撓度。採用 $E=200$ GPa。

9.14 對於圖示之梁與載重，已知 $a=2$ m、$w=50$ kN/m 及 $E=200$ GPa，試求(a)支持點 A 之斜度，(b)在 C 點之撓度。

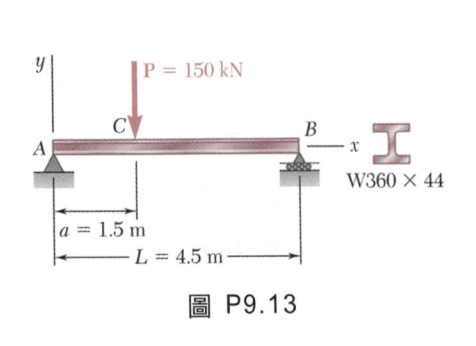

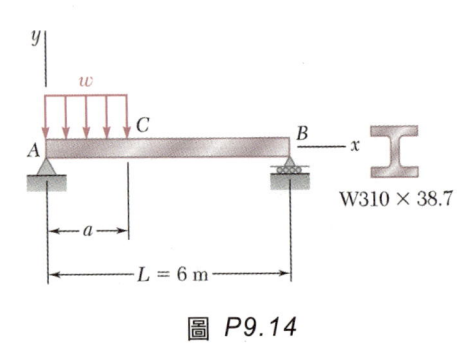

圖 P9.13　　　　　圖 P9.14

9.15 對於圖示之梁與載重，試求在 C 點之撓度。採用 E = 200 GPa。

9.16 已知圖示梁 AE 是軋鋼型 S200×27.4、P = 17.5 kN、L = 2.5 m、a = 0.8 m 及 E = 200 GPa，試求(a)BD 部分之彈性曲線方程式，(b)在梁中點 C 之撓度。

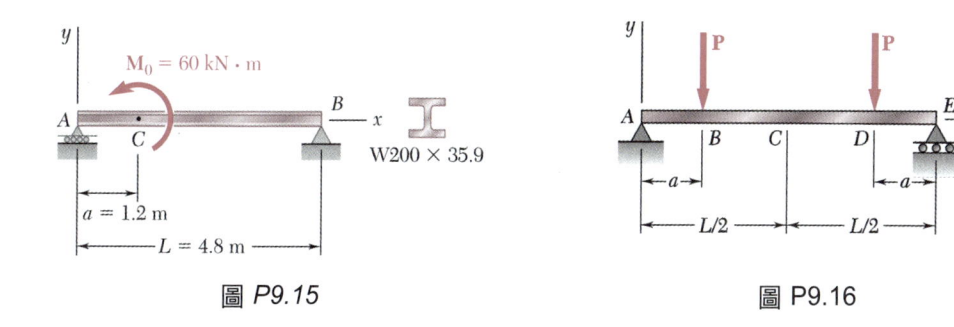

圖 P9.15

圖 P9.16

9.17 對於圖示之梁及載重，試求(a)彈性曲線方程式，(b)自由端的撓度。

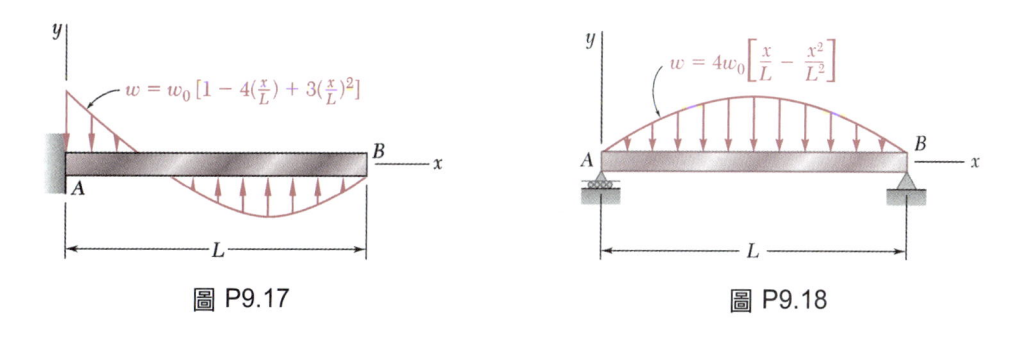

圖 P9.17

圖 P9.18

9.18 對於圖示之梁與載重，試求(a)彈性曲線方程式，(b)末端 A 點之斜度，(c)在中點之撓度。

9.19 至 9.22 對於圖示之梁及載重，試求在滾支處之反作用力。

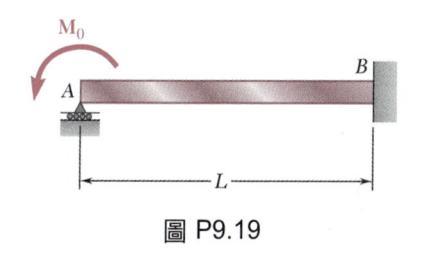

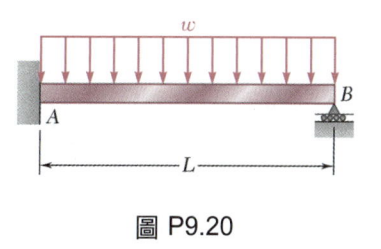

圖 P9.19

圖 P9.20

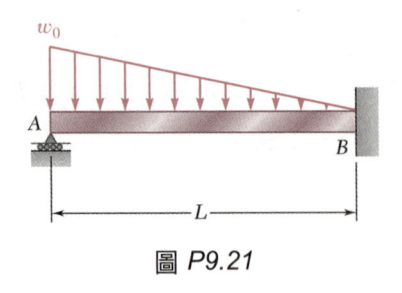

圖 P9.21

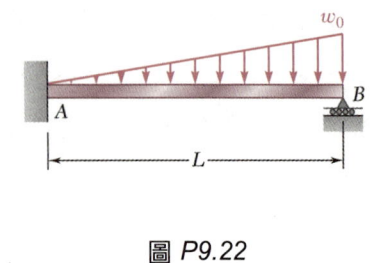

圖 P9.22

9.23 對於圖示之梁，當 $w_0 = 15$ kN/m 時，試求在滾支處之反作用力。

9.24 對於圖示之梁，當 $w_0 = 65$ kN/m 時，試求在滾支處之反作用力。

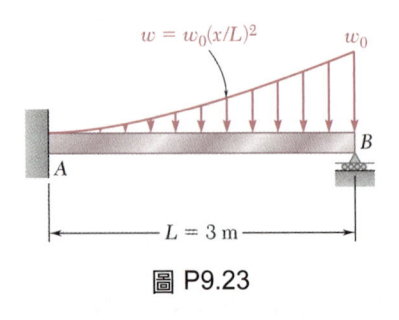

圖 P9.23

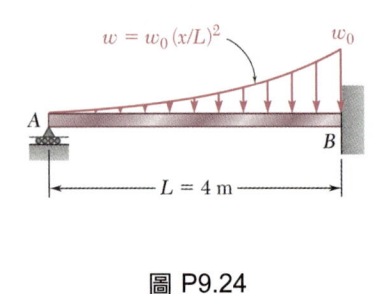

圖 P9.24

9.25 至 9.28 對圖示之梁及載重，試求在滾支處之反作用力，以及畫出彎曲力矩圖。

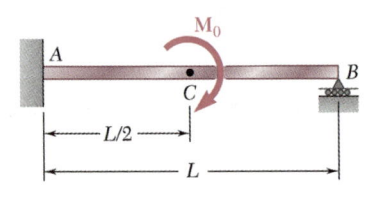

圖 P9.25

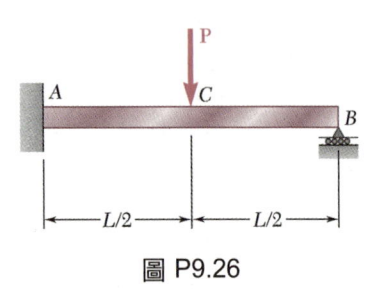

圖 P9.26

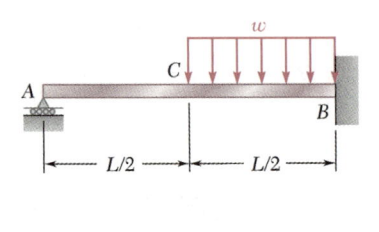

圖 P9.27

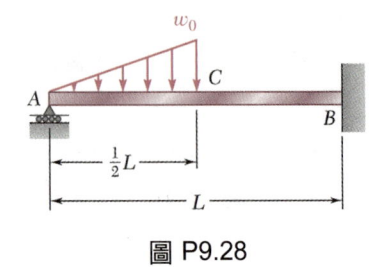

圖 P9.28

9.29 及 9.30 試求在滾支處之反作用力及在 C 點之撓度。

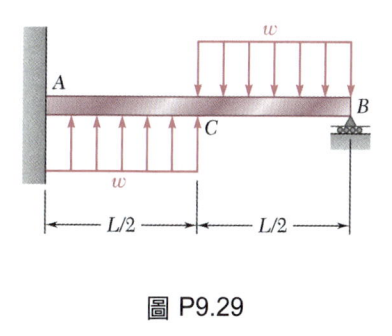

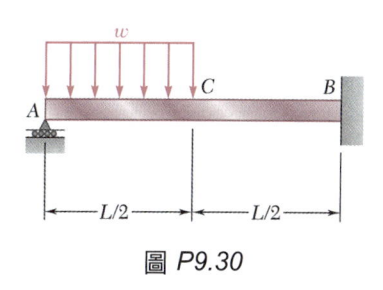

圖 P9.29

圖 P9.30

9.31 及 9.32 對於圖示之梁及載重，已知 a 等於 L/3，試求在滾支處反作用力及在 D 點之撓度。

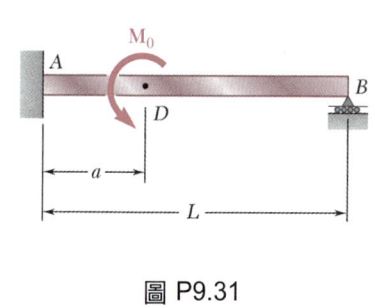

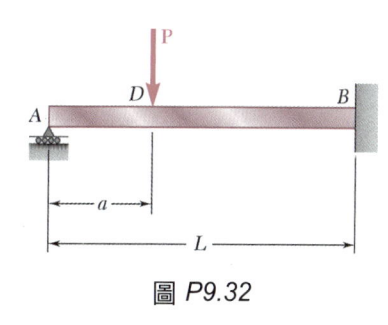

圖 P9.31

圖 P9.32

9.33 及 9.34 對於圖示之梁及載重，試求在 A 點之反作用力並畫出彎曲力矩圖。

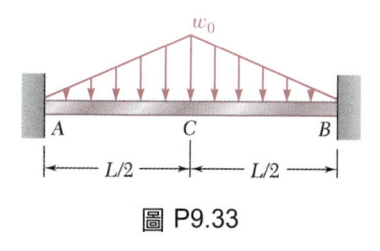

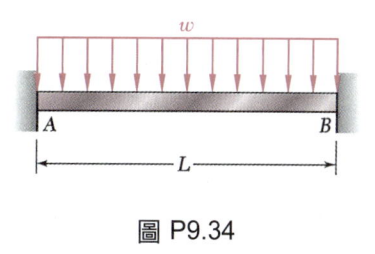

圖 P9.33

圖 P9.34

9.7 重疊法

當一梁承載幾個集中或均佈載重時，吾人發現個別計算每一已知載重所產生之斜度及撓度，常常甚為方便。應用重疊原理(2.12 節)，將各個別載重所產生之斜度及撓度累加，即可甚易的求得由組合載重所產生之斜度及撓度。

例 9.07

對圖示之梁及載重，試求在 D 點之斜度及撓度(圖 9.31)，已知梁之抗撓剛度 $EI = 100$ MN·m^2。

解：

由集中載重及均佈載重分別在任一點所產生之斜度及撓度重疊，即可求得梁在該點之斜度及撓度(圖 9.32)。

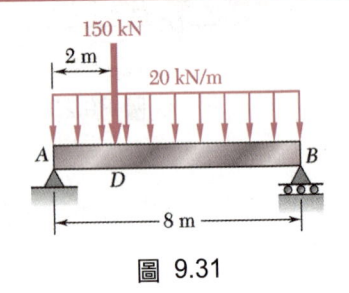

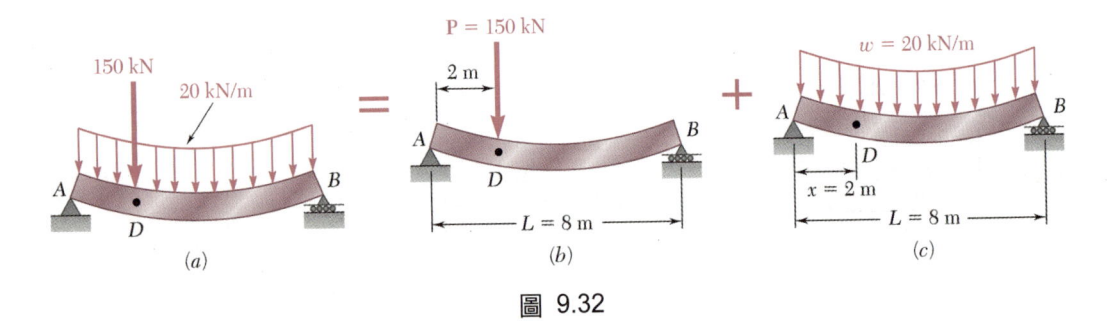

圖 9.31

圖 9.32

因圖 9.32b 中集中載重作用在四分之一跨距，吾人遂可應用例 9.03 所述梁及載重所求得之結果，得到

$$(\theta_D)_P = -\frac{PL^2}{32EI} = -\frac{(150\times 10^3)(8)^2}{32(100\times 10^6)} = -3\times 10^{-3} \text{ rad}$$

$$(y_D)_P = -\frac{3PL^3}{256EI} = -\frac{3(150\times 10^3)(8)^3}{256(100\times 10^6)} = -9\times 10^{-3} \text{ m} = -9 \text{ mm}$$

在另一方面，吾人已知悉在例 9.02 所求得受均佈載重作用之彈性曲線方程式，是以吾人可用之表出圖 9.32c 中之撓度，即是

$$y = \frac{w}{24EI}(-x^4 + 2Lx^3 - L^3x) \tag{9.50}$$

就 x 微分得

$$\theta = \frac{dy}{dx} = \frac{w}{24EI}(-4x^3 + 6Lx^2 - L^3) \tag{9.51}$$

在式(9.51)及(9.50)中,取 $w=20$ kN/m、$x=2$ m 及 $L=8$ m,吾人得

$$(\theta_D)_w = \frac{20 \times 10^3}{24(100 \times 10^6)}(-352) = -2.93 \times 10^{-3} \text{ rad}$$

$$(y_D)_w = \frac{20 \times 10^3}{24(100 \times 10^6)}(-912) = -7.60 \times 10^{-3} \text{ m} = -7.60 \text{ mm}$$

使由集中載重及均佈載重所產生之斜度及撓度重疊,吾人得

$$\theta_D = (\theta_D)_P + (\theta_D)_w = -3 \times 10^{-3} - 2.93 \times 10^{-3} = -5.93 \times 10^{-3} \text{ rad}$$

$$y_D = (y_D)_P + (y_D)_w = -9 \text{ mm} - 7.60 \text{ mm} = -16.60 \text{ mm}$$

為了使工程師方便有效的工作,很多結構及機械工程手冊都備有現成的梁之各種載重及各型支承的撓度及斜度表。本書附錄 D 即載有此表。吾人可注意到,圖 9.31 所示梁之斜度及撓度即可應用該表而逕行得出。事實上,使用該表情況 5 及 6 下之資料,吾人可以表出梁在任一 $x < L/4$ 值時之撓度。用此 方法所求得之導來式即可得出梁在同一區段之斜度。吾人亦注意到,使表中所載之對應值相加,亦可求梁兩端點之斜度。不過,圖 9.31 所示梁之最大撓度不能利用情況 5 及 6 中之最大撓度相加而求得,因為這些撓度並不發生在同一點。†

9.8 重疊法對靜不定梁之應用

應用重疊法去求靜不定梁支承點之反作用力,常屬甚為方便。在考究一度靜不定之梁時,照片 9.3 所示即屬此類梁(參見 9.5 節)。吾人將依照 2.9 節所述之方法,指定反作用力之一為贅餘,並依此消除或修正其對應的支承。此贅餘反作用力將被視為一未知載重,它與其它載重必會使梁產生與原有支承符合的變形。分別計算已知載重及贅餘反作用力所產生之變形,將所得之結果重疊,吾人即可求得已經修正或消除支承點上之斜度及撓度。一旦支承點上之反作用力已經求得,則在梁上其它任一點上之斜度及撓度即可依照常用之方法予以求得。

照片 9.3 支持公路陸橋之連續梁有三個支持,即屬於靜不定梁

---

† 畫出 y 值和與其對應之各 x 值圖形,可求出梁之最大撓度近似值。最大撓度準確位置及大小之求法乃令所求得梁之斜度方程式等於零,解此方程式得 x 即得。

例 9.08

試求圖 9.33 所示稜體梁及載重支承點之反作用力(此乃 9.5 節中例 9.05 所述之同一梁及載重)。

解：

將 B 點之反作用力視為贅餘，並在該支承點放鬆此梁。於是反作用力 $\mathbf{R}_B$ 乃視作未知載重(圖 9.34a)，將根據梁在 B 點之撓度必須為零之條件去求得。先個別求出由均佈載重 w(圖 9.34b)在 B 所生之撓度 $(y_B)_w$，以及由贅餘反作用力 $\mathbf{R}_B$(圖 9.34c)在同一點所生之撓度 $(y_B)_R$，然後再重疊而求得之。

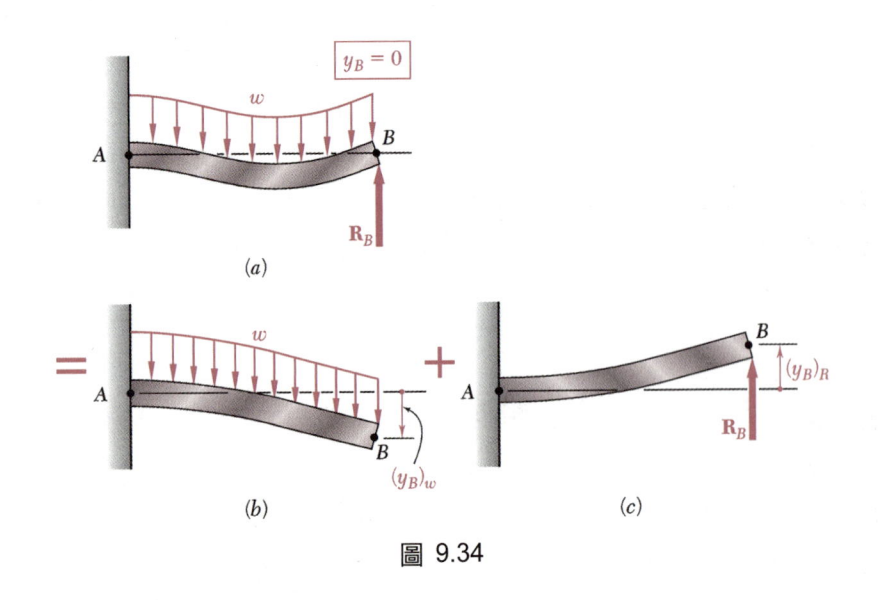

圖 9.33

圖 9.34

從附錄 D 之表中(情況 1 及 2)，吾人查得

$$(y_B)_w = -\frac{wL^4}{8EI} \qquad (y_B)_R = +\frac{R_B L^3}{3EI}$$

在 B 點之撓度乃此兩量之和，且其值必須為零，是以吾人得

$$y_B = (y_B)_w + (y_B)_R = 0$$

$$y_B = -\frac{wL^4}{8EI} + \frac{R_B L^3}{3EI} = 0$$

解之得 R_B 為

$$R_B = \frac{3}{8}wL \qquad \mathbf{R}_B = \frac{3}{8}wL \uparrow$$

畫出梁之分離體圖(圖 9.35)，寫出與其對應之平衡方程式，吾人得

$$+\uparrow \Sigma F_y = 0: \qquad R_A + R_B - wL = 0 \qquad (9.52)$$

$$R_A = wL - R_B = wL - \frac{3}{8}wL = \frac{5}{8}wL$$

$$\mathbf{R}_A = \frac{5}{8}wL \uparrow$$

$$+\curvearrowleft \Sigma M_A = 0: \qquad M_A + R_B L - (wL)\left(\frac{1}{2}L\right) = 0 \qquad (9.53)$$

$$M_A = \frac{1}{2}wL^2 - R_B L = \frac{1}{2}wL^2 - \frac{3}{8}wL^2 = \frac{1}{8}wL^2$$

$$\mathbf{M}_A = \frac{1}{8}wL^2 \curvearrowleft$$

圖 9.35

另一解法

將作用在固定端 A 之力偶視作贅餘，並用一銷-托支承(pin-and-bracket support)取代此固定端，於是乃視力偶 $\mathbf{M}_A$ 為未知量(圖 9.36a)，並將依據梁在 A 點之斜度 $(\theta_A)_w$ 必等於零之條件予以求得。先個別求出由均佈載重 w(圖 9.36b)在同一點所生之斜度 $(\theta_A)_M$(圖 9.36c)。

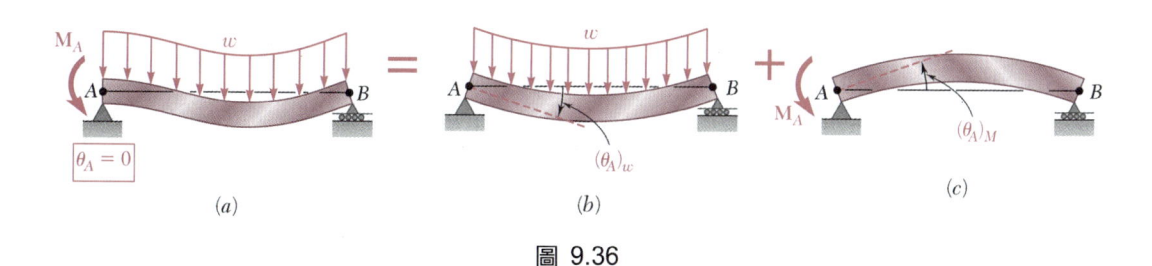

圖 9.36

應用附錄 D 之表(情況 6 及 7)，且應注意情況 7 中，A、B 必須互換，吾人查得

$$(\theta_A)_w = -\frac{wL^3}{24EI} \qquad (\theta_A)_M = \frac{M_A L}{3EI}$$

在 A 點之斜度乃此兩項之和，且其值必等於零，於是吾人得

$$\theta_A = (\theta_A)_w + (\theta_A)_M = 0$$

$$\theta_A = -\frac{wL^3}{24EI} + \frac{M_A L}{3EI} = 0$$

解之得 M_A 為

$$M_A = \frac{1}{8}wL^2 \qquad \mathbf{M}_A = \frac{1}{8}wL^2 \,\curvearrowleft$$

應用平衡方程式(9.52)及(9.53)即可求得 R_A 及 R_B 之值。

上例所考究之梁乃是一度靜不定。就二度靜不定之梁而言(參見 9.5 節)，必須要指定兩個反作用力為贅餘，與其對應之支承必須要依反作用力性質撤除或修正。於是可將贅餘反作用力視作未知載重，與其它載重同時使梁產生與原有支承性質諧合之變形(參見範例 9.9)。

範例 9.7

對圖示之梁及載重，試求在 B 點之斜度及撓度。

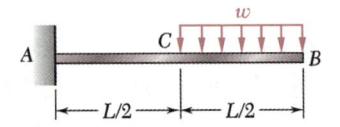

解：

重疊原理

使用下述之「圖形方程式」(picture equation)，將圖示之載重重疊，即可求得已知載重。當然在圖形之每一部分，AB 梁皆相同。對載重 I 及 II 每一載重，吾人將使用附錄 D 所示梁撓度及斜度表，查出在 B 點之斜度及撓度。

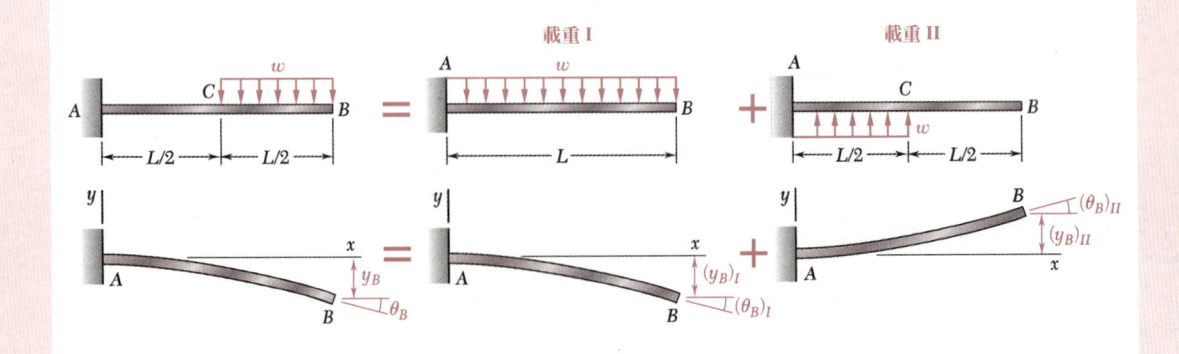

載重 I

$$(\theta_B)_\text{I} = -\frac{wL^3}{6EI} \qquad (y_B)_\text{I} = -\frac{wL^4}{8EI}$$

載重 II

$$(\theta_C)_\text{II} = +\frac{w(L/2)^3}{6EI} = +\frac{wL^3}{48EI} \qquad (y_C)_\text{II} = +\frac{w(L/2)^4}{8EI} = +\frac{wL^4}{128EI}$$

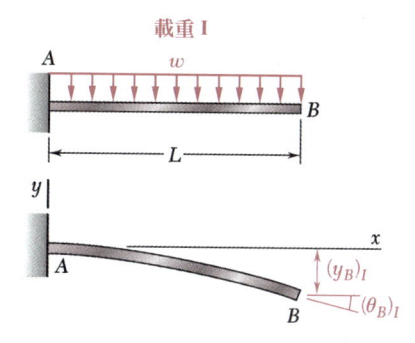

載重 I

在 CB 部分，載重 II 之彎曲力矩是零，是以其彈性曲線是一直線。

$$(\theta_B)_\text{II} = (\theta_C)_\text{II} = +\frac{wL^3}{48EI}$$

$$(y_B)_\text{II} = (y_C)_\text{II} + (\theta_C)_\text{II}\left(\frac{L}{2}\right) = \frac{wL^4}{128EI} + \frac{wL^3}{48EI}\left(\frac{L}{2}\right) = +\frac{7wL^4}{384EI}$$

在 B 點之斜度

$$\theta_B = (\theta_B)_\text{I} + (\theta_B)_\text{II} = -\frac{wL^3}{6EI} + \frac{wL^3}{48EI} = -\frac{7wL^3}{48EI} \qquad \theta_B = \frac{7wL^3}{48EI}\,\triangleleft$$

在 B 點之撓度

$$y_B = (y_B)_\text{I} + (y_B)_\text{II} = -\frac{wL^4}{8EI} + \frac{7wL^4}{384EI} = -\frac{41wL^4}{384EI} \qquad y_B = \frac{41wL^4}{384EI}\downarrow\,\triangleleft$$

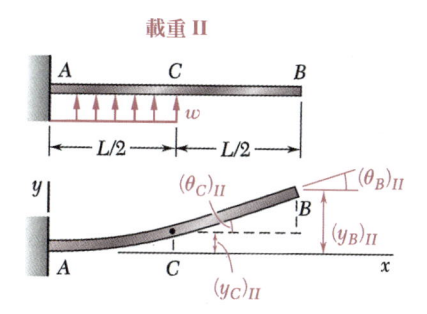

載重 II

範例 9.8

對圖示均質梁及載重，試求(a)在每一支承點之反作用力，(b)在端點 A 之斜度。

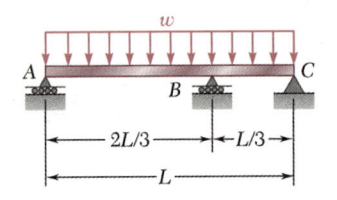

解：

重疊原理

將反作用力 $\mathbf{R}_B$ 指定為贅餘，且視之為未知載重。由均佈載重及反作用力 $\mathbf{R}_B$ 所產生之撓度分別圖示如下。

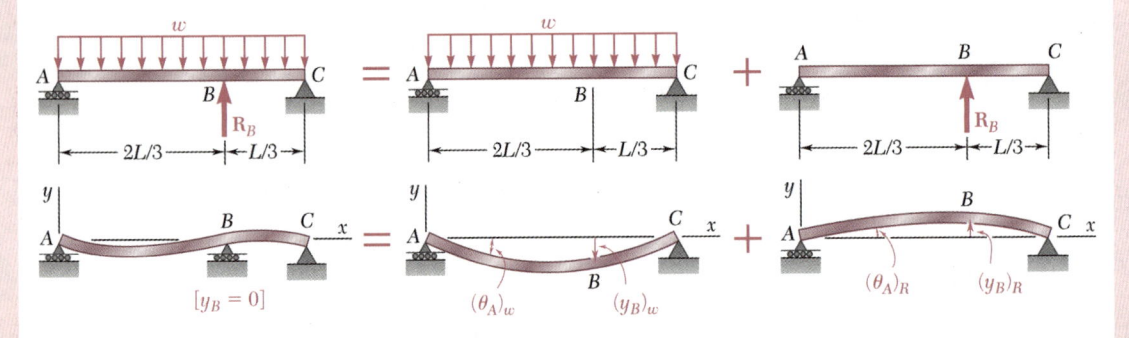

使用附錄 D 中梁之撓度及斜度表可求每一載重所生在 B 點之撓度。

均佈載重 吾人應用附錄 D 中情況 6。

$$y = -\frac{w}{24EI}(x^4 - 2Lx^3 + L^3x)$$

在 B 點，$x = \frac{2}{3}L$

$$(y_B)_w = -\frac{w}{24EI}\left[\left(\frac{2}{3}L\right)^4 - 2L\left(\frac{2}{3}L\right)^3 + L^3\left(\frac{2}{3}L\right)\right] = -0.01132\frac{wL^4}{EI}$$

贅餘反作用力載重 從附錄 D 之情況 5，由 $a = \frac{2}{3}L$，$b = \frac{1}{3}L$，吾人得

$$(y_B)_R = -\frac{Pa^2b^2}{3EIL} = +\frac{R_B}{3EIL}\left(\frac{2}{3}L\right)^2\left(\frac{L}{3}\right)^2 = 0.01646\frac{R_BL^3}{EI}$$

a. 在支承點之反作用力

已知 $y_B = 0$，故得

$$y_B = (y_B)_w + (y_B)_R$$

$$0 = -0.01132\frac{wL^4}{EI} + 0.01646\frac{R_B L^3}{EI}$$

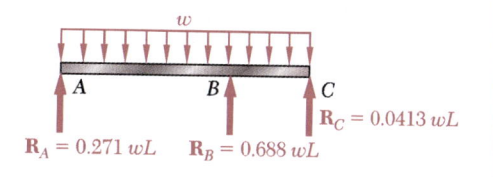

$$\mathbf{R}_B = 0.688wL \uparrow$$

求得 R_B 就可應用靜力學方法去求其它反作用力為 $\mathbf{R}_A = 0.271wL \uparrow$ $\mathbf{R}_C = 0.0413wL \uparrow$

b. 端點 A 之斜度均佈載重

再參照附錄 D，吾人得

均佈載重

$$(\theta_A)_w = -\frac{wL^3}{24EI} = -0.04167\frac{wL^3}{EI}$$

贅餘反作用力載重　因 $P = -R_B = -0.688wL$ 及 $b = \frac{1}{3}L$

$$(\theta_A)_R = -\frac{Pb(L^2 - b^2)}{6EIL} = +\frac{0.688wL}{6EIL}\left(\frac{L}{3}\right)\left[L^2 - \left(\frac{L}{3}\right)^2\right] \qquad (\theta_A)_R = 0.03398\frac{wL^3}{EI}$$

最後得 $\theta_A = (\theta_A)_w + (\theta_A)_R$

$$\theta_A = -0.04167\frac{wL^3}{EI} + 0.03398\frac{wL^3}{EI} = -0.00769\frac{wL^3}{EI} \qquad \theta_A = 0.00769\frac{wL^3}{EI}$$

範例 9.9

對圖示之梁及載重，試求在固定支點 C 之反作用分力。

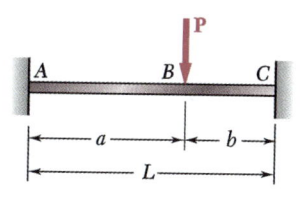

解：

重疊原理

　　假定梁中軸向力為零，ABC 梁即是一二度靜不定梁，吾人乃選用兩反作用力，即一是垂直力 $\mathbf{R}_C$，另一是力偶 $\mathbf{M}_C$ 為贅餘。由已知載重 $\mathbf{P}$，力 $\mathbf{R}_C$ 及力偶 $\mathbf{M}_C$ 所產生之變形分別如下圖所示。

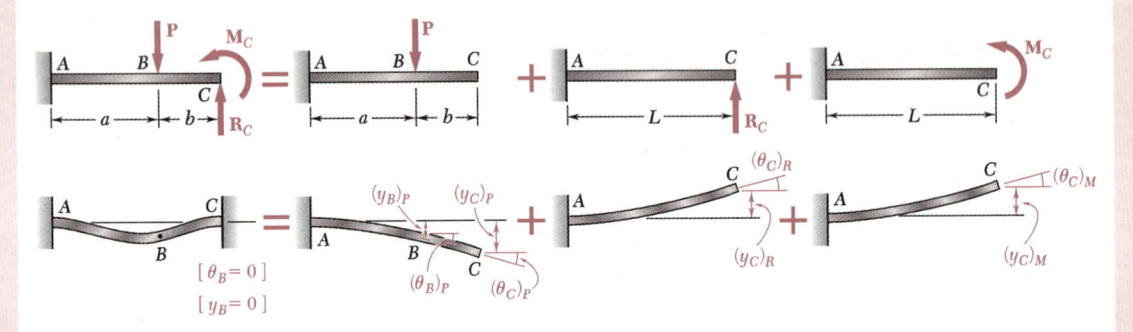

對每一載重，在 C 點之斜度及撓度可應用附錄 D 中梁之撓度及斜度表查得。

載重 P　　對此一載重，吾人應注意到，梁之 BC 部分為直線

$$(\theta_C)_P = (\theta_B)_P = -\frac{Pa^2}{2EI}$$

$$(y_C)_P = (y_B)_P + (\theta_B)_P b = -\frac{Pa^3}{3EI} - \frac{Pa^2}{2EI}b = -\frac{Pa^2}{6EI}(2a+3b)$$

力 R_C

$$(\theta_C)_R = +\frac{R_C L^2}{2EI} \qquad (y_C)_R = +\frac{R_C L^3}{3EI}$$

力偶 M_C

$$(\theta_C)_M = +\frac{M_C L}{EI} \qquad (y_C)_M = +\frac{M_C L^2}{2EI}$$

邊界條件　　在端點 C，斜度及撓度兩者皆須為零。

$[x=L, \theta_C=0]$：

$$\theta_C = (\theta_C)_P + (\theta_C)_R + (\theta_C)_M$$

$$0 = -\frac{Pa^2}{2EI} + \frac{R_C L^2}{2EI} + \frac{M_C L}{EI} \tag{1}$$

$[x=L, y_C=0]$：
$$y_C = (y_C)_P + (y_C)_R + (y_C)_M$$
$$0 = -\frac{Pa^2}{6EI}(2a+3b) + \frac{R_C L^3}{3EI} + \frac{M_C L^2}{2EI} \tag{2}$$

在 C 點之反作用分力

聯立解式(1)及(2)，吾人得

$$R_C = +\frac{Pa^2}{L^3}(a+3b)$$

$$\mathbf{R}_C = \frac{Pa^2}{L^3}(a+3b) \uparrow \blacktriangleleft$$

$$M_C = -\frac{Pa^2 b}{L^2} \qquad \mathbf{M}_C = \frac{Pa^2 b}{L^2} \downarrow \blacktriangleleft$$

$$\mathbf{M}_A = \frac{Pab^2}{L^2} \qquad \mathbf{M}_C = \frac{Pa^2 b}{L^2}$$

$$\mathbf{R}_A = \frac{Pb^2}{L^3}(3a+b) \qquad \mathbf{R}_C = \frac{Pa^2}{L^3}(a+3b)$$

再用靜力學方法，吾人可求得在 A 點之反作用力。

習題

應用重疊法解下述習題，假定每梁之抗撓剛度 EI 皆為常數。

9.65 及 9.66 對於圖示之懸臂梁及載重，求自由端之斜度與撓度。

圖 P9.65

圖 P9.66

9.67 及 9.68 對於圖示之懸臂梁及載重，試求 B 點之斜度及撓度。

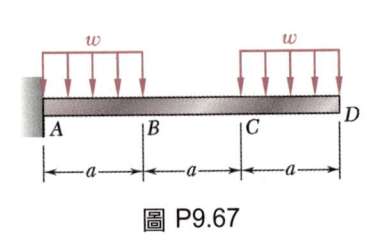

材料力學
Mechanics of Materials

圖 P9.67

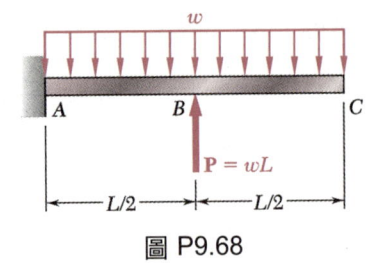

圖 P9.68

9.69 至 9.72 對於圖示之梁及載重，求(a)在 C 點之撓度，(b)在端點 A 之斜度。

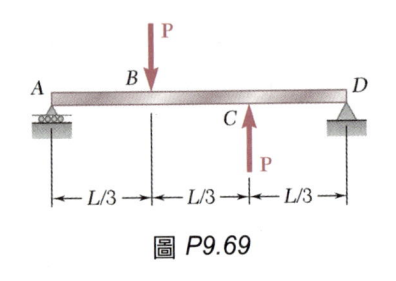

圖 P9.69

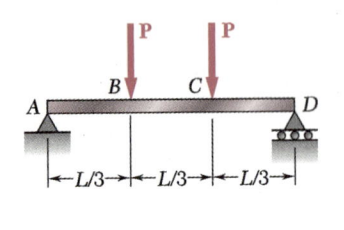

圖 P9.70

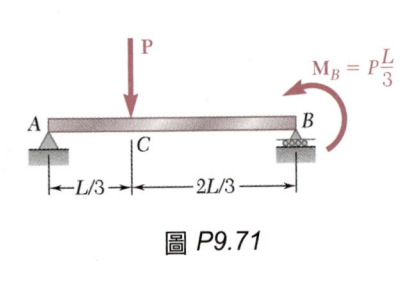

圖 P9.71

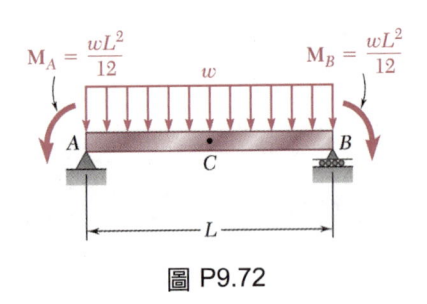

圖 P9.72

9.73 對於圖示之懸臂梁及載重，試求端點 C 之斜度及撓度。採用 $E = 200$ GPa。

9.74 對於圖示之懸臂梁及載重，試求 B 點之斜度及撓度。採用 $E = 200$ GPa。

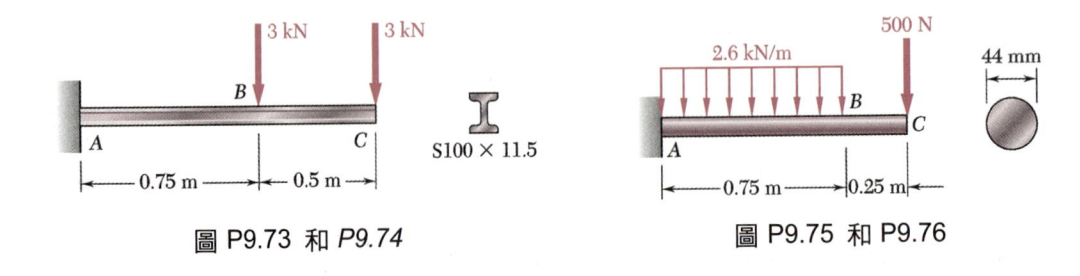

圖 P9.73 和 P9.74

圖 P9.75 和 P9.76

9.75 對於圖示之懸臂梁及載重，試求端點 C 之斜度及撓度。採用 $E = 200$ GPa。

9.76 對於圖示之懸臂梁及載重，試求 B 點之斜度及撓度。採用 $E = 200$ GPa。

第 9 章 梁之撓度

9.77 及 9.78 對於圖示之梁及載重，試求(a)在端點 A 之斜度，(b)在 C 點之撓度。採用 E＝200 GPa。

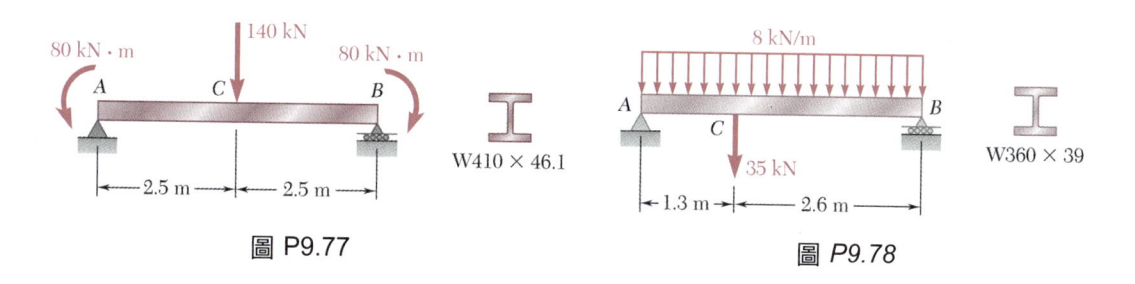

圖 P9.77

圖 P9.78

9.79 及 9.80 對於圖示之均勻梁，試求三支點中每一支點之反作用力。

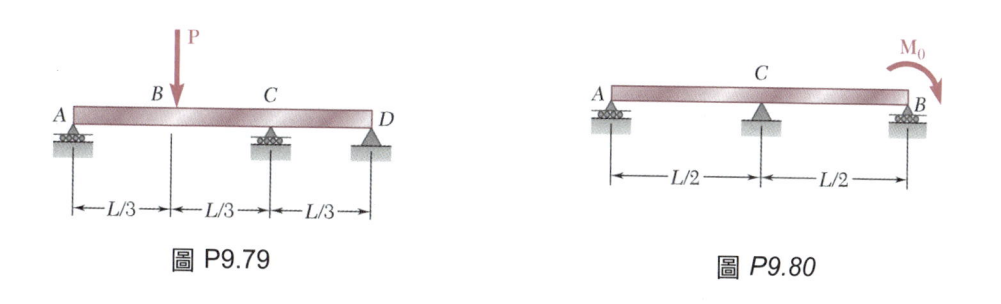

圖 P9.79

圖 P9.80

9.81 及 9.82 對於圖示之均勻梁，試求(a)在 A 點之反作用力，(b)在 B 點之反作用力。

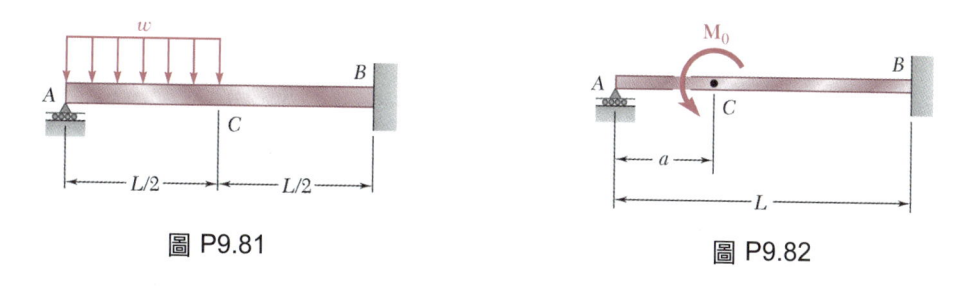

圖 P9.81

圖 P9.82

9.83 及 9.84 對於圖示之梁，試求 B 點之反作用力。

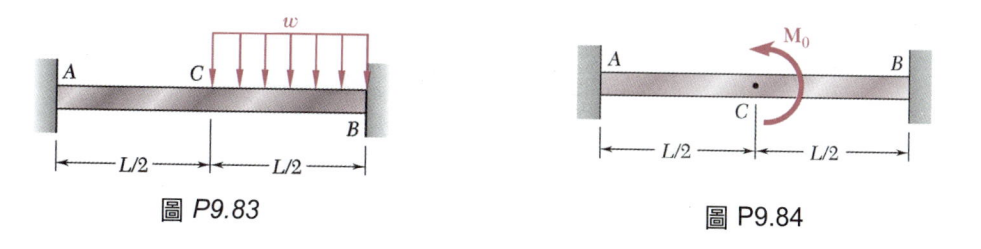

圖 P9.83

圖 P9.84

9.85 圖示中間梁 BD 用鉸支與兩懸臂梁 AB 及 DE 相連。所有梁的斷面皆相同如圖示。對於圖示載重，如在 C 之撓度不超過 3 mm，試求 w 之最大容許值。採用 E=200 GPa。

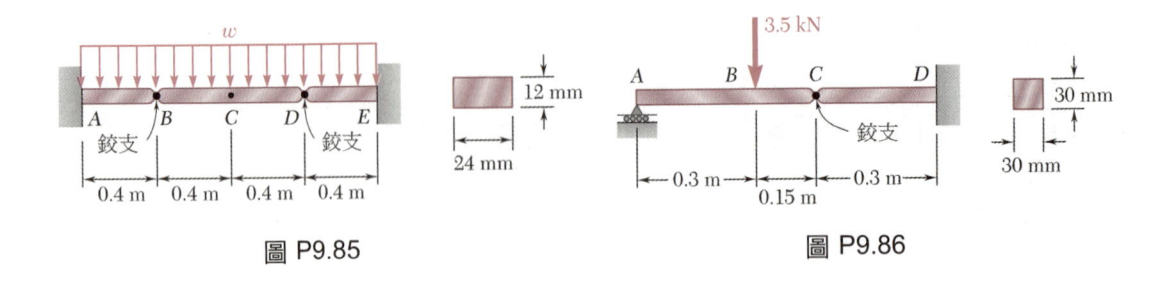

圖 P9.85

圖 P9.86

9.86 圖示兩梁之斷面相同，在 C 點用一鉸支相連。對於圖示載重，試求(a)在 A 點之斜度，(b)在 B 點之撓度。採用 E=200 GPa。

9.87 DE 梁靜置在懸臂梁 AC 上如圖所示。已知每一梁皆用邊長 10 mm 之方桿製成。如果力偶 25 N·m 施加力在(a)DE 梁之端點 E，(b)AC 梁之端點 C，試求端點 C 之撓度。採用 E=200 GPa。

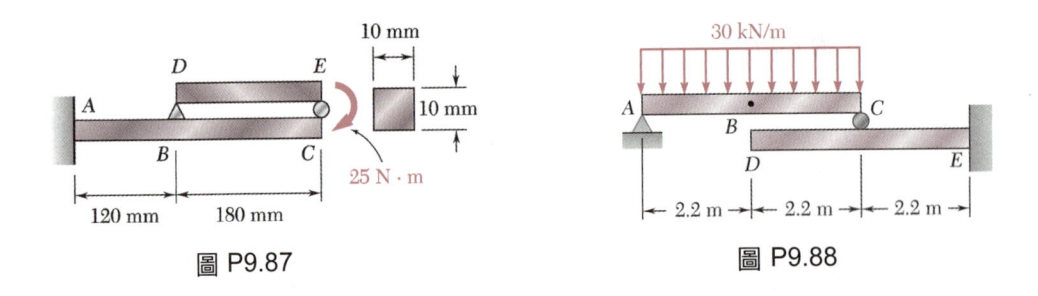

圖 P9.87

圖 P9.88

9.88 AC 梁靜置在懸臂梁 DE 上如圖所示。已知每一梁皆為 W410×38.8 軋鋼，對於圖示負載，試求(a)在 B 點之撓度，(b)在 D 點之撓度。採用 E=200 GPa。

9.89 在 30 kN/m 均勻力施加前，梁 W410×60 與支點 C 之間有一間隙 δ_0=20 mm 存在。已知 E=200 GPa，在均勻力施加後，試求每一支點之反作用力。

9.90 圖示懸臂梁 BC 與鋼纜 AB 連結在一起。已知纜線一開始即拉緊，試求圖示均佈載重造成纜線中之張力。採用 E=200 GPa。

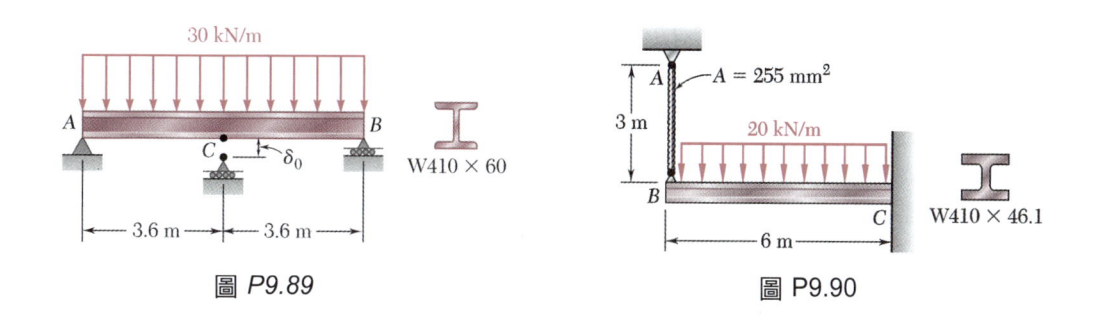

9.91 承受載重 **P** 之前，懸臂梁 AC 與 B 處支持點保有 δ_0=0.5 mm 距離。已知 E=200 GPa，試求在 C 點產生 1 mm 撓度時施加的外力 **P**。

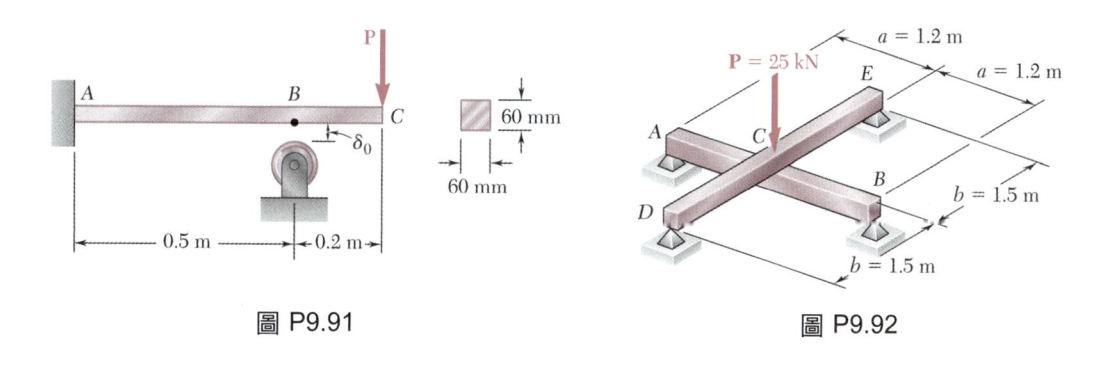

9.92 對於圖示載重，且已知 AB 及 DE 梁之抗撓剛度相同，試求(a)在 B，(b)在 E 之反作用力。

9.93 一直徑 22 mm 棒件 BC 與桿件 AB 連結，並固定支承於 C 點。桿件 AB 擁有均勻斷面，厚度及深度分別為 10 mm 及 25 mm。對於圖示負載，試求 A 點之撓度。採用 E=200 GPa 及 G=77 GPa。

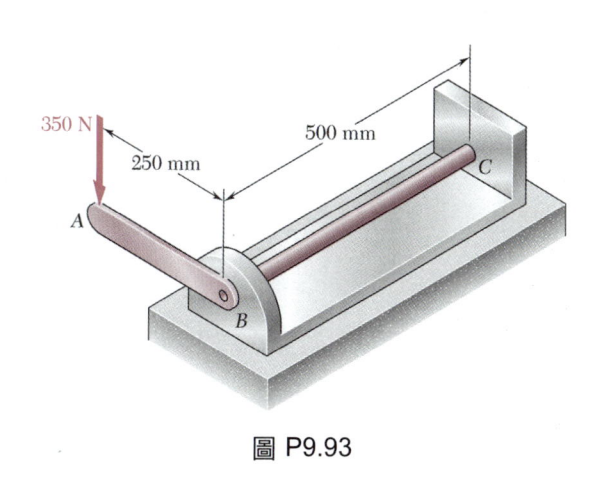

9.94 將一直徑 16 mm 之棒件 ABC 彎成圖示之形狀。在 200 N 力施加後，試求端點 C 之撓度。採用 E=200 GPa 及 G=80 GPa。

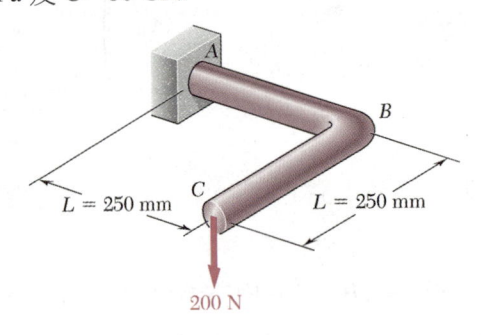

圖 P9.94

公式總整理

承載橫向載重梁之變形
中性面曲率 $\dfrac{1}{\rho} = \dfrac{M(x)}{EI}$
彈性曲線
曲率 $1/\rho$ $\dfrac{d^2y}{dx^2} = \dfrac{M(x)}{EI}$ 斜度 $\theta(x) = dy/dx$ $EI \dfrac{dy}{dx} = \int_0^x M(x)\,dx + C$ 撓度 $y(x)$ $EI\, y = \int_0^x dx \int_0^x M(x)\,dx + C_1 x + C_2$

分析步驟

解題程序一、撓度及斜度

畫出樑/軸之自由端一部分的分離體圖
↓
寫出力矩平衡方程式/載重平衡方程式
↓
積分兩次力矩平衡方程式/積分四次載重平衡方程式
↓
以邊界條件求出積分常數
↓
寫出彈性曲線方程式
↓
使用彈性曲線方程式求出斜度及撓度

複習與摘要

本章係專注於求解如何決定承受橫向載重作用梁的斜度及撓度。本章介紹了兩種方法，首先介紹的是數學方法，此方法是對微分方程式作積分，即可得到沿梁長度任一點處之斜度及撓度。其次是應用**矩面法**求得沿梁長度任一已知點處之斜度及撓度。更特別強調是要計算承載已知載重梁的最大撓度。同時亦要應用求撓度這些方法去分析求解靜**不定梁**，靜不定梁乃是支持其反作用力數超過解這些未知量之平衡方程式數。

承載橫向載重梁之變形

吾人在 9.2 節中指出，4.4 節中之式(4.21)，乃係表明承受純彎曲作用的稜體梁中之中性面曲率 $1/\rho$ 與彎曲力矩間之關係者，亦可用於承載橫向載重之梁，但 M 及 $1/\rho$ 兩者皆隨斷面不同而改變。用 x 表距梁左端之距離，即得

$$\frac{1}{\rho}=\frac{M(x)}{EI} \tag{9.1}$$

此一方程式可以用來求出任何 x 值時的中性面曲率半徑。並可得出已變形梁有關形狀之一般性結論。

彈性曲線

9.3 節中討論了如何得到梁在一既定點 Q 處所量測的撓度 y，以及從某固定原點算起的到該點之距離 x(圖 9.70)之間的關係，這種關係定出了梁的**彈性曲線**。以函數 y(x) 之導數表示曲率 $1/\rho$，並代入式(9.1)中，即得到下列二階線性微分方程式

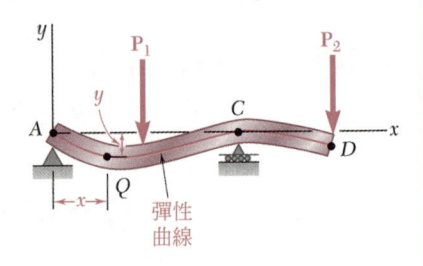

圖 9.70

$$\frac{d^2y}{dx^2}=\frac{M(x)}{EI} \tag{9.4}$$

將此方程式積分兩次，即分別得到定義斜度 $\theta(x)=dy/dx$ 與撓度 $y(x)$ 之下列數學式

$$EI\frac{dy}{dx}=\int_0^x M(x)\,dx + C_1 \tag{9.5}$$

$$EI\,y=\int_0^x dx \int_0^x M(x)\,dx + C_1 x + C_2 \tag{9.6}$$

邊界條件

乘積 EI 稱為梁之抗撓剛度，C_1 與 C_2 則為兩積分常數，可以由支持加在梁上的**邊界條件**決定(圖 9.71) [例 9.01]。然後可以決定使斜度為零的 x 值及對應的 y 值，而得到最大撓度 [例 9.02 與範例 9.1]。

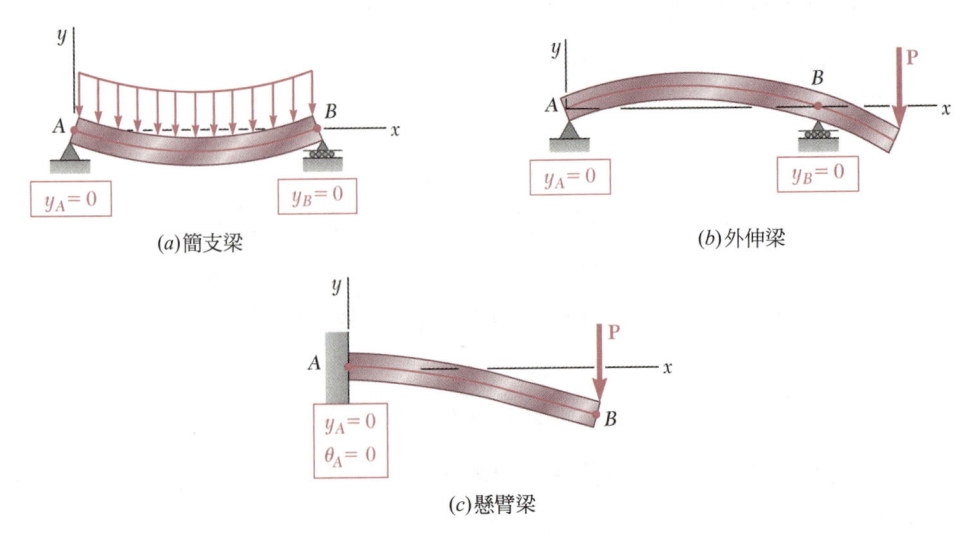

(a)簡支梁

(b)外伸梁

(c)懸臂梁

圖 9.71 靜定梁之邊界條件

以不同函數定義之彈性曲線

當載重情形使梁的不同部分內之彎曲力矩必須以不同的解析函數表示時，即也需要不同的微分方程式，從而導致以不同的函數表示梁的各部分內之斜度 $\theta(x)$ 與撓度 $y(x)$。在例 9.03 中所考慮的梁與載重情形下(圖 9.72)，即需要兩微分方程式，其一用在梁的 AD 部，另一則用在 DB 部分。第一個方程式導致函數 θ_1 與 y_1，第二個則導致函數 θ_2 與 y_2。總共有四個積分常數必須決定，其中兩個由 A 與 B 處之撓度為零求得，另外兩個則以梁的 AD 及 DB 部分在 D 處具有相同的斜度與撓度求出。

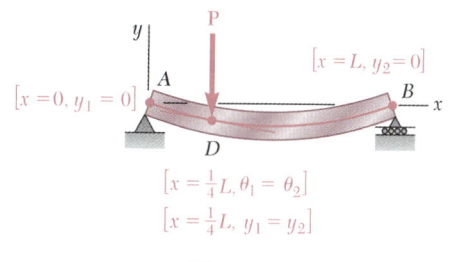

圖 9.72

$[x = 0, y_1 = 0]$
$[x = L, y_2 = 0]$
$[x = \frac{1}{4}L, \theta_1 = \theta_2]$
$[x = \frac{1}{4}L, y_1 = y_2]$

由 w 直接決定 y

9.4 節中指出，在梁支持一均佈載重 $w(x)$ 的情形中，彈性曲線可以直接由 $w(x)$ 經過四次連續積分，依序產生 V、M、θ 與 y 而求得。對圖 9.73a 的懸臂梁與圖 9.73b 的簡支梁而言，所產生的四個積分常數可由各圖中所指出的四個邊界條件決定。

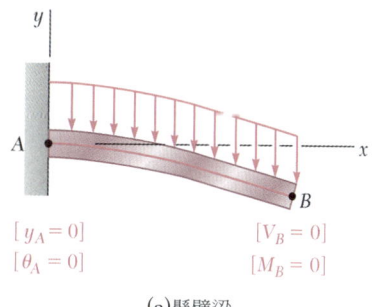

靜不定梁

第 9.5 節中討論了靜不定梁，即梁的支持處之反作用涉及四或更多個未知量。由於只有三個平衡方程式可以用來決定這些未知量，故平衡方程式必須以得自支持所產生的邊界條件方程式增補。在圖 9.74 的梁情形中，吾人注意到支持處涉及四個未知量，即 M_A、A_x、A_y 與 B。這種梁稱為一度不定(若涉及五個未知量，則為二度不定)。以四個未知量表示彎曲力矩，並積分兩次 [例 9.05]，即求出以同樣未知量及積分常數 C_1 與 C_2 表示其斜度 $\theta(x)$ 與撓度 $y(x)$。解出圖 9.74b 所示分離的三個平衡方程式及表示在 $x=0$ 處的 $\theta=0$、$y=0$ 與 $x=L$ 的 $y=0$ 之三個方程式，就可求得此計算中涉及的六個未知量(圖 9.75)。[亦請參閱範例 9.3]。

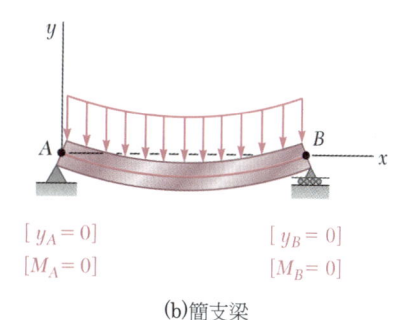

$[y_A = 0]$ $[V_B = 0]$
$[\theta_A = 0]$ $[M_B = 0]$

(a)懸臂梁

$[y_A = 0]$ $[y_B = 0]$
$[M_A = 0]$ $[M_B = 0]$

(b)簡支梁

圖 9.73 承載均佈載重梁之邊界條件

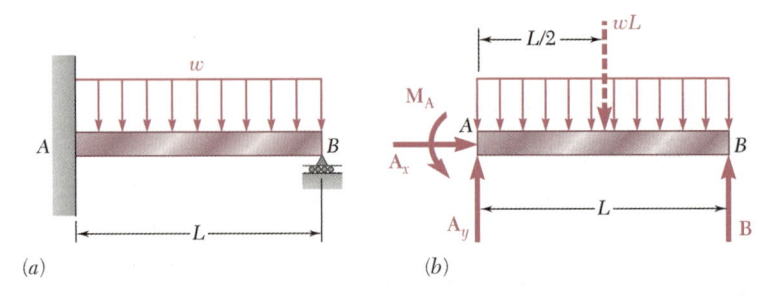

圖 9.74

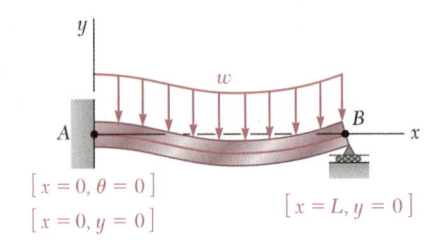

圖 9.75

奇性函數之應用

只要彎曲力矩 M 可以用簡單解析函數表示，則積分法為求稜體梁內任意點處的斜度與撓度之有效方法。不過，當整支梁的 M 需要以數個函數表示時，這種方法可能變得太麻煩，因為必須使各過渡點處的斜度與撓度都配合。

由 9.6 節可以看出，*奇性函數*(第 5.5 節亦介紹過)的應用使梁內任意點處的 θ 與 y 之決定大為簡化。再度考慮例 9.03 之梁(圖 9.76)，並畫出其分離體(圖 9.77)，則可將梁內任意點處之剪力寫成

$$V(x) = \frac{3P}{4} - P\left\langle x - \frac{1}{4}L \right\rangle^0$$

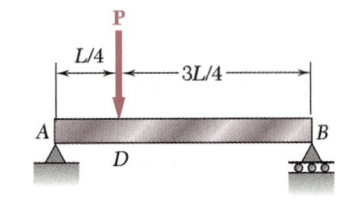

圖 9.76

其中的階梯函數 $\left\langle x - \frac{1}{4}L \right\rangle^0$ 在方括弧 $\langle \rangle$ 內之量為負時，即為零，否則等於 1。積分三次，則連續得到

$$M(x) = \frac{3P}{4}x - P\left\langle x - \frac{1}{4}L \right\rangle \qquad (9.44)$$

$$EI\,\theta = EI\frac{dy}{dx} = \frac{3}{8}Px^2 - \frac{1}{2}P\left\langle x - \frac{1}{4}L \right\rangle^2 + C_1 \qquad (9.46)$$

$$EI\,y = \frac{1}{8}Px^3 - \frac{1}{6}P\left\langle x - \frac{1}{4}L \right\rangle^3 + C_1 x + C_2 \qquad (9.47)$$

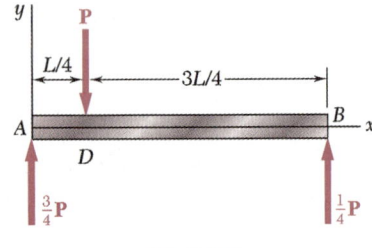

圖 9.77

其中方括弧〈 〉在所含之量為負時，必須以零取代，否則以普通括弧取代。圖 9.78 所示之邊界條件，即決定常數 C_1 與 C_2 [例 9.06 及範例 9.4、9.5 與 9.6]。

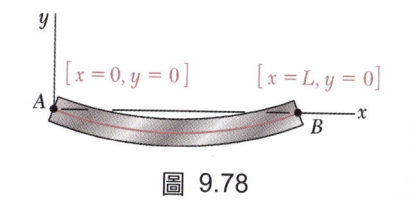

圖 9.78

重疊法

本章最後一部分討論了**重疊法**，即分別計算由作用在一梁上的各個載重所引起的斜度與撓度，然後相加 [9.7 節]。此過程可因為利用附錄 D 之表而簡化，該表中列出了梁在各種載重與支持型式下的斜度與撓度 [例 9.07 及範例 9.7]。

以重疊法解靜不定梁

重疊法可以有效地應用在**靜不定梁**上 [9.8 節]。在例 9.08 的梁情形中(圖 9.79)，共有四個未知反作用力，故為一度不定。將 B 處之支持看成贅餘，並將梁由該支持放開。把反作用力 $\mathbf{R}_B$ 當作一未知載重，而分別考慮 B 處由既定載重及 $\mathbf{R}_B$ 所引起的撓度，且使這些撓度之和為零(圖 9.80)，所得到的方程式即可以解出 R_B [請參閱範例 9.8]。在二度不定梁情形中，即支持處之反作用涉及五個未知量，則必須將兩個反作用看成贅餘，其對應之支持則必須消去或修正 [範例 9.9]。

圖 9.79

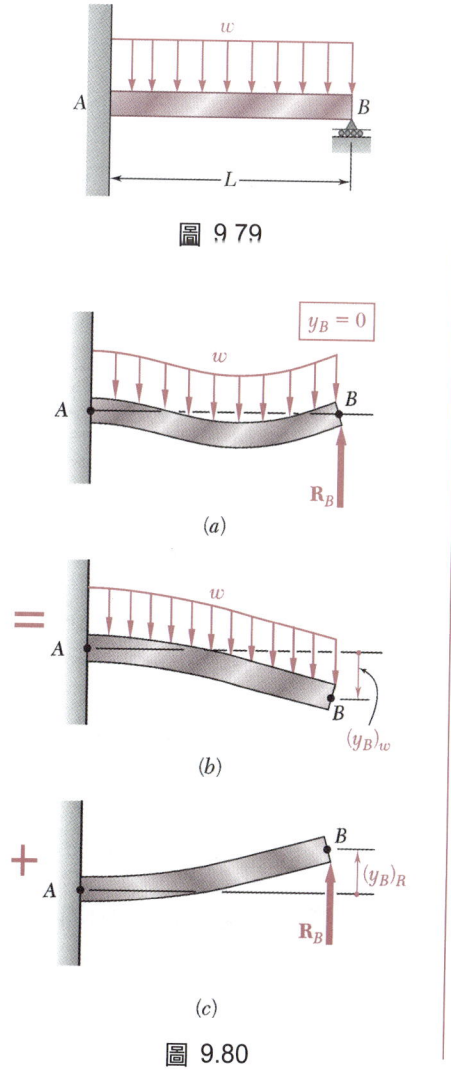

圖 9.80

第一矩面定理

其次吾人要研析以矩面法求梁的撓度與斜度。為了導出矩面定理 [9.9 節]，首先畫出代表 M/EI 沿梁的變化之圖，其中 M/EI 以彎曲力矩 M 除以抗撓剛度求得(圖 9.81)。然後導出第一矩面定理，其定義如下：兩點之間的 (M/EI) 圖下方之面積等於彈性曲線在這兩點與切線之間的夾角。考慮 C 與 D 處之切線，則

$$\theta_{D/C} = (M/EI)\text{圖下 } C \text{ 及 } D \text{ 間之面積} \quad (9.56)$$

第二矩面定理

再次利用 (M/EI) 圖以及撓曲梁之草圖(圖 9.82)，吾人畫出點 D 處之切線，且考慮被稱為 C 相對 D 的切向偏距之垂直距離 $t_{C/D}$。然後即導出第二矩面定理，其定義如下：C 相對於 D 之切向偏距 $t_{C/D}$，等於 C 與 D 之間的 (M/EI) 圖下方面積相對於通過 C 的垂直軸線之一次矩。仔細區別 C 相對於 D 的切向偏距(圖 9.82a)

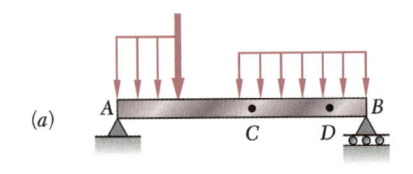

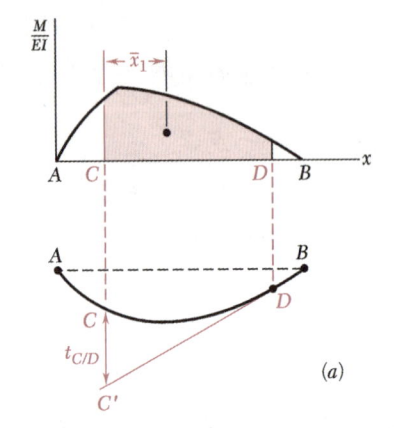

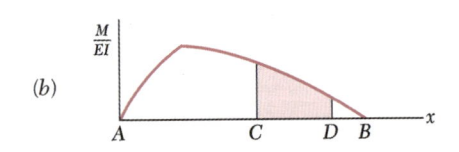

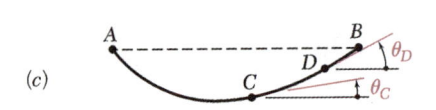

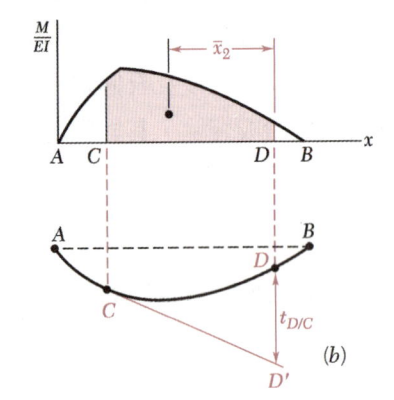

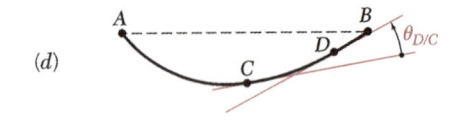

圖 9.81　第一矩面定理

圖 9.82　第二矩面定理

$$t_{C/D} = (C \text{ 及 } D \text{ 間之面積})\bar{x}_1 \tag{9.59}$$

與 D 相對於 C 之切向偏距(圖 9.82b)

$$t_{C/D} = (C \text{ 及 } D \text{ 間之面積})\bar{x}_2 \tag{9.60}$$

懸臂梁；載重對稱之梁

9.10 節討論了如何求懸臂梁與具有對稱載重的梁上各點處之斜度與撓度。對懸臂梁而言，固定支持處之切線為水平(圖 9.83)；就對稱載重梁而言，則以梁中點 C 處之切線為水平(圖 9.84)。以水平切線作參考切線，即可以分別利用第一與第二矩面定理求出斜度與撓度 [例 9.09 及範例 9.10 與 9.11]。另外則發現，若欲求並非切向偏距之撓度(圖 9.84c)，則必須首先決定哪些切向偏距可以合併，以得到所要的撓度。

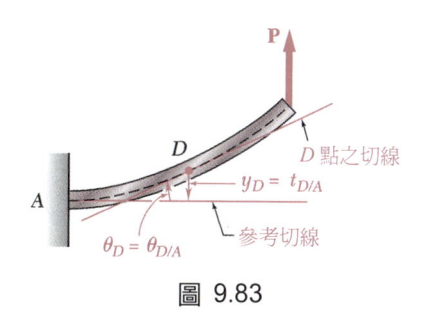

圖 9.83

分段彎曲力矩圖

在許多情形下，若分別考慮各載重之效應，則矩面定理的應用即被簡化 [9.11 節]。先分段畫出各載重的(M/EI)圖，即得(M/EI)圖。然後可以將數個圖形下的面積與面積矩相加，以得到原來的梁與載重之斜度與切向偏距 [例 9.10 與 9.11]。

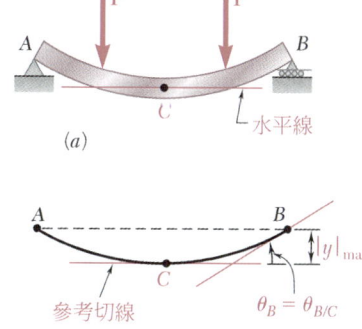

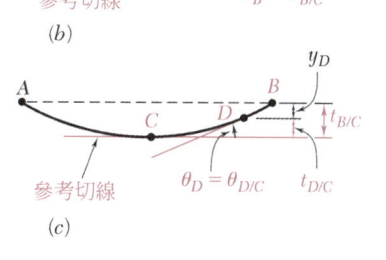

不對稱載重

9.12 節將矩面法的應用擴大到涵蓋具有不對稱載重之梁。因通常無法找出水平切線，故將梁的某一支持處選為參考切線，因為該切線之斜度不難決定。例如在圖 9.85 中所示的梁與載重的情況中，計算切向偏距 $t_{B/A}$，並除以支持 A 與 B 之間的距離 L，即得到 A 處的切線之斜度。然後同時利用兩矩面定理及簡單的幾何，即可以決定梁上任意點處之斜度與撓度 [例 9.12 與範例 9.12]。

圖 9.84

最大撓度

載重不對稱的梁之**最大撓度**一般不在中跨距處發生。前面各段中所指出的方法，是用來決定發生最大撓度之點 K 及其撓度大小 [9.13 節]。由於 K 之斜度為零(圖 9.86)，故推斷 $\theta_{K/A} = -\theta_A$。利用第一矩面定理，即可以量測(M/EI)下方的面積等於 $\theta_{K/A}$ 而決定 K 的位置，然後計算切向偏距 $t_{A/K}$，即得到最大撓度 [範例 9.12 與 9.13]。

圖 9.85

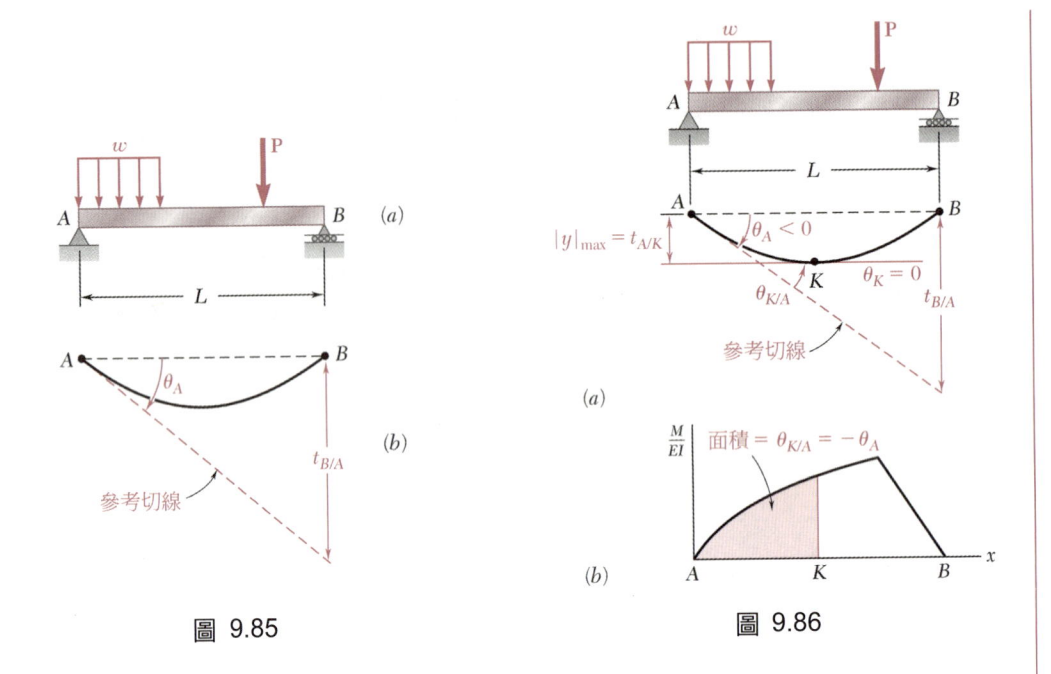

圖 9.86

靜不定梁

本章最後一節 [9.14 節] 考慮靜不定梁之分析。由於圖 9.87 所示的梁與載重之反作用無法只用靜力學求出，故指定梁的某一反作用為贅餘(圖 9.88a 中的 M_A)，並將贅餘反作用當作一未知載重。然後分別針對均佈載重(圖 9.88b)及贅餘反作用(圖 9.88c)考慮 B 相對於 A 之切向偏距。在均佈載重與力偶 M_A 的合併作用下，B 相對於 A 的切向偏距必定等於零，即

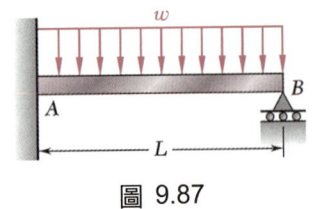

$$t_{B/A} = (t_{B/A})_w + (t_{B/A})_M = 0$$

由此數學式可以求出贅餘反作用 M_A 之大小 [例 9.14 及範例 9.14]。

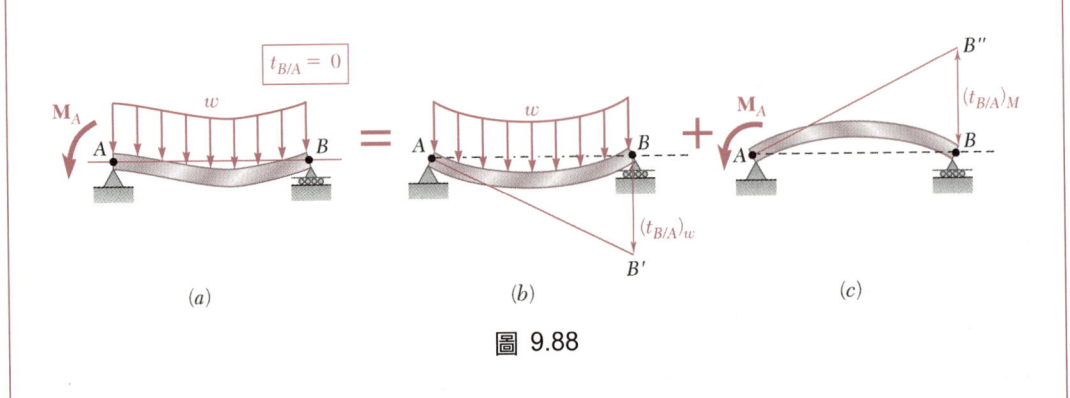

圖 9.88

複習題

9.157 試就圖示之載重，求(a)懸臂梁 AB 的彈性曲線方程式，(b)自由端的撓度，(c)自由端的斜度。

9.158 (a)試求在圖示 AB 梁中，A 及梁中心間之極大絕對撓度，(b)假定梁 AB 是 W460×113、$M_0=224$ kN·m 及 $E=200$ GPa，如果極大撓度不超過 1.2 mm，試求梁之極大容許長度 L。

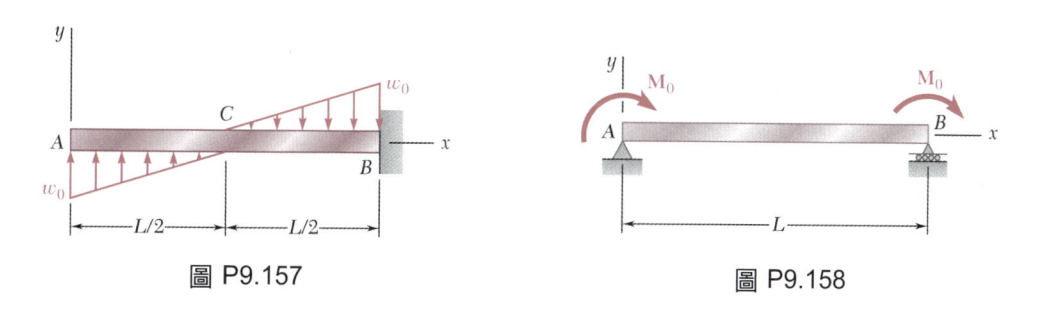

圖 P9.157

圖 P9.158

9.159 試就圖示之梁及載重，求(a)彈性曲線方程式，(b)在端點 A 之斜度，(c)跨距中點之撓度。

9.160 對圖示之梁及載重，試求 A 點之反作用力及畫出彎曲力矩圖。

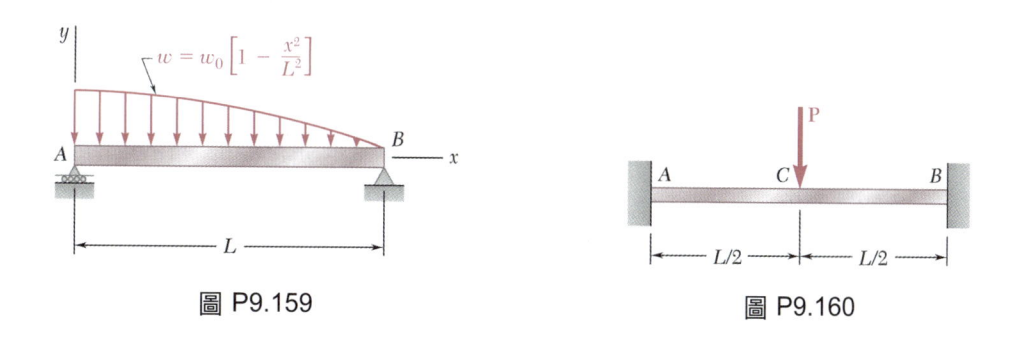

圖 P9.159

圖 P9.160

9.161 對於圖示之梁及載重，試求(a)在端點 A 之斜度，(b)在 B 點之撓度。採用 $E=200$ GPa。

9.162 剛桿 BDE 在 B 點與軋鋼梁 AC 焊接在一起。對於圖示載重，試求(a)在 A 點之斜度，(b)在 B 點之撓度。採用 $E=200$ GPa。

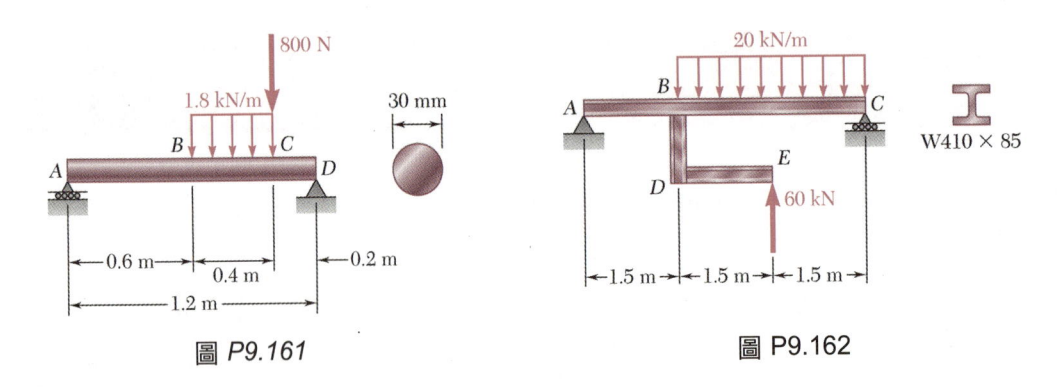

圖 P9.161

圖 P9.162

9.163 在均勻力 w 施加前，懸臂梁 AB 與 CD 的端點之間有一間隙 $\delta_0 = 1.2$ mm 存在。已知 $E = 105$ GPa、$w = 30$ kN/m，在均勻力施加後，試求(a)在 A 點之反作用力，(b)在 D 點之反作用力。

9.164 圖示中間梁 BD 用鉸支與兩懸臂梁 AB 及 DE 相連。所有梁的斷面皆相同如圖示。對於圖示載重，如在 C 之撓度不超過 3 mm，試求 w 之最大容許值。採用 $E = 200$ GPa。

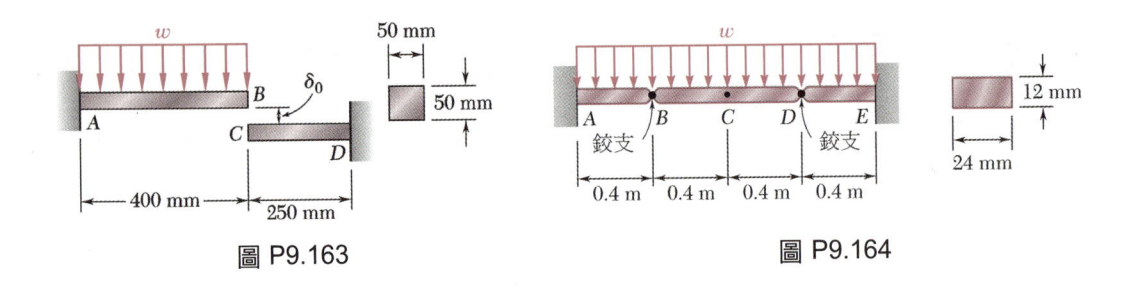

圖 P9.163

圖 P9.164

9.165 對於圖示懸臂梁及載重，試求(a)在 A 點之斜度，(b)在 A 點之撓度。採用 $E = 200$ GPa。

9.166 已知 $P = 30$ kN，試求(a)在端點 A 之斜度，(b)在端點 A 之撓度，(c)梁中點 C 之撓度。採用 $E = 200$ GPa。

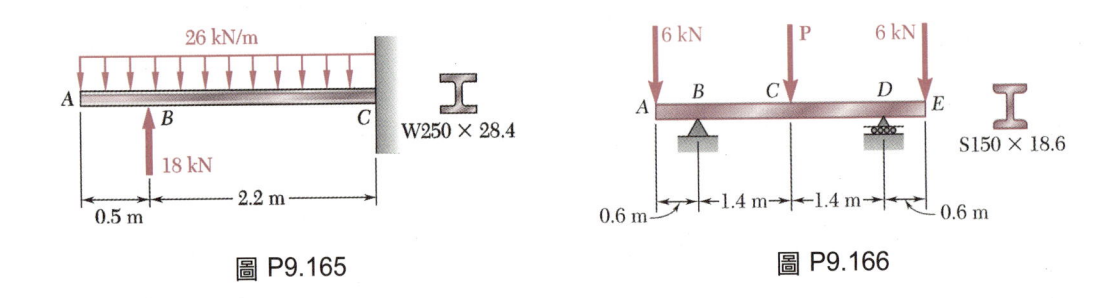

圖 P9.165

圖 P9.166

9.167 對於圖示之梁及載重，試求(a)在 C 點之斜度，(b)在 C 點之撓度。

9.168 使用一水力起重機在 B 點舉起懸臂梁 ABC 如圖所示。此梁開始時係直形、水平及無載重。然後有 20 kN 載重施加在 C 點，造成該點向下移動。試求(a)B 點應升起多高方能使得 C 點回至其原有位置，(b)在 B 點反作用力之最後值。採用 $E=200$ GPa。

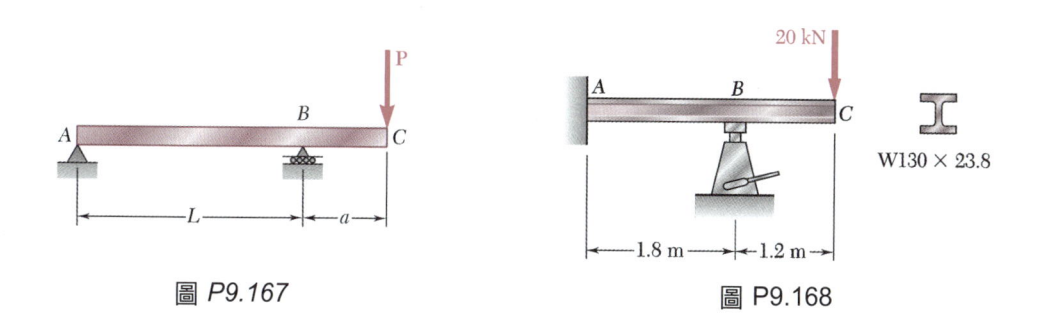

圖 P9.167

圖 P9.168

CHAPTER 10

柱

基本觀念

結構物之穩定性

↓

銷端柱之歐勒公式

延伸議題

歐勒公式在具有其它端點條件之柱的應用

受中心載重作用之柱的設計

受偏心載重作用之柱的設計

10.1 概　述

在以前各章討論各種結構之分析及設計時，吾人基本考慮以下兩點：(1)結構之強度，亦即結構支承規定載重但不會發生過度應力之能力，(2)結構在不發生不可接受的變形的情況下承受載重的能力。在這一章，吾人將要考究結構之穩定性(stability)，亦即是結構能支承一定之載重且其外形不會發生突然變化之能力。吾人之討論主要是針對柱而言，亦即是對支承軸向載重之垂直稜體構件的分析及設計。

在考慮柱的穩定性之前，將先在 10.2 節內分析一簡化模型的穩定性，此模型由兩剛性桿構成，而以一銷及一彈簧連接，並支持一載重 **P**。吾人將由此發現，若其平衡被干擾，只要 P 未超過某一被稱為**臨界載重**(critical load)之值 P_{cr}，系統則將會回到原來的平衡位置。不過，若 $P > P_{cr}$，則系統將離開其原來的位置，並停留在另一新平衡位置。在第一種情形中，系統稱為**穩定**(stable)，而在第二種情形則稱為**不穩定**(unstable)。

10.3 節將開始研究**彈性柱之穩定性**(stability of elastic columns)，即考慮承受一中心軸向載重的銷端柱。由此將導出關於柱的臨界載重之**歐勒公式**(Euler's formula)，並由此公式求柱內之對應臨界正交應力。將臨界載重加上安全因數，即可以決定容許作用在銷端柱的容許載重。

10.4 節將柱的穩定性之分析擴大到不同端點狀態，並將學習如何求出柱的**有效長度**(effective length)，即具有同樣臨界載重的銷端柱之長度，以簡化分析。

10.5 節將考慮支持偏心軸向載重之柱，這些柱在所有大小的載重下都有橫向撓度。此節將導出一已知載重下之最大撓度數學式，並用來決定柱內之最大正交應力。最後還將導出指明柱內的平均與最大應力關係的**正割公式**(secant formula)。

本章前面數節的討論都先把每柱假設為一均質直稜體，本章後半部則考慮實際柱設計，亦即利用專業機構所定出的經驗公式加以設計與分析的柱。10.6 節將列出以鋼、鋁或木料做成的柱在承受一中心軸向載重下的容許應力公式。最後一節(10.7 節)則討論承受一偏心軸向載重的柱之設計。

10.2　結構物之穩定性

假定吾人將設計一長度為 L，支承一定載重 **P** 之柱 AB(圖 10.1)。此柱之兩端屬銷接，且假定 **P** 是軸向中心載重。如果選用斷面積為 A 之柱，即應使其橫向斷面上之應力值 $\sigma = P/A$ 小於所用材料之容許應力 σ_{all}，又如此柱之變形 $\delta = PL/AE$ 在規範容許範圍以內，吾人即可得知此柱是經適當設計之結構。不過亦有可能在載重施加時，柱將發生**屈曲**(buckle)；亦即柱不再為直形，突然變得很彎(圖 10.2)。照片 10.1 示出一與本章起始頁所示相片中之柱相似，在其承載重後，不再是直的，則此柱已屈曲了。

第 10 章 柱

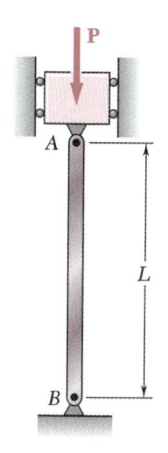

圖 10.1 柱

照片 10.1 已屈曲之柱

圖 10.2 屈曲柱

　　一由兩剛桿 AC 及 BC，在 C 點以一鉸銷及一常數為 K 之扭轉彈簧相連接而組成的簡單模型(圖 10.3)。

　　在進入彈性柱穩定性之實際討論前，吾人擬先對此問題作一透澈之了解，因此，考究如果此兩桿及兩力 **P** 及 **P′** 是完全對齊，只要此系統不受外界擾亂，它將保持在平衡位置如圖 10.4a 所示。但若將 C 點略為向右移動，使得每一桿件與垂直線形成一小角 $\Delta\theta$(圖 10.4b)。試問此一系統將會回復其原有平衡位置，或從平衡位置移動更遠呢？在第一種情況，該系統稱為**穩定**(stable)，在第二種情況，則稱為**不穩定**(unstable)。

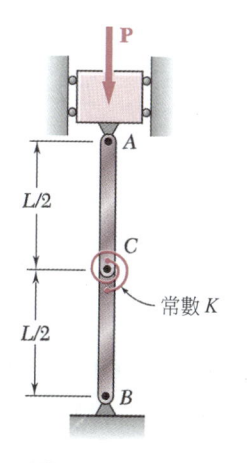

圖 10.3 柱的模型

471

為了決定此兩桿系統是穩定或是不穩定，吾人將要考慮作用在 AC 桿上之各力(圖 10.5)。此等力包括有兩力偶，一力偶乃由 **P** 及 **P′** 形成，其力矩為 $P(L/2)\sin \Delta\theta$，傾向於桿件離開垂直位置；另一力偶 **M** 則由彈簧產生，傾向於使桿件回復至其原有直形位置。因彈簧之撓度角為 $2\Delta\theta$，故力偶 **M** 之力矩是 $M=K(2\Delta\theta)$。如果第二力偶之力矩大於第一力偶之力矩，此系統傾向於回復至其原有平衡位置；即此系統是穩定者。如果第一力偶之力矩大於第二力偶之力矩，此系統傾向於從其原有平衡位置向外移動；即該系統是不穩定者。使兩力偶互相平衡之載重值稱為臨界載重(critical load)，並用 P_{cr} 表示。於是得

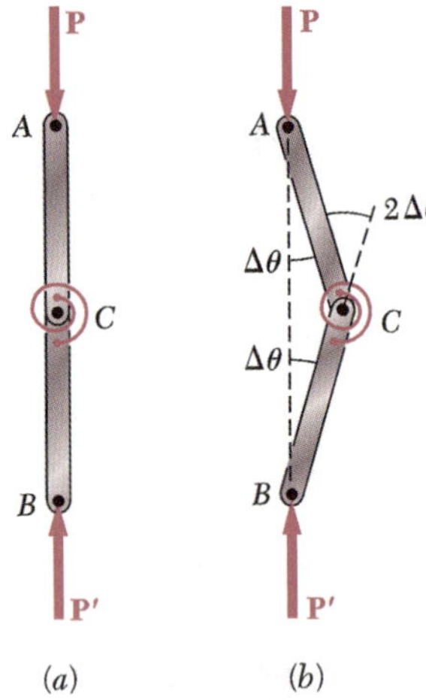

$$P_{cr}(L/2)\sin \Delta\theta = K(2\Delta\theta) \qquad (10.1)$$

且因 $\sin \Delta\theta \approx \Delta\theta$，故

$$P_{cr} = 4K/L \qquad (10.2)$$

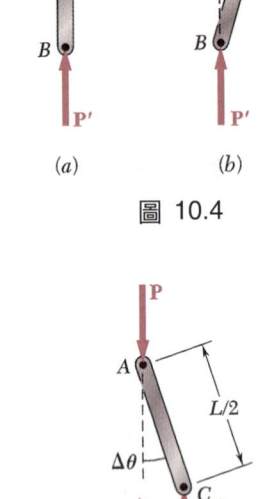

顯然，在 $P<P_{cr}$ 亦即載重值小於臨界值時，此系統穩定，而在 $P>P_{cr}$ 時，則為不穩定。

吾人假定施加在圖 10.3 所示兩桿上之載重是 $P>P_{cr}$，則該系統已受擾亂。因 $P>P_{cr}$，此系統將離開垂直位置，經過幾次來回振盪後，將在一新平衡位置安定(圖 10.6a)。考究分離體 AC 之平衡(圖 10.6b)，即得一與式(10.1)相似之方程式，但卻包含一有限角 θ，即是

$$P(L/2)\sin \theta = K(2\theta)$$

或

$$\frac{PL}{4K} = \frac{\theta}{\sin \theta} \qquad (10.3)$$

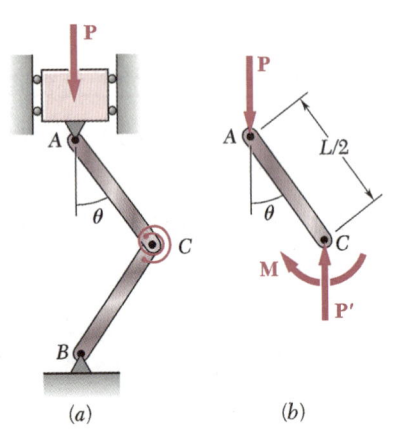

在圖 10.6 中表出與平衡位置對應之 θ 之值，應用試誤法解式(10.3)即可求得。但吾人可看出，對 θ 之任何正值，$\sin \theta < \theta$。是以僅當式(10.3)之左手項大於一時，該一方程式方能解得一不為零之 θ 值。由式(10.2)知悉，確應有此一情況，因吾人已假定了 $P>$

圖 10.4

圖 10.5

圖 10.6 屈屈位置之柱的模型

P_{cr}。但如吾人假定 $P<P_{cr}$，圖 10.6 所示之第二種平衡位置將不會存在，僅有可能之平衡位置將是與 $\theta=0$ 對應之位置。因此，$P<P_{cr}$ 時，位置 $\theta=0$ 必為穩定。

此一觀察一般可應用於結構物及機械系統，亦將用於下節彈性柱之穩定性的討論。

10.3 銷端柱之歐勒公式

參照上節考究之 AB 柱(圖 10.1)，吾人提議決定其載重 **P** 之臨界值，亦即要決定使圖 10.1 所示位置不再穩定時之載重 P_{cr} 值。如 $P>P_{cr}$，即使最輕微之偏斜或擾動亦將造成柱之屈曲，亦即使柱形成圖 10.2 所示之曲線形狀。

吾人所用的方法乃是決定形成圖 10.2 所示形狀之條件。因可將一柱視作一置放在垂直位置且承受軸向載重作用之梁，是以吾人可依照第 9 章所述來作分析。用 x 表示柱端點至其彈性曲線某一定點 Q 之距離，用 y 表示該定點之撓度(圖 10.7a)，是以 x 軸垂直向下，y 軸為水平，指向右。考究分離體 AQ 之平衡(圖 10.7b)，吾人發現 Q 之彎曲力矩是 $M=-Py$。將此一 M 值代入 9.3 節之式(9.4)，吾人可寫出

$$\frac{d^2y}{dx^2}=\frac{M}{EI}=-\frac{P}{EI}y \tag{10.4}$$

將上式右手項移至左手側，則得

$$\frac{d^2y}{dx^2}+\frac{P}{EI}y=0 \tag{10.5}$$

此一方程式乃具有常係數之二階線性齊次微分方程式。取

$$p^2=\frac{P}{EI} \tag{10.6}$$

則可將式(10.5)改寫為

$$\frac{d^2y}{dx^2}+p^2y=0 \tag{10.7}$$

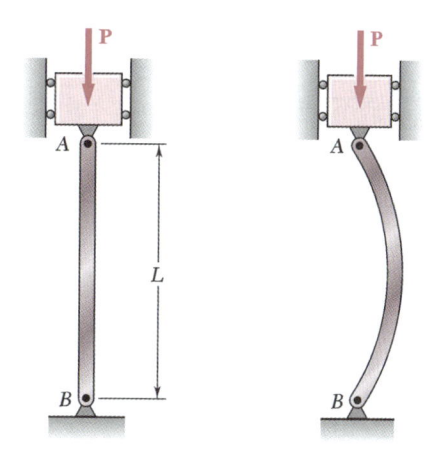

圖 10.1 柱(重複)　圖 10.2 屈曲柱(重複)

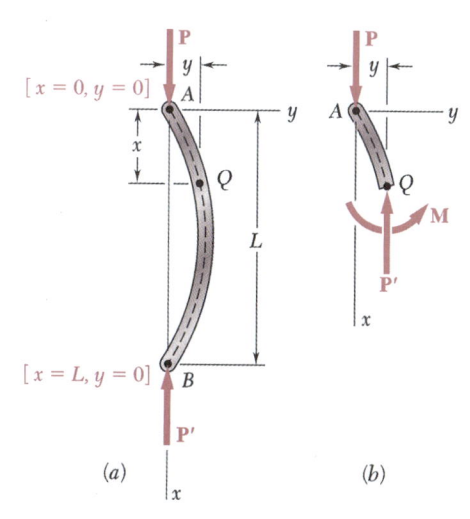

圖 10.7 呈現屈區的柱

上式乃與簡諧運動(simple harmonic motion)之微分方程式相同，但一不同點是其獨立變數已由時間 t 換成距離 x。式(10.7)之通解是

$$y = A \sin px + B \cos px \tag{10.8}$$

計算 d^2y/dx^2，並將 y 及 d^2y/dx^2 代入式(10.7)，就能容易地驗證上述結果。

由於柱端點 A 及 B(圖 10.7a)必須滿足邊界條件，故在式(10.8)中可取 $x=0$、$y=0$，求得 $B=0$。其次取 $x=L$、$y=0$ 代入，又得出

$$A \sin pL = 0 \tag{10.9}$$

此一方程式不論是 $A=0$ 或 $\sin pL=0$ 皆能獲得滿足。如此等條件由前一個獲得滿足，即可由式(10.8)得 $y=0$，故此柱乃是直線形(圖 10.1)。如由第二條件獲得滿足，則可得到 $pL=n\pi$ 或將式(10.6)之 p 代入，解之得 P 為

$$P = \frac{n^2 \pi^2 EI}{L^2} \tag{10.10}$$

由式(10.10)定出 P 之最小值與 $n=1$ 對應。因之吾人得

$$P_{cr} = \frac{\pi^2 EI}{L^2} \tag{10.11}$$

此一求得之公式稱為歐勒公式(Euler's formula)，為紀念瑞士數學家 Leonhard Euler (1707～1783)而命名。將此式之 P 代入式(10.6)得 p，又將求得之 p 值代入式(10.8)，且因 $B=0$，故得

$$y = A \sin \frac{\pi x}{L} \tag{10.12}$$

上式乃是柱已屈曲後(圖 10.2)之彈性曲線方程式。吾人應注意到，最大撓度值 $y_m = A$ 無法求出，因為微分式(10.5)只是實際控制彈性曲線的微分方程式之一線性化近似式。†

如 $P<P_{cr}$，$\sin pL=0$ 之條件將不能獲得滿足，式(10.12)示出之答案將不存在。故必須 $A=0$，亦即柱之唯一可能形狀乃是直線形。是以 $P<P_{cr}$ 時，圖 10.1 示出之直線形狀乃屬穩定。

就一圓形或方形斷面之柱而言，斷面對任一形心軸之慣性矩皆相等，柱在任一平面中都有可能屈曲，除非是端連接點給予束制。對於其它形狀之斷面，在式(10.11)中，應取 $I=I_{min}$ 來計算臨界載重，如果屈曲發生，它將在一與對應主慣性軸成垂直之平面中發生。

與臨界載重對應之應力值稱為臨界應力(critical stress)，常用 σ_{cr} 表出。應用式

---

† 在 9.3 節中求得之方程式 $d^2y/dx^2 = M/EI$ 基於梁斜度 dy/dx 可以忽略，且式(9.3)示出梁曲率之準確公式可由 $1/\rho = d^2y/dx^2$ 取代之假設。

(10.11)，並取 $I=Ar^2$，此處 A 表斷面積，r 表其迴轉半徑，吾人得

$$\sigma_{cr}=\frac{P_{cr}}{A}=\frac{\pi^2 E A r^2}{A L^2}$$

或

$$\sigma_{cr}=\frac{\pi^2 E}{(L/r)^2} \tag{10.13}$$

量 L/r 稱為柱之**細長比**(slenderness ratio)。顯然由上述得知，計算柱中之細長比及臨界應力時，應選用迴轉半徑 r 之極小值。

式(10.13)示出，臨界應力與材料之彈性模數成正比，與柱細長比之平方成反比。假定 $E=200$ GPa 及 $\sigma_Y=250$ MPa 之結構鋼，圖 10.8 所示乃其 σ_{cr} 對 L/r 之關係圖。吾人應牢記著，在點繪 σ_{cr} 時，未用安全因數。吾人亦注意到，如從式(10.13)或從圖 10.8 求得之 σ_{cr} 值大於降伏強度 σ_Y，此值對吾人即無意義，因為柱在屈曲前就會受壓降伏，且不再為彈性。

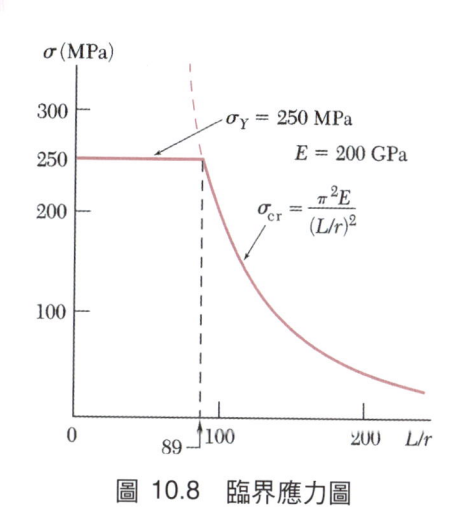

圖 10.8 臨界應力圖

直到現在，吾人對柱行為之分析，乃是基於完全對齊中心載重之假定。實用上，此種情況甚屬少見；在 10.5 節，吾人將會考慮載重偏心之效應，使細長柱之屈曲破壞到短粗柱之壓力破壞之間有一較平緩的轉變。它亦會使吾人對柱細長比及使柱破壞的載重間的關係有更現實的了解。

例 10.01

一方形斷面，長 2 m 之銷端柱用木做成。假定 $E=13$ GPa，與紋理平行之抗壓容許應力 $\sigma_{all}=12$ MPa，計算歐勒屈曲臨界載重時之安全因數用 2.5。如使柱能安全支持 (a) 100 kN 載重，(b) 200 kN 載重時，試求斷面尺寸。

解：

(a) 100 kN 載重

應用已知之安全因數，吾人得

$$P_{cr}=2.5(100 \text{ kN})=250 \text{ kN} \qquad L=2 \text{ m} \qquad E=13 \text{ GPa}$$

將以上各值代入歐拉公式(10.11)中，解之得 I 值為

$$I=\frac{P_{cr}L^2}{\pi^2 E}=\frac{(250\times 10^3 \text{ N})(2 \text{ m})^2}{\pi^2(13\times 10^9 \text{ Pa})}=7.794\times 10^{-6} \text{ m}^4$$

因方形之邊長為 a，$I=a^4/12$，故得

$$\frac{a^4}{12}=7.794\times 10^{-6} \text{ m}^4 \qquad a=98.3 \text{ mm}\approx 100 \text{ mm}$$

吾人現在校核柱中之正交應力值

$$\sigma=\frac{P}{A}=\frac{100 \text{ kN}}{(0.100 \text{ m})^2}=10 \text{ MPa}$$

因 σ 小於容許應力，故 100×100 mm 之斷面是可以接受的。

(b) 200 kN 載重

將 $P_{cr}=2.5(200)=500$ kN 代入式(10.11)，再解之得 I 為

$$I=15.588\times 10^{-6} \text{ m}^4$$

$$\frac{a^4}{12}=15.588\times 10^{-6} \qquad a=116.95 \text{ mm}$$

正交應力值是

$$\sigma=\frac{P}{A}=\frac{200 \text{ kN}}{(0.11695 \text{ m})^2}=14.62 \text{ MPa}$$

因為此值大於容許應力，故上述求得之尺寸不能接受，吾人必須要根據其抗壓能力選用斷面。亦即

$$A=\frac{P}{\sigma_{all}}=\frac{200 \text{ kN}}{12 \text{ MPa}}=16.67\times 10^{-3} \text{ m}^2$$

$$a^2=16.67\times 10^{-3} \text{ m}^2 \qquad a=129.1 \text{ mm}$$

130×130 mm 斷面是可接受的。

10.4 歐勒公式在具有其它端點條件之柱的應用

上節之歐勒公式(10.11)乃為兩端是銷接柱而導出。吾人現將介紹，如何去求具有不同端點條件柱之臨界載重 P_{cr}。

就一端為自由端 A，另端為固定端 B，且在 A 端支持一載重 **P** 之柱而言(圖 10.9a)，其行為與銷接柱之上半部相同(圖 10.9b)。是以圖 10.9a 所示柱之臨界載重乃與圖 10.9b 所示銷端柱相同，應用歐勒公式(10.11)，並使柱長等於已知柱之實際柱長兩倍，即可求得臨界載重。圖 10.9 所示柱之有效柱長(effective length)L_e 等於 $2L$，並使 $L_e = 2L$ 代入歐勒公式

$$P_{cr} = \frac{\pi^2 EI}{L_e^2} \qquad (10.11')$$

應用相似方法亦可求得其臨界應力為

$$\sigma_{cr} = \frac{\pi^2 E}{(L_e/r)^2} \qquad (10.13')$$

量 L_e/r 稱為柱之有效細長比(effective slenderness ratio)，此處等於 $2L/r$。

其次要考究一兩端為 A 及 B 固定，且支持一載重 **P** 之柱(圖 10.10)。因支承點及載重對一通過中點 C 之水平軸成對稱，所以在 C 點之剪力及在 A 及 B 點之反作用力之分力應等於零(圖 10.11)。由 A 點支承及由下半部 CB 施加在柱上半部 AC 之束制乃相同(圖 10.12)，因此 AC 部分必對其中點 D 成對稱，且 D 點必須是彎曲力矩亦須是零(圖

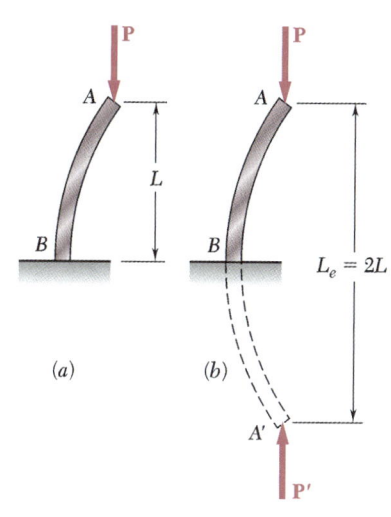

圖 10.9　一端為自由端的柱

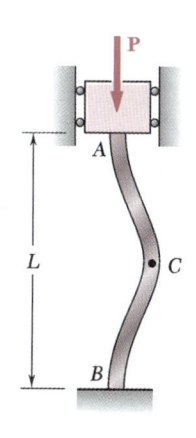

圖 10.10　兩端固定的柱

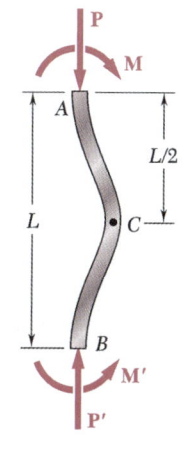

圖 10.11　兩端固定之柱的屈屈形狀

圖 10.12

圖 10.13

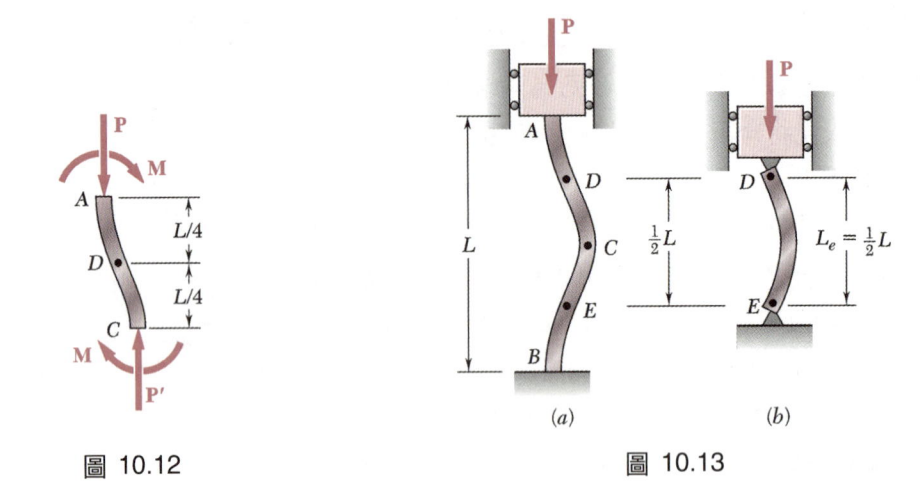

10.13a)。因在銷端柱兩端點之彎曲力矩是零，是以圖 10.13a 所示柱 DE 部分之行為必須與銷端柱(圖 10.13b)一樣。因此，兩端固定柱之有效長度乃是 $L_e=L/2$。

就有一固定端 B 及一銷接端 A，且支持一載重 P 之柱而言(圖 10.14)，吾人必須寫出並解出彈性曲線微分方程式以求得柱之有效長度。從整柱之分離體圖看出(圖 10.15)，除軸向載重 P 外，尚有一橫向力 V 作用在 A 端，且 V 是靜不定。現來考究柱 AQ 部分之分離體圖(圖 10.16)，吾人得出在 Q 點之彎曲力矩是

$$M = -Py - Vx$$

將此值代入 9.3 節之式(9.4)，吾人得

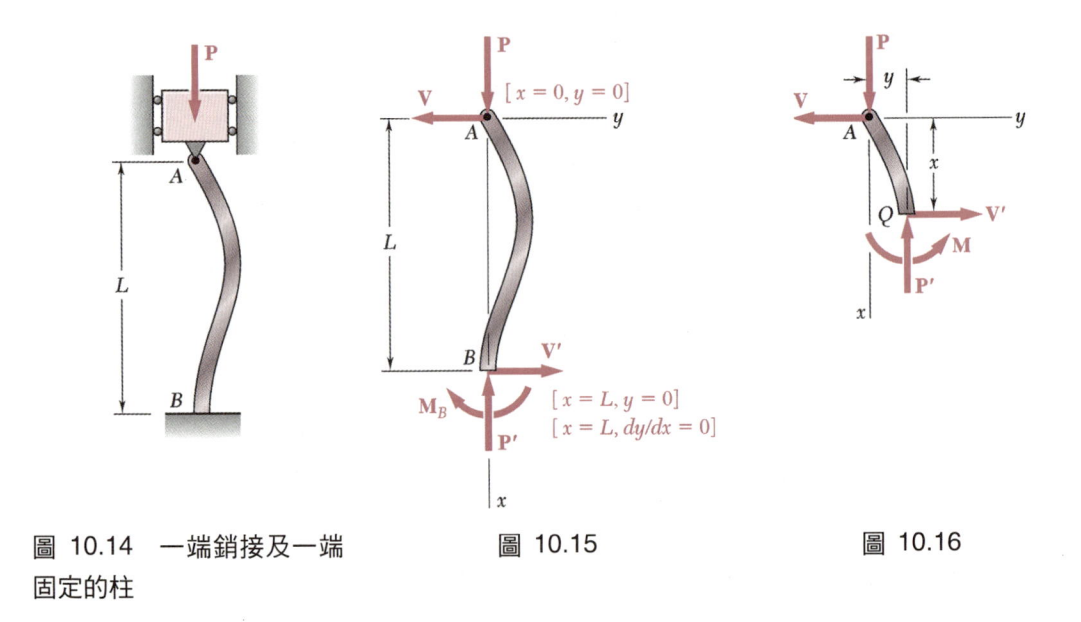

圖 10.14　一端銷接及一端固定的柱

圖 10.15

圖 10.16

$$\frac{d^2y}{dx^2} = \frac{M}{EI} = -\frac{P}{EI}y - \frac{V}{EI}x$$

將 y 項移至左側並取

$$p^2 = \frac{P}{EI} \tag{10.6}$$

與 10.3 節所作一樣，代入得

$$\frac{d^2y}{dx^2} + p^2y = -\frac{V}{EI}x \tag{10.14}$$

此一方程式乃一有常係數之二階線性非齊次微分方程式。經由觀察得悉式(10.7)及(10.14)之左側各項相同，故吾人可得如下之結論：使式(10.14)之特解加上式(10.7)之解式(10.8)，即可求得式(10.14)之通解。此式之特解甚易看出為

$$y = -\frac{V}{p^2 EI}x$$

再應用式(10.6)，則得

$$y = -\frac{V}{P}x \tag{10.15}$$

使式(10.8)及(10.15)之解相加，即得式(10.14)之通解為

$$y = A\sin px + B\cos px - \frac{V}{P}x \tag{10.16}$$

從圖 10.15 所示之邊界條件可以求得常數 A 及 B 以及未知橫向力 **V** 之大小。在式(10.16)中先取 $x=0$、$y=0$，即可求得 $B=0$。其次再取 $x=L$、$y=0$，則得

$$A\sin pL = \frac{V}{P}L \tag{10.17}$$

最後計算

$$\frac{dy}{dx} = Ap\cos px - \frac{V}{P}$$

在上式中，取 $x=L$、$dy/dx=0$，吾人得

$$Ap\cos pL = \frac{V}{P} \tag{10.18}$$

用式(10.18)去除式(10.17)，吾人則得悉，僅在

$$\tan pL = pL \tag{10.19}$$

時，方能有式(10.16)之解存在。應用試誤法解此一方程式，吾人發現能滿足式(10.19)之 pL 最小值乃是

$$pL = 4.4934 \tag{10.20}$$

將式(10.20)所定義之 p 值代入式(10.6)，解之得 P，吾人即得圖 10.14 所示柱之臨界載重是：

$$P_{cr} = \frac{20.19 EI}{L^2} \tag{10.21}$$

使式(10.11′)與式(10.21)之右側項相等，即可求得柱之有效長度：

$$\frac{\pi^2 EI}{L_e^2} = \frac{20.19 EI}{L^2}$$

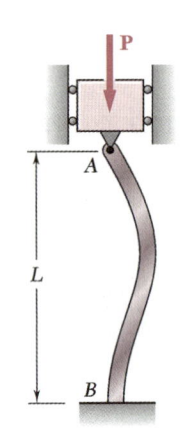

解上式即得 L_e，吾人發現，一端固定，一端為銷接柱之有效長度是 $L_e = 0.699L \approx 0.7L$。

圖 10.14　(重複)

本節所考慮的與不同端點條件對應之有效長度皆示出於圖 10.17 中。

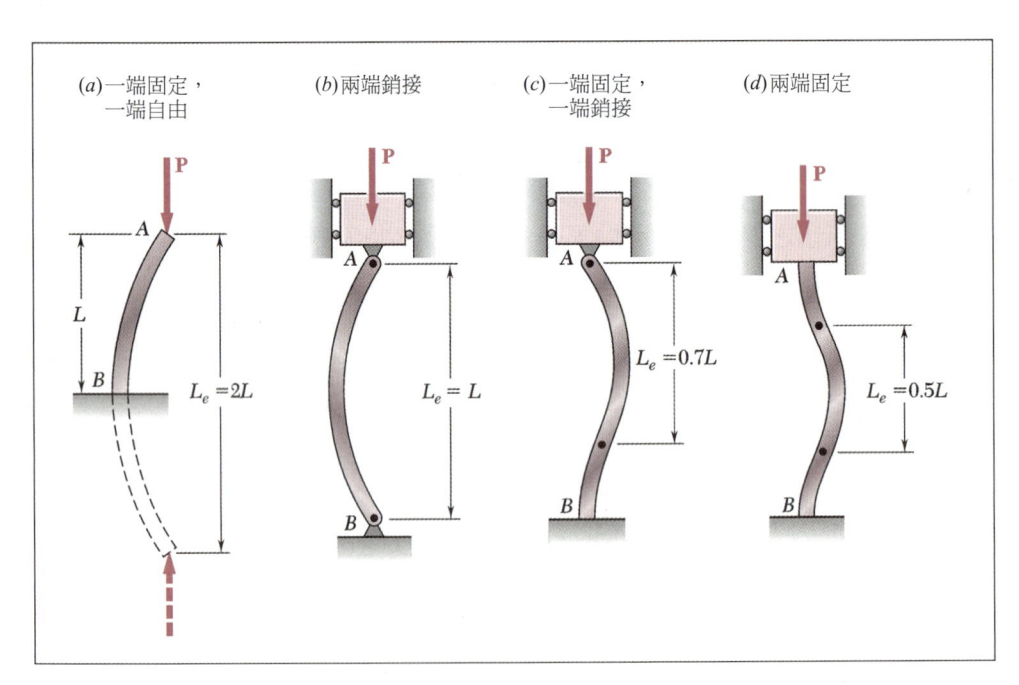

圖 10.17　不同端點條件柱之有效長度

範例 10.1

一長度為 L，斷面為矩形之鋁柱，其一端 B 為固定，且在 A 支持一中心載重。兩塊光滑且磨圓之固定鈑限制了端點 A 在柱一對稱垂直平面中運動，但卻容許其在其它平面中運動。(a)試求斷面最有效抵抗屈曲時，其兩邊之比值 a/b。(b) 已知 $L=0.5$ m、$E=70$ GPa、$P=20$ kN，安全因數用 2.5，試設計此柱之最有效斷面。

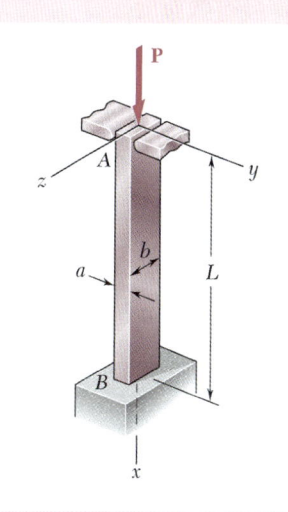

解：

xy 平面中之屈曲

參照圖 10.17，吾人注意到，柱與 xy 平面中屈曲相關的有效長度是 $L_e=0.7L$。斷面之迴轉半徑 r_z 可求得為

$$I_x = \frac{1}{12}ba^3 \qquad A = ab$$

因 $I_z = Ar_z^2$，

$$r_z^2 = \frac{I_z}{A} = \frac{\frac{1}{12}ba^3}{ab} = \frac{a^2}{12} \qquad r_z = a/\sqrt{12}$$

柱與 xy 平面中屈曲相關之有效細長比是

$$\frac{L_e}{r_z} = \frac{0.7L}{a/\sqrt{12}} \tag{1}$$

xz 平面中之屈曲

柱與 xz 平面中屈曲相關之有效長度是 $L_e=2L$，對應之迴轉半徑是 $r_y=b/\sqrt{12}$。得

$$\frac{L_e}{r_y} = \frac{2L}{b/\sqrt{12}} \tag{2}$$

a. 最有效設計

與柱中造成兩種可能屈曲模式對應之臨界應力相等時,即為最有效設計。參照式 (10.13'),吾人得悉,如上面求得之兩有效細長比相等時,亦即是此處臨界應力相等時之情況。故得

$$\frac{0.7L}{a/\sqrt{12}} = \frac{2L}{b/\sqrt{12}}$$

解之得比值 a/b 為

$$\frac{a}{b} = \frac{0.7}{2} \qquad\qquad \blacktriangleleft \frac{a}{b} = 0.35$$

b. 根據已知數據設計

因 $F.S. = 2.5$,故

$$P_{cr} = (F.S.)P = (2.5)(20 \text{ kN}) = 50 \text{ kN}$$

用 $a = 0.35b$,吾人得 $A = ab = 0.35b^2$ 及

$$\sigma_{cr} = \frac{P_{cr}}{A} = \frac{50000 \text{ N}}{0.35b^2}$$

在式(2)中取 $L = 0.5$ m,則得 $L_e/r_y = 3.464/b$。將 E、L_e/r 及 σ_{cr} 代入式(10.13'),可寫出

$$\sigma_{cr} = \frac{\pi^2 E}{(L_e/r)^2} \qquad \frac{50000 \text{ N}}{0.35b^2} = \frac{\pi^2(70 \times 10^9 \text{ Pa})}{(3.464/b)^2}$$

$$\blacktriangleleft b = 39.7 \text{ mm} \quad a = 0.35b = 13.89 \text{ mm}$$

習 題

10.1 已知如圖所示位在 A 處的彈簧之常數為 k,而桿 AB 為剛性,試求臨界載重 P_{cr}。

10.2 已知如圖所示位在 B 處的扭轉彈簧之常數為 K,而桿 AB 為剛性,試求臨界載重 P_{cr}。

10.3 兩剛性桿 AC 與 BC 如圖示在 C 處以一銷連接。已知 B 處的扭轉彈簧之常數為 K，試求系統之臨界載重 P_{cr}。

10.4 兩剛性桿 AC 與 BC 如圖示與一常數為 k 之彈簧連接。已知彈簧可以用拉伸或壓縮之方式作用，試求系統之臨界載重 P_{cr}。

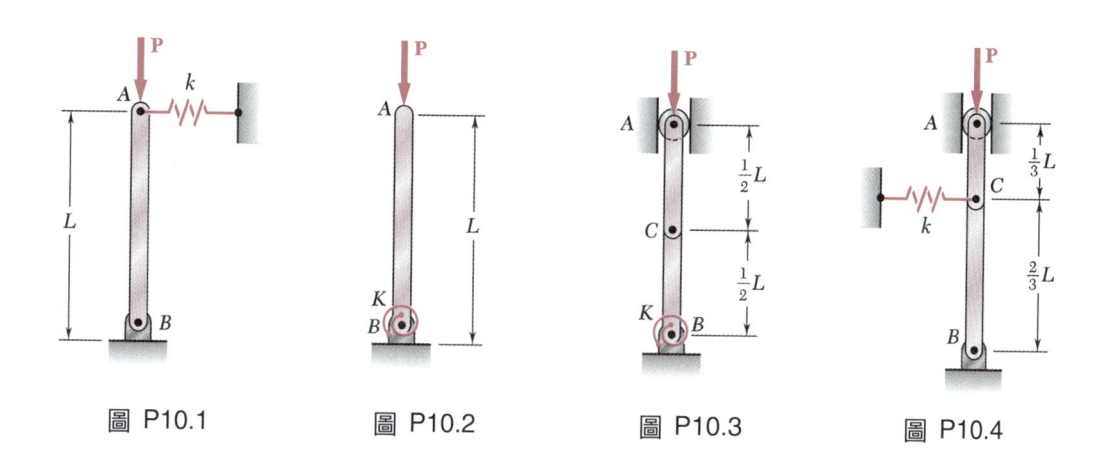

圖 P10.1　　圖 P10.2　　圖 P10.3　　圖 P10.4

10.5 一剛性桿 AD 與兩常數為 k 之彈簧相接，在圖示位置處於平衡如圖所示。已知作用力 **P** 及 **P′** 大小相等，方向相反且保持水平，求此一系統臨界載重 P_{cr} 之大小。

10.6 剛性桿 AB 在 A 點係鉸接，另與兩常數為 k 之彈簧相連如圖所示。假如 h=450 mm、d=300 mm 及 m=200 kg，每根彈簧之常數 k。試求圖示剛性桿 AB 在圖示位置成穩定平衡時，k 值之範圍。各彈簧皆能承受拉伸及壓縮作用。

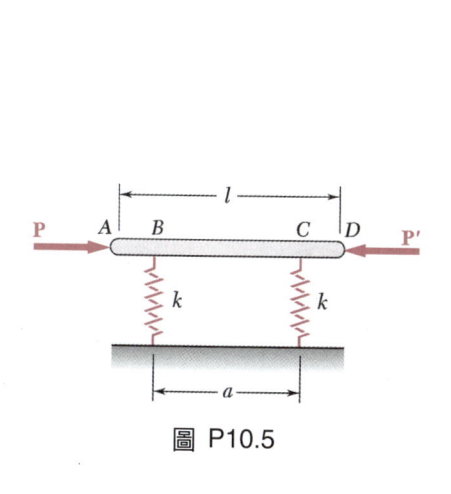

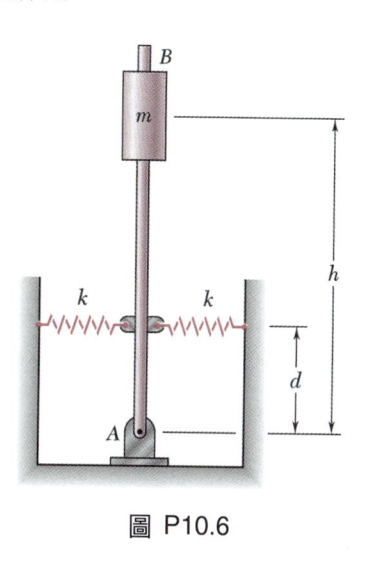

圖 P10.5　　圖 P10.6

10.7 剛性桿 AB 在 A 點係鉸接，另與兩常數為 k=30 kN/m 之彈簧相連如圖所示，彈簧可承受拉伸或壓縮作用。已知 h=0.6 m。試求臨界載重。

10.8 一框架乃由四根 L 形構件組成，四構件係用每支常數為 K 之扭轉彈簧相互予以連接如圖所示。已知相等載重 **P** 是作用在圖示之 A 及 D 點，試求施加在框架上之 P_{cr} 臨界值。

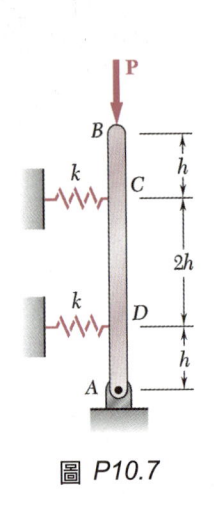

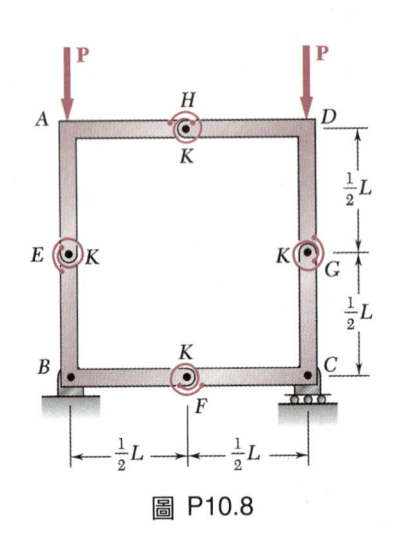

圖 P10.7

圖 P10.8

10.9 試求一木製測量棒子之矩形斷面為 7×24 mm 的臨界載重。採用 E=12 GPa。

10.10 試求一長 5 m、外徑 100 mm、壁厚 16 mm 之鋼管的臨界載重。採用 E=200 GPa。

10.11 某抗壓構件的有效長度為 1.5 m，由直徑為 30 mm 的實心黃銅桿做成。為了使構件重量減少 25%，此實心桿被一中空桿取代，其斷面如圖所示。試求(a)臨界載重之減少百分數，(b)中空桿的臨界載重值。採用 E=105 GPa。

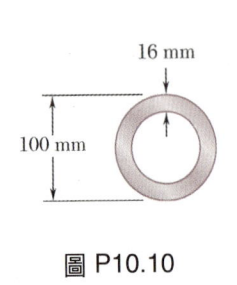

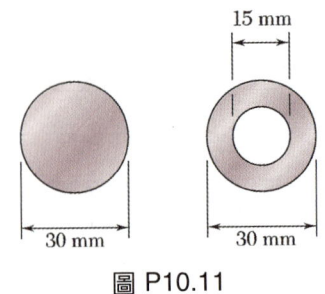

圖 P10.10

圖 P10.11

10.12 將兩個有效長度為 3 m、斷面如圖所示之黃銅桿件作為壓縮元件。(a)如果兩桿件之斷面積相等，求中空正方形桿件的壁厚，(b)採用 $E=105$ GPa，求各桿件之臨界載重。

10.13 有效長度為 L 的某柱，可以用圖示之各種方式將完全相同的木板牢固地黏在一起做成。試就圖中所示的木板厚度，求以 a 方式所形成的臨界載重與以 b 方式所形成者之比。

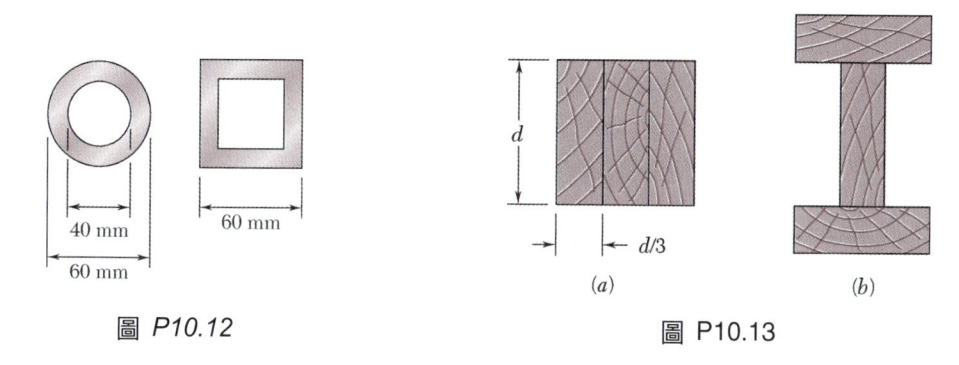

圖 P10.12

圖 P10.13

10.14 求圓樁的半徑，使得圓樁與方樁距有相同斷面積，並求各桿件之臨界載重。採用 $E=200$ GPa。

10.15 圖式有效長度為 6 m 之構件是由三個平板製成。用 $E=200$ GPa，試求此構件之容許中心載重為 16 kN 時的安全因數。

圖 P10.14

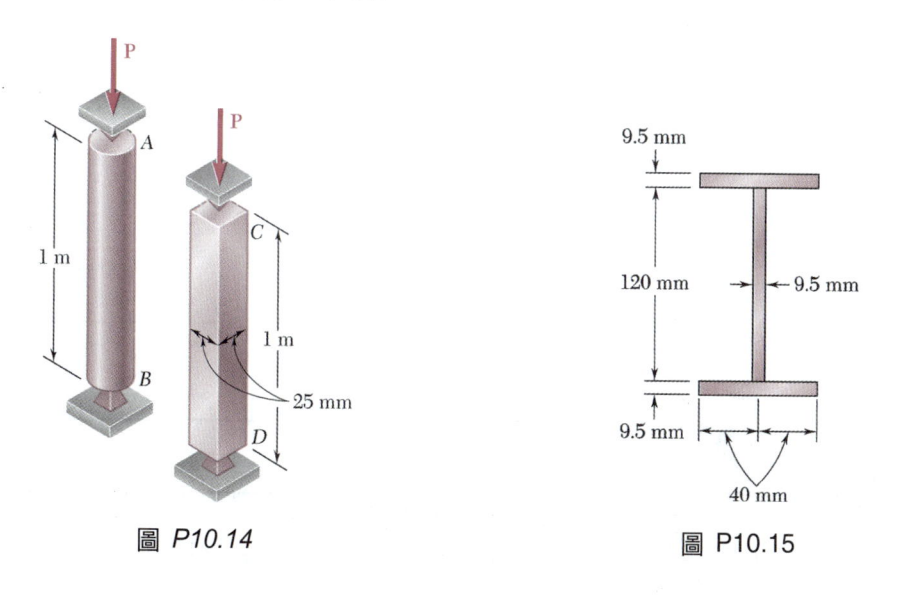

圖 P10.15

10.16 有效長度為 3 m 之柱是用兩個 C130×13 槽型軋鋼焊接在一起而製成如圖所示。$E=200$ GPa，如果需用之安全因數是 2.4。試求每種焊接情況之容許中心載重。

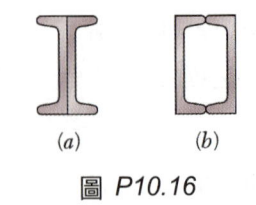

圖 P10.16

10.17 一柱之有效長度為 8.2 m，以兩 C200×17.1 鋼槽如圖所示被連桿連接而成。已知安全因數為 1.85，試求此柱之容許中心載重。用 $E=200$ GPa，而 $d=100$ mm。

10.18 一柱由兩 228×12 mm 板與 W200×52 梁焊接如圖所示。如果安全係數為 2.3，求容許中心載重。採用 $E=200$ GPa。

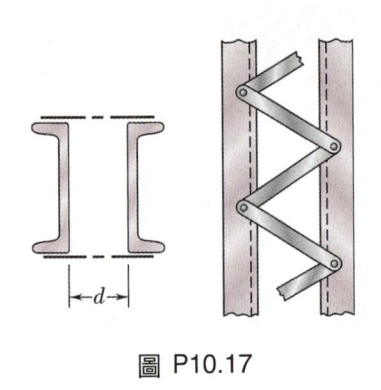

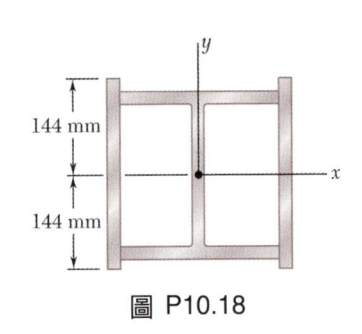

圖 P10.17

圖 P10.18

10.19 構件 AB 是由長為 2.5 m 之單一 C130×10.4 槽鋼製成。已知在 A 及 B 之銷釘通過槽型斷面之形心如圖所示。當 $\theta=30°$ 時，試求圖示載重對圖形平面相關屈曲時之安全因素。用 $E=200$ GPa。

10.20 已知需要之安全因數為 2.6，求施加於圖示構件之最大負載 **P**。用 $E=200$ GPa，只考慮結構平面中之屈曲。

圖 P10.19

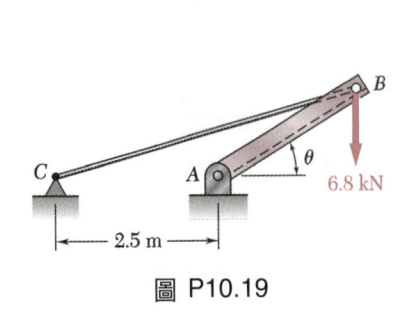

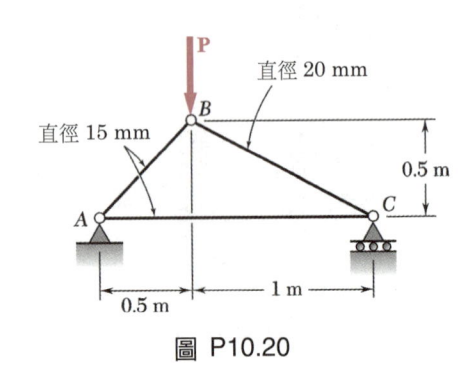

圖 P10.20

10.21 用兩柱構成圖示之四種形狀，柱由一個空心鋁管構成，外徑為 44 mm 厚為 4 mm。用 $E = 70$ GPa，安全因數為 2.8。試求每個支持情況下，方塊的容許質量。

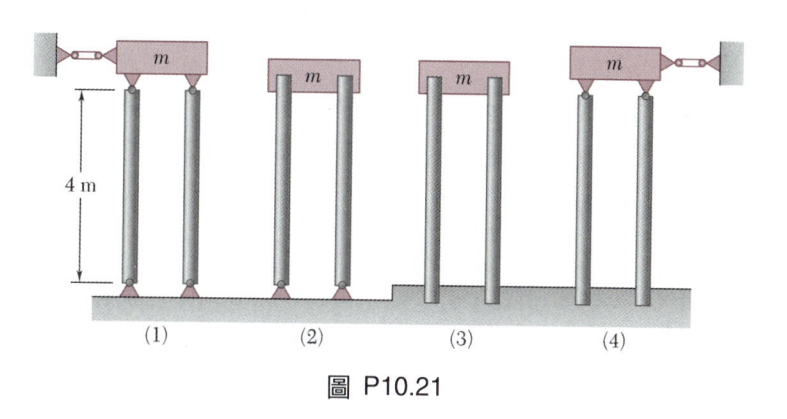

圖 P10.21

10.22 圖示之 5 支樁皆用實心鋼桿製成。(a)已知圖(1)支樁的直徑為 20 mm，試求相對於圖示載重之屈曲的安全因數，(b)試利用 a 部分所得的安全因數，試求其他樁的直徑。採用 $E = 200$ GPa

10.23 一 32 mm 正方形鋁樁被一位在 A 處之銷支持，同時且由在 B 與 C 處之滾子支持俾能阻止鋁樁在圖形平面上中轉動，保持鋁樁在圖示位置。已知 $L_{AB} = 1.4$ m，試求(a)如容許載重 P 是儘可能大時，L_{BC} 及 L_{CD} 能用之最大值，(b)如果安全因數為 2.8，相應之容許負載之大小。只考慮圖形平面上之屈曲。採用 $E = 72$ GPa。

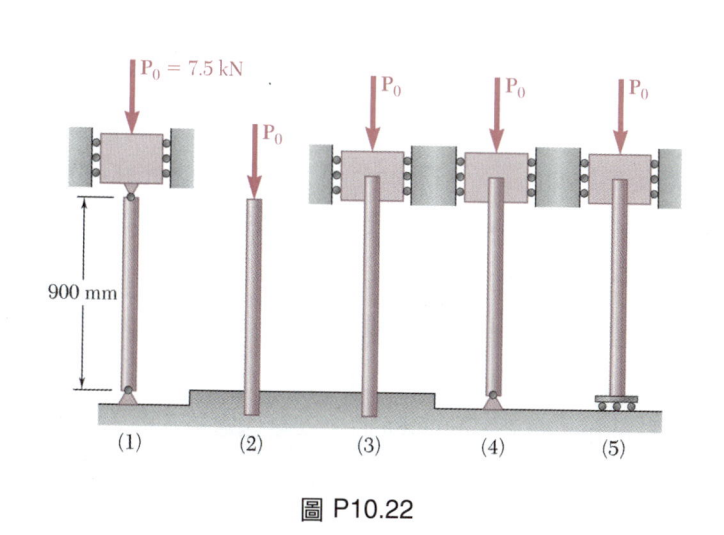

圖 P10.22

圖 P10.23 及 P10.24

10.24 一 25 mm 正方形鋁樁被一位在 A 處之銷支持，同時且由在 B 與 C 處之滾子支持俾能阻止鋁樁在圖形平面上中轉動，保持鋁樁在圖示位置。已知 $L_{AB}=1.0$ m、$L_{BC}=1.25$ m、$L_{CD}=0.5$ m，試求相對於屈曲的安全因數為 2.8 之容許載重 **P**。只考慮圖形平面上之屈曲。採用 $E=75$ GPa。

10.25 圖示之柱 AB 承受一大小為 60 kN 之中心載重 **P** 作用，其纜索 BC 與 BD 被拉緊，以防止點 B 在 xz 平面上移動。試利用歐勒公式及安全因數 2.2，不計索內之拉力，求最大容許長度 L。採用 $E=200$ GPa。

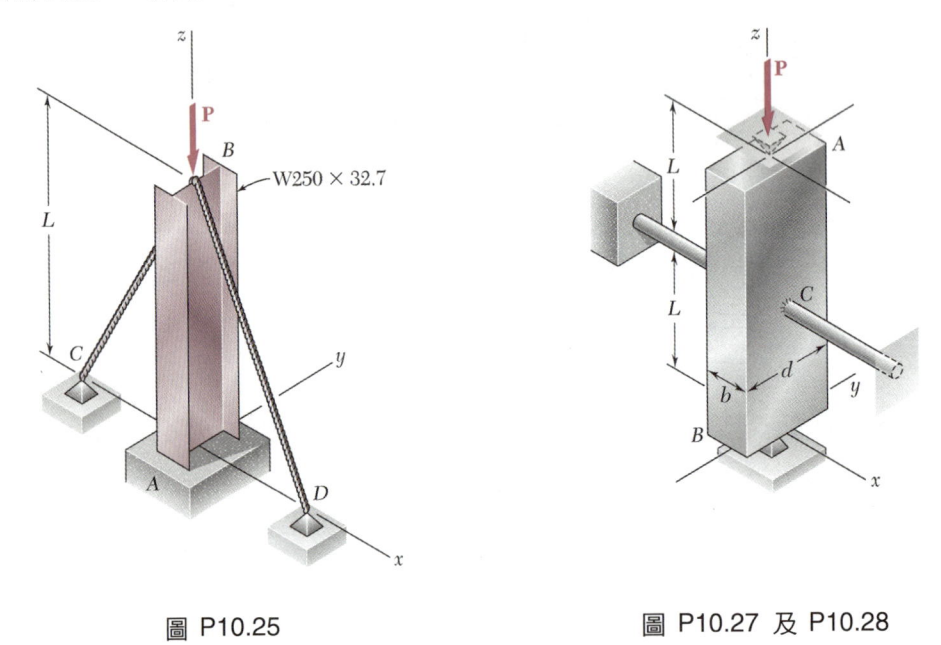

圖 P10.25

圖 P10.27 及 P10.28

10.26 用一 W200×31.3 軋鋼型作為習題 10.25 中之支持與纜線調整用。已知 $L=7$ m，試求如果需用之安全因數為 2.2 的容許中心載重 **P**。採用 $E=200$ GPa。

10.27 圖示之鋁柱 ABC 具有均勻矩形斷面，其 $b=12$ mm，而 $d=22$ mm。此柱在其中點 C 處被支撐在 xz 平面上，且承受大小為 3.8 kN 之中心載重 **P**。已知要求的安全因數為 3.2，試求最大容許長度 L。採用 $E=200$ GPa。

10.28 圖示之鋁柱 ABC 具有均勻矩形斷面，且在其中點 C 處被支撐在 xz 平面上。(a) 試求使 xz 平面與 yz 平面上相對於屈曲的安全因數相同之 b/d 比。(b) 試利用 a 部分所得到的比值，設計出在 $P=4.4$ kN、$L=1$ m，而 $E=200$ GPa 時，安全因數為 3.0 之柱斷面。

10.6 受中心載重作用之柱的設計

在以前各節,吾人已介紹了應用歐勒公式去求柱之臨界載重,並已介紹使用正割公式去研析偏心載重柱中之變形及應力。在每一情況下,吾人皆假定所有應力是在比例限度以下,且在開始時,柱為直形均勻稜柱體。實際上,並沒有如此理想化的柱,是以在實用上柱之設計乃基於反映出很多試驗結果的經驗公式為之。

過去一世紀來,已對很多鋼柱做過試驗,對它們施加中心軸向載重,並增加載重直至達到破壞。該等試驗之結果已在圖 10.24 示出,每一試驗都在圖中用兩點示出,其縱坐標等於破壞時之正交應力 σ_{cr},橫坐標等於有效細長比 L_e/r 之相應值。雖然點繪出之試驗結果頗為分散,但亦可看出與三型破壞對應之區域。對於 L_e/r 值大之長柱(long column),破壞與歐勒公式之預測很接近,σ_{cr} 值乃視所用鋼之彈性模數 E 而定,與降伏強度 σ_Y 無關。對很短之柱及受壓方塊,破壞主要是由降伏結果所造成,故其時為 $\sigma_{cr} \approx \sigma_Y$。中長柱之破壞,卻要視 σ_Y 及 E 兩者而定,在此範圍內,柱之破壞屬一很複雜之現象,因而在制定規範和設計公式時都廣泛地應用實驗數據。

在一世紀前,用有效細長比表出容許應力或臨界應力之經驗公式(empirical formula)就已出現,其後乃經不斷的修正以增加其準確度。幾個用來模擬實驗數據的典型經驗公式如圖 10.25 所示。因為單一公式通常無法適用於所有 L_e/r 值,是以為不同材料導出了很多用於確定範圍內之公式。在每一種情況下,必須檢核吾人所用之公式是否能適用於欲計算柱之 L_e/r 值,此外,吾人尚須決定該一公式是否提供柱之臨界應力值(在這種情況下,此值應被適當之安全因數除),或其是否直接提供容許應力值。

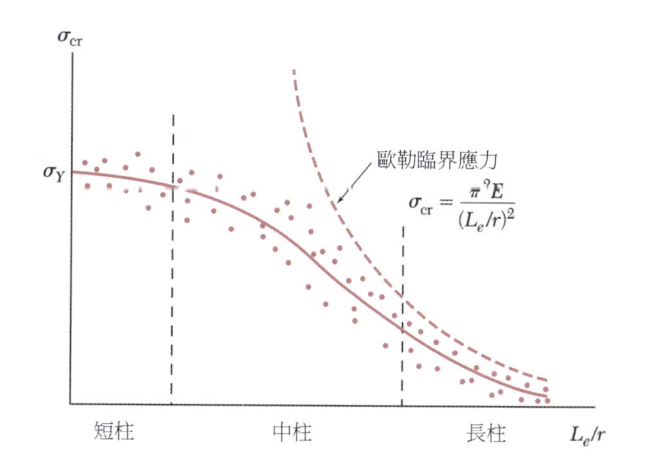

圖 10.24 鋼柱試驗數據圖

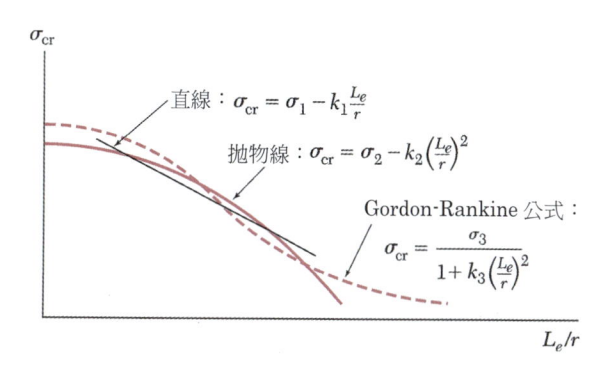

圖 10.25 求柱之臨界應力的經驗公式圖

照片 10.2　圖(a)之蓄水櫃是用鋼柱支持，圖(b)者乃正在興建中，是用木柱框架支持

對於鋼、鋁及木柱受中心載重作用時之設定特定公式現在將予考究。照片 10.2 所示乃要應用這些公式作柱設計之實例。首先要採用容許應力設計法(Allowable Stress Design)對三種不同材料作設計。然後再介紹根據載重及阻力因數設計法(Load and Resistance Factor Design)作鋼柱設計時所需用之公式。†

結構鋼——容許應力設計法

設計受中心載重作用之鋼柱時最廣泛使用之容許應力設計法出自美國鋼鐵構造學會(AISC)規範手冊。‡該手冊用拋物線公式來預測短及中長柱之 σ_{all}，長柱則用歐勒關係。這種關係由以下兩部分導出。

1. 首先要得到一個表示 σ_{cr} 與 L/r 變化關係之曲線(圖 10.26)。要特別注意此一曲線不含有任何安全因數，§其 AB 部分是由下述方程式所定出之一段拋物線弧

$$\sigma_{cr} = [0.658^{(\sigma_Y/\sigma_e)}] \sigma_Y \qquad (10.38)$$

其中

$$\sigma_e = \frac{\pi^2 E}{(L/r)^2} \qquad (10.39)$$

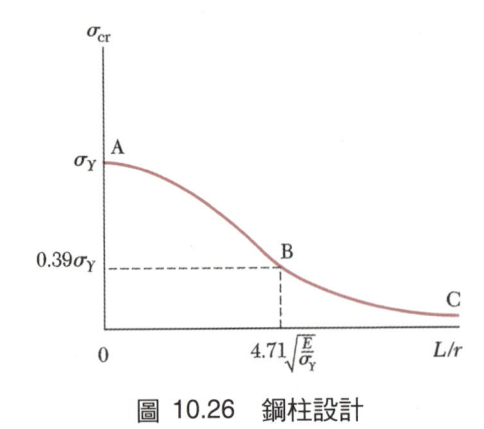

圖 10.26　鋼柱設計

---

† 在特定設計公式中，字母 L 常是代表柱之有效長度。
‡ 鋼構造手冊，第 13 版，美國鋼構造協會，芝加哥，2005。
§ 在建築物結構鋼規範中，F 表示應力。

而 BC 部分乃由下述方程式所定

$$\sigma_{cr} = 0.877\sigma_e \tag{10.40}$$

吾人注意到，因 $L/r=0$ 時，式(10.38)中的 $\sigma_{cr}=\sigma_Y$。在 B 點，將式(10.38)加入式(10.40)，兩個式子之間於相接處之 L/r 值為

$$\frac{L}{r} = 4.71\sqrt{\frac{E}{\sigma_Y}} \tag{10.41}$$

如果 L/r 值較式(10.41)之計算值小，σ_{cr} 可從式(10.38)求得。如果 L/r 值較式(10.41)之計算值大，σ_{cr} 可從式(10.40)求得。由式(10.41)求出的 L/r 值，$\sigma_e = 0.44\,\sigma_Y$。使用式(10.40)，可得 $\sigma_{cr} = 0.877(0.44\,\sigma_Y) = 0.39\,\sigma_Y$。

2. 安全因數必須介入俾能求得最後 AISC 設計公式。根據規範定出的安全因數為 1.67，故

$$\sigma_{all} = \frac{\sigma_{cr}}{1.67} \tag{10.42}$$

所得到之公式，對 SI 公制單位或美國習用英制單位皆可使用。

吾人應用式(10.38)、(10.40)、(10.41)及(10.42)可以定出任一等級鋼及任一 L/r 容許值之容許軸向應力。其步驟乃是先根據式(10.41)兩個方程式的交點求出 L/r 值。若 L/r 值小於式(10.41)之計算結果，則可用式(10.38)及(10.42)決定 σ_{all}。若 L/r 值大於式(10.41)之計算結果，則可用式(10.40)及(10.42)決定 σ_{all}。圖 10.27 提供不同等級之鋼，σ_e 對 L/r 變化的關係。

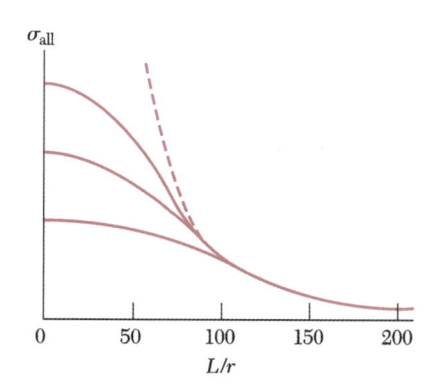

圖 10.27 不同等級之鋼的鋼柱設計

例 10.02

欲使一 S100×11.5 之軋鋼抗壓構件 AB 能安全支持圖示之中心載重(圖 10.28)，試求最長之無支持長度 L。假定 $\sigma_Y = 250$ MPa 及 $E = 200$ GPa。

解：

吾人從附錄 C 可以查出 S100×11.5 型之斷面資料是

$$A = 1460 \text{ mm}^2 \qquad r_x = 41.7 \text{ mm} \qquad r_y = 14.6 \text{ mm}$$

如此構件能安全支持 60 kN 載重，吾人則須寫出

$$\sigma_{\text{all}} = \frac{P}{A} = \frac{60 \times 10^3 \text{ N}}{1460 \times 10^{-6} \text{ m}^2} = 41.1 \times 10^6 \text{ Pa}$$

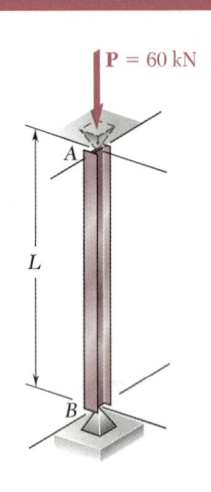

圖 10.28

吾人必須求出臨界應力 σ_{cr}，假定 L/r 較式 (10.41) 之計算結果大，吾人可應用式 (10.40) 及式 (10.39) 得

$$\sigma_{\text{cr}} = 0.877\sigma_e = 0.877\frac{\pi^2 E}{(L/r)^2} = 0.877\frac{\pi^2(200 \times 10^9 \text{ Pa})}{(L/r)^2} = \frac{1.731 \times 10^{12} \text{ Pa}}{(L/r)^2}$$

將此結果帶入式 (10.42) 以求 σ_{all}，則可寫出

$$\sigma_{\text{all}} = \frac{\sigma_{\text{cr}}}{1.67} = \frac{1.037 \times 10^{12} \text{ Pa}}{(L/r)^2}$$

使此式等於 σ_{all} 之要求值，則可寫出

$$\frac{1.037 \times 10^{12} \text{ Pa}}{(L/r)^2} = 1.41 \times 10^6 \text{ Pa} \qquad L/r = 158.8$$

由式 (10.41) 得出細長比為

$$\frac{L}{r} = 4.71\sqrt{\frac{200 \times 10^9}{250 \times 10^6}} = 133.2$$

吾人前面假定之 L/r 較式 (10.41) 之計算結果大乃屬正確。選用兩迴轉半徑中之較小者，吾人得

$$\frac{L}{r_y} = \frac{L}{14.6 \times 10^{-3} \text{ m}} = 158.8 \qquad L = 2.32 \text{ m}$$

鋁

很多鋁合金適用於結構及機械構造。對每一合金，鋁學會(Aluminum Association)†之規範提出了三種計算受中心載重柱之容許應力之公式。由這些公式定出之 σ_{all} 對 L/r 之變化關係乃如圖 10.29 所示。吾人注意到短柱之 σ_{all} 乃屬不變，中柱在 σ_{all} 及 L/r 間之關係乃屬線性，長柱則用歐勒公式。兩種常用合金在房屋及類似結構設計中的規定公式表出如下。

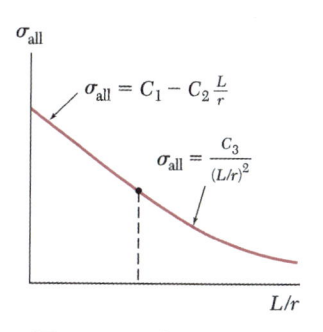

圖 10.29 鋁柱之設計

鋁合金 6061–T6：

$$L/r < 66 : \quad \sigma_{all} = [140 - 0.874(L/r)] \text{ MPa} \tag{10.43}$$

$$L/r \geq 66 : \quad \sigma_{all} = \frac{354 \times 10^3 \text{ MPa}}{(L/r)^2} \tag{10.44}$$

鋁合金 2014–T6：

$$L/r < 55 : \quad \sigma_{all} = [213 - 1.577(L/r)] \text{ MPa} \tag{10.45}$$

$$L/r \geq 55 : \quad \sigma_{all} = \frac{382 \times 10^3 \text{ MPa}}{(L/r)^2} \tag{10.46}$$

木

對於木柱之設計，美國森林及紙業學會(American Forest and Paper Association)‡ 之規範提供了單一方程式，可用以求得短、中、長柱在承載中心載重下之容許應力。對於邊長為 b 及 d，且 $d<b$ 之矩形斷面柱，σ_{all} 隨 L/d 之變化乃如圖 10.30 所示。

對由單一塊木料製成之實心柱或將木料膠接在一起所製造之柱，容許應力 σ_{all} 是

$$\sigma_{all} = \sigma_C C_P \tag{10.47}$$

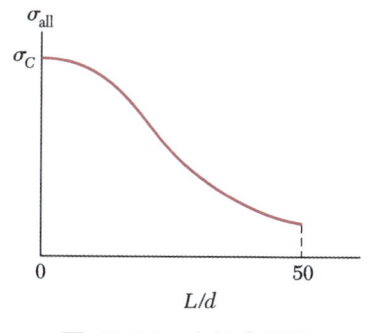

圖 10.30 木柱之設計

式中 σ_C 表與木紋理平行已調整之容許受壓應力。†用於求 σ_C 之調整值，包含有考慮不同變化之規範，如載重時間等。柱穩定因數(column stability factor) C_P 要考慮柱長度，乃

---

† 鋁結構之規範及導則，鋁學會，華盛頓特區，2010。
‡ 木構造之國家設計規範，美國森林及紙業學會，美國木料協會，華盛頓特區，2005。
† 在木構造之國家設計規範中，符號 F 是用來表示應力。

用下述方程式表出

$$C_P = \frac{1+(\sigma_{CE}/\sigma_C)}{2c} - \sqrt{\left[\frac{1+(\sigma_{CE}/\sigma_C)}{2c}\right]^2 - \frac{(\sigma_{CE}/\sigma_C)}{c}} \tag{10.48}$$

參數 c 要視木料種類而定,對橡木柱,c 等於 0.8;對膠接夾板柱,c 等於 0.90,σ_{CE} 之值乃是

$$\sigma_{CE} = \frac{0.822E}{(L/d)^2} \tag{10.49}$$

式中 E 表示柱發生屈曲的彈性修正模數。L/d 超過 50 之柱,木構造之國家設計規範是不允許使用的。

例 10.03

已知柱 AB 之有效長度為 4.2 m(圖 10.31),此柱要能安全承載 144 kN 載重。如採用膠接方形斷面時,試設計此柱。木料之彈性模數是 $E=11$ GPa,與木紋理平行之已調整容許壓應力是 $\sigma_C = 7$ MPa。

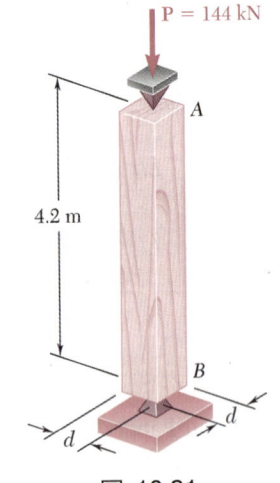

解:

該膠接木柱之 $c=0.90$,應用式(10.49)可寫出 σ_{CE} 值為

$$\sigma_{CE} = \frac{0.822E}{(L/d)^2} = \frac{0.822(11\text{ GPa})}{(4.2\text{ m}/d)^2} = 512.6d^2 \text{ MPa} \ (d \text{ 的單位為 } m)$$

然後應用式(10.48),用 d 表出柱之穩定因數,即

$$(\sigma_{CE}/\sigma_C) = (512.6d^2 \text{ MPa})/(7 \text{ MPa}) = 73.23d^2$$

$$C_P = \frac{1+(\sigma_{CE}/\sigma_C)}{2c} - \sqrt{\left[\frac{1+(\sigma_{CE}/\sigma_C)}{2c}\right]^2 - \frac{(\sigma_{CE}/\sigma_C)}{c}}$$

$$= \frac{1+73.23d^2}{2(0.90)} - \sqrt{\left[\frac{1+73.23d^2}{2(0.90)}\right]^2 - \frac{73.23d^2}{0.90}}$$

圖 10.31

因此柱須承載 144 kN,此值等於 $\sigma_C d^2$,應用式(10.47)得

$$\sigma_{\text{all}} = \frac{144 \text{ kN}}{d^2} = \sigma_C C_P = (7 \text{ MPa}) C_P$$

$$C_P = \frac{144000 \text{ N}}{(7\times 10^6 \text{ Pa})d^2} = \frac{0.02057}{d^2} \ (d \text{ 的單位為 } m)$$

解此方程式可得 C_p，再將此值代入前述方程式，即得

$$\frac{0.02057}{d^2} = \frac{1+73.23d^2}{2(0.90)} - \sqrt{\left[\frac{1+73.23d^2}{2(0.90)}\right]^2 - \frac{73.23d^2}{0.90}}$$

利用試誤法(trial-and-error)求 d，可得 $d = 0.1514$ m $= 151.4$ mm。

---

*結構鋼－載重及阻力因子設計法

吾人已在 1.13 節了解到，設計之另一方法乃是由載重來決定，此一載重乃指使得結構無法運作之載重。設計是根據式(1.26)所示不等式，即

$$\gamma_D P_D + \gamma_L P_L \leq \phi P_U \tag{1.26}$$

此一用在承載中心載重鋼柱之設計方法，可在美國鋼構造學會之載重及阻力因數設計規範中找到，與容許應力設計法很類似。使用臨界應力 σ_{cr}，則極限載重(ultimate load) P_U 可定義為

$$P_U = \sigma_{cr} A \tag{10.50}$$

臨界載重 σ_{cr} 的定義係根據容許應力設計所使用之相同方法，此方法需要使用式(10.41)定義式(10.38)及式(10.40)間連接點的細長比。如定出之 L/r 較式(10.41)計算結果小，則採用式(10.38)計算，如果定出之 L/r 較式(10.41)計算結果大，則採用式(10.40)計算。這些方程式對 SI 公制或美國習用英制單位皆能通用。

應用式(10.50)及(1.26)時，吾人即能決定此一設計是可被接受者。其步驟是先依式(10.41)決定細長參數 λ_C。對於 L/r 值小於 λ_C 時，用在式(1.26)中之極限載重 P_U 可用式(10.50)及式(10.38)定義之 σ_{cr} 求得，對於 L/r 值大於 λ_C 時，用式(10.50)及式(10.40)求得極限載重 P_U。美國鋼構造學會之載重及阻力因子設計規範定出阻力因子 ϕ 是 0.90。

注意：這一節提出之設計公式乃提供眾多設計方法之部分例子。這些公式亦不能提供所有要求，尚需很多其它設計，吾人在作實際設計前，必須參酌其它適當之設計規範。

範例 10.3

AB 柱為一 W250×58 軋鋼型，乃用 σ_Y =250 MPa 及 E=200 GPa 等級之鋼製造。(a)如在各方向之有效長度是 7.2 m 時，試求容許中心載重 **P**，(b)如設置一支撐以阻止中點 C 在 xz 平面中之運動時，試求可以施加之中心載重 P。(假定 C 點在 yz 平面中之運動不受支撐之影響。)

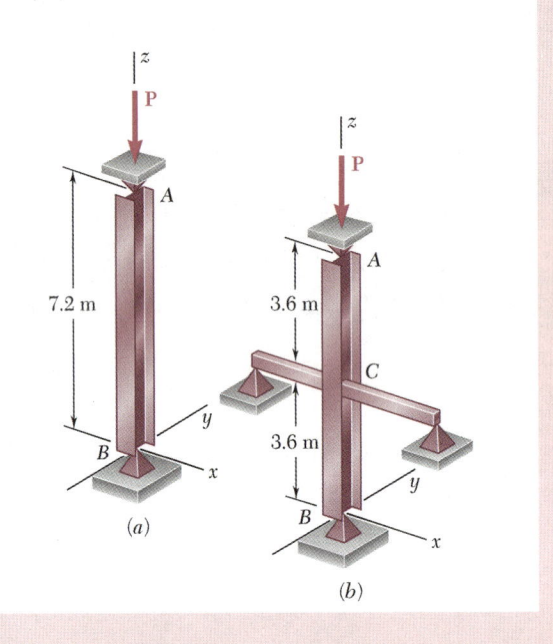

W250 × 58
A = 7420 mm²
r_x = 108 mm
r_y = 50.3 mm

解：

首先計算式(10.41)與已知降伏強度 σ_Y=250 MPa 相對應之細長比。

$$\frac{L}{r}=4.71\sqrt{\frac{200\times 10^9 \text{ Pa}}{250\times 10^9 \text{ Pa}}}=133.22$$

a. 有效長度=7.2 m

因 $r_y<r_x$，故屈曲得在 xz 平面中發生。在 L=7.2 m 及 $r=r_y$=50.3 mm 時，細長比是

$$\frac{L}{r_y}=\frac{7200 \text{ mm}}{50.3 \text{ mm}}=143.1$$

因之 L/r>133.2，故使用式(10.39)求出 σ_{cr}

$$\sigma_{cr}=0.877\,\sigma_e=0.877\,\frac{\pi^2 E}{(L/r)^2}=0.877\,\frac{\pi^2(200\times 10^9 \text{ Pa})}{(143.1)^2}=84.54 \text{ MPa}$$

應用式(10.42)求得容許應力 P_{all}

$$\sigma_{all}=\frac{\sigma_{cr}}{1.67}=\frac{84.54 \text{ MPa}}{1.67}=50.62 \text{ MPa}$$

$$P_{all}=\sigma_{all}A=(50.62\times 10^6 \text{ Pa})(7420\times 10^{-6} \text{ m}^2)=375.6 \text{ kN}$$

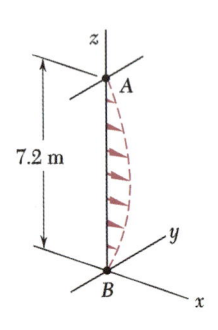

◀ P_{all}=376 MPa

b. 在中點 C 之支撐

因支撐只能阻止 C 點在 xz 平面中運動而不能阻止在 yz 平面中之運動，是以吾人必須計算在每一平面中與屈曲對應之細長比，並決定何者較大。

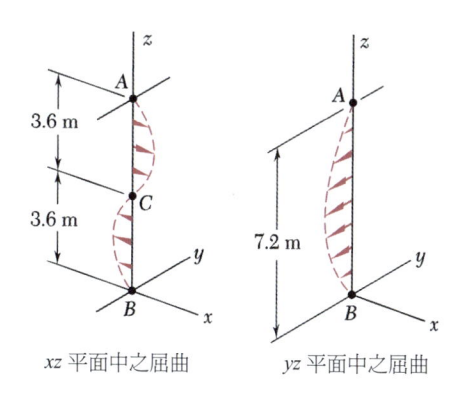

xz 平面中之屈曲　　　　yz 平面中之屈曲

xz 平面　　有效長度 = 3.6 m、$r = r_y = 0.0503$ m

$$L/r = (3.6 \text{ m})/(0.0503 \text{ m}) = 71.6$$

yz 平面　　有效長度 = 7.2 m、$r = r_x = 0.108$ m

$$L/r = (7.2 \text{ m})/(0.108 \text{ m}) = 66.7$$

因較大之細長比與較小容許載重對應，故選用 $L/r = 71.6$。因 $L/r < 133.7$，需應用式(10.39)及(10.38)求出 σ_{cr}。

$$\sigma_e = \frac{\pi^2 E}{(L/r)^2} = \frac{\pi^2 (200 \times 10^9 \text{ Pa})}{(71.6)^2} = 385.0 \text{ MPa}$$

$$\sigma_{\text{cr}} = \left[0.658^{(\sigma_Y/\sigma_e)}\right]\sigma_Y = \left[0.658^{(250/385)}\right](250 \text{ MPa}) = 190.5 \text{ MPa}$$

最後應用式(10.42)計算容許應力，並算出容許載重。

$$\sigma_{\text{all}} = \frac{\sigma_{\text{cr}}}{1.67} = \frac{190.5 \text{ MPa}}{1.67} = 114.1 \text{ MPa}$$

$$P_{\text{all}} = \sigma_{\text{all}} A = (114.1 \text{ MPa})(7420 \times 10^{-6} \text{ m}^2) = 846.6 \text{ kN} \qquad P_{\text{all}} = 847 \text{ kN} \blacktriangleleft$$

範例 10.4

使用鋁合金 2014–T6 製造一桿件，其長度是(a) $L=750$ mm，(b)$L=300$ mm。今用此桿件去支持一中心載重 $P=60$ kN，試求此桿需用之最小直徑。

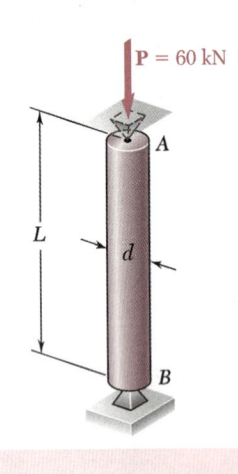

解：

對一實心圓形桿件，其斷面性質為

$$I=\frac{\pi}{4}c^4 \qquad A=\pi c^2 \qquad r=\sqrt{\frac{I}{A}}=\sqrt{\frac{\pi c^4/4}{\pi c^2}}=\frac{c}{2}$$

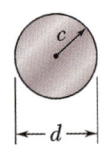

a. 長為 750 mm 時

因桿件之直徑未知，故需假定一 L/r 值，吾人先假定 $L/r>55$，即可應用公式(10.46)。就一中心載重 **P** 而言，吾人得 $\sigma=P/A$，故可寫出

$$\frac{P}{A}=\sigma_{all}=\frac{382\times 10^3 \text{ MPa}}{(L/r)^2}$$

$$\frac{60\times 10^3 \text{ N}}{\pi c^2}=\frac{382\times 10^9 \text{ Pa}}{\left(\dfrac{0.750 \text{ m}}{c/2}\right)^2}$$

$$c^4=112.5\times 10^{-9} \text{ m}^4 \qquad c=18.31 \text{ mm}$$

在 $c=18.44$ mm 時，細長比是

$$\frac{L}{r}=\frac{L}{c/2}=\frac{750 \text{ mm}}{(18.31 \text{ mm})/2}=81.9>55$$

吾人前面假定乃屬正確，故 $L=750$ mm 時，需用直徑是

$$d=2c=2(18.31 \text{ mm}) \qquad\qquad d=36.6 \text{ mm} \blacktriangleleft$$

b. 長為 300 mm 時

吾人再假定 $L/r > 55$，應用式(10.46)，依照 a 部分所用之步驟，求得 $c = 11.58$ mm 及 $L/r = 51.8$。因 L/r 小於 55，故吾人前面假定不對，因此再假定 $L/r < 55$，並利用式(10.45′)作此柱之設計。

$$\frac{P}{A} = \sigma_{\text{all}} = \left[213 - 1.577\left(\frac{L}{r}\right)\right] \text{MPa}$$

$$\frac{60 \times 10^3 \text{ N}}{\pi c^2} = \left[213 - 1.577\left(\frac{0.3\text{m}}{c/2}\right)\right] 10^6 \text{ Pa}$$

$$c = 11.95 \text{ mm}$$

在 $c = 11.95$ mm 時，細長比是

$$\frac{L}{r} = \frac{L}{c/2} = \frac{300 \text{ mm}}{(11.95 \text{ mm})/2} = 50.2$$

吾人第二次假定 $L/r < 55$ 是正確的。因 $L = 300$ mm，故需用之直徑是

$$d = 2c = 2(11.95 \text{ mm}) \qquad\qquad d = 23.9 \text{ mm} \blacktriangleleft$$

習 題

10.57 應用容許應力設計法，針對以下軋鋼型製成之有效長度為 6 m 的柱，求其容許中心載重：(a) W200×35.9，(b) W200×86。採用 $\sigma_Y = 250$ MPa、$E = 200$ GPa。

10.58 一柱是用 W200×46.1 軋鋼型做成，有效長度是 6 m。應用容許應力設計法，如果鋼的等級是 (a) $\sigma_Y = 250$ MPa，(b) $\sigma_Y = 345$ MPa，試求容許中心載重。採用 $E = 200$ GPa。

10.59 用一鋼管作柱子使用，其斷面如圖所示。應用 AISC 容許應力設計法，如柱之有效長度是 (a) 6 m，(b) 4 m，試求容許中心載重。採用 $\sigma_Y = 250$ MPa 及 $E = 200$ GPa。

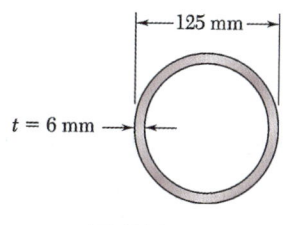

圖 P10.59

10.60 一柱是用半邊 W360×216 軋鋼型做成，其幾何性質如圖所示。應用容許應力設計法，如柱有效長度是 (a) 4.0 m，(b) 6.5 m，試求容許中心載重。採用 σ_Y=345 MPa、E=200 GPa。

$A = 13.75 \times 10^3 \text{ mm}^2$
$I_x = 26.0 \times 10^6 \text{ mm}^4$
$I_y = 141.0 \times 10^6 \text{ mm}^4$

圖 P10.60

10.61 圖示斷面之一柱，有效長度為 4 m。應用容許應力設計法求能夠施加在此柱上之最大中心載重。採用 σ_Y=250 MPa、E=200 GPa。

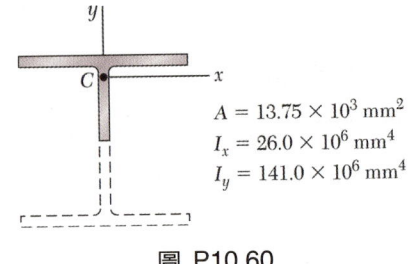

10.62 試求圖示鋁柱 AB 承受中心載重 (a) 150 kN，(b) 90 kN，(c) 25 kN 時的最大容許長度。採用鋁合金 2014–T6。

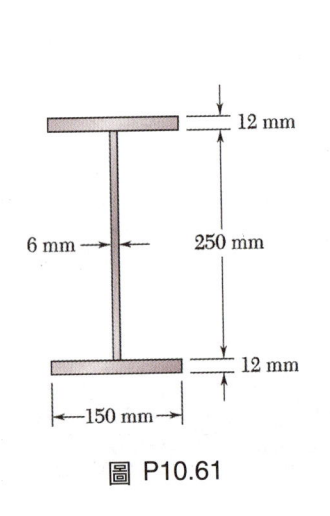

圖 P10.61

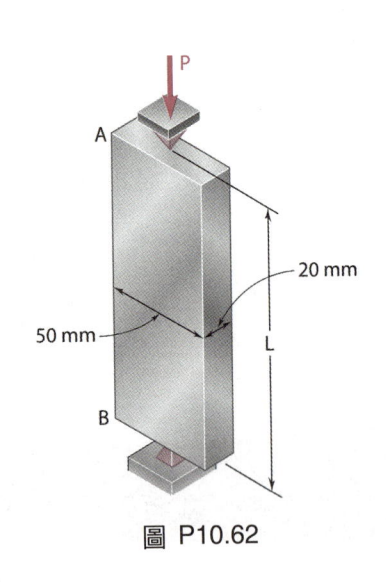

圖 P10.62

10.63 一橡木柱之斷面是 190×140 mm，有效長度為 5.5 m，已知此一等級木材所用與紋理平行之已調整容許抗壓應力是 σ_C=8.5 MPa、E=9 GPa，試求此柱之最大容許中心載重。

10.64 一有效長度為 3.5 m 之柱是用橡木製成，其斷面為 114×140 mm。已知此一等級木材所用與紋理平行之已調整容許抗壓應力是 σ_C=7.6 MPa、E=2.8 GPa。試求此柱之極大容許中心載重。

10.65 一有效長度為 2.3 m 之抗壓構件，是將兩根 L127×76×12.7 mm 角鋼用螺釘栓接而成，如圖所示。應用容許應力設計法，試求柱之容許中心載重。用 σ_Y=250 MPa、E=200 GPa。

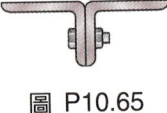

圖 P10.65

10.66 及 10.67 一有效長度為 9 m 之抗壓構件，將厚 10 mm 鋼鈑焊接在一 W250×80 軋鋼型製成如圖所示。應用容許應力設計法，試求此柱之容許中心載重。已知 σ_Y=345 MPa、E=200 GPa。

圖 P10.66

圖 P10.67

10.68 一柱之有效長度為 6.4 m，以四 L89×89×9.5 mm 角鋼如圖所示被連桿連接而成。應用容許應力設計法，試求此柱之容許中心載重。採用 σ_Y=345 MPa、E=200 GPa。

10.69 一結構鋁管之兩側鉚釘上兩鈑以加強之如圖所示，此管當作柱用，有效長度為 1.7 m，已有所有材料皆為鋁合金 2014－T6，試求極大容許中心載重。

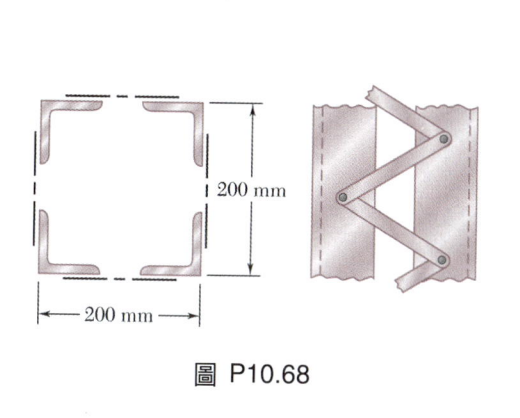

圖 P10.68

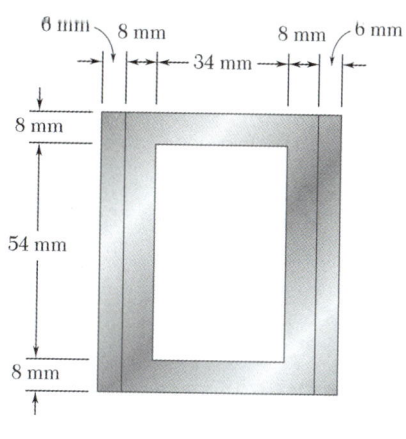

圖 P10.69

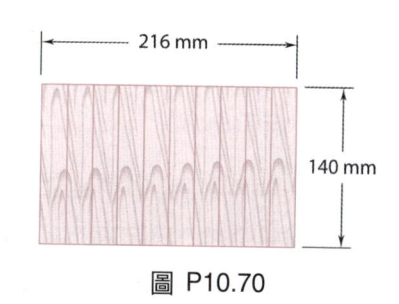

10.70 一有效長度為 4.4 m 之矩形柱，是將夾板膠接而製成如圖所示。已知使用等級木材與紋理平行之已調整容許抗壓應力是 σ_C=8.3 MPa、E=4.6 GPa，試求此柱之極大容許中心載重。

圖 P10.70

材料力學
Mechanics of Materials

10.71 一 280 kN 中心載重作用在柱上如圖所示。此柱頂端 A 係自由，底 B 係固定，使用鋁合金 2014–T6，試選用此柱能使用之最小方形斷面。

10.72 一外徑為 90 mm 之鋁管，承載一中心載重 120 kN，已知能夠使用之管庫存是用合金 2014–T6 製造，壁厚是從 6 mm 至 15 mm，以 3 mm 為增量，試求能夠用的最輕之管。

10.73 用一鋁柱支持一 72 kN 中心載重如圖所示。使用鋁合金 6061–T6，試求此柱能用的最小尺寸 b。

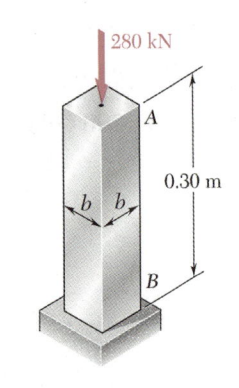

圖 P10.71

圖 P10.72

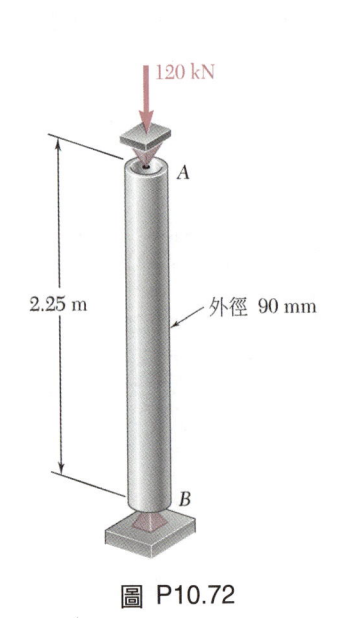

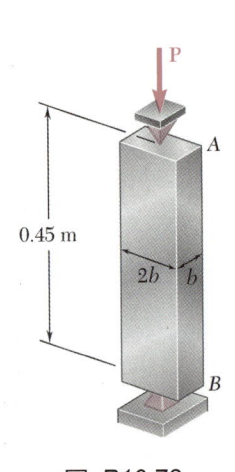

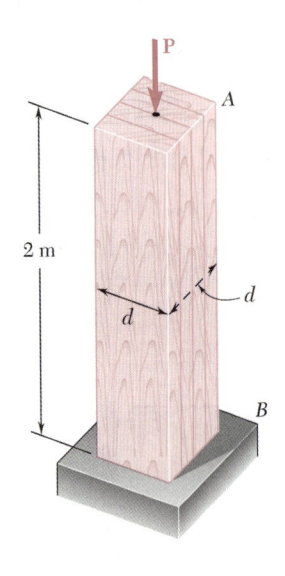

圖 P10.73

圖 P10.74

10.74 圖示之膠黏夾板柱的頂端 A 為自由，底部 B 係固定，使用木料乃是與紋理平行之已調整容許抗壓應力是 $\sigma_C = 9.2$ MPa 者，彈性模數 $E = 5.7$ GPa，試求能支持一中心載重為 62 kN 之最小斷面。

10.75 一 75 kN 中心載重施加在一矩形鋸木柱上，此柱之有效長度為 6.5 m，使用鋸木之等級乃是與紋理平行之已調整容許抗壓應力為 $\sigma_C = 7.3$ MPa 者，已知 $E = 10$ GPa。試求能夠使用之最小斷面。採用 $b = 2d$。

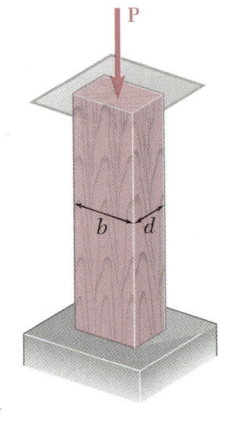

圖 P10.75

10.76 圖示之一柱之有效長度為 3 m，係將斷面為 24×100 mm 夾板膠黏而構成。已知與紋理平行已調整容許抗壓應力是 σ_C=9 MPa、E=11 GPa，試求需用以支持圖示中心載重 (a)P=34 kN，(b)P=17 kN 時的木片數量。

10.77 一有效長度為 4.5 m 之柱，用以支持一中心載重 900 kN。已知 σ_Y=345 MPa、E=200 GPa，應用容許應力設計法選用一標稱深度為 250 mm 之寬緣型柱。

10.78 一有效長度為 4.6 m 之柱，用以支持一中心載重 525 kN。已知 σ_Y=345 MPa，E=200 GPa，應用容許應力設計法選用一標稱深度為 200 mm 之寬緣型柱。

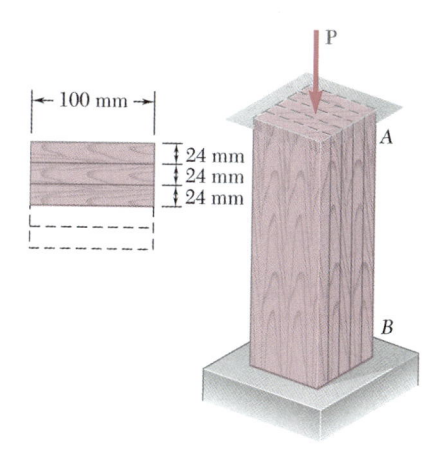

圖 P10.76

10.79 一有效長度為 6.8 m 之柱，用以支持一中心載重 1200 kN，應用容許應力設計法，選用一標稱深度為 350 mm 之柱。採用 σ_Y=350 MPa、E=200 GPa。

10.00 圖示為一方形結構管之斷面，此管當作一有效長度為 7.8 m 之柱使用，此柱承載中心載重為 260 kN。已知此管能夠使用之壁厚是從 6 mm 至 18 mm，以 1.5 mm 為增量差距。應用容許應力設計法，試求能夠使用之最輕管。採用 σ_Y=250 MPa、E=200 GPa。

圖 P10.80

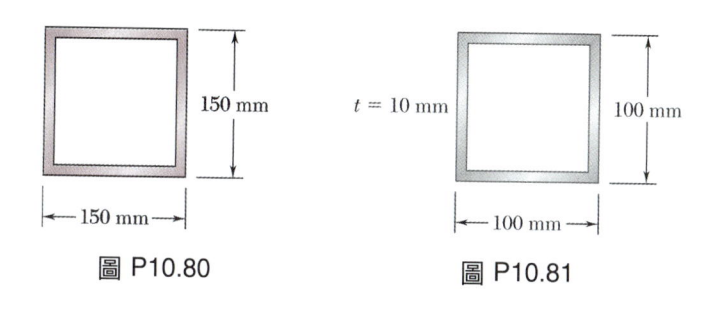

圖 P10.81

10.81 一抗壓構件之斷面如圖所示，有效長度是 1.5 m，已知採用之鋁合金是 2014–T6，試求容許中心載重。

10.82 圖示一中心載重 **P**，由一鋼桿 AB 支持，應用容許應力設計法，試求當 (a)P=108 kN，(b)P=166 kN 時，試求能夠使用斷面之最小尺寸 d。採用 σ_Y=250 MPa，E=200 GPa。

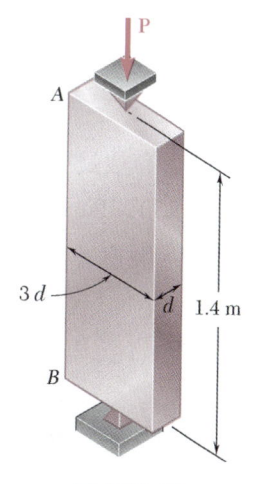

圖 P10.82

10.83 兩 89×64 mm 角型如圖所示被拴接在一起而構成一柱,其有效長度為 2.4 m,且要承受 325 kN 中心載重。已知可供使用的角型厚度為 6.4、9.5 與 12.7 mm,應用容許應力設計法,試求可以使用的最輕角型鋼。採用 $\sigma_Y=250$ MPa、$E=200$ GPa。

10.84 兩 89×64 mm 角型如圖所示被拴接在一起而構成一柱,其有效長度為 2.4 m,且要承受 180 kN 中心載重。已知可供使用的角型厚度為 6.4、9.5 與 12.7 mm,應用容許應力設計法,試求可以使用的最輕角型鋼。採用 $\sigma_Y=250$ MPa、$E=200$ GPa。

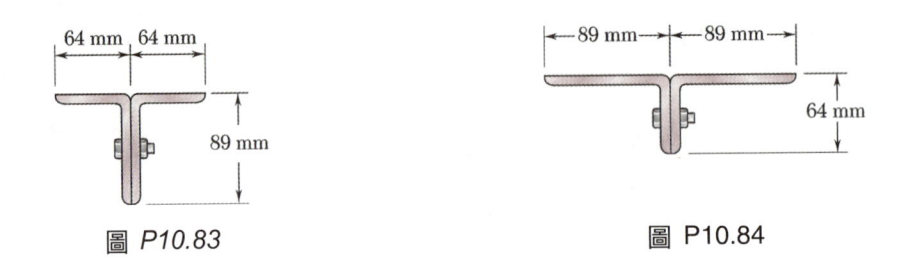

圖 P10.83

圖 P10.84

*10.85 一有效長度為 5.8 m 之柱支持一中心載重,而其死對活載重之比值是 1.35。死載重因數 $\gamma_D=1.2$,活載重因數 $\gamma_L=1.6$,阻力因數 $\phi=0.90$。應用載重及阻力因子設計法,如此柱是用下述軋鋼型(a)W250×67,(b)W360×101 製成時,求容許中心死載重及活載重。採用 $\sigma_Y=345$ MPa、$E=200$ GPa。

*10.86 圖示為一矩形管之斷面,此管當作一有效長度為 4.4 m 之柱使用。已知 $\sigma_Y=250$ MPa,而 $E=200$ GPa,應用載重及阻力因子設計法,如果中心死載重是 220 kN,試求能夠施加之最大中心活載重。死載重因數是 $\gamma_D=1.2$,活載重因數是 $\gamma_L=1.6$,阻力因數 $\phi=0.85$。

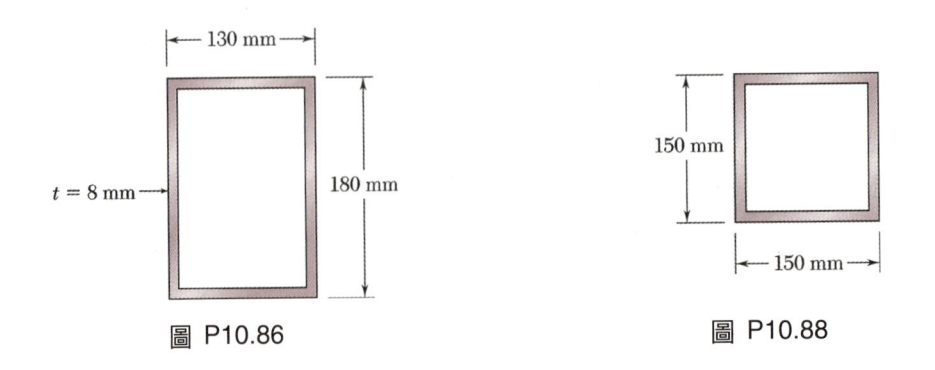

*10.87 有效長度為 5.5 m 之柱,承載一中心死載重 310 kN 及一中心活載重 375 kN,已知 $\sigma_Y=250$ MPa、$E=200$ GPa,應用載重及阻力因子法求能夠使用標稱深度為 310 mm 之寬緣型。死載重因數 $\gamma_D=1.2$,活載重因數 $\gamma_L=1.6$,阻力因數 $\phi=0.90$。

圖 P10.86

圖 P10.88

*10.88 圖示為一鋼管之斷面,此管當作一有效長度為 4.5 m 之柱使用,承載一中心死載重 210 kN 及一中心活載重 240 kN。已知此管可用之壁厚是從 4 mm 至 10 mm,以 2 mm 為增量差距,應用載重及阻力因子法求能夠採用之最輕管。採用 $\sigma_Y=250$ MPa、$E=200$ GPa。死載重因數 $\gamma_D=1.2$,活載重因數 $\gamma_L=1.6$,阻力因數 $\phi=0.85$。

10.7 受偏心載重作用之柱的設計

在這一節中,吾人將要考察承受偏心載重作用的柱之設計。吾人也將學習,在載重作用的偏心距 e 為已知的情況下,如何修正並應用上一節由受中心載重 **P** 之柱所導出的經驗公式。

吾人在 4.12 節已知悉。作用在柱對稱平面之偏心軸向載重 **P** 可用一個包含一中心載重 **P** 及一力矩為 $M=Pe$ 的力偶 **M** 之等效力系取代,此處 e 表載重作用線至柱縱軸之距離(圖 10.32)。如果欲考察柱之橫向斷面不是太靠近柱之每端,且涉及之應力不超過材料之比例限度,則可將分別由中心載重 **P** 及力偶 **M** 所生之應力重疊,即能求得作用在此橫向斷面上之正交應力(圖 10.33)。是以由偏心載重 **P** 所產生之正交應力可表出為

$$\sigma = \sigma_{中心} + \sigma_{彎曲} \tag{10.51}$$

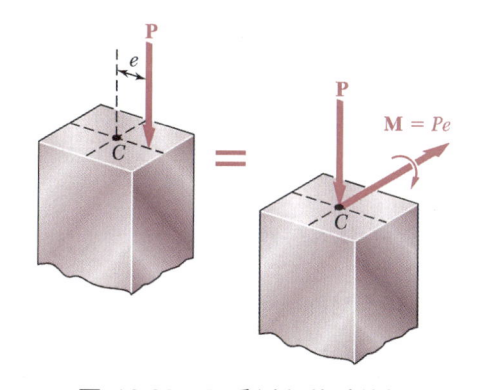

圖 10.32 承受偏心載重的柱 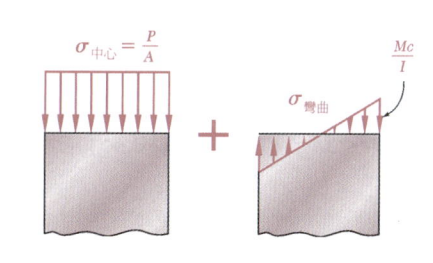　　　　圖 10.33 柱橫斷面上的應力

由 4.12 節所得之結果,柱中最大壓應力是

$$\sigma_{max} = \frac{P}{A} + \frac{Mc}{I} \tag{10.52}$$

經過適當設計之柱,由式(10.52)所得出之最大應力不得超過柱之容許應力。**容許應力法**(allowable-stress method)及**相互作用法**(interaction method)等兩法都可用來滿足上述條件。

a. 容許應力法

此法根據下述假定，即偏心載重柱之容許應力乃與該柱承載中心載重時之容許應力相同。因此即得 $\sigma_{max} \leq \sigma_{all}$，此處 σ_{all} 表受中心載重作用的柱之容許應力，將 σ_{max} 由式 (10.52) 代換出，則得

$$\frac{P}{A} + \frac{Mc}{I} \leq \sigma_{all} \tag{10.53}$$

從 10.6 節中求出之各公式可以用來求出容許應力，亦即對某一材料，用柱的細長比之函數表示 σ_{all}。主要工程規範規定，應使用柱細長比之最大值去定出容許應力，不論此值是否與彎曲實際平面對應，這一要求有時會使設計過於保守。

例 10.04

一有效長度為 0.7 m，斷面為方形 50 mm 之柱，係用鋁合金 2014 – T6 製造。應用容許應力設計法，試求偏心距為 20 mm 時，此柱能安全承載之極大載重 P。

解：

吾人根據已知數據算出迴轉半徑 r

$$A = (50 \text{ mm})^2 = 2500 \text{ mm}^2 \qquad I = \frac{1}{12}(50 \text{ mm})^4 = 520833 \text{ mm}^4$$

$$r = \sqrt{\frac{I}{A}} = \sqrt{\frac{520833 \text{ mm}^4}{2500 \text{ mm}^2}} = 14.43 \text{ mm}$$

其次算出 $L/r = (700 \text{ mm})/(14.43 \text{ mm}) = 48.5$。

因 $L/r < 55$，故可用式 (10.45) 求出承載中心載重鋁柱之容許應力為

$$\sigma_{all} = [213 - 1.577(48.5)] = 136.5 \text{ MPa}$$

由 $M = Pe$ 及 $c = \frac{1}{2}(50 \text{ mm}) = 25 \text{ mm}$，故應用式 (10.53) 求容許載重

$$\frac{P}{2500 \text{ mm}^2} + \frac{P(20 \text{ mm})(25 \text{ mm})}{520833 \text{ mm}^4} \leq 136.5 \text{ MPa}$$

$$P \leq 100.4 \text{ kN}$$

能安全承載之極大載重是 $P = 100.4$ kN。

b. 相互作用法

吾人知悉，承載中心載重(圖 10.34a)柱之容許應力通常小於受純彎曲(圖 10.34b)作用柱之容許應力，因為前者考慮屈曲因素。是以當吾人使用容許應力法去設計一偏心載重柱以及寫出由中心載重 **P** 及彎曲力偶 **M** (圖 10.34c)所生應力之和不能超過中心載重柱的容許應力時，所得之設計一般乃屬過分保守。將式(10.53)改寫成下述型式，就可改進這一設計方法

$$\frac{P/A}{\sigma_{\text{all}}} + \frac{Mc/I}{\sigma_{\text{all}}} \leq 1 \tag{10.54}$$

在上式中，第一項及第二項中之容許應力 σ_{all} 值須分別代入與圖 10.34a 所示中心載重及與圖 10.34b 所示純彎曲對應之容許應力。故

$$\frac{P/A}{(\sigma_{\text{all}})_{\text{中心}}} + \frac{Mc/I}{(\sigma_{\text{all}})_{\text{彎曲}}} \leq 1 \tag{10.55}$$

上述公式稱為**相互作用公式**(interaction formula)。

吾人注意到，當 $M=0$ 時，用此一公式所作的中心載重柱之設計與用 10.6 節所述方法所作設計相同。在另一方面，當 $P=0$ 時，用此一公式所作的受純彎曲梁設計與用第 4 章所述方法所作的設計相同。當 P 及 M 兩者皆不為零時，相互作用公式乃為一考慮構件抵抗彎曲以及軸向載重能量之設計。在任何情況下，$(\sigma_{\text{all}})_{\text{中心}}$ 都是使用柱之最大細長比求得，且不考慮彎曲發生之平面。†

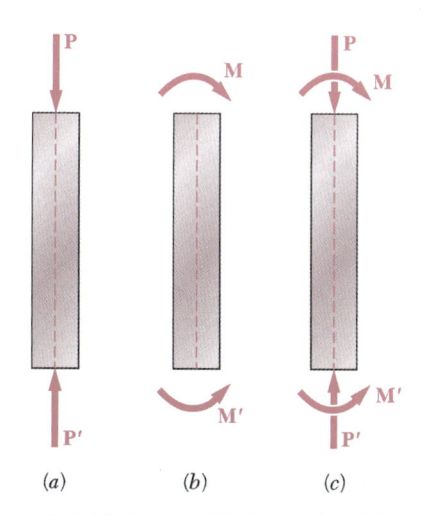

圖 10.34　柱可能承受的載重

---

† 此一步驟在所有鋼、鋁、木抗壓構件等主要設計規範中都被定為必需步驟。此外，很多規範亦要求在式 (10.55) 之第二項中，使用額外因數；此一因數乃要考慮柱因彎曲所生撓度引發之額外應力。

材料力學
Mechanics of Materials

當偏心載重 **P** 不在柱之對稱平面中作用時，它將造成柱對斷面兩主軸彎曲。吾人在 4.14 節知悉，此一載重 **P** 可由一中心載重 **P** 及兩力偶向量 M_x 及 M_z 表示之兩力偶取代，如圖 10.35 所示。在此一情況應使用之相互作用公式是

$$\frac{P/A}{(\sigma_{all})_{中心}}+\frac{|M_x|z_{max}/I_x}{(\sigma_{all})_{彎曲}}+\frac{|M_z|x_{max}/I_z}{(\sigma_{all})_{彎曲}}\leq 1 \tag{10.56}$$

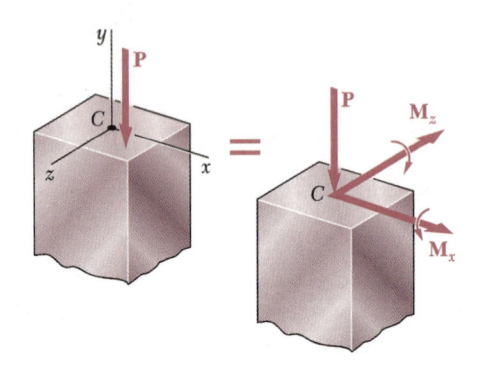

圖 10.35 承受偏心載重的柱

例 10.05

應用相互作用法求例 10.04 所述偏心距為 20 mm 時，該柱能安全支持之最大載重 P。彎曲容許應力是 165 MPa。

解：

$(\sigma_{all})_{中心}$ 之值已在例 10.04 中求得，為

$$(\sigma_{all})_{中心}=136.5 \text{ MPa} \qquad (\sigma_{all})_{彎曲}=165 \text{ MPa}$$

將此值代入式(10.55)中

$$\frac{P/A}{136.5 \text{ MPa}}+\frac{Mc/I}{165 \text{ MPa}}\leq 1.0$$

將在例 10.04 所得之值代入

$$\frac{P/2500}{136.5 \text{ MPa}}+\frac{P(20)(25)/520833}{165 \text{ MPa}}\leq 1.0$$

$$P\leq 114.3 \text{ kN}$$

能安全施加在柱上之最大載重是 $P=114.3$ kN。

範例 10.5

應用容許應力法，試求有效長度為 4.5 m 之 W310×74 鋼柱所能安全承載之最大載重 **P**。採用 $E=200$ GPa 及 $\sigma_Y=250$ MPa。

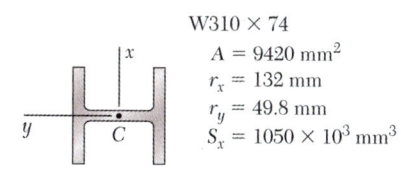

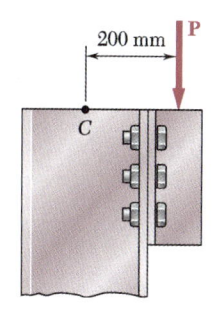

W310 × 74
$A = 9420$ mm^2
$r_x = 132$ mm
$r_y = 49.8$ mm
$S_x = 1050 \times 10^3$ mm^3

解：

柱之最大細長比是 $L/r_y = (4.5 \text{ m})/(0.0498 \text{ m}) = 90.4$。應用式(10.41)及 $E=200$ GPa，$\sigma_Y=250$ MPa，吾人求得接點處的細長比 L/r 為 133.2。吾人應用式(10.38)及(10.39)求出 $\sigma_{cr}=162.2$ MPa，應用式(10.42)即可求出容許應力

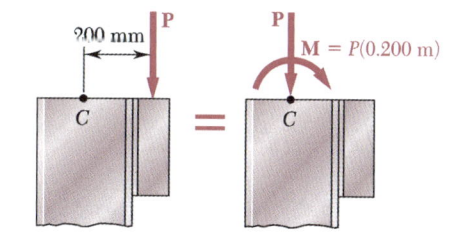

$$(\sigma_{\text{all}})_{\text{中心}} = 162.2/1.67 = 97.1 \text{ MPa}$$

對已知之柱及載重，吾人得

$$\frac{P}{A} = \frac{P}{9.42 \times 10^{-3} \text{ m}^2} \qquad \frac{Mc}{I} = \frac{M}{S} = \frac{P(0.200 \text{ m})}{1.050 \times 10^{-3} \text{ m}^3}$$

將上式代入式(10.58)，則得

$$\frac{P}{A} + \frac{Mc}{I} \leq \sigma_{\text{all}} \qquad \frac{P}{9.42 \times 10^{-3} \text{ m}^2} + \frac{P(0.200 \text{ m})}{1.050 \times 10^{-3} \text{ m}^3} \leq 97.1 \text{ MPa} \qquad P \leq 327 \text{ kN}$$

是以最大容許載重 **P** 是

$$\mathbf{P} = 327 \text{ kN} \downarrow \blacktriangleleft$$

範例 10.6

應用相互作用法解範例 10.5。假定 $(\sigma_{\text{all}})_{\text{彎曲}} = 150$ MPa。

解：

應用式(10.60)，即

$$\frac{P/A}{(\sigma_{\text{all}})_{\text{中心}}} + \frac{Mc/I}{(\sigma_{\text{all}})_{\text{彎曲}}} \le 1$$

將已知容許彎曲應力，以及在範例 10.5 中求得之容許中心應力及其它已知數據代入上式，即得

$$\frac{P/(9.42 \times 10^{-3} \text{ m}^2)}{97.1 \times 10^6 \text{ Pa}} + \frac{P(0.200 \text{ m})/(1.050 \times 10^{-3} \text{ m}^3)}{150 \times 10^6 \text{ Pa}} \le 1$$

$$P \le 423 \text{ kN}$$

是以最大容許載重 **P** 是   **P** = 423 kN ↓ ◀

範例 10.7

一鋼柱之有效長度是 4.8 m，承載圖示之偏心載重。應用相互作用法，試選用一可使用之 200 mm 標稱深度寬緣型柱。假定 $E = 200$ GPa、$\sigma_Y = 250$ MPa，彎曲容許應力為 150 MPa。

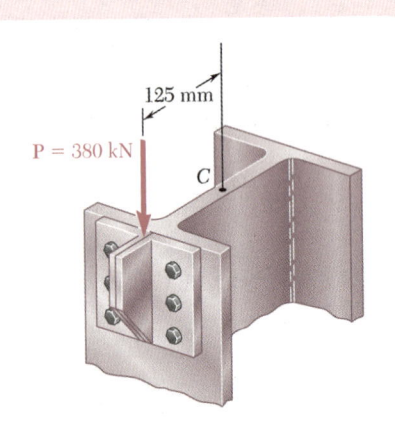

解：

為了能使吾人先選用一試用斷面，應先使用容許應力法，並使 $\sigma_{all} = 150$ MPa，故可寫出

$$\sigma_{all} = \frac{P}{A} + \frac{Mc}{I_x} = \frac{P}{A} + \frac{Mc}{Ar_x^2} \tag{1}$$

吾人從附錄 C 查得，標稱深度為 200 mm 之型式，其 $c \approx 100$ mm 及 $r_x \approx 89$ mm，將其代入式(1)，得

$$150 \text{ N/mm}^2 = \frac{380 \text{ kN}}{A} + \frac{(47.5 \times 10^6 \text{ N} \cdot \text{mm})(10 \text{ mm})}{A(89 \text{ mm})^2} \quad A \approx 6.53 \times 10^3 \text{ mm}^2$$

於是吾人第一次試選用：W200×52。

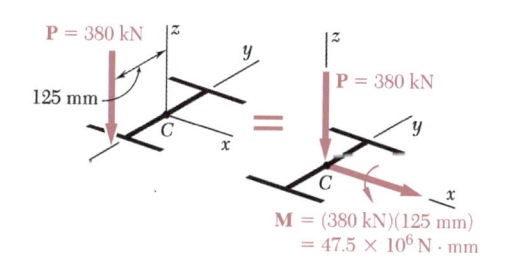

試選 1：W200×52

容許應力是

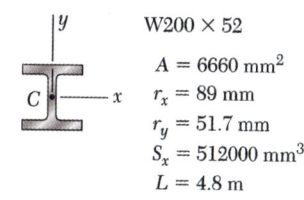

容許彎曲應力：見數據 $(\sigma_{all})_{彎曲} = 150$ MPa

容許中心應力：最大細長比是 $L/r_y = (4.8 \text{ m})/(0.0517 \text{ m}) = 92.8$。因 $E = 200$ GPa、$\sigma_Y = 250$ MPa，透過式 10.41 可得 L/r 為 133.2，因此，使用式 10.38 及式 10.39 求出 $\sigma_{cr} = 158.4$ MPa，使用式 10.42 可得容許應力為

$$(\sigma_{all})_{中心} = \frac{158.4 \text{ MPa}}{1.67} = 94.85 \text{ MPa}$$

W200×52
$A = 6660$ mm^2
$r_x = 89$ mm
$r_y = 51.7$ mm
$S_x = 512000$ mm^3
$L = 4.8$ m

對 W200×52 試用型式，吾人得

$$\frac{P}{A} = \frac{380 \text{ kN}}{6660 \text{ mm}^2} = 57 \text{ MPa} \qquad \frac{Mc}{I} = \frac{M}{S_x} = \frac{47.5 \times 10^6 \text{ N} \cdot \text{mm}}{512000 \text{ mm}} = 92.8 \text{ MPa}$$

將這些數據代入式(10.60)，得左手各項值為

$$\frac{P/A}{(\sigma_{all})_{中心}} + \frac{Mc/I}{(\sigma_{all})_{彎曲}} = \frac{57 \text{ MPa}}{94.85 \text{ MPa}} + \frac{92.8 \text{ MPa}}{150 \text{ MPa}} = 1.22$$

因 1.22 > 1.000，故不能滿足相互作用公式所要求之條件；吾人應選用一較大之斷面。

試選 2：W200×71

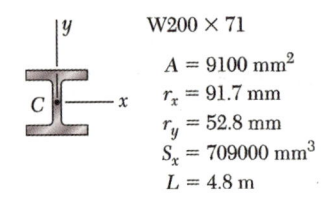

依試選 1 之計算步驟，吾人可寫出

$$\frac{L}{r_y} = \frac{4.8 \text{ m}}{0.0528 \text{ m}} = 90.9 \qquad (\sigma_{\text{all}})_{中心} = 96.6 \text{ MPa}$$

W200×71
$A = 9100 \text{ mm}^2$
$r_x = 91.7 \text{ mm}$
$r_y = 52.8 \text{ mm}$
$S_x = 709000 \text{ mm}^3$
$L = 4.8 \text{ m}$

$$\frac{P}{A} = \frac{380 \text{ kN}}{9100 \text{ mm}^2} = 41.8 \text{ MPa}$$

$$\frac{Mc}{I} = \frac{M}{S_x} = \frac{47.5 \times 10^6 \text{ N} \cdot \text{mm}}{709000 \text{ mm}^3} = 67 \text{ MPa}$$

將上述數值代入式(10.60)得

$$\frac{P/A}{(\sigma_{\text{all}})_{中心}} + \frac{Mc/I}{(\sigma_{\text{all}})_{彎曲}} = \frac{41.8 \text{ MPa}}{96.6 \text{ MPa}} + \frac{67 \text{ MPa}}{150 \text{ MPa}} = 0.879 < 1.000$$

W200×71 型能夠滿足但可能太大了。

試選 3：W200×59

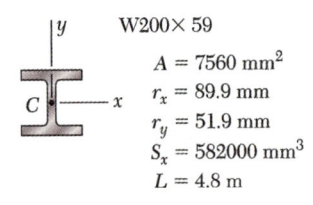

再依同樣步驟計算，吾人發現此一型式不能滿足相互作用公式。

W200×59
$A = 7560 \text{ mm}^2$
$r_x = 89.9 \text{ mm}$
$r_y = 51.9 \text{ mm}$
$S_x = 582000 \text{ mm}^3$
$L = 4.8 \text{ m}$

型式之選定

選用之斷面型式乃是 　　　　　　　　　　　　　　　　　　　　　◀ W200×71

習　題

10.89 圖示一外徑 60 mm 之鋼桿，承載一偏心距為 22 mm 的載重，鋼桿特性為 $\sigma_Y = 250$ MPa 及 $E = 200$ GPa。應用容許應力設計法，試求容許載重 **P**。

10.90 假定偏心距為 40 mm 及鋼桿有效長度為 0.9 m，再解習題 10.89。

10.91 一有效長度為 5.5 m 之柱，係由鋁合金 2014－T6 組成，其彎曲之容許應力為 220 MPa。應用相互作用法，求偏心距 (a) $e = 0$，(b) $e = 40$ mm 的容許載重 **P**。

圖 P10.89　　　　　　　　　　　　　　　圖 P10.91

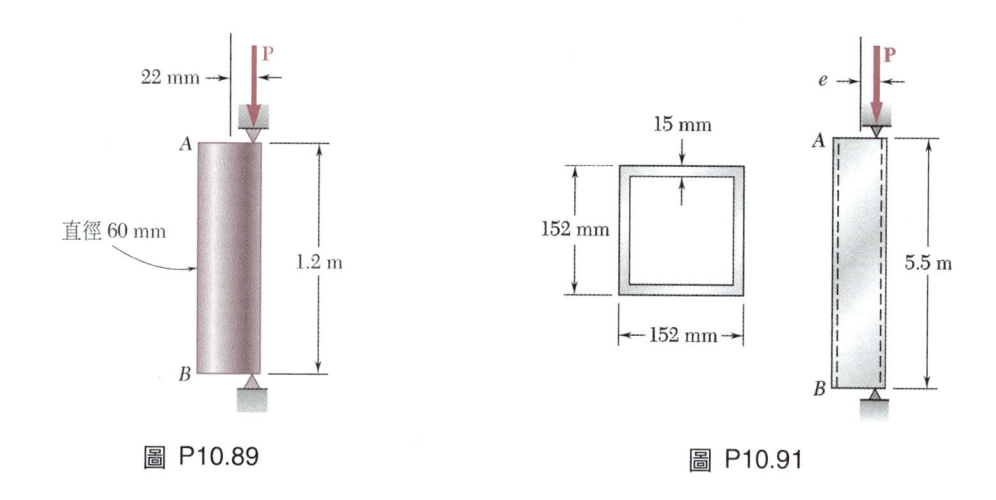

10.92　假定在習題 10.91 中，柱之有效長度為 3.0 m，再解之。

10.93　圖示斷面為 125×190 mm 之鋸木柱的有效長度為 2.5 m，在此橡木中，與紋理平行已調整容許抗壓應力是 $\sigma_C = 8$ MPa，彈性模數 $E = 8.3$ GPa。應用容許應力法求偏心距 (a) $e = 12$ mm，(b) $e = 24$ mm 時的最大中心載重 **P**。

10.94　應用相互作用法，並令彎曲容許應力為 9 MPa 時，再解習題 10.93。

10.95　圖示一有效長度為 2.75 m 之鋼製抗壓構件支持一中心載重，假設 $e = 40$ mm，應用容許應力法，求最大容許負載 **P**。用 $\sigma_Y = 250$ MPa，$E = 200$ GPa。

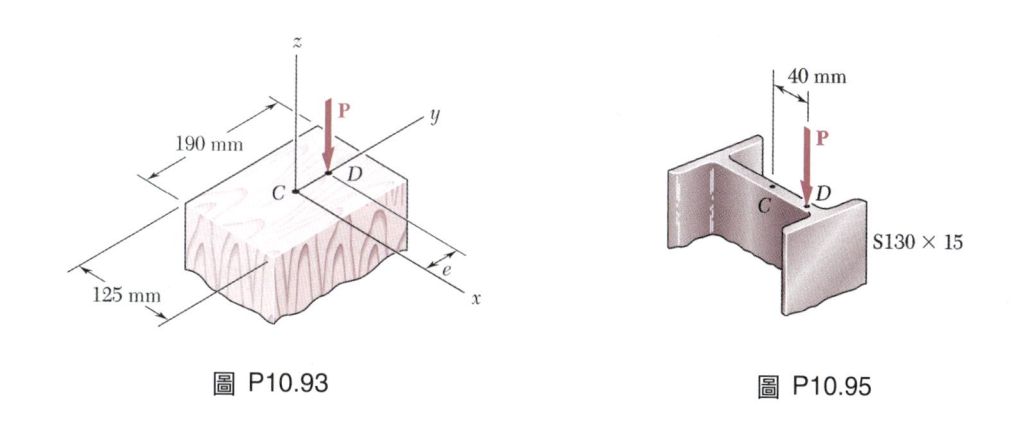

圖 P10.93　　　　　　　　　　　　　　　圖 P10.95

10.96　假定 $e = 60$ mm，再解習題 10.95。

10.97　抗壓構件 AB 是用 $\sigma_Y = 250$ MPa、$E = 200$ GPa 之鋼製造，此柱頂端 A 係自由，底端 B 係固定。應用容許應力法，在已知 (a) $e_y = 0$，(b) $e_y = 8$ mm 時，試求最大容許偏心距 e_x。

10.98 壓構件 AB 是用 $\sigma_Y=250$ MPa、$E=200$ GPa 之鋼製造，此柱頂端 A 係自由，底端 B 係固定。應用相互作用法，已知容許彎曲應力是 120 MPa，且偏心距 e_x 及 e_y 相等。試求彼等最大容許共通值。

10.99 一中心力 $P=48$ kN 作用於距離直徑 50 mm 之圓桿中心軸 20 mm 處，其圓桿是由 6061-T6 鋁合金製成。應用相互作用法及彎曲容許應力為 145 MPa，求能夠採用之最大容許有效長度 L。

圖 P10.97 及 P10.98

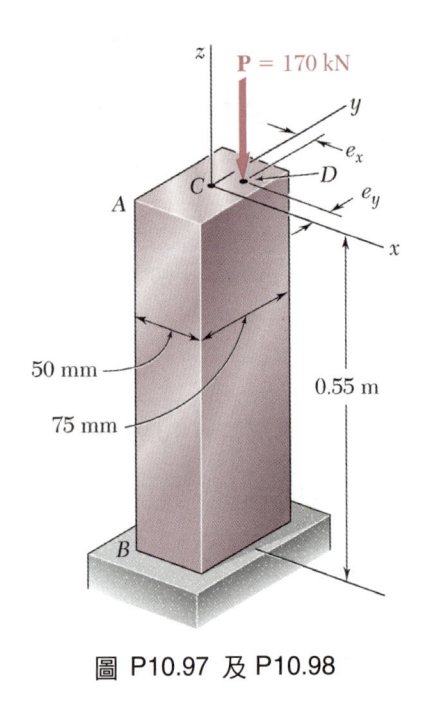

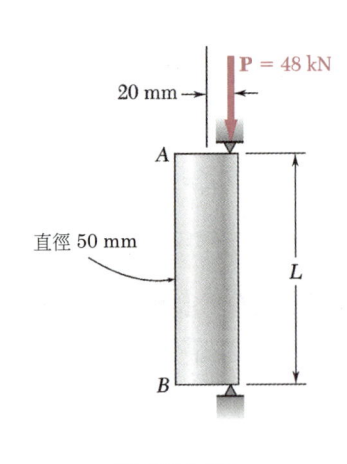

圖 P10.99

10.100 假設圓桿是由 2014-T6 鋁合金製成，彎曲容許應力為 180 MPa，再解習題 10.99。

10.101 圖示之矩形柱是用鋸木製成，在此鋸木中，與紋理平行已調整容許抗壓應力是 $\sigma_C=8.3$ MPa，彈性模數 $E=11.1$ GPa。應用容許應力法求能夠採用之最大容許有效長度 L。

10.102 假定 $P=105$ kN，再解習題 10.101。

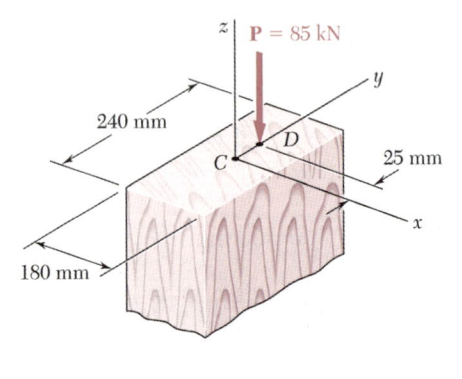

圖 P10.101

10.103 一 32 kN 垂直載重 **P** 係作用在一鋁製抗壓構件 AB 方形斷面之一邊緣的中點處，且構件之頂端 A 係自由，底部 B 係固定。已知採用之鋁合金是 6061–T6，應用容許應力法，求最小之可用尺寸 d。

10.104 假定垂直載重作用在斷面角落處，再解習題 10.103。

10.105 圖示一外徑為 80 mm 之鋼管，承載一偏心距為 20 mm 之 93 kN 載重 **P**。可以使用管之範圍是從 6 mm 至 15 mm，增量為 3 mm。應用容許應力法，試求能採用之最輕管。假定 $E=200$ GPa 及 $\sigma_Y=250$ MPa。

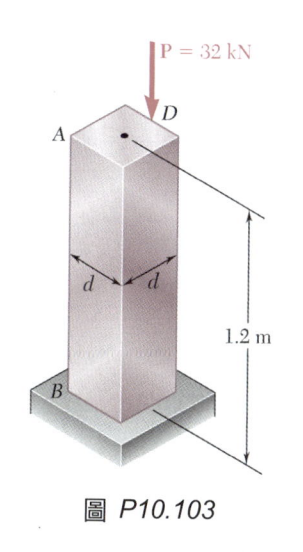

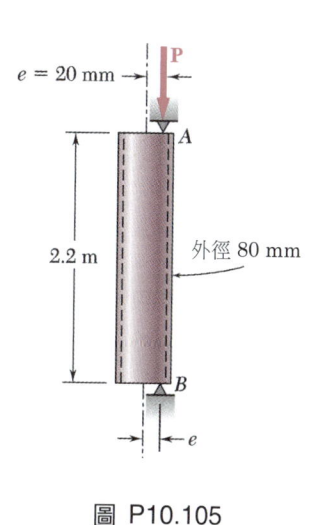

圖 P10.103

圖 P10.105

10.106 假定在習題 10.105 中，$P=165$ kN、$e=15$ mm 彎曲容許應力為 150 MPa，應用相互作用法再解之。

10.107 圖示一矩形斷面之抗壓構件的有效長度是 0.9 m，乃用彎曲容許應力是 160 MPa 之鋁合金 2014–T6 製造。應用相互作用法，當 $e=10$ mm 時，試求能夠採用斷面之最小尺寸 d。

10.108 假設 $e=5$ mm，再解習題 10.107。

10.109 一有效長度為 4.2 m 之柱，係由鋼管組成，其斷面如圖所示，應力容許應力法，如(a)$P=220$ kN，(b)$P=140$ kN 時，試求極大容許偏心距 e。採用 $\sigma_Y=250$ MPa、$E=200$ GPa。

10.110 假定在習題 10.109 中，柱之有效長度增至 5.4 m，而(a)$P=110$ kN，(b)$P=70$ kN 時，再解之。

圖 P10.107

圖 P10.109

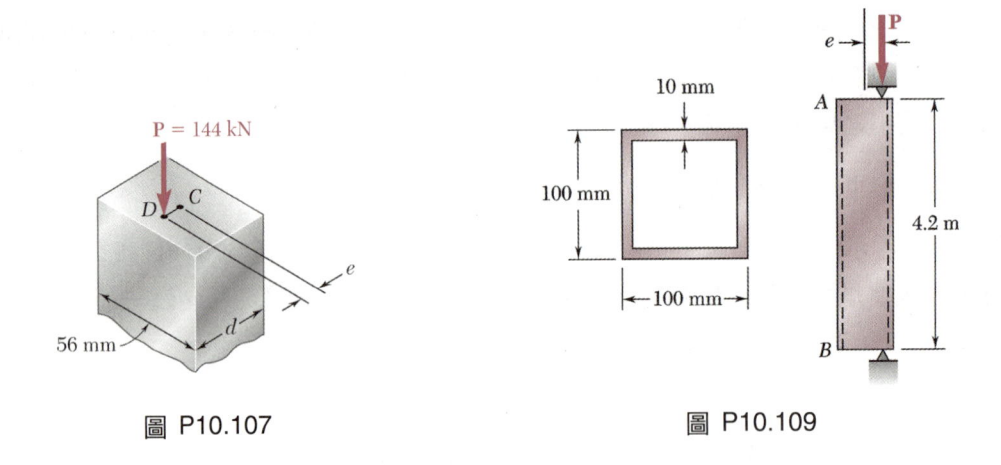

10.111 一矩形斷面橡木柱之有效長度是 2.2 m，支持一 41 kN 載重如圖所示。可用於 b 之尺寸大小為 90、140、190 及 240 mm，此木料等級是與紋理平行，已調整容許抗壓應力是 σ_C=8.1 MPa 及 E=8.3 GPa。應用容許應力法，求能夠使用之最輕斷面。

10.112 假定 e=40 mm，再解習題 10.111。

10.113 一有效長度為 7.2 m 之鋼柱，支持一偏心重如圖所示。應用相互作用法，試選用一標稱深度為 350 mm 之寬緣型柱。用 σ_Y=250 MPa、E=200 GPa。

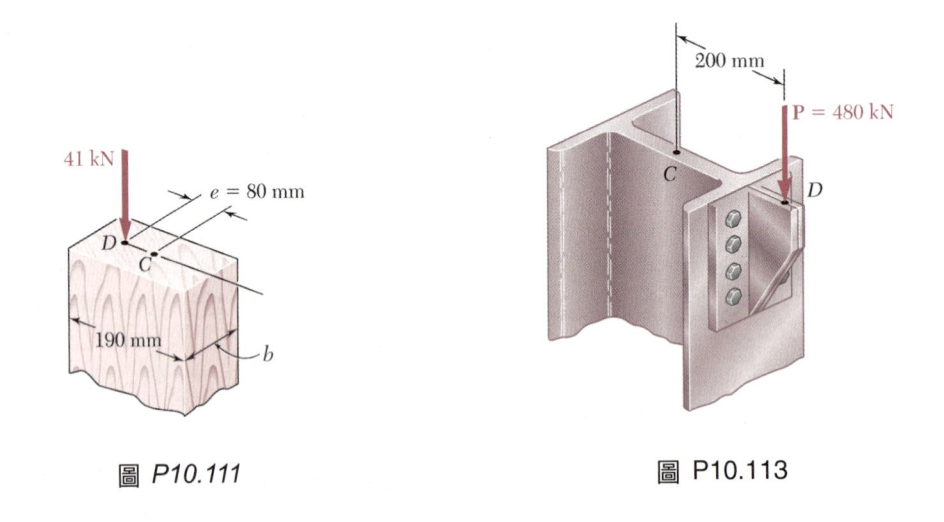

圖 P10.111

圖 P10.113

10.114 應用相互作用法，並假設 σ_Y=350 MPa 及彎曲容許應力為 200 MPa，再解習題 10.113。

10.115 一有效長柱為 7.2 m 之鋼柱，支持一作用在 x 軸上 D 點大小為 83 kN 之偏心載重 **P** 如圖所示。應用容許應力法，試選用標稱深度為 250 mm 之寬緣型柱。用 $E=200$ GPa、$\sigma_Y=250$ MPa。

10.116 一有效長度為 5.8 m 之鋼製抗壓構件去支持一 296 kN 偏心載重 **P** 如圖所示。應用相互作用法，試選用一標稱深度為 200 mm 之寬緣型式鋼柱。用 $E=200$ GPa、$\sigma_Y=250$ MPa，彎曲之 $\sigma_{all}=150$ MPa。

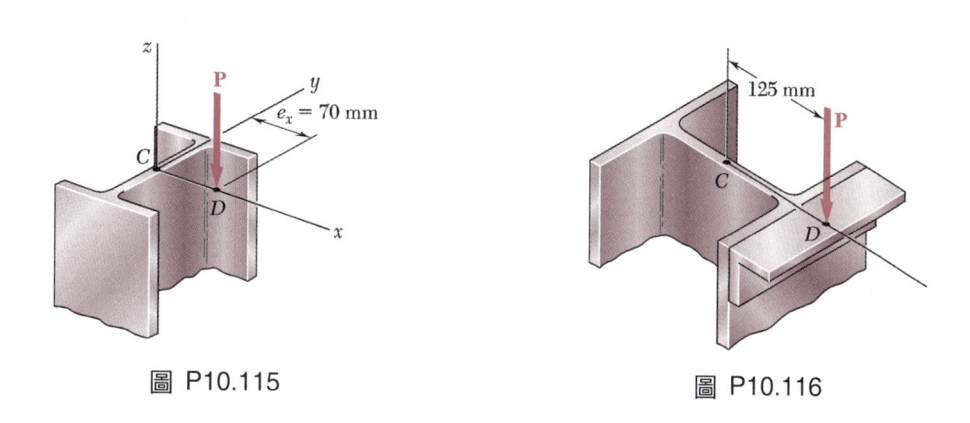

圖 P10.115　　　　　　　　圖 P10.116

公式總整理

臨界載重（歐勒公式）
$P_{cr}=\dfrac{\pi^2 EI}{L^2}$ 其中，L 為柱之長度。
臨界應力（歐勒公式）
$\sigma_{cr}=\dfrac{\pi^2 E}{(L/r)^2}$ 其中，A 為柱的斷面積，r 為其迴轉半徑。
偏心載重柱（容許應力法）
$\dfrac{P}{A}+\dfrac{Mc}{I}\leq\sigma_{all}$
偏心載重柱（相互作用法）
$\dfrac{P/A}{(\sigma_{all})_{中心}}+\dfrac{Mc/I}{(\sigma_{all})_{彎曲}}\leq 1$

分析步驟

解題程序一、柱的分析

計算細長比
↓
使用歐勒公式求出平均容許應力
↓
求出容許載重

解題程序二、柱的設計

根據柱的材質及設計要求寫出臨界應力公式
↓
考量安全因數更新臨界應力公式
↓
以細長比的要求決定最大容許尺寸(長或寬/直徑)

複習與摘要

臨界載重

本章主要討論了柱的設計與分析，即支持軸向載重的稜體構件。為了了解柱的現象，吾人首先在 10.2 節內考慮一簡單模型，並發現在載重 P 之值超過稱為臨界載重的某值 P_{cr} 時，模型即可能有兩平衡位置：無橫向撓度的原來位置及涉及的撓度可能相當大的第二位置。由此即推斷在 $P > P_{cr}$ 時，第一平衡位置為不穩定，而在 $P < P_{cr}$ 時則為穩定，因為在後一種情形中，此位置為唯一可能的平衡位置。

10.3 節中考慮了長度為 L 的銷端柱，其抗撓剛度 EI 為常數，且承受一軸向中心載重 P。假設柱已屈曲(圖 10.36)。吾人則

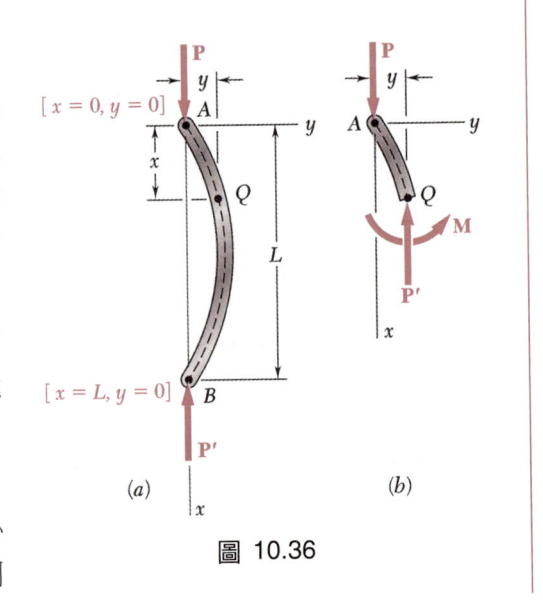

圖 10.36

發現點 Q 處的彎曲力矩等於 $-Py$，而寫成

$$\frac{d^2y}{dx^2}=\frac{M}{EI}=-\frac{P}{EI}y \tag{10.4}$$

解此微分方程式(受對應於銷端柱的邊界條件限制)，即能決定會發生屈曲的最小載重 P。此載重稱為臨界載重，以 P_{cr} 代表，可由下列歐勒公式求出

$$P_{cr}=\frac{\pi^2 EI}{L^2} \tag{10.11}$$

歐勒公式

其中 L 為柱之長度。對於此載重或更大的載重而言，柱的平衡並不穩定，且會發生橫向撓度。

以 A 代表柱的斷面積，r 為其迴轉半徑，吾人求出了對應於臨界載重 P_{cr} 的臨界應力 σ_{cr}

$$\sigma_{cr}=\frac{\pi^2 E}{(L/r)^2} \tag{10.13}$$

細長比

L/r 稱為細長比，吾人畫出為 L/r 函數的 σ_{cr}(圖 10.37)。由於分析的基礎是應力保持在材料降伏強度以下，故發現在 $\sigma_{cr}>\sigma_Y$ 時，柱將以降伏方式損壞。

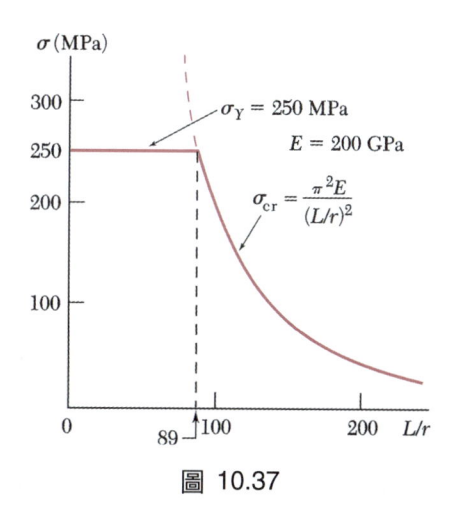

圖 10.37

10.4 節討論了柱在各種端點狀態下的臨界載重，而寫成

$$P_{cr}=\frac{\pi^2 EI}{L_e^2} \tag{10.11'}$$

有效長度

其中 L_e 為柱之有效長度，即一等效銷端柱之長度。數種柱在各種端點狀態下之有效長度已被算出，如 10.4 節中的圖 10.17 所示。

偏心軸向載重；正割公式

10.5 節討論了承受一偏心軸向載重的柱。對承受以一偏心距 e 作用的載重 P 的銷端柱而言，載重以一中心軸向載重及一力偶 $M_A = Pe$ 取代(圖 10.38 與 10.39)，從而導出了最大橫向撓度的數學式

$$y_{max} = e\left[\sec\left(\sqrt{\frac{P}{EI}}\frac{L}{2}\right) - 1\right] \quad (10.28)$$

吾人然後決定柱內之最大應力，並由該應力數學式導出正割公式

$$\frac{P}{A} = \frac{\sigma_{max}}{1 + \frac{ec}{r^2}\sec\left(\frac{1}{2}\sqrt{\frac{P}{EA}}\frac{L_e}{r}\right)} \quad (10.36)$$

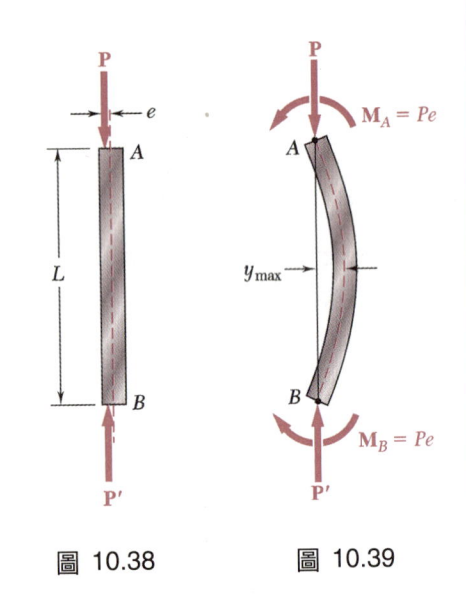

圖 10.38　　圖 10.39

此方程式可以用來解出每單位面積之力 P/A，即造成銷端柱或有效細長比為 L_e/r 的其它任何柱內之特定最大應力 σ_{max} 之力。

實際柱之設計

本章第一部分將各柱當作均質直稜體來考慮。由於所有實際柱內都存在缺陷，故應利用實驗室試驗結果為依據之經驗公式及由專業組織定出的規格來進行實際柱之設計。

中心載重柱

10.6 節討論了以鋼、鋁或木料做成的**中心載重柱**之設計，其中每一種材料的柱之設計，都以把容許應力表作柱的細長比 L/r 之函數的公式為依據。

偏心載重柱；容許應力法

在本章最後一節 [10.7 節] 中，吾人討論了用於設計承受偏心載重的柱的兩種方法。第一種為**容許應力法**，此為一種保守方法，且假設容許應力和柱受中心載重時相同。容許應力法必應滿足下列不等式

$$\frac{P}{A} + \frac{Mc}{I} \leq \sigma_{all} \quad (10.53)$$

第10章 柱

相互作用法

第二種方法為**相互作用法**，此為現代規範中所常用的方法。在這種方法中，中心載重柱的容許應力被用於代表總應力中由軸向載重引起部分，彎曲方面的容許應力則代表彎曲所引起的應力。因此，必須滿足的不等式為

$$\frac{P/A}{(\sigma_{\text{all}})_{\text{中心}}} + \frac{Mc/I}{(\sigma_{\text{all}})_{\text{彎曲}}} \leq 1 \tag{10.55}$$

複習題

10.117 一剛性桿 AD 與兩常數為 k 之彈簧相接，在圖示位置處於平衡如圖所示。已知作用力 **P** 及 **P**′ 大小相等，方向相反且保持垂直，求此一系統臨界載重 P_{cr} 之大小。每個彈簧可以承受拉或壓的動作。

10.118 鋼性桿 BC 一端連接於剛性桿 AB，而剛性桿 AB 另一端與固定支點 C 相連，已知 $G = 77$ MPa，試求此系統之臨界載重為 350 N 時，鋼性桿 BC 的直徑。

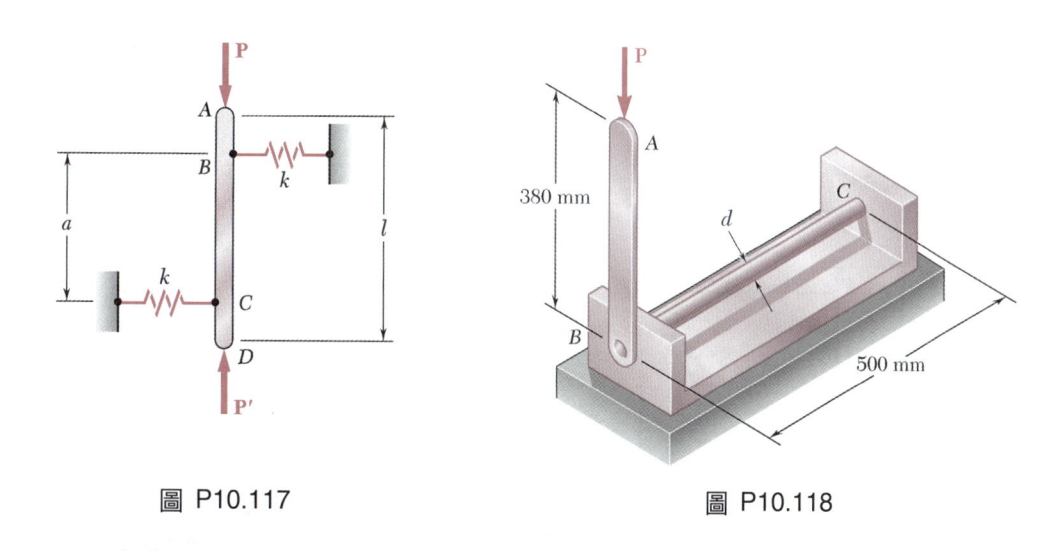

圖 P10.117　　　　　　圖 P10.118

10.119 試求(a)圖示鋼樁之臨界載重，(b)使鋁樁與鋼樁具有相同臨界載重時之尺寸 d，(c)鋁樁重量是鋼樁重量的百分數。

10.120 圖示一柱兩端由 A 及 B 銷固定，兩銷之距離固定為 L。已知溫度 T_0 時柱內的力為零，當溫度 $T_1 = T_0 + \Delta T$ 時發生屈曲，試以 b、L 及熱膨脹因子 α 表示 ΔT。

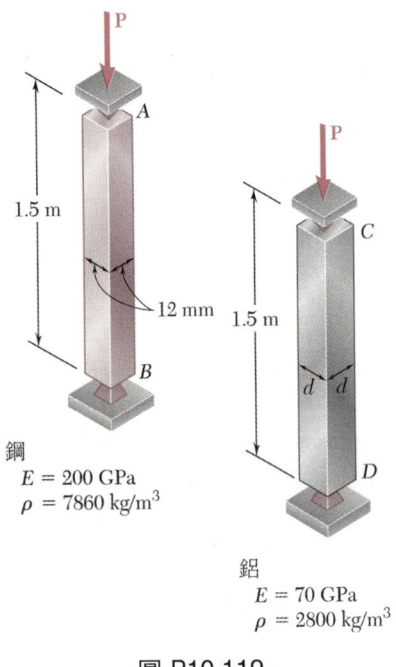

圖 P10.119

鋼
$E = 200$ GPa
$\rho = 7860$ kg/m^3

鋁
$E = 70$ GPa
$\rho = 2800$ kg/m^3

圖 P10.120

10.121 圖示之構件 AB 與 CD 為直徑 30 mm 之鋼桿，構件 BC 與 AD 則為直徑 22 mm 之鋼桿。當螺旋扣被上緊時，對角構件 AC 受拉力。已知相對於屈曲的安全因數為 2.75，試求 AC 內之最大容許拉力。用 $E = 200$ GPa，且只考慮結構平面中之屈曲。

10.122 均勻鋁桿 AB 之矩形斷面為 20×36 mm，受到一銷及托架支持如圖所示。桿件每一端能夠繞一通過銷心水平軸自由轉動，但受到托架阻止而不能繞垂直軸轉動。用 $E = 70$ GPa，如需要之安全因數為 2.5，試求容許中心載重 **P**。

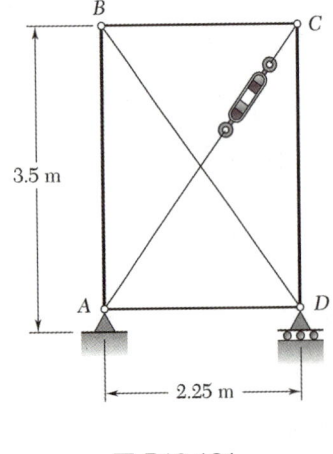

圖 P10.121

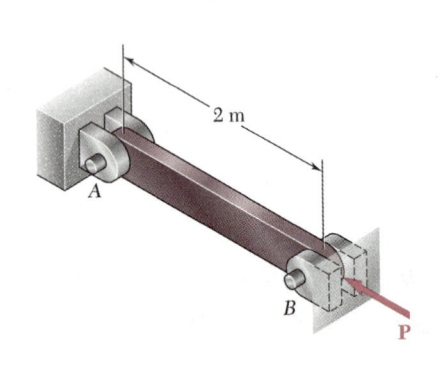

圖 P10.122

10.123 一抗壓構件之斷面如圖所示，有效長度是 1.5 m，已知採用之鋁合金是 6061-T6，試求容許中心載重。

10.124 已知 $P=5.2$ kN，試求圖示結構之安全因數。用 $E=200$ GPa，只考慮結構平面中之屈曲。

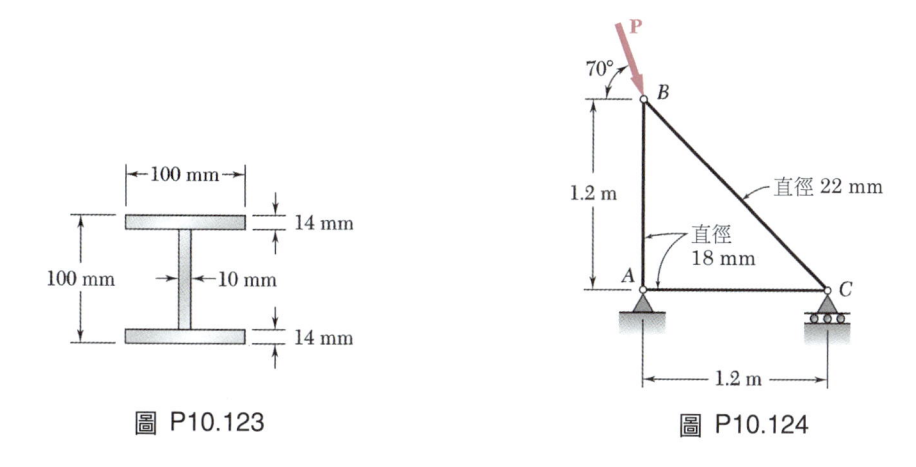

圖 P10.123

圖 P10.124

10.125 一軸向載重 $P=560$ kN 作用在 x 軸上，距離 W200×46.1 軋鋼柱 BC 之幾何軸 $e=6$ mm 處。使用 $E=200$ GPa，(a)端點 C 之水平撓度，(b)柱中之極大應力。

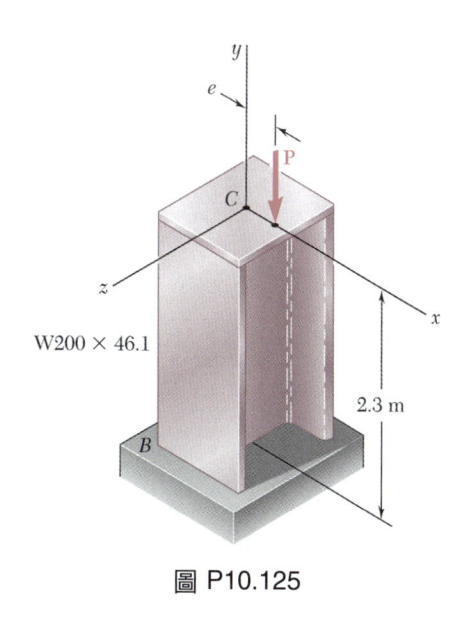

圖 P10.125

10.126 一柱的有效長度為 5 m，必須承受 950 kN 之中心載重。應用容許應力設計法，選用一標稱深度為 250 mm 之寬緣型柱。採用 $\sigma_Y=250$ MPa、$E=200$ GPa。

10.127 AB 桿件之頂端 A 係自由，底部 B 係固定。如果鋁合金是用 (a) 6061–T6，(b) 2014–T6 時，試求容許中心載重 **P**。

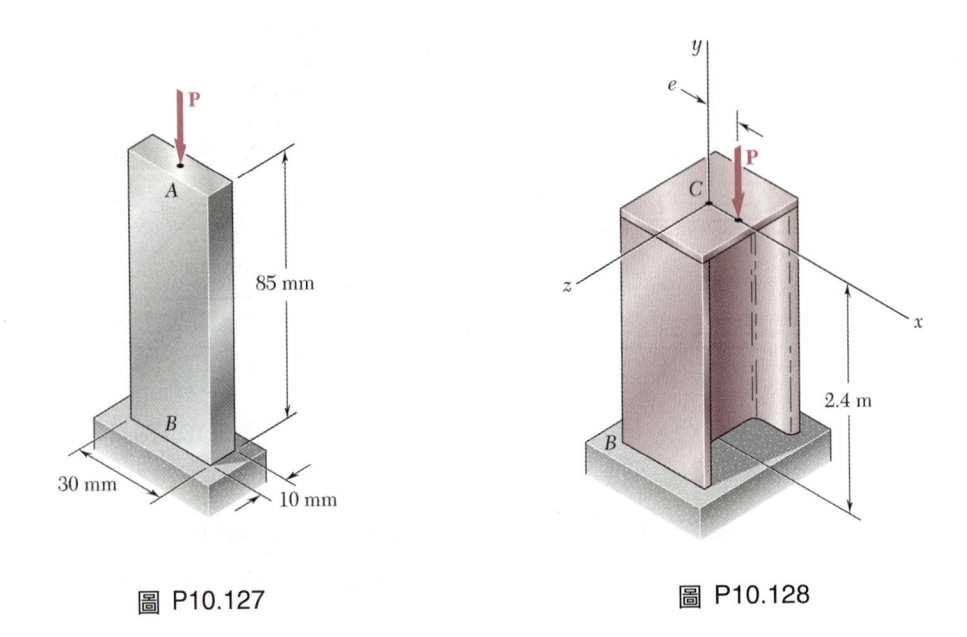

圖 P10.127

圖 P10.128

10.128 圖示一 180 kN 軸向載重 **P** 作用在一軋鋼柱 BC 上，作用位置在距柱幾何軸距離 $e=62$ mm 之 x 軸上，應用容許應力法，試選用一標稱深度為 200 mm 之寬緣型柱。採用 $E=200$ GPa、$\sigma_Y=250$ MPa。

CHAPTER 11

能量法

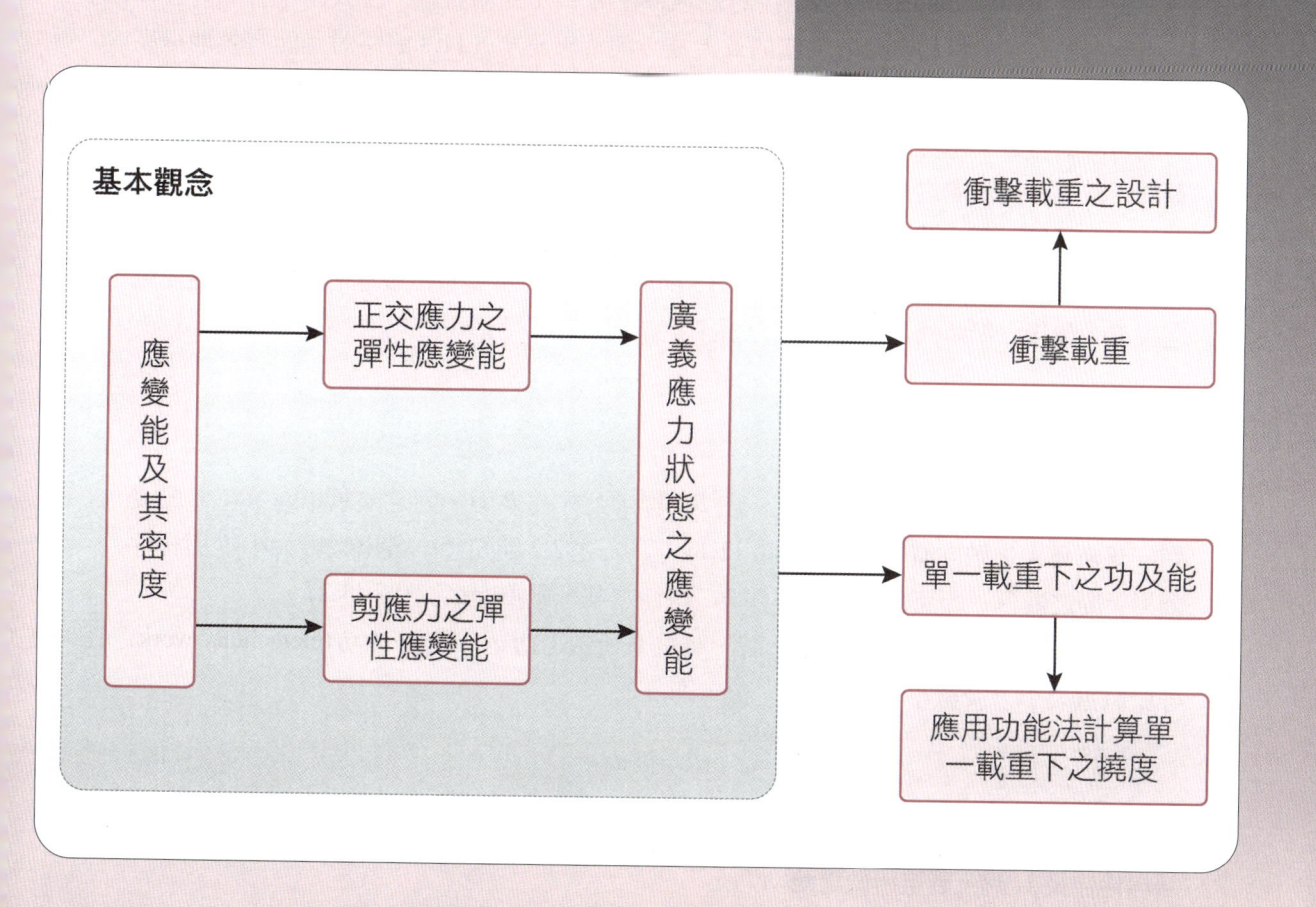

基本觀念

- 應變能及其密度
  - 正交應力之彈性應變能
  - 剪應力之彈性應變能
- 廣義應力狀態之應變能
  - 衝擊載重 → 衝擊載重之設計
  - 單一載重下之功及能
  - 應用功能法計算單一載重下之撓度

11.1 概　述

在之前各章，吾人已研析了在不同載重條件下，力與變形間之關係。吾人之分析基於兩個基本觀念，亦即應力觀念(第 1 章)及應變觀念(第 2 章)。吾人現將介紹第三種重要觀念，即應變能(strain energy)觀念。

11.2 節將把一構件之應變能定義為伴隨構件變形的能量增加量，並指出應變能等於作用在構件上而緩慢地增加之載重所做的功。材料的應變能密度(strain-energy density)被定義為每單位體積之應變能，它等於材料的應力－應變曲線下方之面積(11.3 節)。由材料的應力－應變圖，也可以定義出材料的韌性模數(modulus of toughness)與彈能模數(modulus of resilience)。

11.4 節將討論伴隨構件內因承受軸向載重和彎曲引起的正交應力的彈性應變能。稍後將考慮伴隨由軸的扭轉載重及梁的橫向載重(11.5 節)所產生的剪應力之彈性應變能。11.6 節將考慮廣義應力狀態之應變能。並將導出降伏的最大畸變能準則(maximum-distortion-energy criterion)。

衝擊載重(impact loading)對構件的效應將在第 11.7 節中討論，吾人將學習如何計算對構件造成衝擊的移動質量所引起的最大應力與最大撓度。11.8 節將討論能有效地提高結構承受衝擊載重能力之性質。

11.9 節將計算承受單一集中載重的構件之彈性應變能，而在第 11.10 節學習如何計算單一載重作用點處之撓度。

本章最後一部分將考慮承受數個載重的結構之應變能(11.11 節)，11.12 節將導出卡氏定理(Castigliano's theorem)，並在 11.13 節中用來計算承受數個載重的結構某既定點處之撓度。最後一節將應用卡氏定理分析不定結構(11.14 節)。

11.2　應變能

考究一長度 L，有一均勻斷面 A 之 BC 桿，此桿在 B 與一固定支承相連，在 C 點受到一逐漸增大之軸向載重 **P** 作用(圖 11.1)。吾人在 2.2 節知悉，畫出載重大小 P 與桿件變形 x 間之關係，即可得出表示桿件 BC 特性之某一載重變形圖(圖 11.2)。

現來考究當桿件伸長一微量 dx 時，載重 **P** 所做之功 dU。此一微功(elementary work)等於載重大小 P 及微小伸長量 dx 之積，即

$$dU = P\,dx \tag{11.1}$$

吾人且注意到，求得之式子乃是等於寬度為 dx，且位在載重變形圖下之微面積(圖 11.3)。當桿件伸長 x_1 時，載重所做之總功乃是

第 11 章　能量法

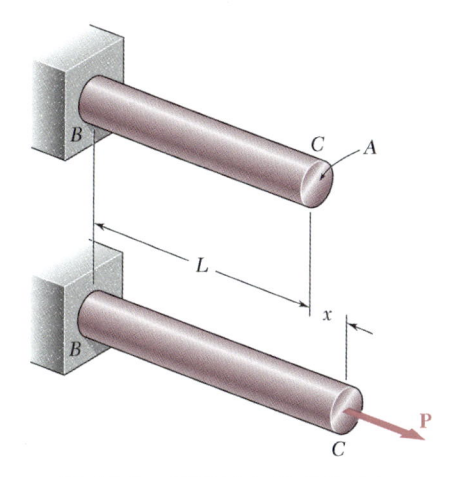

圖 11.1　承受軸向載重的桿件

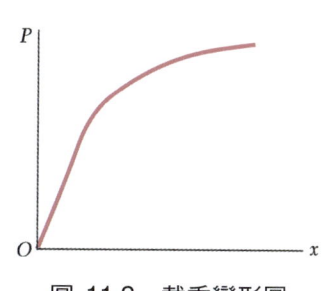

圖 11.2　載重變形圖

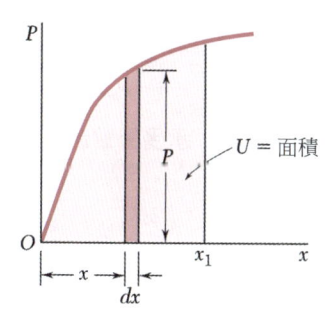

圖 11.3　載重 P 所作之功

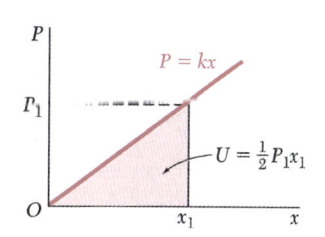

圖 11.4　線性、彈性變形的功

$$U = \int_0^{x_1} P\,dx$$

即等於在 $x=0$ 及 $x=x_1$ 間載重變形圖下之面積。

當載重 **P** 緩慢的施加在桿件時，必使若干能量隨桿件之變形增加。此一能量稱為桿件之應變能。故依定義得

$$\text{應變能} = U = \int_0^{x_1} P\,dx \tag{11.2}$$

吾人知悉，功，能單位乃是長度單位乘以力之單位，是以如用 SI 公制單位，功、能單位則用 N·m 表出；此一單位稱為焦耳(joule, J)。如用美國習用英制單位，功及能則用 ft·lb 或 in·lb 表出。

就一線性及彈性變形而言，其載重變形圖可用方程式為 $P=kx$ 之一直線表出(圖 11.4)。將 P 值代入式(11.2)中，吾人得

$$U = \int_0^{x_1} kx\, dx = \frac{1}{2} kx_1^2$$

或

$$U = \frac{1}{2} P_1 x_1 \tag{11.3}$$

式中 P_1 乃與變形 x_1 對應之載重值。

應變能觀念對於決定作用在結構物或機件上之衝擊載重效應特別有用。例如考究一質量為 m，以速度 v_0 運動，碰擊在 AB 桿件端點 B 之物體(圖 11.5a)時，如不考慮桿件各微素之慣性，且假定在衝擊時無能量散失，吾人即可求得桿件獲得之最大應變能 U_m 等於運動物體之原有動能 $T = \frac{1}{2} mv_0^2$(圖 11.5b)。然後吾人即可決定使桿件中生成同等應變能所需之靜力載重值 P_m，並可使 P_m 被桿件斷面積除而求得桿件中所發生之最大應力 σ_m。

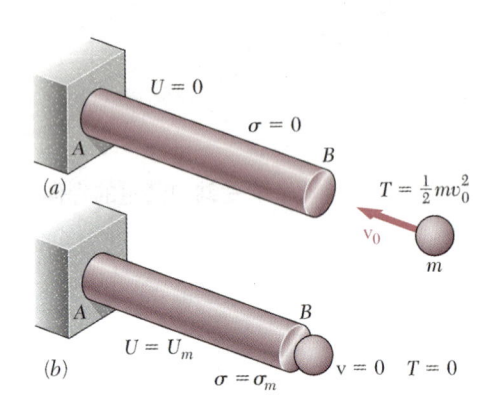

圖 11.5　承受衝擊載重的桿件

11.3　應變能密度

吾人已在 2.2 節知悉，桿件 BC 之載重變形圖視桿件之長度 L 及斷面積 A 而定。因此由式(11.2)所定義之應變能 U 亦將視桿件之尺寸而言。為了在討論中消除尺寸之效應並直接研析材料之性質，吾人將考究每單位體積中之應變能。用桿件體積 $V=AL$ 去除以應變能 U(圖 11.1)，並應用式(11.2)，吾人得

$$\frac{U}{V} = \int_0^{x_1} \frac{P}{A} \frac{dx}{L}$$

吾人知悉 P/A 乃桿件中之正交應力 σ_x，x/L 乃正交應變 ϵ_x，於是得

$$\frac{U}{V} = \int_0^{\epsilon_1} \sigma_x\, d\epsilon_x$$

式中 ϵ_1 表示與伸長量 x_1 對應之應變值。每單位體積應變能 U/V 稱為應變能密度(strain-energy density)，將用字母 u 表出。故得

$$應變能密度 = u = \int_0^{\epsilon_1} \sigma_x\, d\epsilon_x \tag{11.4}$$

應變能密度 u 之單位乃是體積單位除以應變能單位。應變能密度乃用 J/m^3 或其倍數 kJ/m^3 及 MJ/m^3 表出。†

參照圖 11.6 所示，吾人發現應變能密度 u 等於應力應變曲線下，從 $\epsilon_x=0$ 量度至 $\epsilon_x=\epsilon_1$ 之面積。如材料在卸重時，應力退回至零，但卻產生了用應變 ϵ_p 表出之永久變形，且只有與此三角形面積對應之每單位體積應變能部分可以恢複。使材料變形之其餘能量乃以熱量的型式而消耗。

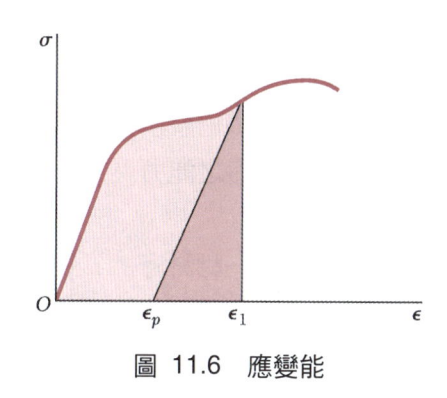

圖 11.6　應變能

如用 ϵ_R 表破裂時之應變，則取 $\epsilon_1=\epsilon_R$ 代入式 11.4 中求得之應變能密度值稱為材料之**韌性模數**(modulus of toughness)。其值等於整個應力－應變圖下之面積(圖 11.7)，亦為使材料破裂所需之單位體積能量。顯然，材料之韌性與其延性以及極限強度有關(2.3節)，結構承受衝擊載重之能力視所用材料之韌性而定。

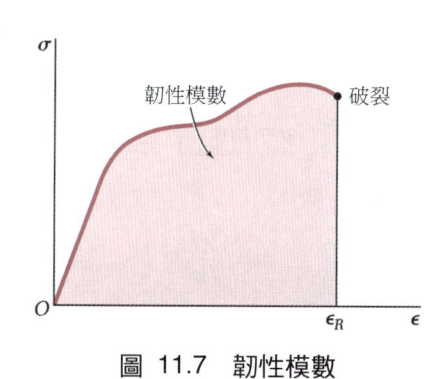

圖 11.7　韌性模數

如應力 σ_x 保持在材料之彈性限度以內，虎克定理可以適用，吾人可寫出

$$\sigma_x = E\epsilon_x \tag{11.5}$$

將式(11.5)中之 σ_x 代入式(11.4)，得

$$u = \int_0^{\epsilon_1} E\epsilon_x\, d\epsilon_x = \frac{E\epsilon_1^2}{2} \tag{11.6}$$

---

† 注意 $1\,J/m^3$ 及 $1\,Pa$ 兩者俱等於 $1\,N/m^2$，是以應變力密度及應力在尺度上相等，可用同一單位表出。

或用式(11.5)表示與應力 σ_1 對應的 ϵ_1 得

$$u = \frac{\sigma_1^2}{2E} \tag{11.7}$$

如用 σ_Y 表降伏強度，則取 $\sigma_1 = \sigma_Y$ 代入式(11.7)中所求得之應變能密度值 u_Y，稱為材料之彈能模數(modulus of resilience)。即是

$$u_Y = \frac{\sigma_Y^2}{2E} \tag{11.8}$$

彈能模數等於應力-應變圖直線部分 OY 下之面積(圖 11.8)，且表材料不生降伏而可吸收之單位體積能量。結構承受衝擊載重而不發生永久變形之能力顯然視所用材料之彈能而定。

因為韌性模數及彈能模數乃是表示某一材料應變能密度之特性值，兩者之單位皆為 J/m³ 或其倍數。†

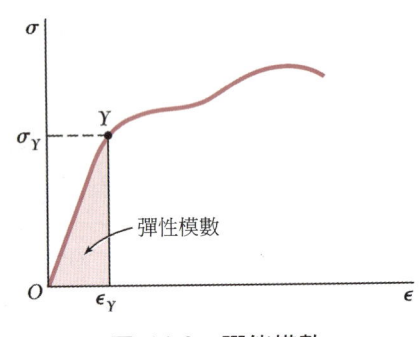

圖 11.8　彈能模數

11.4　正交應力之彈性應變能

因為上節所考究之桿件乃是承受均佈應力 σ_x 作用，故整個桿件中之應變能密度乃是常數，因此可用桿件應變能 U 及體積 V 之比值 U/V 定出。在一應力非均勻分佈之結構元件及機件中，應變能密度 u 則需考究材料一微小體積 ΔV 中的應變能而定出，亦即為

$$u = \lim_{\Delta V \to 0} \frac{\Delta U}{\Delta V}$$

或

$$u = \frac{dU}{dV} \tag{11.9}$$

11.3 節中用 σ_x 及 ϵ_x 表出 u 之式子仍屬有用，亦即

$$u = \int_0^{\epsilon_x} \sigma_x \, d\epsilon_x \tag{11.10}$$

但應力 σ_x，應變 ϵ_x 以及應變能 u 通常每點皆有變化。

對於在比例限度內之 σ_x 值，吾人在式(11.10)中，取 $\sigma_x = E\epsilon_x$ 則得

$$u = \frac{1}{2} E \epsilon_x^2 = \frac{1}{2} \sigma_x \epsilon_x = \frac{1}{2} \frac{\sigma_x^2}{E} \tag{11.11}$$

---

† 然而參照上一頁之註腳，可以發現韌性模數及彈能模數可用與應力同樣之單位表出。

承受單一軸向正交應力作用物體中之應變能 U 值，可將式(11.11)之 u 代入式(11.9)中，並積分之，即得

$$U = \int \frac{\sigma_x^2}{2E} dV \tag{11.12}$$

此一公式只對彈性變形有效，稱為物體之彈性應變能(elastic strain energy)。

軸向載重下之應變能

吾人從 2.17 節知悉，當一桿件承受一中心軸向載重作用時，可假定正交應力 σ_x 均佈在任一橫向斷面上。用 A 表示位在距桿件端點 B 之距離為 x 處的斷面積(圖 11.9)，P 表該斷面中之內力，故 $\sigma_x = P/A$。將 σ_x 代入式(11.12)吾人可寫出

$$U = \int \frac{P^2}{2EA^2} dV$$

或取 $dV = Adx$

$$U = \int_0^L \frac{P^2}{2AE} dx \tag{11.13}$$

就一有均勻斷面之桿件而言，在其兩端受大小相等，方向相反之力 P 作用時(圖 11.10)，可由式(11.13)得

$$U = \frac{P^2 L}{2AE} \tag{11.14}$$

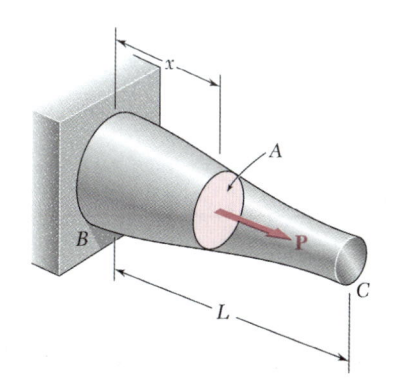

圖 11.9　受中心軸向載重的桿件

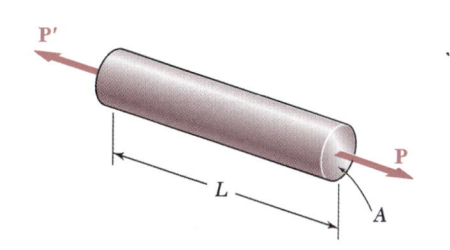

圖 11.10

例 11.01

一桿件由 BC 及 CD 兩部分組成，此兩部分之材料相同，長度相等，但斷面卻不相同(圖 11.11)。當此桿件受一中心軸向載重 **P** 作用時，試求此桿件之應變能。用 P、L、E 及 CD 部分斷面積 A 以及兩直徑比值 n 表出此一結果。

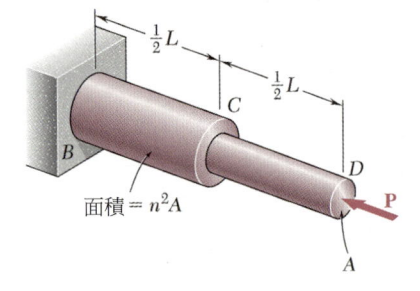

圖 11.11

解：

應用式(11.14)計算每一部分之應變能，並將所得結果相加得

$$U_n = \frac{P^2\left(\frac{1}{2}L\right)}{2AE} + \frac{P^2\left(\frac{1}{2}L\right)}{2(n^2A)E} = \frac{P^2L}{4AE}\left(1 + \frac{1}{n^2}\right)$$

或

$$U_n = \frac{1+n^2}{2n^2}\frac{P^2L}{2AE} \tag{11.15}$$

$n=1$ 時，則得

$$U_1 = \frac{P^2L}{2AE}$$

上式與表長度為 L，斷面積為均勻 A 桿件之式(11.14)相同可作驗證。吾人亦看出：$n>1$ 時，$U_n<U_1$；例如，當 $n=2$ 時，$U_2=\left(\frac{5}{8}\right)U_1$。因為最大應力發生在桿件 CD 部分中，並等於 $\sigma_{max}=P/A$，是以對某一容許應力而言，增加桿件 BC 部分之直徑，將使桿件總吸收能量減小。因此在作承載如衝擊載重等構件設計時，應避免桿件斷面不必要之改變，因為構件在該處之吸收能力乃是臨界者。

例 11.02

在 B 點之載重 **P** 由兩桿件支持，此兩桿件之材料相同，且具有相同之均勻斷面積 A (圖 11.12)。試求此系統之應變能。

解：

用 F_{BC} 及 F_{BD} 分別表示構件 BC 及 BD 中之力，應用式(11.14)，吾人能表出此系統之應變能為

$$U = \frac{F_{BC}^2(BC)}{2AE} + \frac{F_{BD}^2(BD)}{2AE} \tag{11.16}$$

由圖 11.12 看出

$$BC = 0.6l \qquad BD = 0.8l$$

再由鉸銷 B 之分離體圖及其對應之力三角形(圖 11.13)，得

$$F_{BC} = +0.6P \qquad F_{BD} = -0.8P$$

代入式(11.16)中，得

$$U = \frac{P^2 l[(0.6)^3 + (0.8)^3]}{2AE} = 0.364 \frac{P^2 l}{AE}$$

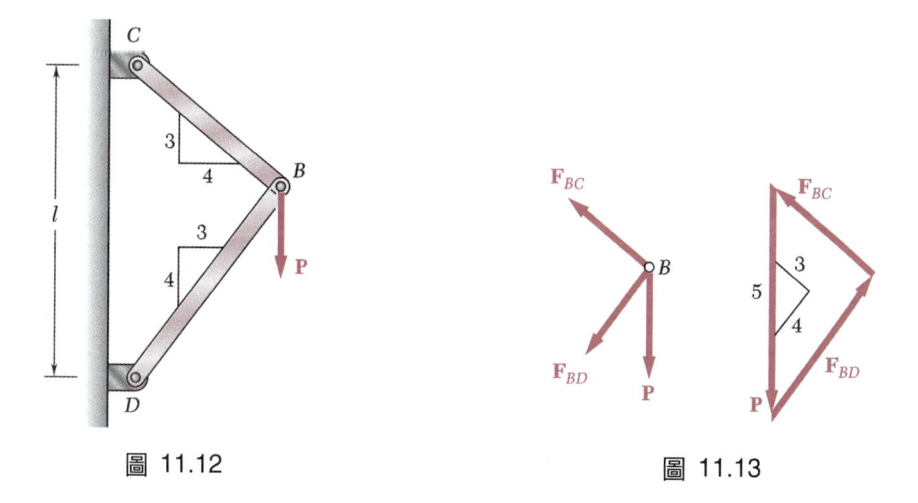

圖 11.12

圖 11.13

彎曲中之應變能

茲考究承載某種載重之 AB 梁(圖 11.14)，令 M 表與端點 A 距離 x 處之彎曲力矩。暫時不考慮剪力效應，只考究正交應力 $\sigma_x = My/I$，將此式代入式(11.12)，吾人得

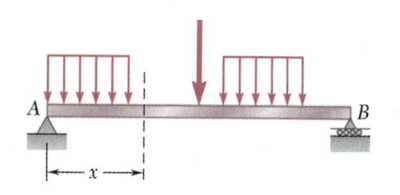

圖 11.14　承受橫向載重的梁

$$U = \int \frac{\sigma_x^2}{2E} dV = \int \frac{M^2 y^2}{2EI^2} dV$$

取 $dV = dA\, dx$，此處 dA 表微斷面積，又使 $M^2/2EI^2$ 只為 x 之函數，吾人即得

$$U = \int_0^L \frac{M^2}{2EI^2} \left(\int y^2 dA \right) dx$$

吾人知悉括弧內之積分項及表斷面對其中性軸之慣性矩 I，故可寫出

$$U = \int_0^L \frac{M^2}{2EI} dx \qquad (11.17)$$

例 11.03

只考究正交應力之效應，試求稜體懸臂梁 AB（圖 11.15）之應變能。

解：

距端點 A 之距離為 x 處的彎曲力矩是 $M = -Px$，將此式代入式(11.17)，吾人得

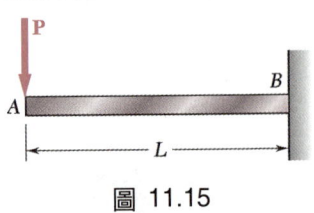

圖 11.15

$$U = \int_0^L \frac{P^2 x^2}{2EI} dx = \frac{P^2 L^3}{6EI}$$

11.5　剪應力之彈性應變能

當一材料承受平面剪應力 τ_{xy} 作用時，在某一點之應變能密度可表為

$$u = \int_0^{\gamma_{xy}} \tau_{xy}\, d\gamma_{xy} \qquad (11.18)$$

式中 γ_{xy} 表示與 τ_{xy} 對應之剪應變（圖 11.16a）。吾人亦注意到，應變能密度 u 等於剪應力－應變圖下之面積（圖 11.16b）。

對於在比例限度內之 τ_{xy} 值，則有 $\tau_{xy} = G\gamma_{xy}$，此處 G 乃材料之剛性模數。將 τ_{xy} 代入式(11.18)中，並完成該一積分，吾人得

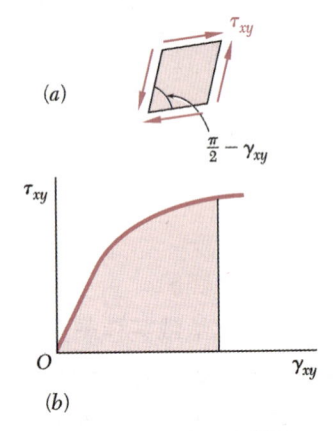

圖 11.16　剪力應變能

$$u = \frac{1}{2} G \gamma_{xy}^2 = \frac{1}{2} \tau_{xy} \gamma_{xy} = \frac{\tau_{xy}^2}{2G} \tag{11.19}$$

根據 11.4 節所述,可求得受平面剪應力作用物體之應變能值 U,因

$$u = \frac{dU}{dV} \tag{11.9}$$

將式(11.19)中之 u 代入式(11.9),並積分得

$$U = \int \frac{\tau_{xy}^2}{2G} dV \tag{11.20}$$

此式定出物體因剪力變形而生成之彈性應變能。與在 11.4 節中求得的單一軸向正交應力之式子相似,此式亦只對彈性變形有效。

扭轉應變能

考究長度為 L,受一個或幾個扭轉力偶作用之圓軸 BC。用 J 表示位在距 B 點距離為 x 處斷面之極慣性矩(圖 11.17),用 T 表示該一斷面之內扭矩,吾人知悉該斷面中之剪應力是 $\tau_{xy} = T\rho/J$。將此一 τ_{xy} 代入式(11.20),吾人得

$$U = \int \frac{\tau_{xy}^2}{2G} dV = \int \frac{T^2 \rho^2}{2GJ^2} dV$$

取 $dV = dA\, dx$,式中 dA 表微斷面積,並使 $T^2/2GJ^2$ 只為 x 之函數,吾人可寫出

$$U = \int_0^L \frac{T^2}{2GJ^2} \left(\int \rho^2\, dA \right) dx$$

由於括弧內之積分項乃表斷面之極慣性矩 J,故得

$$U = \int_0^L \frac{T^2}{2GJ} dx \tag{11.21}$$

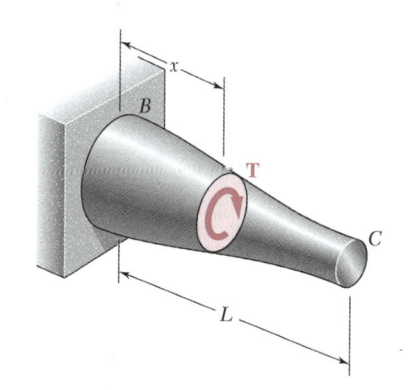

圖 11.17 扭轉應變能

就一均勻斷面之圓軸而言,若其兩端受大小相等,方向相反之力偶 T 作用時(圖 11.18),則由式(11.21)可得

$$U = \frac{T^2 L}{2GJ} \tag{11.22}$$

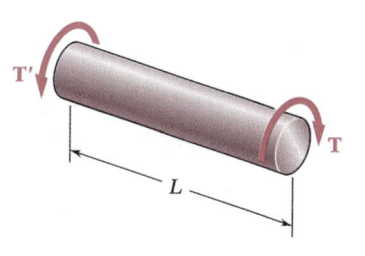

圖 11.18

例 11.04

一圓軸由 BC 及 CD 兩部分組成，此兩部分之材料相同，長度相同，但斷面積不同(圖 11.19)。當此圓軸在其端點 D 受一扭轉力偶 **T** 作用時，試求其應變能。用 T、L、G，較小斷面之極慣性矩 J 以及兩直徑比 n 等表出結果。

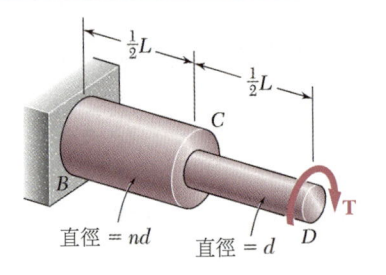

圖 11.19

解：

應用式(11.22)計算圓軸每一部分之應變能，將所得之結果相加。注意 BC 部分之極慣性矩等於 $n^4 J$，故得

$$U_n = \frac{T^2\left(\frac{1}{2}L\right)}{2GJ} + \frac{T^2\left(\frac{1}{2}L\right)}{2G(n^4 J)} = \frac{T^2 L}{4GJ}\left(1 + \frac{1}{n^4}\right)$$

或

$$U_n = \frac{1+n^4}{2n^4} \frac{T^2 L}{2GJ} \tag{11.23}$$

當 $n=1$ 時，則得

$$U_1 = \frac{T^2 L}{2GJ}$$

上式與表長度為 L，斷面均勻之圓軸的式(11.22)相同，可作驗證。吾人亦看出，$n>1$ 時，$U_n < U_1$；例如當 $n=2$ 時，$U_2 = (17/32)U_1$。因最大剪應力發生在圓軸 CD 部分中，且與扭矩 T 成正比，所以跟早先就一軸向載重桿件研析所得相似，即對某一容許應力而言，增加圓軸 BC 部分直徑將使得圓軸總吸收能量減少。

橫向載重下之應變能

在 11.4 節，吾人已求出梁受橫向載重作用時之應變能公式。不過在導出該式時，吾人只考慮了由彎曲所生之正交應力效應，忽略了剪應力效應。吾人現將考慮此兩型應力之效應。在例 11.05 中，此兩型應力皆將列入考慮。

例 11.05

試考慮正交及剪應力兩種效應，求矩形懸臂梁 AB(圖 11.20)之應變能。

解：

首先從例 11.03 知悉，由正交應力 σ_x 所生之應變能乃是

$$U_\sigma = \frac{P^2 L^3}{6EI}$$

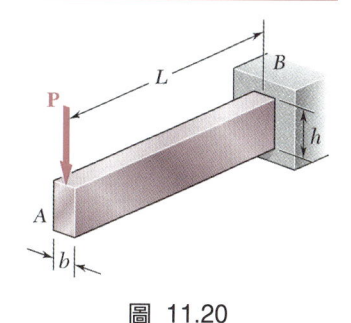

圖 11.20

欲求由剪應力 τ_{xy} 所生之應變能 U_τ，吾人要應用 6.4 節中之式(6.9)，得悉一寬度為 b，深度為 h 之矩形斷面梁的 τ_{xy} 為

$$\tau_{xy} = \frac{3}{2}\frac{V}{A}\left(1-\frac{y^2}{c^2}\right) = \frac{3}{2}\frac{P}{bh}\left(1-\frac{y^2}{c^2}\right)$$

將 τ_{xy} 代入式(11.20)，吾人可寫出

$$U_\tau = \frac{1}{2G}\left(\frac{3}{2}\frac{P}{bh}\right)^2 \int \left(1-\frac{y^2}{c^2}\right)^2 dV$$

或取 $dV = b\,dy\,dx$，經整理後得

$$U_\tau = \frac{9P^2}{8Gbh^2}\int_{-c}^{c}\left(1-2\frac{y^2}{c^2}+\frac{y^4}{c^4}\right)dy \int_0^L dx$$

完成上述積分並因 $c = h/2$，可得

$$U_\tau = \frac{9P^2 L}{8Gbh^2}\left[y-\frac{2}{3}\frac{y^3}{c^2}+\frac{1}{5}\frac{y^5}{c^4}\right]_{-c}^{+c} = \frac{3P^2 L}{5Gbh} = \frac{3P^2 L}{5GA}$$

因此，梁之總應變能乃是

$$U = U_\sigma + U_\tau = \frac{P^2 L^3}{6EI} + \frac{3P^2 L}{5GA}$$

或由 $I/A = h^2/12$，再用 U_σ 公式之因子表出為

$$U = \frac{P^2 L^3}{6EI}\left(1+\frac{3Eh^2}{10GL^2}\right) = U_\sigma\left(1+\frac{3Eh^2}{10GL^2}\right) \tag{11.24}$$

由 2.14 節知悉 $G \geq E/3$，吾人推斷式中括弧內的值應小於 $1 + 0.9(h/L)^2$，因此在不考慮剪力效應時，相對誤差應小於 $0.9(h/L)^2$。就一 h/L 比值小於 $1/10$ 之梁而言，百分誤差小於 0.9%。因此在實用工程上，在計算細長梁之應變能時都習慣於忽略剪力效應。

11.6 廣義應力狀態之應變能

在上述各節中，吾人已求出單一軸向應力態中物體之應變能(11.4節)，亦求出了平面剪應力態中物體之應變能(11.5節)。就一有六個應力分量 σ_x、σ_y、σ_z、τ_{xy}、τ_{yz} 及 τ_{zx} 廣義應力態之物體而言，將式(11.10)及(11.18)示出之公式以及交換腳註所得之四個式子相加，即可求得其應變能密度。

就一各向同性物體之彈性變形而言，涉及之六個應力－應變關係，每個皆屬線性，故可將應變能密度表示為

$$u = \frac{1}{2}(\sigma_x \epsilon_x + \sigma_y \epsilon_y + \sigma_z \epsilon_z + \tau_{xy}\gamma_{xy} + \tau_{yz}\gamma_{yz} + \tau_{zx}\gamma_{zx}) \tag{11.25}$$

吾人將在2.14節所求得之應變分量關係式(2.38)代入式(11.25)，即可求得彈性各向同性物體某已知點之最廣義應力態為

$$u = \frac{1}{2E}[\sigma_x^2 + \sigma_y^2 + \sigma_z^2 - 2\nu(\sigma_x\sigma_y + \sigma_y\sigma_z + \sigma_z\sigma_x)] + \frac{1}{2G}(\tau_{xy}^2 + \tau_{yz}^2 + \tau_{zx}^2) \tag{11.26}$$

如果使用已知點之主軸為坐標軸，剪應力變為零，式(11.26)簡化為

$$u = \frac{1}{2E}[\sigma_a^2 + \sigma_b^2 + \sigma_c^2 - 2\nu(\sigma_a\sigma_b + \sigma_b\sigma_c + \sigma_c\sigma_a)] \tag{11.27}$$

式中 σ_a、σ_b、σ_c 表該已知點之主應力。

吾人由7.7節已知悉用於預測已知應力態是否能使得延性材料降伏此一準則，亦即是極大畸變能準則，乃是基於與材料畸變或形狀變化相關之單位體積能量的數量。因此應將在某已知點之應變能密度 u 分成兩部分，一部分 u_v 乃是與材料在該點之體積變化相關，另一部分 u_d 乃與材料在同一點之畸變或形狀變化相關。是以吾人乃得

$$u = u_v + u_d \tag{11.28}$$

為了能求得 u_v 及 u_d，就需介入一個在考究點之主應力平均值 $\bar{\sigma}$，即為

$$\bar{\sigma} = \frac{\sigma_a + \sigma_b + \sigma_c}{3} \tag{11.29}$$

並使

$$\sigma_a = \bar{\sigma} + \sigma_a' \qquad \sigma_b = \bar{\sigma} + \sigma_b' \qquad \sigma_c = \bar{\sigma} + \sigma_c' \tag{11.30}$$

因此，將圖11.21b 及 c 所示之應力態重疊即可求得已知應力態(圖11.21a)。吾人注意到，圖11.21b 所述之應力狀態傾向於改變材料微素之體積而非其形狀，此因微素之各面皆受同一應力 $\bar{\sigma}$ 作用。另一方面，由式(11.29)及(11.30)可得

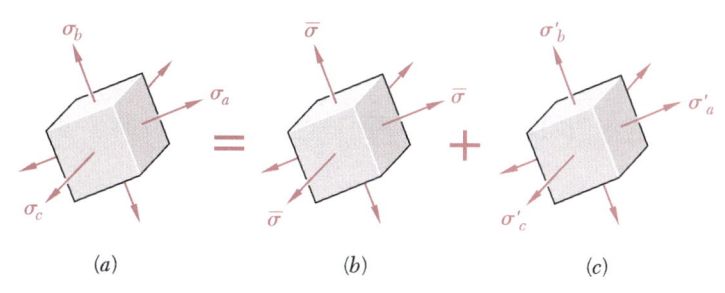

圖 11.21　承載數個載重的微素

$$\sigma'_a + \sigma'_b + \sigma'_c = 0 \tag{11.31}$$

上式指出，圖 11.21c 所示之應力，有些是拉力，另一些則為壓力。因之，此一應力態傾向於改變微素之形狀，不過它並不傾向於改變其體積。事實上，由 2.13 節之式 (2.31) 知悉，此一應力態所導致之膨脹率 e (即是每單位體積之體積改變量)為

$$e = \frac{1-2\nu}{E}(\sigma'_a + \sigma'_b + \sigma'_c)$$

或根據式 (11.31)，$e=0$。從這些觀察，吾人則推斷，應變能密度之 u_v 部分必與圖 11.21b 所示之應力態相關，u_d 部分必與圖 11.21c 所示之應力狀態相關。

由上述可知，與微素體積改變對應之應變能密度部分 u_v，可將 $\bar{\sigma}$ 代入式 (11.27) 之每一主應力項，即可求得為

$$u_v = \frac{1}{2E}[3\bar{\sigma}^2 - 2\nu(3\bar{\sigma}^2)] = \frac{3(1-2\nu)}{2E}\bar{\sigma}^2$$

或由式 (11.29) 得

$$u_v = \frac{1-2\nu}{6E}(\sigma_a + \sigma_b + \sigma_c)^2 \tag{11.32}$$

為了求得與微素畸變對應之應變能密度 u_d 部分，應該解式 (11.28) 求 u_d，並將式 (11.27) 及 (11.32) 中之 u 及 u_v 分別代入，即得

$$u_d = u - u_v = \frac{1}{6E}[3(\sigma_a^2 + \sigma_b^2 + \sigma_c^2) - 6\nu(\sigma_a\sigma_b + \sigma_b\sigma_c + \sigma_c\sigma_a) - (1-2\nu)(\sigma_a + \sigma_b + \sigma_c)^2]$$

將上述展開並作整理即得

$$u_d = \frac{1+\nu}{6E}[(\sigma_a^2 - 2\sigma_a\sigma_b + \sigma_b^2) + (\sigma_b^2 - 2\sigma_b\sigma_c + \sigma_c^2) + (\sigma_c^2 - 2\sigma_c\sigma_a + \sigma_a^2)]$$

注意在上式中，每一括弧內皆為一完全平方，且由 2.15 節之式 (2.43) 知悉，括弧前之係數等於 $1/12G$，於是求得應變能密度 u_d 部分之下述式子，即每單位體積之畸變能為

$$u_d = \frac{1}{12G}[(\sigma_a - \sigma_b)^2 + (\sigma_b - \sigma_c)^2 + (\sigma_c - \sigma_a)^2] \qquad (11.33)$$

就平面應力之情況而言，假如 c 軸與應力平面垂直，即是 $\sigma_c = 0$ 時，可將式(11.33)簡化為

$$u_d = \frac{1}{6G}(\sigma_a^2 - \sigma_a\sigma_b + \sigma_b^2) \qquad (11.34)$$

茲再考究一拉力試驗試體之特例，吾人知悉在降伏時，$\sigma_a = \sigma_Y$、$\sigma_b = 0$，是以得 $(u_d)_Y = \sigma_Y^2/6G$。平面應力之最大畸變能準則指出，只要 $u_d < (u_d)_Y$，或由式(11.34)取代 u_d，則只要

$$\sigma_a^2 - \sigma_a\sigma_b + \sigma_b^2 < \sigma_Y^2 \qquad (7.26)$$

時，此已知應力態乃屬安全，上式亦為 7.7 節所述之條件，且用圖 7.39 示出之橢圓表出。就一廣義應力態而言，u_d 應使用已求得之式(11.33)。最大畸變能準則應用下述條件表出

$$(\sigma_a - \sigma_b)^2 + (\sigma_b - \sigma_c)^2 + (\sigma_c - \sigma_a)^2 < 2\sigma_Y^2 \qquad (11.35)$$

上式指出，如表 σ_a、σ_b 及 σ_c 之坐標點位在下述方程式所定出之表面以內，則已知應力態即屬安全

$$(\sigma_a - \sigma_b)^2 + (\sigma_b - \sigma_c)^2 + (\sigma_c - \sigma_a)^2 = 2\sigma_Y^2 \qquad (11.36)$$

吾人可以證實，此一表面乃半徑為 $\sqrt{2/3}\,\sigma_Y$，且一對稱軸與三主應力軸成等角之圓柱體表面。

範例 11.1

在作例行之製造操作時，AB 桿必須獲得 13.6 N·m 之彈性應變能。用 $E = 200$ GPa，如果與永久變形相關之安全因數為 5，試求鋼所需要之降伏強度。

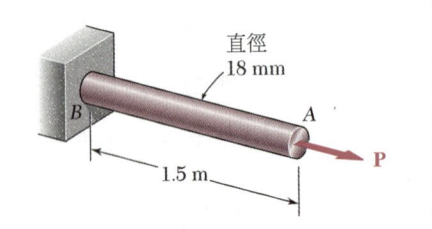

解：

安全因數

因安全因數為 5，故設計此桿之應變能應為

$$U = 5(13.6 \text{ N·m}) = 68 \text{ N·m}$$

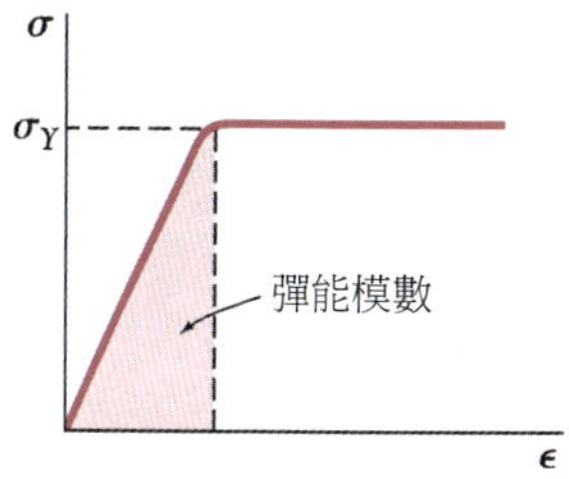

應變能密度

桿件體積是

$$V = AL = \frac{\pi}{4}(18 \text{ mm})^2 (1500 \text{ mm}) = 381700 \text{ mm}^3$$

因桿件之斷面均勻，所需之應變能密度是

$$u = \frac{U}{V} = \frac{68 \text{ N·mm}}{381700 \text{ mm}^3} = 0.1782 \times 10^6 \text{ N/m}^2$$

降伏強度

吾人知悉當最大應力等於 σ_Y 時，彈能模數等於應變能密度。應用式(11.8)，吾人得

$$u = \frac{\sigma_Y^2}{2E}$$

$$0.1782 \times 10^6 \text{ N/m}^2 = \frac{\sigma_Y^2}{2(200 \times 10^9 \text{ N/mm}^2)}$$

$$\sigma_Y = 267 \text{ MPa} \blacktriangleleft$$

評　述

應特別注意，因能量載重與其所生應力間之關係並非線性，是以與能量載重相關之安全因數應作用於能量載重而非應力。

範例 11.2

(a)只考慮因彎曲所生正交應力效應，試求圖示稜體梁 AB 承載載重時之應變能。(b)已知梁是 W250×67、P=160 kN、L=3.6 m、a=0.9 m、b=2.7 m 及 E=200 GPa，計算此梁之應變能。

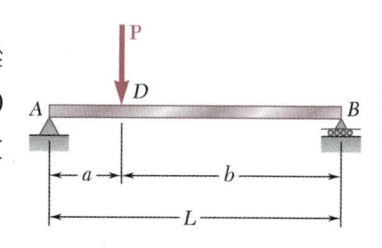

解：

彎曲力矩

應用整個梁之分離體圖，求得反作用力為

$$R_A = \frac{Pb}{L} \uparrow \qquad R_B = \frac{Pa}{L} \uparrow$$

對梁之 AD 部分，彎曲力矩是

$$M_1 = \frac{Pb}{L} x$$

對 DB 部分，距端點 B 之距離為 v 處之彎曲力矩是

$$M_2 = \frac{Pa}{L} v$$

a. 應變能

因應變能不是向量，故可將 AD 部分之應變能與 DB 部分之應變能相加，即可求得梁之總應變能。應用式(11.17)，吾人可寫出

$$U = U_{AD} + U_{DB}$$

$$= \int_0^a \frac{M_1^2}{2EI} dx + \int_0^b \frac{M_2^2}{2EI} dv$$

$$= \frac{1}{2EI} \int_0^a \left(\frac{Pb}{L} x\right)^2 dx + \frac{1}{2EI} \int_0^b \left(\frac{Pa}{L} v\right)^2 dv$$

$$= \frac{1}{2EI} \frac{P^2}{L^2} \left(\frac{b^2 a^3}{3} + \frac{a^2 b^3}{3}\right) = \frac{P^2 a^2 b^2}{6EIL^2}(a+b)$$

因 $(a+b) = L$，

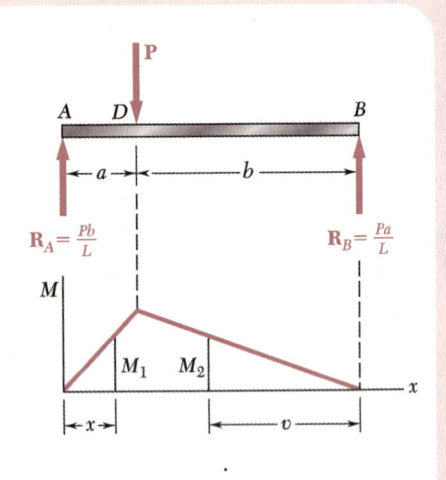

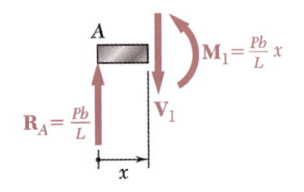

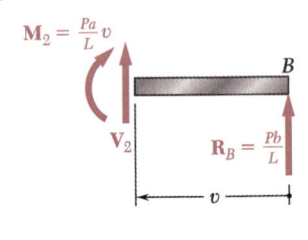

$$U = \frac{P^2 a^2 b^2}{6EIL} \blacktriangleleft$$

b. 應變能之計算

從附錄 C 可查得 W250×67 軋鋼梁之慣性矩，其值為

$$P = 160 \text{ kN} \qquad L = 3.6 \text{ m}$$
$$a = 0.9 \text{ m} \qquad b = 2.7 \text{ m}$$
$$E = 200 \text{ GPa} \qquad I = 104 \times 10^6 \text{ mm}^4$$

將以上各值代入 U 之公式即得

$$U = \frac{(60 \times 10^3 \text{ N})^2 (0.9 \text{ m})^2 (2.7 \text{ m})^2}{6(200 \times 10^9 \text{ Pa})(104 \times 10^{-6} \text{ m}^4)(3.6 \text{ m})}$$

$U = 336 \text{ N} \cdot \text{m}$ ◀

習 題

11.1 求下述每一金屬之彈能模數。
(a) 不鏽鋼 AISI 302 (退火)： $E = 190$ GPa，$\sigma_Y = 260$ MPa
(b) 不鏽鋼 2014–T6 AISI 302 (冷作)： $E = 190$ GPa，$\sigma_Y = 520$ MPa
(c) 展性鑄鐵： $E = 165$ GPa，$\sigma_Y = 230$ MPa

11.2 求下述每一合金之彈能模數：
(a) 鈦： $E = 115$ GPa，$\sigma_Y = 875$ MPa
(b) 鎂： $E = 45$ GPa，$\sigma_Y = 200$ MPa
(c) 銅鎳 (退火)： $E = 140$ GPa，$\sigma_Y = 125$ MPa

11.3 求下述各等級結構用鋼之彈能模數：
(a) ASTM A709 級 50： $\sigma_Y = 350$ MPa
(b) ASTM A913 級 65： $\sigma_Y = 450$ MPa
(c) ASTM A709 級 100： $\sigma_Y = 700$ MPa

11.4 求下述每一鋁合金之彈能模數：
(a) 1100–H14： $E = 70$ GPa，$\sigma_Y = 55$ MPa
(b) 2014–T6： $E = 72$ GPa，$\sigma_Y = 220$ MPa
(c) 6061–T6： $E = 69$ GPa，$\sigma_Y = 150$ MPa

11.5 依作鋁合金拉力試驗所得數據畫出應力–應變圖如圖所示。用 $E = 72$ GPa，試求 (a) 此合金之彈能模數，(b) 此合金之韌性模數。

11.6 依據結構鋼試體作拉伸試驗所得數據畫出應力–應變圖如圖所示。用 $E = 200$ GPa，試求 (a) 此鋼之彈能模數，(b) 此鋼之韌性模數。

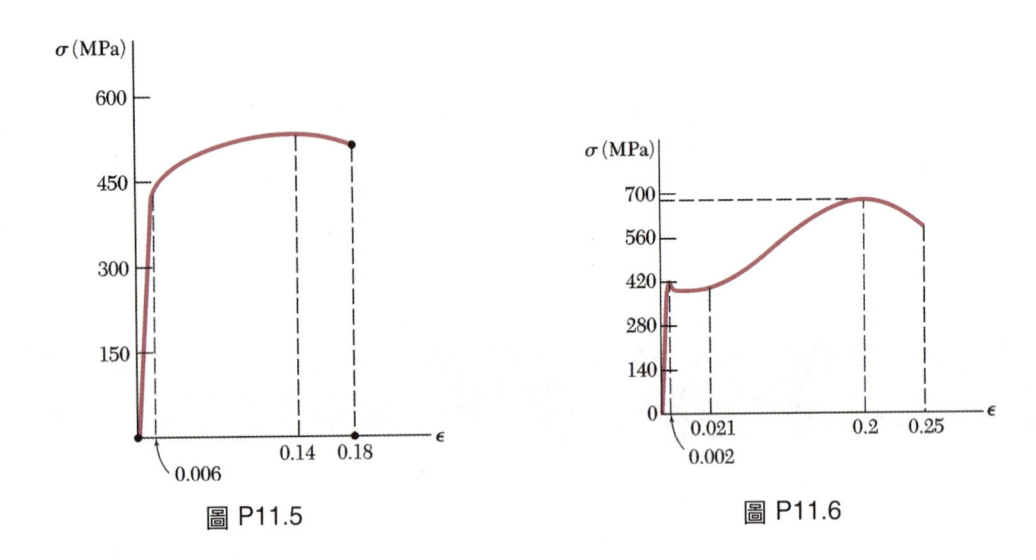

材料力學
Mechanics of Materials

圖 P11.5

圖 P11.6

11.7 附圖所示之載重變形圖由直徑為 20 mm 的鋁製合金試件在抗拉試驗期間所得到的數據畫出。已知變形是以 400 mm 長度規量測，試求(a)鋼之彈能模數，(b)此合金之韌性模數。

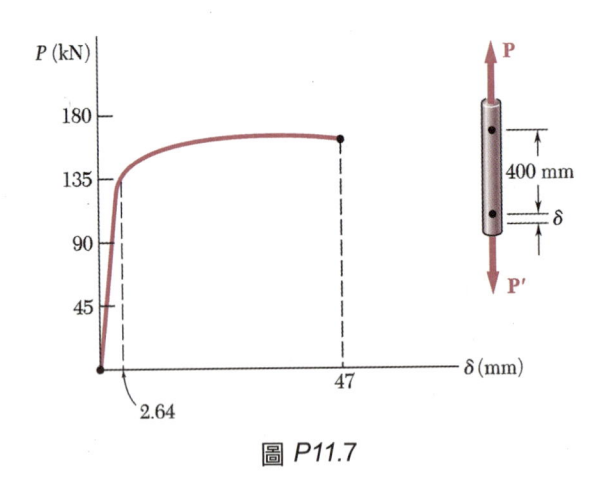

圖 P11.7

11.8 如圖所示之載重－變形圖由結構鋼試件在抗拉試驗期間所得到的數據畫出，已知試件的斷面積為 250 mm², 而變形是以 500 mm 長度規量測，試求(a)此鋼之彈能模數，(b)此鋼之韌性模數。

圖 P11.8

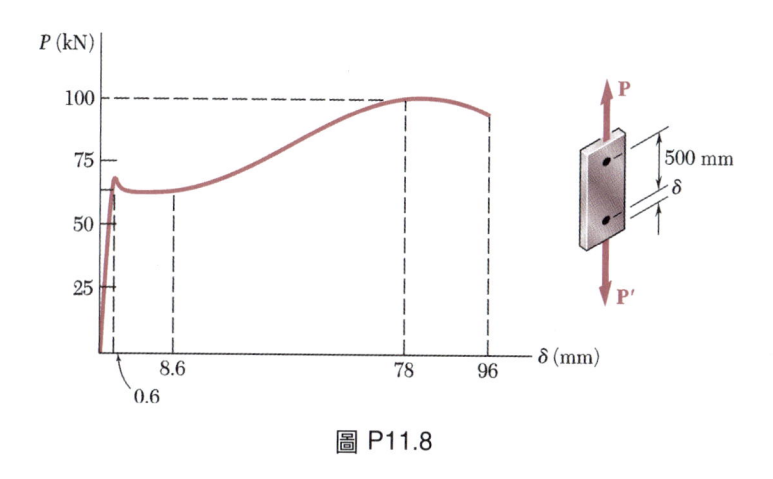

11.9 試利用 $E=200$ GPa，求 (a) 鋼桿 ABC 在 $P=35$ kN 時的應變能，(b) 桿 AB 與 BC 部分內的對應應變能密度。

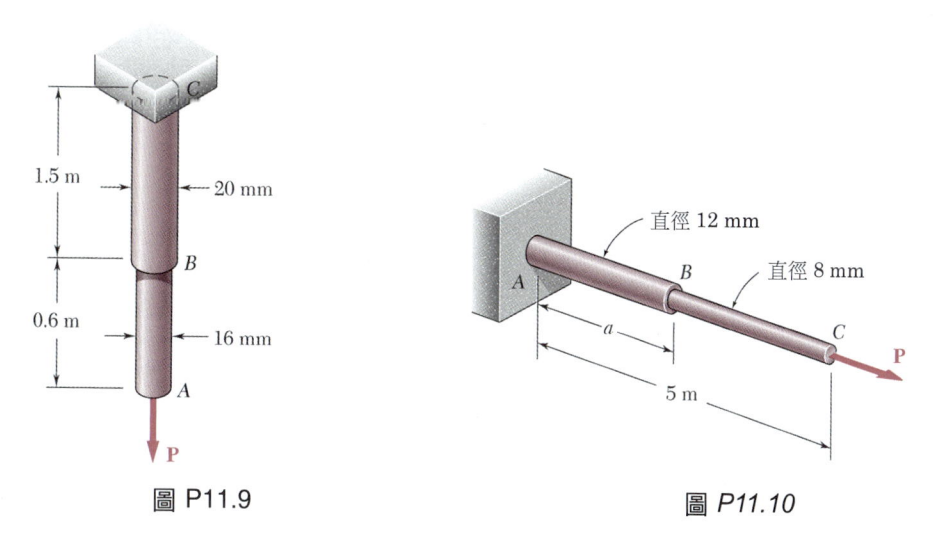

圖 P11.9

圖 P11.10

11.10 圖示 AB 及 BC 桿件乃用鋼製，其降伏強度 $\sigma_Y=300$ MPa，彈性模數 $E=200$ GPa，試求當 AB 桿件長度為 (a) 2 m，(b) 4 m 時，此一裝置能夠獲得但不會造成任何永久變形之極大應變能。

11.11 將一長 0.75 m，斷面積為 1190 mm² 之鋁管與一固支 A 及一剛性螺帽 B 焊接。直徑 18 mm 之鋼桿 EF 焊接至螺帽 B。已知鋼及鋁之彈性模數分別是 200 GPa 及 73 GPa。試求 (a) 當 $P=40$ kN 時，此一系統之總應變能，(b) 在 CD 管及 EF 桿件中之對應應變能密度。

圖 P11.11

圖 P11.12

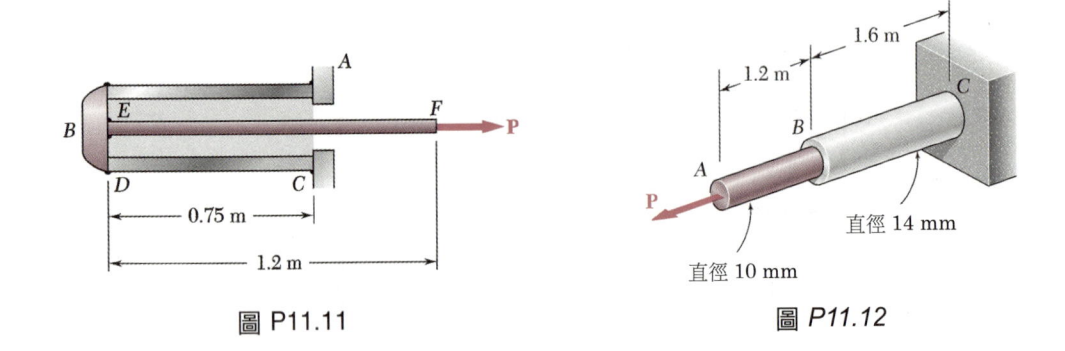

11.12 圖示 AB 桿及 BC 桿相接，分別用鋼及鋁合金製造，彼等之降伏強度分別為 $\sigma_Y=450$ MPa 及 $\sigma_Y=280$ MPa，彈性模數分別為 $E=200$ GPa 及 $E=73$ GPa。試求此組合桿件 ABC 能夠獲得但不會造成任何永久變形之極大應變能。

11.13 使用一直徑為 6 mm 之鋼銷栓 B 去使一鋼條 DE 與兩鋁條相連如圖所示，這些條塊每一寬度為 20 mm，厚為 5 mm。鋼及鋁之彈性模數分別是 200 GPa 及 70 GPa，已知在 B 之銷栓容許剪應力是 $\tau_{all}=85$ MPa，對於圖示載重，試求此條帶組合能獲得之最大應變能。

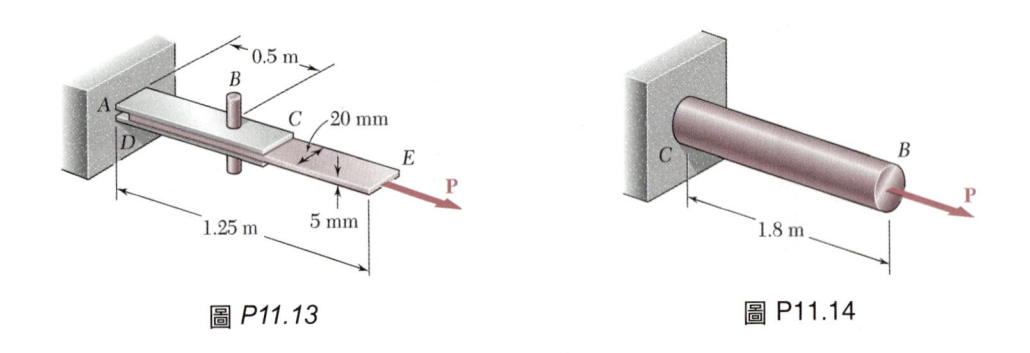

圖 P11.13

圖 P11.14

11.14 圖示 BC 桿用鋼製，其降伏強度是 $\sigma_Y=300$ MPa，彈性模數是 $E=200$ GPa，已知當施加軸向載重 **P** 時，桿件必須得到 10 J 應變能，試求此桿件相對於永久變形是 6 時之直徑。

11.15 桿件 ABC 是用鋼製造，其特性為 $E=200$ GPa 及 $\sigma_Y=320$ MPa。已知軸向載重作用在桿件時，桿件獲得 5 J 應變能，試求 (a) $x=300$ mm，(b) $x=60$ mm 時，桿件發生永久變形之安全因子。

11.16 用 $E=74$ GPa，如果圖示鋁桿之容許正交應力是 $\sigma_{all}=154$ MPa，試以近似方式求鋁桿可以得到之最大應變能。

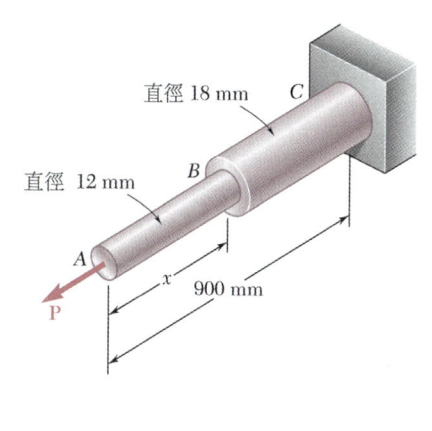

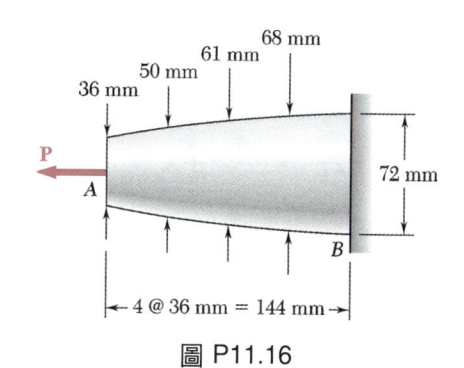

11.17 試以積分法證明如圖所示的錐形桿 AB 之應變能為

$$U=\frac{1}{4}\frac{P^2L}{EA_{\min}}$$

其中 $A_{\min}$ 為 B 端之斷面積。

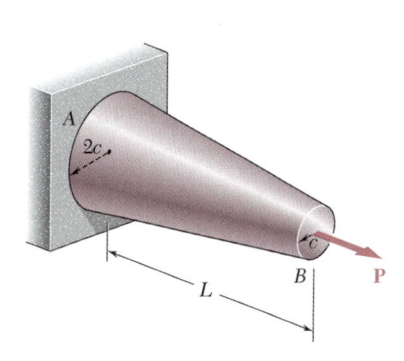

11.18 至 11.21 在如圖所示之桁架中，所有構件均以相同材料做成，且具有指定的均勻斷面積，試求桁架在載重 **P** 作用時之應變能。

圖 P11.15

圖 P11.16

圖 P11.17

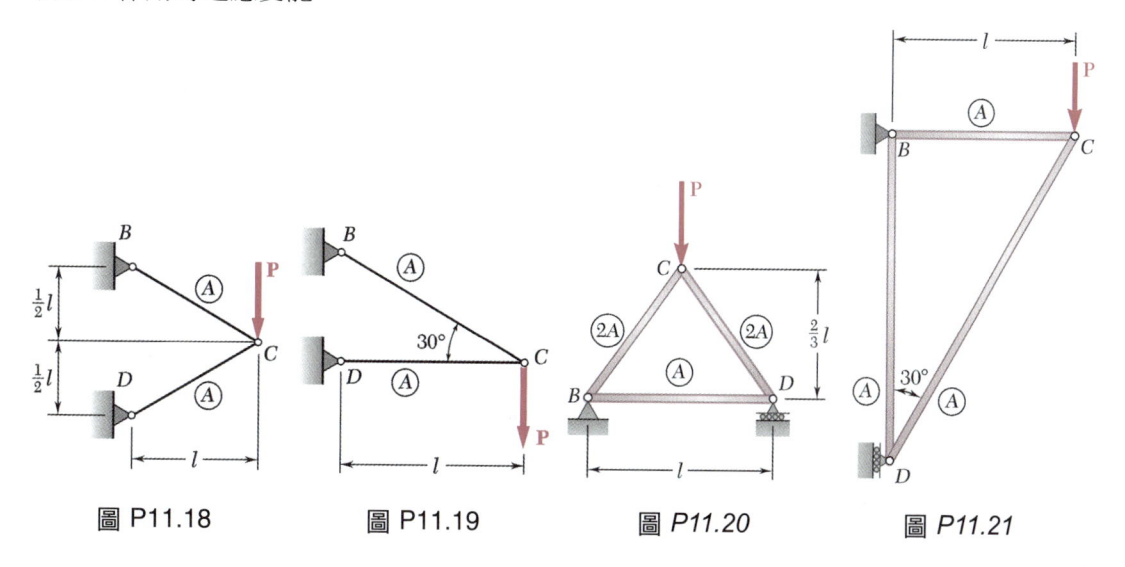

圖 P11.18

圖 P11.19

圖 P11.20

圖 P11.21

11.22 在圖示桁架中，每一構件皆用鋁製造，具有指定之相同斷面積。用 $E = 72$ GPa，求此桁架在圖示載重作用時之應變能。

11.23 假定將 120 kN 載重移除，再解習題 11.22。

11.24 至 11.27 只考慮正交應力效應時，試求圖示載重稜體梁 AB 之應變能。

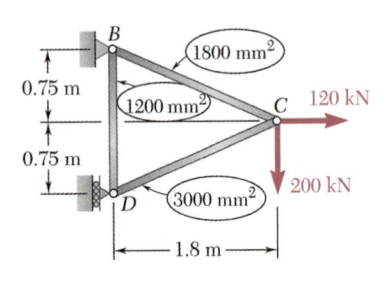

圖 P11.22 和 P11.23

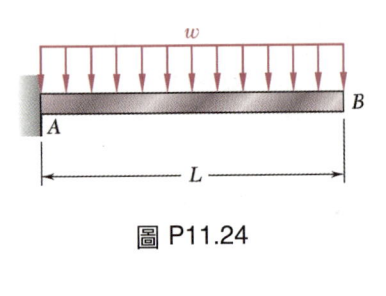

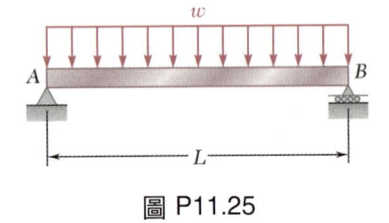

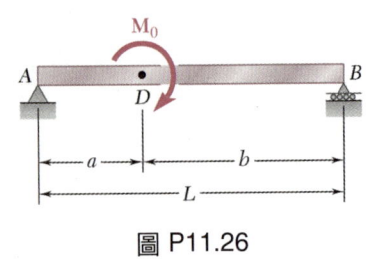

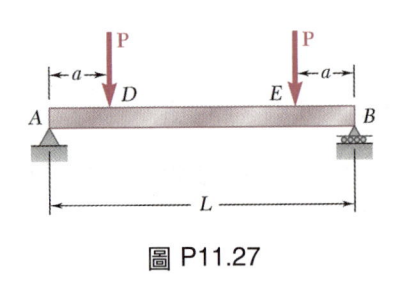

圖 P11.24

圖 P11.25

圖 P11.26

圖 P11.27

11.28 及 11.29 用 $E = 200$ GPa，對於圖示之鋼梁及載重，試求由彎曲產生之應變能。(忽略剪應力影響)

11.30 及 11.31 用 $E = 200$ GPa，對於圖示之鋼梁及載重，試求由彎曲產生之應變能。

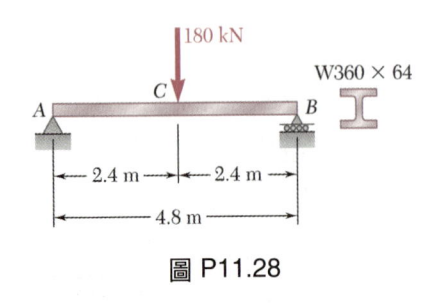

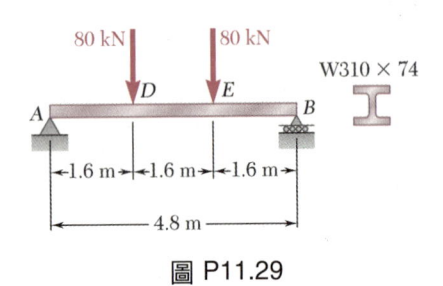

圖 P11.28

圖 P11.29

圖 P11.30

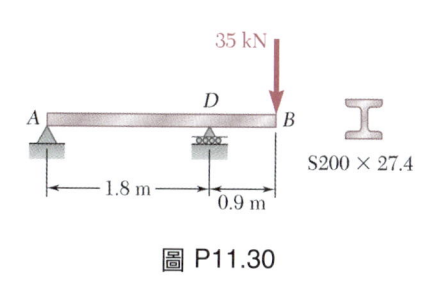

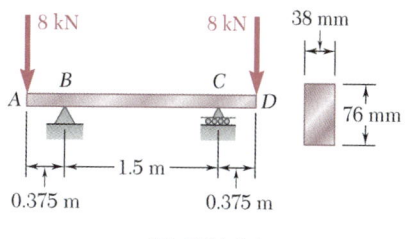

圖 P11.31

11.32 假設如圖所示的稜體梁 AB 是矩形斷面，試證明對已知載重而言，梁內的最大應變能密度為

$$u_{max} = 15 \frac{U}{V}$$

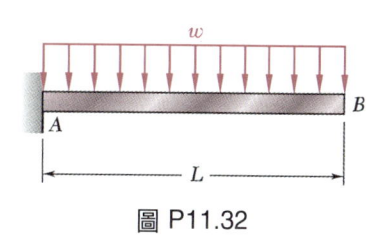

其中 U 為梁之應變能，而 V 為其體積。

圖 P11.32

11.33 圖示在 A 之船，用鑽在深度 1500 m 之海床上鑽油。鋼製鑽管之外徑為 200 mm，均勻壁厚為 12 mm。已知在 B 處鑽頭開始轉動前，鑽管之頂端已轉動了兩整轉。用 G = 77 GPa，試求此鑽管獲得之極大應變能。

11.34 AC 桿件係用鋁(G = 73 GPa)製造，承載一作用在端點 C 之扭矩 T，已知桿件 BC 部分是中空者，內徑為 16 mm，對於極大剪應力是 120 MPa 時，試求此桿件之應變能。

11.35 試以積分證明圖示錐形桿 AB 之應變能為

$$U = \frac{7}{48} \frac{T^2 L}{GJ_{min}}$$

式中 J_{min} 表桿件在 B 端之極慣性矩。

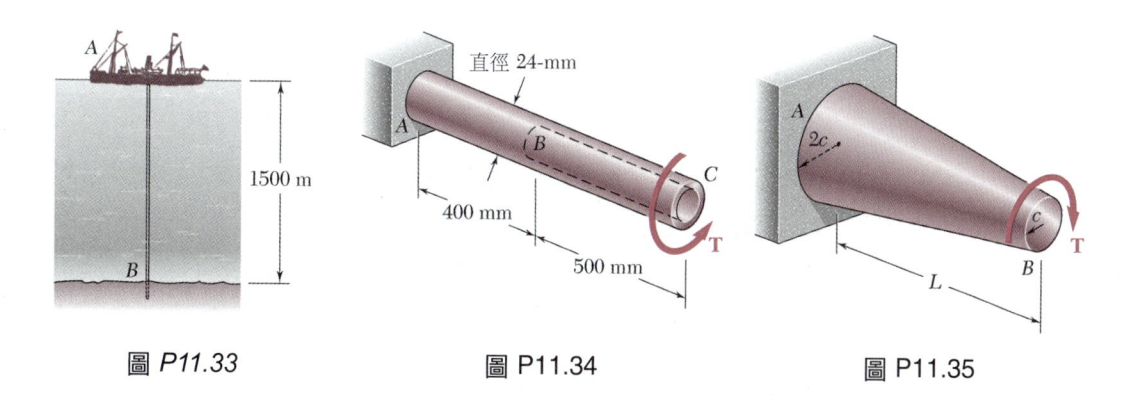

圖 P11.33

圖 P11.34

圖 P11.35

11.36 圖示之應力態發生在一機械構件中，此構件是用 $\sigma_Y = 450$ MPa 等級鋼製造。使用極大畸變能準則，當 (a) $\sigma_y = +110$ MPa，(b) $\sigma_y = -110$ MPa 時，決定與降伏強度相關之安全因數。

材料力學
Mechanics of Materials

11.37 圖示之應力態發生在一機械構件中，此構件是用 $\sigma_y=450$ MPa 等級鋼製造。使用極大畸變能準則，決定與降伏強度有關之安全因數等於或大於 2.2 時，σ_Y 值之範圍。

11.38 圖示之應力狀態發生在以黃銅做成的某機器構件內，其 $\sigma_Y=160$ MPa。試利用最大畸變能準則，求不發生降伏時的 σ_z 值範圍。

11.39 圖示之應力狀態發生在以黃銅做成的某機器構件內，其 $\sigma_Y=160$ MPa。試利用最大畸變能準則，決定當 (a) $\sigma_z=+45$ MPa，(b) $\sigma_z=-45$ MPa 時是否發生降伏。

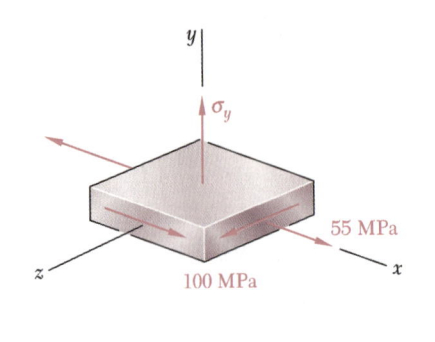

圖 P11.36 和 P11.37

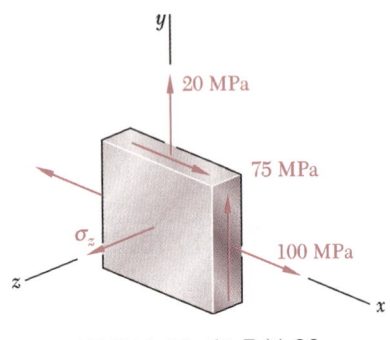

圖 P11.38 和 P11.39

11.40 試同時考慮正交應力與剪應力效應，求如圖所示稜體梁 AB 之應變能。

*11.41 如圖所示之某振動隔離支持，是將半徑為 R_1 之桿 A 與內半徑為 R_2 之管 B 黏合到一中空橡膠筒內所做成。試以 G 代表橡膠之剛性模數，求中空橡膠筒在所示的載重下之應變能。

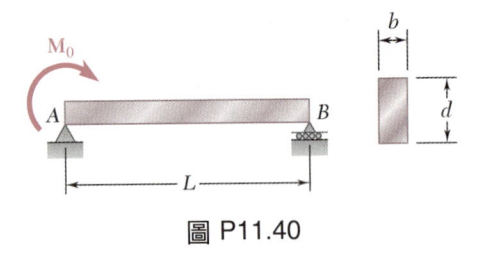

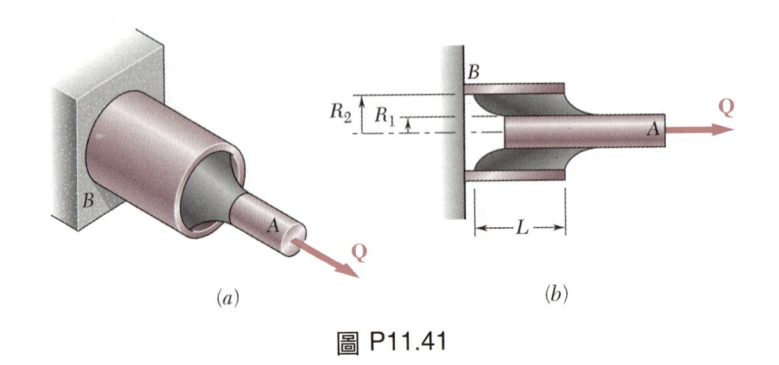

圖 P11.40

(a)   (b)

圖 P11.41

11.7 衝擊載重

茲考究一斷面均勻之 BD 桿件，在其端點 B 受一速度為 $\mathbf{v}_0$，質量為 m 之物體衝擊(圖 11.22a)。當桿件受到衝擊而變形時(圖 11.22b)，應力即在桿件內發生，且達一最大值 σ_m。經振動一會兒後，桿件逐漸靜止，所有應力亦跟著消失。所發生的一連串事件稱之為**衝擊載重**(impact loading) (照片 11.1)。

為了能求出結構物某一點受衝擊載重作用所生應力之最大值 σ_m，吾人將要作出幾個簡化假定。

首先假定衝擊物體之動能 $T=\frac{1}{2}mv_0^2$ 完全傳至結構物，因之與最大變形 x_m 對應之應變能 U_m 等於

$$U_m = \frac{1}{2}mv_0^2 \tag{11.37}$$

此一假定導出下述兩個特別要求：

1. 衝擊時無能量消失。
2. 衝擊物體不應由結構物彈回而保有部分能量。也就是說，與衝擊物體慣性比較，結構物之慣性可以忽略。

在實用上，這些要求無一能夠滿足。衝擊物體之動能只有部分傳至結構物。因此，衝擊物體所有動能傳至結構物之假定，使得該一結構物的設計顯得十分保守。

其次假定從材料靜力試驗所求得之應力應變圖在衝擊載重下亦屬有效。是以對結構之彈性變形，應變能之最大值可表為

$$U_m = \int \frac{\sigma_m^2}{2E} dV \tag{11.38}$$

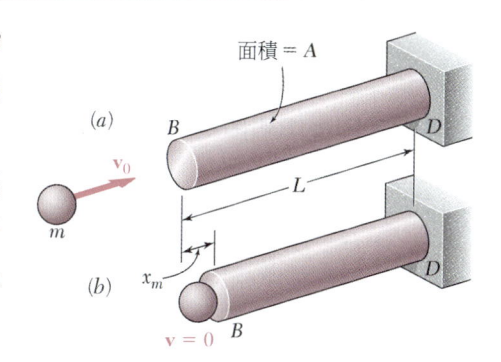

圖 11.22 承受衝擊載重的桿件

照片 11.1 打樁機中，蒸氣使樁錘提起，然後再隨之落下，這樣對樁重擊成一衝擊載重而將樁打入土中

就圖 11.22 所示之均勻桿件而言，最大應力 σ_m 在整個桿件中有相同之值，故吾人可寫出 $U_m = \sigma_m^2 V/2E$。解此式可求得 σ_m，並將式(11.37)中之 U_m 代入即得

$$\sigma_m = \sqrt{\frac{2U_m E}{V}} = \sqrt{\frac{mv_0^2 E}{V}} \tag{11.39}$$

材料力學
Mechanics of Materials

由上式知悉，選用體積 V 大，彈性模數 E 低之桿件，在受一定衝擊載重作用時，其最大應力 σ_m 值較小。

在大多數問題中，結構物中應力分佈並不均勻，公式(11.39)不能應用。不過吾人卻能很方便的求出與衝擊載重產生同樣應變能之靜載重 P_m，再從 P_m 計算發生在結構物中最大應力之對應值 σ_m。

例 11.06

一質量為 m 之物體，以速度 v_0 衝擊不均勻桿件 BCD 之端點 B(圖 11.23)。已知 BC 部分之直徑為 CD 部分直徑之兩倍。試求桿中應力之最大值 σ_m。

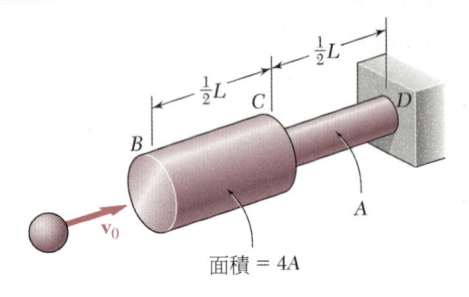

圖 11.23

解：

在例 11.01 所求得之式(11.15)中，取 $n=2$，吾人即可求得當桿件 BCD 承受靜力載重 P_m 作用時，應變能是

$$U_m = \frac{5P_m^2 L}{16AE} \tag{11.40}$$

式中 A 是桿件 CD 部分之斷面積。解式(11.40)得 P_m，即可求得使桿件中產生與一定衝擊載重同大應變能之靜力載重乃是

$$P_m = \sqrt{\frac{16}{5} \frac{U_m AE}{L}}$$

式中 U_m 乃用式(11.37)求得。最大應力是在桿件 CD 部分中發生。使 P_m 被該一部分之面積 A 除，吾人得

$$\sigma_m = \frac{P_m}{A} = \sqrt{\frac{16}{5} \frac{U_m E}{AL}} \tag{11.41}$$

或將式(11.37)之 U_m 代入得

$$\sigma_m = \sqrt{\frac{8}{5} \frac{mv_0^2 E}{AL}} = 1.265\sqrt{\frac{mv_0^2 E}{AL}}$$

將此值與就圖 11.22 所示均勻桿件所得之 σ_m 加以比較，並使式(11.39)中之 $V=AL$，吾人發現，變化斷面桿件中之最大應力比起較輕均勻桿件中者大了 **26.5%**。正如早先在例 11.01 所討論的，增加桿件 BC 部分之直徑，將使得桿件吸收能量之能力減少。

例 11.07

一重 W 之方塊從高 h 落在懸臂梁 AB 之自由端上(圖 11.24)。試求梁中應力之最大值。

解：

當方塊從高 h 落下時，方塊之位能 Wh 轉變為動能。衝擊之結果，動能再轉變為應變能，因此得†

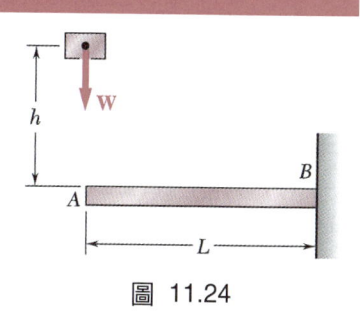

$$U_m = Wh \qquad (11.42)$$

由例 11.03 求得之懸臂梁 AB 之應變能公式，忽略剪力效應，吾人得

$$U_m = \frac{P_m^2 L^3}{6EI}$$

解此方程式得 P_m，吾人發現使梁中產生同大應變能之靜力載重乃是

$$P_m = \sqrt{\frac{6U_m EI}{L^3}} \qquad (11.43)$$

最大應力 σ_m 在固定端 B 發生，大小為

$$\sigma_m = \frac{|M|c}{I} = \frac{P_m L c}{I}$$

將式(11.43)中之 P_m 代入即得

$$\sigma_m = \sqrt{\frac{6U_m E}{L(I/c^2)}} \qquad (11.44)$$

或由式(11.42)得

$$\sigma_m = \sqrt{\frac{6WhE}{L(I/c^2)}}$$

圖 11.24

---

† 方塊落下之總高度實際為 $h+y_m$，此處 y_m 乃梁端之最大撓度。是以 U_m 之更準確公式(參見範例 11.3)乃是

$$U_m = W(h+y_m) \qquad (11.42')$$

不過，當 $h \gg y_m$ 時，使用式(11.42)可忽略 y_m。

11.8 衝擊載重之設計

現將在上節中所求得之各最大應力 σ_m 值,即(a)圖 11.22 所示均勻斷面桿件中,(b)例 11.06 所述變化斷面桿件中,(c)例 11.07 所述懸臂梁中的最大應力值作一比較,並假定後者是一半徑為 c 之圓形斷面。

(a)首先由式(11.39)知悉,如 U_m 表衝擊載重作用後傳至桿件之能量,則在均勻斷面桿件中之最大應力是

$$\sigma_m = \sqrt{\frac{2U_m E}{V}} \tag{11.45a}$$

式中 V 是桿件之體積。

(b)其次,考究例 11.06 中之桿件,此桿件之體積是

$$V = 4A(L/2) + A(L/2) = 5AL/2$$

將 $AL = 2V/5$ 代入式(11.41)即得

$$\sigma_m = \sqrt{\frac{8U_m E}{V}} \tag{11.45b}$$

(c)最後,由圓形截面梁之 $I = \frac{1}{4}\pi c^4$ 得

$$L(I/c^2) = L\left(\frac{1}{4}\pi c^4/c^2\right) = \frac{1}{4}(\pi c^2 L) = \frac{1}{4}V$$

式中 V 為梁的體積。將此式代入式(11.44),得例 11.07 中之懸臂梁的最大應力為

$$\sigma_m = \sqrt{\frac{24U_m E}{V}} \tag{11.45c}$$

由此可知,無論在哪一種情形中,最大應力與材料彈性模數的平方根成正比,但與構件體積的平方根成反比。假定上述三個構件具有相同的體積,並且都由相同材料製成,則吾人亦可看出,就一既定的能量吸收值而言,均勻截面桿的最大應力值最小,而懸臂梁中的應力最大。

這個結果可由下述事實來解釋:即在情形 a 中,應力為均勻分佈,所以應變能亦均勻地分佈在整桿;在情形 b 中,桿之 BC 部分的應力只有 CD 部分的 25%,這種應力及應變能的不平等分佈使其最大應力 σ_m 為均勻斷面桿對應應力的兩倍;最後在 c 的情形中,懸臂梁受一橫向衝擊載重,應力隨桿長及橫向斷面呈線性變化,這一不均等的應變能分佈導致其最大應力比情形 a 中受軸向載重的相同構件大 3.46 倍。

本節所討論的三個特例的性質都是很普遍的性質,可在所有結構及衝擊類型中看到。因此,在設計能有效地承受一衝擊載重的結構時,該結構必須:

1. 體積大。
2. 由彈性模數低、降伏強度高的材料製成。
3. 具有適當外形，使應力儘可能均勻分佈於整個結構。

11.9 單一載重下之功及能

當吾人在本章開始最先介紹應變能觀念時，考慮了軸向載重 **P** 作用在均勻斷面桿件端點所做之功(圖 11.1)。吾人亦曾定義桿件伸長 x_1 之應變能乃是載重 **P** 從 0 緩慢增至與 x_1 對應之 P_1 值時所做之功。故有

$$應變能 = U = \int_0^{x_1} P\, dx \tag{11.2}$$

就一彈性變形之情況而言，載重 **P** 所做之功，亦即是桿件應變能，可表之為

$$U = \frac{1}{2} P_1 x_1 \tag{11.3}$$

其後在 11.4 及 11.5 節，藉著計算構件每一點之應變能密度 u，並對整個構件作 u 之積分，吾人求出了結構構件在不同載重條件下之應變能。

然而當一結構或構件承載單一集中載重時，如果載重及變形結果間之關係屬已知，吾人就可應用式(11.3)去計算彈性應變能。例如，就例 11.03 所述之懸臂梁而言(圖 11.25)，吾人得

$$U = \frac{1}{2} P_1 y_1$$

將附錄 D 梁撓度及斜度表所載之 y_1 值代入上式，吾人得

$$U = \frac{1}{2} P_1 \left(\frac{P_1 L^3}{3EI} \right) = \frac{P_1^2 L^3}{6EI} \tag{11.46}$$

使用類似之方法亦可求得受單一力偶作用結構或構件之應變能。吾人已知悉，力偶 M 所做之微功乃是 $M\, d\theta$，此處 $d\theta$ 表一微小角。由於 M 與 θ 成線性關係，是以懸臂梁 AB 端點 A 受單一力偶 $\mathbf{M}_1$ 作用之彈性應變能(圖 11.26)可表之為

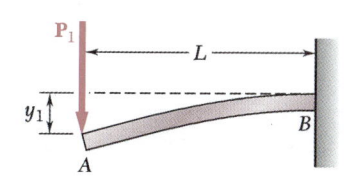

圖 11.25 承載 P_1 的懸臂梁

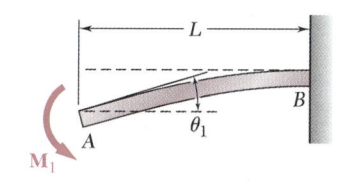

圖 11.26 承載 M_1 力偶的懸臂梁

$$U = \int_0^{\theta_1} M\, d\theta = \frac{1}{2} M_1 \theta_1 \qquad (11.47)$$

式中 θ_1 表示梁在 A 點之斜度。將附錄 D 所載之 θ_1 代入，即得

$$U = \frac{1}{2} M_1 \left(\frac{M_1 L}{EI} \right) = \frac{M_1^2 L}{2EI} \qquad (11.48)$$

再用相似方法，可將長度為 L，在端點 B 受單一扭矩 T_1 作用之均勻圓軸 AB(圖 11.27)之彈性應變表之為

$$U = \int_0^{\phi_1} T\, d\phi = \frac{1}{2} T_1 \phi_1 \qquad (11.49)$$

將式(3.16)中之扭轉角 ϕ_1 代入，吾人即得

$$U = \frac{1}{2} T_1 \left(\frac{T_1 L}{JG} \right) = \frac{T_1^2 L}{2JG}$$

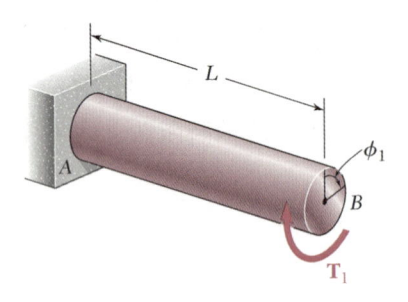

圖 11.27　承載扭矩 T_1 的圓軸

此式與前在 11.5 節求得者相同。

本節所介紹之方法可以簡化很多衝擊載重問題之解法。在例 11.08 中，汽車碰擊一護欄(照片 11.2)可被考慮成為一方塊及一簡單梁碰擊之簡化模式。

照片 11.2　汽車碰擊護欄所生之甚大能量，在汽車及護欄生成永久變形時，轉化成熱而散去

例 11.08

一質量為 m 之方塊，以速度 $\mathbf{v}_0$ 筆直對準衝擊稜體構件 AB 之中點 C(圖 11.28)。試求(a)相當之靜力載重 P_m，(b)構件中之最大應力，(c)在 C 點之最大撓度 x_m。

第 11 章 能量法

解：

(a)相當之靜力載重

構件之最大應變能等於方塊在衝擊前之動能，故得

$$U_m = \frac{1}{2} m v_0^2 \qquad (11.50)$$

在另一方面，U_m 亦為相當之水平載重緩慢作用在構件中點 C 所做之功，故亦得

$$U_m = \frac{1}{2} P_m x_m \qquad (11.51)$$

式中 x_m 乃是與靜力載重 P_m 對應之 C 點撓度。由附錄 D 之梁撓度及斜度表所載，吾人得

$$x_m = \frac{P_m L^3}{48EI} \qquad (11.52)$$

將式(11.52)中之 x_m 代入式(11.51)中，吾人得

$$U_m = \frac{1}{2} \frac{P_m^2 L^3}{48EI}$$

解之即得 P_m，且由式(11.50)，求得與已知衝擊載重相當之靜力載重為

$$P_m = \sqrt{\frac{96 U_m EI}{L^3}} = \sqrt{\frac{48 m v_0^2 EI}{L^3}} \qquad (11.53)$$

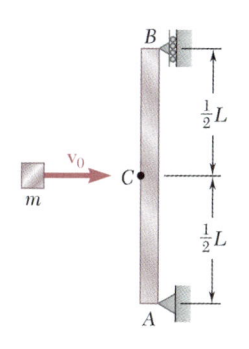

圖 11.28

(b)最大應力

畫出構件之分離體圖(圖 11.29)，即可求出在 C 點發生之彎曲力矩最大值為 $M_{\max} = P_m L/4$。是以最大應力發生在過 C 點之橫向斷面中，其值等於

$$\sigma_m = \frac{M_{\max} c}{I} = \frac{P_m L c}{4I}$$

將式(11.53)中之 P_m 代入，即得

$$\sigma_m = \sqrt{\frac{3 m v_0^2 EI}{L(I/c)^2}}$$

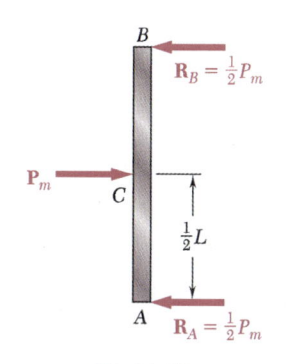

圖 11.29

(c)最大撓度

將式(11.53)中之 P_m 代入式(11.52)中,即得

$$x_m = \frac{L^3}{48EI}\sqrt{\frac{48mv_0^2 EI}{L^3}} = \sqrt{\frac{mv_0^2 L^3}{48EI}}$$

11.10 應用功能法計算單一載重下之撓度

吾人在上節知悉,如果受單一集中載重 $\mathbf{P}_1$ 作用之結構或構件的撓度 x_1 係已知,吾人即可求得其對應應變能 U 為

$$U = \frac{1}{2}P_1 x_1 \tag{11.3}$$

使用類似方法可以求得受單一力偶 $\mathbf{M}_1$ 作用之結構構件應變能是

$$U = \frac{1}{2}M_1 \theta_1 \tag{11.47}$$

反言之,如一結構或構件受單一集中載重 $\mathbf{P}_1$ 或力偶 $\mathbf{M}_1$ 作用之應變能 U 已知時,吾人即可應用式(11.3)或(11.47)去求對應之撓度 x_1 或角 θ_1。為了能求出由幾個零構件組成之結構在受單一載重作用下之撓度,吾人發現,不要應用第 9 章所述任一方法,而採用以下的方法較簡單,即正如 11.4 及 11.5 節所做者,然後即可應用式(11.3)或(11.47)任一式求得所需之撓度。同理,對組合圓軸各部分之應變能密度積分,然後解式(11.49),可求得圓軸之扭轉角 ϕ_1。

應特別注意,本節所介紹之方法只適用於受單一集中載重或力偶之結構。受數個載重作用結構之應變能,因不能將各載重視作互不相關的只對結構作用之載重,是以不能計算每一載重所做之功而求應變能(參見 11.11 節)。吾人亦將發現,即使可以用此一方法計算結構之應變能,亦僅有一個方程式可用以計算對應於各載重之撓度。在 11.12 及 11.13 節,吾人將根據應變能觀念介紹另一方法,此法可用以計算結構上任一點之撓度或斜度,即使當結構同時受到幾個集中載重,均佈載重或力偶作用時亦可用之計算。

例 11.09

作用在 B 點之載重 **P** 用兩個有相同均勻斷面積 A 之桿件支承(圖 11.30)。試求 B 點之垂直撓度。

解：

此系統在已知載重作用下之應變能已在例 11.02 求得。使求得之 U 式與載重所做之功相等，是以

$$U = 0.364 \frac{P^2 l}{AE} = \frac{1}{2} P y_B$$

解上式即得 B 點之垂直撓度為

$$y_B = 0.728 \frac{Pl}{AE}$$

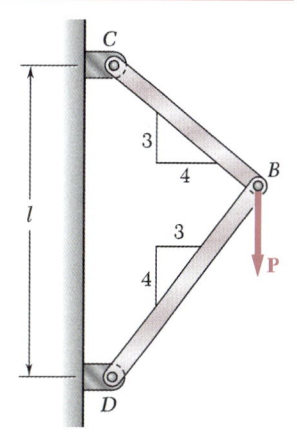

圖 11.30

注　意

吾人應注意到，倘若已求得兩桿件中之力(參見例 11.02)，兩桿件之變形 $\delta_{B/C}$ 及 $\delta_{B/D}$ 即可應用第 2 章所述之方法求得。不過，利用這些變形去求 B 點之垂直撓度需對涉及之各位移作詳細的幾何分析。此處所用之應變能法即不需用該種分析。

例 11.10

試求懸臂梁 AB 端點 A 之撓度(圖 11.31)。需考慮之效應乃是(a)只有正交應力，(b)正交應力及剪應力。

解：

(a)正交應力效應

力 **P** 緩慢作用於 A 點時所做之功是

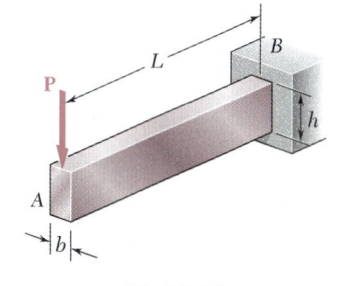

圖 11.31

$$U = \frac{1}{2} P y_A$$

將上面 U 式代入例 11.03 所述只考慮正交應力效應梁的應變能中，吾人得

$$\frac{P^2 L^3}{6EI} = \frac{1}{2} P y_A$$

解之得 y_A 為

$$y_A = \frac{PL^3}{3EI}$$

(b) 正交及剪應力效應

現將 U 式代入例 11.05 所述考慮正交及剪應力兩種效應所求得之式(11.24)中，即得

$$\frac{P^2L^3}{6EI}\left(1+\frac{3Eh^2}{10GL^2}\right)=\frac{1}{2}Py_A$$

解上式得 y_A 為

$$y_A = \frac{PL^3}{3EI}\left(1+\frac{3Eh^2}{10GL^2}\right)$$

吾人注意到，當剪力效應不計時，相對誤差與例 11.05 求得者相同，即是小於 $0.9(h/L)^2$ 那時吾人即已提到，h/L 比值小於 1/10 之梁，相對誤差小於 0.9%。

例 11.11

一扭矩 **T** 作用在圓軸 BCD 之端點 D(圖 11.32)。已知圓軸兩部分是用同樣材料做成，長度相同，但 BC 之直徑卻為 CD 直徑之兩倍，試求整個圓軸之扭轉角。

解：

在例 11.04 中，將圓軸分成 BC 及 CD，求得了一類似圓軸之應變能。在式(11.23)中，取 $n=2$，吾人得

$$U=\frac{17}{32}\frac{T^2L}{2GJ}$$

式中 G 表材料之剛性模數，J 表圓軸 CD 部分之極慣性矩。取 U 等於扭矩緩慢施加至端點 D 時所做之功，由式(11.49)，得

$$\frac{17}{32}\frac{T^2L}{2GJ}=\frac{1}{2}T\phi_{D/B}$$

解上式得扭轉角 $\phi_{D/B}$ 為

$$\phi_{D/B}=\frac{17TL}{32GJ}$$

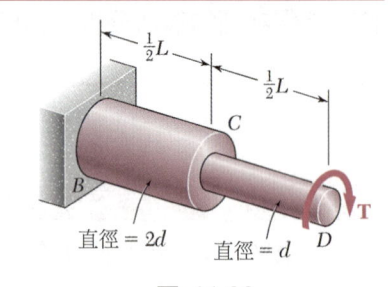

圖 11.32

範例 11.3

質量為 m 之方塊 D，在其衝擊鋁梁 AB 中點 C 之前，由靜止落下高度 h。用 $E = 73$ GPa，試求 (a) C 點之最大撓度，(b) 發生在梁中之最大應力。

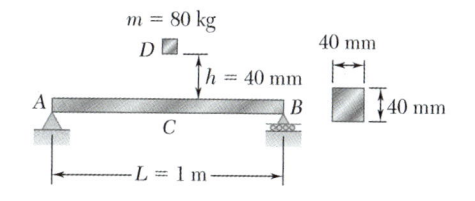

解：

功能原理

因方塊由靜止落下，是以吾人知悉在位置 1 處，動能及應變能兩者皆為零。在位置 2，亦即最大撓度 y_m 發生處，動能亦為參照附錄 D 之梁撓度及斜度表，吾人可得出圖示 y_m 之算式。是以在位置 2 的梁之應變能是

$$U_2 = \frac{1}{2} P_m y_m = \frac{1}{2} \frac{48EI}{L^3} y_m^2 \qquad U_2 = \frac{24EI}{L^3} y_m^2$$

吾人發現方塊重量 **W** 所做之功是 $W(h + y_m)$。使方塊之應變能等於 **W** 所做之功，得

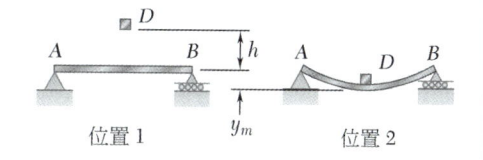

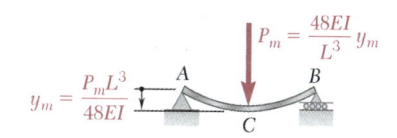

$$\frac{24EI}{L^3} y_m^2 = W(h + y_m) \tag{1}$$

a. C 點之最大撓度

從已知數據，吾人得

$$EI = (73 \times 10^9 \text{ Pa}) \frac{1}{12} (0.04 \text{ m})^4 = 15.573 \times 10^3 \text{ N} \cdot \text{m}^2$$

$$L = 1 \text{ m} \qquad h = 0.040 \text{ m} \qquad W = mg = (80 \text{ kg})(9.81 \text{ m/s}^2) = 784.8 \text{ N}$$

將上述各值代入式 (1)，吾人得

$$(373.8 \times 10^3) y_m^2 - 784.8 y_m - 31.39 = 0 \qquad y_m = 10.27 \text{ mm} \blacktriangleleft$$

b. 最大應力

P_m 值是

$$P_m = \frac{48EI}{L^3} y_m = \frac{48(15.573 \times 10^3 \text{ N} \cdot \text{m})}{(1 \text{ m})^3}(0.01027 \text{ m}) \qquad P_m = 7677 \text{N}$$

因 $\sigma_m = M_{max} c/I$ 及 $M_{max} = \frac{1}{4} P_m L$，最大應力是

$$\sigma_m = \frac{\left(\frac{1}{4} P_m L\right) c}{I} = \frac{\frac{1}{4}(7677 \text{ N})(1 \text{ m})(0.020 \text{ m})}{\frac{1}{12}(0.040 \text{ m})^4} \qquad \sigma_m = 179.9 \text{ MPa} \blacktriangleleft$$

將式(1)右手項中，表示做功算式中之 y_m 忽略，亦可求得方塊重量所做功之近似值，此乃例 11.07 之解法。如此處使用該近似值，吾人求得 $y_m = 9.16$ mm；誤差為 10.8%。然而，如一 8 kg 方塊從高 400 mm 處掉下，產生相同 Wh 值，忽略式(1)右手項中之 y_m，卻只產生 1.2%之誤差。習題 11.70 將進一步討論此近似值。

範例 11.4

圖示桁架各構件乃由具圖示斷面積之鋁管製成。$E = 73$ GPa，試求由載重 **P** 作用而在 E 點產生之垂直撓度。

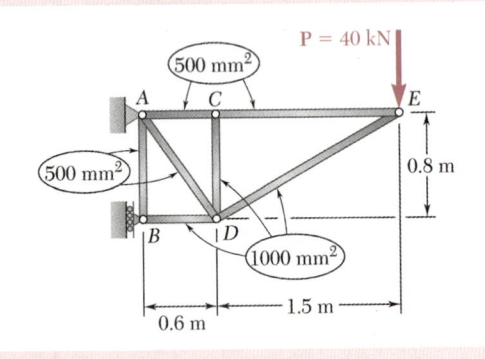

解：

桁架構件中之軸向力

應用整個桁架之分離體圖，可求得反作用力。然後依序考究節點 E、C、D 及 B 之平衡，在每一節點，吾人可求得用虛線表出之力。在節點 B，方程式 $\Sigma F_x = 0$ 使吾人能對計算作出校驗。

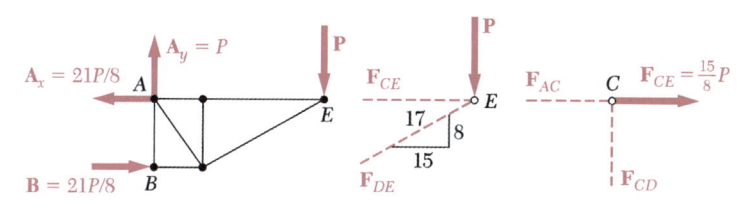

$$\Sigma F_y = 0 : F_{DE} = -\frac{17}{8}P \qquad \Sigma F_x = 0 : F_{AC} = +\frac{15}{8}P$$

$$\Sigma F_x = 0 : F_{CE} = +\frac{15}{8}P \qquad \Sigma F_y = 0 : F_{CD} = 0$$

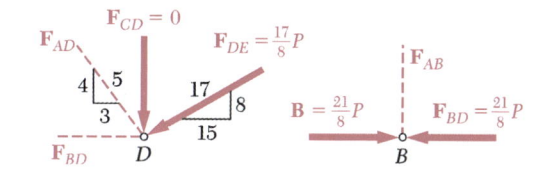

$$\Sigma F_y = 0 : F_{AD} = +\frac{5}{4}P \qquad \Sigma F_y = 0 : F_{AB} = 0$$

$$\Sigma F_x = 0 : F_{BD} = -\frac{21}{8}P \qquad \Sigma F_x = 0 : (校核)$$

應變能

因所有構件之 E 皆相同，吾人可表出桁架之應變能如下

$$U = \Sigma \frac{F_i^2 L_i}{2A_i E} = \frac{1}{2E} \Sigma \frac{F_i^2 L_i}{A_i} \tag{1}$$

構件	F_i	L_i, m	A_i, m²	$\frac{F_i^2 L_i}{A_i}$
AB	0	0.8	500×10^{-6}	0
AC	$+15P/8$	0.6	500×10^{-6}	$4219P^2$
AD	$+5P/4$	1.0	500×10^{-6}	$3125P^2$
BD	$-21P/8$	0.6	1000×10^{-6}	$4134P^2$
CD	0	0.8	1000×10^{-6}	0
CE	$+15P/8$	1.5	500×10^{-6}	$10547P^2$
DE	$-17P/8$	1.7	1000×10^{-6}	$7677P^2$

式中 F_i 表示一構件中之力，如下表所示。其和則伸延至桁架的所有構件。

$$\Sigma \frac{F_i^2 L_i}{A_i} = 29700P^2$$

再應用式(1)，吾人得

$$U = (1/2E)(29.7 \times 10^3 P^2)$$

功能原理

吾人知悉逐漸施加之力 **P** 所做之功是 $\frac{1}{2}Py_E$。已知 $E = 73$ GPa 及 $P = 40$ kN，使力 **P** 所做之功等於應變能，則得

$$\frac{1}{2}Py_E = U \qquad \frac{1}{2}Py_E = \frac{1}{2E}(29.7 \times 10^3 P^2)$$

或

$$y_E = \frac{1}{E}(29.7 \times 10^3 P) = \frac{(29.7 \times 10^3)(40 \times 10^3)}{73 \times 10^9}$$

$$y_E = 16.27 \times 10^{-3} \text{ m} \qquad\qquad y_E = 16.27 \text{ mm} \downarrow \blacktriangleleft$$

習 題

11.42 一 6 kg 軸環 D 沿直徑為 20 mm 的桿件 AB 移動，當其碰擊與桿件端點 A 連接之一小鈑時，速率為 $v_0 = 4.5$ m/s。使用 $E = 200$ GPa，試求 (a) 相當之靜態負載，(b) 桿件中的極大應力，(c) A 點處的極限饒度。

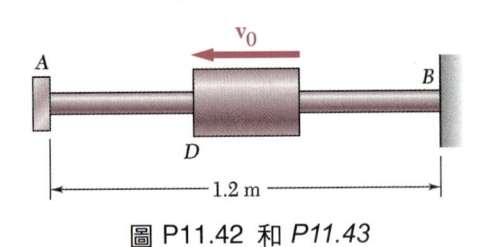

圖 P11.42 和 P11.43

11.43 一 5 kg 軸環 D 沿直徑為 20 mm 的均勻桿件 AB 移動，當其碰擊與桿件端點 連接之一小鈑時，速率為 $v_0 = 6$ m/s。使用 $E = 200$ GPa 及已知桿件中的允許應力為 250 MPa，試求可作為桿件的極小直徑。

11.44 軸環 D 由圖示靜止位置落下時，在與垂直桿件 ABC 終端 C 相連之小鈑處停止。如 BC 部分中之極大正交應力是 125 MPa 時，試求軸環之質量。

11.45 假定桿件 ABC 之兩部分皆係鋁製，再解習題 11.44。

11.46 圖示重為 48 kg 之軸環 G，在圖示靜止位置放鬆而落下，在鈑 BDF 處被擋住。此鈑乃與直徑 20 mm 之鋼桿 CD 及直徑皆為 15 mm 鋼桿 AB 及 EF 相連，已知所用鋼等級之 $\sigma_{all} = 180$ MPa、$E = 200$ GPa，試求最大容許距離 h。

圖 P11.44

圖 P11.46

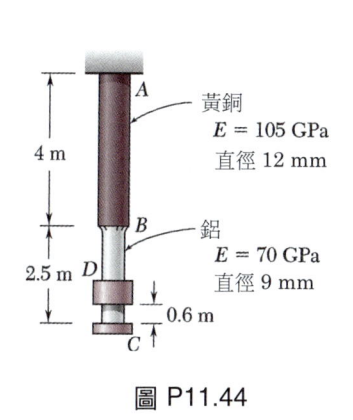

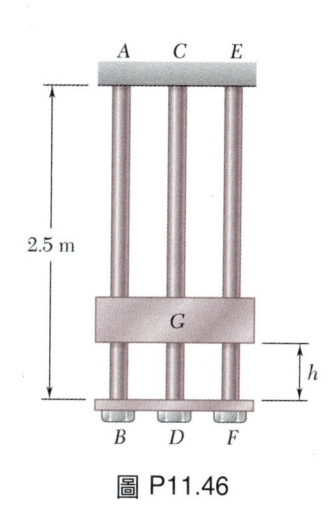

11.47 假定直徑 20 mm 之鋼桿 CD 用一直徑為 20 mm 鋁桿取代，又此等鋁之 $\sigma_{all}=150$ MPa、$E=75$ GPa，再解習題 11.46。

11.48 圖示鋼梁 AB 之中點 C，受一 45 kg 方塊，以速率 $v_0=2$ m/s 水平碰擊。採用 $E=200$ GPa，試求(a)相當之靜力載重，(b)在梁中之極大之正交應力，(c)在梁中點 C 之極大撓度。

11.49 假定使 W150×13.5 冷軋鋼梁對其縱軸轉動 90°，俾使梁腹垂直時，再解習題 11.48。

11.50 圖示立柱 AB 係由外徑為 80 mm，壁厚為 6 mm 之鋼管組成。一重 6 kg 方塊 C 以速度 v_0 水平筆直衝碰立柱 A 點。用 $E=200$ GPa，如使管中極大正交應力不超過 180 MPa，試求最大速率 v_0。

11.51 假定立柱 AB 是由直徑 80 mm 之實心鋼桿組成，再解習題 11.50。

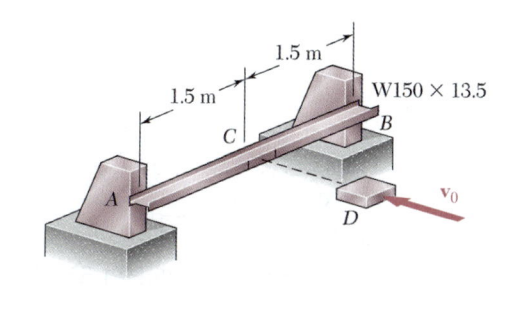

圖 P11.48

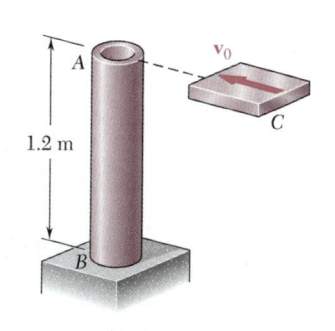

圖 P11.50

11.52 及 11.53 使重 2 kg 方塊 D 從圖示位置落下，掉在直徑 16 mm 鋼桿之端點上如圖所示。已知 E=200 GPa，試求 (a) 端點 A 之極大撓度，(b) 桿件中之極大彎曲力矩，(c) 桿件中之極大正交應力。

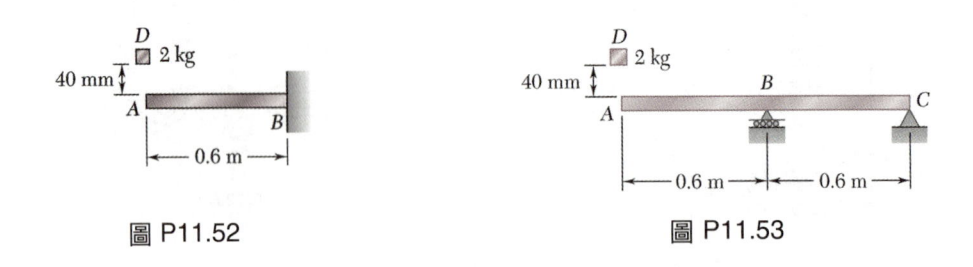

圖 P11.52

圖 P11.53

11.54 重 20 kg 方塊 D 從高 h=180 mm 位置落下，掉在鋼梁 AB 之上如圖所示。已知 E=200 GPa，試求 (a) 在 E 點之極大撓度，(b) 梁中之極大正交應力。

11.55 重 72 kg 之跳水員，從高 0.5 m 跳下，跳在具有均勻斷面跳板端點 C 上如圖所示。假定跳水員之腿保有剛性及用 E=12 GPa。試求 (a) C 點之極大撓度，(b) 板中之極大正交應力，(c) 相當之靜力載重。

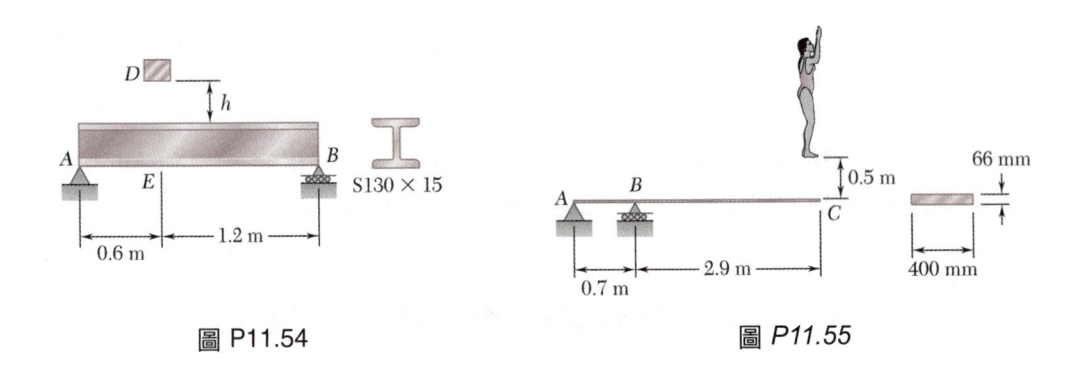

圖 P11.54

圖 P11.55

11.56 如圖所示重量為 W 之物體由高度 h 處掉到水平梁 AB 上，且打在點 D 處。(a) 試證明點 D 處之最大撓度 y_m 可以寫成

$$y_m = y_{st}\left(1 + \sqrt{1 + \frac{2h}{y_{st}}}\right)$$

其中 y_{st} 代表 D 處由作用在該點的靜力載重 W 所引起的撓度，而括弧內之量則被稱為**衝擊因數** (impact factor)。
(b) 試求習題 11.52 所述棒與衝擊載重之衝擊因數。

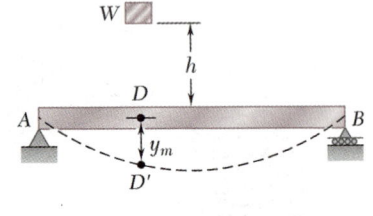

圖 P11.56 和 P11.57

11.57 如圖所示重量為 W 之物體由高度 h 處掉到水平梁 AB 上，且打在點 D 處。(a)以 y_m 代表 D 處之最大撓度，而 y'_m 代表不計此撓度對於物體位能變化的效應所得到之值，試證明相對誤差 $(y'_m - y_m)/y_m$ 之絕對值絕不超過 $y'_m/2h$。(b)在解習題 11.52 的 a 部分求載重的位能變化時，不計 y_m，並將所得到的結果和該習題的精確解比較，以檢驗由 a 部分所得到的結果。

11.58 及 11.59 試用功能法，求如圖所示的點 D 處由載重 **P** 所引起的撓度。

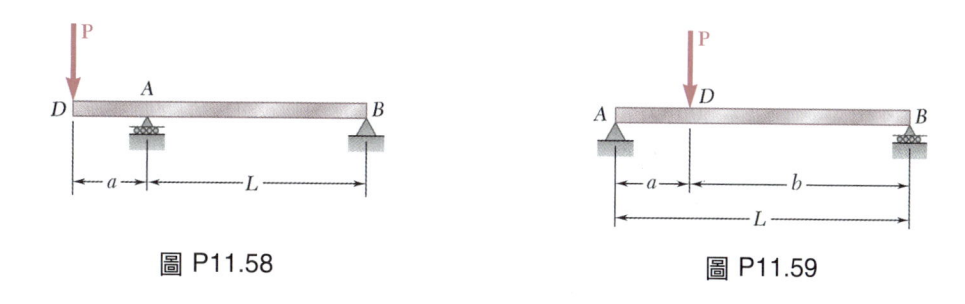

圖 P11.58

圖 P11.59

11.60 及 11.61 試用功能法，求如圖所示之點 D 處由力偶 **M₀** 所引起的斜度。

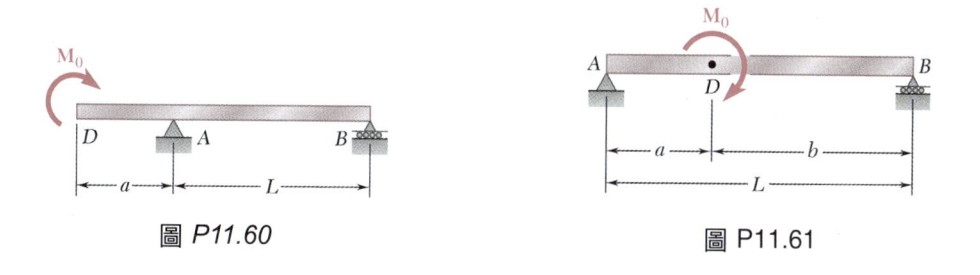

圖 *P11.60*

圖 P11.61

11.62 及 11.63 試用功能法，求如圖所示之點 C 處由載重 **P** 所引起的撓度。

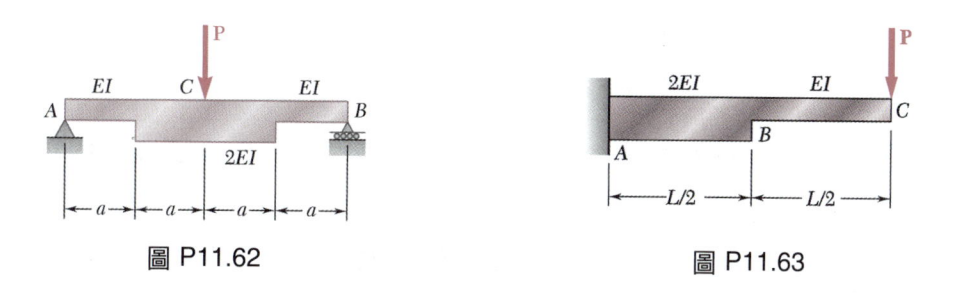

圖 P11.62

圖 P11.63

11.64 試用功能法，求如圖所示之點 A 處由力偶 **M₀** 所引起之斜度。

11.65 試用功能法，求如圖所示之 D 處由力偶 **M₀** 所引起之斜度。

圖 P11.64

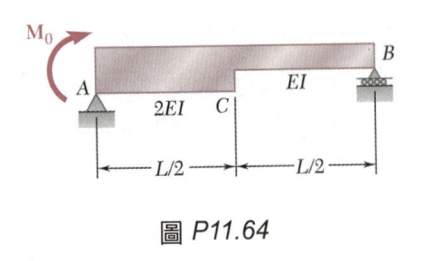

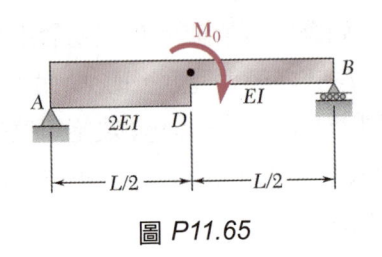

圖 P11.65

11.66 將圖示直徑 20 mm 之鋼桿 CD 與一直徑 20 mm 之鋼圓軸 AB 焊接在一起，如圖所示。當一力偶 T_B 作用在連接圓軸 AB 之一圓盤上時，桿件 CD 端點 C 即與圖示之剛性表面接觸，已知軸承可自行對位，且無作用在圓軸上之力偶。當 $T_B = 400$ N·m 時，試求圓盤轉動之角度。用 $E = 200$ GPa、$G = 77.2$ GPa。(要考慮由圓軸 AB 所產生之彎曲及扭轉，以及 CD 臂所產生之彎曲兩者。)

11.67 直徑 20 mm 之鋼桿 BC，一端與槓桿 AB 連接，另端則固接於 C。均勻鋼槓桿 AB 寬 10 mm、深 30 mm。用 $E = 200$ GPa、$G = 77.2$ GPa，應用功能法，試求當 $L = 600$ mm 在 A 點之撓度。

11.68 直徑 20 mm 之鋼桿 BC，一端與槓桿 AB 連接，另端則固接於 C。均勻鋼槓桿 AB 寬 10 mm、深 30 mm。用 $E = 200$ GPa、$G = 77.2$ GPa，應用功能法，試求當 A 點在 40 mm，在桿件 BC 之長度 L。

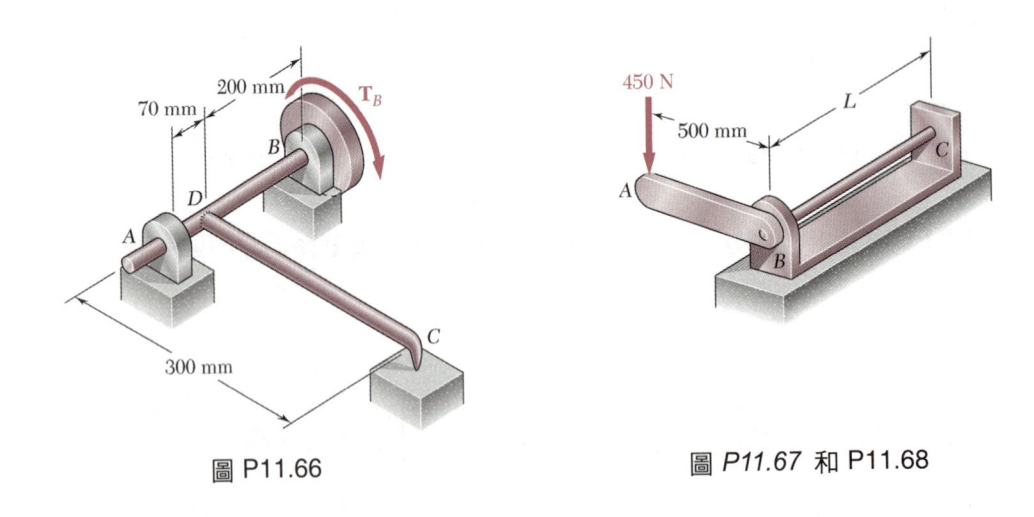

圖 P11.66

圖 P11.67 和 P11.68

11.69 圖示兩實心鋼軸用齒輪連結在一起。試用功能法，求 $T = 820$ N·m 時端點 D 轉動的角度。採用 $G = 77.2$ GPa。

圖 P11.69

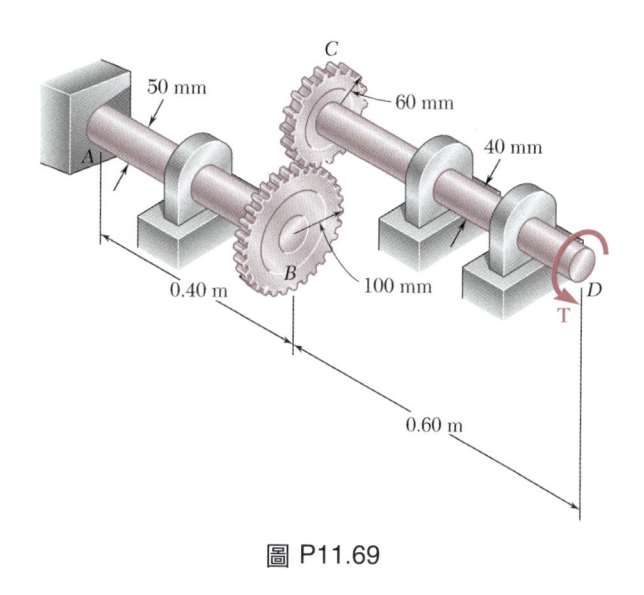

11.70 圖示之薄壁中空筒狀構件 AB 具非圓形斷面，其厚度也不均勻。試利用第 3.13 節中的式(3.53)所列出的數學式及式(11.19)所列出的應變能密度數學式，證明構件 AB 之扭轉角為

$$\phi = \frac{TL}{4\alpha^2 G} \oint \frac{ds}{t}$$

其中 ds 為壁斷面中心線之微素，而 α 為由該中心線所圍住之面積。

11.71 圖示桁架之每一構件皆用鋼製造，且具有均勻斷面積 A，試用功能法，求載重 **P** 作用點處之垂直撓度。

圖 P11.70

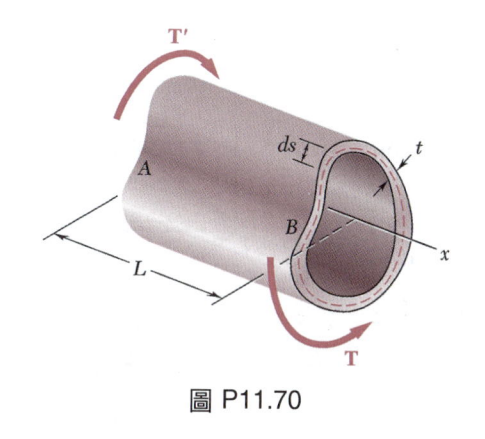

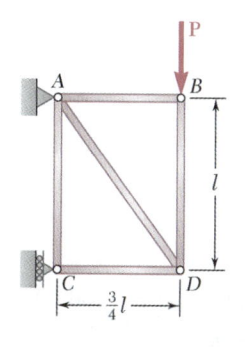

圖 P11.71

11.72 圖示桁架之每一構件皆用鋼製造,且具有均勻斷面積 400 mm²。用 $E=200$ GPa,求 16 kN 載重作用於 D 點的撓度。

11.73 圖示桁架之每一構件皆用鋼製造,所有斷面積皆為均勻之 1945 mm²。採用 $E=200$ GPa,試求由圖示 100 kN 載重所產生在節點 A 之垂直撓度。

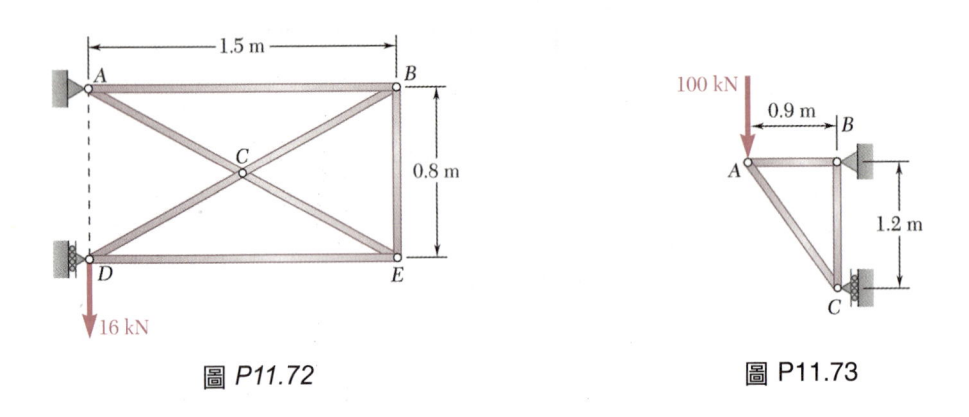

圖 P11.72

圖 P11.73

11.74 圖示桁架之每一構件皆用鋼製造,所有斷面積皆為均勻之 3220 mm²。採用 $E=200$ GPa,試求由圖示 60 kN 載重所產生在節點 C 之垂直撓度。

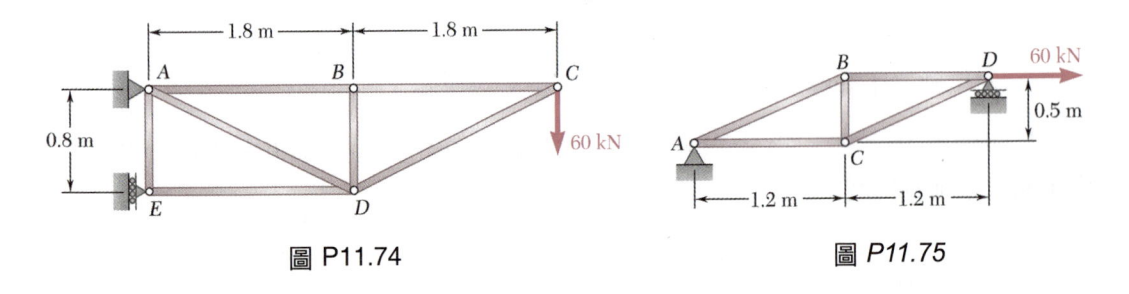

圖 P11.74

圖 P11.75

11.75 圖示桁架之每一構件皆用鋼製造,BC 構件的斷面積為 800 mm²,其餘構件的斷面積為 400 mm²。$E=200$ GPa,求 60 kN 載重作用於 D 點的撓度。

11.76 圖示鋼桿 BC 之直徑是 24 mm,鋼索 $ABDCA$ 之直徑是 12 mm,用 $E=200$ GPa,試求由 12 kN 載重所造成在 D 點之撓度。

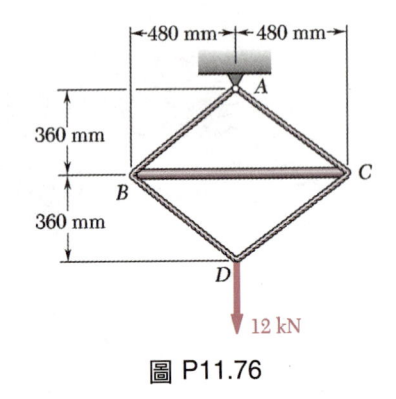

圖 P11.76

公式總整理

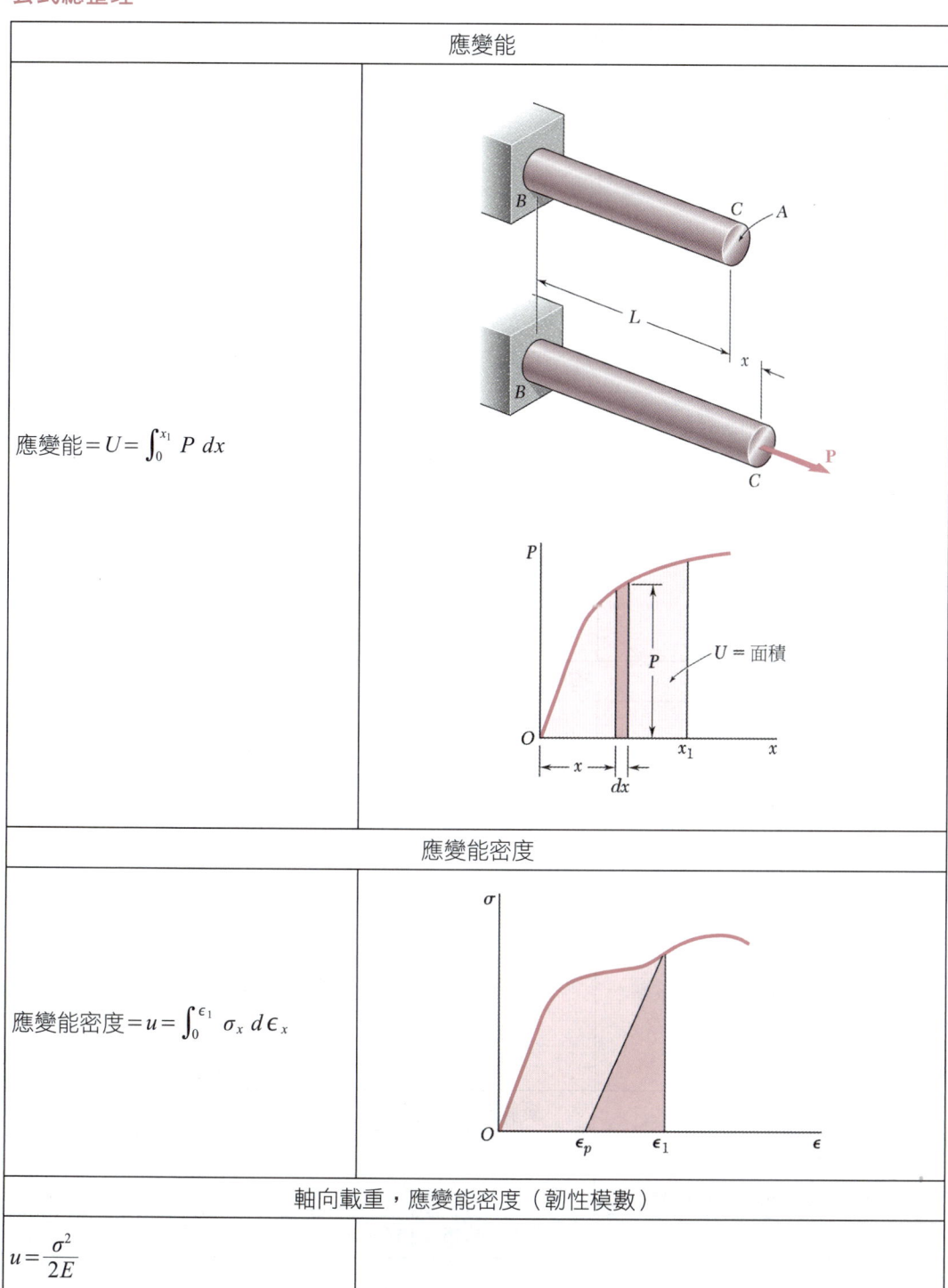

	應變能
應變能 $= U = \int_0^{x_1} P\, dx$	

	應變能密度
應變能密度 $= u = \int_0^{\epsilon_1} \sigma_x\, d\epsilon_x$	

軸向載重，應變能密度（韌性模數）	
$u = \dfrac{\sigma^2}{2E}$	

材料力學
Mechanics of Materials

公式總整理（續）

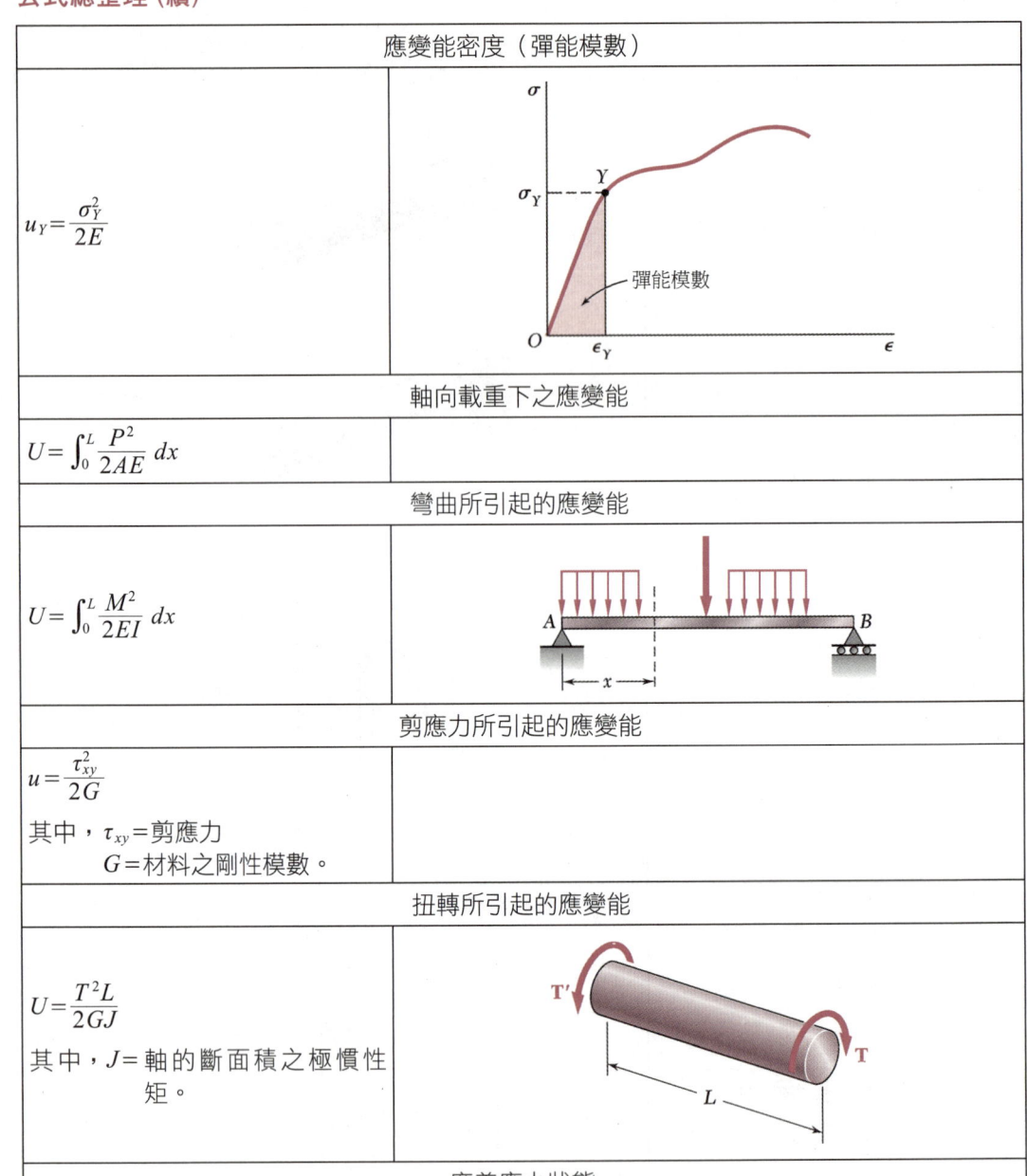

	應變能密度（彈能模數）
$u_Y = \dfrac{\sigma_Y^2}{2E}$	
	軸向載重下之應變能
$U = \displaystyle\int_0^L \dfrac{P^2}{2AE}\, dx$	
	彎曲所引起的應變能
$U = \displaystyle\int_0^L \dfrac{M^2}{2EI}\, dx$	
	剪應力所引起的應變能
$u = \dfrac{\tau_{xy}^2}{2G}$ 其中，τ_{xy}＝剪應力 　　　G＝材料之剛性模數。	
	扭轉所引起的應變能
$U = \dfrac{T^2 L}{2GJ}$ 其中，J＝軸的斷面積之極慣性矩。	
	廣義應力狀態
$u_s = \dfrac{1}{2E}\,[\sigma_a^2 + \sigma_b^2 + \sigma_c^2 \\ \qquad -2\nu\,(\sigma_a\sigma_b + \sigma_b\sigma_c + \sigma_c\sigma_a)]$	
	承受單一載重之構件
$U = \dfrac{P_1^2 L^3}{6EI}$	

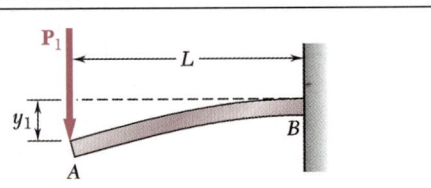

複習與摘要

本章討論了應變能及以應變能求同時承受靜力與衝擊載重的結構內之應力與變形之方法。

應變能

11.2 節中討論承受一緩慢增大的軸向載重 **P** 之均勻桿件(圖 11.52),吾人發現在載重−變形圖下方的面積(圖 11.53)代表 **P** 所做的功。此功等於桿伴隨載重 **P** 所引起的變形之應變能:

$$\text{應變能} = U = \int_0^{x_1} P \, dx \tag{11.2}$$

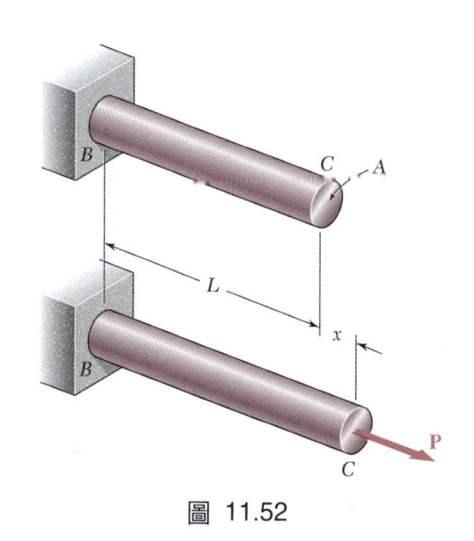

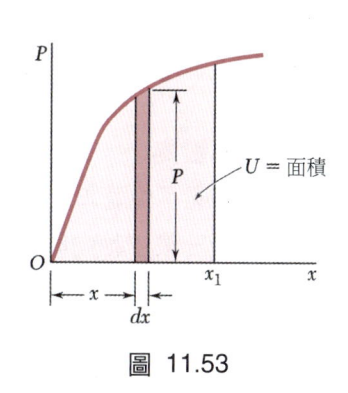

圖 11.52

圖 11.53

應變能密度

由於整支桿內的應力均勻,故可以將應變能除以桿之體積,以得到每單位體積之應變能,並將此定義為材料的**應變能密度** [11.3 節]。另外吾人還發現

$$\text{應變能密度} = u = \int_0^{\epsilon_1} \sigma_x \, d\epsilon_x \tag{11.4}$$

且注意到應變能密度等於材料的應力−應變圖下方之面積(圖 11.54)。由 11.4 節可知,當應力

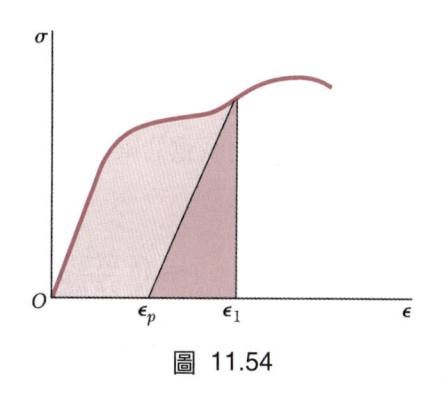

圖 11.54

並非均勻分佈時,式(11.4)仍然成立,但是應變能密度將因點而異。若材料被卸載,則有一永久應變 ϵ_p,只有對應於三角形面積的應變能恢復,其餘能量則在材料變形期間以熱的形式消散。

韌性模數

整個應力-應變圖下方之面積被定義為**韌性模數**,乃為材料可以得到的總能量的一種量度。

若正交應力 σ 保持在材料的比例限界內,則可以將應變能密度 u 寫成

$$u = \frac{\sigma^2}{2E}$$

彈能模數

應力-應變曲線下方從零應變到降伏的應變 ϵ_Y 之面積(圖 11.55),稱為材料的**彈能模數**,代表材料未降伏時可以吸收的每單位體積之能量,即

$$u_Y = \frac{\sigma_Y^2}{2E} \tag{11.8}$$

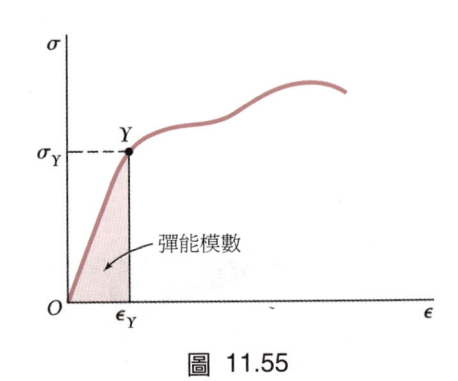

圖 11.55

軸向載重下之應變能

11.4 節中考慮了伴隨正交應力之應變能,吾人發現若長度為 L 且斷面積 A 變動的桿件尾端承受一集中軸向載重 **P**,則桿件之應變能為

$$U = \int_0^L \frac{P^2}{2AE} dx \tag{11.13}$$

若桿件具有均勻斷面積 A,則應變能為

$$U = \frac{P^2 L}{2AE} \tag{11.14}$$

彎曲所引起的應變能

對承受橫向載重的梁而言(圖 11.56),伴隨正交應力之應變能為

$$U = \int_0^L \frac{M^2}{2EI} dx \tag{11.17}$$

其中 M 為彎曲力矩,而 EI 為梁之抗撓剛度。

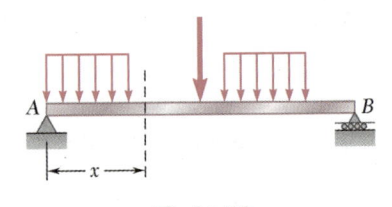

圖 11.56

剪應力所引起的應變能

11.5 節中考慮伴隨剪應力的應變能，並發現對於承受純剪的材料而言，其應變能密度為

$$u = \frac{\tau_{xy}^2}{2G} \tag{11.19}$$

其中 τ_{xy} 為剪應力，而 G 為材料之剛性模數。

扭轉所引起的應變能

對於長度為 L 而斷面均勻的軸而言，若兩端承受大小為 T 之力偶(圖 11.57)，則應變能為

$$U = \frac{T^2 L}{2GJ} \tag{11.22}$$

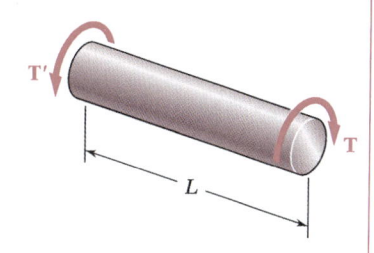

其中 J 為軸的斷面積之極慣性矩。

圖 11.57

廣義應力狀態

11.6 節討論了彈性且各向同性材料在廣義應力狀態下之應變能，且將一既定處之應變能密度以該點處的主應力 σ_a、σ_b 及 σ_c 表示

$$u = \frac{1}{2E}\left[\sigma_a^2 + \sigma_b^2 + \sigma_c^2 - 2v(\sigma_a\sigma_b + \sigma_b\sigma_c + \sigma_c\sigma_a)\right] \tag{11.27}$$

一既定點處之應變能密度被分成兩部分：與該點處的材料之體積變化相關的 u_v 及與同一點處的材料畸變相關的 u_d。即寫成 $u = u_v + u_d$，其中

$$u_v = \frac{1-2v}{6E}(\sigma_a + \sigma_b + \sigma_c)^2 \tag{11.32}$$

而

$$u_d = \frac{1}{12G}\left[(\sigma_a - \sigma_b)^2 + (\sigma_b - \sigma_c)^2 + (\sigma_c - \sigma_a)^2\right] \tag{11.33}$$

利用所得到的 u_d 數學式，吾人導出了最大畸變能準則，此準則在 7.7 節內被用來預測一延性材料在既定平面應力狀態下是否會降伏。

衝擊載重；等效靜力載重

11.7 節討論了彈性結構被一以既定速度移動的物體打擊時的**衝擊載重**，其中假設物體的動能全部傳給結構物，且將**等效靜力載重**定義為可以造成由衝擊載重所引起的相同變形及應力之載重。

材料力學
Mechanics of Materials

在討論過數個例子後，吾人注意到若要使一結構能有效地承受衝擊載重，就必須將結構設計成應力能均勻分佈在整個結構的形狀，並選用彈性模數低，降伏強度高的材料 [11.8 節]。

承受單一載重之構件

11.9 節中考慮了承受單一載重的結構件之應變能。在圖 11.58 所示的梁與載重情形中，吾人發現梁的應變能為

$$U = \frac{P_1^2 L^3}{6EI} \tag{11.46}$$

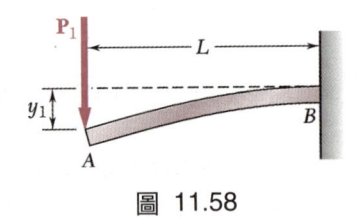

圖 11.58

由於發現載重 **P** 所做的功等於 $\frac{1}{2}P_1 y_1$，故令載重之功等於梁之應變能，而決定載重作用點處之撓度 [11.10 節與例 11.10]。

以上所描述的方法價值有限，因為只限於承受單一集中載重的結構體，且只能用以決定該載重作用處之撓度。本章剩下各節即提出了一種比較廣義的方法，可以用來決定承受數個載重的結構體各點處之撓度。

卡氏定理

11.11 節討論了承受數個載重的結構物之應變能，並在 11.12 節介紹了**卡氏定理**，即沿一載重 P_j 的作用線所量得的 P_j 作用點之撓度 x_j，等於結構物的應變能對載重 P_j 之偏導數，即寫成

$$x_j = \frac{\partial U}{\partial P_j} \tag{11.65}$$

另外也發現，卡氏定理可以用來決定梁在一力偶 M_j 的作用點處之斜度，即

$$\theta_j = \frac{\partial U}{\partial M_j} \tag{11.68}$$

及軸在一扭矩 T_j 作用下之斷面處的**扭轉角**為

$$\phi_j = \frac{\partial U}{\partial T_j} \tag{11.69}$$

11.13 節將卡氏定理用來求得一已知結構物各點處的撓度與斜度。「虛」載重的應用使吾人能計算出無實際載重作用點之撓度與斜度。另外，吾人也發現在積分之前，先對載重 P_j 微分，則可以簡化撓度 x_j 之計算。在梁的情形中，由式(11.17) 可知

$$x_j = \frac{\partial U}{\partial P_j} = \int_0^L \frac{M}{EI} \frac{\partial M}{\partial P_j} dx \tag{11.70}$$

同理，對由 n 個構件組成之桁架而言，載重 **P**$_j$ 的作用點處之撓度 x_j 為

$$x_j = \frac{\partial U}{\partial P_j} = \sum_{i=1}^{n} \frac{F_i L_i}{A_i E} \frac{\partial F_i}{\partial P_j} \tag{11.72}$$

靜不定結構物

本章最後 [11.14 節] 把卡氏定理應用到靜不定結構物的分析上 [範例 11.7 及例 11.15 與 11.16]。

複習題

11.123 用 $E = 200$ GPa，試求 (a) 當 $P = 25$ kN 時，鋼桿 ABC 之應變能，(b) 桿件 AB 及 BC 部分之對應應變能密度。

11.124 假設附圖所示的稜體梁 AB 具有矩形斷面，試證明對已知載重而言，梁內的最大應變能密度為

$$u_{\max} = \frac{45}{8} \frac{U}{V}$$

其中 U 為梁之應變能，而 V 為其體積。

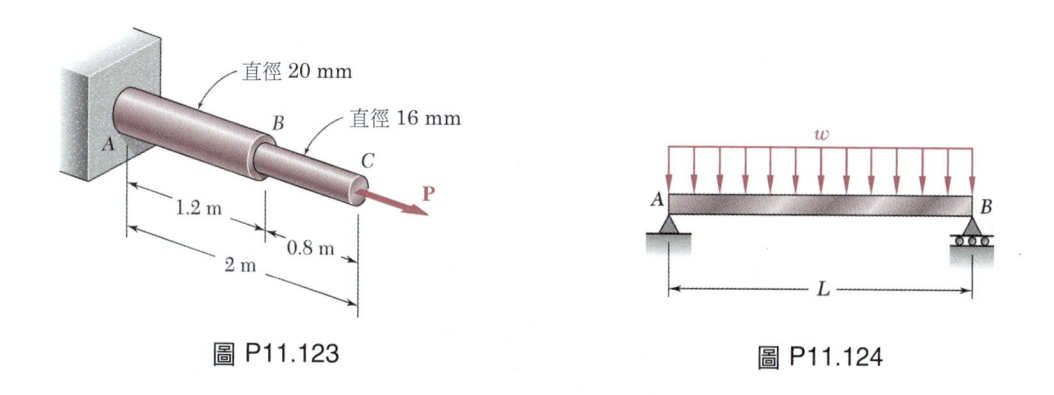

圖 P11.123

圖 P11.124

11.125 當圓塊 E 筆直衝擊軛塊 BD 時，其速率為 $v_0 = 4.8$ m/s，軛塊 BD 乃與直徑 22 mm 之 AB 及 CD 桿件連接如圖所示。已知兩桿件是用鋼製成，鋼之 $\sigma_Y = 350$ MPa、$E = 200$ GPa，若與桿件永久變形相關之安全因數是 5，試求圓塊 E 之重量。

11.126 圖示桁架中,每一構件皆用鋁製造,且具有指定斷面積。用 $E = 72$ GPa,求此桁架在圖示載重作用時之應變能。

圖 P11.125

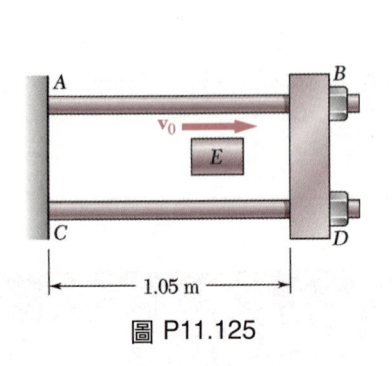

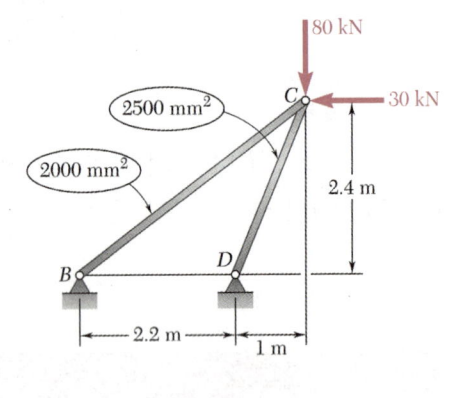

圖 P11.126

11.127 重 W 之塊狀物在梁上某 D 點,然後將其放下,是證明 D 點的極大撓度是施加靜態載重 W 於 D 點所產生撓度之兩倍。

11.128 將一直徑 12 mm 之鋼桿 ABC 彎成如圖所示之形狀。已知 $E = 200$ GPa 及 $G = 77.2$ GPa,試求由 150 N 力所造成 C 點之撓度。

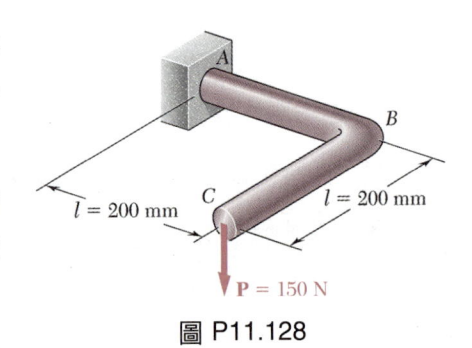

圖 P11.128

11.129 圖示每一直徑為 22 mm 之兩鋼軸,用齒輪連在一起如圖所示。已知 $G = 77$ GPa,圓軸 DF 固定在 F 點。當一 135 N·m 扭矩作用在 A 點時,試求過端點 A 之轉動角。忽略軸彎曲產生的應變能。

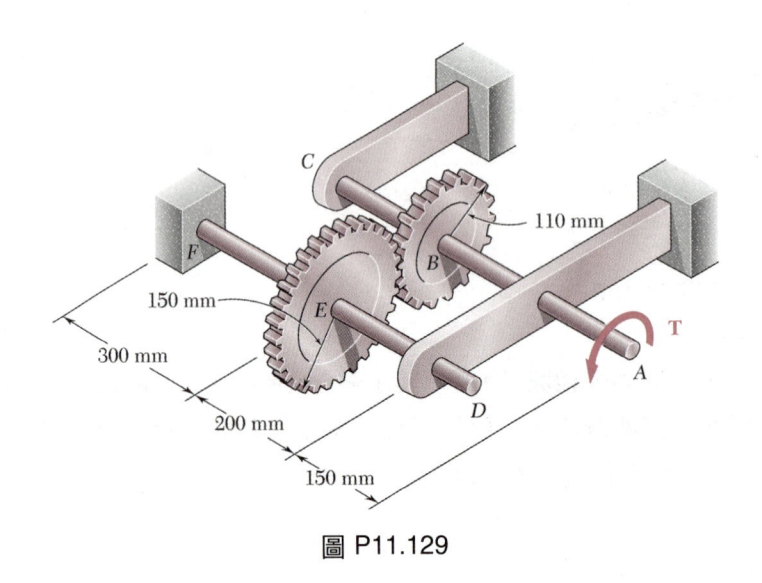

圖 P11.129

11.130 圖示桁架之每一構件皆用鋼製造。構件 BC 之斷面積是 800 mm²，其它所有構件之斷面積皆為 400 mm²。用 E = 200 GPa，試求由圖示 60 kN 載重所產生在 D 點之撓度。

11.131 將一半徑為 a 之圓盤與實心圓軸 AB 之端點 B 焊接如圖所示。使繩索環繞圓盤，一垂直力 **P** 施加在繩索端點 C。已知圓軸之半徑為 r，不計圓盤及繩索之變形效應，試證由 **P** 作用引起 C 點撓度是

$$\delta_C = \frac{PL^2}{3EI}\left(1 + 1.5\,\frac{Er^2}{GL^2}\right)$$

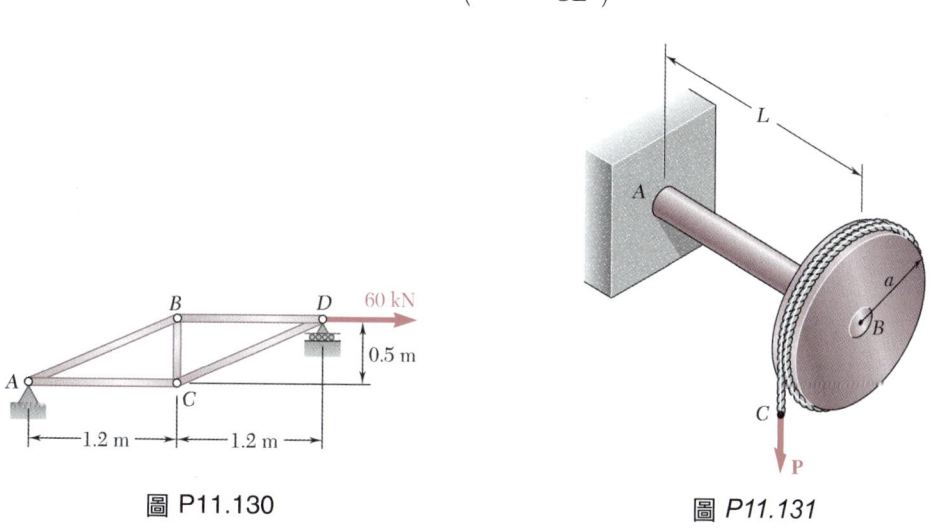

圖 P11.130

圖 P11.131

11.132 三個抗撓剛度為 EI 的桿件，以焊接的方式做成圖示形狀。針對圖示其載重亦如圖示，試求圖示載重下，D 點的角度。

11.133 圖示鋼件 ABC 具有邊長為 18 mm 之方形斷面，承載一 220 N 載重 **P**。用 E = 200 GPa，試求在 C 點之撓度。

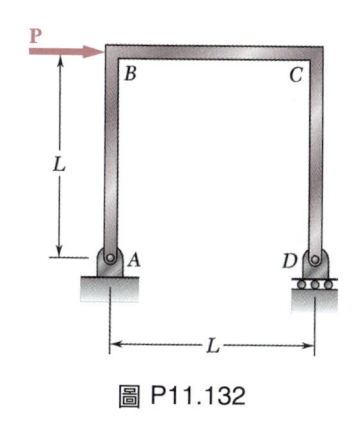

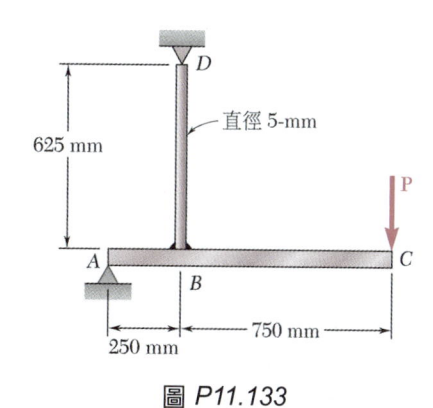

圖 P11.132

圖 P11.133

11.134 對於圖示均勻梁及載重，試求每一支點的反作用力。

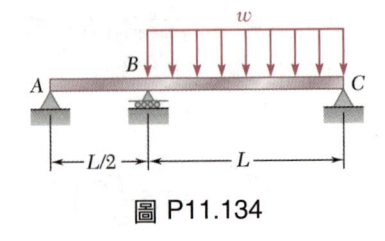

圖 P11.134

附　錄

附錄 A　面積矩
附錄 B　工程使用材料之標準性質
附錄 C　軋鋼型式之性質
附錄 D　梁撓度及斜度
附錄 E　工程考試之基本試題

APPENDIX A

面積矩

A.1 面積一次矩；面積之形心

考究一位在 xy 平面上之面積 A(圖 A.1)。用 x 及 y 表示微面積 dA 之坐標，吾人定義面積 A 對 x 軸之一次矩為下述積分式

$$Q_x = \int_A y\, dA \tag{A.1}$$

同理，吾人亦可定義面積 A 對 y 軸之一次矩為積分式

$$Q_y = \int_A x\, dA \tag{A.2}$$

吾人注意到這些積分式之每一個，皆可為正、負或零，視坐標軸之位置而定。如果使用 SI 公制單位，一次矩 Q_x 及 Q_y 之單位乃為 m^3 或 mm^3，如用美國習用英制單位，則用 ft^3 或 in^3 表出。

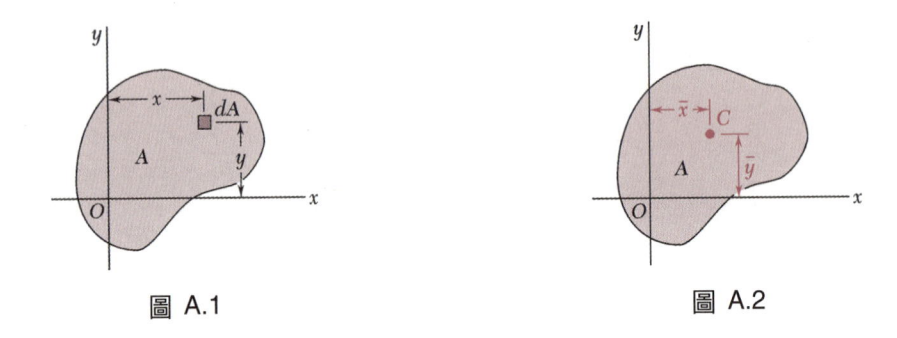

圖 A.1

圖 A.2

面積 A 形心之定義乃是坐標為 $\bar{x}$ 及 $\bar{y}$ 之一點 C(圖 A.2)，但此等坐標需滿足下述關係

$$\int_A x\, dA = A\bar{x} \qquad \int_A y\, dA = A\bar{y} \tag{A.3}$$

使式(A.1)、(A.2)與(A.3)比較,吾人乃得知,面積 A 之一次矩可用其面積與形心坐標之乘積表出

$$Q_x = A\bar{y} \quad Q_y = A\bar{x} \tag{A.4}$$

當一面積具有一對稱軸時,則此面積對該軸之一次矩為零。的確如此,例如吾人考究圖 A.3 所示之面積,該面積對 y 軸成對稱,吾人從圖上可看出,對每一橫坐標為 x 之微面積 dA,必有一橫坐標為 $-x$ 之微面積 dA' 對應。因此使得式(A.2)之積分結果為零,亦即 $Q_y = 0$。隨之可根據式(A.3)之第一式得出 $\bar{x} = 0$。是以如一面積 A 具有一對稱軸,其形心 C 應位在該軸上。

因一矩形具有兩對稱軸(圖 A.4a),故矩形面積之形心 C 乃與其幾何中心重合。同理,圓面積之形心應與圓心重合(圖 A.4b)。

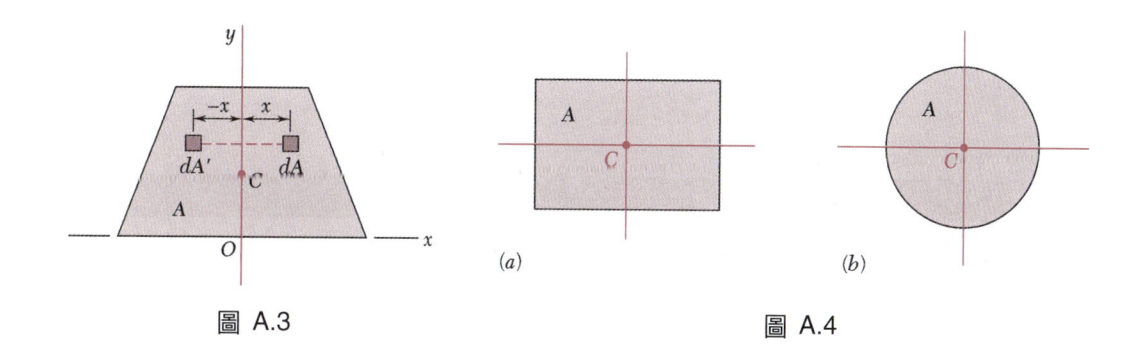

圖 A.3

圖 A.4

當一面積具有一對稱中心 O 時,該面積對過 O 點任一軸之一次矩等於零。例如在考究圖 A.5 所示之面積 A 時,吾人發現,對坐標為 x 及 y 之每一微面積 dA,必有一坐標為 $-x$ 及 $-y$ 之微面積 dA' 對應。因之使得式(A.1)及(A.2)之積分結果兩者俱等於零,即 $Q_x = Q_y = 0$。隨之由式(A.3)亦得 $\bar{x} = \bar{y} = 0$,是以該面積之形心乃與其對稱中心重合。

當一面積形心 C 之位置可用對稱關係定出時,該面積對任一已知軸之一次矩,應用式(A.4)甚易算出。例如,就圖 A.6 所示之矩形面積而言,即甚易得出

$$Q_x = A\bar{y} = (bh)\left(\frac{1}{2}h\right) = \frac{1}{2}bh^2$$

及

$$Q_y = A\bar{x} = (bh)\left(\frac{1}{2}b\right) = \frac{1}{2}b^2h$$

不過在大多數情況下,欲求一已知面積之一次矩及形心,仍須要作式(A.1)至(A.3)所指示之積分計算。每一涉及之積分式實際上都是重積分,在很多實用情況中,仍有可能將

微面積 dA 選擇成薄水平或垂直條型之形狀，這樣即能使積分計算簡化至只有一個變數。此將用例 A.01 來作闡述。

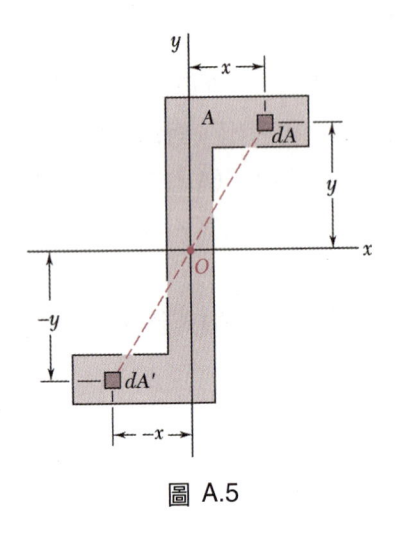

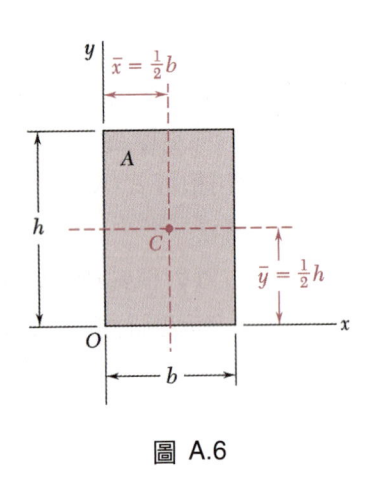

圖 A.5

圖 A.6

例 A.01

對圖 A.7 所示之三角形面積，試求(a)面積對 x 軸之一次矩 Q_x，(b)面積形心之縱坐標 $\bar{y}$。

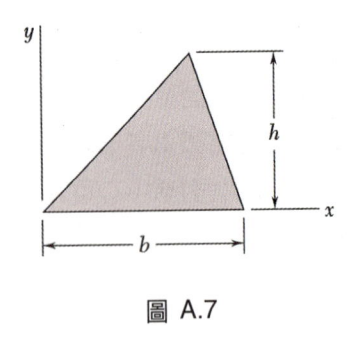

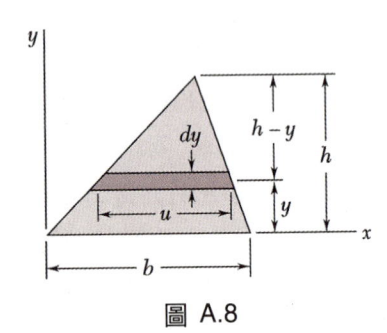

圖 A.7

圖 A.8

解：

(a) 一次矩 Q_x

吾人選用一長為 u，厚度為 dy 之水平條形為微面積，且認定此微面積中之所有點皆距 x 軸之距離有一相同之 y (圖 A.8)，由相似三角形，吾人得

$$\frac{u}{b} = \frac{h-y}{h} \qquad u = b\frac{h-y}{h}$$

及

$$dA = u\,dy = b\frac{h-y}{h}dy$$

是以面積對 x 軸之一次矩是

$$Q_x = \int_A y\,dA = \int_0^h yb\frac{h-y}{h}dy = \frac{b}{h}\int_0^h (hy - y^2)dy = \frac{b}{h}\left[h\frac{y^2}{2} - \frac{y^3}{3}\right]_0^h \qquad Q_x = \frac{1}{6}bh^2$$

(b)形心之縱坐標

吾人由式(A.4)之第一式及 $A = \frac{1}{2}bh$ 知悉

$$Q_x = A\bar{y} \qquad \frac{1}{6}bh^2 = \left(\frac{1}{2}bh\right)\bar{y} \qquad \bar{y} = \frac{1}{3}h$$

A.2　組合面積一次矩及形心之求法

再考究一面積 A，如圖 A.9 所示之四邊形面積時，吾人可將其分成幾個簡單之幾何形狀。吾人在上節已知悉，此面積對 x 軸之一次矩 Q_x 乃用對整個面積 A 而言之積分式 $\int y\,dA$ 表示。將 A 分成幾個分面積 A_1、A_2、A_3 後，吾人得

$$Q_x = \int_A y\,dA = \int_{A_1} y\,dA + \int_{A_2} y\,dA + \int_{A_3} y\,dA$$

或依式 A.3 之第二式所示得

$$Q_x = A_1\bar{y}_1 + A_2\bar{y}_2 + A_3\bar{y}_3$$

式中 $\bar{y}_1$、$\bar{y}_2$ 及 $\bar{y}_3$ 分別表示各分面積形心之縱坐標。將此一結果延伸至用於有任意數量之分面積，即可得出求 Q_y 之相似計算式子。即得

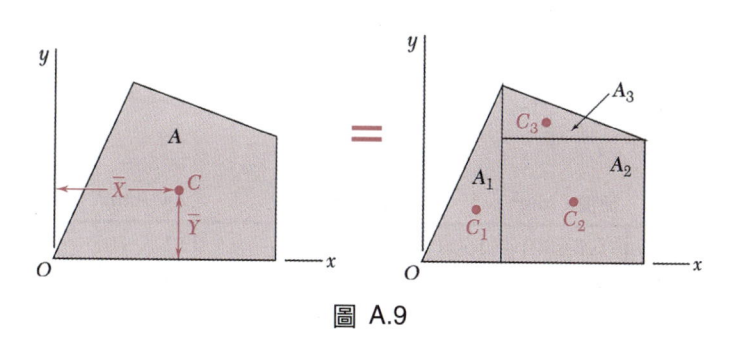

圖 A.9

材料力學
Mechanics of Materials

$$Q_x = \Sigma A_i \bar{y}_i \quad Q_y = \Sigma A_i \bar{x}_i \tag{A.5}$$

為了求得組合面積 A 形心 C 之坐標 $\bar{X}$ 及 $\bar{Y}$，吾人乃將 $Q_x = A\bar{X}$ 及 $Q_y = A\bar{Y}$ 代入式(A.5)中，即得

$$A\bar{Y} = \sum_i A_i \bar{y}_i \qquad A\bar{X} = \sum_i A_i \bar{x}_i$$

解上式即得 $\bar{X}$ 及 $\bar{Y}$，在用面積 A 表各分面積 A_i 之和時，吾人即得

$$\bar{X} = \frac{\sum_i A_i \bar{x}_i}{\sum_i A_i} \quad \bar{Y} = \frac{\sum_i A_i \bar{y}_i}{\sum_i A_i} \tag{A.6}$$

例 A.02

定出圖 A.10 所示面積 A 之形心 C。

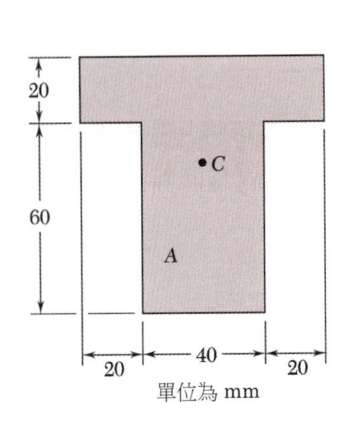

圖 A.10

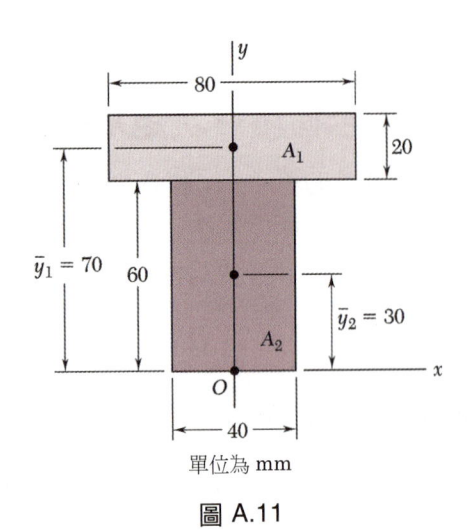

圖 A.11

解：

　　選用圖 A.11 所示之坐標軸，吾人注意到，y 軸是一對稱軸，故形心 C 應在 y 軸上；是以 $\bar{X} = 0$。

　　將 A 分成兩分面積 A_1 及 A_2，吾人將應用式(A.6)之第二式來求形心之縱坐標 $\bar{Y}$。實際計算最好選用表式較為方便。

	面積，mm²	$\bar{y}_i$, mm	$A_i \bar{y}_i$, mm³
A_1	$(20)(80) = 1600$	70	112×10^3
A_2	$(40)(60) = 2400$	30	72×10^3
	$\sum_i A_i = 4000$		$\sum_i A_i \bar{y}_i = 184 \times 10^3$

$$\overline{Y} = \frac{\sum_i A_i \overline{y}_i}{\sum_i A_i} = \frac{184 \times 10^3 \text{ mm}^3}{4 \times 10^3 \text{ mm}^2} = 46 \text{ mm}$$

例 A.03

參照例 A.02 所述之面積，吾人乃考究通過其形心 C 之水平 x' 軸[該軸稱為**形心軸** (centroidal axis)]。用 A' 表示面積 A 位在該軸以上之部分(圖 A.12)，試求 A' 對 x' 軸之一次矩。

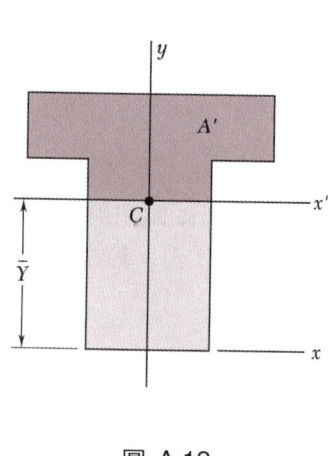

圖 A.12

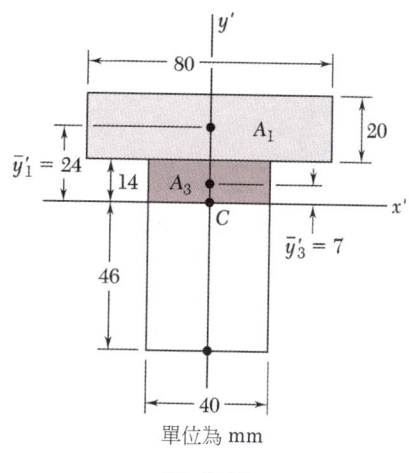

圖 A.13

解：

將面積 A' 分成兩分面積 A_1 及 A_3(圖 A.13)。吾人由例 A.02 知悉，C 位於 A 底邊緣上面 46 mm 處，吾人隨之可求出 A_1 及 A_3 之縱坐標 $\overline{y}'_1$ 及 $\overline{y}'_3$，於是可求得 $Q'_{x'}$ 對 A' 之一次矩 x' 為

$$Q'_{x'} = A_1 \overline{y}'_1 + A_3 \overline{y}'_3 = (20 \times 80)(24) + (14 \times 40)(7) = 42.3 \times 10^3 \text{ mm}^3$$

另一解法

吾人首先知悉因 A 之形心 C 是位在 x' 上，故整個面積 A 對該軸之一次矩 $Q_{x'}$ 應等於零

$$Q_{x'} = A\overline{y}' = A(0) = 0$$

用 A'' 表示 A 位在 x' 軸以下之部分，且用 $Q''_{x'}$ 表其對該軸之一次矩，因此得

$$Q_{x'} = Q'_{x'} + Q''_{x'} = 0 \quad \text{或} \quad Q'_{x'} = -Q''_{x'}$$

上一式示出 A' 及 A'' 之一次矩的大小相等，但正負號不同。參照圖 A.14，吾人乃得

$$Q''_{x'} = A_4 \bar{y}'_4 = (40 \times 46)(-23) = -42.3 \times 10^3 \text{ mm}^3$$

和

$$Q'_{x'} = -Q''_{x'} = +42.3 \times 10^3 \text{ mm}^3$$

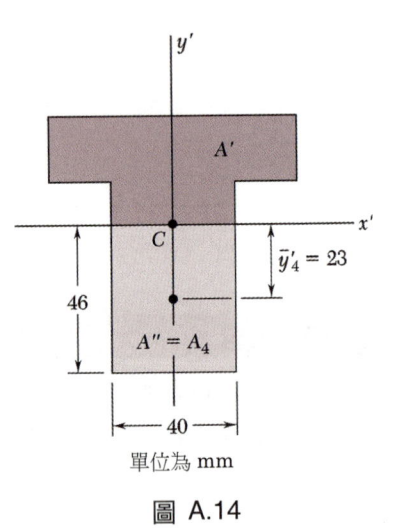

圖 A.14

A.3 面積之二次矩或慣性矩；迴轉半徑

茲再考究位在 xy 平面(圖 A.1)中之面積 A 以及坐標為 x 及 y 之微面積 dA。面積 A 對 x 軸之二次矩(second moment)或慣性矩(moment of inertia)以及 A 對 y 軸之二次矩或慣性矩，分別定義為

$$I_x = \int_A y^2 \, dA \quad I_y = \int_A x^2 \, dA \tag{A.7}$$

此等積分稱為直角慣性矩(rectangular moments of inertia)，因為是由微面積 dA 之直角坐標算得。實際上每一積分是一重積分，但仍有可能將微面積 dA 選成水平或垂直薄條形之形狀，以簡化積分計算並使積分只涉及一個變數。此將在例 A.04 闡述。

吾人茲定義面積 A 對 O 點，圖 A.15 之極慣性矩(polar moment of inertia)為積分式

$$J_O = \int_A \rho^2 \, dA \tag{A.8}$$

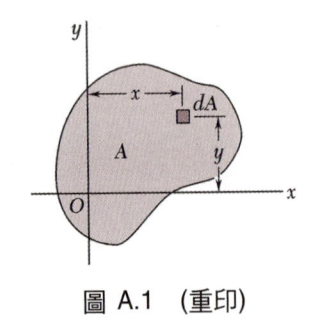

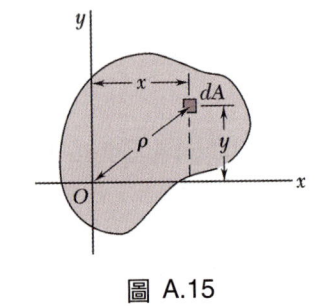

圖 A.1（重印）

圖 A.15

式中 ρ 表 O 至微素 dA 之距離。此積分式仍為一重積分,但就一圓面積之情況而言,常有可能將微面積 dA 選成薄圓環形狀,可使 J_O 之計算簡化為一次積分(參見例 A.05)。

吾人從式(A.7)及(A.8)知悉,面積慣性矩恆為正量。如用 SI 公制單位,則其單位是 m^4 或 mm^4,如用美國習用英制單位,則為 ft^4 或 in^4。

在一定面積極慣性矩 J_O 及同一面積直角慣性矩 I_x 及 I_y 間存在著一重要關係。因 $\rho^2 = x^2 + y^2$,故吾人得

$$J_O = \int_A \rho^2 \, dA = \int_A (x^2 + y^2) \, dA = \int_A y^2 \, dA + \int_A x^2 \, dA$$

或

$$J_O = I_x + I_y \tag{A.9}$$

面積 A 對 x 軸之迴轉半徑(radius of gyration)乃定義為一 r_x 量,但其必須滿足下述關係

$$I_x = r_x^2 A \tag{A.10}$$

式中 I_x 表 A 對 x 軸之慣性矩 I_x。解方程式(A.10)得 r_x 為

$$r_x = \sqrt{\frac{I_x}{A}} \tag{A.11}$$

同理,吾人可以定出一面積對 y 軸及對原點 O 之迴轉半徑分別為

$$I_y = r_y^2 A \qquad r_x = \sqrt{\frac{I_x}{A}} \tag{A.12}$$

$$J_O = r_O^2 A \qquad r_O = \sqrt{\frac{J_O}{A}} \tag{A.13}$$

用與 J_O、I_x 及 I_y 對應之迴轉半徑代入式(A.9),吾人即得

$$r_O^2 = r_x^2 + r_y^2 \tag{A.14}$$

例 A.04

圖 A.16 示一矩形面積,試求(a)該面積對形心 x 軸之慣性矩,(b)對應之迴轉半徑 r_x。

解:

(a)慣性矩 I_x

吾人選用一個長度為 b,厚度為 dy 之水平條形為微面積 dA(圖 A.17)。因條形內之

所有點距 x 軸之距離皆為相同之 y，是以該條形對 x 軸之慣性矩為

$$dI_x = y^2\, dA = y^2 (b\, dy)$$

從 $y = -h/2$ 積分至 $y = +h/2$，吾人得

$$I_x = \int_A y^2\, dA = \int_{-h/2}^{+h/2} y^2 (b\, dy) = \frac{1}{3} b [y^3]_{-h/2}^{+h/2}$$

$$= \frac{1}{3} b \left(\frac{h^3}{8} + \frac{h^3}{8} \right)$$

或

$$I_x = \frac{1}{12} bh^3$$

(b) 迴轉半徑 r_x

應用式(A.10)，吾人得

$$I_x = r_x^2 A \qquad \frac{1}{12} bh^3 = r_x^2 (bh)$$

解之得 r_x 為

$$r_x = h/\sqrt{12}$$

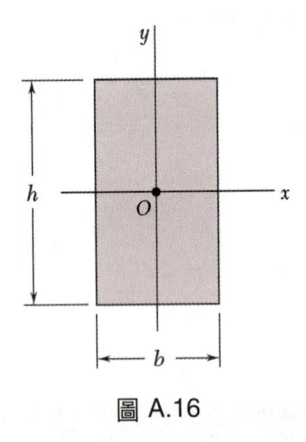

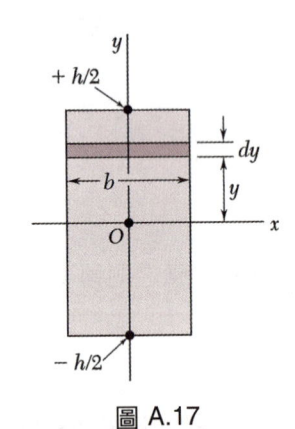

圖 A.16

圖 A.17

例 A.05

圖 A.18 示一圓面積，試求其(a)極慣性矩 J_O，(b)直角慣性矩 I_x 及 I_y。

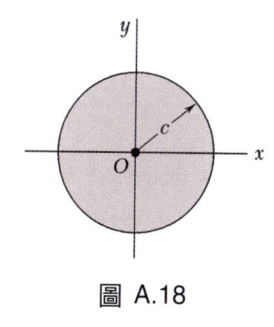

圖 A.18

解：

(a)極慣性矩

吾人選用半徑為 ρ，厚度為 $d\rho$ 之圓環為微面積 dA（圖 A.19）。因圓環內之所有點距原點 O 之距離皆為相同之 ρ，是以圓環之極慣性矩是

$$dJ_O = \rho^2 \, dA = \rho^2 (2\pi\rho \, d\rho)$$

從 $\rho = 0$ 積分至 $\rho = c$，吾人可寫作

$$J_O = \int_A \rho^2 \, dA = \int_0^c \rho^2 (2\pi\rho \, d\rho) = 2\pi \int_0^c \rho^3 \, d\rho$$

$$J_O = \frac{1}{2}\pi c^4$$

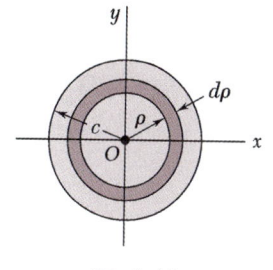

圖 A.19

(b)直角慣性矩

因為圓面積之對稱性，故可得 $I_x = I_y$，應用式(A.9)，則得

$$J_O = I_x + I_y = 2I_x \qquad \frac{1}{2}\pi c^4 = 2I_x$$

因此得

$$I_x = I_y = \frac{1}{4}\pi c^4$$

A.4　平行軸定理

茲考究面積 A 對任一 x 軸之慣性矩 I_x(圖 A.20)。用 y 表一微面積 dA 至該 x 軸之距離，吾人由 A.3 節知悉

$$I_x = \int_A y^2\, dA$$

吾人現來畫出形心 x' 軸，亦即畫出與 x 軸平行，且通過面積形心 C 之一軸。用 y' 表示微面積 dA 至該一 y' 軸之距離，則 $y = y' + d$，此處 d 表兩軸間之距離。代入 I_x 積分式中之 y，得

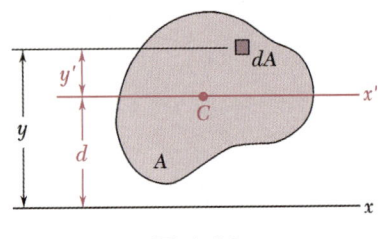

圖 A.20

$$I_x = \int_A y^2\, dA = \int_A (y' + d)^2\, dA$$

$$I_x = \int_A y'^2\, dA + 2d \int_A y'\, dA + d^2 \int_A dA \tag{A.15}$$

在式(A.15)中，第一積分項表面積對形心 x' 軸之慣性矩 $\bar{I}_{x'}$。第二積分項表面積對 x' 軸之一次矩 $Q_{x'}$，因面積形心 C 位在該軸上，故 $Q_x = 0$。事實上吾人由 A.1 節亦知悉

$$Q_x = A\bar{y}' = A(0) = 0$$

最後，吾人觀察出式(A.15)中之最後積分項乃是等於總面積 A。因此吾人得

$$I_x = \bar{I}_{x'} + Ad^2 \tag{A.16}$$

此一公式表出，一面積對任一 x 軸之慣性矩 I_x 乃等於該一面積對與 x 軸平行之形心 x' 軸的慣性矩 $\bar{I}_{x'}$，加上面積 A 與兩軸間距離 d 平方之乘積 Ad^2。此一結果稱為平行軸定理(parallel-axis theorem)。當一面積對其形心軸之慣性矩已知時，可應用此定理去求該面積對任一與形心軸同方向之軸的慣性矩。反之，當已知一面積 A 對一與形心軸平行之軸的慣性矩 I_x 時，用 I_x 減去積 Ad^2，亦可求得該一面積 A 對形心軸 x' 之慣性矩 $\bar{I}_{x'}$。吾人應特別注意，只有在涉及之兩軸中之一軸為形心軸時，方能應用平行軸定理。

有關一面積對任一點 O 之極慣性矩 J_O 及同一面積對其形心 C 之極慣性矩 $\bar{J}_C$ 間之類似公式，亦可導出。用 d 表 O 及 C 間之距離，則

$$J_O = \bar{J}_C + Ad^2 \tag{A.17}$$

A.5 組合面積慣性矩之求法

現來考究一由幾部分 $A_1, A_2, \cdots$，等組成之組合面積 A。因表示面積 A 之慣性矩的積分，可以細分成對 A_1、A_2 等每一部分之積分，是以 A 對某一定軸之慣性矩，可求出 A_1、A_2 等對同一軸之慣性矩，然後相加即得。不過，在對各分面積之慣性矩相加前，應使用平行軸定理俾將每一慣性矩轉換到適當的軸上。此將在例 A.06 上闡述。

例 A.06

試求圖示面積對形心 x 軸之慣性矩 $\bar{I}_x$ (圖 A.21)。

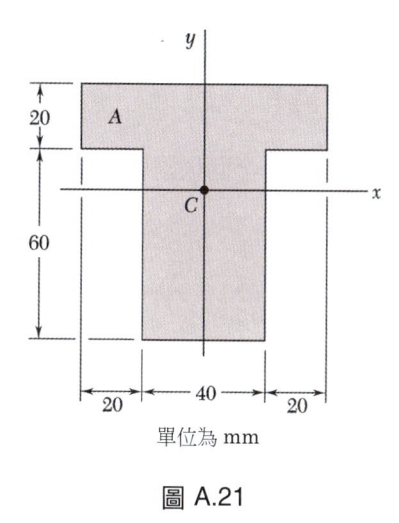

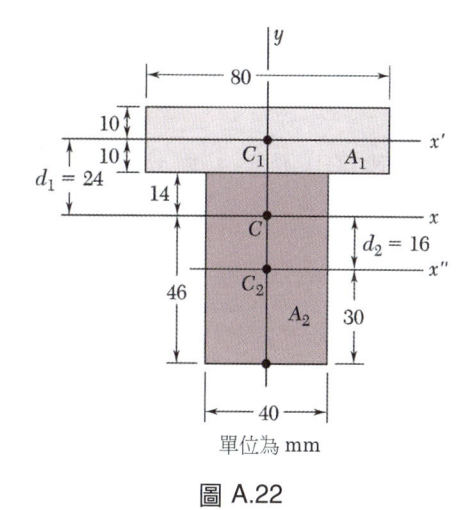

圖 A.21

圖 A.22

解：

形心之位置

吾人首先要定出面積形心之位置。不過此一面積之形心位置已在例 A.02 中算出。吾人由該例中知悉，C 位於面積 A 下邊緣之上 46 mm 處。

慣性矩之計算

吾人將面積 A 分成兩矩形面積 A_1 及 A_2 (圖 A.22)，然後計算每一面積對 x 軸之慣性矩。

矩形面積 A_1

欲求得 A_1 對 x 軸之慣性矩 $(I_x)_1$，吾人先要計算 A_1 對其形心軸 x' 之慣性矩。應用由例 A.04 部分所導出之公式，即得矩形面積之形心慣性矩為

$$(\bar{I}_{x'})_1 = \frac{1}{12}bh^3 = \frac{1}{12}(80 \text{ mm})(20 \text{ mm})^3 = 53.3 \times 10^3 \text{ mm}^4$$

使用平行軸定理,吾人可以將 A_1 的慣性矩,從它的形心軸 x' 轉換成平行軸 x

$$(I_x)_1 = (\bar{I}_{x'})_1 + A_1 d_1^2 = 53.3 \times 10^3 + (80 \times 20)(24)^2$$
$$= 975 \times 10^3 \text{ mm}^4$$

矩形面積 A_2

計算 A_2 對形心軸 x'' 之慣性矩,並使用平行軸定理將它轉換成平行軸 x,吾人即得

$$(\bar{I}_{x''})_2 = \frac{1}{12} bh^3 = \frac{1}{12}(40)(60)^3 = 720 \times 10^3 \text{ mm}^4$$
$$(I_x)_2 = (\bar{I}_{x''})_2 + A_2 d_2^2 = 720 \times 10^3 + (40 \times 60)(16)^2$$
$$= 1334 \times 10^3 \text{ mm}^4$$

全面積 A

將上述算出 A_1 及 A_2 對 x 軸之慣性矩相加,吾人即可得出全面積之慣性矩 $\bar{I}_x$ 為

$$\bar{I}_x = (I_x)_1 + (I_x)_2 = 975 \times 10^3 + 1334 \times 10^3$$
$$\bar{I}_x = 2.31 \times 10^6 \text{ mm}^4$$

附錄 B. 工程使用材料之標準性質[1,5]（SI 公制單位）

材料	密度 kg/m³	極限強度 拉, MPa	極限強度 壓[2], MPa	極限強度 剪, MPa	降服強度[3] 拉, MPa	降服強度[3] 剪, MPa	彈性模數, GPa	剛性模數, GPa	熱膨脹係數, 10^{-6}/°C	延性, 50 mm 之伸長百分比
鋼										
結構(ASTM-A36)	7860	400			250	145	200	77.2	11.7	21
High-strength-low-alloy										
ASTM-A709 345 級	7860	450			345		200	77.2	11.7	21
ASTM-A913 450 級	7860	550			450		200	77.2	11.7	17
ASTM-A992 345 級	7860	450			345		200	77.2	11.7	21
淬火及回火										
ASTM-A709 690 級	7860	760			690		200	77.2	11.7	18
不鏽，AISI 302										
冷軋	7920	860			520		190	75	17.3	12
退火	7920	655			260	150	190	75	17.3	50
加強鋼										
中強度	7860	480			275		200	77	11.7	
高活度	7860	620			415		200	77	11.7	
鑄鐵										
灰鑄鐵										
4.5% C, ASTM A-48	7200	170	655	240			69	28	12.1	0.5
展性鑄鐵										
2% C, 1% Si, ASTM A-47	7300	345	620	330	230		165	65	12.1	10
鋁										
合金 1100 H14										
(99% Al)	2710	110		70	95	55	70	26	23.6	9
合金 2014-T6	2800	455		275	400	230	75	27	23.0	13
合金-2024-T4	2800	470		280	325		73		23.2	19
合金-5456-H116	2630	315		185	230	130	72		23.9	16
合金 6061-T6	2710	260		165	240	140	70	26	23.6	17
合金 7075-T6	2800	570		330	500		72	28	23.6	11
銅										
不含氧銅										
(99.9% Cu)										
退火	8910	220		150	70		120	44	16.9	45
硬拉	8910	390		200	265		120	44	16.9	4
黃銅										
(65% Cu, 35% Zn)										
冷軋	8470	510		300	410	250	105	39	20.9	8
退火	8470	320		220	100	60	105	39	20.9	65
紅銅										
(85% Cu, 15% Zn)										
冷軋	8740	585		320	435		120	44	18.7	3
退火	8740	270		210	70		120	44	18.7	48
錫青銅	8800	310			145		95		18.0	30
(88 Cu, 8Sn, 4Zn)										
錳青銅	8360	655			330		105		21.6	20
(63 Cu, 25 Zn, 6 Al, 3 Mn, 3 Fe)										
鋁青銅	8330	620	900		275		110	42	16.2	6
(81 Cu, 4 Ni, 4 Fe, 11 Al)										

（表接續於 596 頁）

附錄 B. 工程使用材料之標準性質[1,5]（SI 公制單位）（接續 595 頁）

材料	密度 kg/m³	極限強度 拉, MPa	極限強度 壓[2], MPa	極限強度 剪, MPa	降服強度[3] 拉, MPa	降服強度[3] 剪, MPa	彈性模數, GPa	剛性模數, GPa	熱膨脹係數, 10^{-6}/°C	延性，50 mm 之伸長百分比
鎂合金										
合金 AZ80（鍛造）	1800	345		160	250		45	16	25.2	6
合金 AZ31（擠壓）	1770	255		130	200		45	16	25.2	12
鈦										
合金（6% Al, 4% V）	4730	900			830		115		9.5	10
蒙納合金 400(Ni-Cu)										
冷作	8830	675			585	345	180		13.9	22
退火	8830	550			220	125	180		13.9	46
銅鎳										
（90% Cu, 10% Ni）										
退火	8940	365			110		140	52	17.1	35
冷作	8940	585			545		140	52	17.1	3
木材，空氣乾燥										
道格拉斯樅木	470	100	50	7.6			13	0.7	變動範圍為	
赤松	415	60	39	7.6			10	0.5	3.0 至 4.5	
短葉松	500		50	9.7			12			
西方白松	390		34	7.0			10			
黃松	415	55	36	7.6			9			
白橡	690		51	13.8			12			
紅橡	660		47	12.4			12			
西方松	440	90	50	10.0			11			
山胡桃	720		63	16.5			15			
紅杉木	415	65	42	6.2			9			
混凝土										
中強度	2320		28				25		9.9	
高強度	2320		40				30		9.9	
塑膠										
尼龍 6/6 型（模造）	1140	75	95		45		2.8		144	50
聚碳酸	1200	65	85		35		2.4		122	110
聚乙脂，PBT（熱塑）	1340	55	75		55		2.4		135	150
聚乙脂彈性體	1200	45		40			0.2			500
聚苯乙烯	1030	55	90		55		3.1		125	2
聚乙烯，旅 PVC	1440	40	70		45		3.1		135	40
橡膠	910	15							162	600
花岡石(平均值)	2770	20	240	35			70	4	7.2	
大理石(平均值)	2770	15	125	28			55	3	10.8	
砂石(平均值)	2300	7	85	14			40	2	9.0	
玻璃，98% 矽土	2190		50				65	4.1	80	

[1] 金屬性質因組成、熱處理及機械加工而變化很大。
[2] 延性金屬的抗壓強度一般假設等於抗拉強度。
[3] 0.2% 偏差。
[4] 木料性質指載重平行於紋理。
[5] 亦參見 *Marks' Mechanical Engineering Handbook*, 10th ed., McGraw-Hill, New York, 1996; *Annual Book of ASTM*, American Society for Testing Materials, Philadelphia, Pa.; *Metals Handbook*, American Society of Metals, Metals Park, Ohio; and *Aluminum Design Manual*, The Aluminum Association, Washington, DC。

附錄 C. 軋鋼型式之性質（SI 公制單位）

W型
(寬緣型)

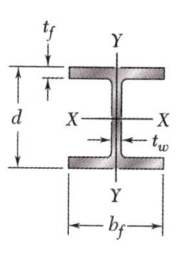

符號	面積 A, mm²	深度 d, mm	凸緣 寬度 b_f, mm	凸緣 厚度 t_f, mm	腹厚 t_w, mm	X-X軸 I_x 10^6 mm⁴	X-X軸 S_x 10^3 mm³	X-X軸 r_x mm	Y-Y軸 I_y 10^6 mm⁴	Y-Y軸 S_y 10^3 mm³	Y-Y軸 r_y mm
W920 × 449	57300	947	424	42.7	24.0	8780	18500	391	541	2560	97.0
201	25600	904	305	20.1	15.2	3250	7190	356	93.7	618	60.5
W840 × 299	38200	856	399	29.2	18.2	4830	11200	356	312	1560	90.4
176	22400	836	292	18.8	14.0	2460	5880	330	77.8	534	58.9
W760 × 257	32900	772	381	27.2	16.6	3430	8870	323	249	1310	86.9
147	18800	754	267	17.0	13.2	1660	4410	297	53.3	401	53.3
W690 × 217	27800	696	356	24.8	15.4	2360	6780	292	184	1040	81.3
125	16000	678	254	16.3	11.7	1190	3490	272	44.1	347	52.6
W610 × 155	19700	612	325	19.1	12.7	1290	4230	257	108	667	73.9
101	13000	602	228	14.9	10.5	762	2520	243	29.3	257	47.5
W530 × 150	19200	544	312	20.3	12.7	1010	3720	229	103	660	73.4
92	11800	533	209	15.6	10.2	554	2080	217	23.9	229	45.0
66	8390	526	165	11.4	8.89	351	1340	205	8.62	104	32.0
W460 × 158	20100	475	284	23.9	15.0	795	3340	199	91.6	646	67.6
113	14400	462	279	17.3	10.8	554	2390	196	63.3	452	66.3
74	9480	457	191	14.5	9.02	333	1460	187	16.7	175	41.9
52	6650	450	152	10.8	7.62	212	944	179	6.37	83.9	31.0
W410 × 114	14600	419	262	19.3	11.6	462	2200	178	57.4	441	62.7
85	10800	417	181	18.2	10.9	316	1510	171	17.9	198	40.6
60	7610	406	178	12.8	7.75	216	1060	168	12.0	135	39.9
46.1	5890	404	140	11.2	6.99	156	773	163	5.16	73.6	29.7
38.8	4950	399	140	8.76	6.35	125	629	159	3.99	57.2	28.4
W360 × 551	70300	455	419	67.6	42.2	2260	9950	180	828	3950	108
216	27500	376	394	27.7	17.3	712	3800	161	282	1430	101
122	15500	363	257	21.7	13.0	367	2020	154	61.6	480	63.0
101	12900	356	254	18.3	10.5	301	1690	153	50.4	397	62.5
79	10100	353	205	16.8	9.40	225	1270	150	24.0	234	48.8
64	8130	348	203	13.5	7.75	178	1030	148	18.8	185	48.0
57.8	7230	358	172	13.1	7.87	160	895	149	11.1	129	39.4
44	5710	351	171	9.78	6.86	121	688	146	8.16	95.4	37.8
39	4960	353	128	10.7	6.48	102	578	144	3.71	58.2	27.4
32.9	4190	348	127	8.51	5.84	82.8	475	141	2.91	45.9	26.4

†寬緣型式的表示符號是用字母 W，後面跟著以公厘表出的標稱深度及以 kg/m 表出的重量。

(表接續於 598 頁)

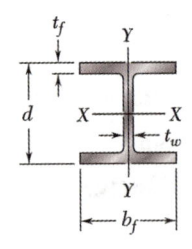

附錄 C. 軋鋼型式之性質（SI 公制單位）
（接續 597 頁）

W型
(寬緣型)

符號		面積 A, mm²	深度 d, mm	凸緣 寬度 b_f, mm	凸緣 厚度 t_f, mm	腹厚 t_w, mm	X-X 軸 I_x 10^6 mm⁴	X-X 軸 S_x 10^3 mm³	X-X 軸 r_x mm	Y-Y 軸 I_y 10^6 mm⁴	Y-Y 軸 S_y 10^3 mm³	Y-Y 軸 r_y mm
W310	143	18200	323	310	22.9	14.0	347	2150	138	112	728	78.5
	107	13600	312	305	17.0	10.9	248	1600	135	81.2	531	77.2
	74	9420	310	205	16.3	9.40	163	1050	132	23.4	228	49.8
	60	7550	302	203	13.1	7.49	128	844	130	18.4	180	49.3
	52	6650	318	167	13.2	7.62	119	747	133	10.2	122	39.1
	44.5	5670	312	166	11.2	6.60	99.1	633	132	8.45	102	38.6
	38.7	4940	310	165	9.65	5.84	84.9	547	131	7.20	87.5	38.4
	32.7	4180	312	102	10.8	6.60	64.9	416	125	1.94	37.9	21.5
	23.8	3040	305	101	6.73	5.59	42.9	280	119	1.17	23.1	19.6
W250	167	21200	290	264	31.8	19.2	298	2060	118	98.2	742	68.1
	101	12900	264	257	19.6	11.9	164	1240	113	55.8	433	65.8
	80	10200	257	254	15.6	9.4	126	983	111	42.9	338	65.0
	67	8580	257	204	15.7	8.89	103	805	110	22.2	218	51.1
	58	7420	252	203	13.5	8.00	87.0	690	108	18.7	185	50.3
	49.1	6260	247	202	11.0	7.37	71.2	574	106	15.2	151	49.3
	44.8	5700	267	148	13.0	7.62	70.8	531	111	6.95	94.2	34.8
	32.7	4190	259	146	9.14	6.10	49.1	380	108	4.75	65.1	33.8
	28.4	3630	259	102	10.0	6.35	40.1	308	105	1.79	35.1	22.2
	22.3	2850	254	102	6.86	5.84	28.7	226	100	1.20	23.8	20.6
W200	86	11000	222	209	20.6	13.0	94.9	852	92.7	31.3	300	53.3
	71	9100	216	206	17.4	10.2	76.6	708	91.7	25.3	246	52.8
	59	7550	210	205	14.2	9.14	60.8	582	89.7	20.4	200	51.8
	52	6650	206	204	12.6	7.87	52.9	511	89.2	17.7	174	51.6
	46.1	5880	203	203	11.0	7.24	45.8	451	88.1	15.4	152	51.3
	41.7	5320	205	166	11.8	7.24	40.8	398	87.6	9.03	109	41.1
	35.9	4570	201	165	10.2	6.22	34.4	342	86.9	7.62	92.3	40.9
	31.3	3970	210	134	10.2	6.35	31.3	298	88.6	4.07	60.8	32.0
	26.6	3390	207	133	8.38	5.84	25.8	249	87.1	3.32	49.8	31.2
	22.5	2860	206	102	8.00	6.22	20.0	193	83.6	1.42	27.9	22.3
	19.3	2480	203	102	6.48	5.84	16.5	162	81.5	1.14	22.5	21.4
W150	37.1	4740	162	154	11.6	8.13	22.2	274	68.6	7.12	91.9	38.6
	29.8	3790	157	153	9.27	6.60	17.2	220	67.6	5.54	72.3	38.1
	24	3060	160	102	10.3	6.60	13.4	167	66.0	1.84	36.1	24.6
	18	2290	153	102	7.11	5.84	9.20	120	63.2	1.24	24.6	23.3
	13.5	1730	150	100	5.46	4.32	6.83	91.1	62.7	0.916	18.2	23.0
W130	28.1	3590	131	128	10.9	6.86	10.9	167	55.1	3.80	59.5	32.5
	23.8	3040	127	127	9.14	6.10	8.91	140	54.1	3.13	49.2	32.0
W100	19.3	2470	106	103	8.76	7.11	4.70	89.5	43.7	1.61	31.1	25.4

† 寬緣型式的表示符號是用字母 W，後面跟著以公厘表出的標稱深度及以 kg/m 表出的重量。

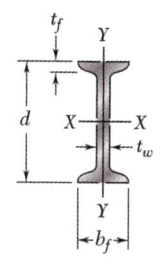

附錄 C. 軋鋼型式之性質（SI 公制單位）

S型
(美國標準槽型)

符號	面積 A, mm²	深度 d, mm	凸緣 寬度 b_f, mm	凸緣 厚度 t_f, mm	腹厚 t_w, mm	X-X 軸 I_x 10⁶ mm⁴	X-X 軸 S_x 10³ mm³	X-X 軸 r_x mm	Y-Y 軸 I_y 10⁶ mm⁴	Y-Y 軸 S_y 10³ mm³	Y-Y 軸 r_y mm
S610 × 180	22900	622	204	27.7	20.3	1320	4230	240	34.5	338	38.9
158	20100	622	200	27.7	15.7	1220	3930	247	32.0	320	39.9
149	18900	610	184	22.1	18.9	991	3260	229	19.7	215	32.3
134	17100	610	181	22.1	15.9	937	3060	234	18.6	205	33.0
119	15200	610	178	22.1	12.7	874	2870	241	17.5	197	34.0
S510 × 143	18200	516	183	23.4	20.3	695	2700	196	20.8	228	33.8
128	16300	516	179	23.4	16.8	653	2540	200	19.4	216	34.5
112	14200	508	162	20.2	16.1	533	2100	194	12.3	152	29.5
98.2	12500	508	159	20.2	12.8	495	1950	199	11.4	144	30.2
S460 × 104	13200	457	159	17.6	18.1	384	1690	170	10.0	126	27.4
81.4	10300	457	152	17.6	11.7	333	1460	180	8.62	113	29.0
S380 × 74	9480	381	143	15.8	14.0	202	1060	146	6.49	90.6	26.2
64	8130	381	140	15.8	10.4	186	973	151	5.95	85.0	26.9
S310 × 74	9420	305	139	16.7	17.4	126	829	116	6.49	93.2	26.2
60.7	7680	305	133	16.7	11.7	112	739	121	5.62	84.1	26.9
52	6580	305	129	13.8	10.9	94.9	624	120	4.10	63.6	24.9
47.3	6010	305	127	13.8	8.89	90.3	593	123	3.88	61.1	25.4
S250 × 52	6650	254	125	12.5	15.1	61.2	482	96.0	3.45	55.1	22.8
37.8	4810	254	118	12.5	7.90	51.2	403	103	2.80	47.4	24.1
S200 × 34	4360	203	106	10.8	11.2	26.9	265	78.5	1.78	33.6	20.2
27.4	3480	203	102	10.8	6.88	23.9	236	82.8	1.54	30.2	21.0
S150 × 25.7	3260	152	90.7	9.12	11.8	10.9	143	57.9	0.953	21.0	17.1
18.6	2360	152	84.6	9.12	5.89	9.16	120	62.2	0.749	17.7	17.8
S130 × 15	1890	127	76.2	8.28	5.44	5.12	80.3	52.1	0.495	13.0	16.2
S100 × 14.1	1800	102	71.1	7.44	8.28	2.81	55.4	39.6	0.369	10.4	14.3
11.5	1460	102	67.6	7.44	4.90	2.52	49.7	41.7	0.311	9.21	14.6
S75 × 11.2	1420	76.2	63.8	6.60	8.86	1.21	31.8	29.2	0.241	7.55	13.0
8.5	1070	76.2	59.2	6.60	4.32	1.04	27.4	31.2	0.186	6.28	13.2

† 寬緣型式的表示符號是用字母 S，後面跟著以公厘表出的標稱深度及以 kg/m 表出的重量。

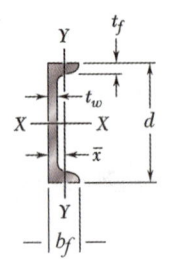

附錄 C. 軋鋼型式之性質（SI 公制單位）

C型
(美國標準槽型)

符號	面積 A, mm²	深度 d, mm	凸緣 寬度 b_f, mm	凸緣 厚度 t_f, mm	腹厚 t_w, mm	X-X軸 I_x 10⁶ mm⁴	X-X軸 S_x 10³ mm³	X-X軸 r_x mm	Y-Y軸 I_y 10⁶ mm⁴	Y-Y軸 S_y 10³ mm³	Y-Y軸 r_y mm	$\bar{x}$ mm
C380 × 74	9480	381	94.5	16.5	18.2	168	882	133	4.58	61.8	22.0	20.3
60	7610	381	89.4	16.5	13.2	145	762	138	3.82	54.7	22.4	19.8
50.4	6450	381	86.4	16.5	10.2	131	688	143	3.36	50.6	22.9	20.0
C310 × 45	5680	305	80.5	12.7	13.0	67.4	442	109	2.13	33.6	19.4	17.1
37	4740	305	77.5	12.7	9.83	59.9	393	113	1.85	30.6	19.8	17.1
30.8	3920	305	74.7	12.7	7.16	53.7	352	117	1.61	28.2	20.2	17.7
C250 × 45	5680	254	77.0	11.1	17.1	42.9	339	86.9	1.64	27.0	17.0	16.5
37	4740	254	73.4	11.1	13.4	37.9	298	89.4	1.39	24.1	17.1	15.7
30	3790	254	69.6	11.1	9.63	32.8	259	93.0	1.17	21.5	17.5	15.4
22.8	2890	254	66.0	11.1	6.10	28.0	221	98.3	0.945	18.8	18.1	16.1
C230 × 30	3790	229	67.3	10.5	11.4	25.3	221	81.8	1.00	19.2	16.3	14.8
22	2850	229	63.2	10.5	7.24	21.2	185	86.4	0.795	16.6	16.7	14.9
19.9	2540	229	61.7	10.5	5.92	19.9	174	88.6	0.728	15.6	16.9	15.3
C200 × 27.9	3550	203	64.3	9.91	12.4	18.3	180	71.6	0.820	16.6	15.2	14.4
20.5	2610	203	59.4	9.91	7.70	15.0	148	75.9	0.633	13.9	15.6	14.1
17.1	2170	203	57.4	9.91	5.59	13.5	133	79.0	0.545	12.7	15.8	14.5
C180 × 18.2	2320	178	55.6	9.30	7.98	10.1	113	66.0	0.483	11.4	14.4	13.3
14.6	1850	178	53.1	9.30	5.33	8.82	100	69.1	0.398	10.1	14.7	13.7
C150 × 19.3	2460	152	54.9	8.71	11.1	7.20	94.7	54.1	0.437	10.5	13.3	13.1
15.6	1990	152	51.6	8.71	7.98	6.29	82.6	56.4	0.358	9.19	13.4	12.7
12.2	1540	152	48.8	8.71	5.08	5.45	71.3	59.4	0.286	8.00	13.6	13.0
C130 × 13	1700	127	48.0	8.13	8.26	3.70	58.3	46.5	0.260	7.28	12.3	12.1
10.4	1270	127	44.5	8.13	4.83	3.11	49.0	49.5	0.196	6.10	12.4	12.3
C100 × 10.8	1370	102	43.7	7.52	8.15	1.91	37.5	37.3	0.177	5.52	11.4	11.7
8	1020	102	40.1	7.52	4.67	1.60	31.5	39.6	0.130	4.54	11.3	11.6
C75 × 8.9	1140	76.2	40.6	6.93	9.04	0.862	22.6	27.4	0.125	4.31	10.5	11.6
7.4	948	76.2	38.1	6.93	6.55	0.770	20.2	28.4	0.100	3.74	10.3	11.2
6.1	774	76.2	35.8	6.93	4.32	0.687	18.0	29.7	0.0795	3.21	10.1	11.1

† 寬緣型式的表示符號是用字母 C，後面跟著以公厘表出的標稱深度及以 kg/m 表出的重量。

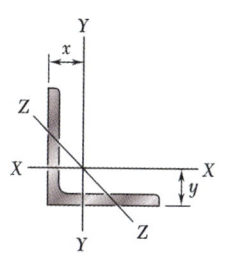

附錄 C. 軋鋼型式之性質（SI 公制單位）

角型
等長式

尺寸及厚度，mm	每公尺質量，Kg/m	面積，mm²	X-X 軸及 Y-Y 軸				Z-Z 軸
			I 10^6 mm⁴	S 10^3 mm³	r mm	x or y mm	r mm
L203 × 203 × 25.4	75.9	9680	37.1	259	61.7	59.9	39.6
19	57.9	7350	29.1	200	62.5	57.4	39.9
12.7	39.3	5000	20.3	137	63.2	55.1	40.4
L152 × 152 × 25.4	55.7	7100	14.7	140	45.5	47.2	29.7
19	42.7	5460	11.7	109	46.2	45.0	29.7
15.9	36.0	4600	10.0	92.4	46.7	43.7	29.7
12.7	29.2	3720	8.28	75.2	47.2	42.4	30.0
9.5	22.2	2830	6.41	57.5	47.5	41.1	30.2
L127 × 127 × 19	35.1	4480	6.53	74.1	38.1	38.6	24.7
15.9	29.8	3780	5.66	63.1	38.6	37.3	24.8
12.7	24.1	3060	4.70	51.6	38.9	36.1	24.9
9.5	18.3	2330	3.65	39.5	39.4	34.8	25.0
L102 × 102 × 19	27.5	3510	3.17	45.7	30.0	32.3	19.7
15.9	23.4	2970	2.76	39.0	30.5	31.0	19.7
12.7	19.0	2420	2.30	32.1	30.7	30.0	19.7
9.5	14.6	1850	1.80	24.6	31.2	28.7	19.8
6.4	9.80	1250	1.25	16.9	31.8	27.4	19.9
L89 × 89 × 12.7	16.5	2100	1.51	24.3	26.7	26.7	17.2
9.5	12.6	1600	1.19	18.8	27.2	25.4	17.3
6.4	8.60	1090	0.832	12.9	27.7	24.2	17.5
L76 × 76 × 12.7	14.0	1770	0.916	17.4	22.7	23.6	14.7
9.5	10.7	1360	0.728	13.5	23.1	22.5	14.8
6.4	7.30	929	0.512	9.32	23.5	21.2	14.9
L64 × 64 × 12.7	11.4	1450	0.508	11.7	18.7	20.4	12.2
9.5	8.70	1120	0.405	9.14	19.0	19.3	12.2
6.4	6.10	768	0.288	6.34	19.4	18.1	12.2
4.8	4.60	581	0.223	4.83	19.6	17.4	12.2
L51 × 51 × 9.5	7.00	877	0.198	5.70	15.0	16.1	9.80
6.4	4.70	605	0.144	4.00	15.4	14.9	9.83
3.2	2.40	312	0.0787	2.11	15.7	13.6	9.93

材料力學
Mechanics of Materials

附錄 C. 軋鋼型式之性質（SI 公制單位）

角型
不等長式

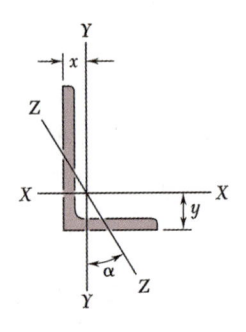

尺寸及厚度，mm	每公尺質量 kg/m	面積 mm²	X-X 軸 I_x 10⁶ mm⁴	S_x 10³ mm³	r_x mm	y mm	Y-Y 軸 I_y 10⁶ mm⁴	S_y 10³ mm³	r_y mm	x mm	Z-Z 軸 r_z mm	tan α
L203 × 152 × 25.4	65.5	8390	33.7	247	63.2	67.3	16.1	146	43.7	41.9	32.5	0.542
19	50.1	6410	26.4	192	64.0	64.8	12.8	113	44.5	39.6	32.8	0.550
12.7	34.1	4350	18.5	131	64.8	62.5	9.03	78.5	45.5	37.1	33.0	0.557
L152 × 102 × 19	35.0	4480	10.2	102	47.8	52.6	3.59	48.3	28.4	27.2	21.7	0.428
12.7	24.0	3060	7.20	70.6	48.5	50.3	2.59	33.8	29.0	24.9	21.9	0.440
9.5	18.2	2330	5.58	54.1	49.0	49.0	2.02	25.9	29.5	23.7	22.1	0.446
L127 × 76 × 12.7	19.0	2420	3.93	47.4	40.1	44.2	1.06	18.5	20.9	18.9	16.3	0.357
9.5	14.5	1850	3.06	36.4	40.6	42.9	0.837	14.3	21.3	17.7	16.4	0.364
6.4	9.80	1250	2.12	24.7	41.1	41.7	0.587	9.83	21.7	16.5	16.6	0.371
L102 × 76 × 12.7	16.4	2100	2.09	30.6	31.5	33.5	0.999	18.0	21.8	20.9	16.1	0.542
9.5	12.6	1600	1.64	23.6	32.0	32.3	0.787	13.9	22.2	19.7	16.2	0.551
6.4	8.60	1090	1.14	16.2	32.3	31.0	0.554	9.59	22.5	18.4	16.2	0.558
L89 × 64 × 12.7	13.9	1770	1.35	23.1	27.4	30.5	0.566	12.4	17.8	17.8	13.5	0.485
9.5	10.7	1360	1.07	17.9	27.9	29.2	0.454	9.65	18.2	16.6	13.6	0.495
6.4	7.30	929	0.753	12.3	28.4	27.9	0.323	6.72	18.6	15.4	13.7	0.504
L76 × 51 × 12.7	11.5	1450	0.799	16.4	23.4	27.4	0.278	7.70	13.8	14.7	10.8	0.413
9.5	8.80	1120	0.641	12.8	23.8	26.2	0.224	6.03	14.1	13.6	10.8	0.426
6.4	6.10	768	0.454	8.87	24.2	24.9	0.162	4.23	14.5	12.4	10.9	0.437
L64 × 51 × 9.5	7.90	1000	0.380	8.95	19.5	21.0	0.214	5.92	14.6	14.7	10.6	0.612
6.4	5.40	684	0.273	6.24	19.9	19.8	0.155	4.15	15.0	13.5	10.7	0.624

附錄 D. 梁撓度及斜度

梁及載重	彈性曲線	最大撓度	端點斜度	彈性曲線方程式
1 懸臂梁，自由端載重 P，長度 L		$-\dfrac{PL^3}{3EI}$	$-\dfrac{PL^2}{2EI}$	$y = \dfrac{P}{6EI}(x^3 - 3Lx^2)$
2 懸臂梁，均布載重 w		$-\dfrac{wL^4}{8EI}$	$-\dfrac{wL^3}{6EI}$	$y = -\dfrac{w}{24EI}(x^4 - 4Lx^3 + 6L^2x^2)$
3 懸臂梁，自由端力矩 M		$-\dfrac{ML^2}{2EI}$	$-\dfrac{ML}{EI}$	$y = -\dfrac{M}{2EI}x^2$
4 簡支梁，中點集中載重 P		$-\dfrac{PL^3}{48EI}$	$\pm\dfrac{PL^2}{16EI}$	當 $x \le \tfrac{1}{2}L$: $y = \dfrac{P}{48EI}(4x^3 - 3L^2x)$
5 簡支梁，偏心集中載重 P		當 $a > b$: $-\dfrac{Pb(L^2-b^2)^{3/2}}{9\sqrt{3}EIL}$ 位於 $x_m = \sqrt{\dfrac{L^2-b^2}{3}}$	$\theta_A = -\dfrac{Pb(L^2-b^2)}{6EIL}$ $\theta_B = +\dfrac{Pa(L^2-a^2)}{6EIL}$	當 $x < a$: $y = \dfrac{Pb}{6EIL}[x^3 - (L^2-b^2)x]$ 當 $x = a$: $y = -\dfrac{Pa^2b^2}{3EIL}$
6 簡支梁，均布載重 w		$-\dfrac{5wL^4}{384EI}$	$\pm\dfrac{wL^3}{24EI}$	$y = -\dfrac{w}{24EI}(x^4 - 2Lx^3 + L^3x)$
7 簡支梁，端點力矩 M		$\dfrac{ML^2}{9\sqrt{3}EI}$	$\theta_A = +\dfrac{ML}{6EI}$ $\theta_B = -\dfrac{ML}{3EI}$	$y = -\dfrac{M}{6EIL}(x^3 - L^2x)$

Photo Credits

CHAPTER 1
Opener: © Construction Photography/CORBIS RF; 1.1: © Vince Streano/CORBIS; 1.2: © John DeWolf.

CHAPTER 2
Opener: © Construction Photography/CORBIS; 2.1: © John DeWolf; 2.2: Courtesy of Tinius Olsen Testing Machine Co., Inc.; 2.3, 2.4, 2.5: © John DeWolf.

CHAPTER 3
Opener: © Brownie Harris; 3.1: © 2008 Ford Motor Company; 3.2: © John DeWolf; 3.3: Courtesy of Tinius Olsen Testing Machine Co., Inc.

CHAPTER 4
Opener: © Lawrence Manning/CORBIS; 4.1: Courtesy of Flexifoil; 4.2: © Tony Freeman/Photo Edit; 4.3: © Hisham Ibrahim/Getty Images RF; 4.4: © Kevin R. Morris/CORBIS; 4.5: © Tony Freeman/Photo Edit; 4.6: © John DeWolf.

CHAPTER 5
Opener: © Mark Segal/Digital Vision/Getty Images RF; 5.1: © David Papazian/CORBIS RF; 5.2: © Godden Collection, National Information Service for Earthquake Engineering, University of California, Berkeley.

CHAPTER 6
Opener: © Godden Collection, National Information Service for Earthquake Engineering, University of California, Berkeley; 6.1: © John DeWolf; 6.2: © Jake Wyman/Getty Images; 6.3: © Pixtal/AGE Fotostock.

CHAPTER 7
Opener: NASA; 7.1: © Radlund & Associates/Getty Images RF; 7.2: © Spencer C. Grant/Photo Edit; 7.3: © Clair Dunn/Alamy; 7.4: © Spencer C. Grant/Photo Edit.

CHAPTER 8
Opener: © Mark Read.

CHAPTER 9
Opener: © Construction Photography/CORBIS; 9.1: Royalty-Free/CORBIS; 9.2 and 9.3: © John DeWolf; 9.4: Royalty-Free/CORBIS.

CHAPTER 10
Opener: © Jose Manuel/Photographer's Choice RF/Getty Images; 10.1: © Courtesy of Department of Civil and Environmental Engineering Department, Fritz Engineering Laboratory, Lehigh University ; 10.2a: © Godden Collection, National Information Service for Earthquake Engineering, University of California, Berkeley; 10.2b: © Ingram Publishing.

CHAPTER 11
Opener: Daniel Schwen; 11.1: © Tony Freeman/Photo Edit Inc.; 11.2: Courtesy of L.I.E.R. and Sec Envel.